中国温带风暴潮灾害史料集

于福江　董剑希　李明杰 等◎著

海洋出版社
2018年·北京

内容简介

本书全面分析、评价了温带风暴潮对我国沿海的影响，选择了1950—2016年以来影响我国沿海的67次典型温带风暴潮过程，采用文字描述和绘图的方式，针对每次过程配以地面天气图，并对风暴增水、高潮位超过当地警戒潮位及灾害影响等进行了详细的阐述。书中对于典型温带风暴潮过程绘制的风暴增水随时间变化曲线图极其珍贵。

本书可为从事风险管理、防灾减灾、海洋、气象等领域的公务人员、科研和技术人员以及从事风暴潮研究的高等院校师生提供参考。

图书在版编目(CIP)数据

中国温带风暴潮灾害史料集 / 于福江等著. — 北京:
海洋出版社, 2018.8
ISBN 978-7-5210-0189-1

Ⅰ. ①中… Ⅱ. ①于… Ⅲ. ①温带－风暴潮－自然灾害－史料－汇编－中国－1950-2016 Ⅳ. ①P731.23-092

中国版本图书馆CIP数据核字(2018)第240530号

责任编辑：沈婷婷
责任印制：赵麟苏

海洋出版社 出版发行
http://www.oceanpress.com.cn
北京市海淀区大慧寺路 8 号　邮编：100081
北京朝阳印刷厂有限责任公司印刷　新华书店北京发行所经销
2018年9月第1版　2018年9月第1次印刷
开本：889mm × 1194mm　1／16　印张：31.5
字数：700千字　总定价：258.00元
发行部：62132549　邮购部：68038093　总编室：62114335
海洋版图书印、装错误可随时退换

《中国温带风暴潮灾害史料集》
著者名单

于福江　董剑希　李明杰　侯京明　李　涛

刘秋兴　付　翔　傅赐福　吴少华　刘仕潮

梁森栋　邢建勇　彭　炜　郝　赛

序

风暴潮灾害是我国最严重的海洋灾害，在西北太平洋沿岸国家中，我国沿海受台风影响的频率最高，遭受的台风风暴潮灾害最频繁、最严重，同时，我国也是最容易遭受温带风暴潮影响的国家。我国最早的关于风暴潮灾害的文字记录可追溯到公元前48年。1922年广东省汕头的风暴潮灾害中，记录到"……海潮骤至……平均水深丈余……"进入20世纪以来，潮位观测仪器首先在沿海港口进行布放并开展观测，之后潮位观测在沿海区域逐渐得到全面发展，海洋、水利、交通等部门相继建立了很多潮位观测站。通过观测，可以完整、准确地记录一次风暴潮过程。同时，潮位资料的收集、整理也得到各部门的重视，国家海洋环境预报中心从1970年开展风暴潮预报以来，在长期的预报工作中积累了丰富的资料。在此基础上，对收集到的资料进行了整编。

本书的作者曾出版《中国风暴潮灾害史料集》，汇总了影响我国沿海的200余个台风风暴潮个例，本书则通过67个温带风暴潮个例全面展示了我国的温带风暴潮状况，全书图文并茂，对每次风暴潮过程的特点灾害影响进行了详细描述。难能可贵的是：本书总结了温带风暴潮的类型，并选取了每种类型的典型风暴潮个例进行分析，同时给出了验潮站风暴潮随时间演变曲线，这对于关心此领域的读者了解我国沿海风暴潮特征并开展相关研究提供了珍贵的资料，为今后的风暴潮灾害预报技术发展、风险评估等工作的开展奠定了坚实的资料基础。在此，对参与这项工作并取得丰硕成果的作者表示衷心的祝贺，并期盼在海洋防灾减灾领域取得更多的创新成就，为海洋防灾减灾做出更多的贡献！

中国科学院院士

2018年9月

前　言

温带风暴潮发生在南、北半球位于中、高纬度的国家。西北太平洋、北大西洋等沿岸的国家均会遭受温带风暴潮威胁，其中，英国、荷兰、德国等北海沿岸国家受温带风暴潮影响严重。在西北太平洋沿岸国家中，中国是最易遭受温带风暴潮灾害的国家。对于了解、认识风暴潮从而更好地防潮减灾，观测是非常重要的。风暴潮观测主要依靠布设在沿海的验潮站来进行。我国最早的验潮站是塘沽站，建于1895年，之后验潮站的数量逐渐增多，海洋、水利、交通等部门相继建立了很多潮位观测站，目前隶属于自然资源部的验潮站有120余个，并且数量还在继续增加中。不断丰富的观测资料为研究我国沿海的风暴潮灾害提供了科学依据，中华人民共和国成立后，由于防潮的需要，沿海许多部门开始整理历史风暴潮及风暴潮灾害资料，一些书籍也陆续出版。1984年，海洋出版社出版了陆人骥先生编著的《中国历代灾害性海潮史料》，该书介绍了我国沿海1946年之前2000多年的潮灾情况；1993年，海洋出版社出版了杨华庭等主编的《中国海洋灾害四十年资料汇编（1949—1990）》，主要介绍了风暴潮、灾害性海浪、海冰、海啸、赤潮五种海洋灾害的基本概况，编撰了要略、目录表和资料表，并对各年的主要灾害概况进行了综合评价，是建国后海洋灾害方面较为全面、系统的著作；10年后的2003年，大象出版社出版了由曾呈奎院士主编的《中国海洋志》，书中第十二编中国海洋灾害中的第二章风暴潮由具有多年风暴潮预报经验的王喜年编写，作者在收集了我国沿海历史上、特别是1949—1997年我国沿海潮灾史料的基础上编写，丰富了我国沿海的潮灾史料文库。2015年，国家海洋环境预报中心收集、整理了1949—2009年以来影响我国沿海的221次台风风暴潮过程，出版了《中国风暴潮灾害史料集》，该书全面展示了影响我国的200余个风暴潮个例，图文并茂，对每次风暴潮过程的灾害影响进行了详细的描述，难能可贵的是每次过程均给出了风暴潮观测数据，对一些严重的不同类型台风路径引起的风暴潮过程，给出了验潮站风暴潮随时间演变曲线，这对于关心此领域的读者了解我国沿海的风暴潮特征并开展相关研究提供了珍贵的资料，为今后的风暴潮灾害预报技术发展、风险评估等工作的开展奠定了坚实的资料基础。由于该书主要汇集了影响我国的沿海的台风风暴潮过程，但是影响我国沿海的不仅有台风风暴潮，还包括温带风暴潮，为更全面地了解我国的风暴潮历史，国家海洋环境预报中心组织力量，开展了温带风暴潮影响分析及典型个例的编写工作。本书主要的资料来源是长期预报工作中积累的资料，同时也参考了《台风年鉴》《热带气旋年鉴》《山东省自然灾害史》《中国海洋灾害四十年资料汇编（1949—1990）》等出版物以及中国风暴潮海啸研究会、水利、交通部门编写的各类技术、调查报告等。

为了全面反映温带风暴潮及其造成的影响，本书从两个方面开展相关内容的编写，一是温带风暴潮的分布特征，分析温带风暴潮严重影响区域渤海湾与莱州湾的风暴潮特征；二是选择典型风暴潮个例，按照引发温带风暴潮的天气系统，分别选择各类型温带风暴潮的典型个例，以及发生在辽东湾、渤海湾、山东半岛、海州湾等各区域的典型个例。书中对每次温带风暴潮过程特别是造成重大影响的温带风暴潮过程进行了详细的描述，绘制了地面天气图、风暴增水与超警戒（最高潮位与当地警戒潮位关系）分布图，并绘制了风暴增水随时间变化曲线图。本书对关心此领域的读者了解我国沿海不同类型温带风暴潮的特征和变化规律并进一步开展相关研究十分有益，同时对灾害管理部门进一步做好防潮减灾工作有重要参考意义。书中采用欧洲中期天气预报中心的ERA-40再分析数据绘制了地面天气图，其中1957年之前的地面天气图出自中央气象局出版的《历史天气图》。本书中温带风暴潮以发生的时间命名，例如：2003“10·11”温带风暴潮。其中2003是年，10是月，11是日，采用的时间为一次风暴潮过程中最大风暴潮（最大风暴增水）出现的时间。

在分析温带风暴潮分布特征时，限于灾害影响，本书以温带风暴增水大于或等于1.0 m为分析对象。在这里需要说明的是，风暴潮是由实测潮位减去天文潮位而获得的，因为相关部门所采用的天文潮预报值的差异，致使同一次风暴潮过程的风暴增水值也略有不同。最高潮位与当地警戒潮位关系图中的警戒潮位值随着沿海防潮能力的变化而变化。2012年起，沿海各省市陆续颁布了四色警戒潮位值，本书中采用的警戒潮位值据此做了相应变化。

风暴潮灾害主要是由异常的风暴增水使得潮位大幅升高而导致海水漫滩而形成灾害，致灾因子不仅包括风暴潮，还包括天文大潮、近岸浪及其三者之间的耦合作用，形成的灾害不仅包括港口、码头、堤坝等遭受毁损，还包括堤坝被冲垮后，海水漫滩使得房屋、农田、养殖区等受淹而发生灾害。因为重大灾害往往是由风暴潮和近岸浪共同作用而造成的，因此在灾害数据统计中，风暴潮灾情包括了近岸浪灾害，一般表示为风暴潮（含近岸浪）灾害。灾情统计中的难点在于风暴潮灾害和风灾、暴雨灾害数据的分离，沿海地区要把这种群发性灾害造成的全部损失分别统计，在实际操作中较难实施。因此，如何界定及划分风暴潮灾害损失在灾情统计中的贡献很重要，有利于风暴潮灾害的评估，但是迄今为止，灾情统计尚没有统一的标准，本书中所涉及的风暴潮灾害损失，也包含了部分由风、暴雨等造成的损失。

本书是国家海洋环境预报中心风暴潮组老、中、青三代人数年来共同努力的成果，部分灾情数据来自沿海各海洋预报中心（台），在此对提供资料的单位和同事们一并表示谢意！作者特聘请王喜年研究员对本书进行审核，在编写过程中王喜年研究员给予了大力的支持，提供了非常珍贵的资料、意见和建议，在此深表感谢！

编写过程中，虽然编者尽可能收集资料，但仍然有所欠缺。同时在资料整编、分析的过程中，由于资料量大，错误在所难免，希望广大读者批评指正。

作　者

2018年9月

目　录

第1章　温带风暴潮灾害概述

1.1　温带风暴潮定义与特点……2
1.2　国内外温带风暴潮概况……2
1.3　温带风暴潮分类……4
　1.3.1　冷高压配合低压型……4
　1.3.2　冷高压型……6
　1.3.3　孤立气旋型……6
1.4　温带风暴潮预报……7

第2章　温带风暴潮灾害分布特征

2.1　温带风暴潮灾害月际分布特征……10
　2.1.1　渤海湾风暴增水月际分布特征……10
　2.1.2　莱州湾风暴增水月际分布特征……15
　2.1.3　超警戒温带风暴潮月际分布特征……21
2.2　温带风暴潮灾害年际分布特征……24
　2.2.1　渤海湾风暴增水年际分布特征……24
　2.2.2　莱州湾风暴增水年际分布特征……29
　2.2.3　超警戒温带风暴潮年际分布特征……36

第3章　中国温带风暴潮灾害历史个例

3.1　1950“09·16”风暴潮灾害……41
3.2　1952“10·21”风暴潮灾害……42
3.3　1953“08·21”风暴潮灾害（台风变性温带气旋型）……44
3.4　1954“06·06”风暴潮灾害……47
3.5　1956“09·05”风暴潮灾害　（台风变性温带气旋型）……49
3.6　1957“04·09”　风暴潮灾害……53

3.7 1960“04·10”风暴潮灾害（北高南低型）……55
3.8 1960“09·27”风暴潮灾害（冷高压型）……59
3.9 1960“10·13”风暴潮灾害（冷高压型）……63
3.10 1960“11·22”风暴潮灾害（北高南低型）……67
3.11 1964“04·05”风暴潮灾害（北高南低型）……71
3.12 1965“01·10”风暴潮灾害（北高南低转西高东低型）……80
3.13 1965“11·08”风暴潮灾害（北高南低型）……87
3.14 1966“02·20”风暴潮灾害（北高南低型）……93
3.15 1969“04·23”风暴潮灾害（北高南低型）……98
3.16 1970“07·20”风暴潮灾害（孤立气旋型）……105
3.17 1971“03·02”风暴潮灾害（北高南低型）……107
3.18 1971“06·26”风暴潮灾害（孤立气旋型）……114
3.19 1972“01·23”风暴潮灾害（北高南低型）……119
3.20 1973“05·01”风暴潮灾害（孤立气旋型）……125
3.21 1973“05·07”风暴潮灾害（孤立气旋型）……133
3.22 1974“10·14”风暴潮灾害（横向高压型）……140
3.23 1974“11·09”风暴潮灾害（冷高压型）……146
3.24 1976“03·17”风暴潮灾害（西高东低型）……152
3.25 1979“01·29”风暴潮灾害（冷高压转北高南低型）……158
3.26 1979“02·21”风暴潮灾害（北高南低型）……166
3.27 1980“04·05”风暴潮灾害（北高南低型）……173
3.28 1982“11·10”风暴潮灾害（西高东低型）……179
3.29 1983“07·14”风暴潮灾害（西低东高型）……185
3.30 1987“10·30”风暴潮灾害（冷高压型）……189
3.31 1987“11·27”风暴潮灾害（冷高压与西南低压配合型）……196
3.32 1988“05·07”风暴潮灾害（北高南低型）……204
3.33 1989“05·11”风暴潮灾害（孤立气旋型）……209
3.34 1989“06·03”风暴潮灾害（西低东高型）……212
3.35 1989“10·15”风暴潮灾害（冷高压型）……214
3.36 1990“05·02”风暴潮灾害（孤立气旋型）……220
3.37 1992“09·01”风暴潮灾害（台风变性温带气旋型）……227
3.38 1992“10·03”风暴潮灾害（北高南低型）……239
3.39 1993“08·06”风暴潮灾害（孤立气旋型）……244
3.40 1993“11·16”风暴潮灾害（冷高压型）……250

3.41 1996“10·30”风暴潮灾害（西高东低转横向高压型）……258
3.42 1997“08·20”风暴潮灾害（台风变性温带气旋型）……265
3.43 1997“11·12”风暴潮灾害（北高南低型）……277
3.44 1998“07·25”风暴潮灾害（孤立气旋型）……283
3.45 2003“10·12”风暴潮灾害（北高南低型）……286
3.46 2003“11·25”风暴潮灾害（冷高压型）……299
3.47 2004“09·15”风暴潮灾害（西低东高型）……305
3.48 2005“08·08”风暴潮灾害（台风变性温带气旋型）……315
3.49 2005“10·21”风暴潮灾害（横向高压型）……325
3.50 2007“03·04”风暴潮灾害（北高南低转西高东低型）……330
3.51 2007“10·28” 风暴潮灾害（西高东低型）……345
3.52 2008“08·22”风暴潮灾害（孤立气旋型）……351
3.53 2009“02·13”风暴潮灾害（北高南低型）……359
3.54 2009“04·15”风暴潮灾害（北高南低型）……372
3.55 2010“01·20”风暴潮灾害（冷高压型）……381
3.56 2010“10·25”风暴潮灾害（冷高压型）……389
3.57 2010“12·13”风暴潮灾害（北高南低型）……398
3.58 2011“09·01”风暴潮灾害（冷高压型）……407
3.59 2012“11·28”风暴潮灾害（西高东低型）……413
3.60 2013“03·20”风暴潮灾害（北高南低型）……423
3.61 2013“05·27”风暴潮灾害（孤立气旋型）……431
3.62 2014“06·02”风暴潮灾害（孤立气旋型）……440
3.63 2014“10·12”风暴潮灾害（冷高压与台风外围配合型）……446
3.64 2015“11·07”风暴潮灾害（横向高压转北高南低型）……459
3.65 2016“07·20”风暴潮灾害（孤立气旋型）……470
3.66 2016“10·22”风暴潮灾害（北高南低型）……476
3.67 2016“11·21”风暴潮灾害（冷高压型）……485

主要参考文献……490

第 1 章 温带风暴潮灾害概述

风暴潮叠加在正常潮位之上，风浪、涌浪又叠加在二者之上，三者耦合作用引起的沿岸涨水常常冲毁海堤或海塘，吞噬码头、工厂、城镇和村庄，酿成巨大灾害，称之为风暴潮灾害或潮灾。风暴潮造成的灾害不仅包括港口、码头、堤坝等设施的毁损，还包括堤坝被冲垮后，海水漫滩使得房屋、农田等受淹而发生的灾害。

对于风暴潮历史灾害各方已取得共识，那就是要牢记曾发生过的灾害，对事实无知或麻木不仁是我们最坏的敌人。沿海地区人口流动性较大，很多人从未经历过强或特强风暴潮，这种情况往往会导致忽视发布的警报信息甚至对发布的警报不以为然，从而延误避灾行动以致发生危险。研究和深入了解沿海潮灾史，对防潮减灾规划的制定与沿海防潮工程的设计等具有十分重要的参考价值和现实意义，同时对做好风暴潮预报也非常关键。对于防潮减灾，非工程措施与工程措施有着同样的重要性，一般的防潮工程，甚至高标准防潮堤，在灾难性风暴潮袭击下也并不是牢不可破。面对我国沿海日益频繁和严重的风暴潮灾害，在加强防潮工程措施的同时，做好我国沿海灾害性风暴潮预报是十分必要的。

1.1 温带风暴潮定义与特点

风暴潮是指由于热带气旋、温带天气系统、海上飑线等风暴过境所伴随的强风和气压骤变而引起的局部海面振荡或非周期性异常升高（降低）现象。其中温带天气系统通常是冷性高压、具有锋面结构的低压等天气系统的统称，主要活动于中高纬度。温带天气系统引起的风暴潮称为温带风暴潮。

与台风风暴潮相比，温带风暴潮显著的特点，一是强增水持续时间长：1969年4月23—24日发生在渤海湾与莱州湾的温带风暴潮观测到最大风暴增水为3.55 m，发生在莱州湾羊角沟站，在温带风暴潮记录中，居世界首位。风暴潮维持期间，1.0 m以上增水持续37个小时，1.50 m以上增水持续34个小时，3.0 m以上增水持续8个小时（见图1.1）。二是过程持续时间长，一次过程有时会持续3～4天甚至更长时间，发生在1971年2月26日至3月3日的温带风暴潮过程先后持续6天，其中5天出现1.0 m以上风暴增水。因此，从增水强度来看，温带风暴潮虽然弱于台风风暴潮，但增水持续时间长，容易与天文高潮叠加，酿成灾害。

温带风暴潮另一个显著的特点是影响范围广，一次风暴潮过程有时会影响4～5个沿海省、市。2003“10·11”特强风暴潮先后影响河北省、天津市、山东省、江苏省、上海市，天津塘沽站最大增水1.71 m，最高潮位5.33 m，超过当地警戒潮位0.43 m；河北黄骅站最大增水2.33 m，最高潮位5.69 m，超过当地警戒潮位0.89 m；山东羊角沟站最大增水2.78 m，最高潮位6.24 m，超过当地警戒潮位0.74 m，为有记录以来的历史第三高潮位；江苏连云港站最大增水1.26 m；上海黄浦公园站最大增水0.66 m，最高潮位4.48 m，接近当地警戒潮位。河北省、天津市、山东省均受灾严重，河北省直接经济损失5.84亿元；山东省直接经济损失6.13亿元；天津1人失踪，直接经济损失1.13亿元。

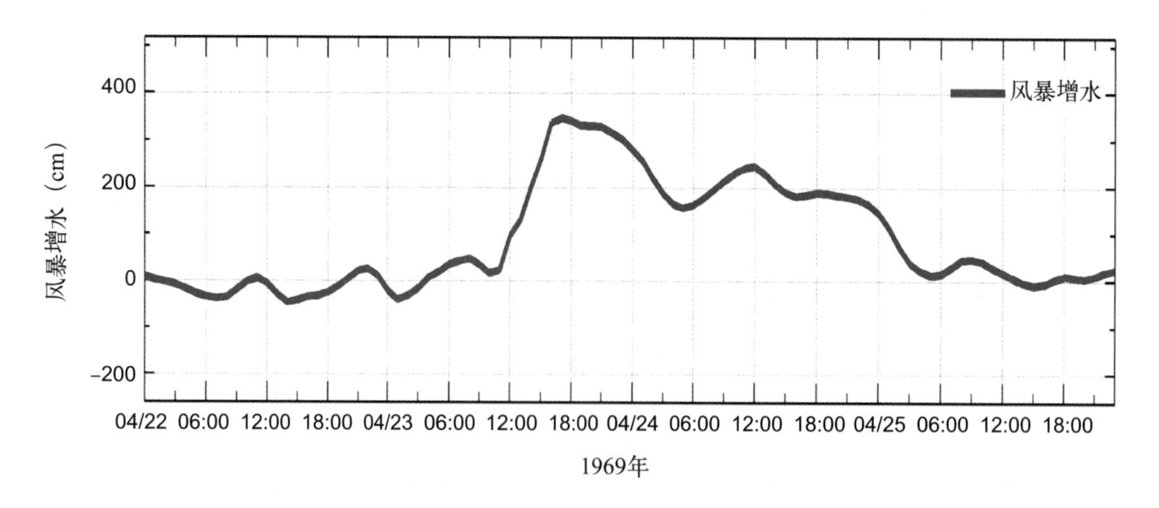

图1.1 羊角沟站温带风暴增水随时间变化

1.2　国内外温带风暴潮概况

台风风暴潮主要分布在太平洋、印度洋、北大西洋等三大洋的沿岸国家，以中国、孟加拉国、美国以及菲律宾最为严重。而温带风暴潮都发生在南、北半球位于中、高纬度的国家。在西北太平洋沿岸国家中，中国是最易遭受温带风暴潮灾害的国家。北大西洋沿岸国家中，美国东海岸和加拿大均受到温带风暴潮的威胁，英国、荷兰等国受温带风暴潮影响严重。1928年1月6—7日，英国伦敦一次温带风暴潮致使14人死亡，之后建立了初级的警报局，1953年1月31日北海发生了一次强温带风暴潮，波及北海几个沿岸国家，英国300人死亡，100万亩（1亩≈0.067 hm^2）土地被淹没，24 000所房屋被冲毁，一艘船只在爱尔兰海沉没，132人死亡，自此英国成立了较为完善的风暴潮警报局。荷兰西部沿海地区为莱茵河三角洲区，地势低，大部分陆地在平均海平面下3～4 m，有记载以来已经发生了50余次大的温带风暴潮。1953年1月31日至2月1日期间的一次强温带风暴潮，破坏了荷兰的多处防潮大堤，造成面积约2 500 km^2的陆地被淹，近2 000人死亡，60万人被迫背井离乡。德国沿岸类似于我国渤海沿岸区域，常处于高低压中心之间，受强烈的西北风袭击而发生温带风暴潮，1953年和1978年，北海海面两次上升达4 m之多，沿海大片比较低洼的地区被淹没，造成巨大损失。德国几个河口都是西北—东南向，这是风暴潮长期作用的结果。

此外，黄海沿岸、日本海沿岸、太平洋西北部的边缘海鄂霍次克海、东西伯利亚海、楚科奇海沿岸也是这类风暴潮肆虐的地方。在欧洲，除上述已提到的国家外，比利时、意大利、葡萄牙、西班牙、法国、波兰、挪威、丹麦以及地中海沿岸的埃及、以色列等沿岸国家，也遭受温带风暴潮灾害，但没有英国、荷兰、德国等国家严重。南半球的乌拉圭至阿根廷的东海岸、澳大利亚、新西兰等国也遭受温带风暴潮带来的灾害之苦。

与地处中纬度的英国和美国东海岸相比，我国沿海的温带风暴潮最频繁、最严重。英国风暴潮警报局（STWS）主任John Townsend（1986）指出英国东海岸超过0.6 m的风暴潮平均每年发生17次；而美国国家海洋与大气管理局（NOAA）Wilson A. Shaffer和Jye Chen（1997）两位博士指出，美国东海岸每年0.5 m以上的温带风暴潮只有几次，1 m以上的温带风暴潮一年只有一次。

我国沿海一年四季均会发生温带风暴潮，其中1—4月、10—12月为频发期。我国温带风暴潮主要特点一是次数多，莱州湾1951年至2016年期间，共发生726次增水1.0 m以上的温带风暴潮，平均11次/年；二是影响时间长，渤海湾与莱州湾一年四季均会发生温带风暴潮；三是同时影响范围广，北至辽宁省，南至海南省均出现过温带风暴潮。

温带风暴潮几乎影响我国整个沿海，浙江、福建、海南等省均出现过温带风暴潮。2010“10·25”温带风暴潮造成浙江镇海、舟山定海和沈家门部分地区受淹，给当地居民的生产生活带来较大影响，镇海沿江路上的居民小区由于海水从地下管道倒灌，造成严重内涝；舟山海滨公园原本供市民休憩和远眺的观海平台被一片汪洋包围；镇海渔船码头来不及转移的水产品被潮水淹没。福建省也常常受到温带风暴潮影响，福建省各潮位站的年高潮位由台风引起的比例大部分都在50%以下，历年高潮位多出现在10月份，主要是由于天文大潮与冷空气共同影响造成的。福建省宁德核电站计算可能最大风暴潮（PMSS）时，同时计算了可能最大台风风暴潮与可能最大温带风暴潮，可见温带风暴潮对其的影响是不能忽视的。2003年“10·27”温带风暴潮造成海南岛北部出现同期罕见高潮位，海南沿海7个乡镇严重受灾，潮水淹没农田100 hm^2、养殖池塘287 hm^2，摧毁堤坝和道路约2 km，损坏渔船2艘，多处房屋进水，直接经济损失2 000多万元。

在探讨温带风暴潮增水的同时，温带风暴减水也应给予关注，与台风减水不同的是，温带减水持续时间通常较长，而且影响范围较大。剧烈的减水会对港口船只进港、航道航行等产生较大影响。历史上温带减水个例较多，例如2007年3月6日，受强冷空气南下影响，天津塘沽站最大减水2.31 m，居渤海湾减水首位；1962年4月3日，受冷空气东向移动影响，海州湾连云港站最大减水1.67 m。

1.3　温带风暴潮分类

我国的温带风暴潮分为三种类型：第一种是冷高压配合低压型，这类风暴潮多发生于春秋季，通常包括北高南低型、西高东低型等，渤海湾、莱州湾沿岸发生的风暴潮大多属于这一类，此类温带风暴潮通常增水大，渤海湾与莱州湾的最强风暴潮均属于这一类型，分别为2.46 m与3.55 m，其中3.55 m这一记录为世界第一位。第二种是冷高压型，此类风暴潮多发生于冬季，但初春与深秋季也时有发生，增水幅度小于冷高压配合低压型，渤海湾此类型最大增水为1.98 m，莱州湾为2.79 m。第三种是孤立气旋型，往往发生在夏季或春夏、夏秋交替季节，次数少于前两种类型，增水幅度也较小，但由于此类型风暴潮发生的季节天文潮较高，一旦遇到强孤立气旋引发的风暴潮叠加到天文高潮位时，则易出现超警戒的灾害性高潮位；台风北上变性为温带气旋引起的风暴潮也属于这一类型。

1.3.1　冷高压配合低压型

这类风暴潮多发生于春秋季，渤海湾、莱州湾沿岸发生的强或特强温带风暴潮，大多属于这一类。其地面气压场的特点是渤海中南部和黄海北部处于北方冷高压的南缘、南方低压或气旋的北缘。辽东湾到莱州湾吹刮一致的东北大风，黄海北部和渤海海峡为偏东大风所控制。在这样的风场作用下，大量海水涌向莱州湾和渤海湾，最容易导致强或特强的风暴潮。由于地形的差异，虽然冷高压配合低压型造成的温带风暴增水是最大的，但是不同区域的配合条件却有不同。对于辽东湾，西低东高型是最有利增水的；渤海海与莱州湾，北高南低则是最有利的天气系统；而山东半岛北部，东高西低型易产生增水。

2003“10 · 11”温带风暴潮便属于北高南低型。10月11日14时的地面天气图（图1.2）上可以看出，渤海和黄海北部位于冷高压南缘、低压倒槽北缘，造成渤海海域气压梯度显著加大，渤海受强ENE风控制。天津塘沽站10日24时最大增水1.71 m，最高潮位5.33 m，超过当地警戒潮位0.43 m；河北黄骅站11日11时最大增水2.33 m，最高潮位5.69 m，超过当地警戒潮位0.89 m，居有记录以来第一高潮位；山东羊角沟站12日11时最大增水2.78 m，最高潮位6.24 m，超过当地警戒潮位0.74 m，为有记录以来的历史第三高潮位。此次温带风暴潮来势猛、强度强、持续时间长，影响范围广，河北省、天津市、山东省均受灾严重。天津1人失踪，直接经济损失1.13亿元；河北省直接经济损失5.84亿元；山东省直接经济损失6.13亿元。

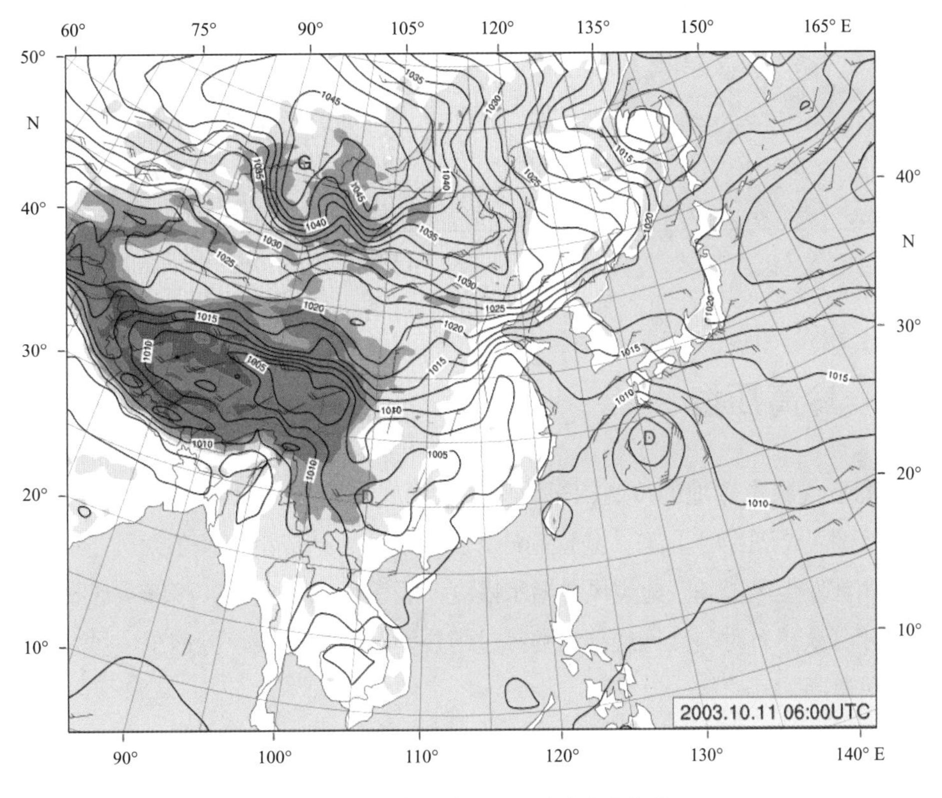

图1.2　2003年10月11日14时地面天气图

图1.3是这种天气类型的另一个典型例子。在此例中，位于渤海湾畔的天津塘沽站出现了1950年以来的第三大温带风暴潮值（2.24 m），第一大（2.46 m）和第二大（2.32 m）温带风暴潮值分别发生在1960年11月21日和1966年2月20日。

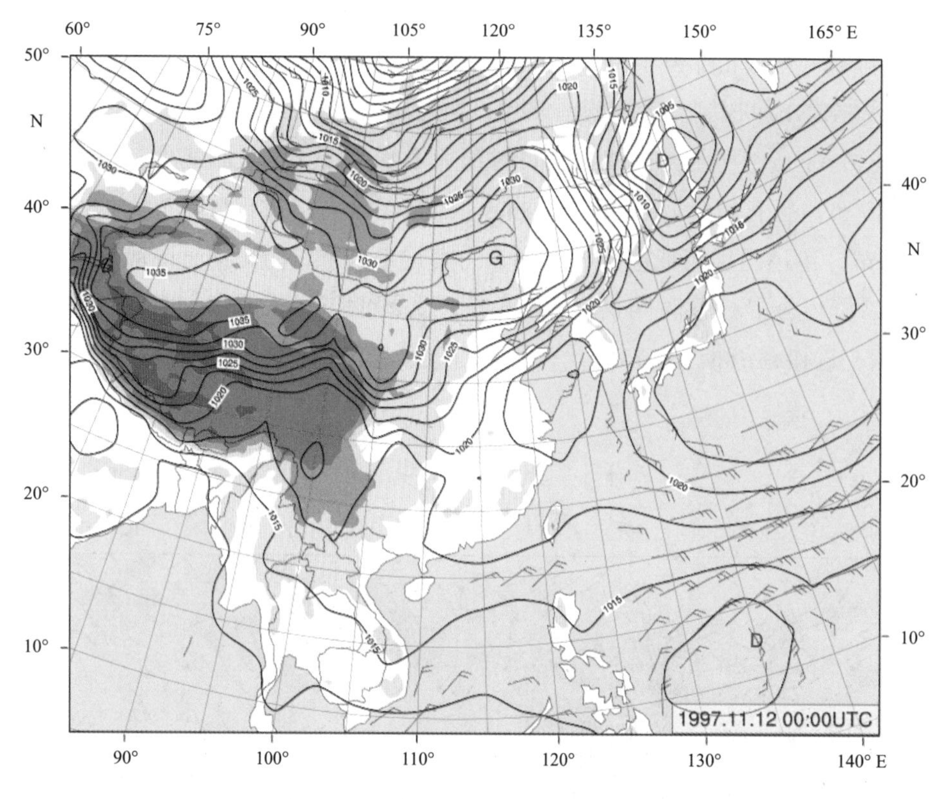

图1.3　1997年11月12日08时地面天气图

1.3.2　冷高压型

当西伯利亚或蒙古等地的冷高压东移南下，而我国南方又无明显的低压活动与之配合时，地面天气图上（图1.4）只有一条横向冷锋掠过渤海，造成渤海偏东大风，致使渤海湾沿岸和黄河三角洲发生风暴潮。此类风暴增水幅度一般在1～2 m之间，冷锋类风暴潮多发生于冬季、初春和深秋。有时当冷锋继续南移掠过海州湾时也能造成该湾偏东大风，使海州湾沿岸产生此类风暴潮。

2003"11·25"温带风暴潮为冷高压型。11月25日，受冷高压影响，天津、河北沿海发生中等强度风暴潮。天津塘沽站25日06时最大增水1.23 m，04时05分最高潮位5.05 m，超过当地警戒0.15 m；河北黄骅站25日06时最大增水1.32 m，05时05分最高潮位4.93 m，超过当地警戒潮位0.13 m。天津市直接经济损失1.11亿元。特别值得注意的是：冷空气持续南下，11月26—27日上午，受华南沿海冷空气引起的偏东风影响，海南岛北部儋州市至临高县沿海出现同期较为罕见的高潮位。海南省直接经济损失2 000多万元。

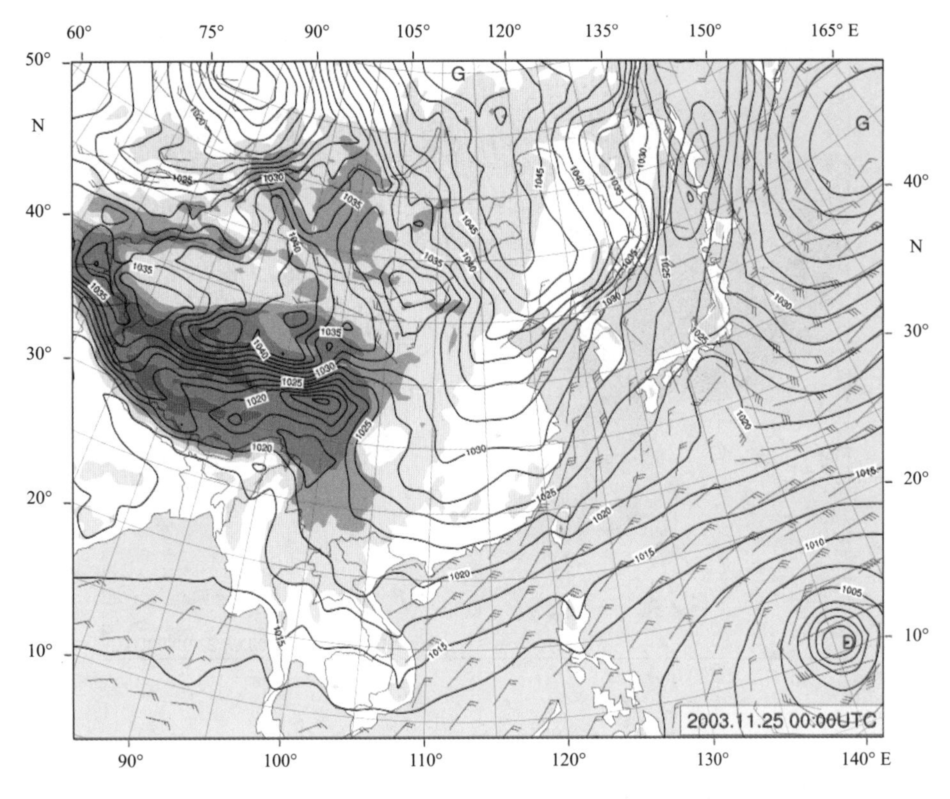

图1.4 2003年11月25日08时地面天气图

1.3.3 孤立气旋型

通常指无明显冷高压与之配合的、暖湿气流活跃的温带气旋产生的风暴潮（图1.5），温带气旋往往发生在春、秋季和初夏期间。夏季7—9月正是渤海天文潮最高季节，一旦强孤立气旋引发的风暴潮叠加到天文高潮时，则出现超警戒潮位的灾害性高潮位。

2008“08·22”为孤立气旋型温带风暴潮，8月22—23日，受入海气旋影响，渤海沿岸发生一次中等强度温带风暴潮过程，8月份为渤海一年中天文潮较高的时期，沿岸各站普遍出现超过当地警戒潮位的高潮位。天津塘沽站22日最大增水1.01 m，最高潮位5.06 m，超过当地警戒潮位0.16 m。山东羊角沟站23日01时最大增水0.93 m；蓬莱站最大增水1.35 m，连续数天日最大增水均发生在当日天文高潮位附近，22日13时10分最高潮位3.89 m，超过当地警戒潮位0.79 m。受温带风暴潮影响，位于塘沽的中海油码头被淹，临近船闸桥的渤海石油路上约百米的范围内有20～30 cm深的积水；河北省曹妃甸海域海水养殖受损，直接经济损失0.20亿元。

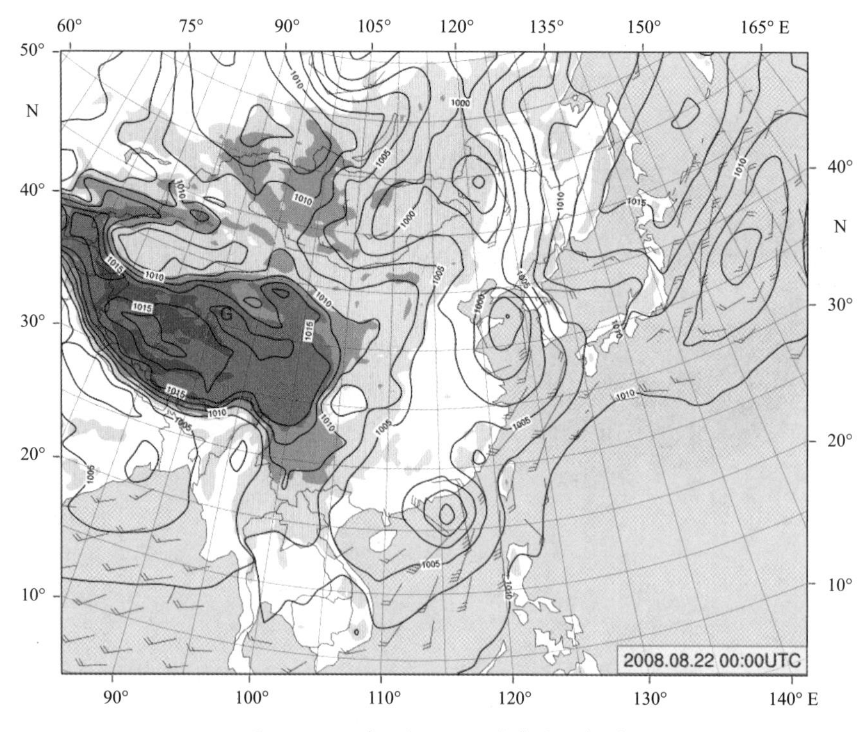

图1.5　2008年8月22日08时地面天气图

1.4　温带风暴潮预报

风暴潮预报是有效的减轻灾害损失的重要手段，也是防灾减灾中非常必要的一环。我国是开展海洋灾害监测及预（警）报发布较早的国家。最早的验潮历史可追溯到1900年前后，1949年前全国只有14个验潮站。中华人民共和国成立后由于国防、航运、水产、海洋开发与海洋工程等事业的不断发展，沿海地区相继建立了许多验潮站，担负着风暴潮的监测职责，近年来国家海洋局在沿海担负风暴潮观测的站点多达150多个，为风暴潮的预警提供了坚实的基础。

国家海洋环境预报中心于1970年开展台风风暴潮预报工作，1972年开展温带风暴潮预报。温带风暴潮预报的难度是举世公认的，较为准确的温带风暴潮预报时效为12～24小时，甚至更短。数值预报技术的发展提高了温带风暴潮预报的准确性和时效性。我国的风暴潮数值预报始于“七五”时期，“八五”时期我国自主研发的台风风暴潮数值预报模式正式在国家海洋预报台风暴潮业务预（警）报中使用，成为风暴潮预报的重要手段。温带风暴潮数值预报系统始建于2003年，经预报检验后同年在温带风暴潮预（警）报中业务化应用。此系统是2003“10・11”渤海温带风暴潮灾害发生后，国家海洋环境预报中心自主研发的一个覆盖整个中国海的温带风暴潮数值预报系统，该系统在之后的温带风暴潮预（警）中发挥了重要的作用，特别是解决了温带风暴潮漏报的难题。温带风暴潮数值模式预报的准确度决定性地取决于输入模式的风场、气压场质量。可以相信随着国内外数值天气预报水准的提高，风暴潮形成发展机理的不断完善和日新月异的计算机技术，数值预报在温带风暴潮预报中将会发挥越来越重要的作用，同时不断提高预报准确度并延长预报时效，是永无止境的追求。

第2章 温带风暴潮灾害分布特征

我国沿海温带风暴潮严重影响区域为渤海湾与莱州湾，无论是风暴潮次数还是强度均明显多（或强）于其他沿海区域。天津塘沽验潮站与山东羊角沟验潮站分别位于渤海湾与莱州湾，建站时间较早，观测资料较为丰富，可以很好地代表与反映渤海湾与莱州湾的风暴潮特征。本书收集、整理了这两个站的60余年的潮位资料，其中塘沽站的资料年限为1950—2016年，羊角沟的资料年限为1951—2016年。在潮位资料的基础上分离出了两个站的风暴增水，并与天气系统相互印证，确认了两个站的温带风暴增水过程，分析了渤海湾与莱州湾温带风暴潮灾害的时间分布特征。本书主要分析增水大于或等于100 cm的温带风暴潮的分布特征，由于温带风暴潮的一个典型特点是持续时间长，渤海湾一次过程最长持续4天，4天中每天的最大增水均会超过1.0 m；莱州湾一次过程最长持续6天，6天中每天的最大增水均会超过1.0 m，因此本书从温带风暴潮天数和次数两个方面探讨其分布特征。

温带风暴潮依据风暴增水的大小分为特强、强、较强和中等四个级别，分别对应Ⅰ、Ⅱ、Ⅲ和Ⅳ级。其中增水大于100 cm且小于或等于150 cm为Ⅳ级；大于150 cm且小于或等于200 cm为Ⅲ级；大于200 cm且小于或等于250 cm为Ⅱ级；大于或等于251 cm为Ⅰ级风暴潮。

超警戒温带风暴潮为一次温带风暴潮中，最高潮位平或超过当地警戒潮位。

2.1 温带风暴潮灾害月际分布特征

2.1.1 渤海湾风暴增水月际分布特征

2.1.1.1 渤海湾风暴增水天数月际分布特征

从图2.1可以看出，渤海湾67年间，共有495天出现100 cm以上温带风暴潮，平均每年约7.4天；1—12月均会发生增水100 cm以上的温带风暴潮，10月至翌年3月为温带风暴潮多发期，其中又以10—12月居多，每月平均天数均超过1天，11月平均天数接近1.5天，为最多，12月和10月分别为1.1天和1.0天。

从各级温带风暴增水天数图（图2.2～图2.4）可以看出，Ⅳ级风暴潮发生天数为最多，约占总天数的86%，每年平均天数约为6.4天；其中11月的天数居首位，之后依次为12月、1月、2月、10月、3月、9月、4月、5月、8月、6月和7月。出现Ⅲ级温带风暴潮的天数大幅减少，出现天数最多的依旧为11月，之后依次为10月、12月、1月、3月、2月、4月和9月，5—8月没有出现过Ⅲ级温带风暴潮，其中10月和11月的天数占总天数的48%。Ⅱ级温带风暴潮的天数大幅减少，主要出现在11月、4月、3月和2月，其中以4月和11月偏多。渤海湾历史上没有出现过Ⅰ级温带风暴潮。

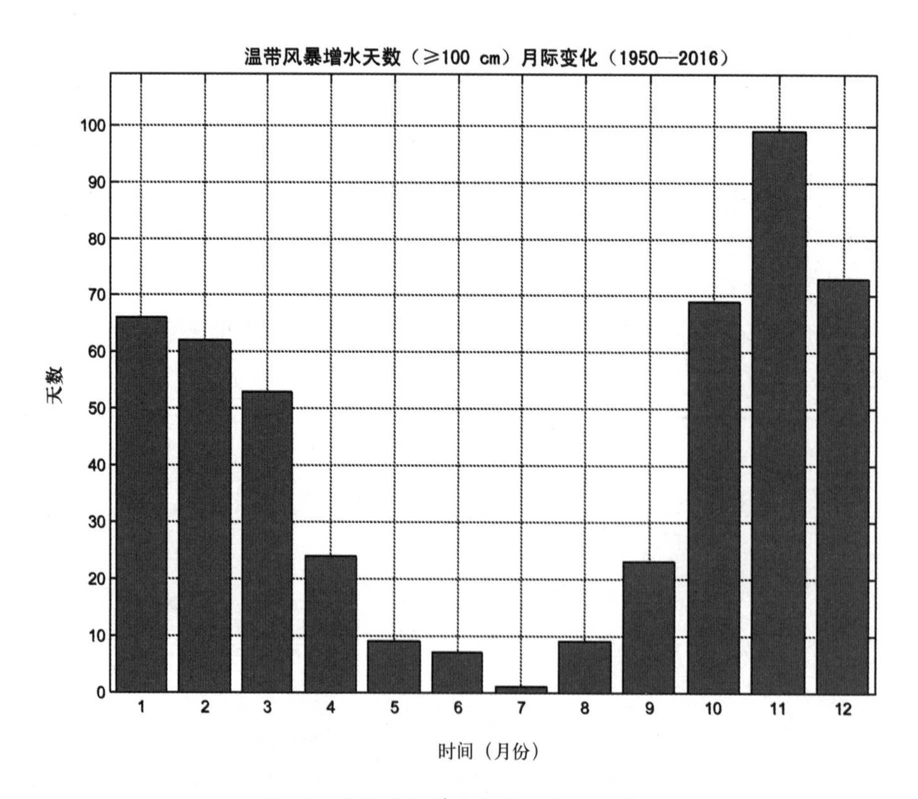

图2.1 渤海湾温带风暴增水天数逐月变化

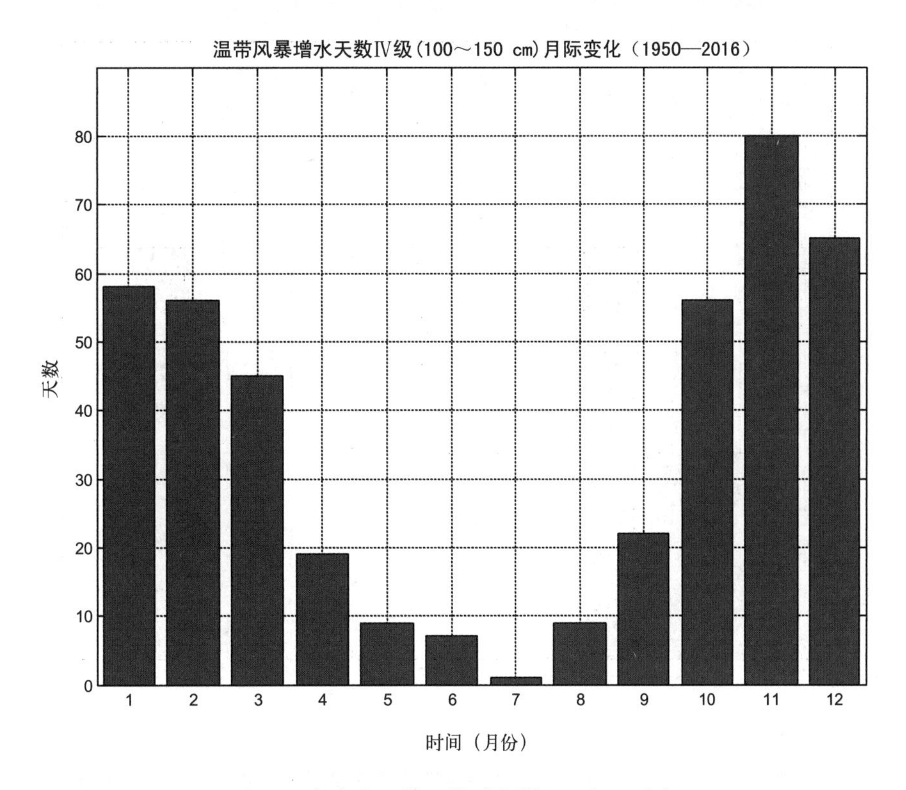

图2.2　渤海湾温带风暴增水Ⅳ级天数逐月变化

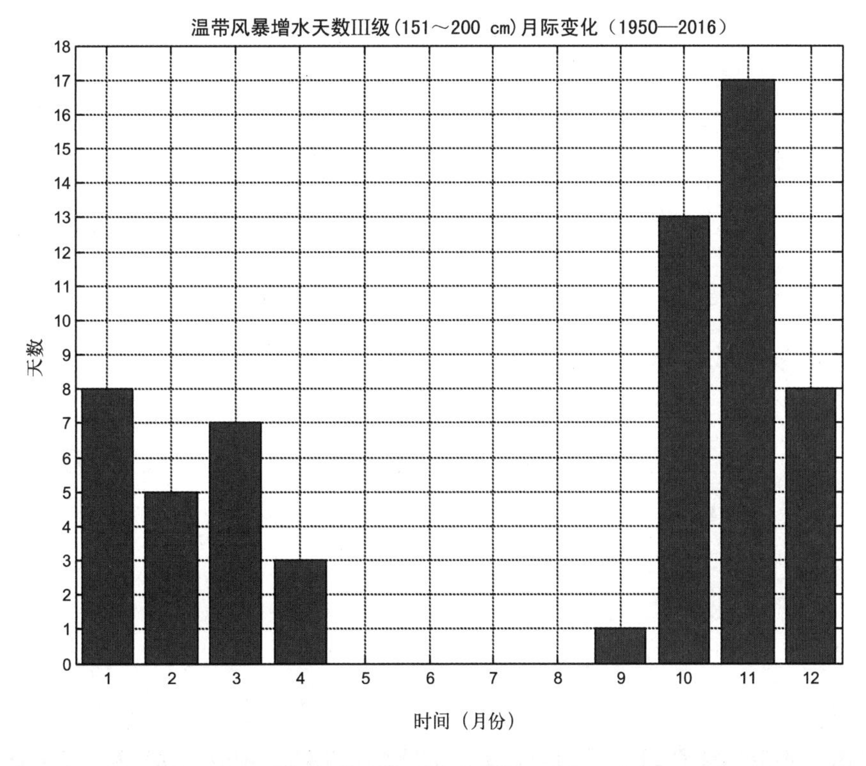

图2.3　渤海湾温带风暴增水Ⅲ级天数逐月变化

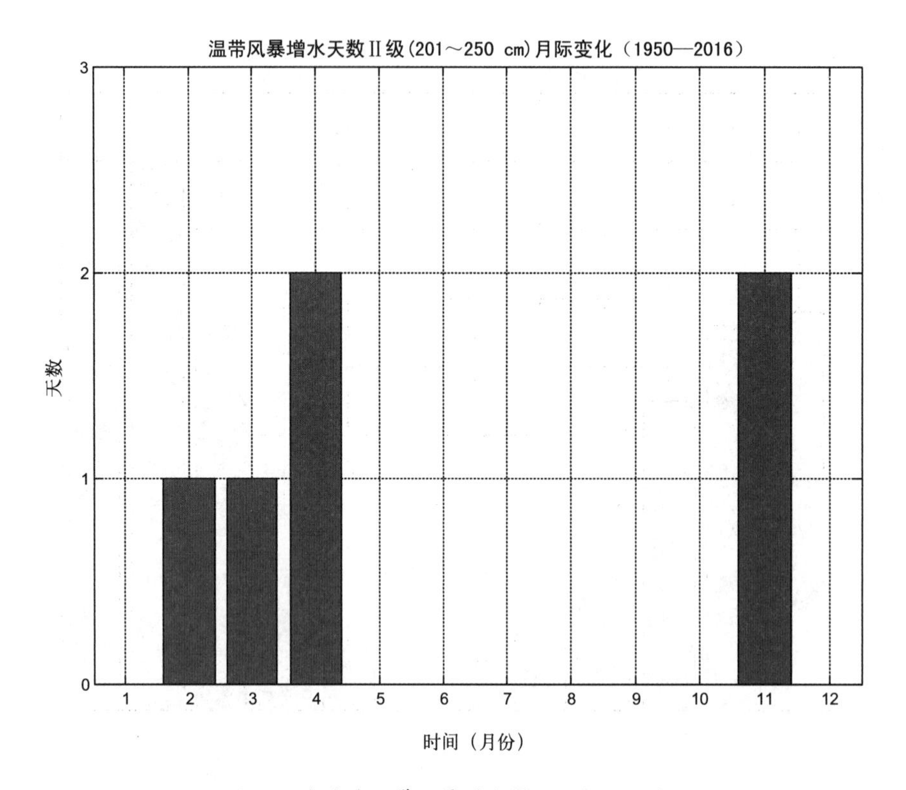

图2.4　渤海湾温带风暴增水Ⅱ级天数逐月变化

总体来看，渤海湾每月均会发生Ⅳ级或以上温带风暴潮，以11月份出现的天数为最多，总天数与各级温带风暴潮的天数均为最多，塘沽站的最大温带风暴增水即出现在1960年11月21日，2.46 m；之后依次为12月和10月。7月出现的天数最少，67年间仅有1天出现过Ⅳ级温带风暴潮，其次为6月、5月和8月，分别为6天、6天和5天。值得注意的是，虽然7月出现中等强度及以上温带风暴潮的概率很低，但由于渤海6—8月期间天文潮较高，仍然会出现温带风暴潮灾害，例如2016年7月20日，受温带气旋影响，渤海沿岸出现中等强度的温带风暴潮，辽宁、河北和天津三地因灾直接经济损失合计8.56亿元。

2.1.1.2　渤海湾风暴增水次数月际分布特征

从图2.5可以看出，1950—2016年间，渤海湾共发生441次100 cm以上温带风暴潮，平均每年6.6次；1—12月均会发生增水100 cm以上的温带风暴潮，10月至翌年2月为温带风暴潮多发期，其中又以10—12月的次数居多，11月发生的次数远多于其他月份，平均次数超过1.2次，其次为12月和10月，接近1次。

从各级温带风暴增水次数图（图2.6～图2.8）可以看出，Ⅳ级风暴潮发生次数为最多，约占总次数的85%，其中11月的次数为最多，每年平均接近1次，之后依次为12月、1月、2月、10月、3月、4月、9月、8月、5月、6月和7月。Ⅲ级温带风暴潮的次数大幅减少，总计56次，主要发生在11月和10月，约占总次数的14%，其次为12月、1月和3月，5—8月没有发生过Ⅲ级温带风暴潮。Ⅱ级温带风暴潮的次数再次大幅减少，总计6次，仅发生在11

月、4月、2月和3月，次数依次减少。

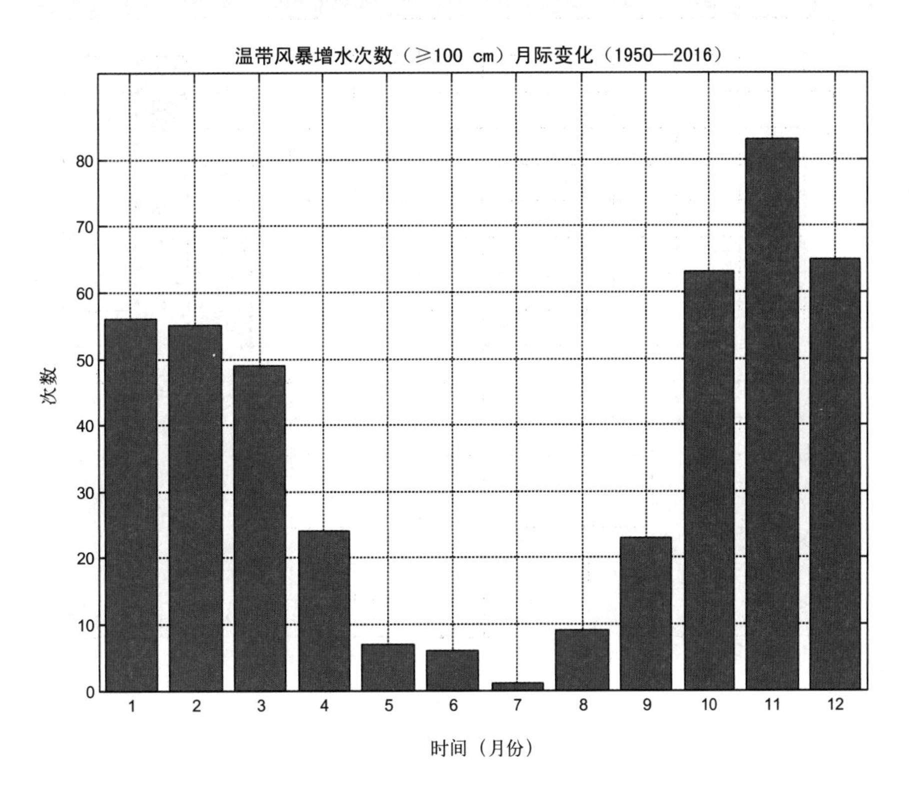

图2.5　渤海湾温带风暴增水次数逐月变化

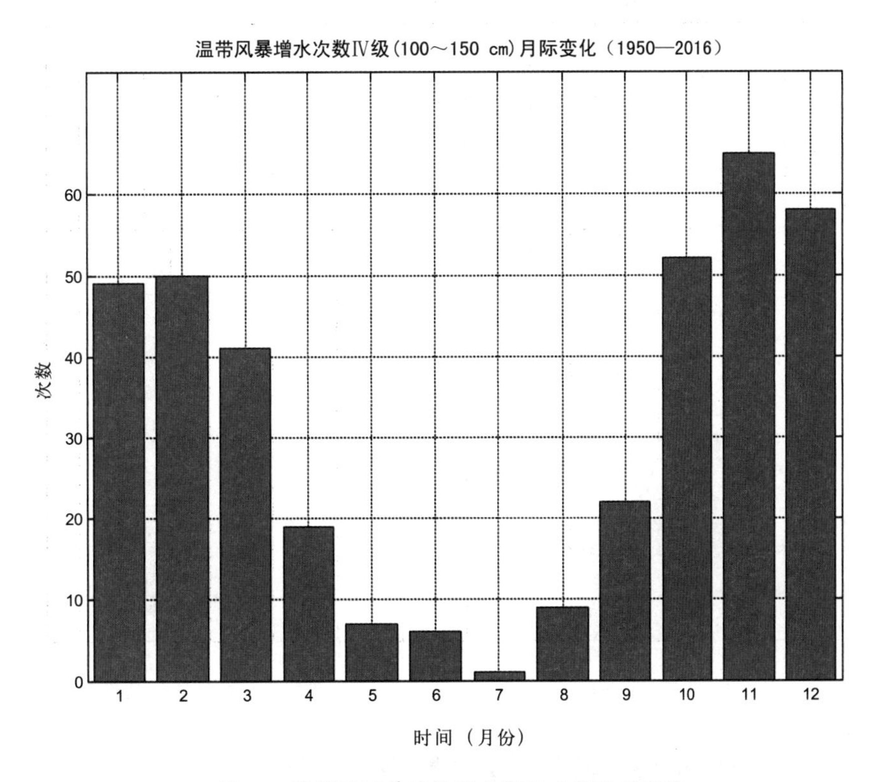

图2.6　渤海湾温带风暴增水Ⅳ级次数逐月变化

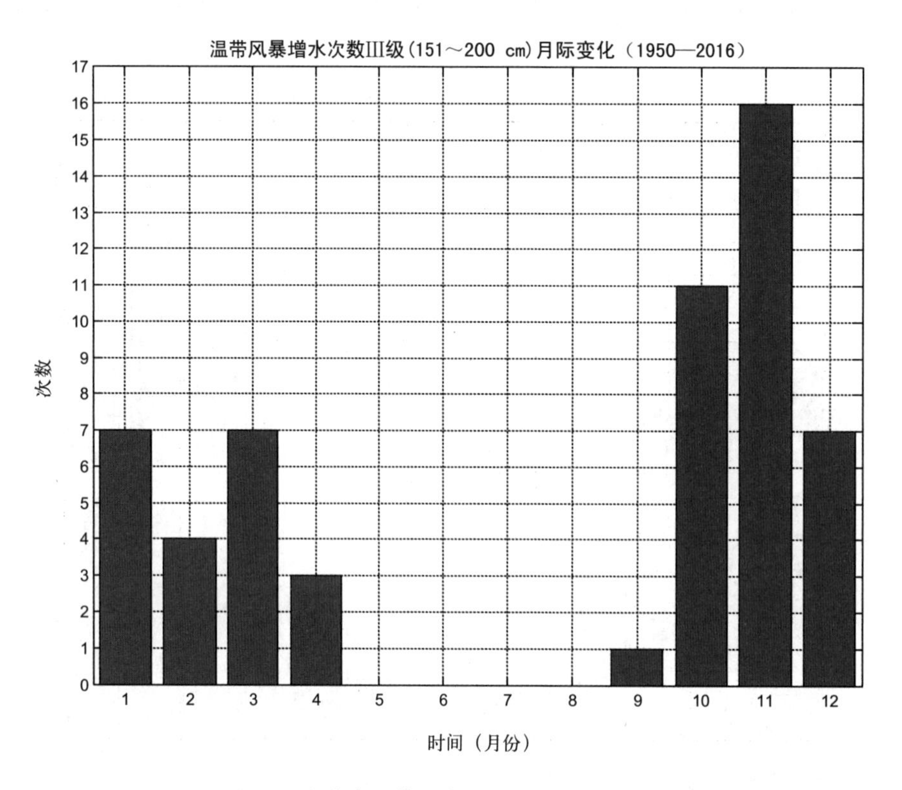

图2.7　渤海湾温带风暴增水Ⅲ级次数逐月变化

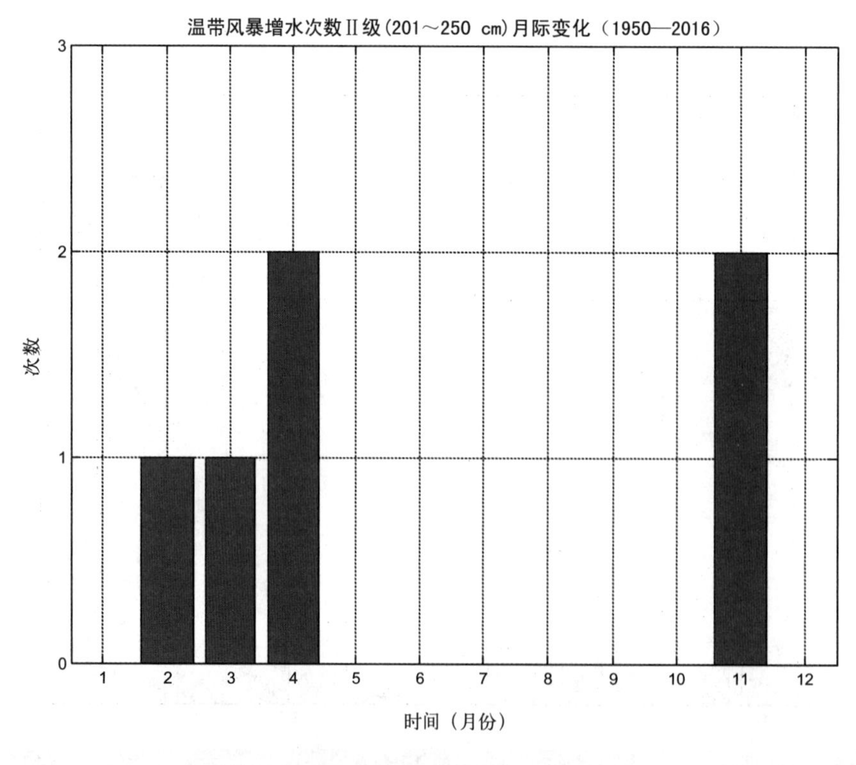

图2.8　渤海湾温带风暴增水Ⅱ级次数逐月变化

2.1.2 莱州湾风暴增水月际分布特征

2.1.2.1 莱州湾风暴增水天数月际分布特征

从图2.9可以看出，莱州湾66年间，共有988天出现100 cm以上温带风暴潮，平均每年接近15天；1—12月均会发生增水100 cm以上的温带风暴潮，10月至翌年4月为温带风暴潮多发期，其中又以11月明显偏多，平均每年接近2.5天，之后依次为10月、3月、12月、2月、4月、1月、9月、5月、8月、6月和7月。

从各级温带风暴增水天数图（图2.10～图2.13）可以看出，Ⅳ级风暴潮发生天数为最多，约占总天数的65%，每年平均天数约为9.8天；10月至翌年3月的天数相差较小，其中11月偏多，居首位，12月次之；7月出现的天数最少，总计6天，6月次之，总计15天。出现Ⅲ级温带风暴潮的天数明显减少，约占总天数的26%；11月的天数明显多于其他月份，其次为3月、2月、10月、12月、4月，这些月份的天数较为接近；7月没有出现过Ⅲ级温带风暴潮。Ⅱ级温带风暴潮的天数再次明显减少，约占总天数的7%，依旧以11月份为最多，其次是10月和4月，总计均超过10天，8月没有出现过Ⅱ级温带风暴潮。67年间共有17天出现Ⅰ级温带风暴潮，天数最多的月份是4月，之后分别为11月、1月、2月、3月、5月和10月，天数相差较小。

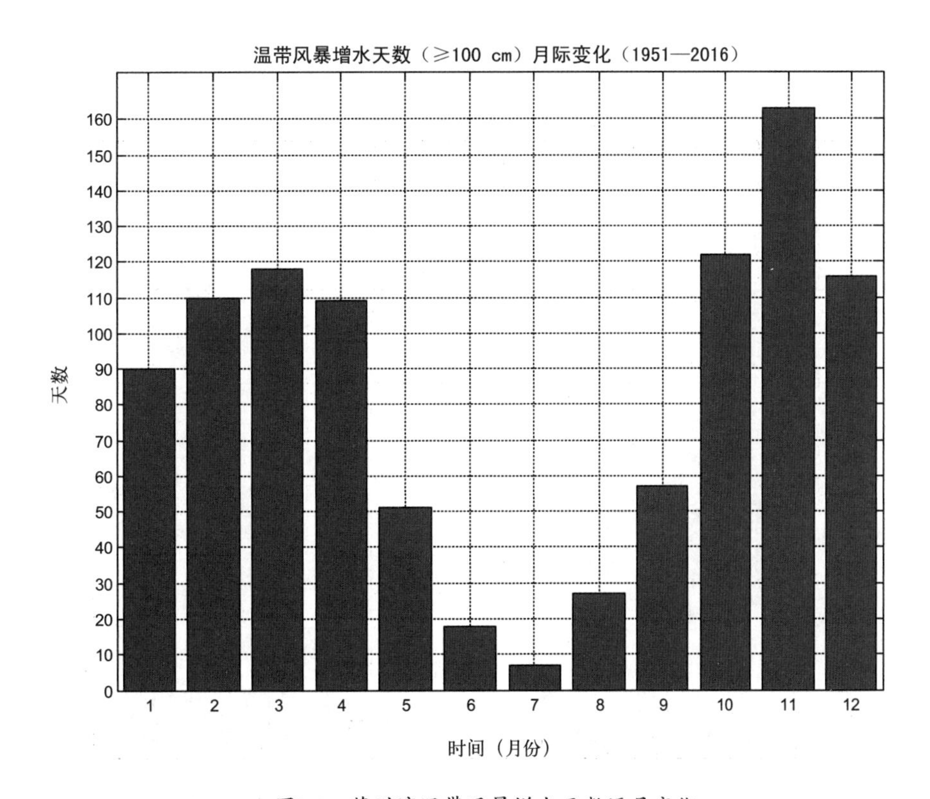

图2.9 莱州湾温带风暴增水天数逐月变化

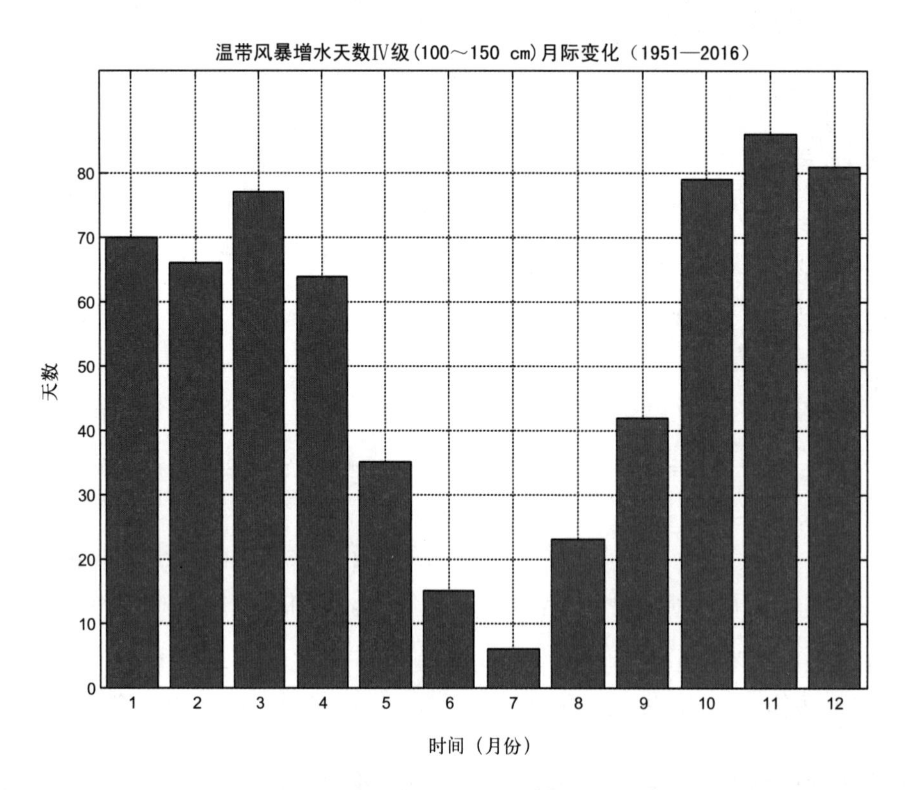

图2.10　莱州湾温带风暴增水Ⅳ级天数逐月变化

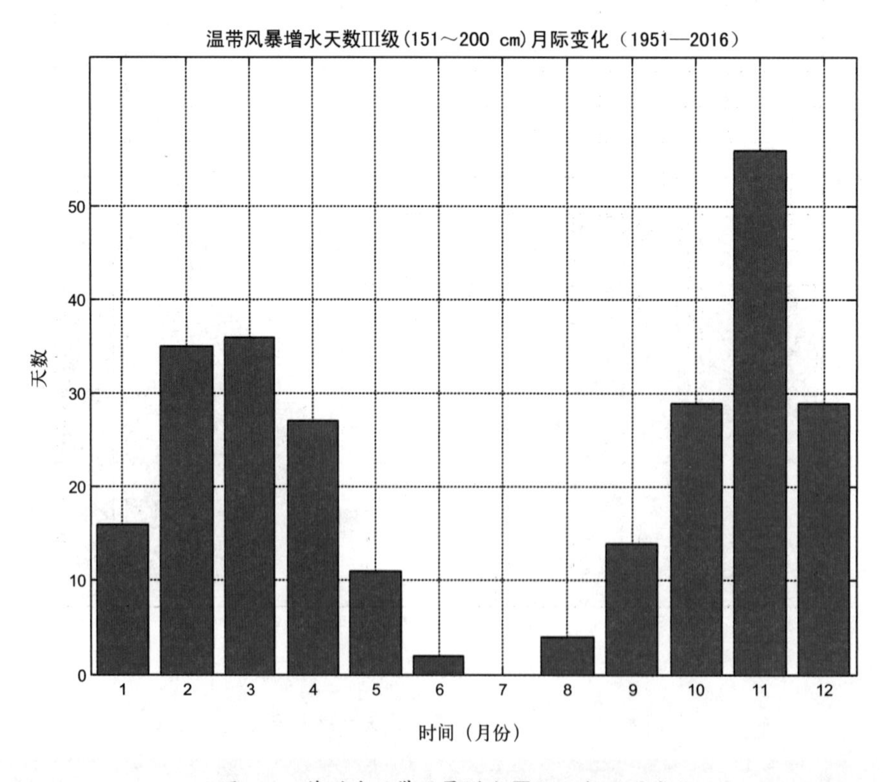

图2.11　莱州湾温带风暴增水Ⅲ级天数逐月变化

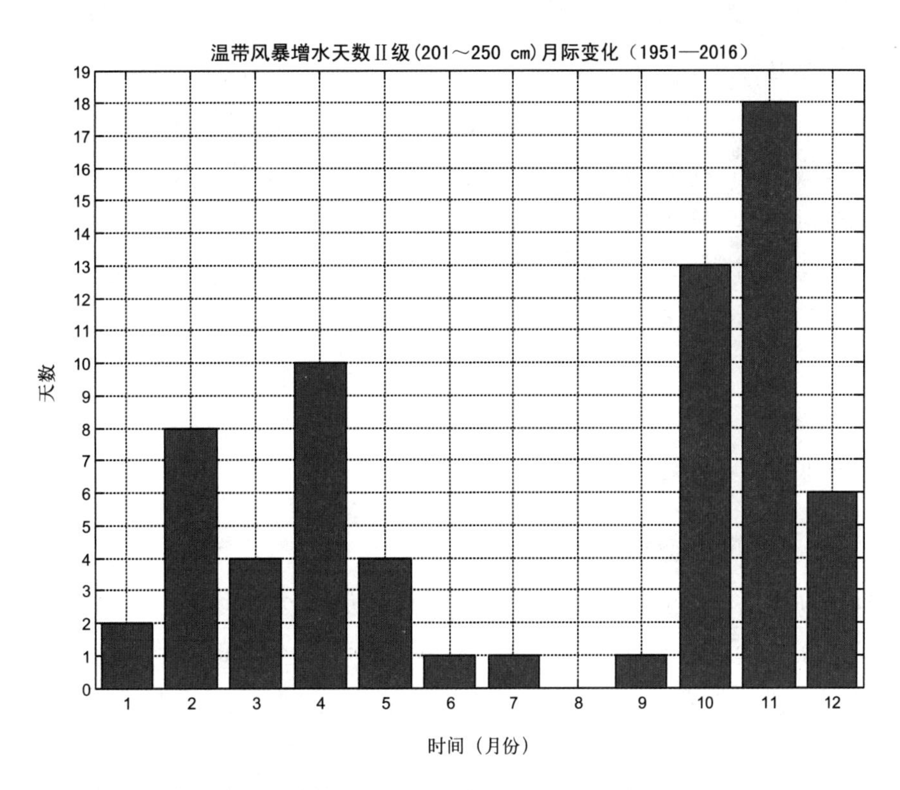

图2.12 莱州湾温带风暴增水Ⅱ级天数逐月变化

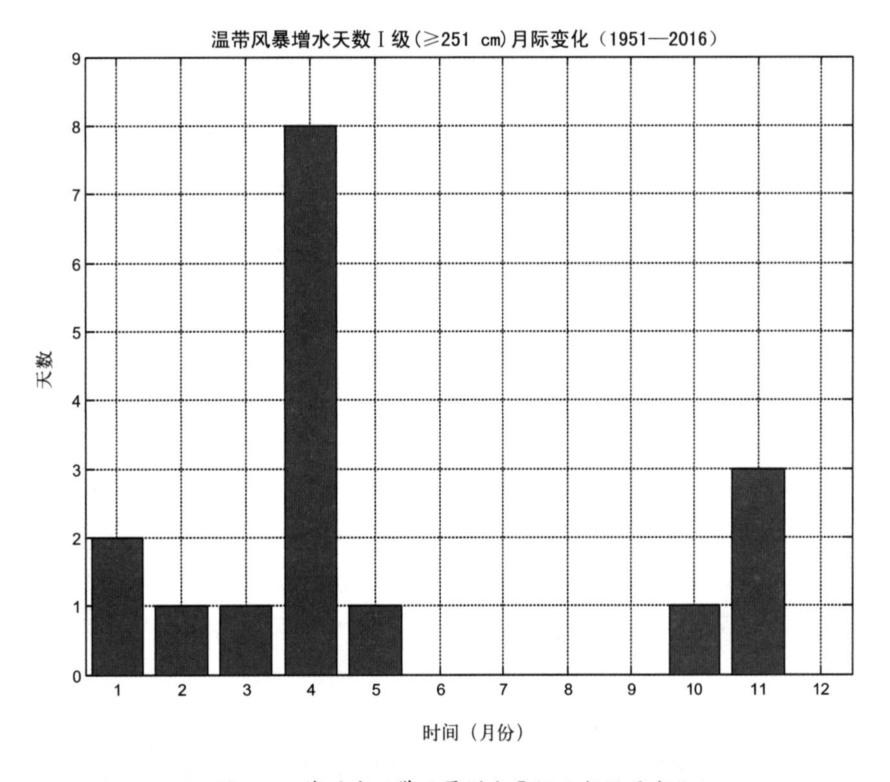

图2.13 莱州湾温带风暴增水Ⅰ级天数逐月变化

总体来看，莱州湾1—12月均会出现温带风暴潮，其中以11月份的天数明显居多，除Ⅰ级外，总天数与其他各级温带风暴潮的天数均为最多；Ⅰ级风暴潮出现天数最多的月份是4月，羊角沟站历史最大增水前三位均发生在4月份；历史最高潮位6.74 m，出现在1969年4月23—24日的温带风暴潮过程中，本次过程的最大增水也是羊角沟历史最大增水。

莱州湾温带风暴潮天数的月际分布与渤海湾有相近也有不同之处，相近之处为11月均为两个海湾天数最多的月份，7月份则为天数最少的月份。不同之处为：一是天数多，莱州湾温带增水100 cm以上的天数远远多于渤海湾，约为2.3倍；二是较强及以上温带风暴潮所占天数比例高，莱州湾Ⅲ级及以上温带风暴潮天数约占总天数35%，而渤海湾仅占14%；三是Ⅲ级及以上温带风暴分布的月份更广，渤海湾5—8月没有出现Ⅲ级或以上温带风暴潮，而莱州湾每月均出现过Ⅲ级或以上温带风暴潮。

2.1.2.2 莱州湾风暴增水次数月际分布特征

从图2.14可以看出，1951—2016年间，莱州湾共发生726次增水0.1 m以上的温带风暴潮，平均每年11次；10月至翌年4月为温带风暴潮多发期，各月间次数相差较少，以11月为最多，平均每年1.6次，之后依次为10月（1.4次）、3月（1.3次）、12月（1.3次）、4月（1.2次）、2月（1.1次）和1月（1.1次）；7月发生次数最少，其次为6月。

从各级温带风暴增水次数图（图2.15～图2.18）可以看出，Ⅳ级温带风暴潮发生次数为最多，约占总次数的62%，其中10月至翌年4月发生次数较多，且各月间次数相差不大，最多为59次，最少40次；7月发生次数最少，其次是6月。Ⅲ级温带风暴潮的次数明显减少，约占总次数的29%，次数最多的为11月，较其他月份显著偏多；次数最少的为6月，7月没有出现过Ⅲ级温带风暴潮。Ⅱ级温带风暴潮的次数大幅减少，仅占8%；11月最多，4月和10月均为9次，为次多，6月、7月和9月历史上出现过1次Ⅱ级温带风暴潮，8月则没有出现过。历史上共发生过14次Ⅰ级温带风暴潮，以4月为最多，6次，其次为11月和1月，均为2次，其他各月分别为1次。

总体来看，莱州湾11月发生温带风暴潮的次数为最多，10月次之，但是10月至翌年4月各月间的次数相差较小；各级温带风暴潮各月分布次数有所不同，Ⅳ级以12月为最多，Ⅲ级和Ⅱ级均以11月为最多，Ⅰ级则以4月为最多。

莱州湾温带风暴潮次数的月际分布与渤海湾不同之处一是次数多，莱州湾Ⅳ级及以上温带风暴潮的次数约为渤海湾的1.6倍；二是各级温带风暴潮在各月分布有所不同，渤海湾无论总次数还是各级风暴潮次数均以11月为最多，而莱州湾总次数、Ⅲ级和Ⅱ级均以11月为最多，Ⅰ级则以4月为最多；三是各级所占比例不同，渤海湾Ⅲ级及以上温带风暴潮次数约占总次数的14%，而莱州湾则为38%；特别是渤海湾没有出现过Ⅰ级温带风暴潮，而莱州湾1—5月、10—11月均出现过Ⅰ级温带风暴潮。

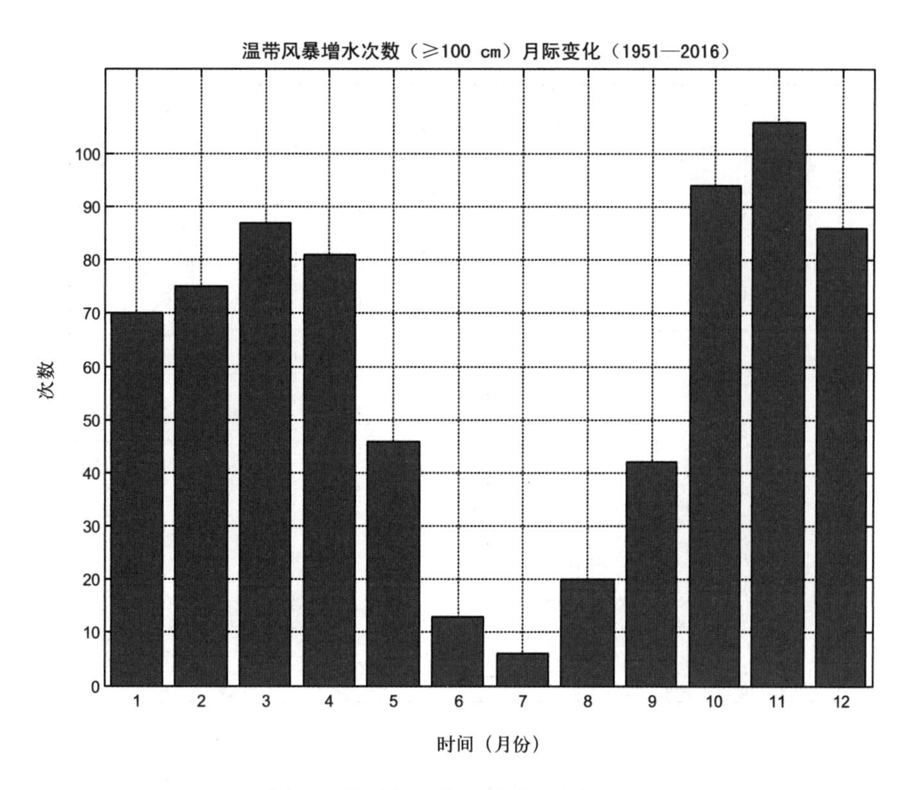

图2.14 莱州湾温带风暴增水次数逐月变化

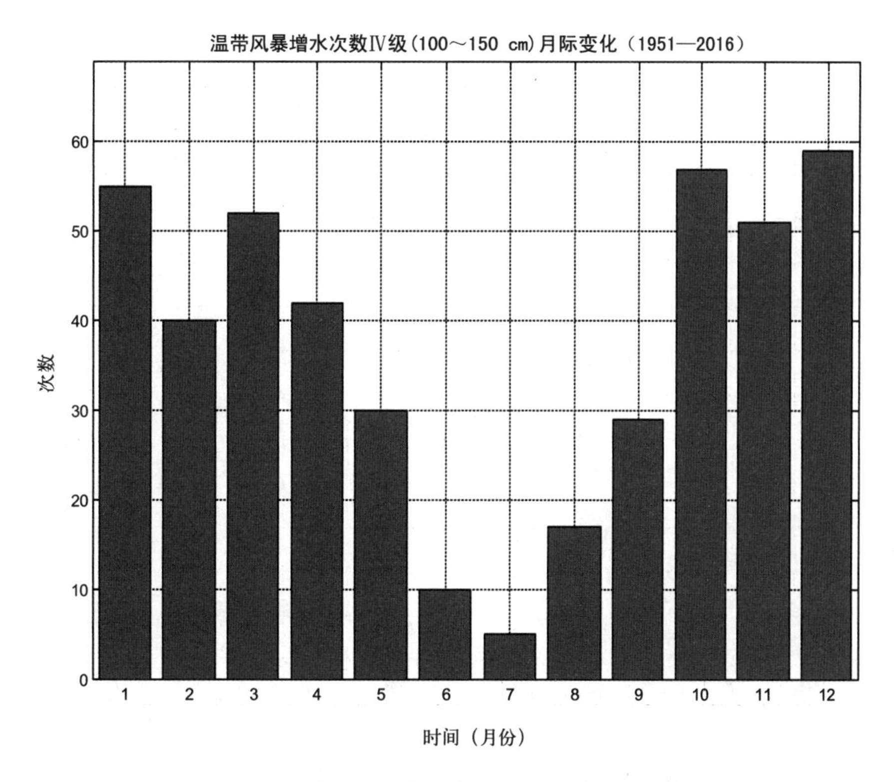

图2.15 莱州湾温带风暴增水Ⅳ级次数逐月变化

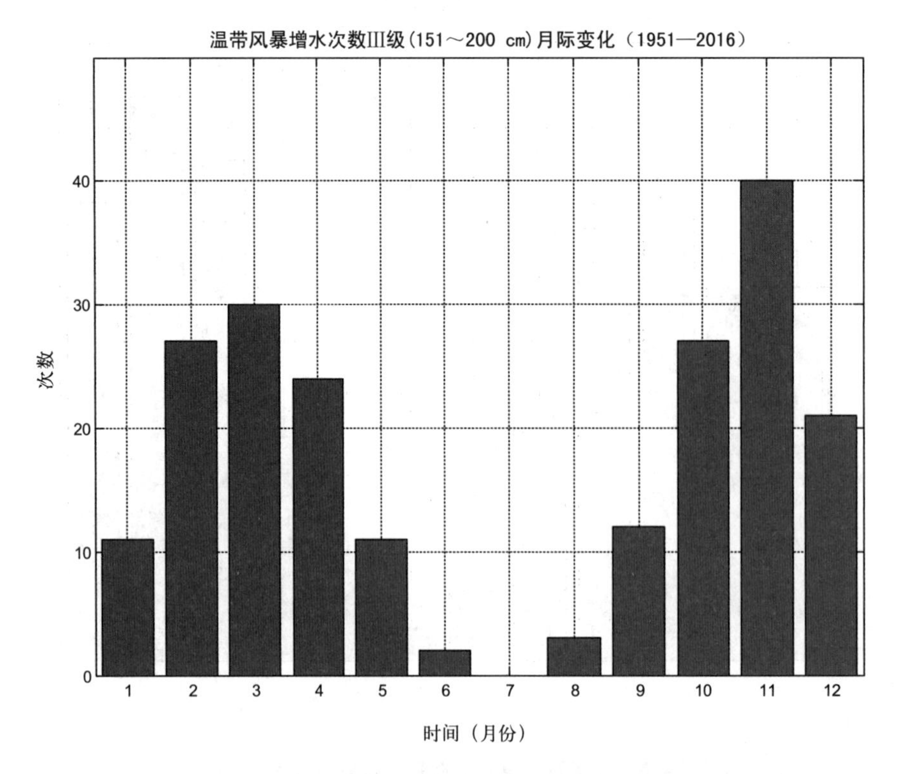

图2.16　莱州湾温带风暴增水Ⅲ级次数逐月变化

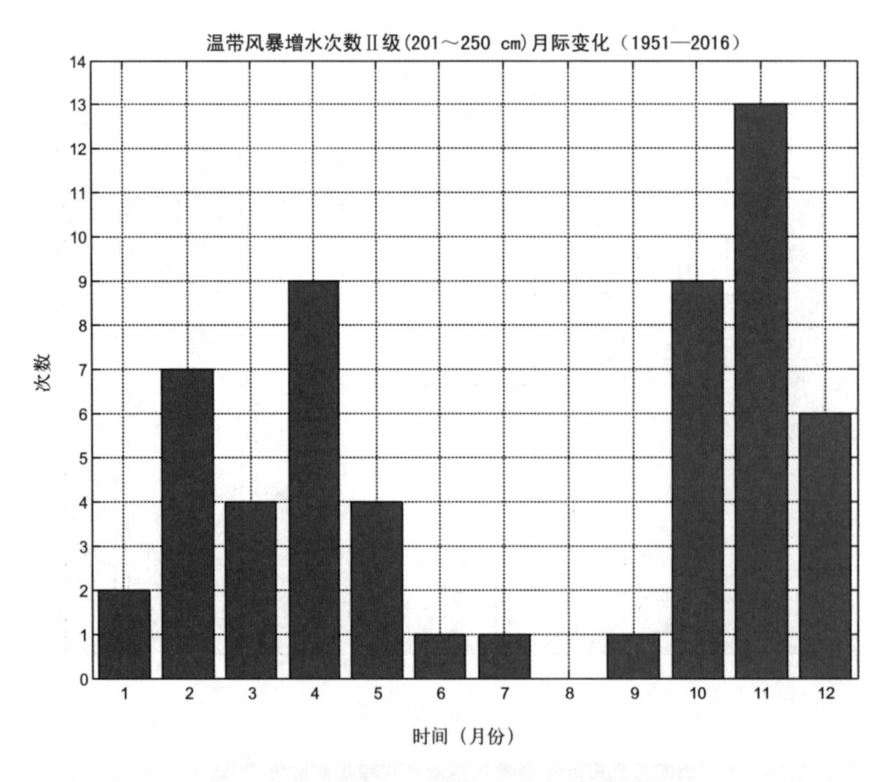

图2.17　莱州湾温带风暴增水Ⅱ级次数逐月变化

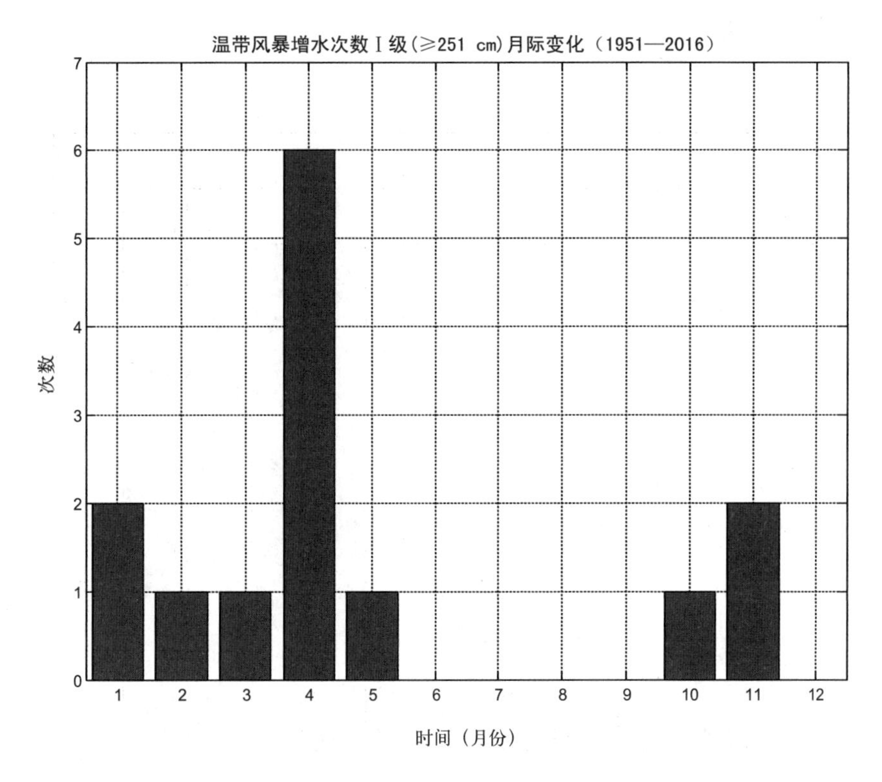

图2.18 莱州湾温带风暴增水Ⅰ级次数逐月变化

2.1.3 超警戒温带风暴潮月际分布特征

2.1.3.1 渤海湾超警戒风暴潮月际分布特征

图2.19～图2.20分别为渤海湾超警戒温带风暴潮天数和次数月际分布，从图中可以看出，天数和次数的分布相同，分别为48天和48次，每年平均分别为0.7天和0.7次。表明一次温带风暴潮过程虽然可能持续数天，但只有其中一天的高潮位会超过当地警戒潮位。各月中，8—11月的超警戒次数明显多于其他月份，约占总天数（次数）的81%；其中8月、10月和11月均为10次，其次为9月，9次；其他月份的天数（次数）介于1次和3次之间，1月、3月和12月没有发生过超警戒温带风暴潮。

在8月份发生的10次超警戒温带风暴潮过程中，7次过程的最大增水均小于100 cm，其余3次过程的最大增水为109 cm；7月份发生的2次超警戒温带风暴潮过程中，最大增水均小于0.70 cm；6月份发生的3次超警戒温带风暴潮过程中，2次过程的最大增水小于100 cm，其余1次过程的最大增水为110 cm。从中可以看出，6—8月出现超警戒温带风暴潮主要在于渤海这三个月为一年中天文潮位最高的时间段，一般强度的风暴增水也可导致高潮位超过当地警戒潮位，如果发生中等强度或更强的风暴潮则可能使潮位进一步增高。例如1966年8月31日，受冷空气与气旋共同影响，塘沽站31日最大增水1.09 m，最高潮位5.16 m，居历史最高潮位第八位，超过当地警戒潮位0.26 cm。

塘沽站由温带风暴潮造成的历史最高潮位为5.72 m，超过当地警戒潮位0.82 m，发生在

1965年11月7日，过程最大增水为1.85 m。受其影响，渤海湾发生重大风暴潮灾害。

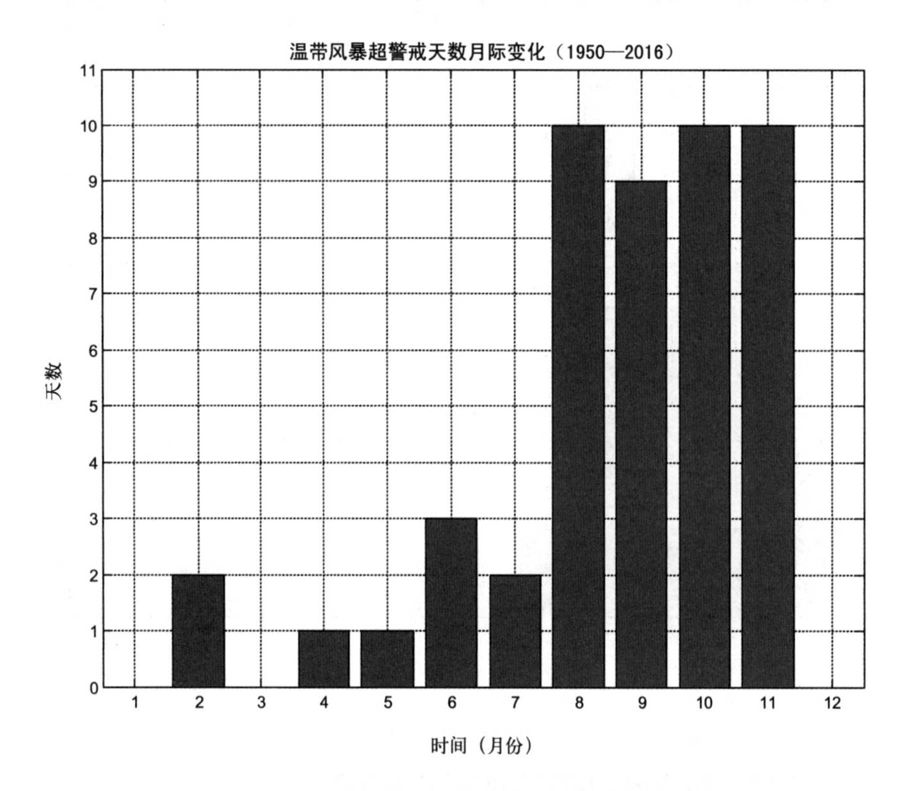

图2.19　渤海湾超警戒温带风暴潮天数月际分布特征

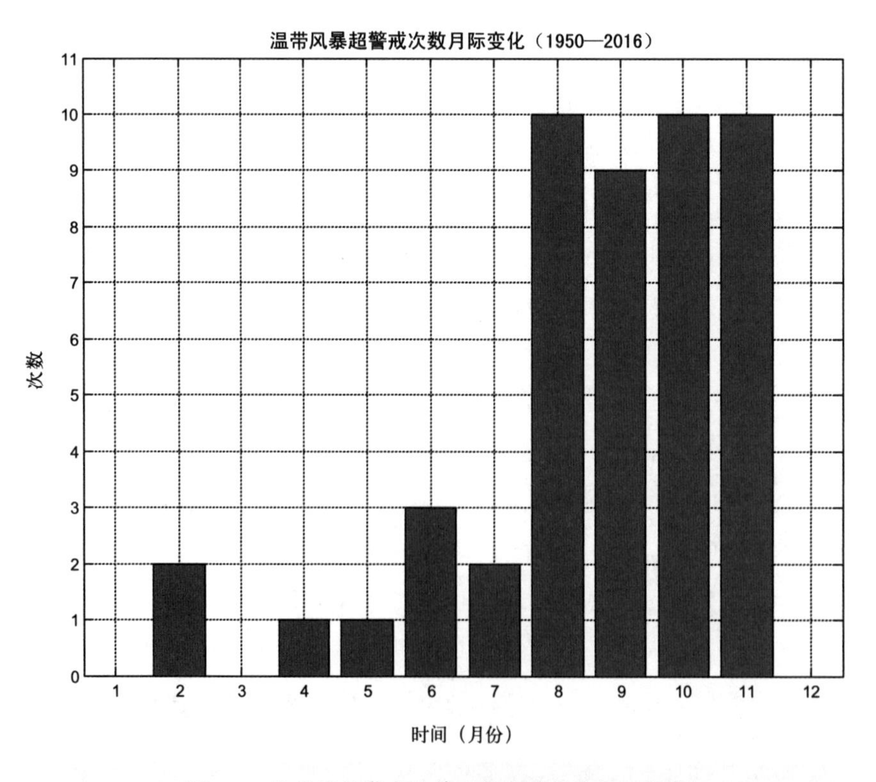

图2.20　渤海湾超警戒温带风暴潮次数月际分布特征

2.1.3.2　莱州湾超警戒风暴潮月际分布特征

图2.21～图2.22分别为莱州湾超警戒温带风暴潮天数和次数月际分布，从图中可以看出，天数和次数的分布完全相同，分别为24天和24次，每年平均分别接近0.4天和0.4次。莱州湾超警戒温带风暴潮主要发生4月、10月和11月，占全部天数（次数）的75%，其中以10月为最多，8次，其次为4月，6次；其他月份的天数（次数）介于1次和2次之间，1月、6月、7月和12月没有发生过超警戒温带风暴潮。

莱州湾超警戒温带风暴潮全部是由中等及以上强度的风暴潮造成的。其中4月、10月及11月为冷、暖空气交汇季节，易出现冷空气及气旋共同影响（北高南低型）莱州湾的情形，同时特殊的地形使该海域较频繁出现强或特强温带风暴潮，从而造成高潮位。例如1969年4月23日，受北高南低型天气系统影响，羊角沟站出现的最大风暴增水达3.55 m，最高潮位6.74 m，超过当地警戒潮位1.24 m，为该站历史最高潮位。该站历史第二和第三高潮位分别发生在1964年4月和2003年10月，均为6.24 m，同样是由北高南低型天气系统造成的。

莱州湾与渤海湾超警戒风暴潮月际分布既有相似也有所区别。一是均发生过严重超警戒等级温带风暴潮，而没有发生过特大等级温带风暴潮，但是莱州湾发生在4月，渤海湾发生在11月；二是10月均为次数最多的月份，但是莱州湾发生次数多的月份依次为10月、4月和11月，而渤海湾8—11月次数很接近，特别是8月和9月，两个区域的月际分布相差很大；三是10月均为较重超警戒风暴潮发生次数最多的月份，分别为10次和6次，但是莱州湾4月次数（4次）与10月相同，远多于11月和2月，渤海湾10月、9月和11月依次减少，分别为3次、2次和1次。

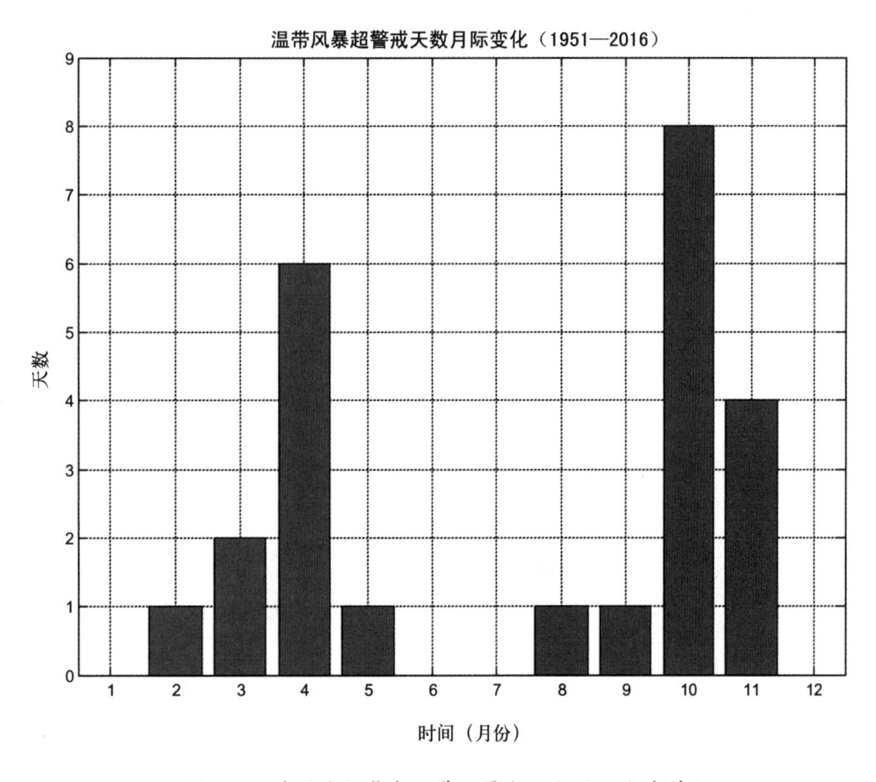

图2.21　莱州湾超警戒温带风暴潮天数月际分布特征

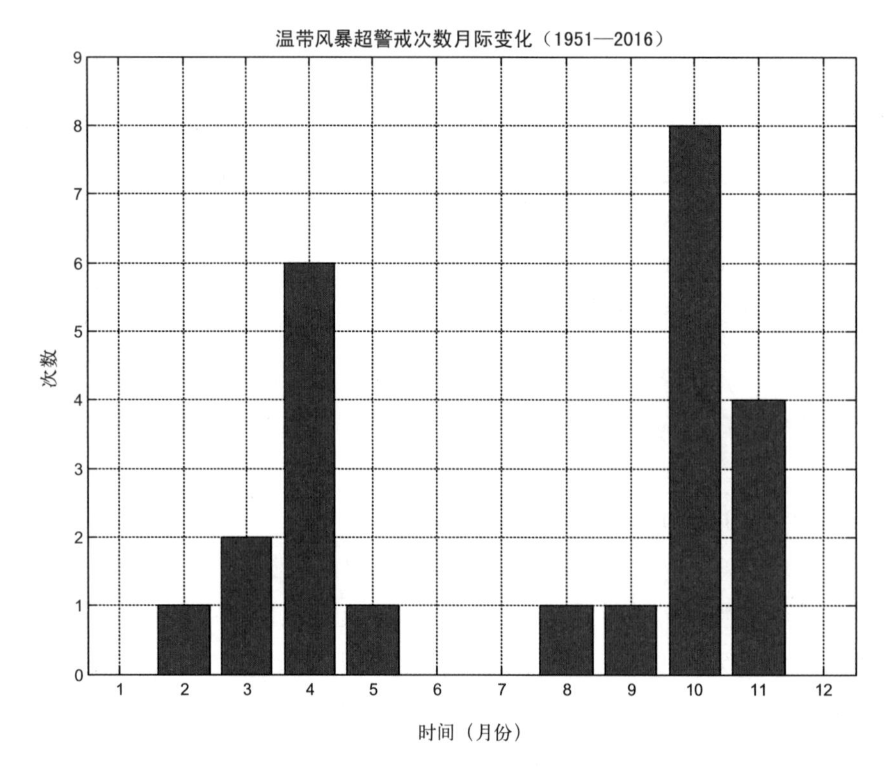

图2.22 莱州湾超警戒温带风暴潮次数月际分布特征

2.2 温带风暴潮灾害年际分布特征

2.2.1 渤海湾风暴增水年际分布特征

2.2.1.1 渤海湾风暴增水天数年际分布特征

从渤海湾温带风暴潮天数年代际变化图（图2.23）中可以看出，1950—2016年间，温带风暴潮发生天数不同年代间有着较为明显的波动，60年代前期、70年代中后期、21世纪前10年后期为三个天数较多的时期，超过8天/年，其中70年代中后期是温带风暴潮天数持续较多的一段时期；而60年代中期，80年代中期、90年代后期至21世纪前10年前期及21世纪10年代中期为天数数较少的时期，其中以80年代中期的天数为最少，约为4天/年。

从图2.24～图2.26可以看出，各级风暴潮年代际变化趋势不尽相同，Ⅳ级温带风暴潮天数与总天数的变化趋势较为一致，以60年代前期、70年代中后期以及21世纪前十年后期为天数较多的时期；80年代中期为天数最少的时期，少于4天/年。Ⅲ级温带风暴潮则以70年代中后期至80年代前期天数为最多，约为2天/年，之后开始快速减少，90年代中后期至21世纪前十年前期天数为最少，1997—2002年间没有出现过Ⅲ级温带风暴潮，然后天数开始增多直至21世纪10年代前期，之后开始再次减少。Ⅱ级温带风暴潮年代际变化鲜明，主要出现在60年代，天数明显多于其他时期，约占总天数的2/3，之后为70年代后期与90年代中后期。历史上没有出现过Ⅰ级温带风暴潮。

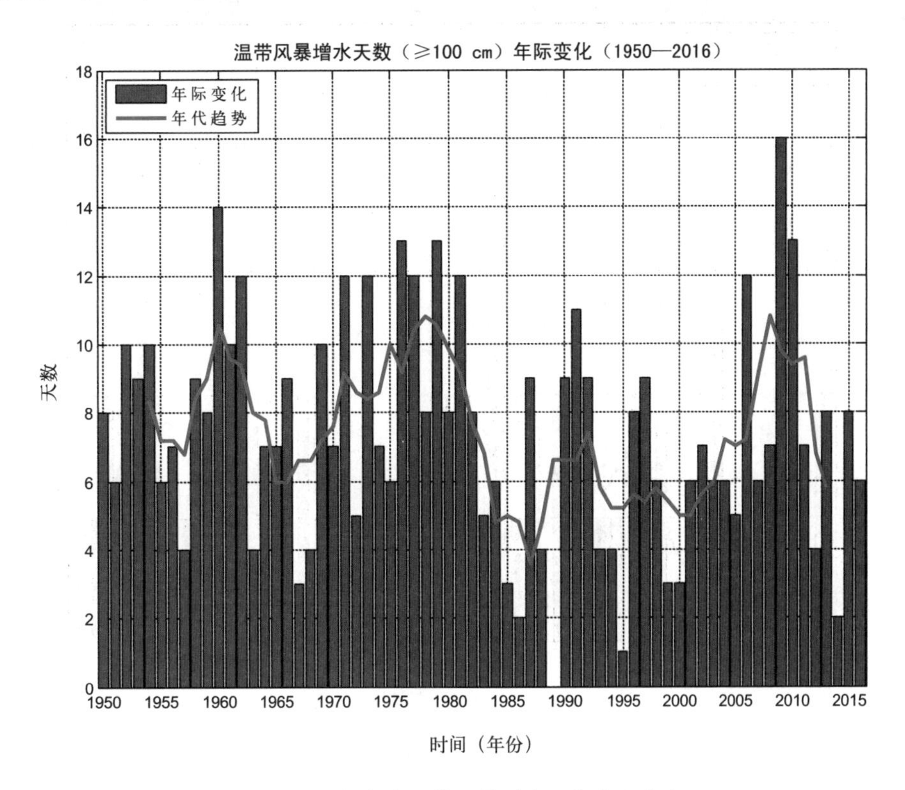

图2.23 渤海湾温带风暴增水天数年际变化

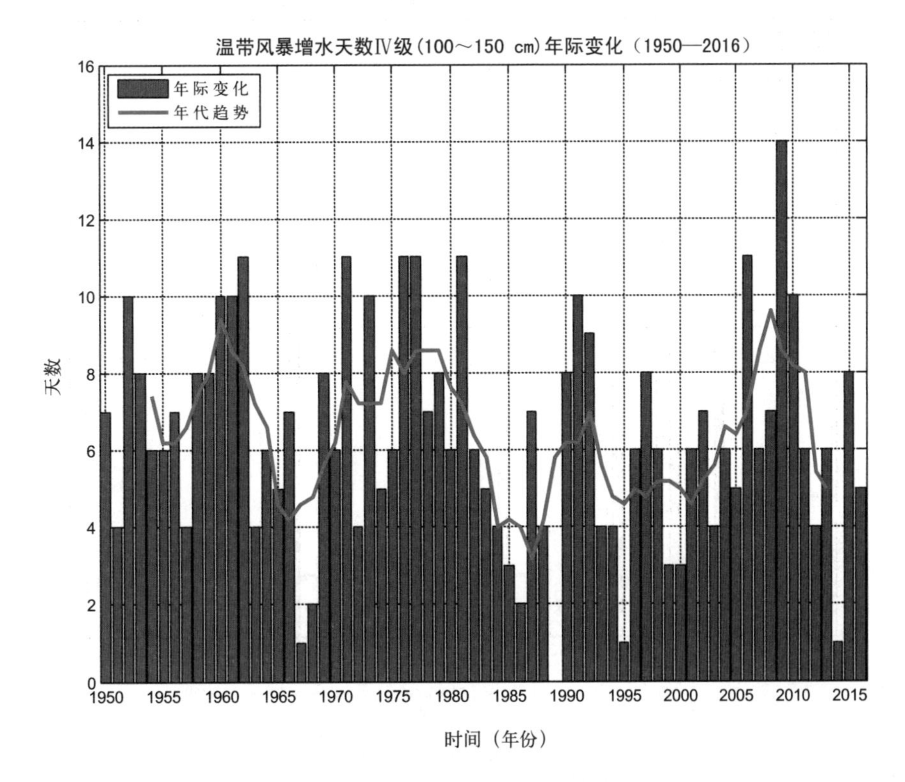

图2.24 渤海湾温带风暴增水Ⅳ级天数年际变化

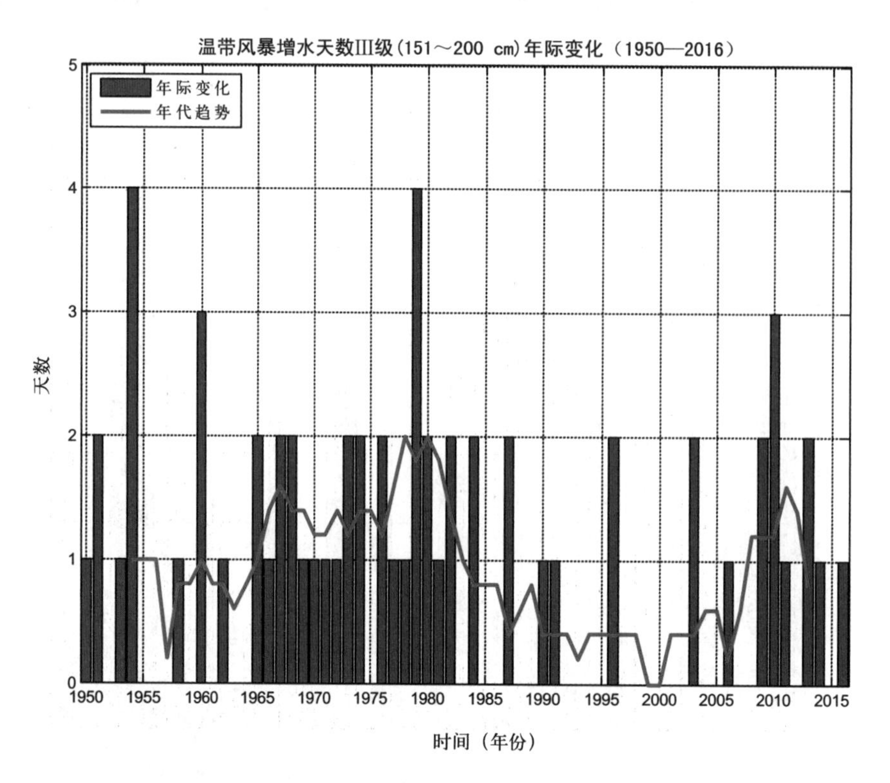

图2.25　渤海湾温带风暴增水Ⅲ级天数年际变化

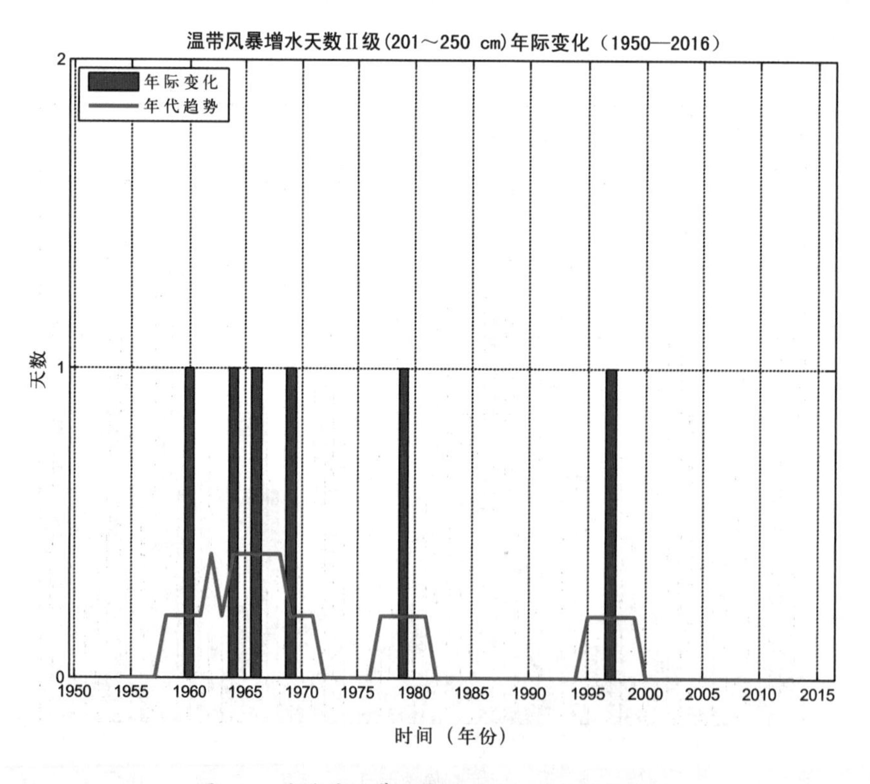

图2.26　渤海湾温带风暴增水Ⅲ级天数年际变化

总体来看，渤海湾温带风暴潮天数年代际变化较为明显，1950—2016年间，共有三个时期出现的天数较多，同时也是Ⅳ级温带风暴潮出现天数最多的三个时期；Ⅲ级温带风暴潮天数以70年代中后期至80年代前期偏多；Ⅱ级则以60年代为最多。

2.2.1.2 渤海湾风暴增水次数年际分布特征

从渤海湾温带风暴潮次数年代际变化图（图2.27）中可以看出，1950—2015年间，温带风暴潮发生次数不同年代间有着较为明显的波动，60年代前期为次数较多的时期之一，约9次/年，然后次数明显减少，60年代中期开始明显波动上升，至70年代后期达到第二个峰值后，次数出现快速回落，并于80年代中期出现最低值，约3次/年，之后至90年代前期数小幅快速增加，后略有减少并保持小幅震荡，21世纪起出现较快幅度上升，并于前十年后期达到峰值，接近10次/年，之后次数呈现明显减少的趋势。

从图2.28～图2.30可以看出，各级风暴潮次数年代际变化趋势不尽相同，Ⅳ级温带风暴潮次数与总次数的变化趋势较为一致，60年代前期、70年代中期、21世纪前十年后期为三个次数较多的时期，约8次/年，也以80年代中期为次数最少的时期，与总次数的主要区别在于70年代中后期是总次数最多的时期，而Ⅳ级的次数略低于其他两个时期。Ⅲ级温带风暴潮次数的年代际变化较为显著，70年代后期的次数最多，80年代起至90年代后期，Ⅲ级温带风暴潮次数震荡减小，是次数最少的时期，21世纪前十年前期开始，次数出现上升趋势，直至21世纪10年代前期次数再次减少。Ⅱ级温带风暴潮历史上共出现6次，以60年代中期为最多，接近0.5次/年，主要出现在1960年、1964年、1966年和1969年，另两次分别出现在1979年和1997年。

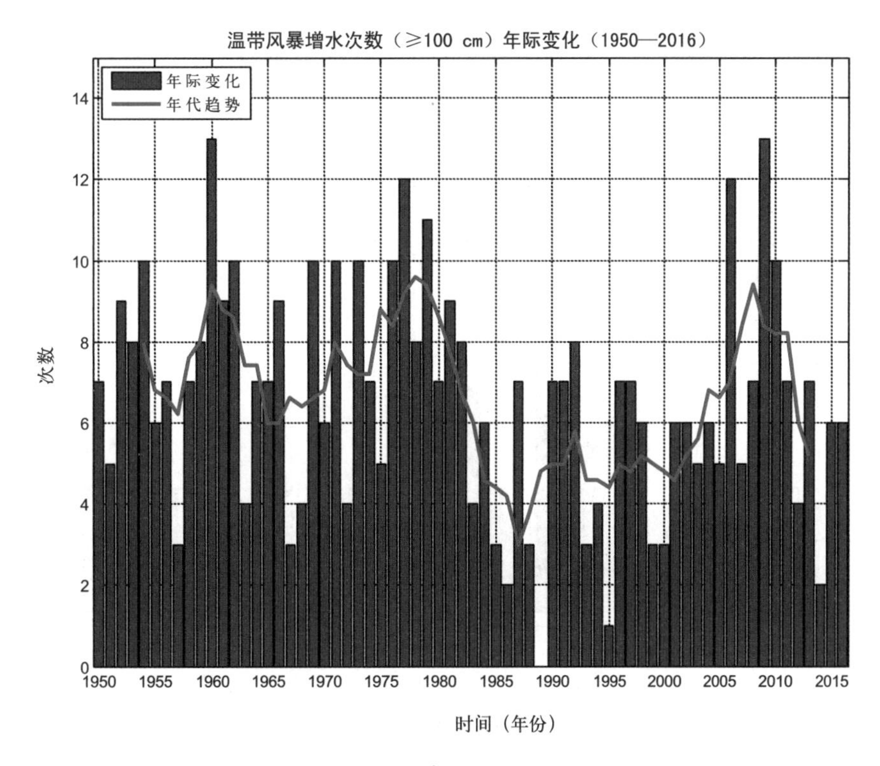

图2.27 渤海湾温带风暴增水次数年际变化

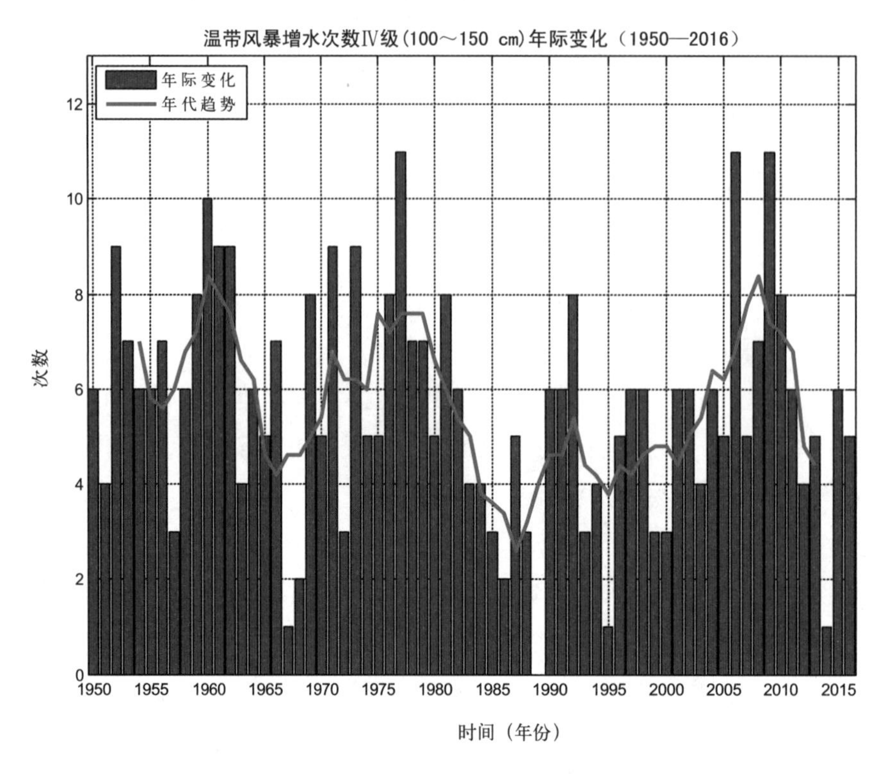

图2.28　渤海湾温带风暴增水Ⅳ级次数年际变化

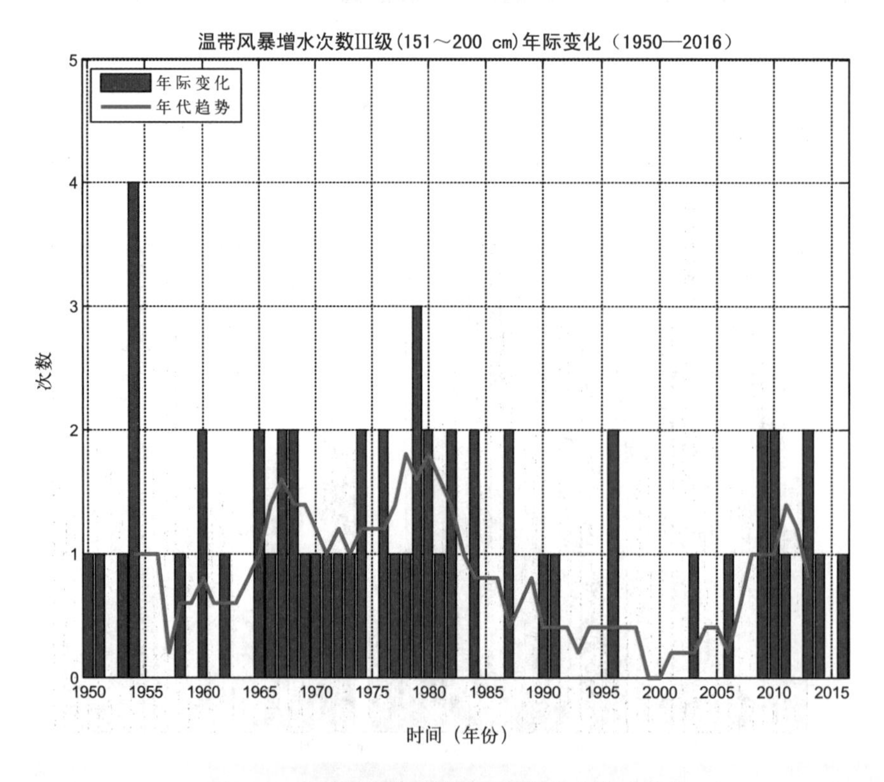

图2.29　渤海湾温带风暴增水Ⅲ级次数年际变化

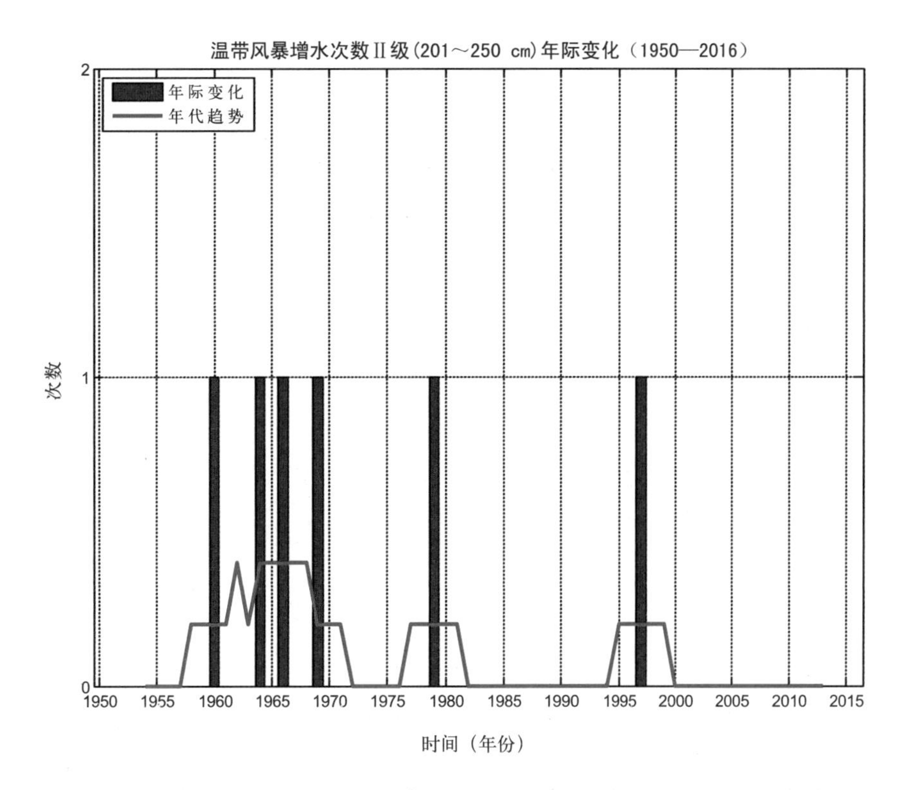

图2.30　渤海湾温带风暴增水Ⅱ级次数年际变化

总体来看，渤海湾温带风暴潮次数与天数变化趋势较为一致，以波动变化为主，1950年至2016年间，共有三个时期出现的次数较多，同时也是Ⅳ级温带风暴潮出现次数最多的三个时期；Ⅲ级温带风暴潮天数以70年代后期为最多；Ⅱ级则以60年代的次数为最多。

2.2.2　莱州湾风暴增水年际分布特征

2.2.2.1　莱州湾风暴增水天数年际分布特征

莱州湾温带风暴潮天数年代际变化图（图2.31）表明，莱州湾温带风暴潮天数虽然波动变化较为明显，但是整体呈现微幅增长趋势。从50年代中期至70年代后期，天数以波动上升为主，70年代后期出现第一个峰值，接近19天/年，之后快速回落至12天/年，也是天数最少的时期，此后至90年代初呈现快速回升的趋势，出现第二个峰值，约18天/年，然后再次出现较为明显的波动，21世纪前十年中期起至21世纪10年代前期上升趋势较为显著，并出现第三峰值，多于20天/年，也是天数最多的一个峰值。

从图2.32～图2.35可以看出，各级风暴潮天数年代际变化趋势有所区别。Ⅳ级温带风暴潮天数与总次数的变化趋势较为一致，但是Ⅳ级温带风暴潮各峰值间的天数差异较为明显，第一个峰值出现 70年后期，约12天/年，第二个峰值出现在90年代前期，约12天/年，第三峰值出现在21世纪前十年初期，接近12天/年，第四个峰值出现在21世纪10年代前期，超过

16天/年。Ⅲ级温带风暴潮的年代际变化较为显著，天数最多的时期为80年代后期，约6天/年，之后为70年代后期，接近6天/年；天数最少的时期是90年代前期，略多于2天/年。Ⅱ级温带风暴潮有三个明显的峰值，50年代后期，接近2天/年，70年代中期，约1.5天/年，90年代中后期，接近2天/年；次数最少的21世纪前十年中期，少于0.5天/年。历史上共发生过11次Ⅰ级温带风暴潮，以60年代末70年代初较为集中，与60年代前期均为次数较多的时期，接近1天/年， 70年代后期与80年代后期次数相当，略多于0.5天/年。

总体来看，莱州湾温带风暴潮以21世纪10年代前期的天数最多；各级温带风暴潮天数分布不尽相同，Ⅳ级以21世纪10年代前期为最多，Ⅲ级以80年代后期为最多，Ⅱ级以50年代后期与90年代中后期为最多，Ⅰ级则以60年代前期与60年代末70年代初的天数偏多。

莱州湾温带风暴潮天数与渤海湾天数年代际变化有所不同，莱州湾温带风暴潮天数虽然波动变化较为明显，但是整体呈现微幅增长趋势，渤海湾则以明显的波动为主；各级温带风暴潮天数较多的时期也有所不同。

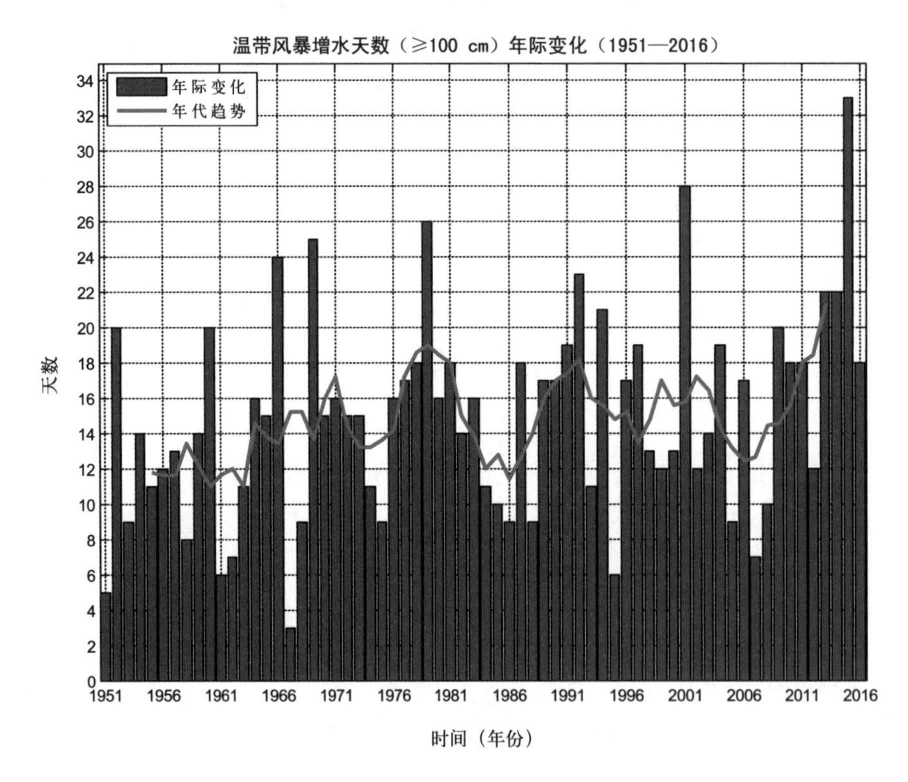

图2.31　莱州湾温带风暴增水天数年际变化

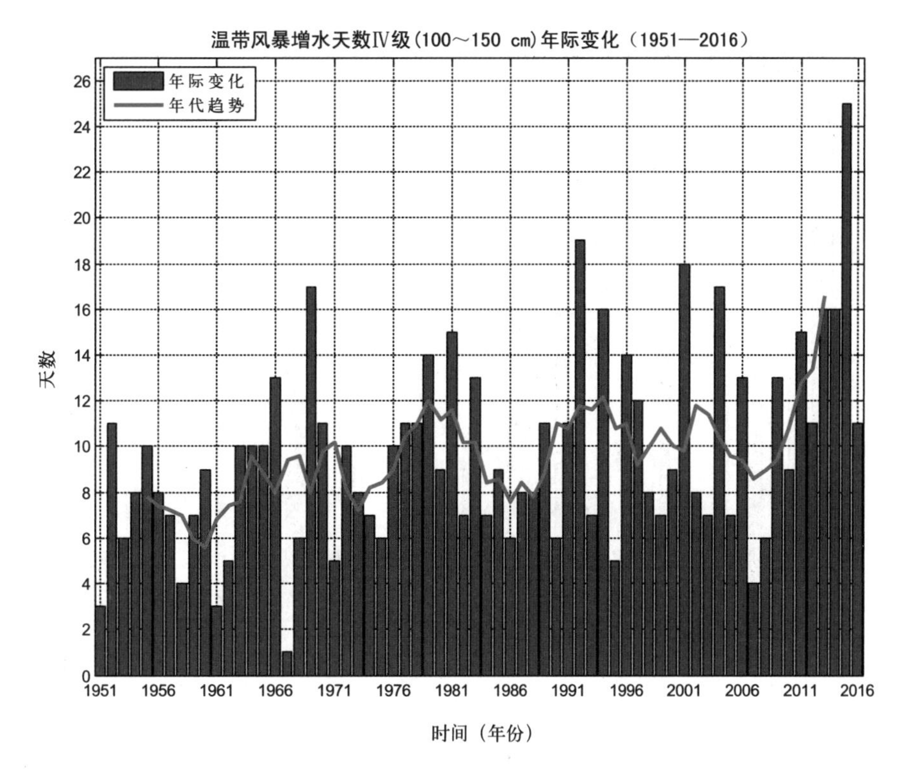

图2.32 莱州湾温带风暴增水Ⅳ级天数年际变化

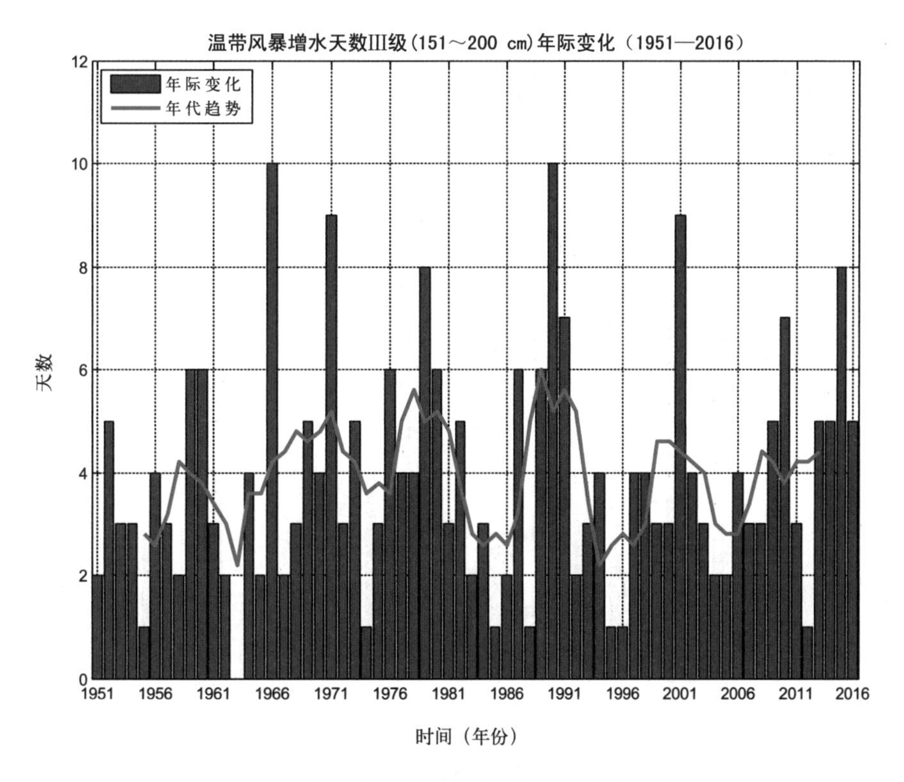

图2.33 莱州湾温带风暴增水Ⅲ级天数年际变化

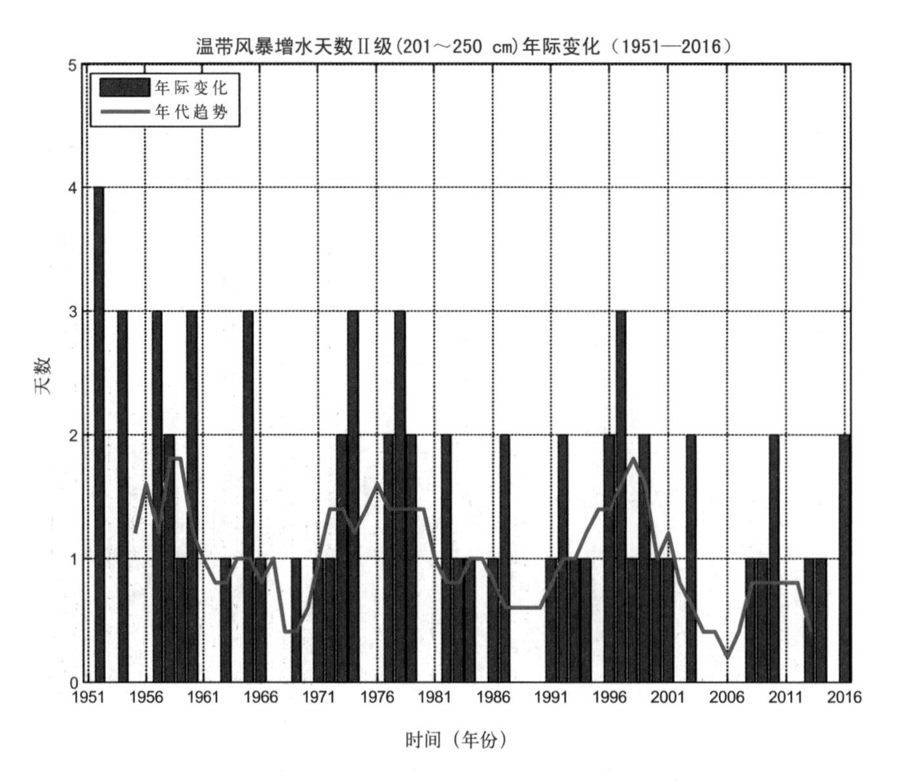

图2.34　莱州湾温带风暴增水Ⅱ级天数年际变化

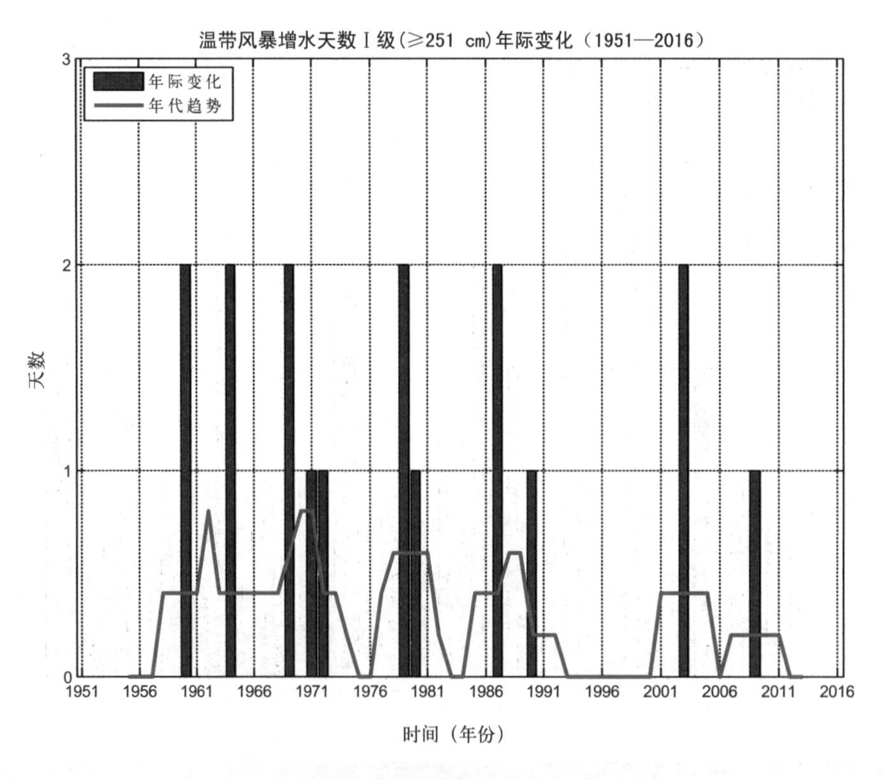

图2.35　莱州湾温带风暴增水Ⅰ级天数年际变化

2.2.2.2　莱州湾风暴增水次数年际分布特征

莱州湾温带风暴潮次数年代际变化图（图2.36）表明，莱州湾温带风暴潮次数呈现波动上升的趋势。从50年代中期起开始波动上升，至70年代后期达到第一个峰值，约13次/年，之后次数出现明显减少，80年代中期为次数最少的时期，接近10次/年，此后次数出现快速上升，90年代前期出现第二个峰值，略多于12次/年，至21世纪前十年中期以震荡的趋势为主，21世纪10年代前期再次出现峰值，接近16次/年，也是次数最多的时期。

从图2.37～图2.40可以看出，各级风暴潮次数年代际变化不尽相同。Ⅳ级温带风暴潮从50年代中期至80年代前期，以震荡上升的趋势为主，80年代前期出现第一个峰值，8次/年，之后次数变化幅度较小，在6～8次/年之间起伏波动，直至21世纪前十年后期次数呈现快速上升趋势，12世纪10年代前期出现峰值，接近12次/年。Ⅲ级温带风暴潮次数的年代际变化较为显著，与天数变化较为一致，次数最多的时期为80年代后期，约5次/年，之后为70年代后期，接近5天/年；天数最少的时期是90年代前期，略少于2天/年，其余时期的次数多在2～4次/年间波动。Ⅱ级温带风暴潮的次数最多的为90年代中后期，接近2次/年，之后依次为50年代中后期与70年代前期，均小于1.5次/年，其余时期的次数均小于1次/年。Ⅰ级温带风暴潮次数偏多的时期为60年代前期、60年代末70年代初与70年代末，均略超过0.5次/年；80年代后期、21世纪前十年前期和后期均出现过Ⅰ级温带风暴潮。

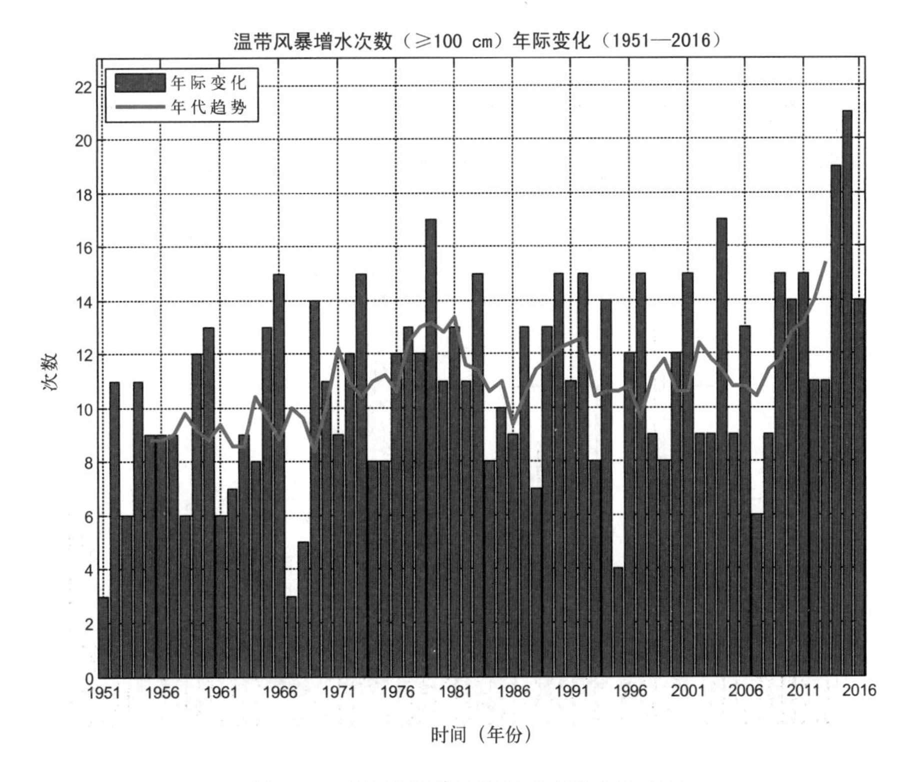

图2.36　莱州湾温带风暴增水次数年际变化

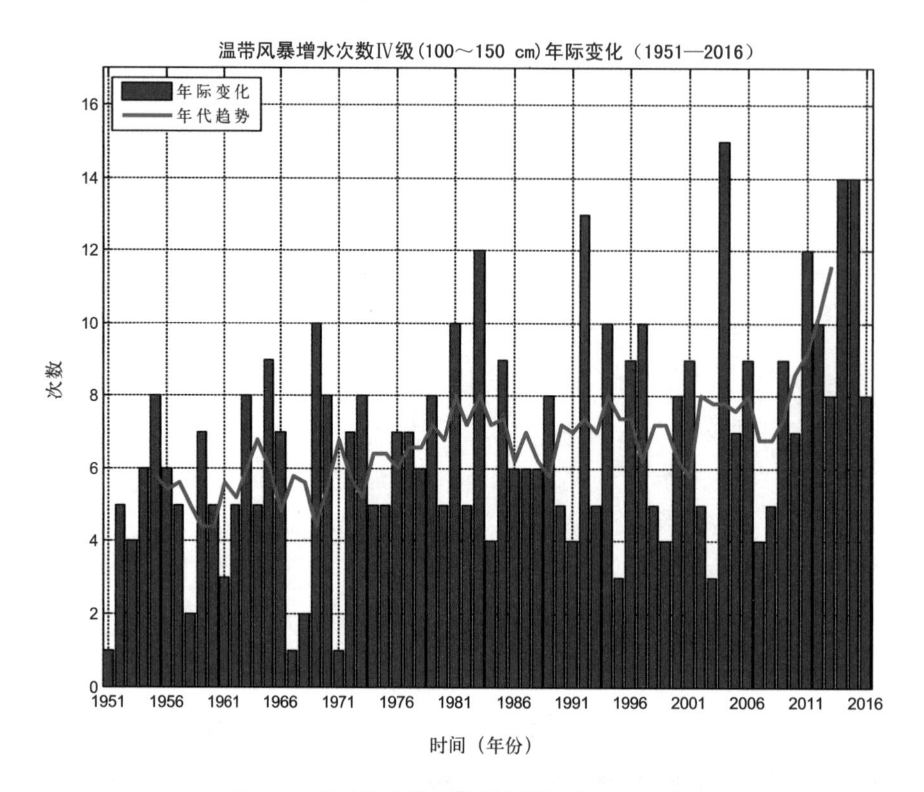

图2.37　莱州湾温带风暴增水Ⅳ级次数年际变化

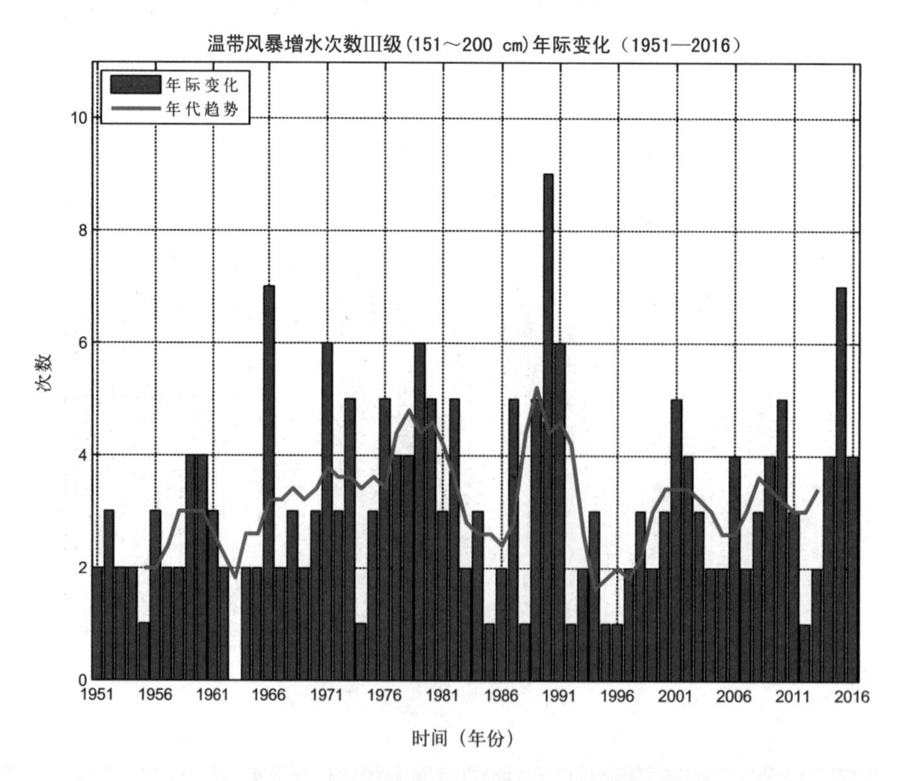

图2.38　莱州湾温带风暴增水Ⅲ级次数年际变化

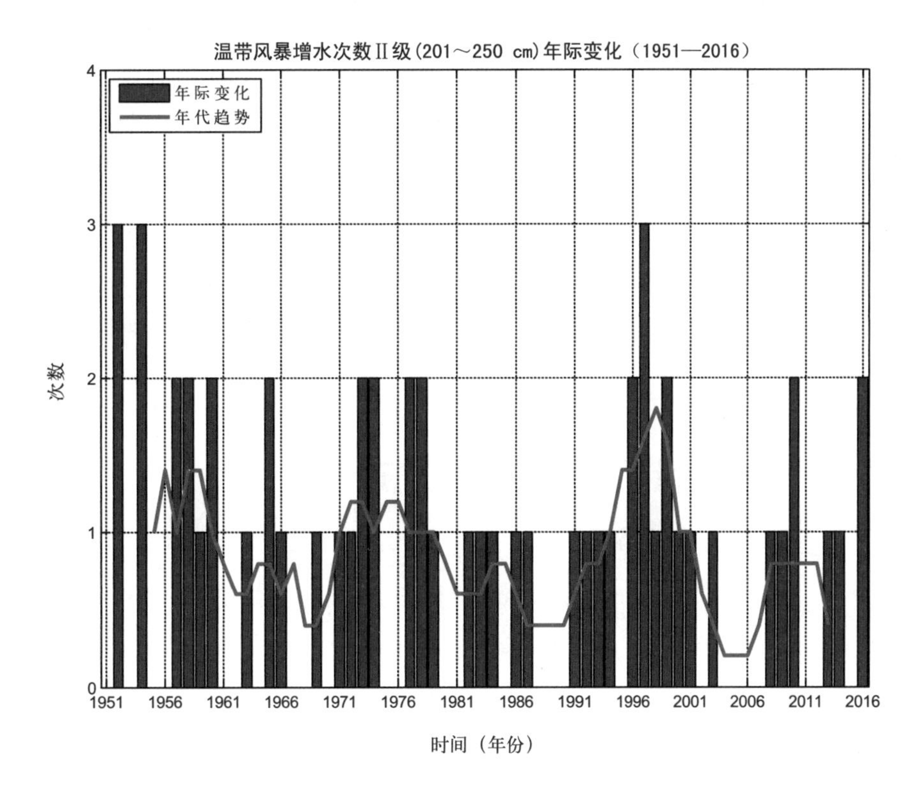

图2.39 莱州湾温带风暴增水Ⅱ级次数年际变化

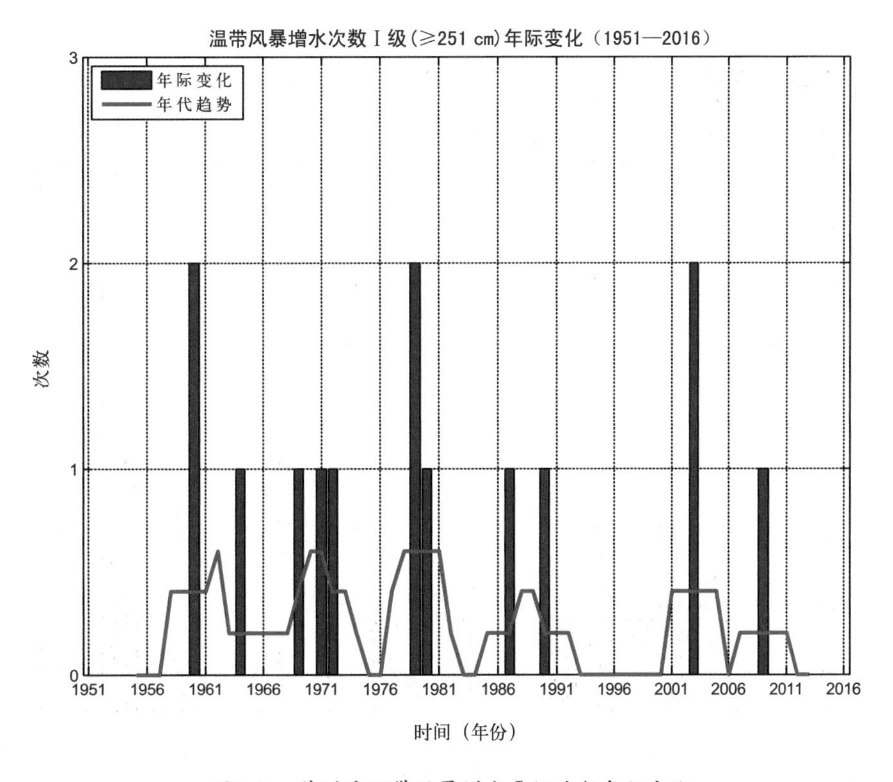

图2.40 莱州湾温带风暴增水Ⅰ级次数年际变化

总体来看，莱州湾温带风暴潮以21世纪10年代前期的次数为最多；各级温带风暴潮天数分布不尽相同，Ⅳ级以21世纪10年代前期为最多，Ⅲ级以80年代后期为最多，Ⅱ级以90年代中后期为最多，Ⅰ级次数则以60年代前期与60年代末70年代初以及70年代后期偏多。

莱州湾温带风暴潮次数与渤海湾次数年代际变化有所不同，莱州湾温带风暴潮天数虽然波动变化较为明显，但是整体呈现增长趋势，渤海湾则以更明显的波动为主，特别是从70年代后期至80年代中后期，温带风暴潮次数呈现明显的减少趋势，直至21世纪前十年后期，以较缓慢上升为主；两个区域的各级温带风暴潮次数较多的时期也有所不同；渤海湾没有出现过Ⅰ级温带风暴潮。

2.2.3 超警戒温带风暴潮年际分布特征

2.2.3.1 渤海湾超警戒温带风暴潮年际分布特征

图2.41～图2.42分别为渤海湾超警戒温带风暴潮天数和次数年际分布图，从图中可以看出，渤海湾超警戒温带风暴潮天数和次数分布相同，均主要出现在两个时期，分别为60年代中期与21世纪10年代前后，其中60年代超警戒温带风暴潮时间跨度较长，几乎横跨整个60年代，天数超过1天/年；21世纪10年代前后时间跨度短，天数略超过2天/年；其余时期的天数均少于1天/年；历史上曾有数年间（5年或以上）未发生超警戒温带风暴潮，主要为1951—1958年、1982—1986年、1997—2002年。

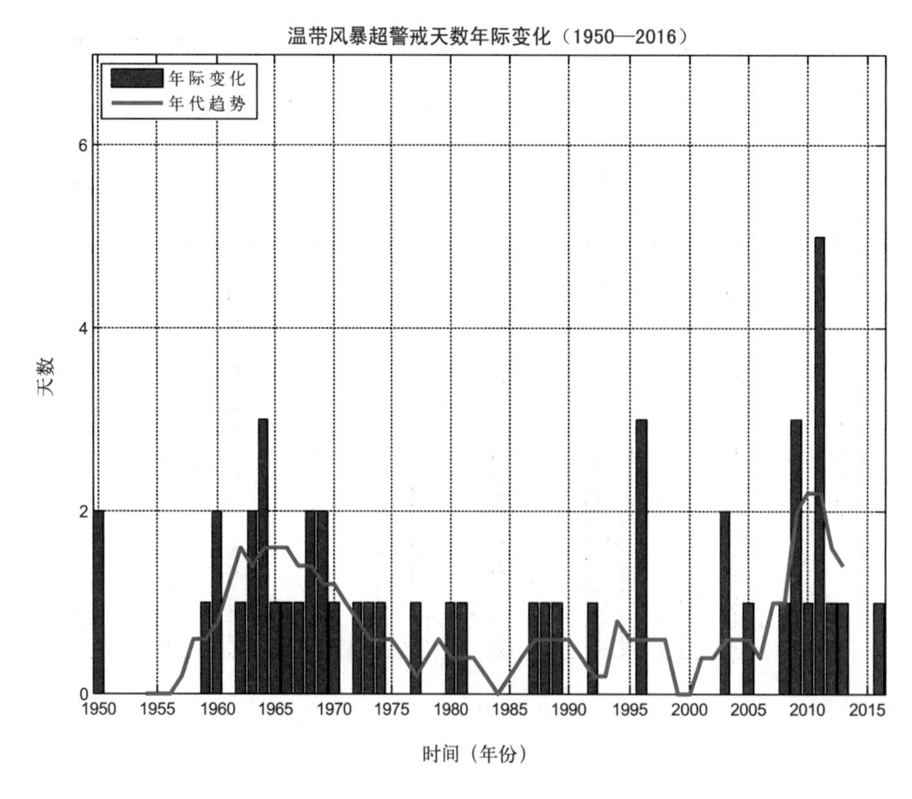

图2.41 渤海湾超警戒温带风暴潮天数年际变化

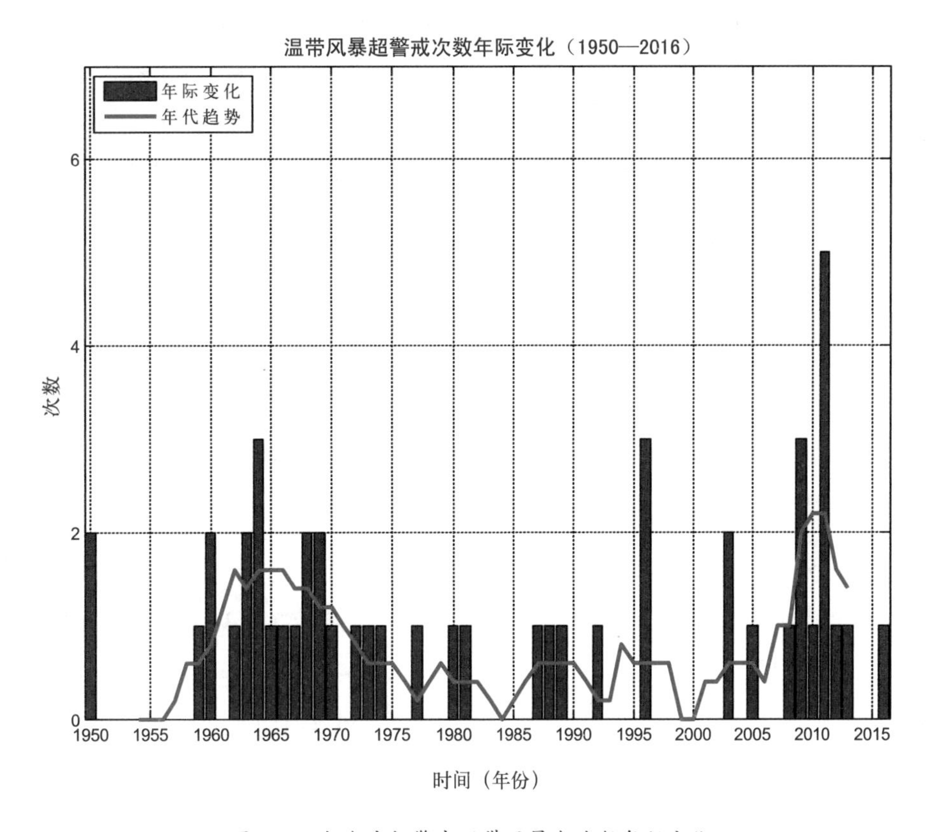

图2.42 渤海湾超警戒温带风暴潮次数年际变化

60年代共发生13天（次）超警戒温带风暴潮，占全部天（次）数的27%，历史温带风暴潮最高潮位5.72 m即出现在1965年，本次过程最大增水1.85 m，为历史第二温带风暴增水；1964年发生的温带风暴潮最高潮位5.30 m，为历史第三高潮位，这一年共发生3次超警戒温带风暴潮，与1996年、2009年并列第二。21世纪10年代前后共发生9天（次）超警戒温带风暴潮，约占全部天（次）数的19%，这期间的最高潮位为5.17 m，发生在2011年，这年共发生5次超警戒温带风暴潮，为次数最多的一年。

这里有一个观测事实是需要注意的，即地面沉降导致的观测数据的变化，比较突出的出现在2010年前后，所以这期间超警戒温带风暴潮天（次）数的变化或许与此有关。

2.2.3.2 莱州湾超警戒温带风暴潮年际分布特征

从莱州湾超警戒温带风暴潮天数年际分布图（图2.43）和次数年际分布图（图2.44）可以看出，莱州湾超警戒温带风暴潮天数和次数分布相同，超警戒天（次）数比较集中的2个时期分别为50年代后期60年代初与21世纪前十年中期至10年代中期，其中50年代后期60年代初发生的天（次）数接近1天（次）/年，期间发生的天（次）数占总天（次）数的25%；21世纪超警戒温带风暴潮时间跨度长，从2001年起，几乎每隔一年均会发生一次超警戒温带风暴潮，特别是2013—2016年，连续4年出现超警戒温带风暴潮，其中2016年为3天（次），为天（次）数最多的一年；其次为2007年、2014年、2015年，均为2天（次）/年，这期间出现的天（次）数约占全部天（次）数的63%。其余时期超警戒温带风暴潮天（次）数很少，少于0.5天（次）/年，部分时期长时间跨度没有出现过超警戒温带风暴潮，其中时间跨度最长的为1988—2000年，长达13年。

莱州湾超警戒温带风暴潮中，1969年发生的温带风暴潮最高潮位6.74 m，为历史最高潮位，超过当地警戒潮位1.24 m。历史温带风暴潮第二高潮位为6.24 m，超过当地警戒潮位0.74 m，分别出现在1964年和2003年。

莱州湾超警戒温带风暴潮与渤海湾天数分布有所相同也有所区别，相同之处是天数均以两个时期偏多；不同之处是天数最多的时期不同，渤海湾多出现在60年代中期与21世纪10年代前后，又以21世纪10年代前后居多，莱州湾以50年代后期60年代初与21世纪前十年中期至10年代中期偏多，其中以21世纪10年代中期居多。

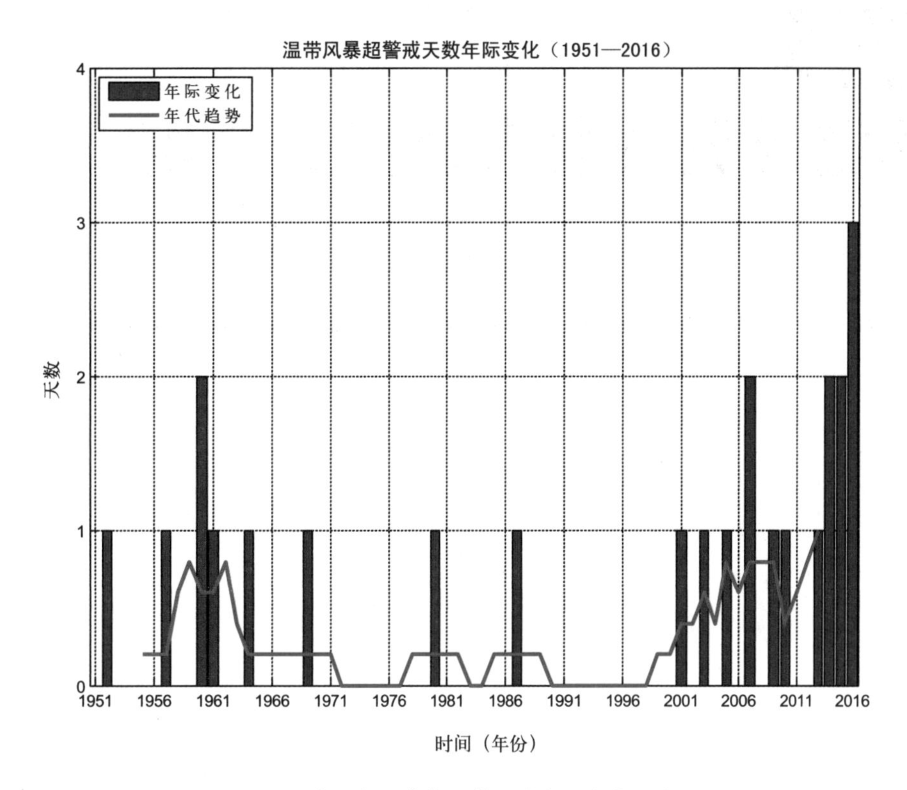

图2.43　莱州湾超警戒温带风暴潮次数年际变化

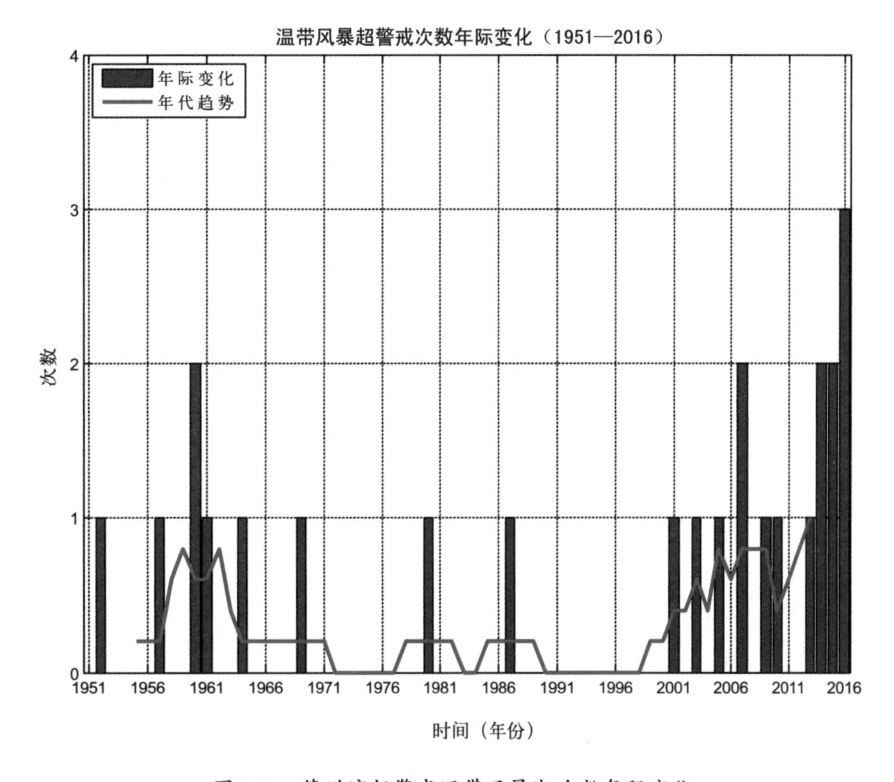

图2.44　莱州湾超警戒温带风暴潮次数年际变化

第 3 章 中国温带风暴潮灾害历史个例

3.1　1950“09·16”风暴潮灾害

1950年9月16日，渤海湾出现了中等强度温带风暴潮。天津六米站（塘沽站前身）最大风暴增水1.09 m，最高潮位5.28 m，超过当地警戒潮位0.38 m。

未收集到潮灾记录。

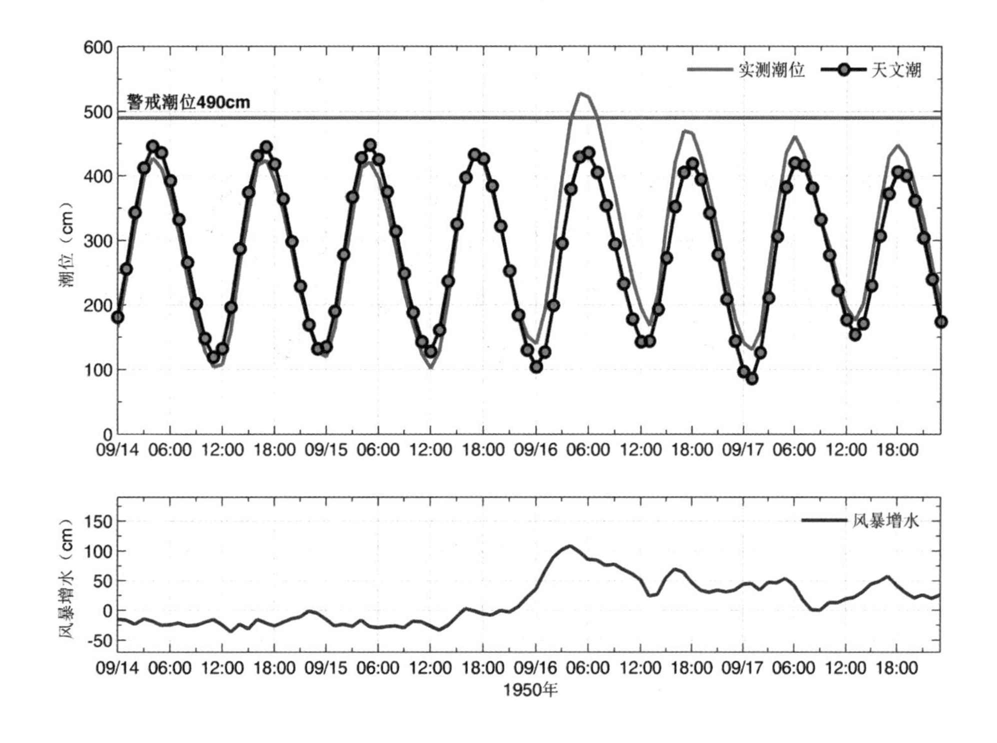

图3.1　六米站实测潮位、天文潮位和风暴增水随时间变化

3.2 1952“10·21”风暴潮灾害

1952年10月21—22日，渤海、黄海出现6～7级偏北风，局地短时8级东北风，渤海湾和莱州湾发生强风暴潮；天津六米站21日最大风暴增水1.31 m；山东羊角沟站21日最大风暴增水2.47 m，最高潮位5.93 m，超过当地警戒潮位0.43 m。羊角沟站21日6时起1.0 m以上风暴增水持续28个小时。

山东省掖县、昌邑、潍县、寿光等地发生潮灾，伤亡6人，潮水淹没陆地10～20 km，20多个村庄受淹，淹没农田约22 hm^2，冲毁盐滩242处；12艘船舶受损。

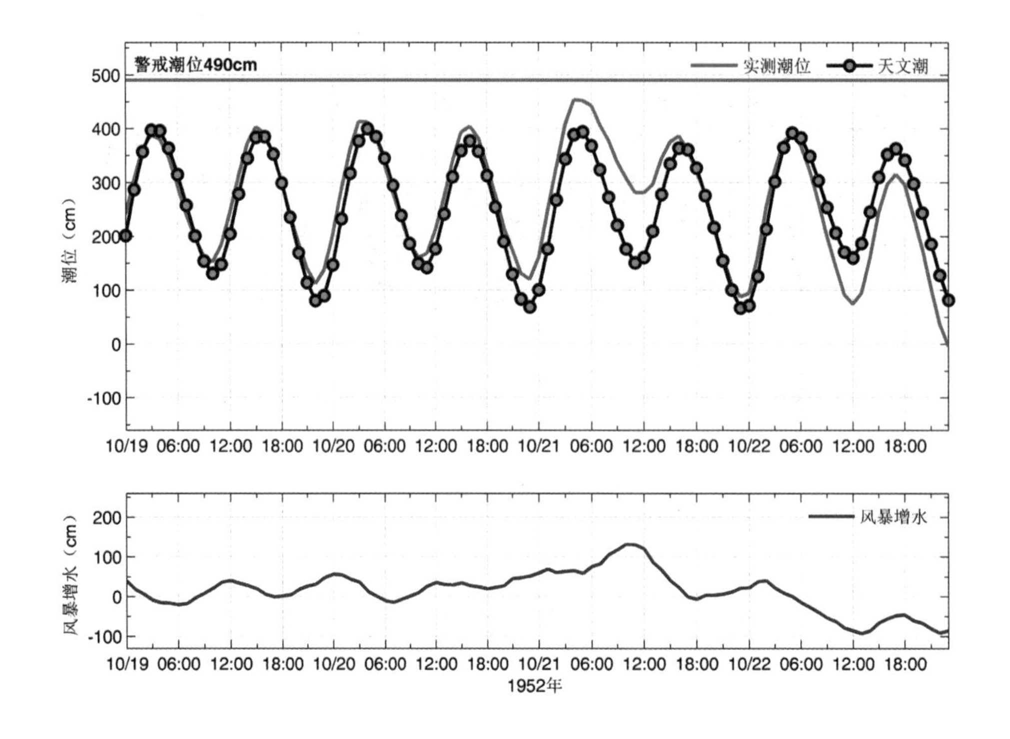

图3.2　六米站实测潮位、天文潮位和风暴增水随时间变化

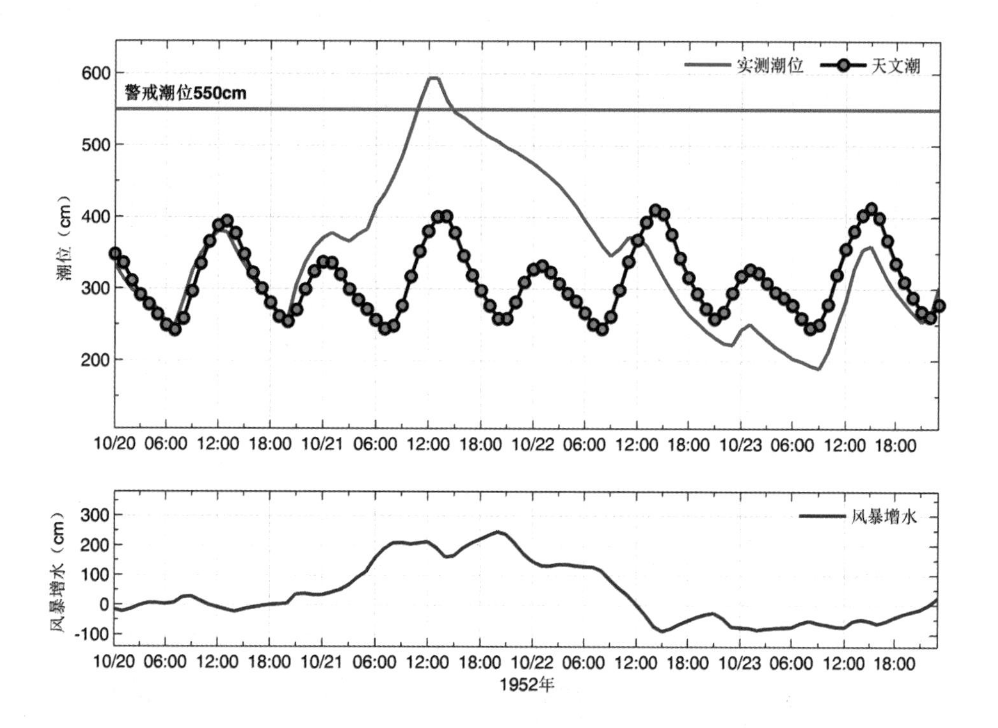

图3.3　羊角沟站实测潮位、天文潮位和风暴增水随时间变化

3.3 1953“08·21”风暴潮灾害（台风变性温带气旋型）

5310号（Nina）台风于8月17日（农历七月初八）02时登陆浙江省乐清沿海之后西北向行，强度快速减弱至热带低压级，20日凌晨转向东北向行，20日08时变性为温带气旋，21日09时前后“Nina”从莱州湾入海，近中心最大风速12 m/s，山东省掖县由西南风转东南风，再转东北风，风力达7级。

受其影响，河北秦皇岛站20日最大增水0.55 m；天津六米站21日最大增水0.94 m；山东羊角沟站21日最大增水1.65 m；江苏连云港站17日最大增水0.89 m。

暴涨的河水、潮水致使山东省掖县盐田、盐垛过水，沿岸农田被淹，损失惨重。

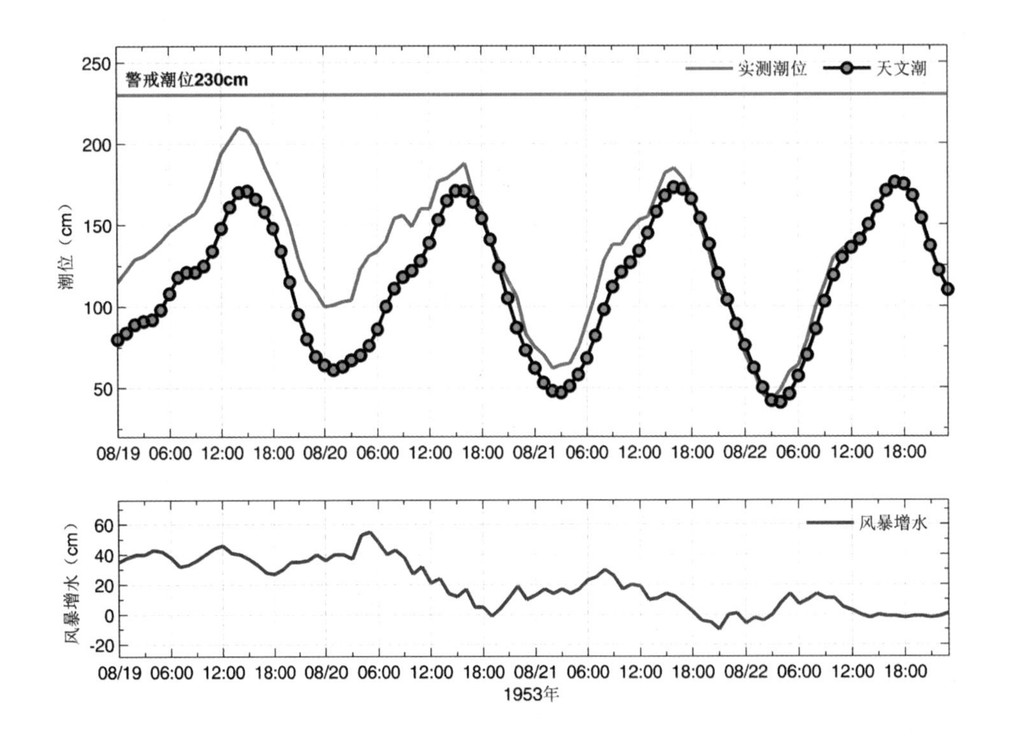

图3.4 秦皇岛站实测潮位、天文潮位和风暴增水随时间变化

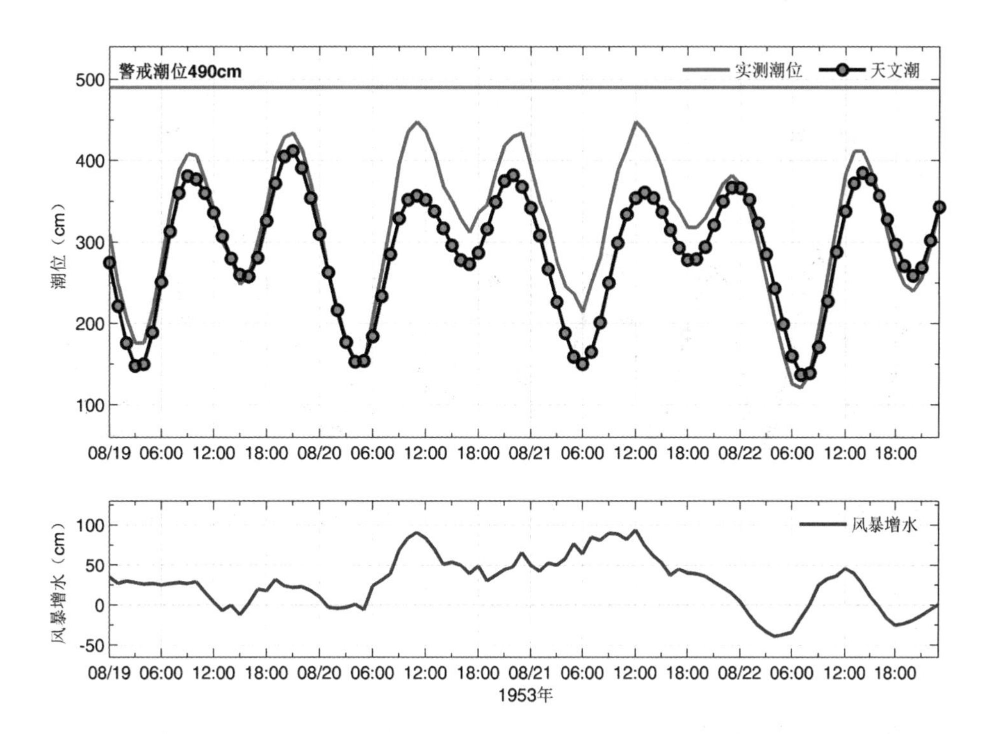

图3.5　六米站实测潮位、天文潮位和风暴增水随时间变化

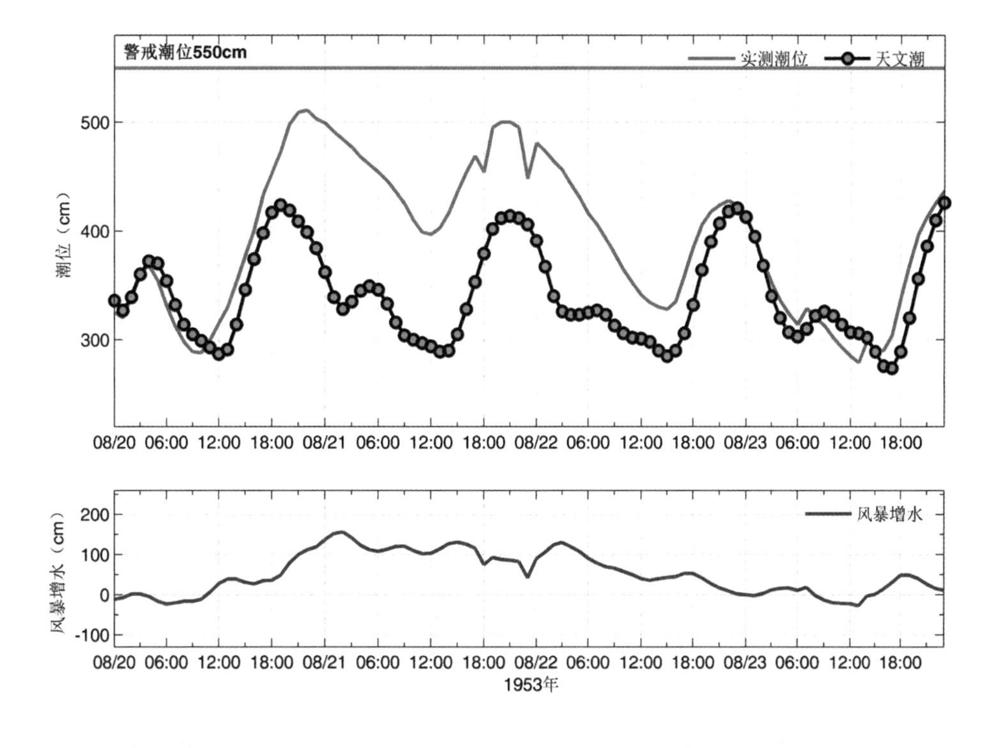

图3.6　羊角沟站实测潮位、天文潮位和风暴增水随时间变化

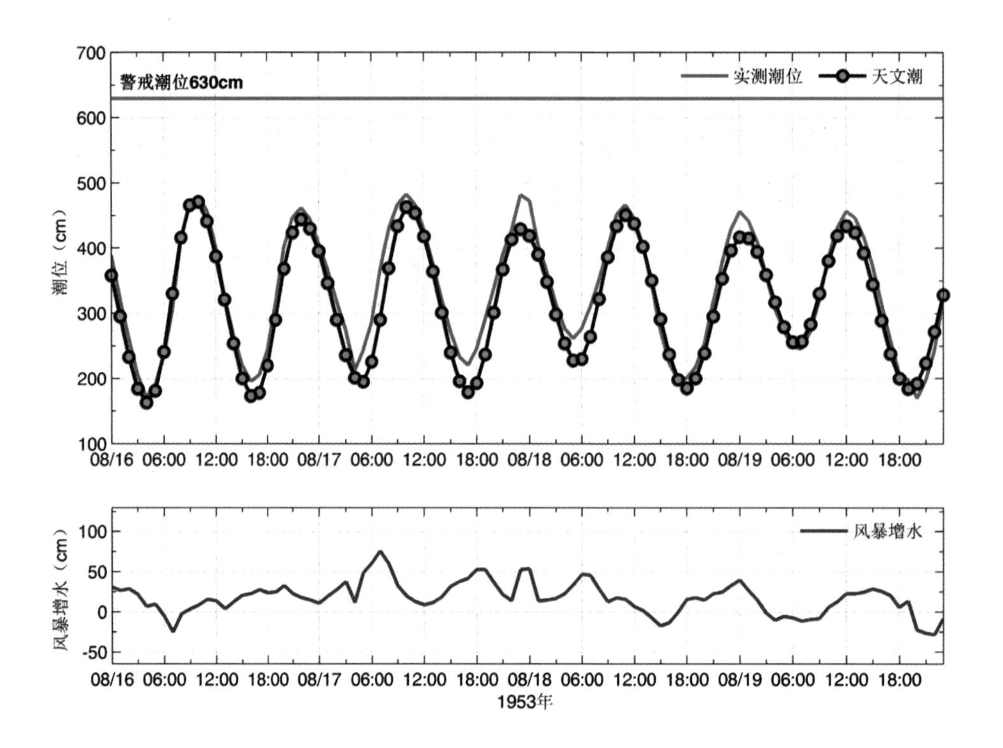

图3.7　连云港站实测潮位、天文潮位和风暴增水随时间变化

3.4　1954“06·06”风暴潮灾害

1954年6月5—6日，莱州湾出现强温带风暴潮，渤海湾与辽东湾分别出现较强和一般强度风暴潮。山东羊角沟站6日06时起1.0 m以上增水持续9个小时，10时最大增水2.10 m，06时30分最高潮位4.95 m。天津六米站5日11时增水1.05 m，6日03时最大增水1.26 m。辽宁葫芦岛站6日06时最大增水0.95 m。

史料记载，风暴潮致使文登61艘船只损毁，1 603扣渔网受损，渔民49人死亡；威海潮水淹没农田。羊角沟码头上水。

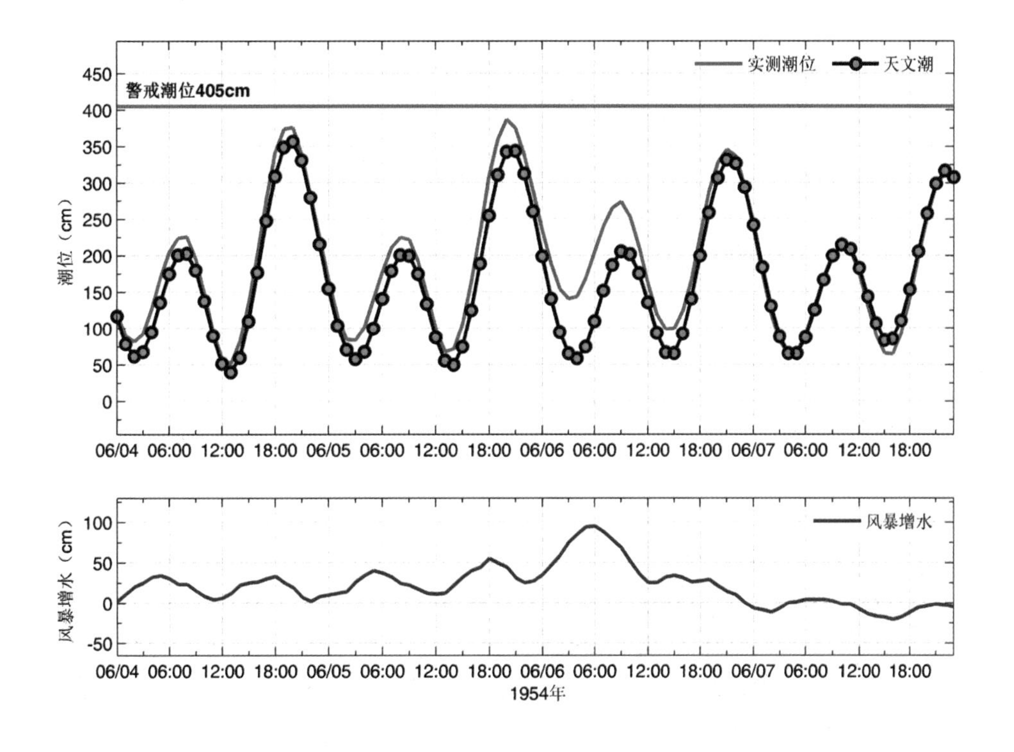

图3.8　葫芦岛站实测潮位、天文潮位和风暴增水随时间变化

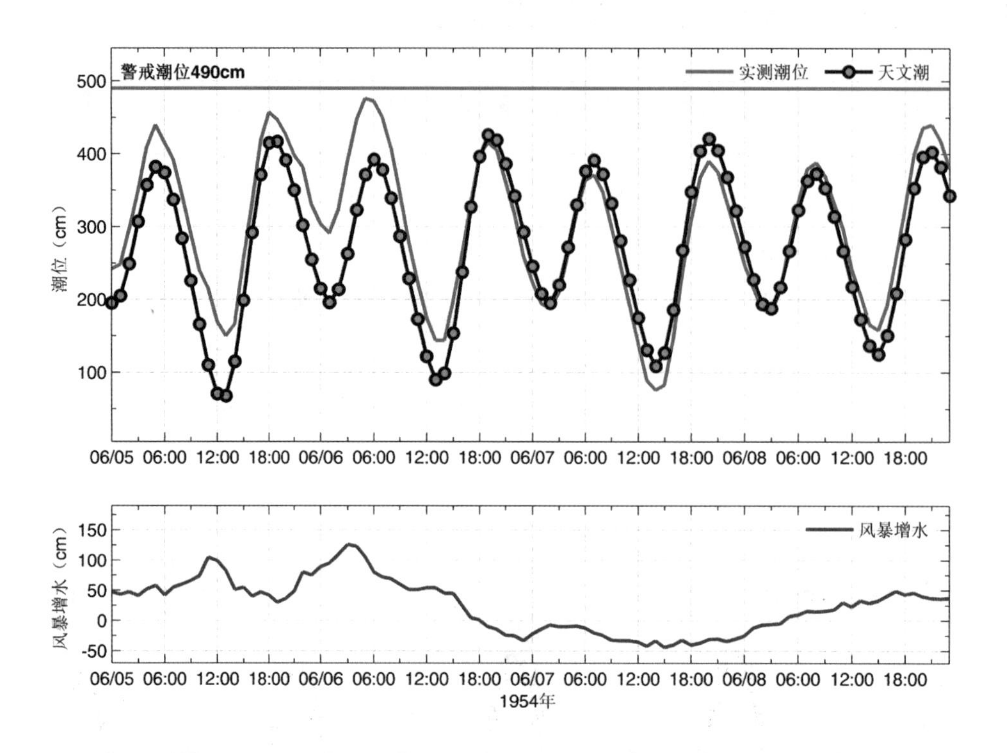

图3.9　六米站实测潮位、天文潮位和风暴增水随时间变化

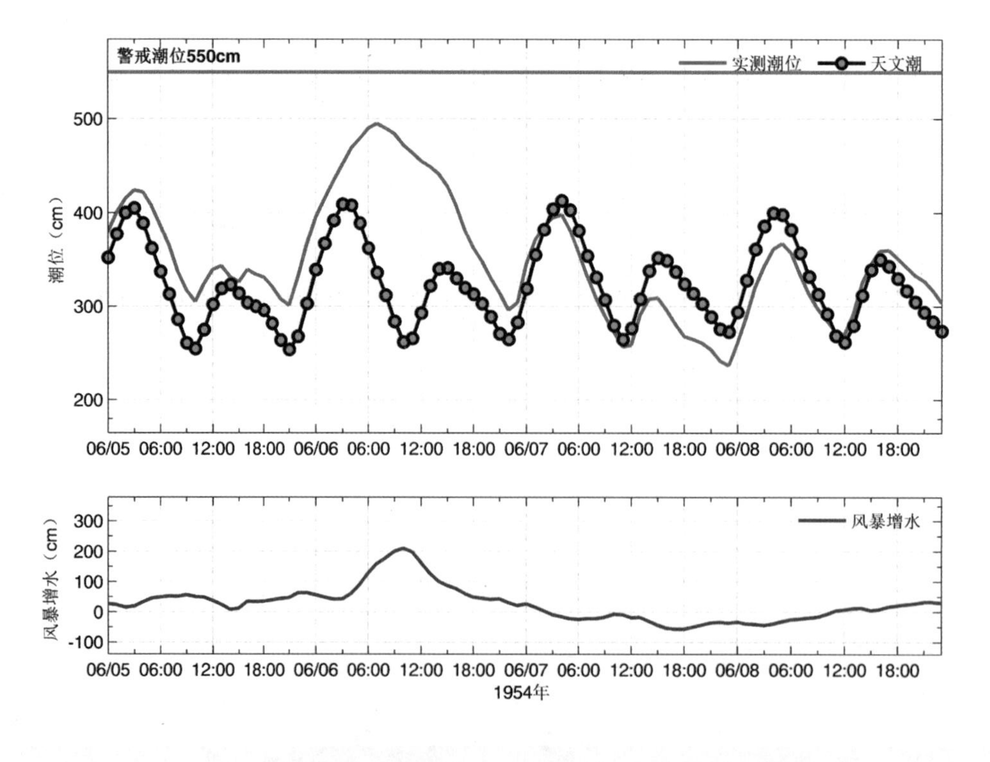

图3.10　羊角沟站实测潮位、天文潮位和风暴增水随时间变化

3.5 1956“09·05”风暴潮灾害（台风变性温带气旋型）

5622号台风（Dinah）于9月3日11时（农历七月廿九）在台湾花莲沿海登陆，3日23时又在福建省长乐市沿海登陆，登陆时近中心最大风速38 m/s，登陆后转东北向行，强度减弱。5日08时变性为温带气旋，并于5日09时从海州湾入海。

受其影响，江苏连云港站5日05时风暴增水0.98 m，6日05时最大风暴增水1.31 m，最高潮位6.34 m，超过1951年以来的历史记录；江苏燕尾站5日15时最大风暴增水1.45 m，最高潮位3.94 m，超过当地警戒潮位0.34 m，6日04时再次出现1.20 m的风暴增水。山东青岛站6日06时最大增水0.83 m，最高潮位5.36 m，创当时历史最高纪录，超过当地警戒潮位0.11 m；羊角沟站5日最大风暴增水1.25 m。天津六米站5日最大增水0.63 m，最高潮位5.04 m，超过当地警戒潮位0.14 m。

连云港市区2 907间房屋倒塌，3 221间房屋损坏，75人死亡，20人重伤。太仓市1 510 hm^2农田受淹；潮水冲塌房屋9 548间，损毁渔船6条；2人死亡。

山东省即墨市死伤31人，7 423间房屋倒塌，50艘渔船损坏；荣成市82艘船只损毁；日照市26人伤亡，0.3万亩农田、0.3万亩鱼池、0.56万亩盐田受淹；17艘船只损毁，减产粮食40.5万kg；青岛沿海低洼地区受淹，胶南潮水淹地1 453亩，6 543间房屋倒塌，66条船只损毁，20余头家畜被淹死。

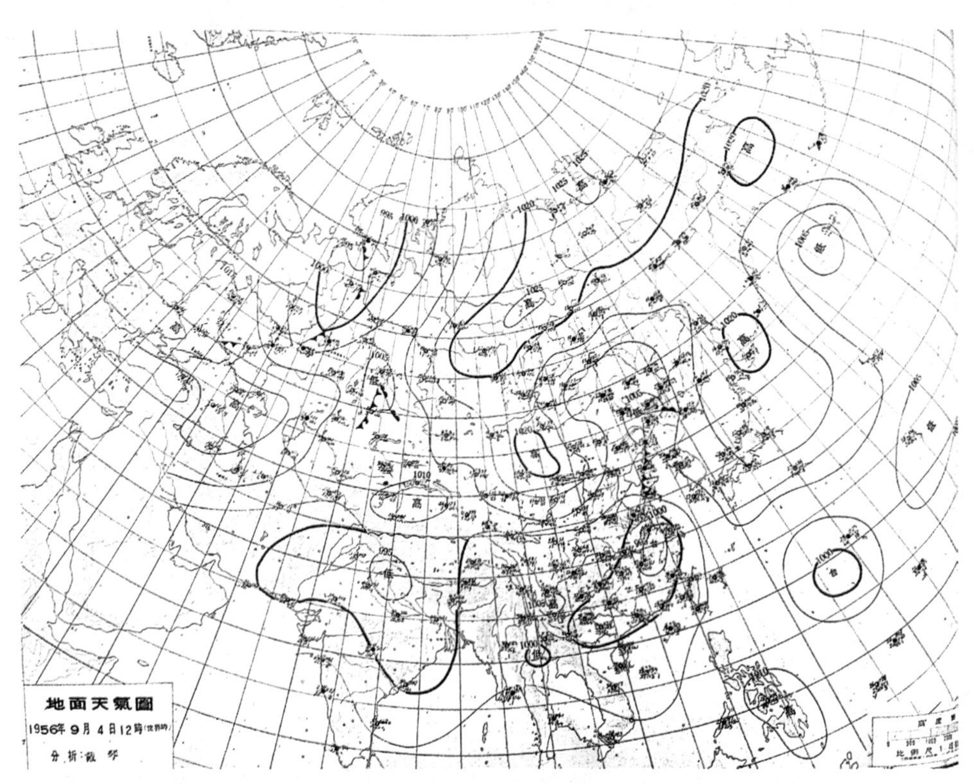

图3.11　1956年9月4日20时（北京时，全书同）地面天气图
摘自《历史天气图》（中央气象局气象台）

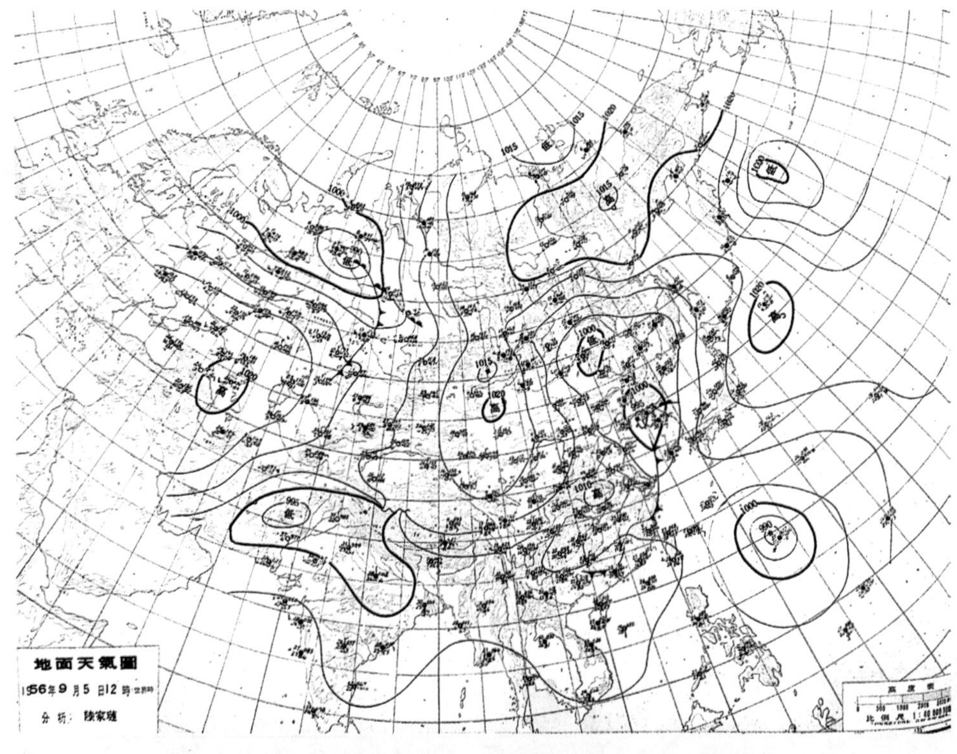

图3.12　1956年9月5日20时（北京时，全书同）地面天气图
摘自《历史天气图》（中央气象局气象台）

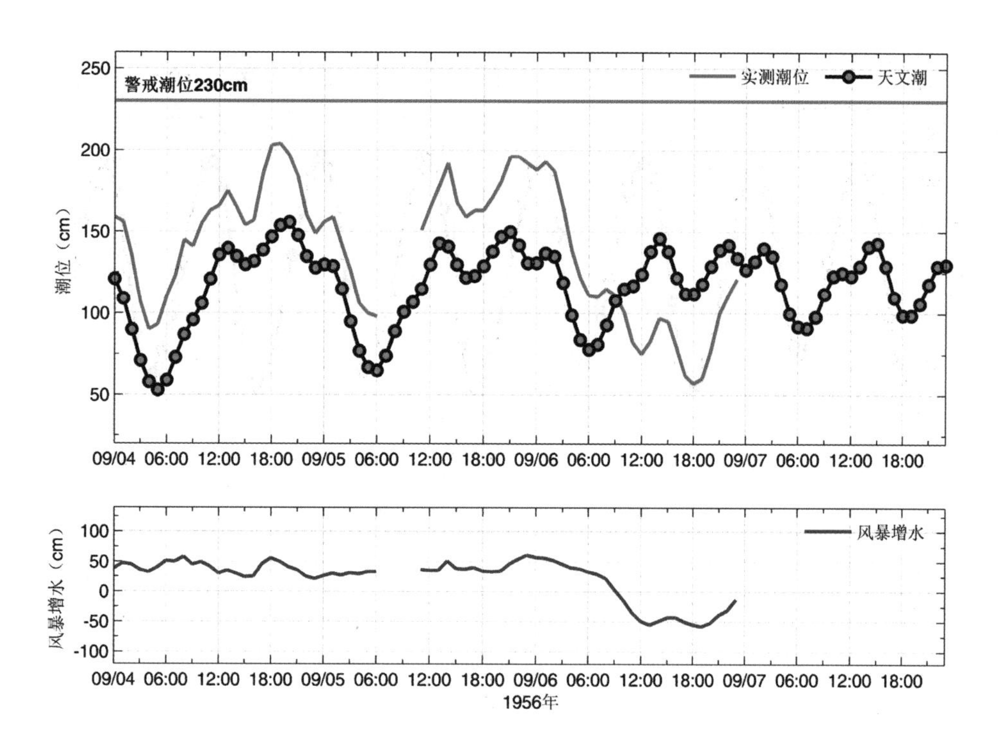

图3.13　秦皇岛站实测潮位、天文潮位和风暴增水随时间变化

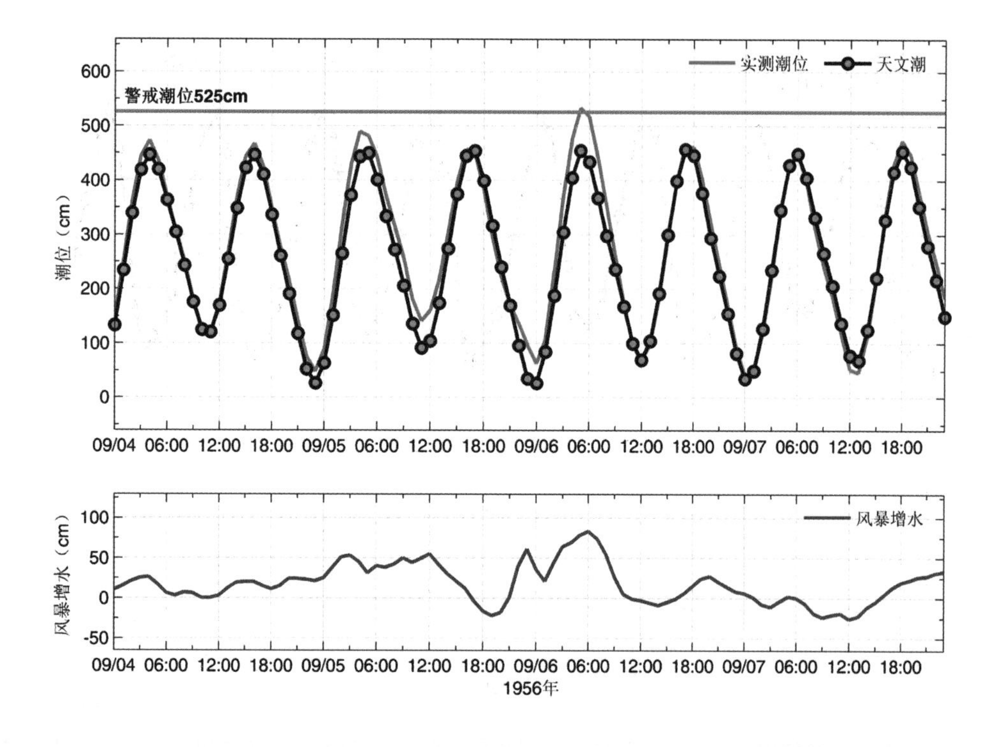

图3.14　青岛站实测潮位、天文潮位和风暴增水随时间变化

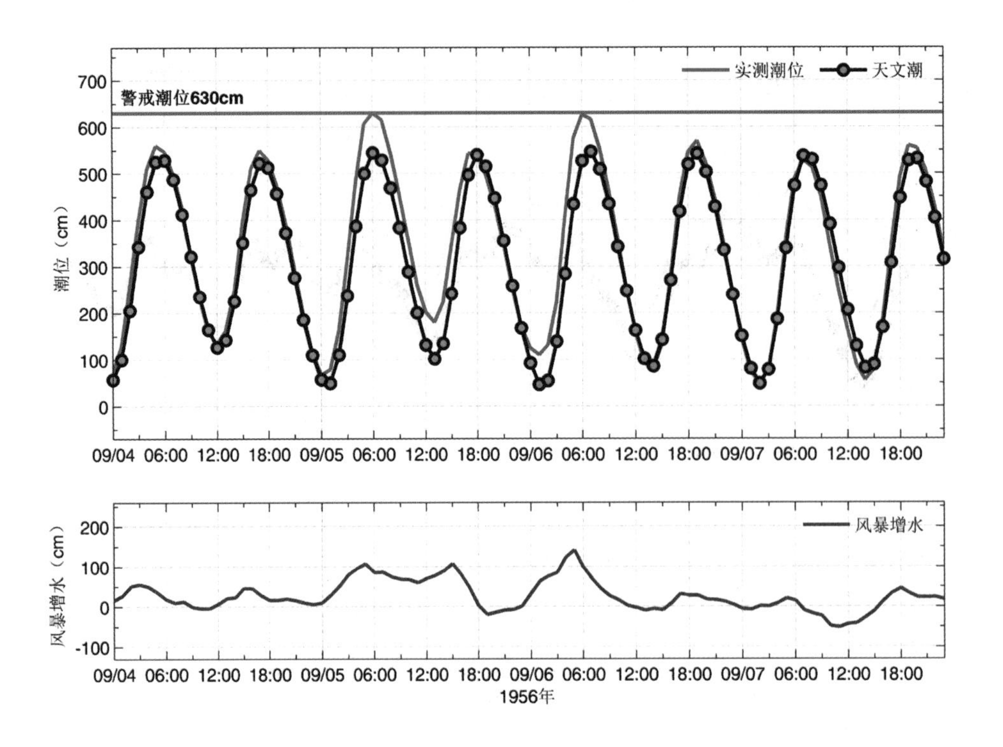

图3.15　连云港站实测潮位、天文潮位和风暴增水随时间变化

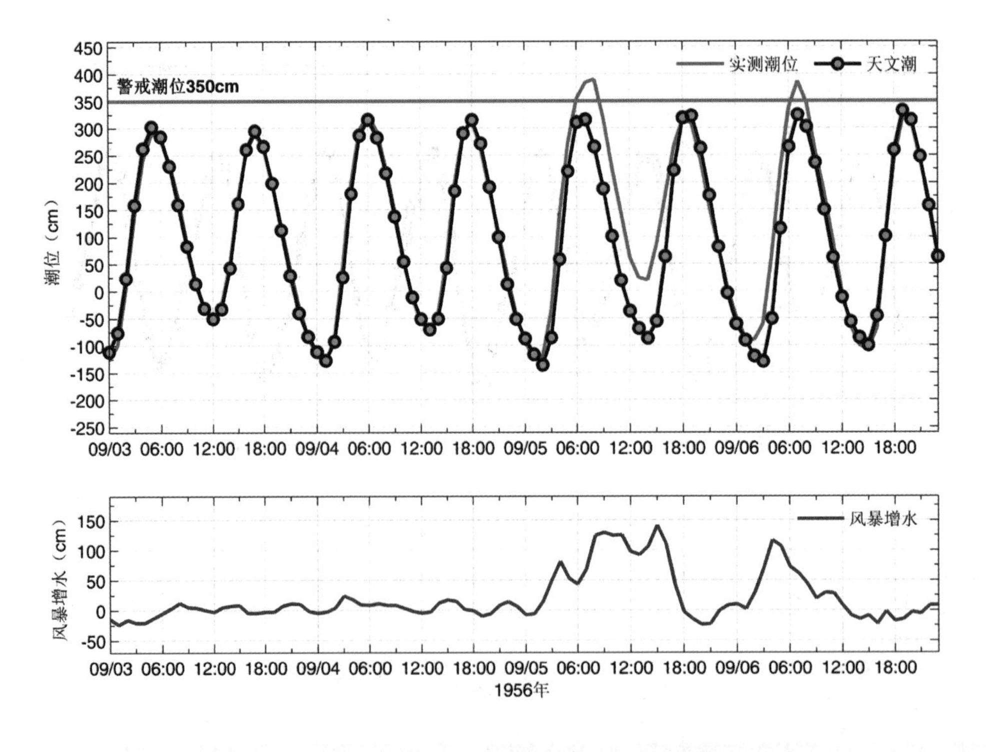

图3.16　燕尾站实测潮位、天文潮位和风暴增水随时间变化

3.6　1957“04·09”风暴潮灾害

1957年4月8—9日，莱州湾发生了强温带风暴潮，山东省寿光县短时最大风力达10级，羊角沟站9日最大风暴增水2.50 m，1 m以上增水累计42个小时，其中2 m以上增水累计17个小时，最高潮位5.60 m，超过当地警戒潮位0.10 m；天津六米站8日最大风暴增水0.80 m。

山东省无棣县、广饶县发生潮灾，18个村庄、3 866 hm^2农田受淹；无棣县海水入侵40 km；广饶县广北农场被淹。

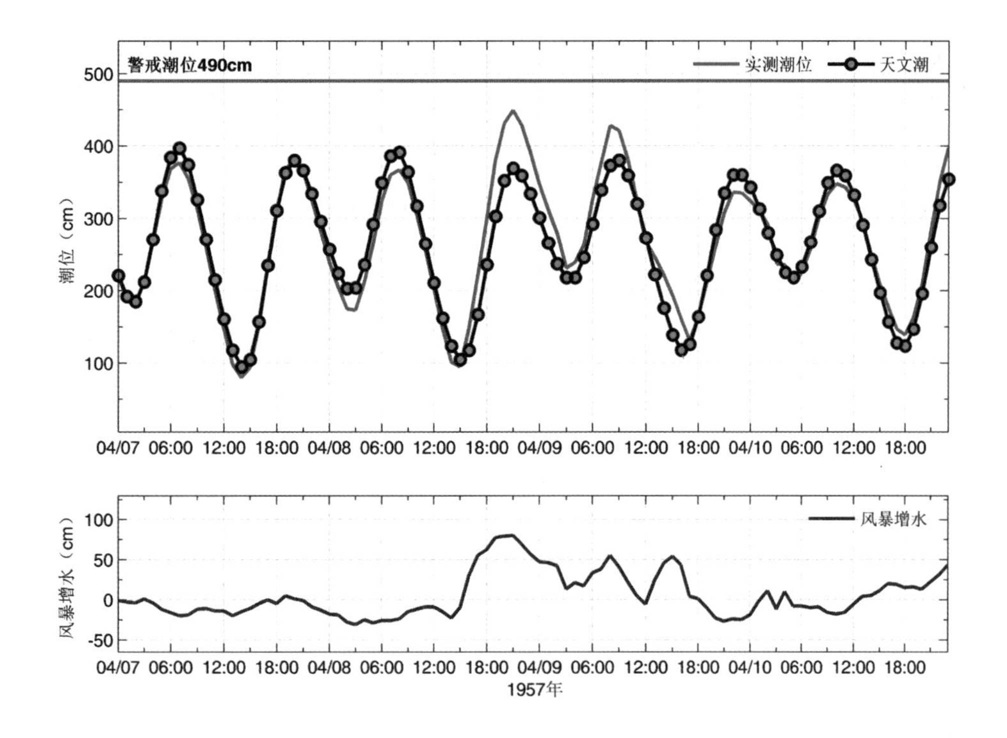

图3.17　六米站实测潮位、天文潮位和风暴增水随时间变化

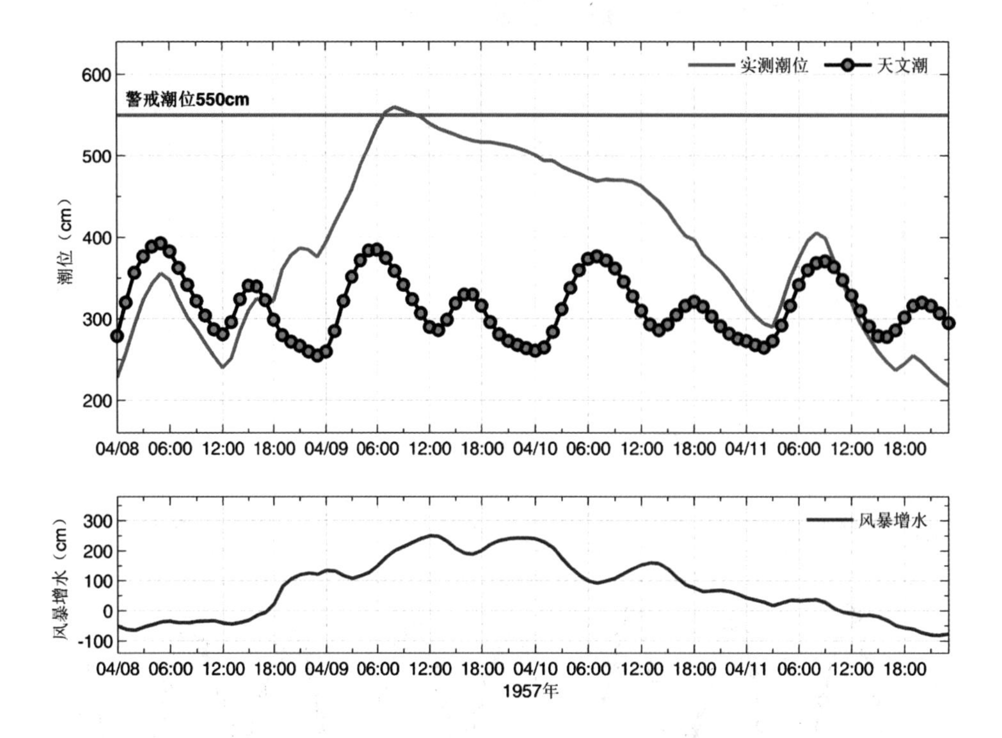

图3.18　羊角沟站实测潮位、天文潮位和风暴增水随时间变化

3.7　1960“04·10”风暴潮灾害（北高南低型）

1960年4月10—12日，受冷空气与入海气旋共同影响，特强风暴潮袭击渤海湾、莱州湾和海州湾沿海地区。10日02时冷空气南下至山东半岛北部，之后随着冷空气迅速南下，渤海湾与莱州湾风力增大，天津六米站10日08时最大增水1.22 m，14时起快速转为减水；山东羊角沟站10日18时最大增水2.56 m，10日04时起1.0 m以上风暴增水持续27个小时，06时起2.0 m以上风暴增水持续15个小时，最高潮位5.81 m，超过当地警戒潮位0.31 m，11日03时起增水逐渐减小；连云港10日最大增水0.81 m，12日最大增水0.66 m。

本次温带风暴潮主要影响莱州湾，莱州湾西南沿海的滩涂地带和羊角沟镇附近被淹。

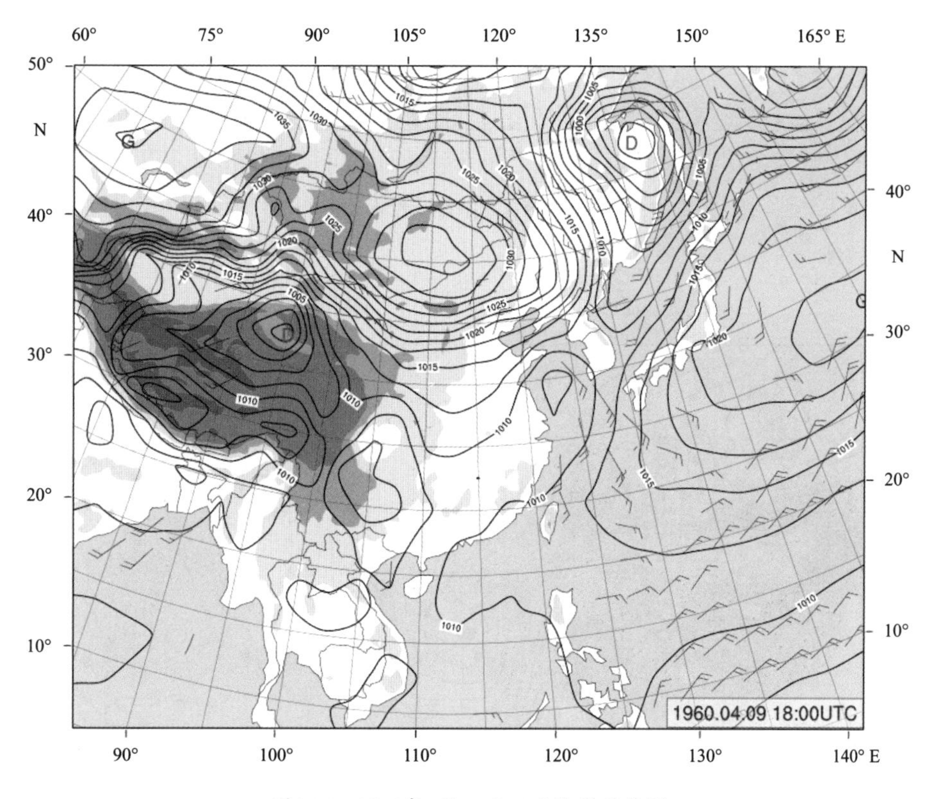

图3.19　1960年4月10日02时地面天气图

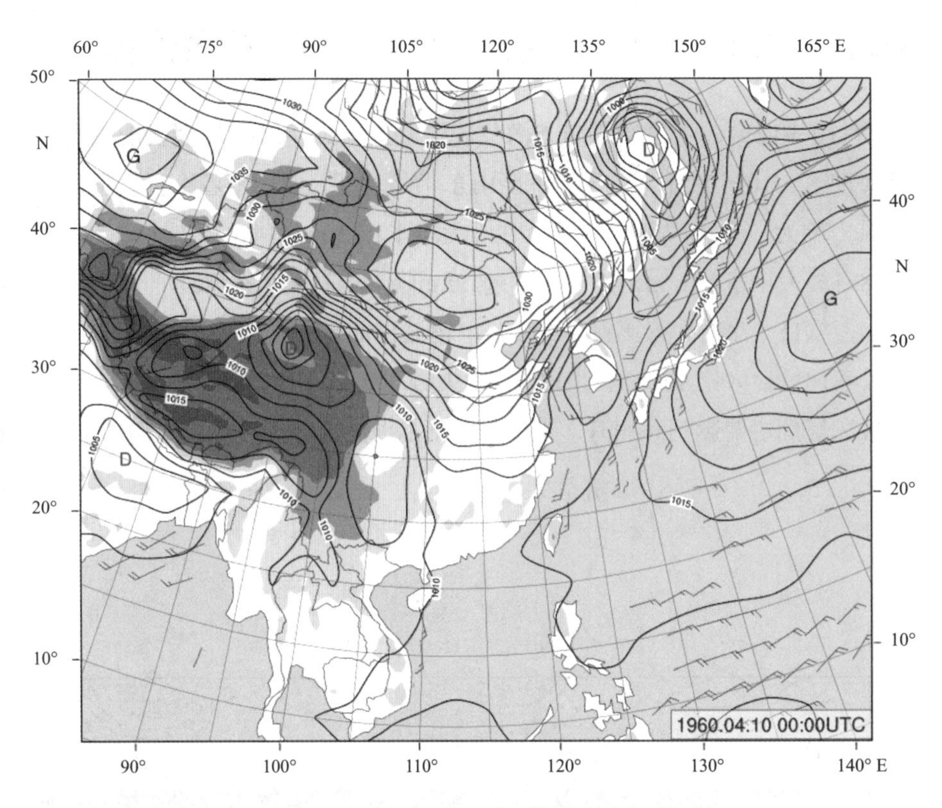

图3.20　1960年4月10日08时地面天气图

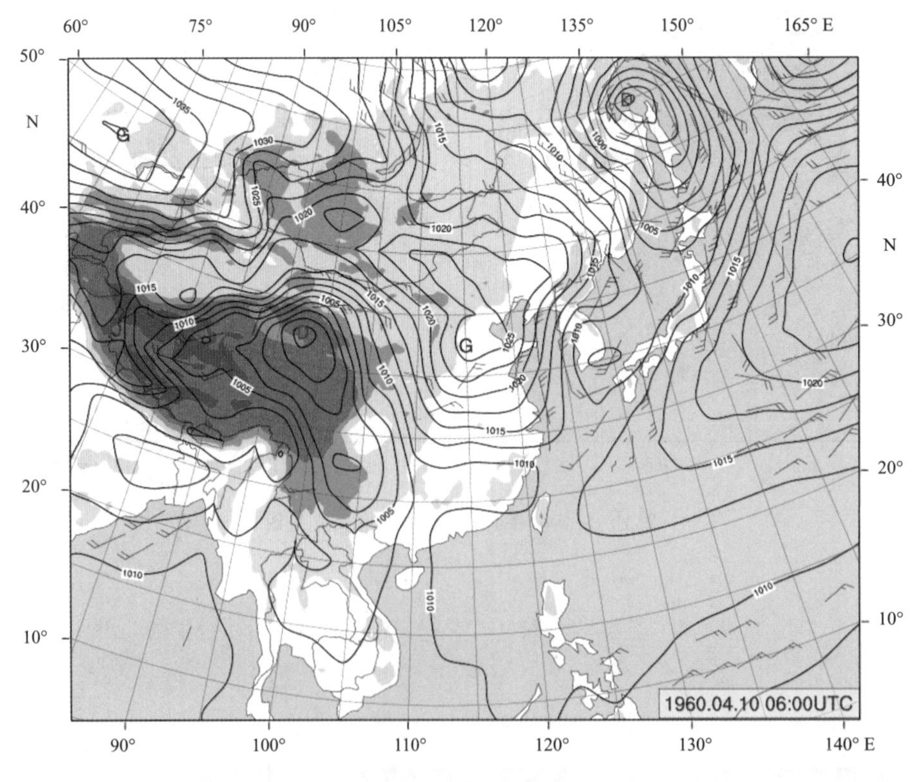

图3.21　1960年4月10日14时地面天气图

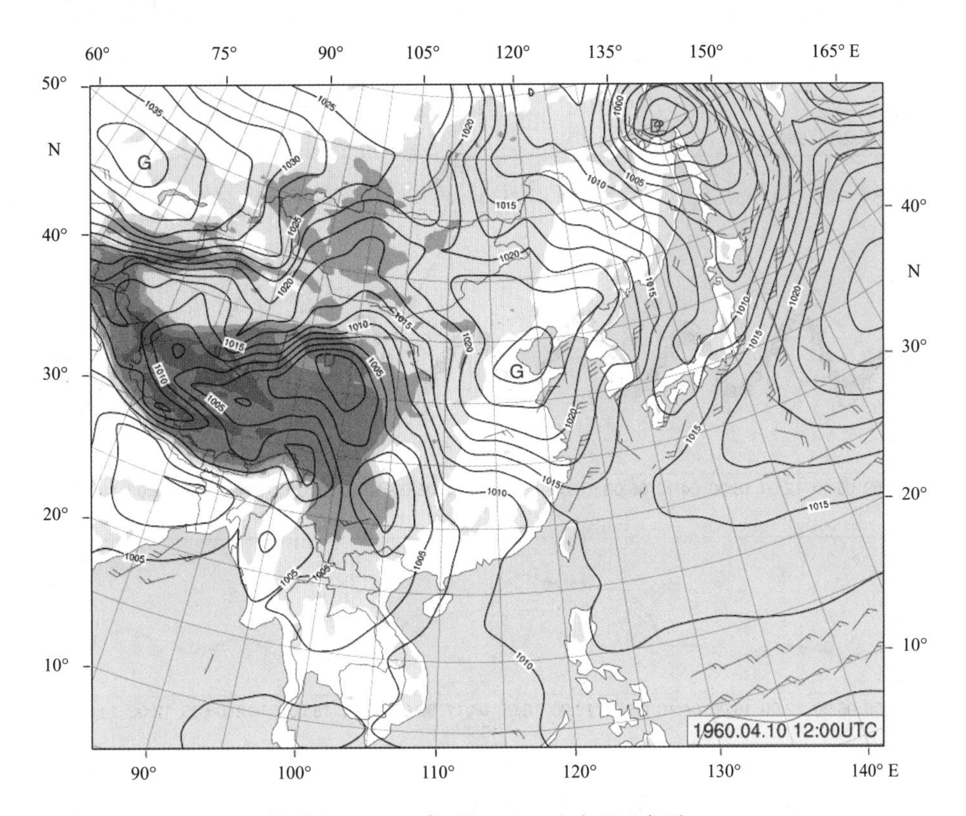

图3.22　1960年4月10日20时地面天气图

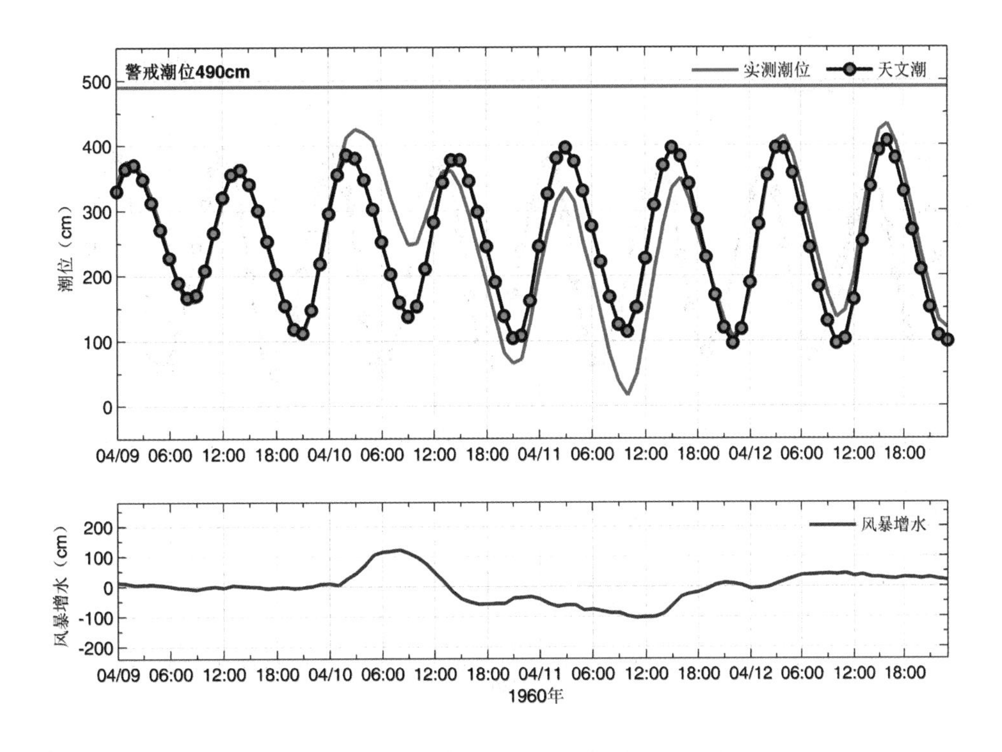

图3.23　六米站实测潮位、天文潮位和风暴增水随时间变化

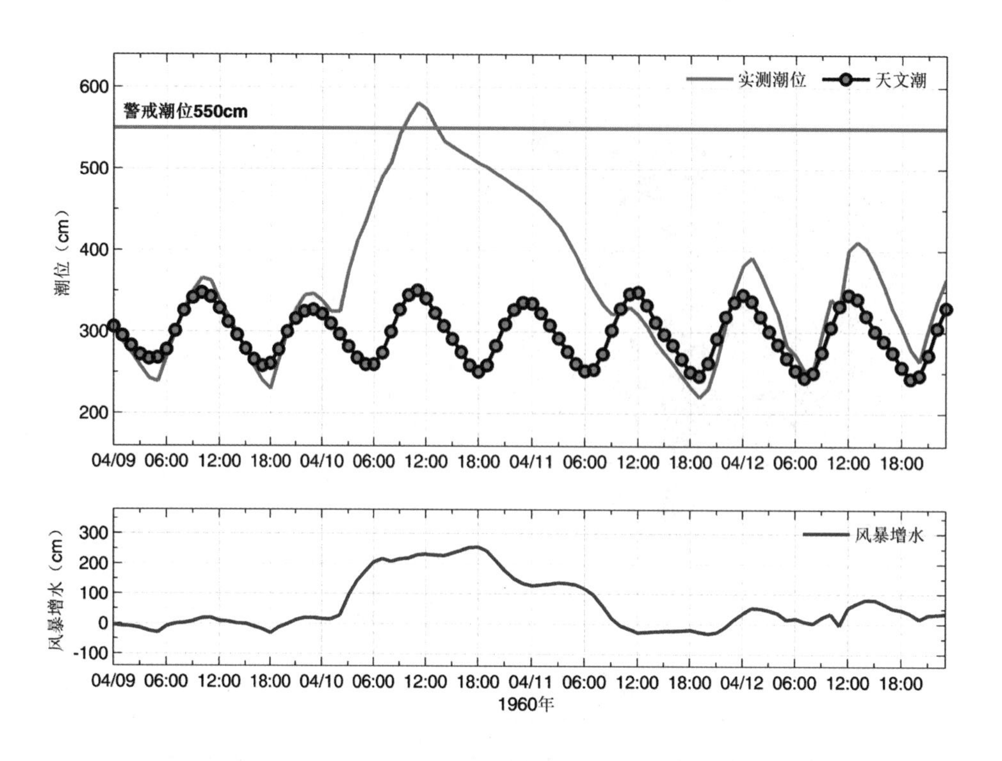

图3.24　羊角沟站实测潮位、天文潮位和风暴增水随时间变化

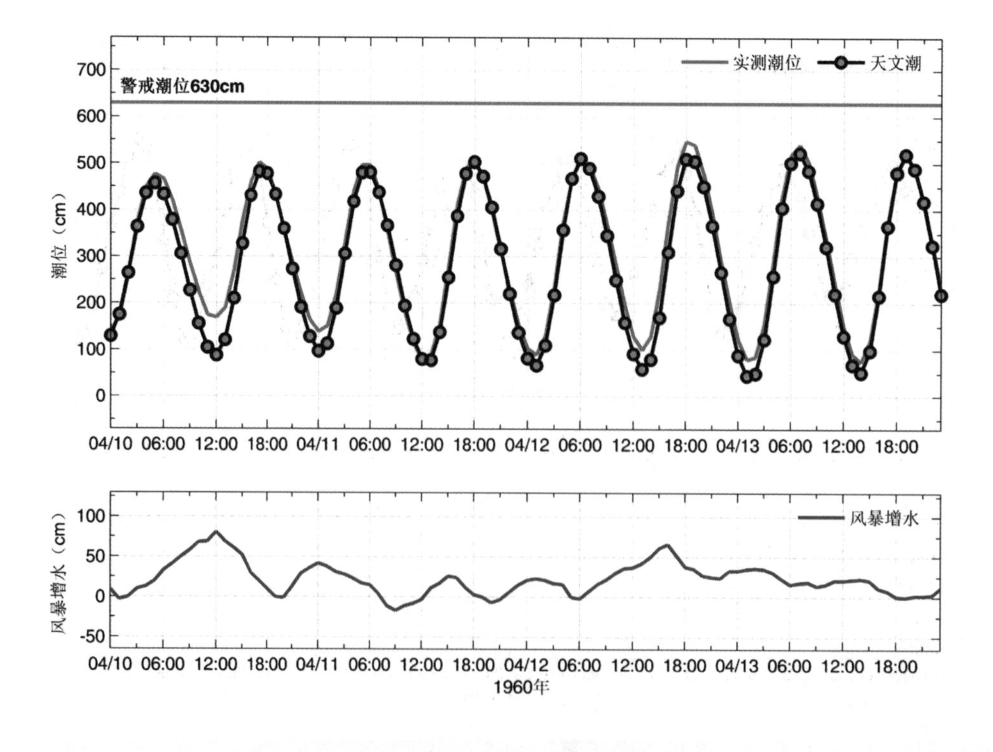

图3.25　连云港站实测潮位、天文潮位和风暴增水随时间变化

3.8　1960“09·27”风暴潮灾害（冷高压型）

1960年9月27—28日，受横向冷高压影响，渤海湾、莱州湾出现了较强温带风暴潮。26日14时前后，弱低压从海州湾入海，之后迅速向东北方向移动，受其带来的偏南风影响，26日20时起天津六米站出现0.50 m左右的风暴增水，27日01时六米站风暴增水0.67 m，之后高压南下风力增大，11时最大风暴增水1.37 m，最高潮位4.90 m，与当地警戒潮位持平；山东羊角沟站27日23时最大风暴增水1.90 m，27日08时起1.0 m以上增水持续18个小时。

未收集到沿海灾情。

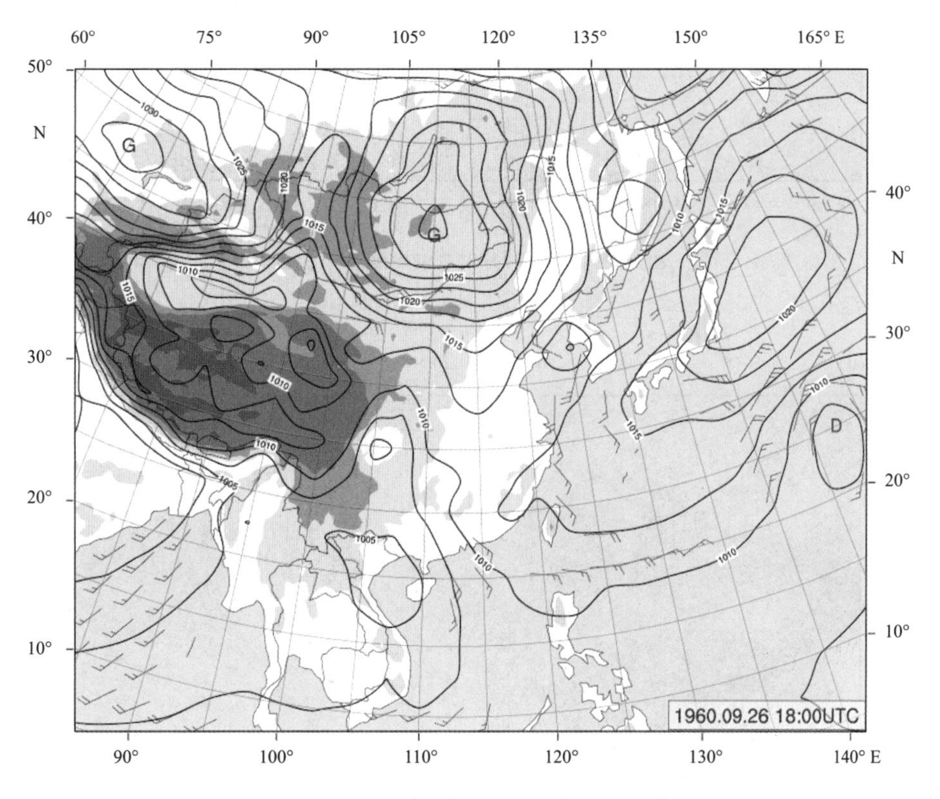

图3.26　1960年9月27日02时地面天气图

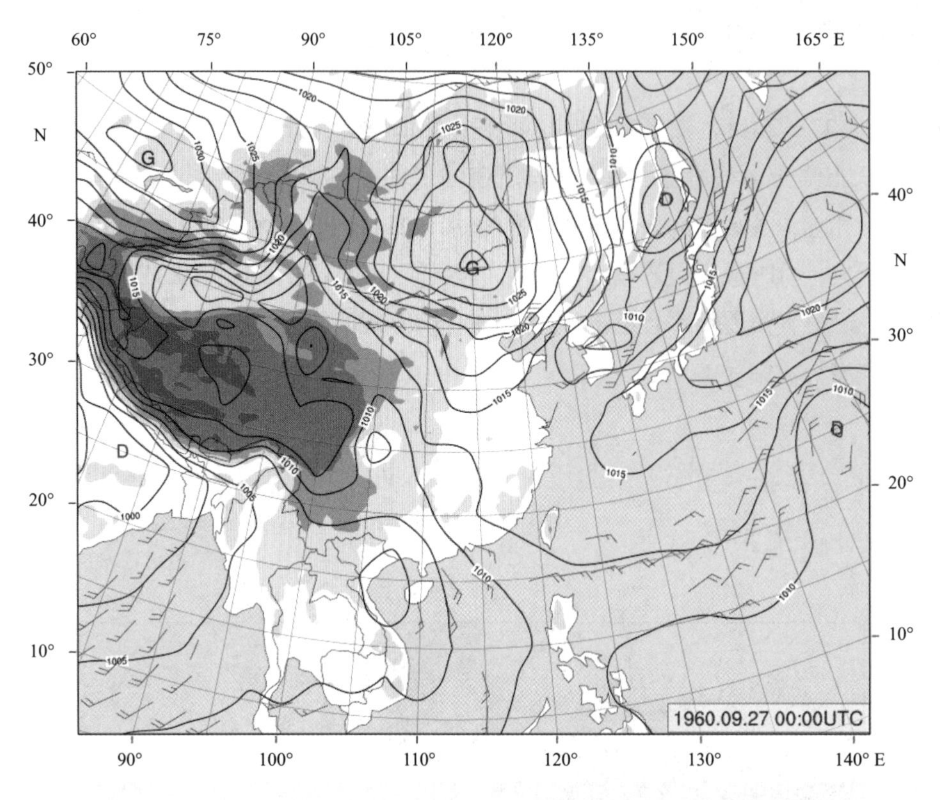

图3.27　1960年9月27日08时地面天气图

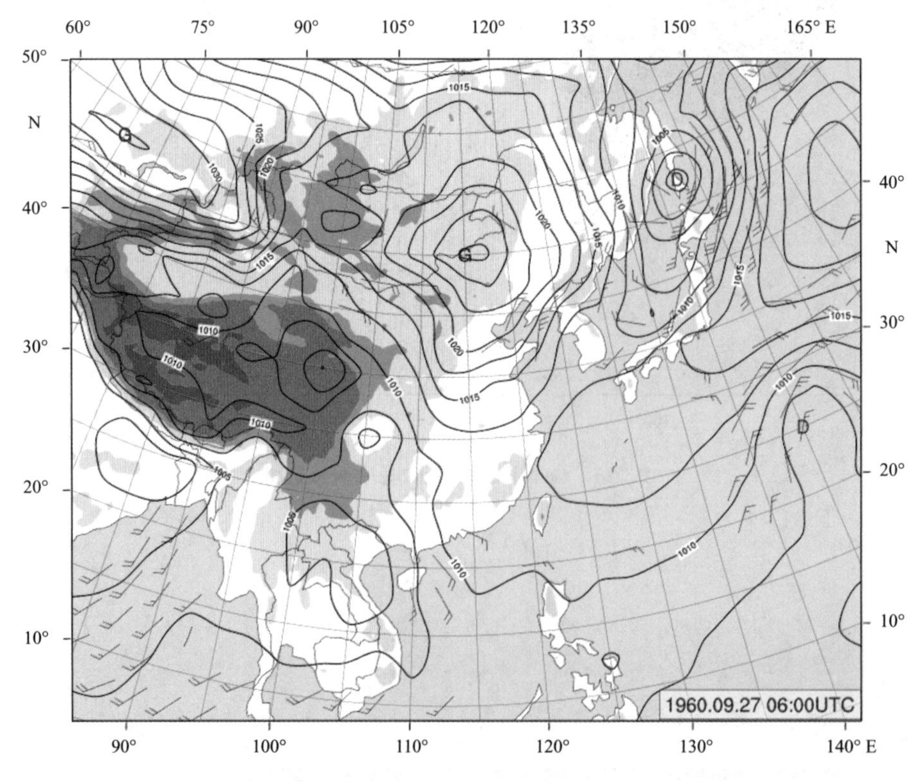

图3.28　1960年9月27日14时地面天气图

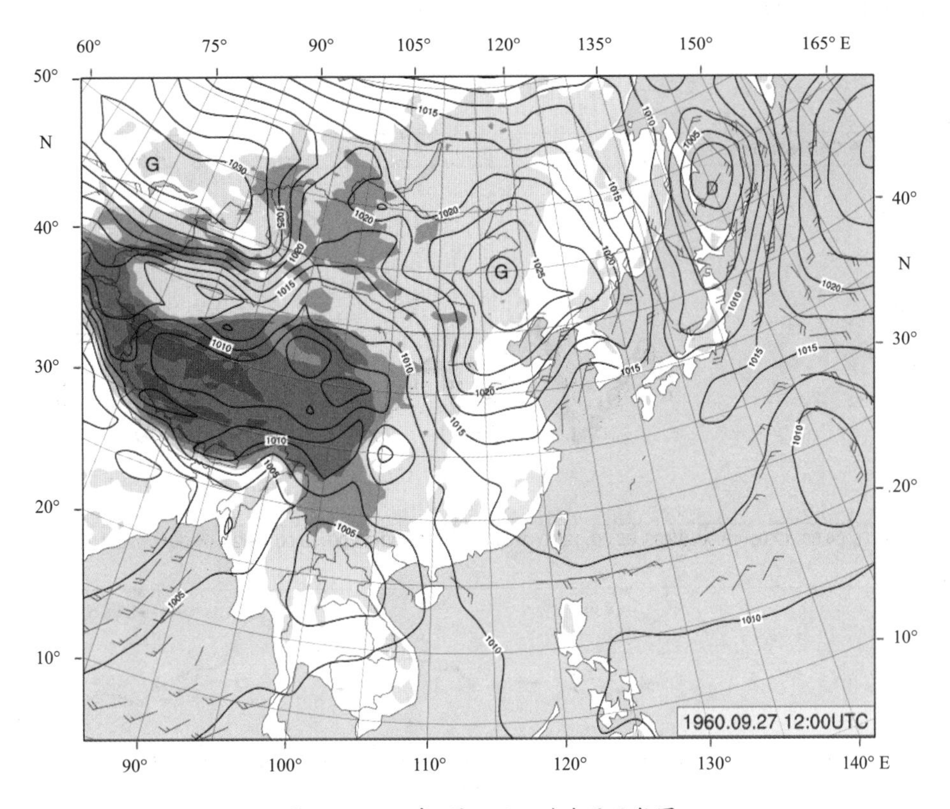

图3.29 1960年9月27日20时地面天气图

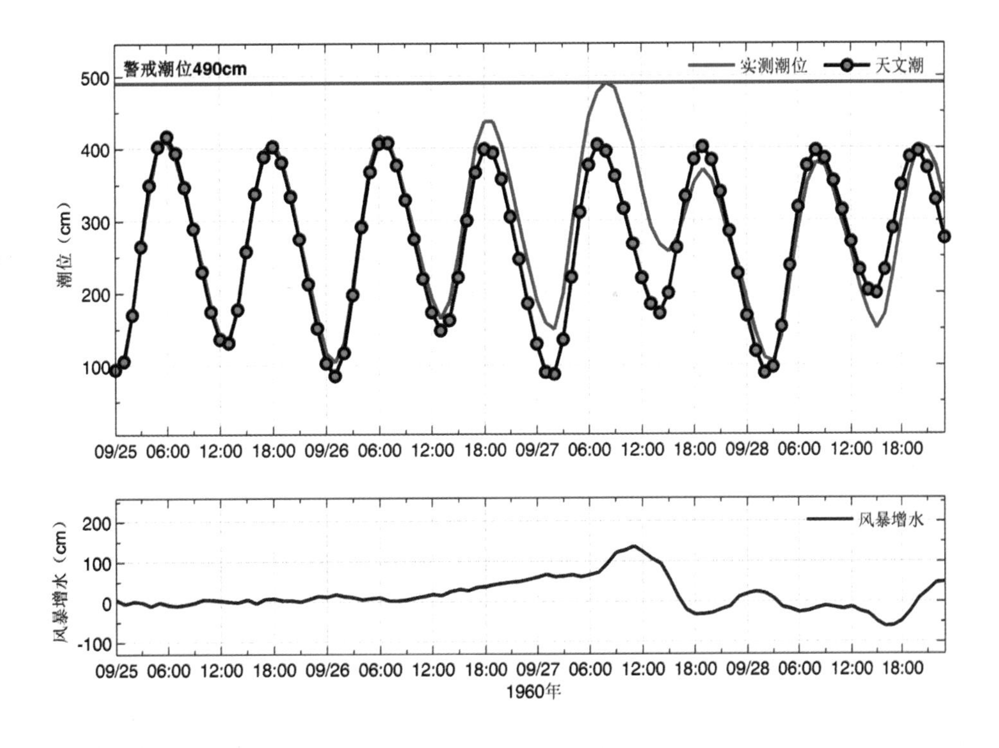

图3.30 六米站实测潮位、天文潮位和风暴增水随时间变化

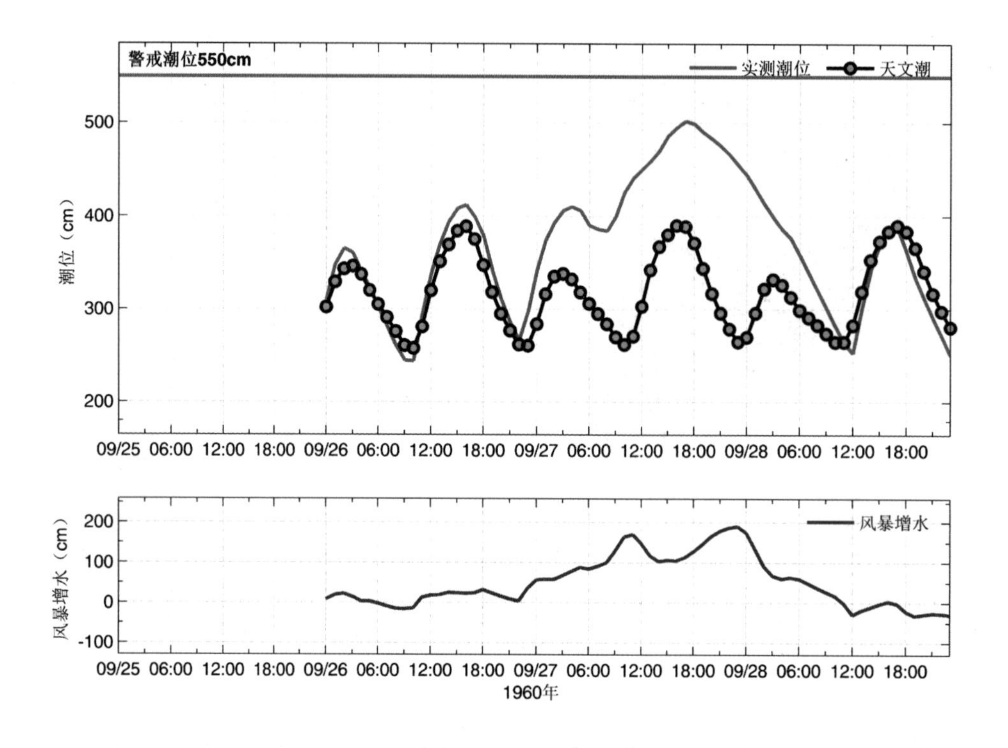

图3.31　羊角沟站实测潮位、天文潮位和风暴增水随时间变化

3.9 1960“10·13”风暴潮灾害（冷高压型）

1960年10月13—14日，受横向冷高压影响，渤海湾、莱州湾出现了较强温带风暴潮。与其他横向高压型温带风暴潮不同的是，引起本次过程的横向高压主要以东西方向移动为主，风向对于渤海湾增水更加有利，增水持续时间也较长，天津六米站13日11时起1.0 m以上增水持续 8个小时，15时最大风暴增水1.98 m，过程最大增水恰逢天文低潮时；山东羊角沟站13日19时起1.0 m以上增水持续8个小时，23时最大风暴增水1.77 m。15日14时起补充冷空气南下，20时六米站最大增水1.66 m，16日02时羊角沟站最大增水2.13 m。

未收集到潮灾记录。

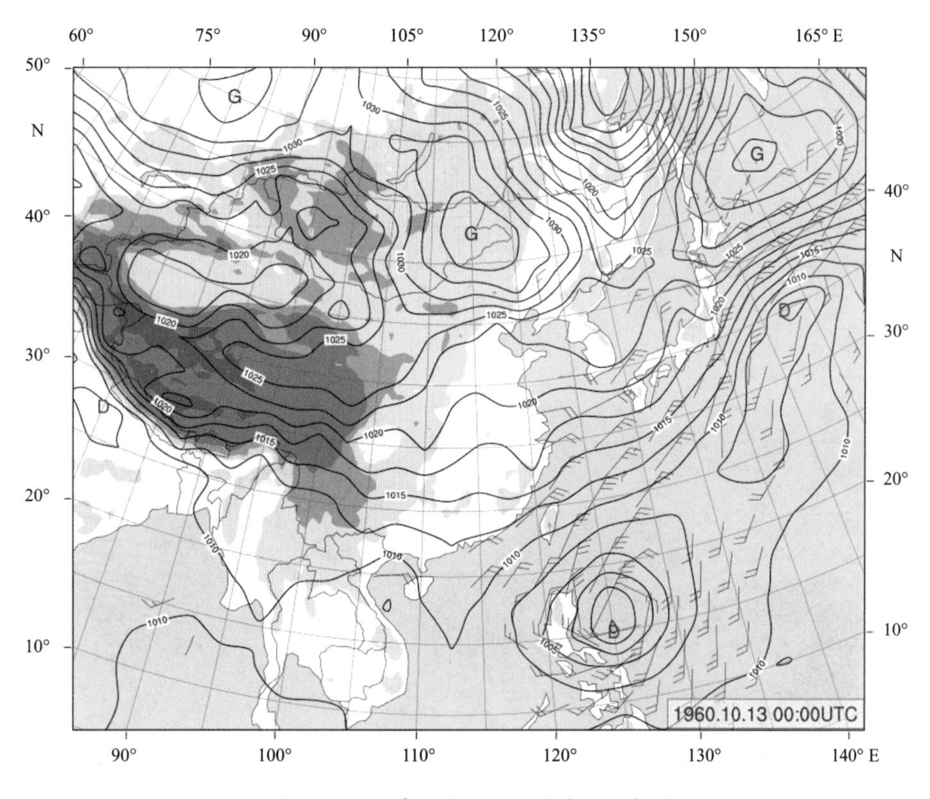

图3.32 1960年10月13日08时地面天气图

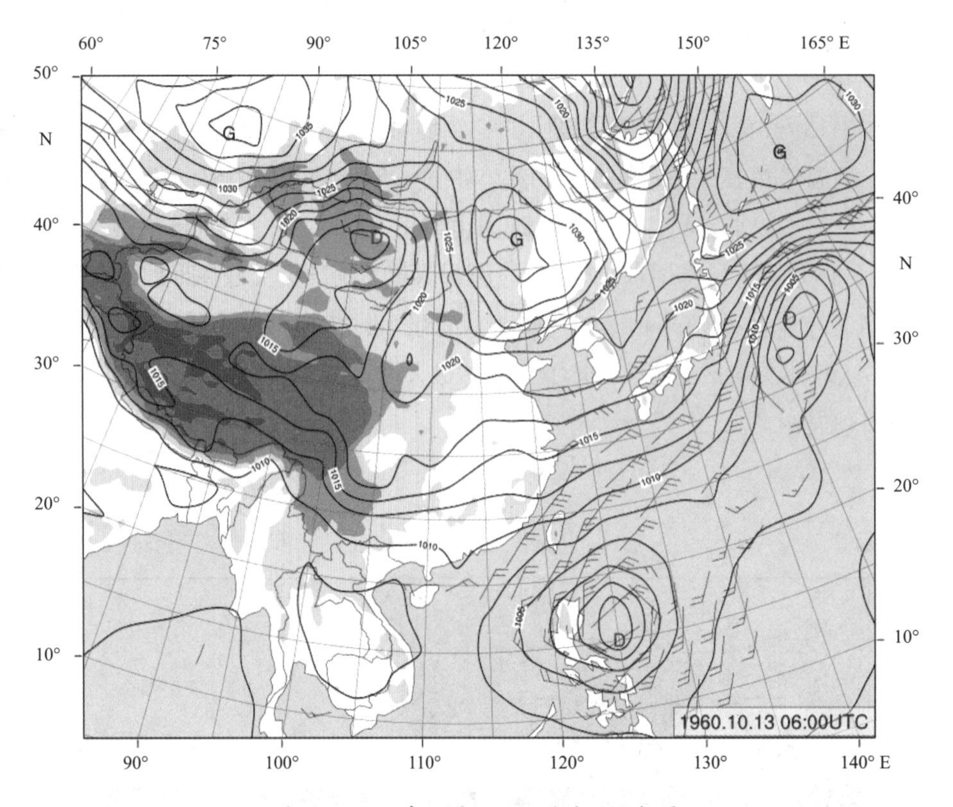

图3.33　1960年10月13日14时地面天气图

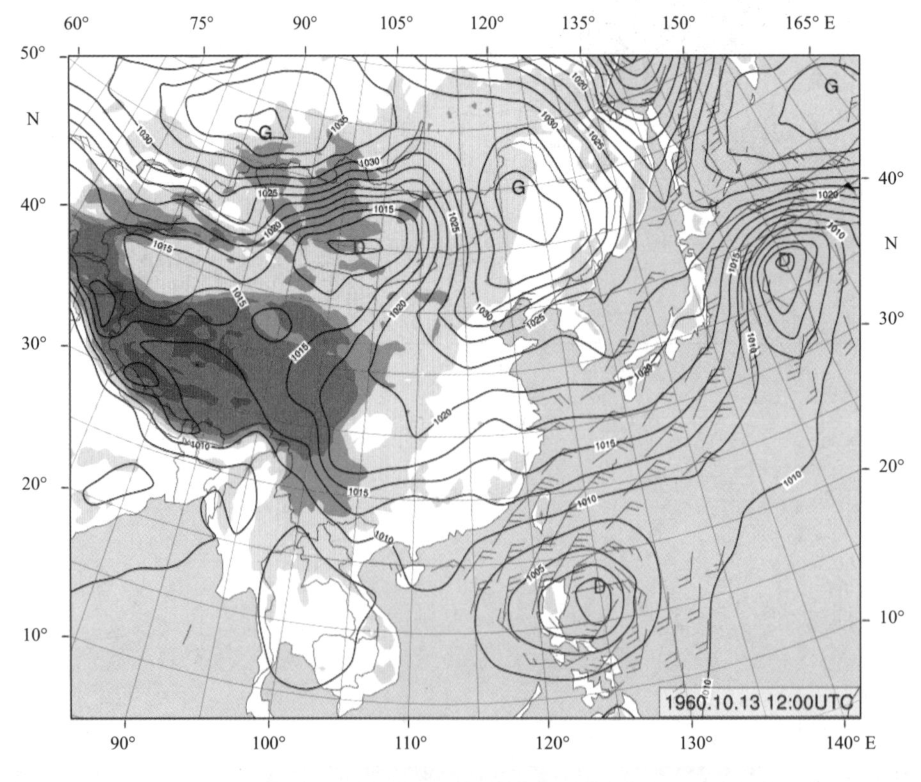

图3.34　1960年10月13日20时地面天气图

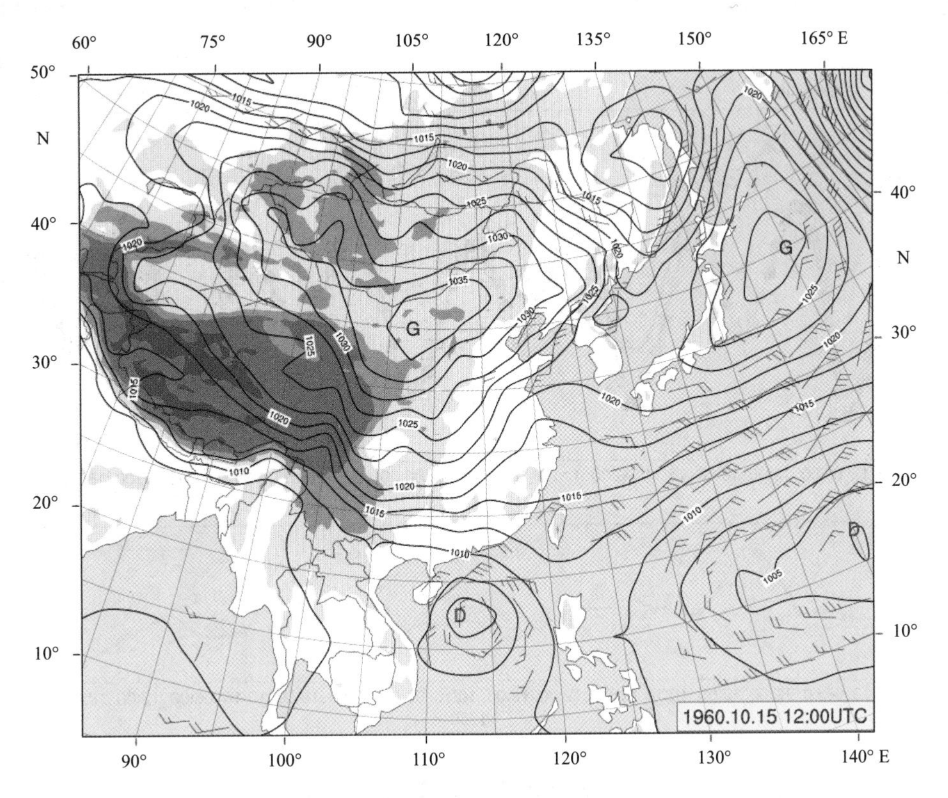

图3.35　1960年10月15日20时地面天气图

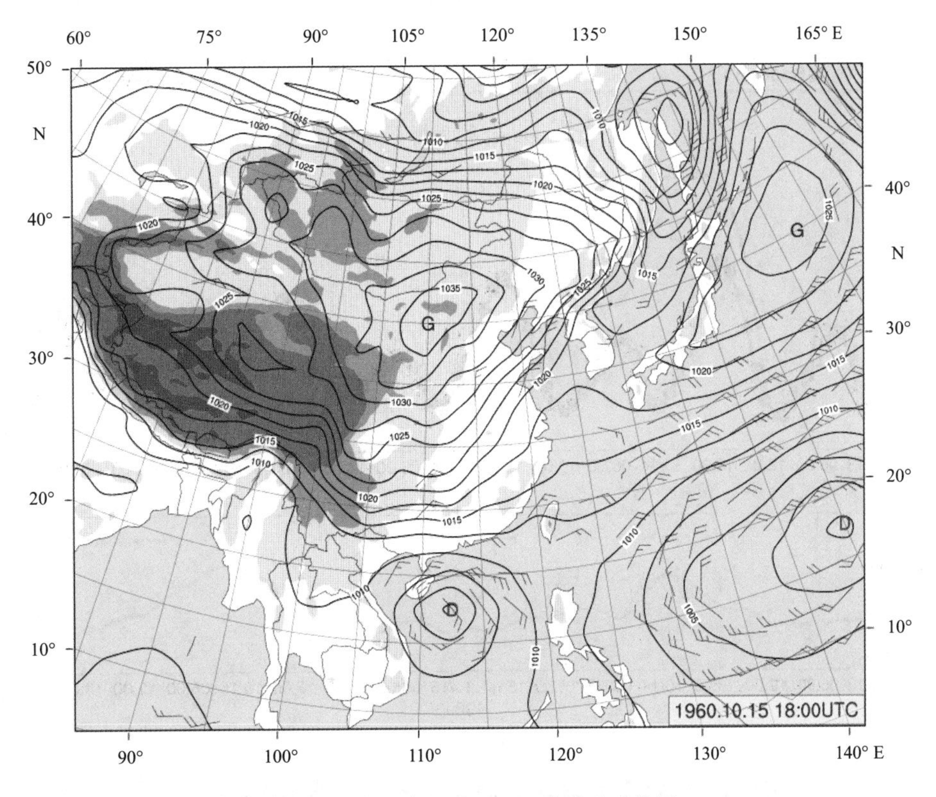

图3.36　1960年10月16日02时地面天气图

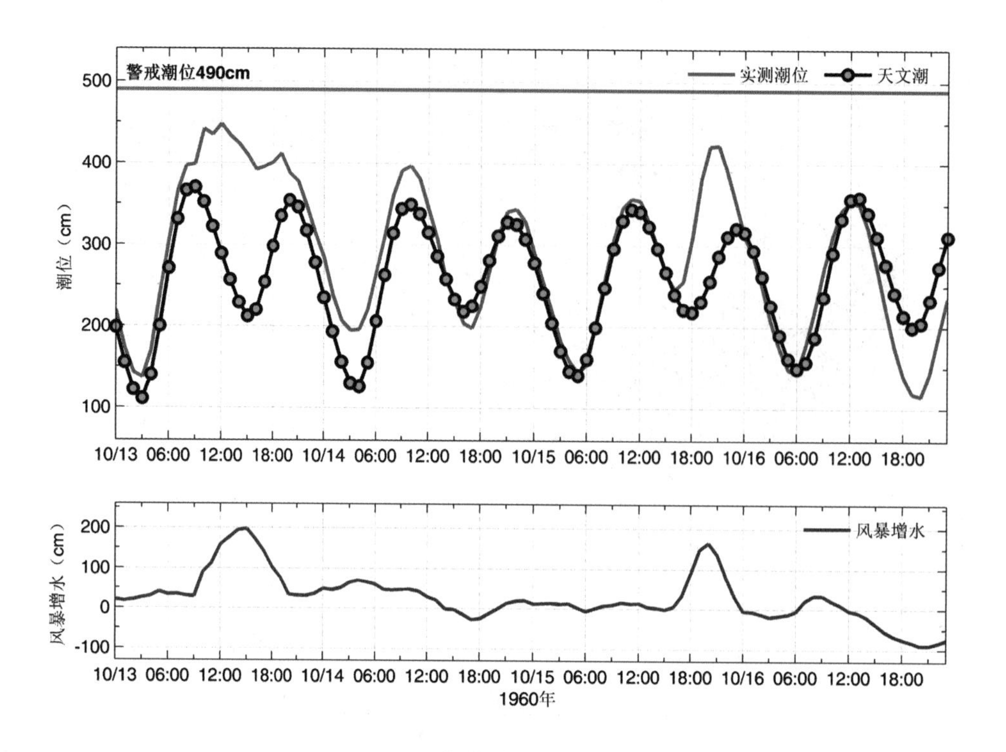

图3.37　六米站实测潮位、天文潮位和风暴增水随时间变化

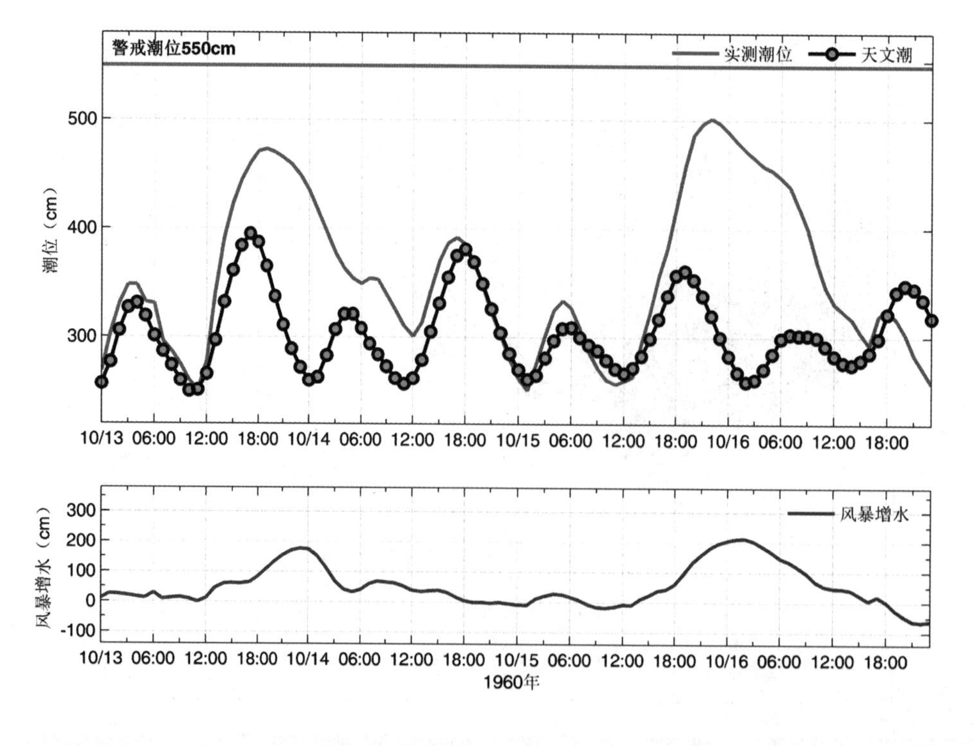

图3.38　羊角沟站实测潮位、天文潮位和风暴增水随时间变化

3.10 1960“11·22”风暴潮灾害（北高南低型）

1960年11月21—24日，受冷空气及入海气旋影响，渤海湾、莱州湾出现了一次特强风暴潮过程。20日起，黄海中、南部持续受东南风影响，受此影响渤海沿岸出现0.5 m左右的风暴增水，21日14时前后冷空气南下影响影响渤海，此次冷空气强度强，同时受南侧气旋影响，移动速度较慢，局地风力强。受其影响，天津六米站21日19时起2.0 m以上增水持续5个小时，21时最大风暴增水2.46 m，是该站有观测资料以来的最大增水，最高潮位4.72 m，接近当地警戒潮位；山东羊角沟站22日08时最大风暴增水2.86 m，连续4日（21—24日）最大风暴增水超过1 m，期间21日20时至22日10时连续15个小时逐时增水超过2.0 m，最高潮位5.66 m，超过当地警戒潮位0.16 m；22日05时江苏连云港站最大风暴增水1.17 m。

此次温带风暴潮影响时间长，影响范围广。莱州湾灾情较重，沿岸许多地段被淹，其中寿光市农田受淹。

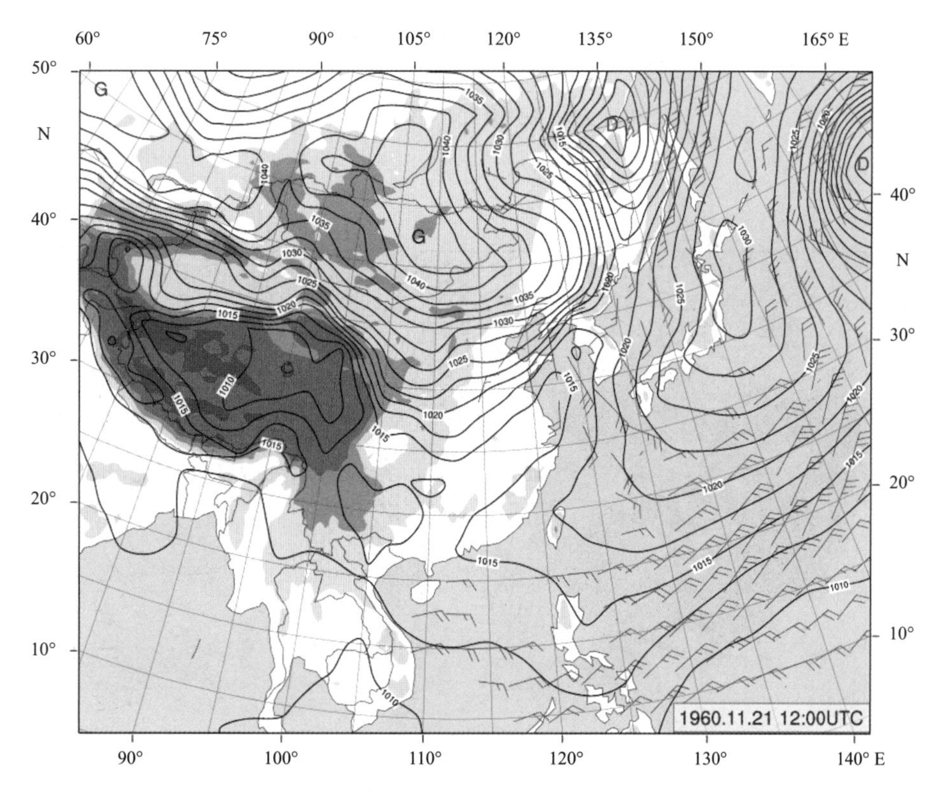

图3.39 1960年11月21日20时地面天气图

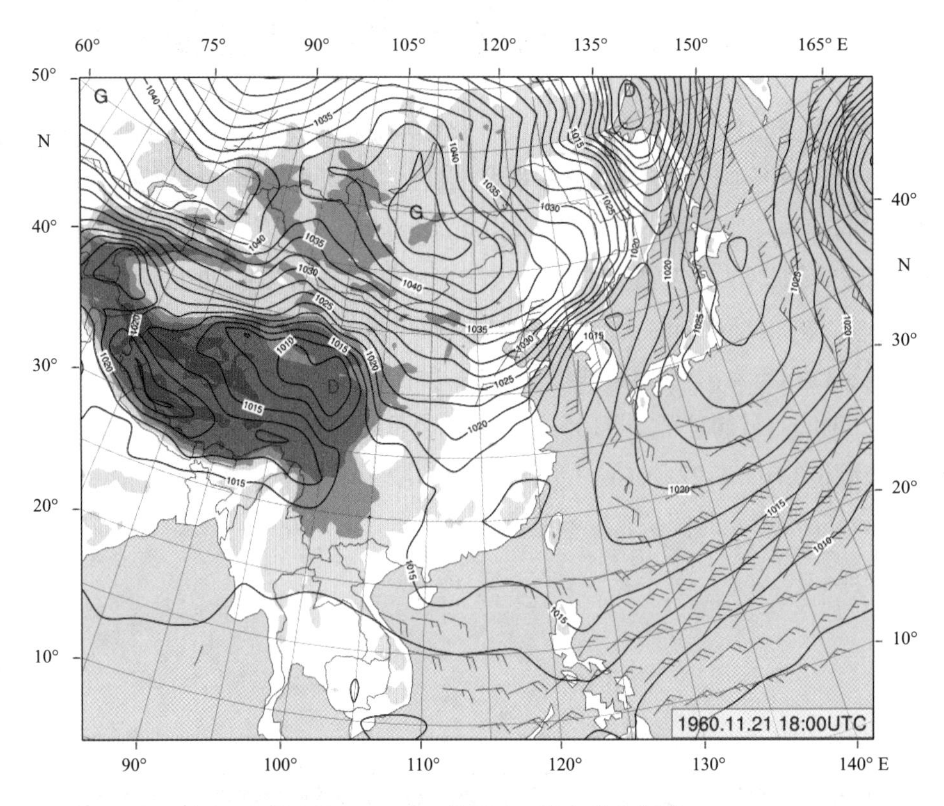

图3.40　1960年11月22日02时地面天气图

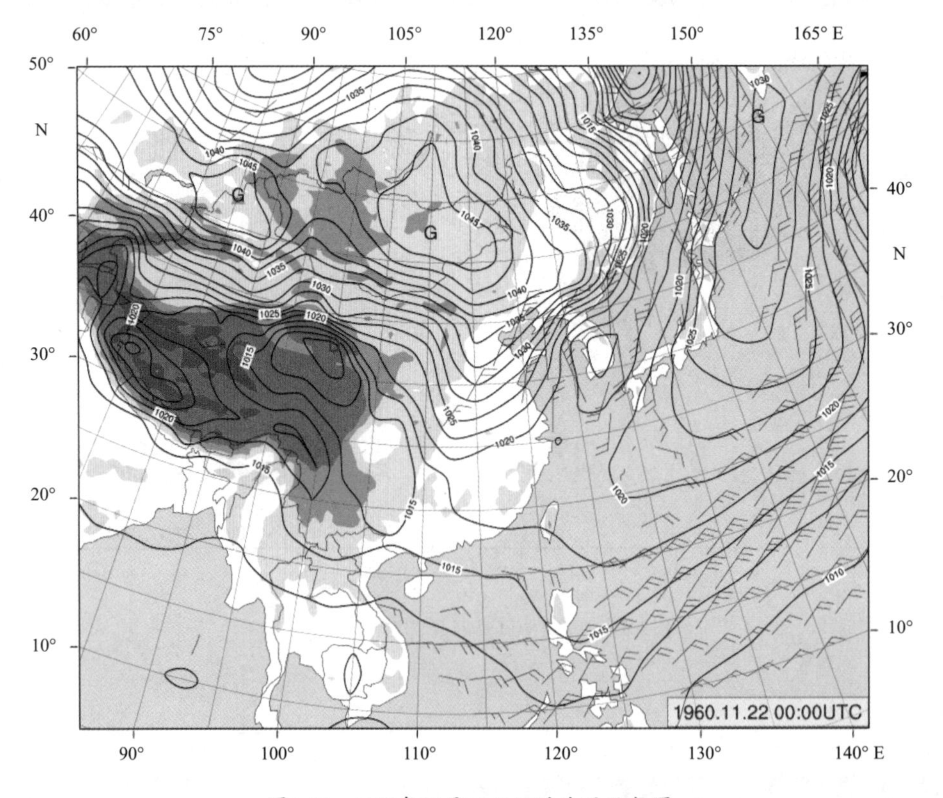

图3.41　1960年11月22日08时地面天气图

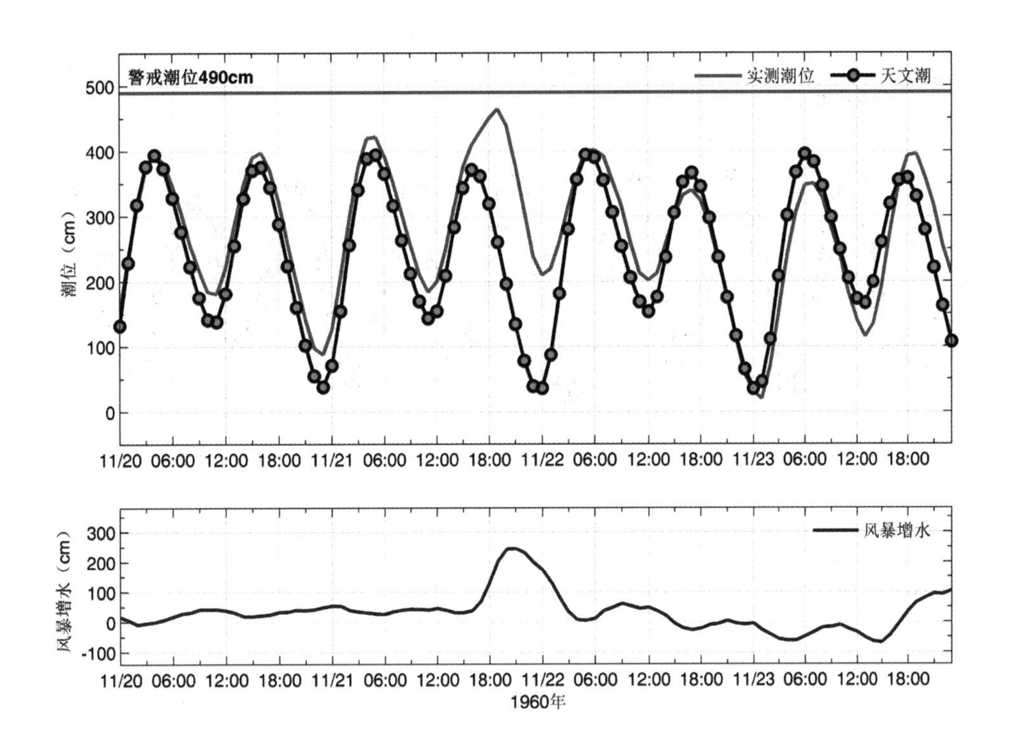

图3.42　六米站实测潮位、天文潮位和风暴增水随时间变化

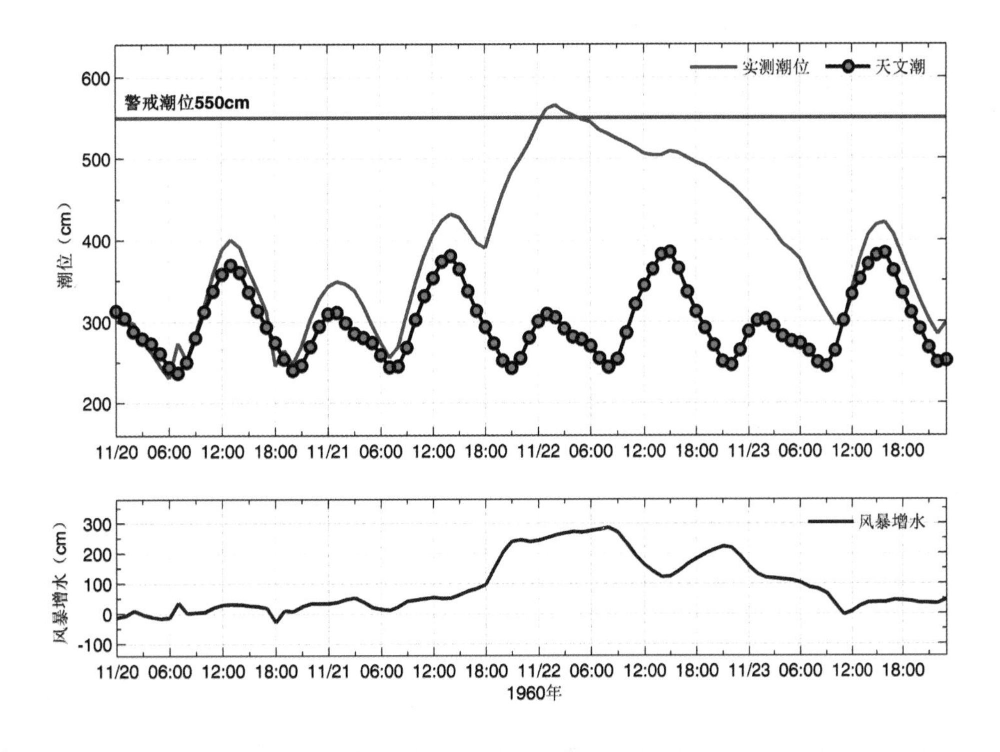

图3.43　羊角沟站实测潮位、天文潮位和风暴增水随时间变化

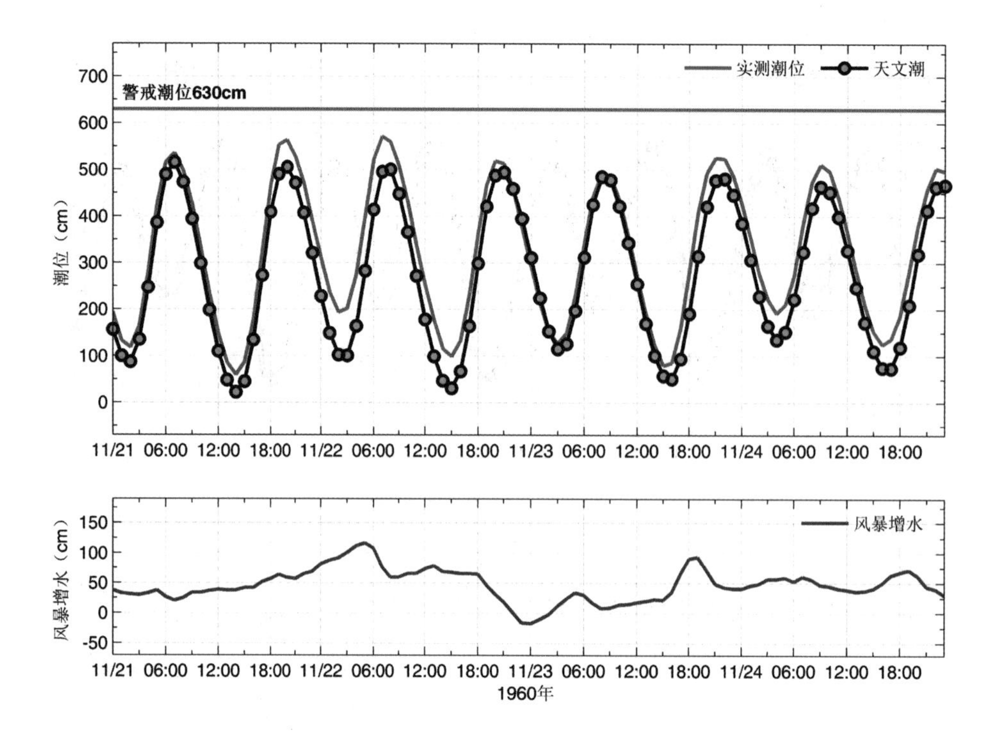

图3.44 连云港站实测潮位、天文潮位和风暴增水随时间变化

3.11 1964“04·05”风暴潮灾害（北高南低型）

1964年4月5—7日，受冷空气及入海气旋影响，渤海湾、莱州湾及海州湾发生特强温带风暴潮。4日夜间起，受西南倒槽外围影响，黄海中、南部持续出现东南风。5日08时左右，冷高压南下影响渤海，14时，冷高压与渤海中部低压形成对峙的形势，之后冷空气继续南下，而江淮气旋也于6日02时前后入海，冷高压与江淮气旋及黄海中部低压再次形成对峙。从观测来看，4月4日莱州湾观测到东南风4～5级，持续至5日转东北大风有雨雪，8时许东北风增至8级以上。垦利县气象局（孤岛）记载：“7级以上的东北风10时45分（5日）始，一直刮到次日（6日）17时4分为止，历时30时19分钟”。受其影响，天津六米站5日16时最大风暴增水2.20 m，5日12时起1 m以上增水持续10个小时，最高潮位4.77 m。山东羊角沟站5日最大风暴增水3.19 m，6日最高潮位6.24 m，超过当地警戒潮位0.74 m；5日14时起1 m以上增水持续32个小时，17时起2 m以上增水持续23个小时，20时起3 m以上增水持续6个小时；5日18时起5.5 m以上潮位持续21小时；6日04时起6.0 m以上潮位持续6个小时。山东龙口站5日20时最大风暴增水1.53 m，江苏连云港站6日09时最大增水1.01 m。

本次温带风暴潮一是影响范围广，河北省、天津市、山东省、江苏省均受影响；二是强度强，渤海湾发生强风暴潮，莱州湾则发生特强风暴潮；三是灾情严重，由于莱州湾最大增水与最高潮位出现在夜间或凌晨，人不胜防，加上黄河口刚改道（1964年元旦人工破堤）走钓口河，地势低洼，河水受潮水顶托溢槽侵滩，神仙沟以西潮水浸淹范围远大于1969年4月23日风暴潮淹水范围。河北岐口到山东昌邑县被淹面积数千平方千米，海水侵陆数十千米，山东省无棣、沾化、利津、垦利、广饶、寿光、潍县、昌邑、平度发生特大潮灾，海水所到之处房倒屋塌、地淹禾毁、人畜溺死，惨不忍睹。148人因灾死亡，327人受伤；273个村庄受淹，潮水淹没农田115.46万亩，冲走原盐1.74×10^{4} t；冲毁码头一座，防潮堤受损严重；4 953间房屋倒塌；268艘船只受损。据记载，羊角沟由于潮水入侵船只飘入街道，潮水南侵20～50 km，直接经济损失2 500万元。另据寿光县志记载，该县受灾面积101.8万亩，经济损失2 390万元；昌邑盐场损失16.8万元。掖县4 600余亩农田受淹，入侵潮水溶盐4 000 t以上；烟台108艘船只受损，28人死亡。

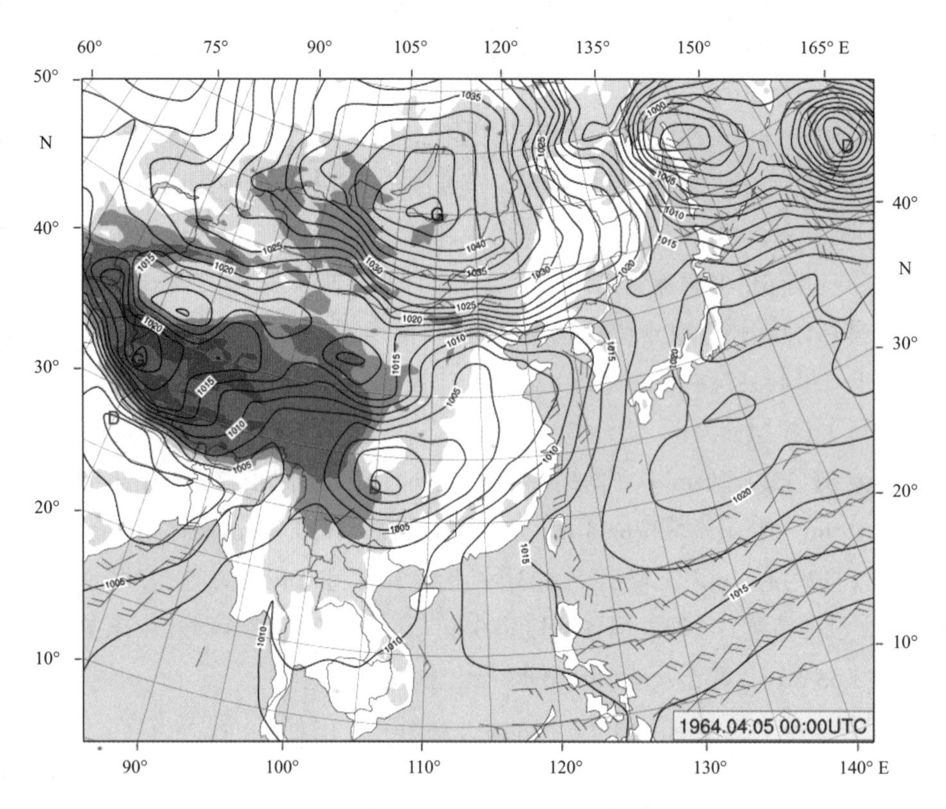

图3.45　1964年4月5日08时地面天气图

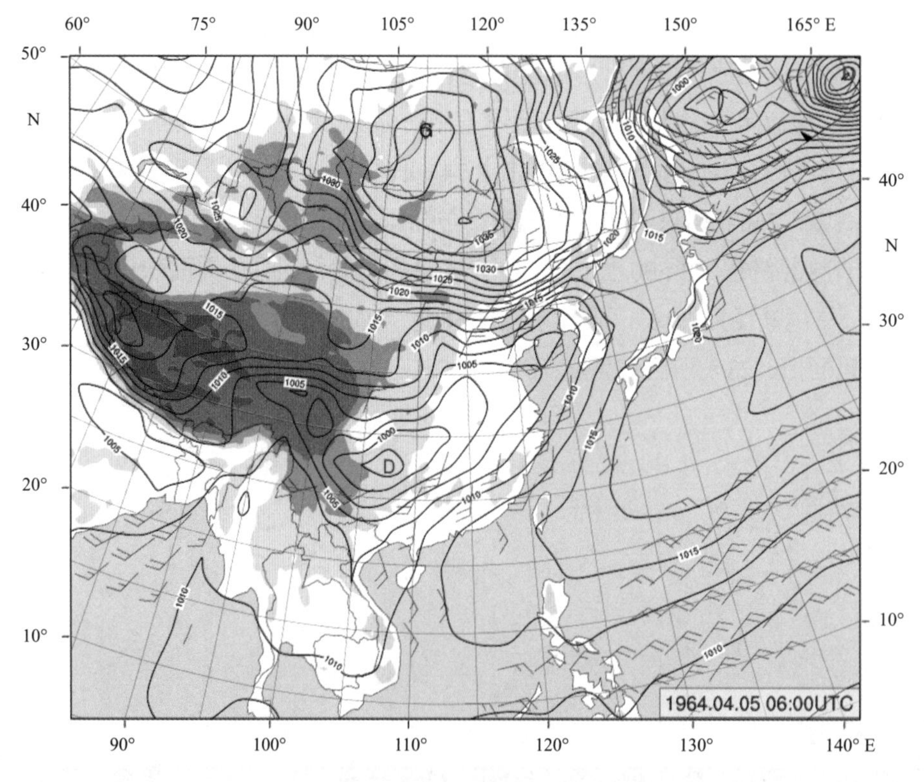

图3.46　1964年4月5日14时地面天气图

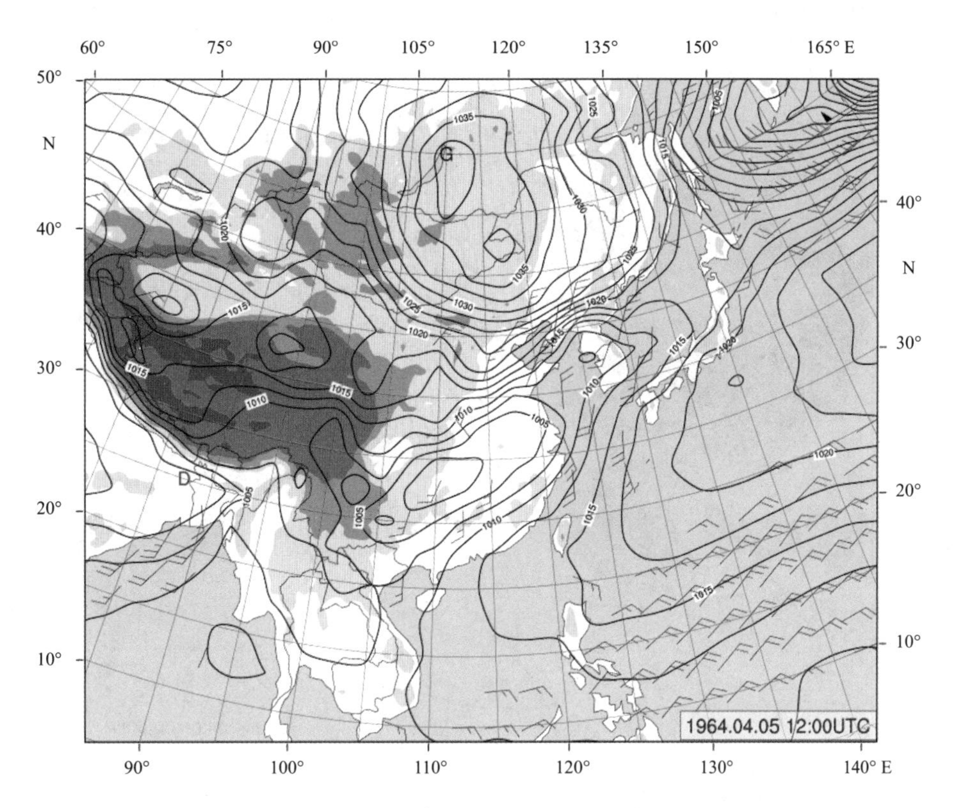

图3.47　1964年4月5日20时地面天气图

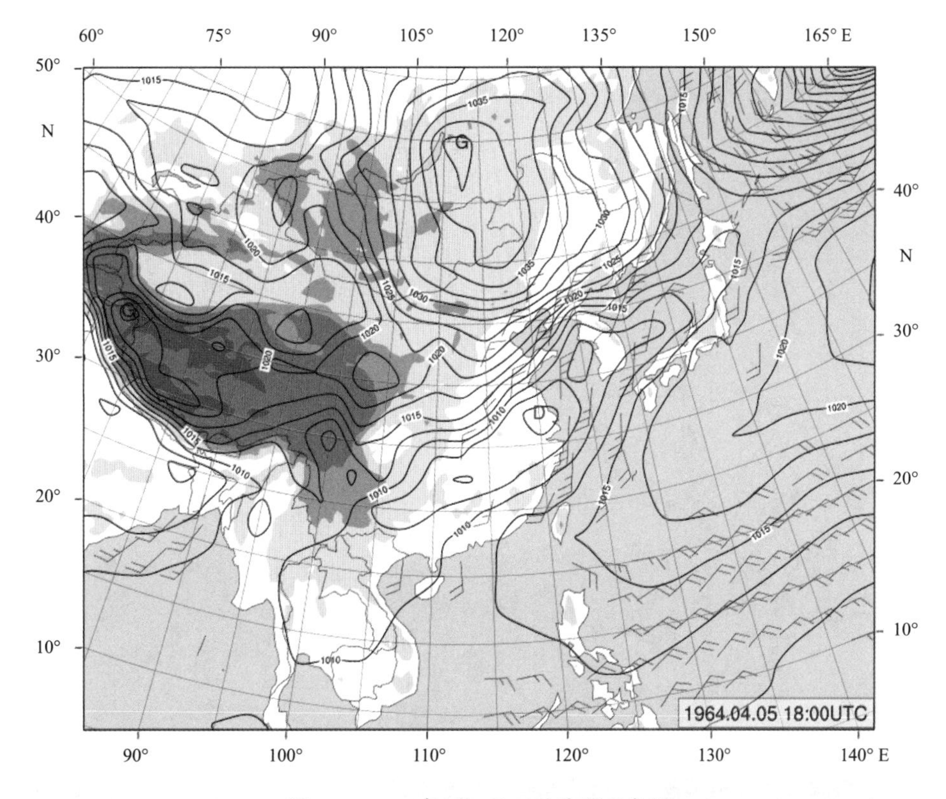

图3.48　1964年4月6日02时地面天气图

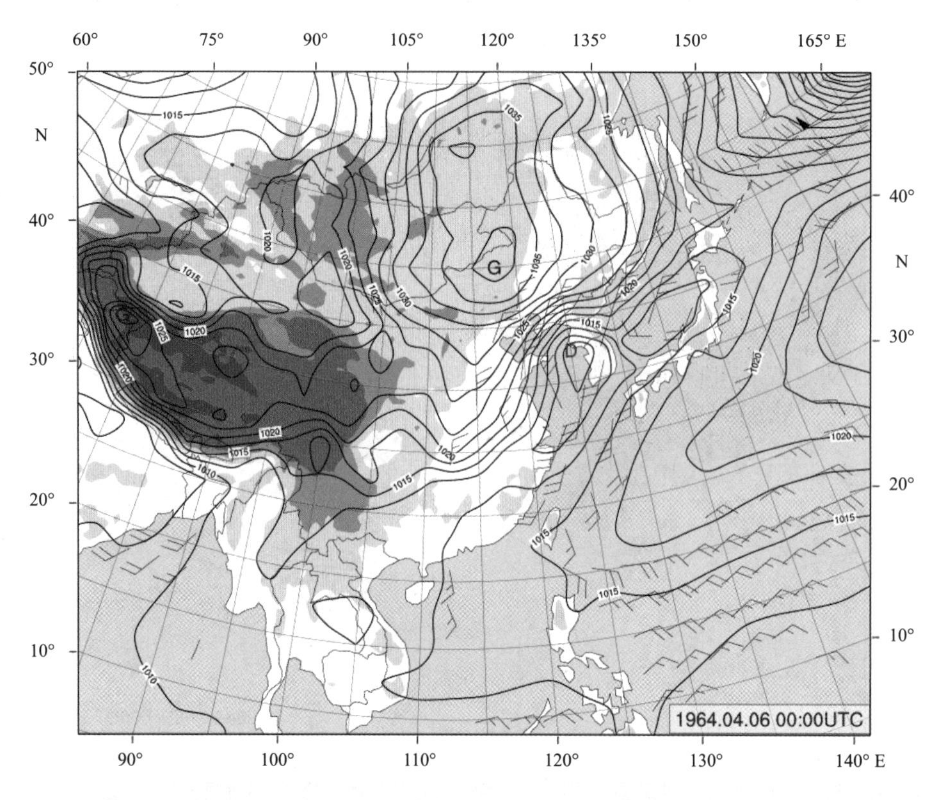

图3.49　1964年4月6日08时地面天气图

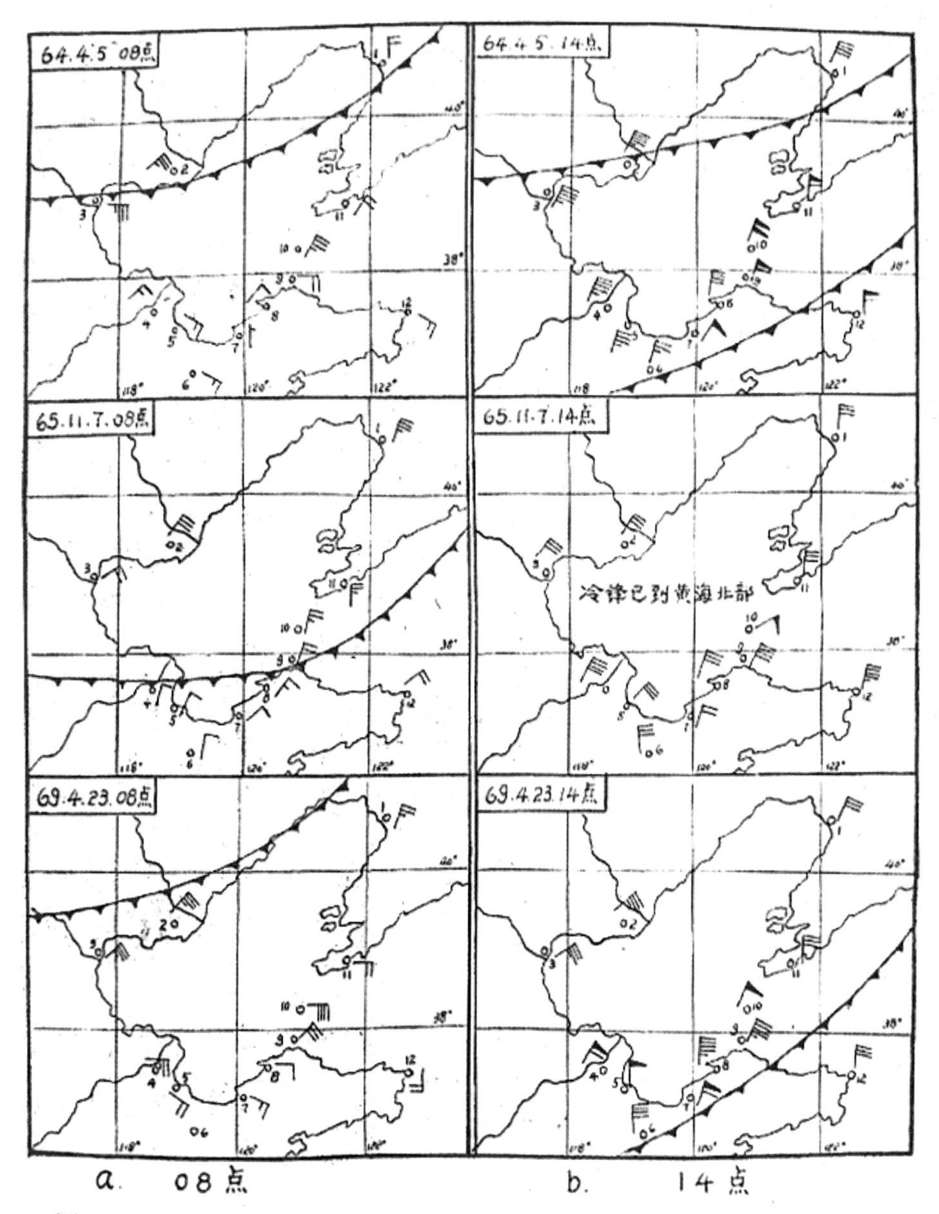

图1. 三年过渡季节（64年4月5日, 65年11月7日, 69年4月23日）渤海各地的风向与风速。

地名（以数字代表） 1 营口 2. 东亭 3. 塘沽 4 垦利 5. 羊角沟 6. 潍坊 7. 掖县 8. 龙口 9. 长岛 10. 大钦岛 11. 大连 12. 成山头

图3.50　影响渤海的三次温带风暴潮期间各地风向与风速
（摘自《过渡季节渤海风暴潮天气形势的个例分析》）

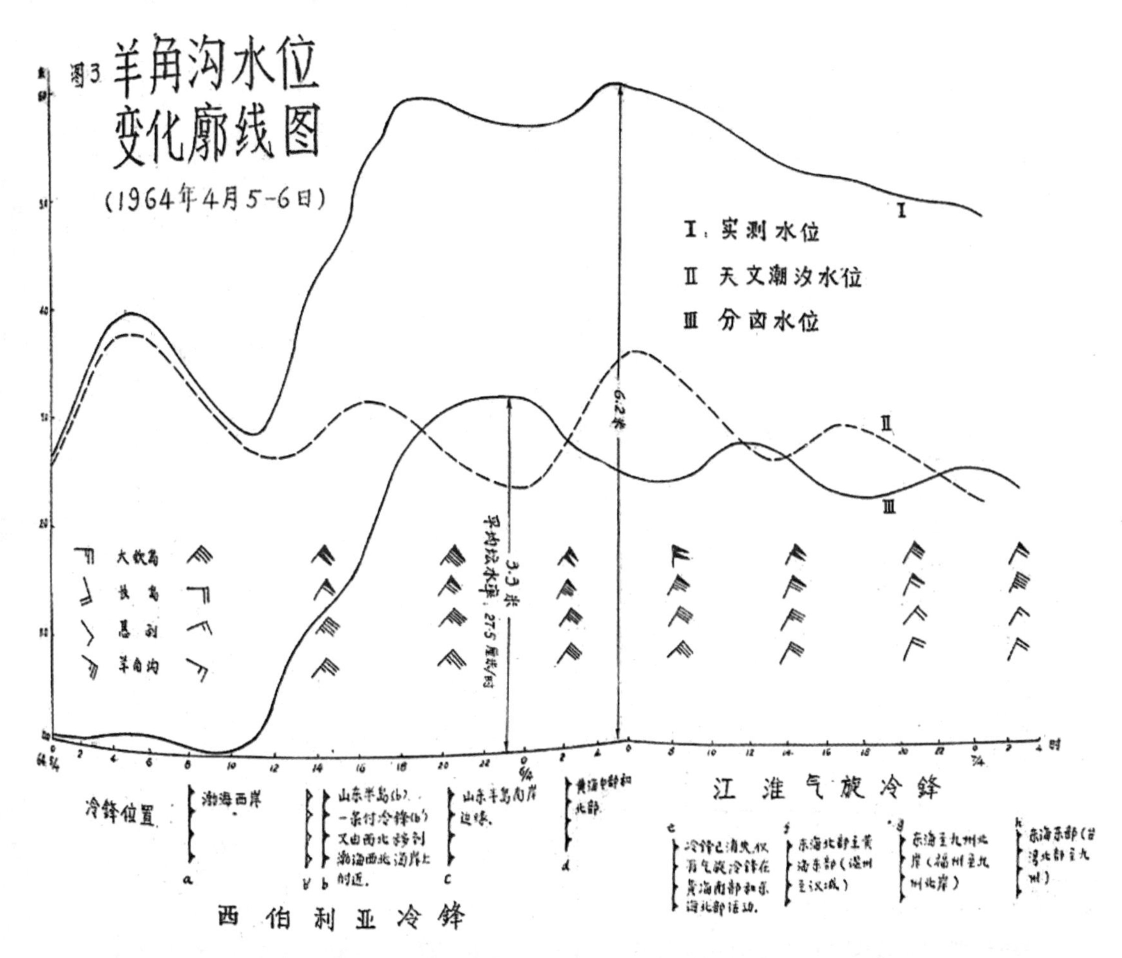

图3.51　莱州湾风速、风向及羊角沟站潮位、天文潮位、风暴增水随时间变化
（摘自《过渡季节渤海风暴潮天气形势的个例分析》）

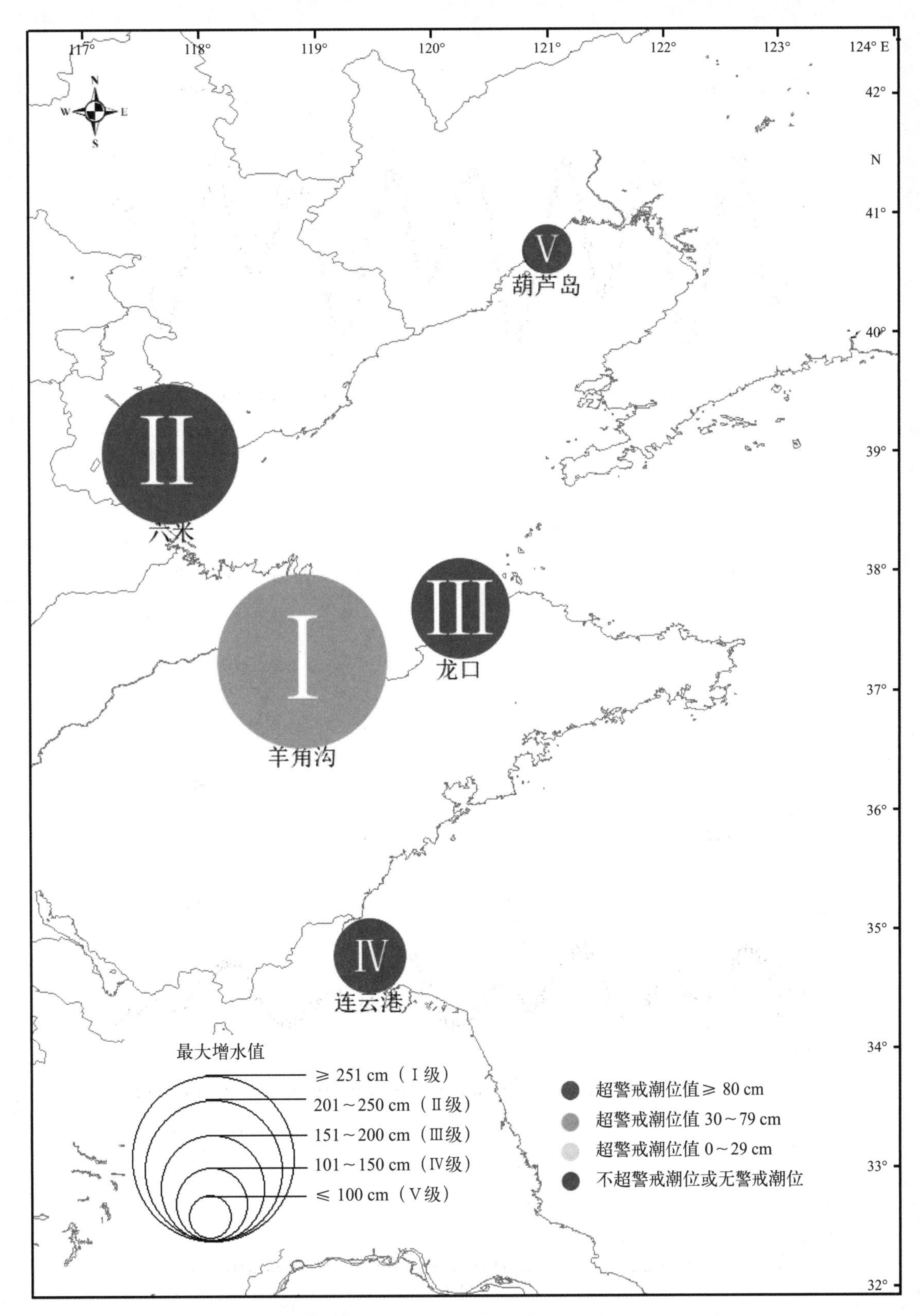

图3.52　1964“04・05”风暴潮空间分布

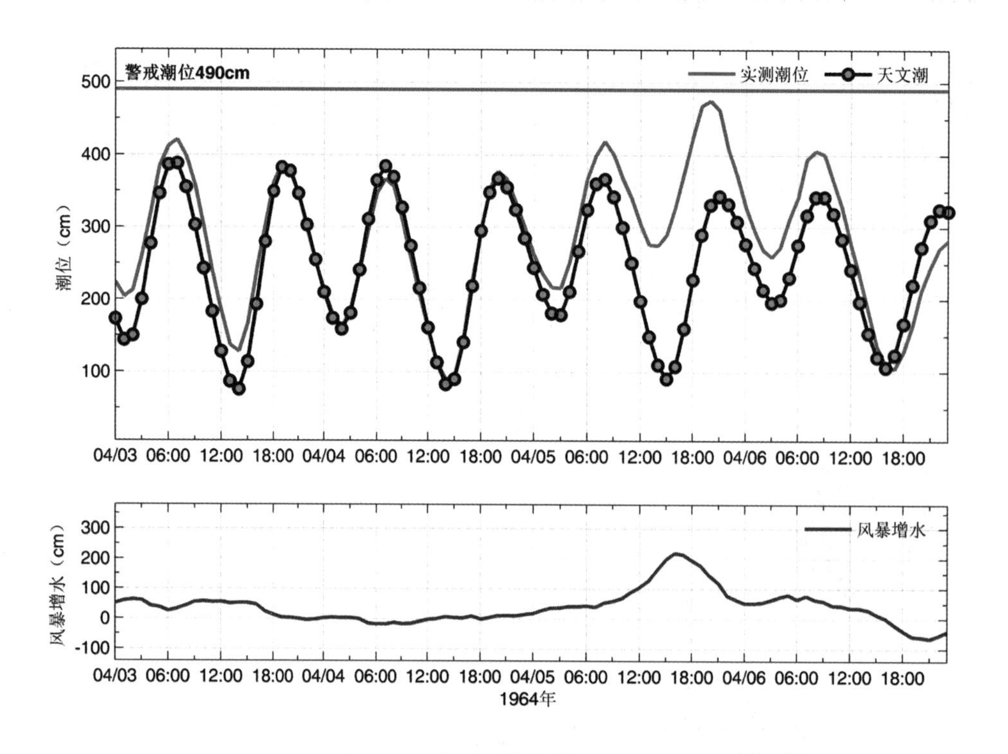

图3.53　六米站实测潮位、天文潮位和风暴增水随时间变化

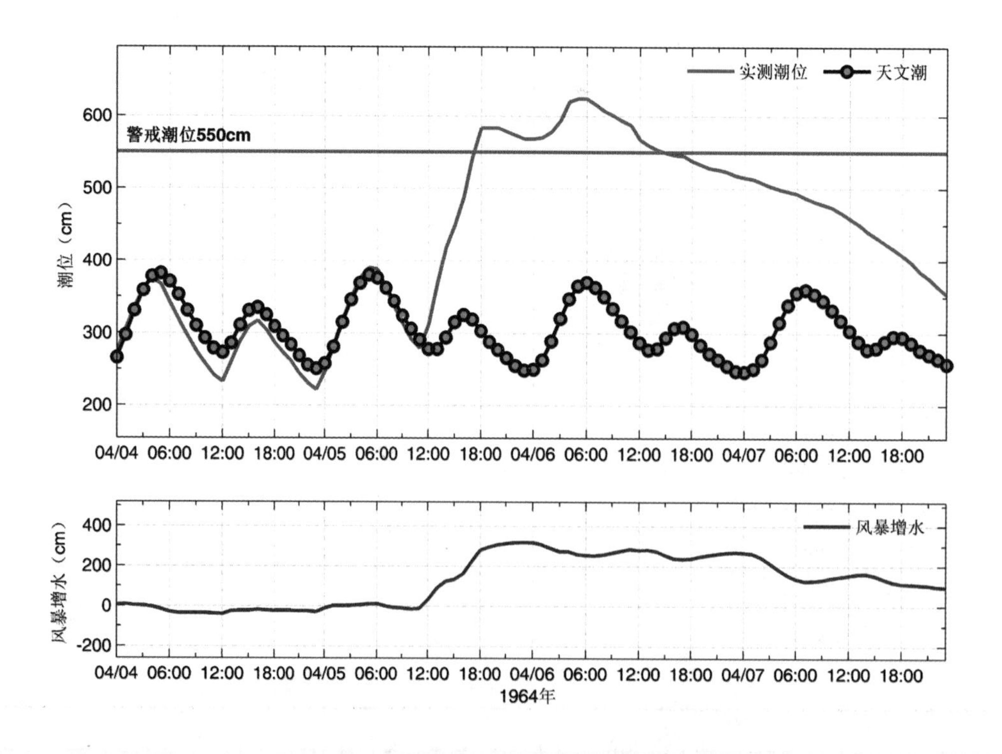

图3.54　羊角沟站实测潮位、天文潮位和风暴增水随时间变化

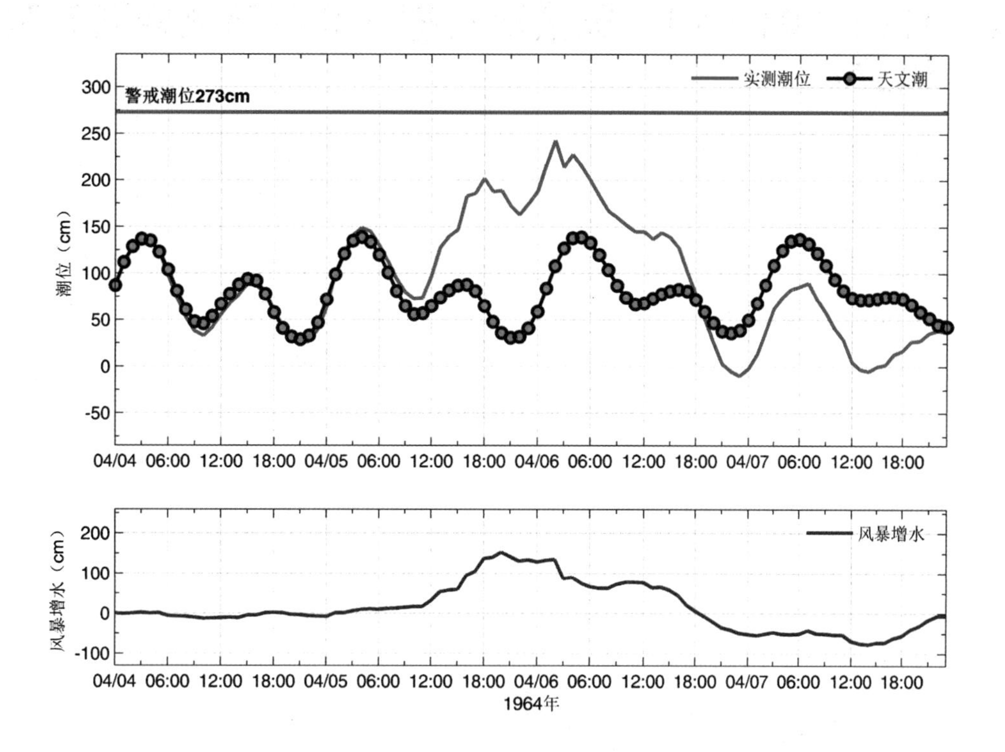

图3.55　龙口站实测潮位、天文潮位和风暴增水随时间变化

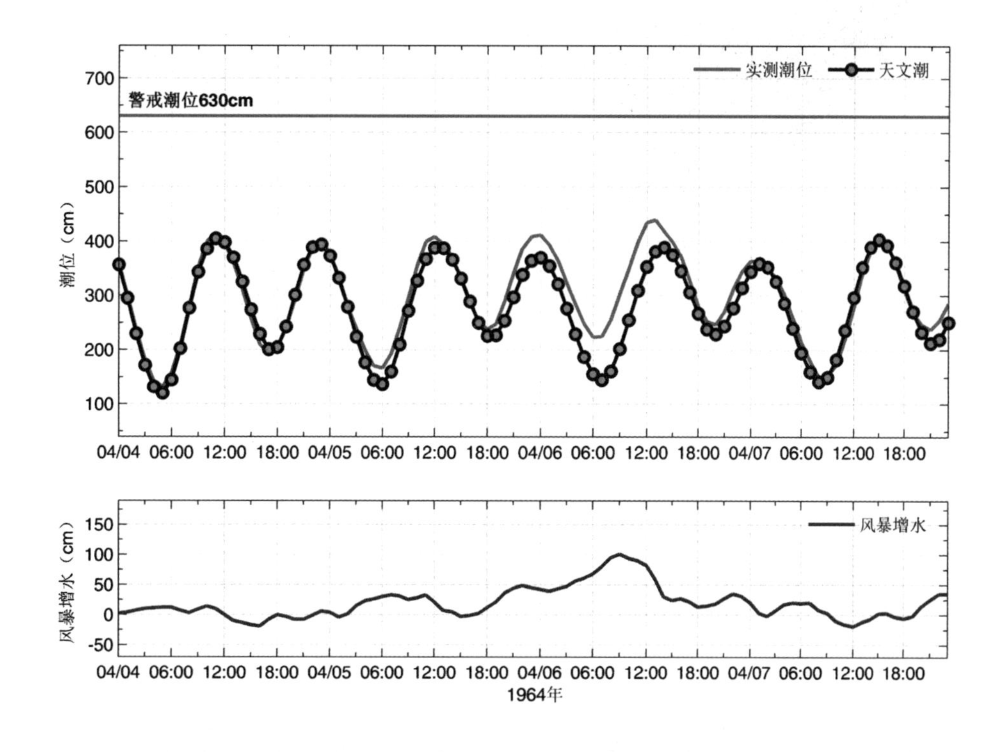

图3.56　连云港站实测潮位、天文潮位和风暴增水随时间变化

3.12 1965“01·10”风暴潮灾害（北高南低转西高东低型）

1965年1月9日20时前后，渤海受西南倒槽控制，10日凌晨冷高压南下，与西南倒槽形成北高南低的形势，之后冷高压继续南移，倒槽形成的低压则向东北偏东方向移动，10日14时形成西高东低的形势。渤海湾9日夜间开始出现风暴增水并迅速增大，10日05时天津六米站最大增水1.87 m。莱州湾10日凌晨出现增水，11时便达到过程最大值，山东羊角沟11时最大增水2.01 m，05时起1.0 m以上增水持续13个小时；山东龙口站08时最大增水1.59 m，06时起1.0 m以上增水持续8个小时；烟台站11时最大增水1.31 m，为历史温带风暴潮第三位。江苏连云港站10日20时最大增水1.04 m。

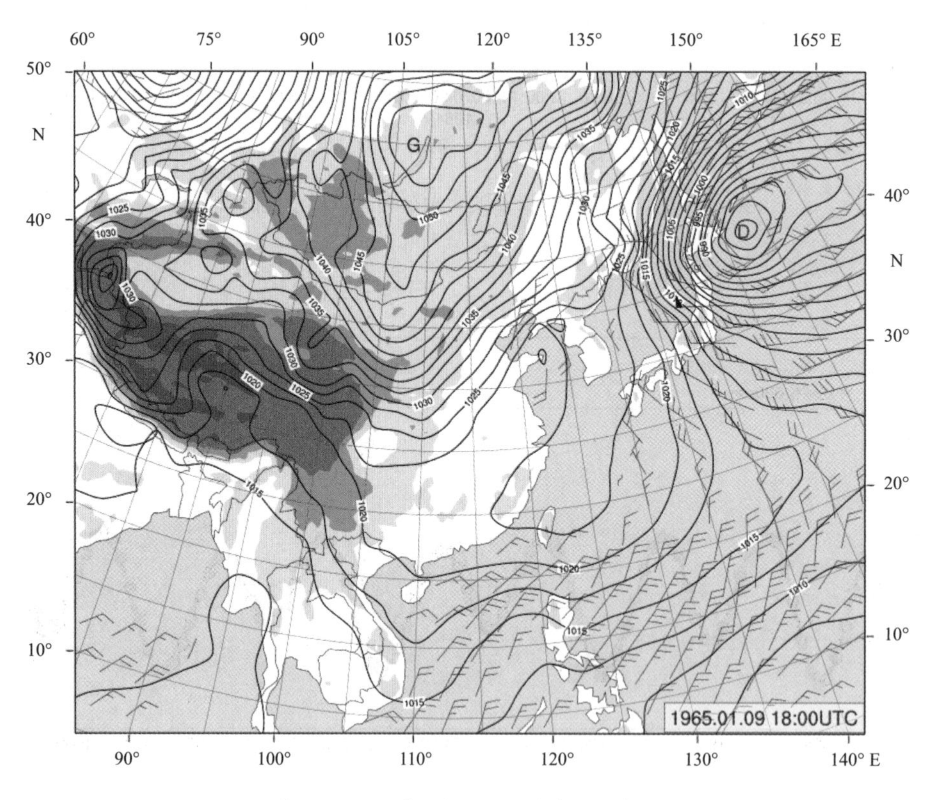

图3.57 1965年1月10日02时地面天气图

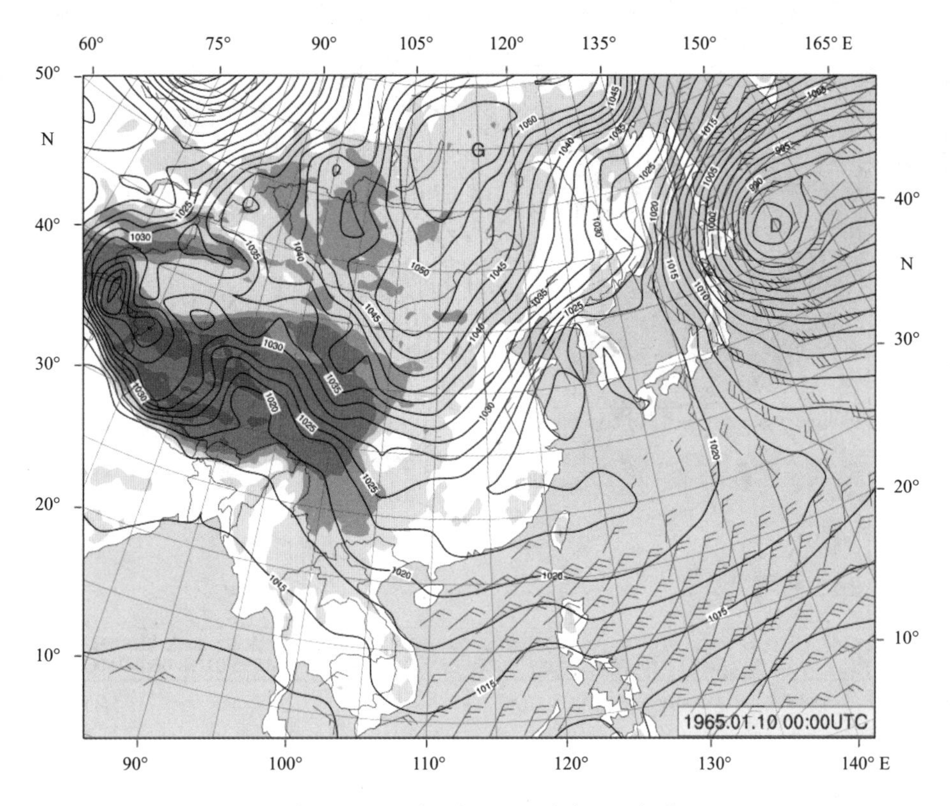

图3.58　1965年1月10日08时地面天气图

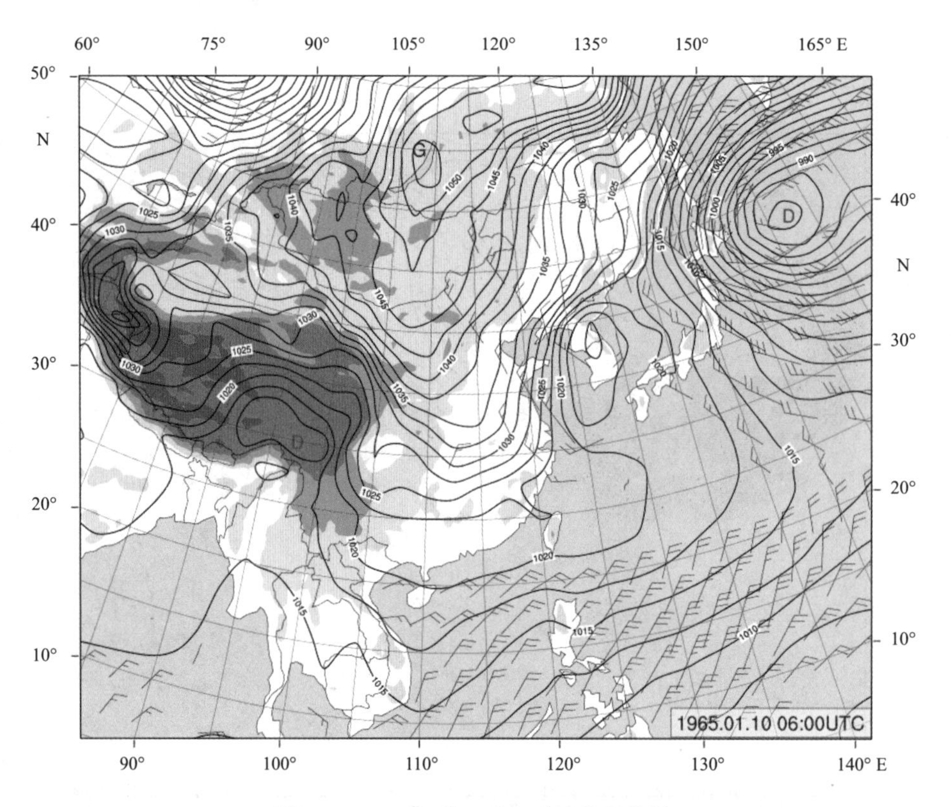

图3.59　1965年1月10日14时地面天气图

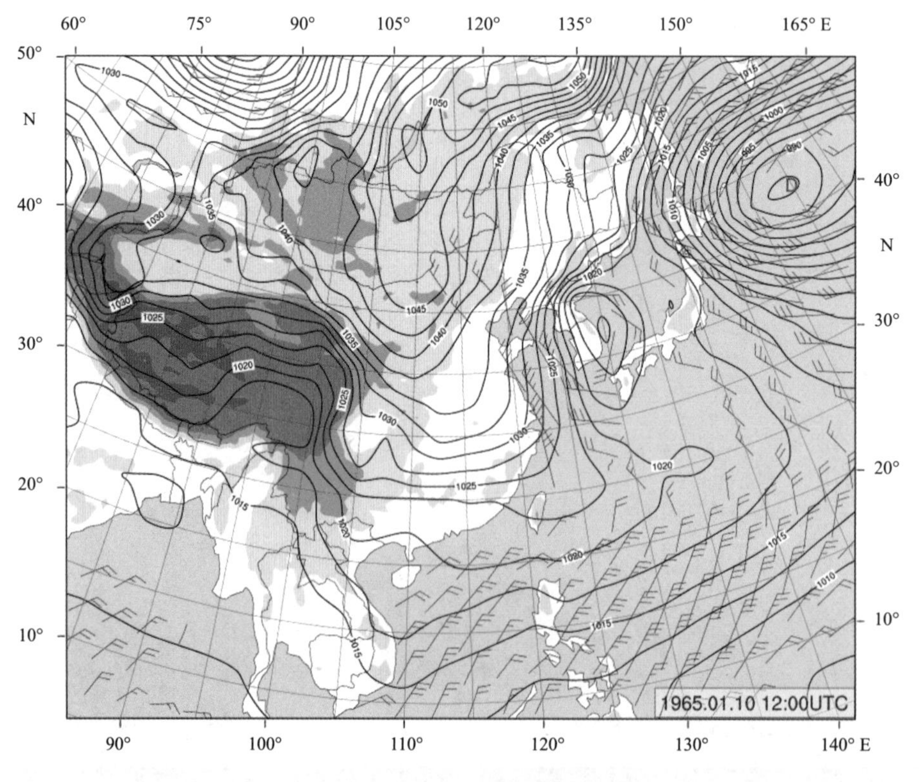

图3.60　1965年1月10日20时地面天气图

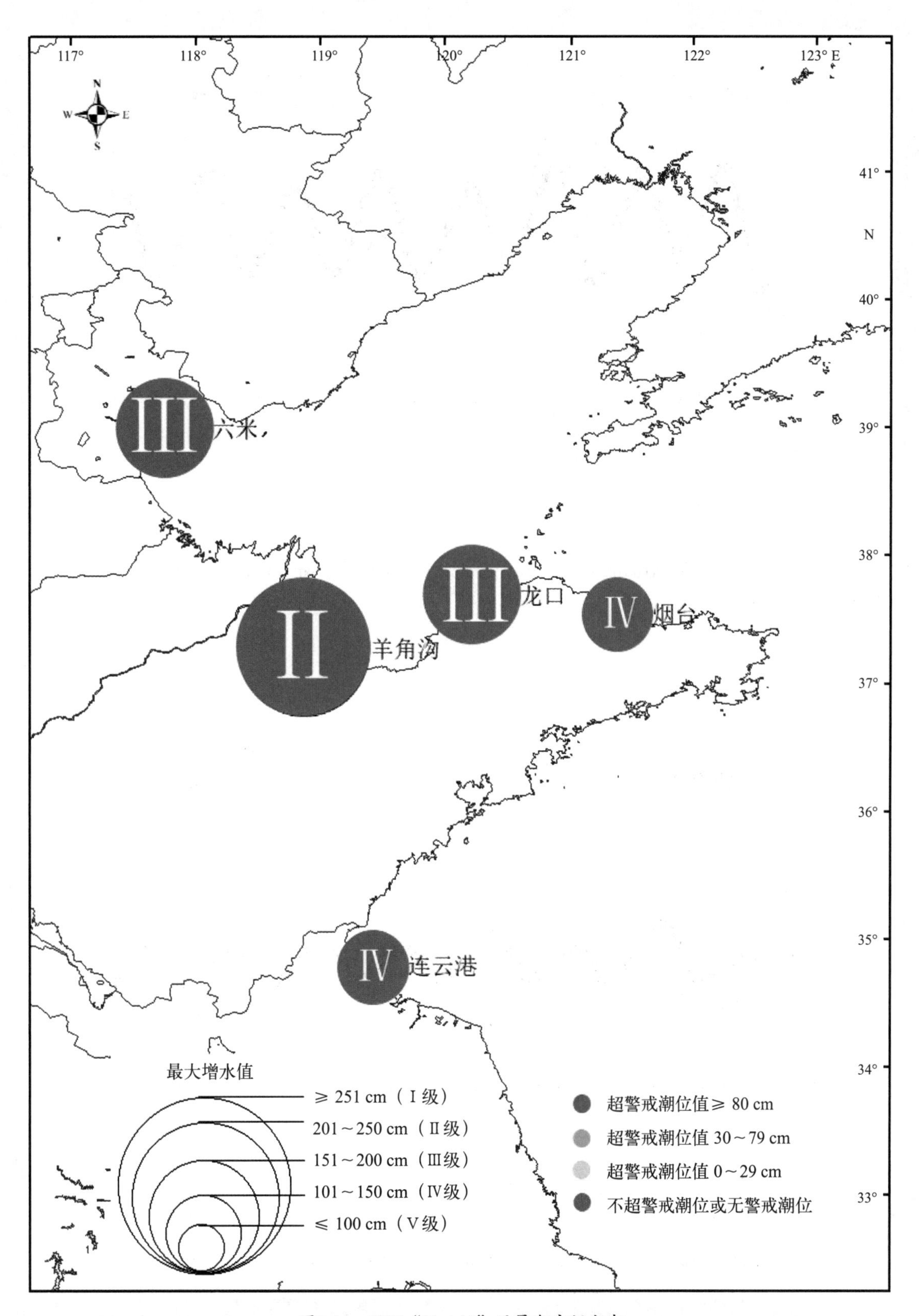

图3.61 1965“01·10”风暴潮空间分布

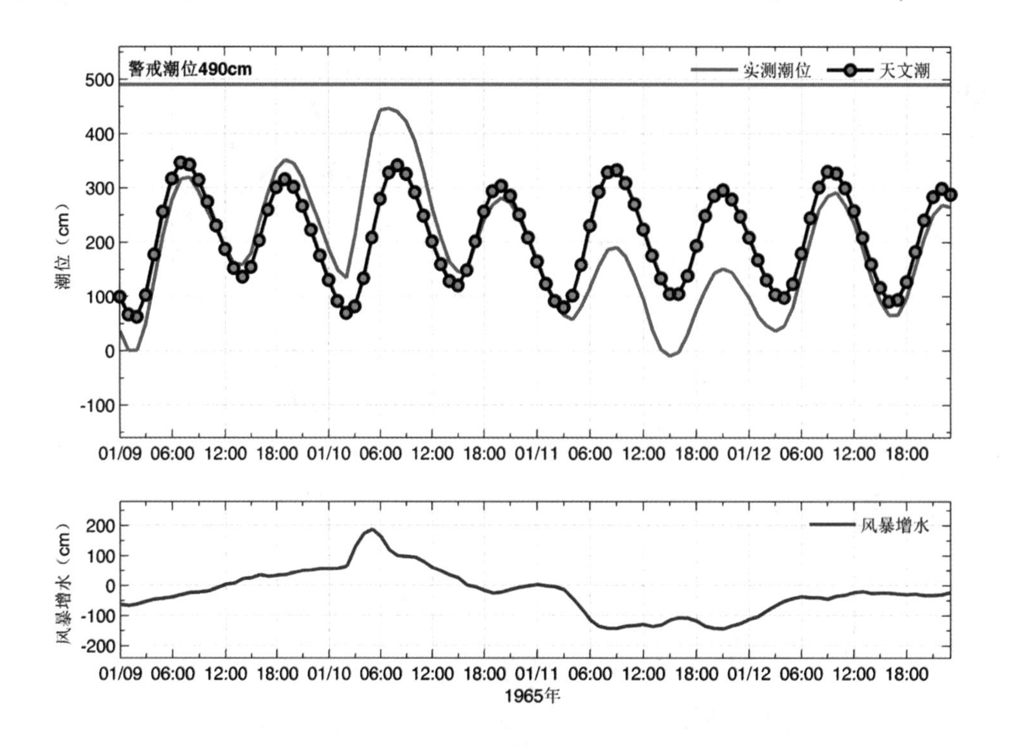

图3.62　六米站实测潮位、天文潮位和风暴增水随时间变化

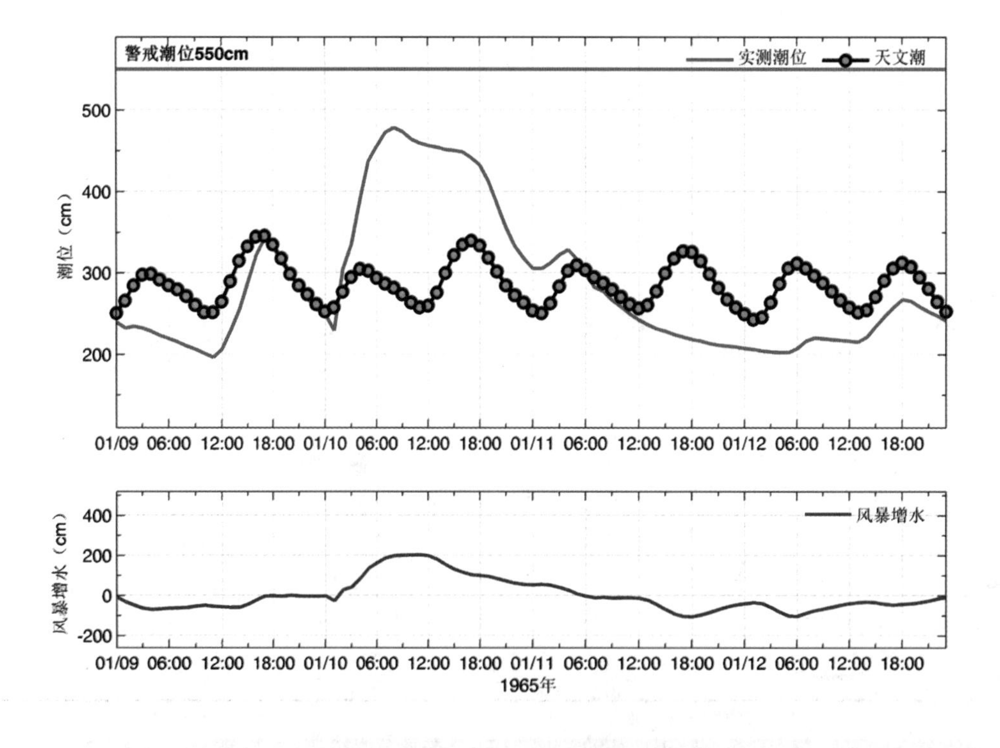

图3.63　羊角沟站实测潮位、天文潮位和风暴增水随时间变化

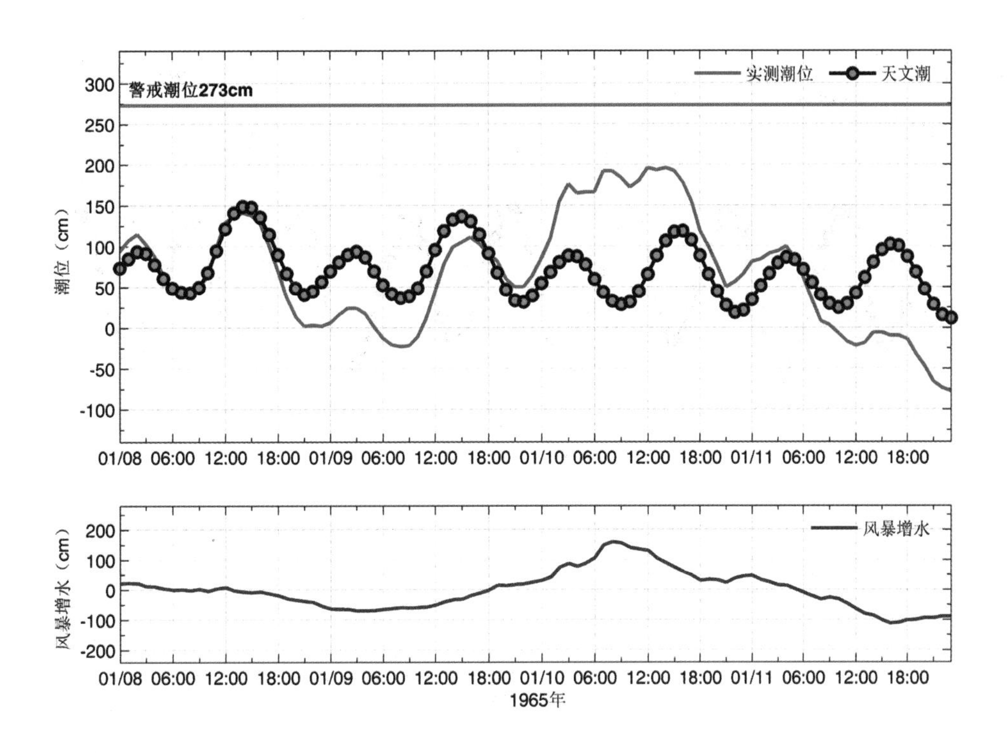

图3.64　龙口站实测潮位、天文潮位和风暴增水随时间变化

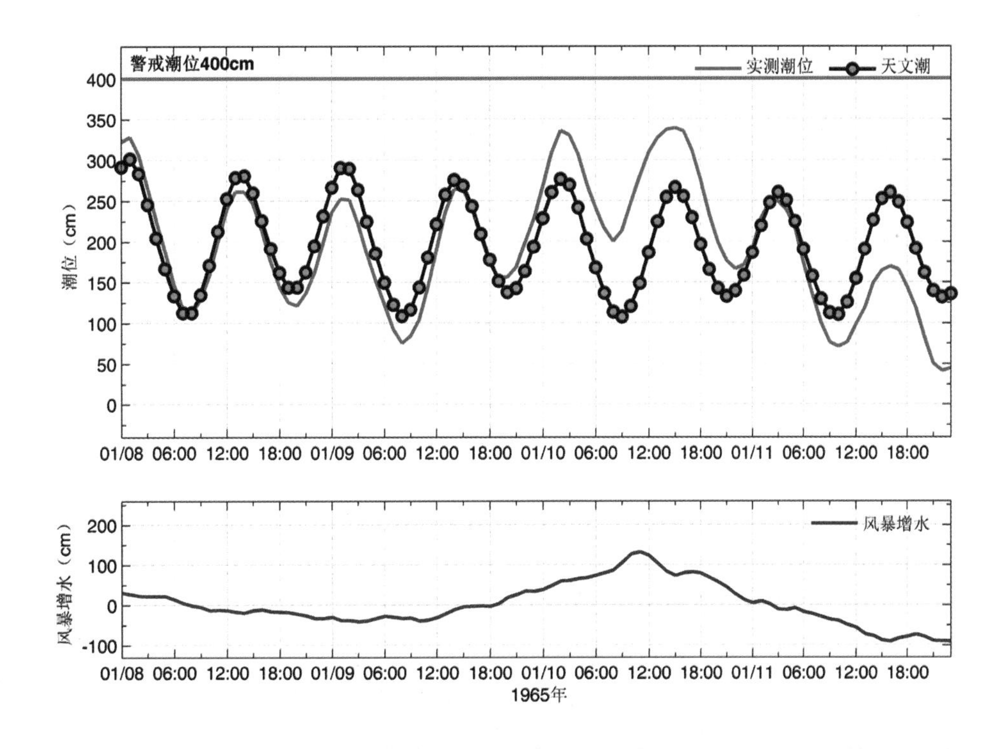

图3.65　烟台站实测潮位、天文潮位和风暴增水随时间变化

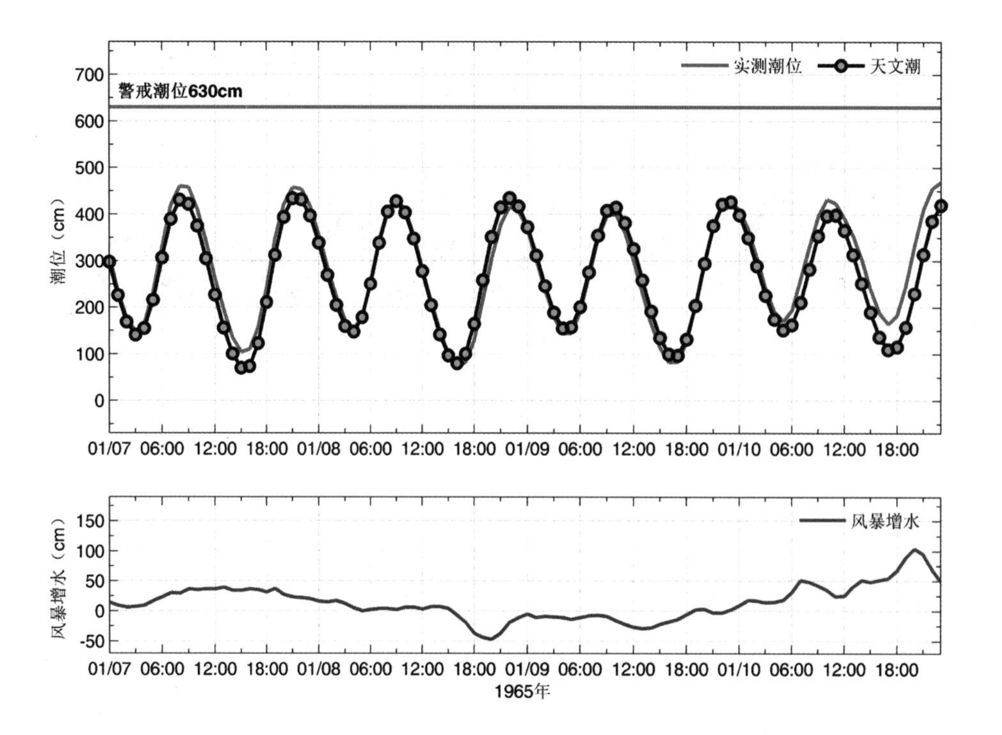

图3.66 连云港站实测潮位、天文潮位和风暴增水随时间变化

3.13　1965"11·08"风暴潮灾害（北高南低型）

1965年11月7—8日，受冷高压与气旋共同影响，渤海湾与莱州湾出现强温带风暴潮过程。6日14时前后起黄海中部、南部持续受东南风影响，7日冷高压南下，与江淮气旋对峙，形成北高南低的形势，之后冷高压继续南下，黄海中南部形成的低压减缓了冷高压南移的速度。渤海湾7日早晨出现中等强度风暴增水，天津六米站7日10时起1.0 m以上风暴增水持续9个小时，13时最大风暴增水1.85 m，7日恰逢农历十月十五，天文潮较高，同时最大增水几乎发生在当天天文高潮期间，最高潮位5.72 m，超过当地警戒潮位0.82 m。山东羊角沟站7日13时至8日18时持续30个小时逐时风暴增水均超过1.0 m，其中8日06时最大风暴增水2.27 m，最高潮位5.07 m；龙口站7日16时最大增水1.15 m；烟台站7日19时最大增水0.71 m。

受其影响，渤海湾发生风暴潮灾害。塘沽新港一带普遍上水，港务局码头仓库、641厂部分仓库进水。曹妃甸一度被海水淹没，在岛上作业的海洋石油1806钻井队53人被困在航标灯下小木屋内，3天后被救脱险。盐场海挡、堤埝受损严重，海水涌上陆地达4小时，经济损失50多万元。青岛2艘在渤海湾的捕捞船只沉没，25人死亡。

河北沧州全海堡24个村有22个村进水，户内平地水深1 m左右，陆岸变成海洋，南北横贯超过80 km的海挡，大部分被冲成一片平滩，同时海岸向西移出4～10 m。

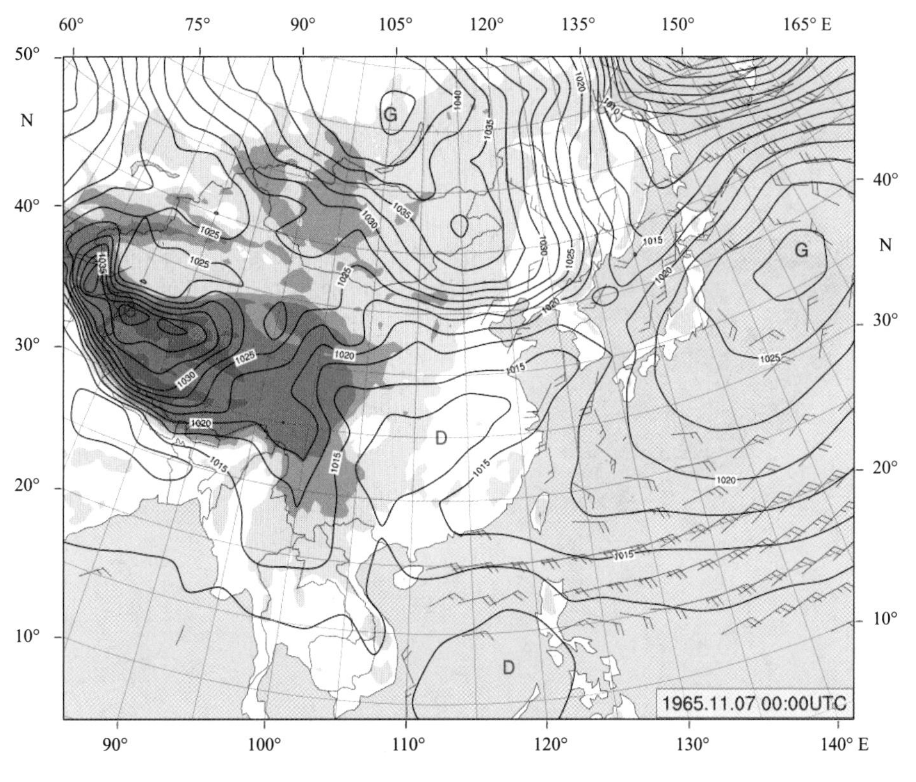

图3.67　1965年11月7日08时地面天气图

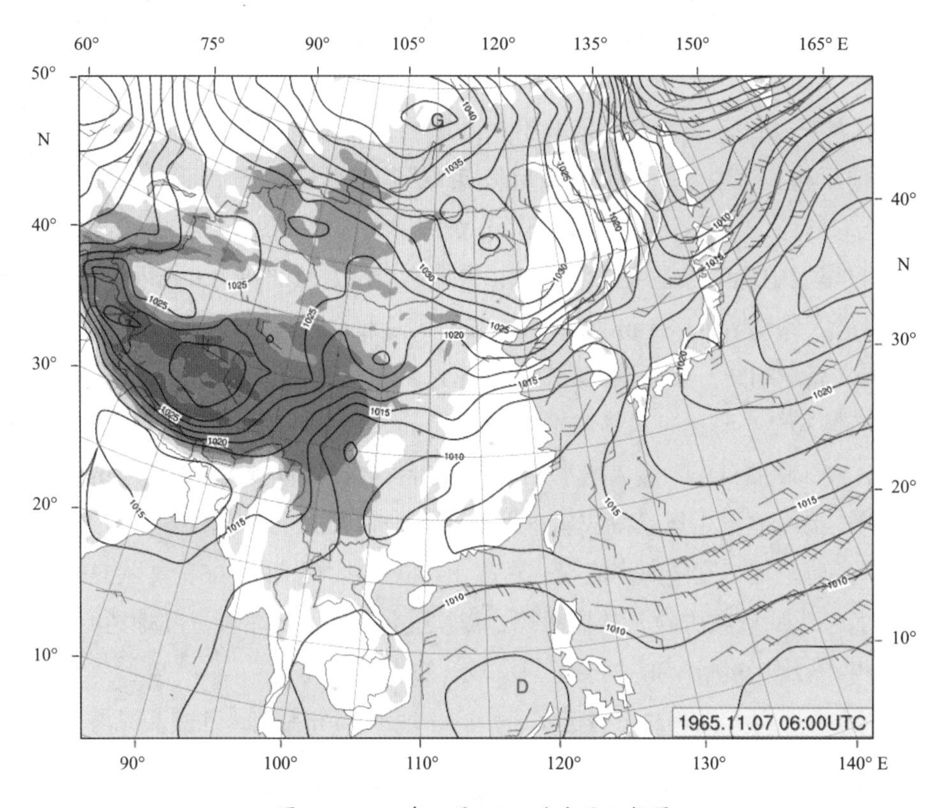

图3.68　1965年11月7日14时地面天气图

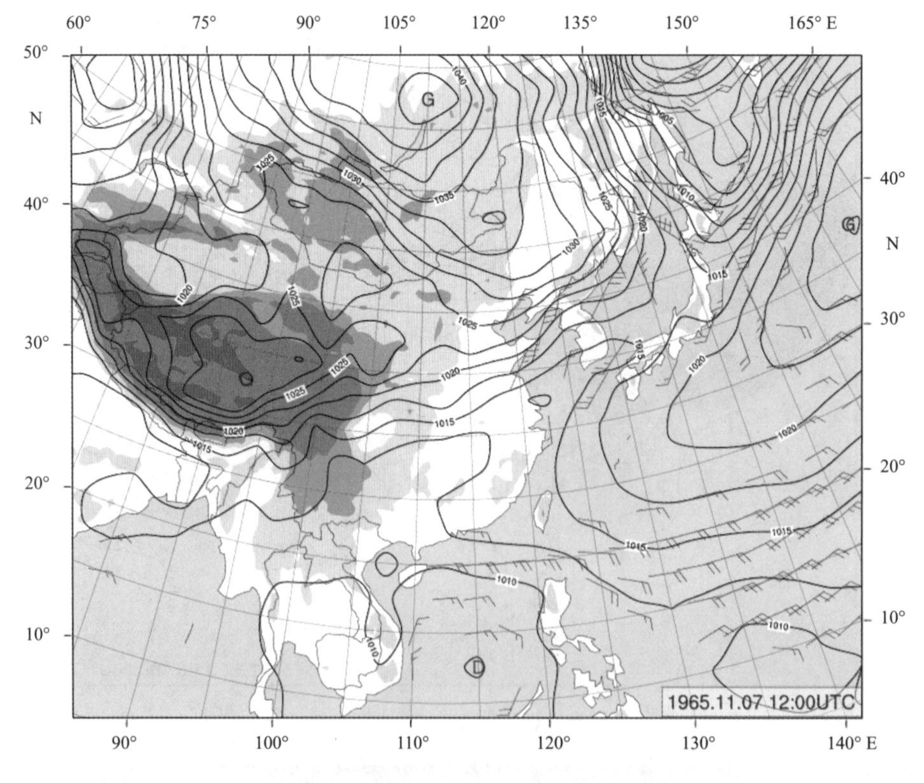

图3.69　1965年11月7日20时地面天气图

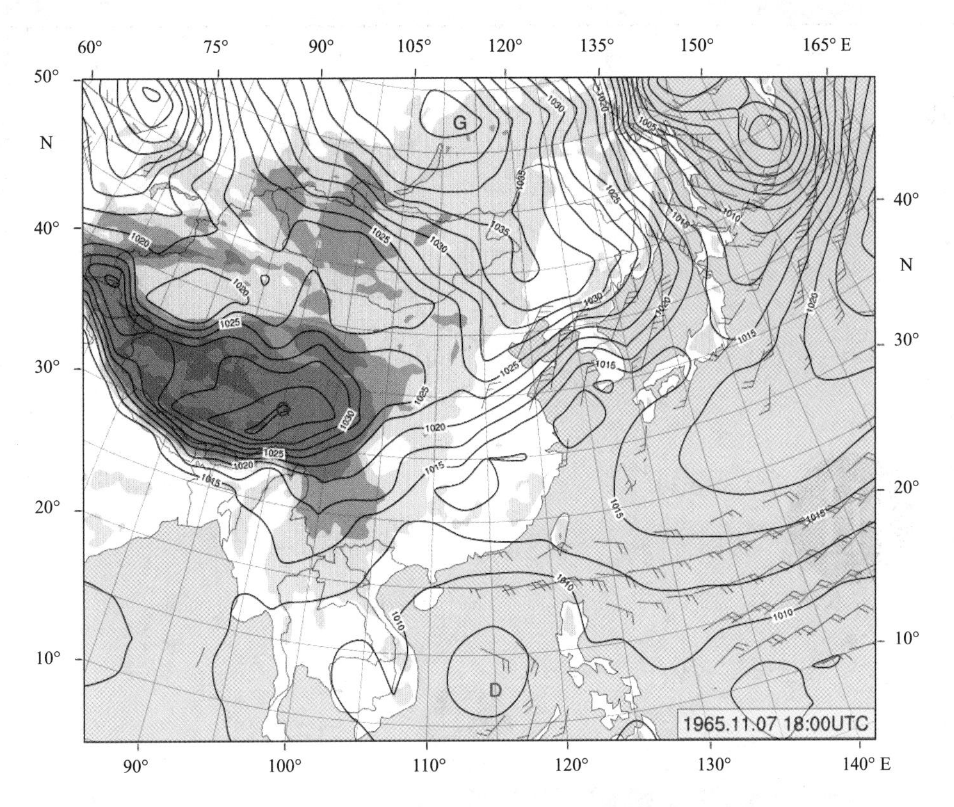

图3.70 1965年11月8日02时地面天气图

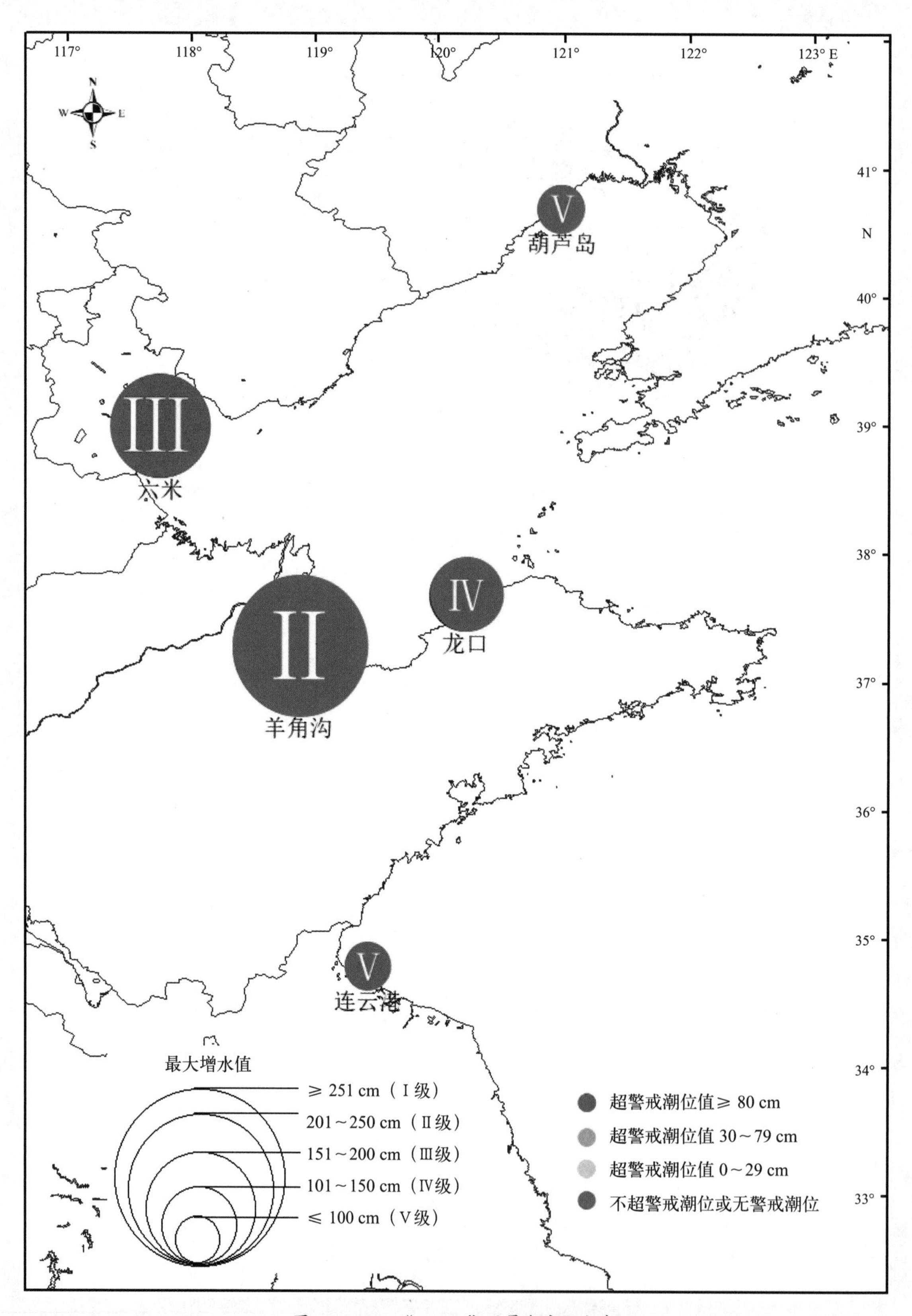

图3.71　1965“11·07”风暴潮空间分布

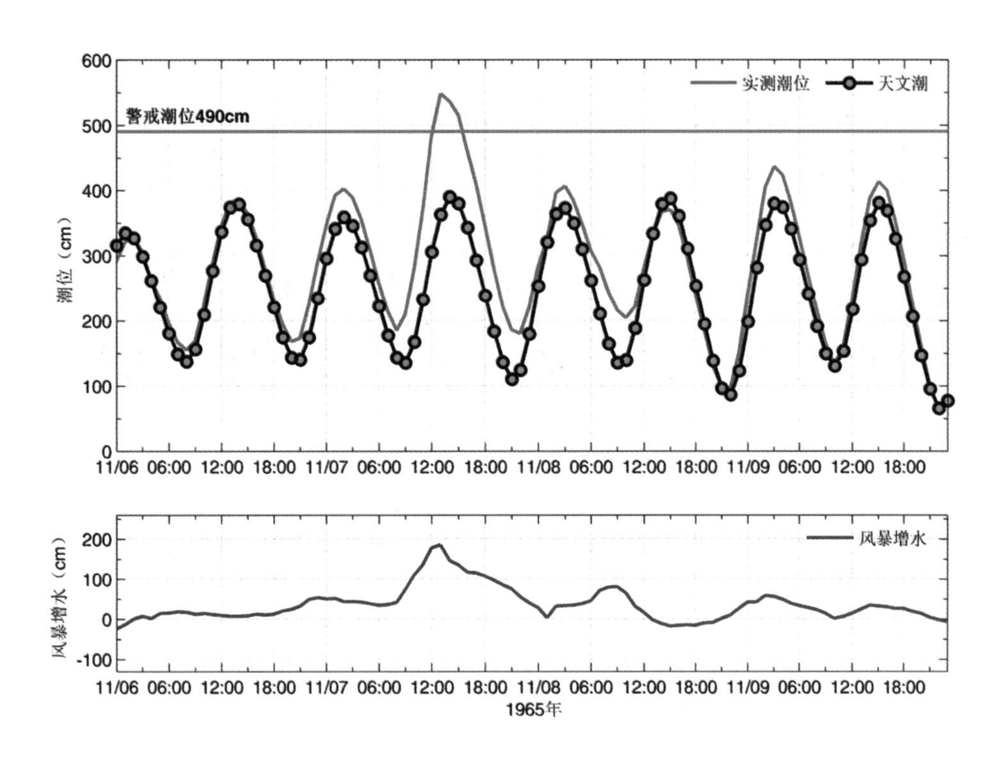

图3.72　六米站实测潮位、天文潮位和风暴增水随时间变化

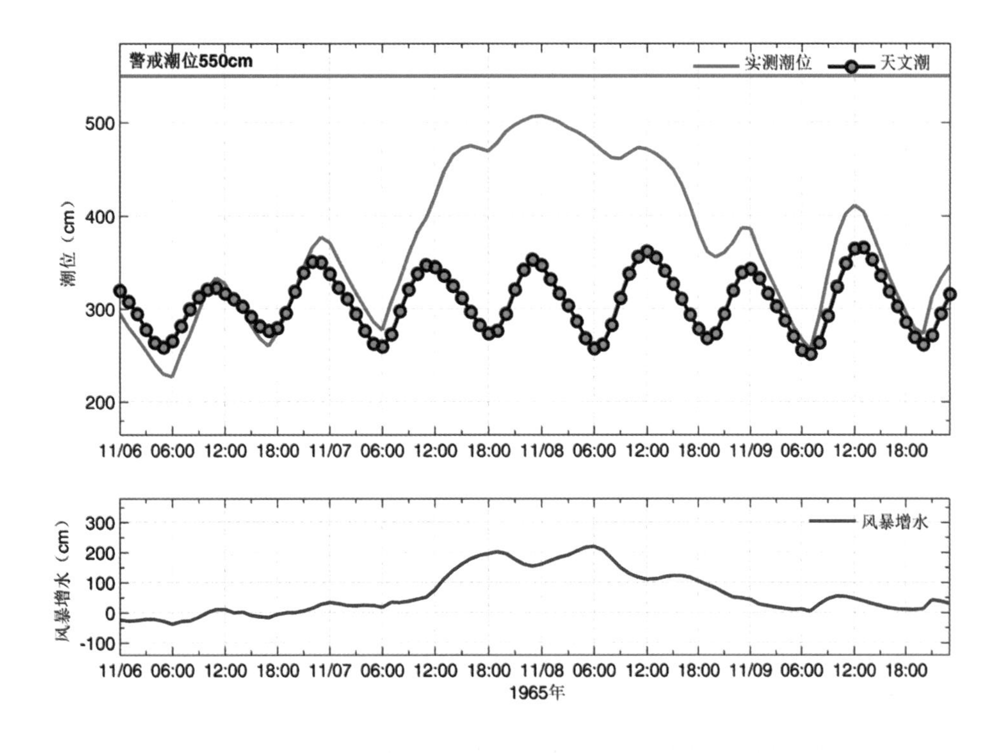

图3.73　羊角沟站实测潮位、天文潮位和风暴增水随时间变化

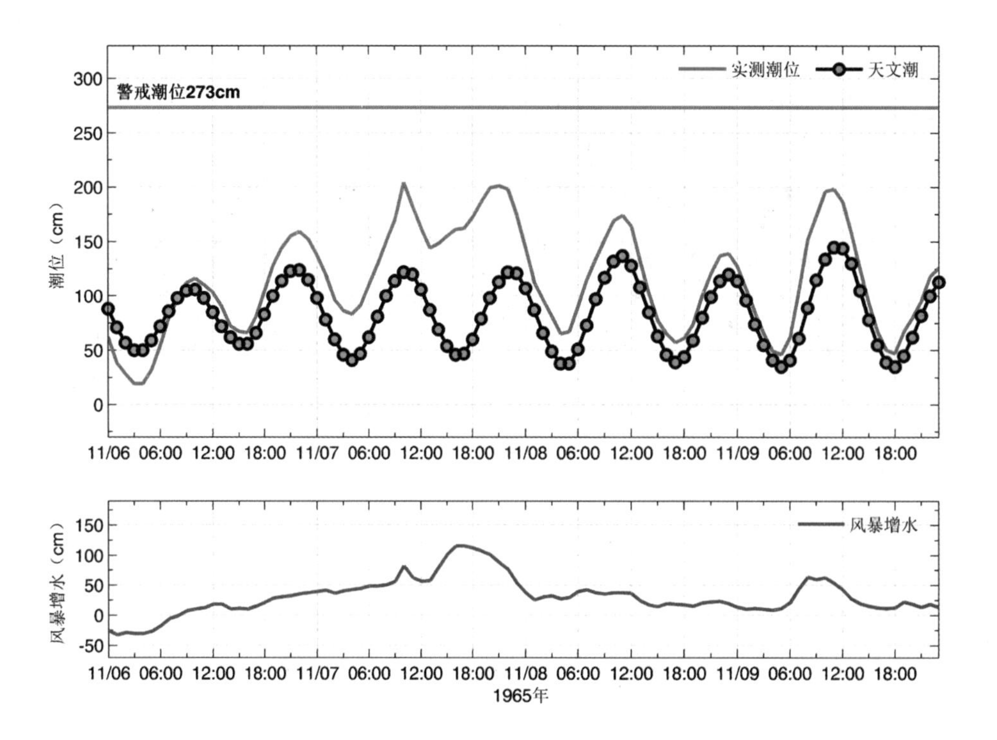

图3.74　龙口站实测潮位、天文潮位和风暴增水随时间变化

3.14　1966“02 · 20”风暴潮灾害（北高南低型）

1966年2月20—21日，受冷空气与东海气旋共同影响，渤海湾、莱州湾遭受强风暴潮袭击。20日08时冷高压南下到达山东半岛北部附近，与南部的的东海气旋形成北高南低的形势，之后东海气旋东移，冷高压逐渐南移。受此影响，天津六米站20日11时最大增水2.32 m，发生在天文低潮位期间，最高潮位为4.49 m。山东羊角沟站20日最大增水2.22 m，最高潮位5.03 m，1.0 m以上风暴增水累计31个小时；龙口站20日最大增水1.13 m。

在风暴潮与近岸浪的共同作用下，羊角沟码头附近短时间上水，少量渔具受损。

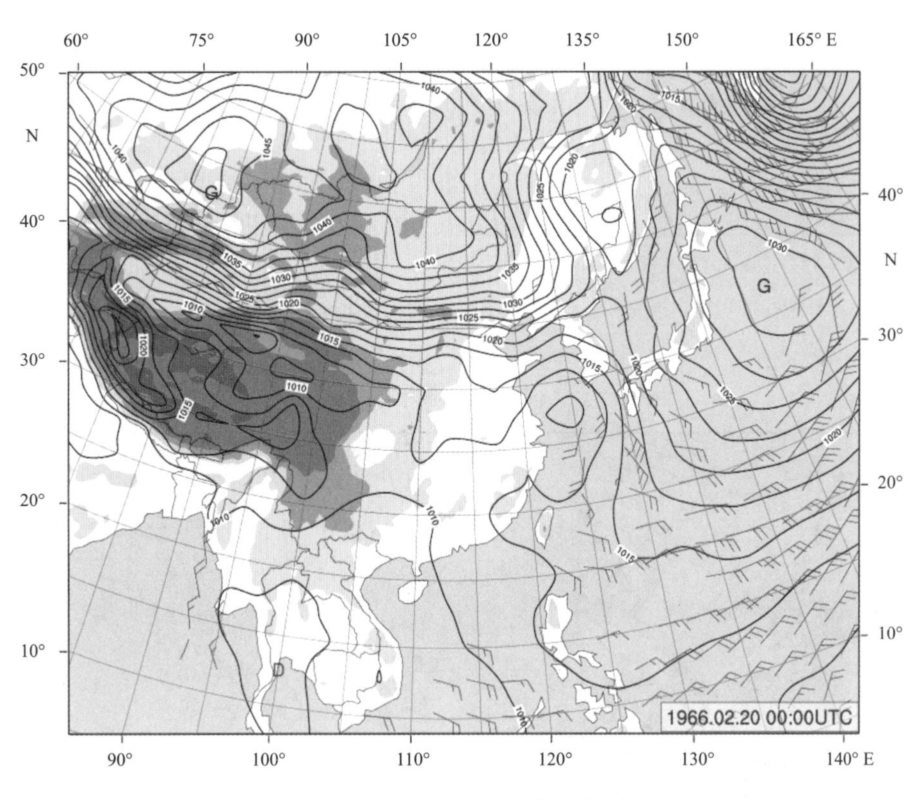

图3.75　1966年2月20日08时地面天气图

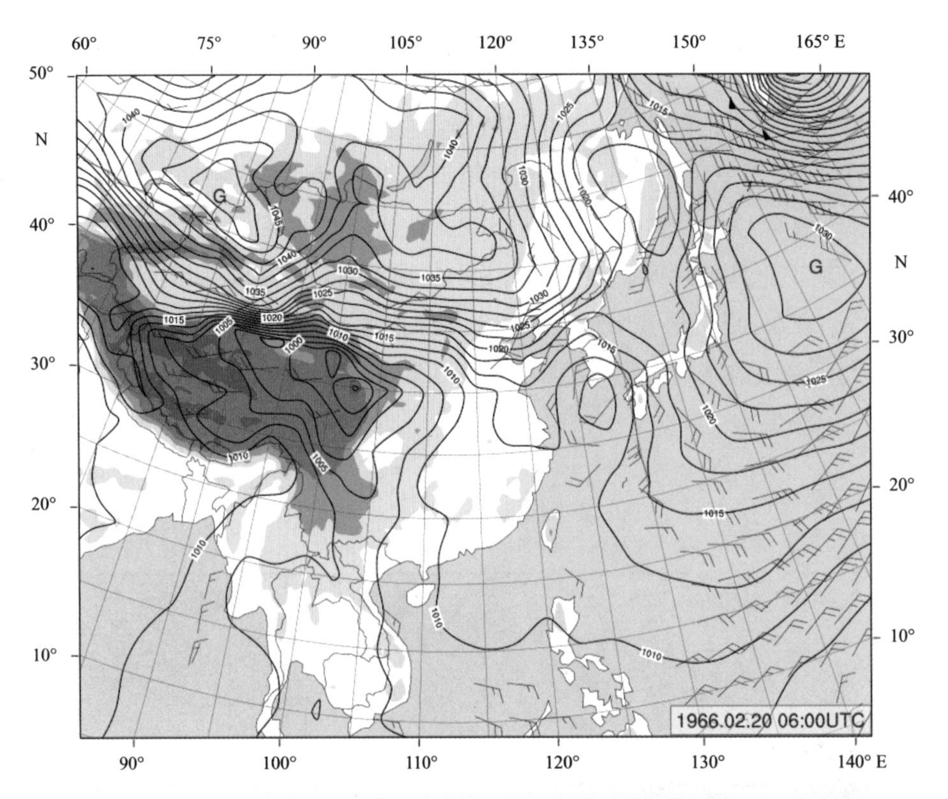

图3.76　1966年2月20日14时地面天气图

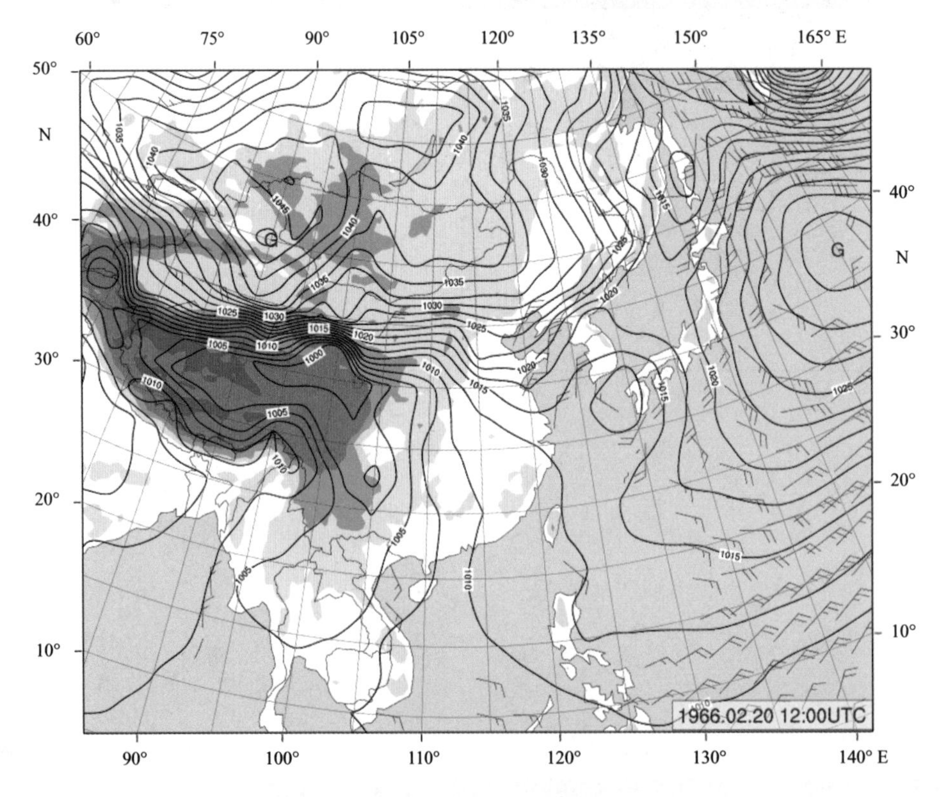

图3.77　1966年2月20日20时地面天气图

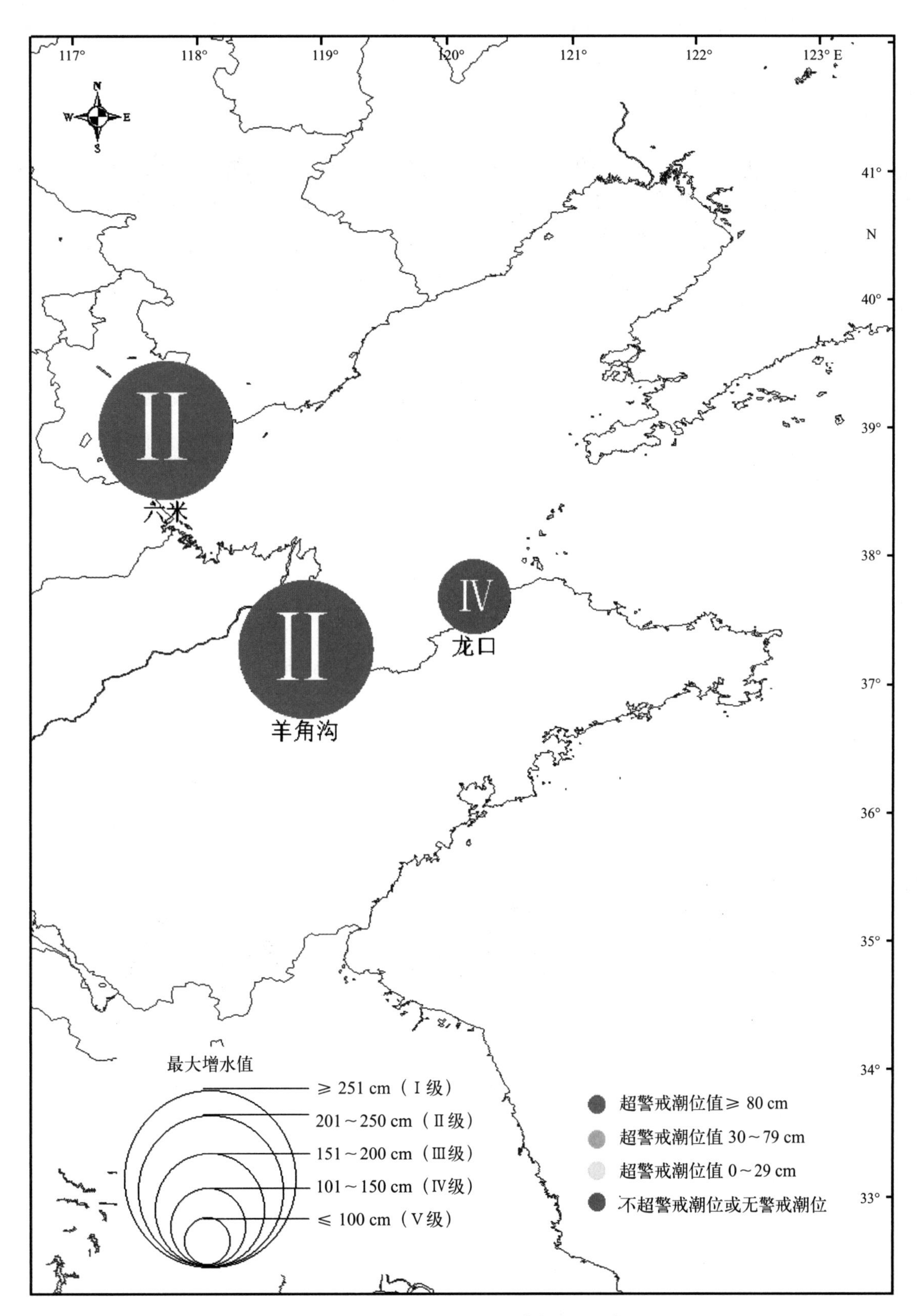

图3.78　1966“02・20”风暴潮空间分布

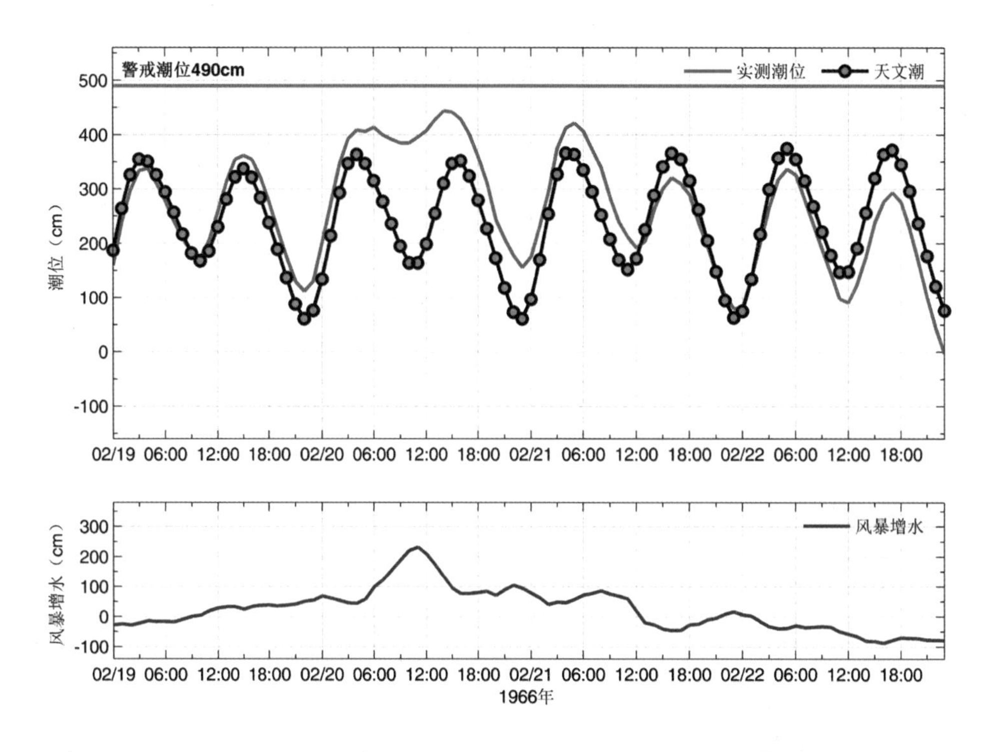

图3.79　六米站实测潮位、天文潮位和风暴增水随时间变化

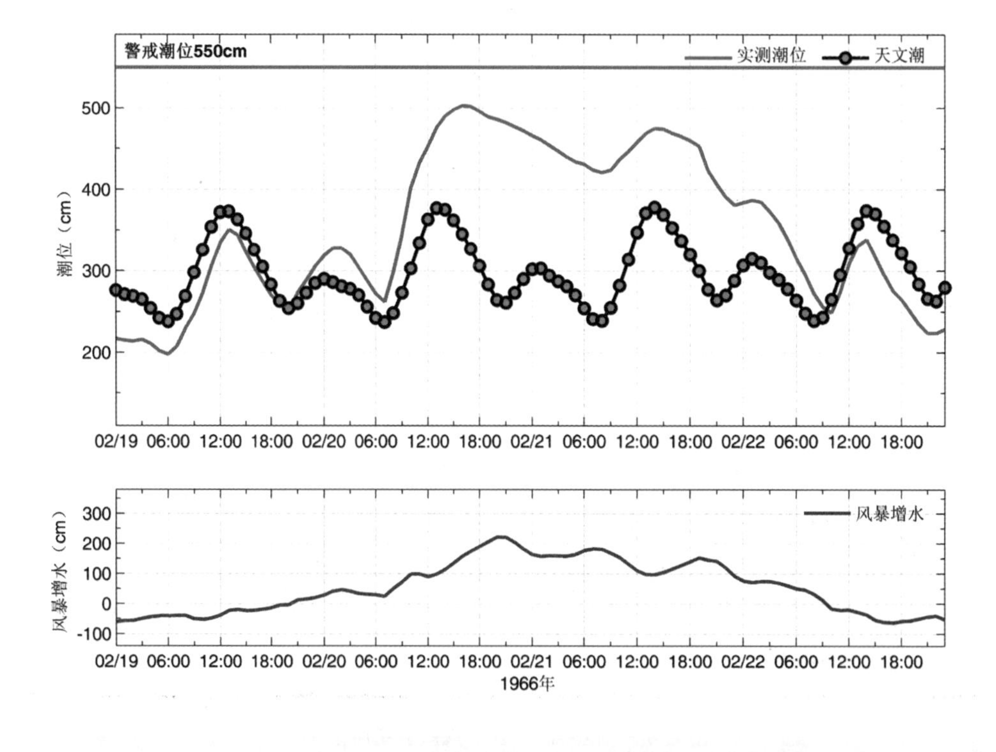

图3.80　羊角沟站实测潮位、天文潮位和风暴增水随时间变化

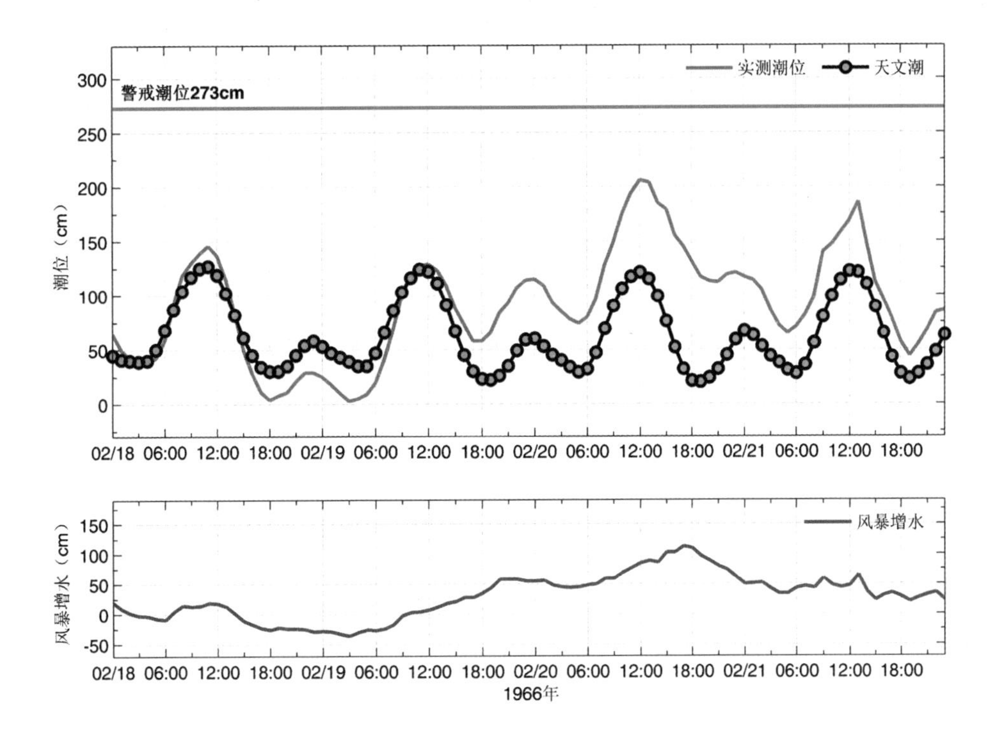

图3.81　龙口站实测潮位、天文潮位和风暴增水随时间变化

3.15　1969“04·23”风暴潮灾害（北高南低型）

受强冷空气和气旋共同影响，4月21日晚至22日，渤海湾与莱州湾出现5～6级东南风，23日晨转为5～6级东北风，中午雨停后风力骤增至9级以上，最大风速出现在14时，山东北镇、羊角沟极大风速分别为34.9 m/s和35.0 m/s（刘凤岳，1982年）。4月23日，莱州湾出现了有记录以来最强的风暴潮，莱州湾羊角沟站23日17时最大增水值达3.55 m，在温带风暴潮记录中，居世界首位；23日14时起1.50 m以上风暴增水持续34个小时，16时起3.0 m以上风暴增水持续7个小时；23日16时20分最高潮位6.74 m，超过当地警戒潮位1.24 m；23日15时起5.50 m以上高潮位持续16个小时。渤海湾六米站23日16时最大风暴增水2.12 m，最高潮位4.64 m。山东龙口站23日18时最大风暴增水1.51 m，烟台站23日21时最大风暴增水0.99 m。江苏连云港站24日08时最大风暴增水0.97 m。史料、各类调查资料等均记载了这次特大温带风暴潮灾害。

此次风暴潮涨潮迅猛，持续时间长，海水被大风裹挟涌入陆地，仅4～5小时便侵滩决堤，破坏力极大。广北农场反映是“百年未有过的大潮”；大稳流渔堡渔民称“是三十年未遇的大潮”；羊角沟公社干部反映“此次风暴潮仅次于1938年”。图3.82为黄河三角洲1964“04·05”与1969“04·23”两次风暴潮淹没范围。从图中可以看出，与1964年4月5日风暴潮浸淹情况相反，神仙沟以南大于1964年（1964年潮淹范围小未作调查），以西少于1964年。一般潮水侵陆22～27 km，莱州湾最大40 km。沾化县郭局子淹陆最小约10 km。浸淹高程（黄海基面）一般在2.5～3.5 m，羊角沟最高为3.75 m。从受灾情况来看，与1964年也相反，其神仙沟以南重于以西，莱州湾最严重。

此次温带风暴潮过程中，渤海湾到莱州湾普遍出现2 m以上的风暴增水，山东无棣到昌邑县沿海受灾，强风引起的风暴潮在2～3小时内冲毁了70 km长的海岸线，一般岸段海水侵陆10～20 km，莱州湾最远达40 km。海水淹没农田面积超过5 000万亩，冲走原盐106万吨；沿海100多个村庄被淹，830间房屋倒塌，5人死亡。仅山东昌潍地区就有128个大队受灾，34个村庄进水，人、畜受淹而亡，42 999 t 食盐被冲走，830间房屋倒塌，受灾面积达99 914亩。潍县1.2万亩良田被淹，252间房屋倒塌，1 500亩盐田被冲毁，432副渔网、6条渔船，若干铁锚、竹竿被毁坏；昌邑县有59个村受灾，4万多人受灾，2人死亡，4 140万亩良田被淹没，62间房屋倒塌，潮水冲走衣物万余件，101头牲畜死亡；寿光县受淹面积451 km^2，经济损失约250万元。利津县潮水猛烈上涨，海滩水深2 m左右，持续时间长达两天一夜，倒塌房屋78间，沉毁船6只，淹死社员16人，损失渔具等生产资料若干，总损失约11万元。

距小清河口15 km的羊角沟镇，23日镇内大部分区域遭遇潮水袭击，70%的民房受淹，街道海水至膝，深处则齐腰。镇西头大桥桥面过水，浪花飞溅。羊角沟镇以南的任家庄、郑家庄等均遇潮淹。潮水顺小清河上溯至石村。这一带是1969年4月23日风暴潮受灾最严重区，即使防御风暴潮有经验的广北农场，据不完全统计，一个分场、六个自然村被淹，93头牲畜死伤，4 500亩耕地受淹，145间房屋倒塌，4座盐滩被冲毁，价值8 000余元的渔具被毁坏，总计损失12万元以上。据厂方报导，22日东南大风时，他们即组织力量检查防潮坝、防潮闸、关闭闸门。23日风暴潮来临时，又组织力量强守，但是由于潮涌浪高，人不胜防。虽然灾情有所控制，仍然损失严重。

宋春荣沟（又名坝头沟）到淄脉沟一段国家修的防潮坝，坝体被冲去一半，决口20余处，最宽处约1 km，潮水长驱直入。宋春荣沟到清水沟（现行黄河口）一段防潮坝决口25处，受损严重，潮水沿清水沟上溯至人工引河2 km处，潮侵27 km以远。

距宋春沟以西7～8 km的军马二分场，由于新修黄河大坝阻水，潮水深达3 m以上，马场院内水深0.5 m，40余间马厩倒塌。之后黄河大坝5处决口，潮水越坝南下才使灾情有所缓解。一位解放军战士为抢救受惊的马群光荣牺牲。

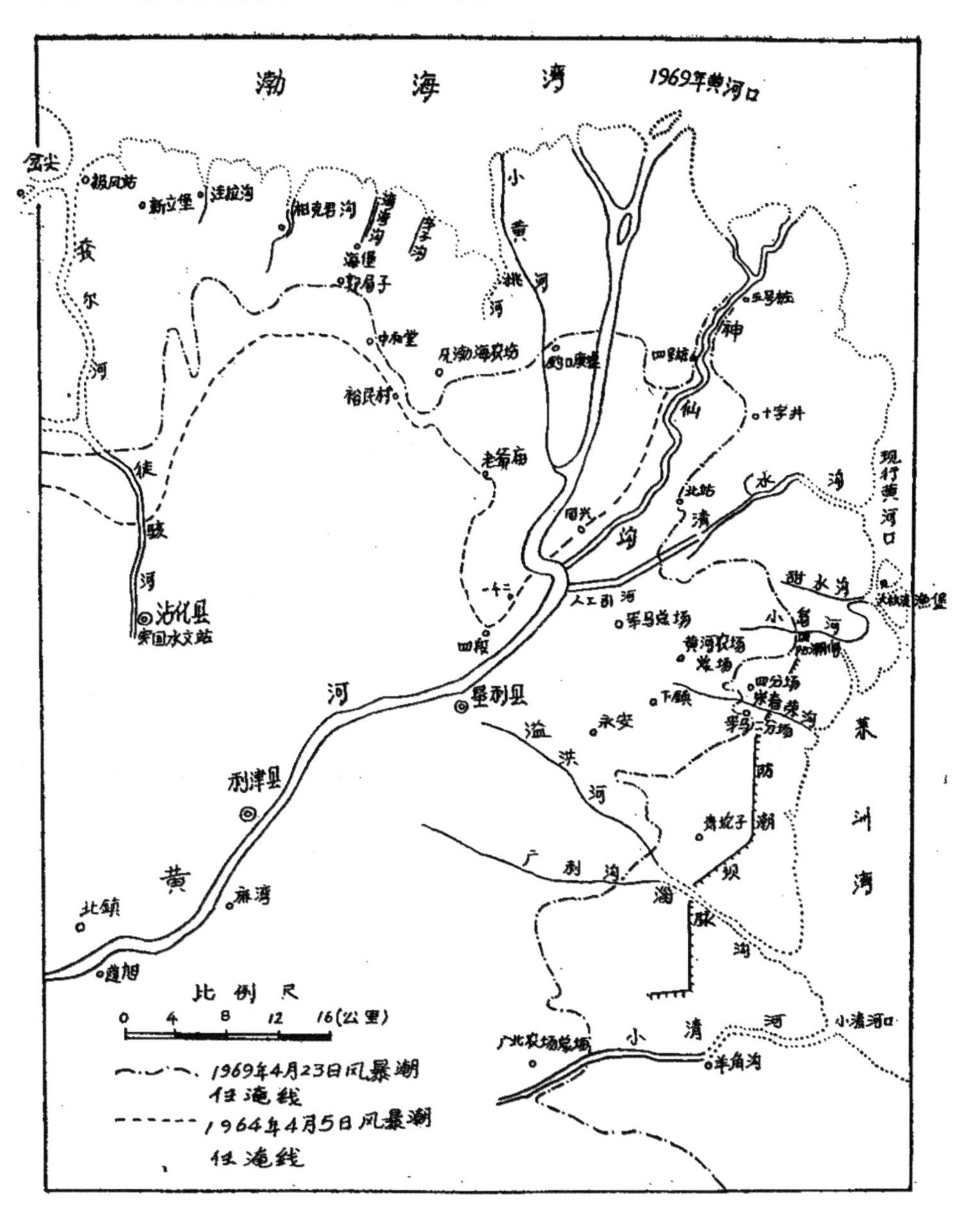

图3.82　1964“04・05”与1969“04・23”风暴潮淹没范围

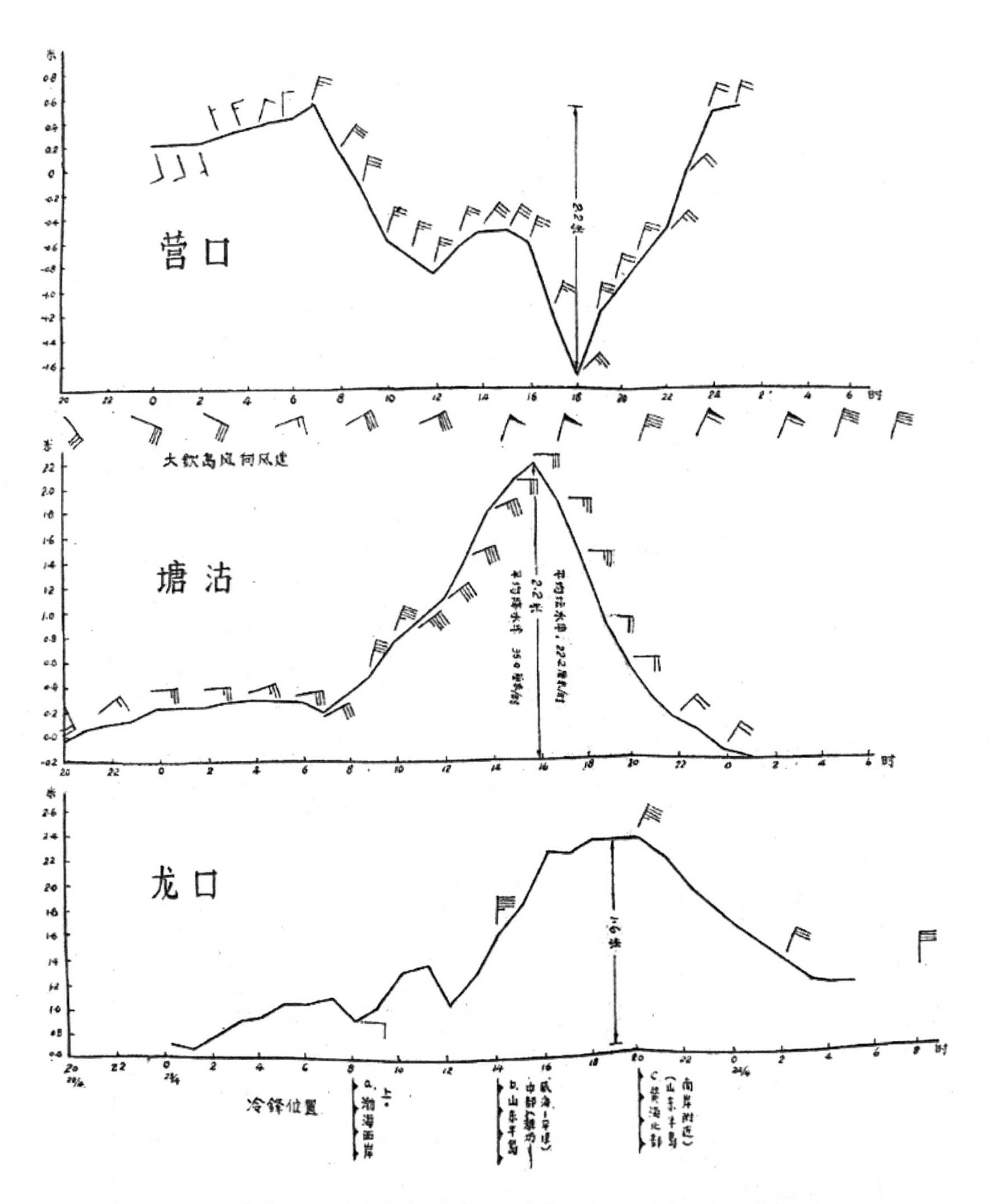

图3.83　辽宁营口、天津塘沽（六米）、山东龙口风速、风向、水位随时间变化
（1969年4月23—24日）

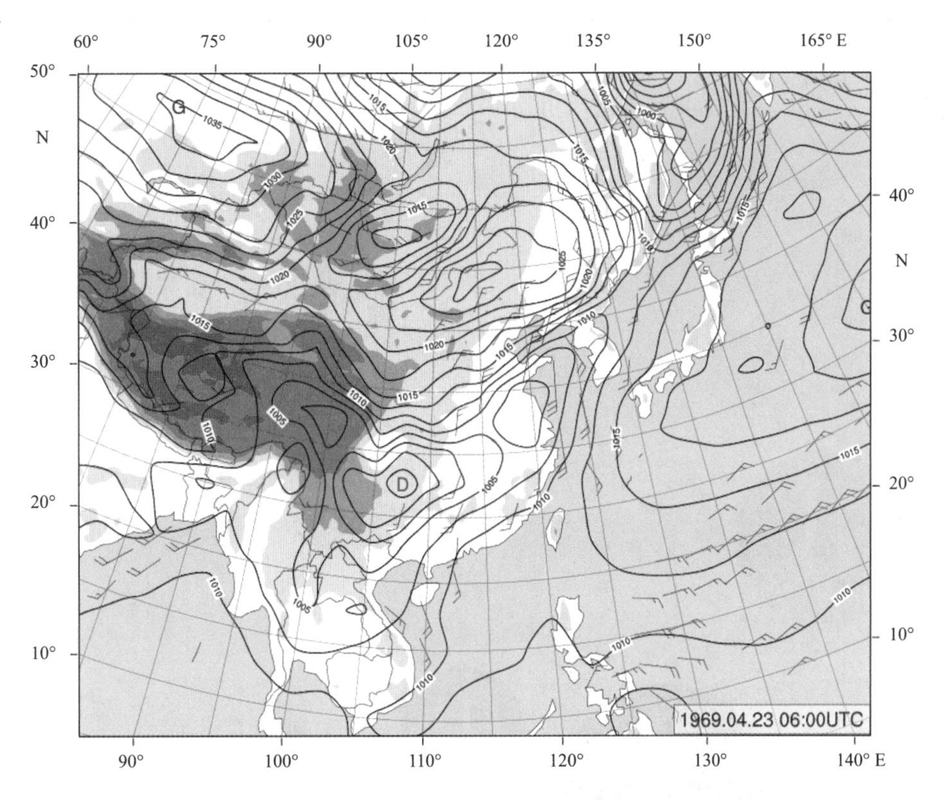

图3.84　1969年4月23日14时地面天气图

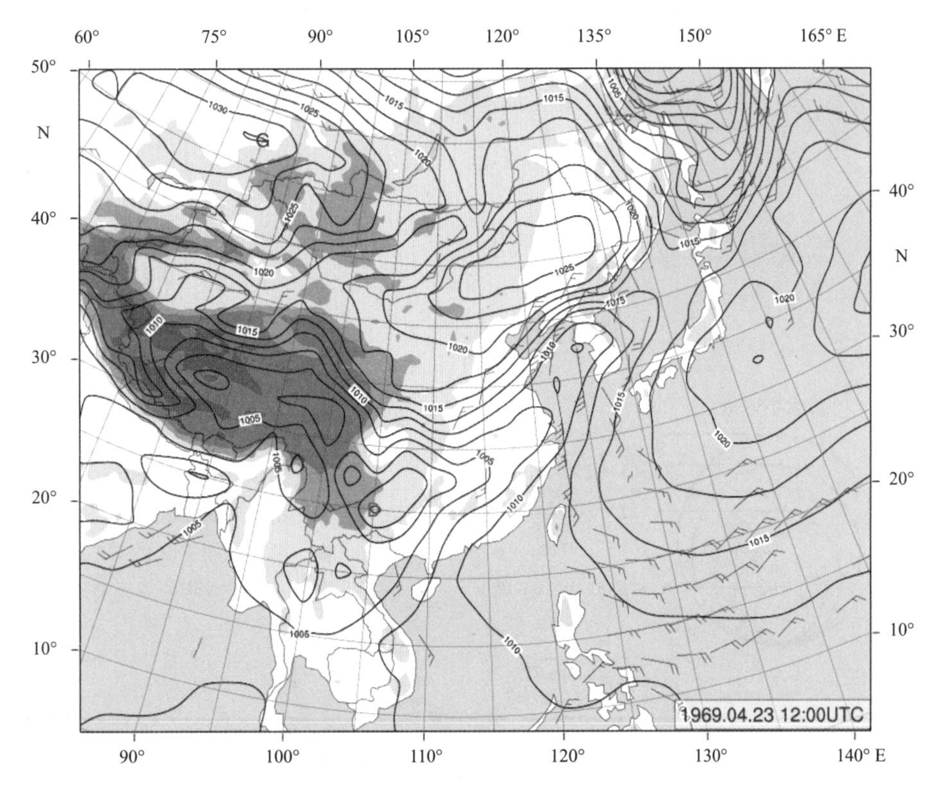

图3.85　1969年4月23日20时地面天气图

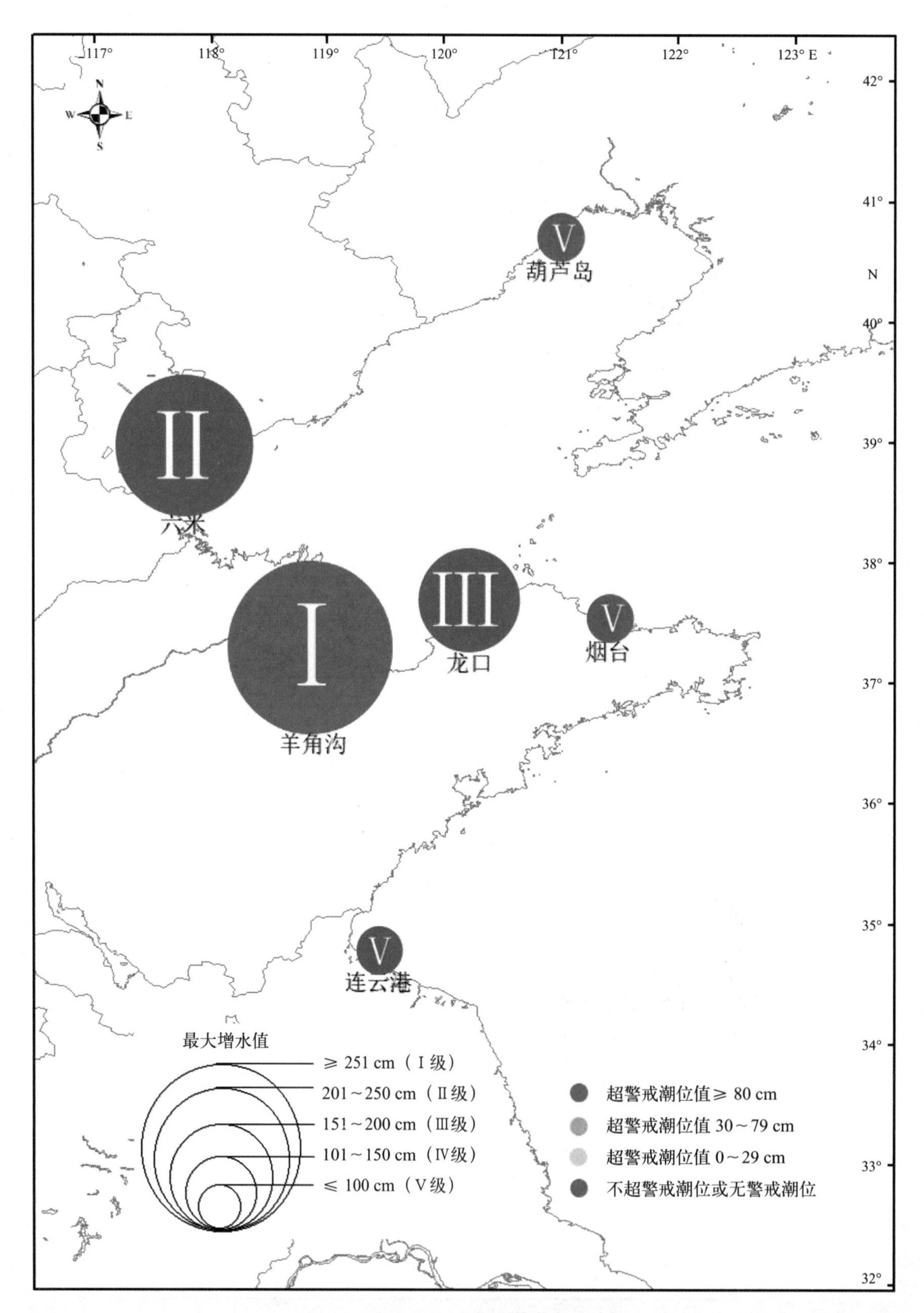

图3.86　1969“04·23”风暴潮空间分布

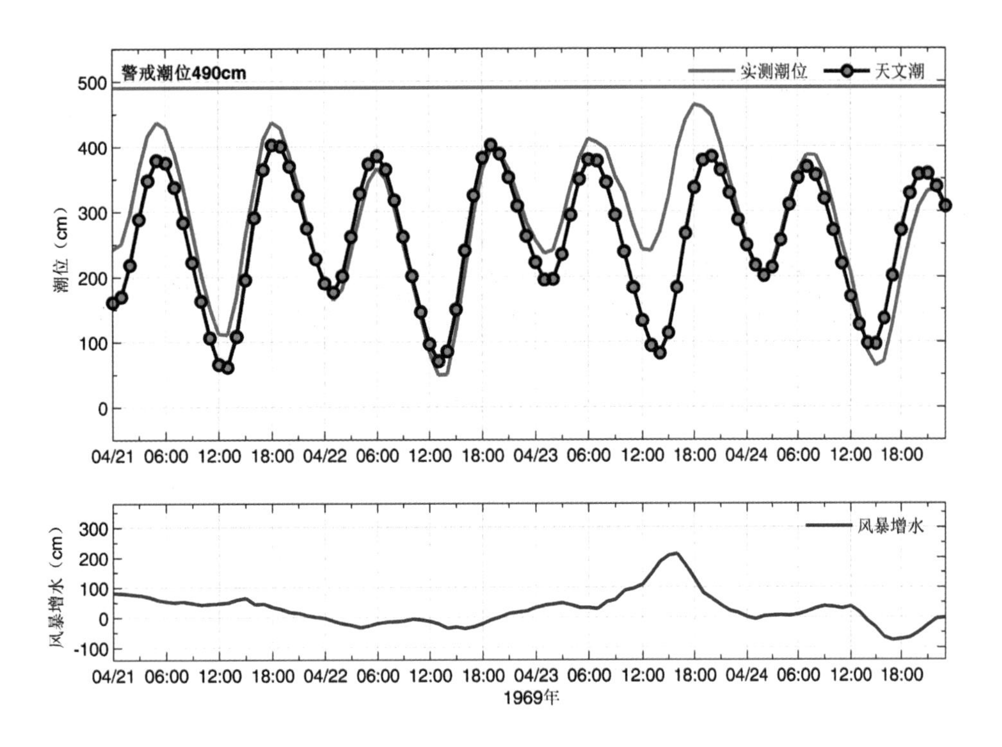

图3.87　六米站实测潮位、天文潮位和风暴增水随时间变化

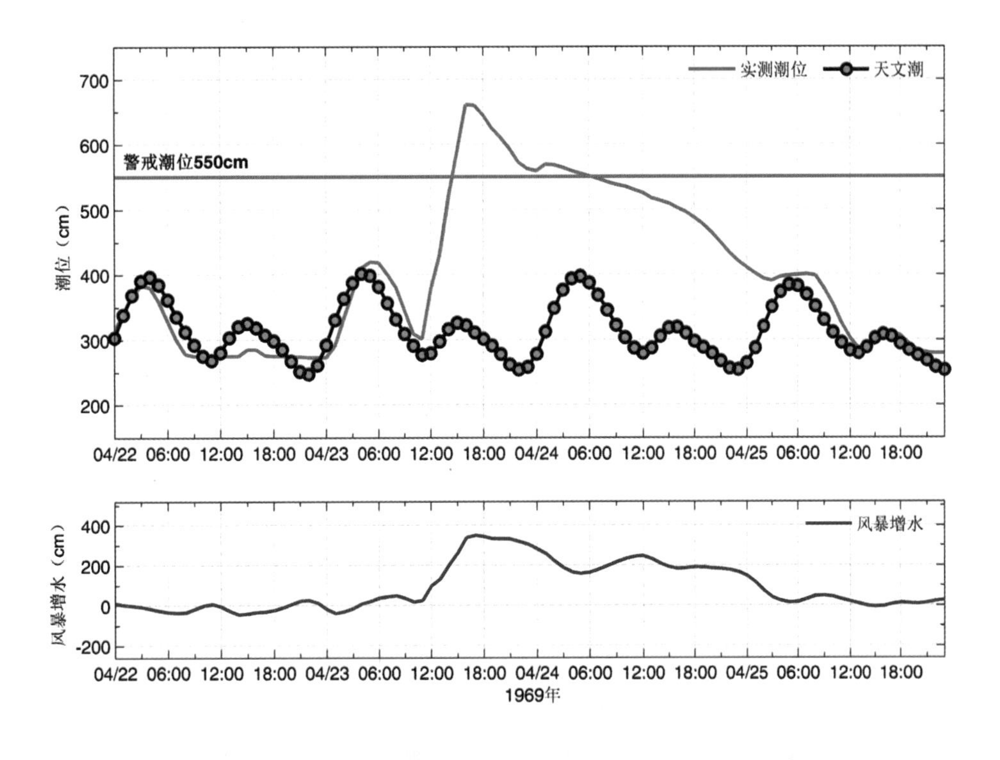

图3.88　羊角沟站实测潮位、天文潮位和风暴增水随时间变化

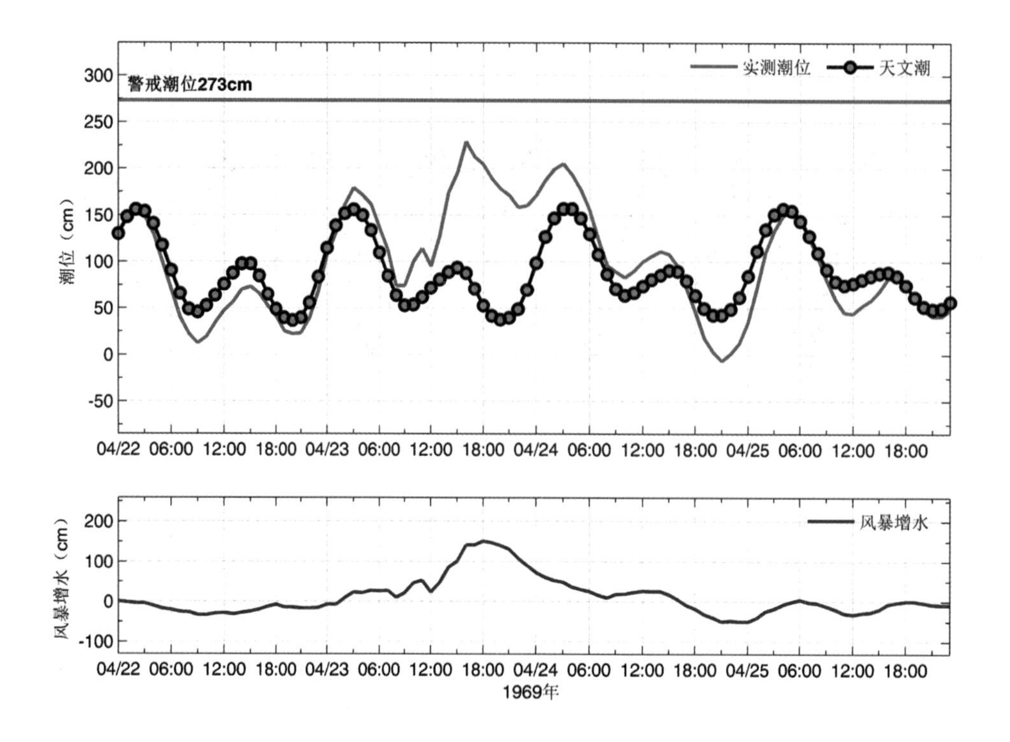

图3.89 龙口站实测潮位、天文潮位和风暴增水随时间变化

3.16　1970“07·20”风暴潮灾害（孤立气旋型）

1970年7月20日，位于渤海中部弱气旋的偏南风在大连沿海引起30 cm左右的增水，大连（老虎滩验潮站）20日最高潮位4.60 m，为当年最高潮位。

潮灾发生在天文潮大潮期间的当天高潮时附近，大连普兰店湾沿岸由于潮水漫顶遭受潮灾。

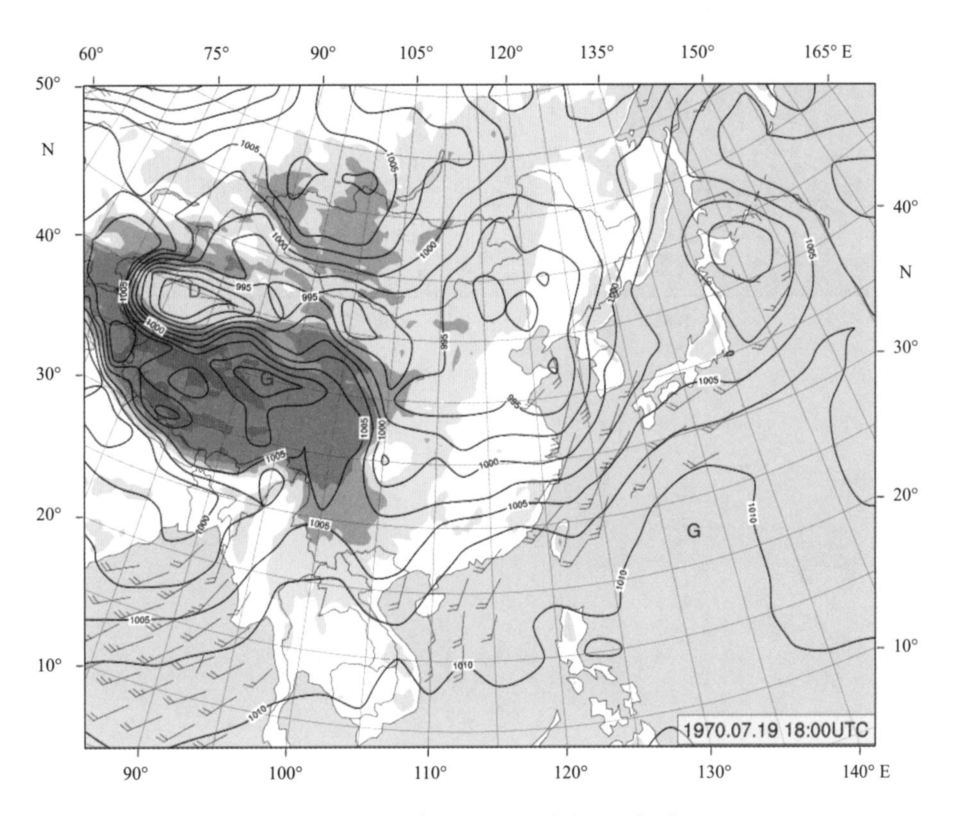

图3.90　1970年7月20日02时地面天气图

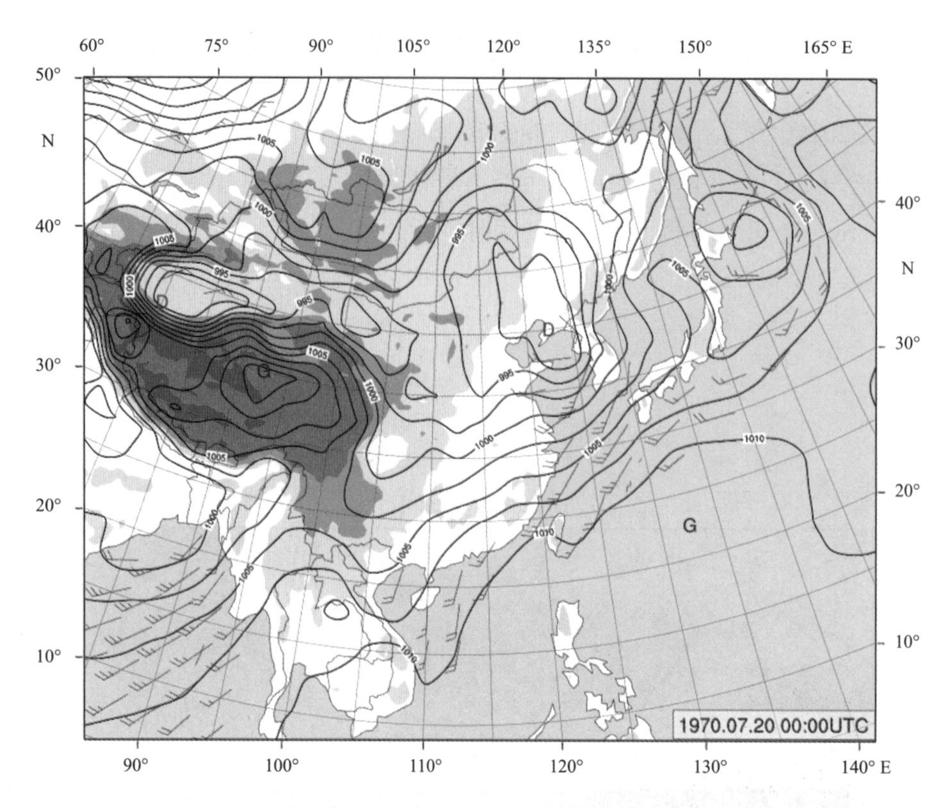

图3.91　1970年7月20日08时地面天气图

3.17　1971“03·02”风暴潮灾害（北高南低型）

1971年2月26日起，渤海持续受河套锢囚锋影响，3月1日西南倒槽不断向东北方向延伸，2日02时，从江苏省进入黄海南部形成低压，与北侧冷高压形成北高南低的天气形势，之后气旋向东北偏东方向移动。受此影响，渤海湾、莱州湾出现特强温带风暴潮，山东羊角沟站2月26日22时增水1.51 m，3月1日18时起持续33个小时增水大于1.0 m，2日11时最大增水2.60 m。天津六米站2月26日14时增水1.20 m，3月1日19时起持续11个小时增水大于1.0 m，2日01时最大增水1.59 m，此时恰逢当天天文低潮时。山东龙口站2日06时起持续18个小时增水大于1.0 m，12时最大增水1.57 m；烟台站1日18时最大增水0.96 m，13时32分最高潮位3.98 m，接近当地警戒潮位。江苏连云港站1日12时增水0.61 m，2日07时最大增水0.85 m。

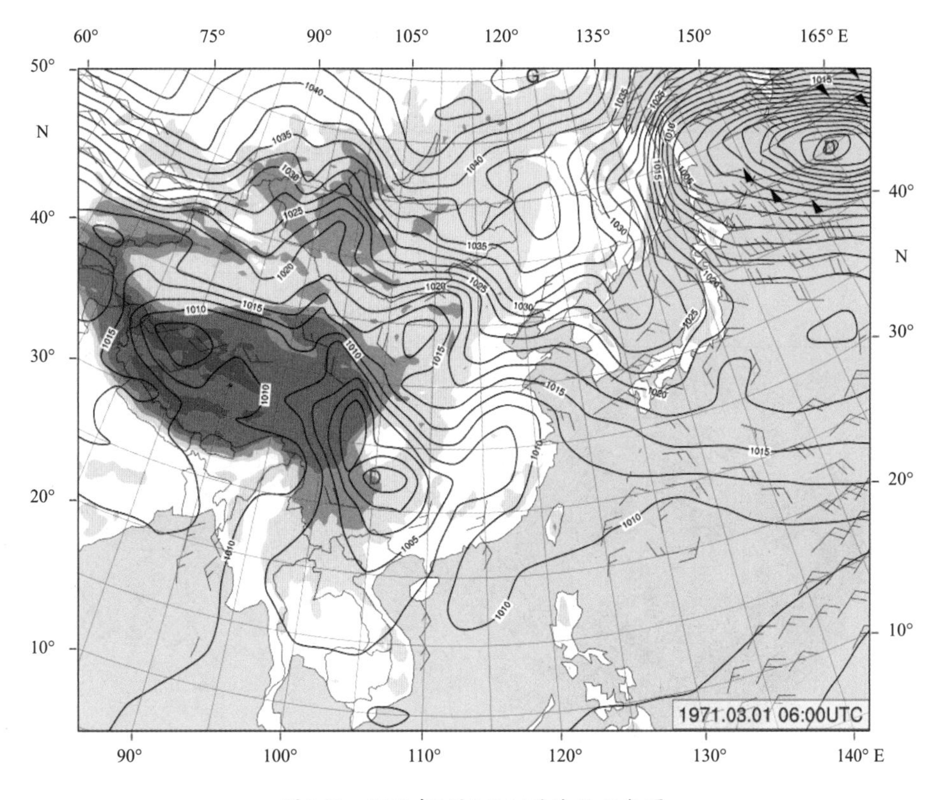

图3.92　1971年3月1日14时地面天气图

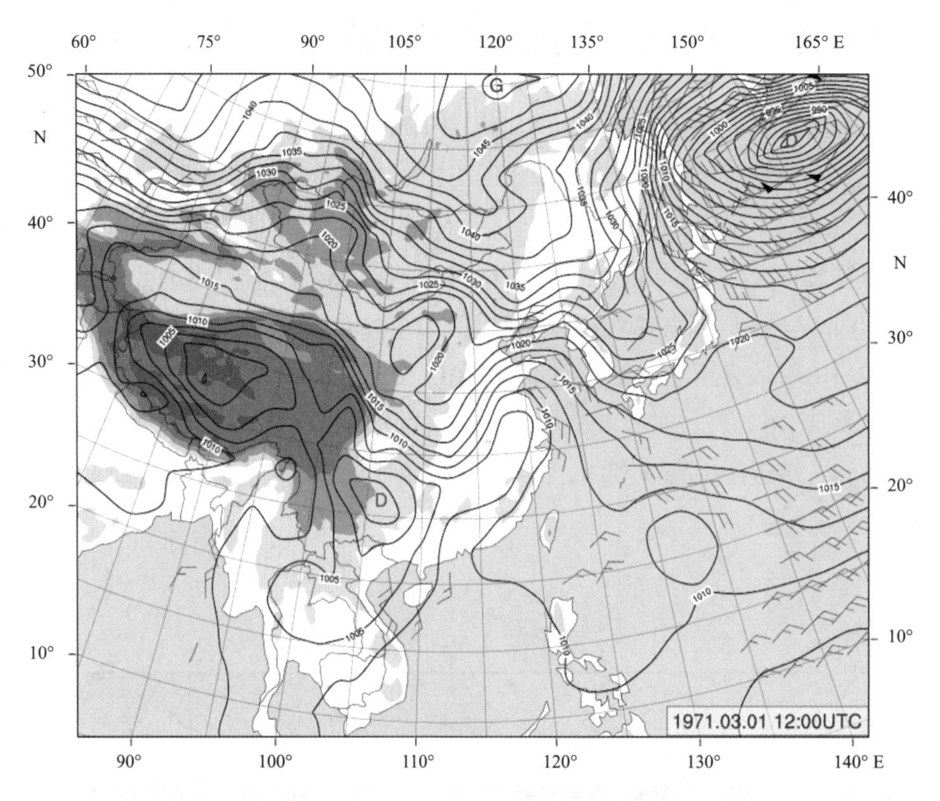

图3.93　1971年3月1日20时地面天气图

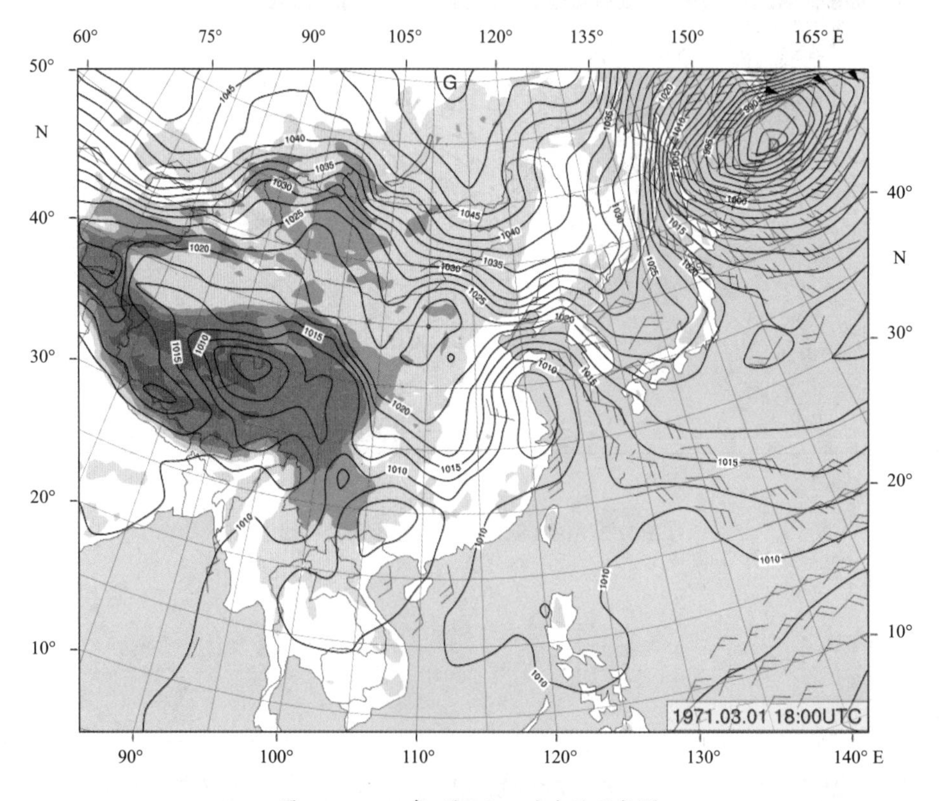

图3.94　1971年3月2日02时地面天气图

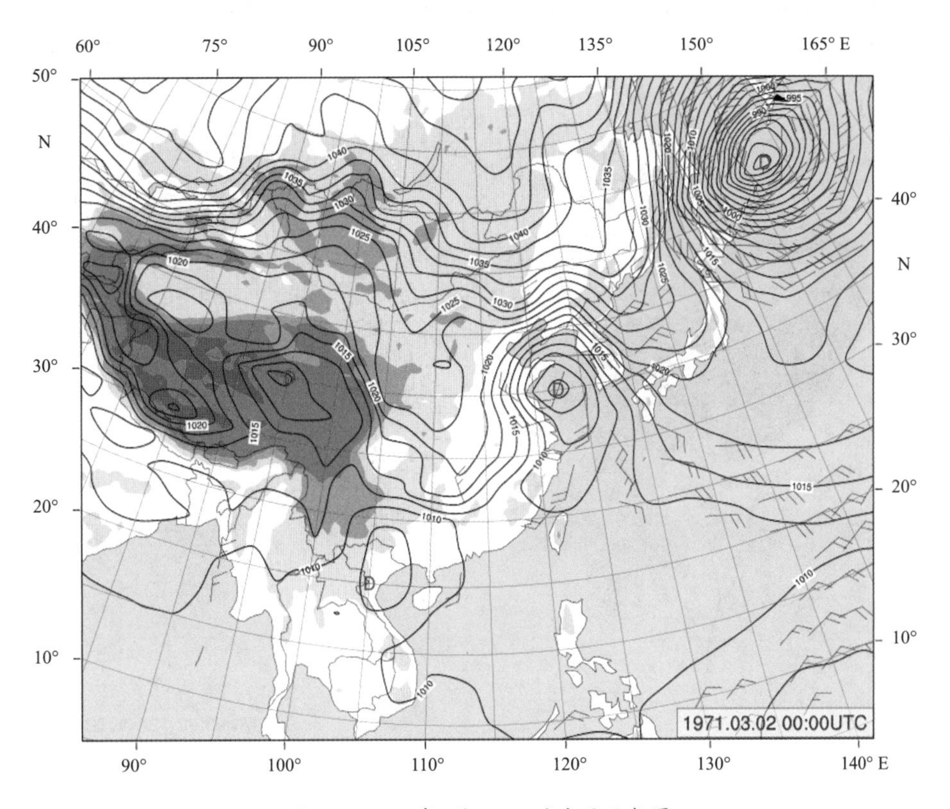

图3.95　1971年3月2日08时地面天气图

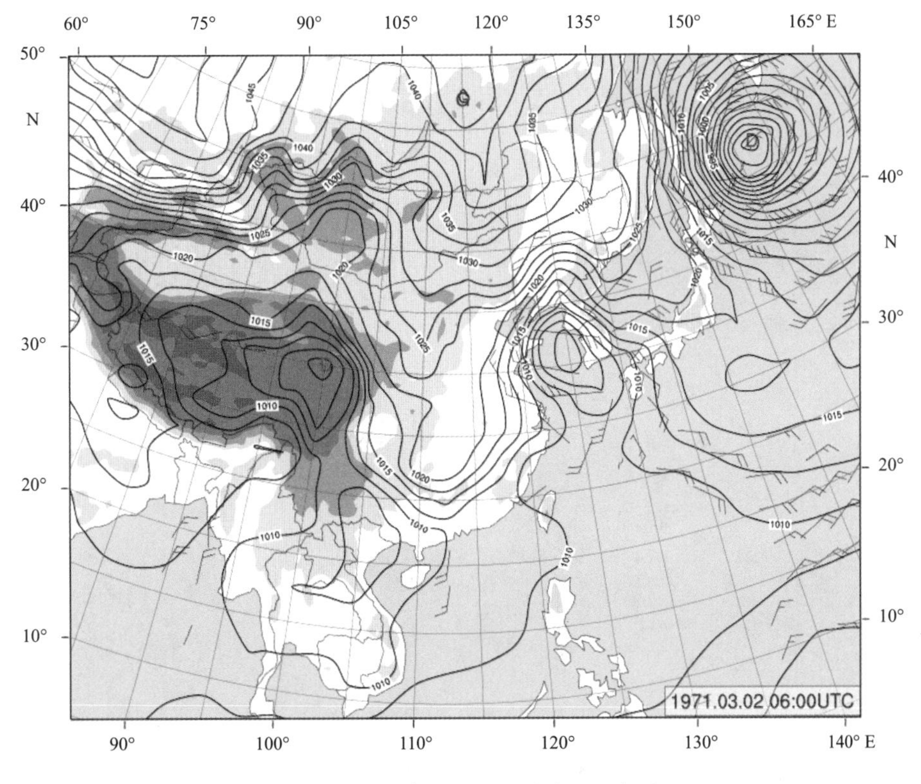

图3.96　1971年3月2日14时地面天气图

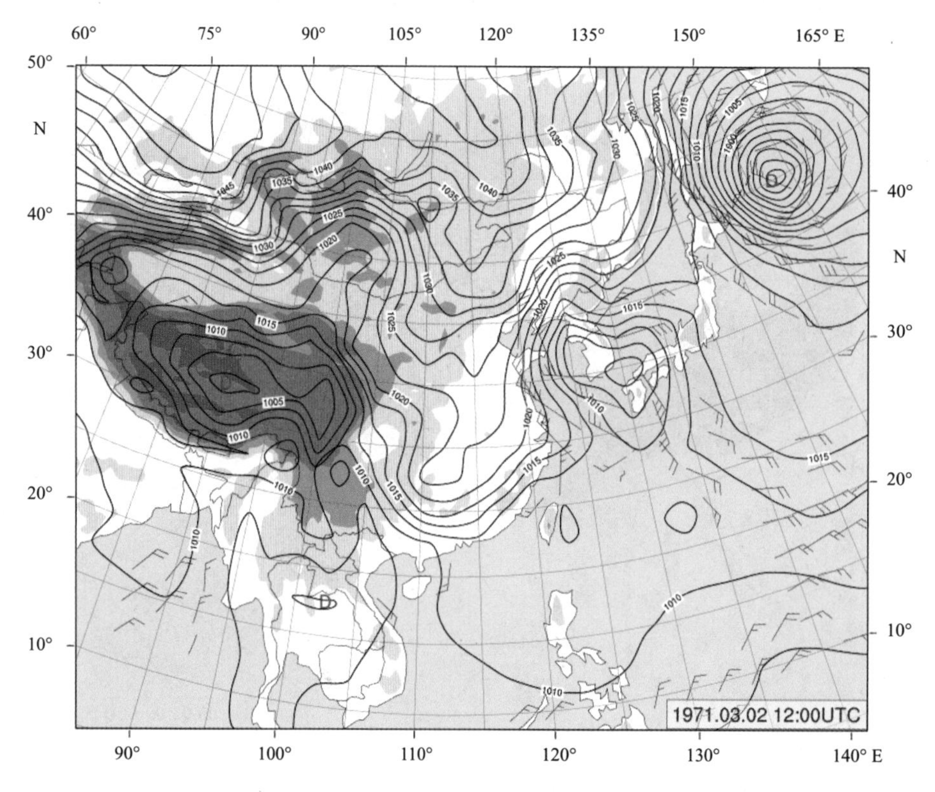

图3.97　1971年3月2日20时地面天气图

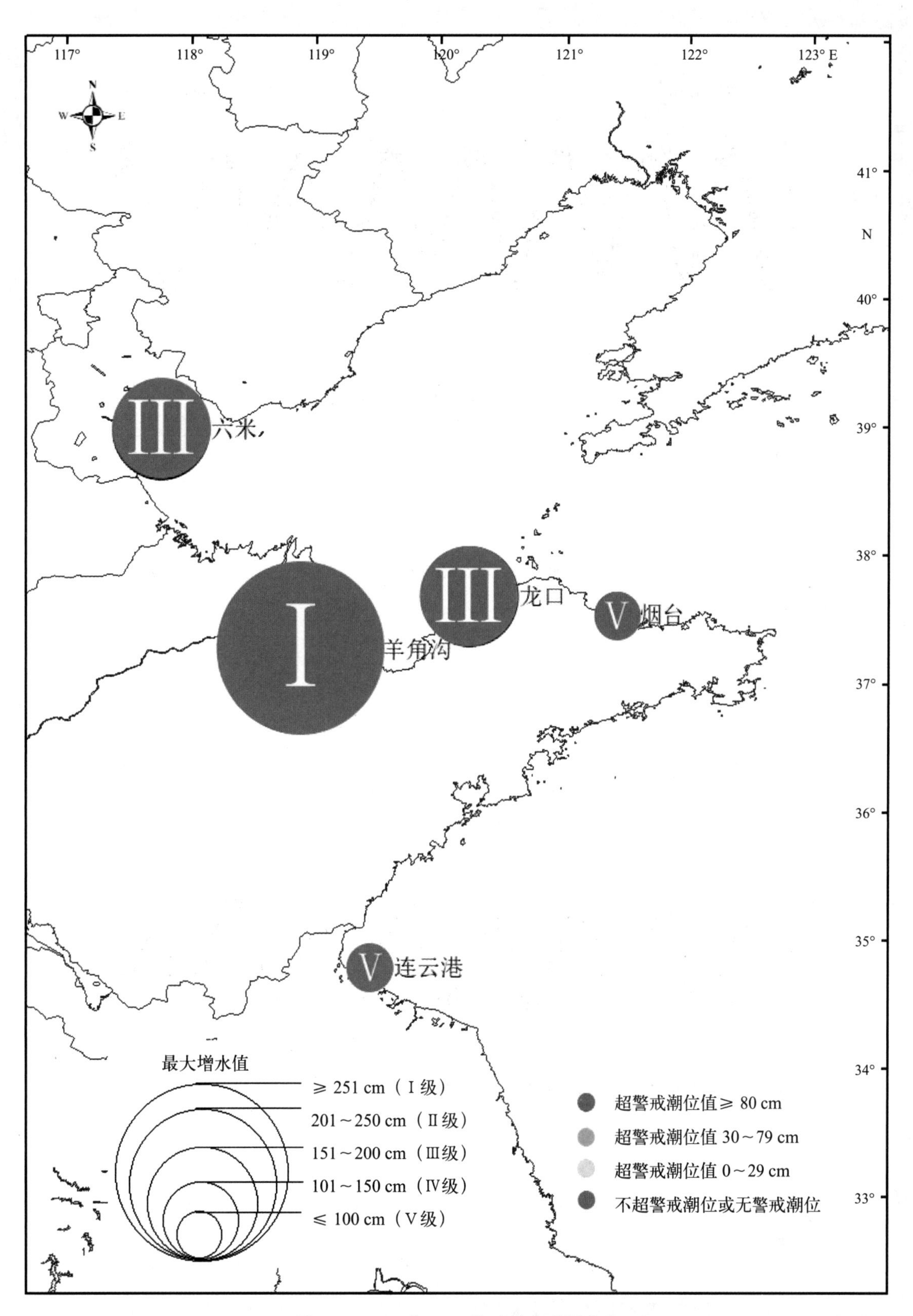

图3.98　1971“03・02”风暴潮空间分布

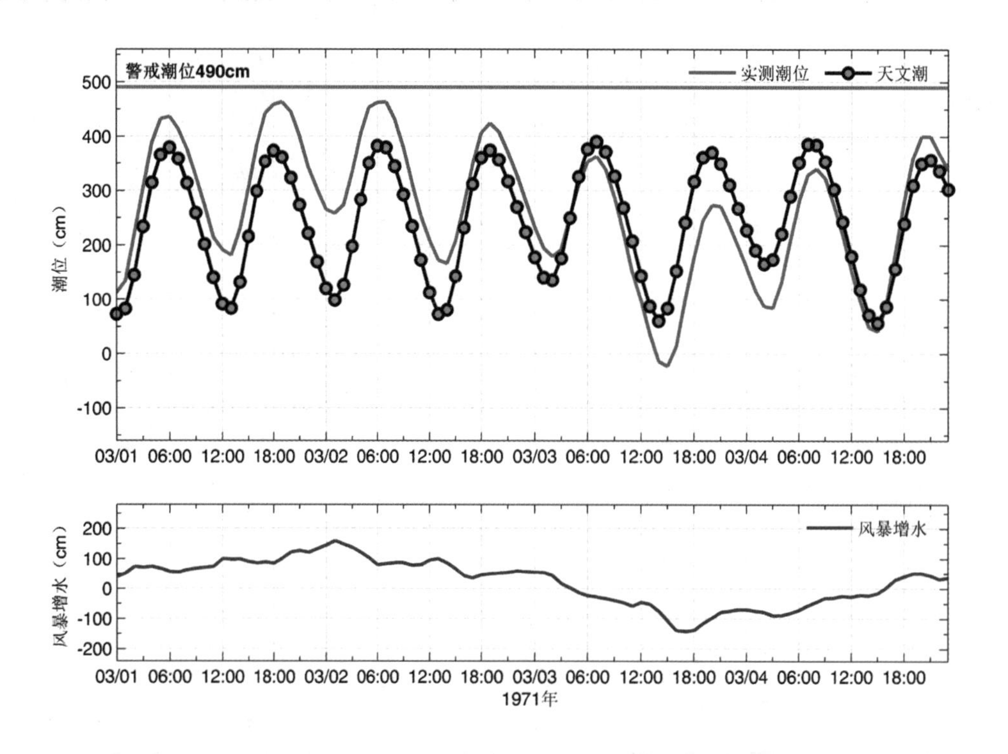

图3.99　六米站实测潮位、天文潮位和风暴增水随时间变化

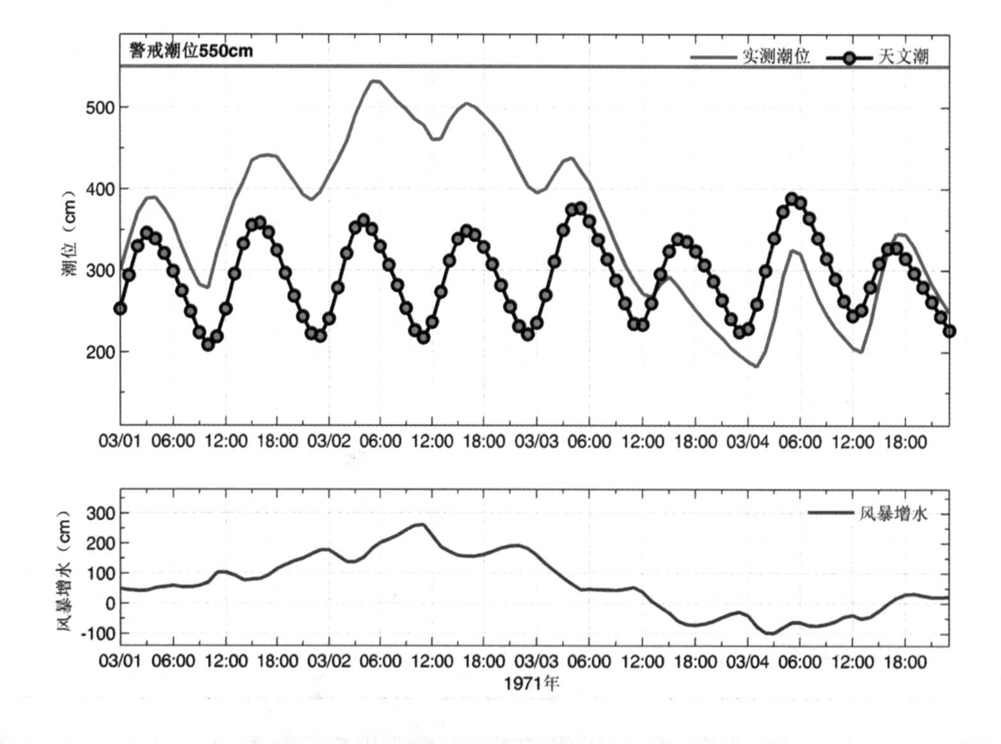

图3.100　羊角沟站实测潮位、天文潮位和风暴增水随时间变化

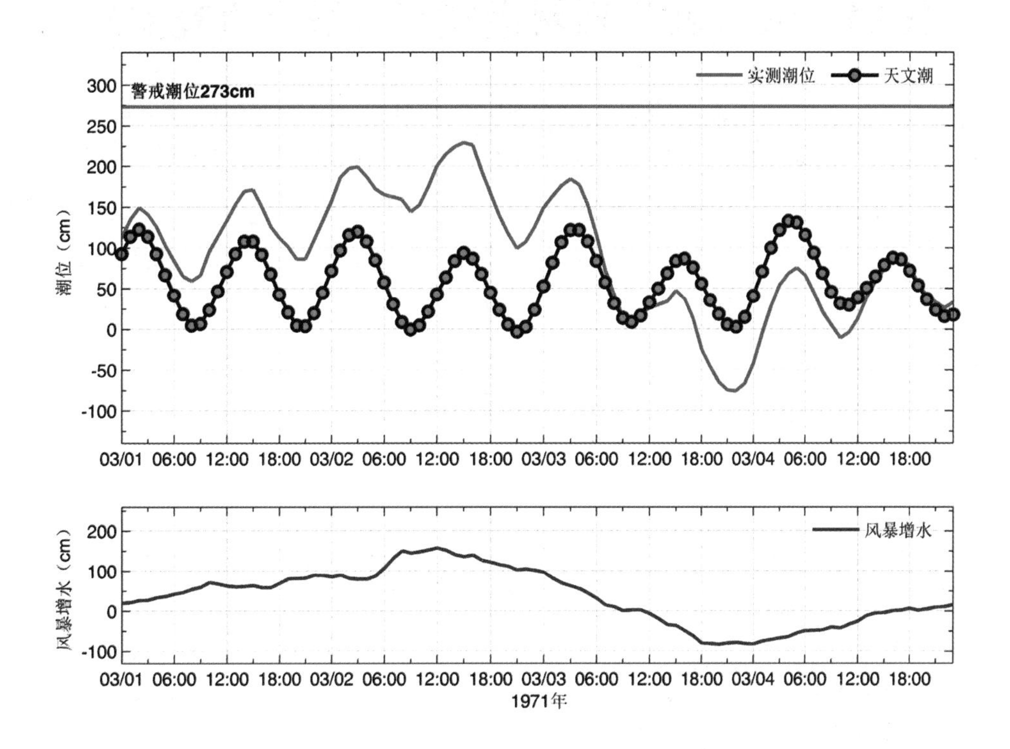

图3.101　龙口站实测潮位、天文潮位和风暴增水随时间变化

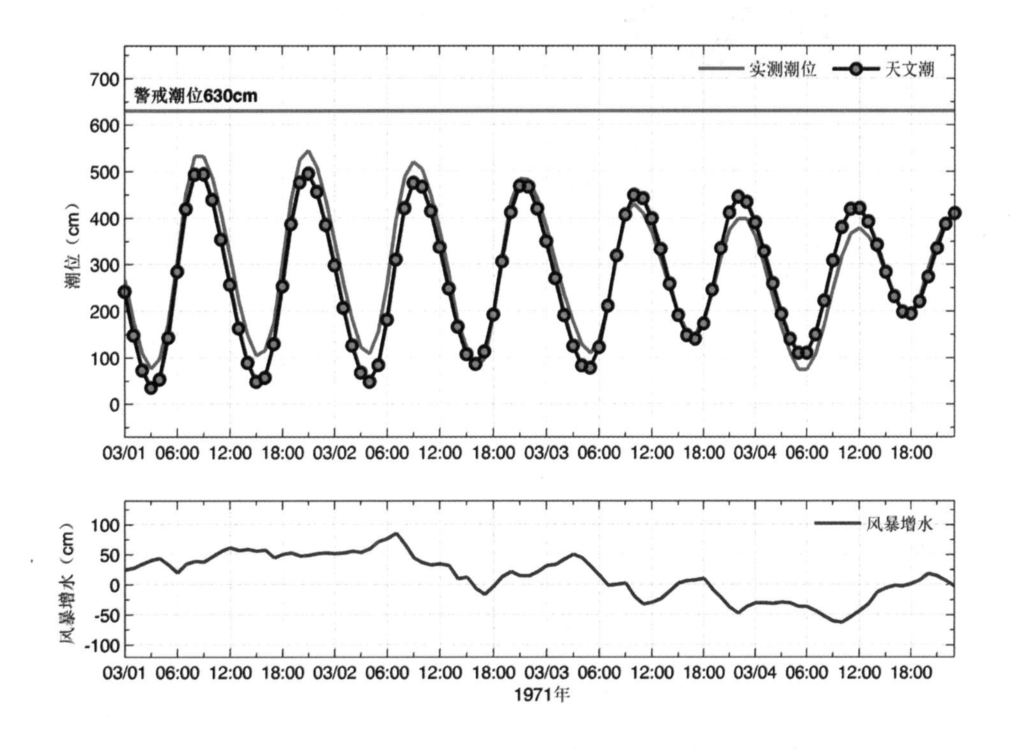

图3.102　连云港站实测潮位、天文潮位和风暴增水随时间变化

3.18 1971“06·26”风暴潮灾害（孤立气旋型）

1971年6月25日，江淮气旋向东北方向移动，强度逐渐加强，26日08时前后从渤海湾移入海后向偏北方向移动，期间黄海大部为东南风，受此影响渤海出现较强温带风暴潮，辽东湾、渤海湾及莱州湾均出现中等强度或以上风暴增水。天津六米站26日09时最大增水1.45 m；辽宁葫芦岛站26日19时最大增水0.73 m，19时55分最高潮位4.15 m，超过当地警戒潮位0.10 m；山东羊角沟站26日07时最大增水0.55 m。

未收集到灾情记录。

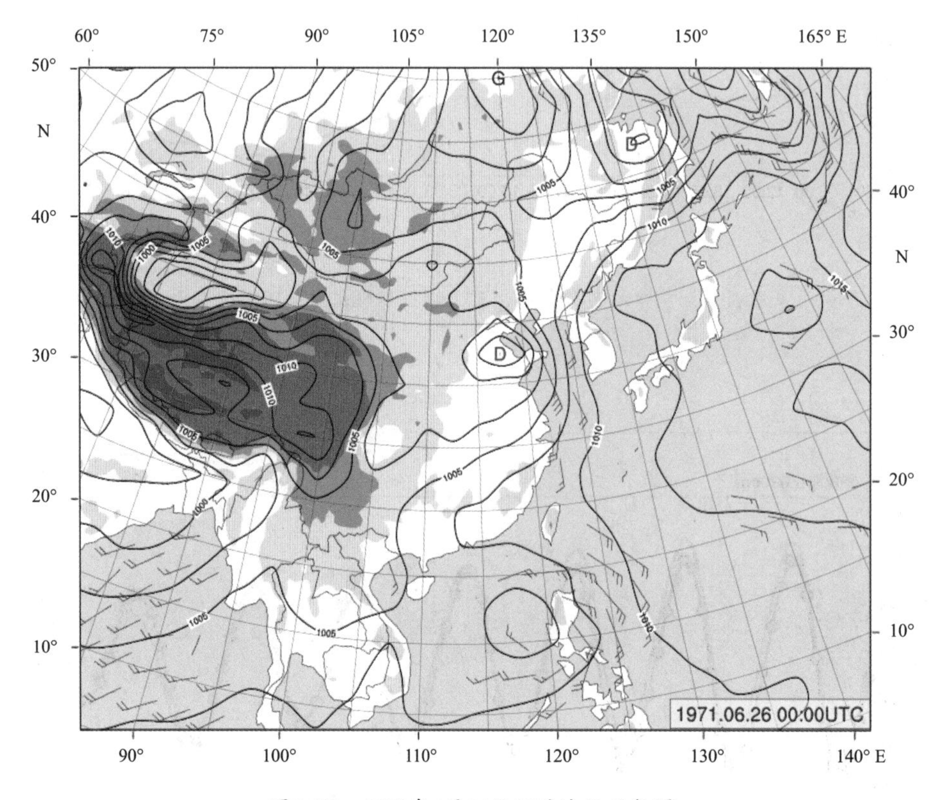

图3.103　1971年6月26日08时地面天气图

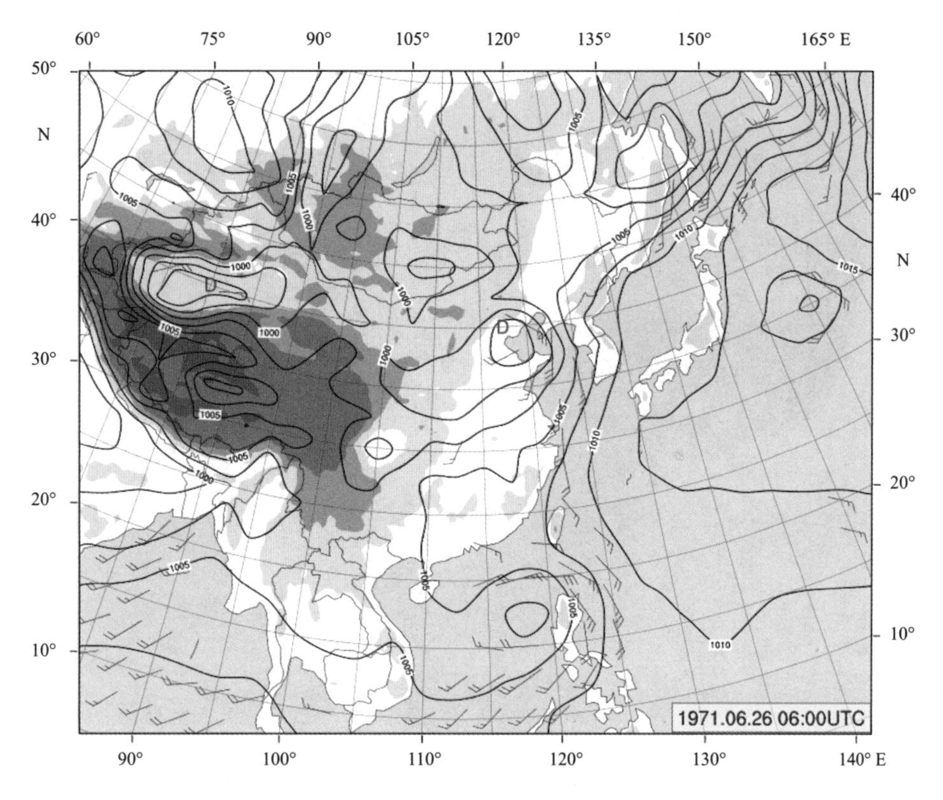

图3.104　1971年6月26日14时地面天气图

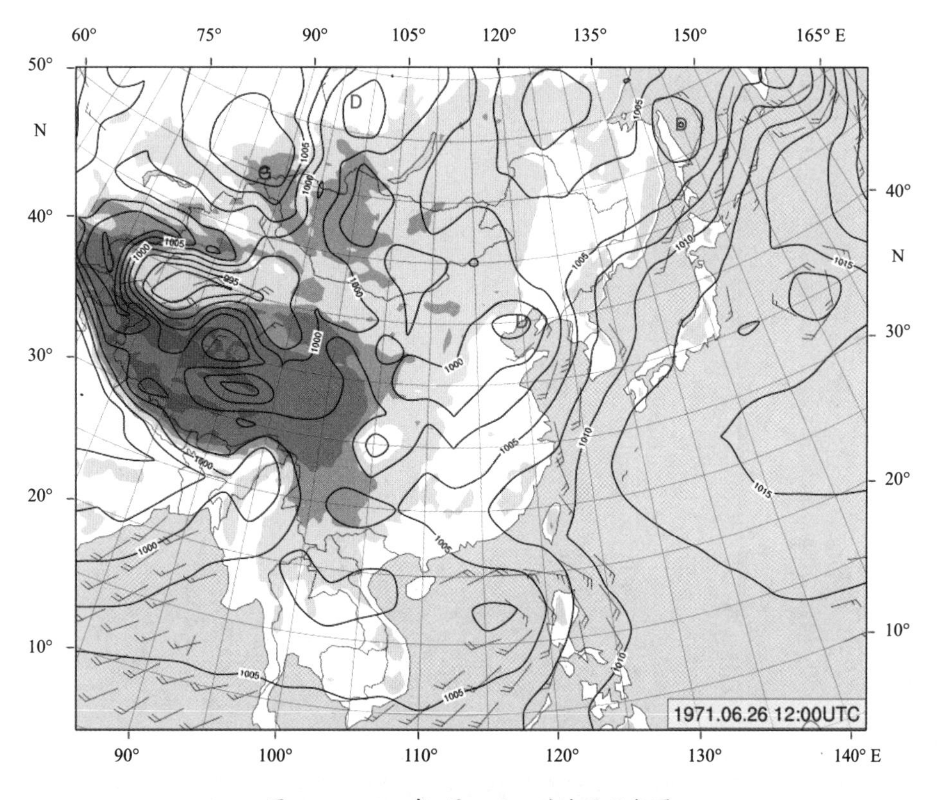

图3.105　1971年6月26日20时地面天气图

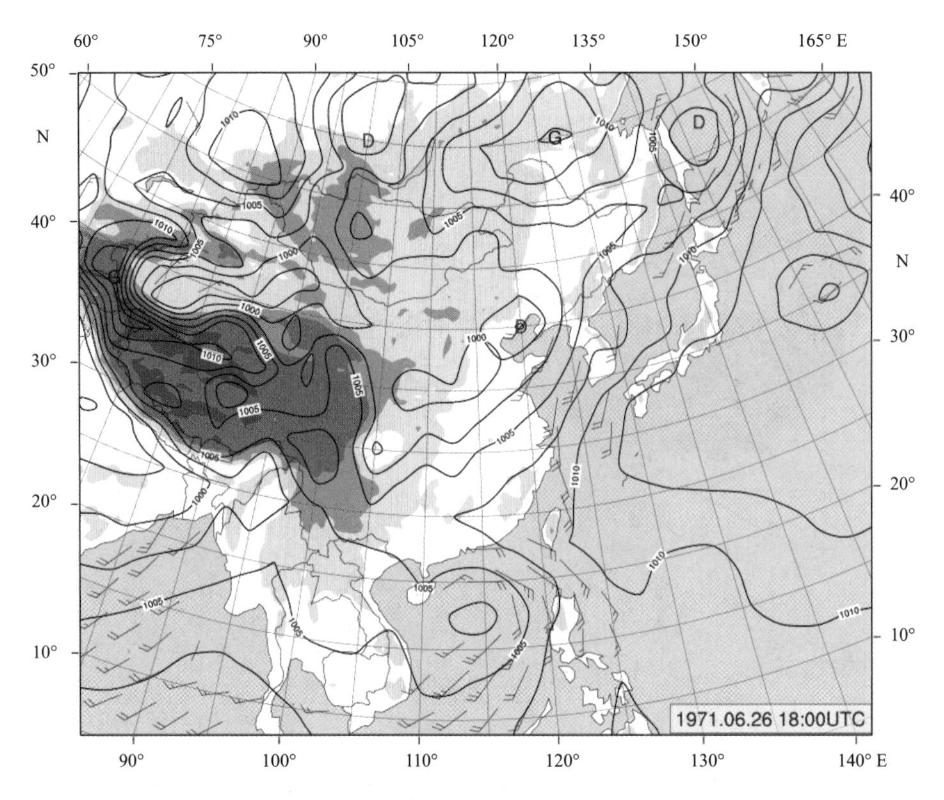

图3.106　1971年6月27日02时地面天气图

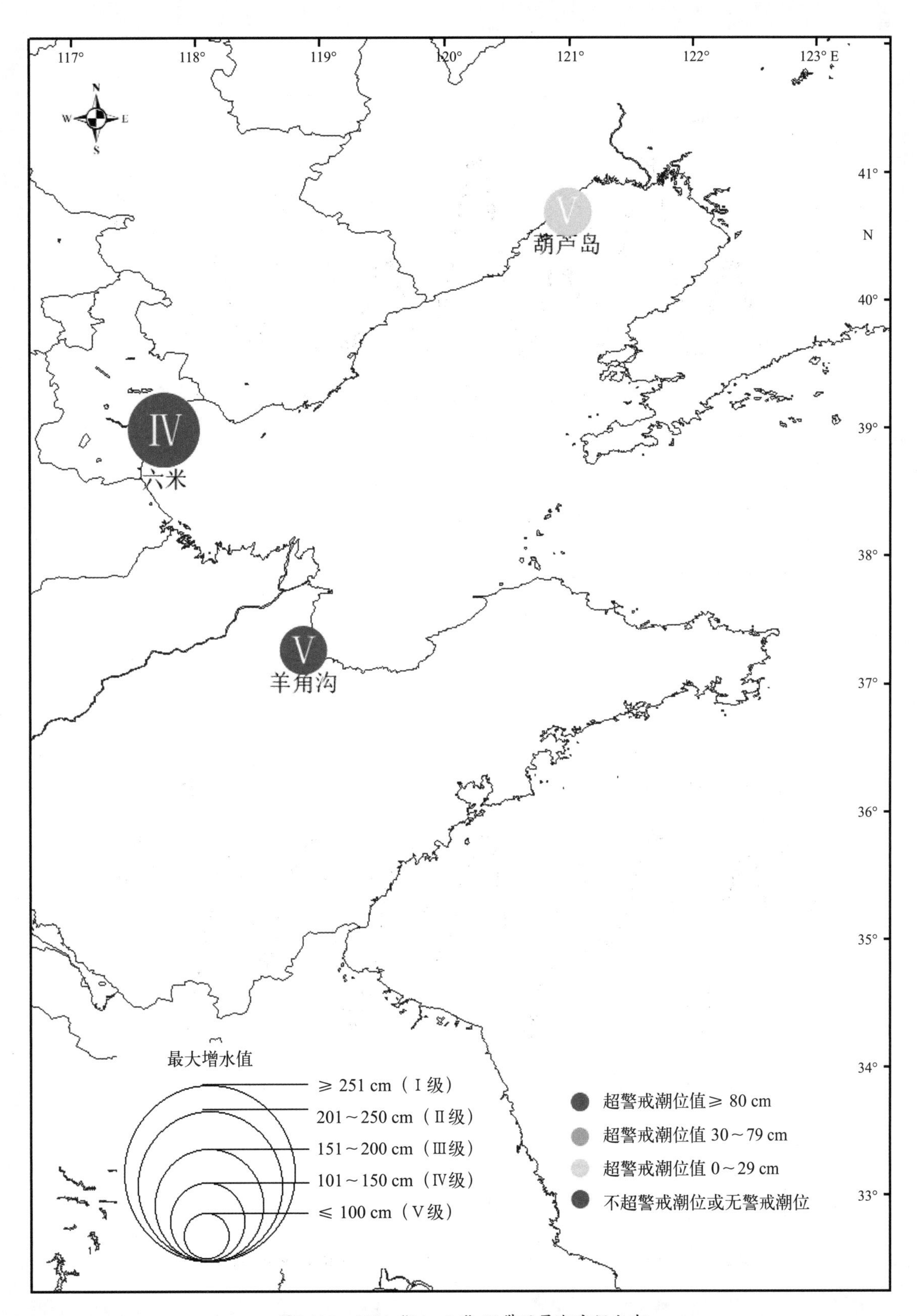

图3.107　1971“06・26”温带风暴潮空间分布

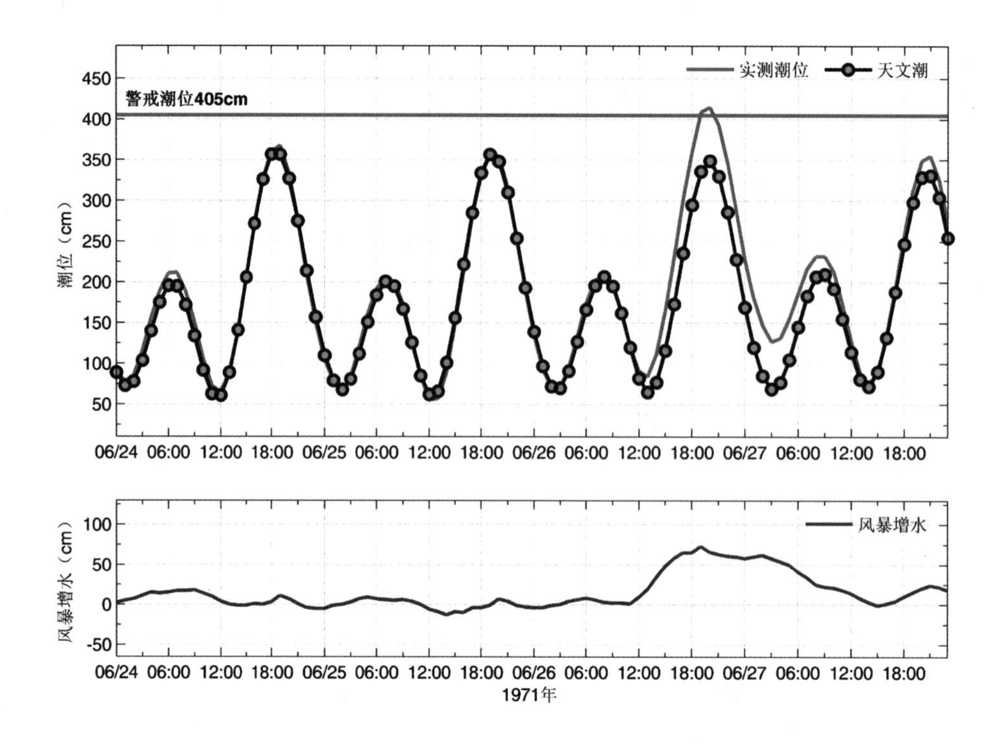

图3.108 葫芦岛站实测潮位、天文潮位和风暴增水随时间变化

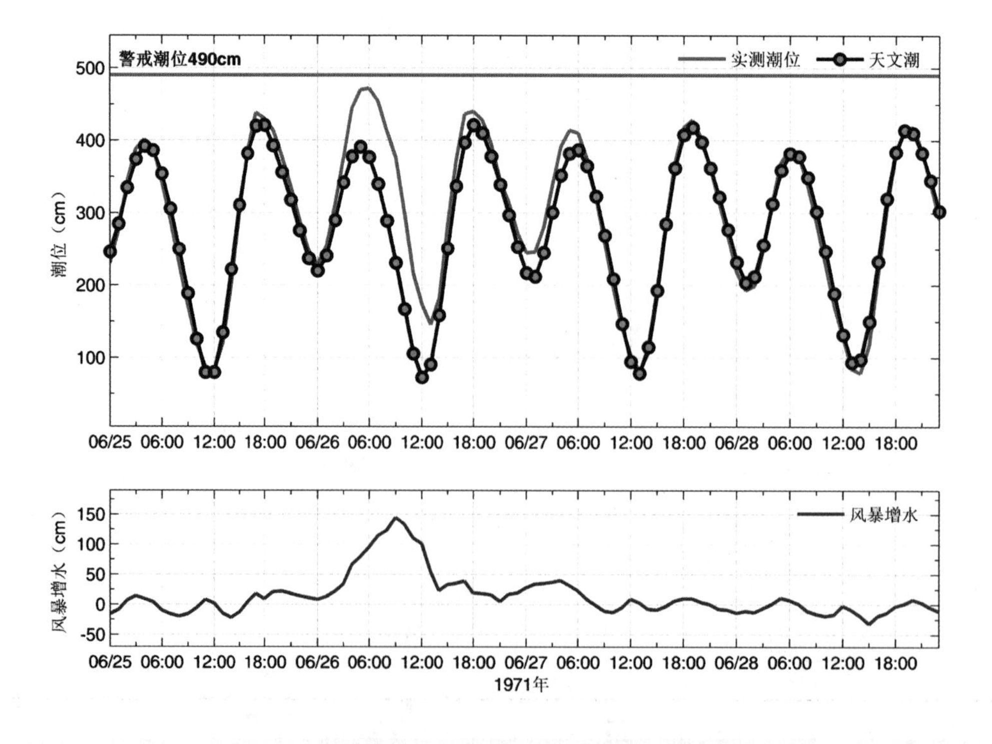

图3.109 六米站实测潮位、天文潮位和风暴增水随时间变化

3.19　1972“01・23”风暴潮灾害（北高南低型）

1972年1月22起，冷高压与东北方向延伸的西南倒槽同时影响渤海，冷高压逐渐南下，倒槽则继续向东北方向移动，形成较长时间北高南低的对峙形势，23日上午渤海沿岸出现最大风暴增水，24日上午增水有所回落，下午补充冷空气南下，增水再次增大，25日增水逐渐减小。在此期间，莱州湾出现特强温带风暴潮，山东羊角沟站23日01时起累计39个小时增水大于1.0 m，11时最大增水2.58 m。天津六米站22日21时起持续10个小时增水大于1.0 m，23日03时最大增水1.64 m，最高潮位4.79 m，接近当地警戒潮位。山东龙口站23日09时最大增水0.95 m。江苏连云港站23日最大增水1.17 m。

本次过程主要特点：一是持续时间长，渤海湾22日起持续三天，莱州湾23日起持续三天；二是强度强，莱州湾出现特强温带风暴潮。

未收集到灾情记录。

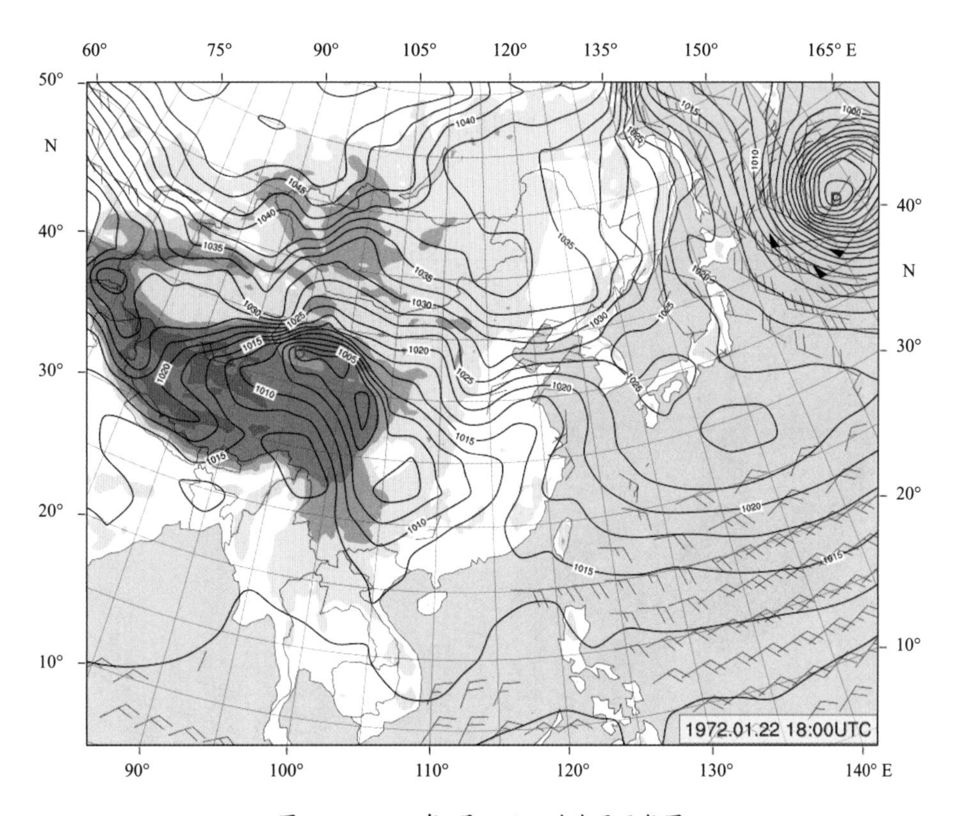

图3.110　1972年1月23日02时地面天气图

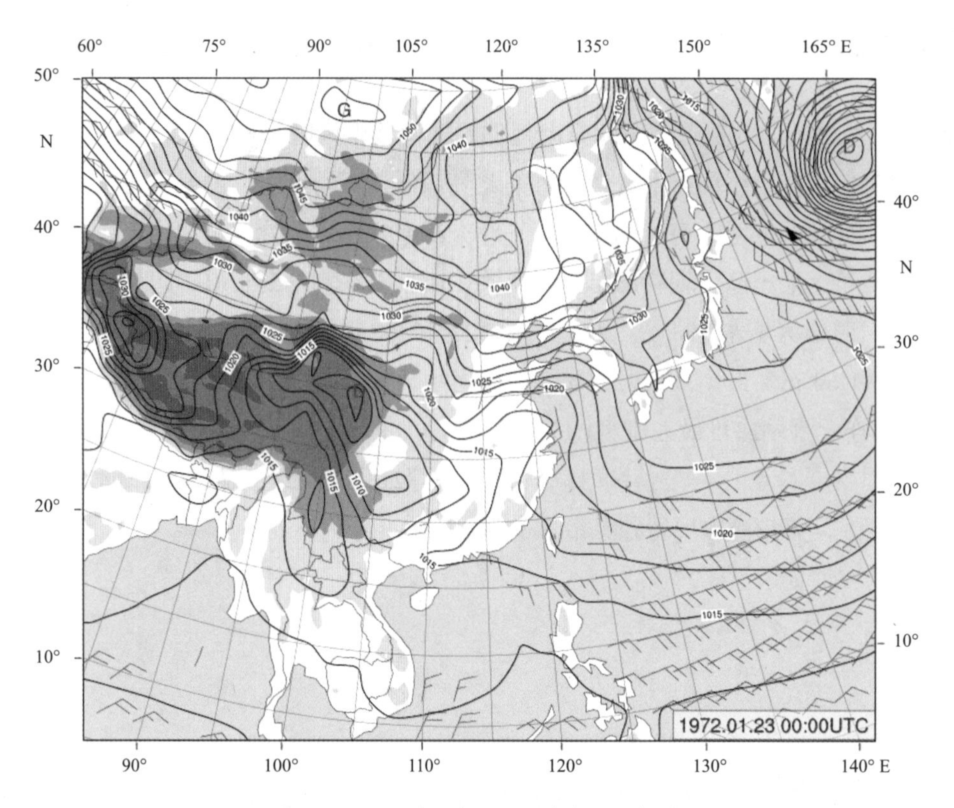

图3.111　1972年1月23日08时地面天气图

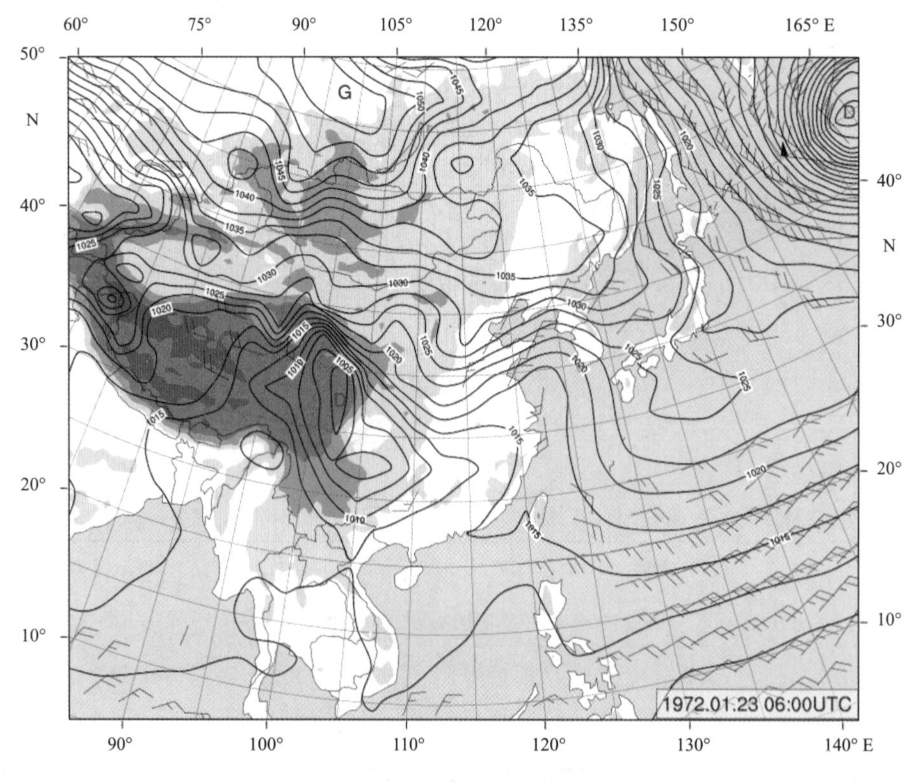

图3.112　1972年1月23日14时地面天气图

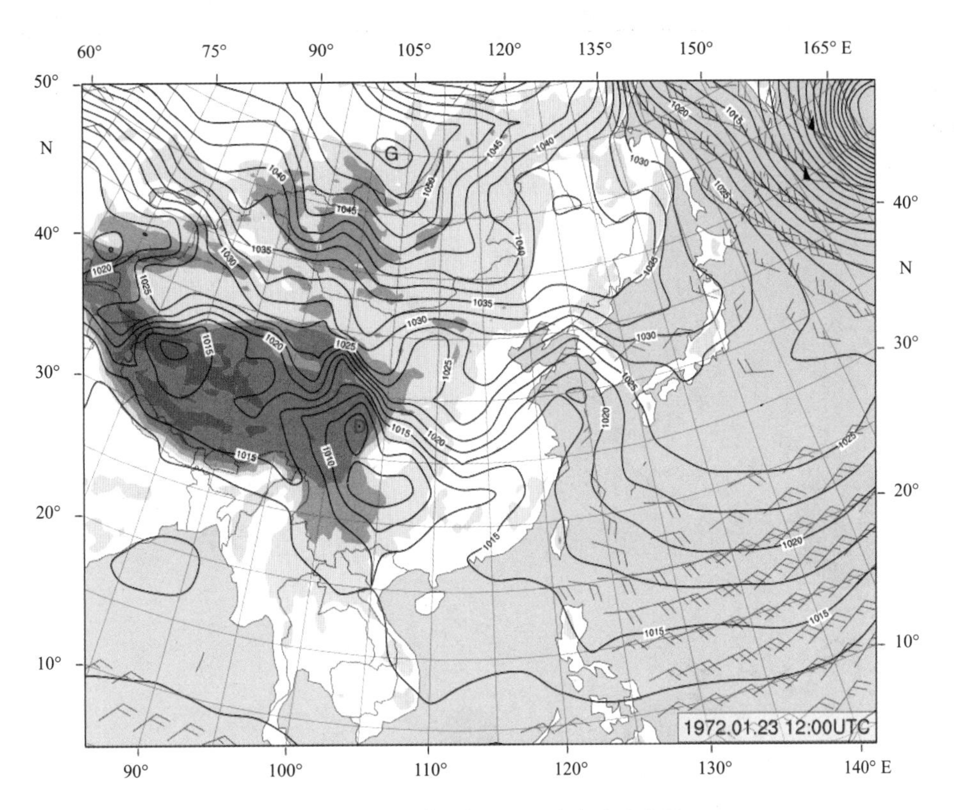

图3.113　1972年1月23日20时地面天气图

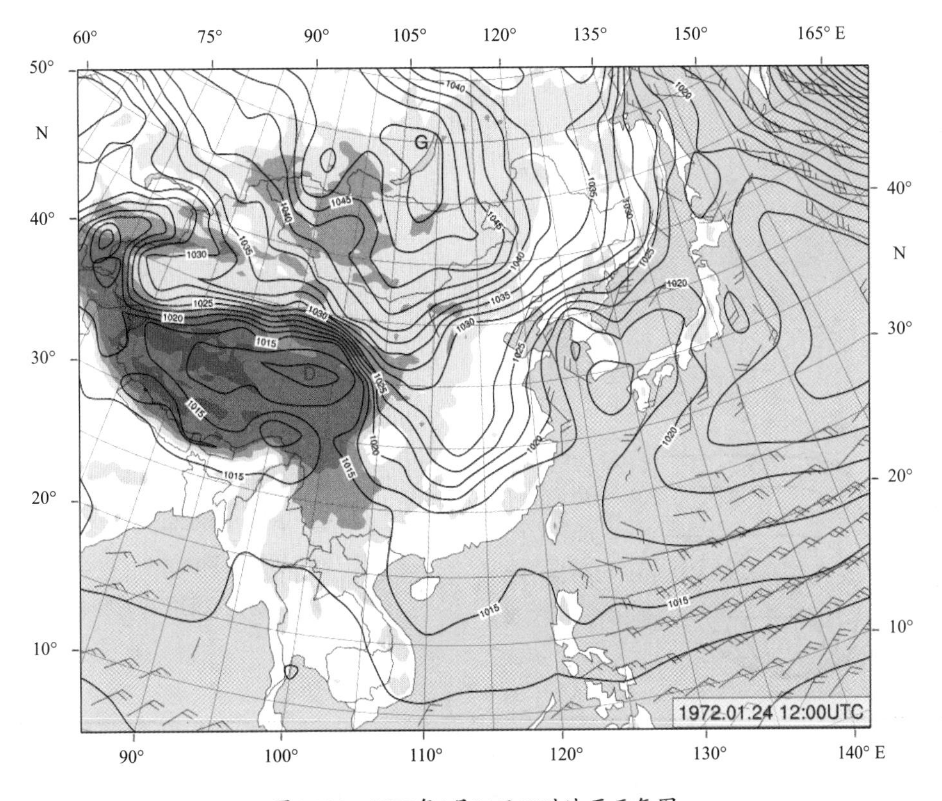

图3.114　1972年1月24日20时地面天气图

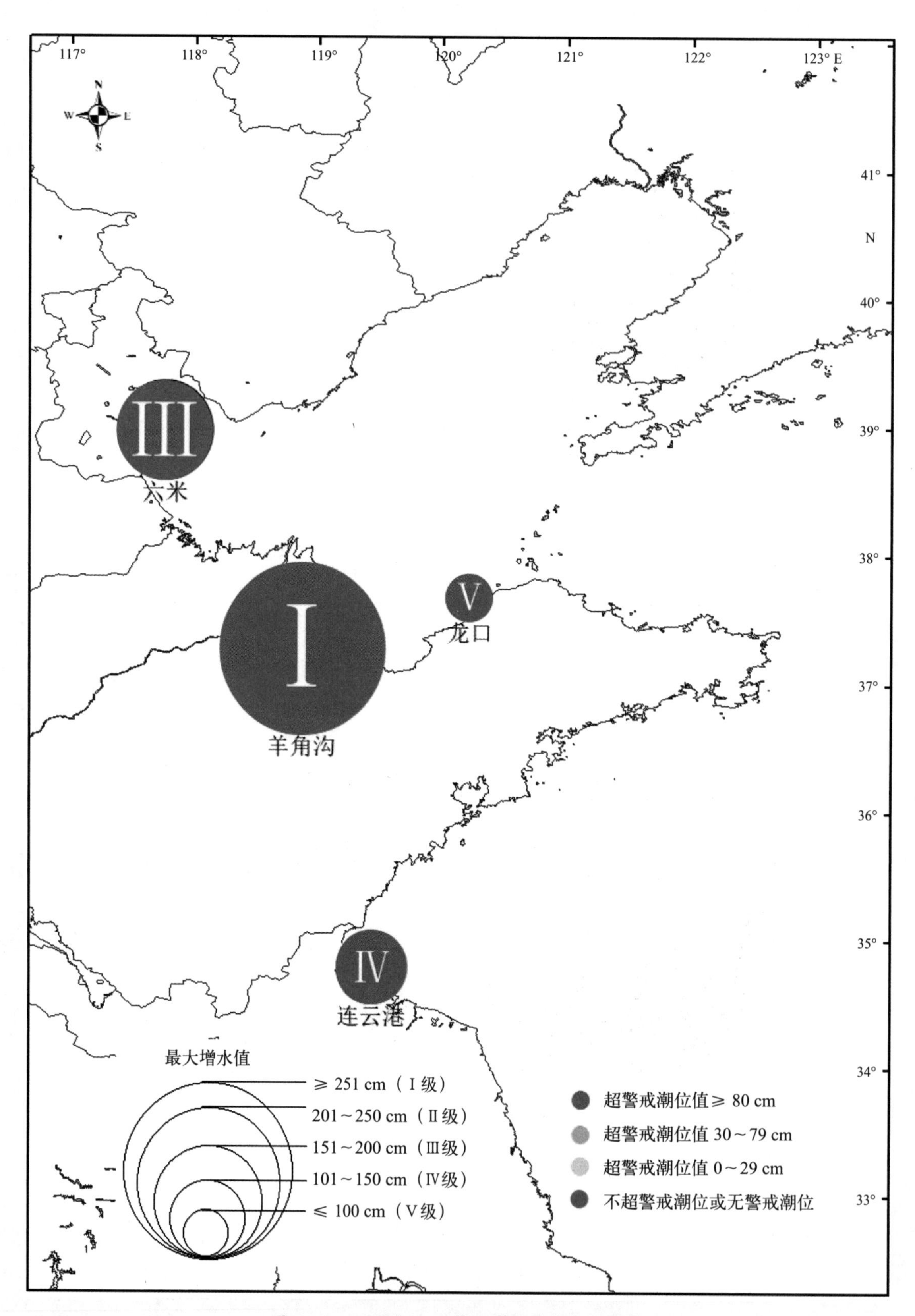

图3.115　1972“01·23”温带风暴潮空间分布

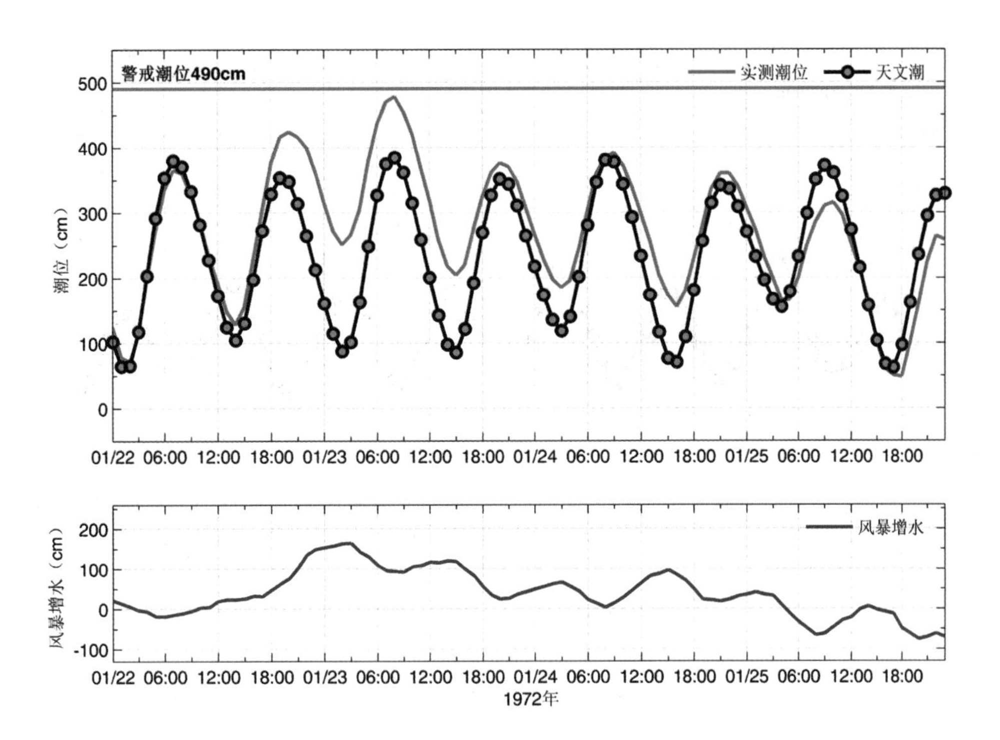

图3.116 六米站实测潮位、天文潮位和风暴增水随时间变化

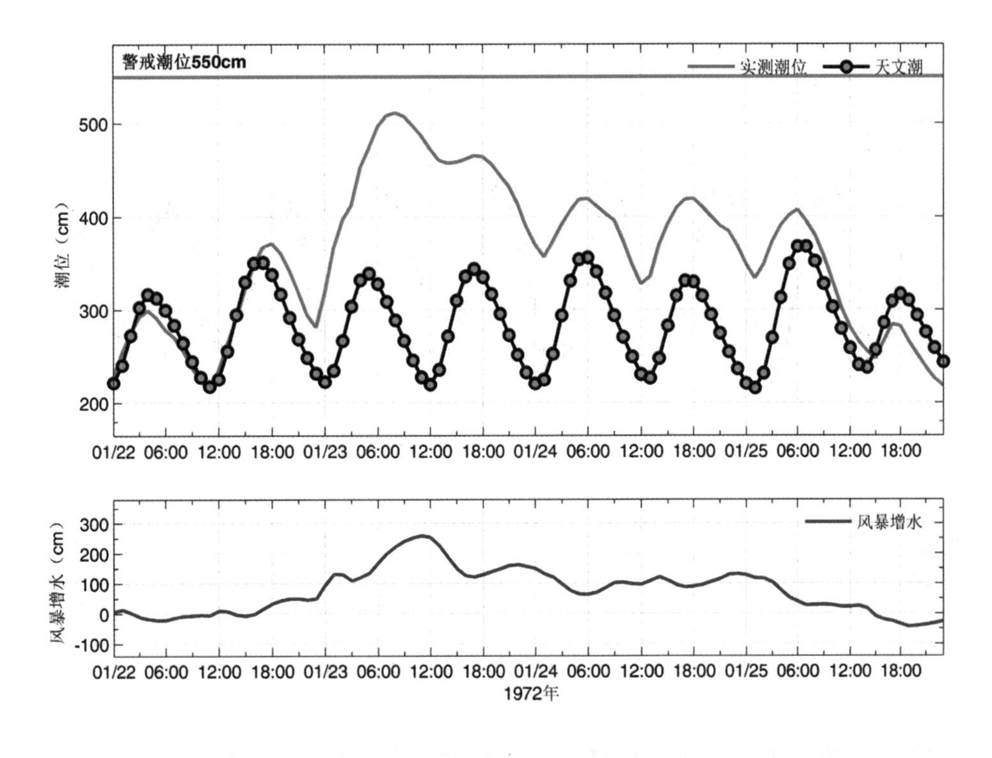

图3.117 羊角沟站实测潮位、天文潮位和风暴增水随时间变化

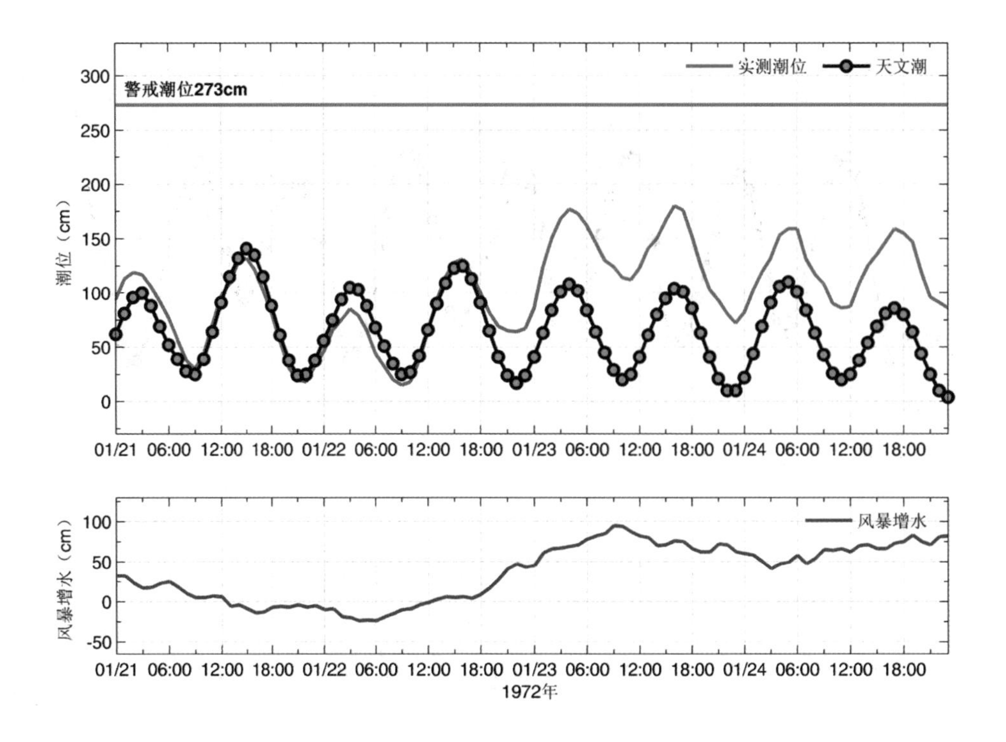

图3.118　龙口站实测潮位、天文潮位和风暴增水随时间变化

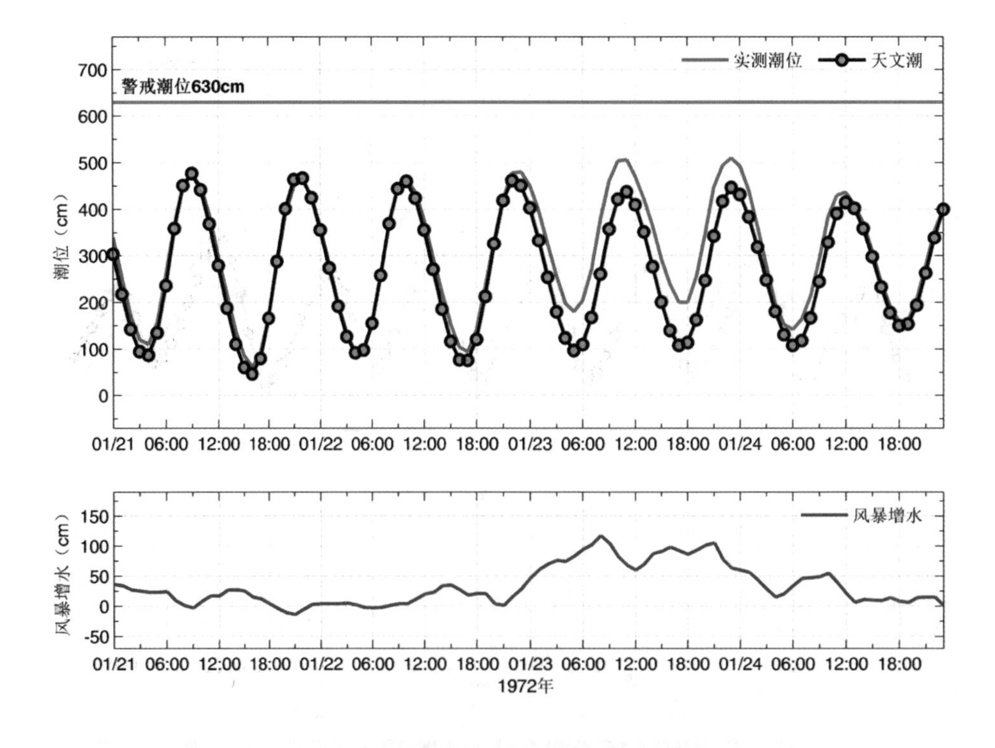

图3.119　连云港站实测潮位、天文潮位和风暴增水随时间变化

3.20　1973“05·01”风暴潮灾害（孤立气旋型）

1973年5月1日凌晨，江淮气旋从海州湾附近入海，之后向偏东方向移入日本海。受其影响，渤海沿岸出现强温带风暴潮，黄海沿岸出现一般强度温带风暴潮。辽东湾葫芦岛站1日21时最大增水0.70 m；莱州湾羊角沟站1日6时起1.0 m以上增水持续15个小时，其中17时最大风暴增水2.08 m；渤海湾天津六米站1日07时最大增水0.71 m；山东半岛北部烟台站1日14时最大增水0.71 m；海州湾江苏连云港站1日01时最大增水0.53 m，2日02时最大增水0.80 m。

未收集到灾情记录。

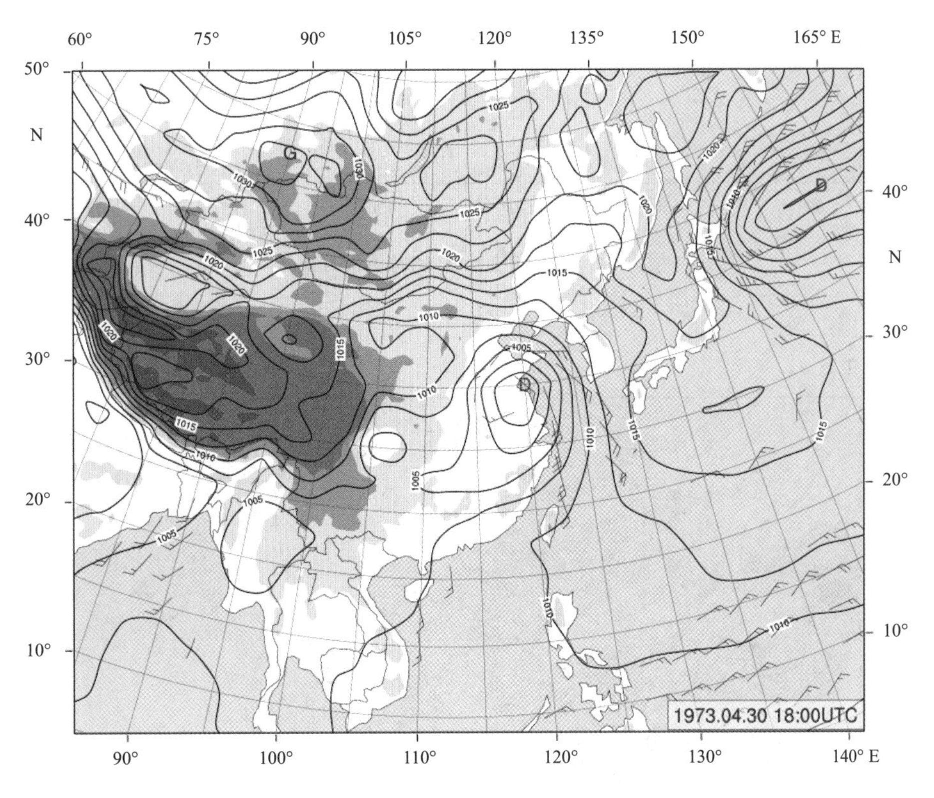

图3.120　1973年5月1日02时地面天气图

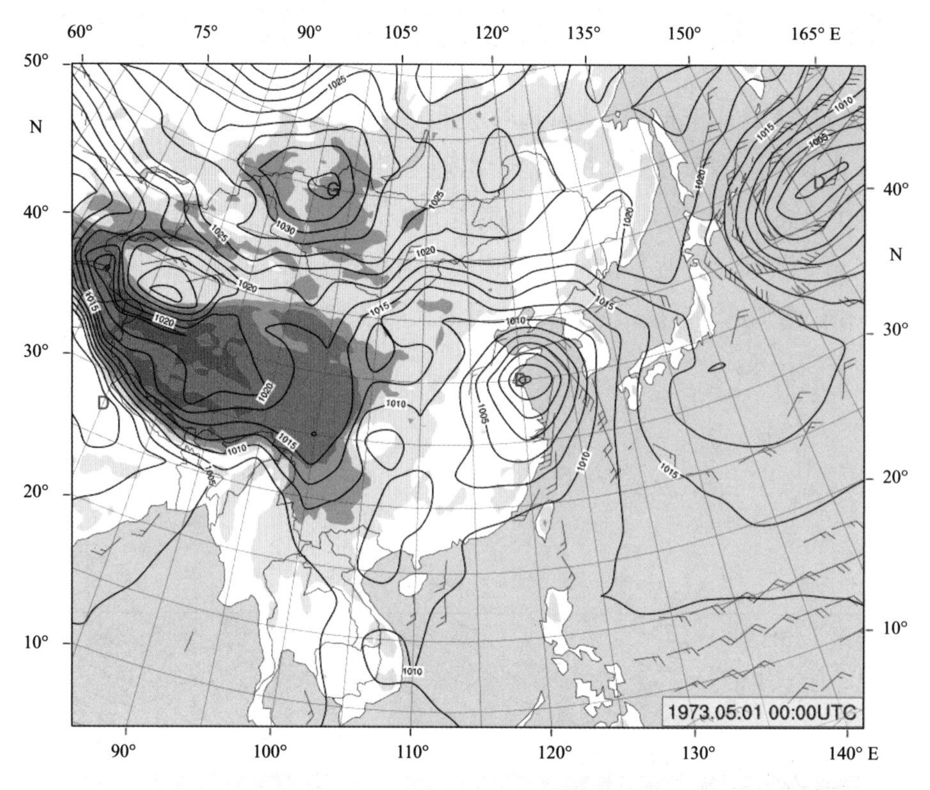

图3.121　1973年5月1日08时地面天气图

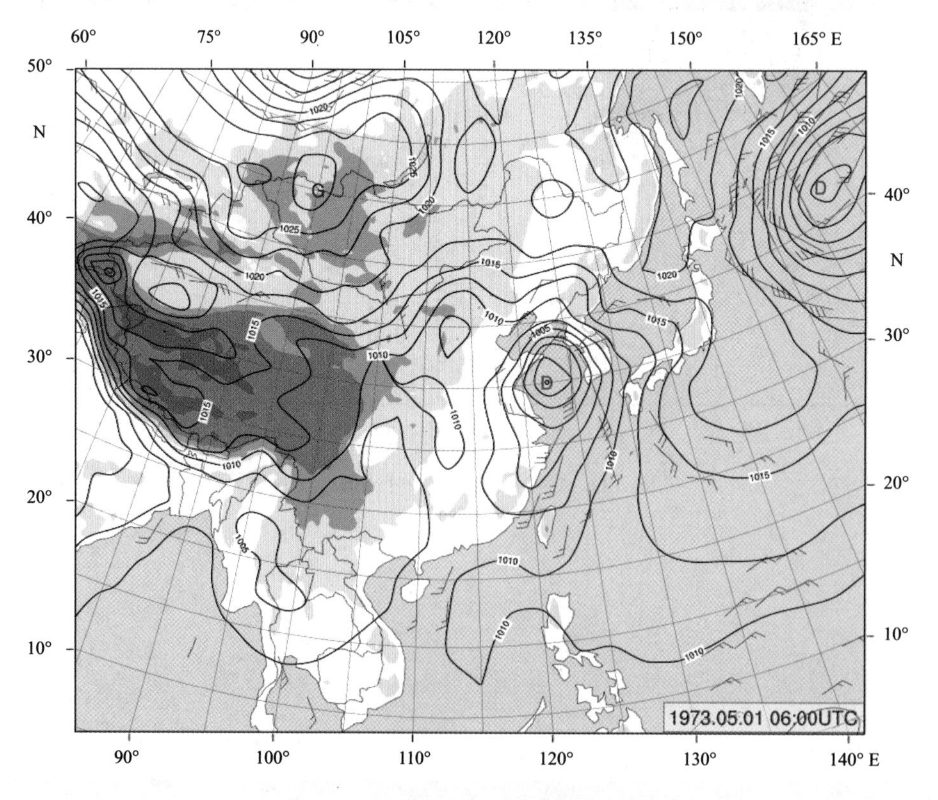

图3.122　1973年5月1日14时地面天气图

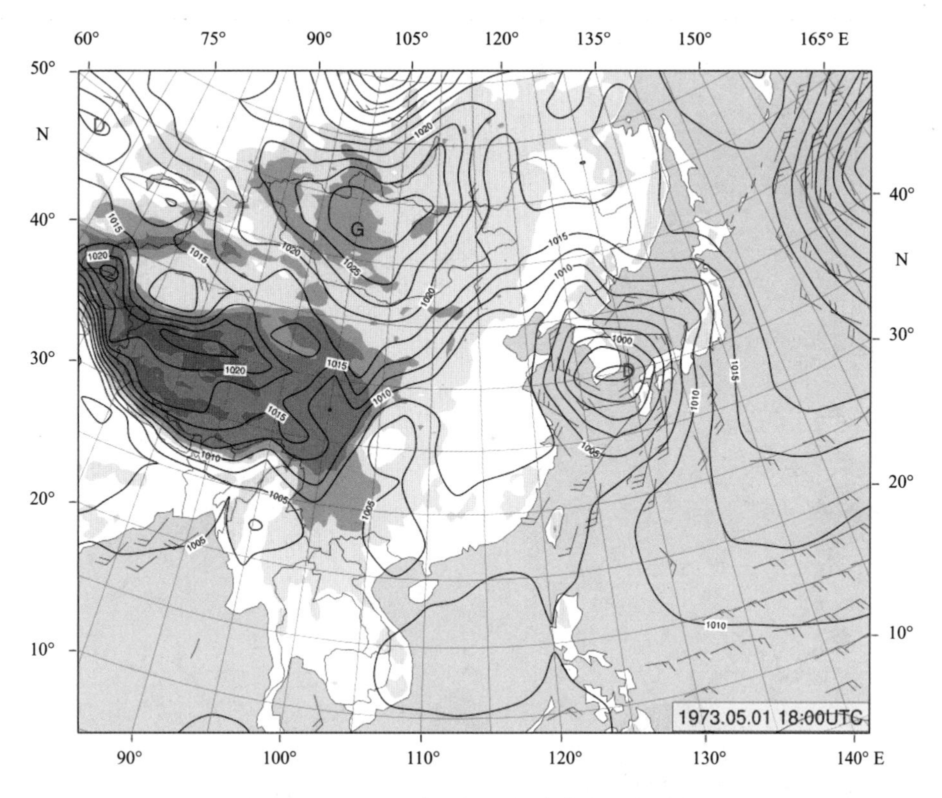

图3.123　1973年5月2日02时地面天气图

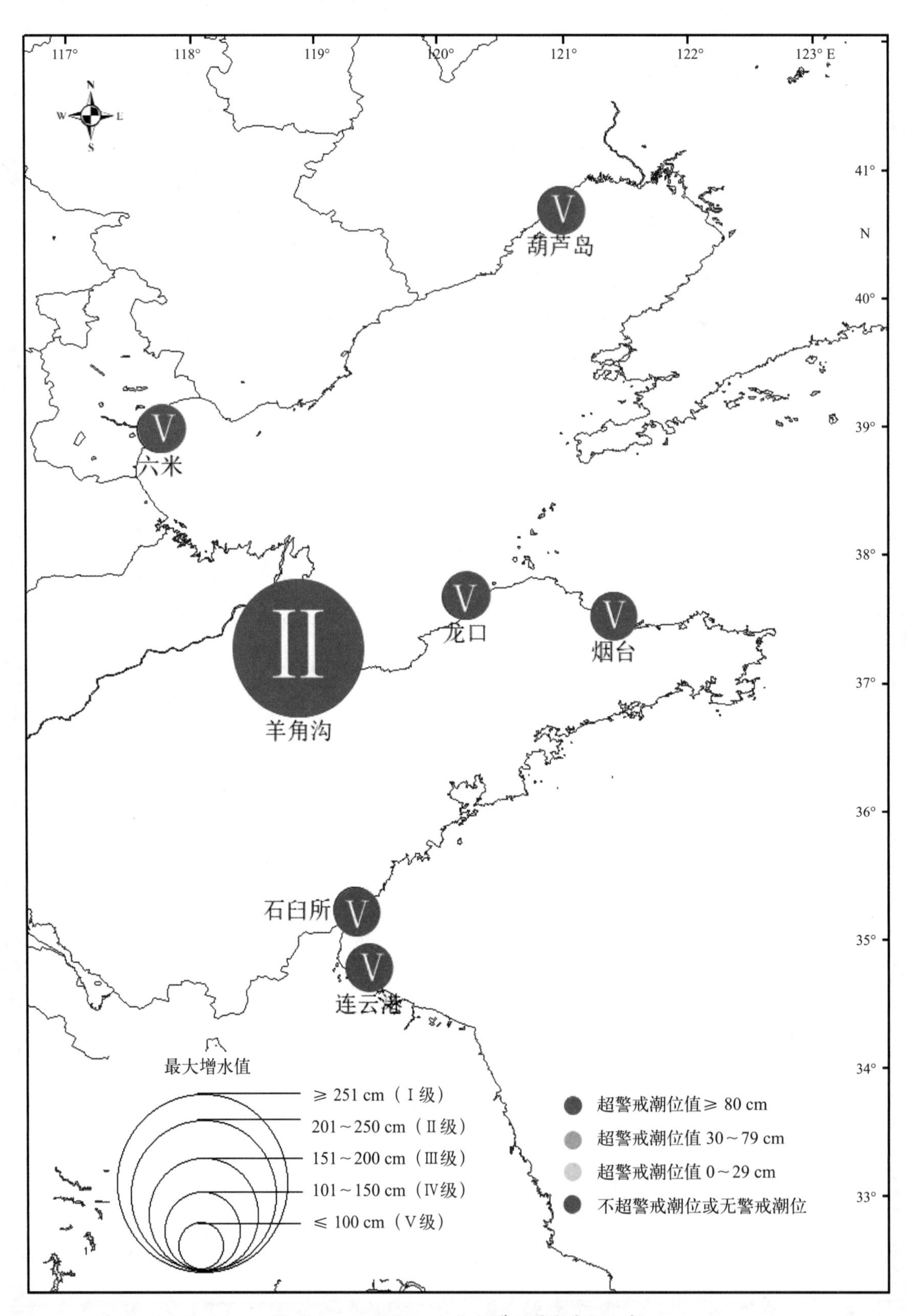

图3.124　1973“05・01”温带风暴潮空间分布

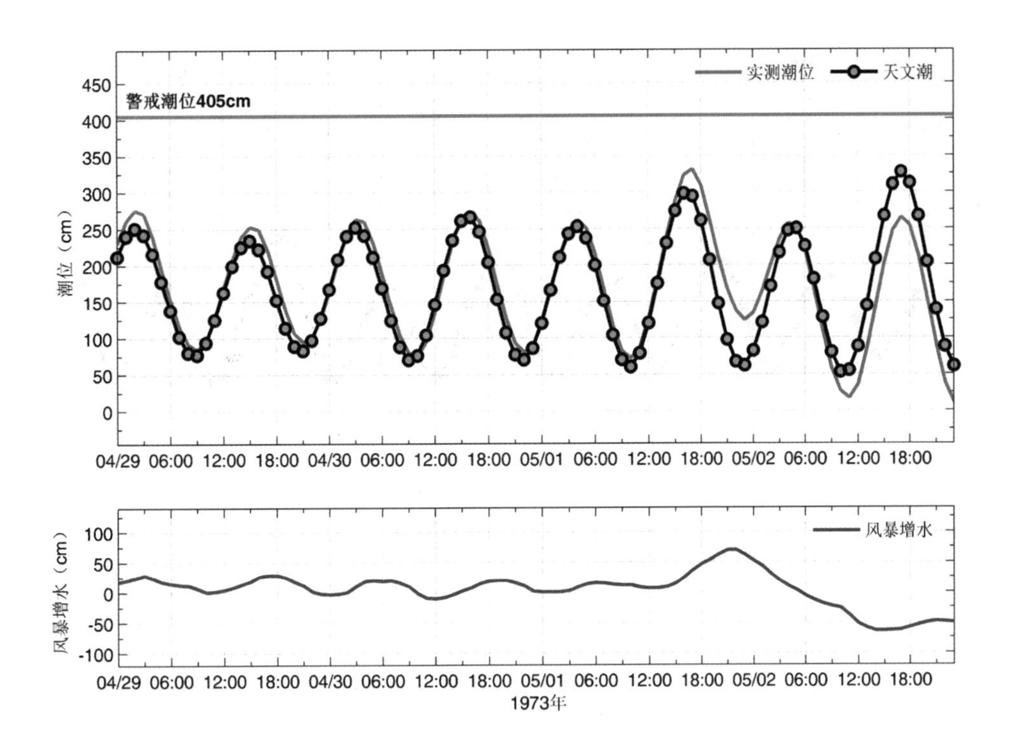

图3.125　葫芦岛站实测潮位、天文潮位和风暴增水随时间变化

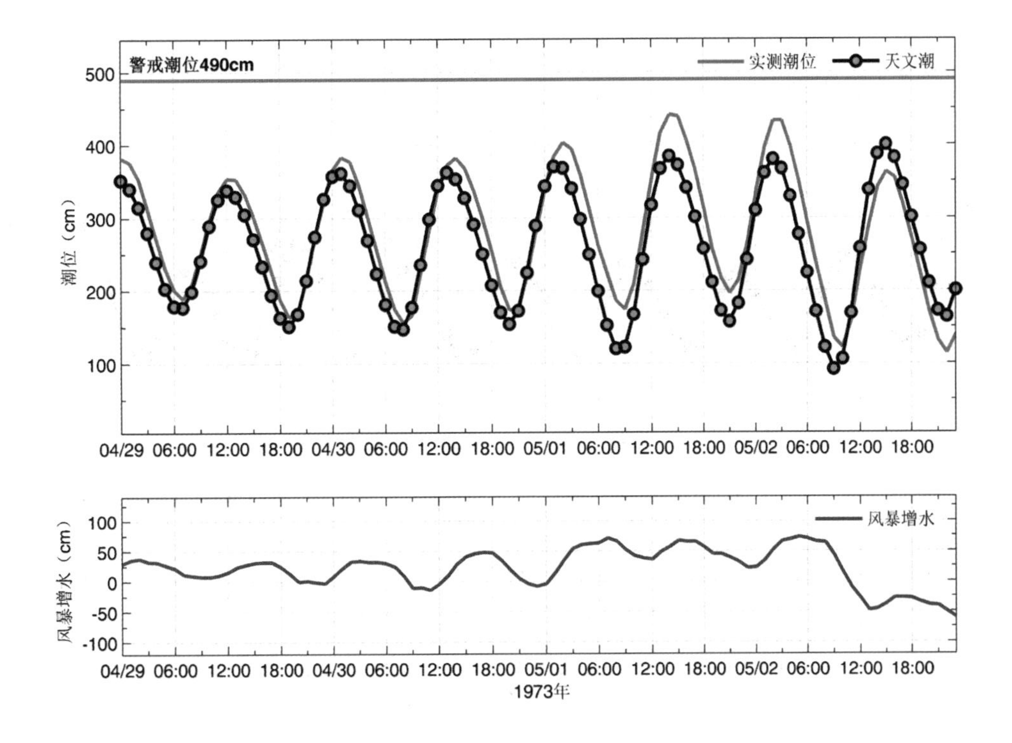

图3.126　六米站实测潮位、天文潮位和风暴增水随时间变化

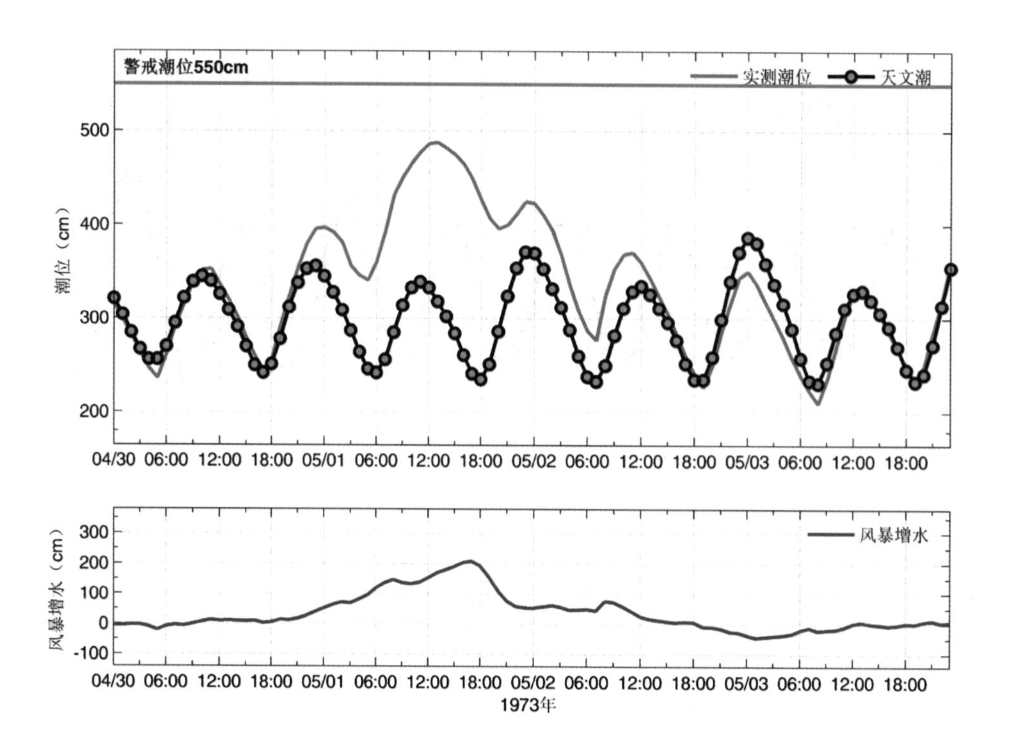

图3.127　羊角沟站实测潮位、天文潮位和风暴增水随时间变化

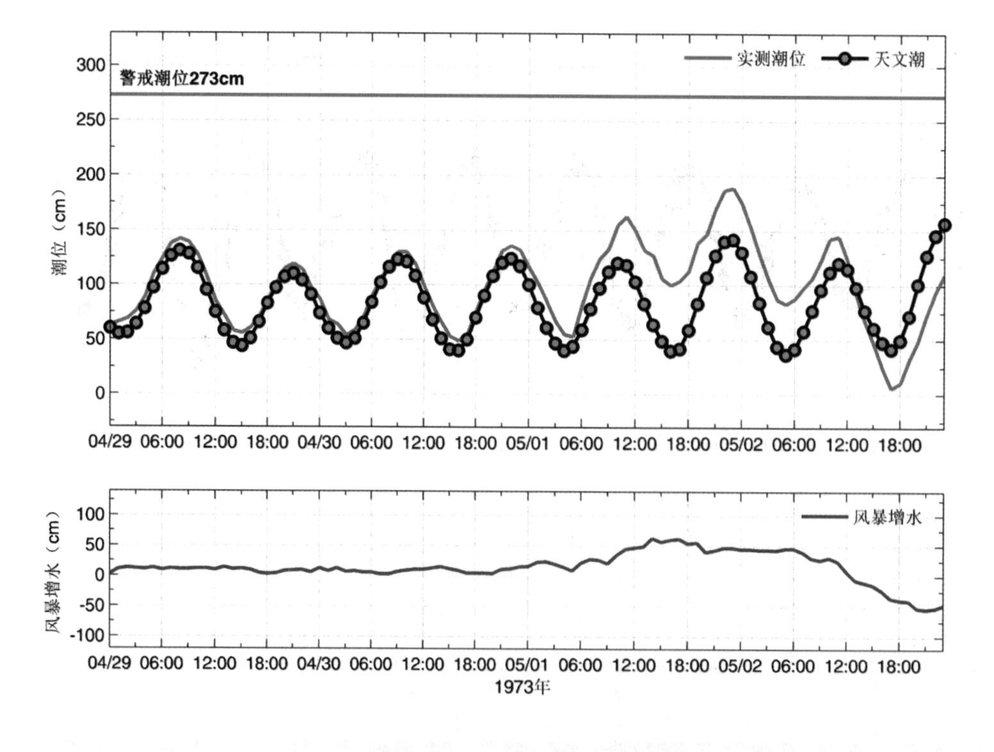

图3.128　龙口站实测潮位、天文潮位和风暴增水随时间变化

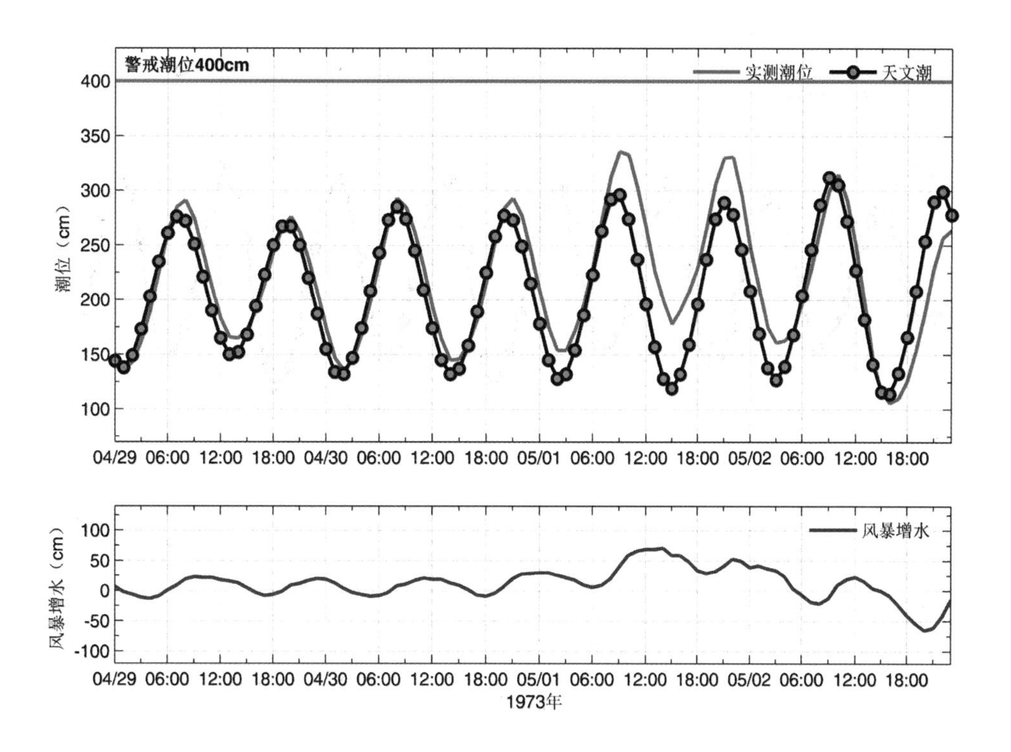

图3.129　烟台站实测潮位、天文潮位和风暴增水随时间变化

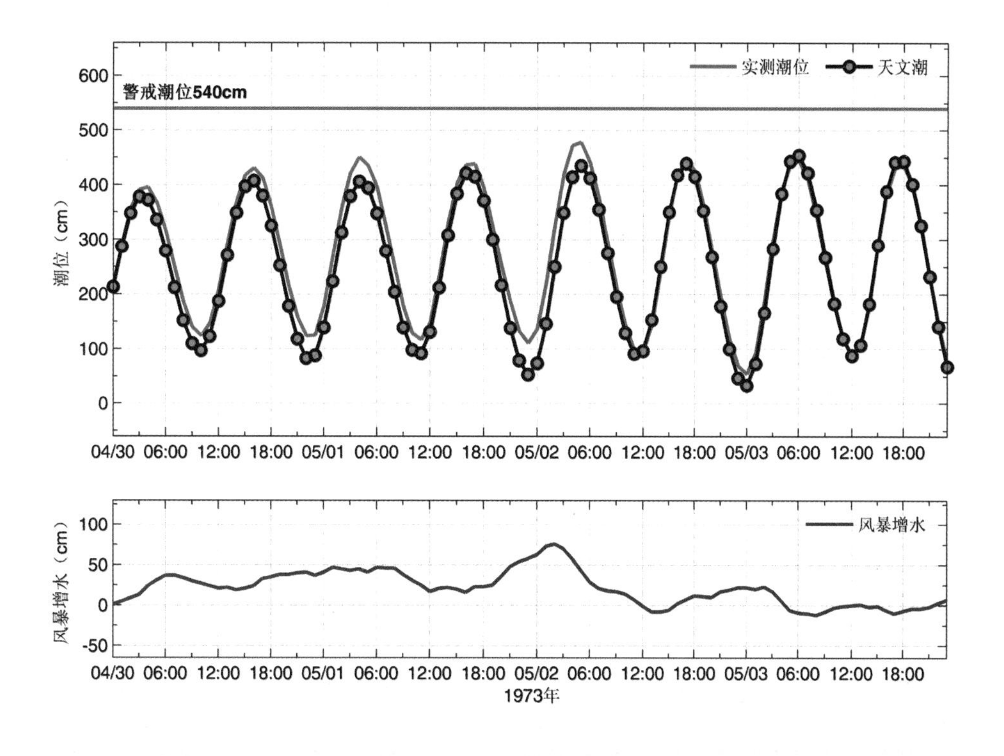

图3.130　石臼所站实测潮位、天文潮位和风暴增水随时间变化

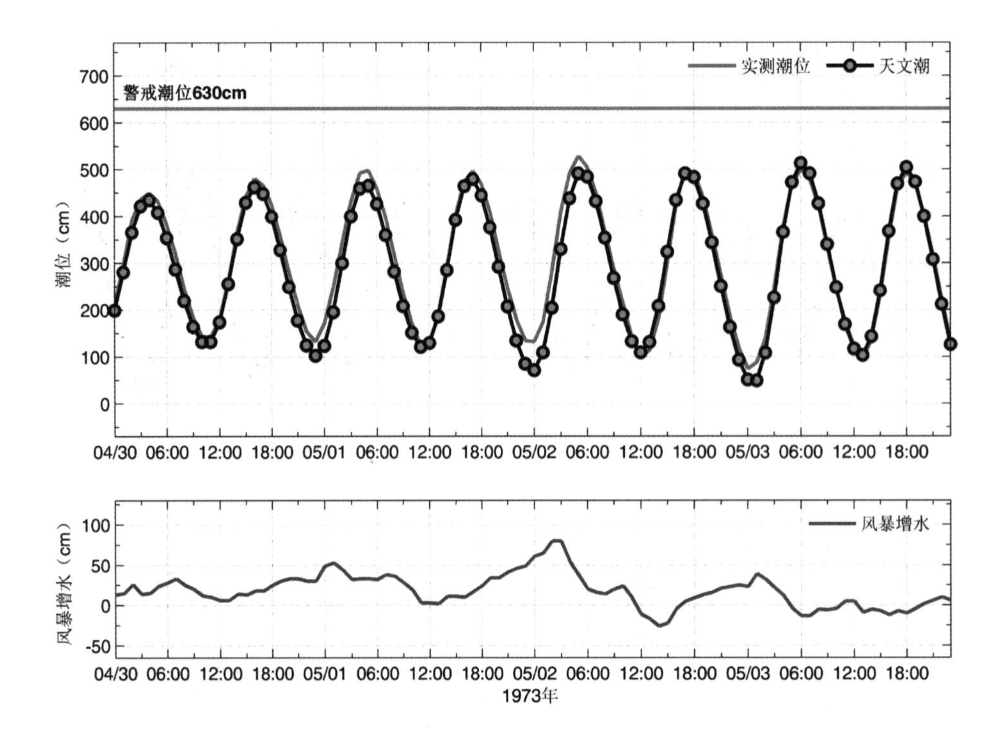

图3.131　连云港站实测潮位、天文潮位和风暴增水随时间变化

3.21　1973“05·07”风暴潮灾害（孤立气旋型）

1973年5月7日凌晨，江淮气旋从海州湾进入黄海，14时气旋中心略过山东半岛东部后进入日本海，移动速度较快。受其影响，渤海沿岸出现较强温带风暴潮。最大增水出现在莱州湾，山东羊角沟站7日21时最大增水2.03 m，11时起1.0 m以上增水持续14小时。辽宁葫芦岛站7日23时最大增水0.91 m；天津六米站7日14时最大增水0.88 m；山东龙口站17时最大增水1.09 m，烟台站20时最大增水0.72 m，最高潮位3.96m，接近当地警戒潮位。

未收集到灾情记录。

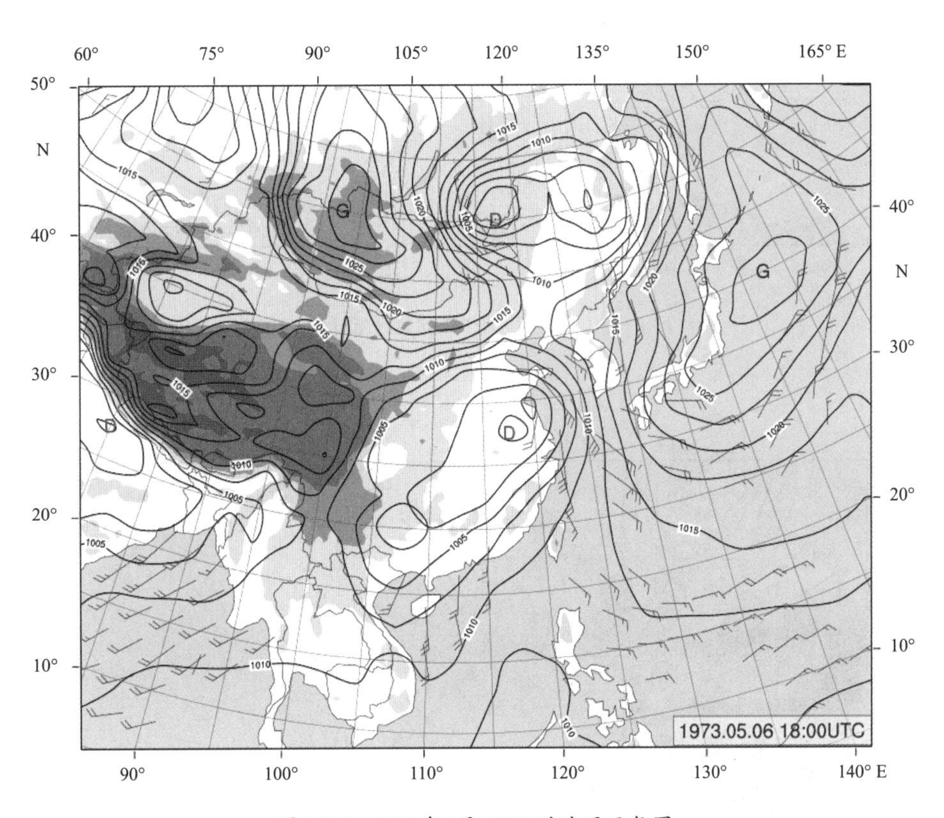

图3.132　1973年5月7日02时地面天气图

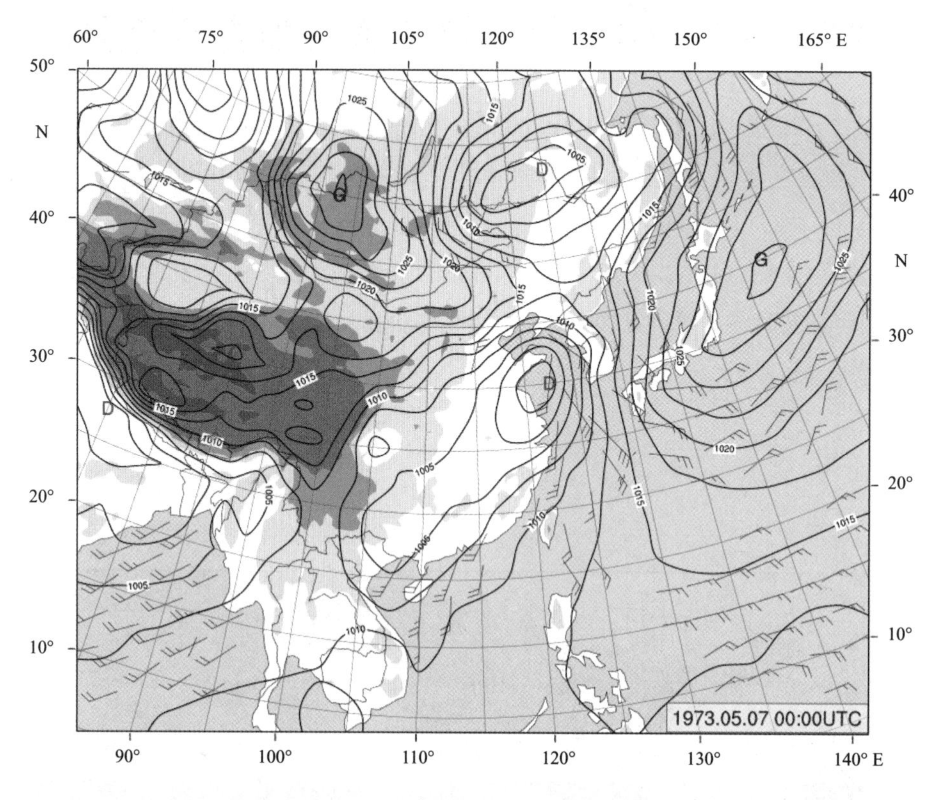

图3.133 1973年5月7日08时地面天气图

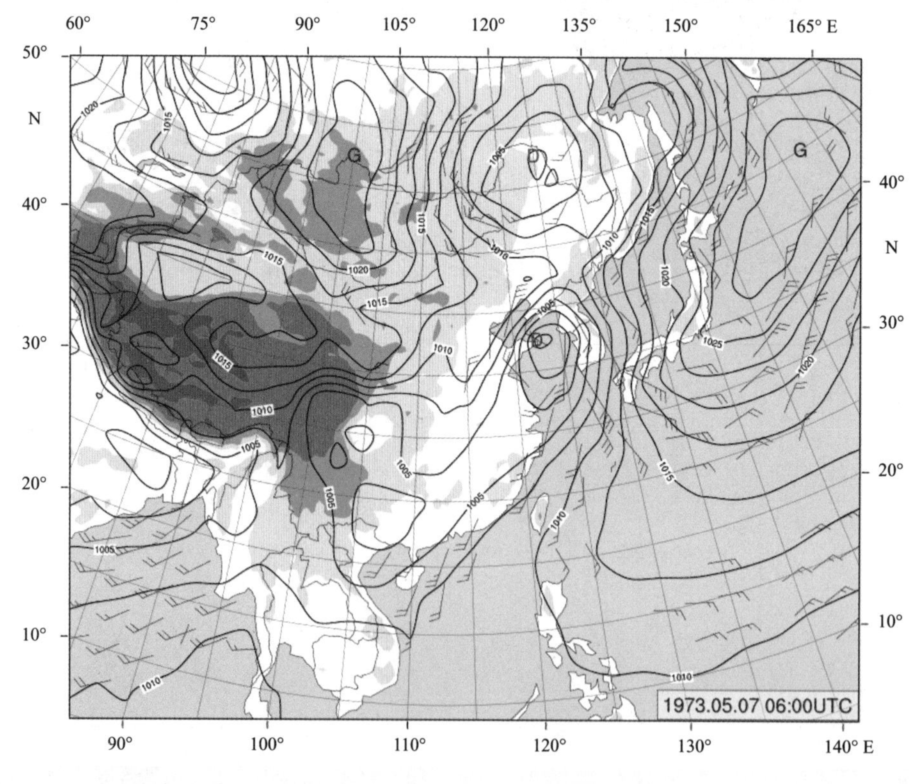

图3.134 1973年5月7日14时地面天气图

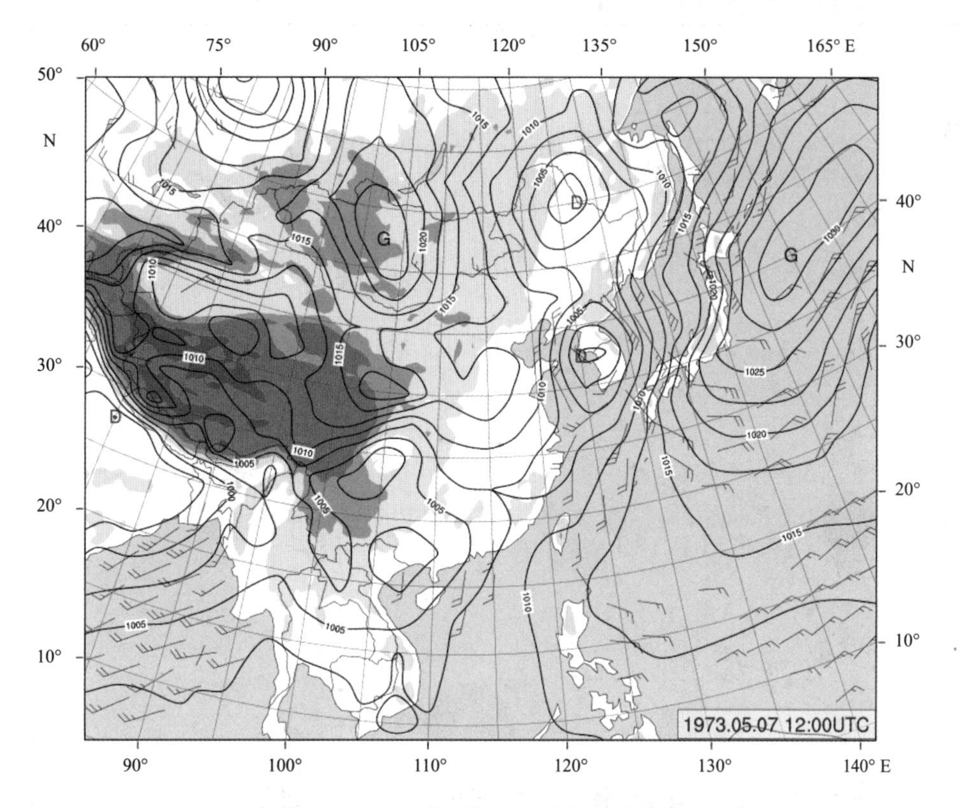

图3.135　1973年5月7日20时地面天气图

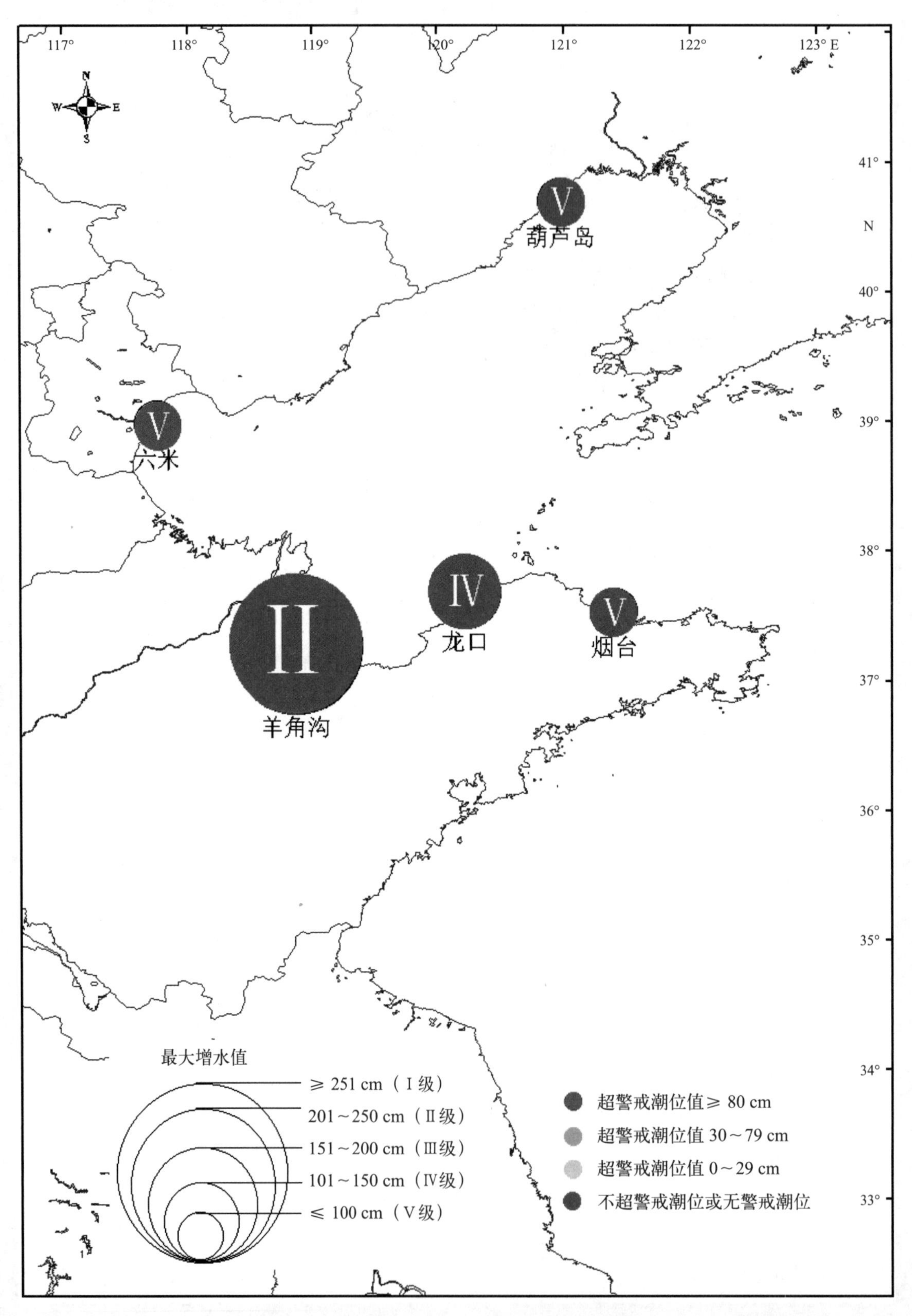

图3.136 1973“05·07”温带风暴潮空间分布

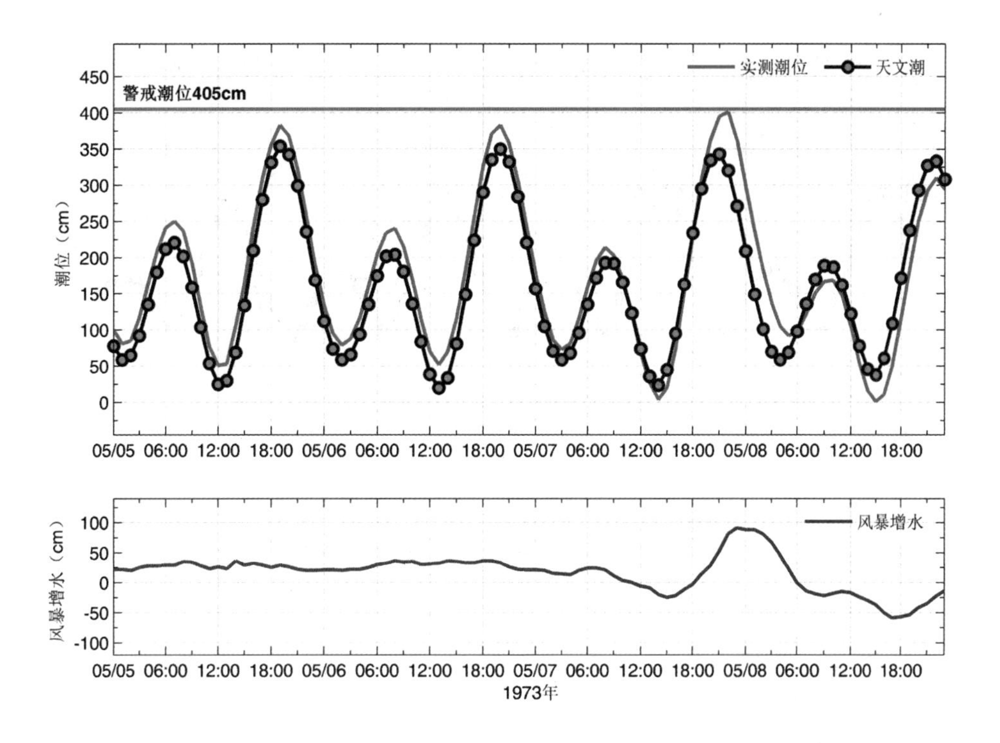

图3.137　葫芦岛站实测潮位、天文潮位和风暴增水随时间变化

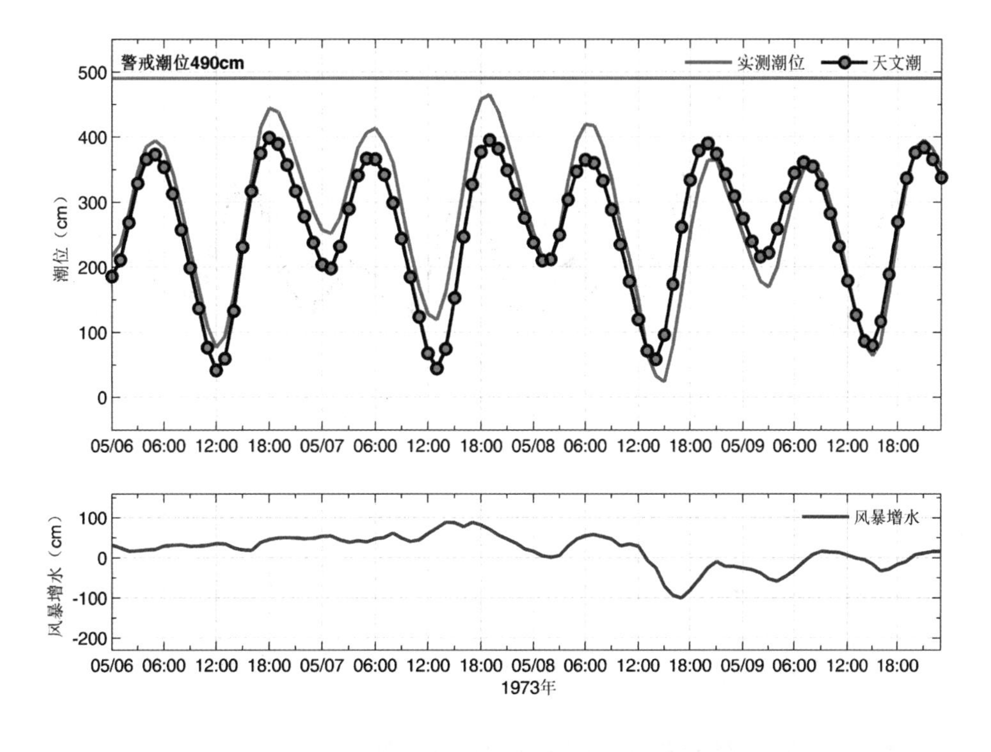

图3.138　六米站实测潮位、天文潮位和风暴增水随时间变化

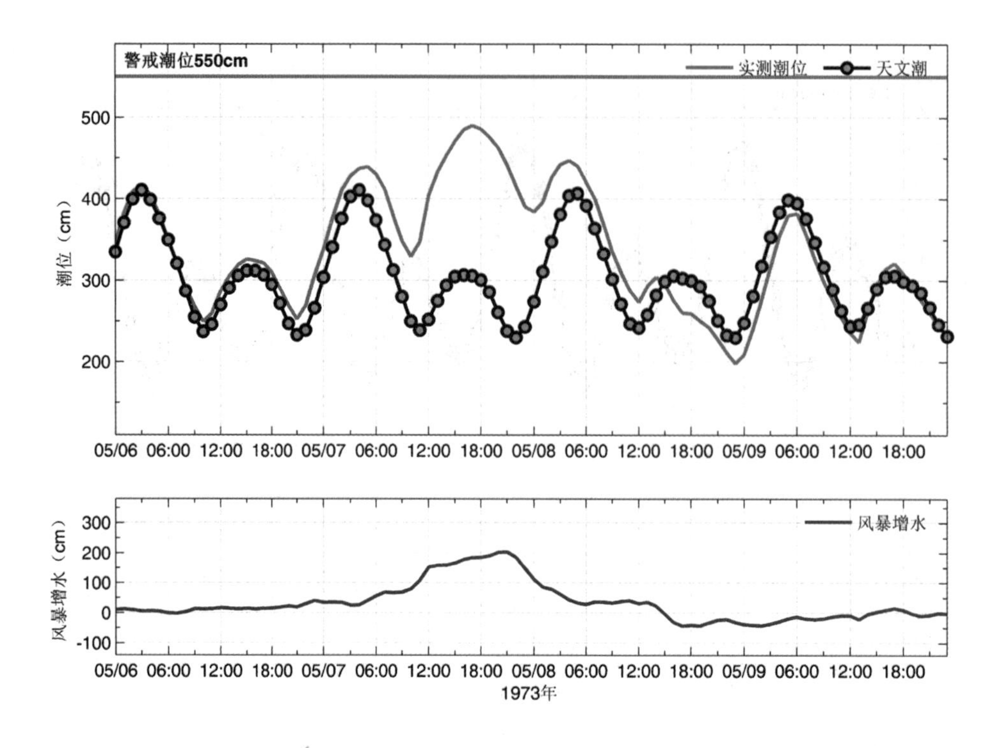

图3.139　羊角沟站实测潮位、天文潮位和风暴增水随时间变化

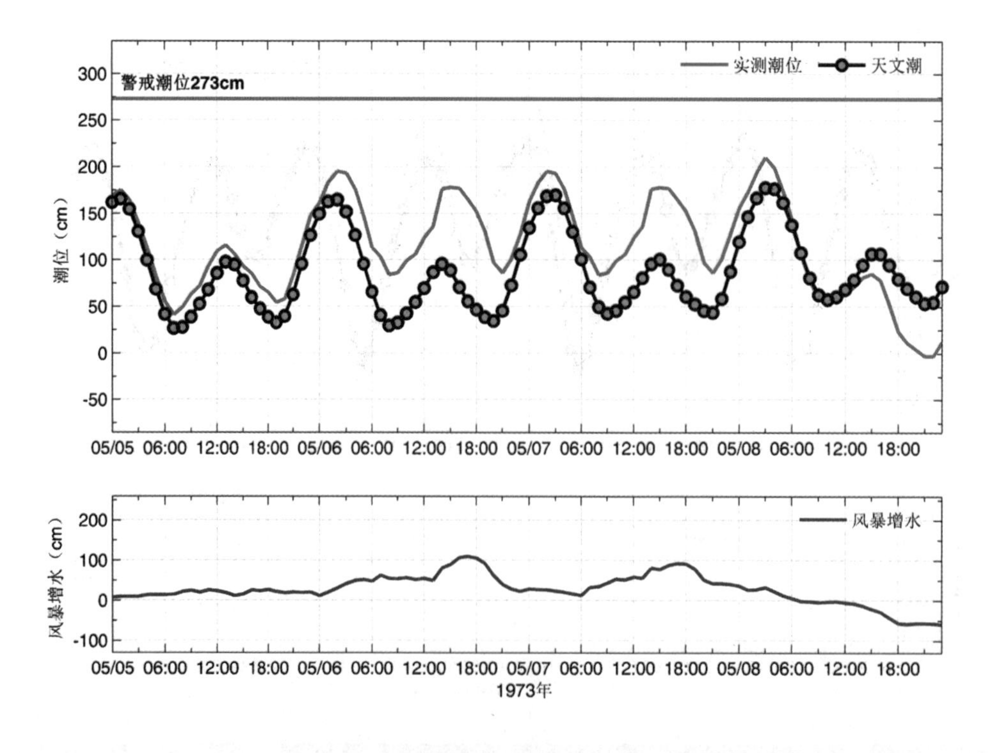

图3.140　龙口站实测潮位、天文潮位和风暴增水随时间变化

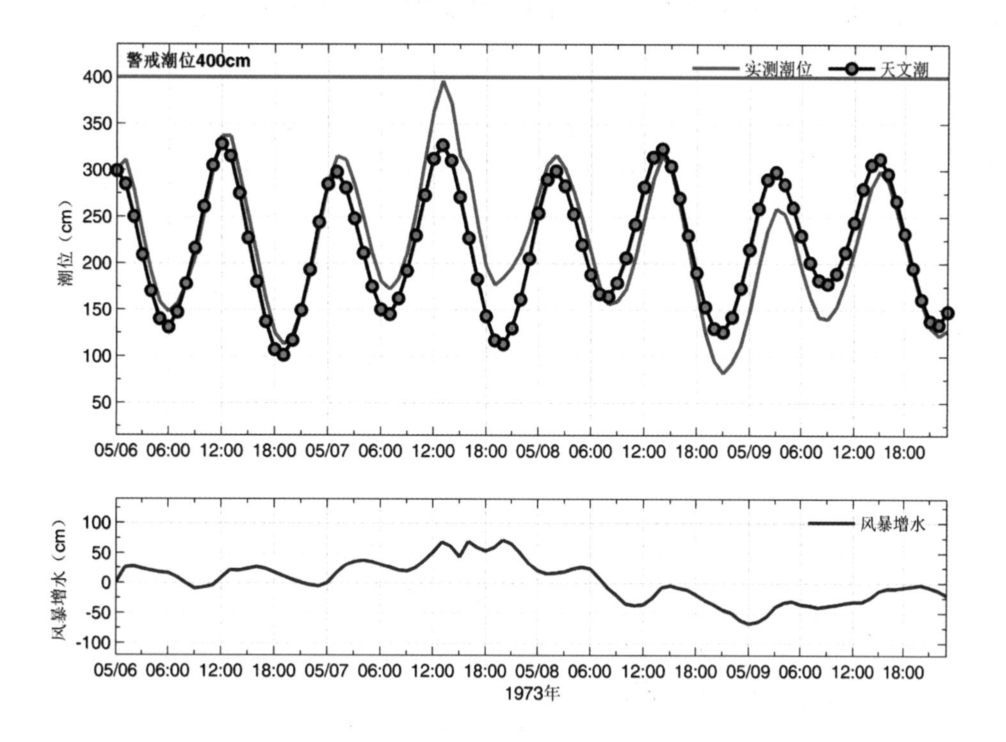

图3.141　烟台站实测潮位、天文潮位和风暴增水随时间变化

3.22 1974“10·14”风暴潮灾害（横向高压型）

1974年10月14日，受冷高压影响，渤海湾、莱州湾出现较强温带风暴潮，天津六米站14日10时最大增水1.86 m。山东羊角沟站14日16时最大增水1.84 m；龙口站14日15时最大增水0.74 m。

本次过程的特点是增水增长快，极值出现后增水快速回落并转为减水，主要原因为冷空气移动速度快，因此增水过程历时短。

未收集到灾情记录。

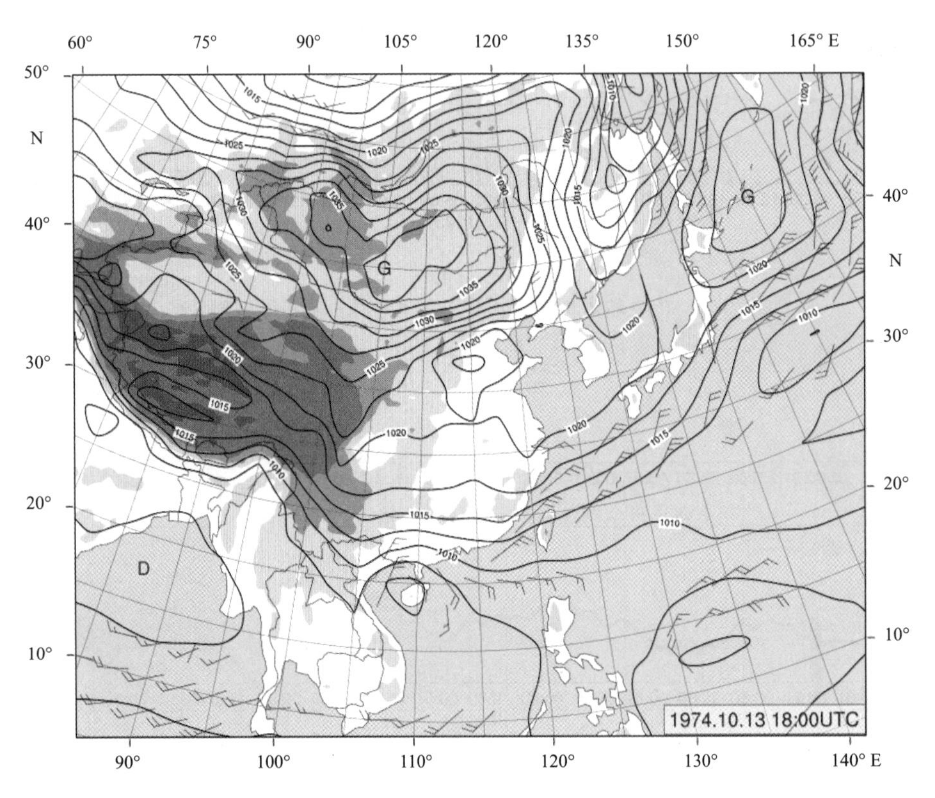

图3.142 1974年10月14日02时地面天气图

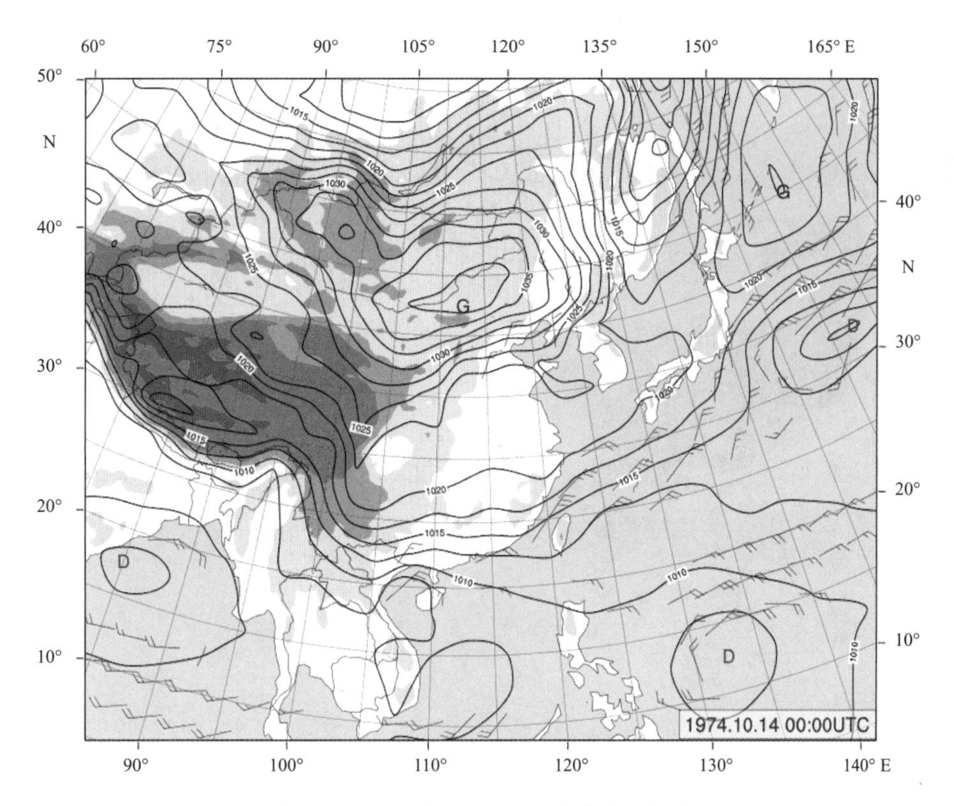

图3.143　1974年10月14日08时地面天气图

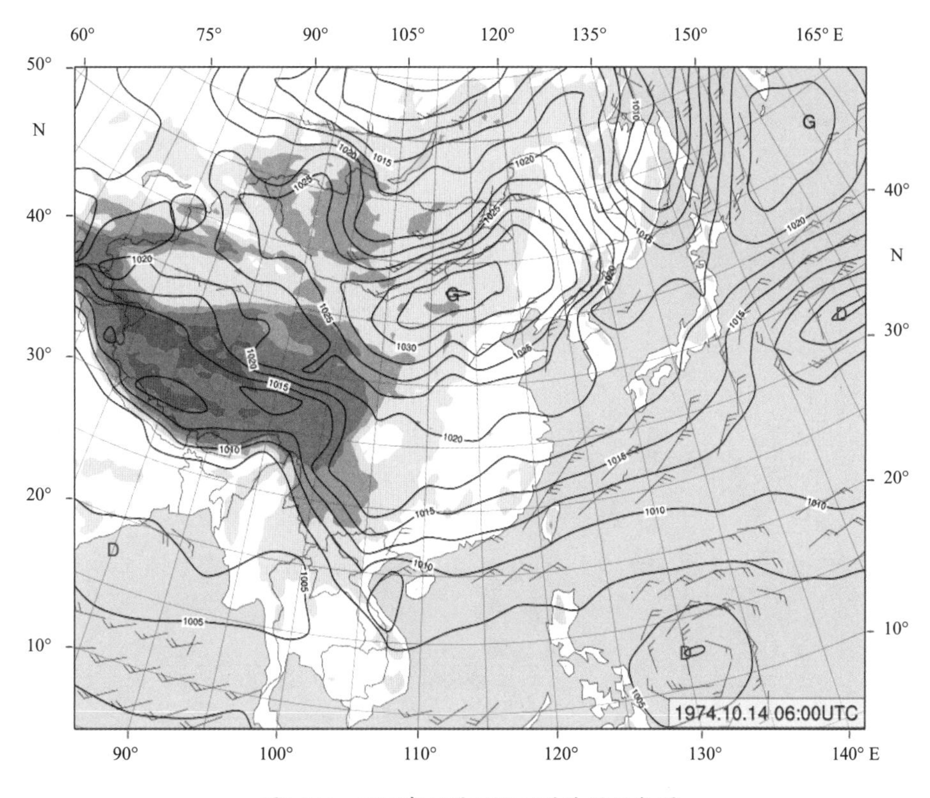

图3.144　1974年10月14日14时地面天气图

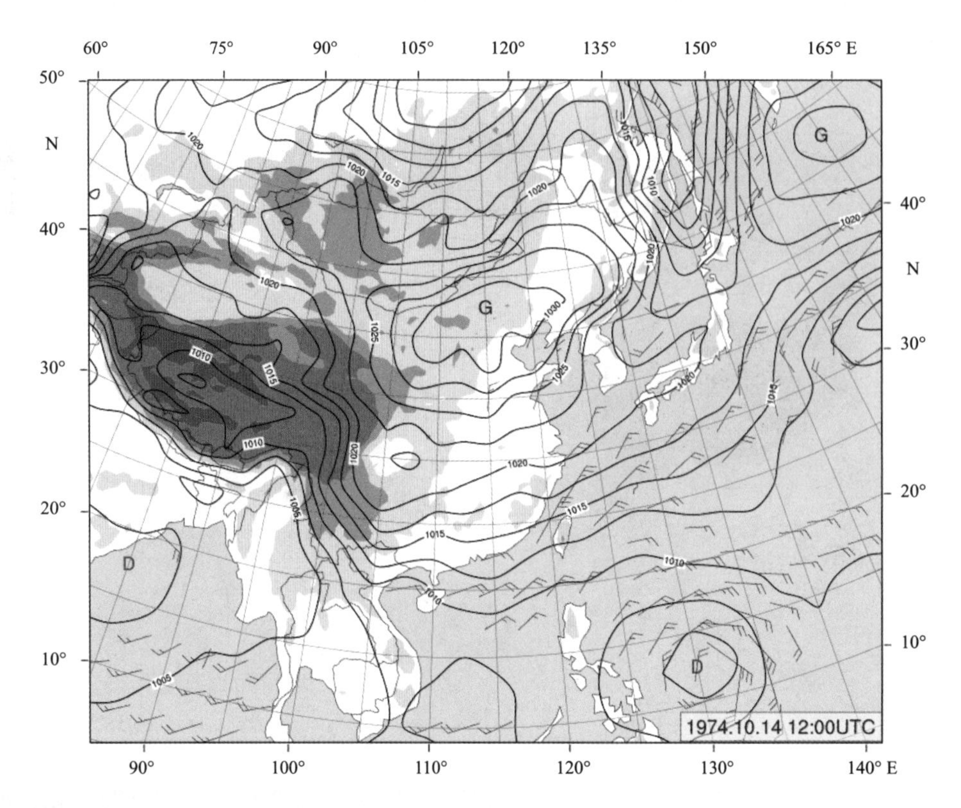

图3.145　1974年10月14日20时地面天气图

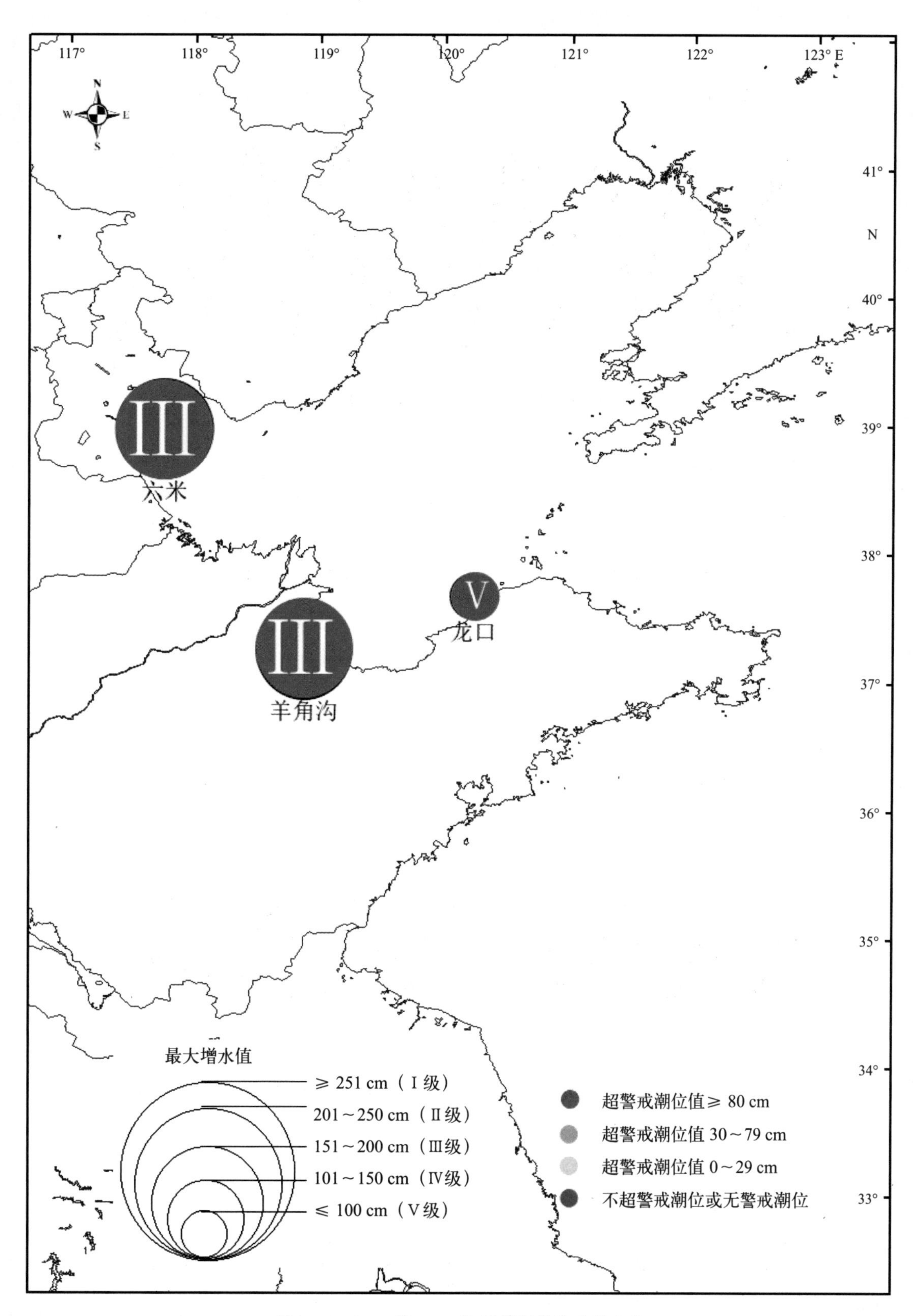

图3.146　1974“10・14”温带风暴潮空间分布

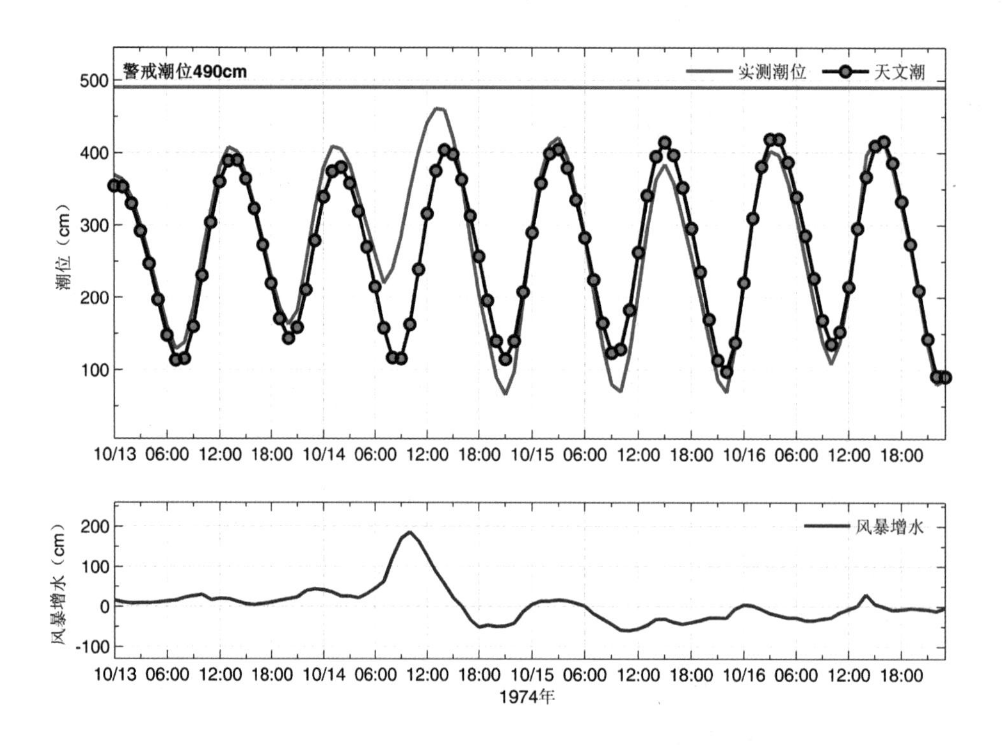

图3.147　六米站实测潮位、天文潮位和风暴增水随时间变化

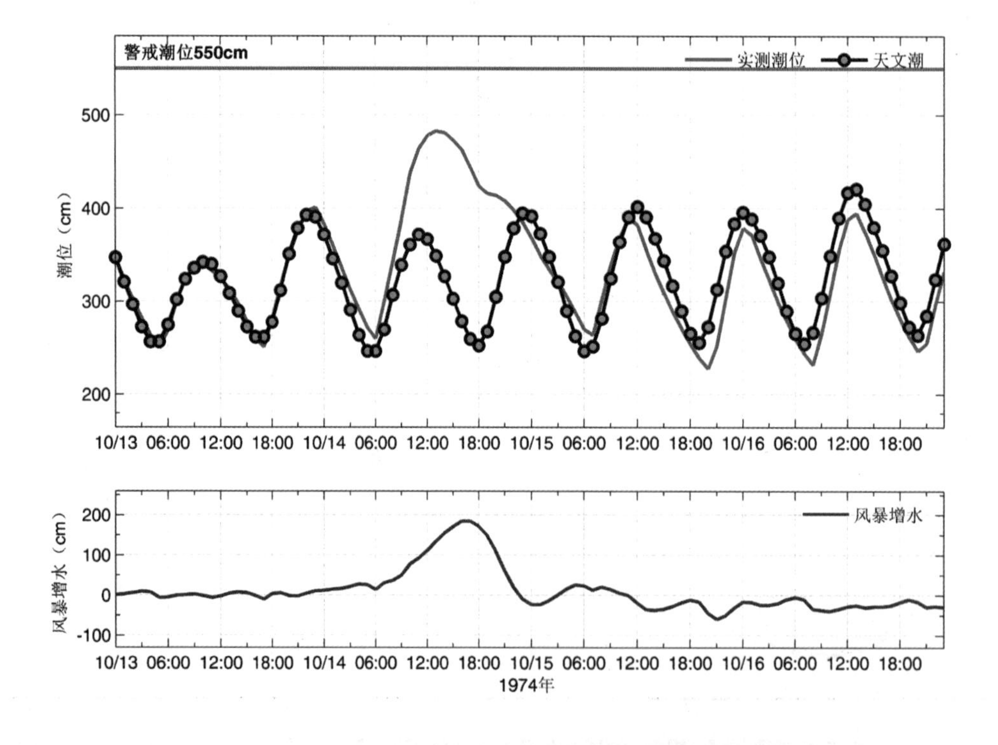

图3.148　羊角沟站实测潮位、天文潮位和风暴增水随时间变化

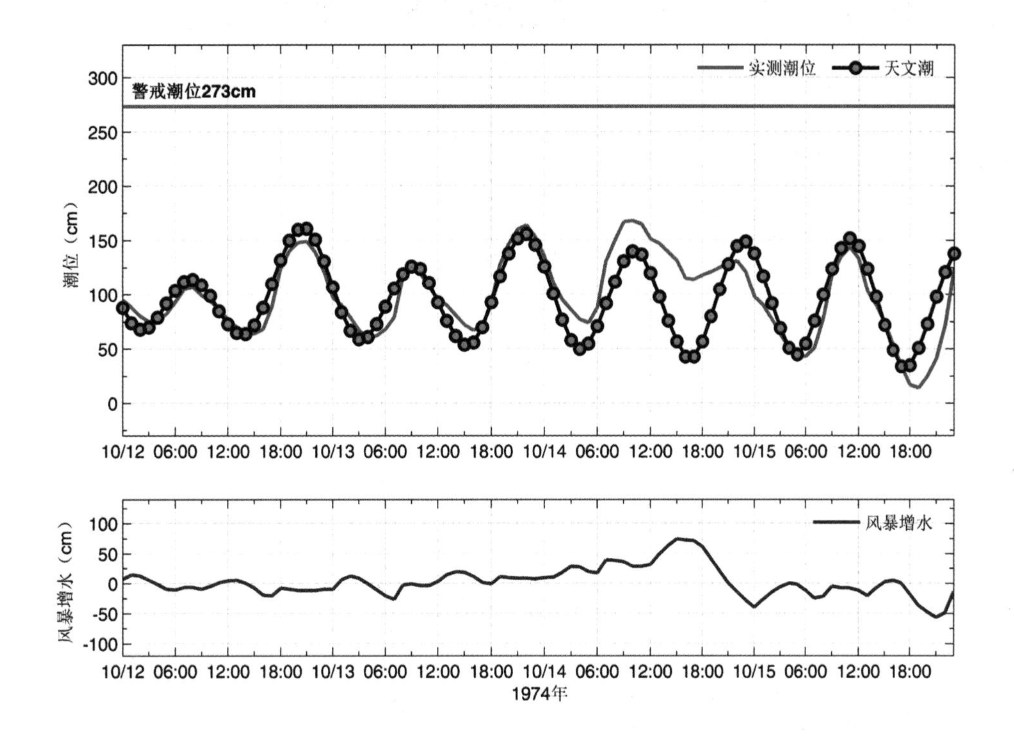

图3.149 龙口站实测潮位、天文潮位和风暴增水随时间变化

3.23　1974“11・09”风暴潮灾害（冷高压型）

1974年11月8—9日，受冷高压影响，渤海湾、莱州湾出现强温带风暴潮。天津六米站8日03时最大增水1.93 m，居此类型风暴增水的第四位，最大增水正好发生在天文潮低潮时，最高潮位仅4.73 m。山东羊角沟站8日06时起1.0 m以上增水累计28个小时，9日01时最大增水2.10 m，也发生在天文低潮时；龙口站8日11时最大增水0.55 m。江苏连云港站8日22时最大增水0.90 m.

未收集到灾情记录。

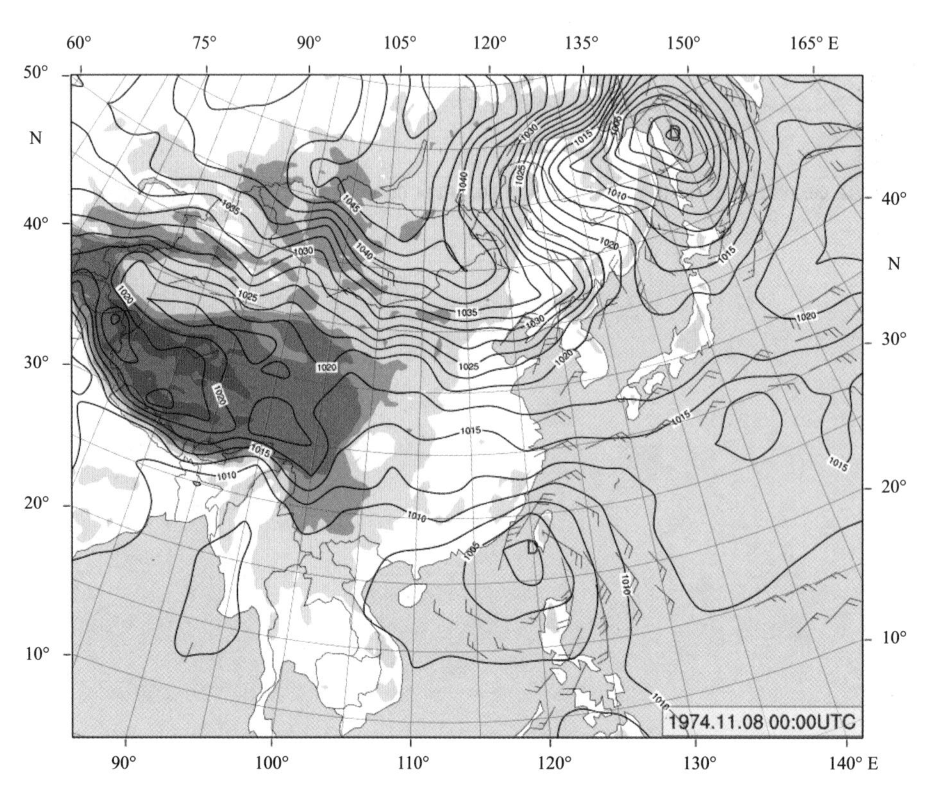

图3.150　1974年11月8日08时地面天气图

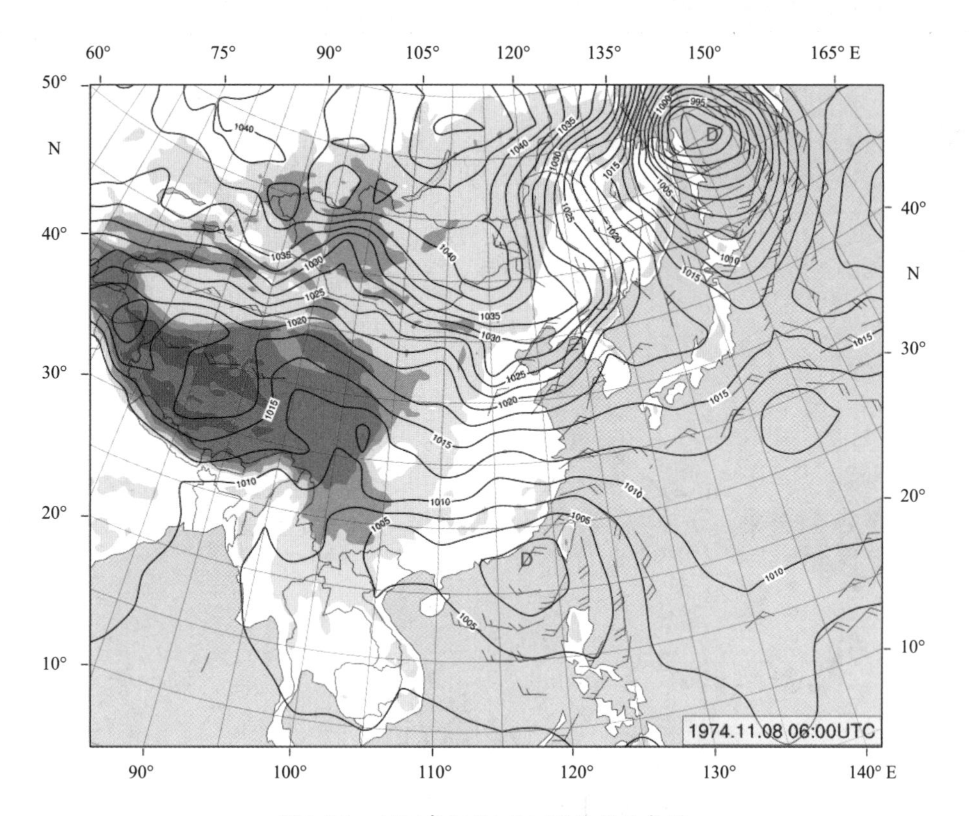

图3.151　1974年11月8日14时地面天气图

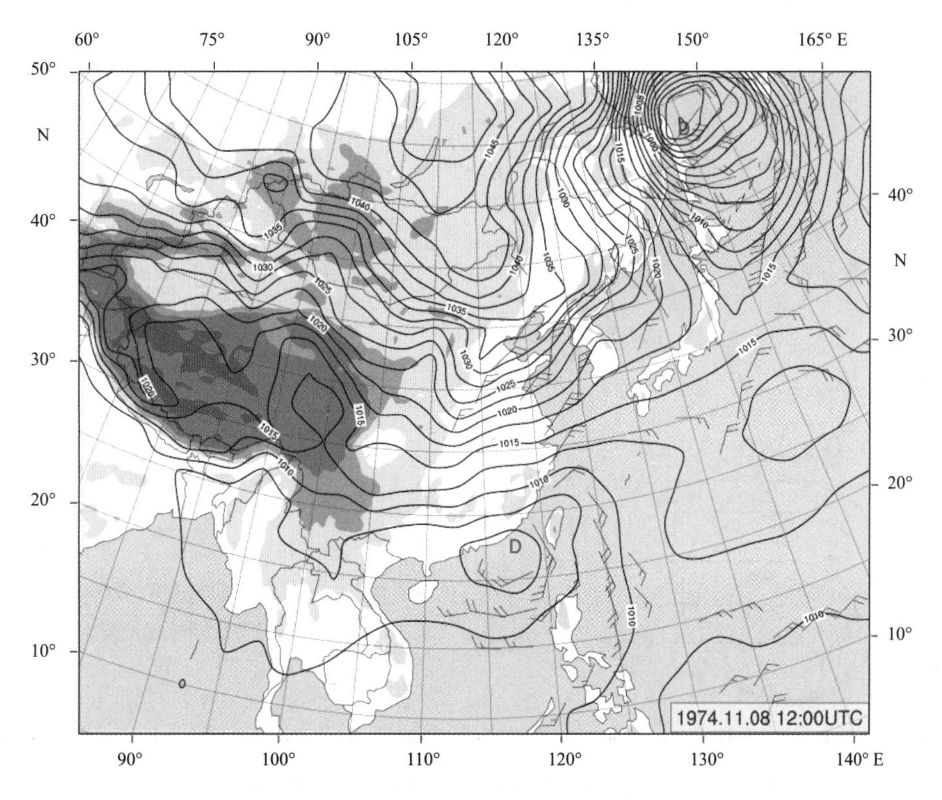

图3.152　1974年11月8日20时地面天气图

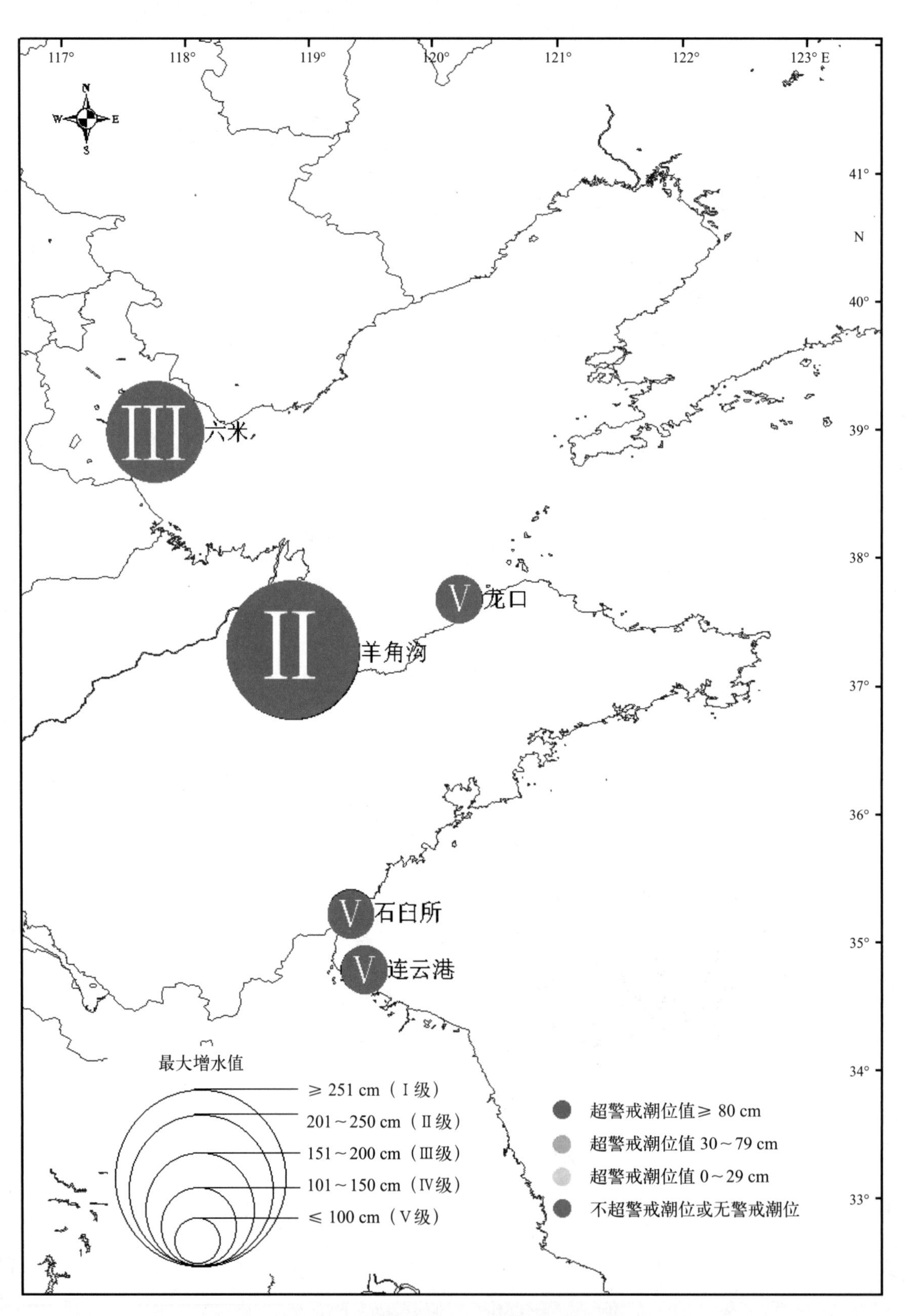

图3.153　1974“11·08”风暴潮空间分布

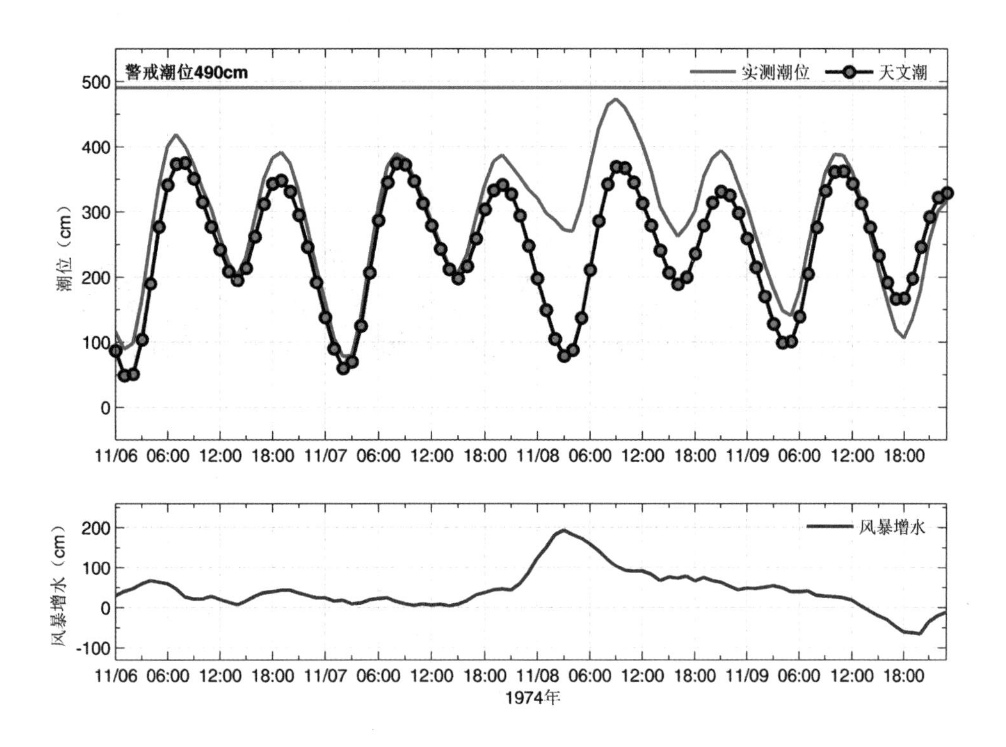

图3.154 六米站实测潮位、天文潮位和风暴增水随时间变化

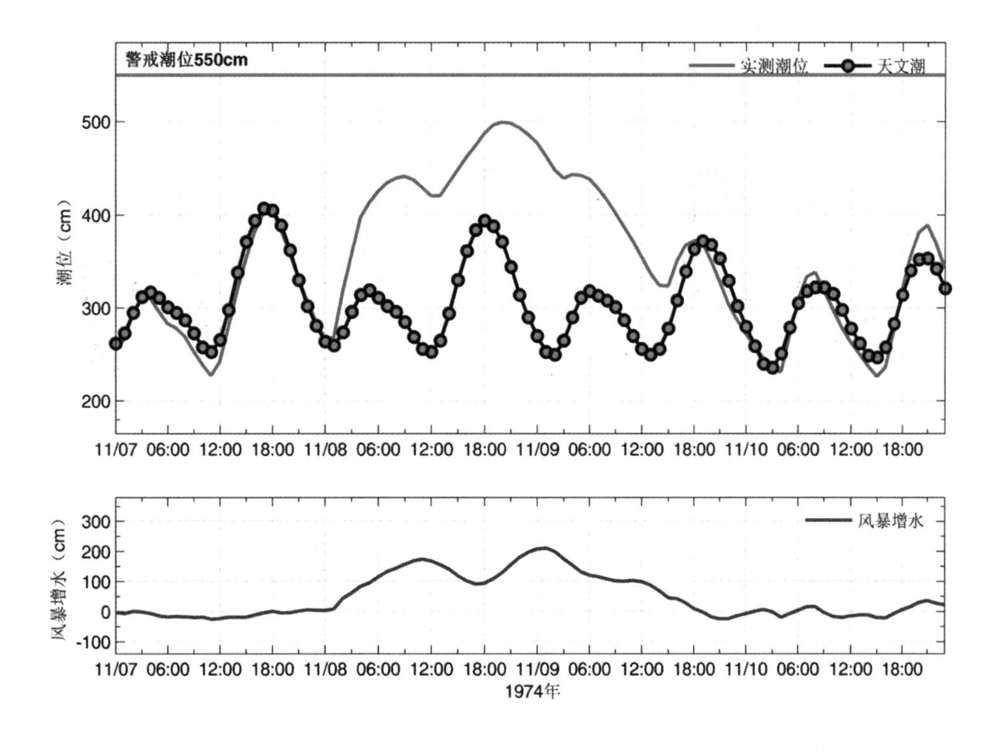

图3.155 羊角沟站实测潮位、天文潮位和风暴增水随时间变化

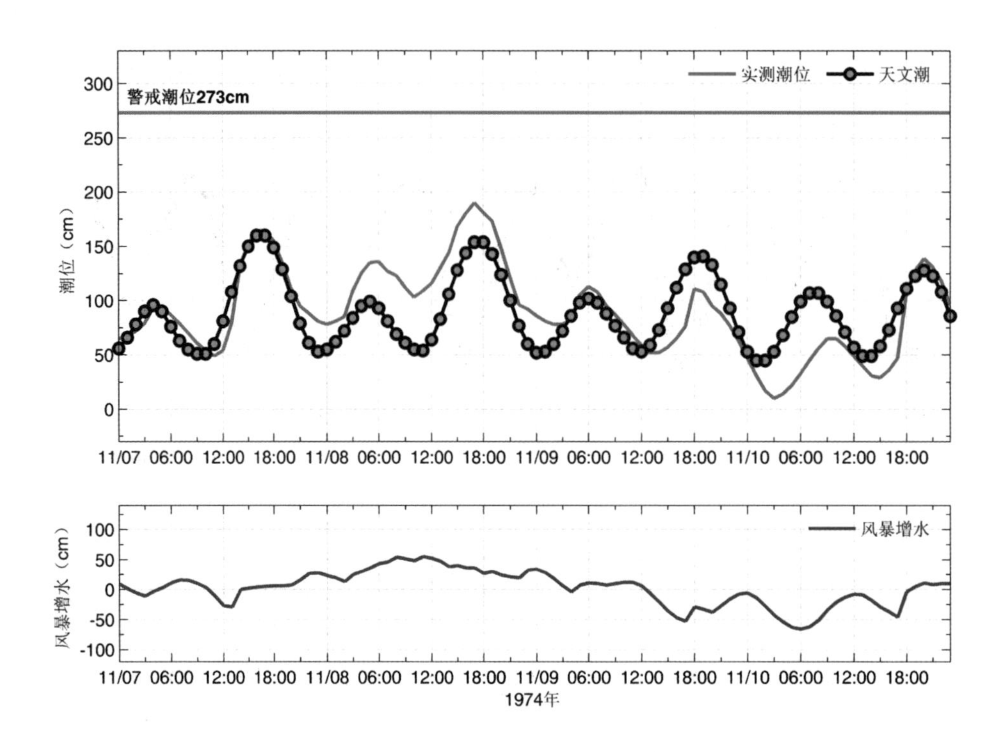

图3.156　龙口站实测潮位、天文潮位和风暴增水随时间变化

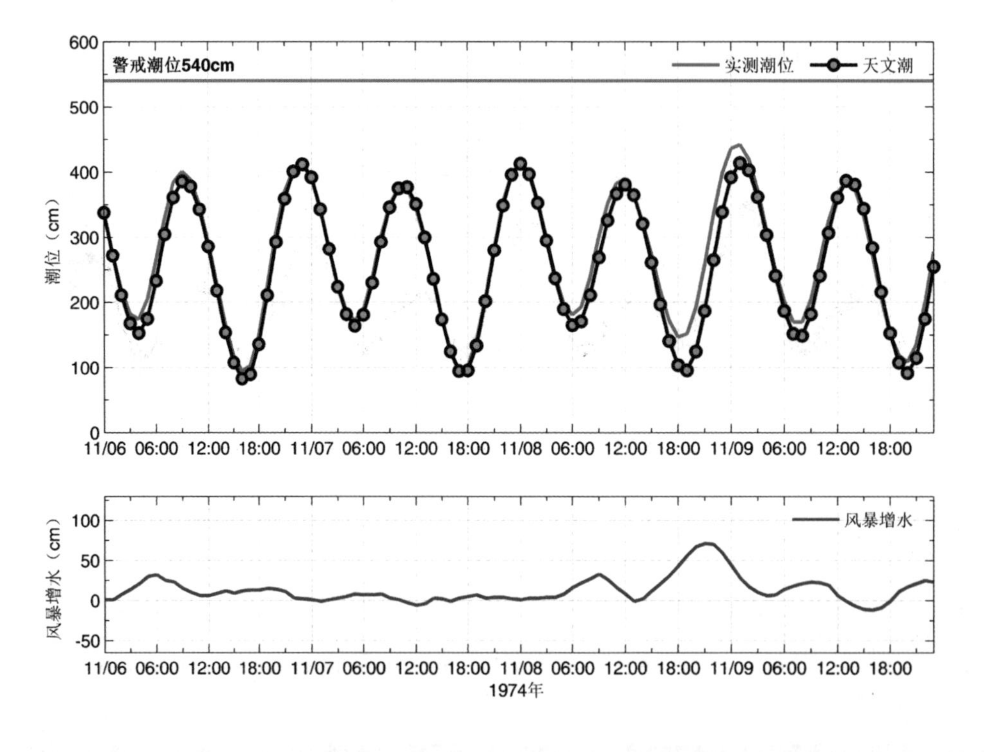

图3.157　石臼所站实测潮位、天文潮位和风暴增水随时间变化

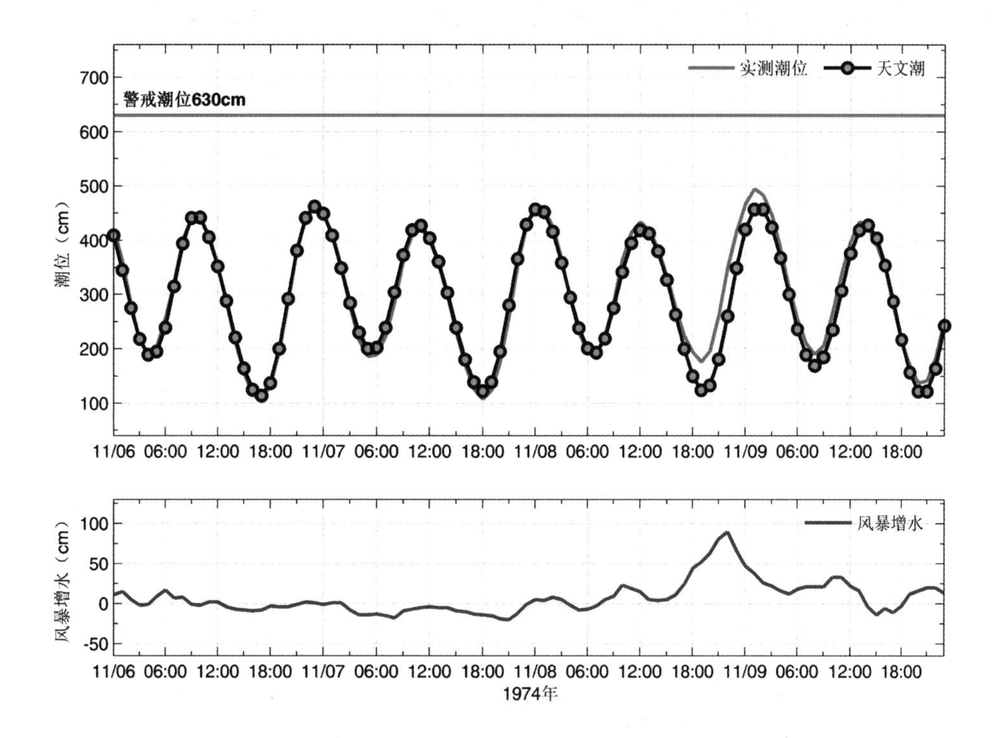

图3.158 连云港站实测潮位、天文潮位和风暴增水随时间变化

3.24 1976“03·17”风暴潮灾害（西高东低型）

1976年3月17—18日，受冷高压影响，渤海湾、莱州湾、山东半岛、海州湾沿海先后遭遇风暴潮袭击。17日18时天津六米站最大增水1.07 m，几乎发生在当日的天文高潮时，最高潮位4.70 m；山东羊角沟站17日20时最大增水1.80 m，龙口站21时最大增水0.76 m，烟台站15时最大风暴增水0.58 m；18日凌晨山东石臼所站最大增水0.64 m，江苏连云港站最大增水1.23 m。

据记载，3月l8日凌晨，文登马山盐场狂风大作，潮水猛涨，新建大坝受潮水冲击，大、小决口36处，总长330 m；超过200 m的石坝垮塌，冲走坝土及盐池埂2000 m^{3}以上。

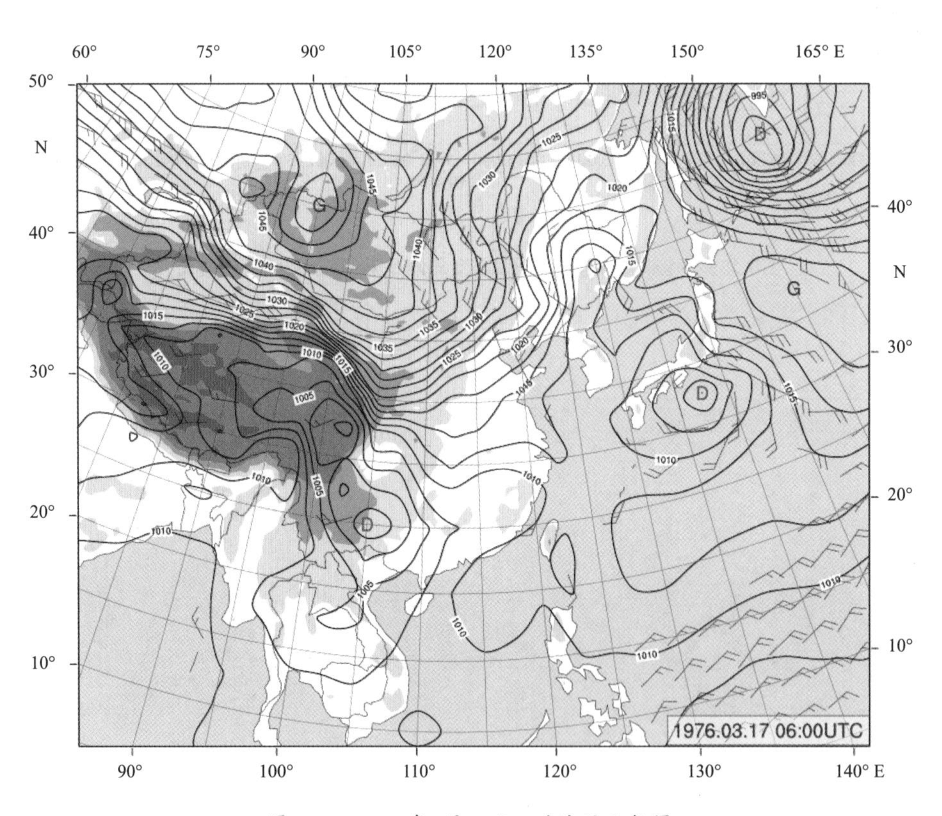

图3.159 1976年3月17日14时地面天气图

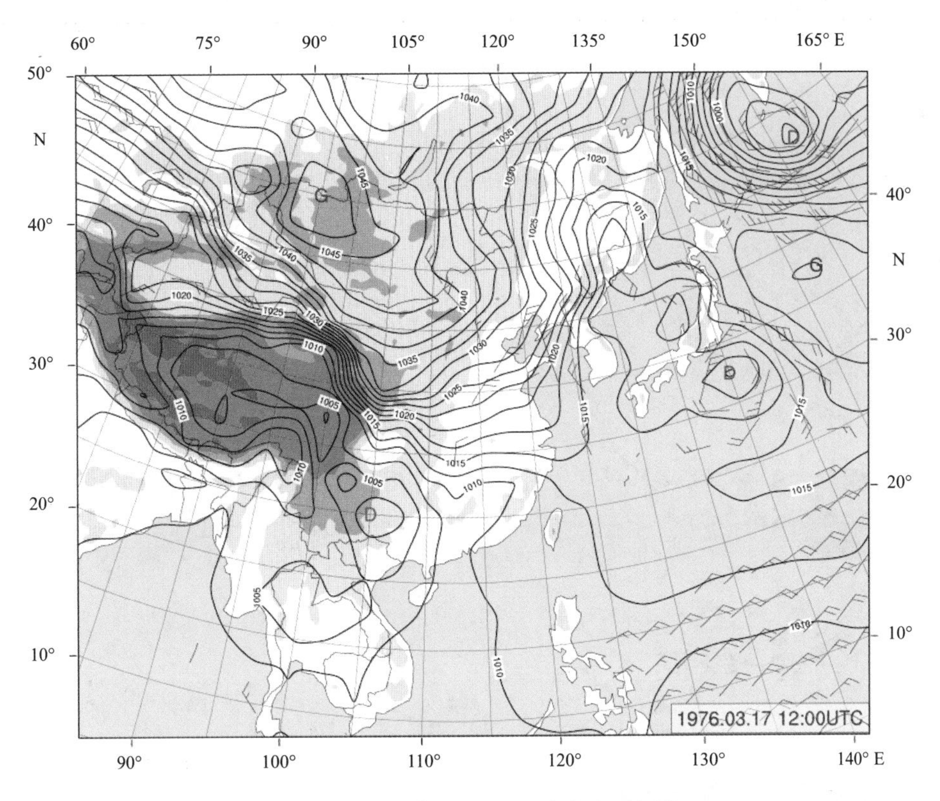

图3.160 1976年3月17日20时地面天气图

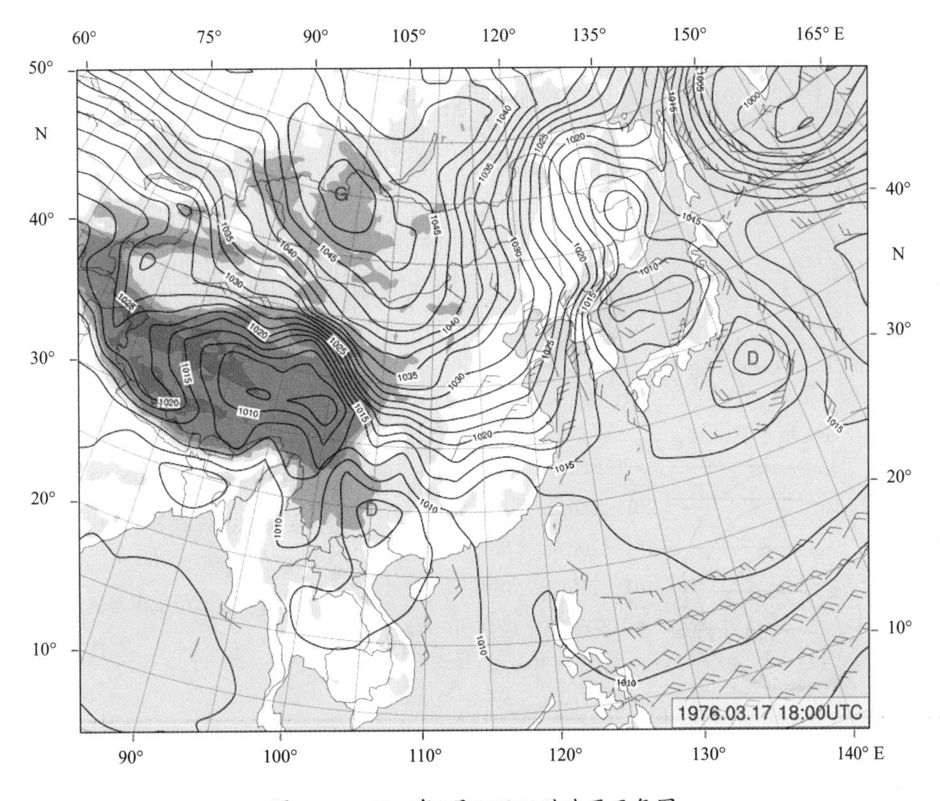

图3.161 1976年3月18日02时地面天气图

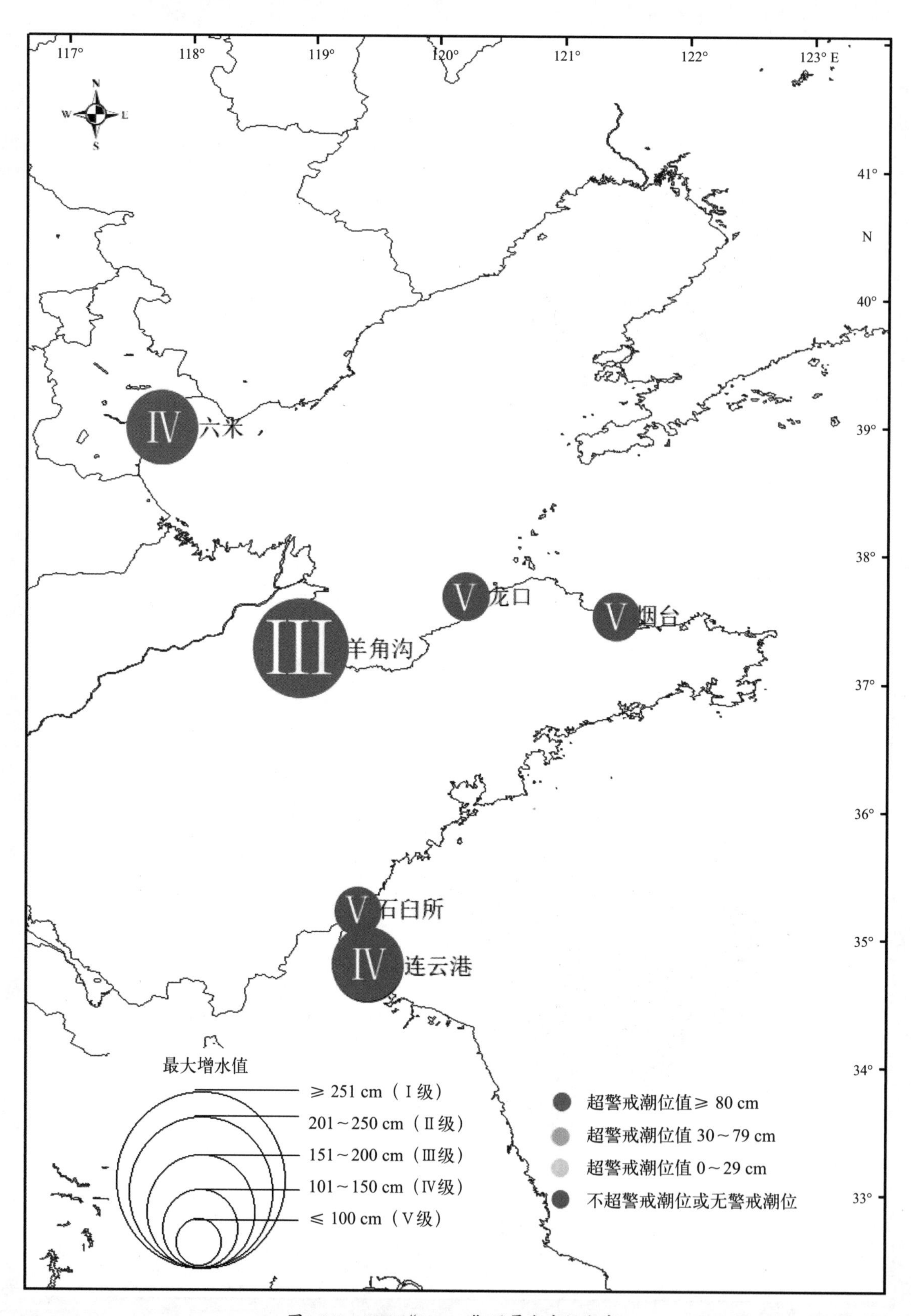

图3.162　1976“03·17”风暴潮空间分布

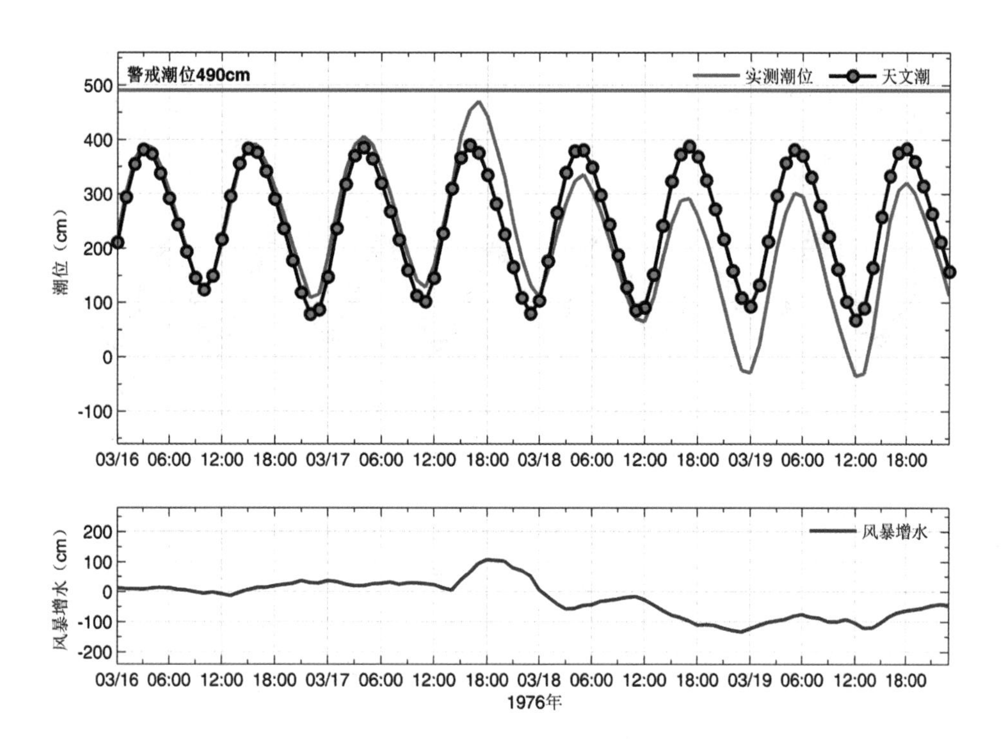

图3.163　六米站实测潮位、天文潮位和风暴增水随时间变化

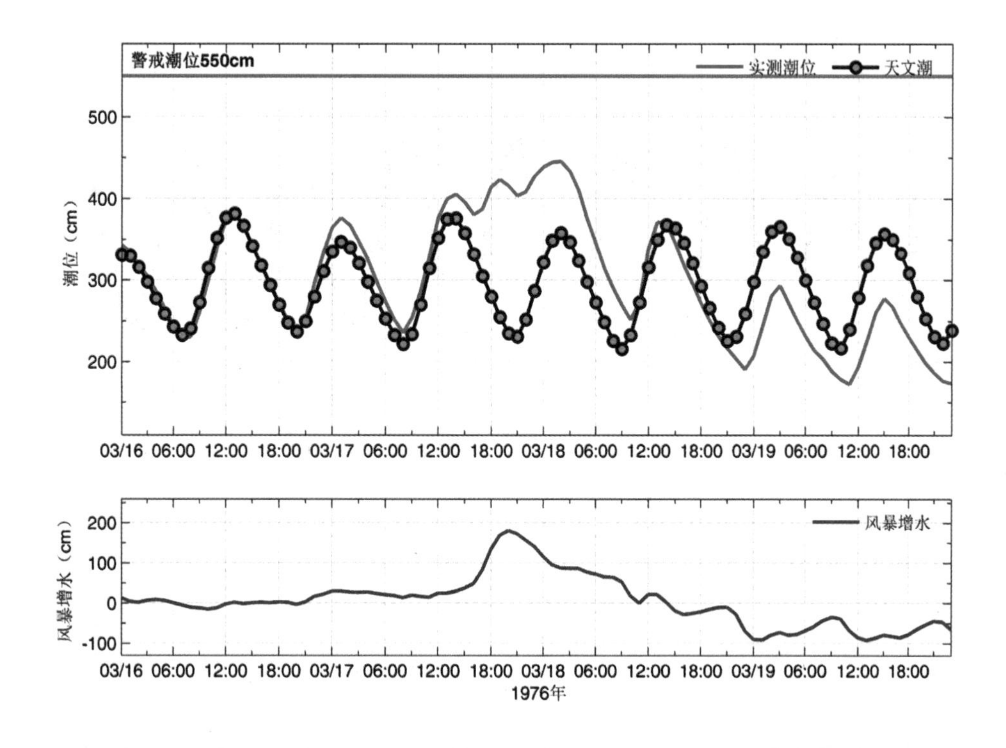

图3.164　羊角沟站实测潮位、天文潮位和风暴增水随时间变化

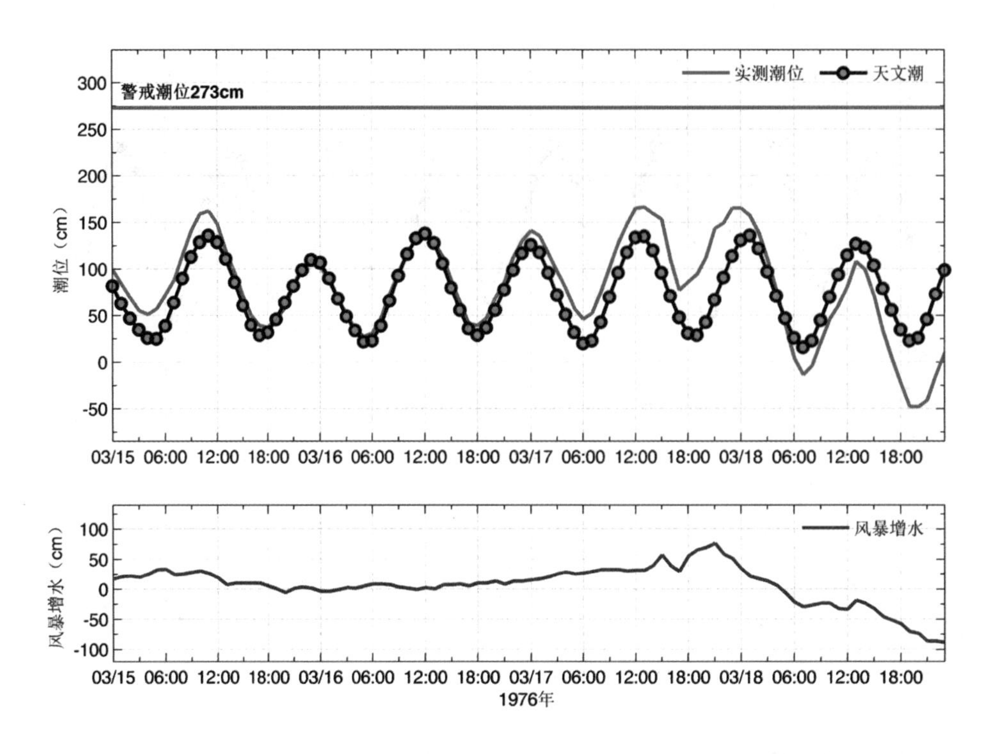

图3.165 龙口站实测潮位、天文潮位和风暴增水随时间变化

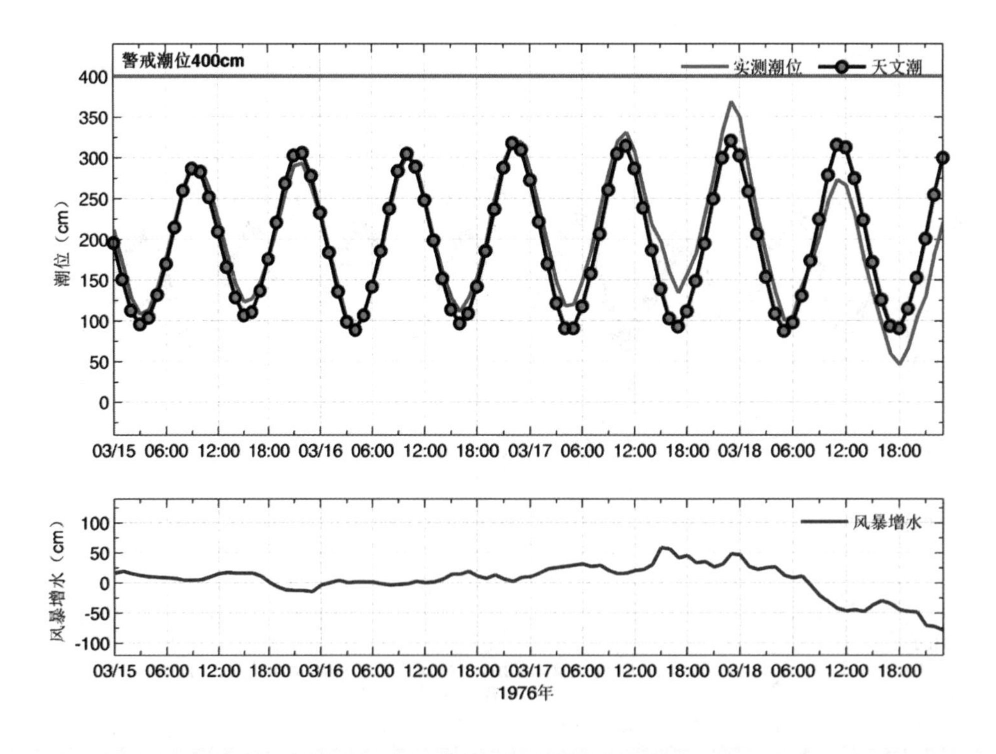

图3.166 烟台站实测潮位、天文潮位和风暴增水随时间变化

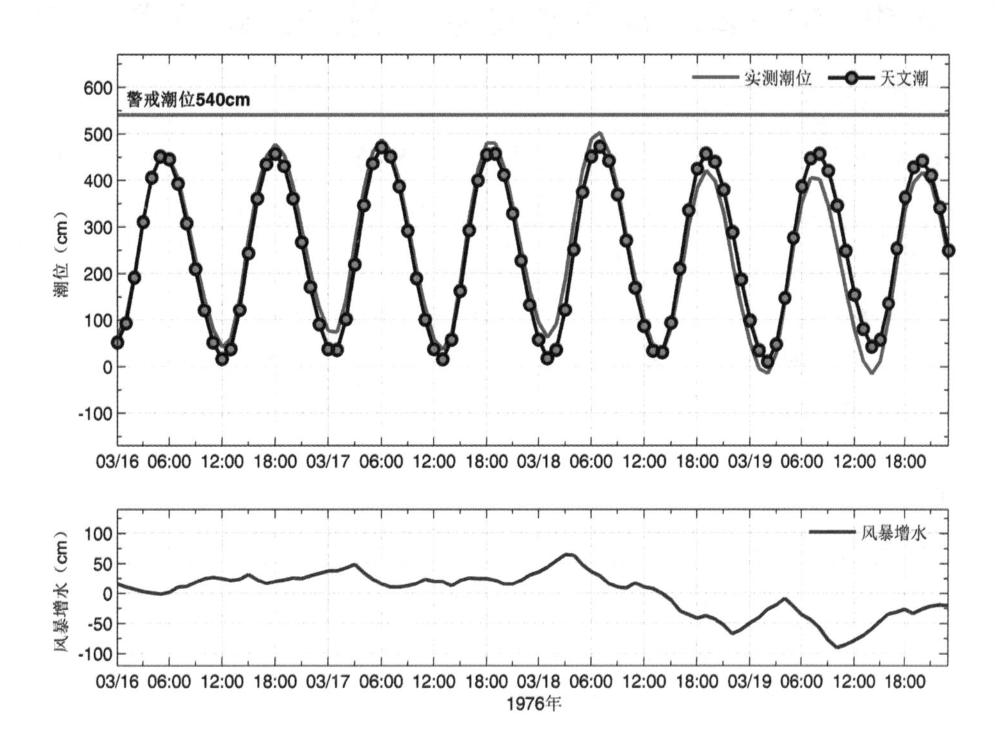

图3.167　石臼所站实测潮位、天文潮位和风暴增水随时间变化

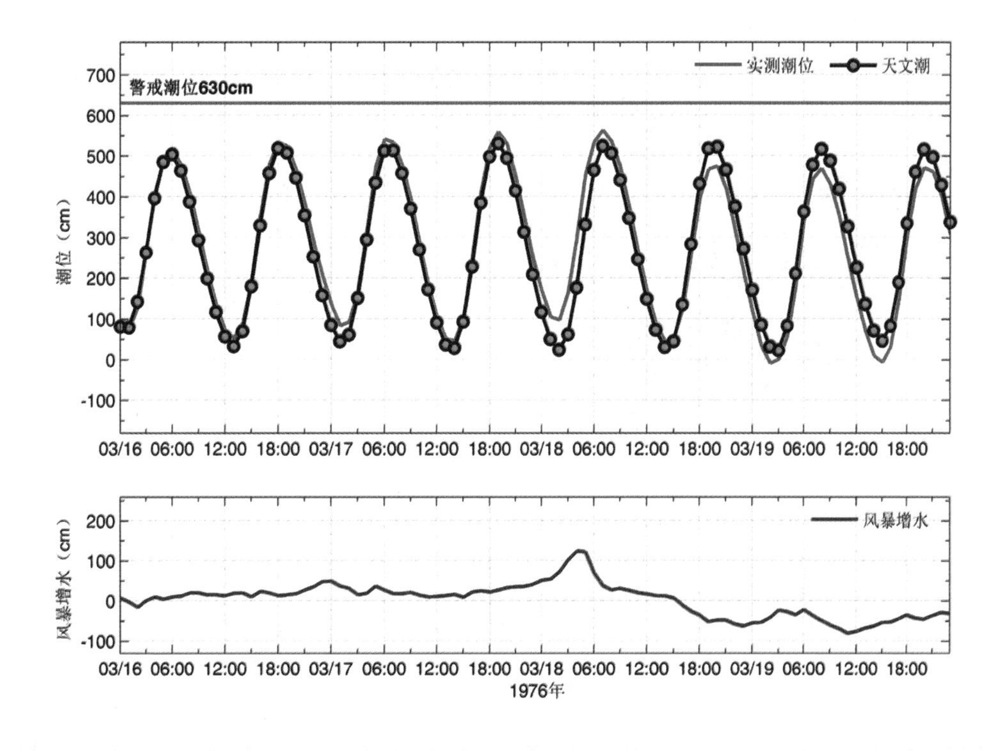

图3.168　连云港站实测潮位、天文潮位和风暴增水随时间变化

3.25 1979“01·29”风暴潮灾害（冷高压转北高南低型）

1979年1月26—30日，河北、天津、山东、江苏沿海先后出现风暴潮过程。26日夜间起，河套锢囚锋东侧冷高压前锋与南侧低压外围共同影响渤海，天津六米站27日21时最大增水1.15 m；羊角沟站27日07时起1.0 m以上增水持续35个小时，期间19时和20时增水最大，1.68 m。之后冷高压快速南下，各站增水略有回落，28日14日前后，冷高压南侧逐渐有气旋生成，并向东北方向移动，致使冷高压南下移动速度较慢，沿岸增水再次增大并持续较长时间。天津六米站29日18时起1.0 m以上增水持续7个小时，22时最大增水1.35 m；山东羊角沟站28日20时起1.0 m以上增水持续41个小时，期间29日22时增水最大，1.97 m；山东龙口站29日7时起1.0 m以上增水累计18个小时，16时起1.0 m以上增水持续12个小时；烟台站29日17时最大增水1.01 m，22时31分最高潮位4.0 m，平当地警戒潮位。江苏连云港站29日最大增水1.33 m，30日凌晨增水再次增大，04时增水1.28 m；吕四站30日01时最大增水1.96 m。

此次温带风暴潮过程一是持续时间长，历时四天，每天均会出现较大增水，羊角沟站27日最大增水1.68 m，28日最大增水1.48 m，29日最大增水1.97 m，30日最大增水1.65 m。二是影响范围广，河北、天津、山东、江苏均受到不同程度的影响。据记载，雨、雪伴随着浪、潮，烟台海上水产养殖受损严重。

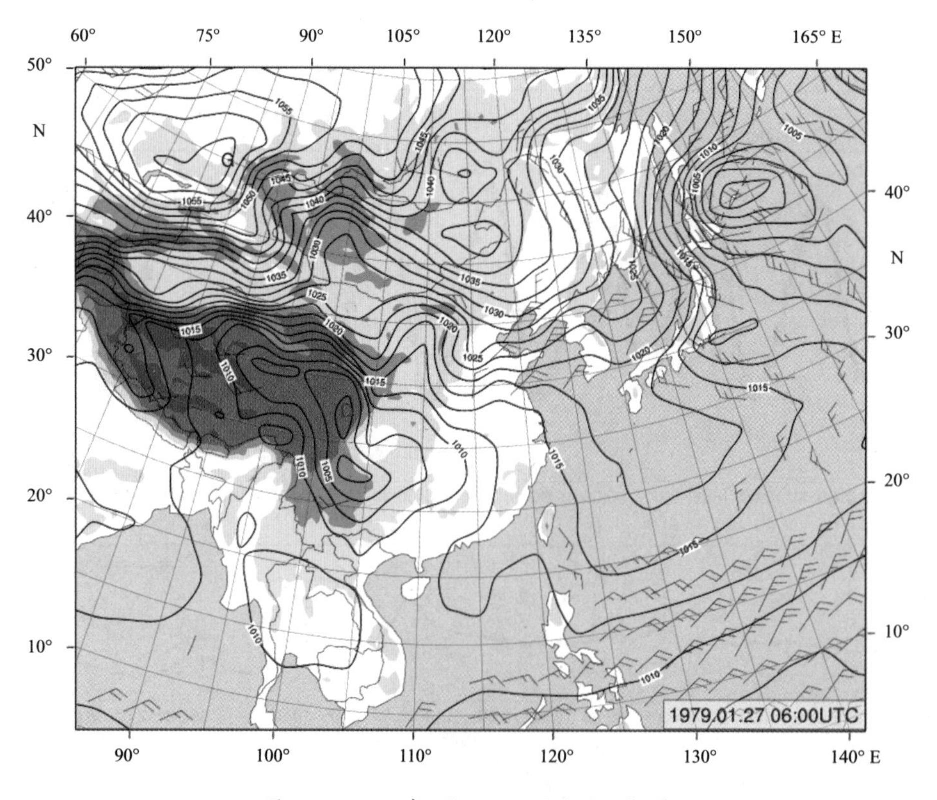

图3.169 1979年1月27日14时地面天气图

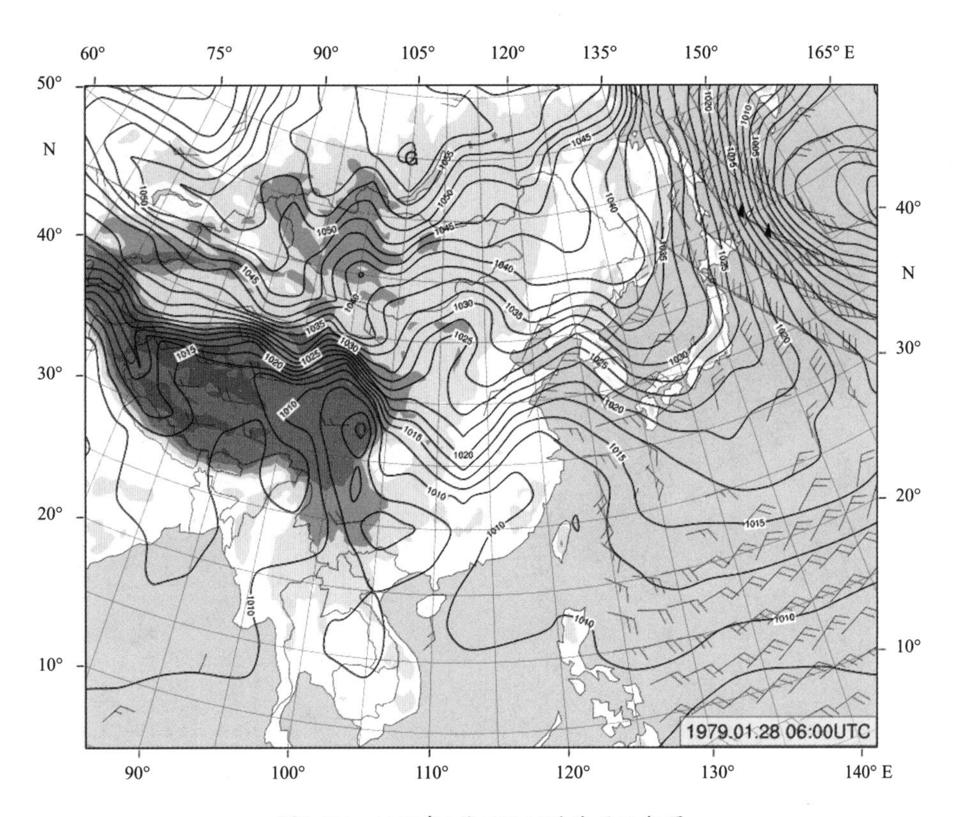

图3.170　1979年1月28日14时地面天气图

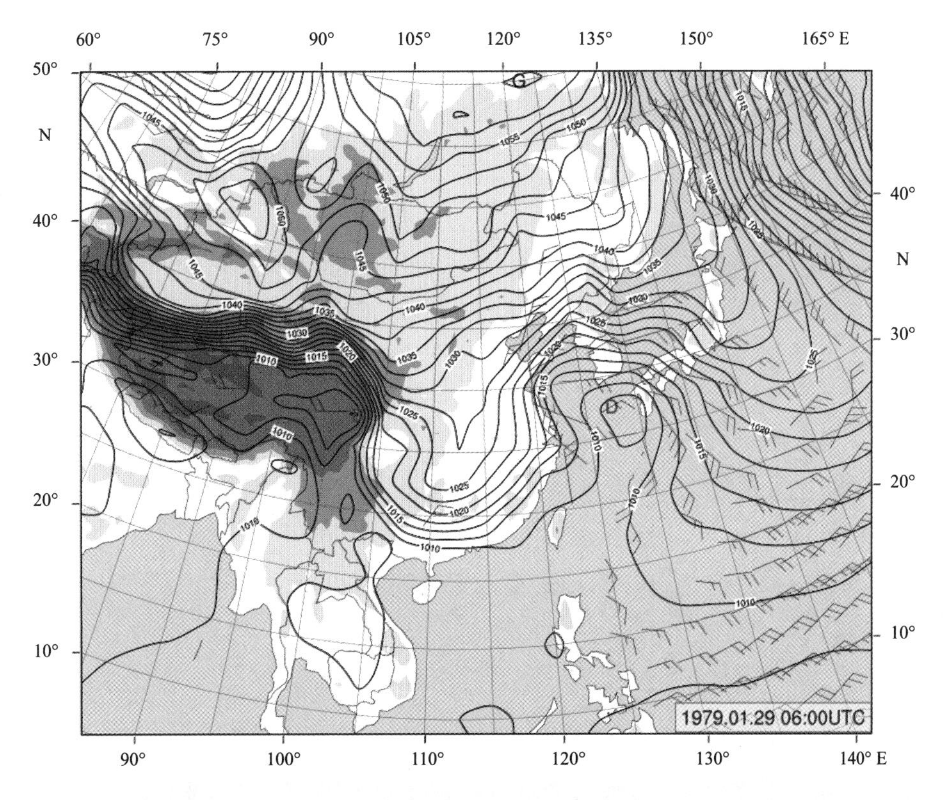

图3.171　1979年1月29日14时地面天气图

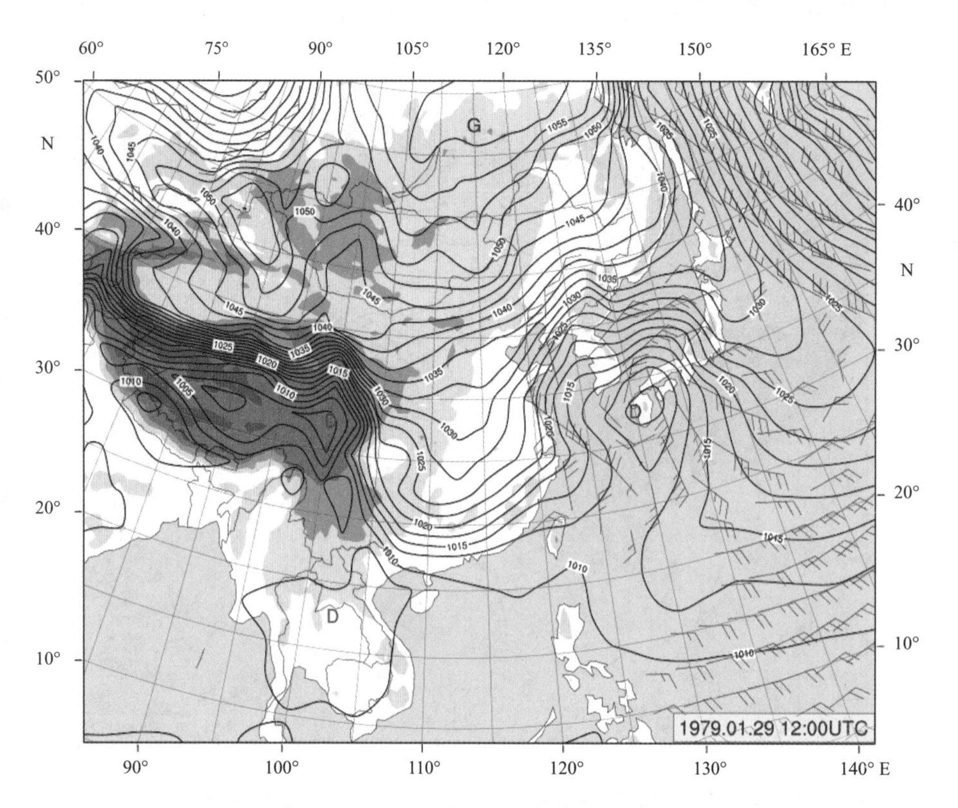

图3.172　1979年1月29日20时地面天气图

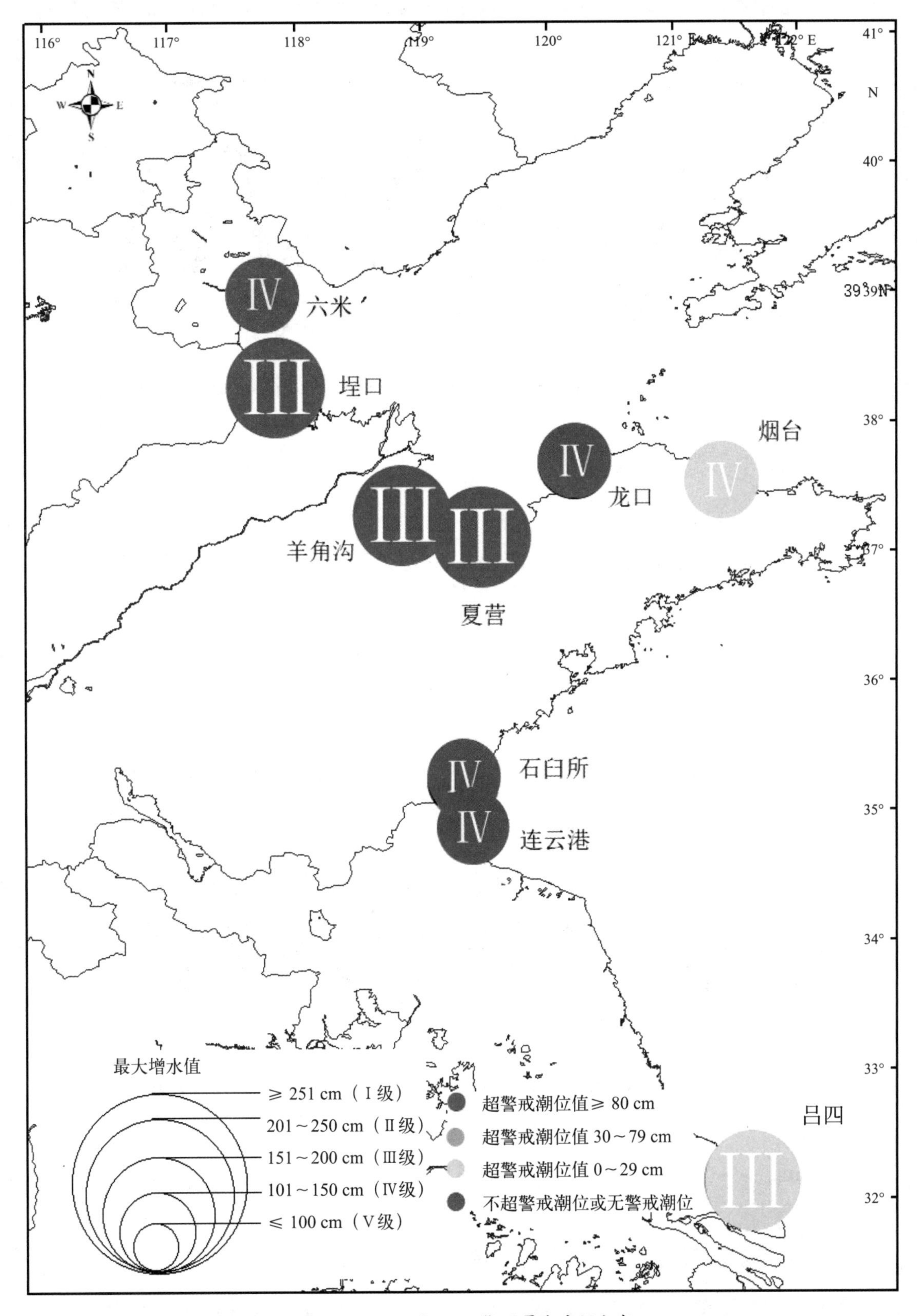

图3.173　1979“01・29”风暴潮空间分布

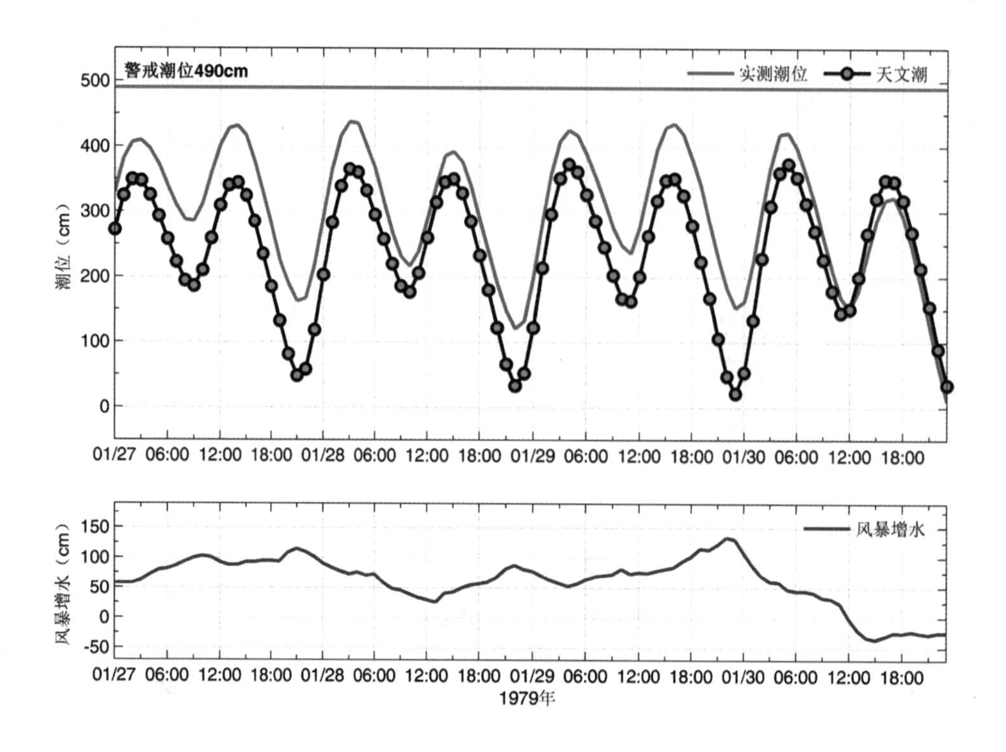

图3.174　六米站实测潮位、天文潮位和风暴增水随时间变化

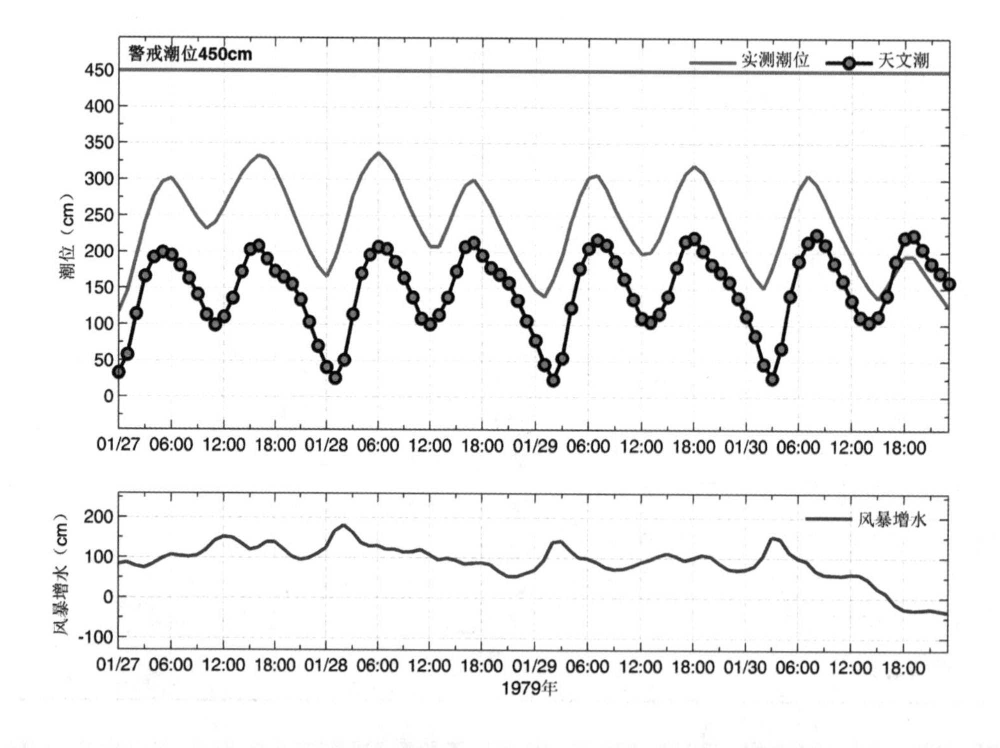

图3.175　埕口站实测潮位、天文潮位和风暴增水随时间变化

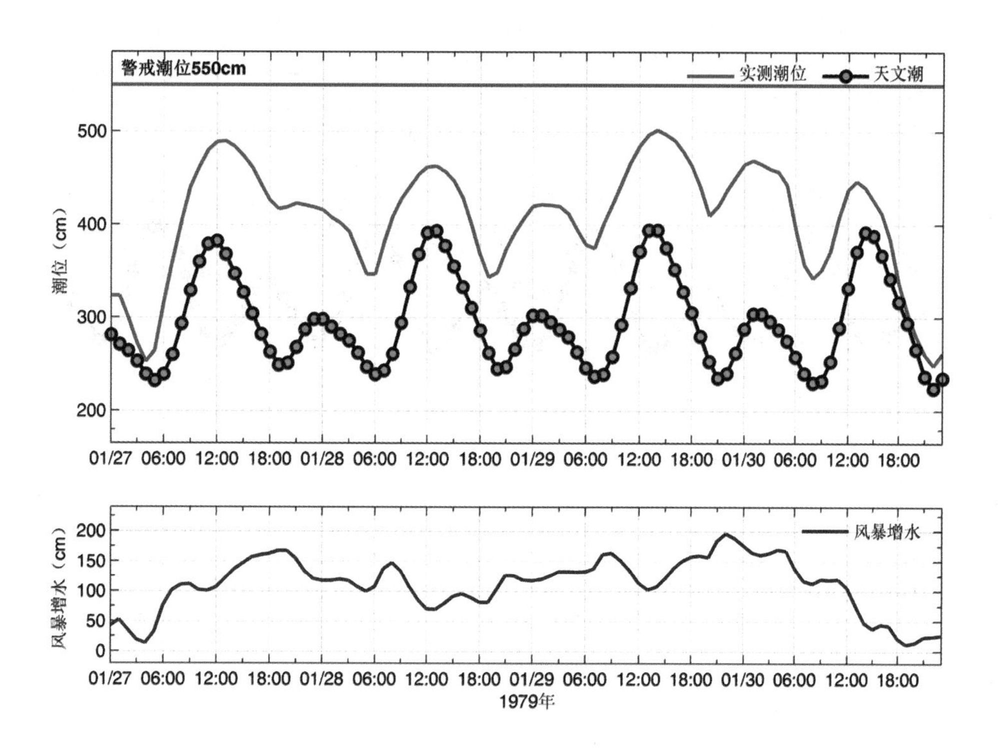

图3.176 羊角沟站实测潮位、天文潮位和风暴增水随时间变化

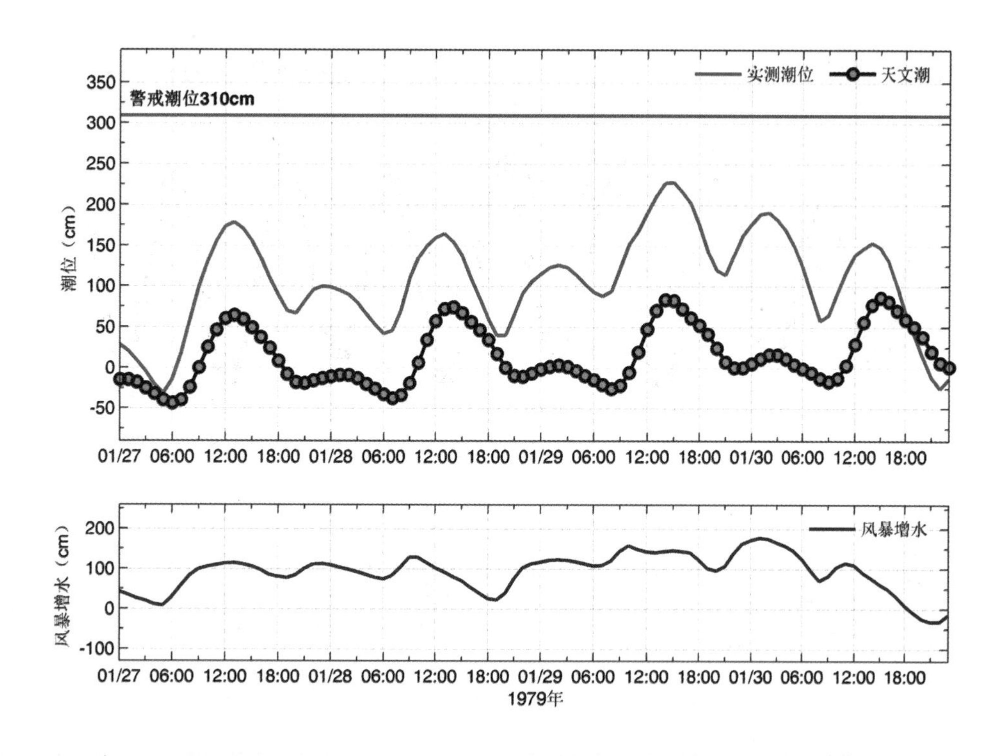

图3.177 夏营站实测潮位、天文潮位和风暴增水随时间变化

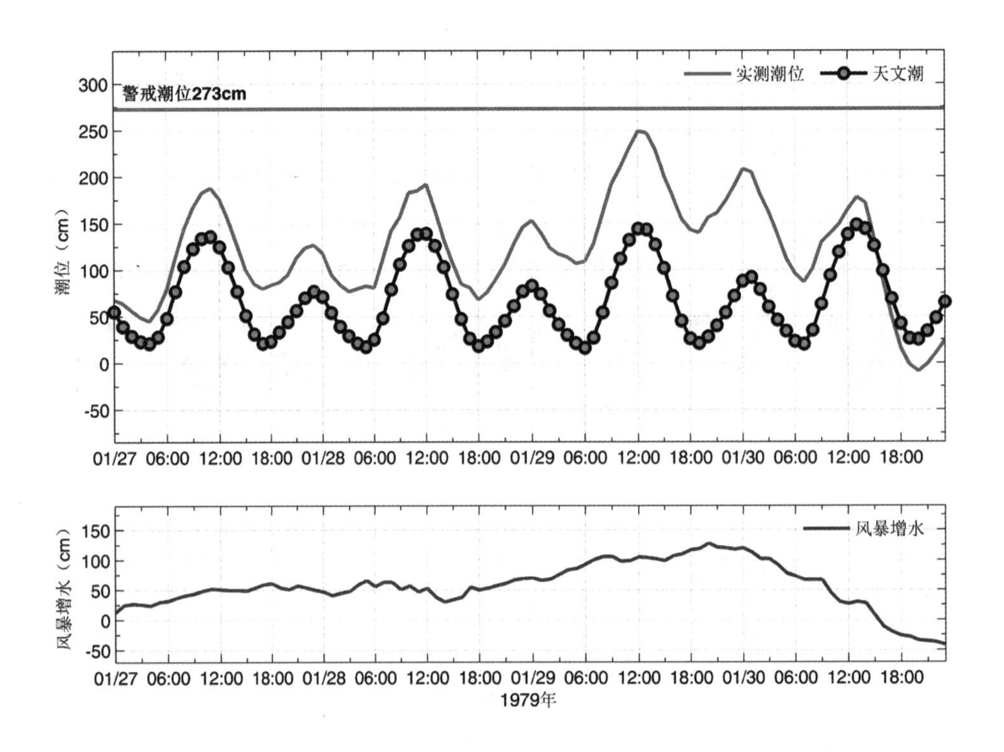

图3.178　龙口站实测潮位、天文潮位和风暴增水随时间变化

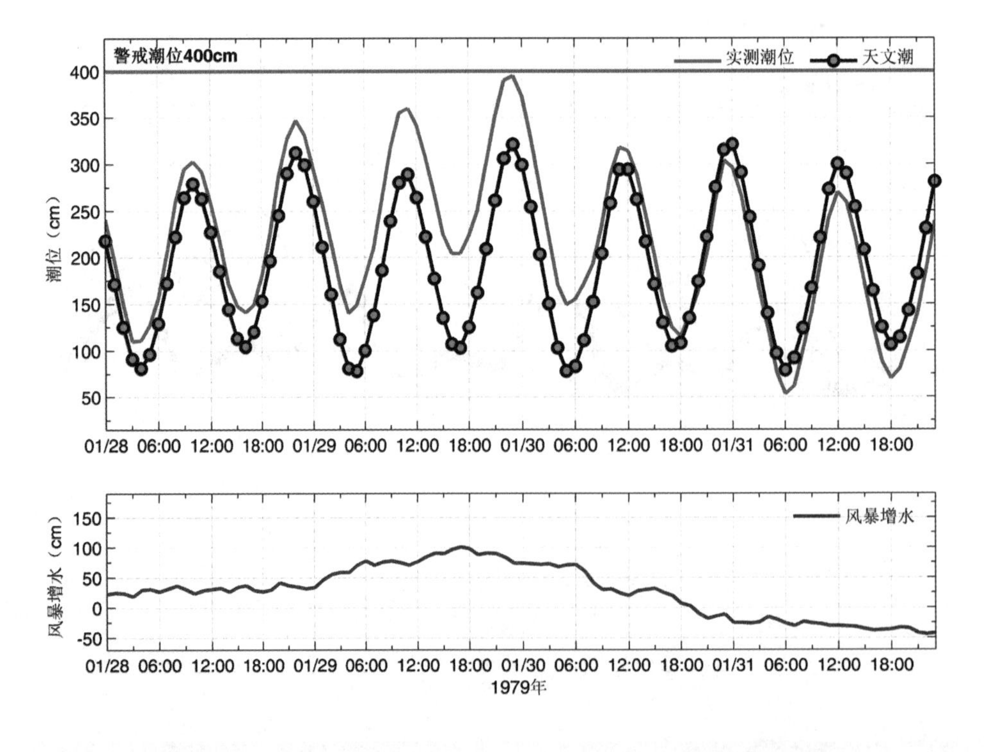

图3.179　烟台站实测潮位、天文潮位和风暴增水随时间变化

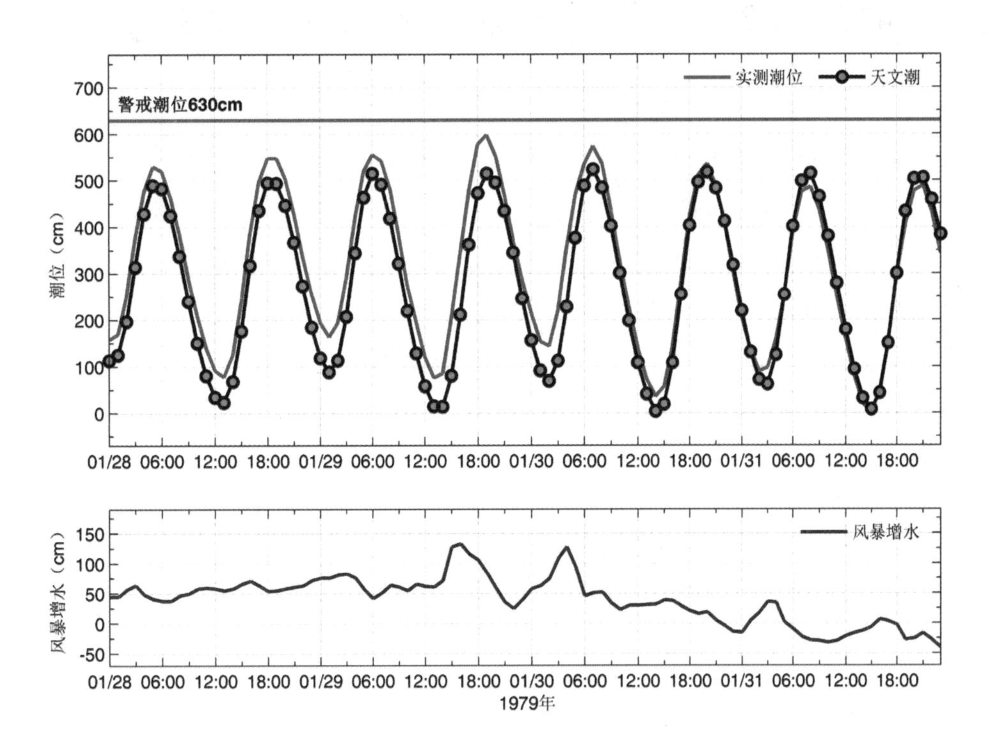

图3.180 连云港站实测潮位、天文潮位和风暴增水随时间变化

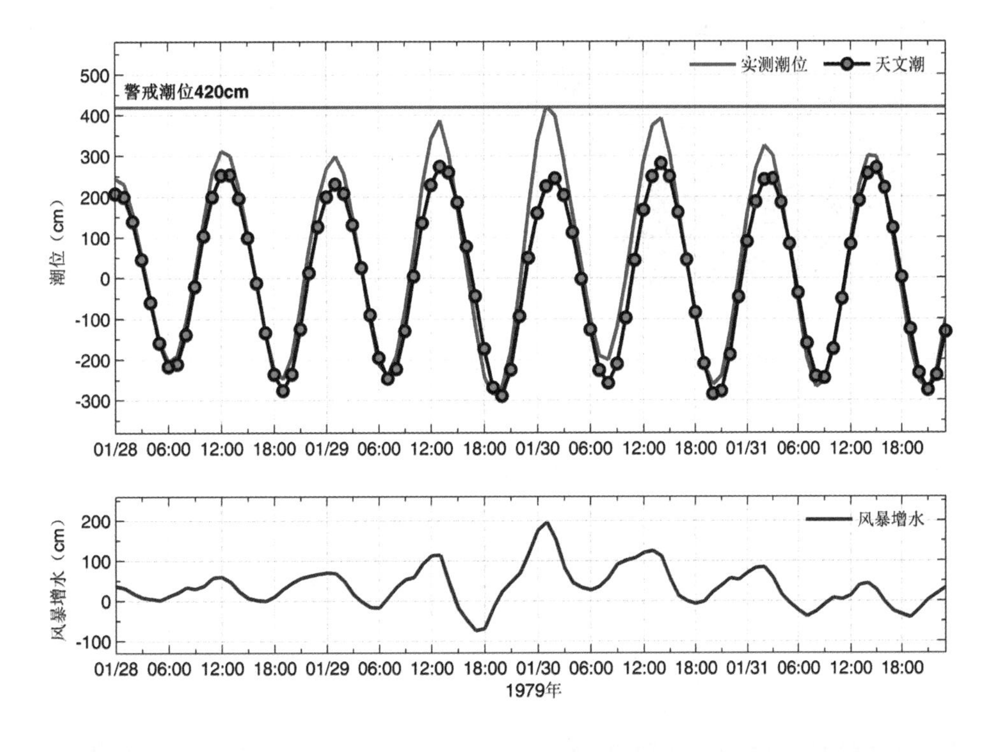

图3.181 吕四站实测潮位、天文潮位和风暴增水随时间变化

3.26　1979“02·21”风暴潮灾害（北高南低型）

1979年2月21—23日，受河套锢囚锋东侧冷高压与南侧低压外围共同影响，渤海湾与莱州湾发生特强温带风暴潮。天津六米站21日03时起1.0 m以上增水持续14个小时，05时最大增水1.63 m，最高潮位4.82 m接近当地警戒潮位。山东埕口站21日04时起持续34个小时增水大于1.0 m，其中持续15个小时最大增水大于2.0 m，15时最大增水3.14 m，最高潮位4.63m，超过当地警戒潮位0.13m；羊角沟站21日06时起持续36个小时增水大于1.0 m，其中持续17个小时最大增水大于2.0 m，13时最大增水2.66 m，17时最高潮位5.33 m接近当地警戒潮位；龙口站21日13时最大增水1.11 m。

本次过程主要特点是持续时间长，历时三天，并且每日均会出现较大增水。六米站22日20时最大增水为0.72 m，23日03时最大增水0.91 m。羊角沟站22日01时最大增水2.47 m，全天23个小时逐时增水均大于1.0 m，23日04时最大增水1.51 m。

风暴潮导致山东沾化、无棣等地发生潮灾。

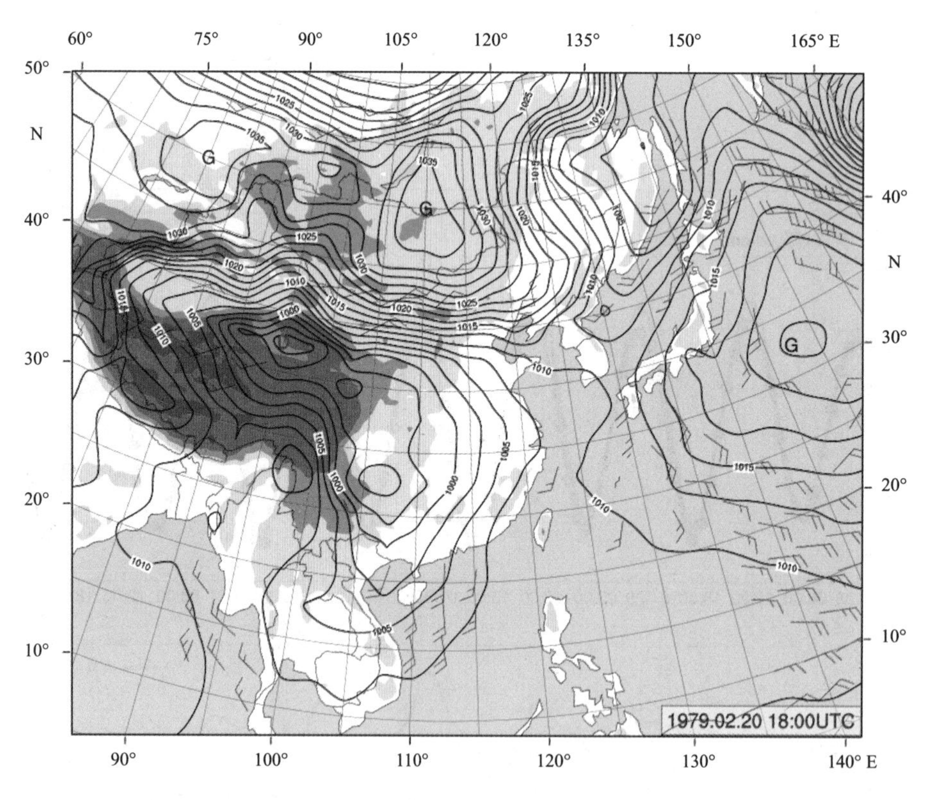

图3.182　1979年2月21日02时地面天气图

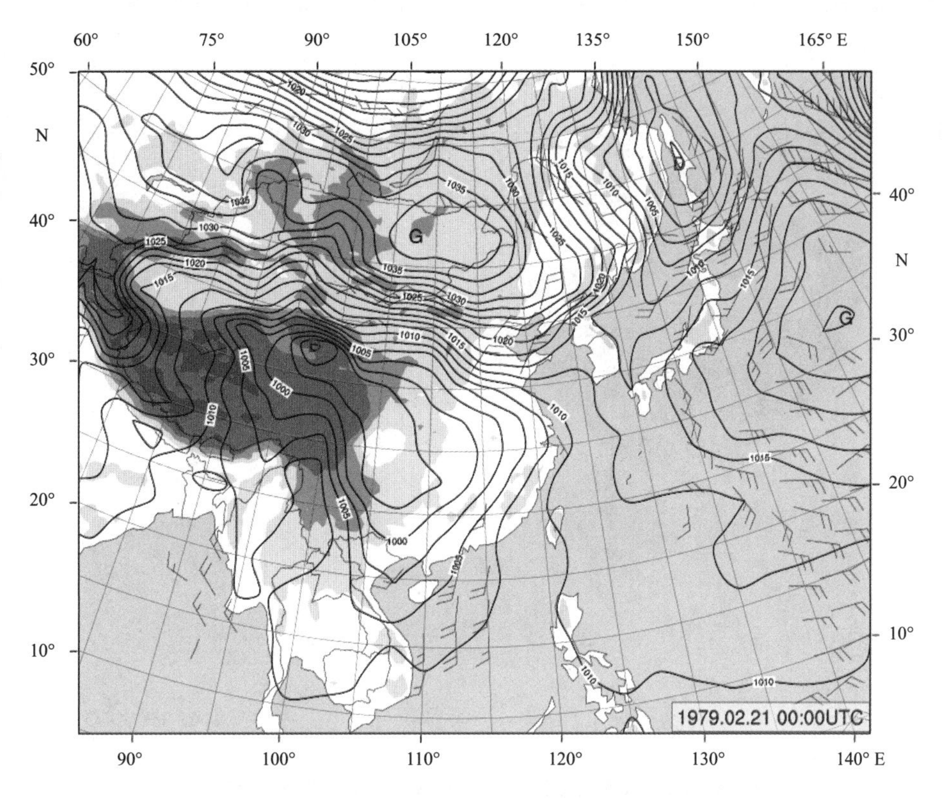

图3.183　1979年2月21日08时地面天气图

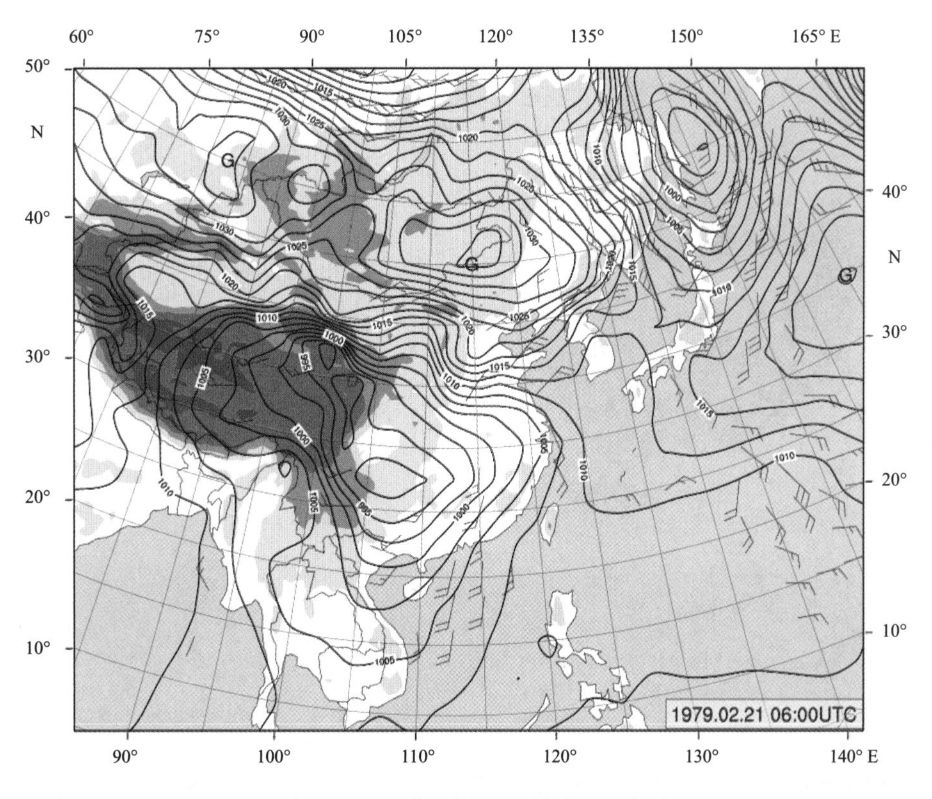

图3.184　1979年2月21日14时地面天气图

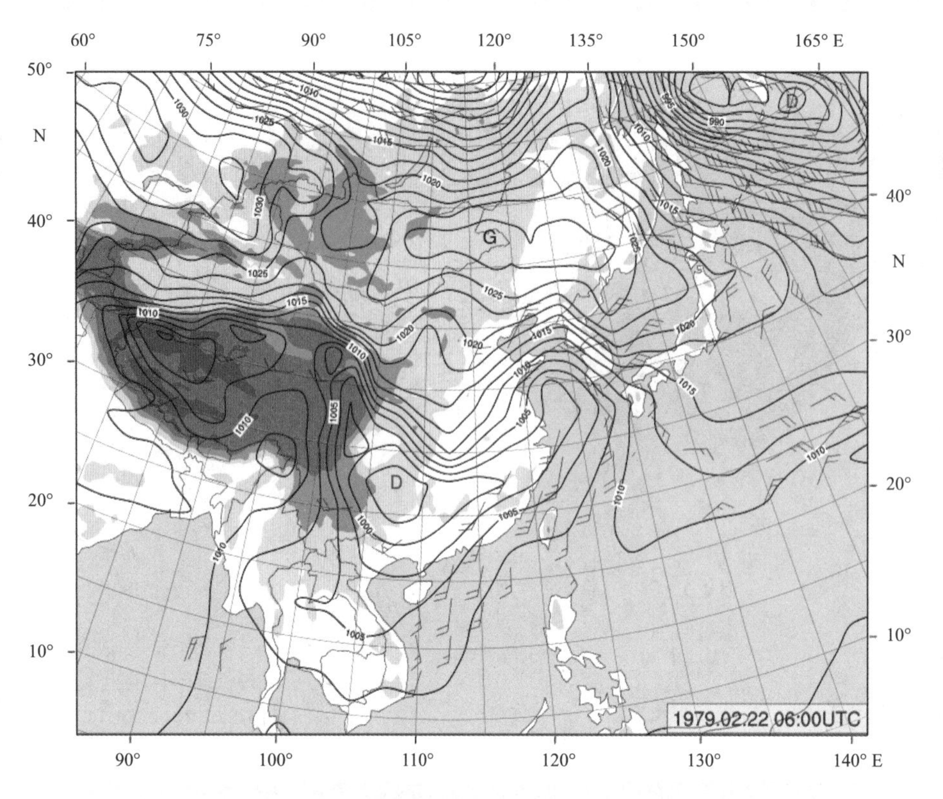

图3.185　1979年2月22日14时地面天气图

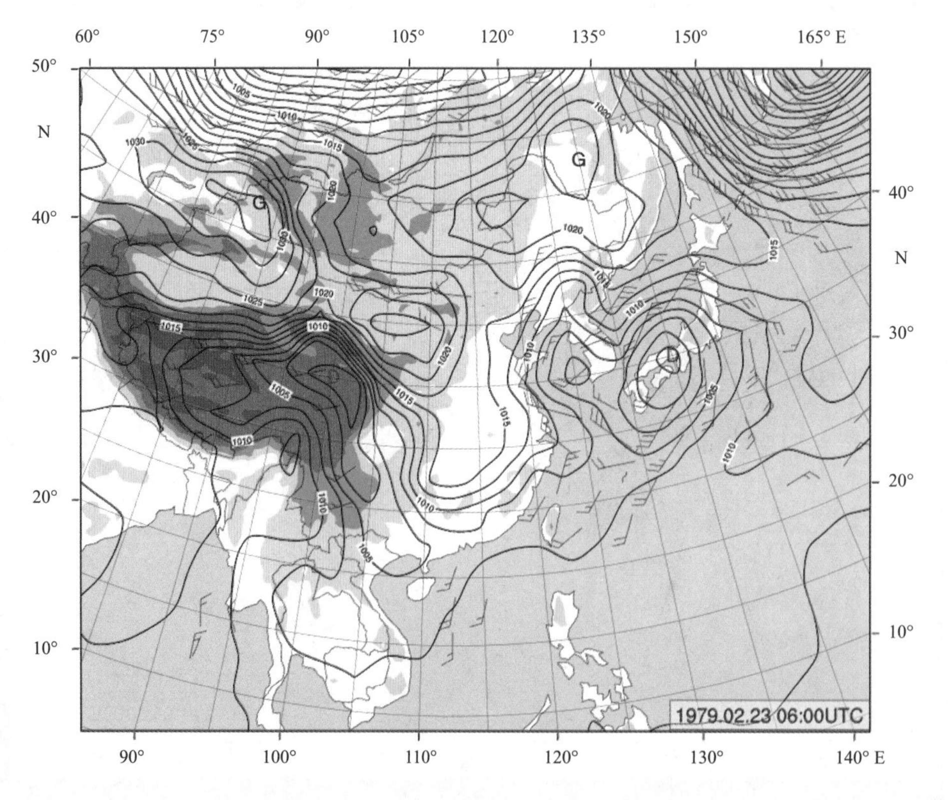

图3.186　1979年2月23日14时地面天气图

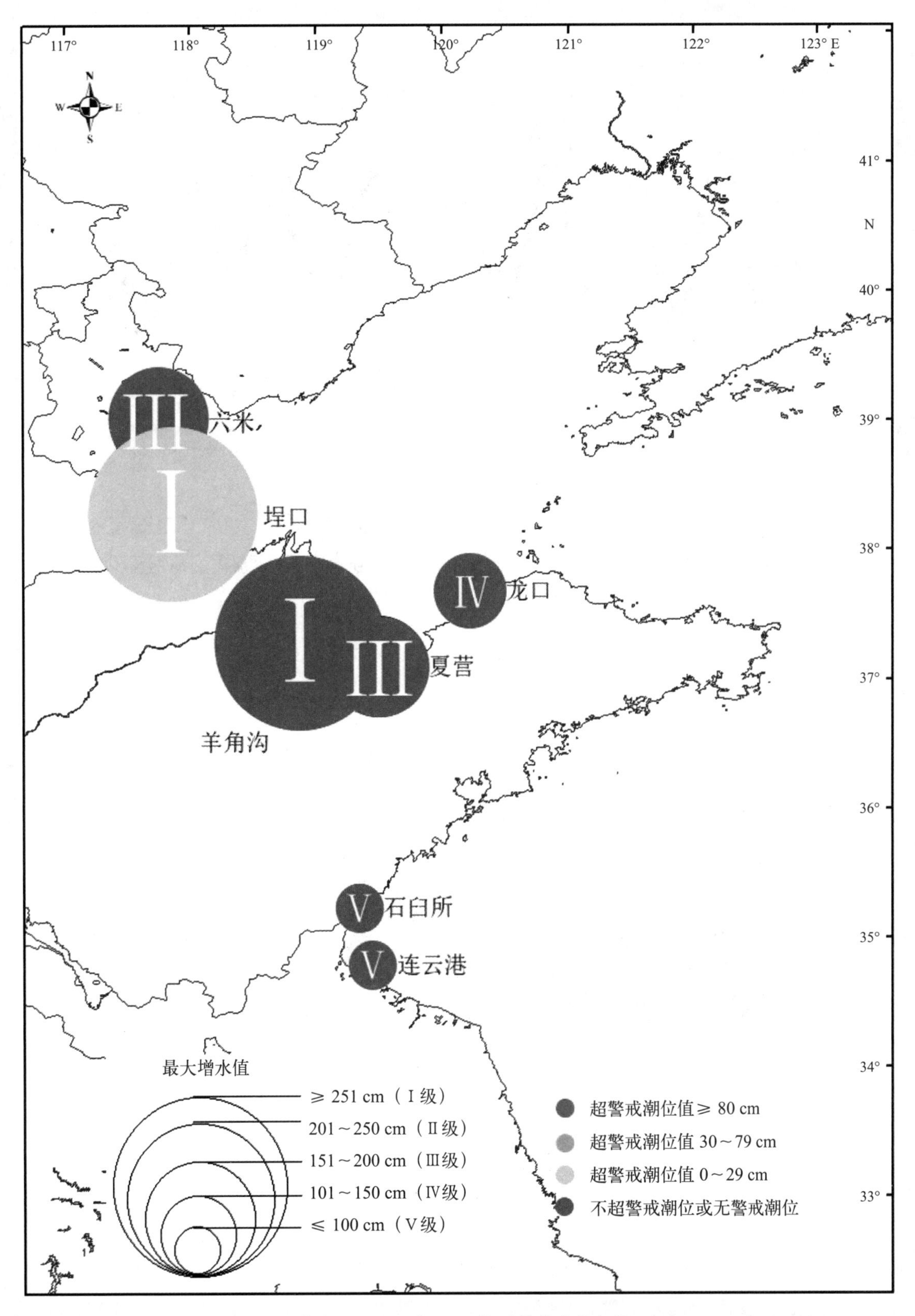

图3.187　1979“02・21”风暴潮空间分布

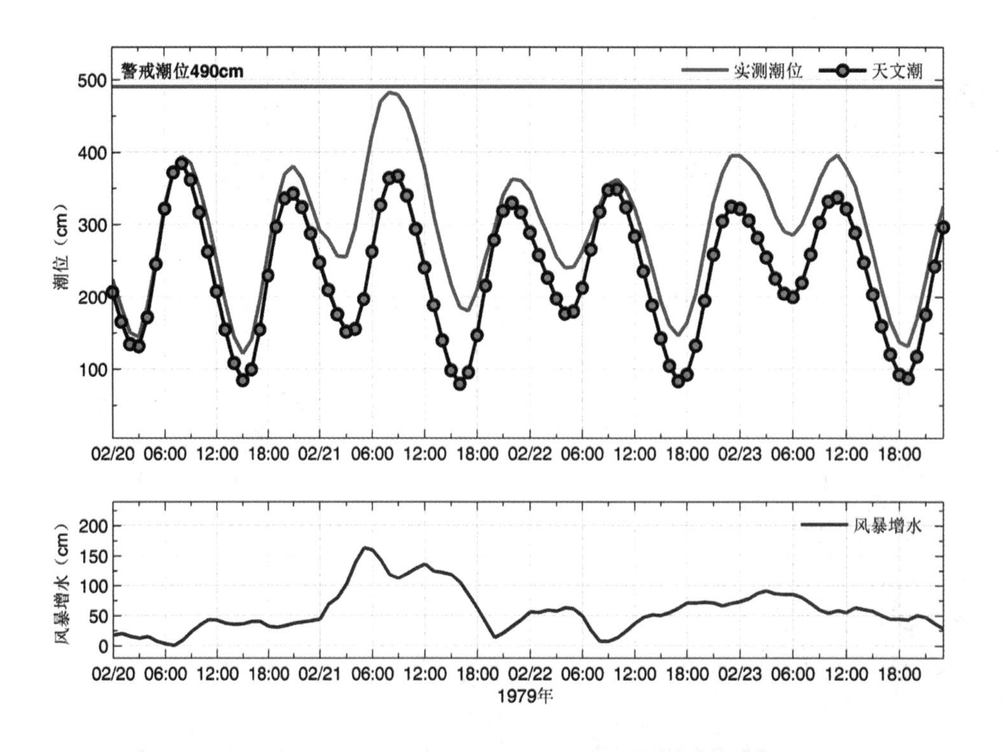

图3.188　六米站实测潮位、天文潮位和风暴增水随时间变化

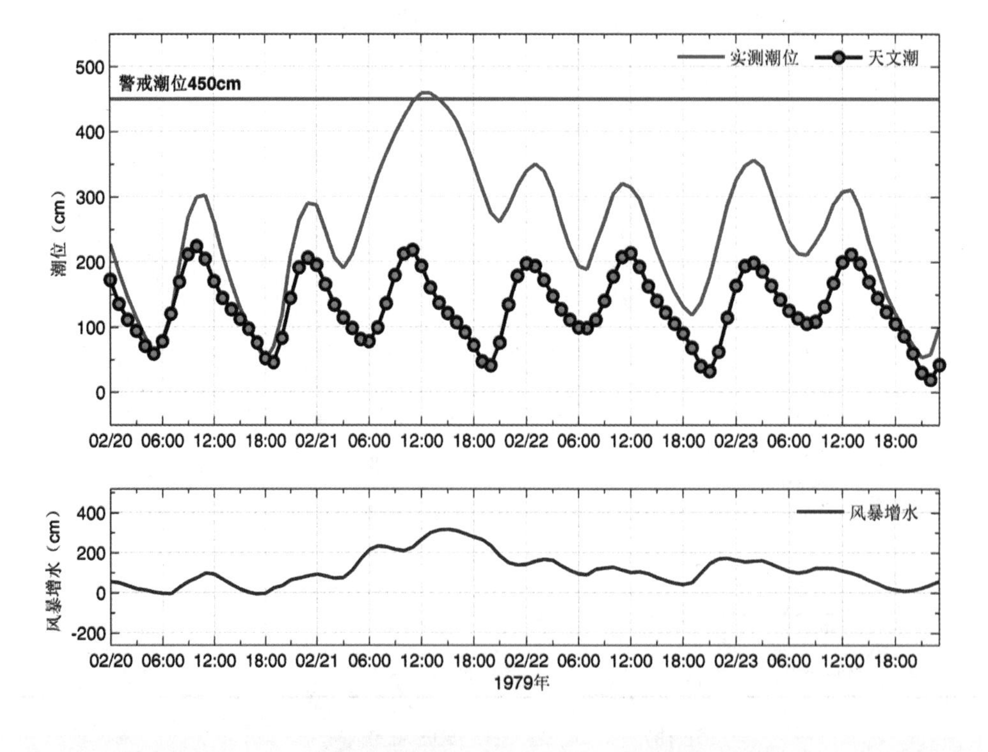

图3.189　埕口站实测潮位、天文潮位和风暴增水随时间变化

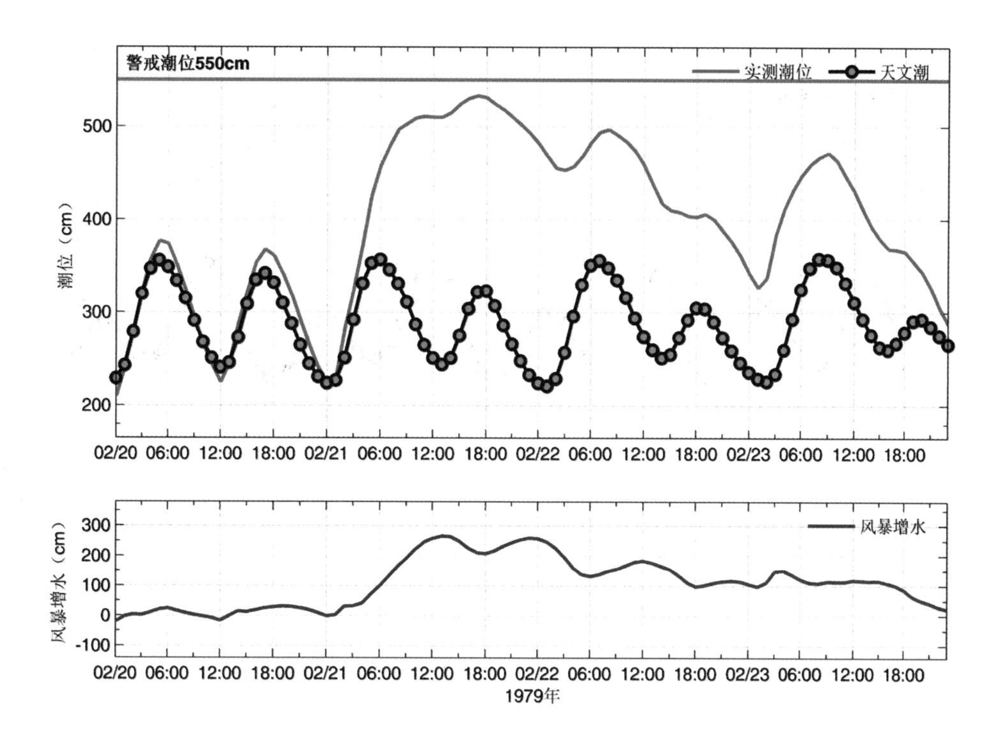

图3.190 羊角沟站实测潮位、天文潮位和风暴增水随时间变化

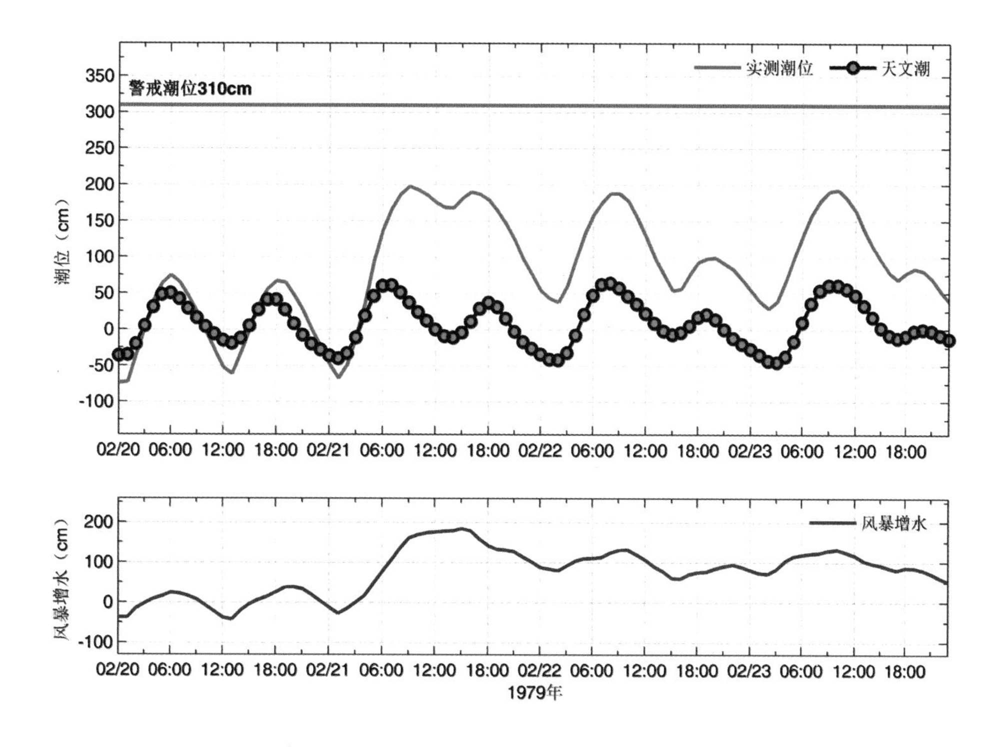

图3.191 夏营站实测潮位、天文潮位和风暴增水随时间变化

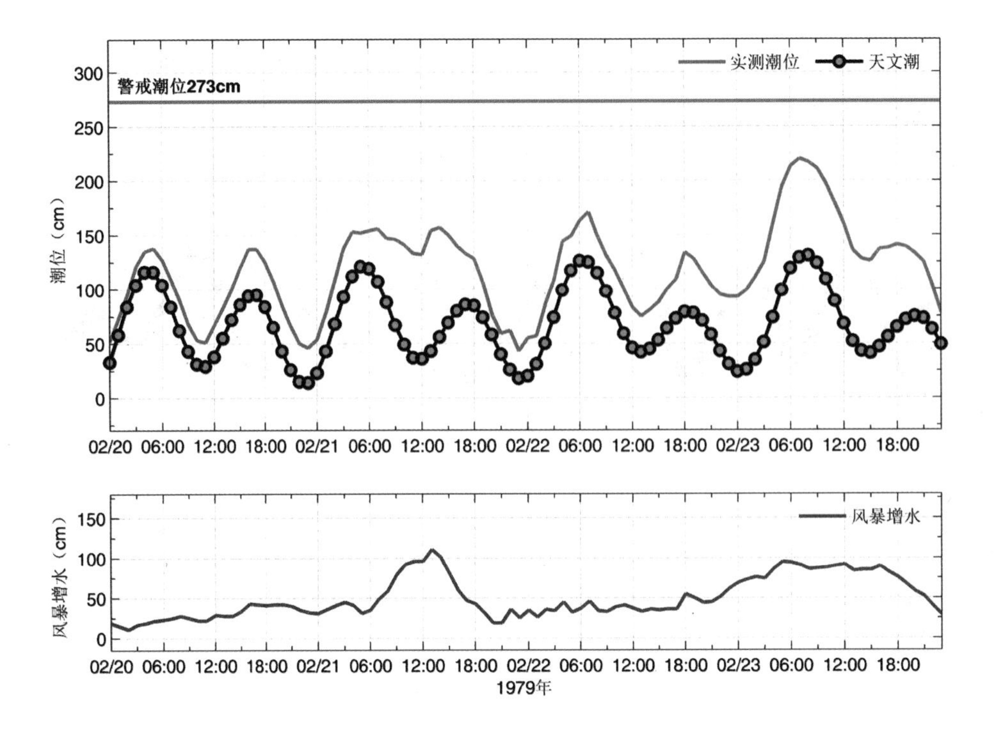

图3.192　龙口站实测潮位、天文潮位和风暴增水随时间变化

3.27　1980“04 · 05”风暴潮灾害（北高南低型）

1980年4月5—6日，受冷空气与江淮气旋共同影响，渤海湾、莱州湾出现特强温带风暴潮。天津六米站5日10时最大风暴增水1.82 m；山东羊角沟站5日11时最大风暴增水3.20 m，居本站风暴潮记录第二位，5日08时起2.0 m以上增水持续17个小时，14时15分最高潮位6.01 m，超过当地警戒潮位0.51 m；龙口站5日最大风暴增水1.12 m。

山东省广饶、寿光发生潮灾。由于风暴潮来势凶猛，潮水上涨很快，防潮堤受冲击16处决口，8.5万吨原盐被冲毁；20多艘船只受损，被冲走的渔具不计其数；田柳公社盐田被冲毁。潮水切断了羊角沟公路，冲毁建港路桥，防潮土坝多处决口，淹没盐田6.9万亩，溶盐 8.5×10^4 t。

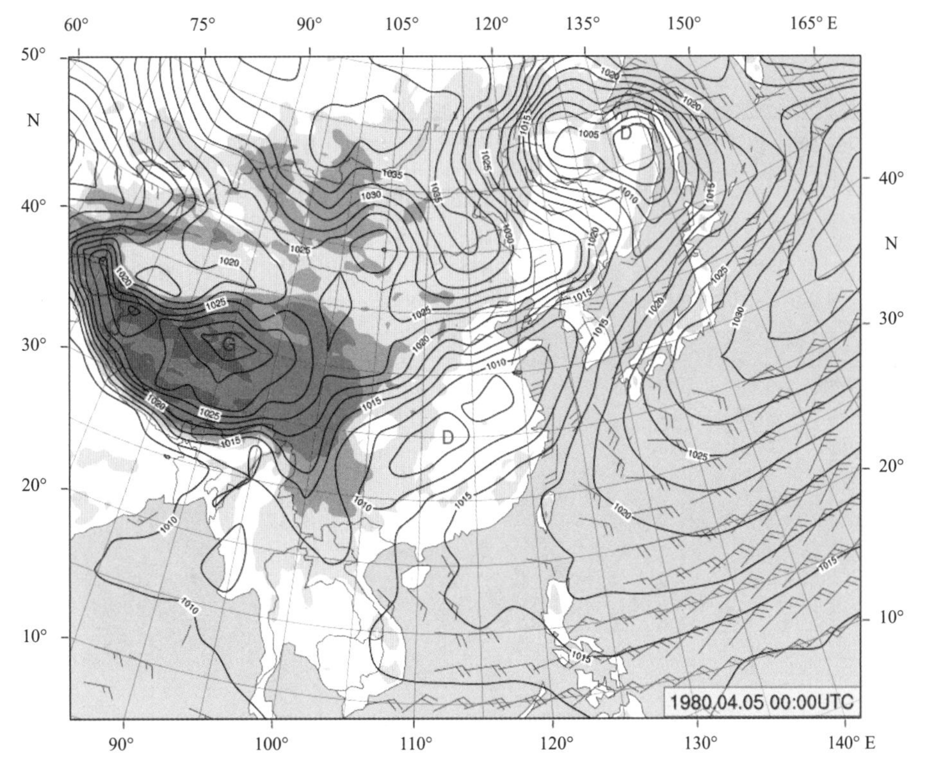

图3.193　1980年4月5日08时地面天气图

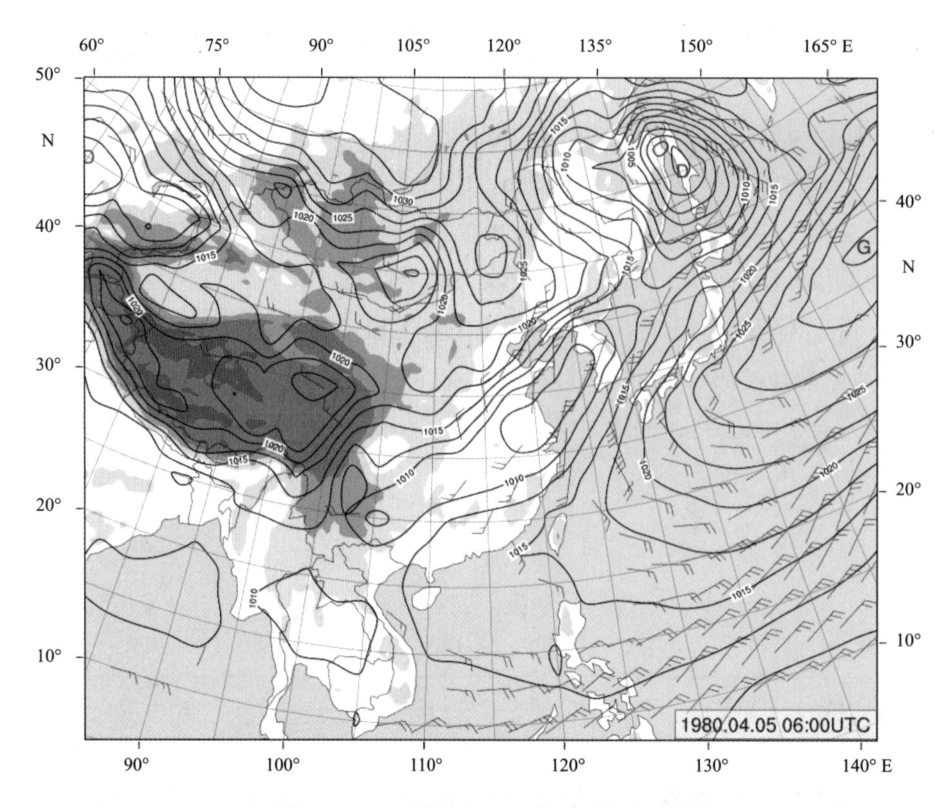

图3.194　1980年4月5日14时地面天气图

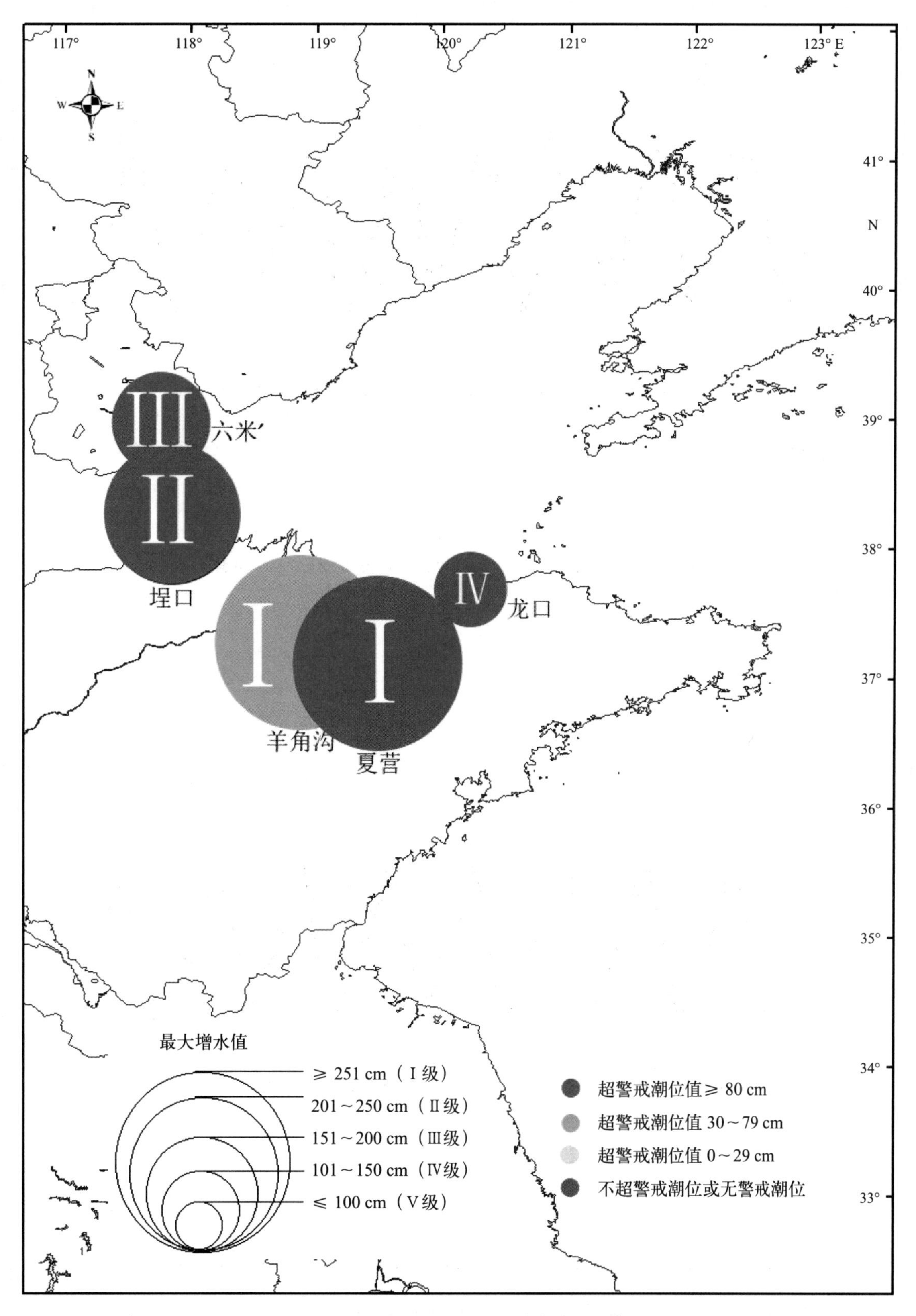

图3.195 1980“04·05”风暴潮空间分布

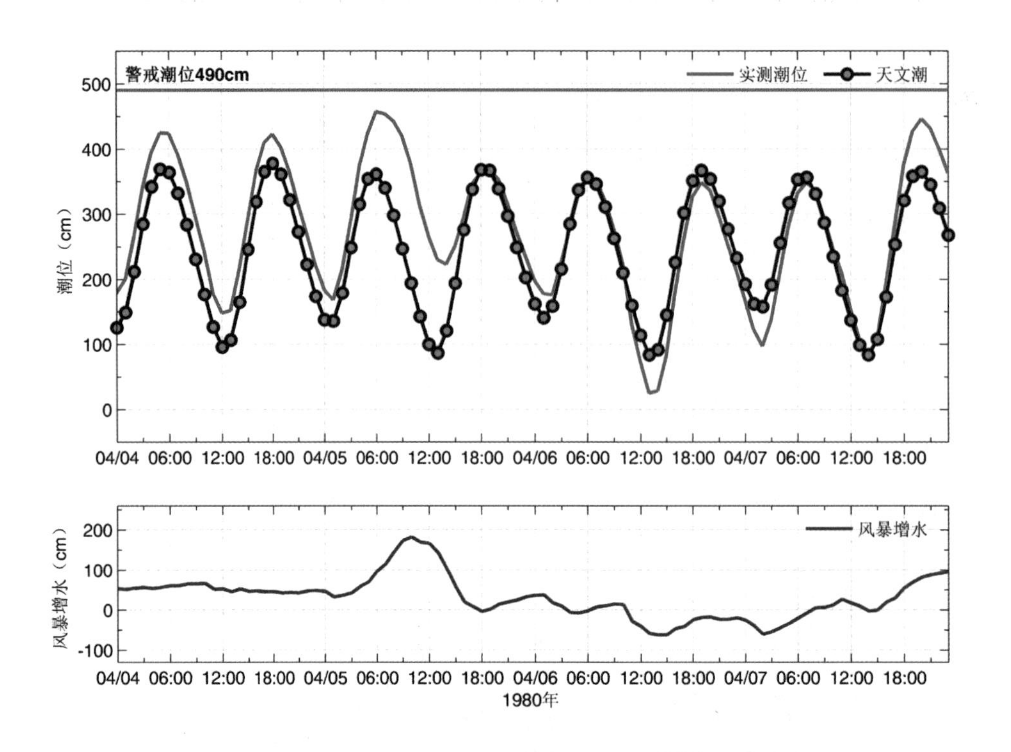

图3.196　六米站实测潮位、天文潮位和风暴增水随时间变化

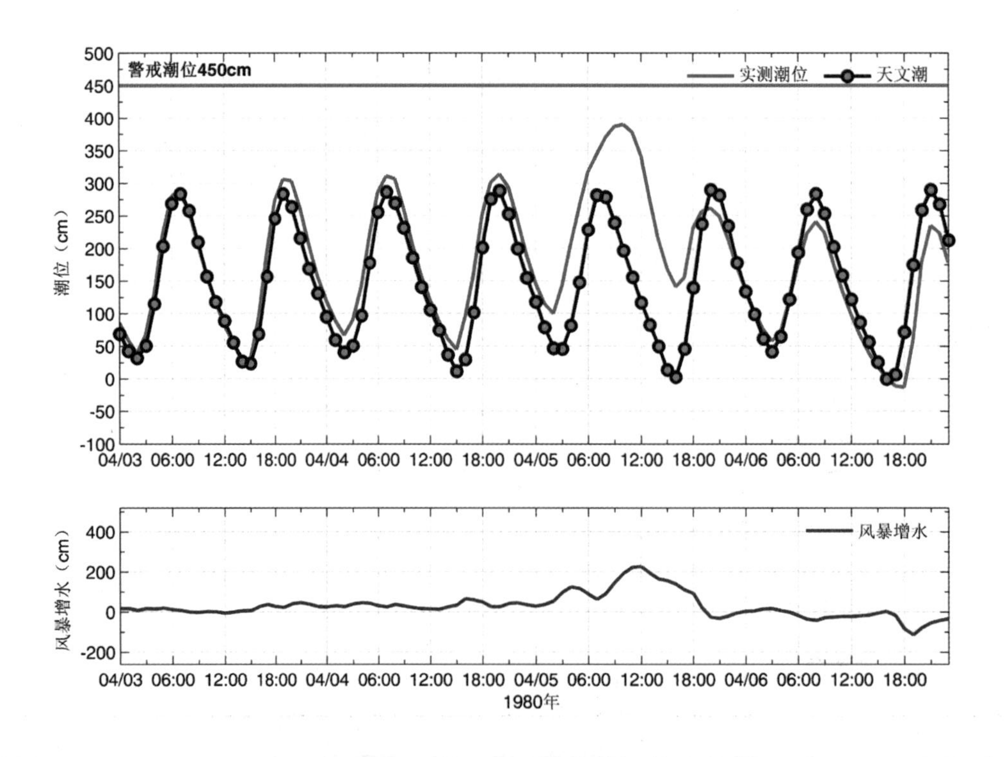

图3.197　埕口站实测潮位、天文潮位和风暴增水随时间变化

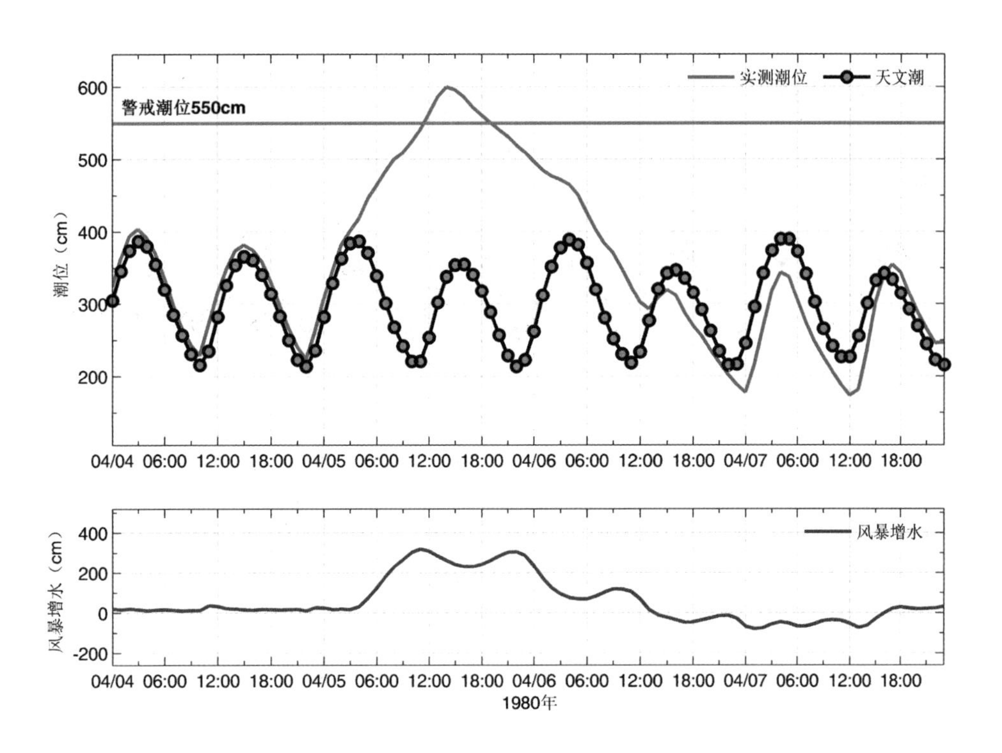

图3.198　羊角沟站实测潮位、天文潮位和风暴增水随时间变化

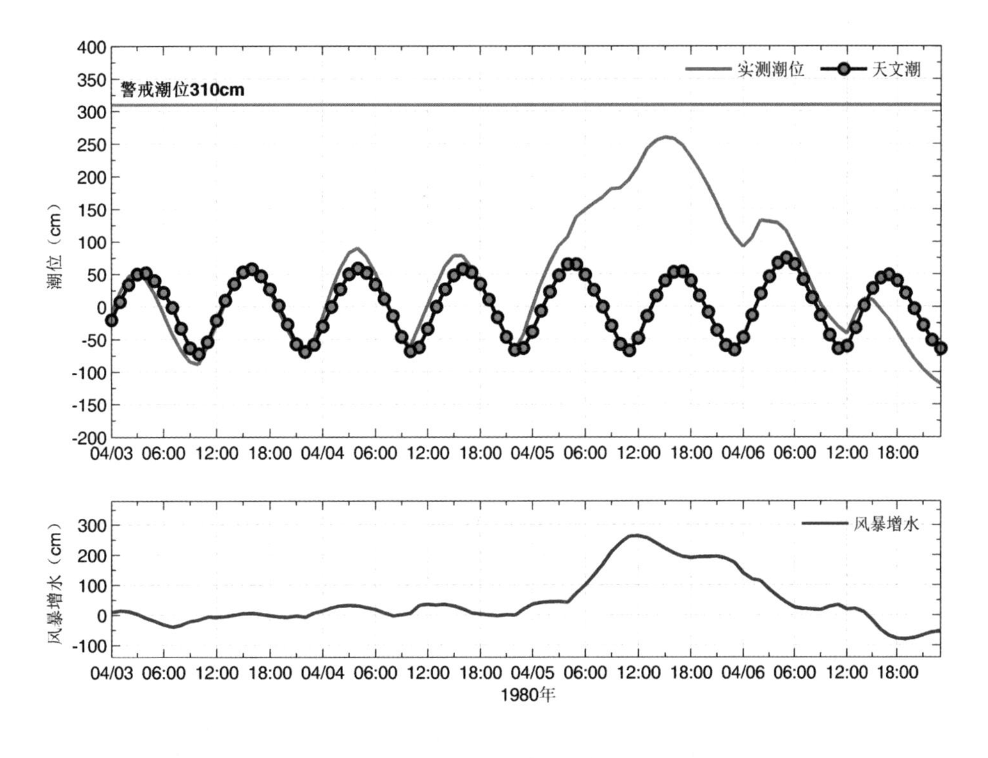

图3.199　夏营站实测潮位、天文潮位和风暴增水随时间变化

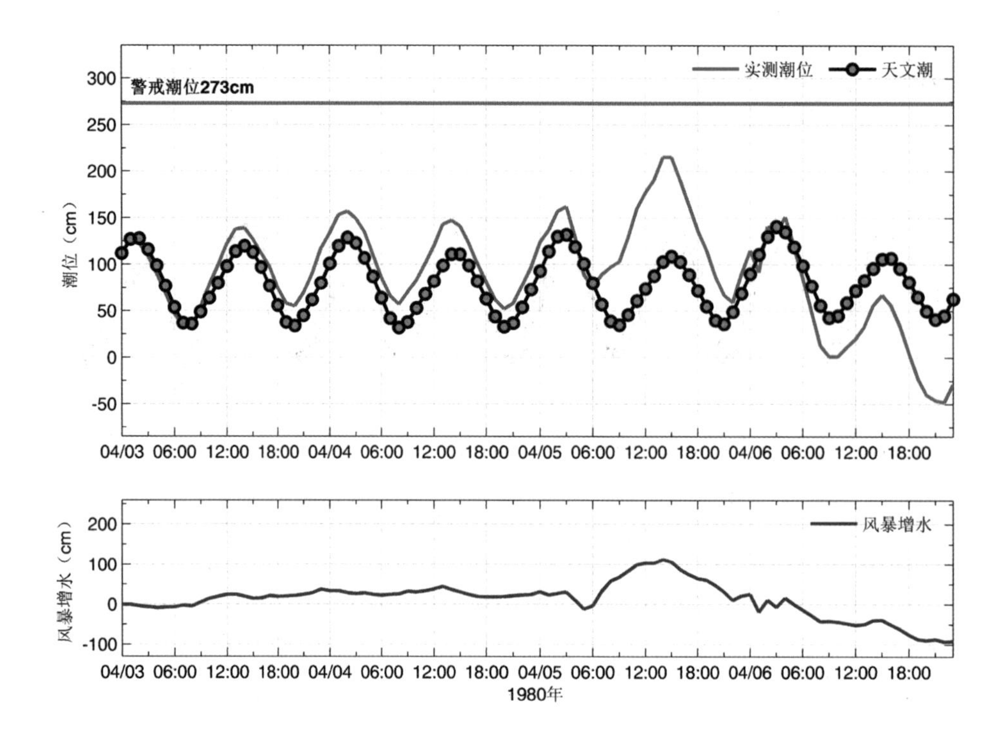

图3.200　龙口站实测潮位、天文潮位和风暴增水随时间变化

3.28　1982“11·10”风暴潮灾害（西高东低型）

1982年11月9—10日，受冷空气与低压共同影响，渤海湾、莱州湾受到强风暴潮袭击。天津六米站9日12时最大增水0.89 m；河北黄骅站9日12时起1.0m以上增水持续12个小时，其中15时最大增水1.48 m。山东羊角沟站9日21时起1.0m以上增水持续13个小时，其中10日02时最大增水2.41 m；龙口站9日19时起1.0m以上增水持续13个小时，其中10日05时最大增水1.46 m；烟台站10日06时最大增水0.61 m。

山东滨州和东营沿海地区受灾严重。其中东营市利津县海潮飞涨，海滩水深2 m以上，淹没了大半个吊口铺的房台，半数以上的房屋内部进水，浸淹时间达21小时。据统计，潮水冲毁房屋117间，院墙270 m；损失渔船5只，舢板7只，网具损毁也较为严重，直接经济损失折价41.5万元。

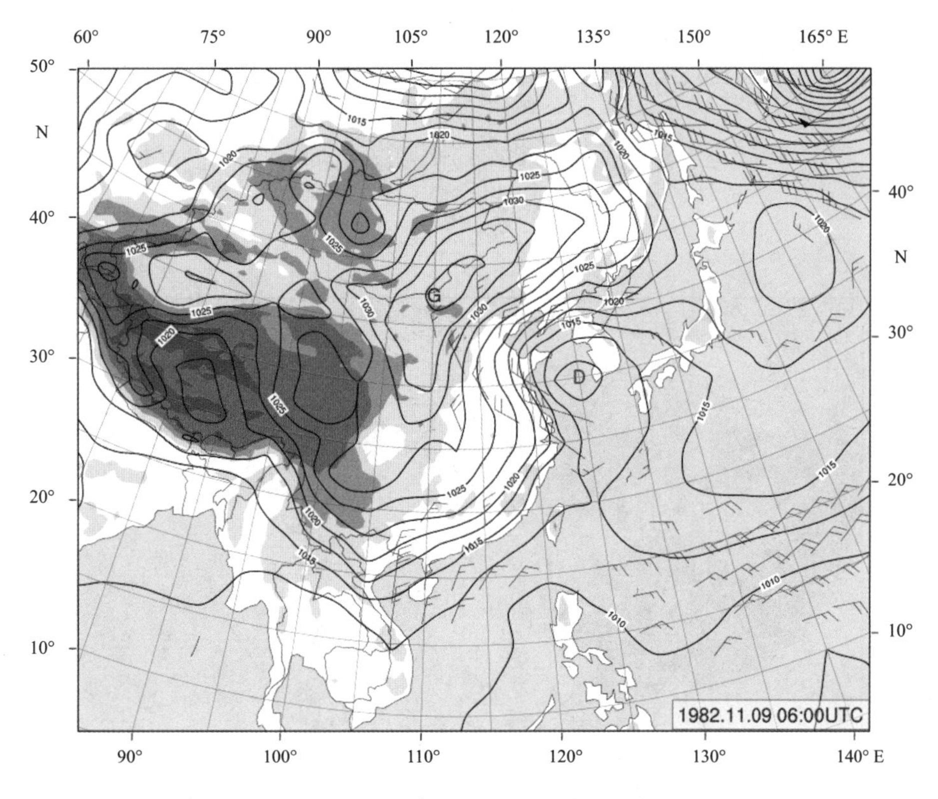

图3.201　1982年11月9日14时地面天气图

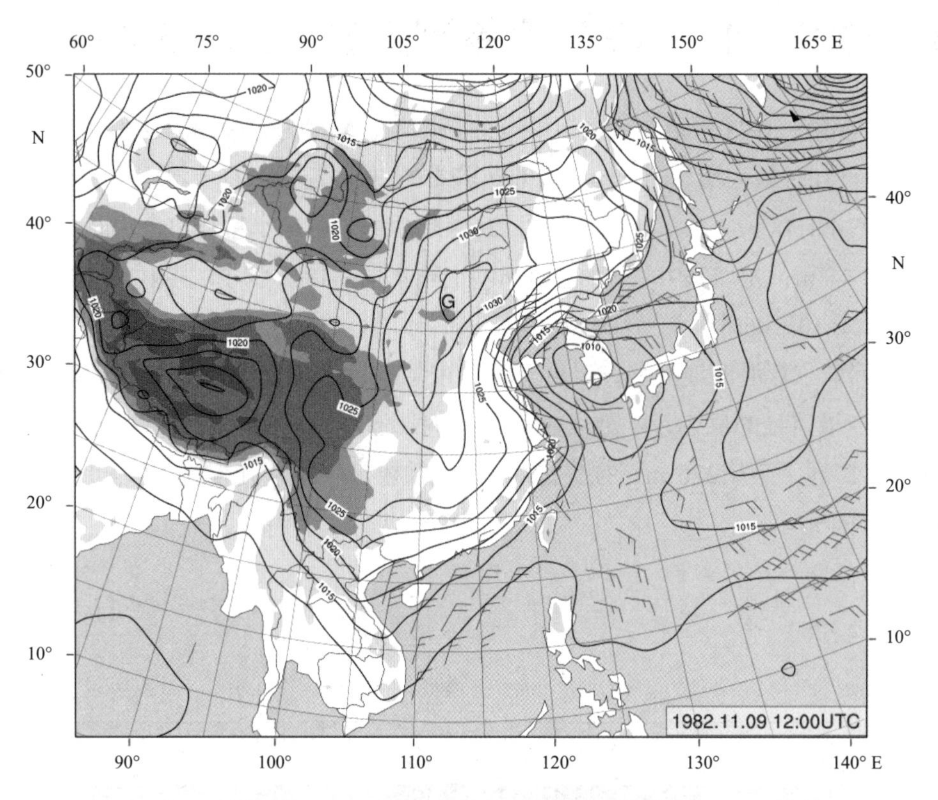

图3.202　1982年11月9日20时地面天气图

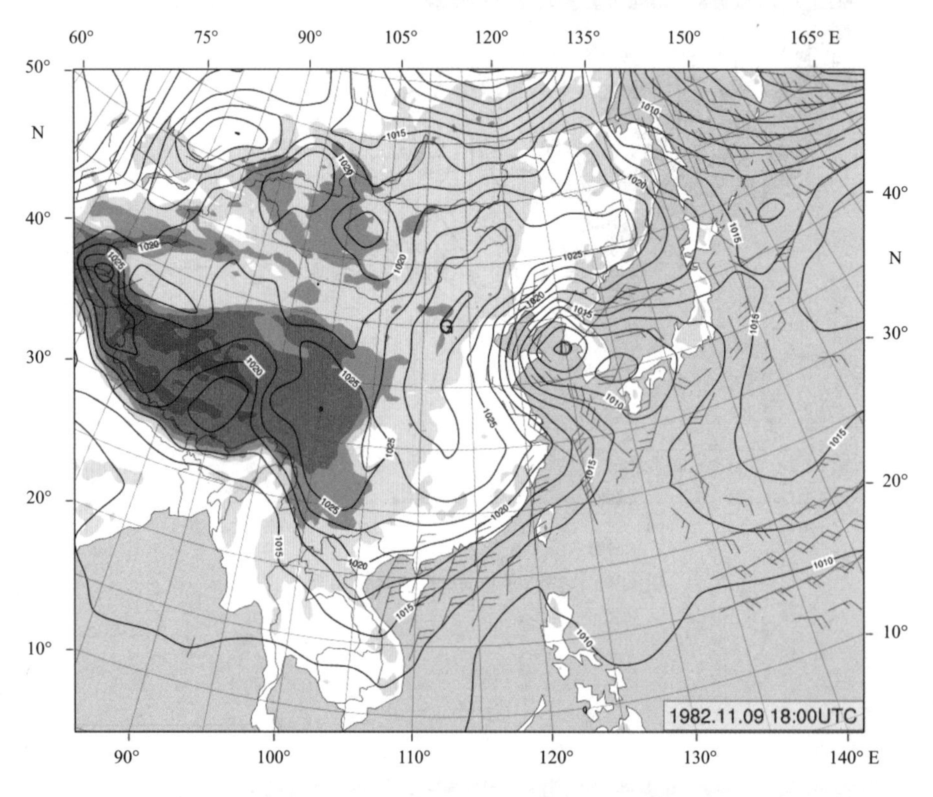

图3.203　1982年11月10日02时地面天气图

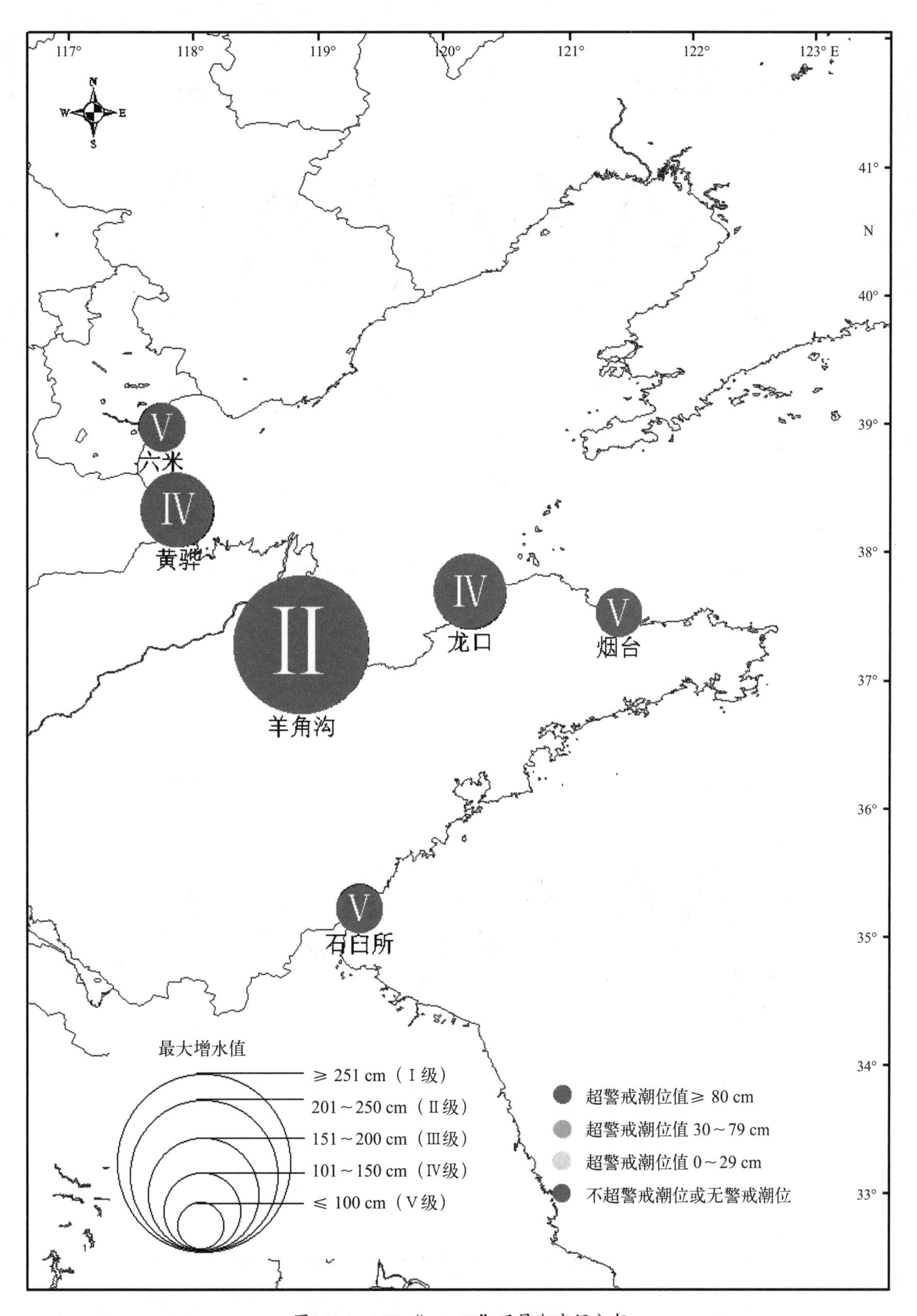

图3.204　1982“11·09”风暴潮空间分布

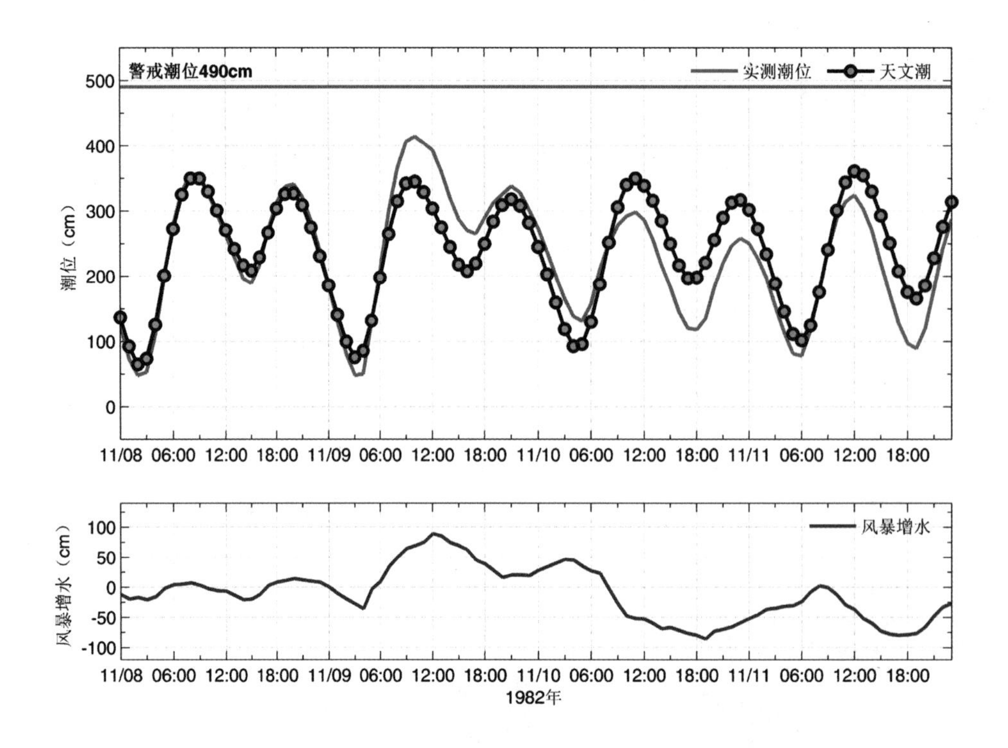

图3.205　六米站实测潮位、天文潮位和风暴增水随时间变化

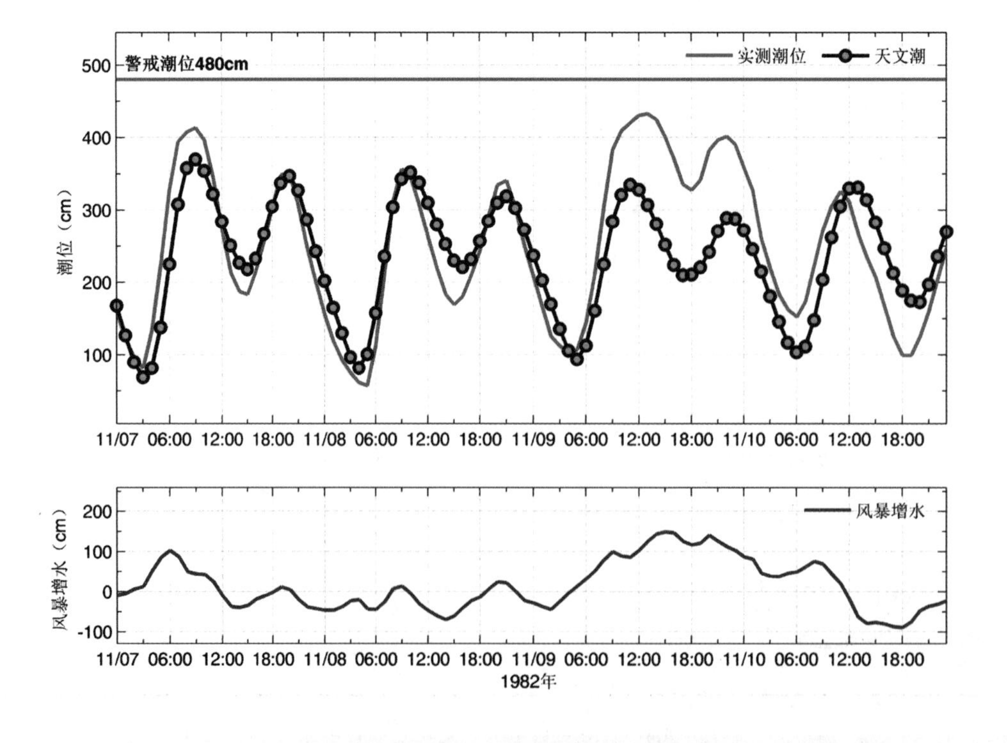

图3.206　黄骅站实测潮位、天文潮位和风暴增水随时间变化

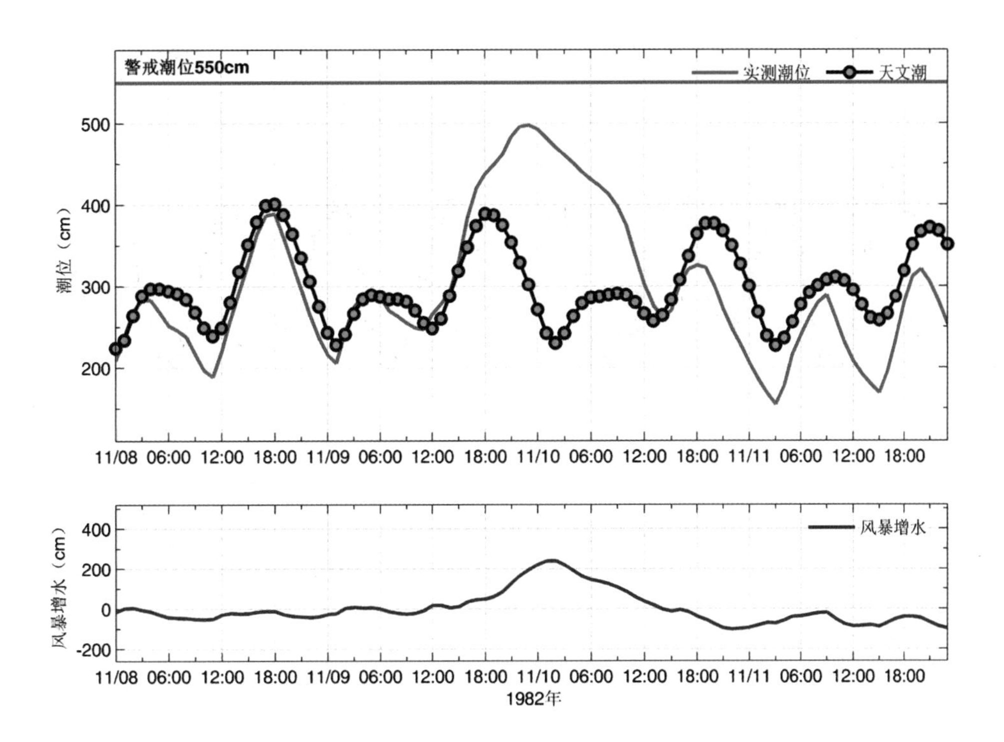

图3.207 羊角沟站实测潮位、天文潮位和风暴增水随时间变化

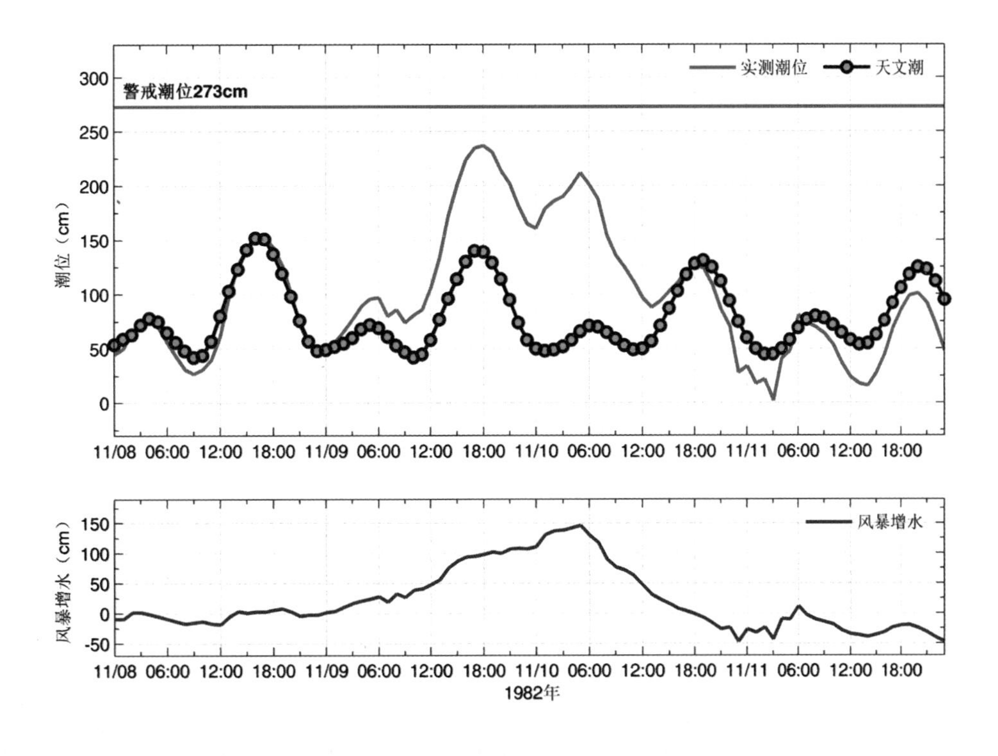

图3.208 龙口站实测潮位、天文潮位和风暴增水随时间变化

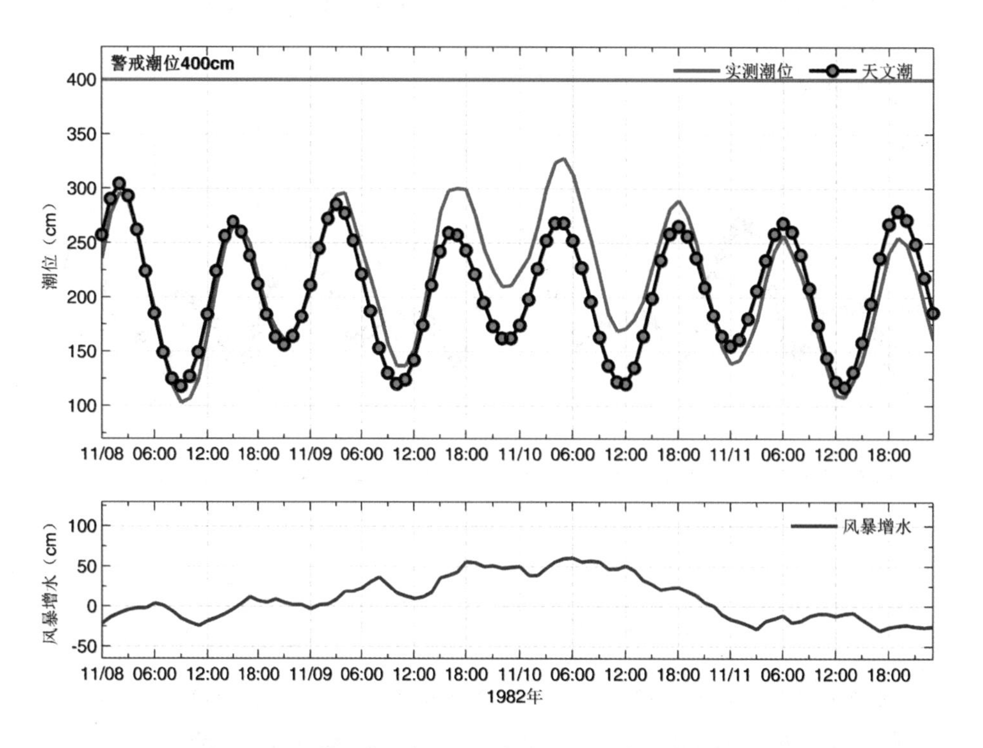

图3.209　烟台站实测潮位、天文潮位和风暴增水随时间变化

3.29　1983“07·14”风暴潮灾害（西低东高型）

1983年7月14日，受西部低压及东部高压的共同影响，辽东半岛遭受了罕见的较强风暴潮袭击。位于辽东半岛东岸的大鹿岛站最大风暴增水1.62 m，监测到最大风速19 m/s；石山子水文站最大风暴增水1.51 m，监测到最大风速16.7 m/s；丹东站最大风暴增水0.76 m，最高潮位4.76 m，为当年最高潮位；老虎滩站最大风暴增水0.24 m，最高潮位4.40 m，为当年最高潮位，平当地警戒潮位；位于辽东湾西岸的葫芦岛站最大风暴增水0.67 m，最高潮位4.26 m，为当年最高潮位，超过当地警戒潮位0.21 m。营口最高潮位5.11 m，超过当地警戒潮位0.35 m。

风暴潮影响时天文潮位较高，与近岸浪共同作用，导致辽东半岛东岸受灾尤为严重。据吴芝萍等灾害调查报告，当地老渔民讲“早上8时渔船返港后，风力加大，浪也加大，潮水上涨很快，中午的浪足有二人高，海水上岸”。也有渔民反映“这样大的风暴潮很少见”。受其影响，仅大连市沿海各县的不完全统计，37个公社、95个大队受灾，2名社员遇难；61.5 km防潮堤受损，其中缺口21处，长19.3 km；海水倒灌淹没农田约2 667 hm^2，589间房屋进水，经济损失1 271万元。此外，丹东市东沟县沿海一带9个公社受灾，78.6 km防潮堤毁坏，457 hm^{2}农田受淹，1 200间房屋进水，经济损失约1 133万元。东沟县新沟公社虾场两只舶在坝外的小船，一只被冲到坝上摔碎，另一只则飞越大坝跌入堤内，庄河新港码头一堵4 m高的围墙被冲开一道7～8 m宽的渠口。辽东湾西岸受灾程度虽不及东岸，但复县沿海灾情也较为严重。

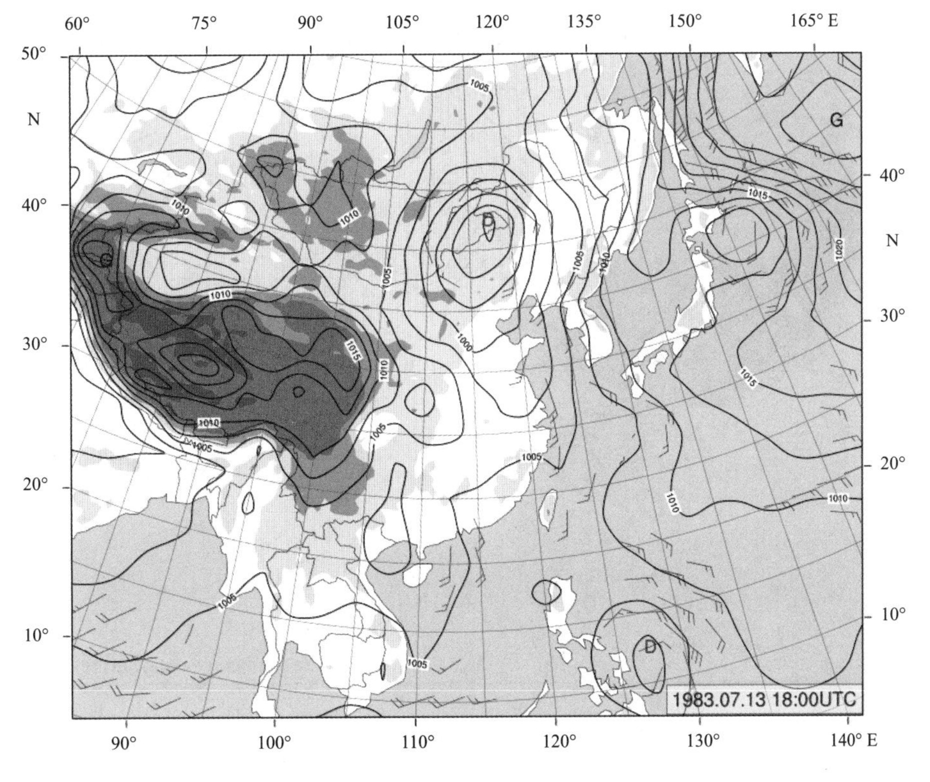

图3.210　1983年7月14日02时地面天气图

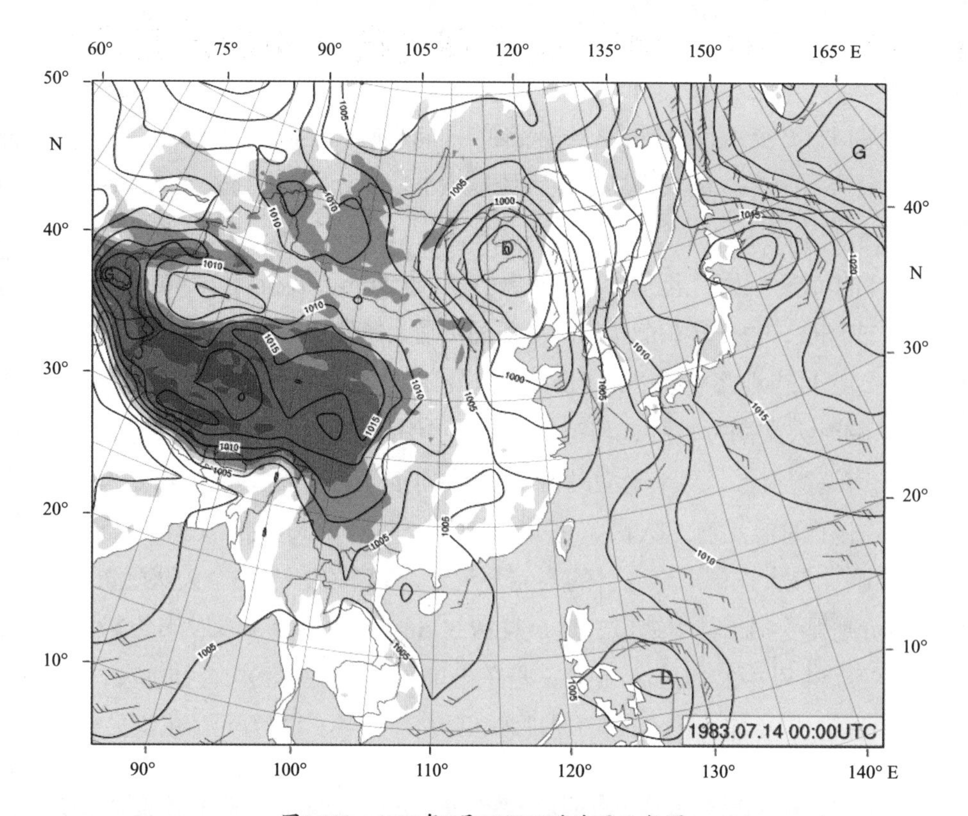

图3.211　1983年7月14日08时地面天气图

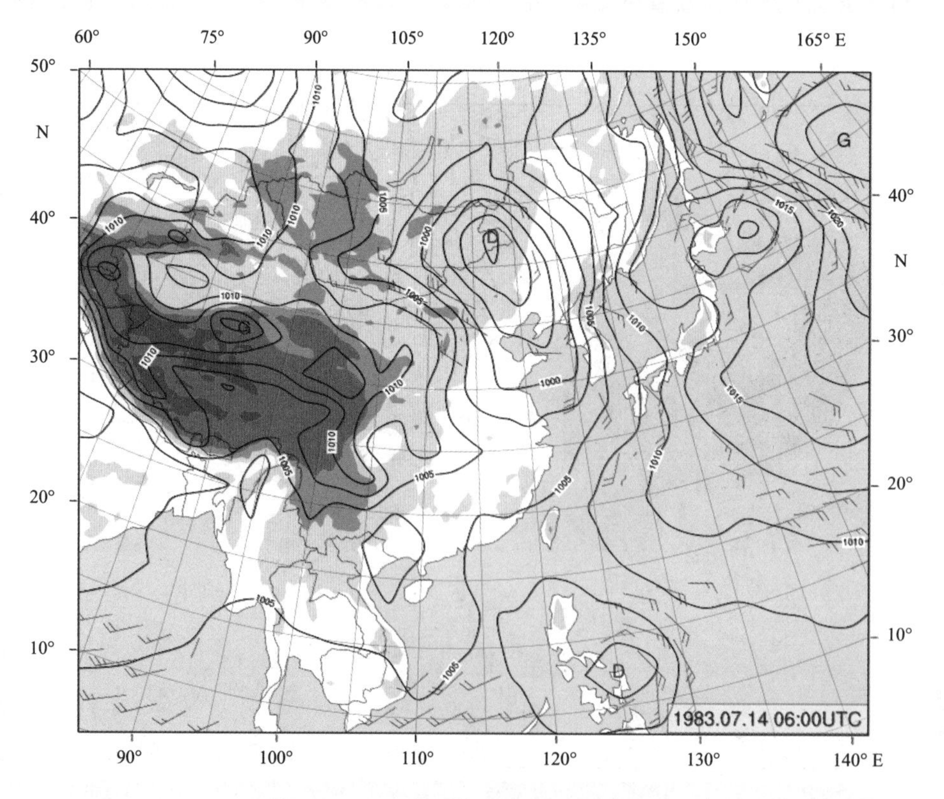

图3.212　1983年7月14日14时地面天气图

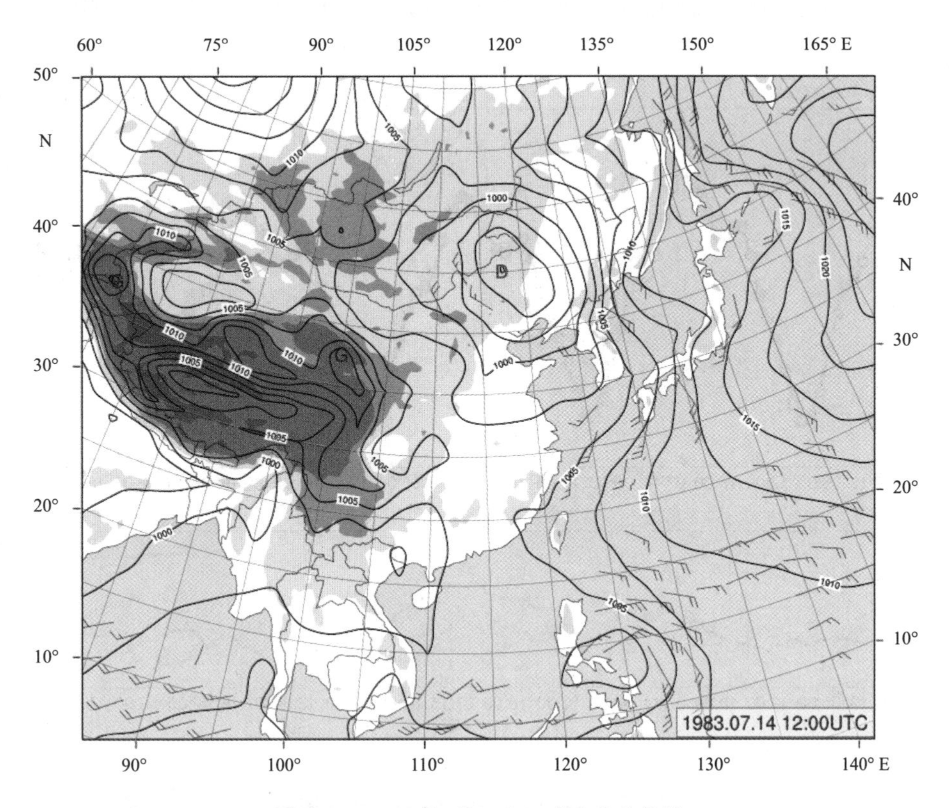

图3.213　1983年7月14日20时地面天气图

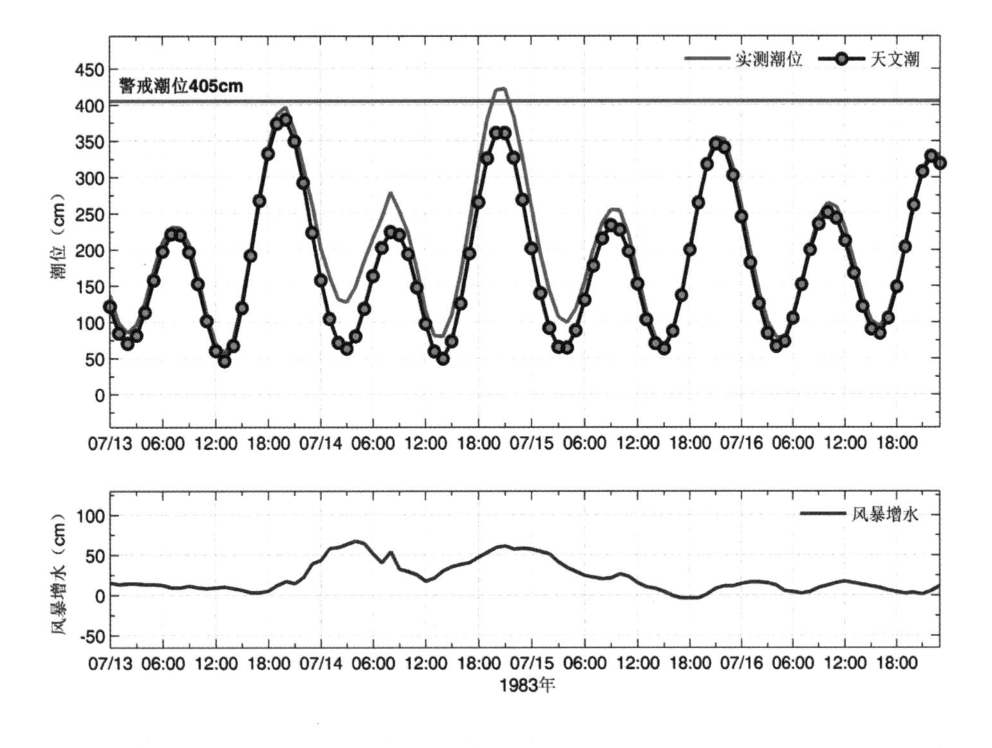

图3.214　葫芦岛站实测潮位、天文潮位和风暴增水随时间变化

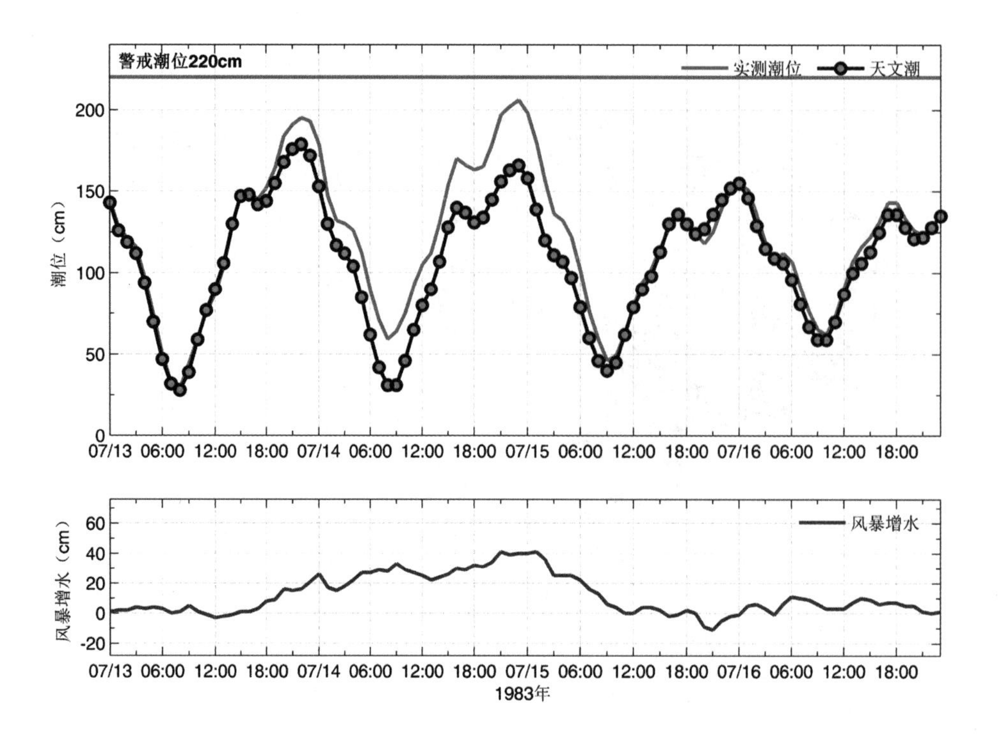

图3.215　秦皇岛站实测潮位、天文潮位和风暴增水随时间变化

3.30　1987“10·30”风暴潮灾害（冷高压型）

1987年10月29日—11月1日，受冷高压南下影响，河北、天津、山东、江苏沿海先后出现风暴潮过程。河北秦皇岛站29日11时最大增水0.57 m。天津塘沽站29日16时最大增1.66 m，17时40分最高潮位4.82 m，接近当地警戒潮位。山东羊角沟站29日19时起连续18个小时增水大于1.0 m，30日00时最大增水2.26 m，29日19时33分最高潮位5.21m，接近当地警戒潮位；龙口站29日21时最大增水0.97 m。江苏连云港站11月1日20时最大增水0.63 m。

因滩涂开发施工，山东寿光、寒亭、昌邑损失价值1 645万元的沙子、土方、石料等各类材料与麻袋、草袋等各类物品。

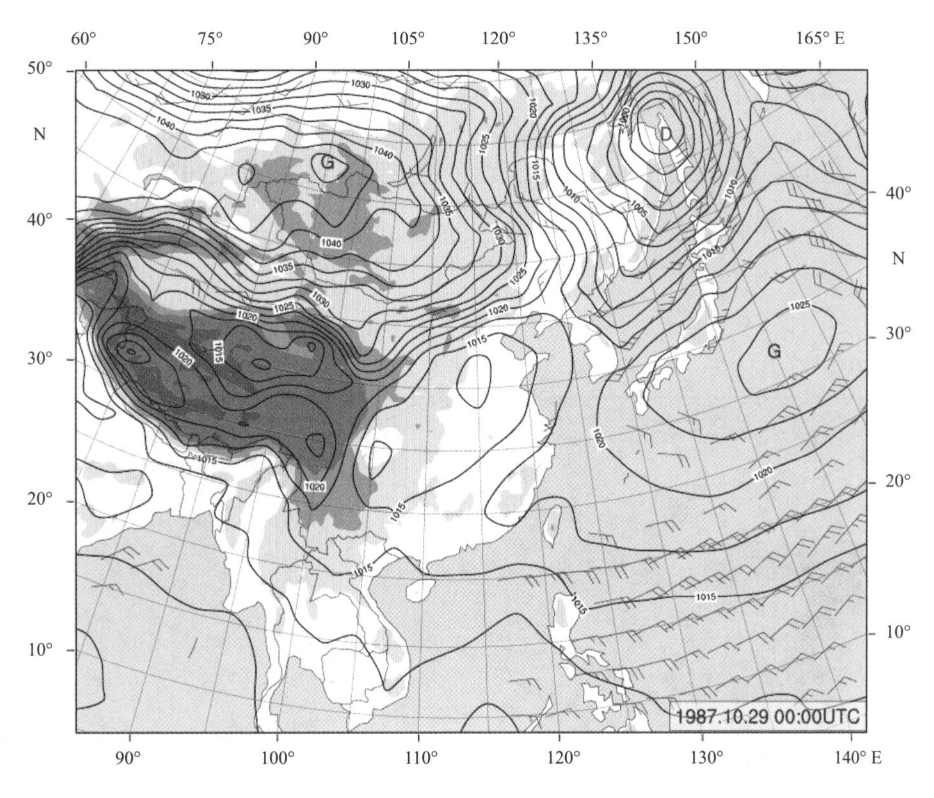

图3.216　1987 年10月29日08时地面天气图

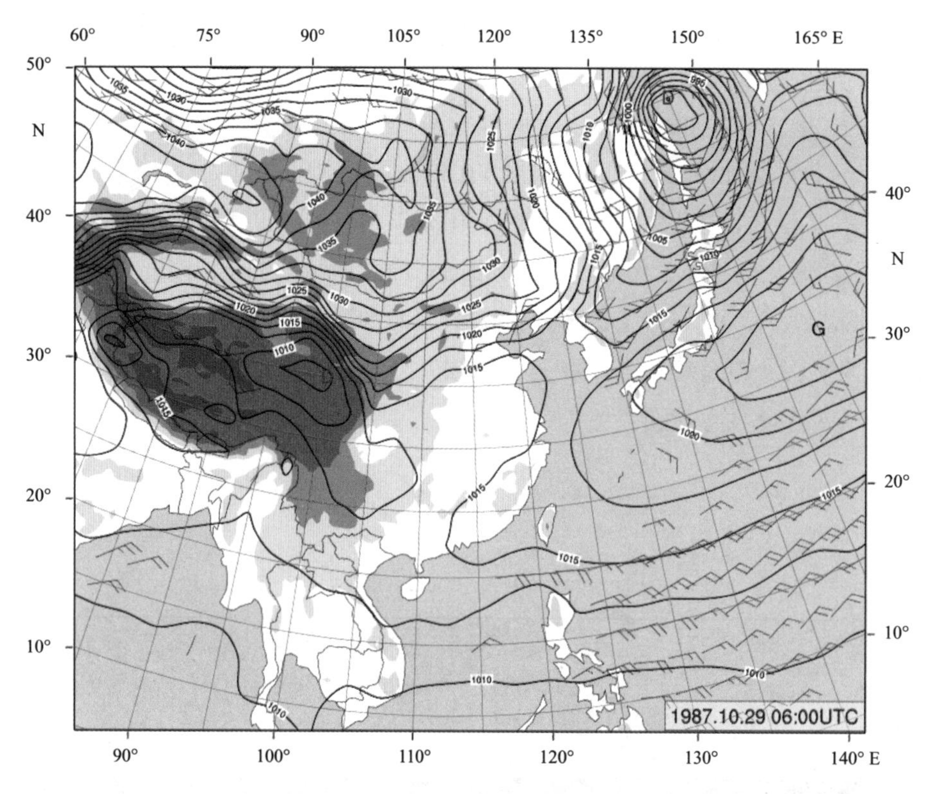

图3.217　1987 年10月29日14时地面天气图

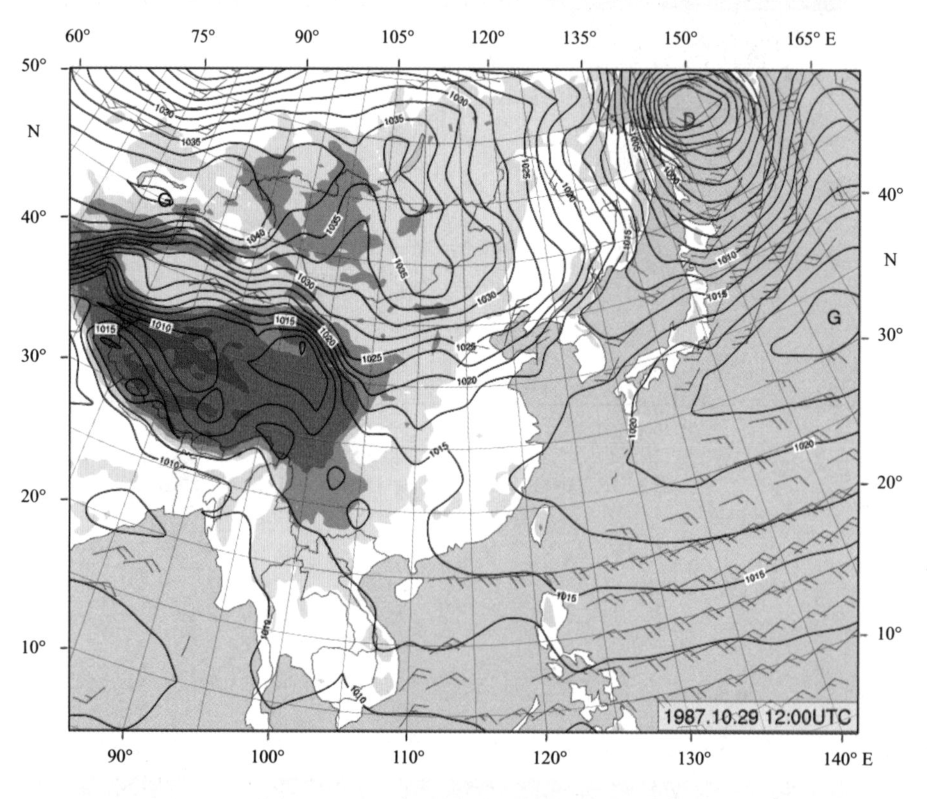

图3.218　1987 年10月29日20时地面天气图

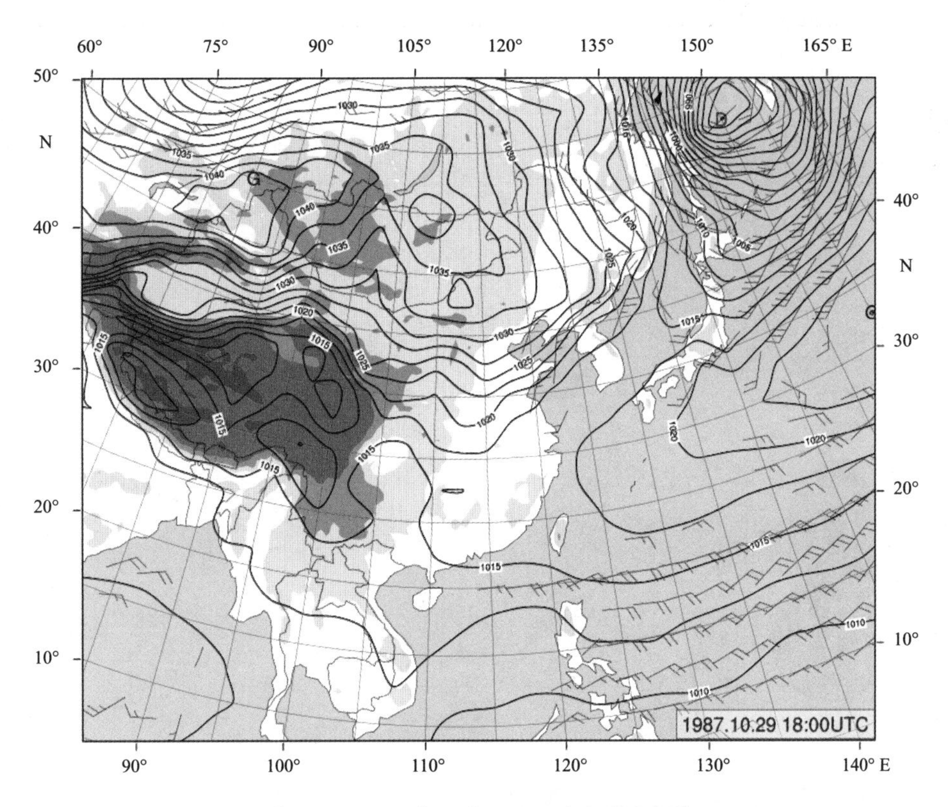

图3.219　1987 年10月30日02时地面天气图

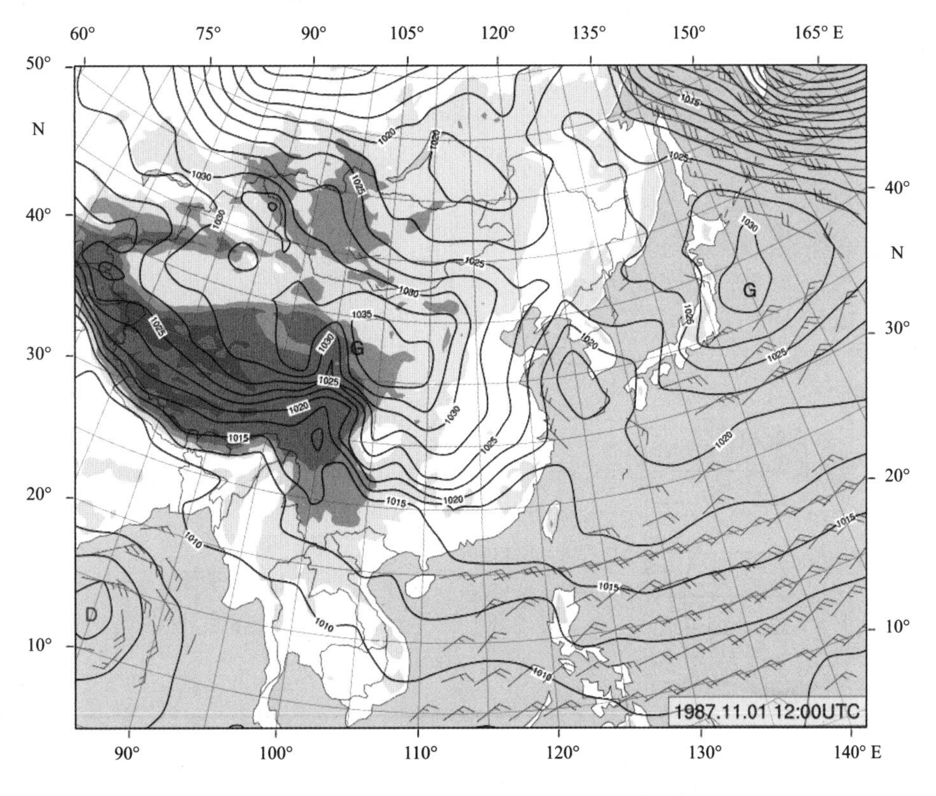

图3.220　1987 年11月01日20时地面天气图

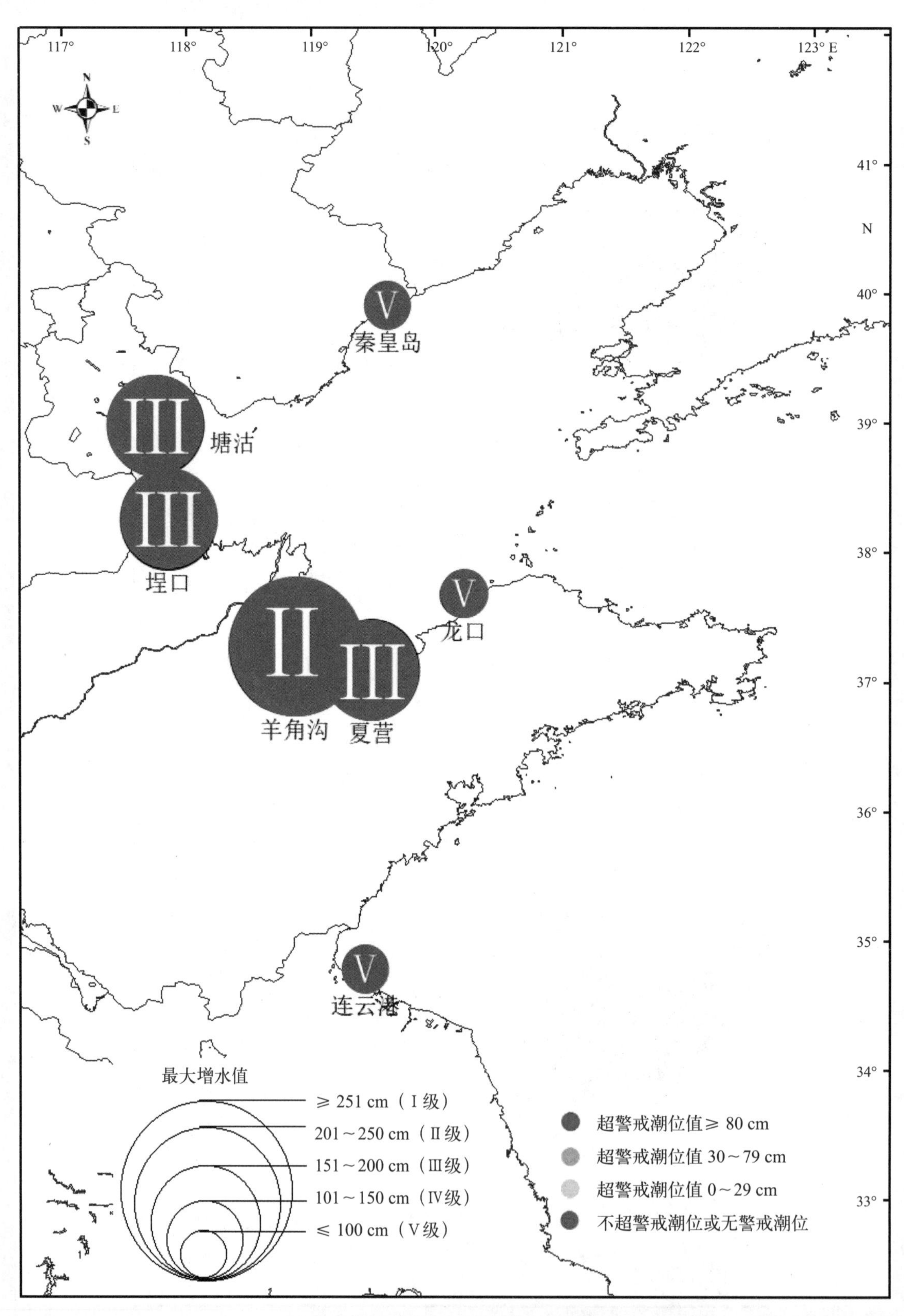

图3.221　1987“10·29”风暴潮空间分布

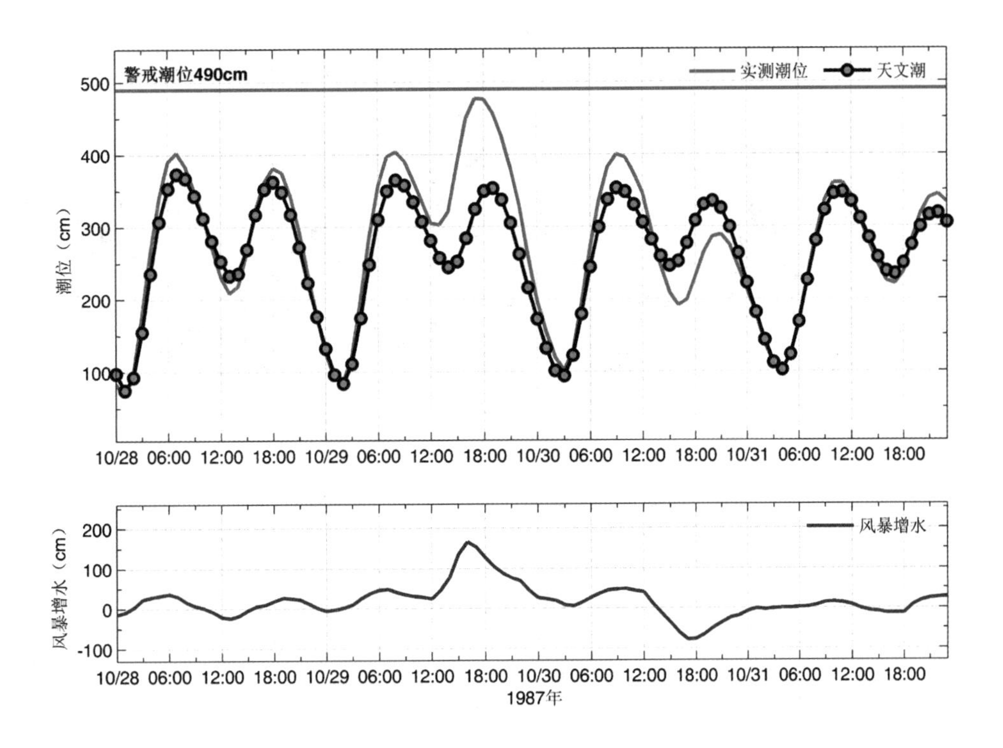

图3.222　塘沽站实测潮位、天文潮位和风暴增水随时间变化

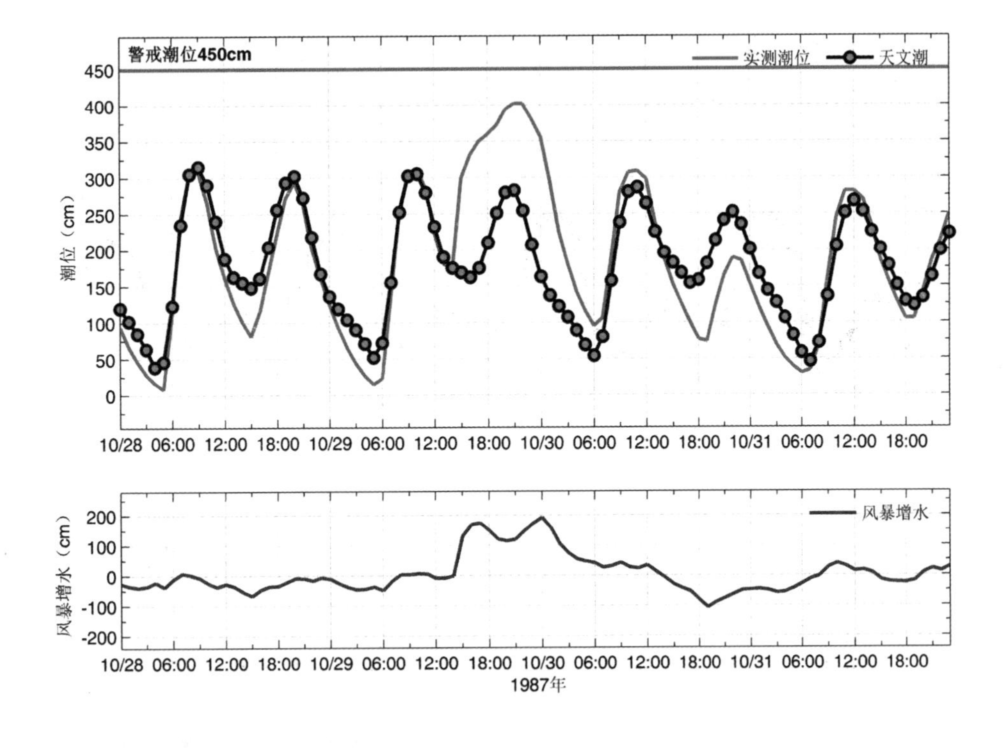

图3.223　埕口站实测潮位、天文潮位和风暴增水随时间变化

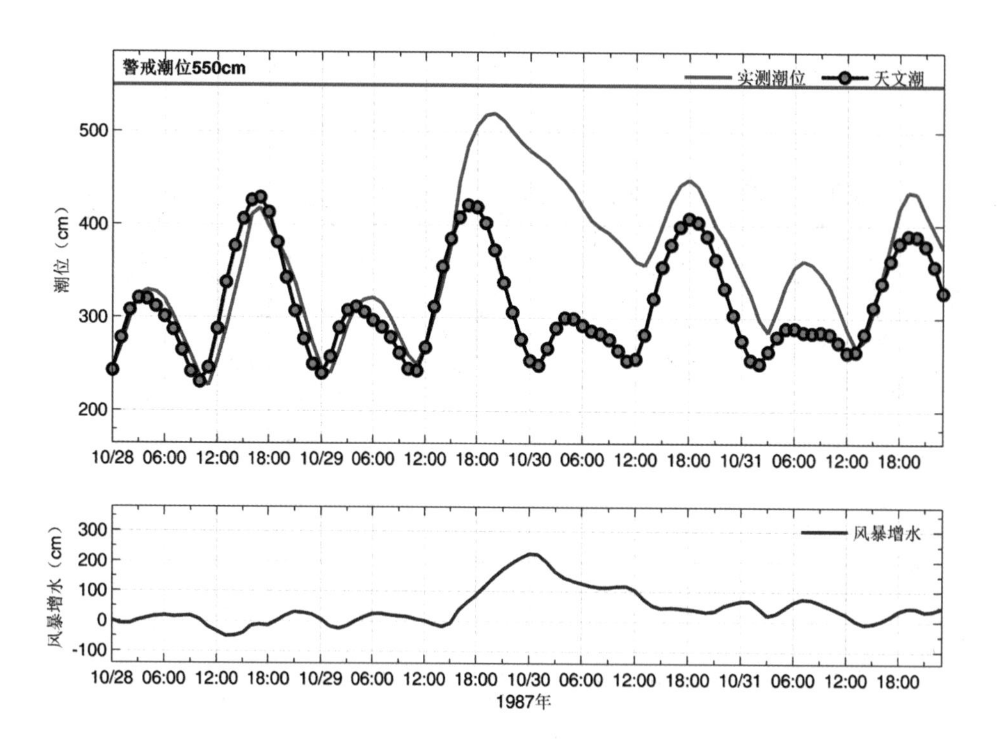

图3.224　羊角沟站实测潮位、天文潮位和风暴增水随时间变化

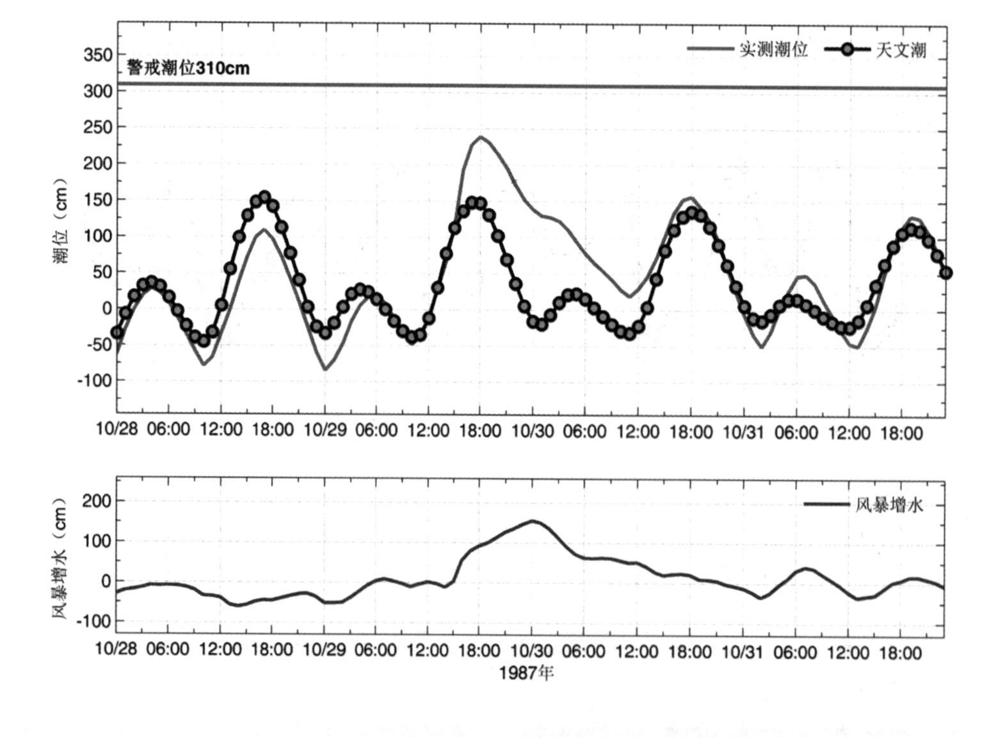

图3.225　夏营站实测潮位、天文潮位和风暴增水随时间变化

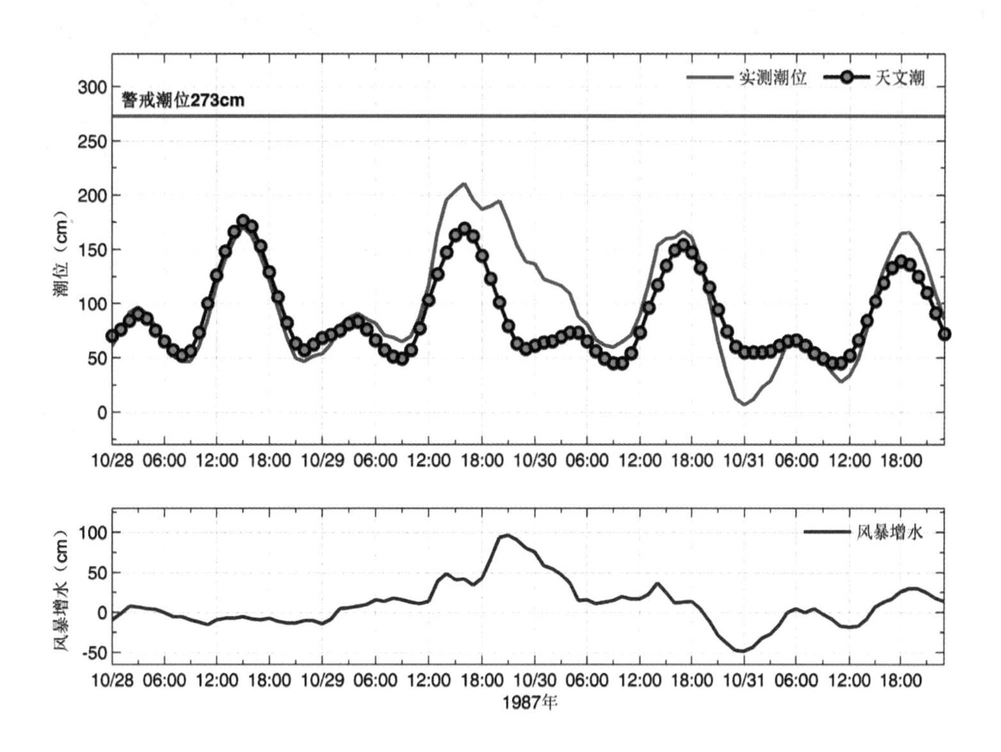

图3.226 龙口站实测潮位、天文潮位和风暴增水随时间变化

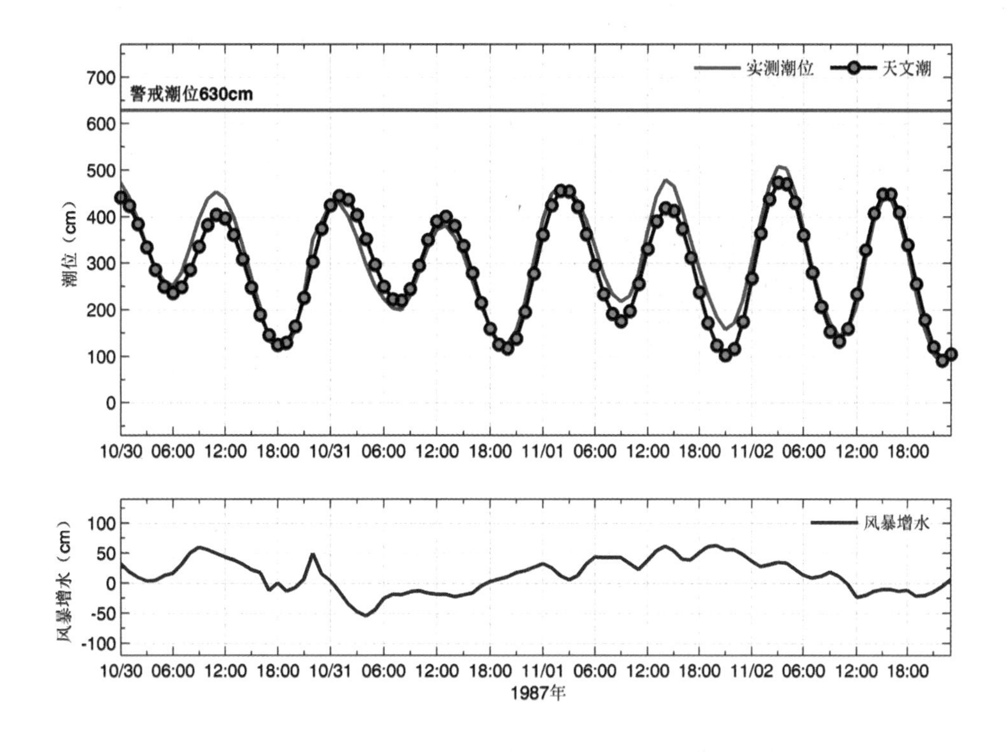

图3.227 连云港站实测潮位、天文潮位和风暴增水随时间变化

3.31 1987“11·27”风暴潮灾害（冷高压与西南低压配合型）

1987年11月25—27日，受冷高压与西南低压共同影响，渤海湾、莱州湾出现特强风暴潮。天津塘沽站25日14时起1.0m以上增水持续19个小时，期间19时最大风暴增水1.73 m，当日17时49分最高潮位4.97 m，超过当地警戒潮位0.07 m。26日09时起增水略有回落，17时起增水有所增大。山东羊角沟站从25日23时起至27日16时持续42个小时逐时增水均超过1.0 m，26日19时起2.0m以上增水持续17个小时，期间27日00时最大风暴增水2.79 m，27日05时45分最高潮位5.83 m，超过当地警戒潮位0.33 m；龙口站27日02时最大风暴增水1.07 m；烟台站26日16时最大风暴增水0.60 m。江苏连云港站27日20时最大风暴增水0.87 m。

山东省寿光、昌邑、垦利、广饶、东营等县、市部分乡镇发生潮灾。潮水淹没虾池2 000 hm^2、盐田2 667 hm^2，冲走原盐2 000 t，冲毁防潮堤65.4 km，毁坏扬水站、水闸等设施93处；41艘船只受损，另有大批工程物资和生活用品被潮水淹没，粗略估计总损失约2 208万元。

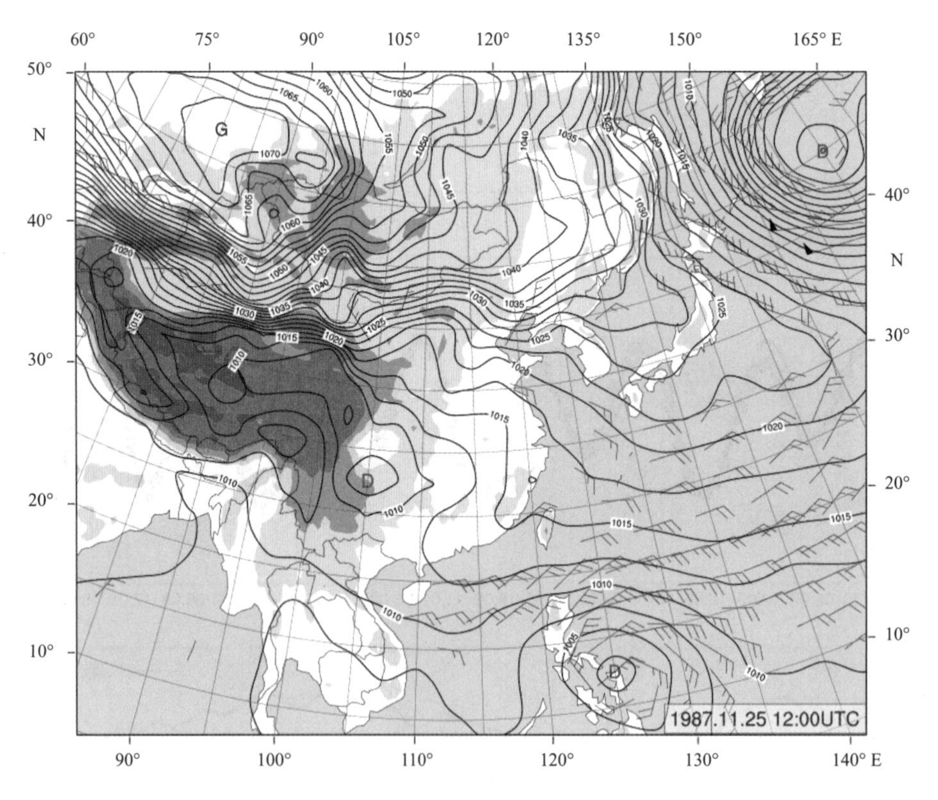

图3.228 1987年11月25日20时地面天气图

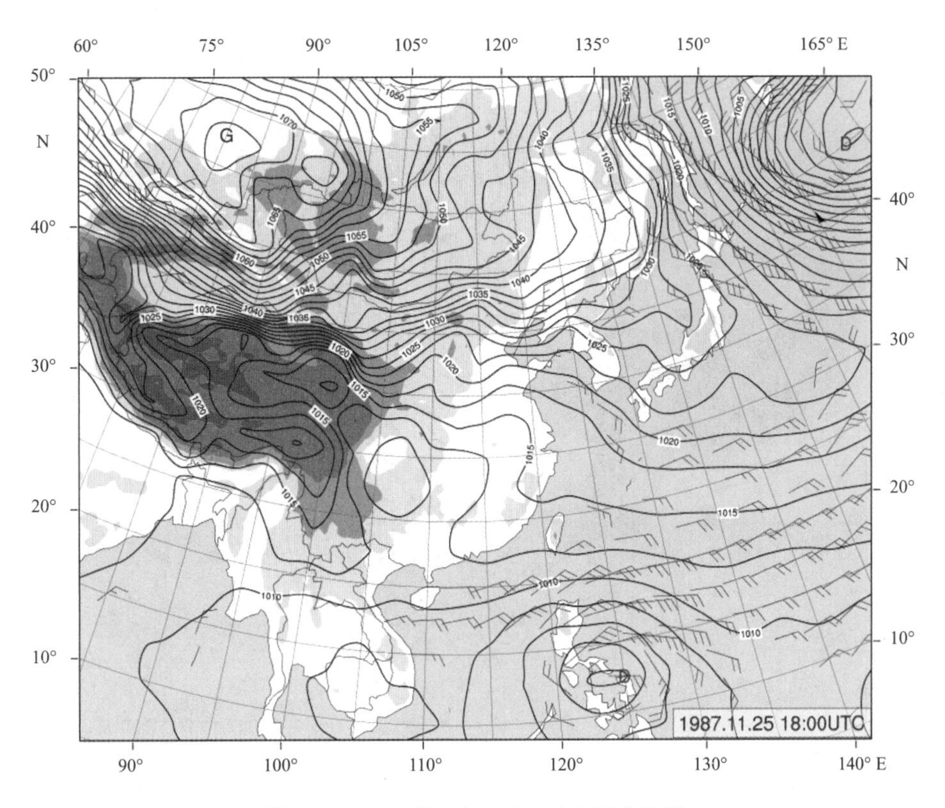

图3.229　1987年11月26日02时地面天气图

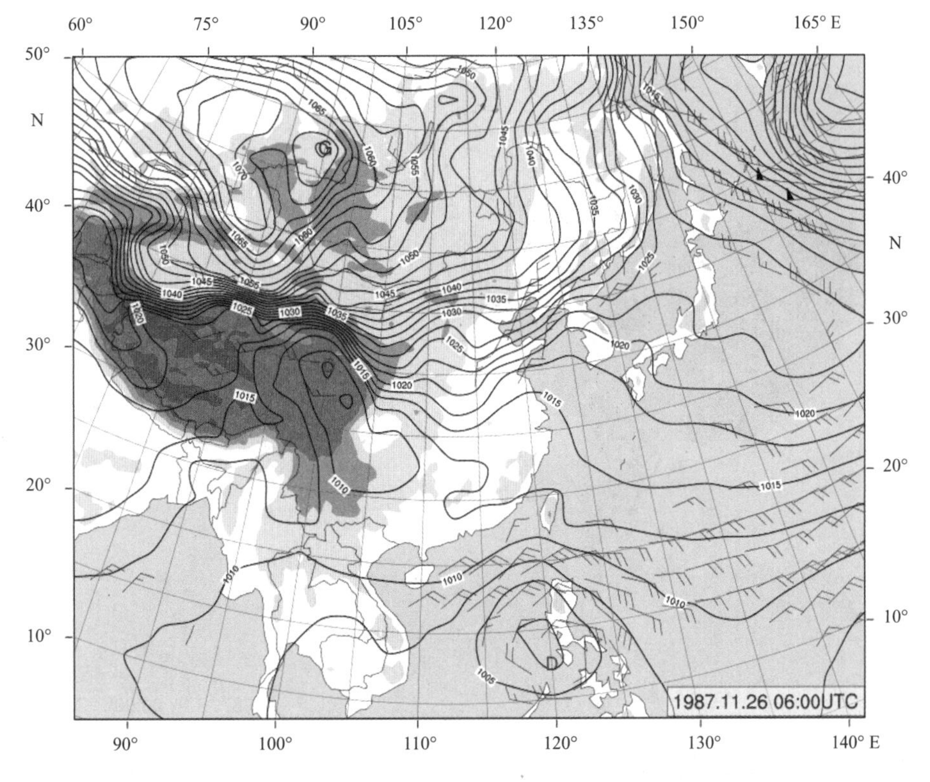

图3.230　1987年11月26日14时地面天气图

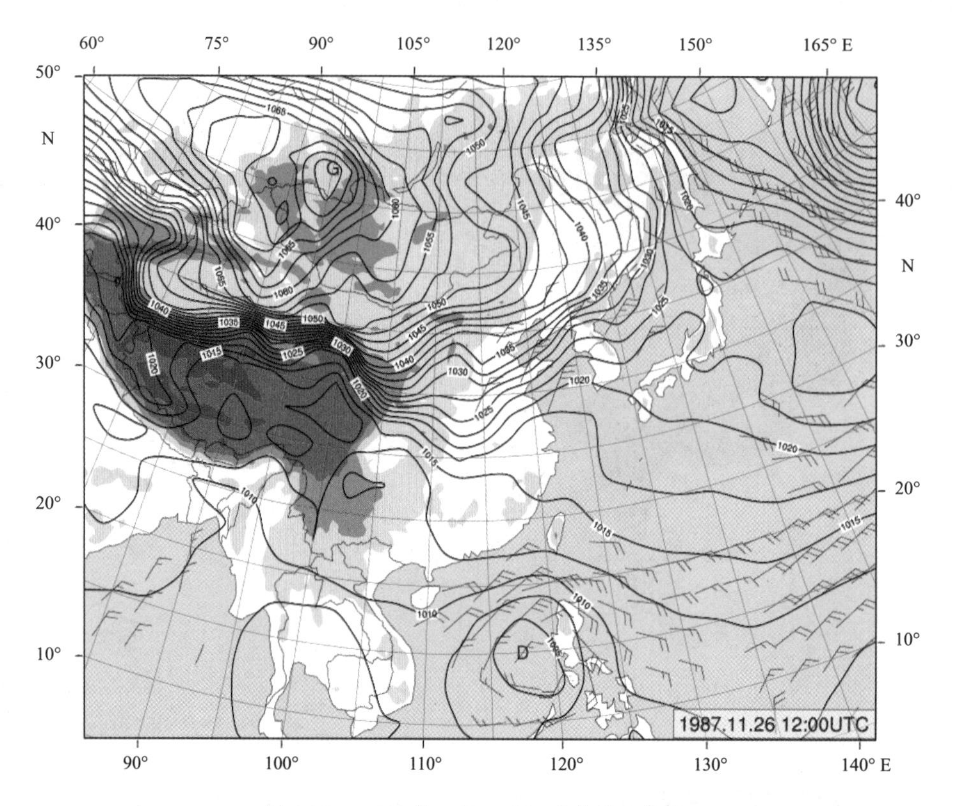

图2.231　1987年11月26日20时地面天气图

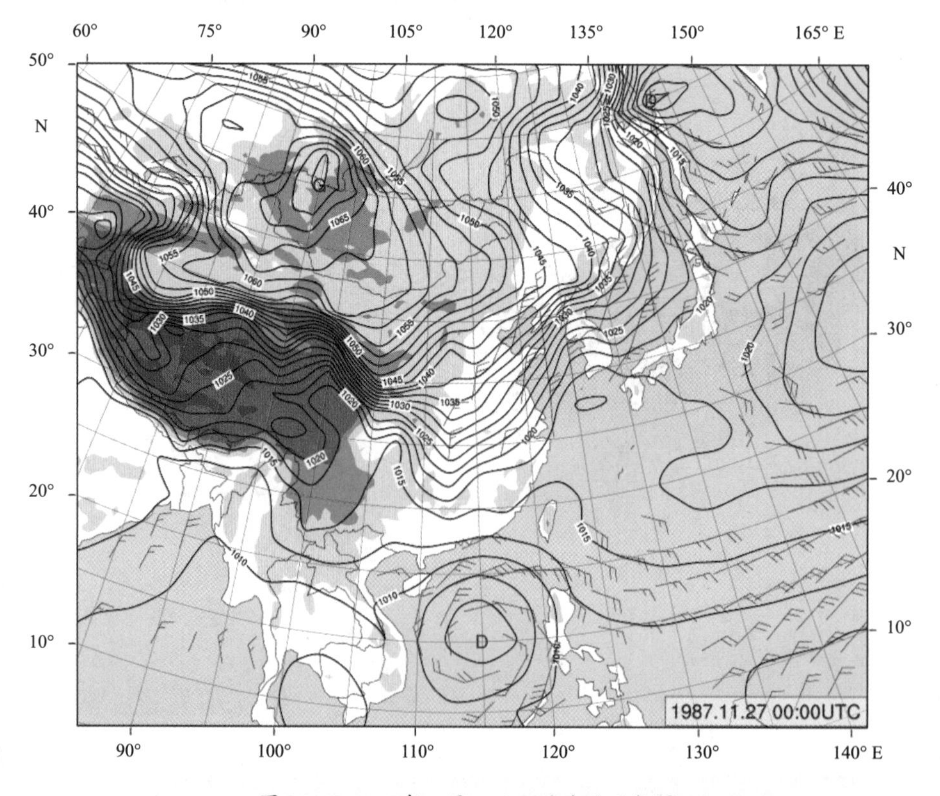

图2.232　1987年11月27日08时地面天气图

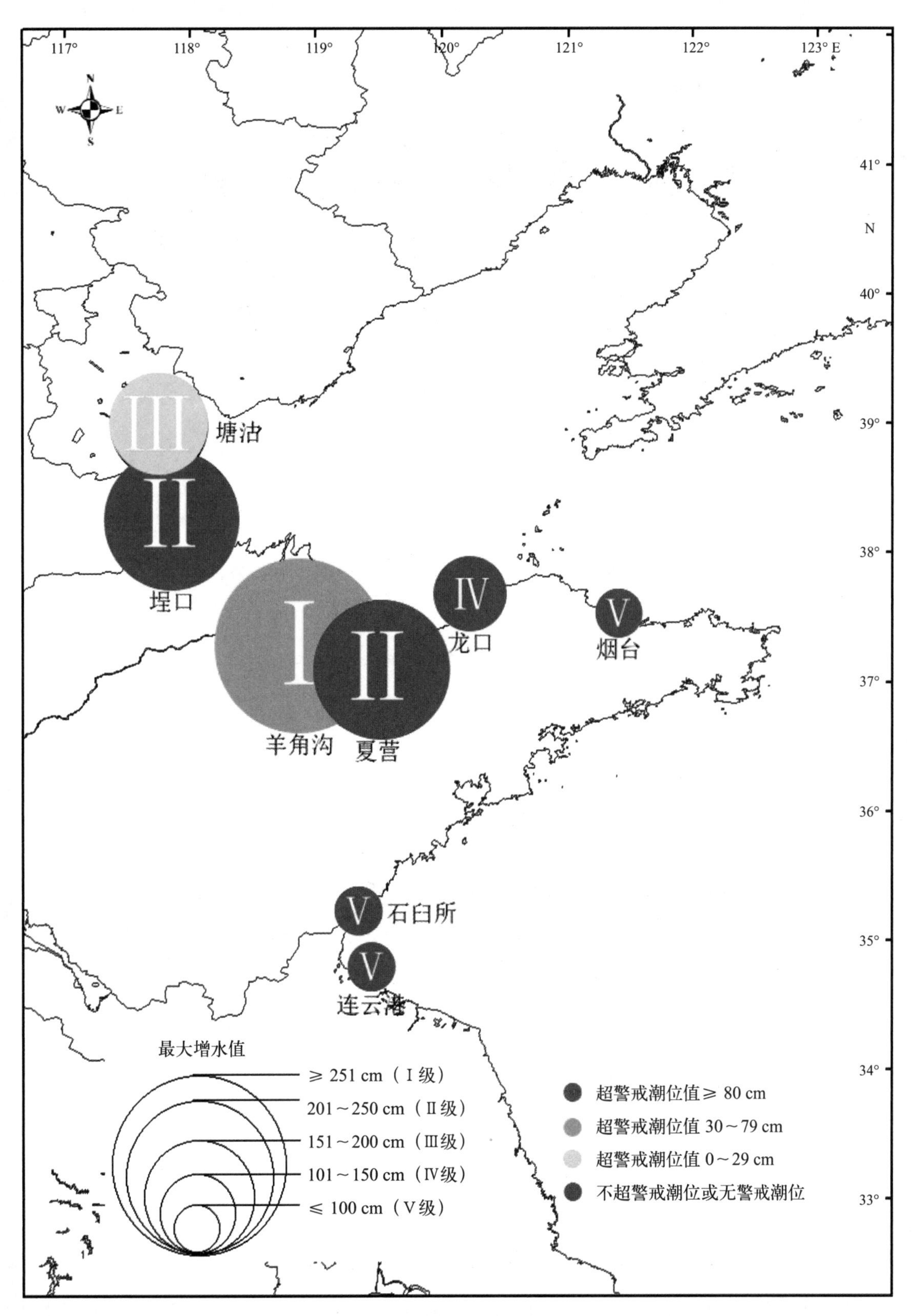

图3.233　1987“11·25”风暴潮空间分布

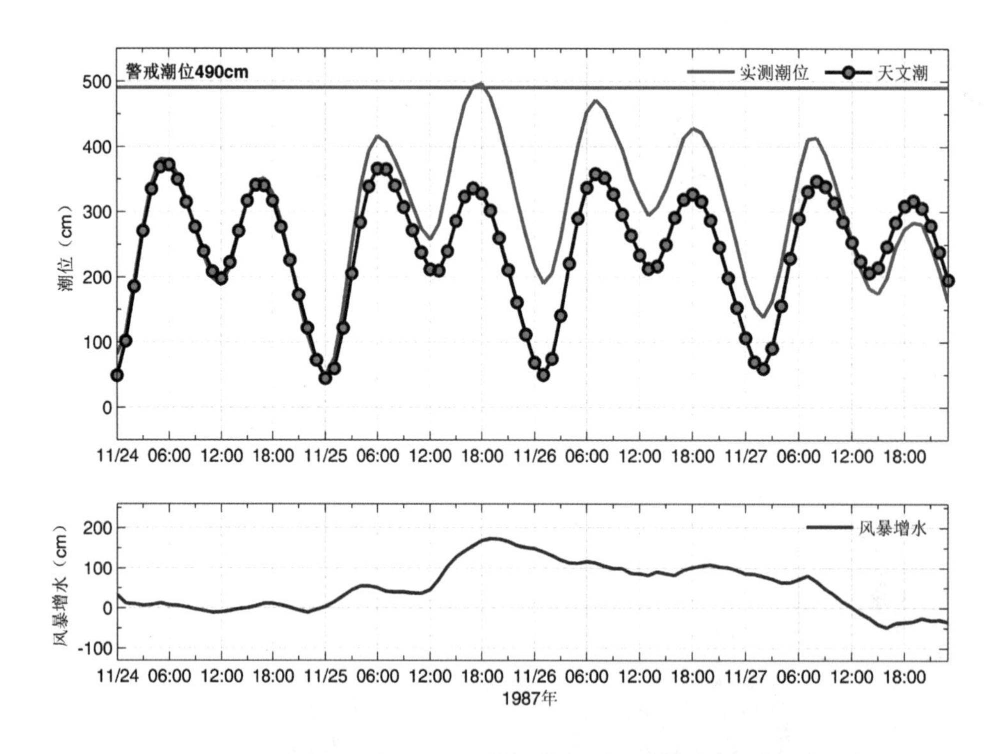

图3.234　塘沽站实测潮位、天文潮位和风暴增水随时间变化

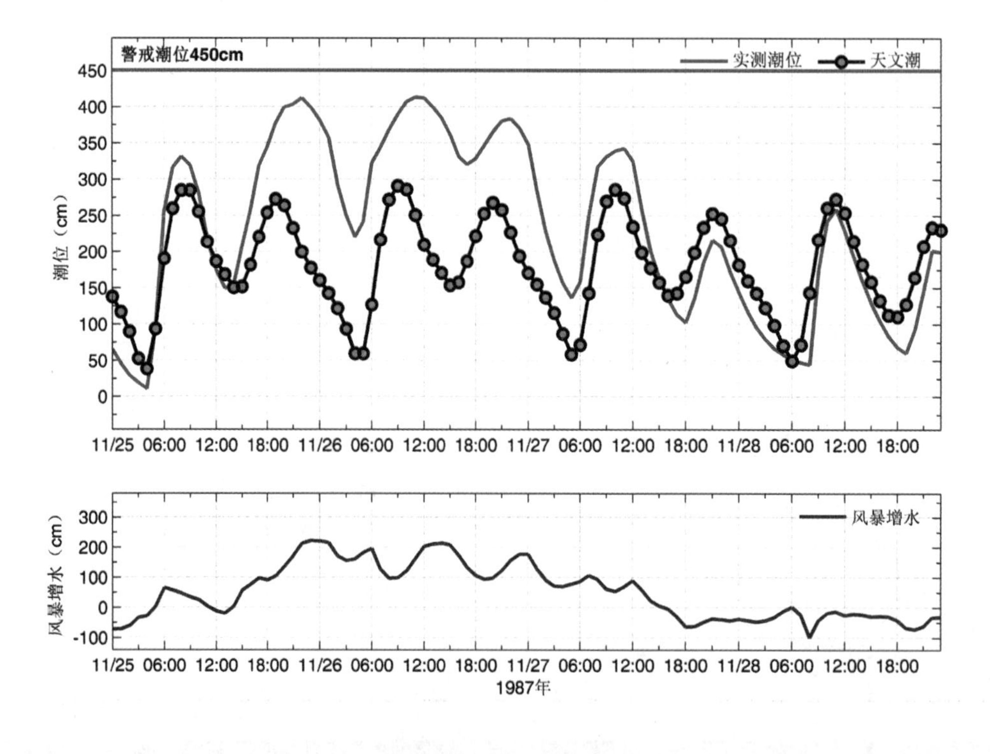

图3.235　埕口站实测潮位、天文潮位和风暴增水随时间变化

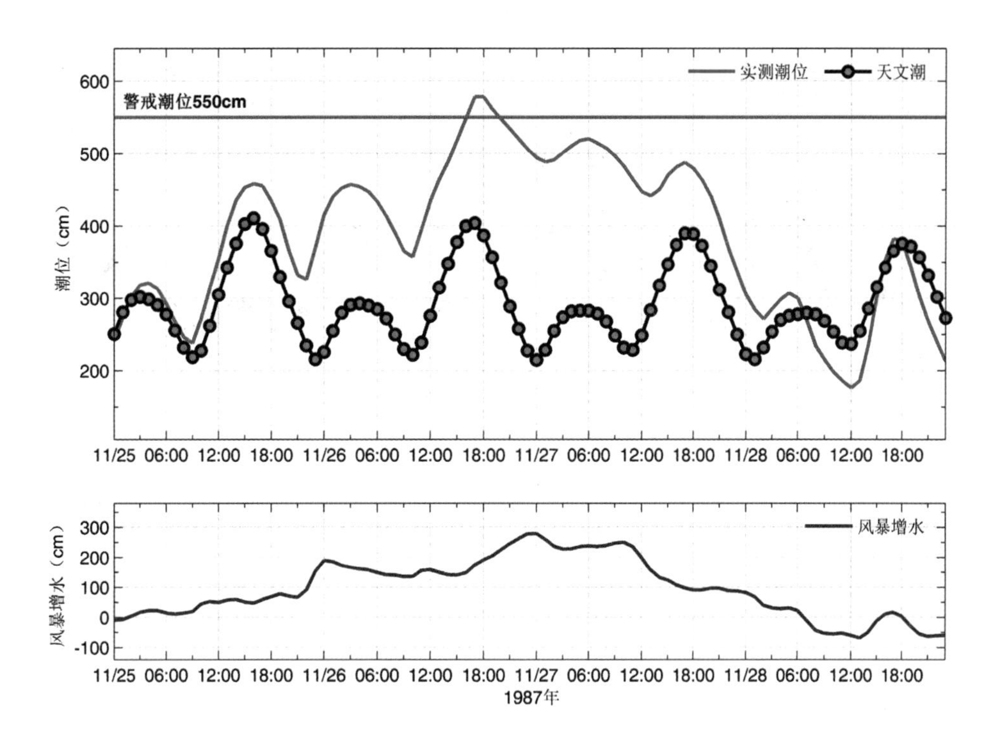

图3.236　羊角沟站实测潮位、天文潮位和风暴增水随时间变化

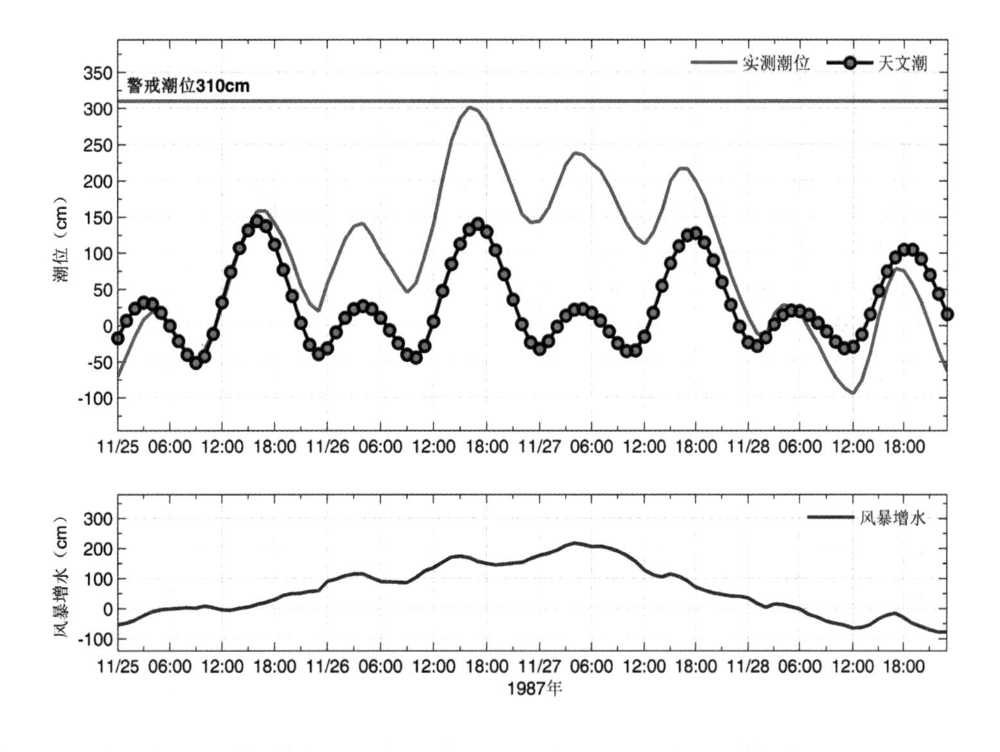

图3.237　夏营站实测潮位、天文潮位和风暴增水随时间变化

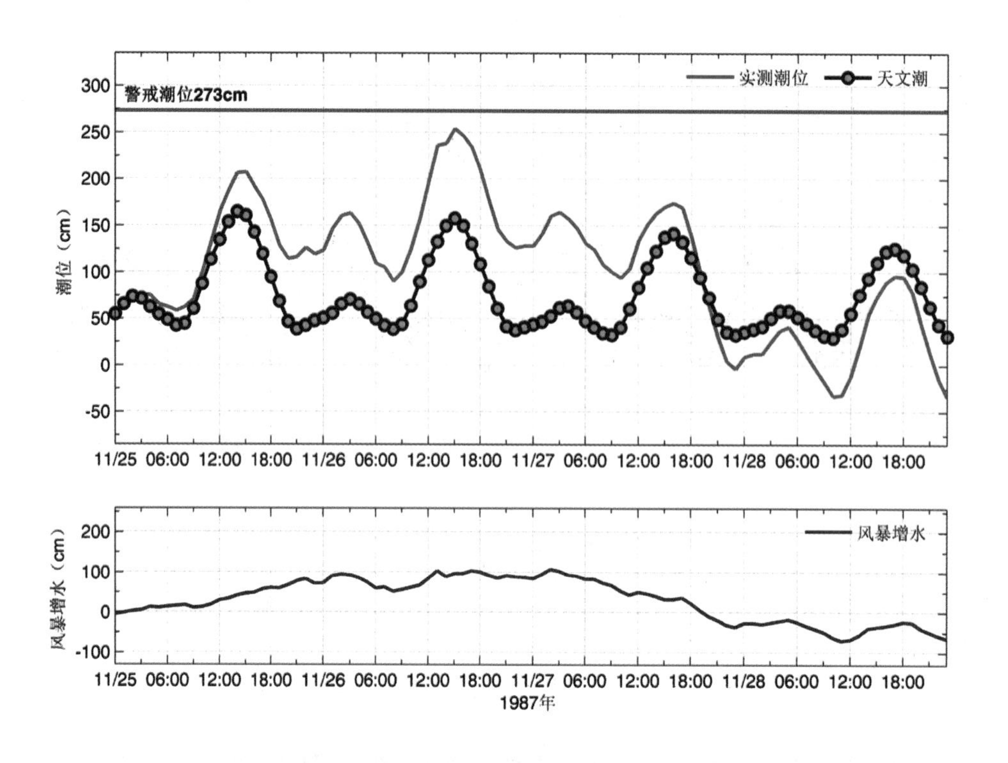

图3.238　龙口站实测潮位、天文潮位和风暴增水随时间变化

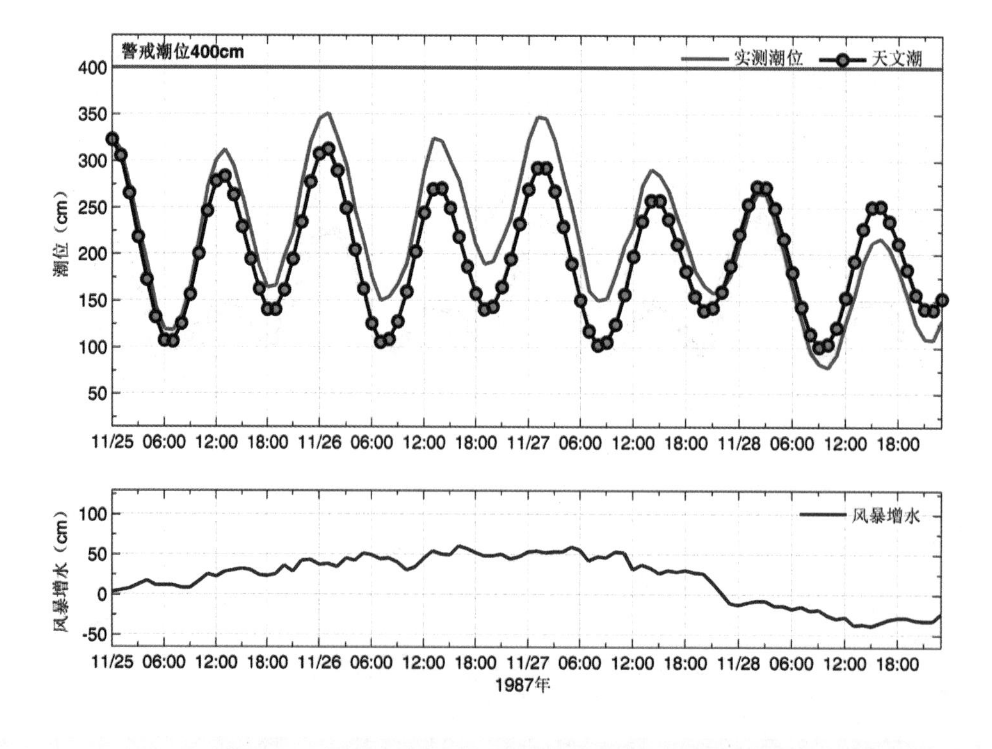

图3.239　烟台站实测潮位、天文潮位和风暴增水随时间变化

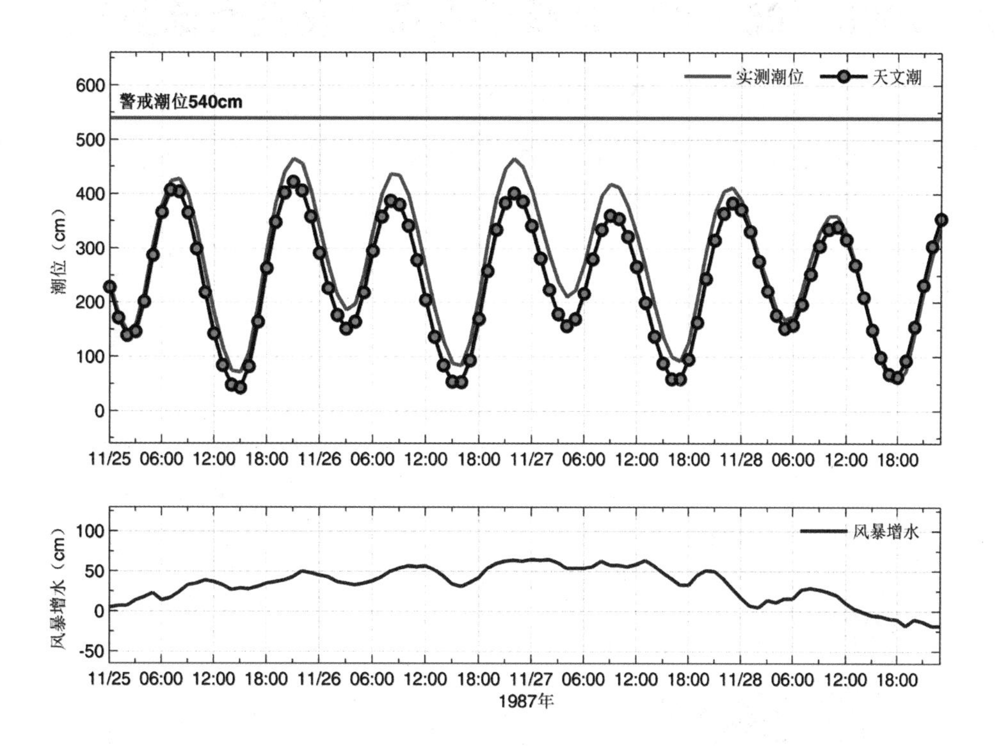

图3.240　石臼所站实测潮位、天文潮位和风暴增水随时间变化

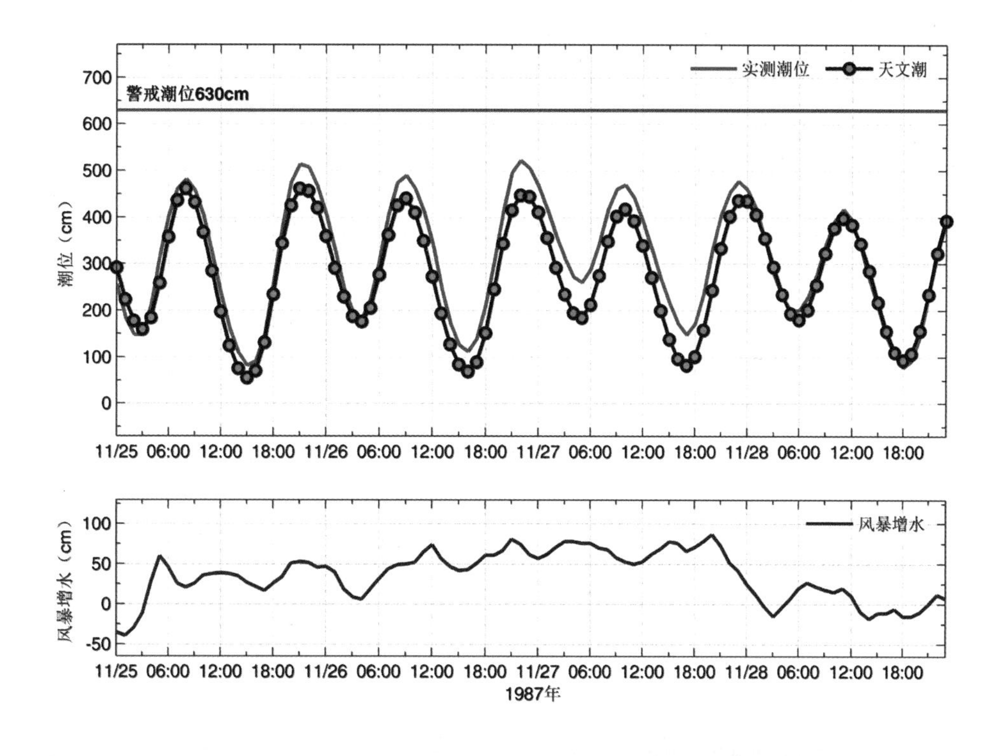

图3.241　连云港站实测潮位、天文潮位和风暴增水随时间变化

3.32 1988“05·07”风暴潮灾害（北高南低型）

1988年5月6—7日，受冷空气与入海气旋的共同影响，海州湾发生较强风暴潮。江苏连云港站7日06时最大增水1.39 m；燕尾站7日07时最大增水2.03 m。山东石臼所站7日05时最大增水0.84 m。

未收集到灾情资料。

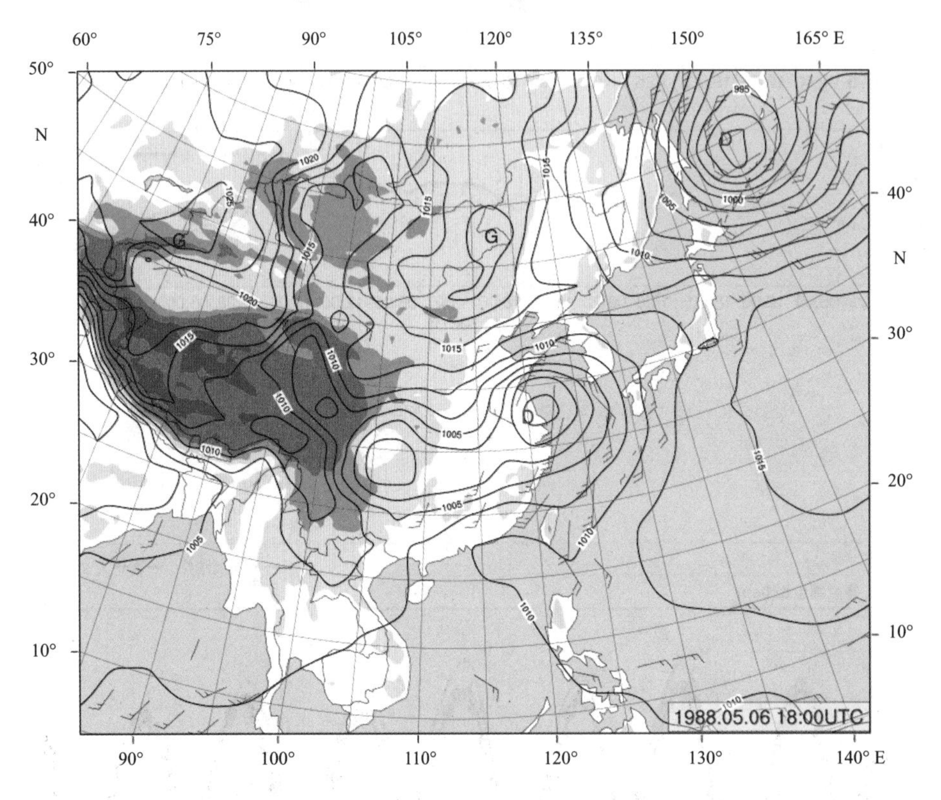

图3.242 1988年5月7日02时地面天气图

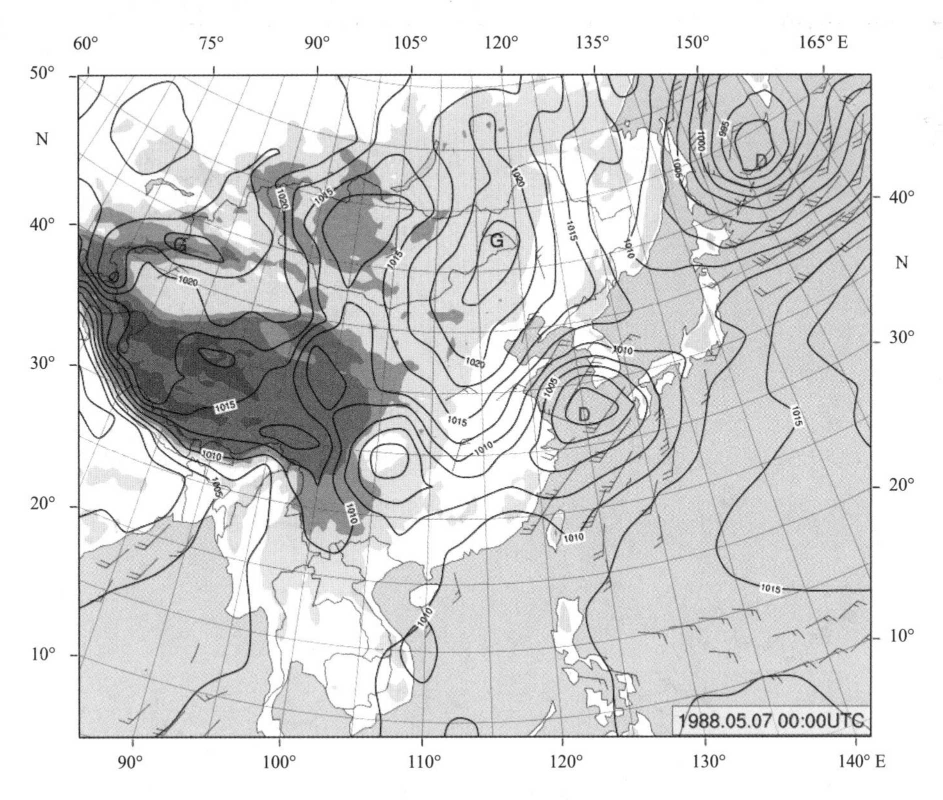

图3.243 1988年5月7日08时地面天气图

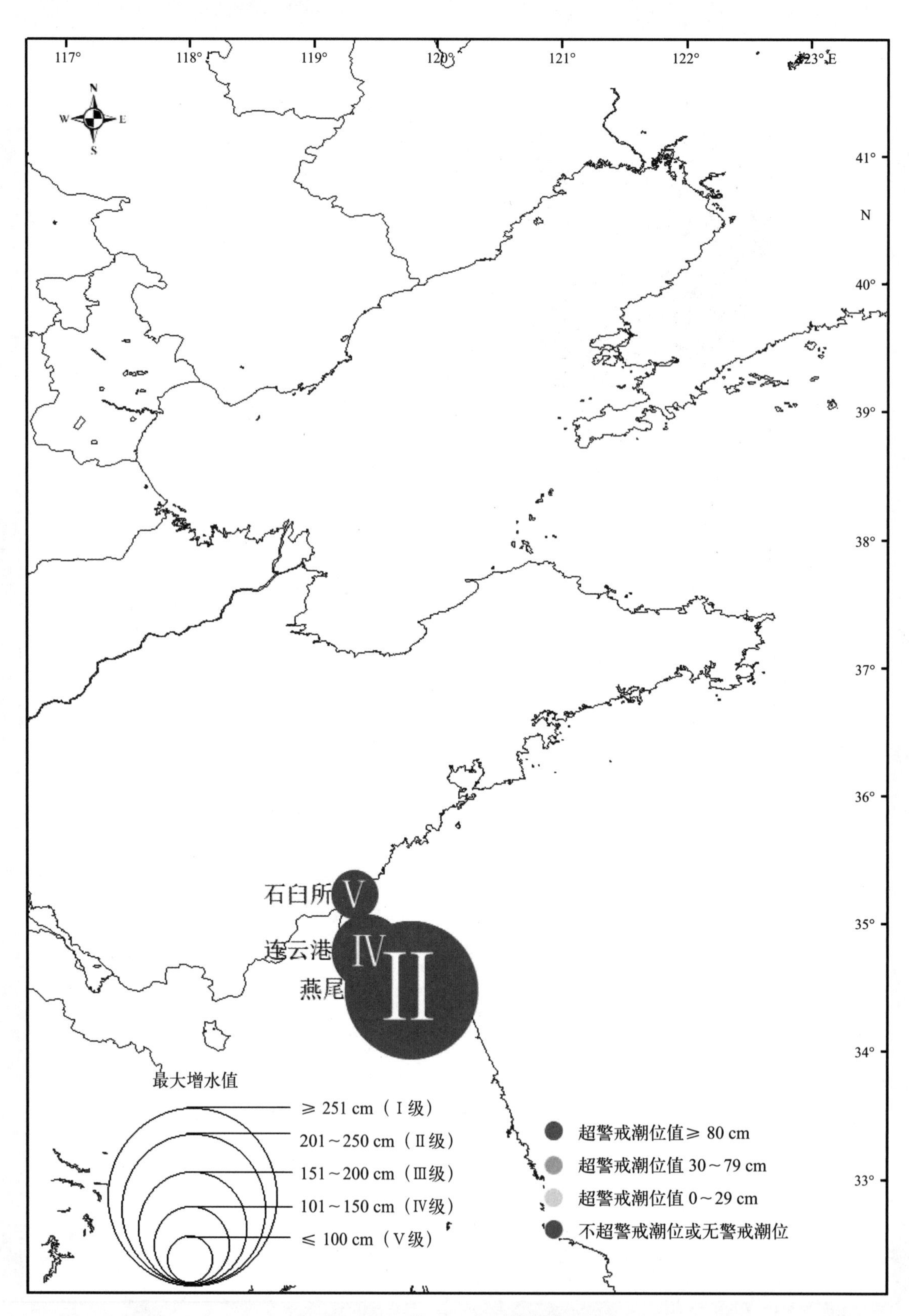

图3.244　1988“05・07”风暴潮空间分布

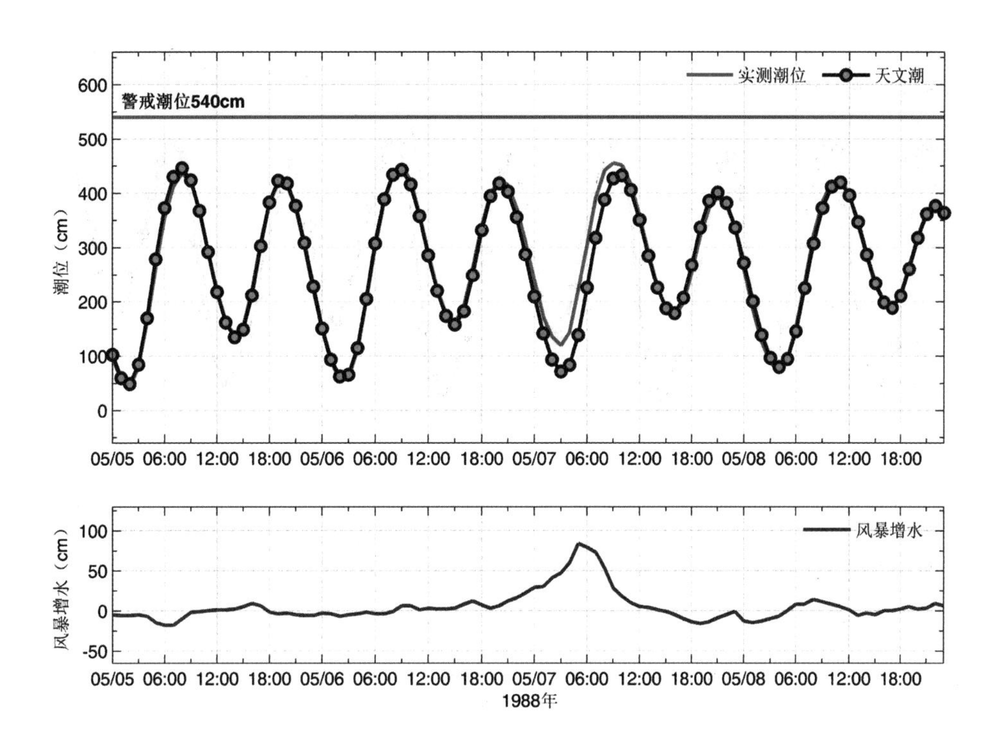

图3.245　石臼所站实测潮位、天文潮位和风暴增水随时间变化

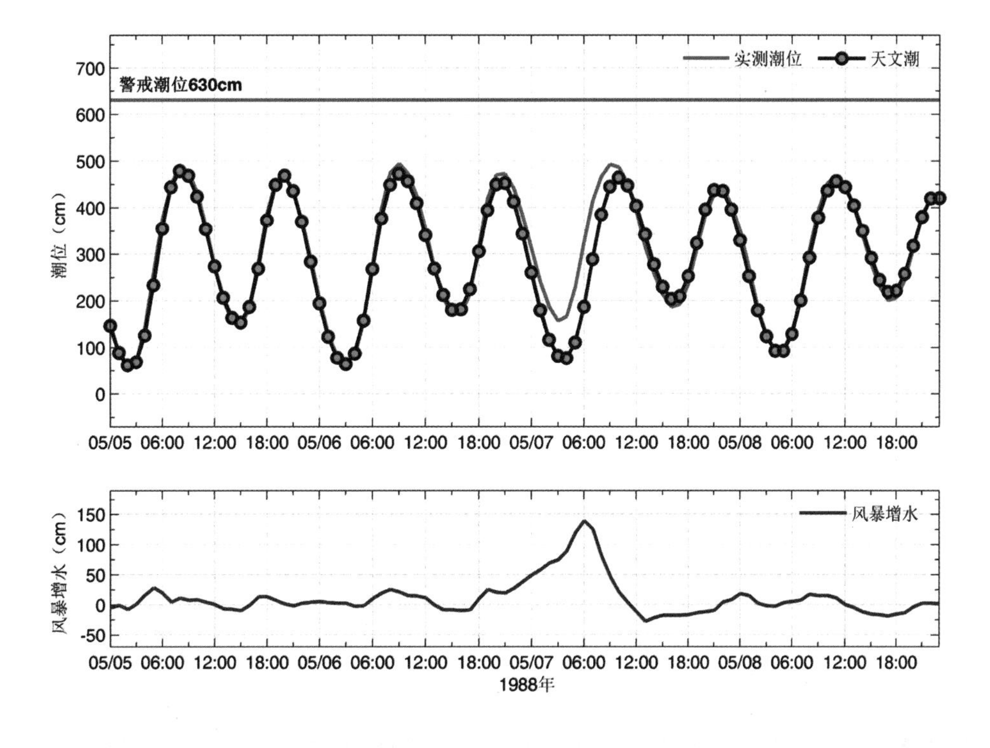

图3.246　连云港站实测潮位、天文潮位和风暴增水随时间变化

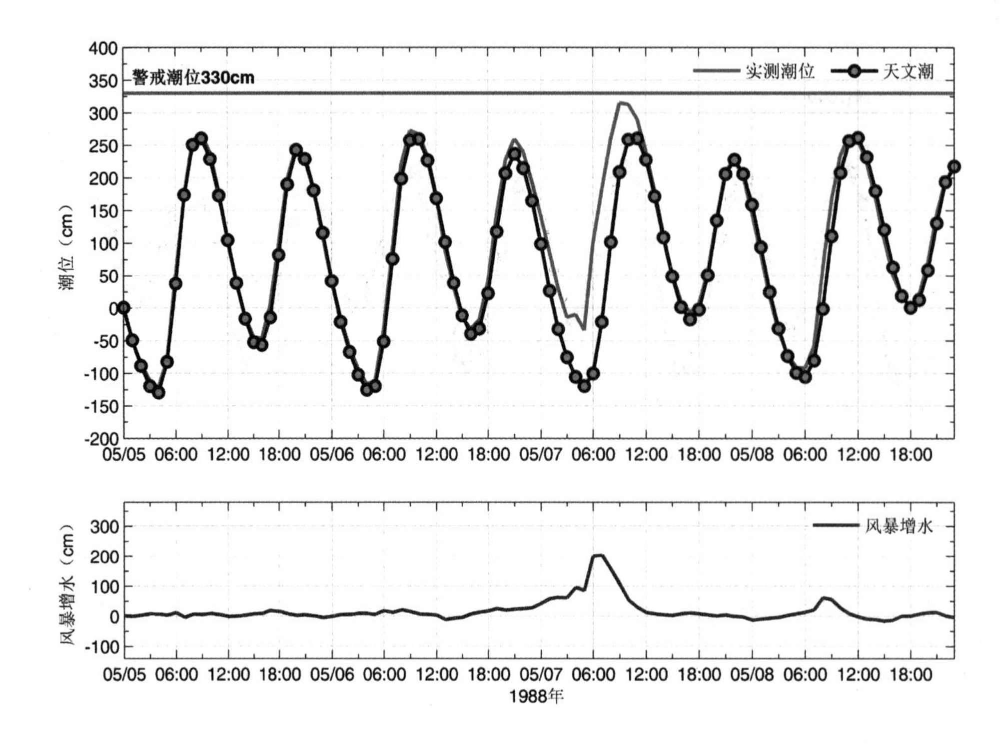

图3.247　燕尾站实测潮位、天文潮位和风暴增水随时间变化

3.33　1989“05·11”风暴潮灾害（孤立气旋型）

1989年5月10—11日，受江淮气旋入海影响，海州湾发生一般强度风暴潮。江苏连云港站10日12时开始出现0.50 m以上的增水，11日04时最大增水0.89 m，发生在当天天文低潮时；燕尾站11日02时最大增水1.12 m。

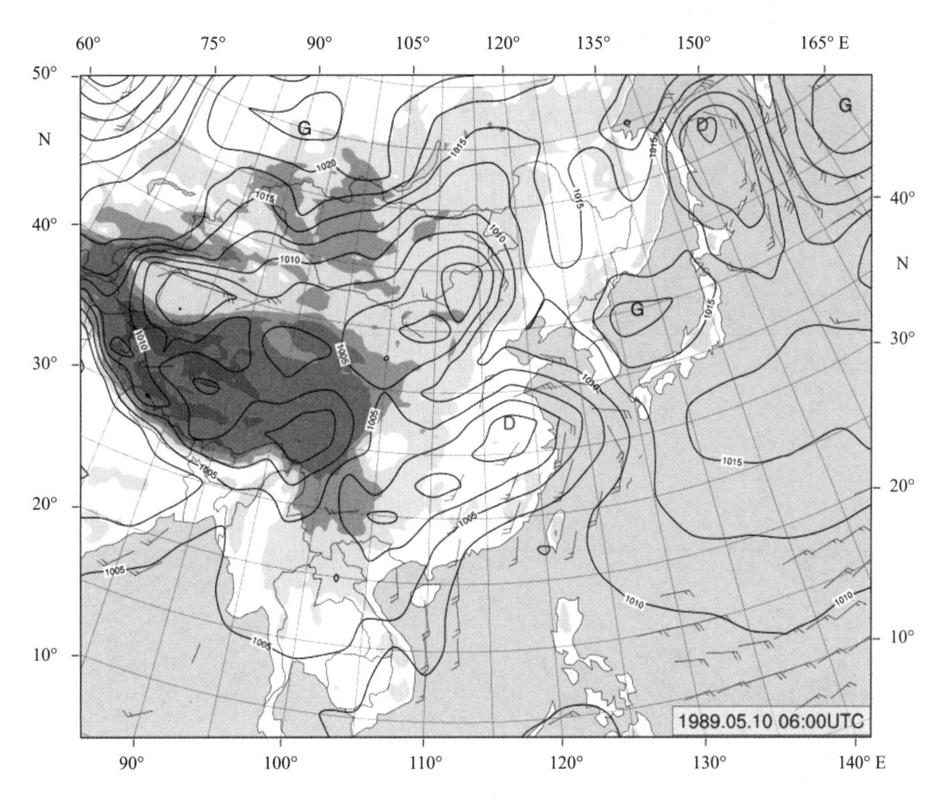

图3.248　1989年5月10日14时地面天气图

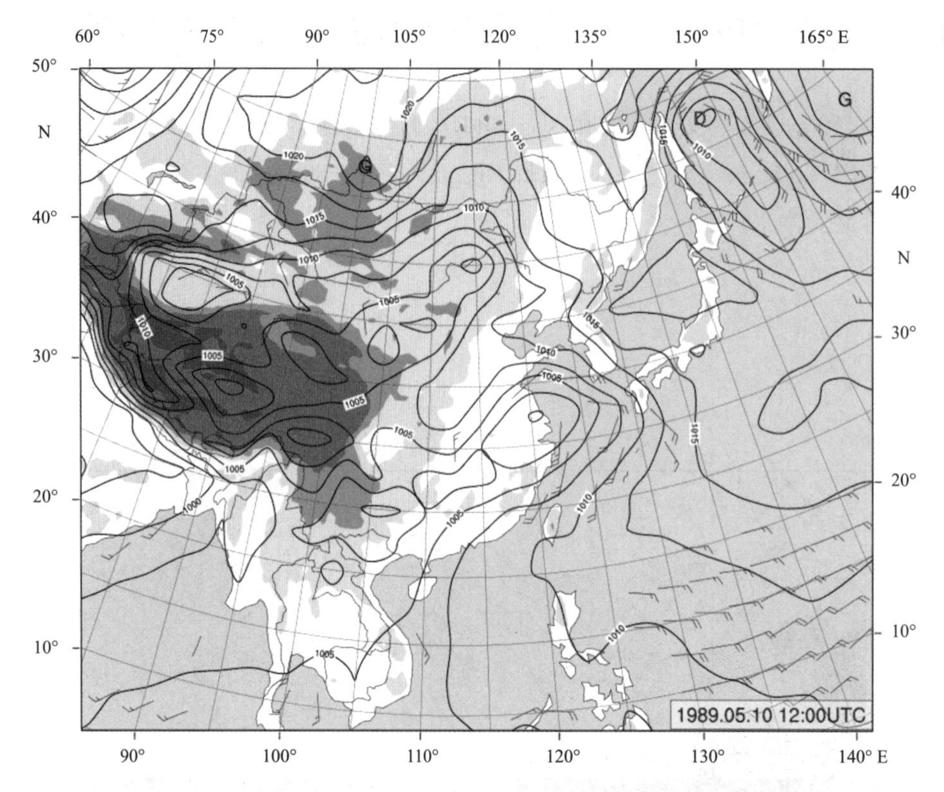

图3.249　1989年5月10日20时地面天气图

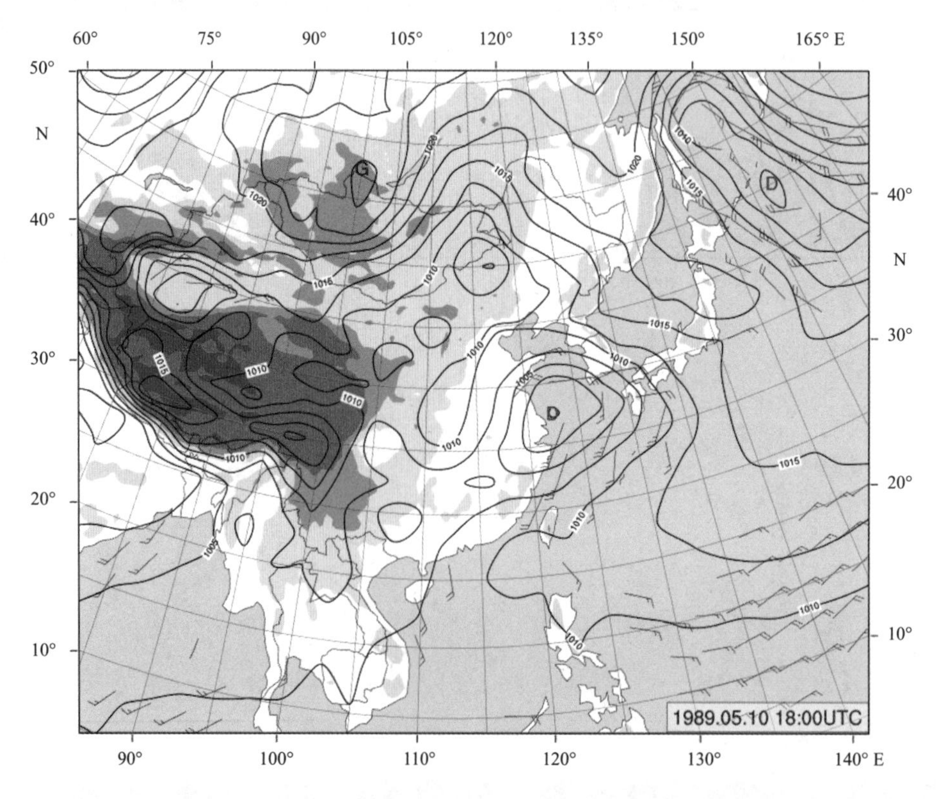

图3.250　1989年5月11日02时地面天气图

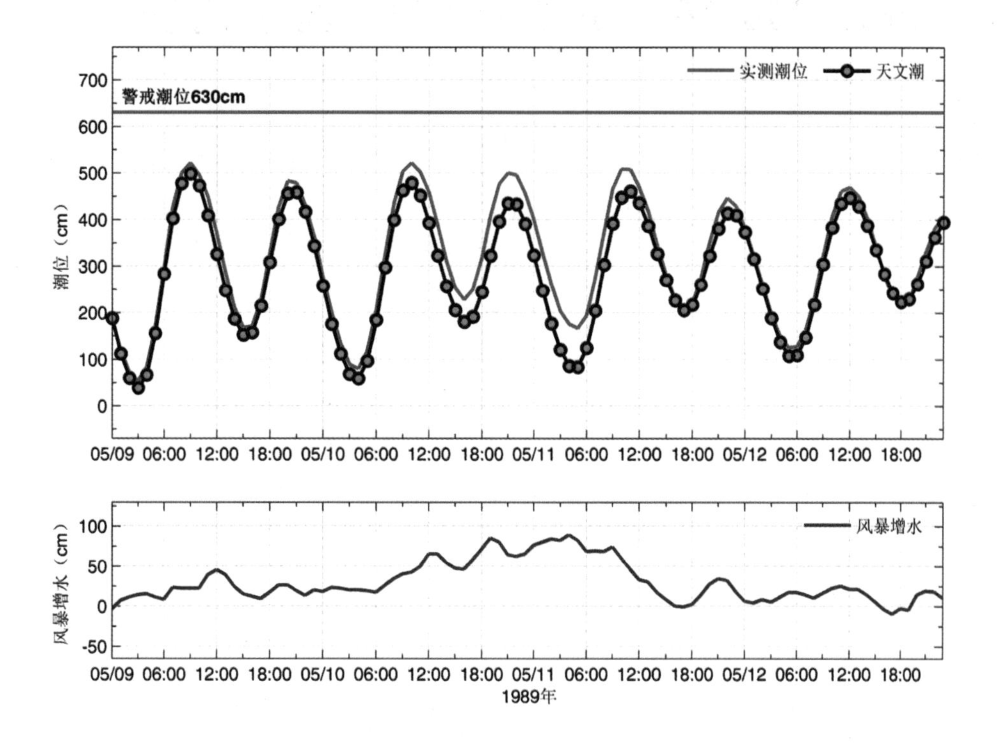

图3.251　连云港站实测潮位、天文潮位和风暴增水随时间变化

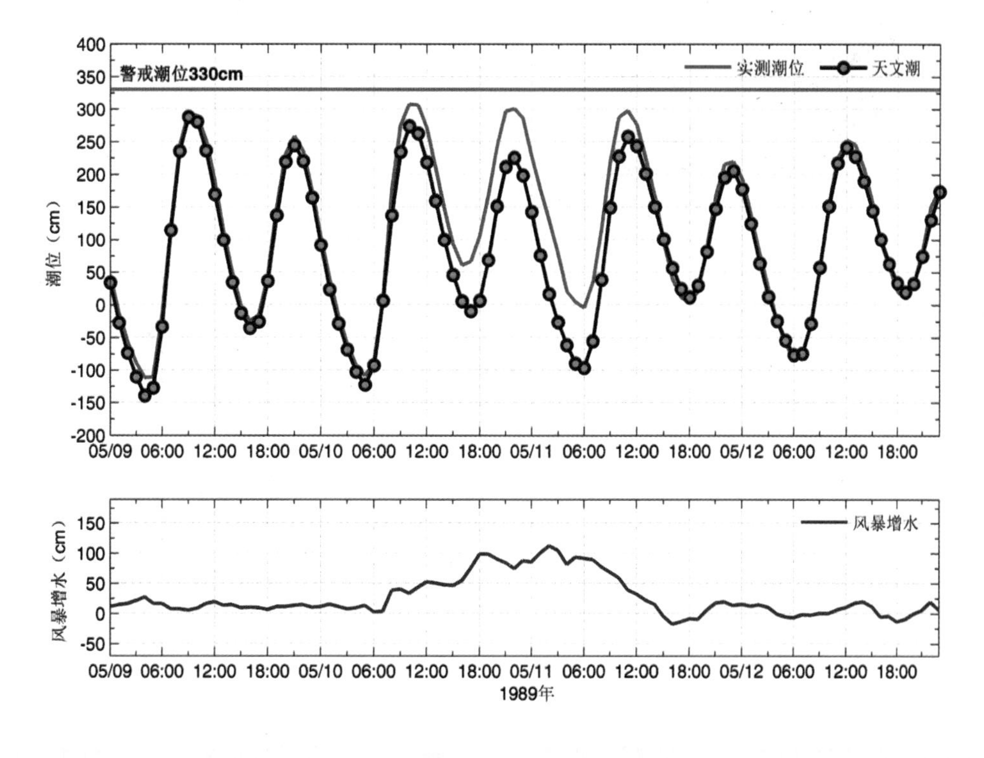

图3.252　燕尾站实测潮位、天文潮位和风暴增水随时间变化

3.34 1989“06·03”风暴潮灾害（西低东高型）

1989年6月3日（农历四月三十）02时至20时，正值我国北部沿海月天文大潮期，受西部低压和东侧高压后部的共同影响，渤海、渤海海峡和黄海北部出现了7～8级、阵风10级的西南转东南风，最大风速出现在13至15时。

大连老虎滩站实测平均波高4.6 m，最大波高5.9 m。在天文潮、风暴潮和近岸浪作用下，辽宁大连以东沿海损失严重。大连化学工业公司的工程档闸堤被海浪打坏125 m；鲶鱼湾新港的护岸工程设施受损，重达148 t的混凝土块其中三块被海浪打入海水中；八个数百吨重的沉箱被巨浪冲击移位几米至十多米；“101挖泥船”（1 500 t）由两艘1 000马力的拖轮拖拉几小时也无法被拖到安全地带，最终被海浪打翻；当地的海水养殖（虾类、贝类、海带和海珍品）也损失严重，仅皮口镇西城村虾场就损失虾苗600万尾。据调查，大连地区因灾经济损失超过5 600万元，超过8 509台风风暴潮造成的损失。

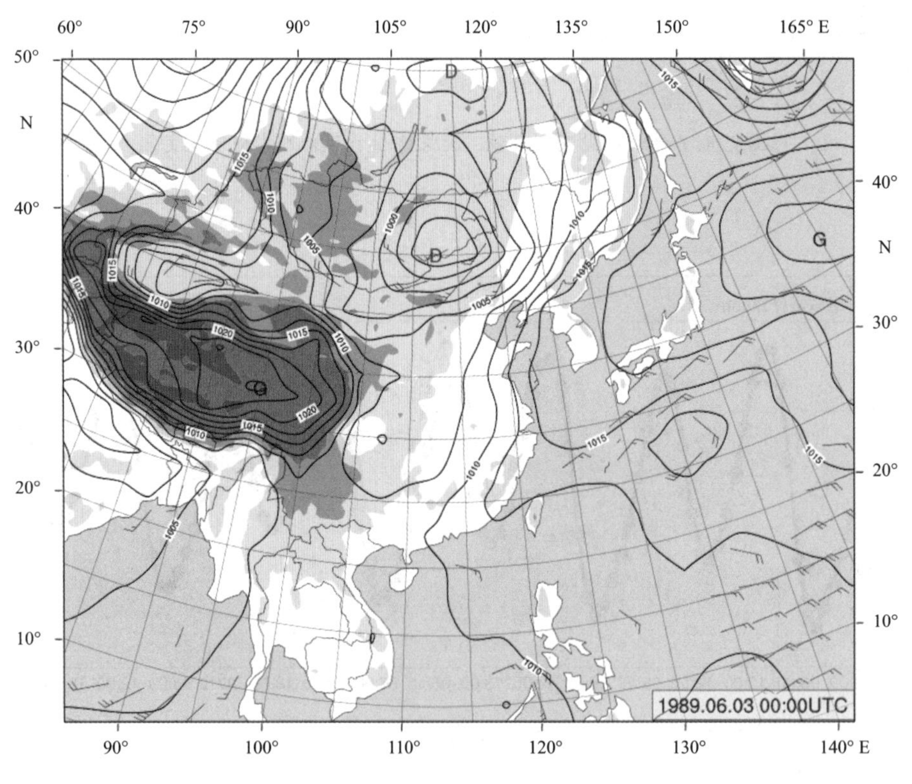

图3.253 1989年6月3日08时地面天气图

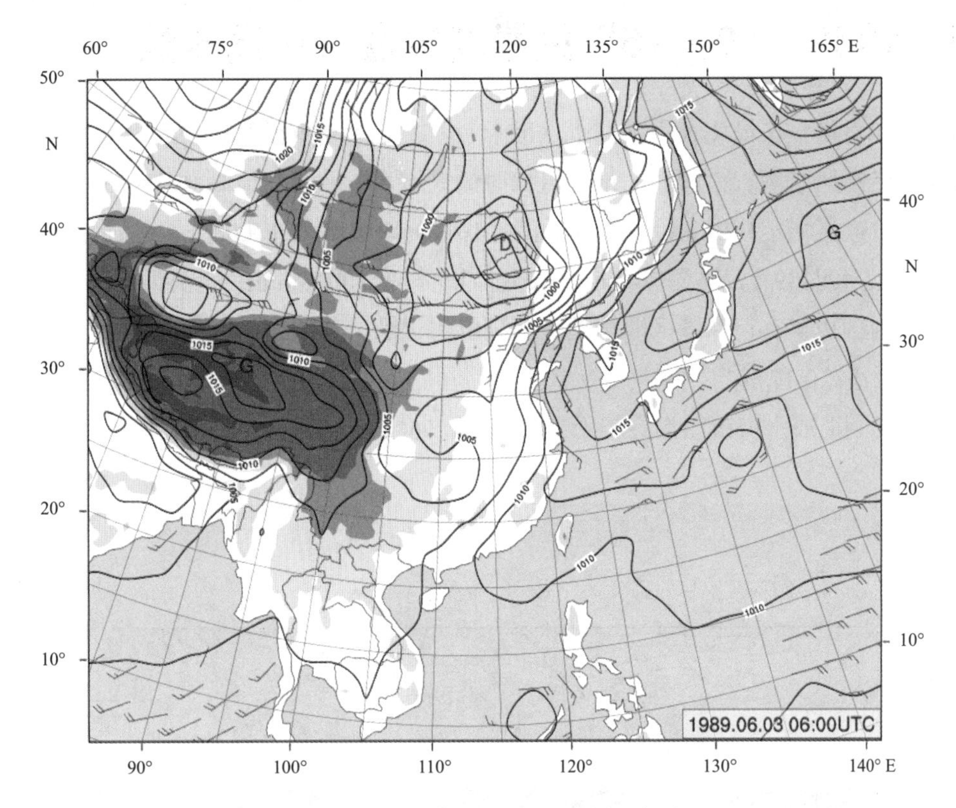

图3.254　1989年6月3日14时地面天气图

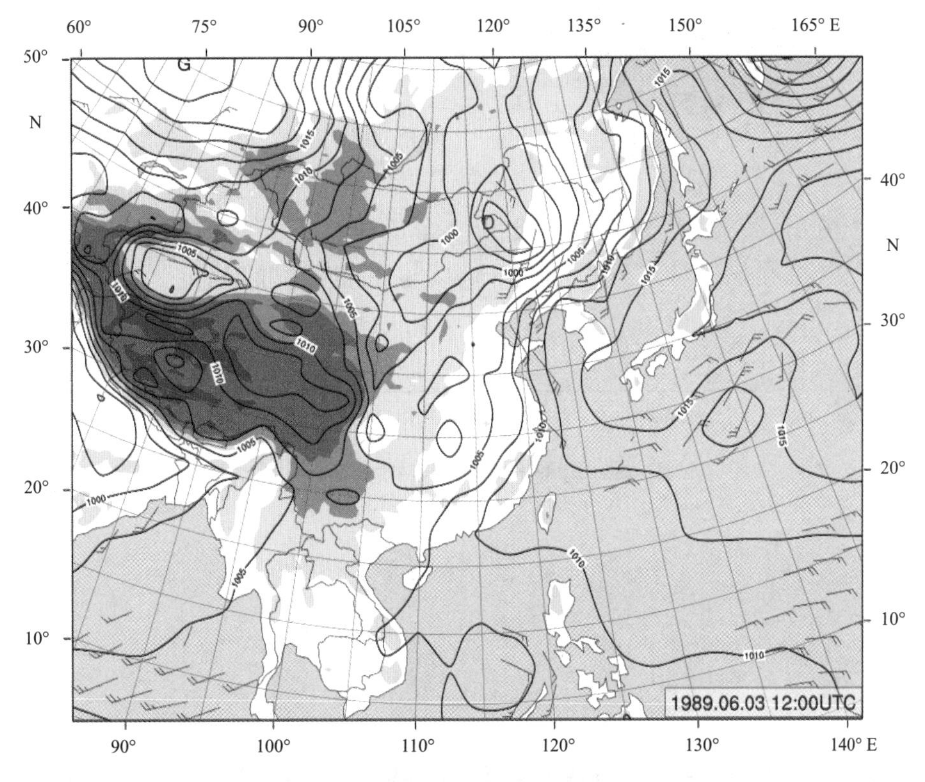

图3.255　1989年6月3日20时地面天气图

3.35 1989“10·15”风暴潮灾害（冷高压型）

1989年10月15—16日（农历九月十六至十七），受冷高压影响，渤海湾至长江口一带沿海出现较强温带风暴潮。天津塘沽站15日14时最大增水0.89 m，最高潮位4.65 m；山东羊角沟站15日19时最大增水1.78 m；江苏连云港站16日06时最大增水0.68 m，吕四站16日12时最大增水1.40 m，12时39分最高潮位4.66 m，超过当地警戒潮位0.46 m；上海吴淞口出现了5.10 m的高潮位，创1912年有记录以来非汛期最高潮位的记录，黄浦公园高潮位为4.79 m，比同期历史最高潮位还高0.17 m。

温带风暴潮造成上海市西沟港施工围堰溃决，661户居民住宅进水。

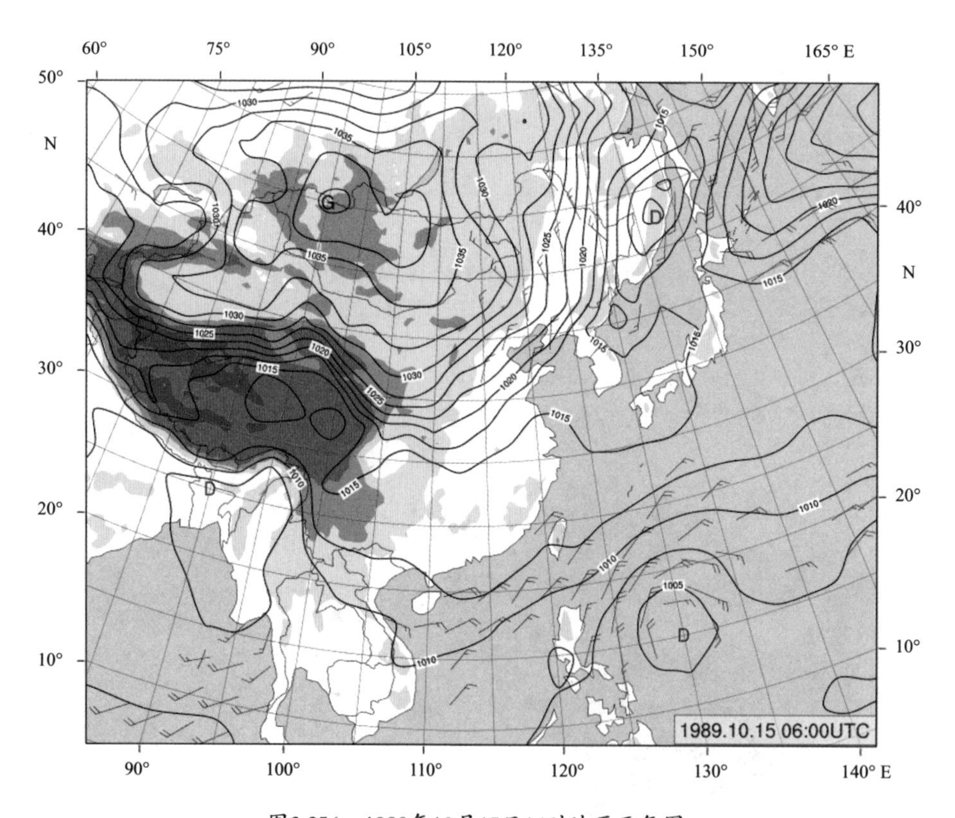

图3.256　1989年10月15日14时地面天气图

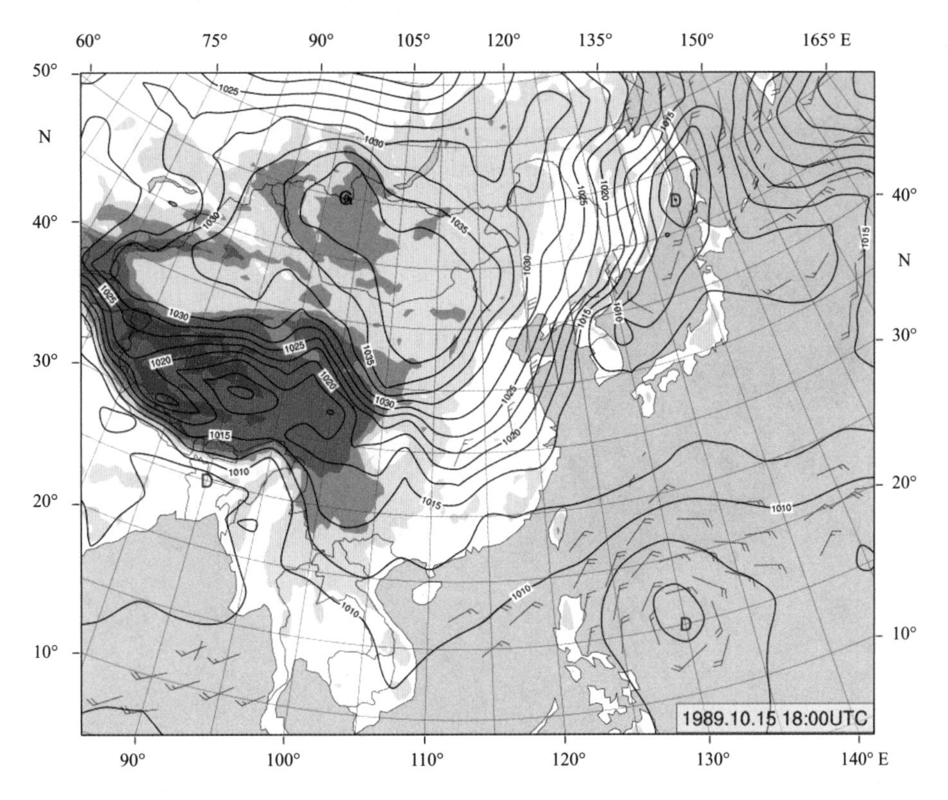

图3.257　1989年10月16日02时地面天气图

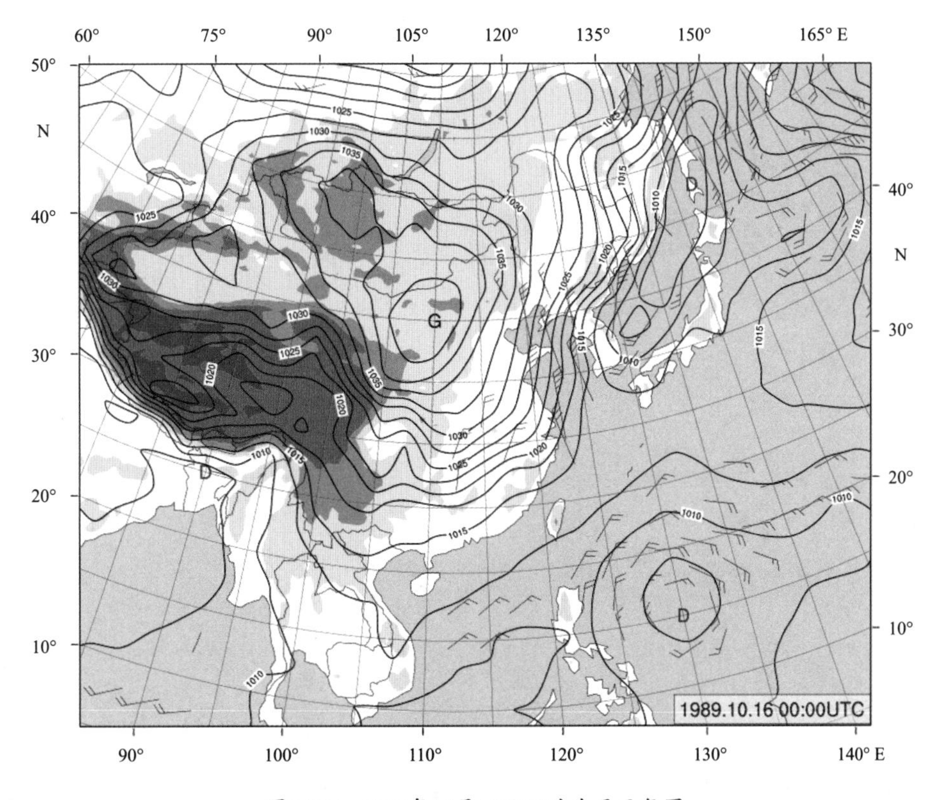

图3.258　1989年10月16日08时地面天气图

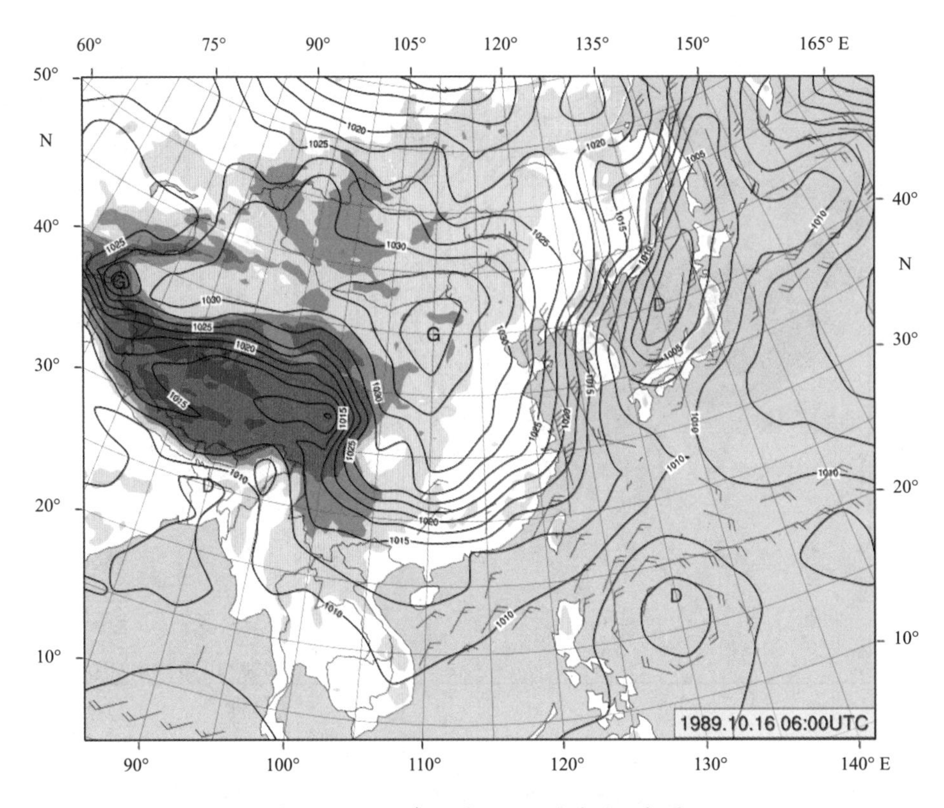

图3.259　1989年10月16日14时地面天气图

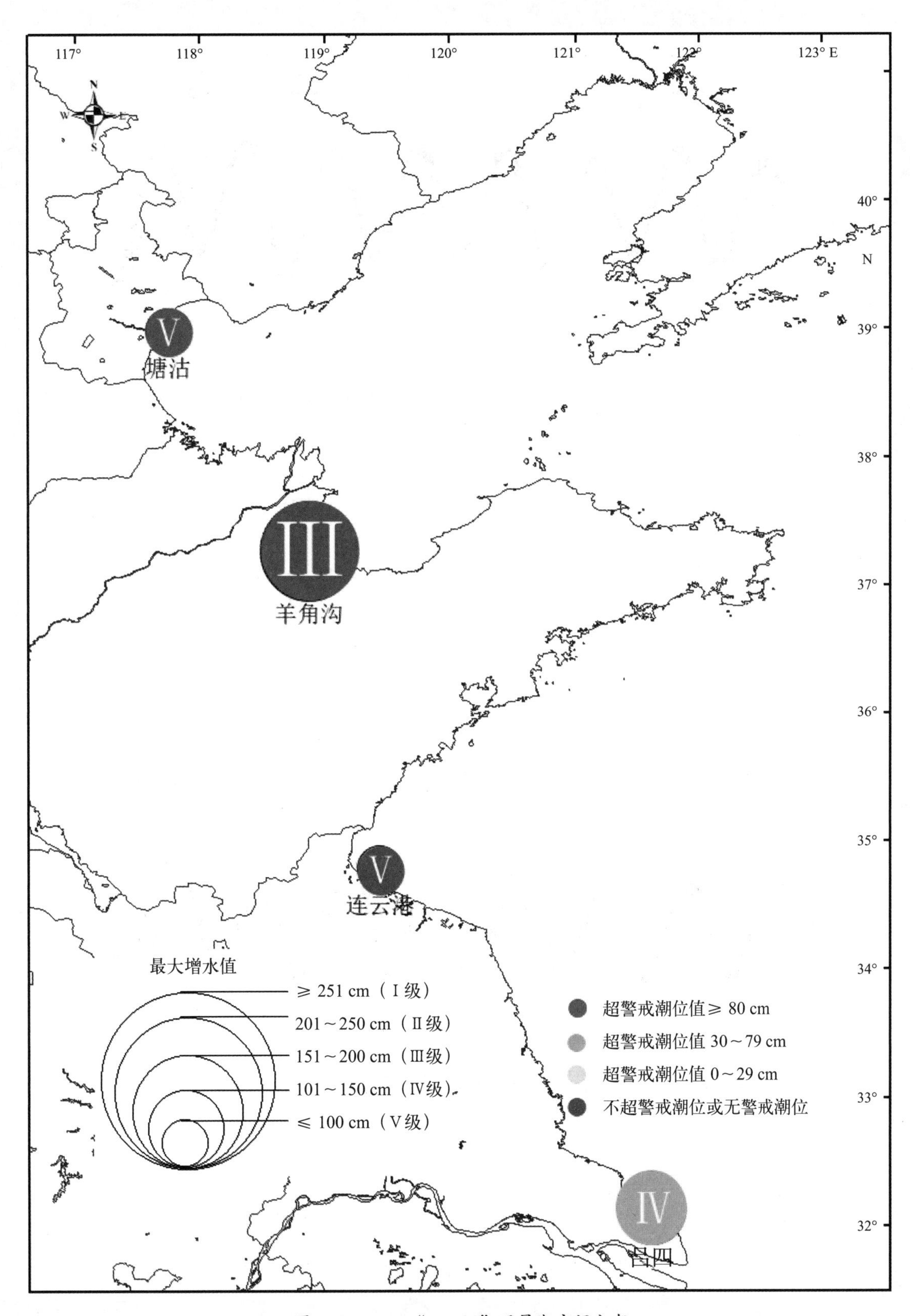

图3.260　1989“10·16”风暴潮空间分布

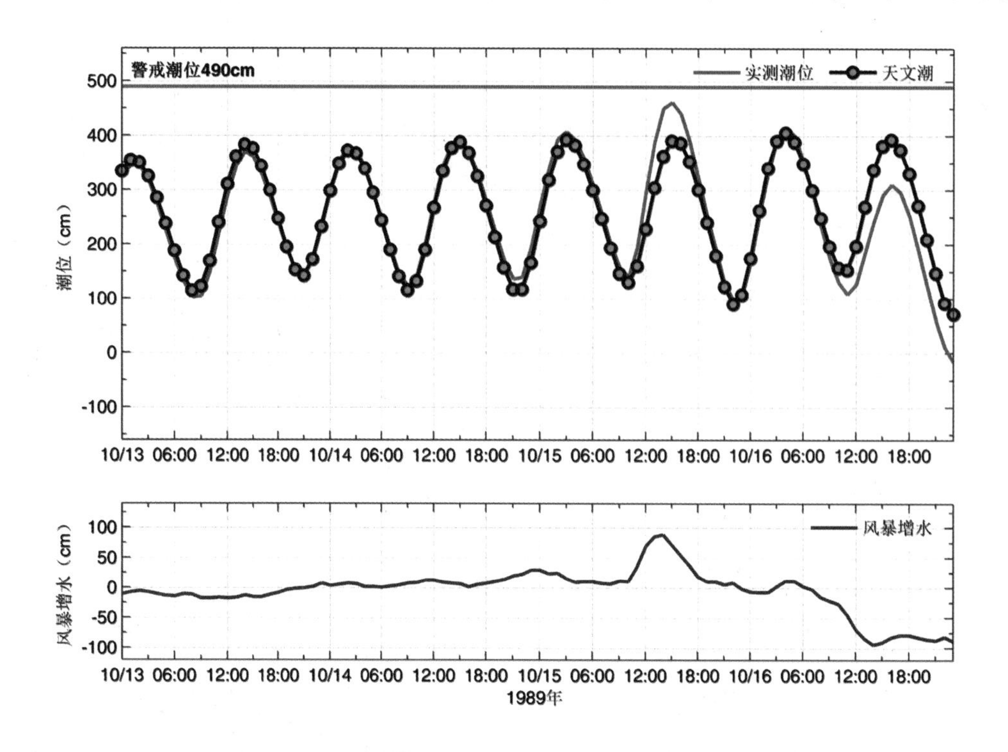

图3.261　塘沽站实测潮位、天文潮位和风暴增水随时间变化

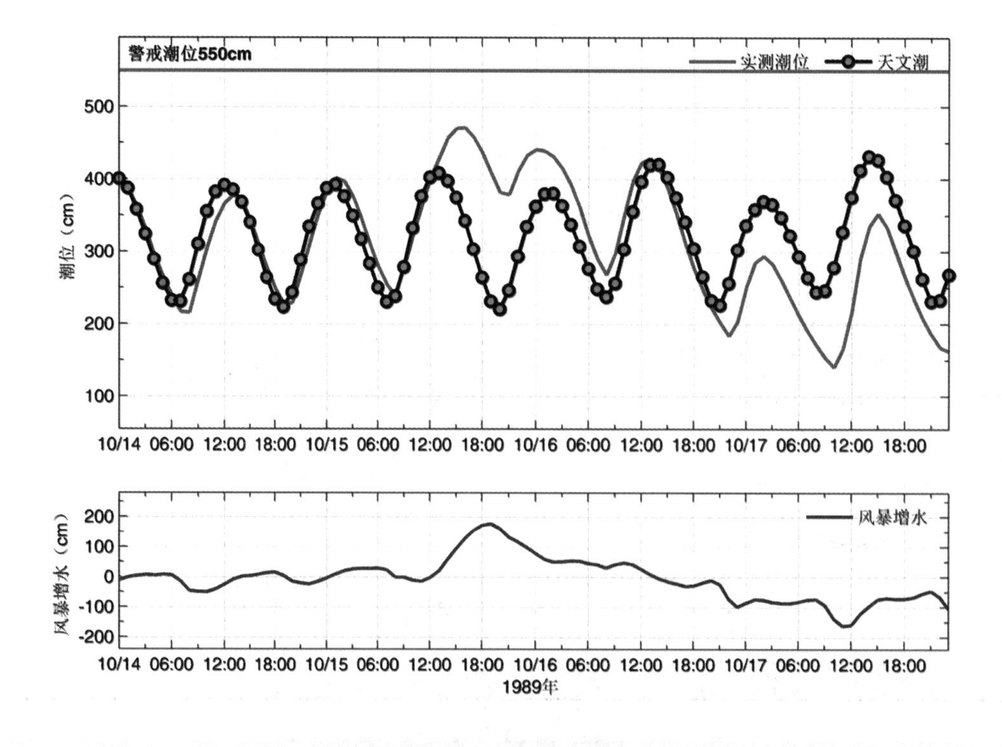

图3.262　羊角沟站实测潮位、天文潮位和风暴增水随时间变化

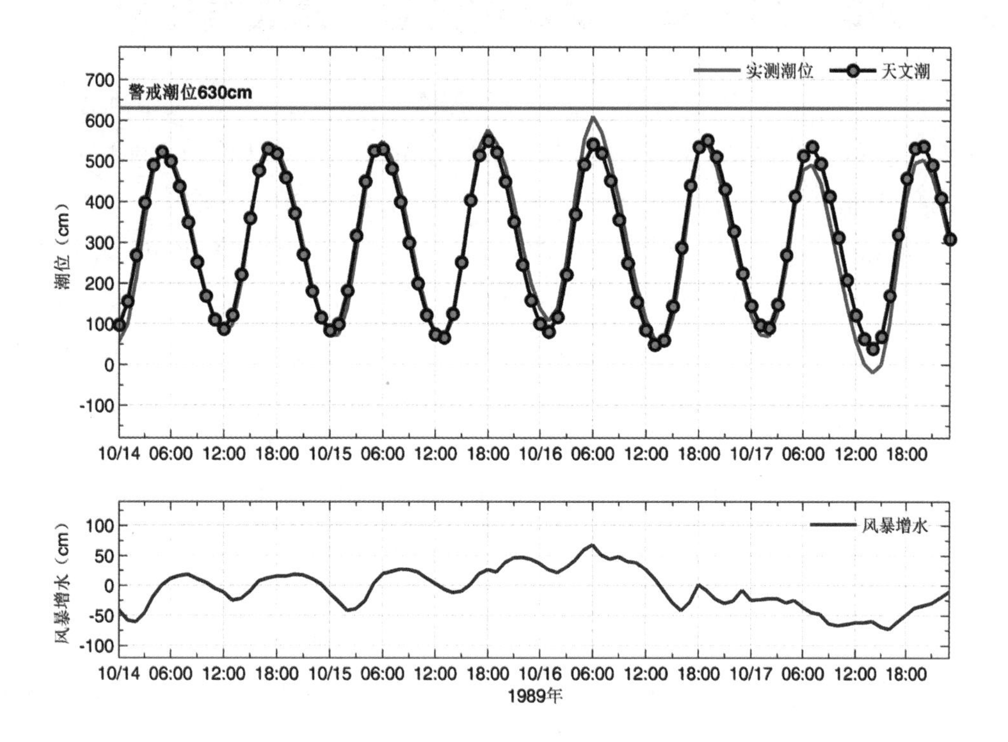

图3.263　连云港站实测潮位、天文潮位和风暴增水随时间变化

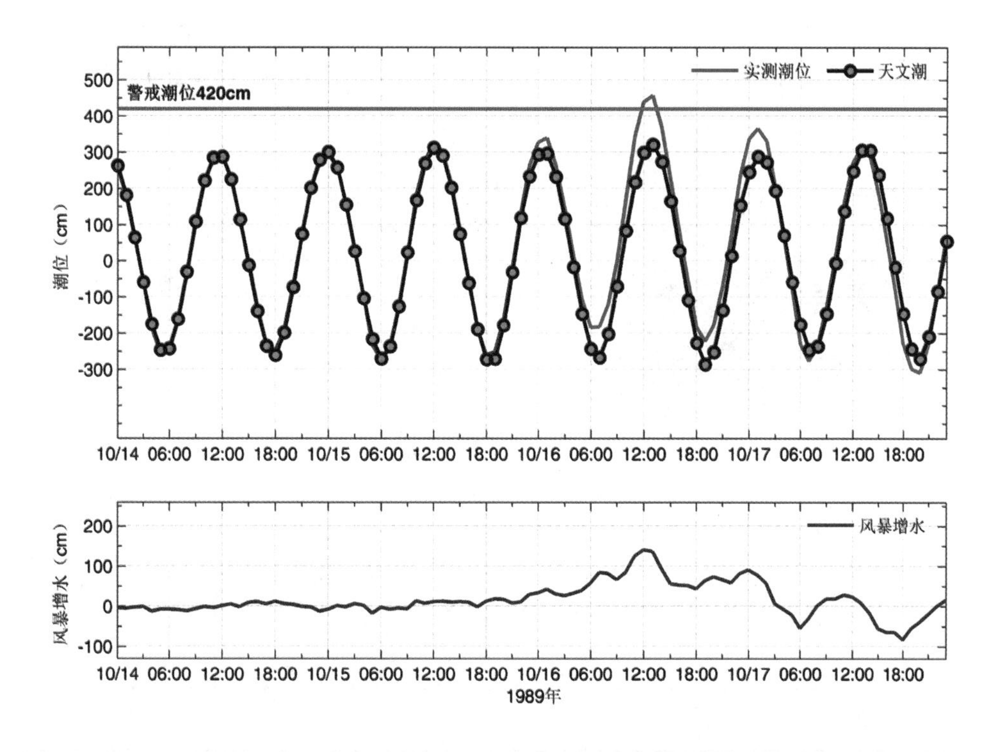

图3.264　吕四站实测潮位、天文潮位和风暴增水随时间变化

3.36 1990“05 · 02”风暴潮灾害（孤立气旋型）

1990年5月1—2日，受江淮气旋入海影响，渤海湾、莱州湾、山东半岛沿海遭受风暴潮袭击。随着气旋从海州湾附近入海，1日凌晨海上风力逐渐加大，中午前后达到11级左右，渤海中部浪高4 ~ 5 m；石岛海洋站测得最大风速21 m/s，有效波高3.3 m。沿岸各站最大增水均出现在2日，河北秦皇岛站03时最大增水0.97 m，黄骅站10时最大增水1.19 m；天津塘沽站1日21时起1.0m以上增水持续13小时，期间2日05时最大增水1.36 m；山东羊角沟站14时最大增水1.64 m，烟台站最大增水0.63 m，石岛站最大增水0.54 m，石臼所站最大增水0.74 m；江苏连云港站最大增水1.09 m。

狂潮巨浪使沿海港口被封锁，部分地区海水倒灌。山东省长岛县、荣成市、文登市等县、市沿海遭到了较为罕见的浪、潮袭击，据统计，荣成市渔民22人死亡；135艘船只沉损；4 000 hm^2海带受灾，2 000 hm^2失收；1 333 hm^2扇贝被毁，1 067 hm^2绝收；58 300张网具损坏；363 m码头被冲毁，全市损失2.84亿元。长岛县600 hm^2养殖区遭到破坏，占养殖面积的45%，其中167 hm^2海带、100 hm^2扇贝绝产；200 hm^2养殖物资全部被毁；70多艘渔船沉损，其中8艘被潮水冲上岸边，全部报废。港口码头3处被毁，超过60 m防波堤冲塌。直接经济损失约6 000万元。此外乳山、文登、威海等县市也有不同程度的损失。

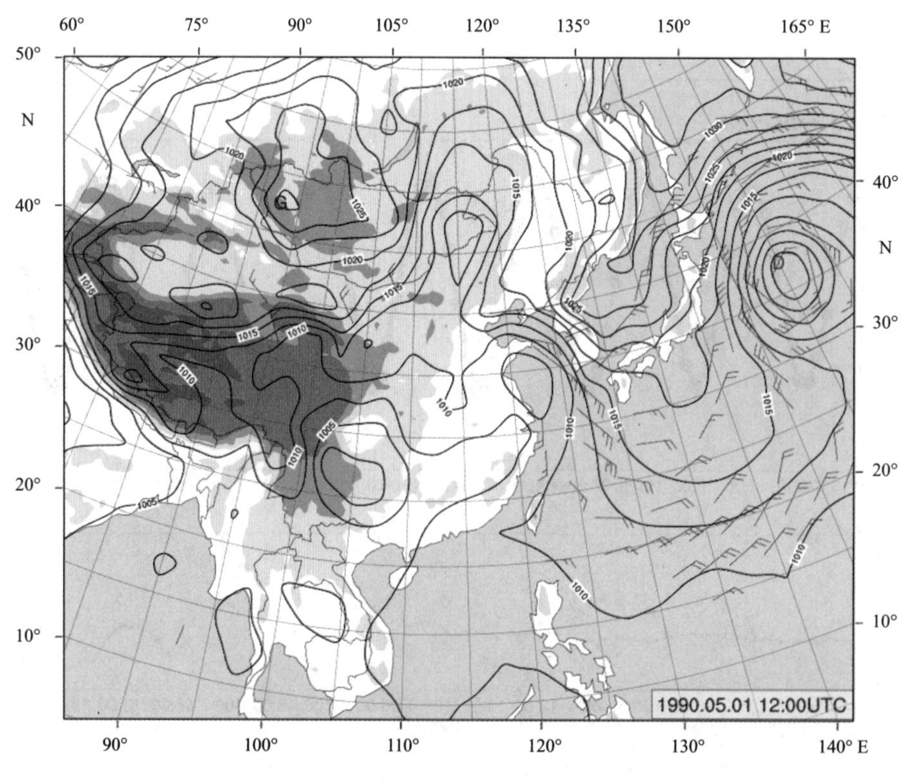

图3.265 1990年5月1日20时地面天气图

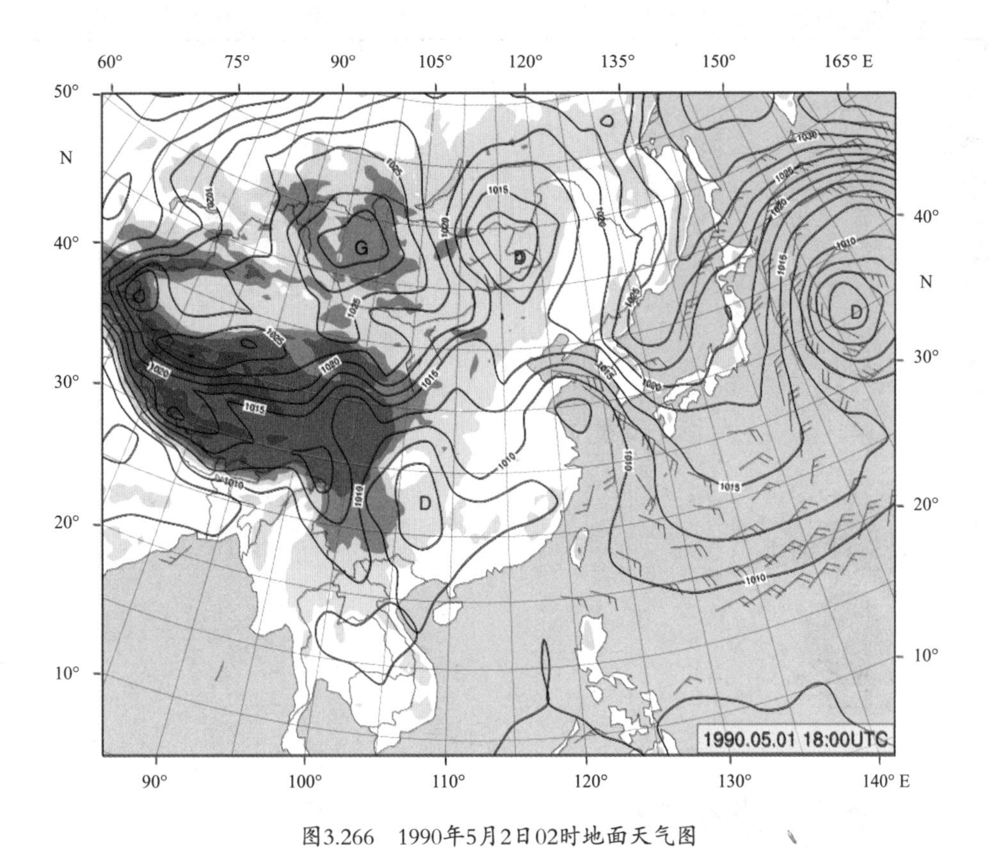

图3.266　1990年5月2日02时地面天气图

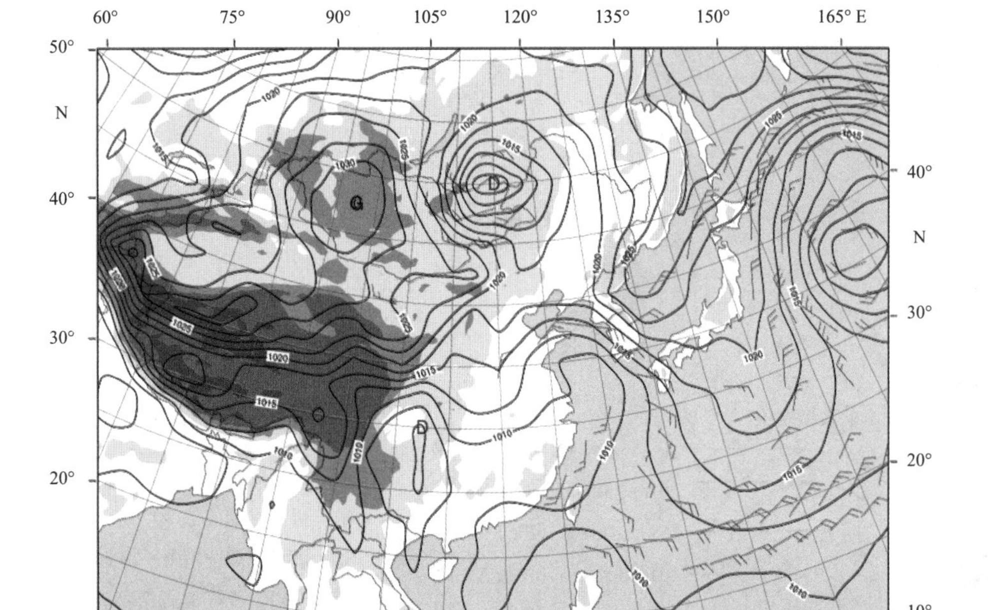

图3.267　1990年5月2日08时地面天气图

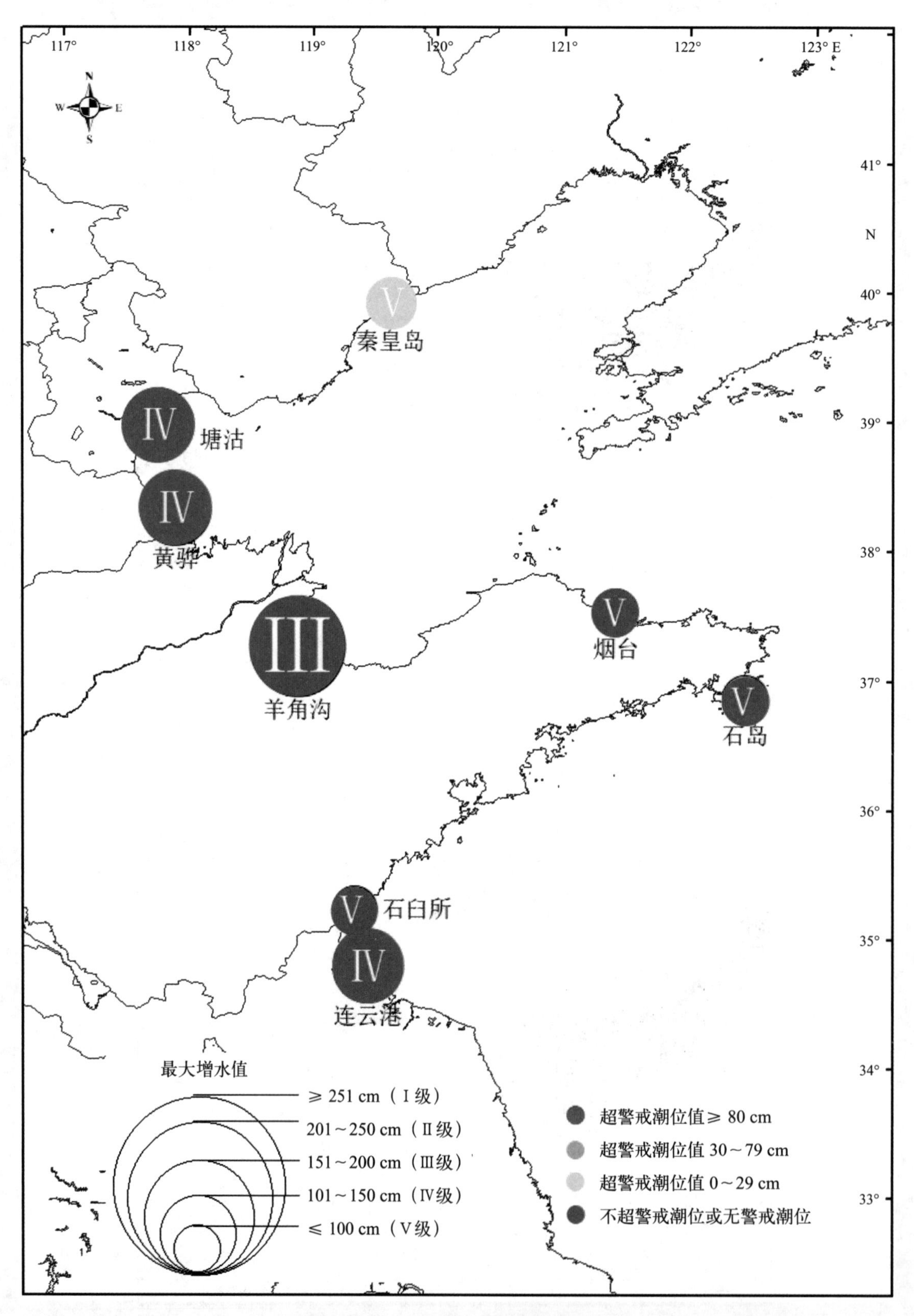

图3.268　1990“05・02”风暴潮空间分布

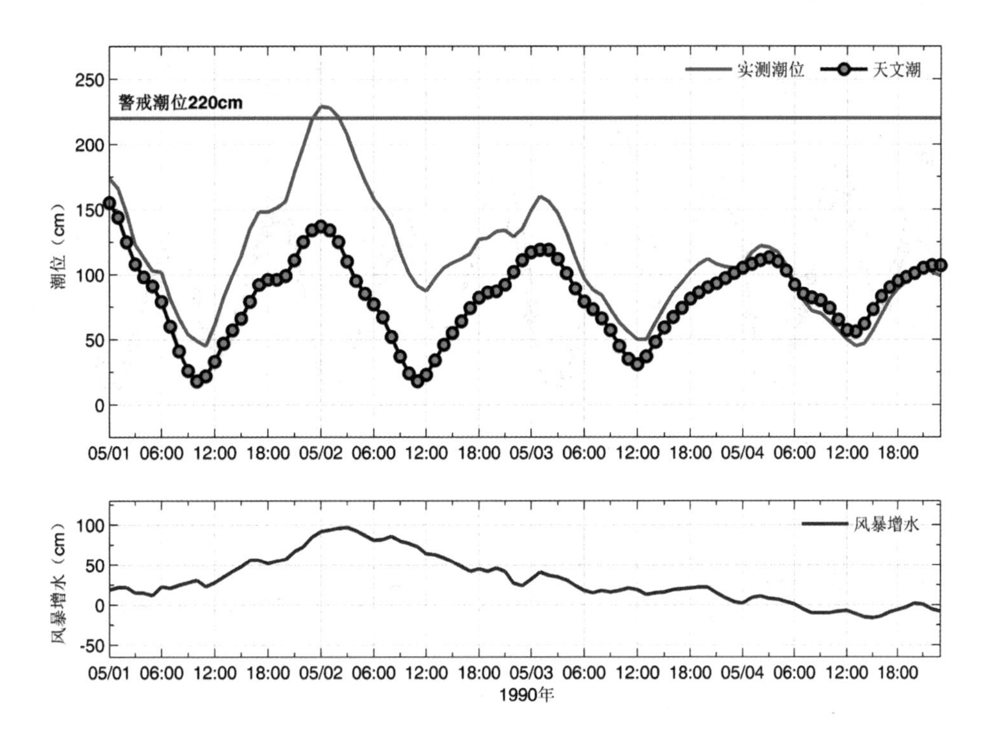

图3.269　秦皇岛站实测潮位、天文潮位和风暴增水随时间变化

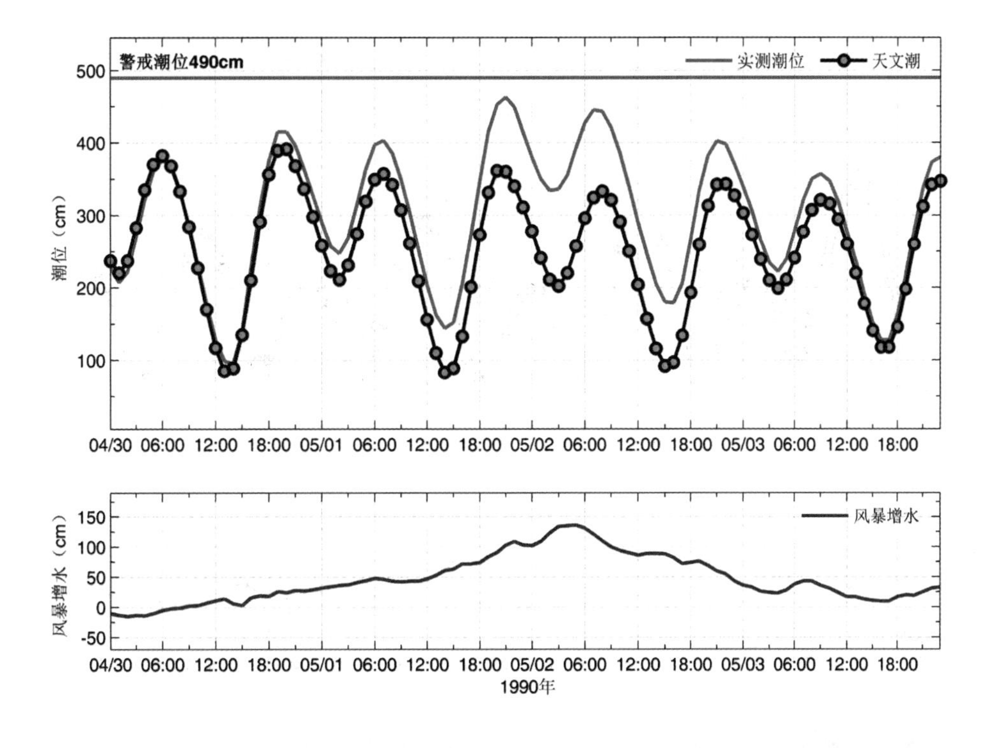

图3.270　塘沽站实测潮位、天文潮位和风暴增水随时间变化

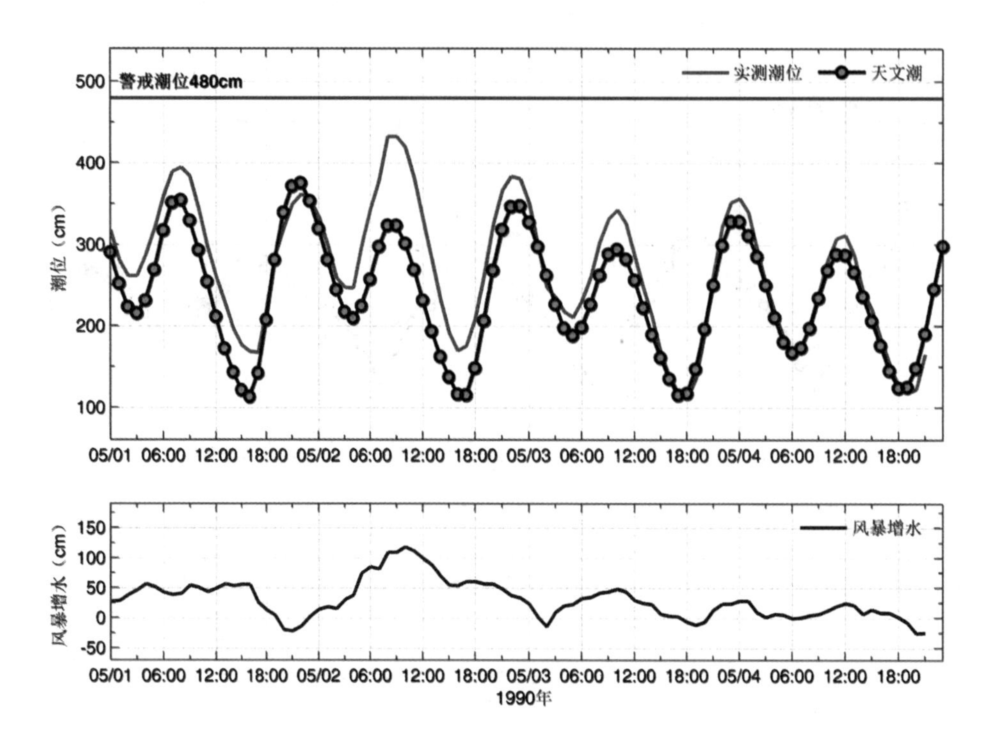

图3.271　黄骅站实测潮位、天文潮位和风暴增水随时间变化

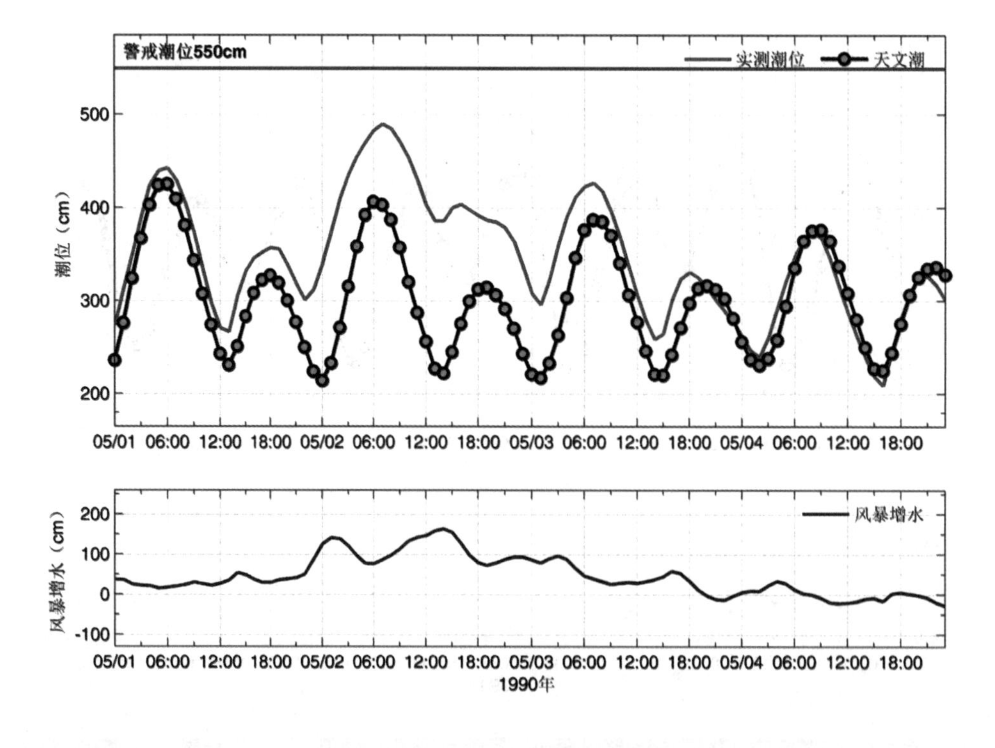

图3.272　羊角沟站实测潮位、天文潮位和风暴增水随时间变化

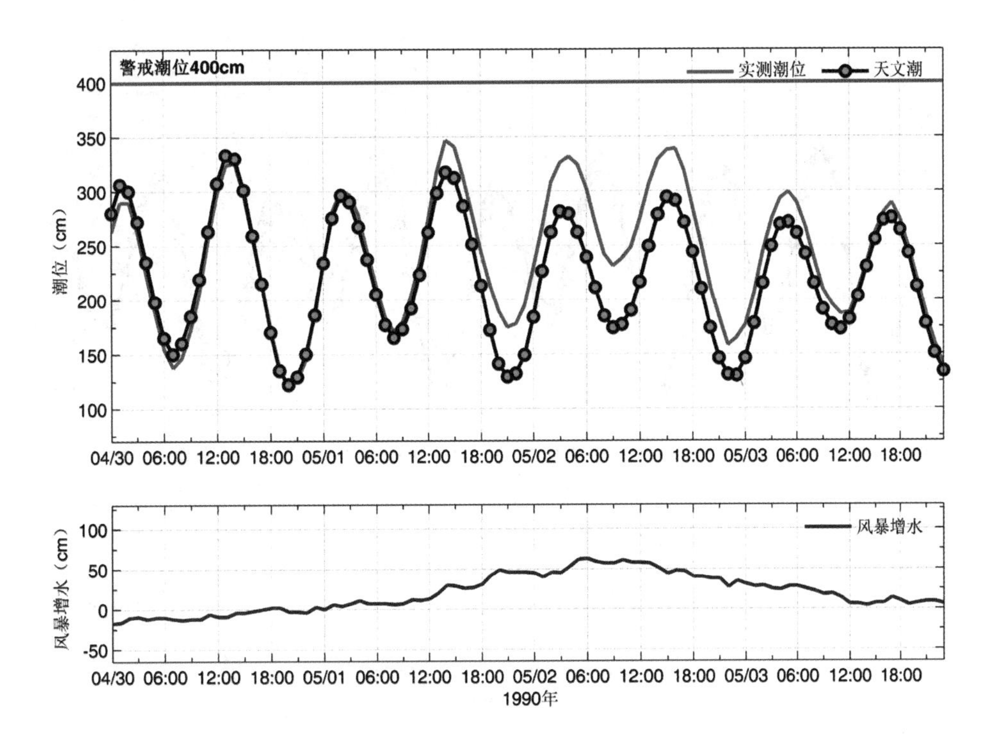

图3.273 烟台站实测潮位、天文潮位和风暴增水随时间变化

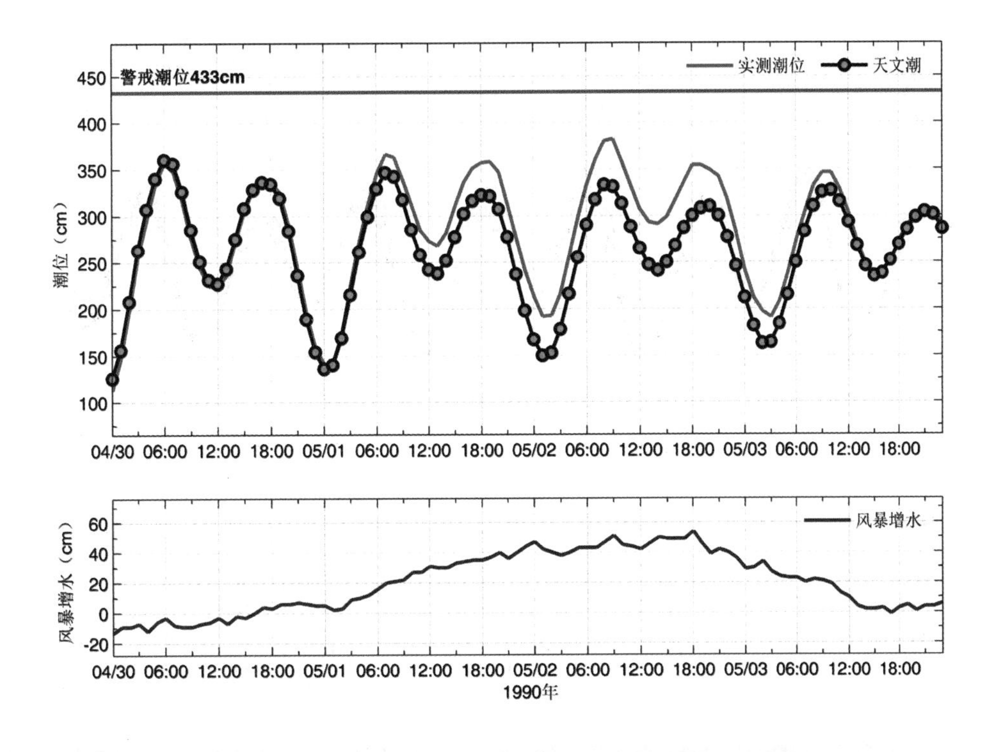

图3.274 石岛站实测潮位、天文潮位和风暴增水随时间变化

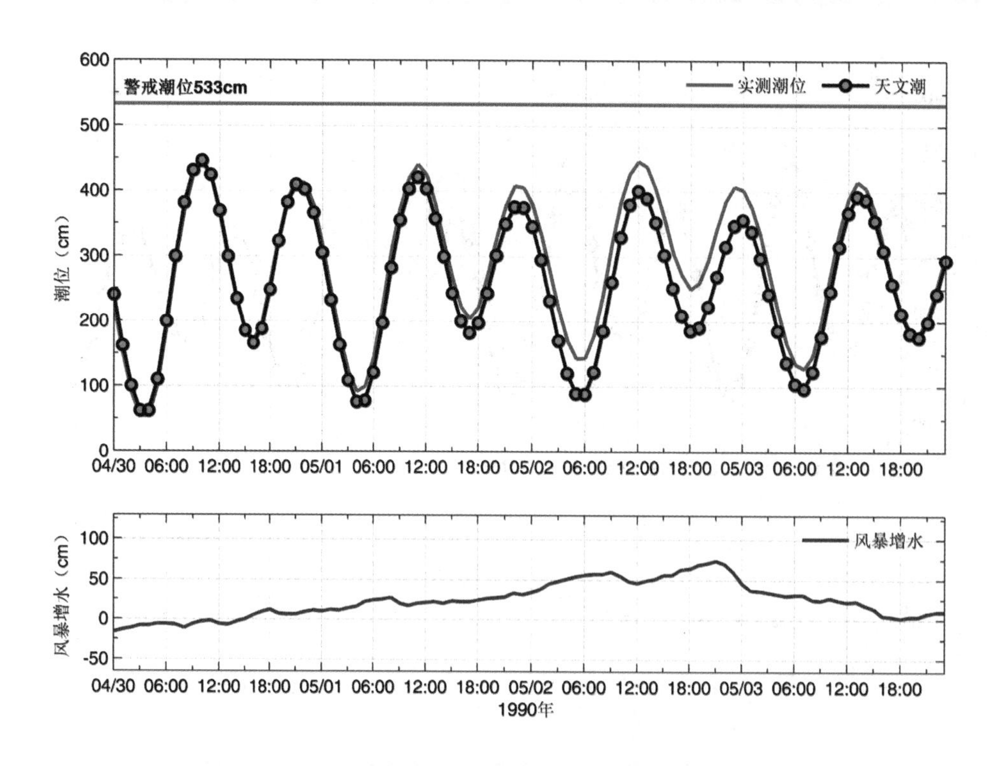

图3.275 石臼所站实测潮位、天文潮位和风暴增水随时间变化

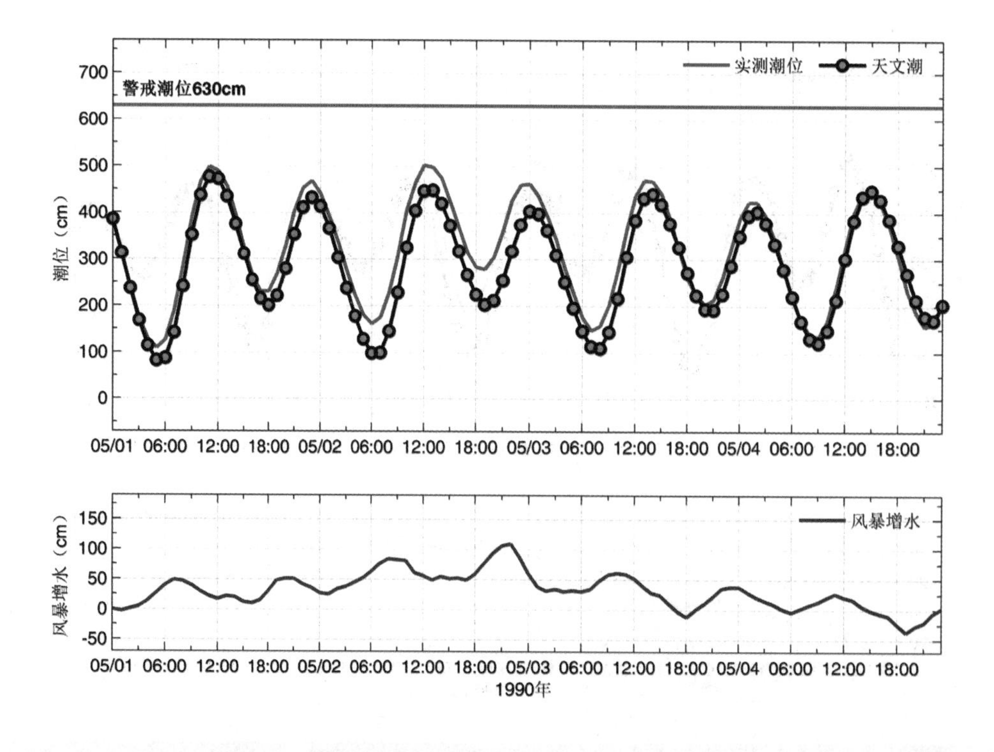

图3.276 连云港站实测潮位、天文潮位和风暴增水随时间变化

3.37　1992“09·01”风暴潮灾害（台风变性温带气旋型）

9216号（Polly）台风于8月31日06时（农历八月初四）登陆福建省长乐沿海，31日20时减弱为热带低压，9月1日02时之后消失于福建省北部松溪县境内；同时在安徽省境内形成副中心，14时副中心移动至江苏省淮安市境内，20时从海州湾入海，2日02时前后擦过山东省荣成市沿海，之后继续向东北方向移动，08时变性为温带气旋。1日14时副中心位于江苏省北部时，受高压坝阻挡，致使黄海北部、渤海中南部出现8～9级、阵风10级的偏东大风。

受副中心及北部高压共同影响，黄海北部、渤海沿岸出现了大范围风暴增水，部分潮位站出现了历史最高潮位。江苏连云港站1日06时最大风暴增水1.75 m，最高潮位6.39 m，为历史最高潮位。山东石臼所站1日05时最大增水0.98 m，最高潮位5.53 m，为历史第三高潮位；青岛1日05时最大增水1.11 m，最高潮位5.48 m，超过当地警戒潮位0.23 m；成山头站2日01时增水0.65 m，09时最大增水0.66 m；威海站1日24时最大增水1.05 m，最高潮位3.40 m；烟台1日24时最大增水1.19 m，最高潮位4.73 m，为历史最高潮位，超过当地警戒潮位0.73 m；蓬莱1日24时最大增水1.32 m，最高潮位3.85 m；龙口1日22时最大增水1.82 m，最高潮位2.89 m，超过当地警戒潮位0.19 m；羊角沟站最大增水2.89 m，超过1.0 m以上增水持续32个小时，超过2.0 m以上增水持续9个小时，最高潮位6.45 m，超过当地警戒潮位0.90 m。河北黄骅站最大增水2.37 m，最高潮位5.74 m，为历史第二高潮位，超过当地警戒潮位0.94 m。天津塘沽1日17时最大增水1.68 m，1.0 m以上增水持续12个小时，最高潮位5.93 m，为历史最高潮位，超过当地警戒潮位1.03 m。辽宁老虎滩站1日16时最大增水0.92 m，最高潮位4.68 m，为历史最高潮位，超过当地警戒潮位0.28 m；小长山站最大增水0.91 m，最高潮位4.94 m，超过当地警戒潮位0.14 m。

江苏省南通、盐城、连云港等市损失严重。共计658.7×10^3 hm^2农田受淹；21 766间房屋倒塌，35 525间房屋损坏；2 100 m堤防被毁坏；14人死亡，25人受伤。

山东省57人死亡，87人失踪，直接经济损失41.51亿元。烟台、青岛、威海3市共19.1×10^3 hm^2虾池、扇贝养殖场被毁坏；3 015艘（只）船只损坏，其中1 007艘（只）报废；6.8万间房屋被毁坏，36.1×10^3 hm^2农田被淹。

日照市190只渔船损毁，6 000余条网具被冲走，约333 hm^2虾池、533 hm^2耕地被冲毁，2 000余间房屋倒塌。9人死亡，33人受伤，因灾直接经济损失7 200余万元。

青岛市沿海地区潮高、风急、浪大，巨浪扑岸历时近20小时，沿海各地普遍发生决堤垮坝、淹地涤池、毁船坏屋、断桥冲路等严重灾害。直接经济损失逾4亿元。即墨市里洼乡田横岛码头超过20 m被摧毁，潮水冲毁坡子大坝（石质）2 000 m以上、垮塌夷平200 m以上，损毁船只130艘，摧毁扇贝约53 hm^2、虾池约133 hm^2；崂山山东头至石老人岸段水漫农田、菜地至现香港东路以北；市区浮山湾沿岸护堤、路基、岸边厂房民居被摧毁多处，农田、菜地受淹至现香港西路南侧；栈桥两侧和第一海水浴场东侧海水漫过马路，西镇岸边低洼处厂房和民居进水，港区较低码头上水，发电厂房内海水倒灌车间受淹约2小时。

乳山、文登直接经济损失达3亿元人民币。烟台市市区近海岸段上水，冲垮近岸建筑物，全市共损失7.9亿元。蓬莱市农作物和海上船只受到严重损失，共损失约4 100万元。

龙口市约200 hm^2水产养殖业受损；120余只渔船损坏；313间房屋损毁。直接经济损失8 700多万元。

东营市遭受了1938年以来最严重风暴潮的袭击，海潮冲垮海堤入侵内陆最远达25 km，全部淹没面积从高潮线计算为960 km^2；共有24个村庄被海水围困， 5 388间房屋倒塌，5 000人被围困，32人死亡；海水冲毁海堤50 km、柏油路30 km、水工构筑物350座，冲毁虾池、扬水站、闸门等养殖和水利建筑物100余座；1 000多艘（只）船只损坏，其中105艘严重损坏，7艘船只沉没；冲毁虾池1 800 hm^2，损失对虾945 t，冲走海蛰、文蛤等海产品超过1 500 t；冲毁卤水井349眼，盐地230×10^3 hm^2，冲走卤水71.6×10^3 m^3，溶化原盐84×10^3 t。连同其他损失，共造成直接经济损失5亿元。胜利油田损失巨大，海水淹没油田15.3×10^3 hm^2，人工草场5 700 hm^2，淹没油井105口，钻井、采油、供电、通信、交通、生产、生活设施等损失严重，油田区有21人死于这次潮灾，因灾直接经济损失1.5亿元。

滨州市沿海地区海水倒灌5～10 km，直接经济损失达2亿元。

河北省唐山、沧州两市沿海受灾较重，海水冲毁虾池3 600 hm^2，淹没盐田18×10^3 hm^2，冲走原盐81×10^3 t，直接经济损失3.2亿元。

黄骅市海潮越过55 km长的海堤，向内陆推进4 km，渔区四镇被海水浸淹，歧口公路以东至海堤的16个渔村及虾池全部被海水吞没，平均积水1.2 m，最深处达1.6 m；8 000多户居民、43家企业进水，100多间房屋倒塌；被海水吞没的虾池达1 200 hm^2，盐田损失原盐8 000多吨，海水淹没160 hm^2农作物和300多棵果树；歧口公路中断3小时，不少通信、电力、广播设施遭到破坏，海潮涌上黄骅港3 000 t 码头，严重影响码头作业。因灾直接经济损失近0.984 2 亿元。

唐山市部分地段海潮越过海挡，淹没了许多养殖区。秦皇岛市昌黎县15座桥梁毁坏；海水淹没林场约133.3 hm^2，淹没粮田约67 hm^2，淹没虾池、养鱼池约53 hm^2，冲走海蜇2万千克；4艘船只损坏，50眼井受损，损失大约1 000万元。秦皇岛市山海关区约167 hm^2农田受淹。

天津市近100 km的海堤发生漫水，其40处中被冲毁，大量水利工程被毁；塘沽、大沽、汉沽3个区的所有大型企业均遭严重损失；天津重点防洪工程之一的海河闸受到严重损坏；天津新港的库场、码头、客运站全部被淹，港区内水深达1 m，共有1 219个集装箱进水。新港船厂、北塘修船厂、天津海滨浴场遭浸泡，北塘镇、塘沽盐场、大港石油管理局等10多个单位的部分海挡被潮水冲毁，港区和盐田的30余万吨原盐被冲走。大港油田的69眼油井被海水浸泡，其中31眼停产。沿海3个区的3 400户居民家、院进水；1 200 hm^2养殖池被冲毁。大港石油管理局滩海工程公司正在建设的人工岛，钢板外壳被潮、浪撕开的大口子超过60 m。因灾直接经济损失3.99亿元。

辽宁省大连新港码头沉箱移位、钢筋水泥板被掀入海中，大连港部分码头发生波浪越堤。大连市14人死亡，直接经济损失1.84亿元。

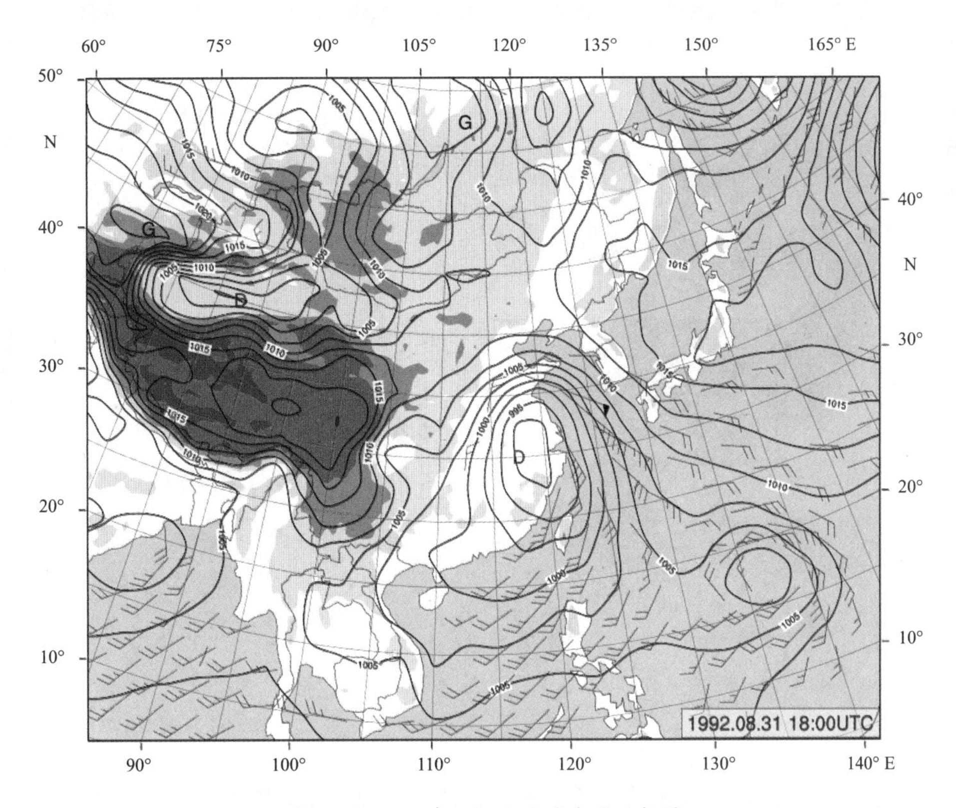

图3.277　1992年9月1日02时地面天气图

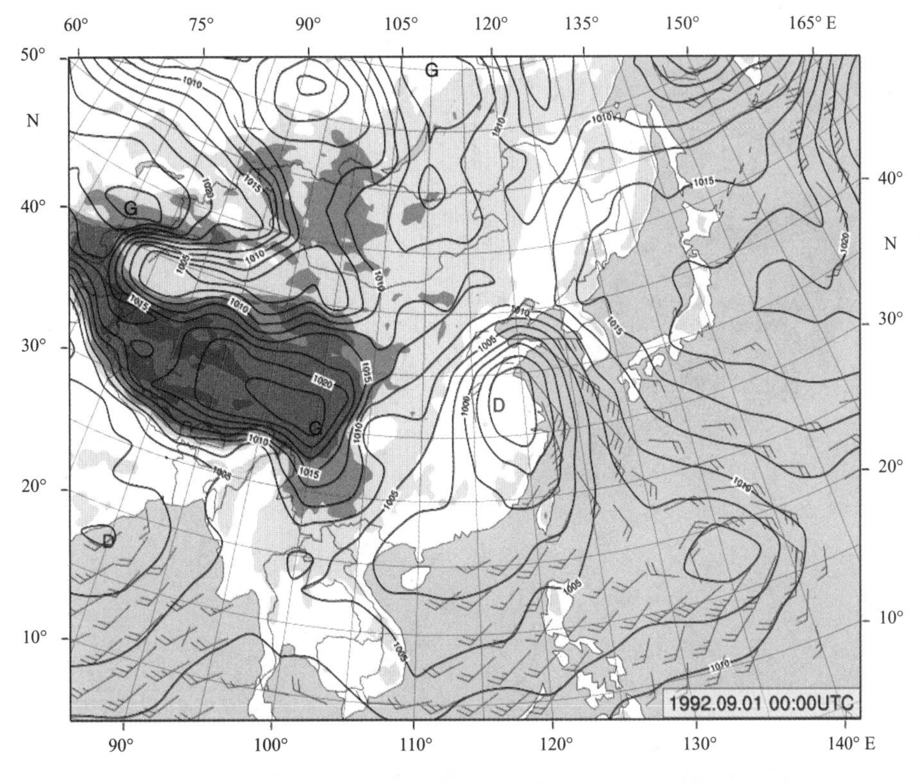

图3.278　1992年9月1日08时地面天气图

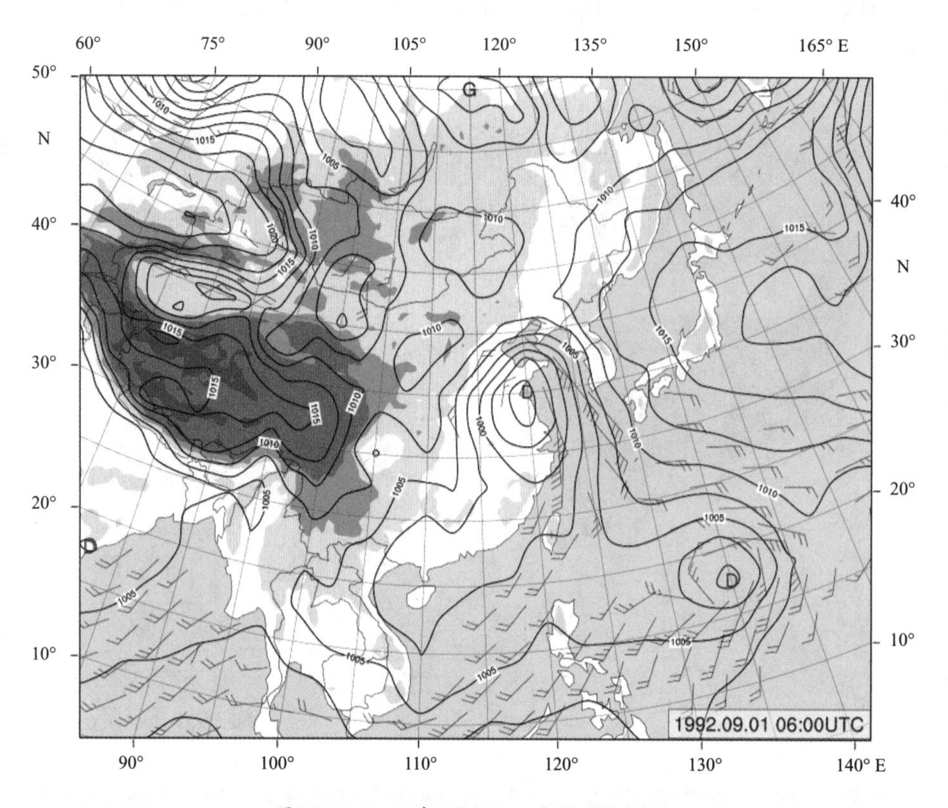

图3.279　1992年9月1日14时地面天气图

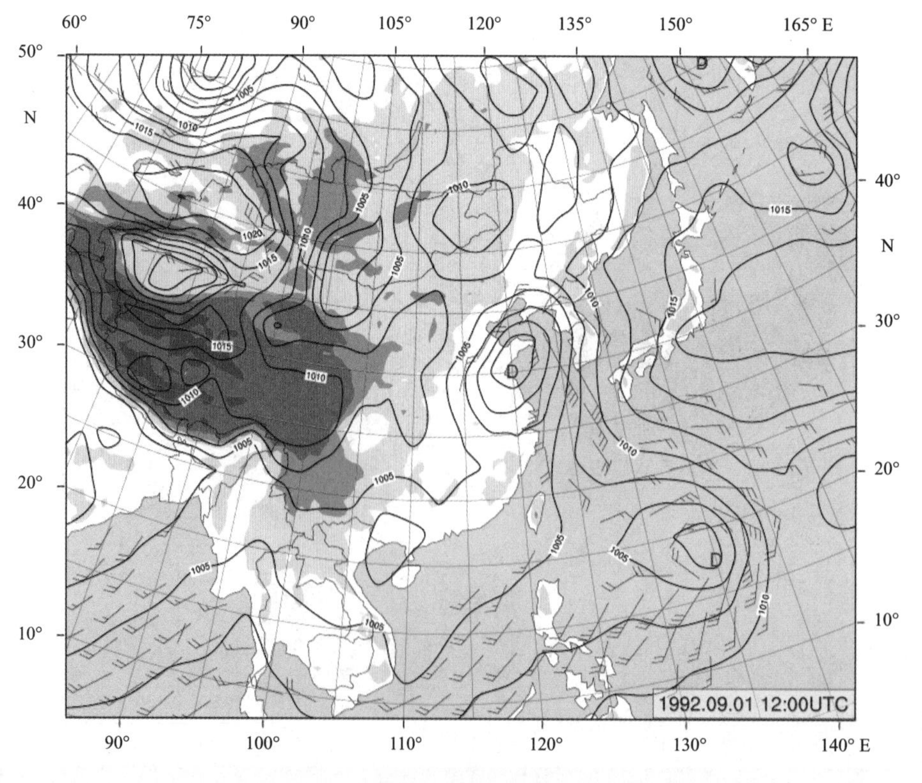

图3.280　1992年9月1日20时地面天气图

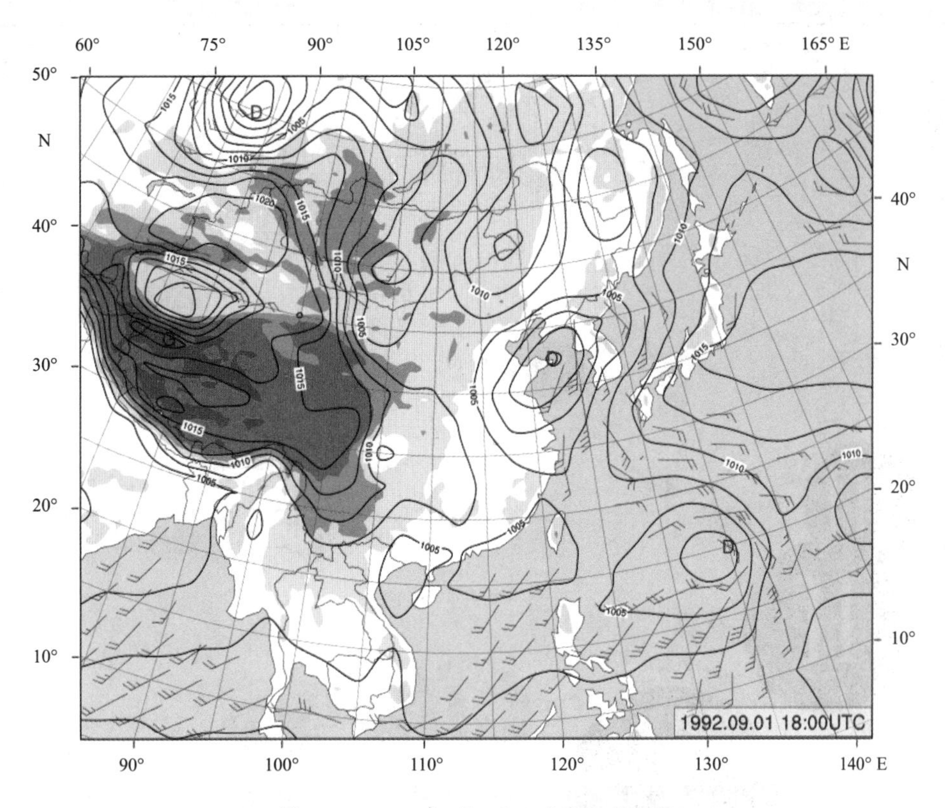

图3.281　1992年9月2日02时地面天气图

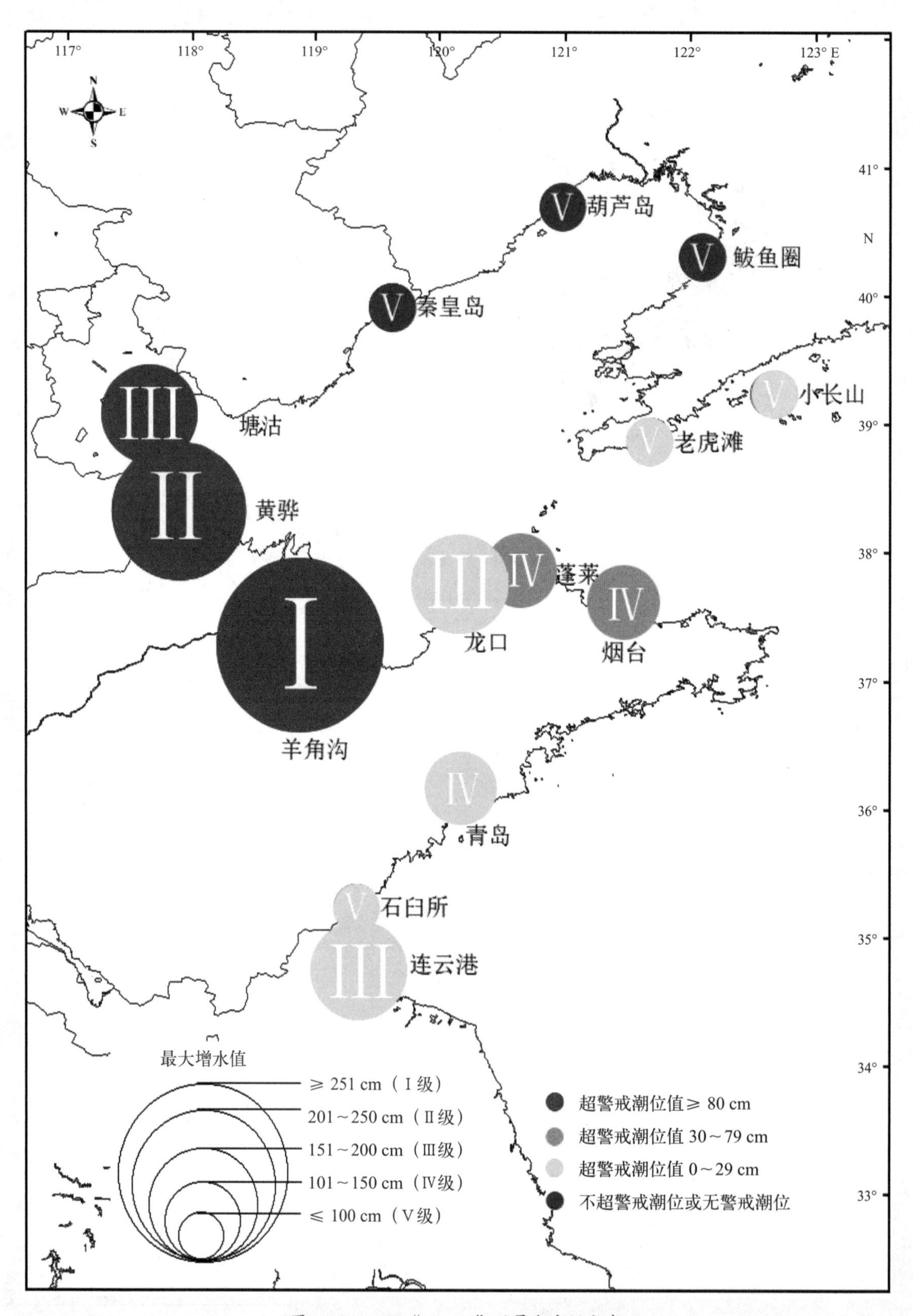

图3.282　1992“09・01”风暴潮空间分布

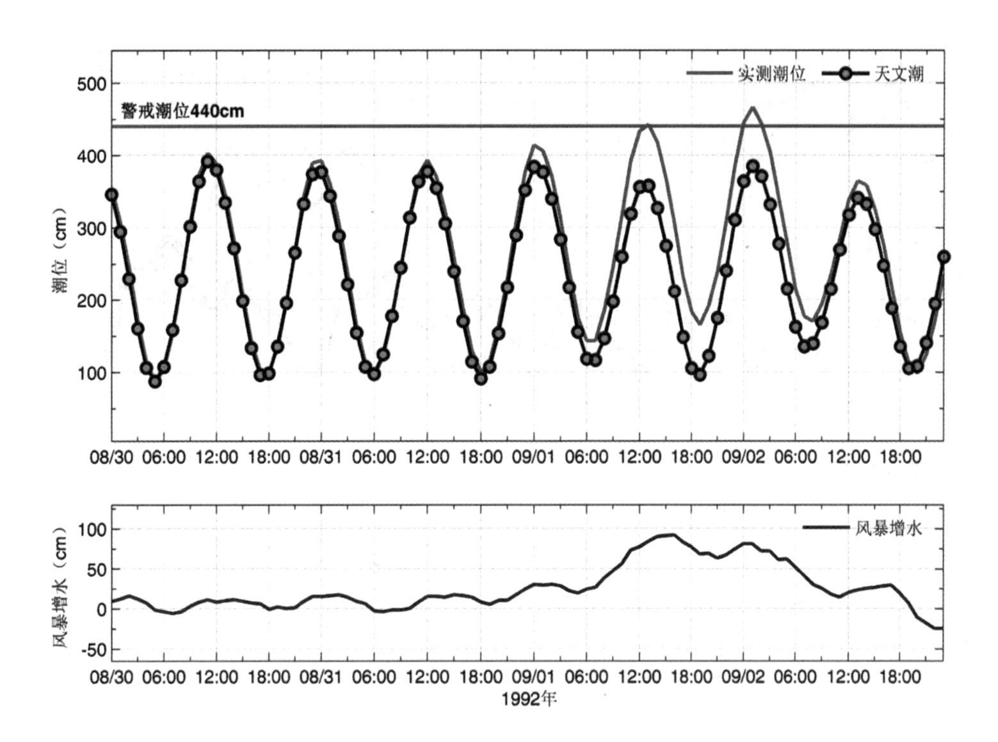

图3.283　老虎滩站实测潮位、天文潮位和风暴增水随时间变化

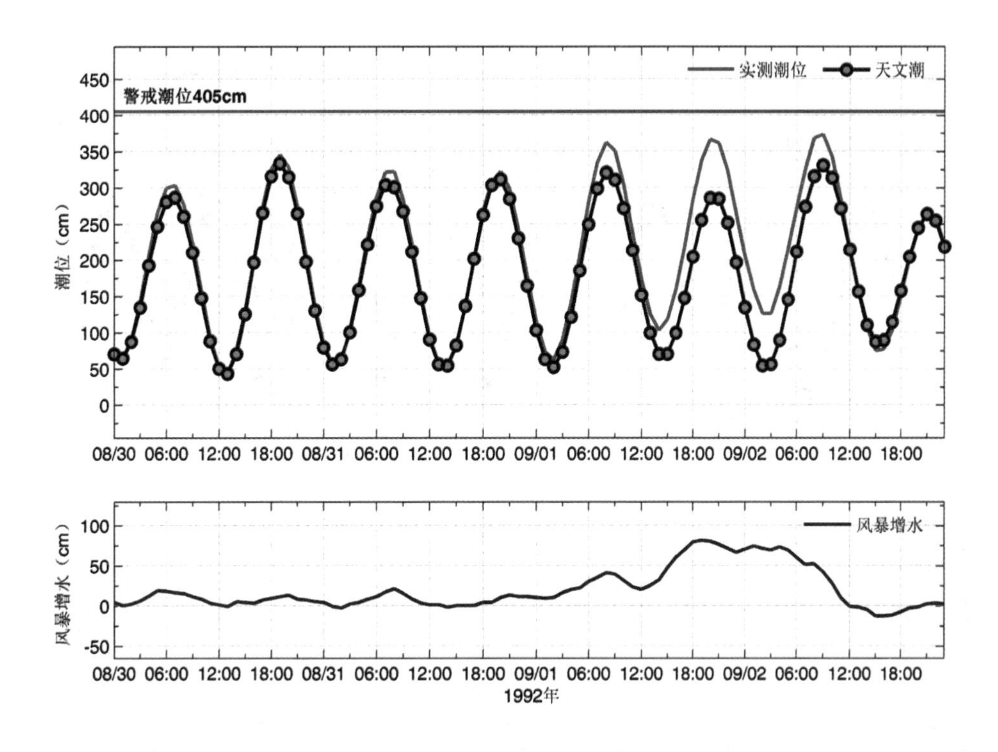

图3.284　葫芦岛站实测潮位、天文潮位和风暴增水随时间变化

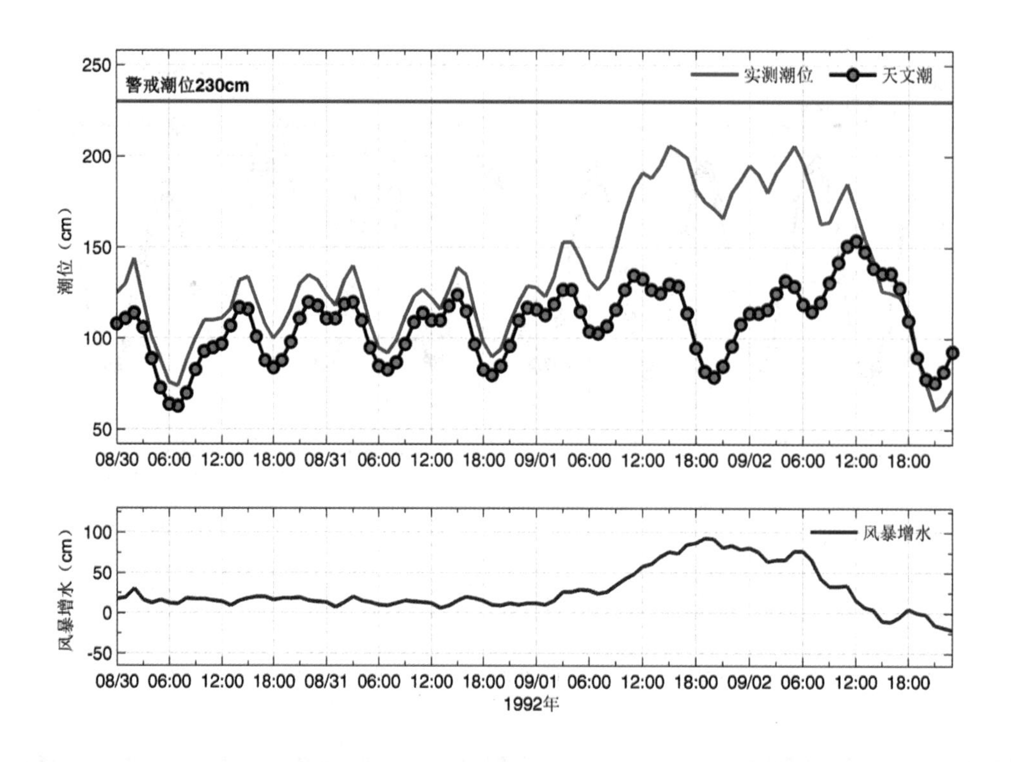

图3.285　秦皇岛站实测潮位、天文潮位和风暴增水随时间变化

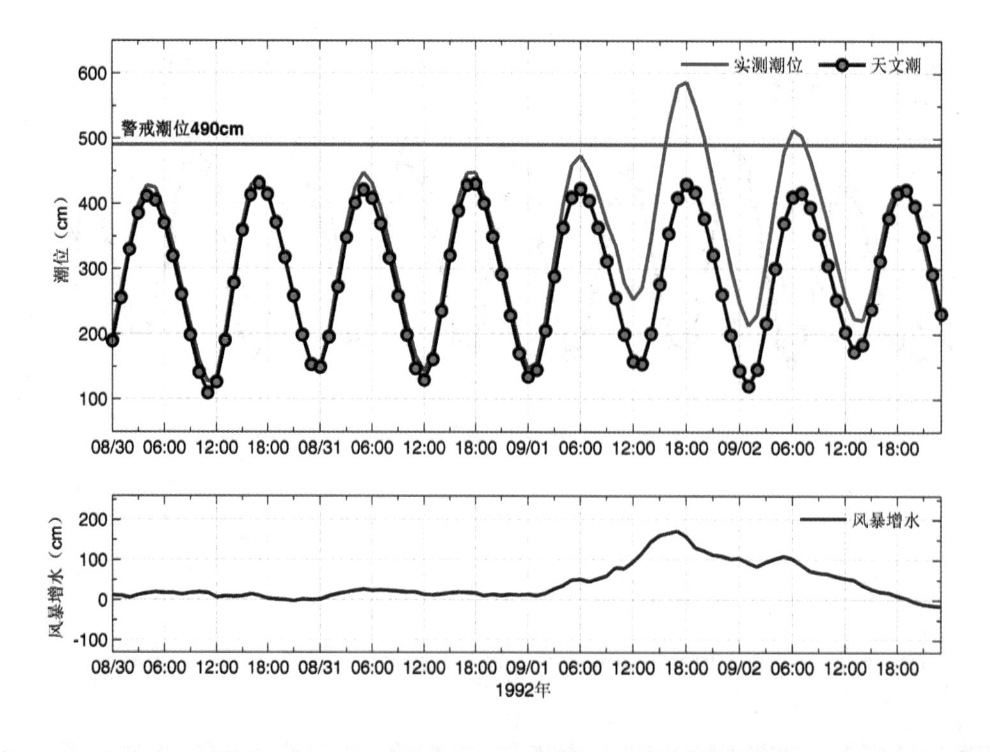

图3.286　塘沽站实测潮位、天文潮位和风暴增水随时间变化

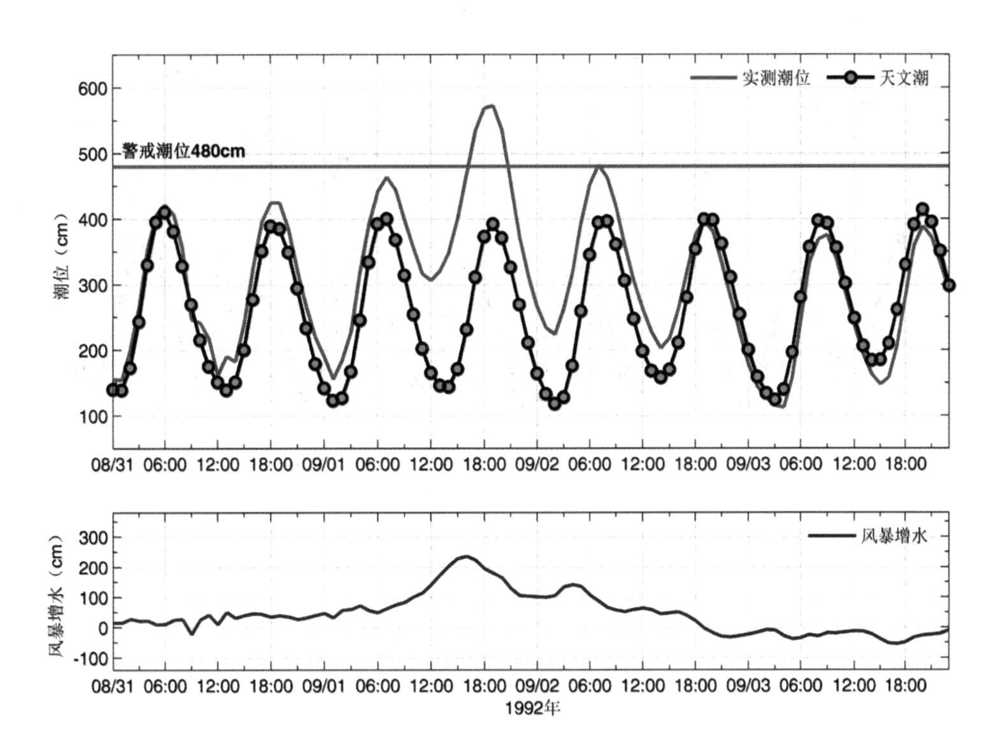

图3.287　黄骅沟站实测潮位、天文潮位和风暴增水随时间变化

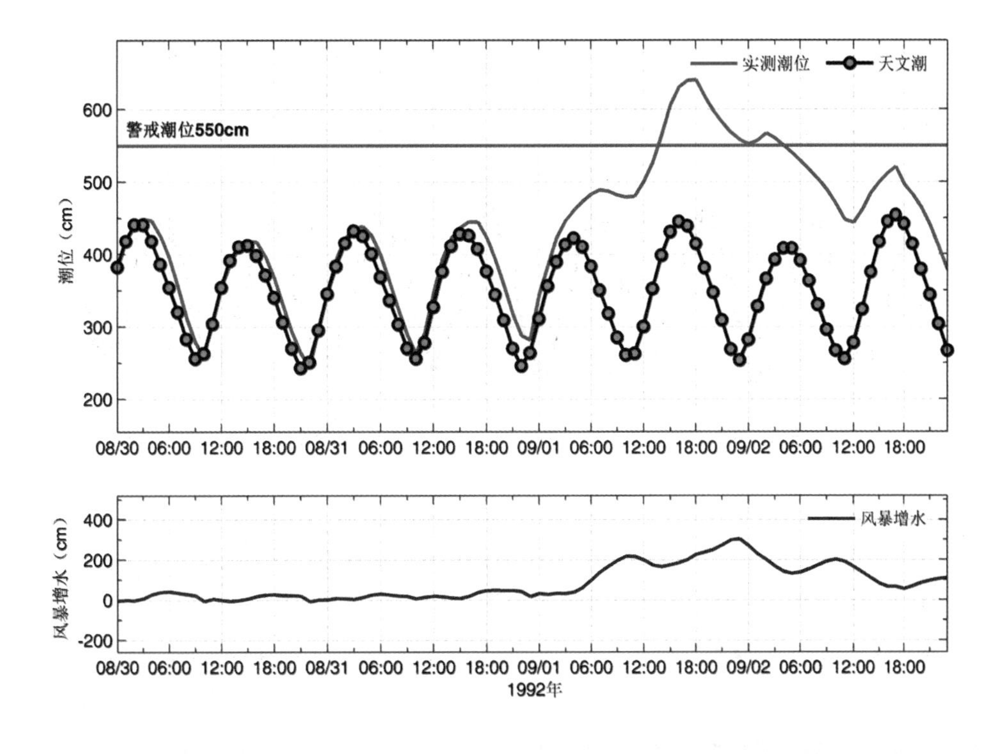

图3.288　羊角沟站实测潮位、天文潮位和风暴增水随时间变化

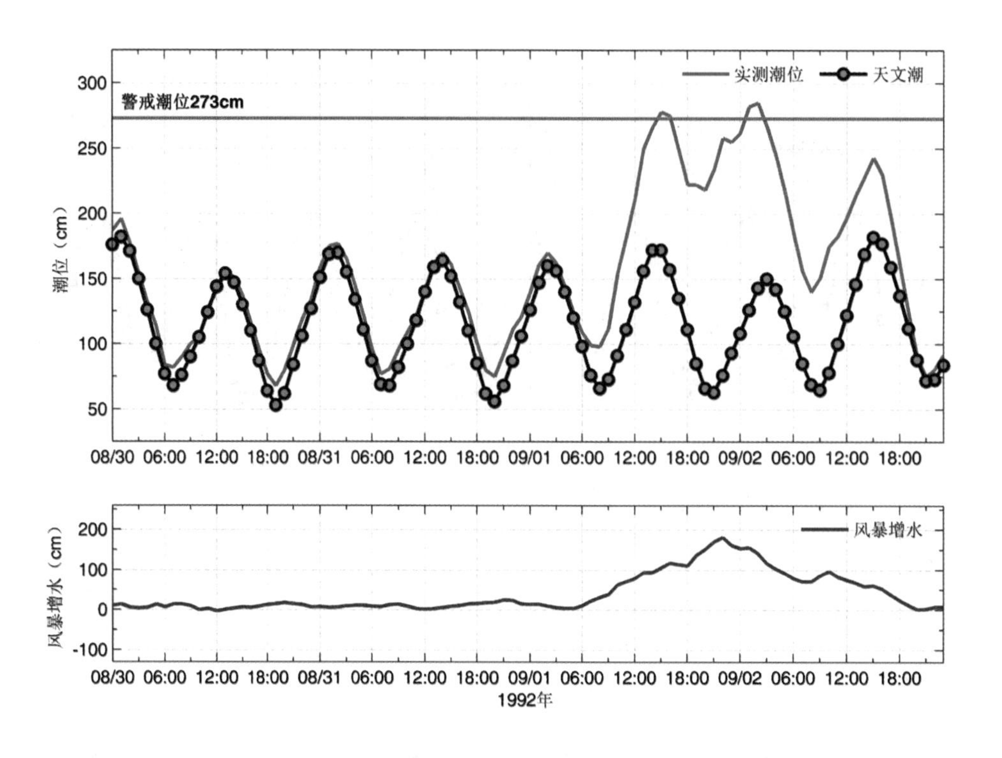

图3.289　龙口站实测潮位、天文潮位和风暴增水随时间变化

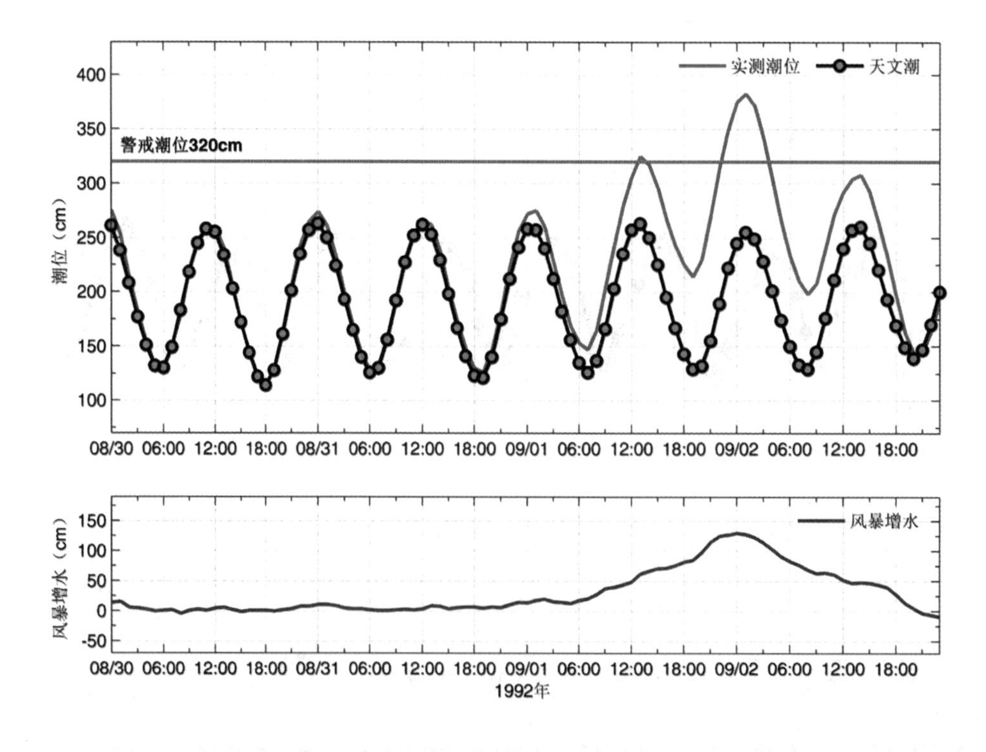

图3.290　蓬莱站实测潮位、天文潮位和风暴增水随时间变化

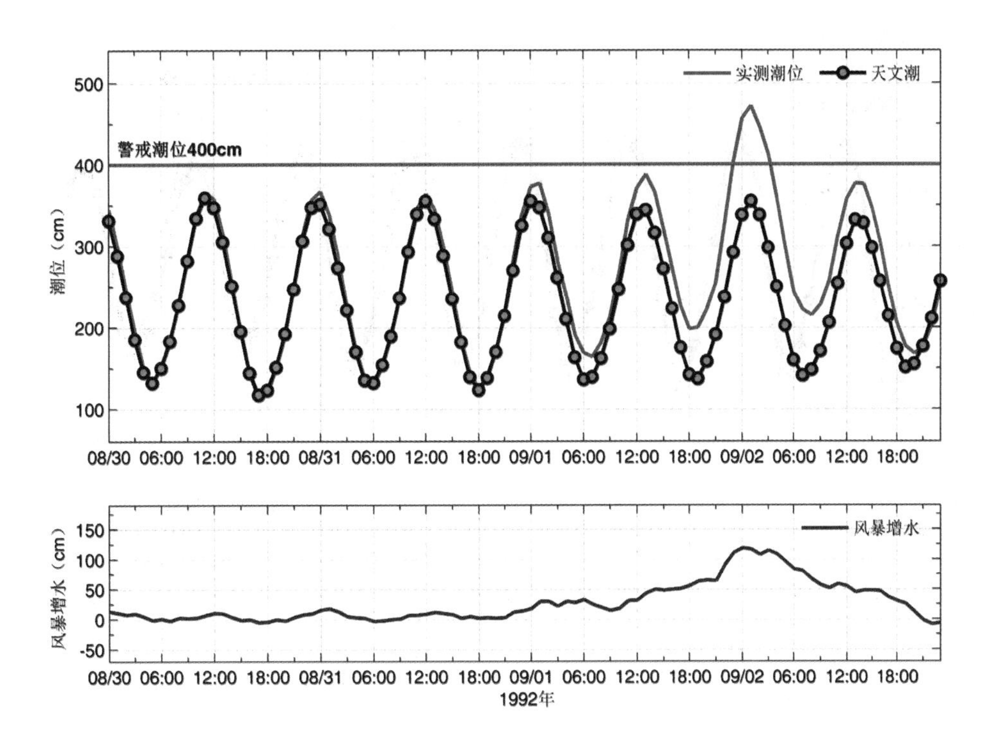

图3.291　烟台站实测潮位、天文潮位和风暴增水随时间变化

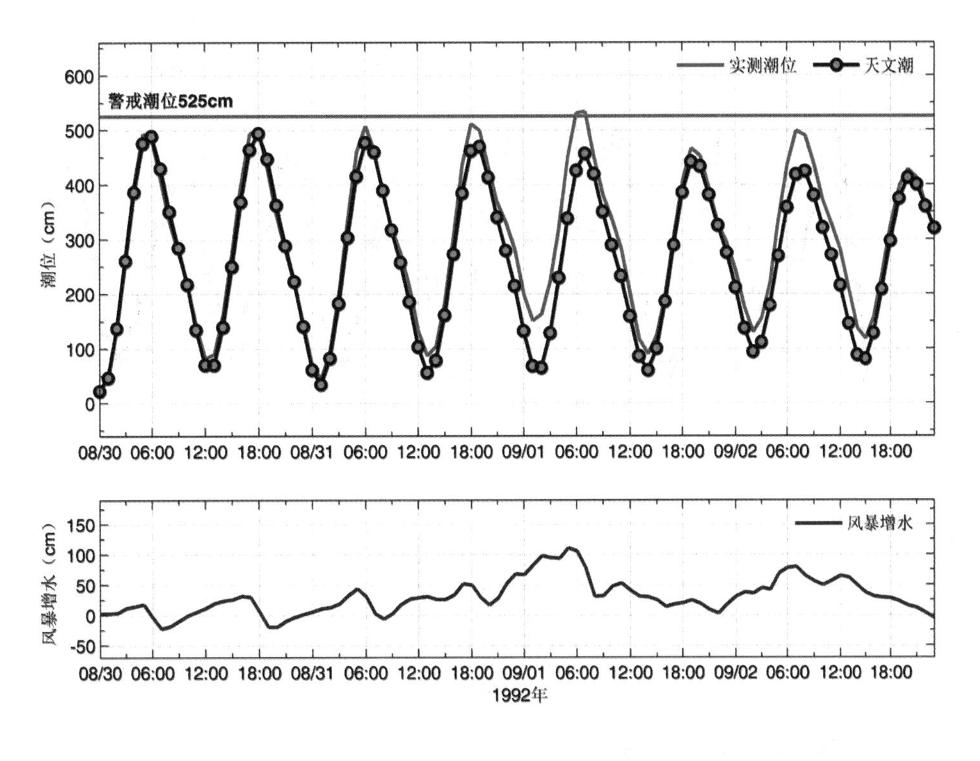

图3.292　青岛站实测潮位、天文潮位和风暴增水随时间变化

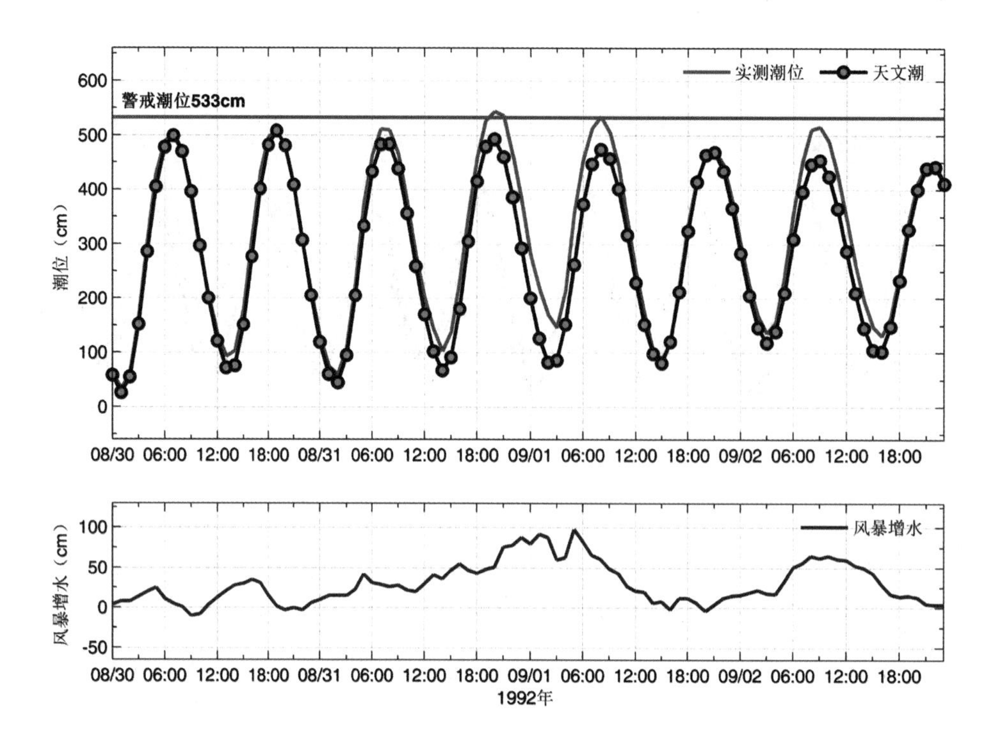

图3.293　石臼所站实测潮位、天文潮位和风暴增水随时间变化

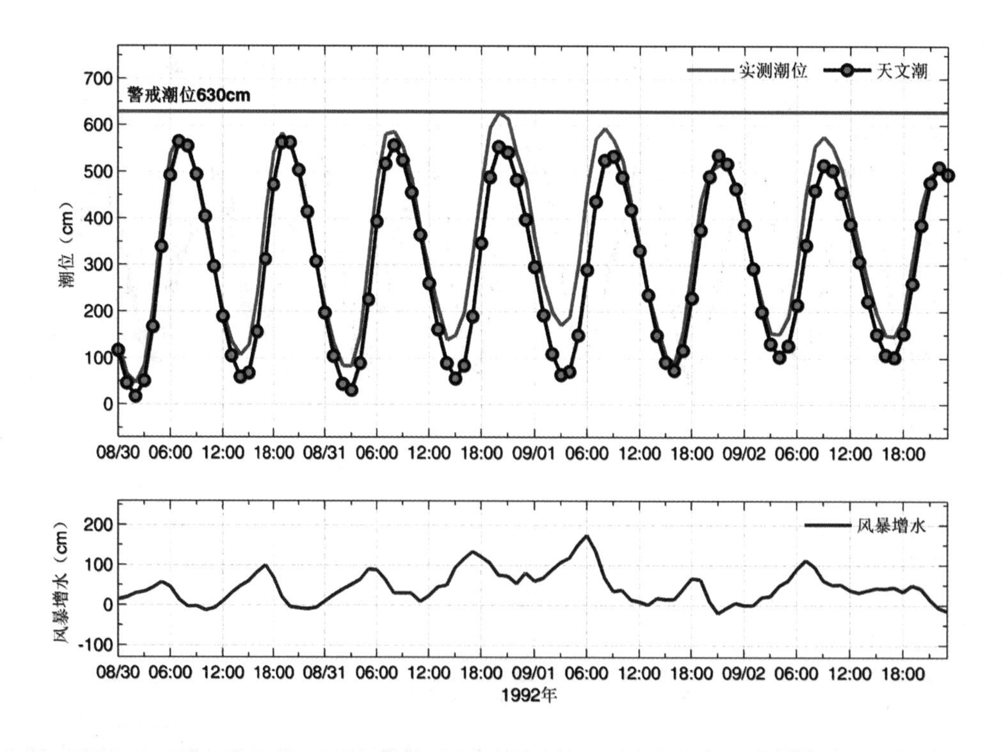

图3.294　连云港站实测潮位、天文潮位和风暴增水随时间变化

3.38　1992"10·03"风暴潮灾害（北高南低型）

1992年10月2—3日，受冷高压与低压外围共同影响，渤海沿岸发生强温带风暴潮。天津塘沽站2日19时最大增水1.36 m，几乎发生在当天最高天文潮时，最高潮位5.21 m，超过当地警戒潮位0.31 m。山东羊角沟站2日21时起1.0m以上增水持续19个小时，期间3日01时最大增水2.12 m；龙口站3日00时最大增水1.14 m。

天津塘沽港局部低洼地区受潮水浸淹。山东滨州无棣县遭受潮灾，包括防潮堤坝、路基路面被冲垮，虾池被冲毁，船只沉没，网具被冲失等，经济损失383.72万元。

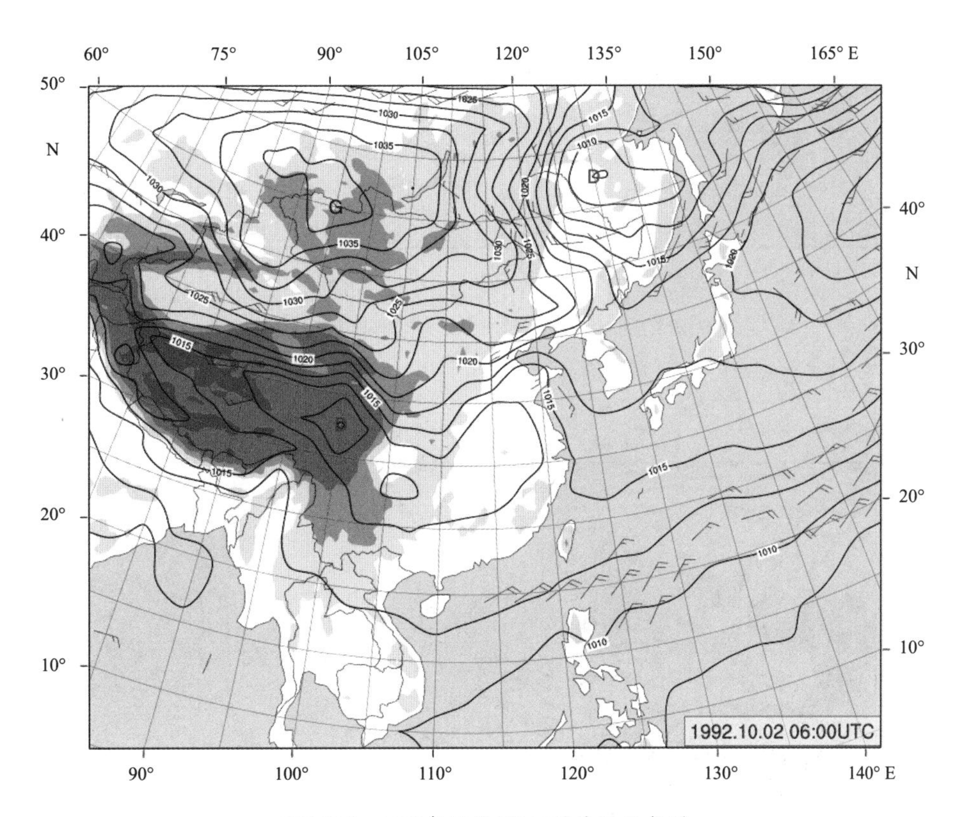

图3.295　1992年10月2日14时地面天气图

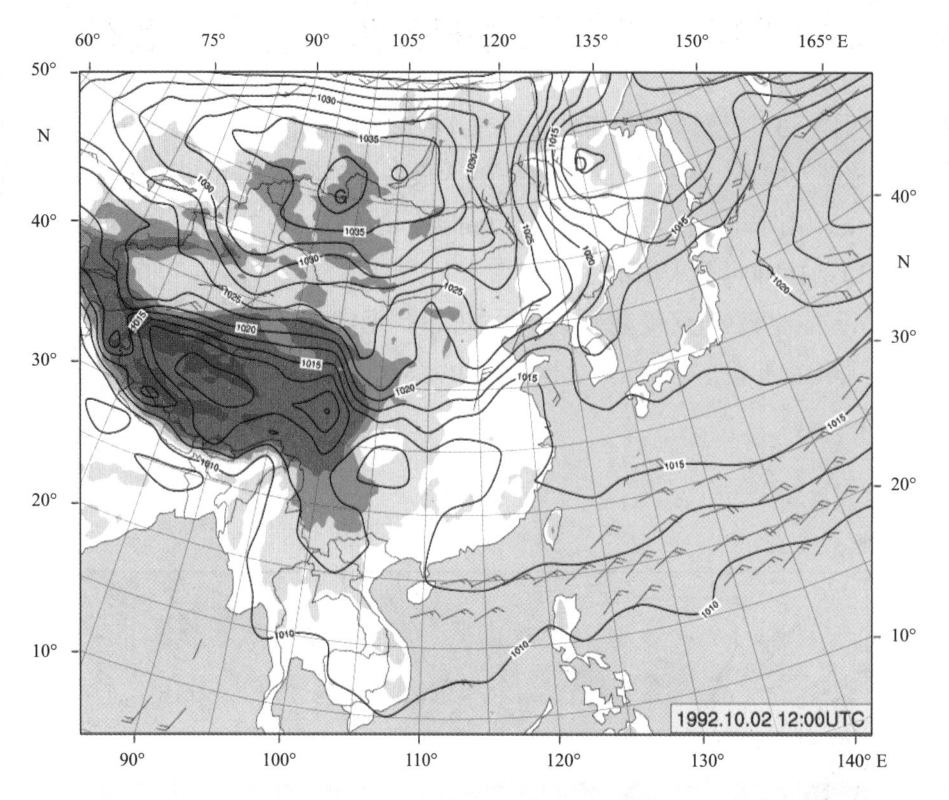

图3.296　1992年10月2日20时地面天气图

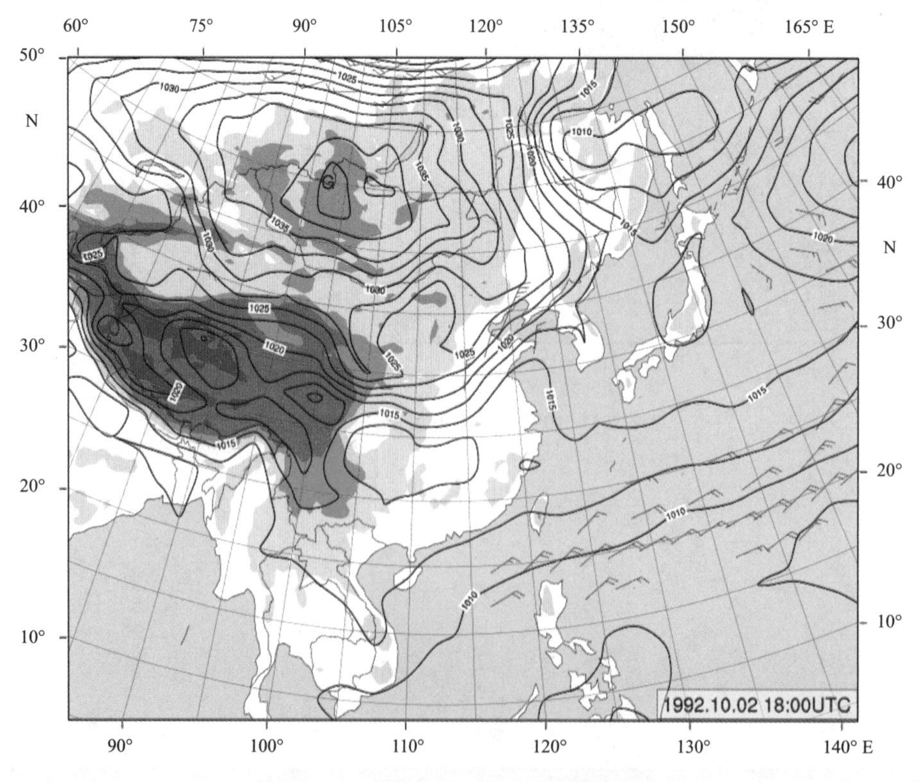

图3.297　1992年10月3日02时地面天气图

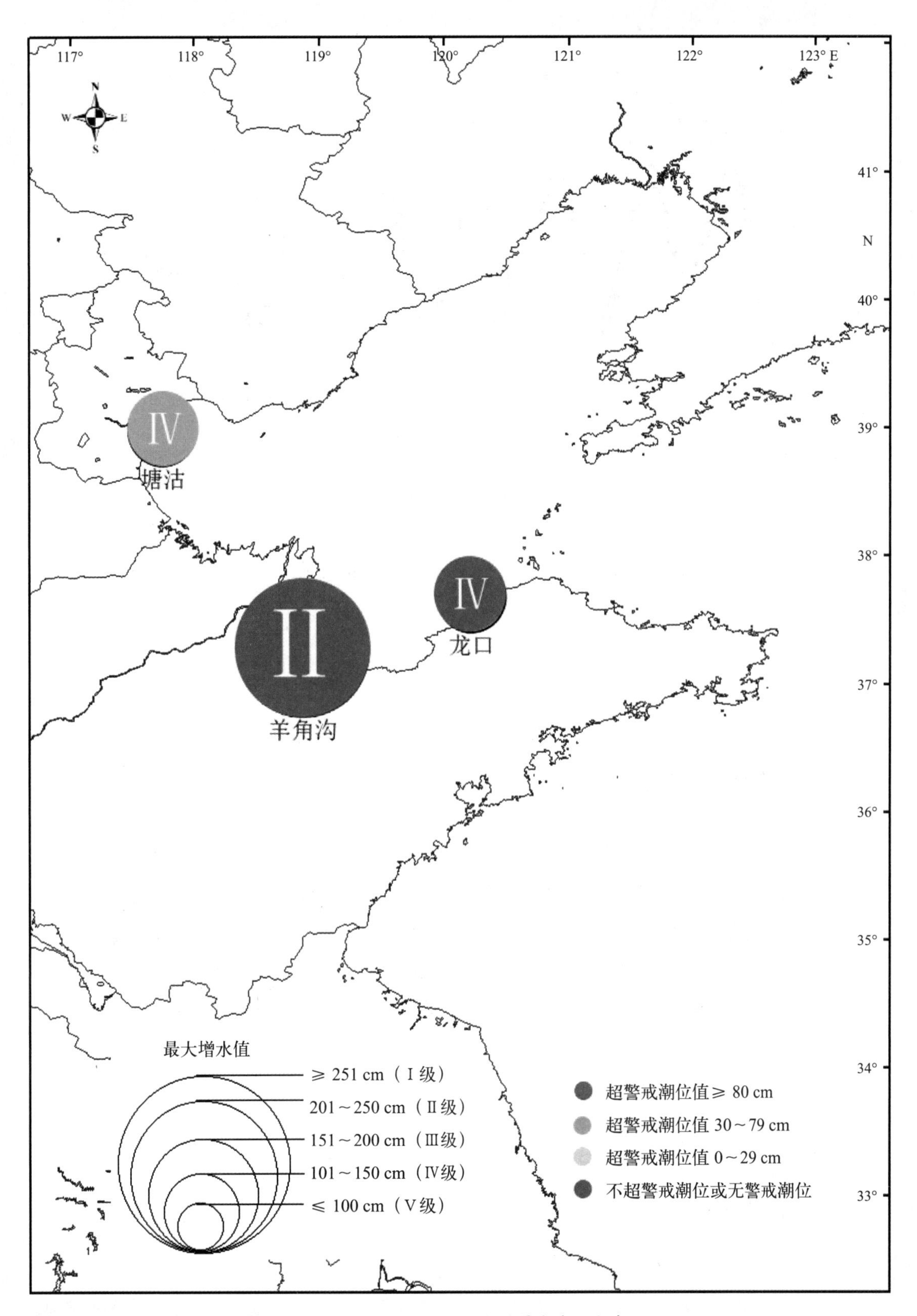

图3.298　1992“10・02”风暴潮空间分布

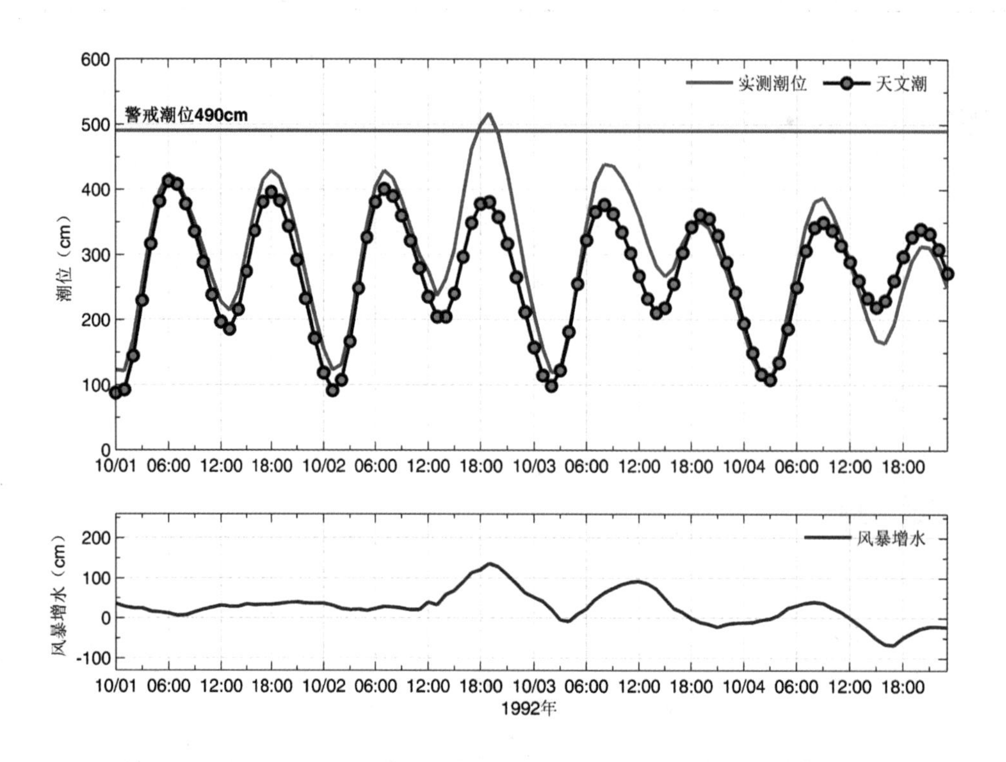

图3.299　塘沽站实测潮位、天文潮位和风暴增水随时间变化

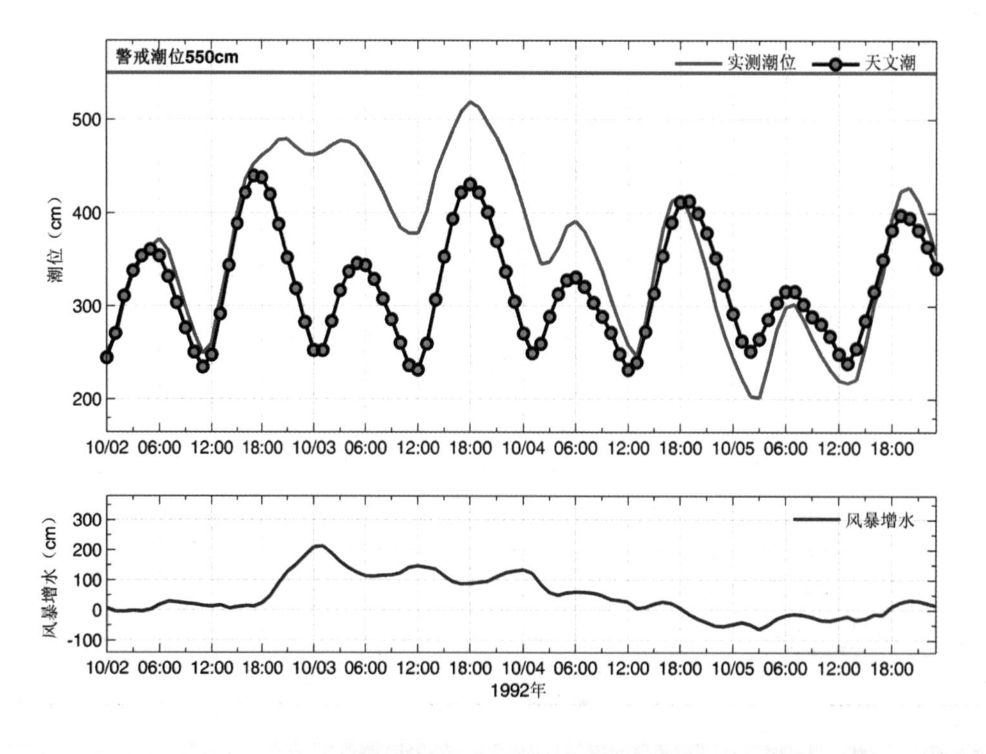

图3.300　羊角沟站实测潮位、天文潮位和风暴增水随时间变化

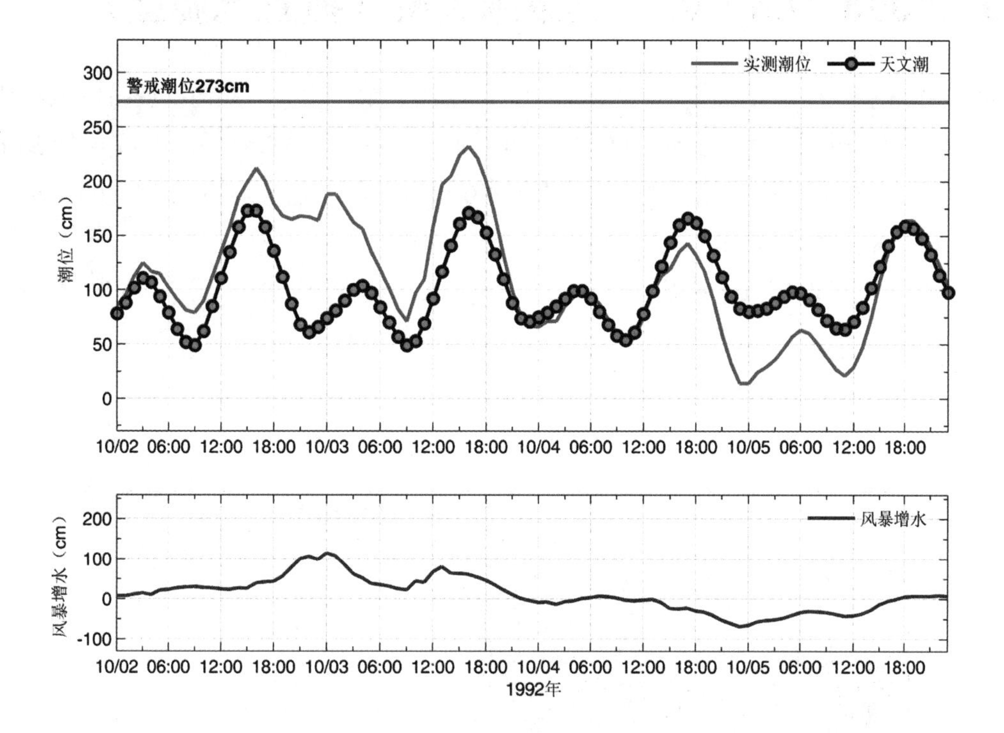

图3.301　龙口站实测潮位、天文潮位和风暴增水随时间变化

3.39　1993“08·06”风暴潮灾害（孤立气旋型）

1993年8月5—7日，受江淮气旋入海影响，渤海湾、莱州湾、海州湾出现温带风暴潮过程，天津塘沽站5—6日增水均在50cm左右，6日02时增水最大，为0.53 m；山东羊角沟站6日12时最大增水0.64 m，石臼所站6日04时最大增水0.51 m；江苏连云港站5日出现0.6m左右的增水，6日18时最大增水1.07 m。

青岛市北海船厂西侧新建护堤（现帆船赛基地大堤）被大浪冲跨近百米，损失数万元。

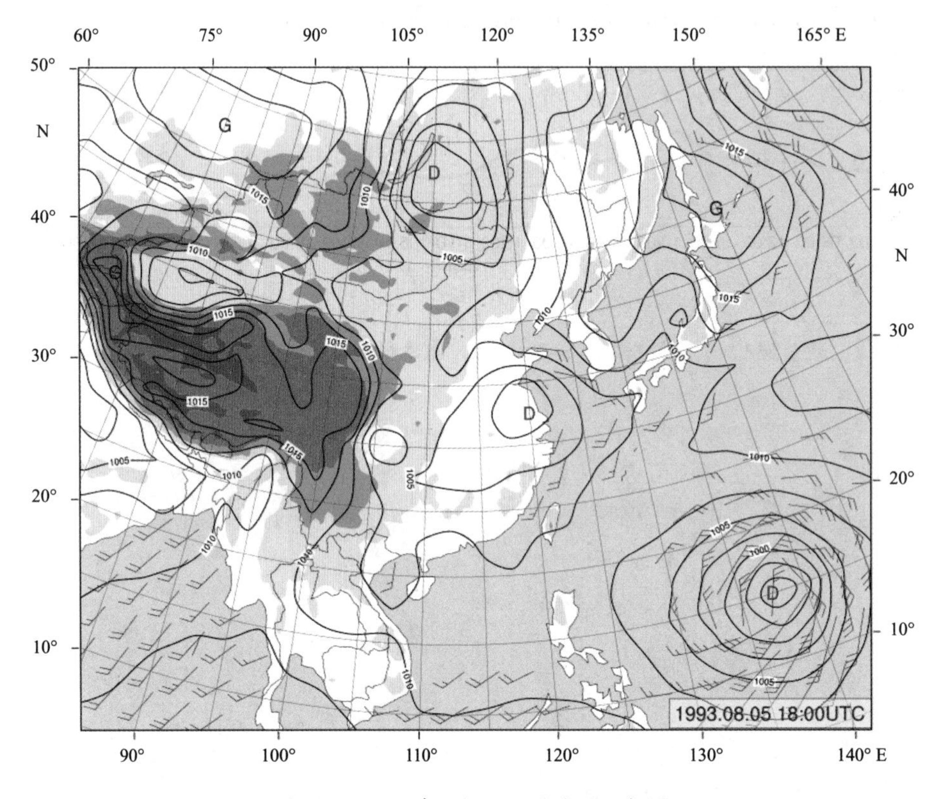

图3.302　1993年8月6日02时地面天气图

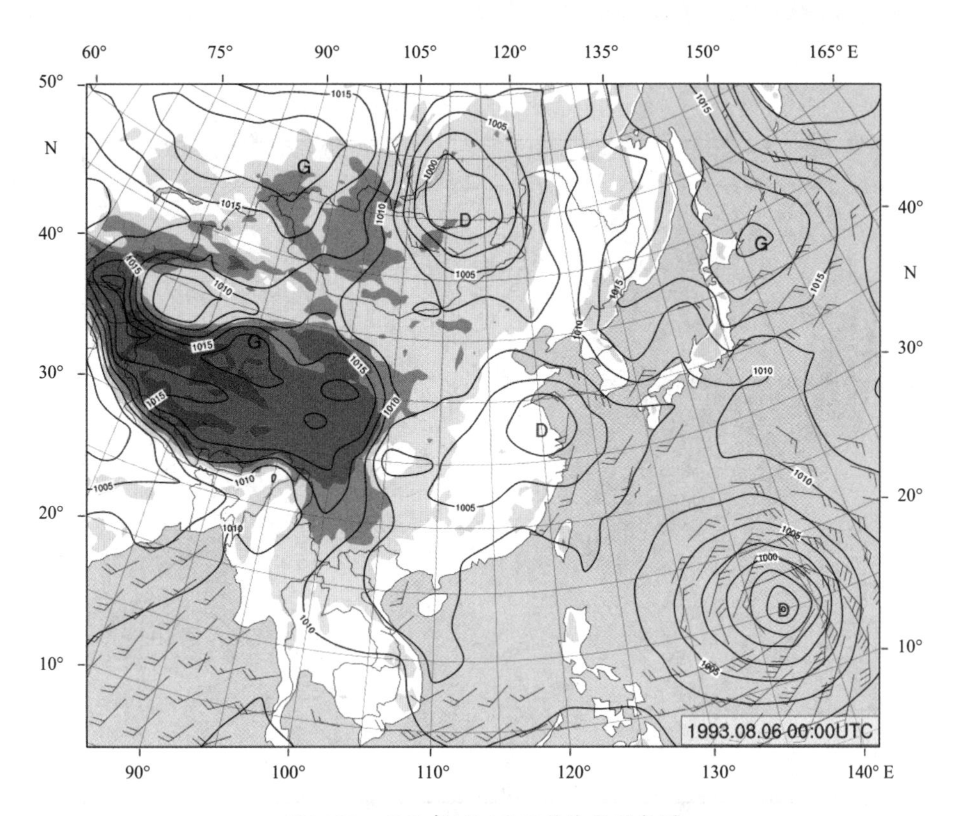

图3.303　1993年8月6日08时地面天气图

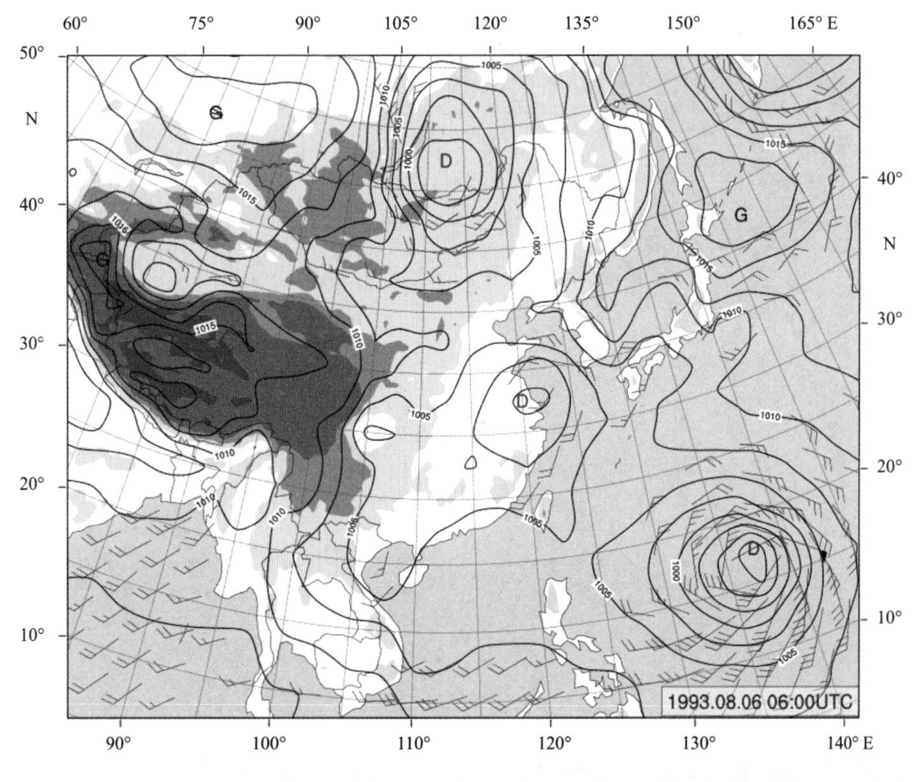

图3.304　1993年8月6日14时地面天气图

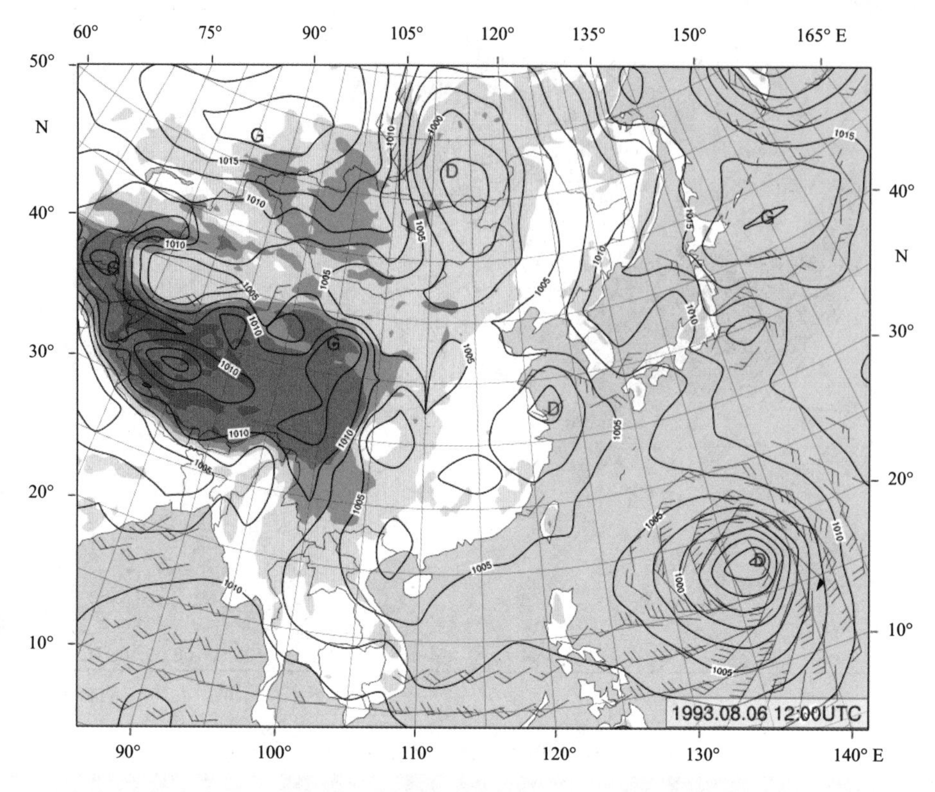

图3.305 1993年8月6日20时地面天气图

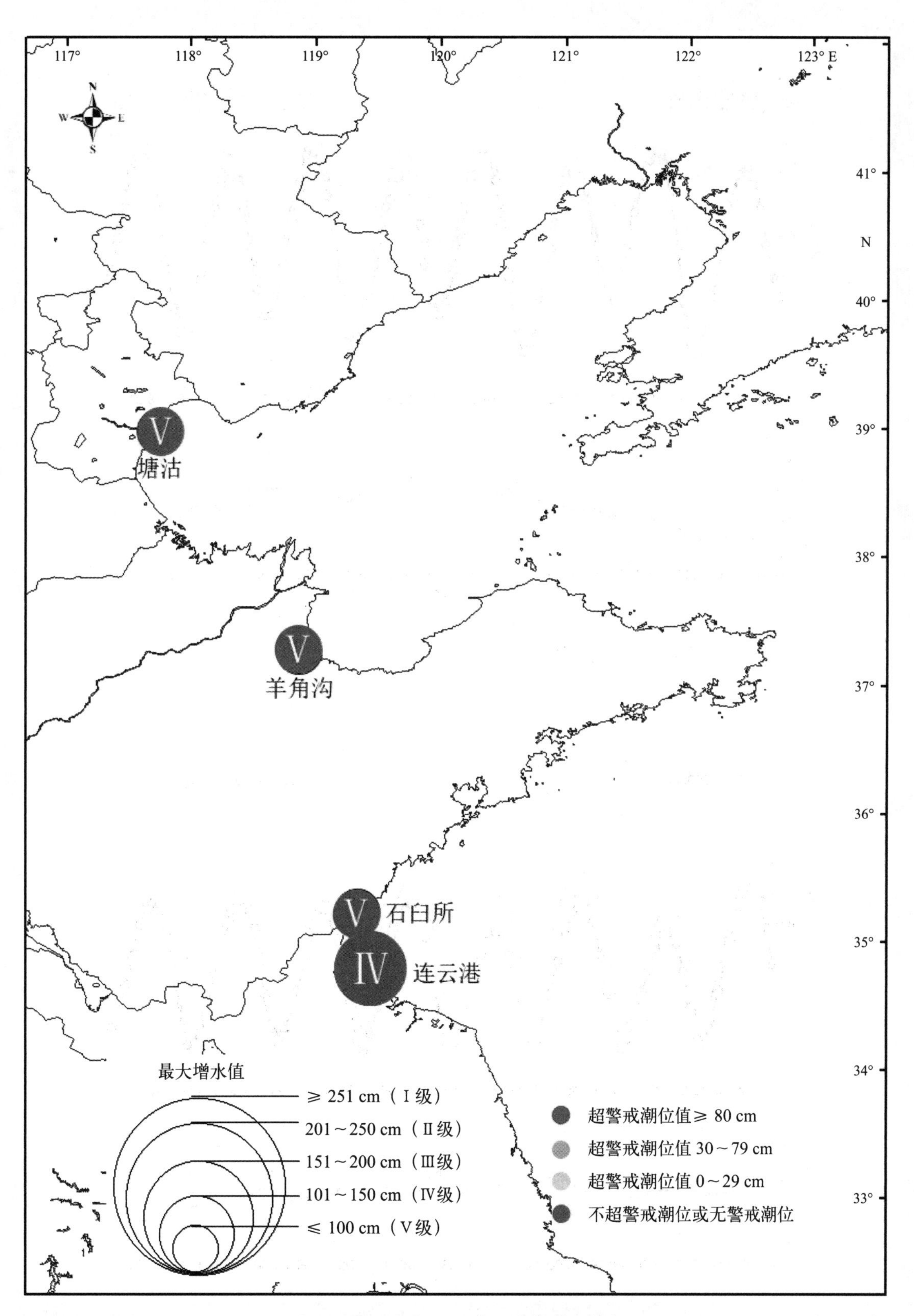

图3.306　1993“08·06”风暴潮空间分布

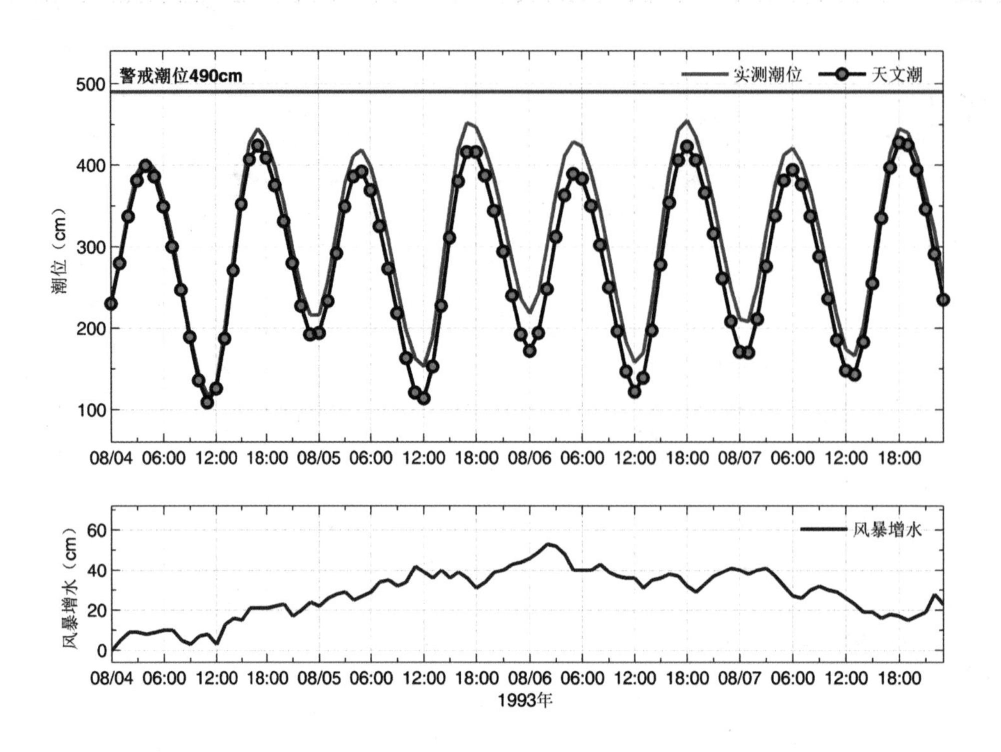

图3.307　塘沽站实测潮位、天文潮位和风暴增水随时间变化

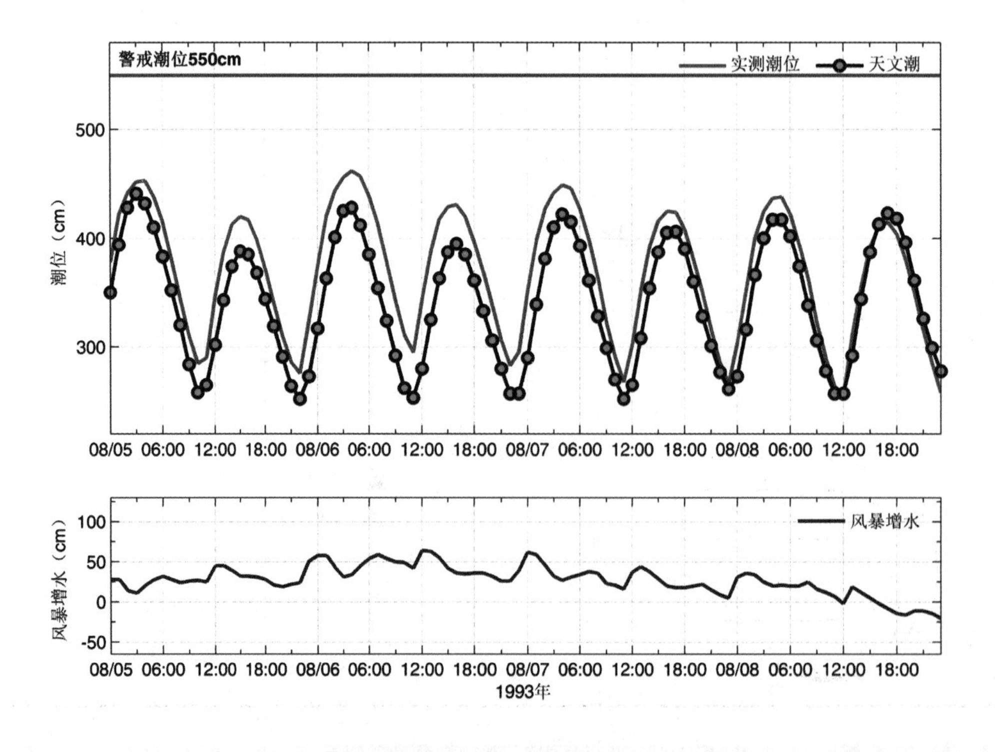

图3.308　羊角沟站实测潮位、天文潮位和风暴增水随时间变化

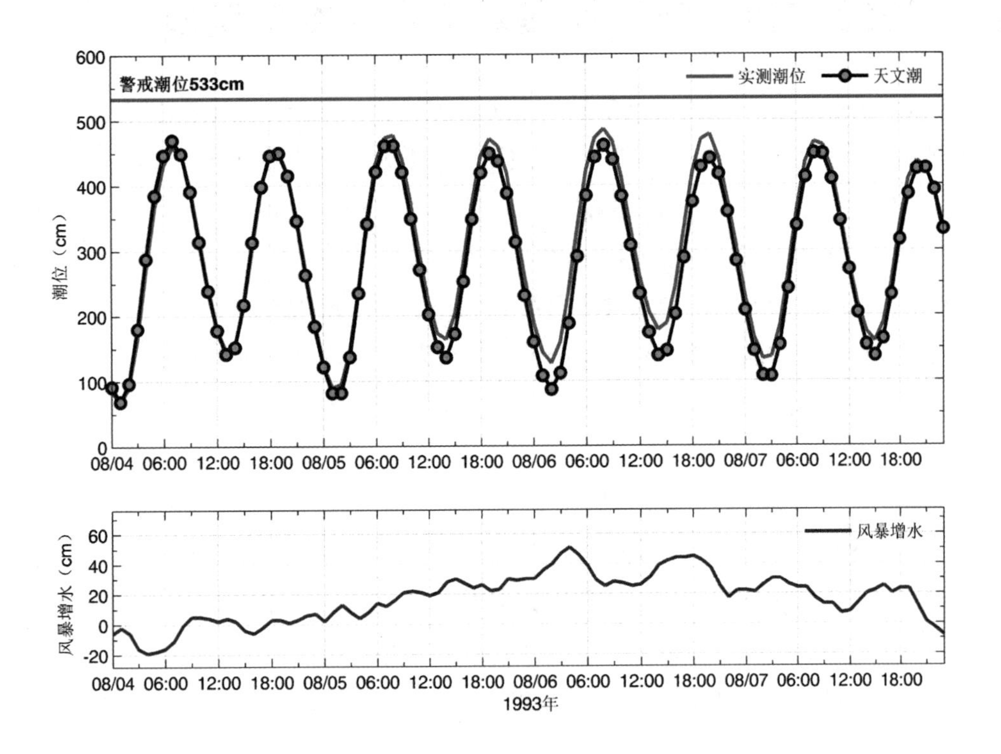

图3.309　石臼所站实测潮位、天文潮位和风暴增水随时间变化

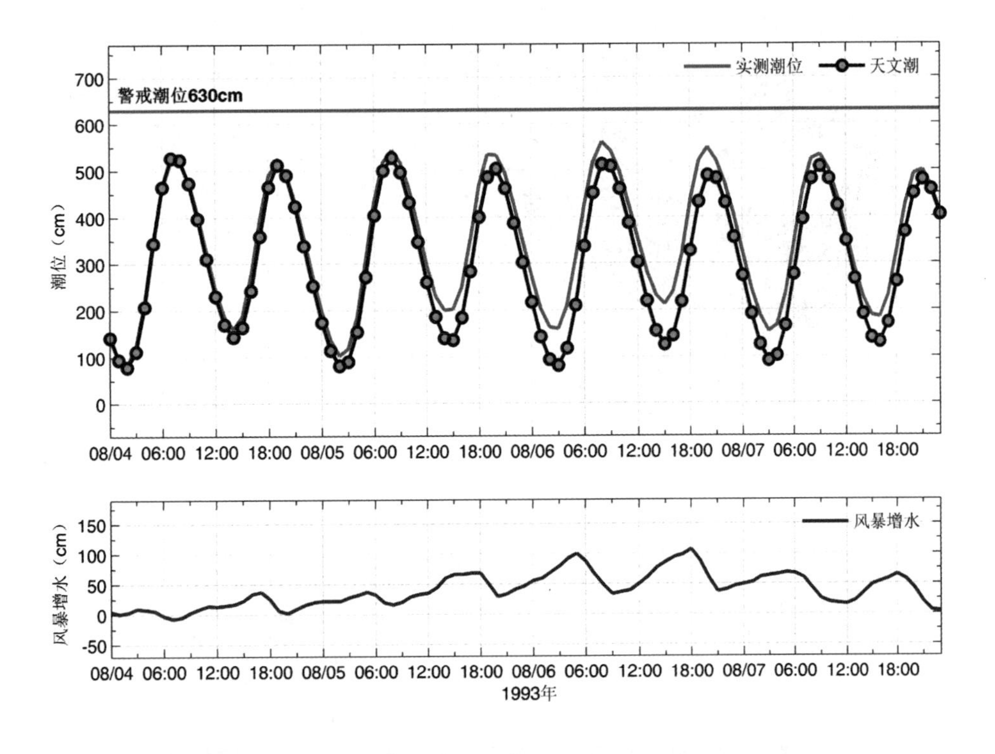

图3.310　连云港站实测潮位、天文潮位和风暴增水随时间变化

3.40 1993“11·16”风暴潮灾害（冷高压型）

1993年11月15—17日，受冷高压影响，渤海沿岸发现一次强温带风暴潮过程。15日白天黄海中部及南部受偏南风影响，夜间冷空气逐渐南下，天津塘沽站15日18时起持续20小时风暴增水大于1.0 m，16日00时最大增水1.48 m，最高潮位4.86 m，距离当地警戒潮位0.04 m。山东羊角沟站15日22时起持续41个小时、累计48个小时风暴增水大于1.0 m，16日20时起持续5个小时风暴增水大于2.0 m，其中22时最大增水2.22 m；最高潮位5.32 m，距离当地警戒潮位0.18 m。龙口站16日21时最大增水0.97 m；连云港站17日17时最大增水1.05 m。

天津塘沽新港客运码头和航道局管线队等地部分堤埝少量上水，新港船闸漏水，东沽部分船闸漏水，地下管道出现海水倒灌现象。山东滨州市无棣县受灾，上涨的潮水冲垮了防潮堤坝和路基路面，冲毁虾池、冲失网具、冲倒房屋。

截至17日早8时，无棣县大口河、水沟、旺子、金尖、沙头等沿海渔村，鲁北化工总厂、埕口盐场、县属盐场，第一、第二海水养殖公司先后进水。据统计，各盐场原盐7×10^4 t被冲化；213间房屋倒塌，4 123盘网架、560根网杆、2 520条网具损坏；潮水冲垮防潮坝52 km，冲毁路基40 km；冲毁虾池200 hm^2。因灾直接经济损失3 344.33万元。

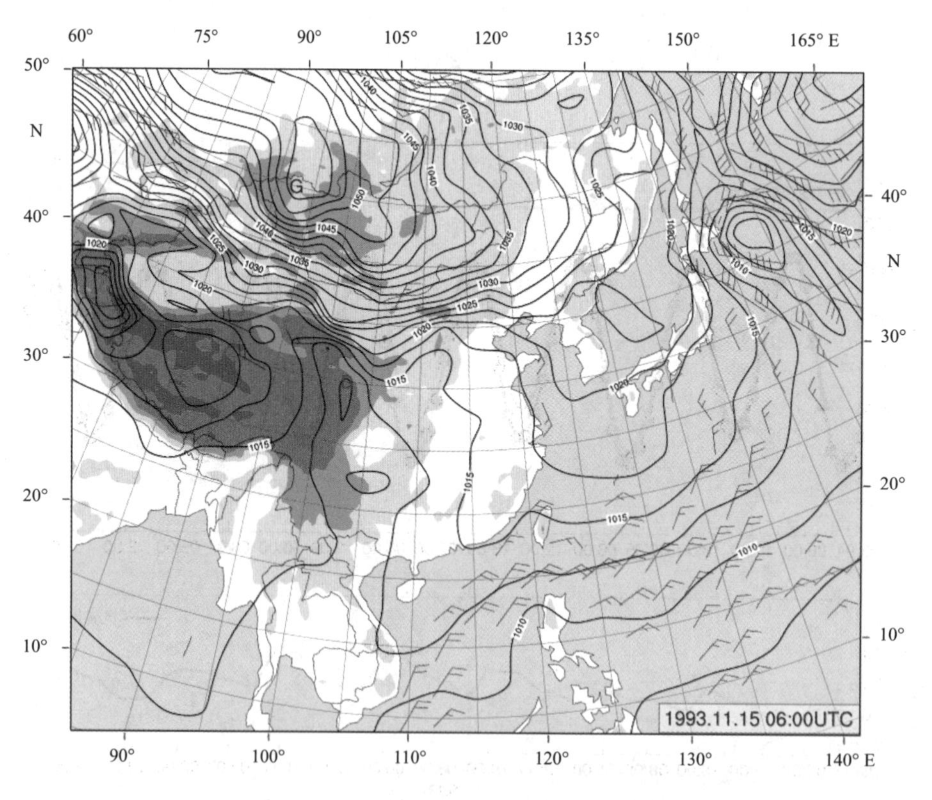

图3.311 1993年11月15日14时地面天气图

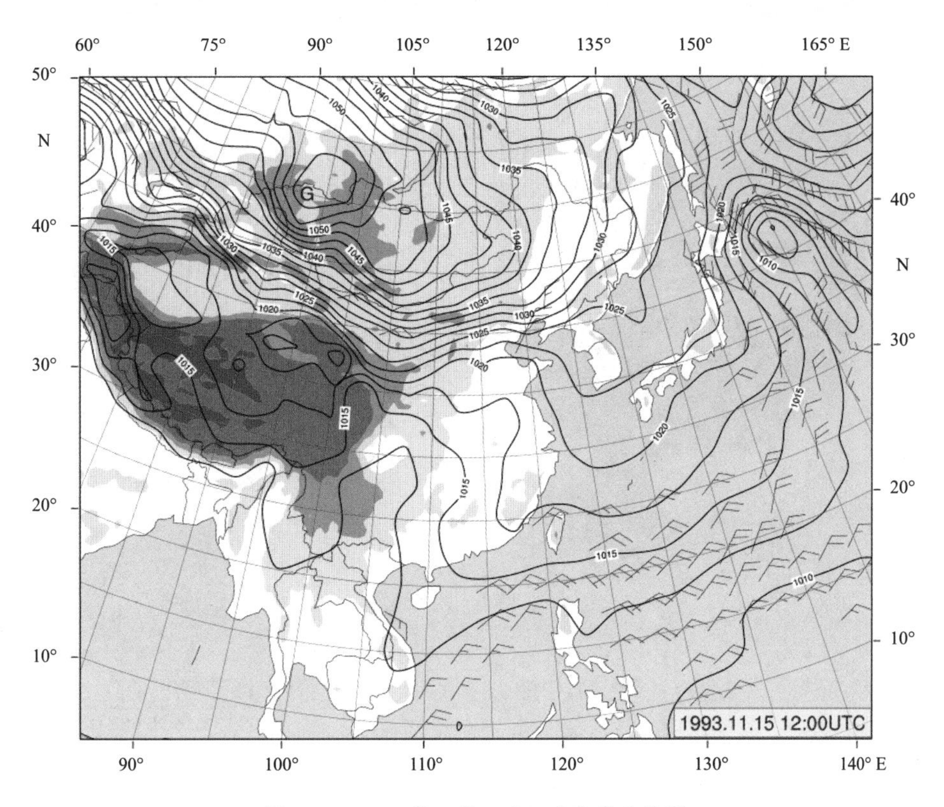

图3.312　1993年11月15日20时地面天气图

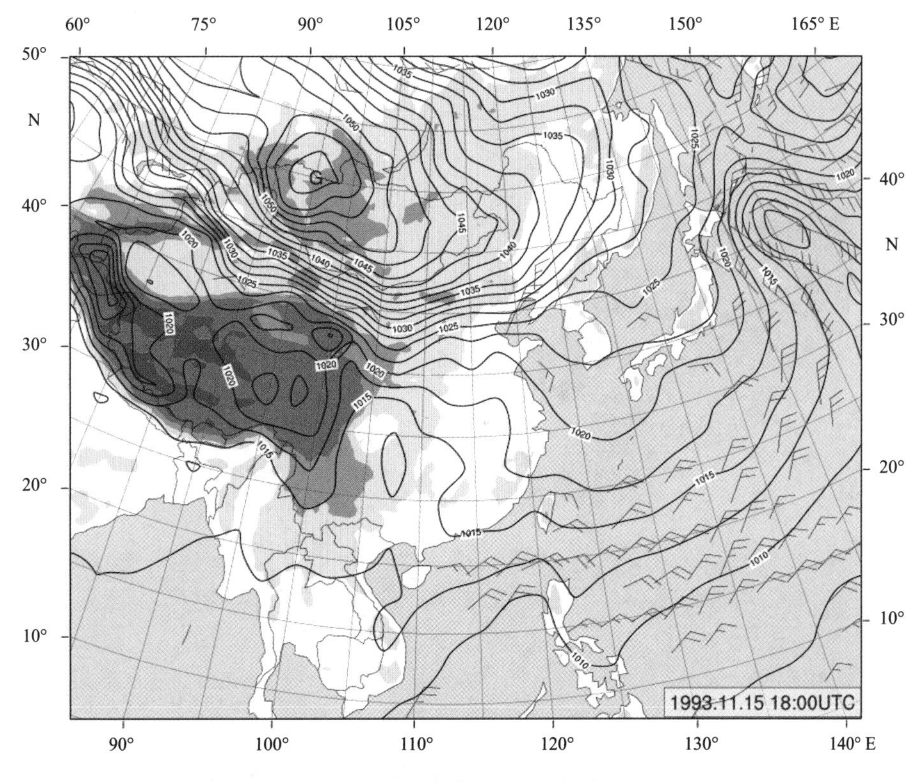

图3.313　1993年11月16日02时地面天气图

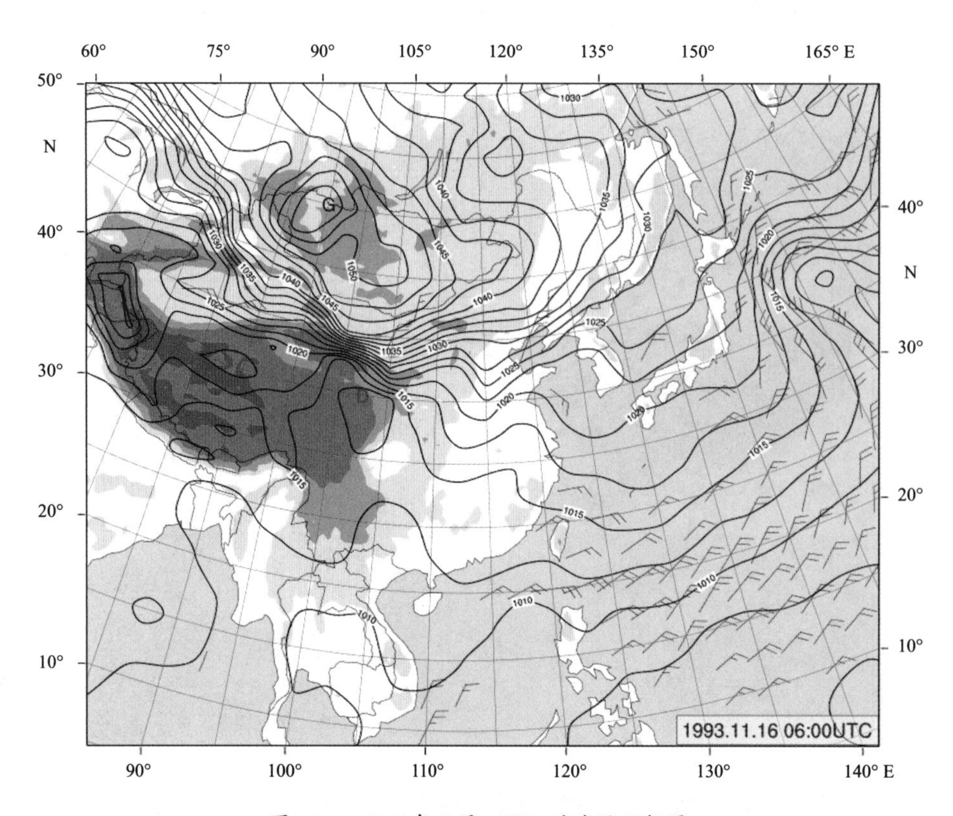

图3.314　1993年11月16日14时地面天气图

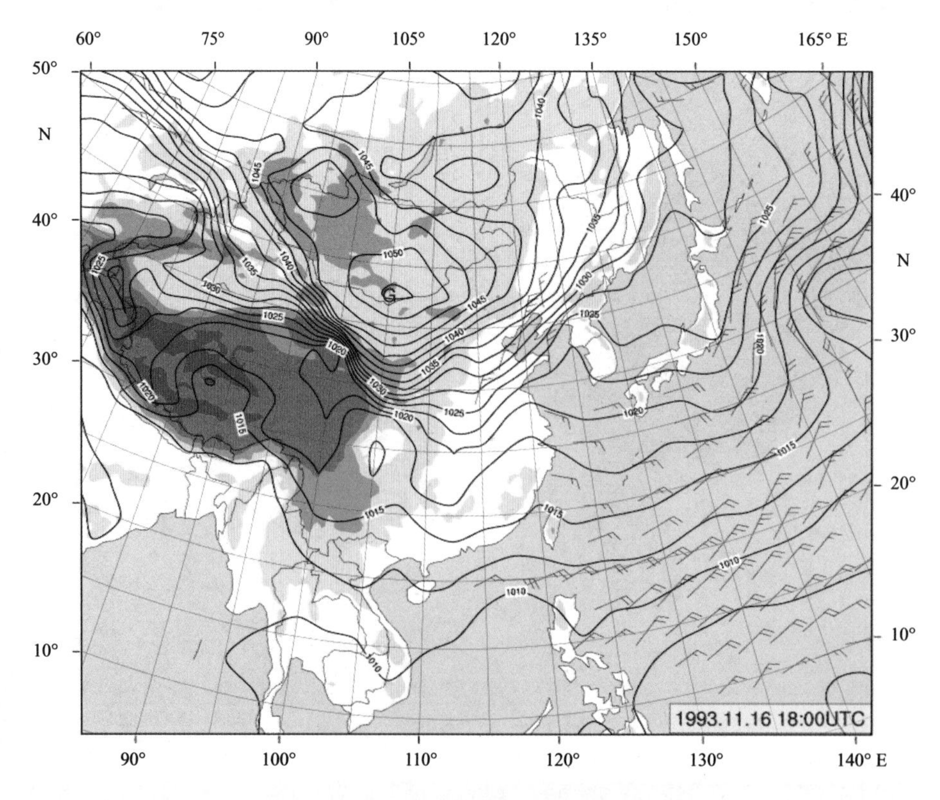

图3.315　1993年11月17日02时地面天气图

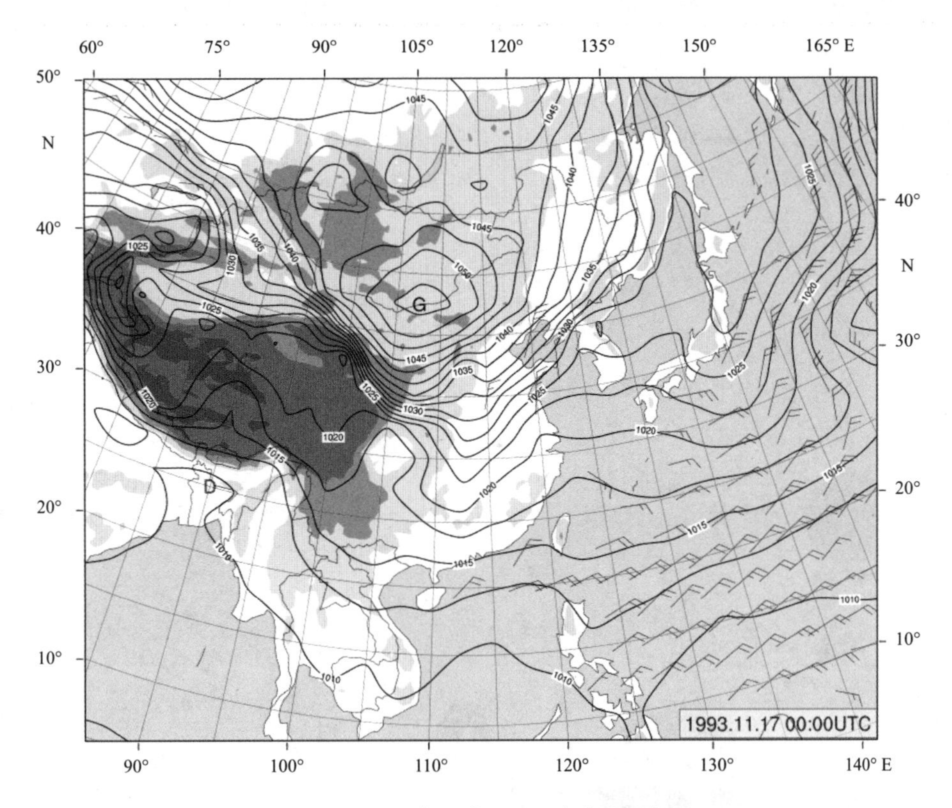

图3.316　1993年11月17日08时地面天气图

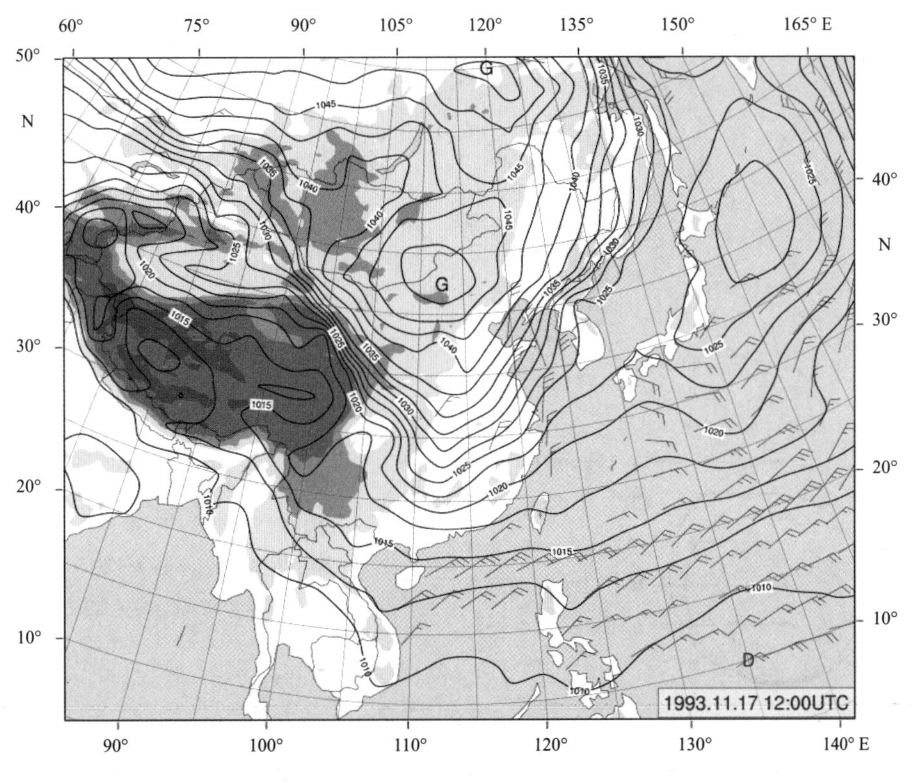

图3.317　1993年11月17日20时地面天气图

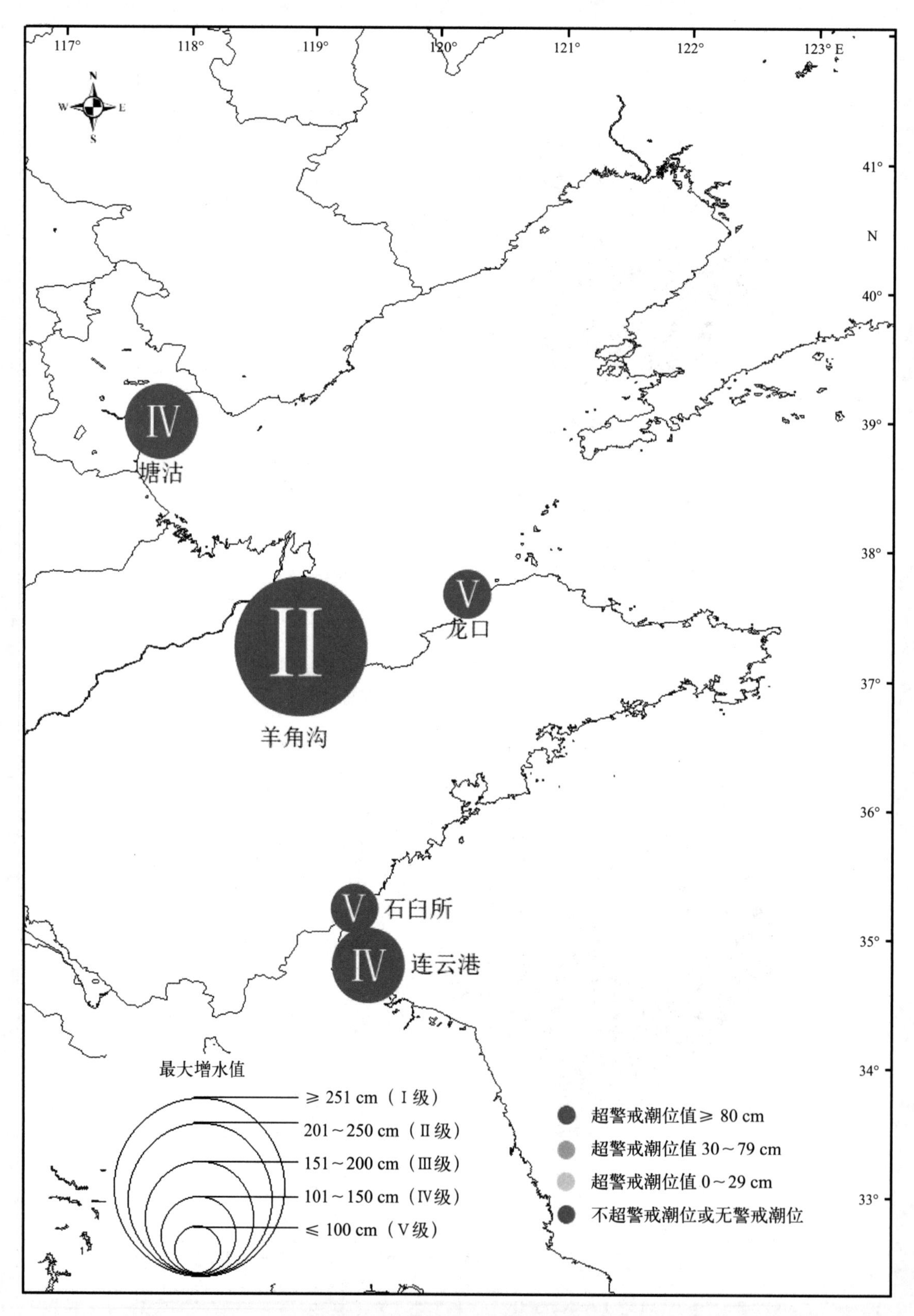

图3.318　1993“11・16”风暴潮空间分布

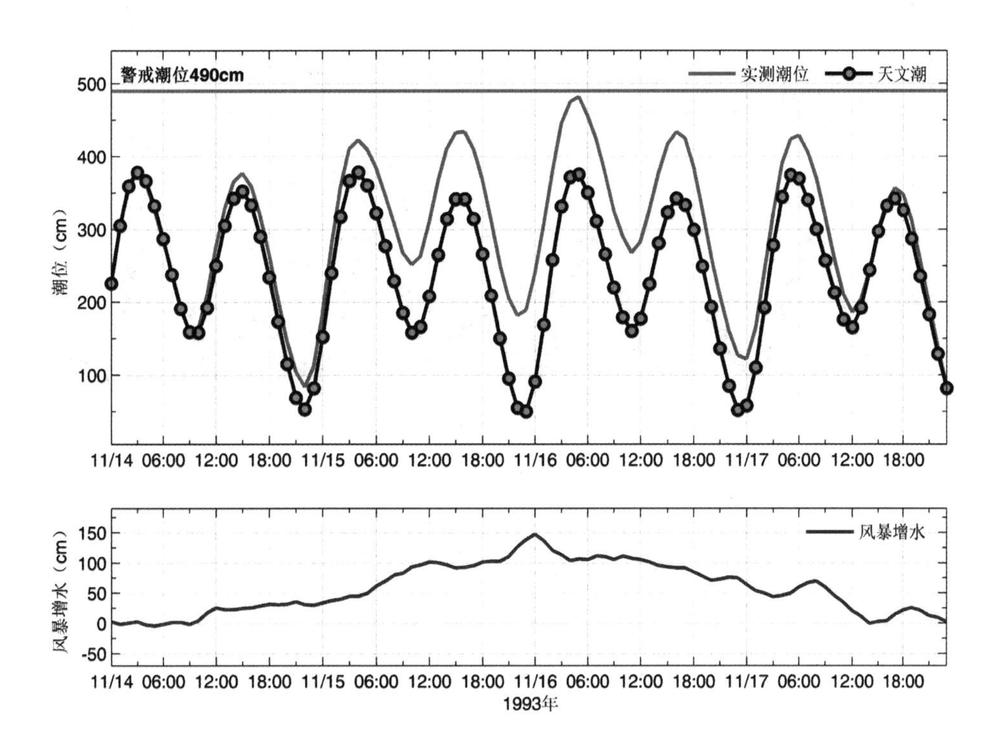

图3.319　塘沽站实测潮位、天文潮位和风暴增水随时间变化

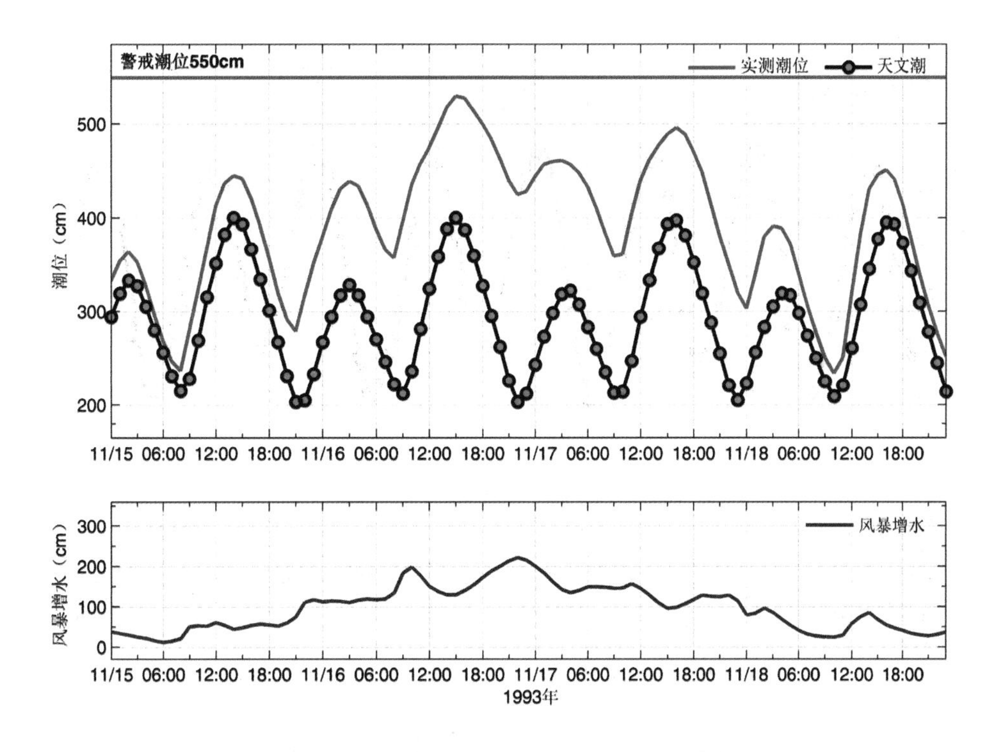

图3.320　羊角沟站实测潮位、天文潮位和风暴增水随时间变化

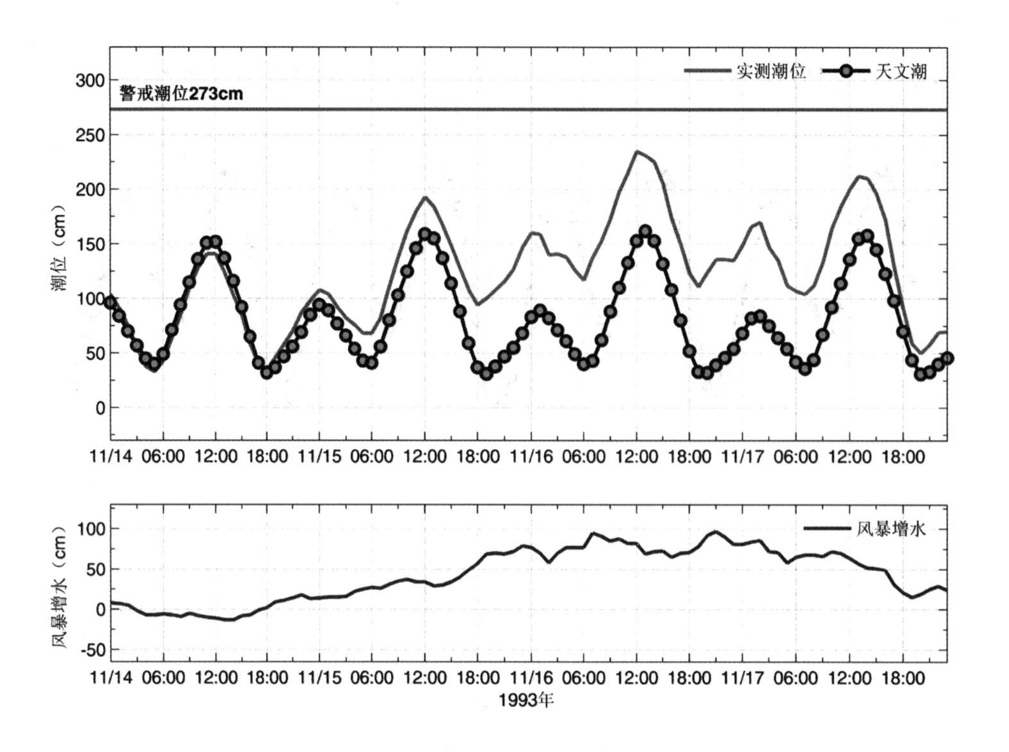

图3.321　龙口站实测潮位、天文潮位和风暴增水随时间变化

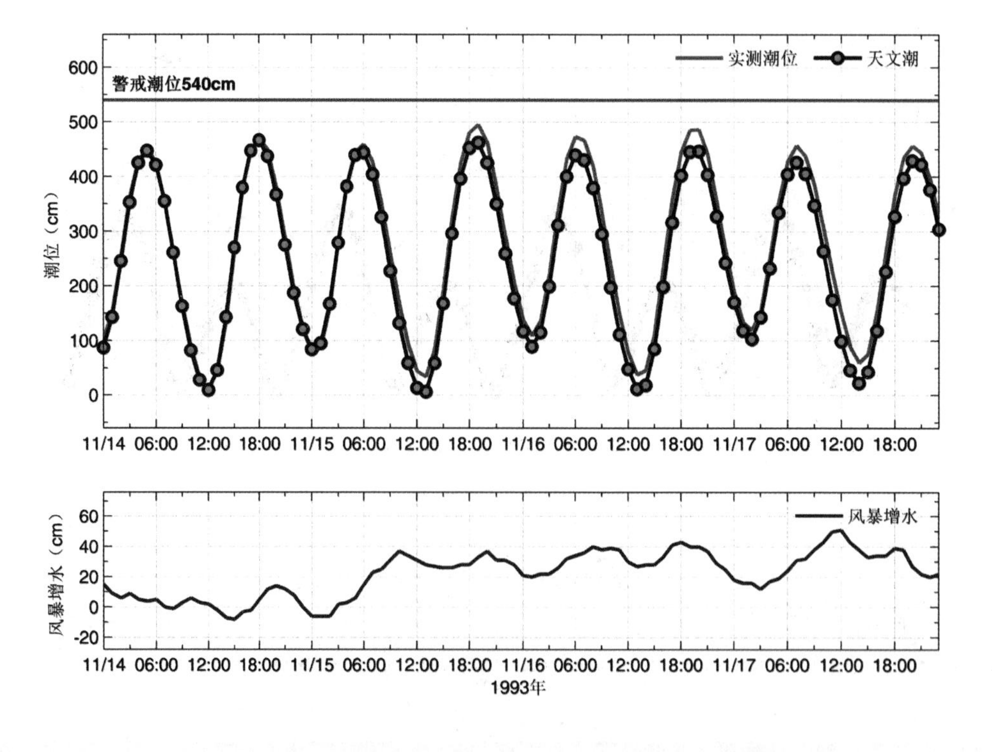

图3.322　石臼所站实测潮位、天文潮位和风暴增水随时间变化

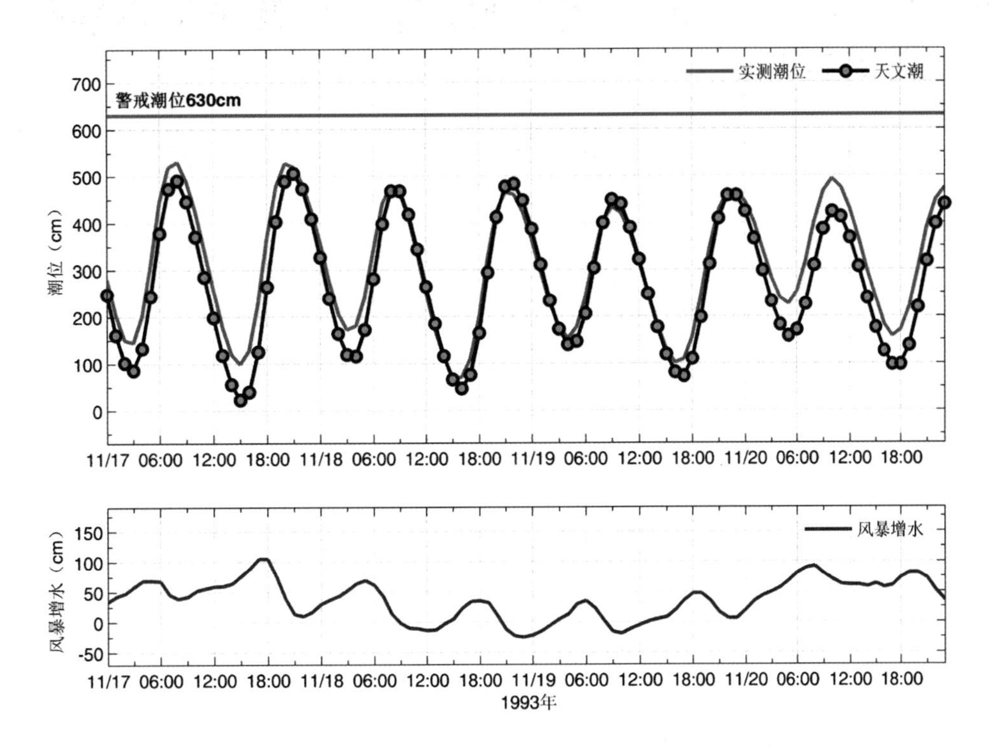

图3.323　连云港站实测潮位、天文潮位和风暴增水随时间变化

3.41 1996“10·30”风暴潮灾害（西高东低转横向高压型）

1996年10月28—29日，渤海及黄海北部持续受西高东低型温带天气系统影响，黄海出现5～6级西南风，渤海沿岸各站出现明显增水，辽宁葫芦岛站28日06时最大增水0.93m，最高潮位4.07m，超过当地警戒潮位0.02m。河北秦皇岛28日09时最大增水0.77m。29日夜间冷空气开始南下，沿岸各站增水迅速增大。天津塘沽站30日00时起持续8个小时增水超过1.0m，02时最大增水1.95 m，05时20分最高潮位5.10 m，超过当地警戒潮位0.20 m。河北黄骅站30日03时最大增水2.36 m，为温带风暴增水第三位；05时26分最高潮位5.09 m，超过当地警戒潮位0.29 m。山东羊角沟站30日02时起1.0m以上增水持续13个小时，期间09时增水2.19 m。江苏连云港站30日18时最大增水1.01 m。

未收集到灾情记录。

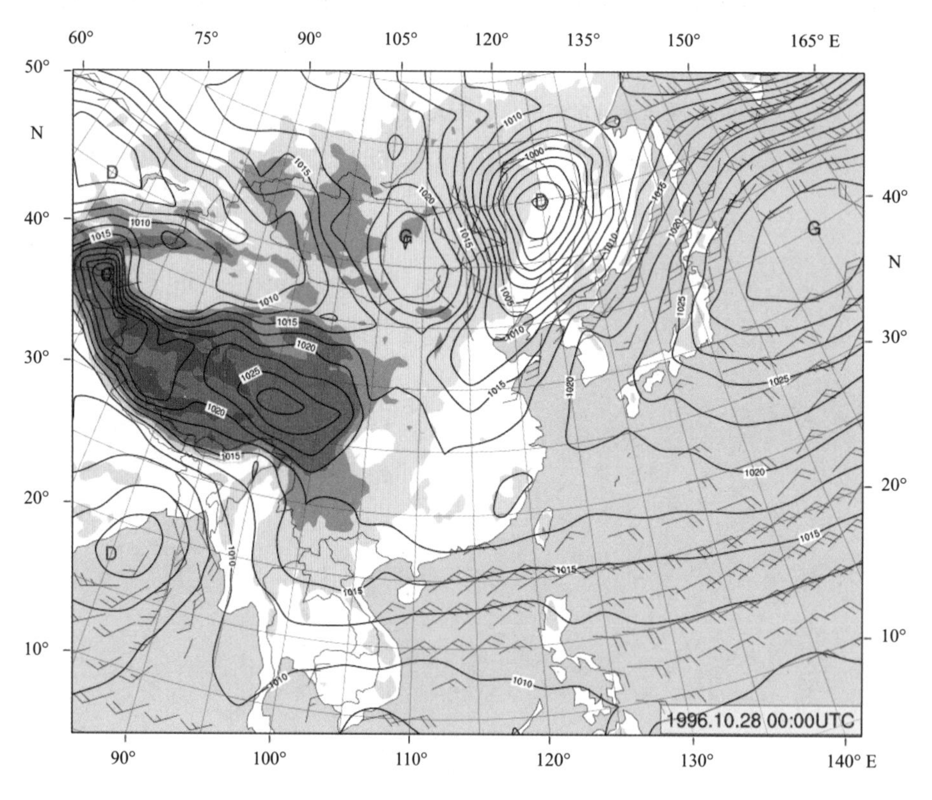

图3.324 1996年10月28日08时地面天气图

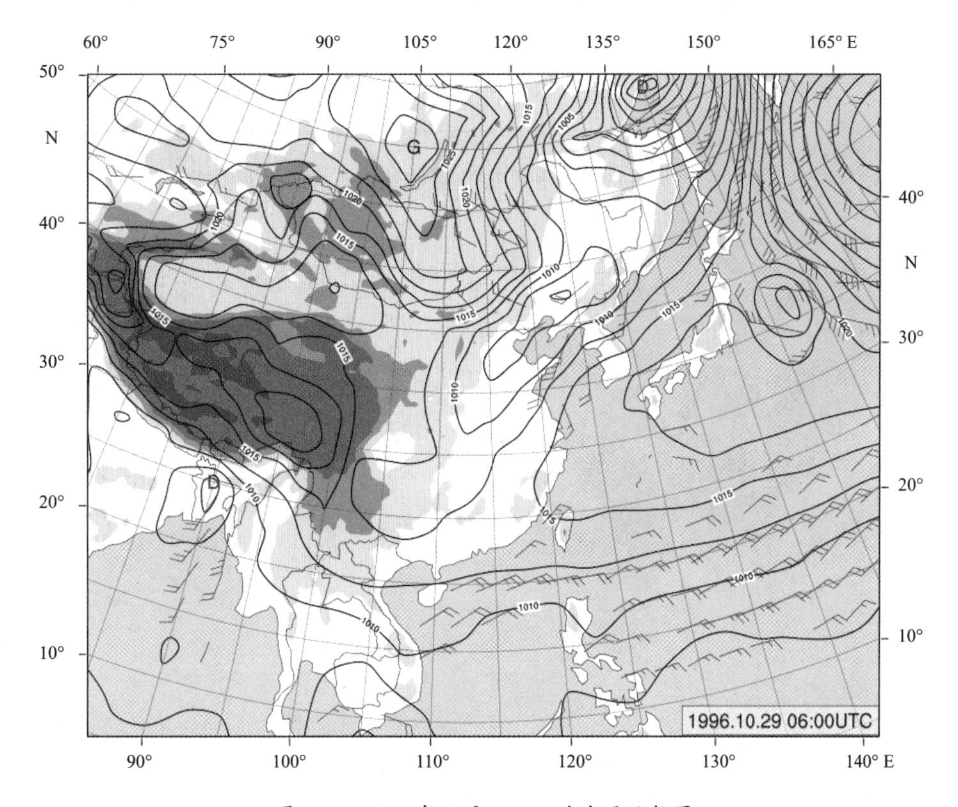

图3.325　1996年10月29日14时地面天气图

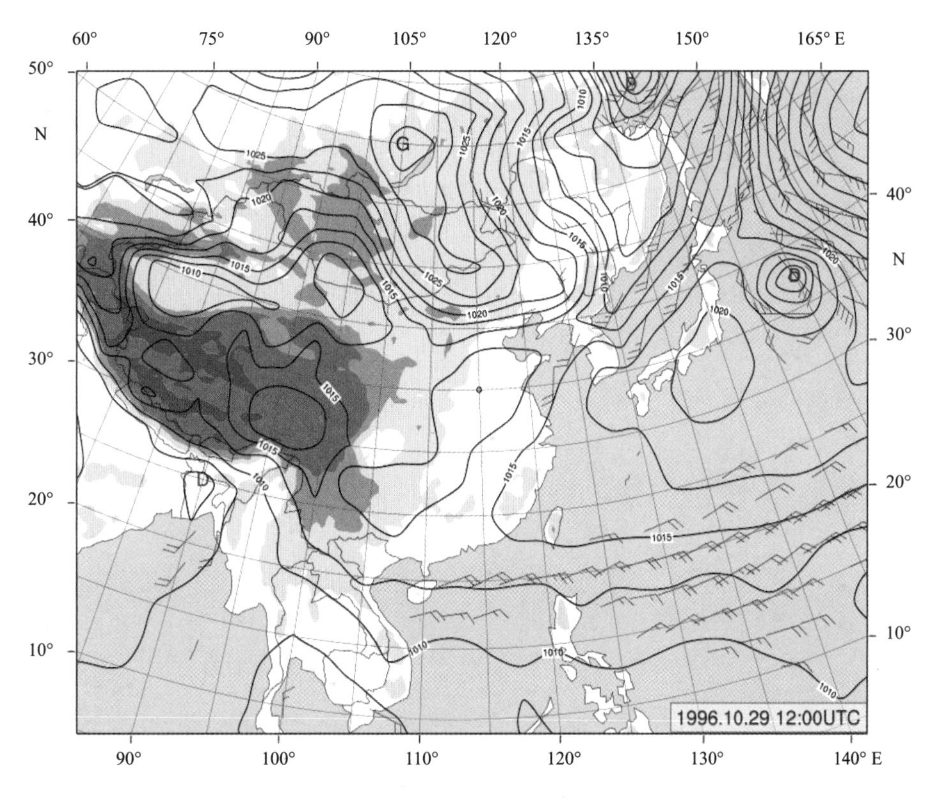

图3.326　1996年10月29日20时地面天气图

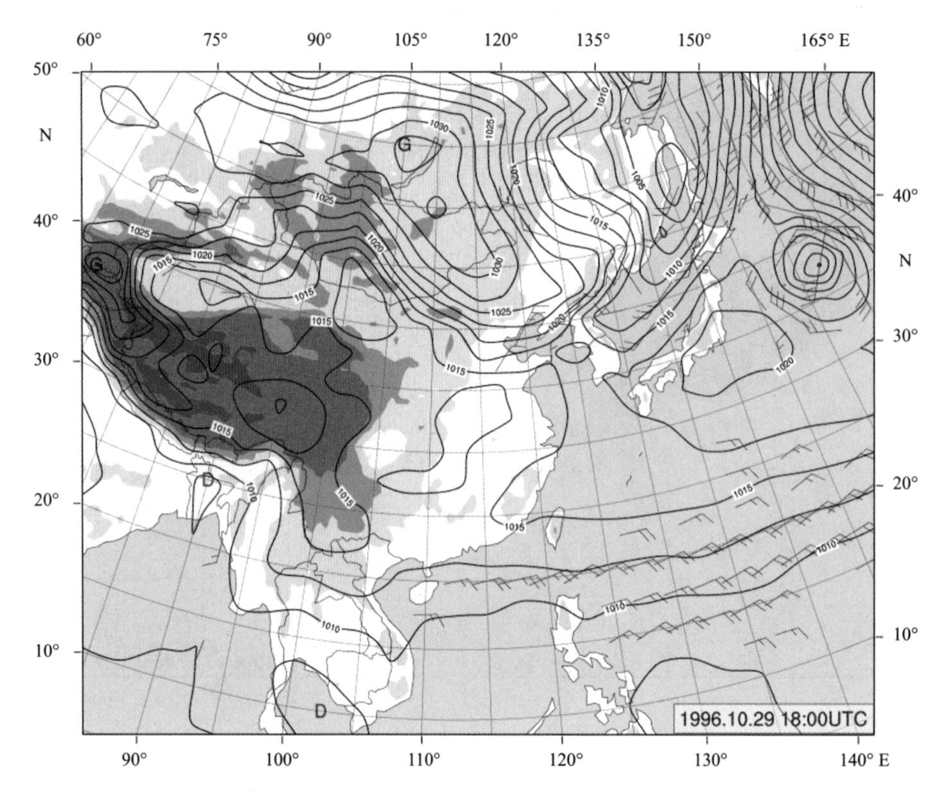

图3.327　1996年10月30日02时地面天气图

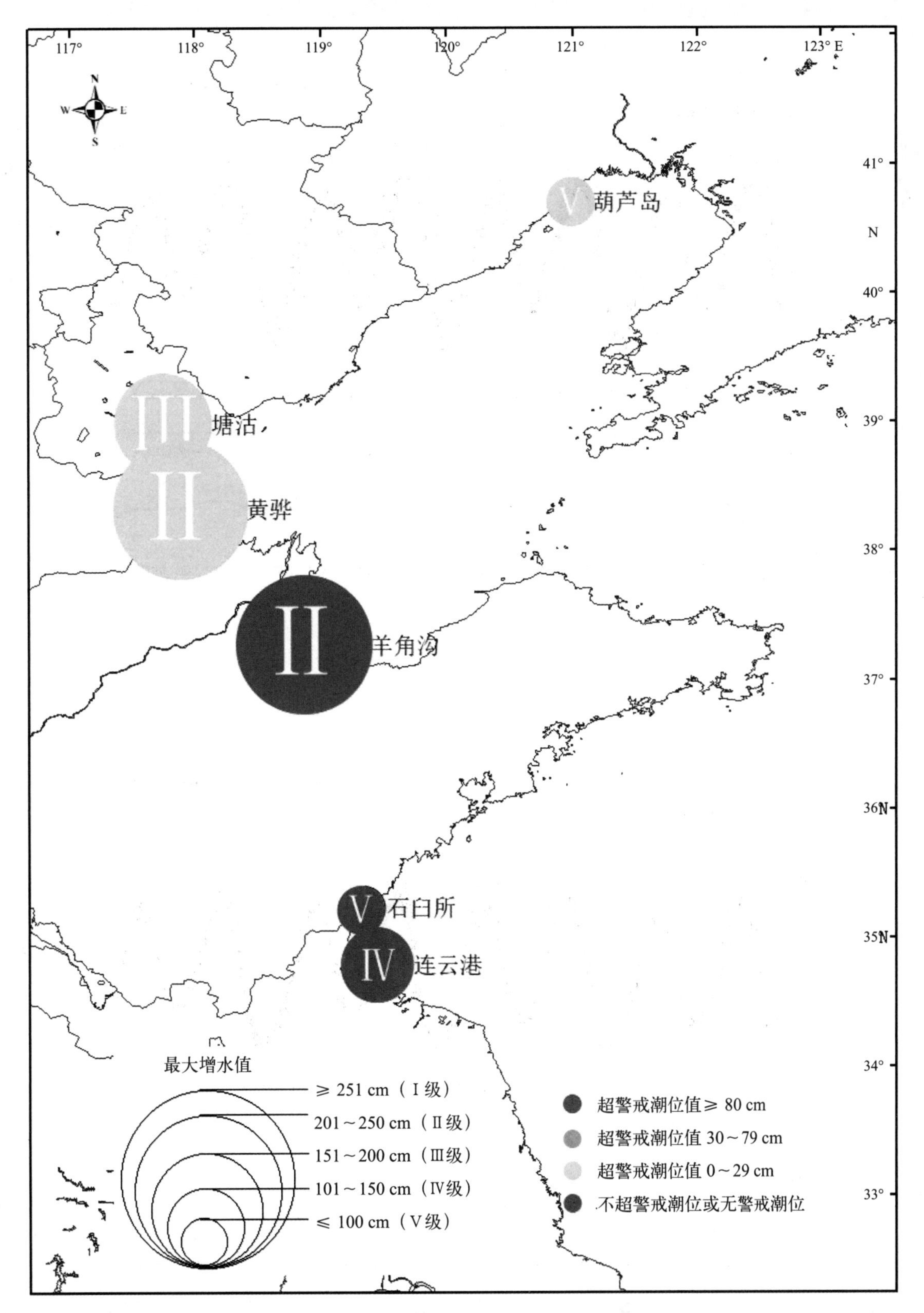

图3.328　1996“10・30”风暴潮空间分布

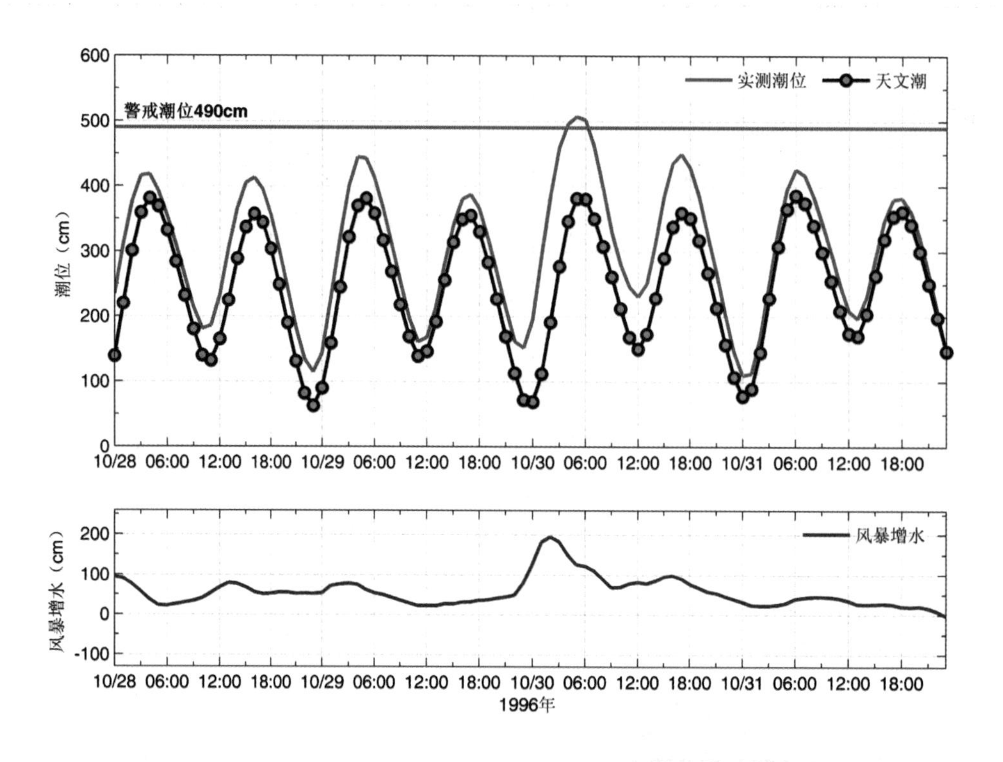

图3.329 塘沽站实测潮位、天文潮位和风暴增水随时间变化

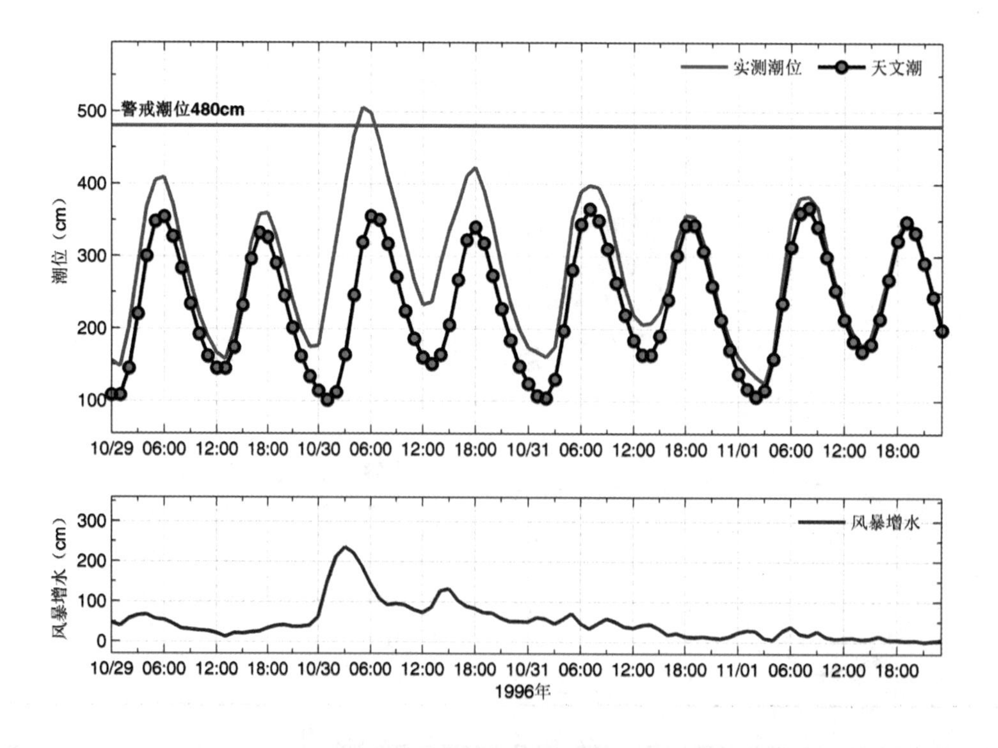

图3.330 黄骅站实测潮位、天文潮位和风暴增水随时间变化

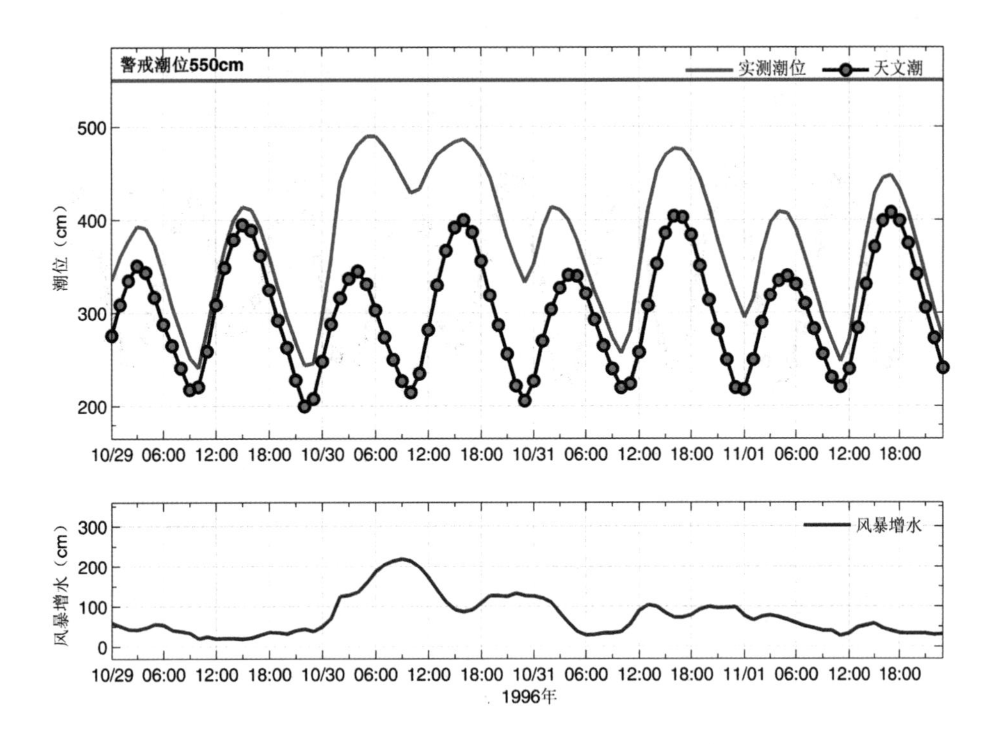

图3.331　羊角沟站实测潮位、天文潮位和风暴增水随时间变化

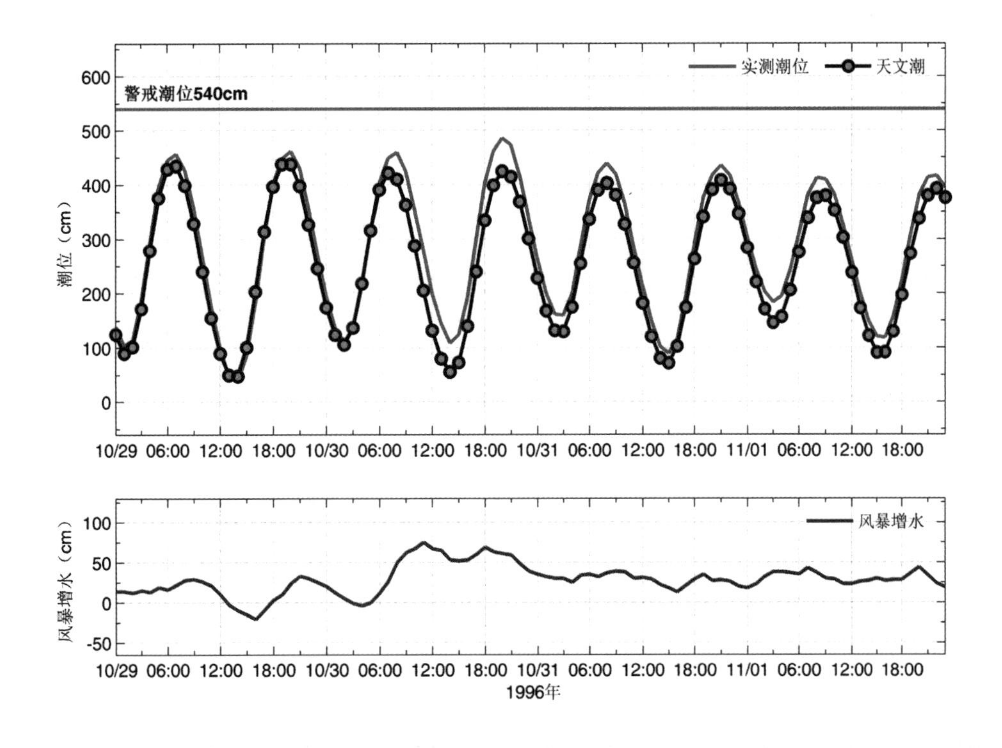

图3.332　石臼所站实测潮位、天文潮位和风暴增水随时间变化

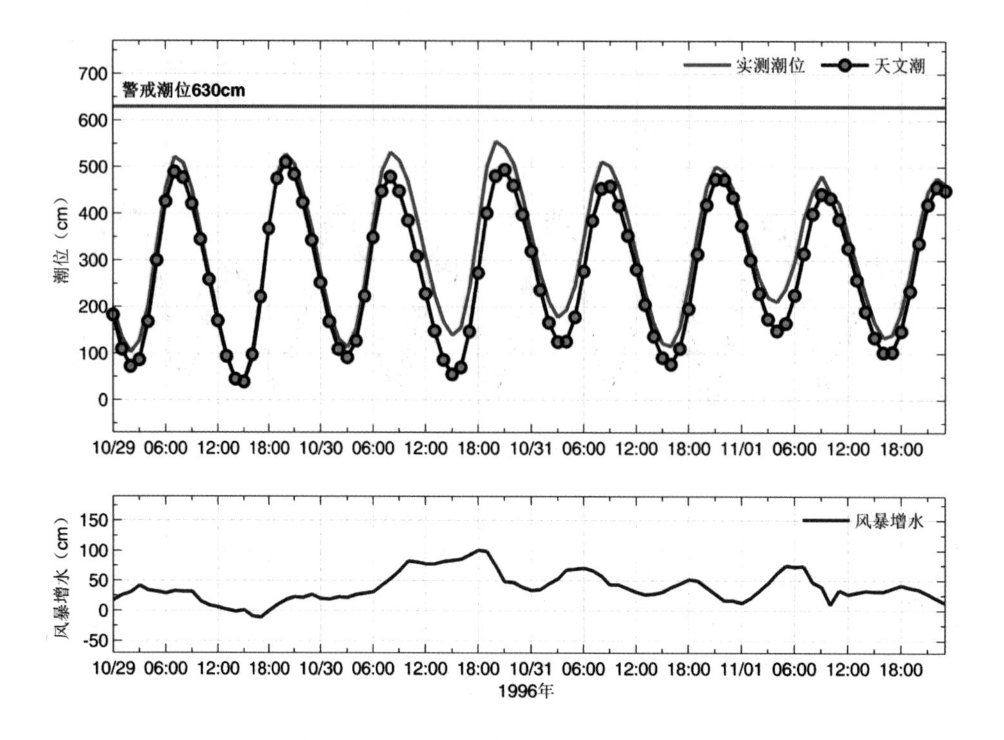

图3.333 连云港站实测潮位、天文潮位和风暴增水随时间变化

3.42　1997“08·20”风暴潮灾害（台风变性温带气旋型）

9711台风（WINNIE）8月18日（农历七月十六）21至22时在浙江省温岭石塘镇沿海登陆，登陆后穿过浙皖两省进入山东省，20日08时主中心消失在山东省南部，同时在中部形成的副中心向东北方向移动，20日傍晚进入渤海湾，21日凌晨在辽宁营口二次登陆。在副中心向东北方向移动过程中，有明显的高空槽东移南下，WINNIE变性为温带气旋。

8月20—22日为WINNIE的变性加强阶段。在此期间，受其影响，山东烟台站20日22时最大增水0.82 m，最高潮位4.27 m，历史第三高潮位，超过当地警戒潮位0.27 m；龙口站20日20时最大增水1.38 m，最高潮位2.97 m，超过当地警戒潮位0.24 m，羊角沟站20日09时最大增水2.47 m，最高潮位5.44 m。天津塘沽站20日14时最大增水2.22 m，最高潮位5.59 m，为历史第三高潮位，超过当地警戒潮位0.69 m。河北黄骅站20日14时最大增水2.45 m，最高潮位5.95 m，突破历史记录，超过当地警戒潮位1.15 m。辽宁鲅鱼圈站21日最大增水1.13 m，最高潮位4.88 m，超过当地警戒潮位0.18 m；葫芦岛20日24时增水0.91 m，最高潮位4.10 m，超过当地警戒潮位0.05 m。

山东省东营市沿海地区1 417 km^{2}的区域被海水淹没；沿海普遍发生坝垮堤塌、海水漫溢，淹没了农田、油田和盐场。其中，河口区和利津县有61个村庄的1.31万户农居进水，3.25万间房屋损坏，9 436间房屋倒塌，6人死亡，6 000人被潮水围困；潮水冲坏防潮堤60 km，冲坏公路145 km，冲毁桥、涵闸1 259座；109×10^3 hm^{2}农作物受灾。全市因灾直接经济损失7亿元（其中胜利油田5.2亿元）。

滨州市沿海地区海水漫滩纵深5～10 km，直接经济损失高达2亿元。

河北省唐山、沧州沿海5 300 hm^{2}虾池被淹没，潮水冲毁海堤76.5 km，冲毁涵闸116座。全省直接经济损失约4.5亿元，其中秦皇岛市2.0亿元，唐山市0.8亿元，黄骅市1.7亿元。

黄骅市45 km海挡被冲毁、2 000 hm^{2}虾池被淹；26艘船只损毁，13个盐场被淹。

唐山市乐亭县15 km海挡被损毁，1 100 hm^{2}虾池受灾，391艘船只受损；滦南县损失40×10^4 m^3 盐卤；唐海县2 200 hm^{2}虾池被淹，南堡盐场部分海堤、护坡被毁，储运码头上水，大清河盐场扬水站进水。

秦皇岛市沿海的小型旅游码头、海水养殖区的防护堤受到不同程度的破坏；许多渔船被毁；网箱养殖扇贝几乎全部损失殆尽；2 150 t 文蛤、4 415个扇贝被冲走。全省直接经济损失3.83亿元，其中海洋灾害造成的经济损失2.0亿元。

辽宁省长海、庄河、东港等地风暴潮重灾区经济损失达3.6亿元。风暴潮伴随大浪36小时内连续三次袭击东港，沿海堤坝损坏严重，全市20.24 km海堤被冲毁，37.69 km海堤严重损坏；渔业港口破坏严重，18个渔港被冲毁，43艘渔船损坏，东港码头两部吊车（25 t门吊）被卷入海中；1 159.7 hm^{2}虾池被淹没，水产养殖损失2 000 t。

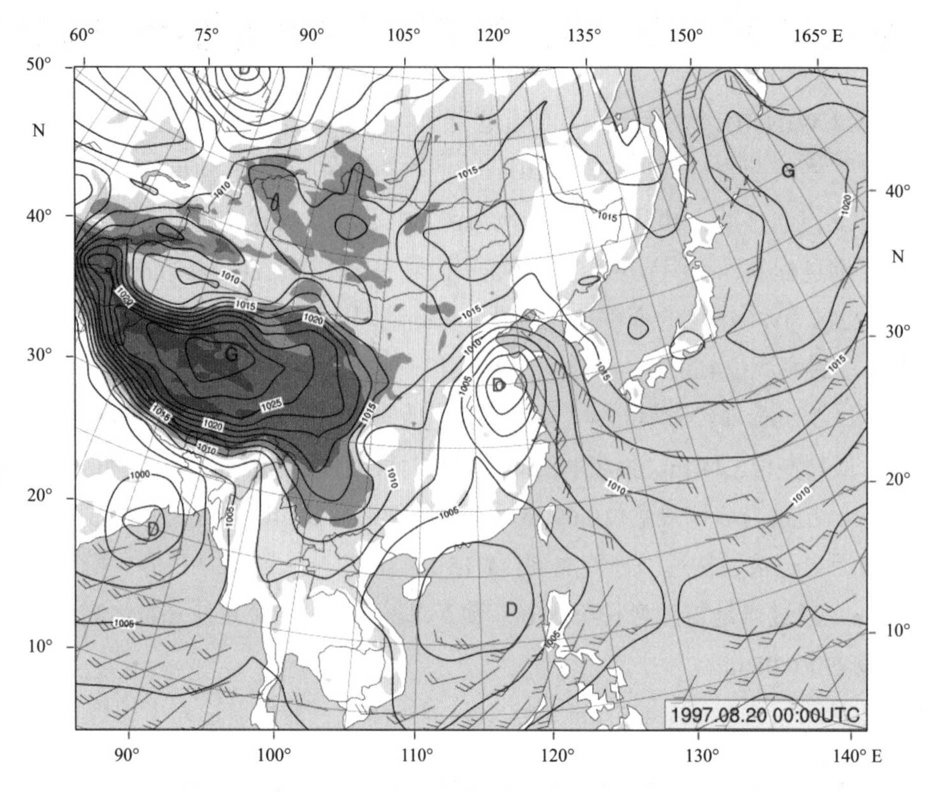

图3.334 1997年8月20日08时地面天气图

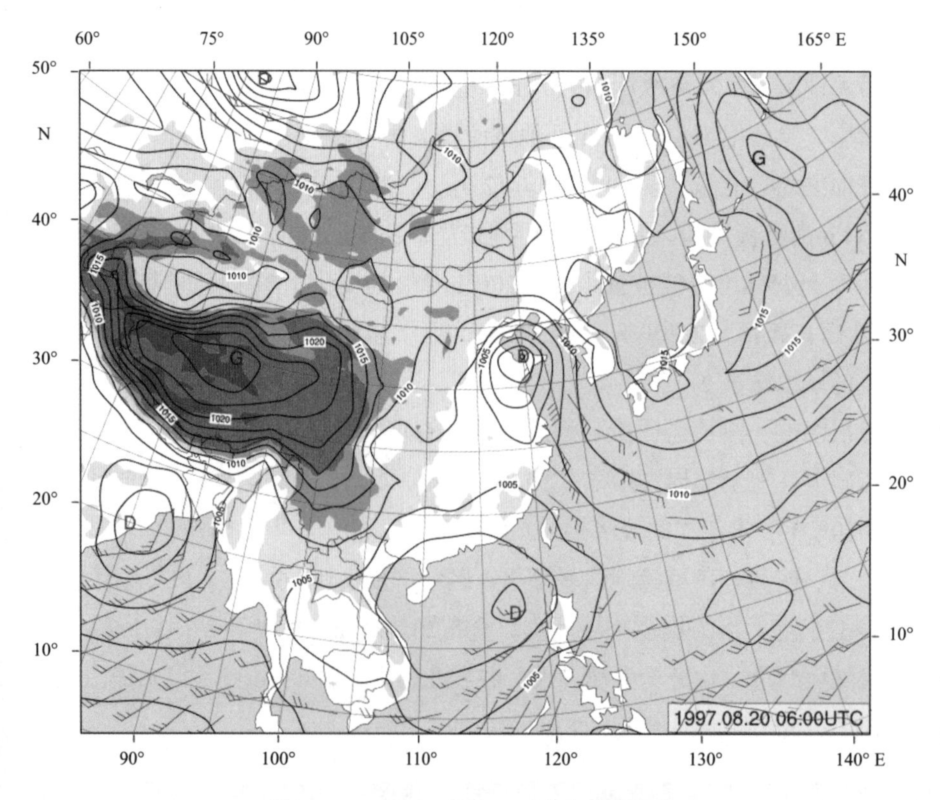

图3.335 1997年8月20日14时地面天气图

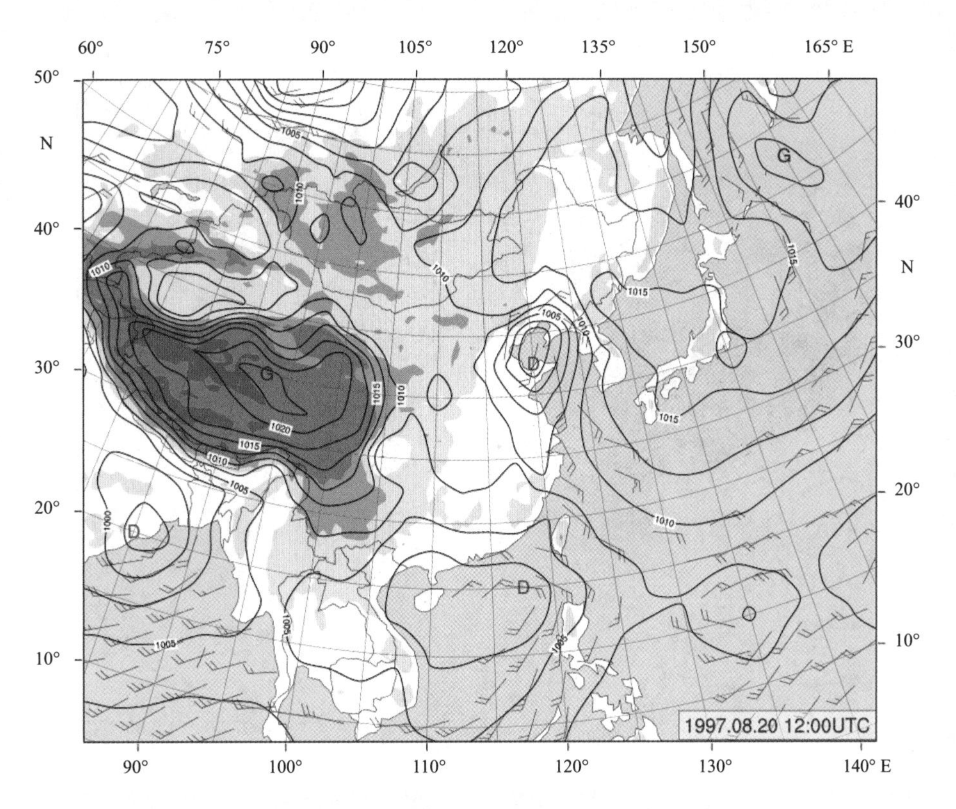

图3.336　1997年8月20日20时地面天气图

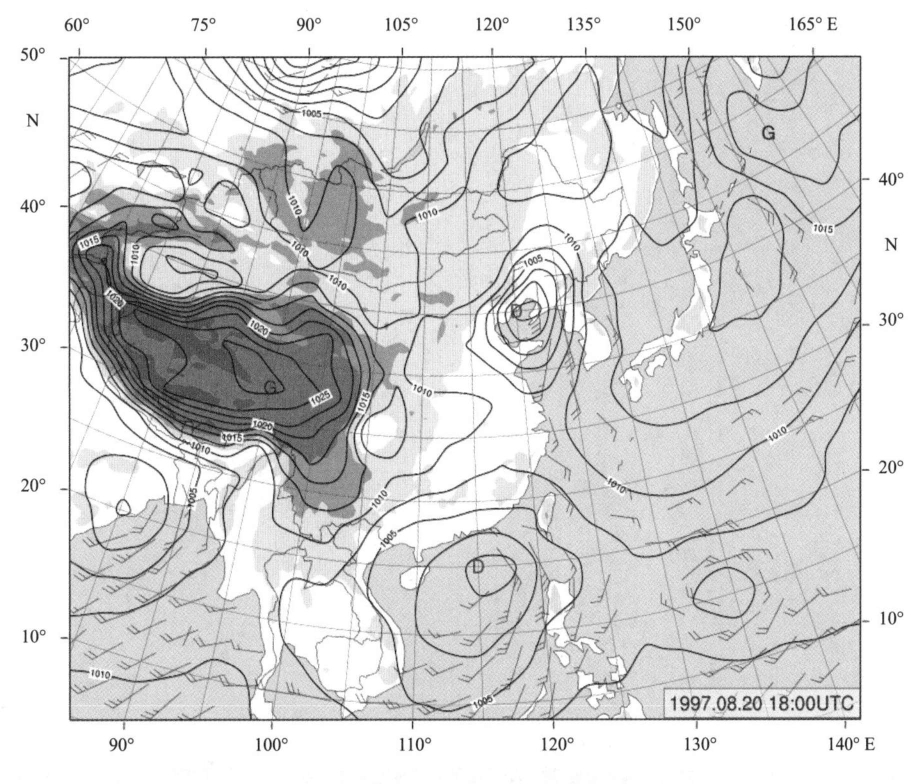

图3.337　1997年8月21日02时地面天气图

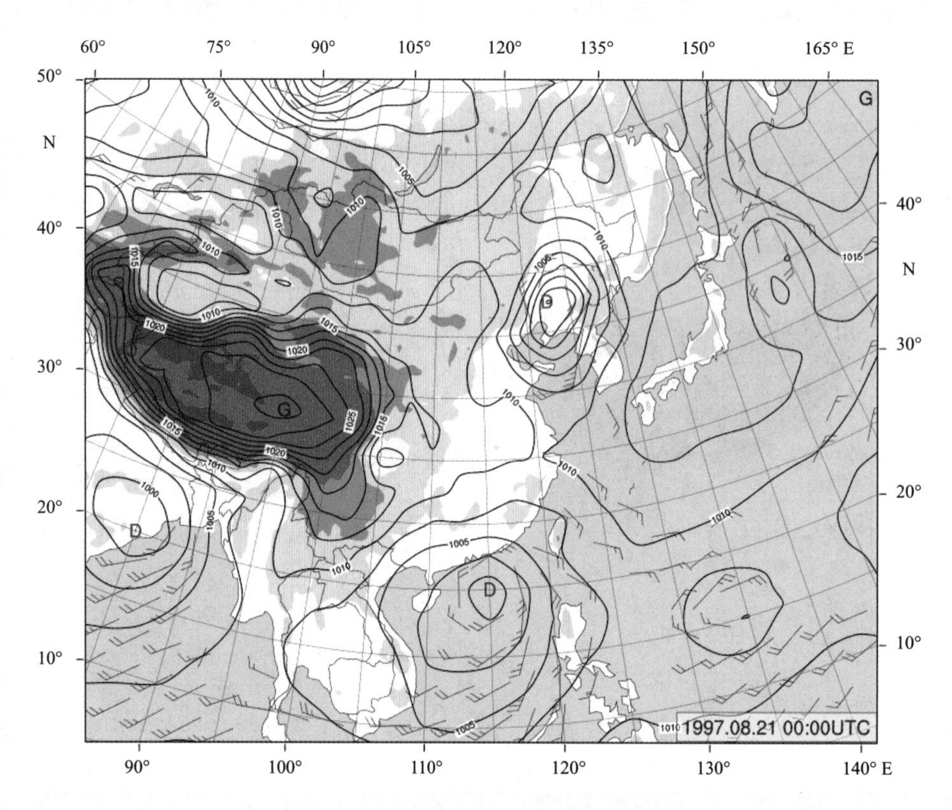

图3.338　1997年8月21日08时地面天气图

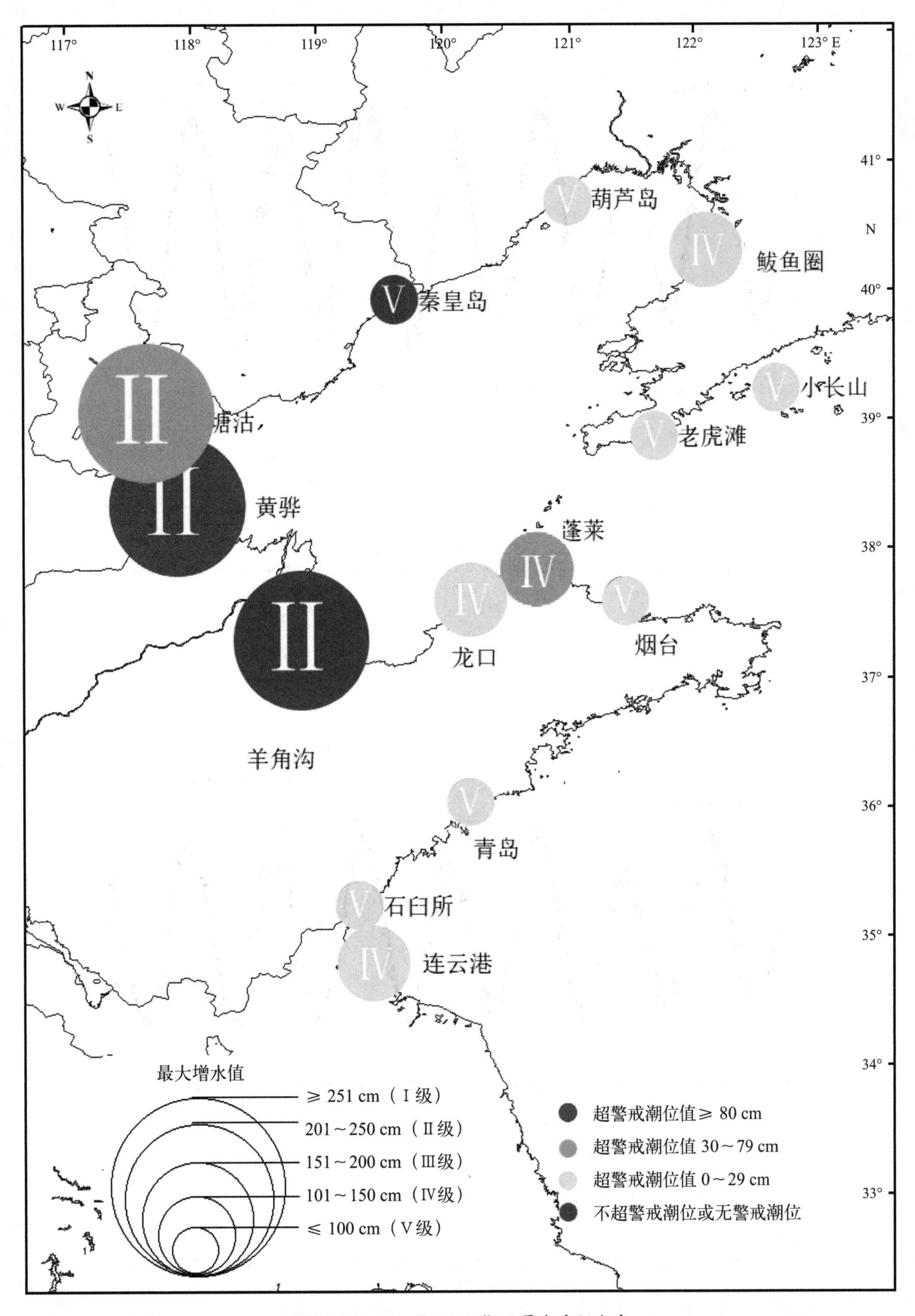

图3.339　1997“08・20”风暴潮空间分布

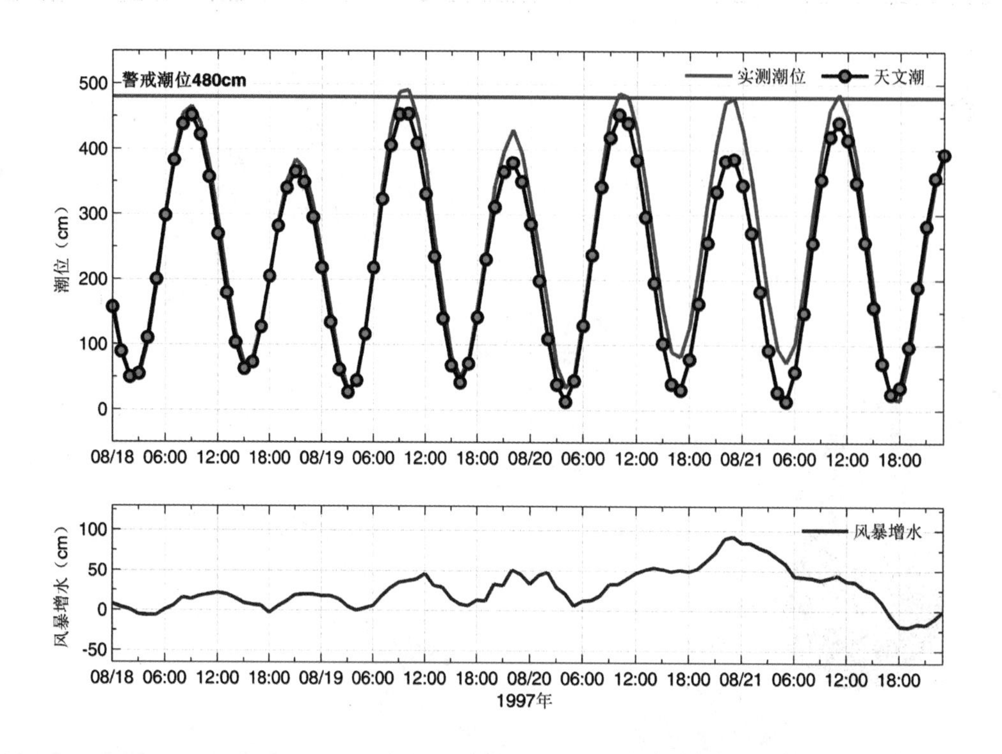

图3.340　小长山站实测潮位、天文潮位和风暴增水随时间变化

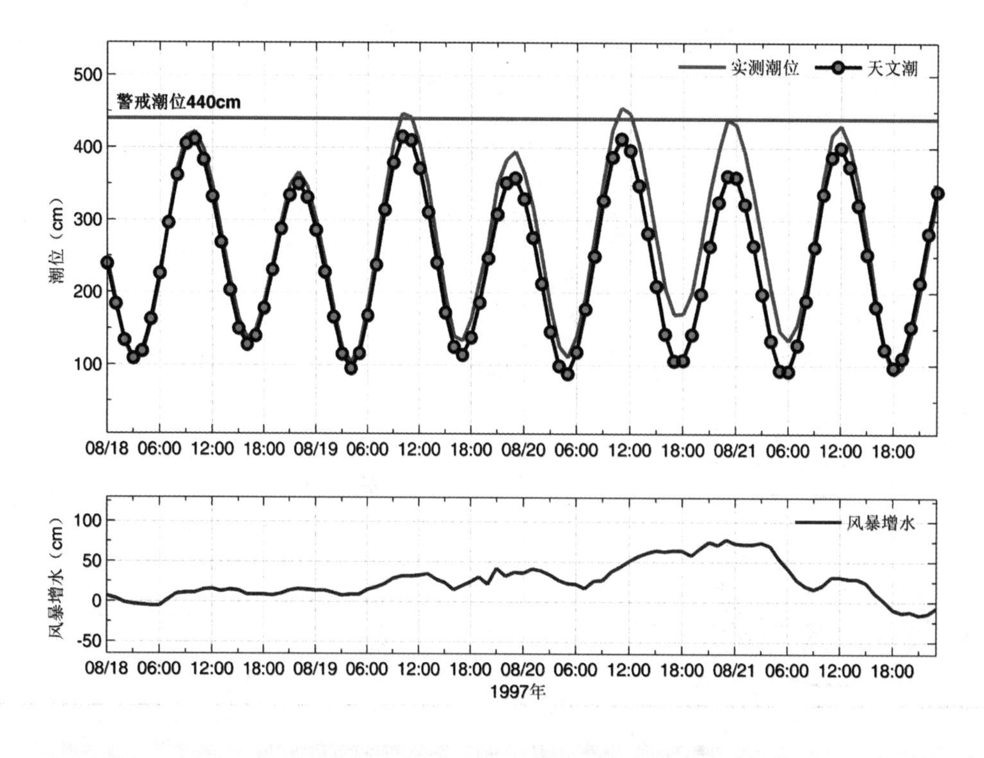

图3.341　老虎滩站实测潮位、天文潮位和风暴增水随时间变化

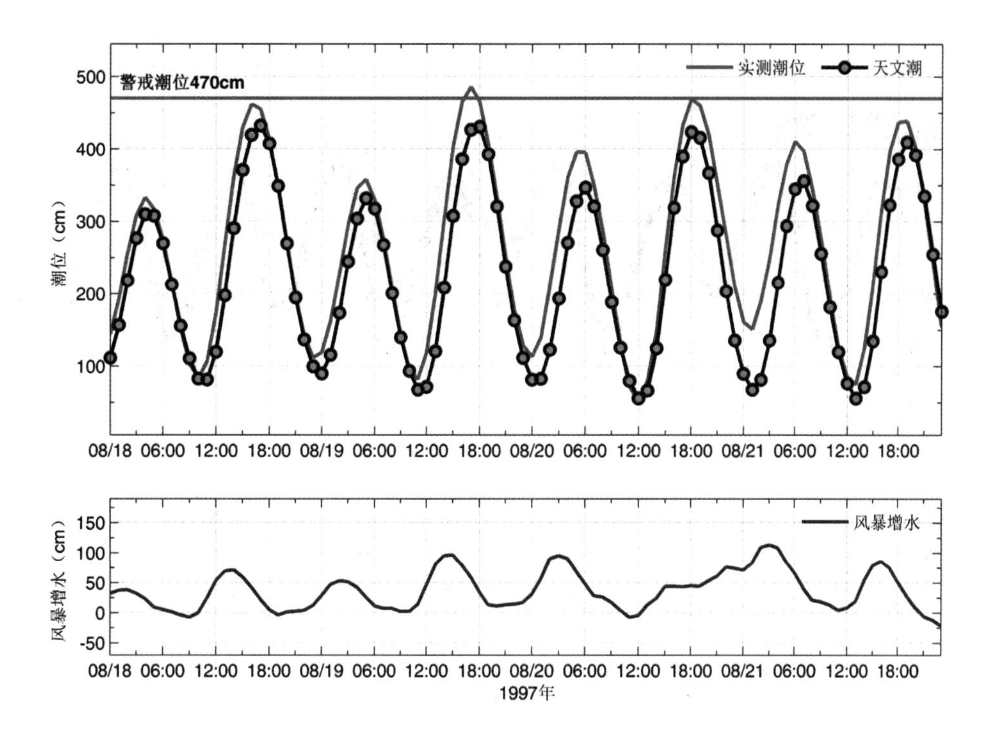

图3.342 鲅鱼圈站实测潮位、天文潮位和风暴增水随时间变化

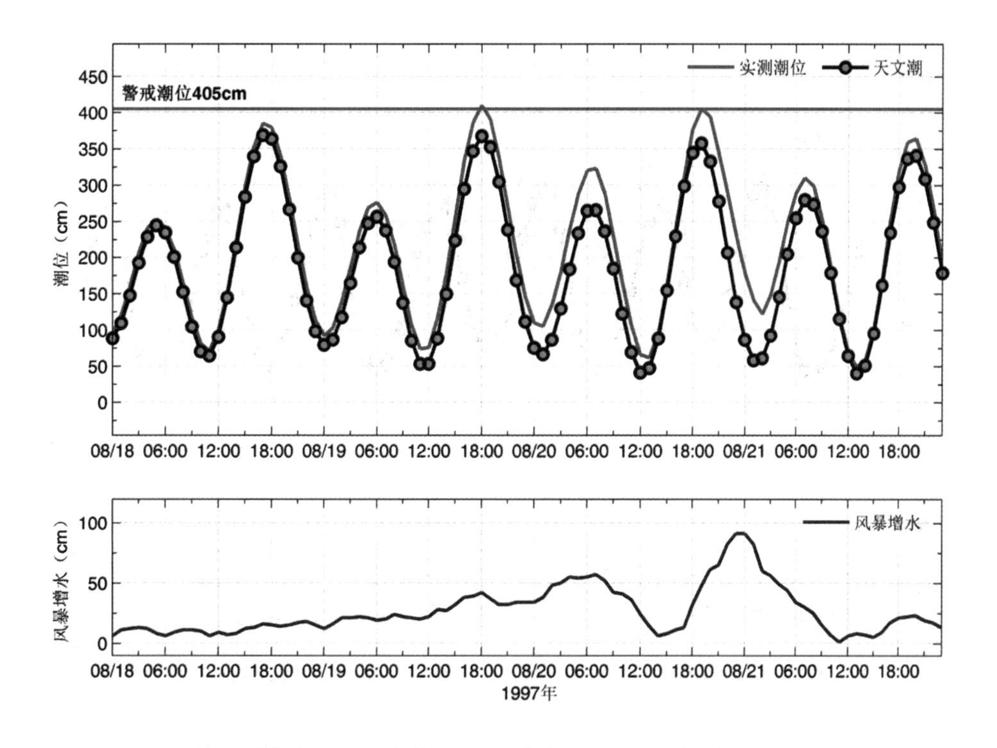

图3.343 葫芦岛站实测潮位、天文潮位和风暴增水随时间变化

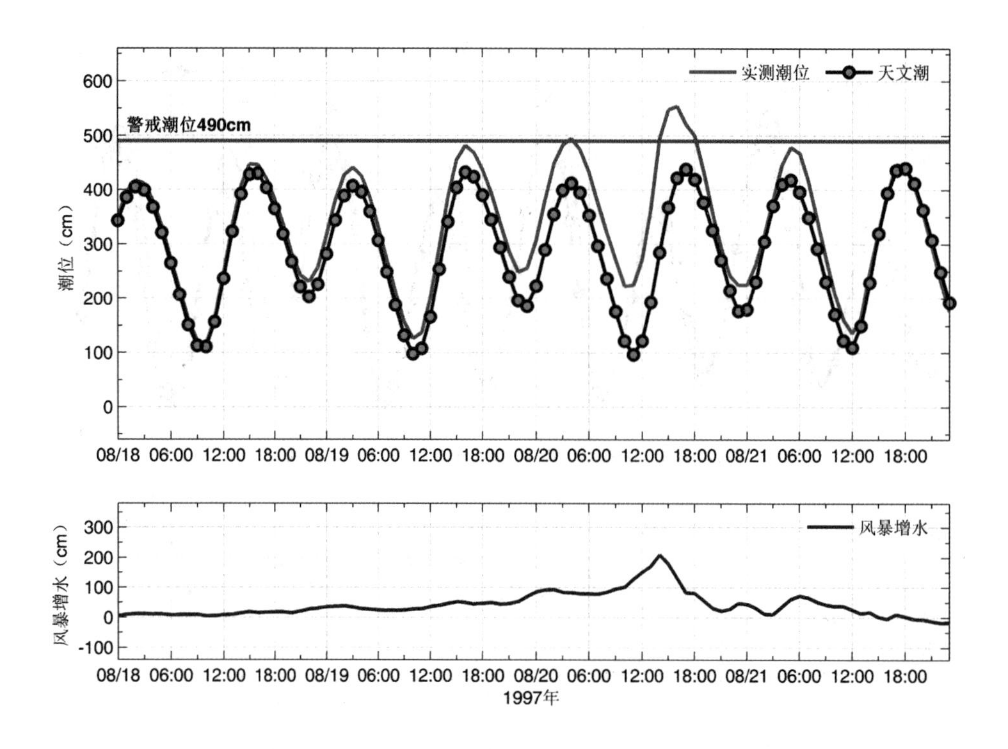

图3.344　塘沽站实测潮位、天文潮位和风暴增水随时间变化

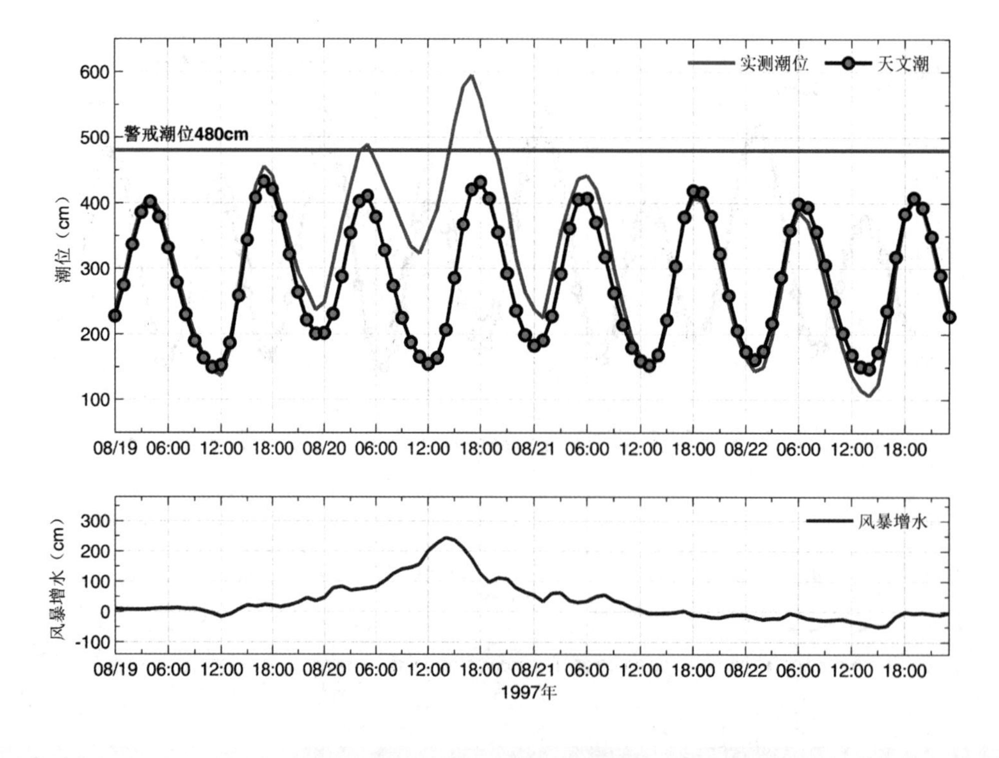

图3.345　黄骅站实测潮位、天文潮位和风暴增水随时间变化

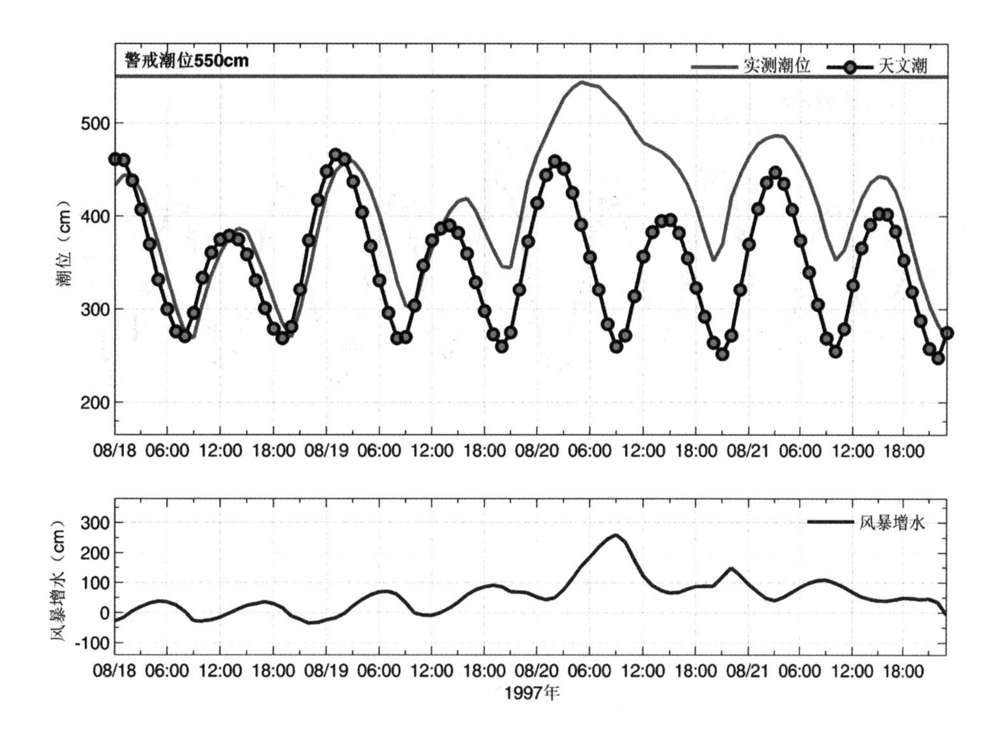

图3.346　羊角沟站实测潮位、天文潮位和风暴增水随时间变化

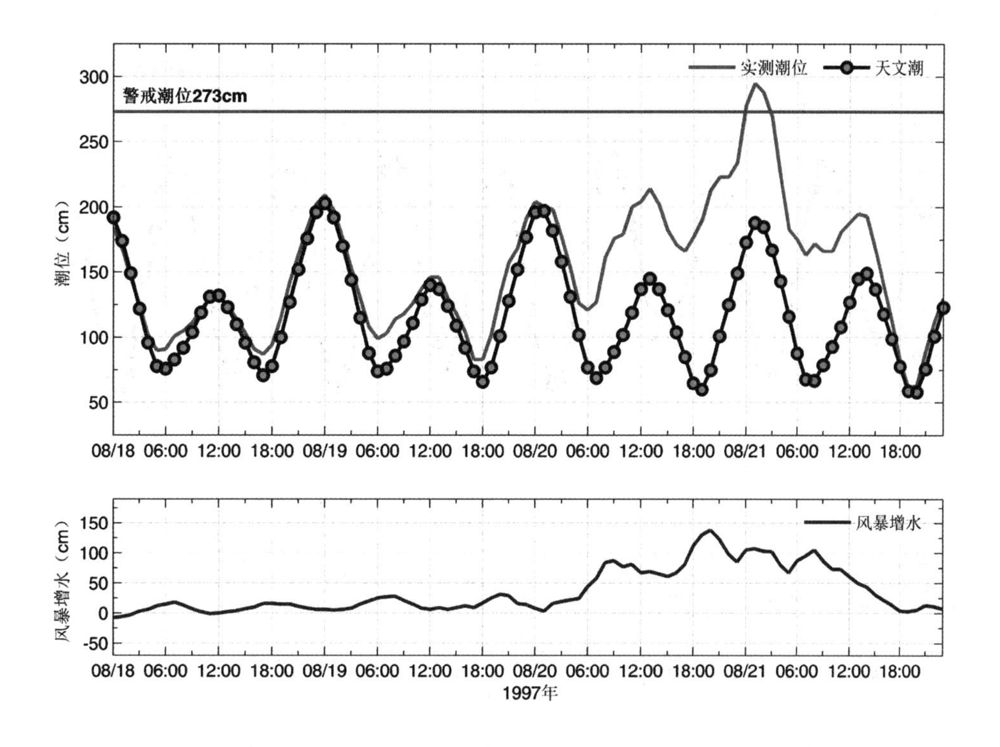

图3.347　龙口站实测潮位、天文潮位和风暴增水随时间变化

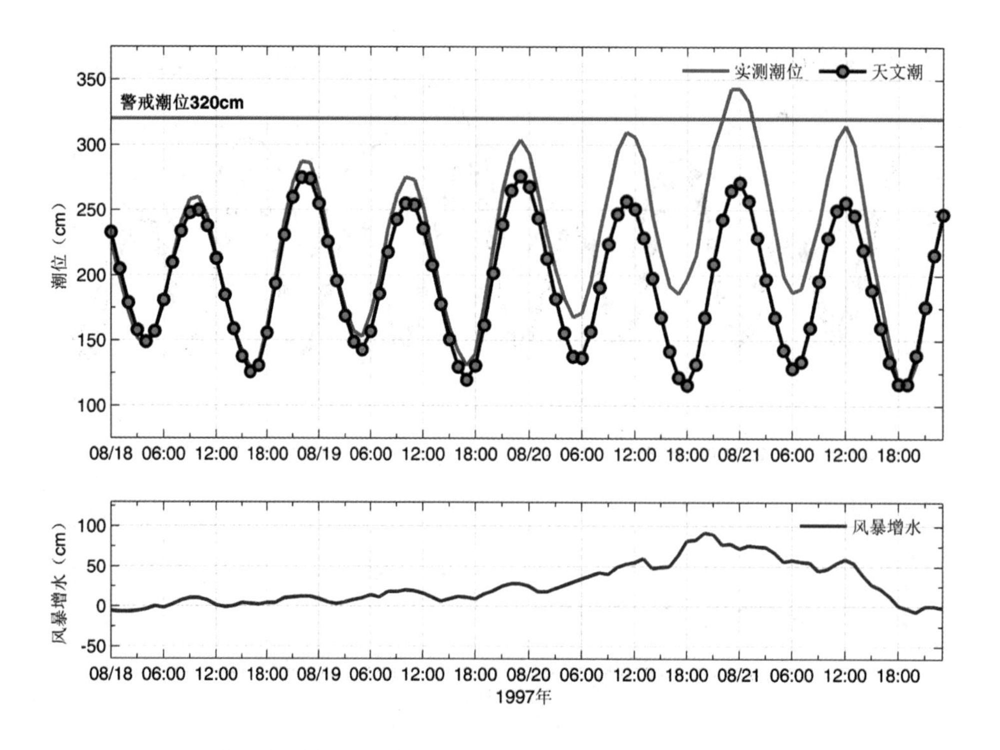

图3.348 蓬莱站实测潮位、天文潮位和风暴增水随时间变化

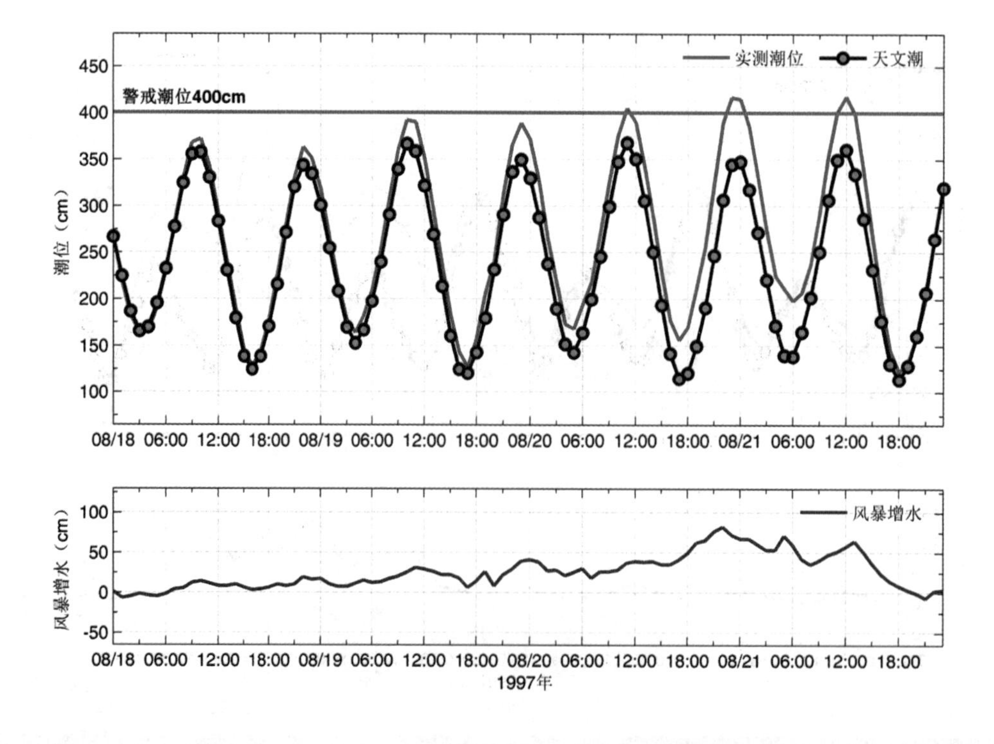

图3.349 烟台站实测潮位、天文潮位和风暴增水随时间变化

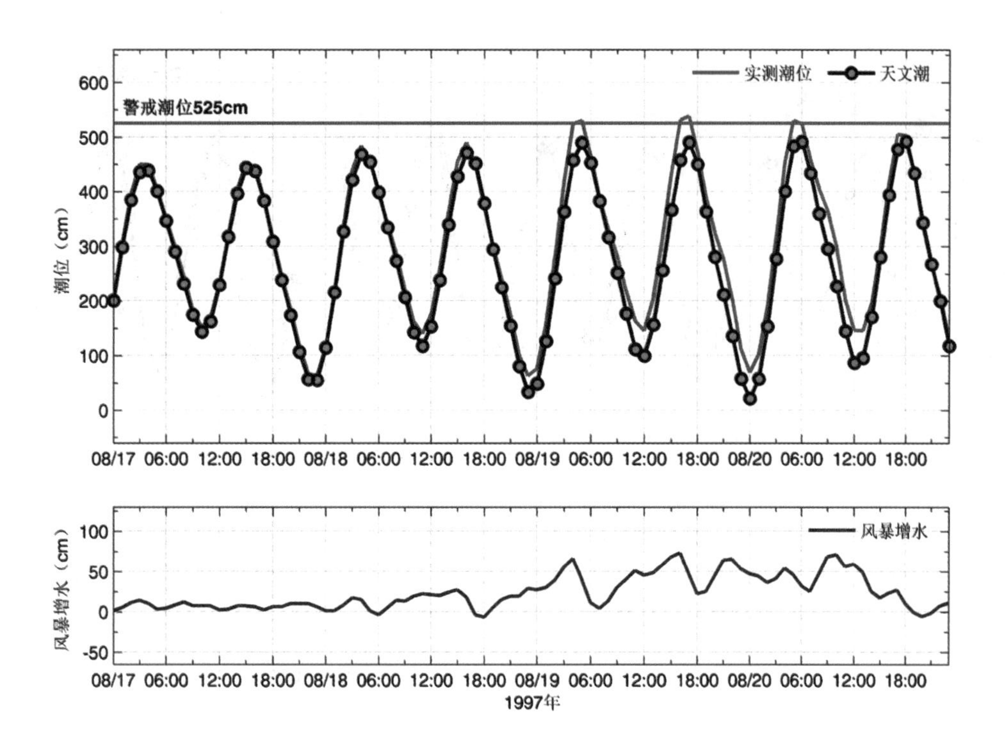

图3.350 青岛站实测潮位、天文潮位和风暴增水随时间变化

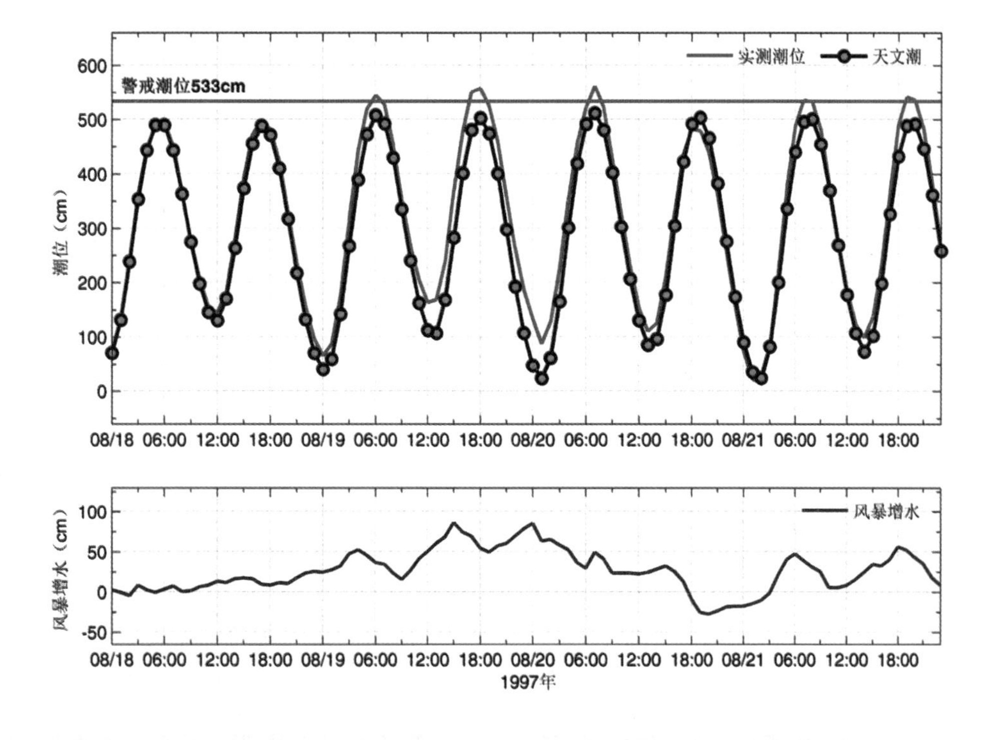

图3.351 石臼所站实测潮位、天文潮位和风暴增水随时间变化

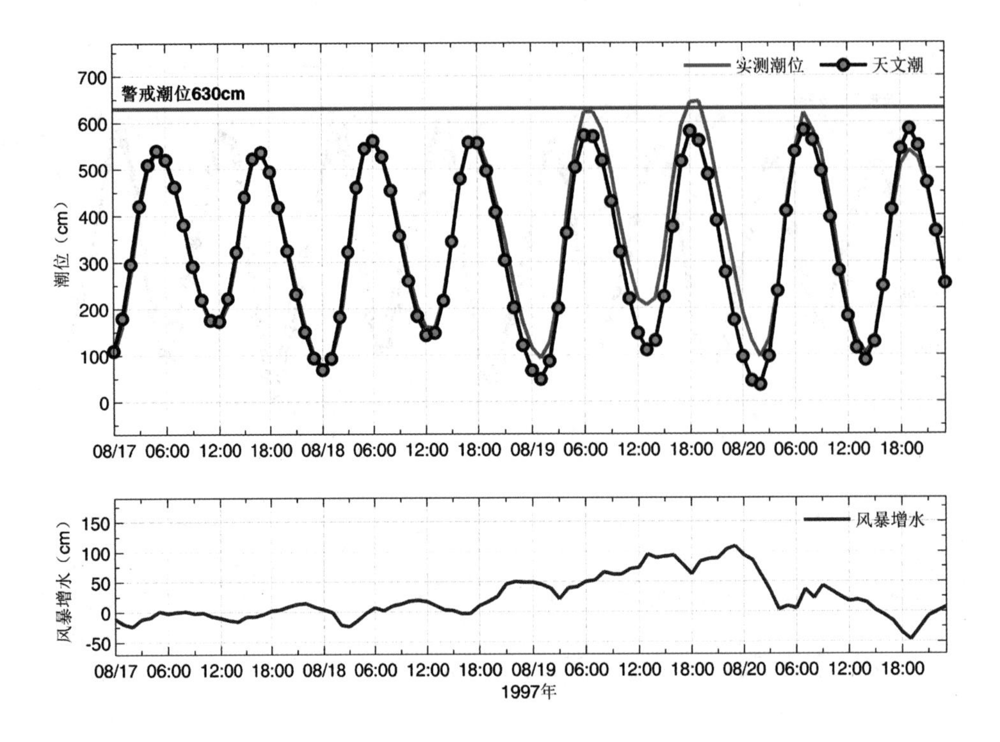

图3.352　连云港站实测潮位、天文潮位和风暴增水随时间变化

3.43　1997“11·12”风暴潮灾害（北高南低型）

1997年11月12日，受冷空气与西南倒槽的共同影响，渤海湾、莱州湾出现特强温带风暴潮。渤海湾12日最大增水2.55 m，出现在河北黄骅站，居本站温带风暴潮记录第二位；天津塘沽站12日08时最大增水2.24 m，居本站温带风暴潮记录第三位；山东羊角沟站12日17时最大增水2.31 m。由于各站最大增水均出现在当天天文低潮期间，最高潮位均没有超过当地警戒潮位。江苏连云港站12日14时最大增水0.75 m。

未收集到灾情记录。

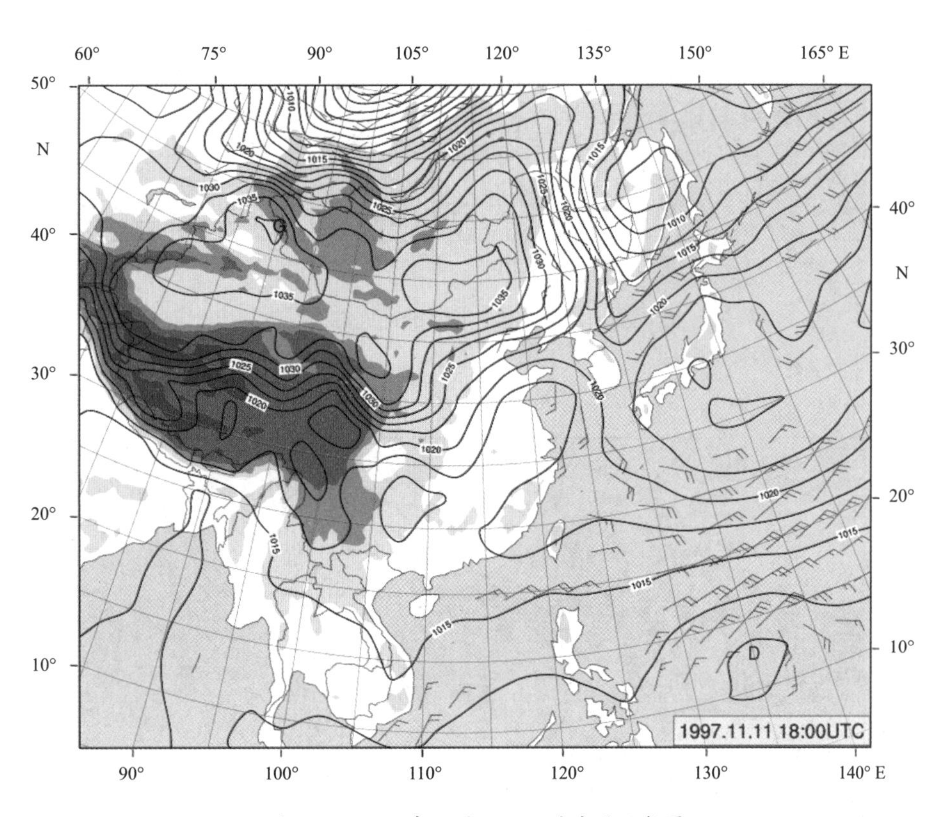

图3.353　1997年11月12日02时地面天气图

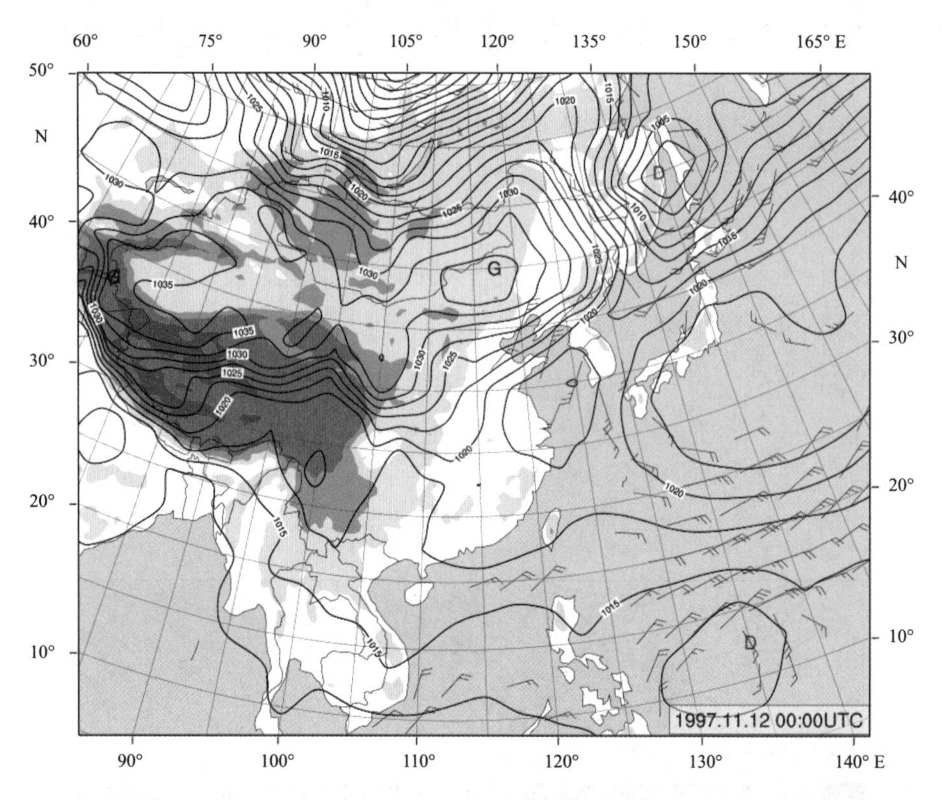

图3.354　1997年11月12日08时地面天气图

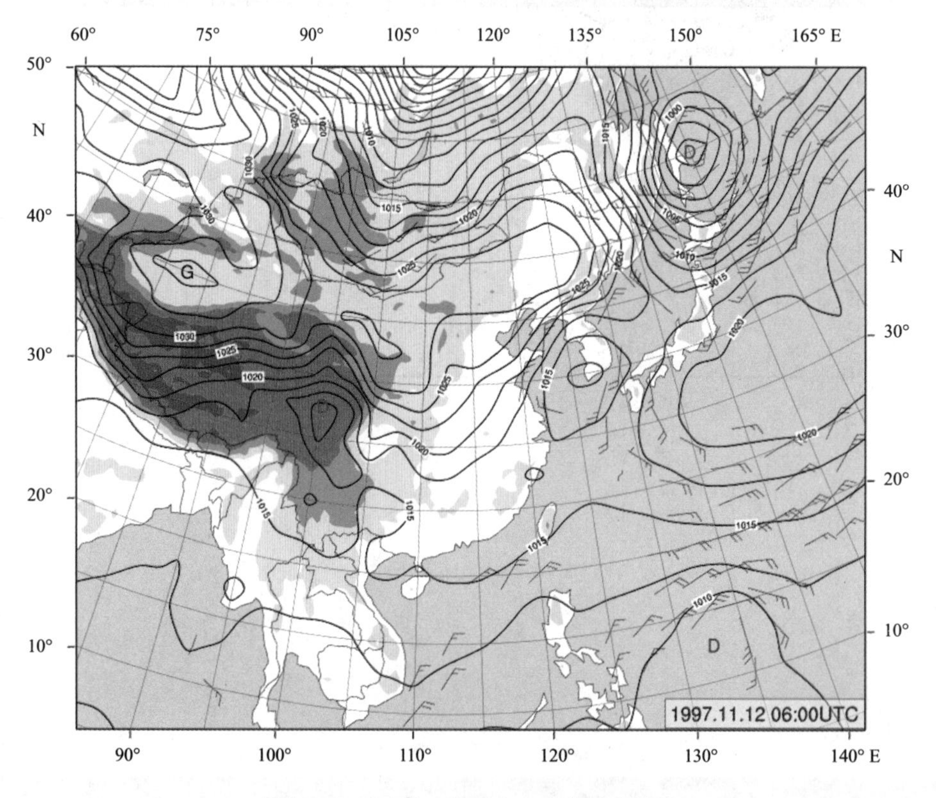

图3.355　1997年11月12日14时地面天气图

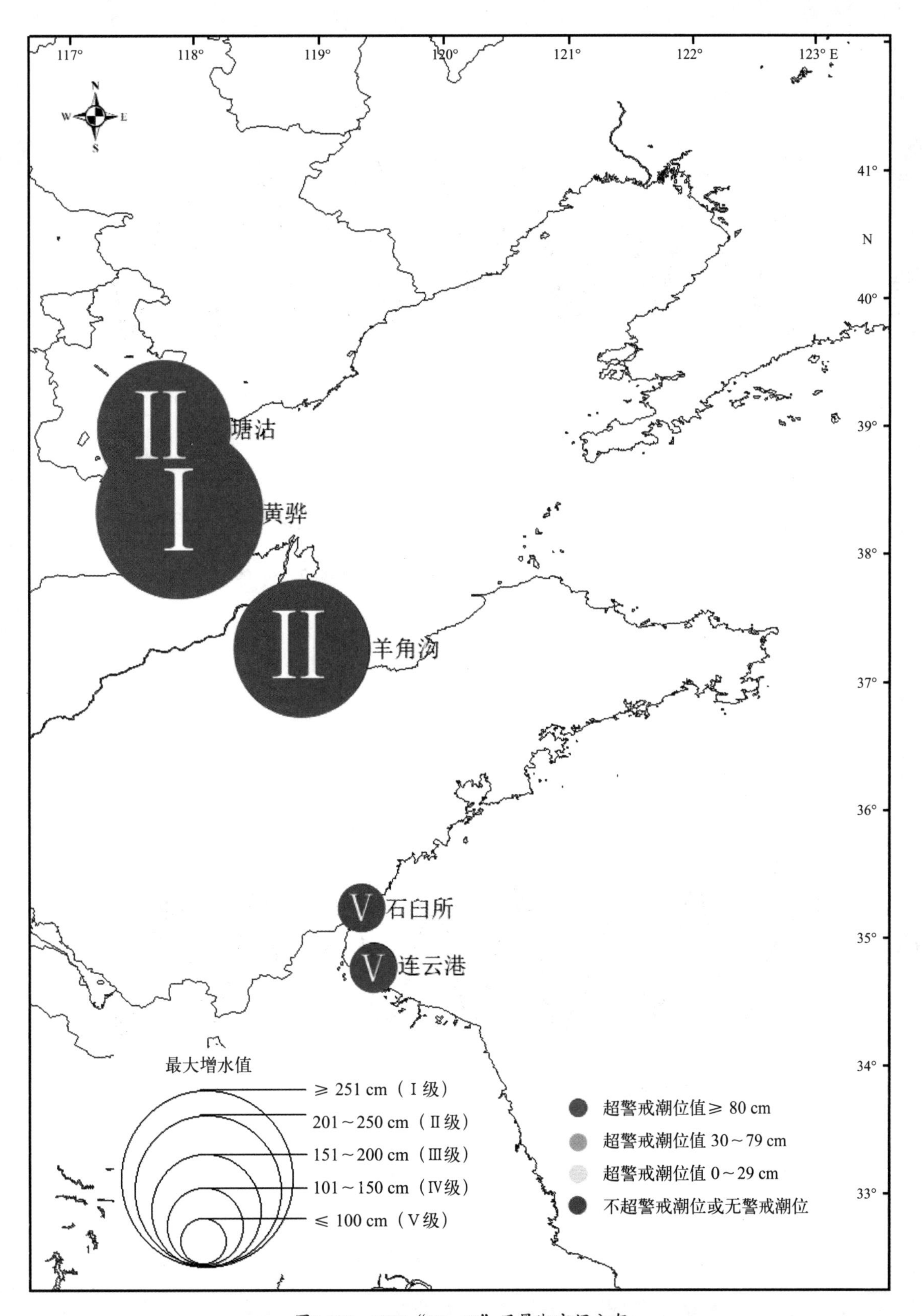

图3.356 1997“12·12”风暴潮空间分布

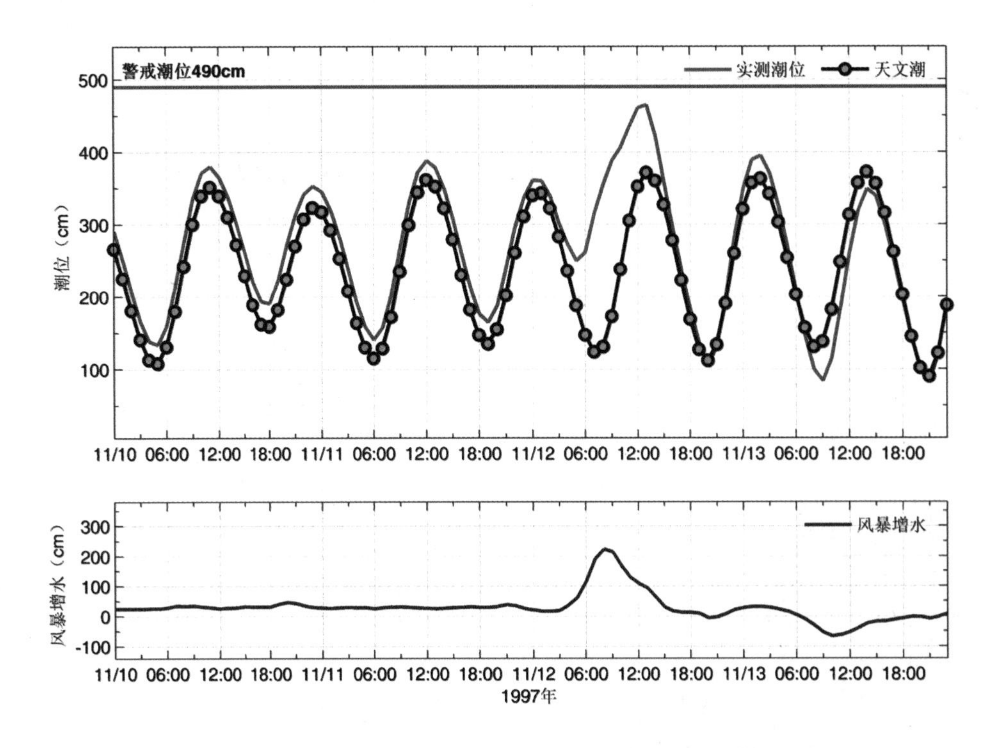

图3.357　塘沽所站实测潮位、天文潮位和风暴增水随时间变化

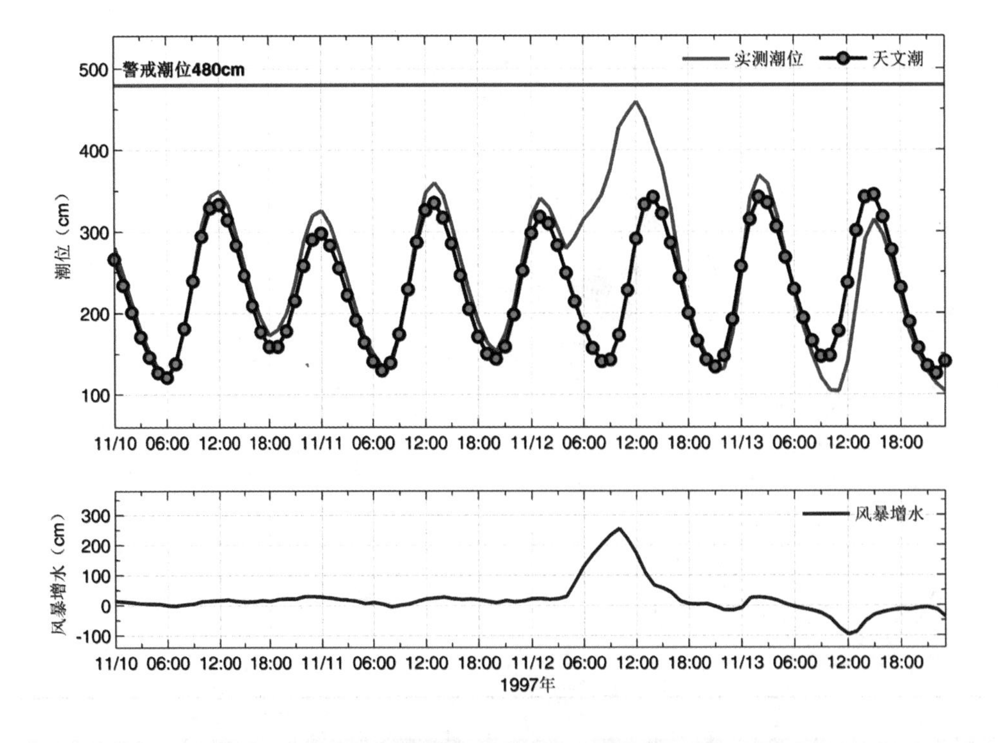

图3.358　黄骅站实测潮位、天文潮位和风暴增水随时间变化

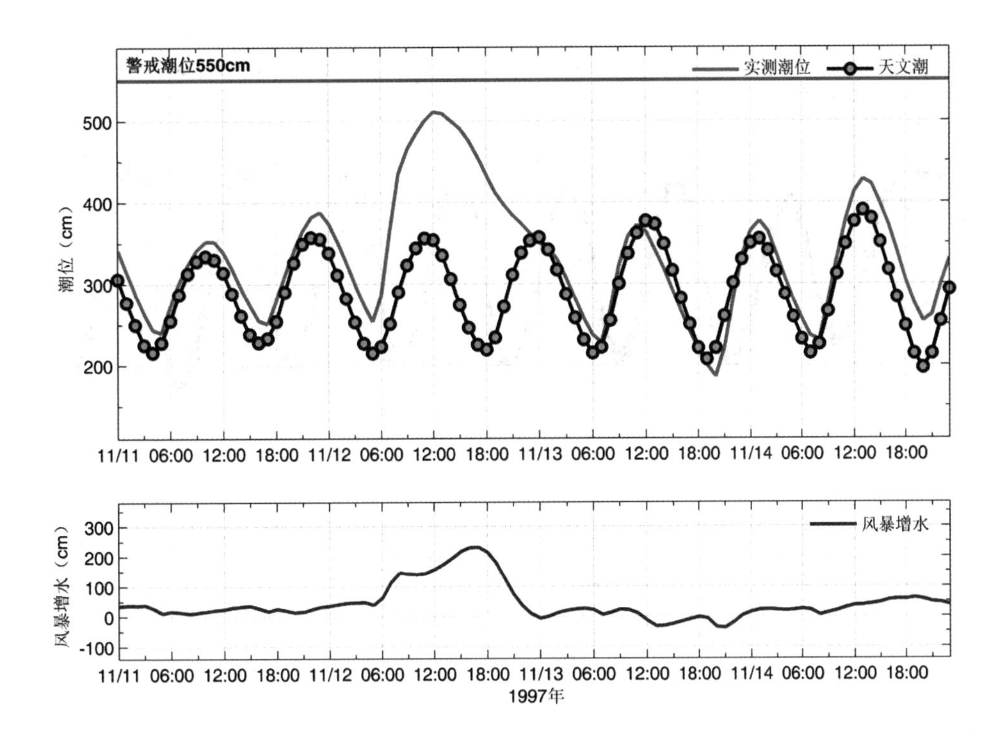

图3.359　羊角沟站实测潮位、天文潮位和风暴增水随时间变化

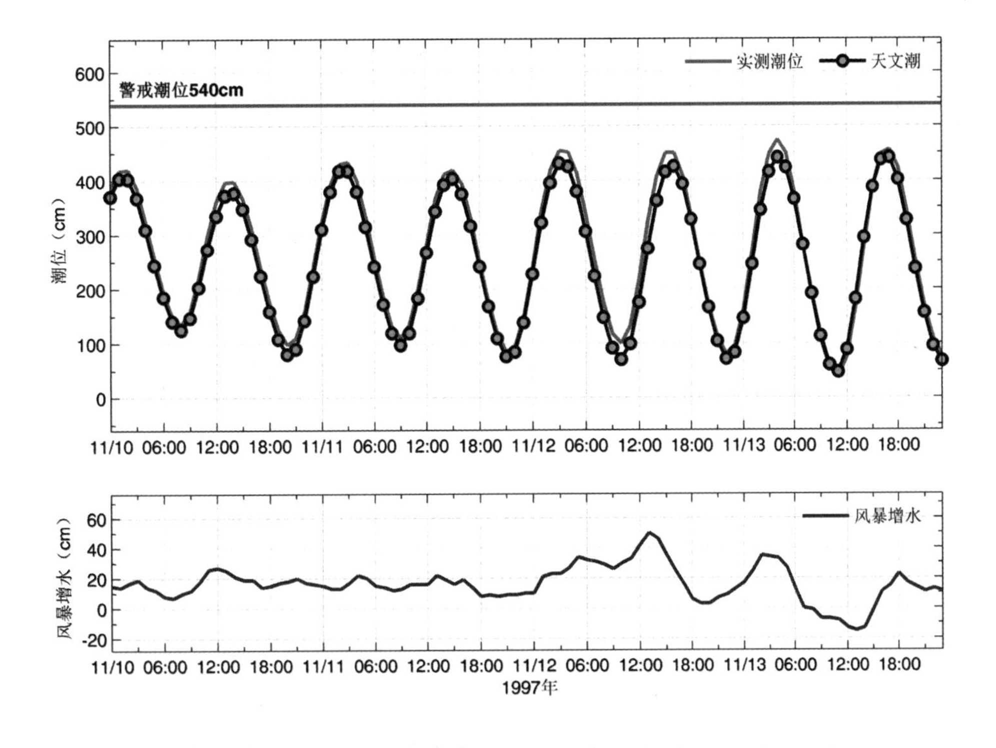

图3.360　石臼所站实测潮位、天文潮位和风暴增水随时间变化

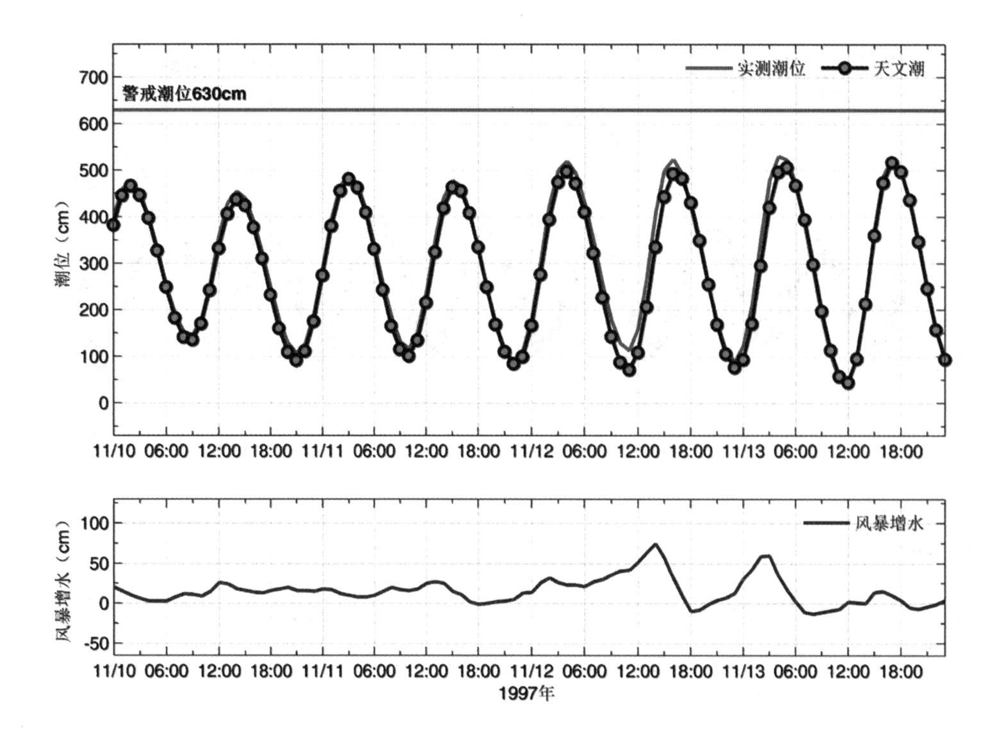

图3.361　连云港站实测潮位、天文潮位和风暴增水随时间变化

3.44　1998“07 · 25”风暴潮灾害（孤立气旋型）

1998年7月24—25日，受入海气旋影响，海州湾出现温带风暴潮过程，山东日照站25日02时最大增水0.55 m，江苏连云港站25日04时最大增水0.87 m。

青岛沿海潮水夹杂着杂物随巨浪涌向岸边，迅速淹没了青岛国际啤酒节石老人沙滩会场内的公共设施及沙滩摊位，分会场各商品摊点桌、椅都浸泡在海水中。

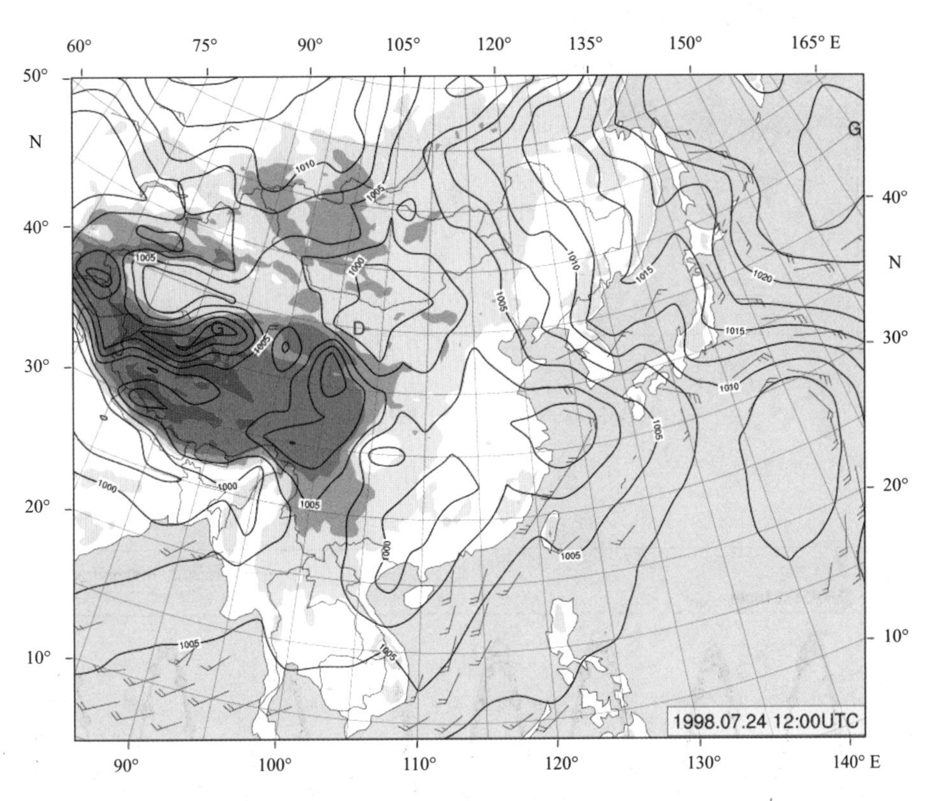

图3.362　1998年7月24日20时地面天气图

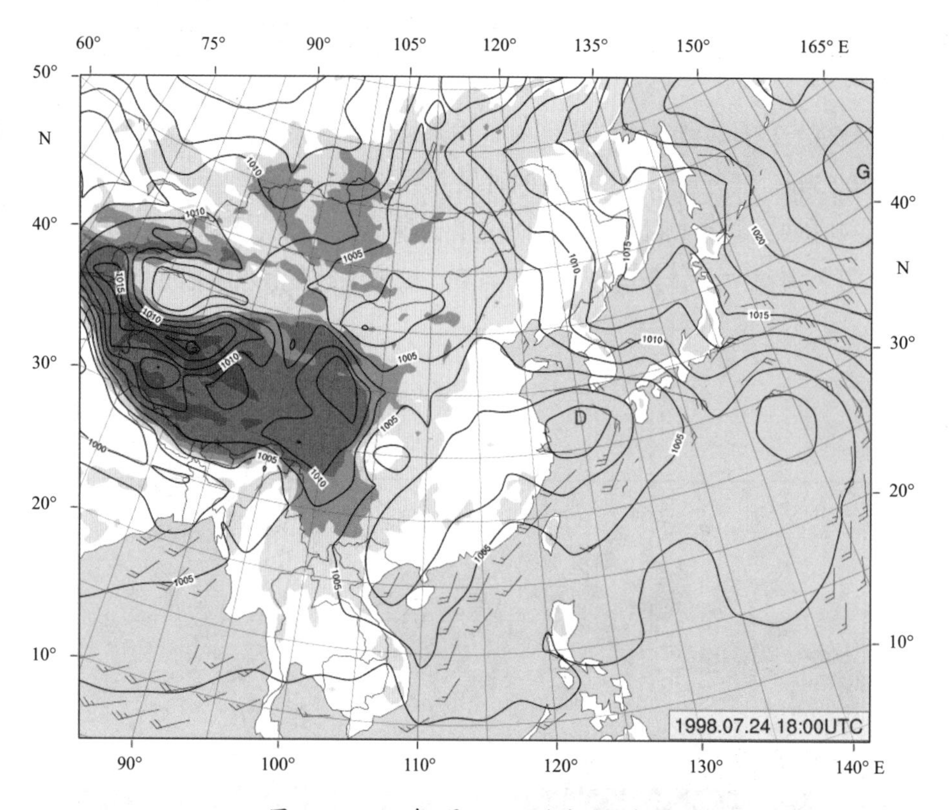

图3.363 1998年7月25日02时地面天气图

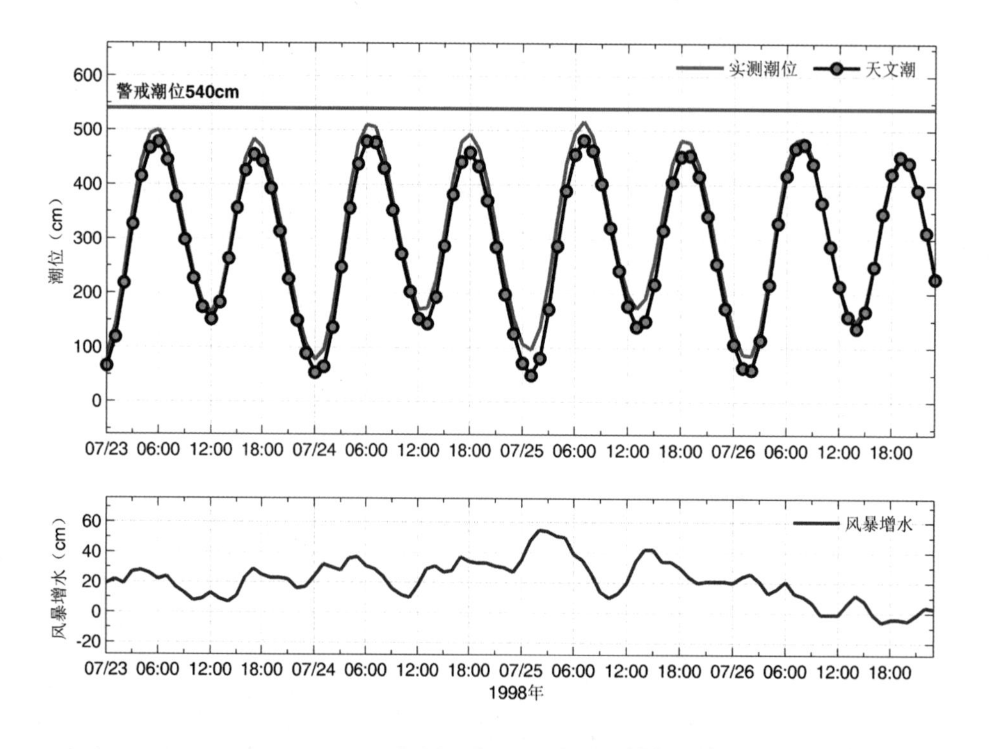

图3.364 石臼所站实测潮位、天文潮位和风暴增水随时间变化

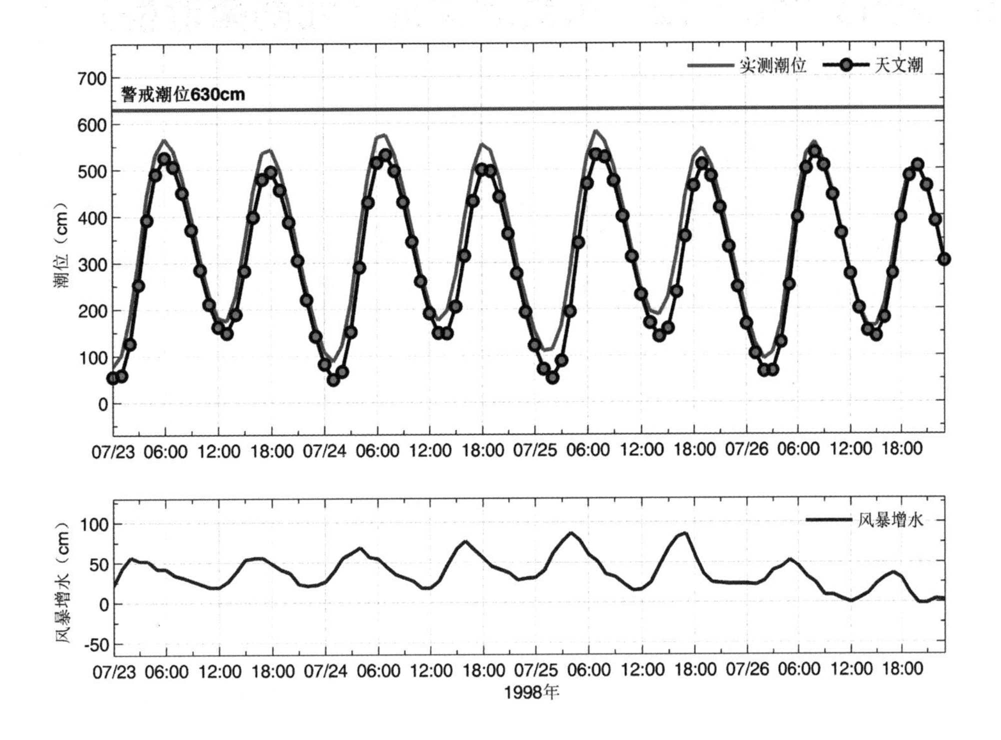

图3.365 连云港站实测潮位、天文潮位和风暴增水随时间变化

3.45　2003“10·12”风暴潮灾害（北高南低型）

2003年10月11—13日，受冷高压及低压倒槽共同作用，渤、黄海沿岸发生特强温带风暴潮，河北省、天津市、山东省、江苏省、上海市先后遭受风暴潮袭击。10月10日8时的地面图上可以看出，位于贝加尔湖的冷高压呈横向状态，在高压的东部有一个气旋，伴随着高压东移南压，同时我国河套西南有一低压倒槽存在。11—12日冷高压南下速度明显减慢，但高压中心加强至1 048 hPa，低压倒槽明显加强北伸，渤海和黄海北部位于冷高压南缘和低压倒槽北缘，造成渤海海域气压梯度显著加大，渤海出现强东东北风。

依据塘沽海洋站的观测资料记录，10月11日夜间开始出现8～10级大风，之后一直持续到12日夜间，长达20多小时，极大风速达27.2秒/米，风向为NE。秦皇岛海洋站11日最大风力10级（25.0 m/s），风向为东东北，出现在04时20分；12日最大风力为9级（23.0 m/s），风向为东北，出现在22时30分。沧州沿海最大风速为25.0m/s，风向为ENE，出现在11日04时10分，瞬时最大风速为28.0m/s。

河北京唐港站11日01时最大增水1.03 m；天津塘沽站10日24时最大增水1.71 m，10日22时起1.0 m以上增水持续15个小时，最高潮位5.33 m，超过当地警戒潮位0.43 m；河北黄骅站11日11时最大增水2.33 m，10日21时起1.0 m以上增水持续33个小时，2.0 m以上增水累计20个小时，最高潮位5.69 m，超过当地警戒潮位0.89 m；山东羊角沟站12日11时最大增水2.78 m，11日09时起1.0 m以上增水持续48个小时，11日22时起2.0 m以上增水累计15个小时，最高潮位6.24 m，超过当地警戒潮位0.74 m，为有记录以来的历史第三高潮位；山东龙口站11日20时最大增水1.21 m，11日20时起1.0 m以上增水持续7个小时；石臼所站最大增水0.92 m；江苏连云港站12日16时最大增水1.26 m；上海黄浦公园站13日14时最大增水0.66 m，最高潮位4.48 m，接近当地警戒潮位。

此次温带风暴潮来势猛、强度强、持续时间长，影响范围广，河北省、天津市、山东省均受灾严重。河北省受灾最重的是渔业和养殖业，潮水冲毁虾池3.7万亩，590万笼扇贝受损，3 000多条网具、多座育苗室和海产品加工厂被毁，1 450条渔船受损，直接经济损失3.26亿元。其次为盐业和航道淤积带来的损失，15×10^4 t 原盐、480万片盐田塑苫、30×10^4 m^3卤水受灾。潮水淹没农田1.7万多亩、冲毁土地8 000多亩。2 800多间房屋受损。潮水冲毁闸涵775座、泵站69座、海堤4 km；风暴潮造成港口航道淤积而影响航运，部分在建的海洋工程受损。

沧州市沿海据目测海面浪高3～4 m，沿海部分岸段海挡被冲毁或发生波浪漫堤现象，黄骅、海兴等地潮水越过海堤缺口和海防路，侵入陆地5～10 km，河口区域潮水沿河道上溯50 km：28个村庄大面积进水，500户居民房屋受淹，15万余人受灾；潮水淹没范围达190.6 km^2；418个闸涵被冲毁；1 310艘渔船损毁；46个盐场被淹，500公亩盐田受灾；黄骅港航道被淤泥填满，不能通航，淤泥总量$1\ 000\times10^4$ m^3，后采用挖泥船清淤，耗资2亿元，还不包括近1个月煤炭停运所造成的经济损失。黄骅港液化码头围堰工程部分被冲毁。沧州市水文局事后调查水痕得知：歧口最高潮位3.48 m、南排河3.8 m、冯家堡3.41 m（国家85高程），均高于黄骅港。经计算歧口高潮位的重现期约为百年一遇。

秦皇岛市沿海出现2.7～3.2 m大浪，在大浪作用下昌黎、抚宁沿海受到不同程度灾害性影响，特别是4海里以外养殖区的养殖台筏被挤成堆纠缠在一起，27万亩（1.8×10^4 hm^2）、约900万笼扇贝养殖全部受灾；70艘渔船损坏。

唐山市丰南区5 000亩虾池被冲毁，4 km海挡受损，5个扬水站被淹；乐亭县40万笼扇贝全部被冲走；滦南县70艘渔船、3 000余条网具受损；养殖大棚、扬水站机房各损坏一座；海挡大堤损失土方50×10^4 m^3，盐业损失惨重，盐田塑毡480万片，原盐15×10^4 t，卤水30×10^4 m^3受损。11日凌晨，唐山境内的曹妃甸岛通路工程工地出现险情，400多名民工被困，后被全部营救至安全区域。唐山市直接经济损失8 000万元。

河北省直接经济损失5.84亿元，其中秦皇岛市2.00亿元，唐山市8 000万元，沧州市3.04亿元。

山东省直接经济损失6.13亿元。其中，潍坊市水产养殖受损面积为7 000 hm^2，潮水冲毁海堤20 km^2、闸门15座，损毁原盐30 t，船只70艘，直接经济损失3.00亿元。滨州市无棣县、沾化县沿海6万人受灾，水产养殖受损面积约4.4×10^4 hm^2，房屋5 000间、防潮工程260处、船只95艘受损，直接经济损失8 000万元。烟台市多处海坝和虾池被冲毁，水产养殖受损面积约1 110 hm^2，防潮堤7 km、房屋65间损毁，部分渔船损坏，直接经济损失9 300万元。东营市5个区县均受灾，受灾人口0.56万，水产养殖受损面积约3.5×10^4 hm^2，180间房屋损毁，潮水冲毁海堤40 km，路基38 km，桥梁1座，船只36艘，直接经济损失1.40亿元。东营市桩西至新户一线海水侵入陆地5～10 km，水产养殖场、盐场、村庄、采油场和大量油井被淹，损失严重。胜利油田桩西防潮堤水泥构件护坡大面积被大浪掀起，防潮堤多处被冲垮，海水越过防潮堤，堤内受淹严重；飞雁滩采油场防潮堤由于受大浪冲击支离破碎，残垣断壁随处可见，采油场场区、场房受淹严重。

天津1人失踪；沿海港口、油田、渔业等不同程度受灾，直接经济损失1.13亿元。损失原盐15.3×10^4 t；3 440亩鱼池被淹；156条渔船、27排渔网损毁；海堤损毁7.3 km，泵房损坏13处；1间民房倒塌，544间民房损坏。新港船厂设备被淹，库存物资损失严重，部分企业停产；天津港37万余件货物受潮水浸泡，计22.5×10^4 t，740个集装箱和107台（辆）设备受淹；大港石油公司油田停产1 094井次。

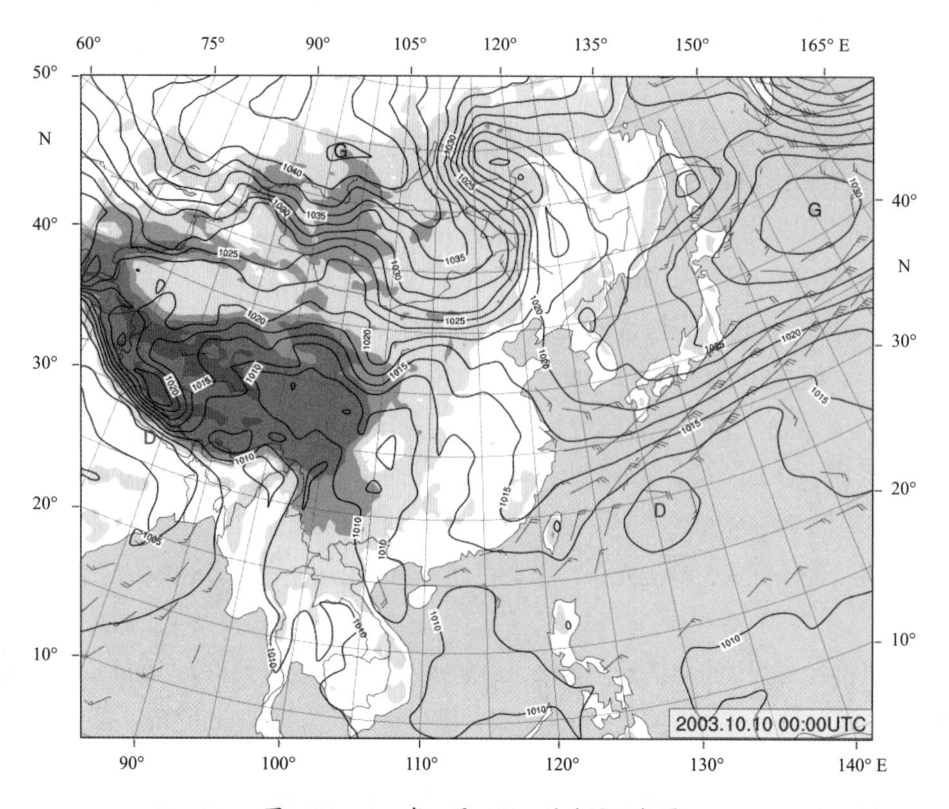

图3.366　2003年10月10日08时地面天气图

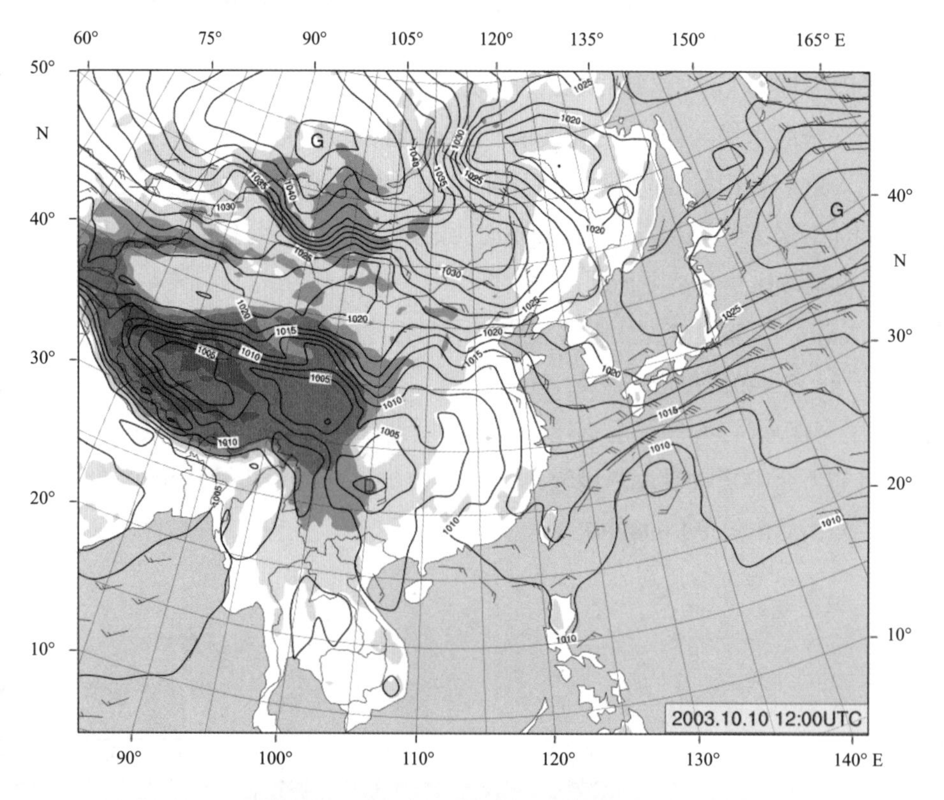

图3.367　2003年10月10日20时地面天气图

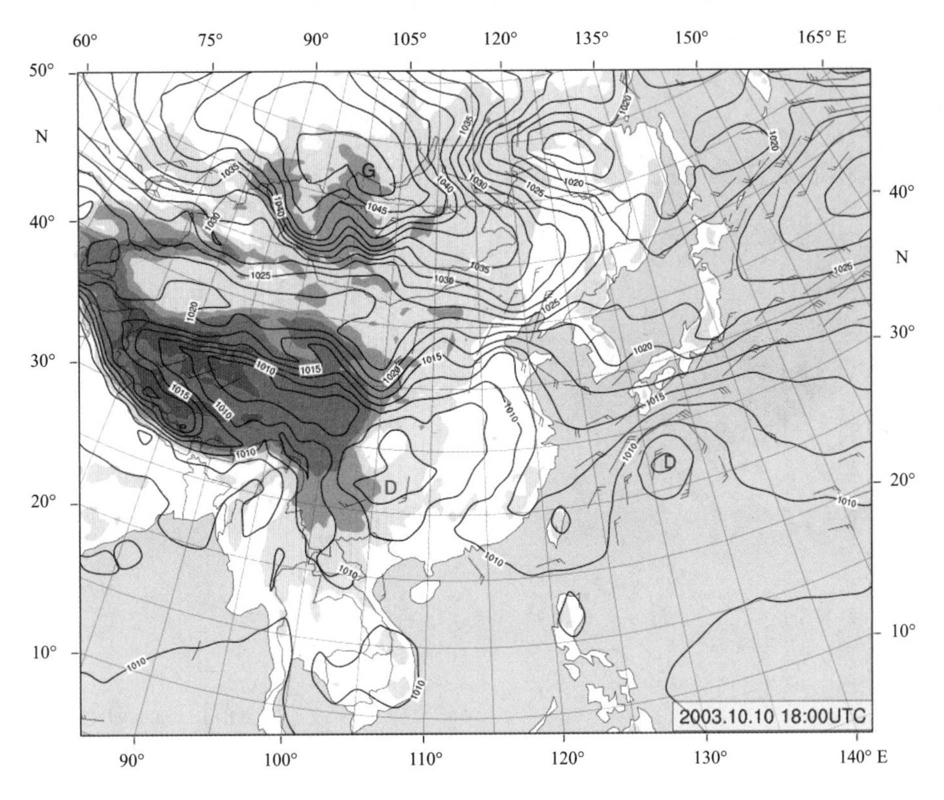

图3.368　2003年10月11日02时地面天气图

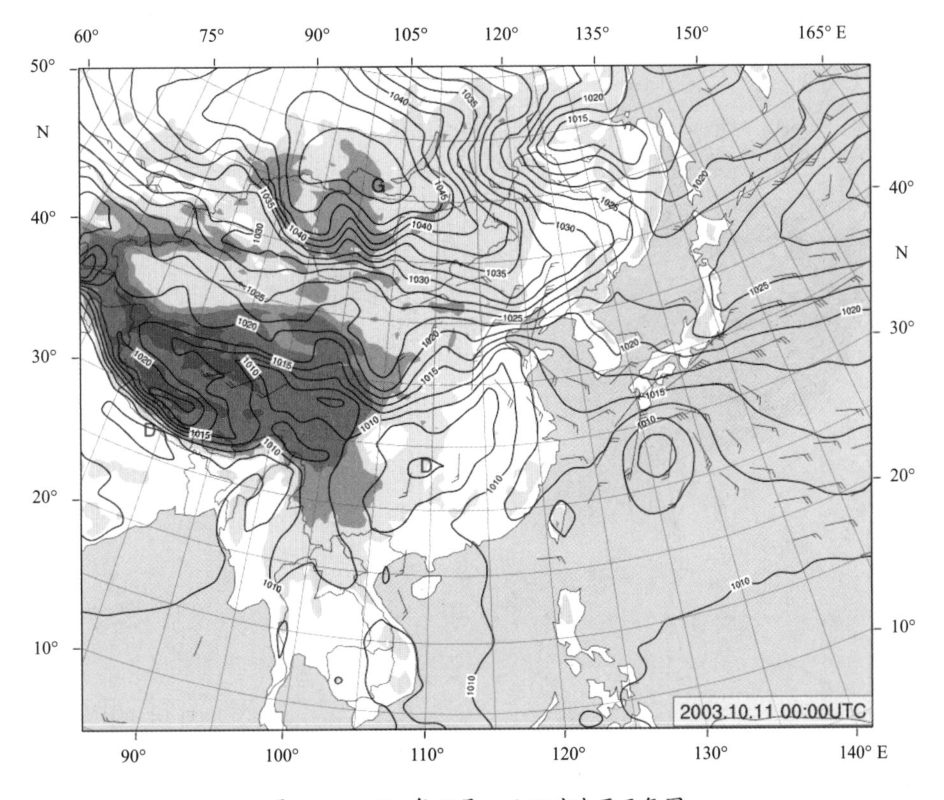

图3.369　2003年10月11日08时地面天气图

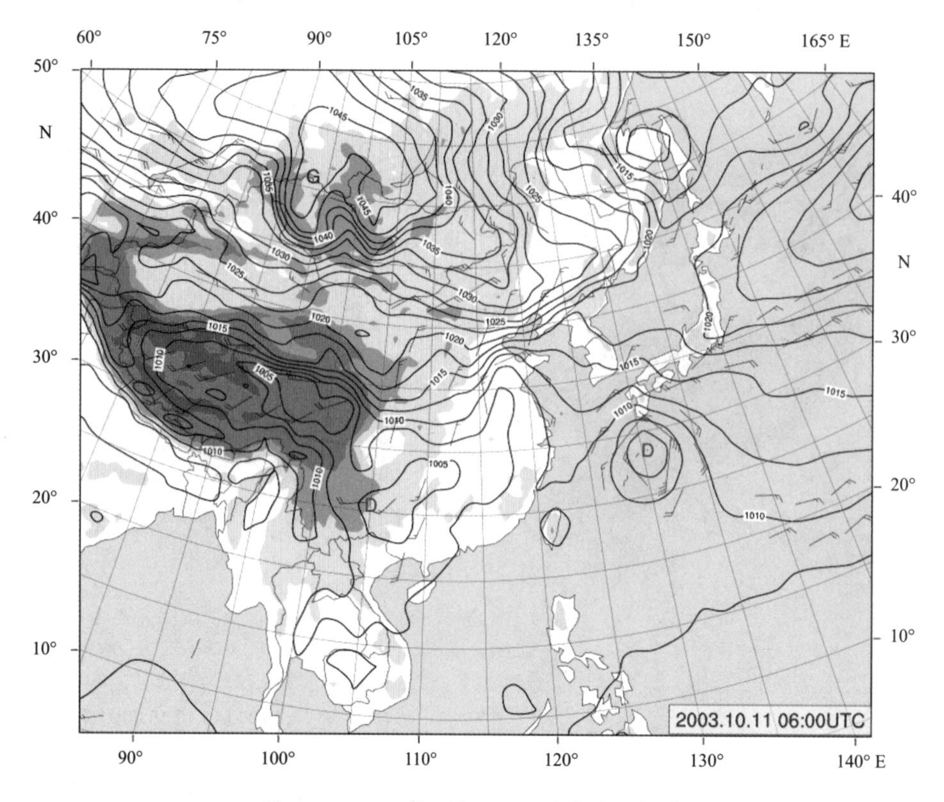

图3.370　2003年10月11日14时地面天气图

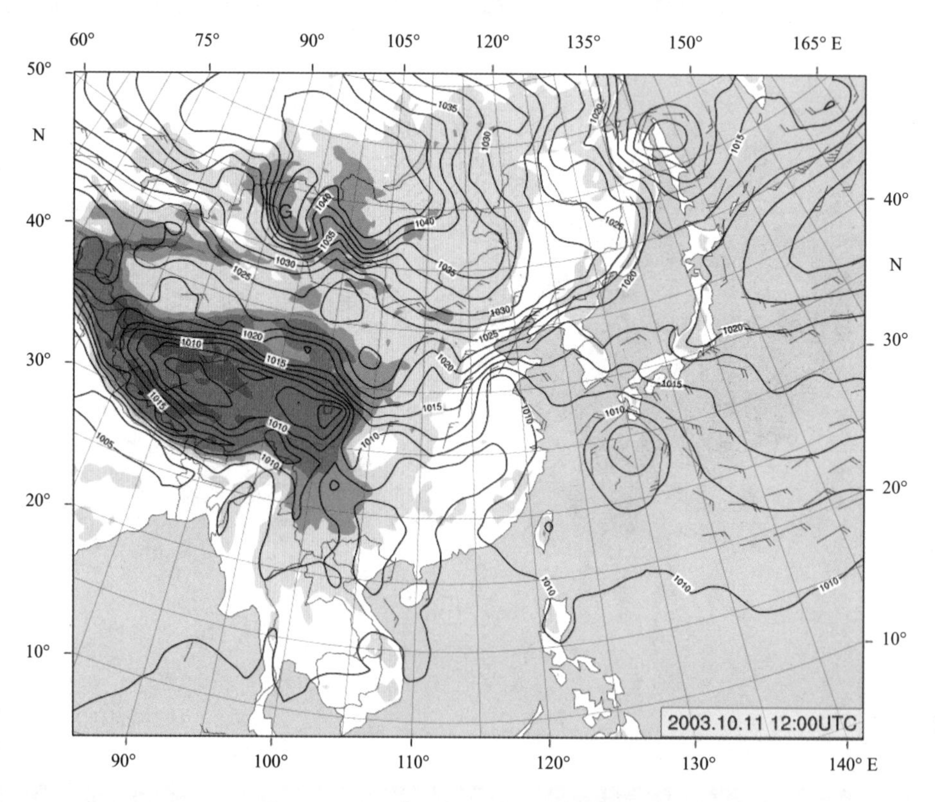

图3.371　2003年10月11日20时地面天气图

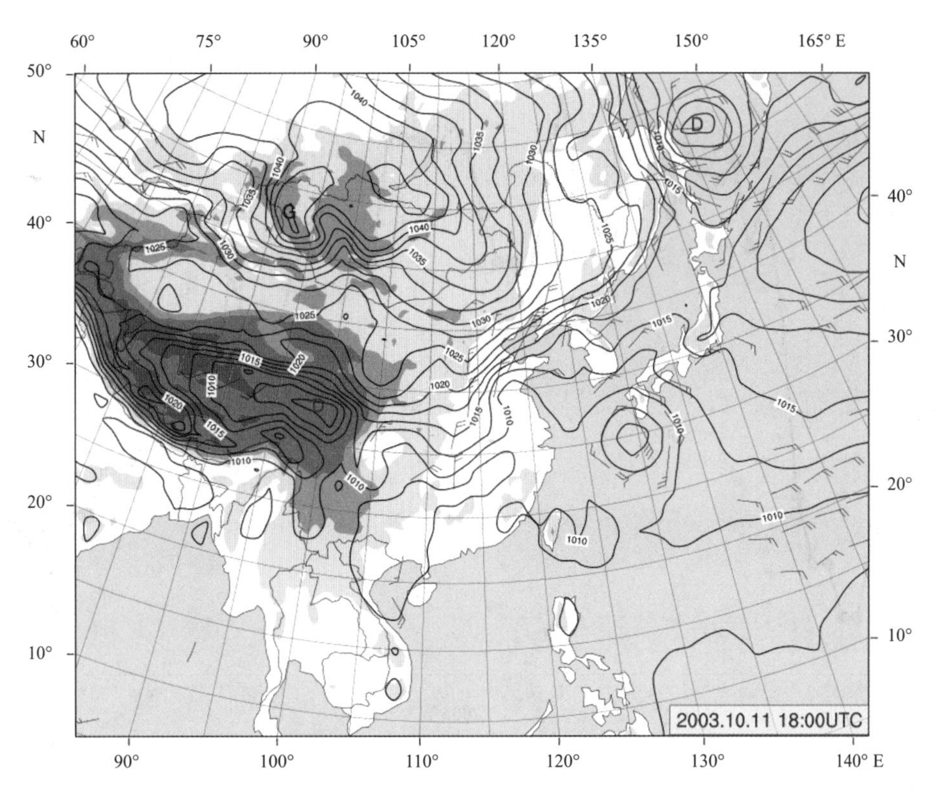

图3.372 2003年10月12日02时地面天气图

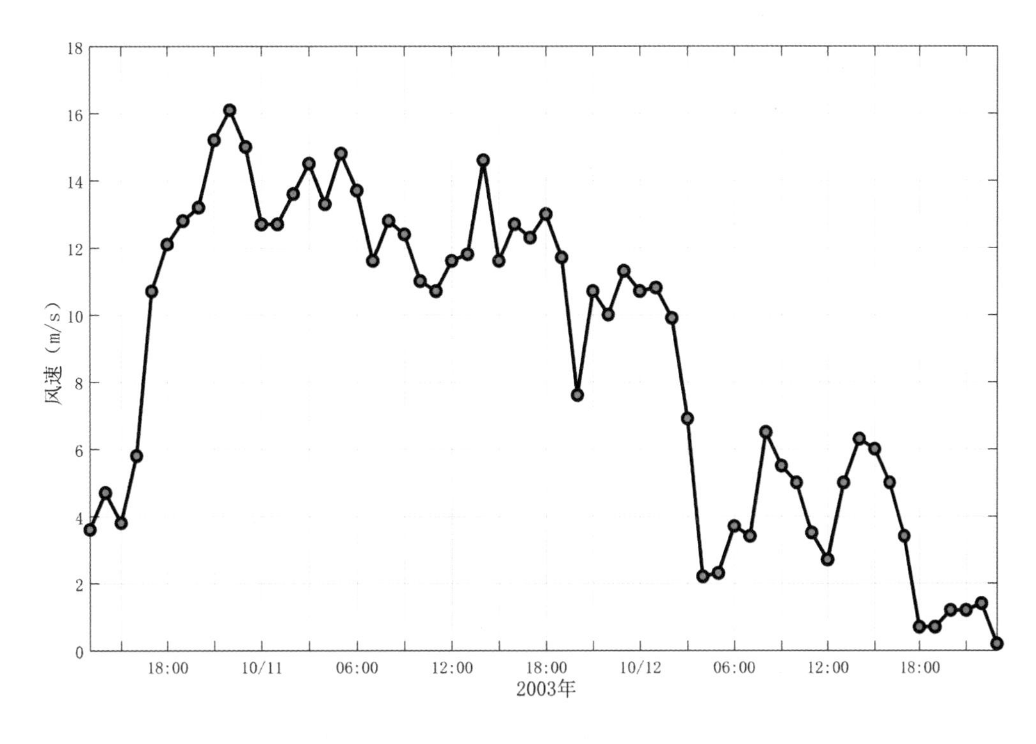

图3.373 河北省京唐港沿海风速随时间变化
（2003年10日13时至12日23时）

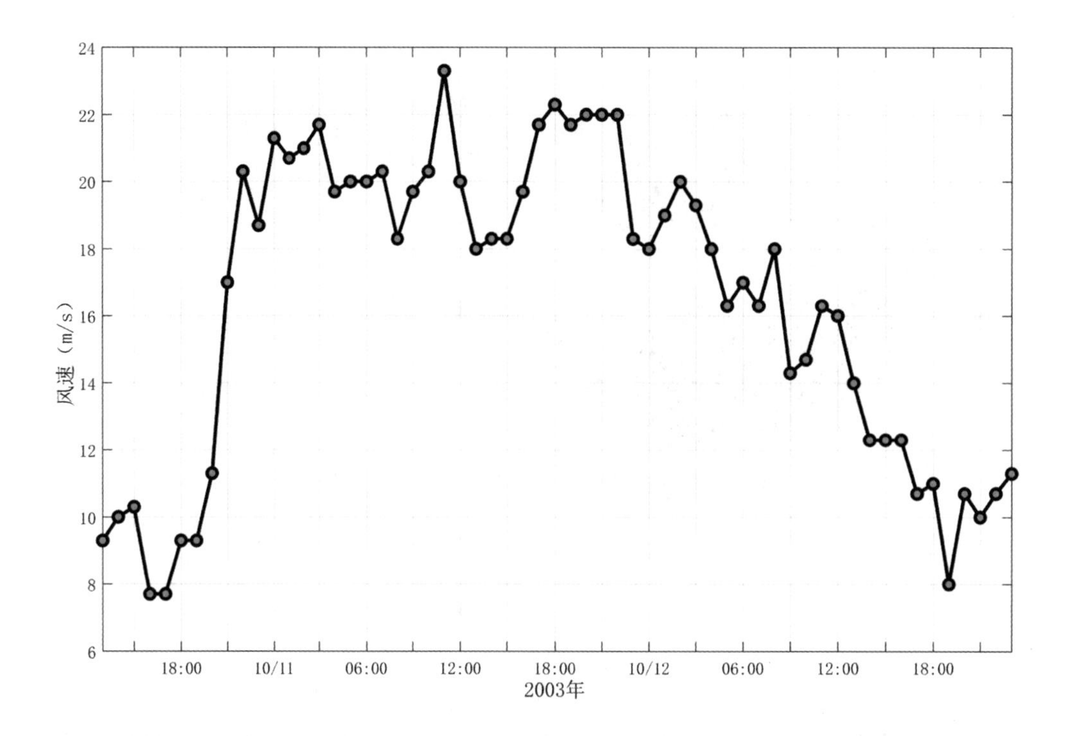

图3.374　河北省黄骅沿海风速随时间变化
（2003年10日13时至12日23时）

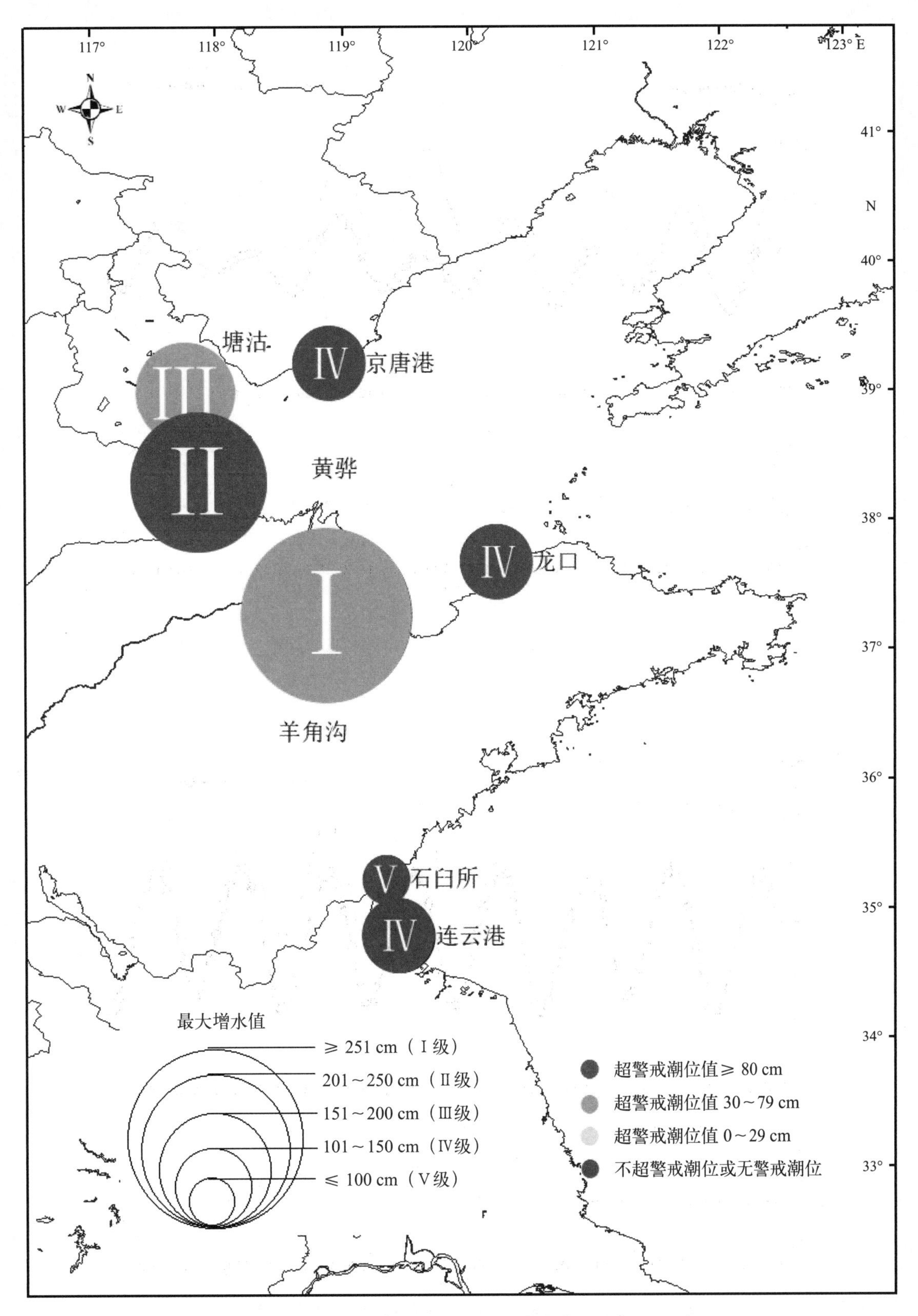

图3.375 2003“10·11”风暴潮空间分布

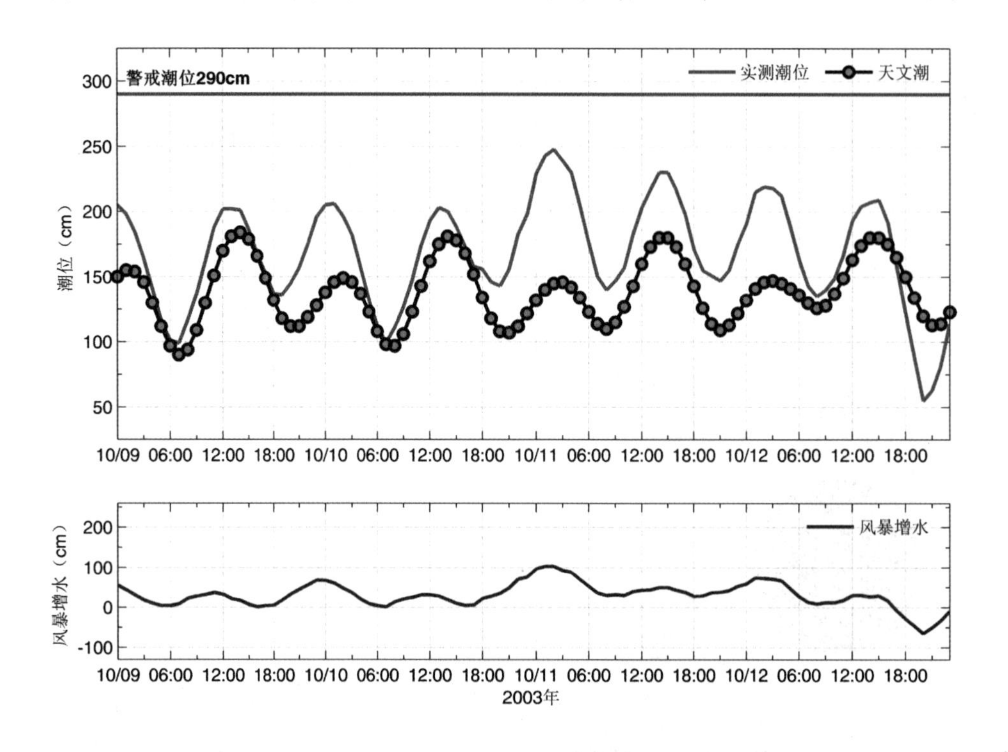

图3.376　京唐港站实测潮位、天文潮位和风暴增水随时间变化

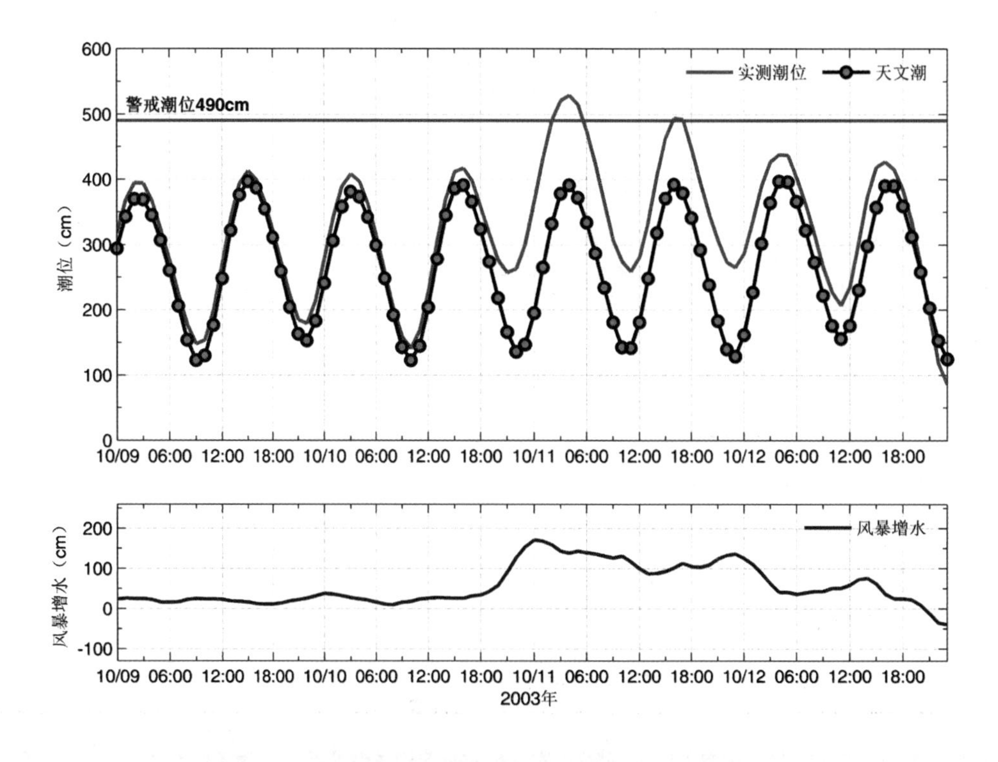

图3.377　塘沽站实测潮位、天文潮位和风暴增水随时间变化

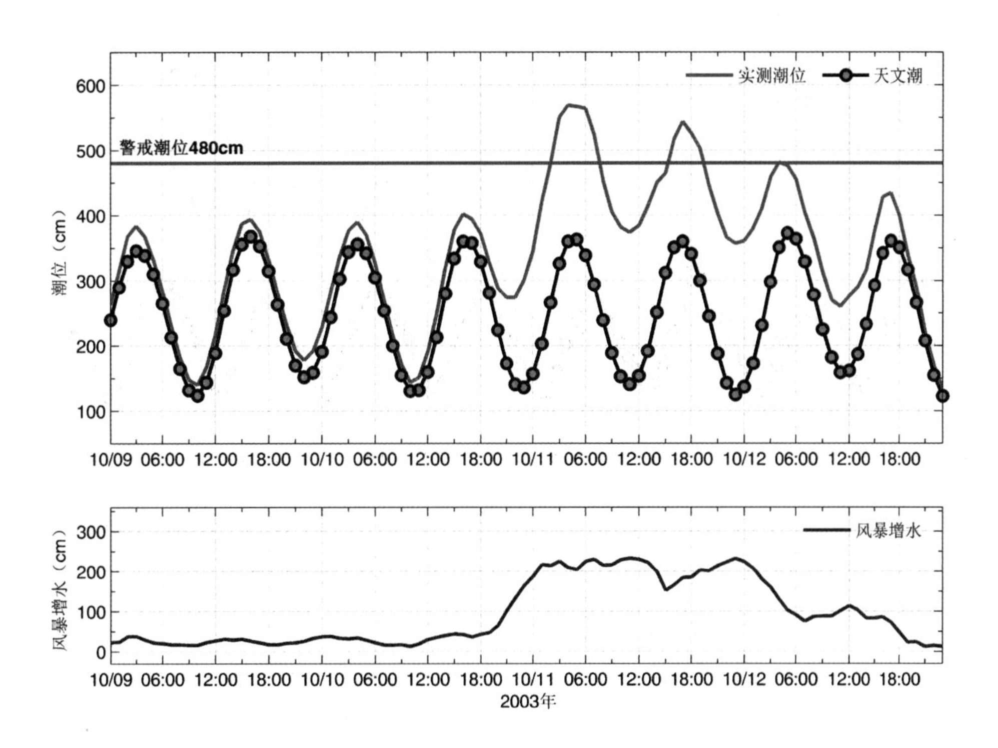

图3.378　黄骅站实测潮位、天文潮位和风暴增水随时间变化

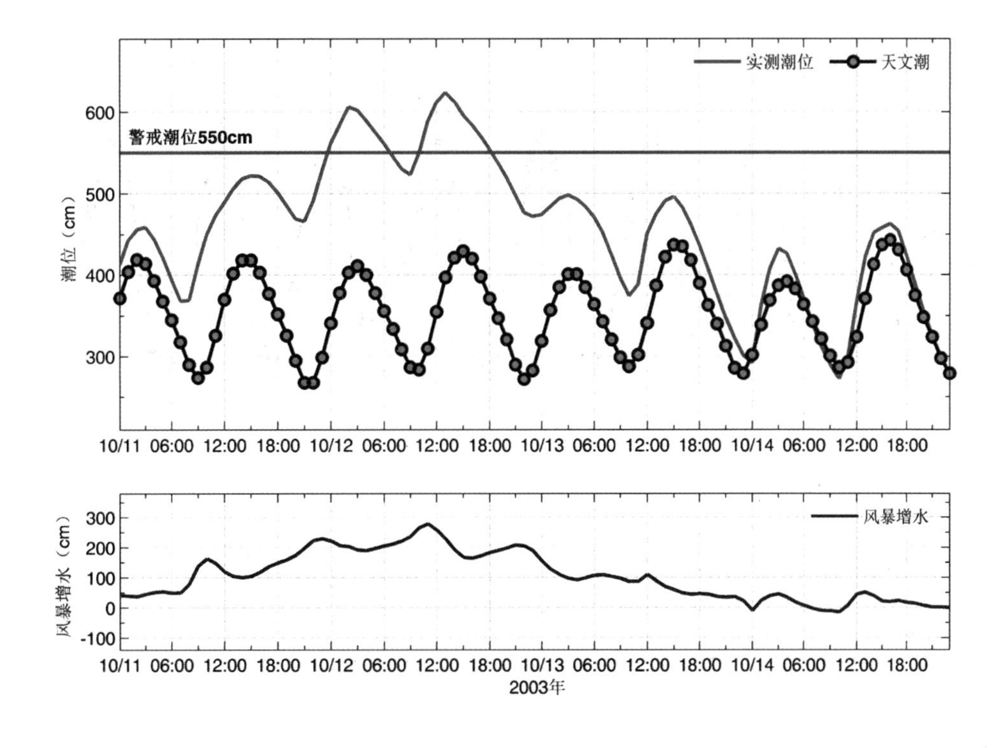

图3.379　羊角沟站实测潮位、天文潮位和风暴增水随时间变化

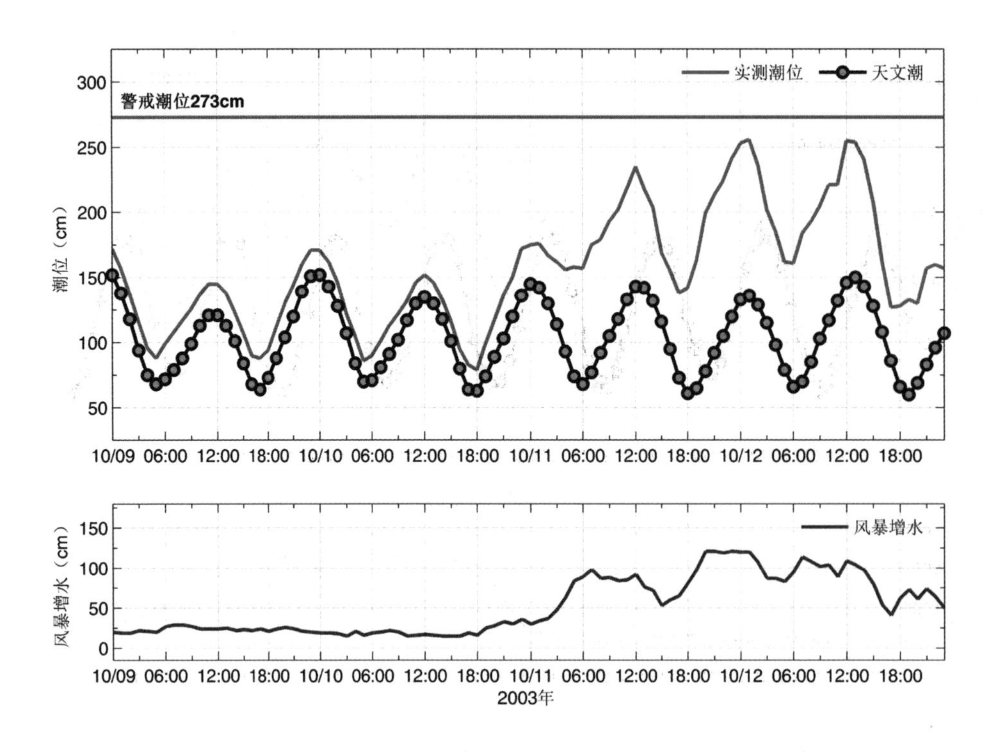

图3.380　龙口站实测潮位、天文潮位和风暴增水随时间变化

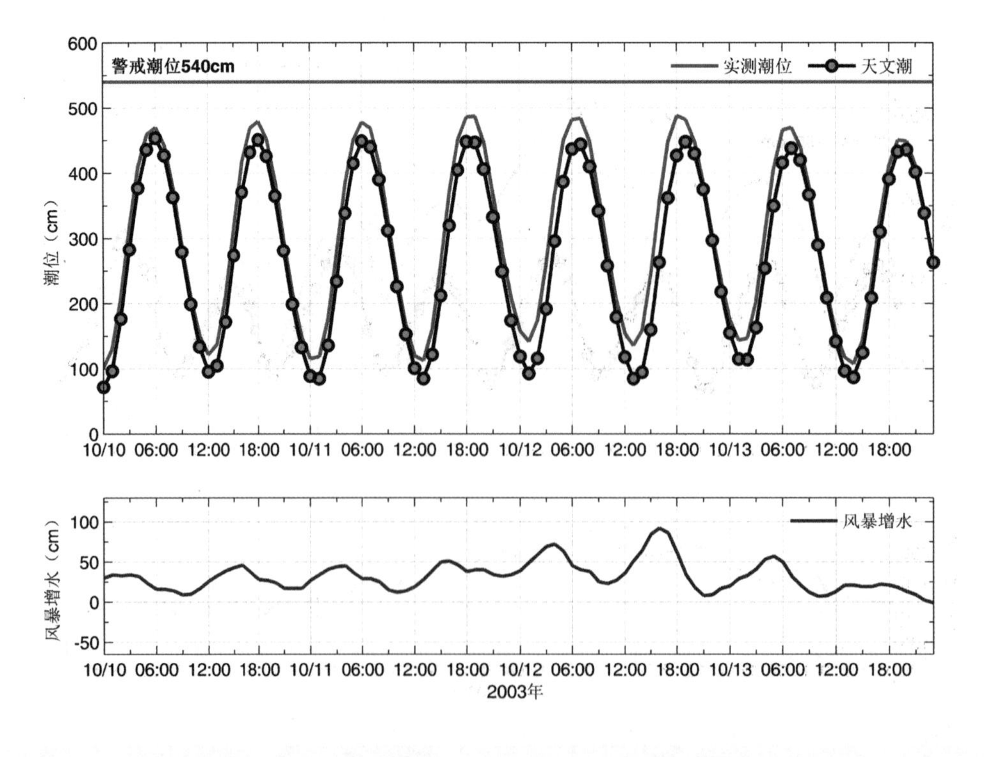

图3.381　石臼所站实测潮位、天文潮位和风暴增水随时间变化

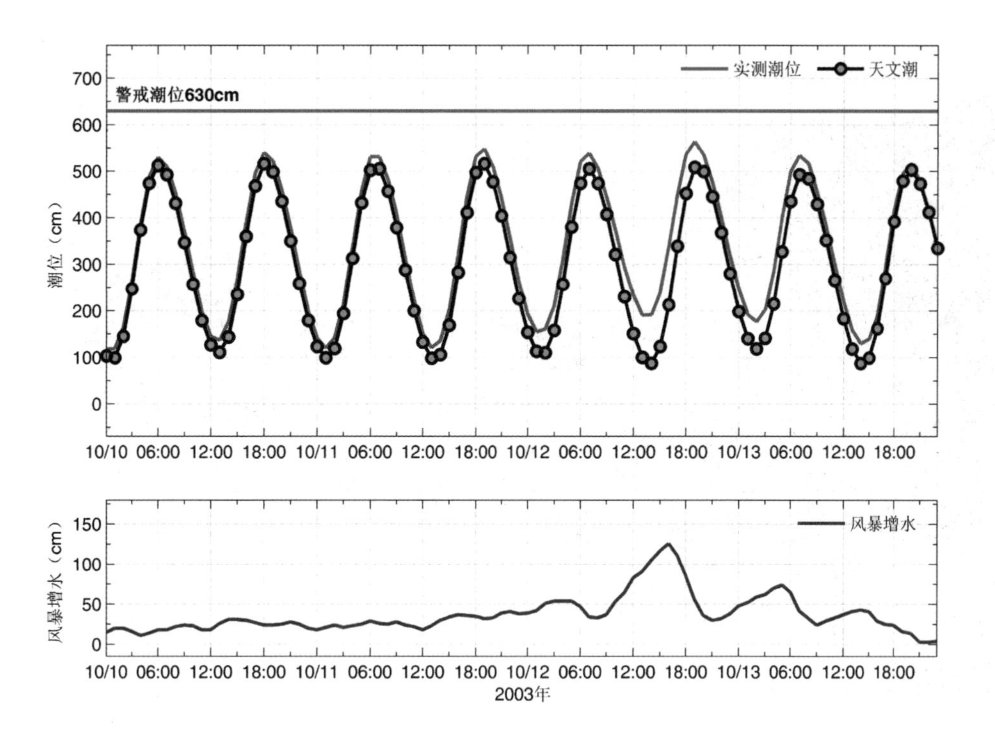

图3.382　连云港站实测潮位、天文潮位和风暴增水随时间变化

图3.383　天津新港船厂受淹厂区

图3.384　黄河海港受损海堤

图3.385　河北省黄骅市南排河港被潮水损毁搁浅的渔船

3.46　2003“11·25”风暴潮灾害（冷高压型）

2003年11月25日，受冷空气影响，天津、河北沿海发生中等强度风暴潮。天津塘沽站25日06时最大增水1.23 m，发生在当日天文高潮期间，04时05分最高潮位5.05 m，超过当地警戒0.15 m；河北黄骅站25日06时最大增水1.32 m，05时05分最高潮位4.93 m，超过当地警戒潮位0.13 m。

天津塘沽、大港、汉沽三区海堤决口3处，部分地区发生浸淹，造成直接经济损失1.11亿元。

特别值得注意的是：冷空气持续南下，11月26日至27日上午，在天文大潮期，受华南沿海冷空气引起的偏东风影响，海南岛北部儋州市至临高县沿海出现同期较为罕见高潮位，秀英站26日和27日最高潮位分别为2.93 m和2.90 m，其中26日高潮位超过当地警戒潮位0.03 m。

海南岛沿海7个乡镇严重受灾，受灾人口3.2万。潮水淹没农田100 hm^2、养殖池塘287 hm^2，摧毁堤坝和道路约2 km，损坏渔船2艘，多处房屋进水，直接经济损失2 000多万元。

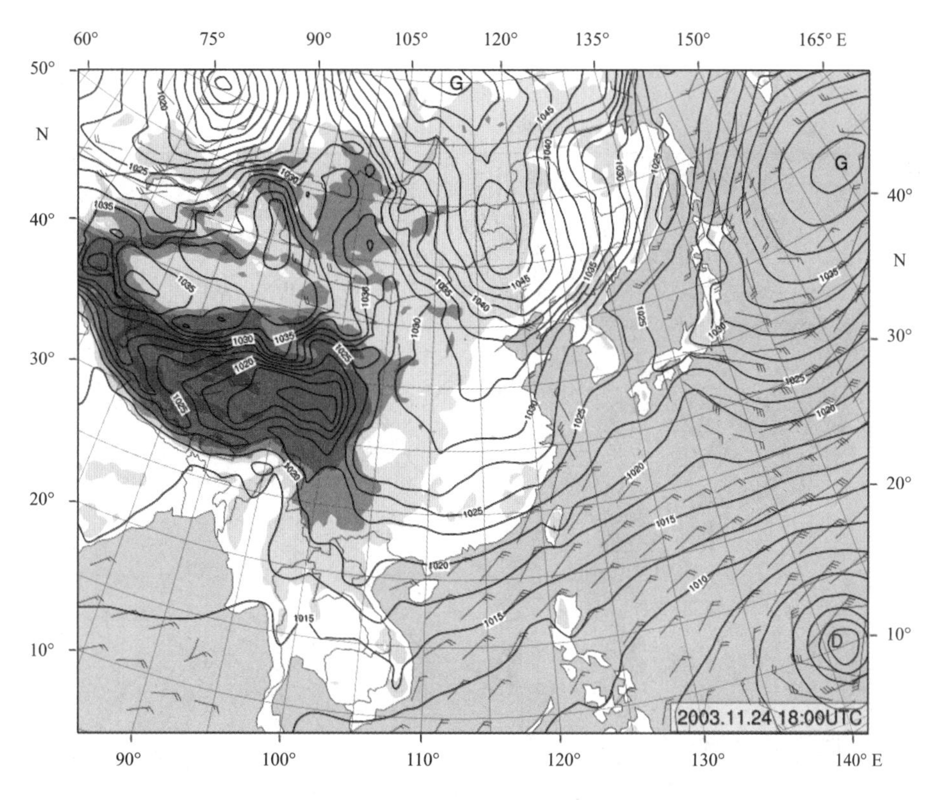

图3.386　2003年11月25日02时地面天气图

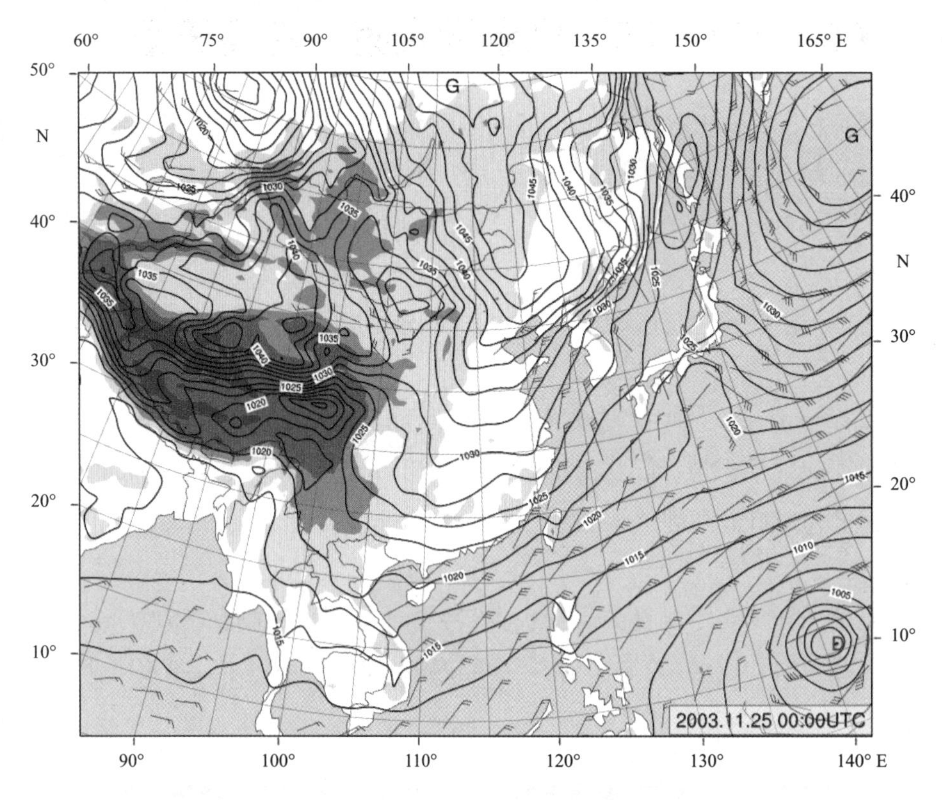

图3.387　2003年11月25日08时地面天气图

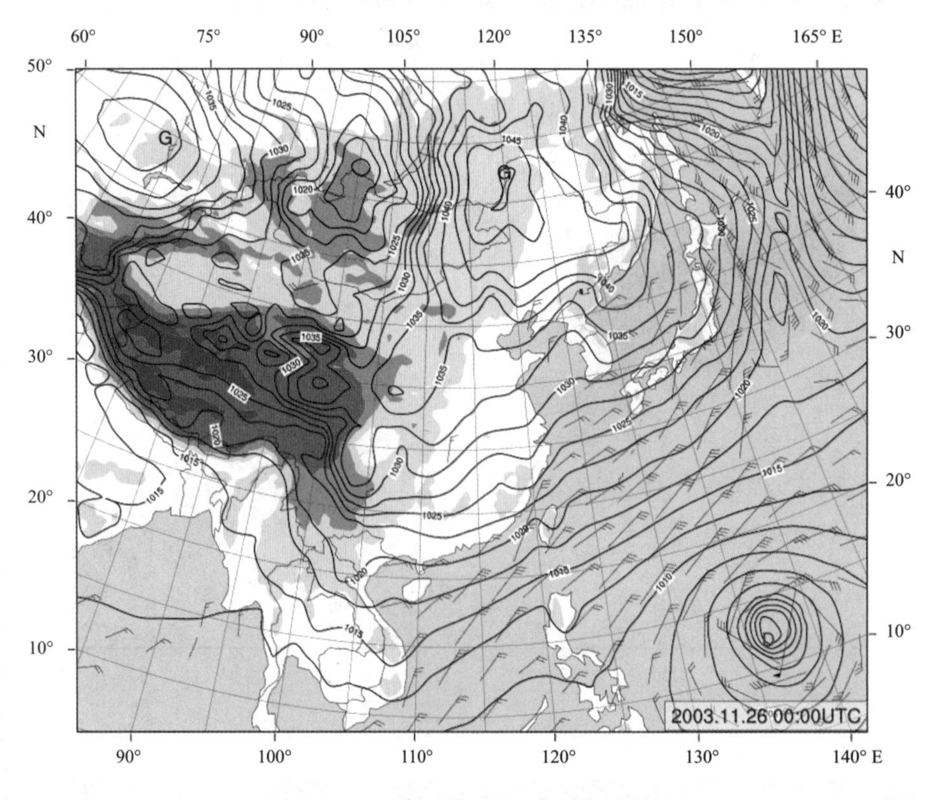

图3.388　2003年11月26日08时地面天气图

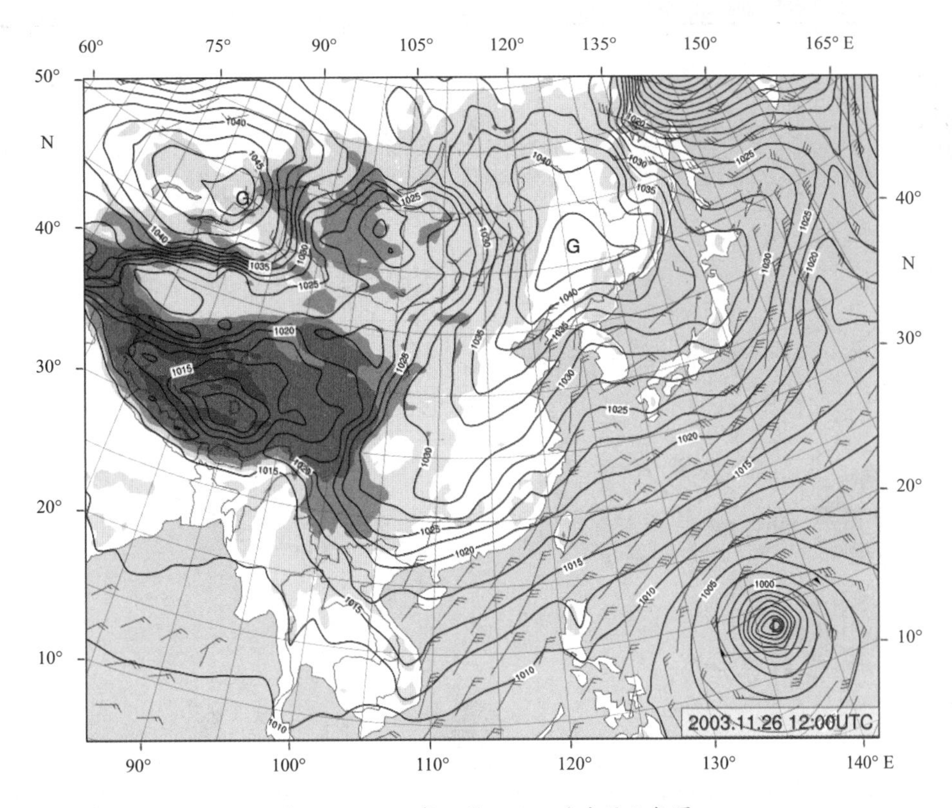

图3.389　2003年11月26日20时地面天气图

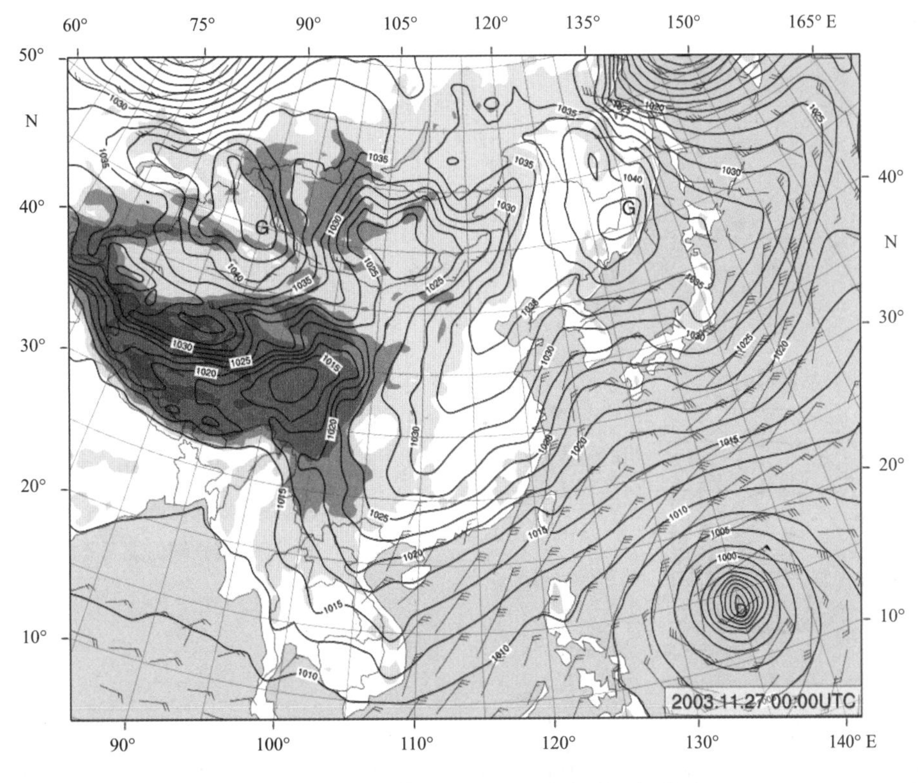

图3.390　2003年11月27日08时地面天气图

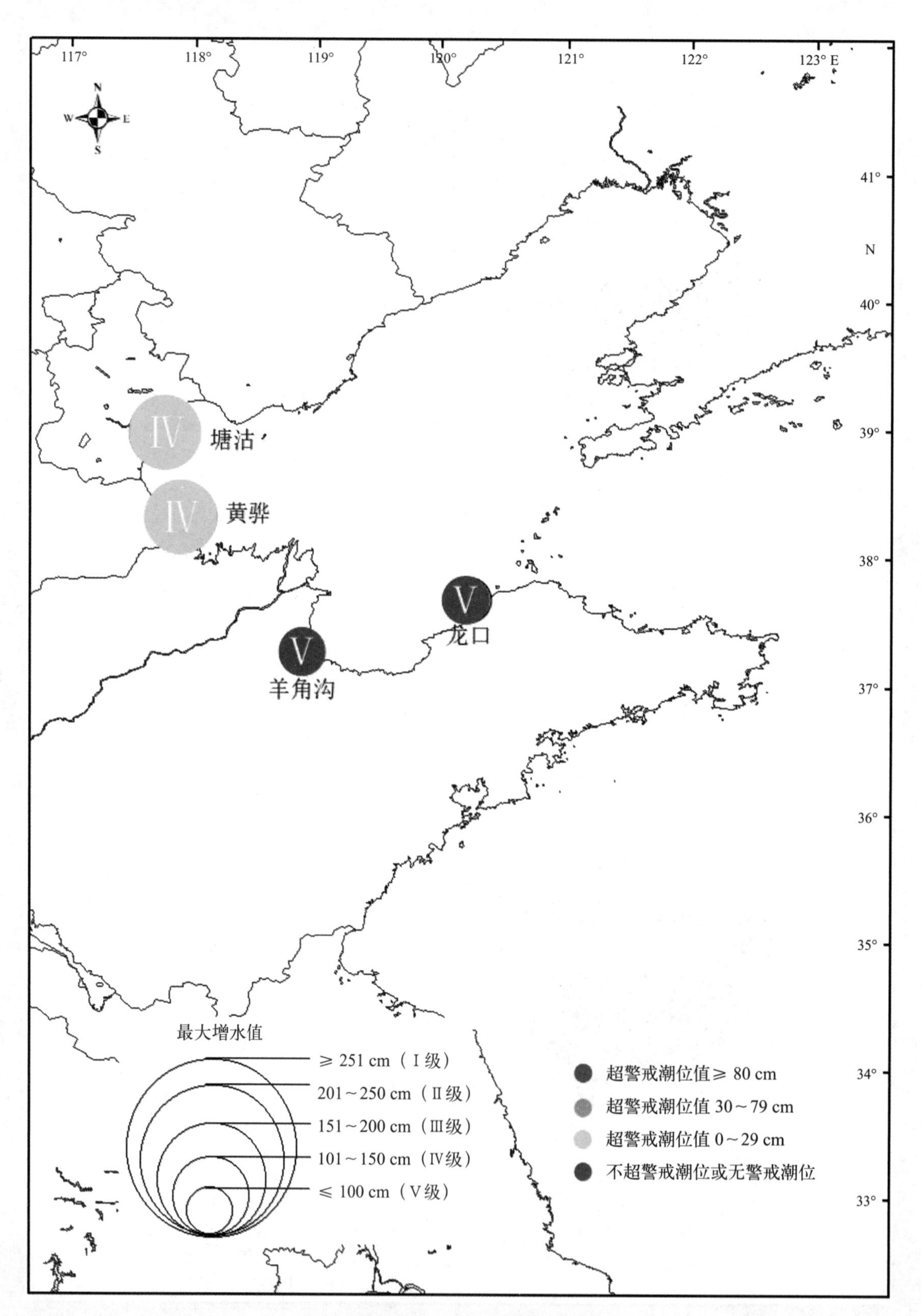

图3.391　2003“11·25”风暴潮空间分布

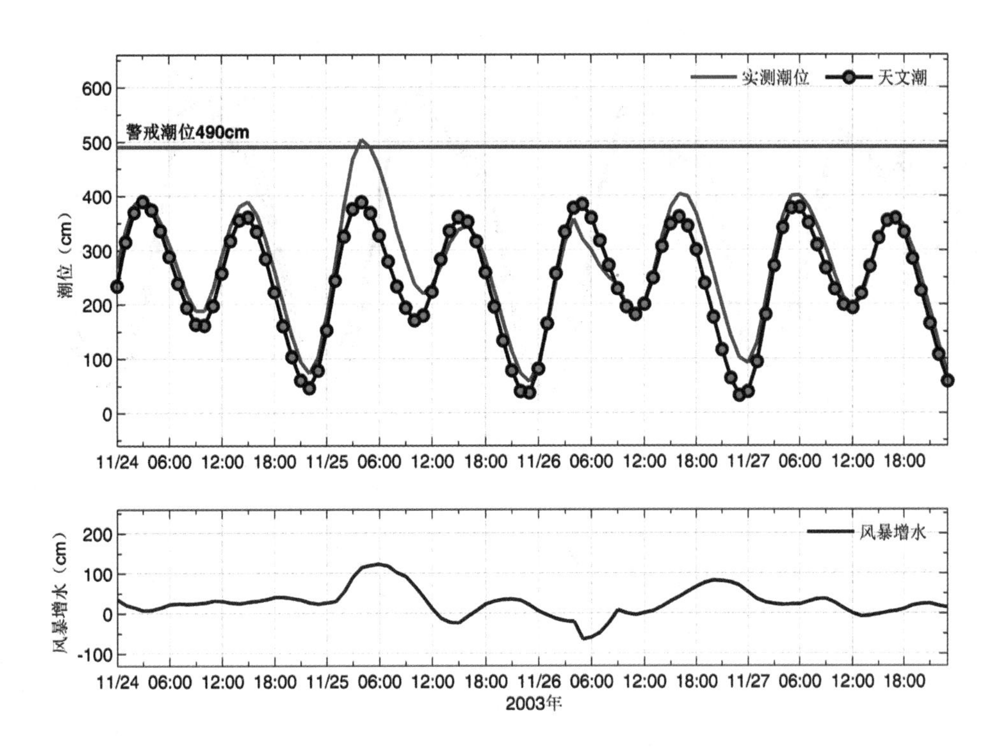

图3.392　塘沽站实测潮位、天文潮位和风暴增水随时间变化

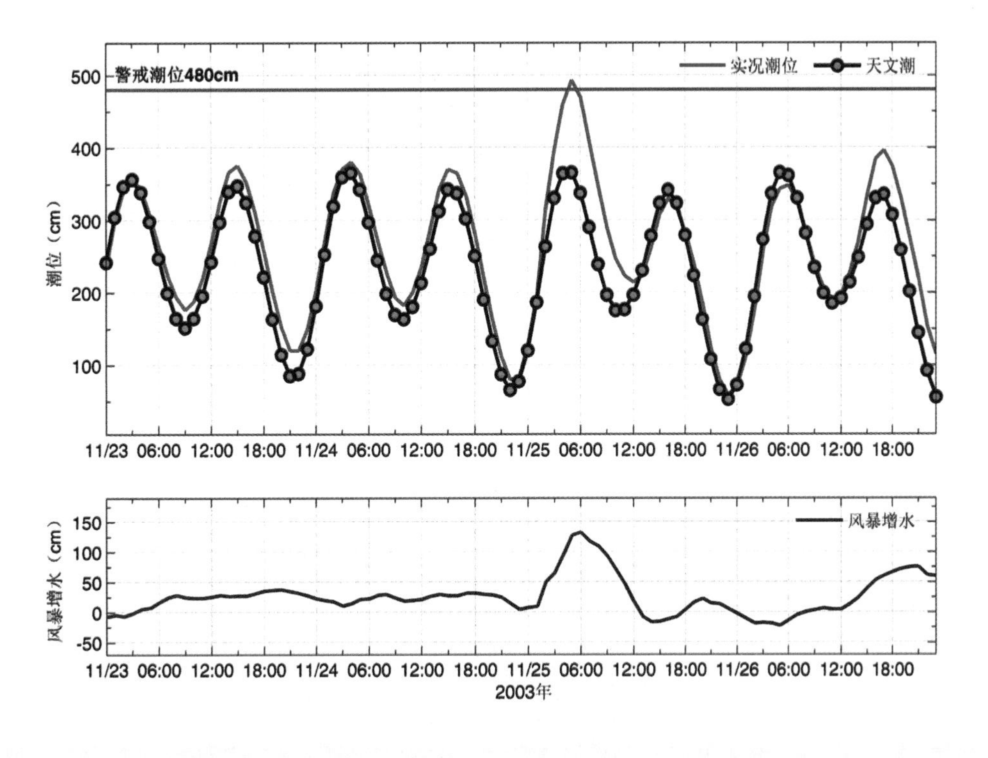

图3.393　黄骅站实测潮位、天文潮位和风暴增水随时间变化

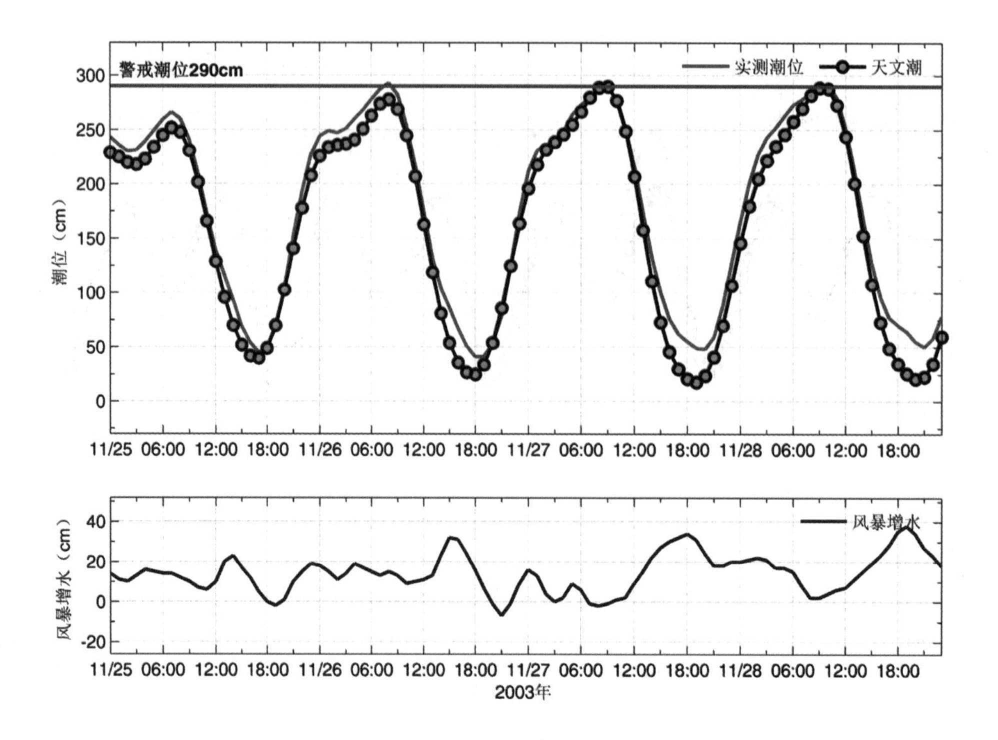

图3.394　秀英站实测潮位、天文潮位和风暴增水随时间变化

3.47　2004“09·15”风暴潮灾害（西低东高型）

0421号台风“海马”（Haima）于9月13日（农历七月二十九）08时登陆浙江省温州沿海，登陆时台风近中心最大风速18 m/s，中心气压998 hPa。登陆后减弱为热带低压，向偏北方向移动，先后穿过浙江省、江苏省（14日08时变性为温带气旋）和山东省，进入渤海湾后继续偏北向行，进入河北省境内。受其与东侧高压共同影响，辽东湾、渤海湾出现较强温带风暴潮。

辽宁省鲅鱼圈站15日08时最大增水1.52 m，为历史最大温带风暴增水；葫芦岛站15日10时最大增水1.42 m，为历史最大温带风暴增水，最高潮位3.75 m，接近当地警戒潮位；小长山站15日07时最大增水1.01 m。河北省秦皇岛站15日12时最大增水0.84 m，最高潮位2.10 m，接近当地警戒潮位；京唐港站15日02时最大增水1.11 m；黄骅站15日00时最大增水1.12 m。天津塘沽站15日01时最大增水1.02 m，最高潮位4.92 m，超过当地警戒潮位0.02 m。

天津市汉沽区沿海3处海堤决口，约150户民房被淹；塘沽区部分码头被淹。

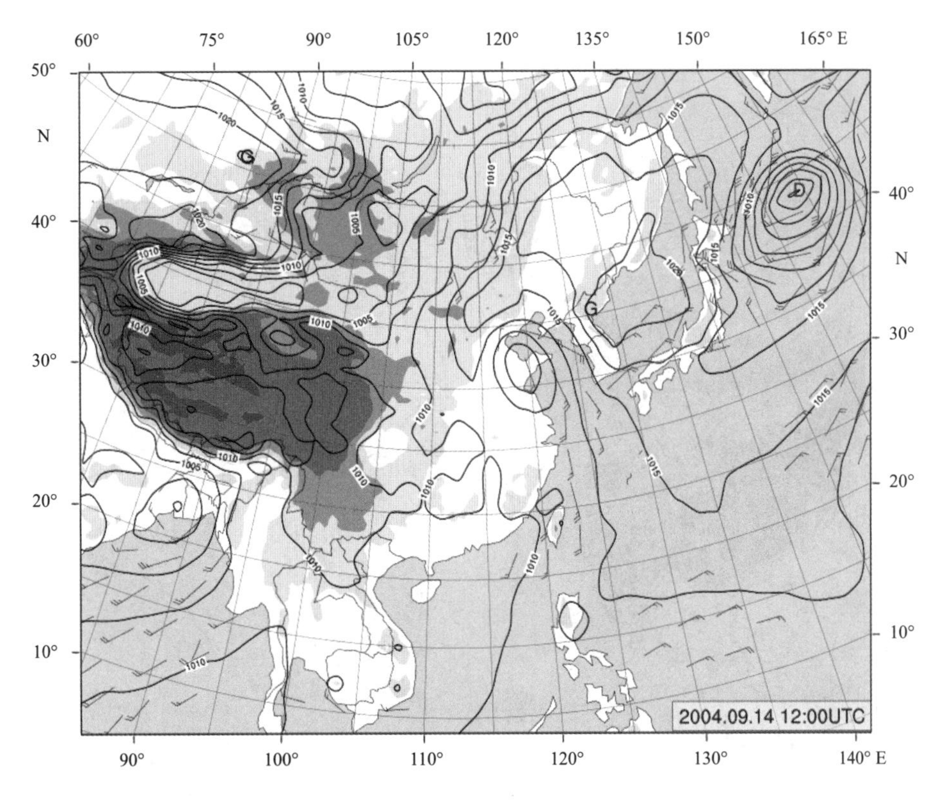

图3.395　2004年9月14日20时地面天气图

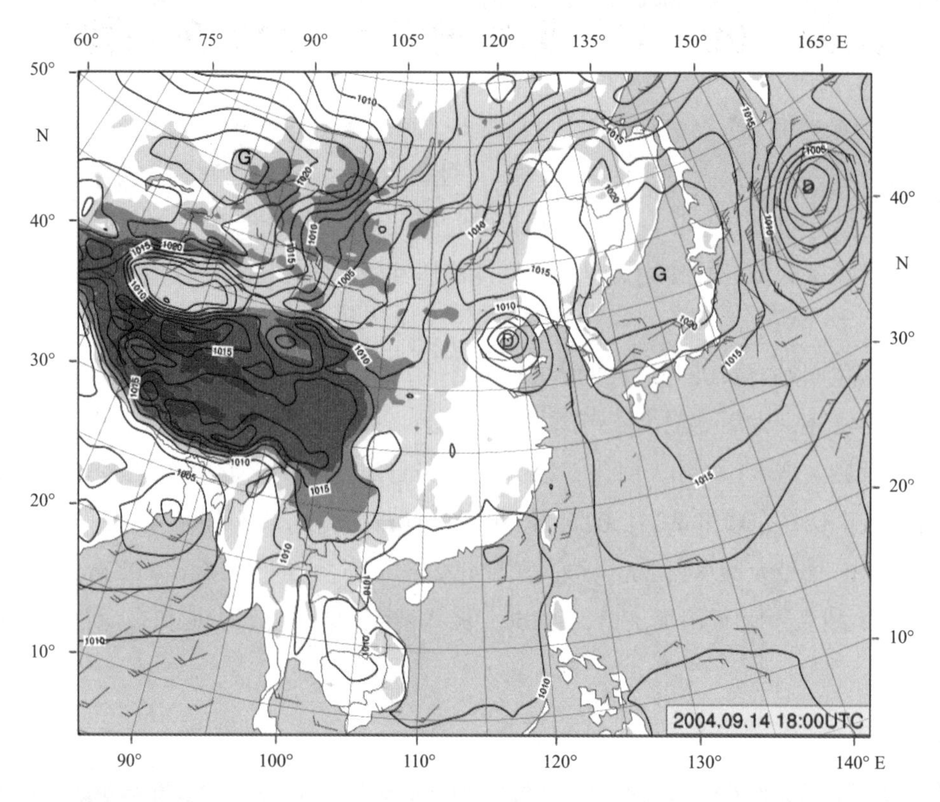

图3.396　2004年9月15日02时地面天气图

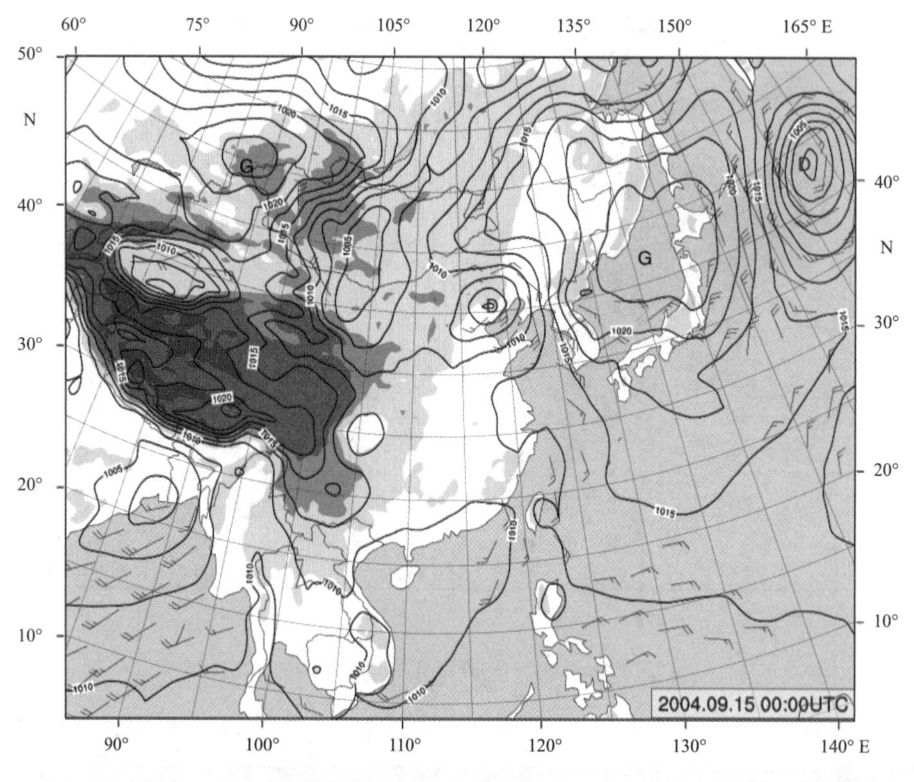

图3.397　2004年9月15日08时地面天气图

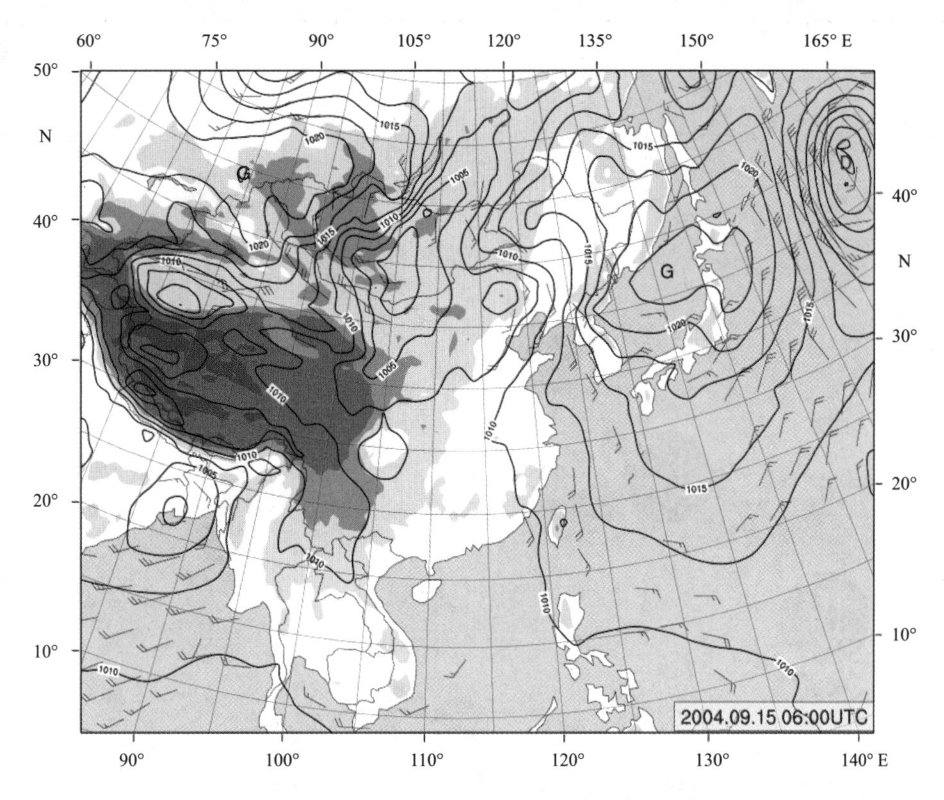

图3.398　2004年9月15日14时地面天气图

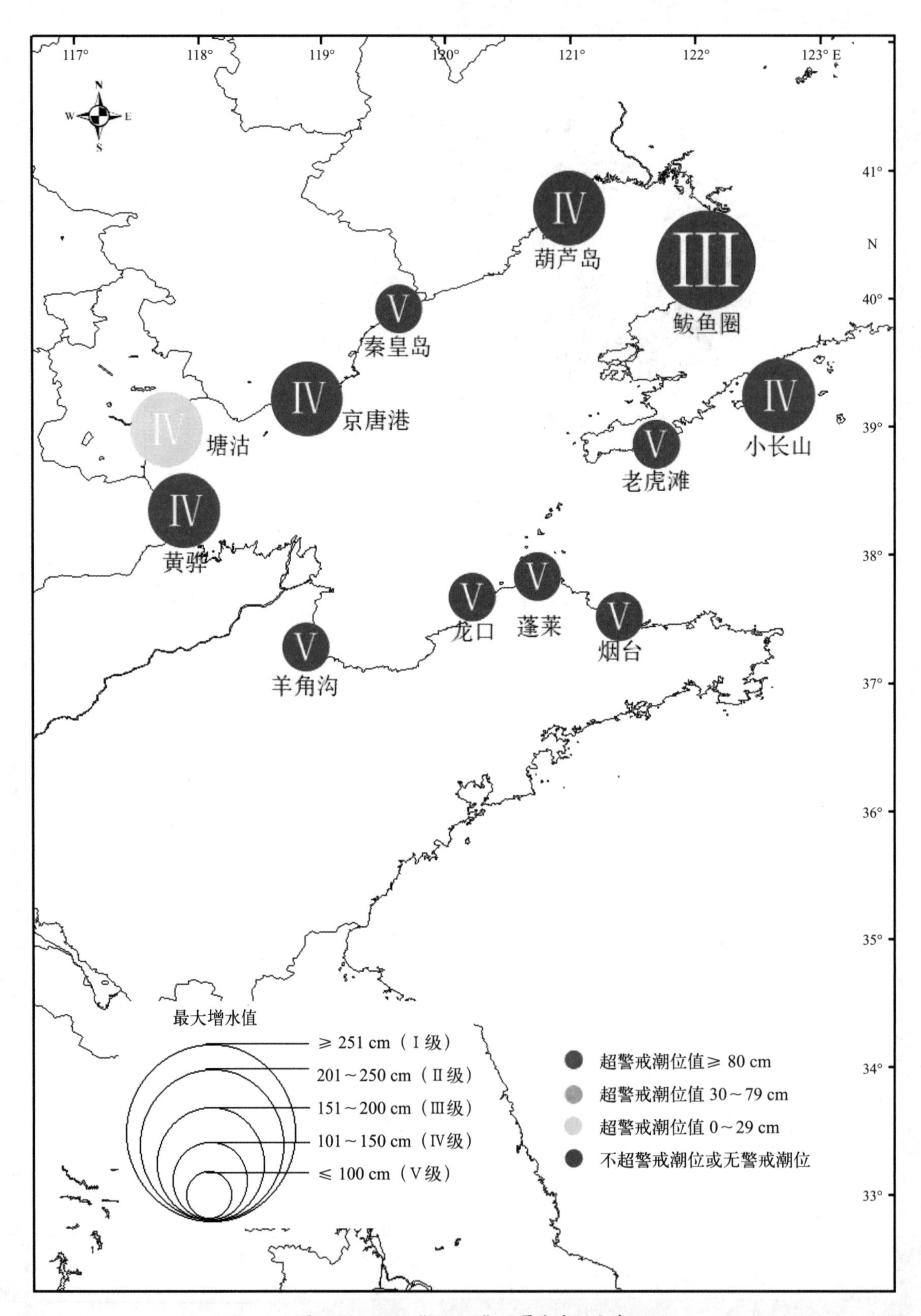

图3.399　2004“09・15”风暴潮空间分布

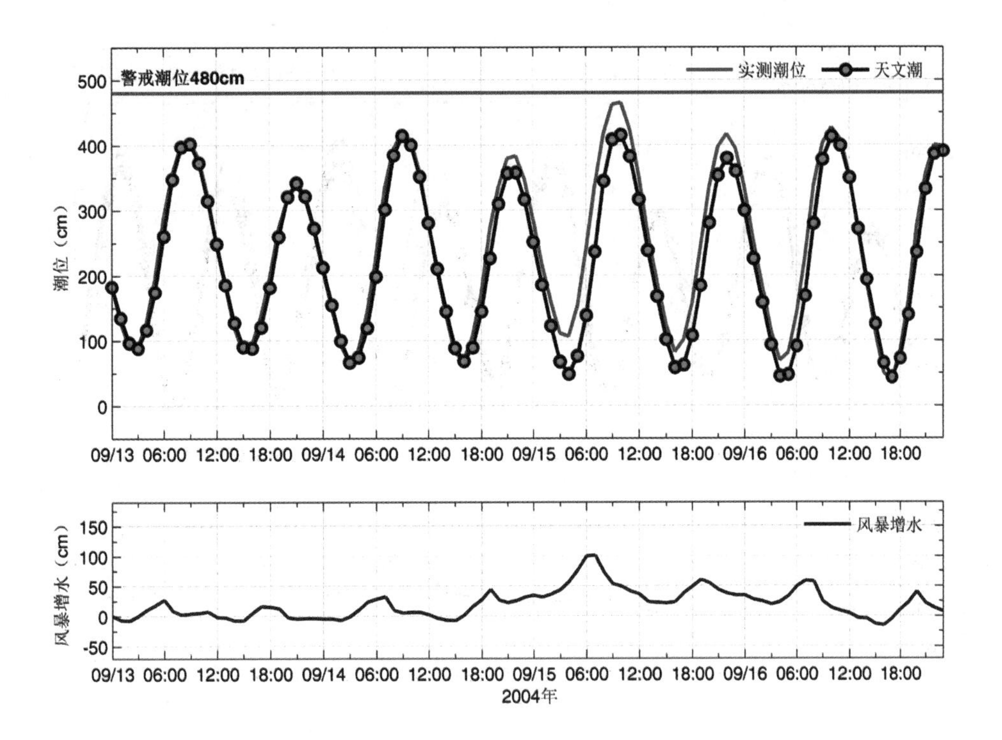

图3.400　小长山站实测潮位、天文潮位和风暴增水随时间变化

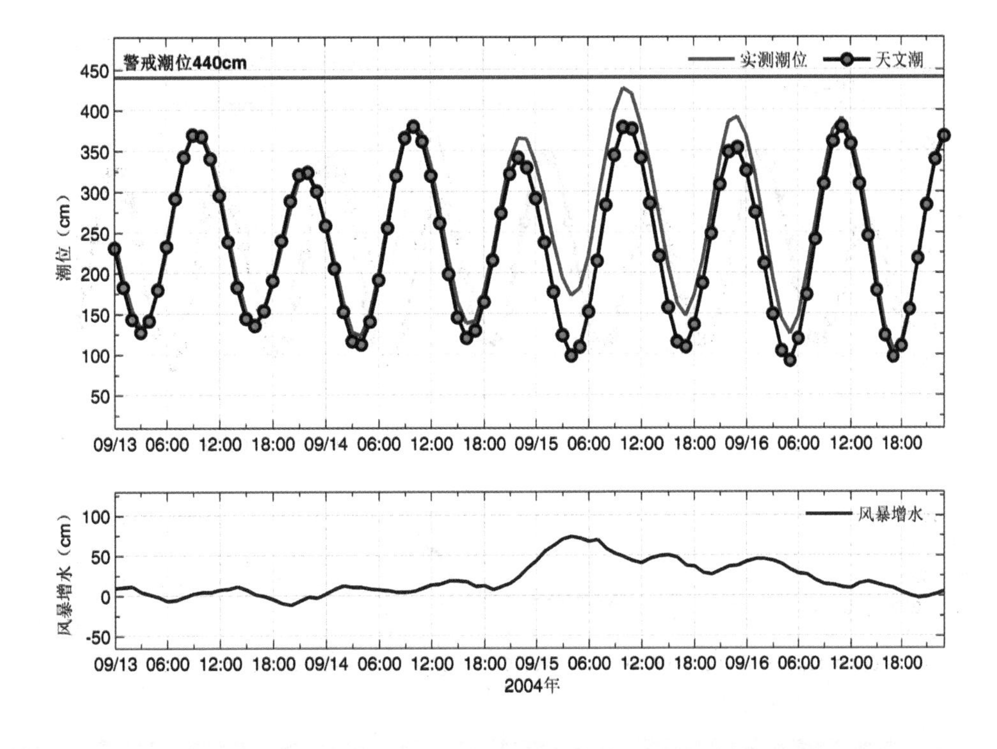

图3.401　老虎滩站实测潮位、天文潮位和风暴增水随时间变化

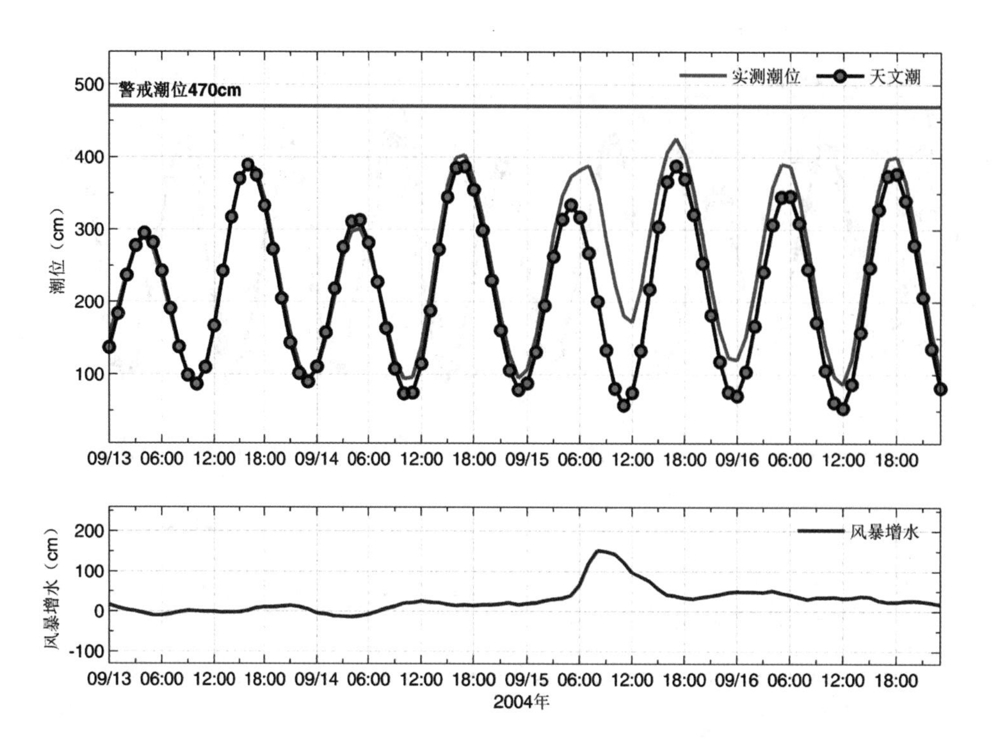

图3.402 鲅鱼圈站实测潮位、天文潮位和风暴增水随时间变化

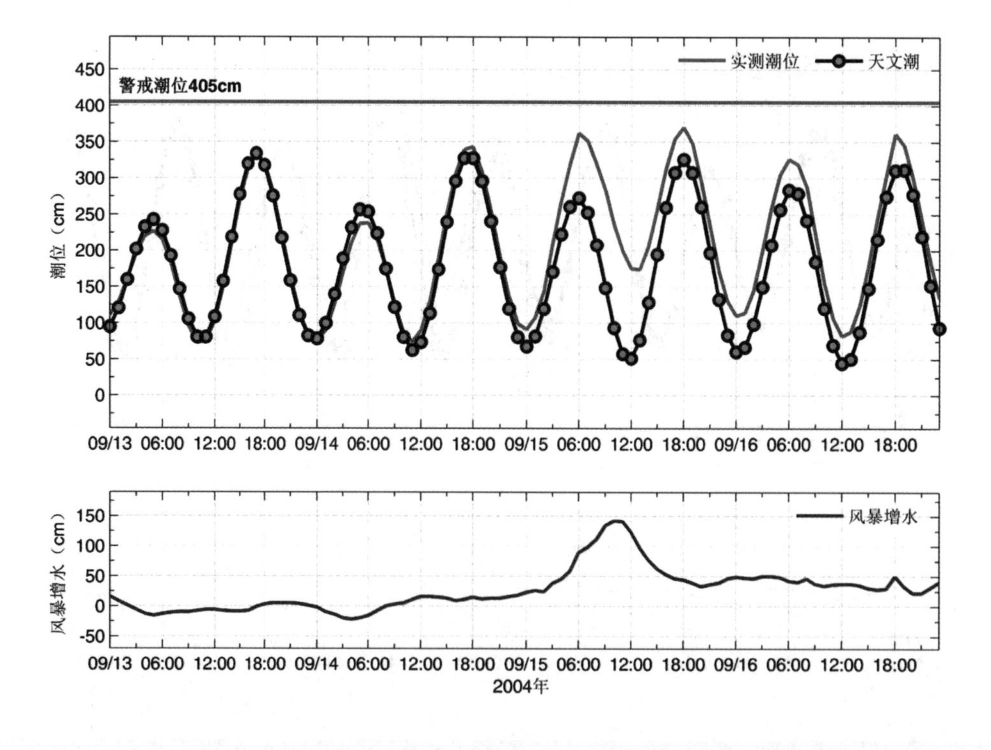

图3.403 葫芦岛站实测潮位、天文潮位和风暴增水随时间变化

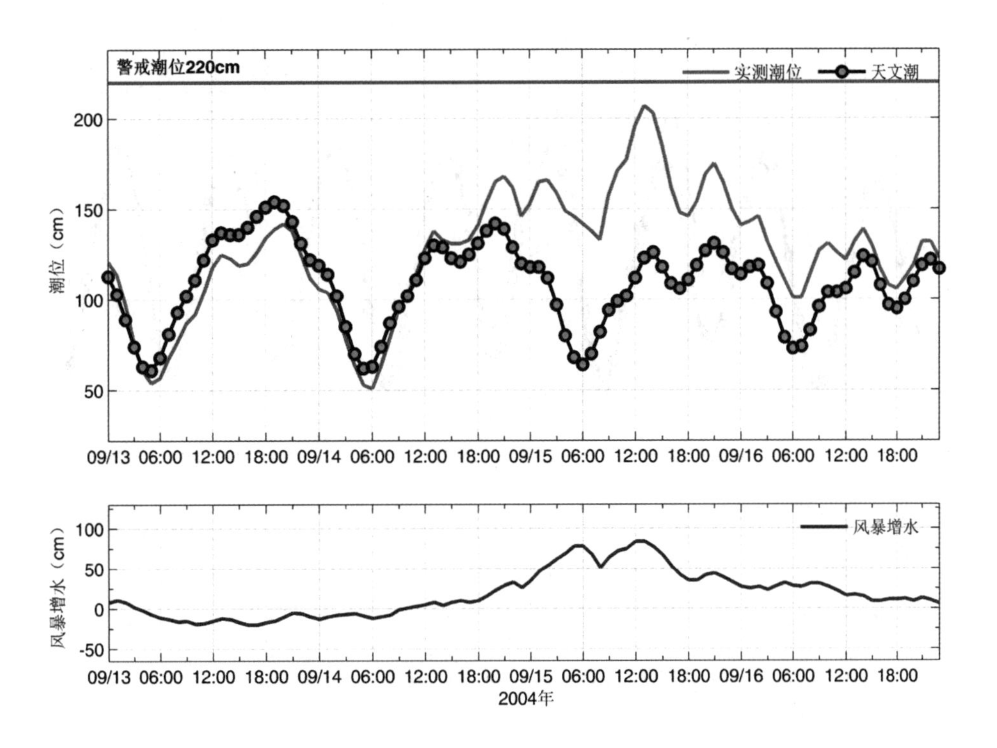

图3.404 秦皇岛站实测潮位、天文潮位和风暴增水随时间变化

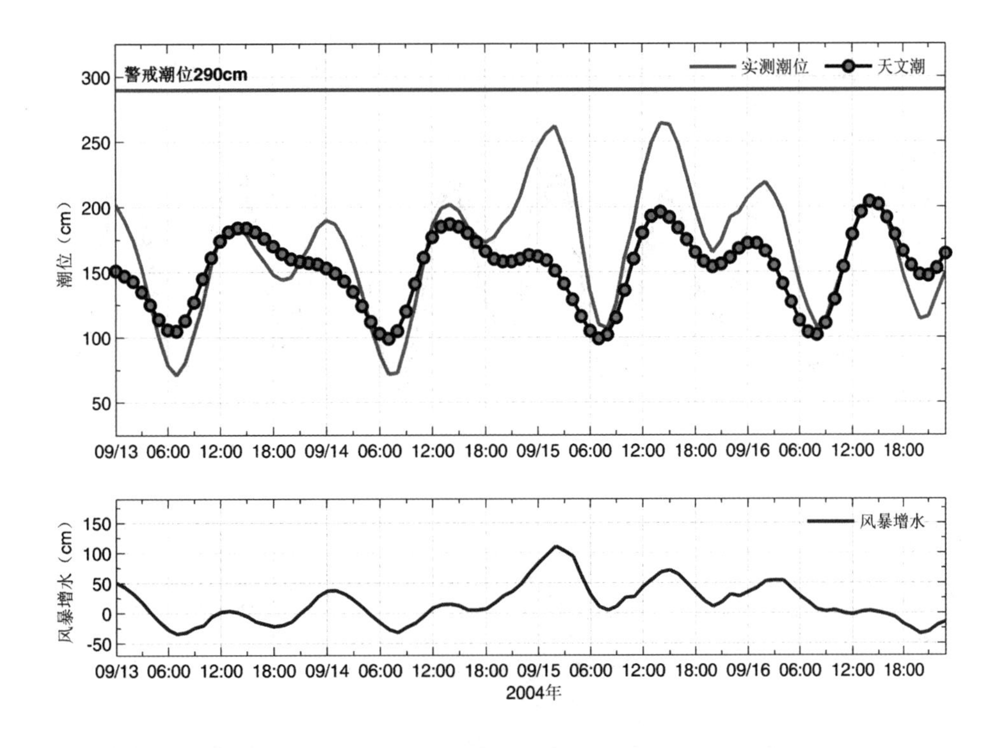

图3.405 京唐港站实测潮位、天文潮位和风暴增水随时间变化

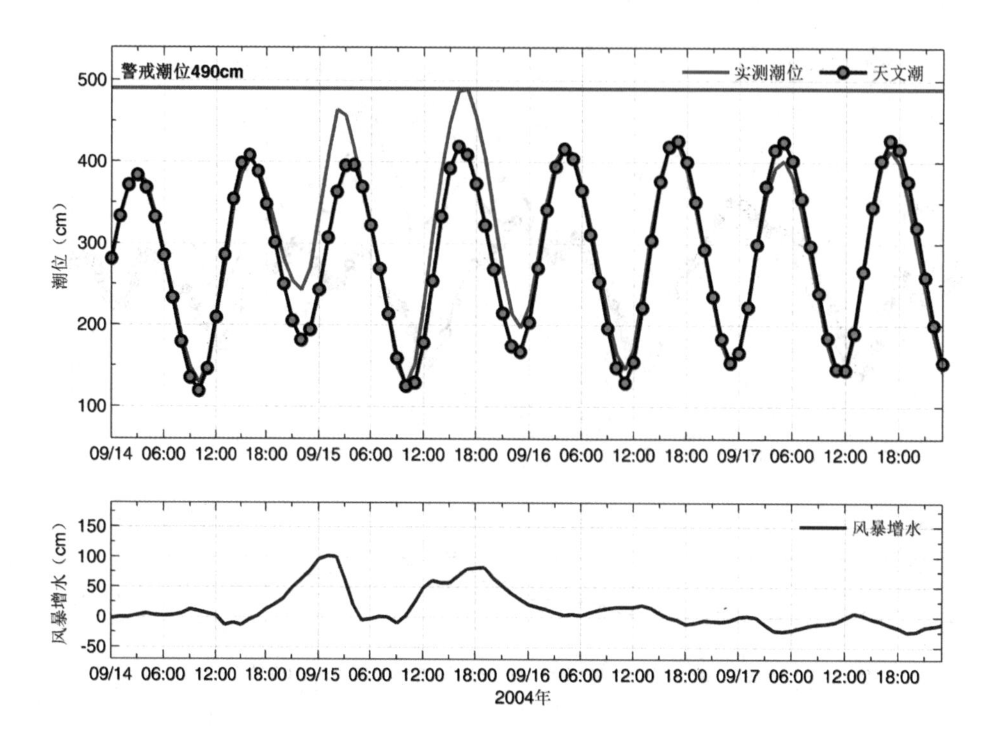

图3.406　塘沽站实测潮位、天文潮位和风暴增水随时间变化

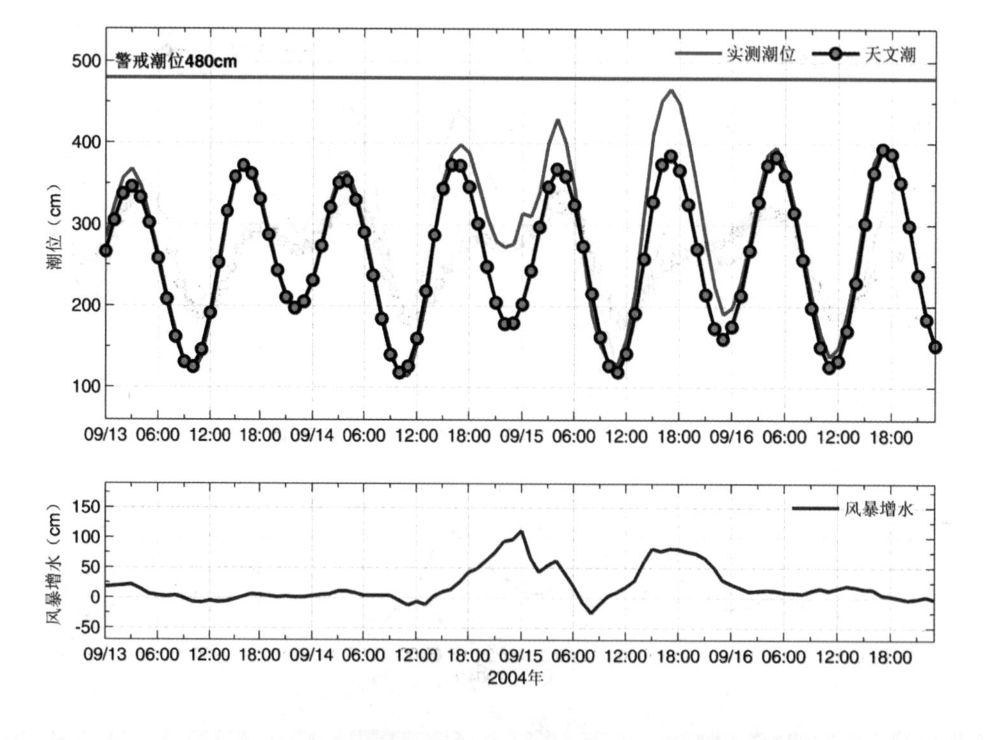

图3.407　黄骅站实测潮位、天文潮位和风暴增水随时间变化

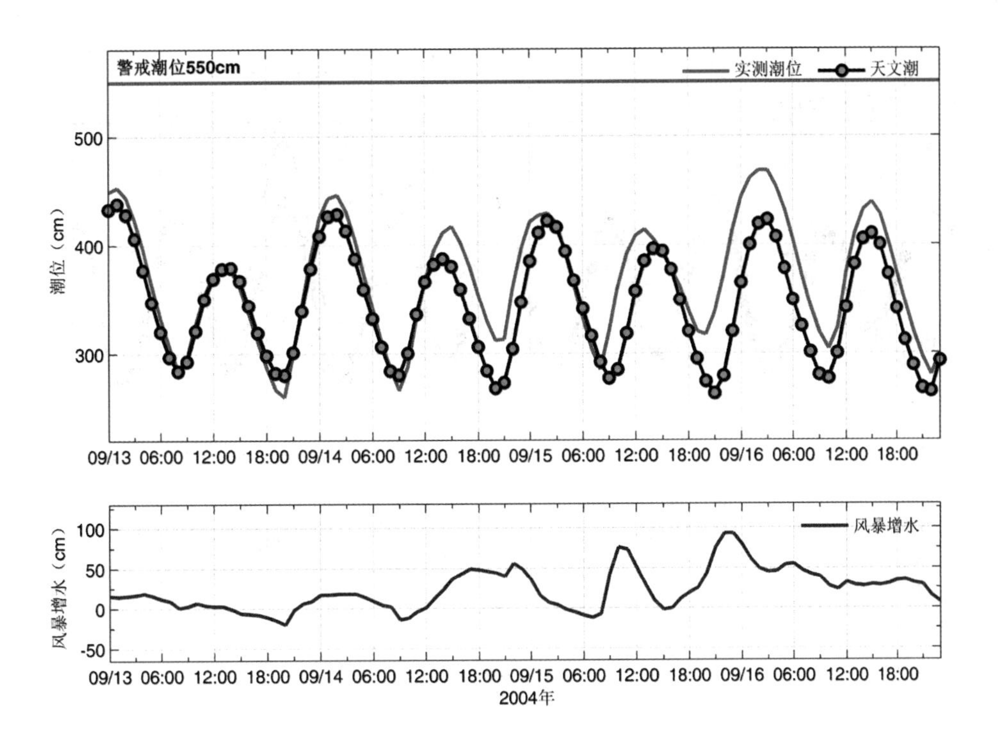

图3.408　羊角沟站实测潮位、天文潮位和风暴增水随时间变化

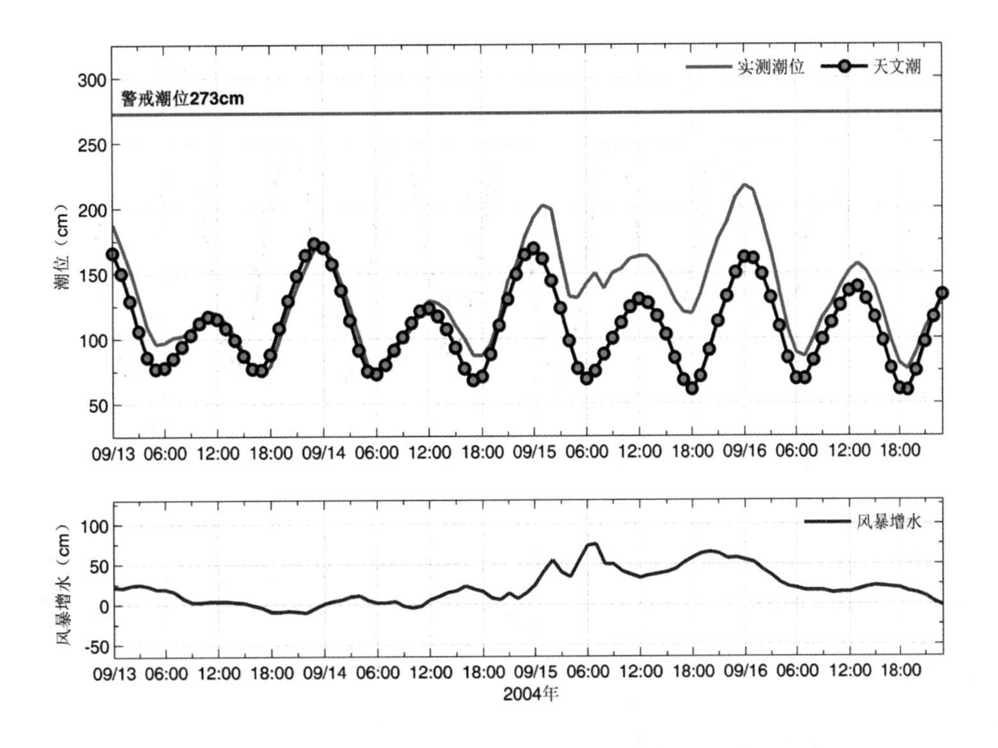

图3.409　龙口站实测潮位、天文潮位和风暴增水随时间变化

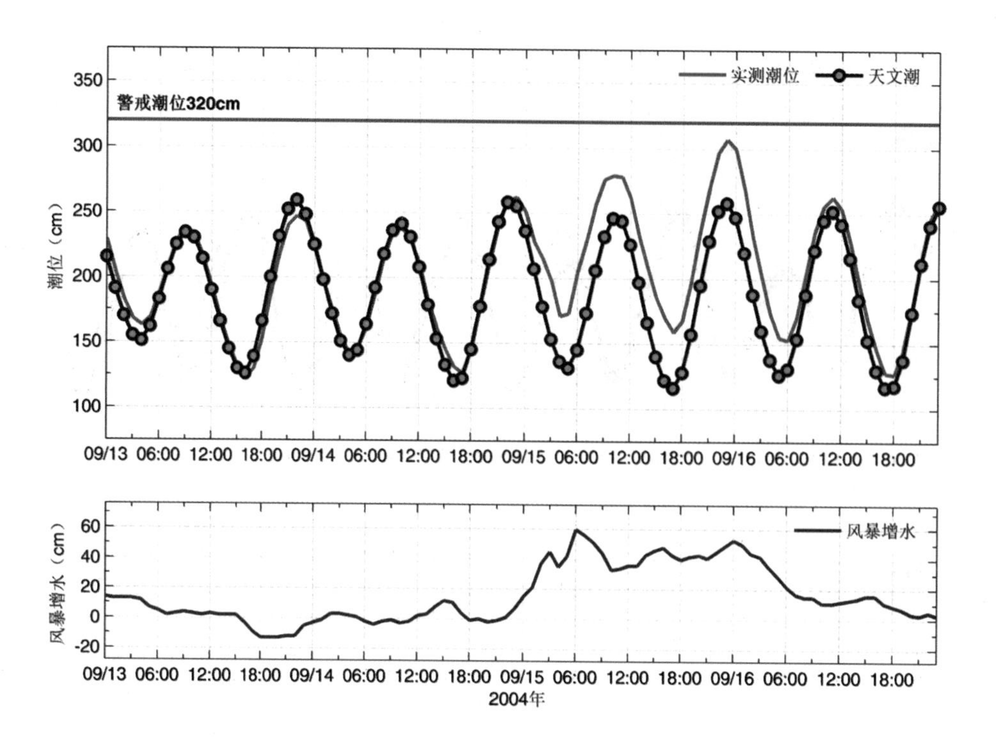

图3.410 蓬莱站实测潮位、天文潮位和风暴增水随时间变化

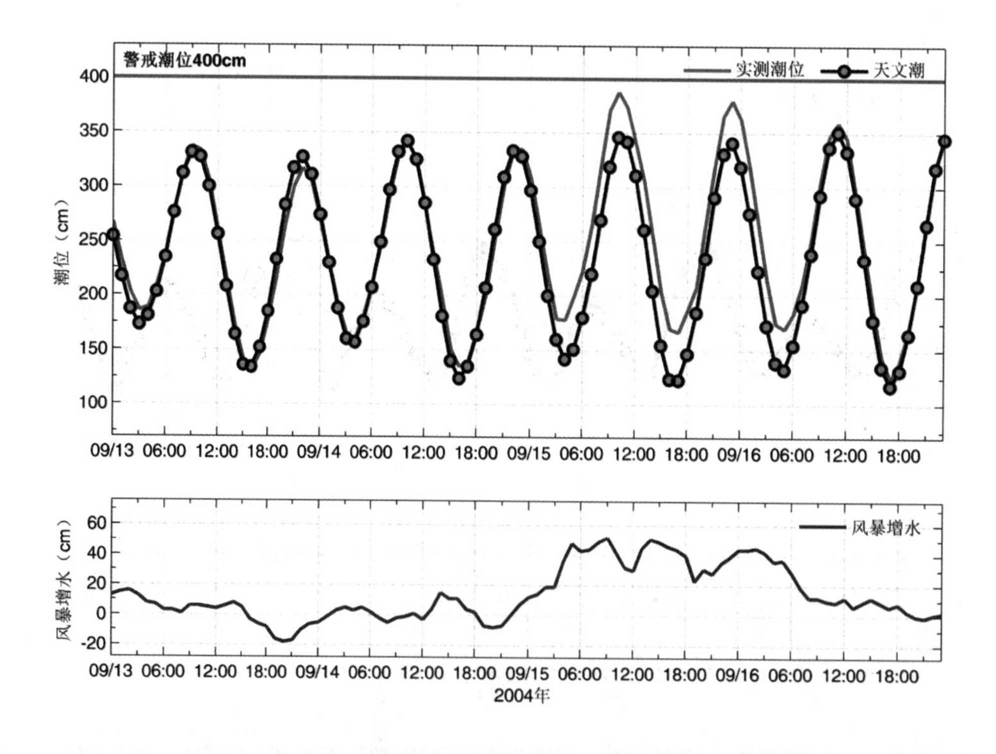

图3.411 烟台站实测潮位、天文潮位和风暴增水随时间变化

3.48　2005“08·08”风暴潮灾害（台风变性温带气旋型）

0509号台风“麦莎”（Matsa）于8月6日（农历七月初二）03时40分在浙江省玉环县干江镇沿海登陆，之后向偏北方向移动，8日02时减弱为热带低压，14时变性为温带气旋，8日傍晚从莱州湾入海后转东北向行，9日14时消失于辽宁省营口市境内。

先后受减弱后的热带低压与变性后的温带气旋影响，渤海沿岸普遍出现0.50 m以上的增水，部分潮位站的最大增水发生在当天天文高潮附近，天津、河北等地验潮站的最高潮位超过当地警戒潮位。

山东省烟台站8日22时最大增水0.58 m，最高潮位3.83 m；蓬莱站8日21时最大增水0.72 m，最高潮位3.30 m，超过当地警戒潮位0.10 m；龙口站8日21时最大增水0.97 m，最高潮位2.61 m，三个站的最高潮位均接近当地警戒潮位；羊角沟站9日0时最大增水1.34 m。河北黄骅站8日最大增水1.40 m，最高潮位5.02 m，超过当地警戒潮位0.22 m；京唐港站8日最大增水0.69 m；秦皇岛站8日最大增水0.63 m。天津塘沽站8日最大增水1.06 m，最高潮位5.20 m，超过当地警戒潮位0.30 m。辽宁葫芦岛站、鲅鱼圈站均在9日0时出现最大增水0.59 m。

山东省、河北省、天津市、辽宁省的直接经济分别为0.94亿元、0.92亿元、2.2亿元、0.7亿元。

山东省滨州市沾化县海洋水产养殖损失5×10^3 hm^2；无棣县海洋水产养殖损失800 hm^2；10 km防潮堤损毁。东营市刁口乡部分农田被淹，胜利油田防潮大堤被毁坏2 km，堤外油井悉数受灾，堤内油田被淹数十平方千米，数十口油井被淹。龙口市自然海岸受侵蚀较重；蓬莱市在建的防浪堤被冲毁数十米长。日照市海洋水产养殖损失217.3 hm^2，防潮堤5处损毁，长300 m；2艘船只损毁。

河北省黄骅市、海兴县等沿海县、市的0.64万人受灾；4.2×10^3 hm^{2}农作物受灾，1.13×10^3 hm^{2}海洋水产养殖受灾；398间房屋损毁；150 m防潮堤受损；442座海洋工程闸涵、24座扬水站、4艘船只损毁。

天津市32.2万人受灾；66.7×10^3 hm^{2}农作物受灾；2 000间房屋损毁。

辽宁省葫芦岛、瓦房店、大连、庄河等市受灾。海洋水产养殖共损失313.3 hm^2；4处防潮堤、5座渔港损毁。绥中县芷锚湾渔港2处防浪墙倒塌近19 m长；宽5 m、超100 m的码头路面损坏，浮桥护桥木因船舶碰撞挤压部分丢失。兴城海滨东渔港路基下沉长约15 m、深约3 m；1条18马力渔船受损，2条12马力渔船沉没；704台海水养殖台筏被拨出，1 000台台筏被冲断。

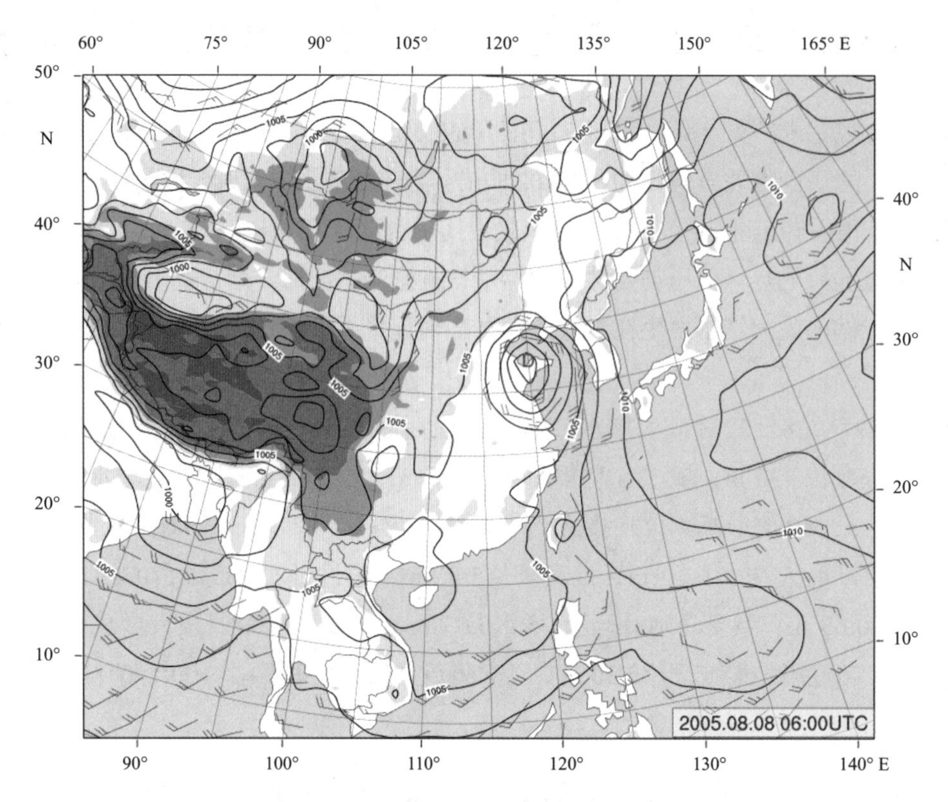

图3.412　2005年8月8日14时地面天气图

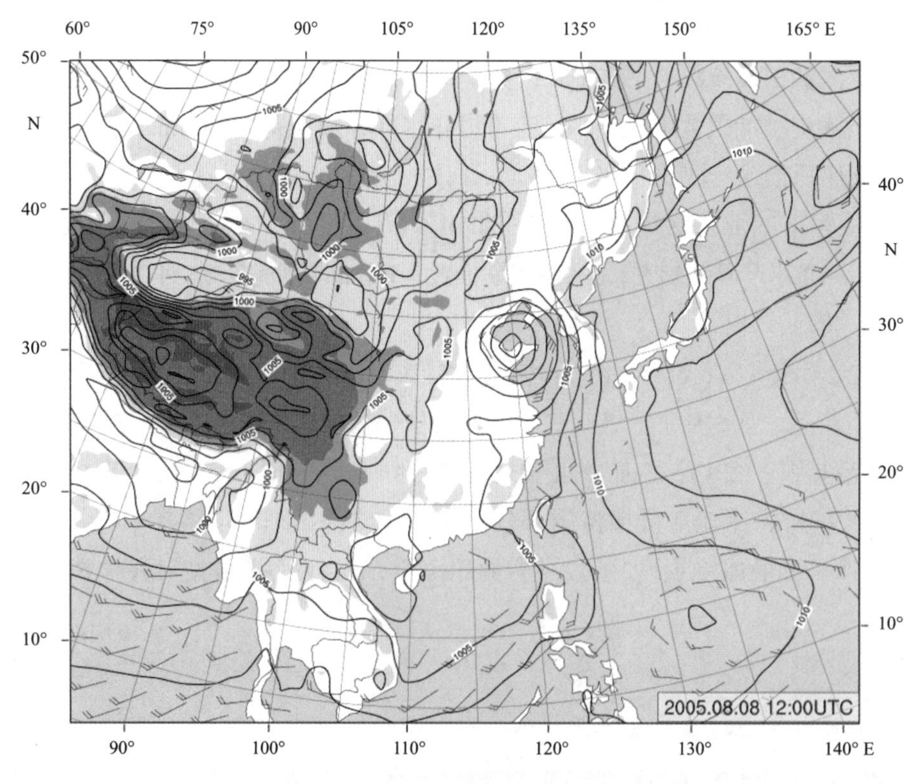

图3.413　2005年8月8日20时地面天气图

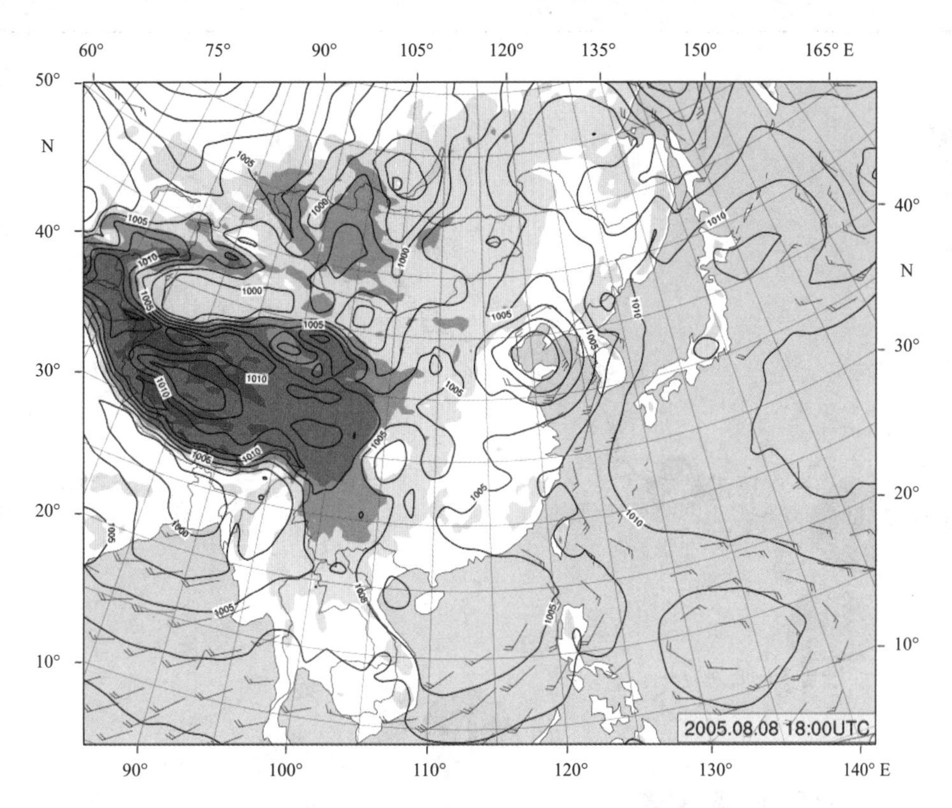

图3.414　2005年8月9日02时地面天气图

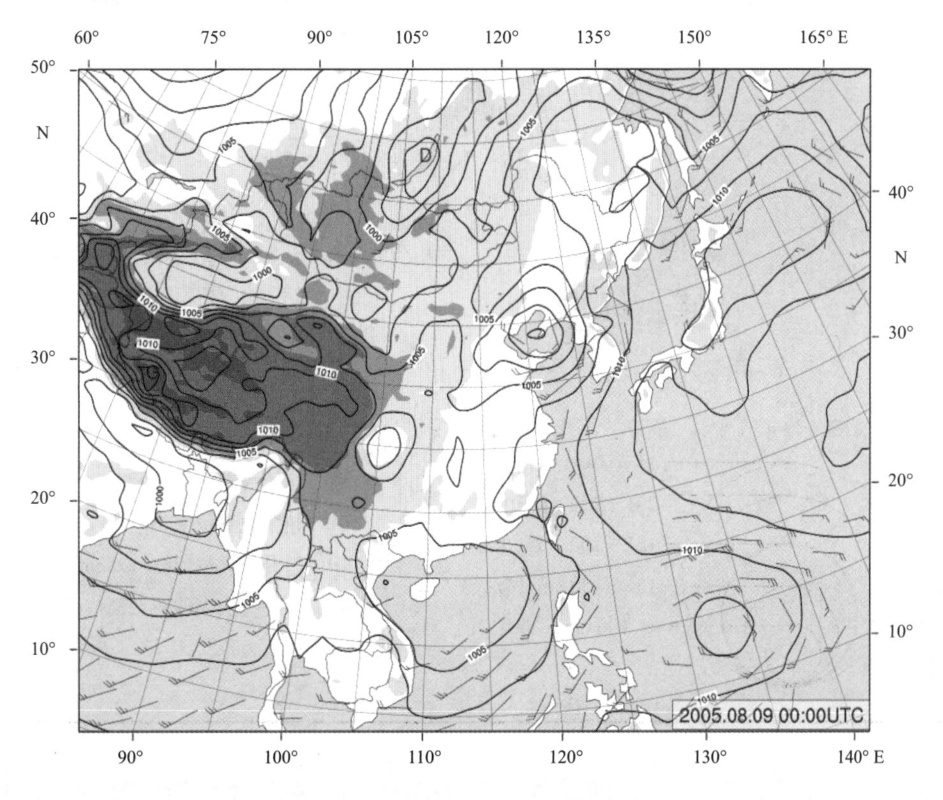

图3.415　2005年8月9日08时地面天气图

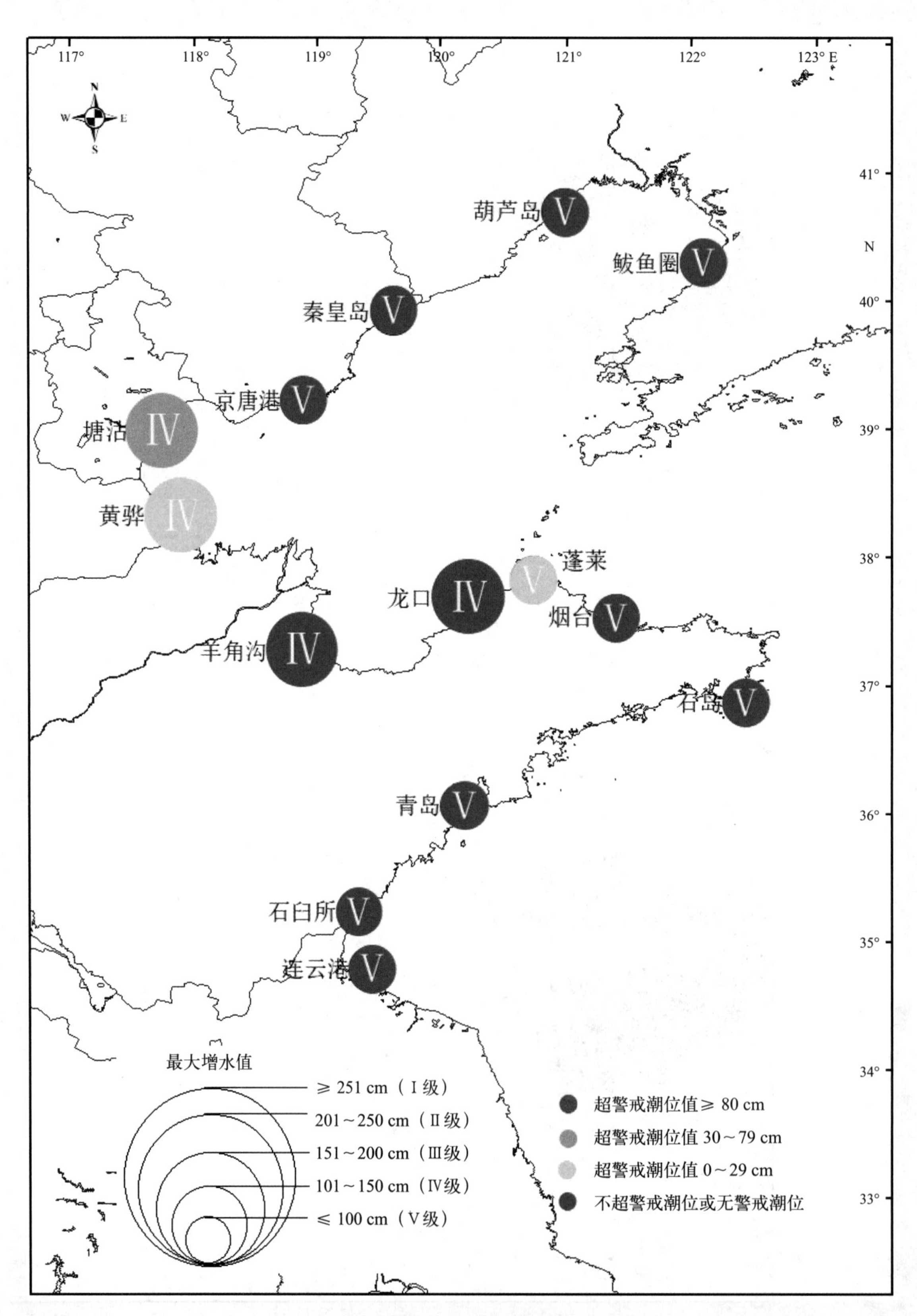

图3.416　2005“08·08”风暴潮空间分布

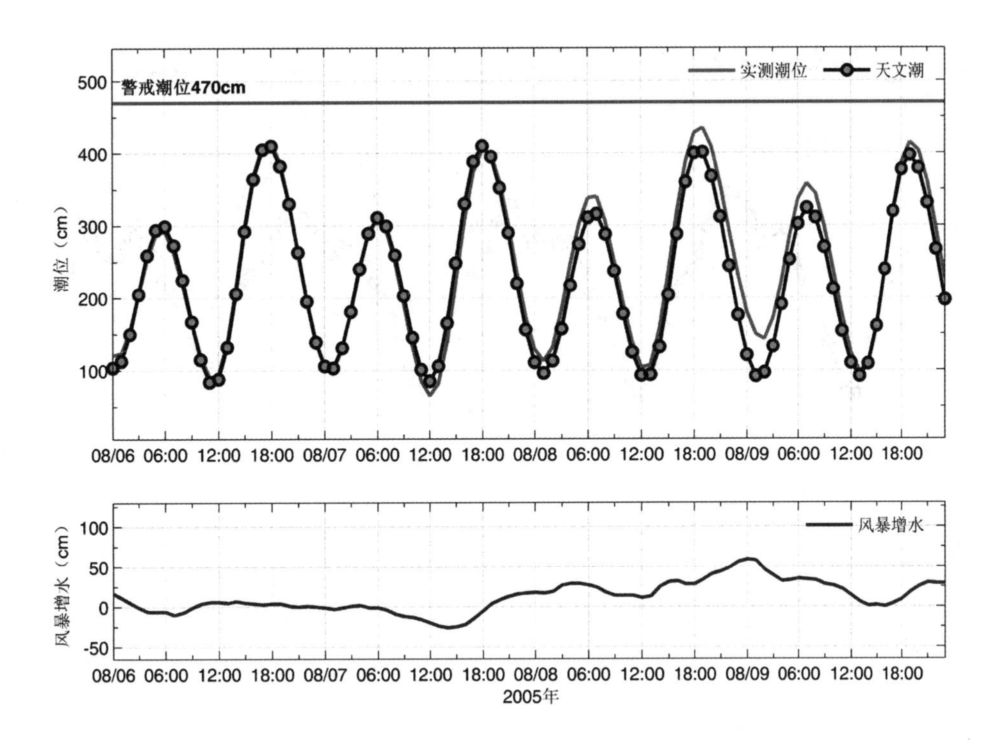

图3.417 鲅鱼圈站实测潮位、天文潮位和风暴增水随时间变化

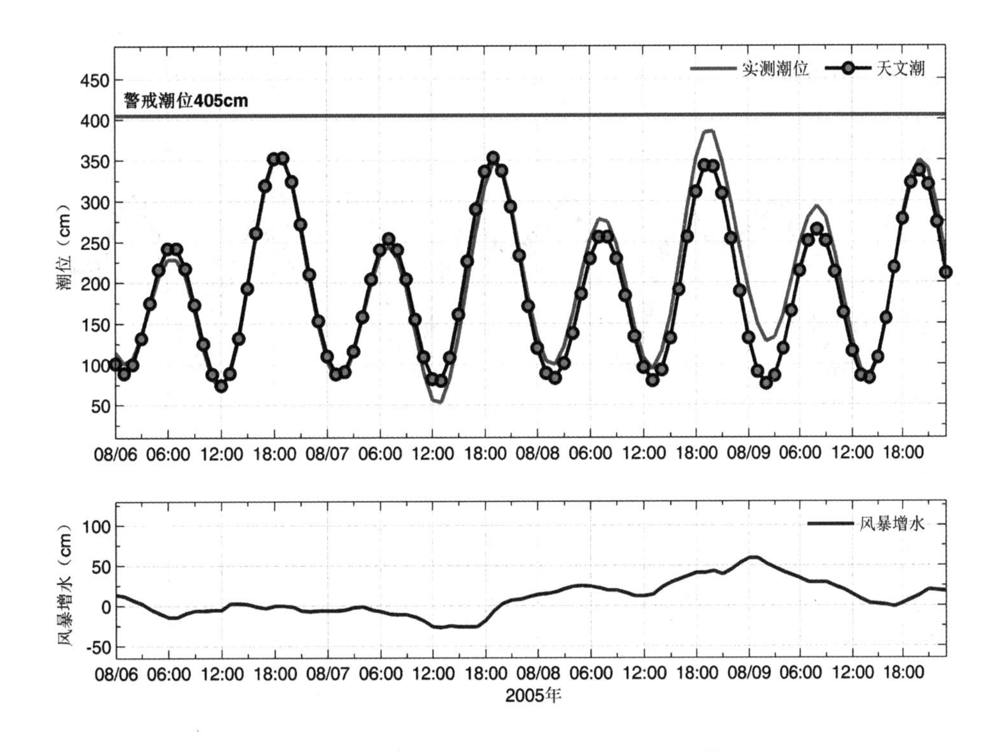

图3.418 葫芦岛站实测潮位、天文潮位和风暴增水随时间变化

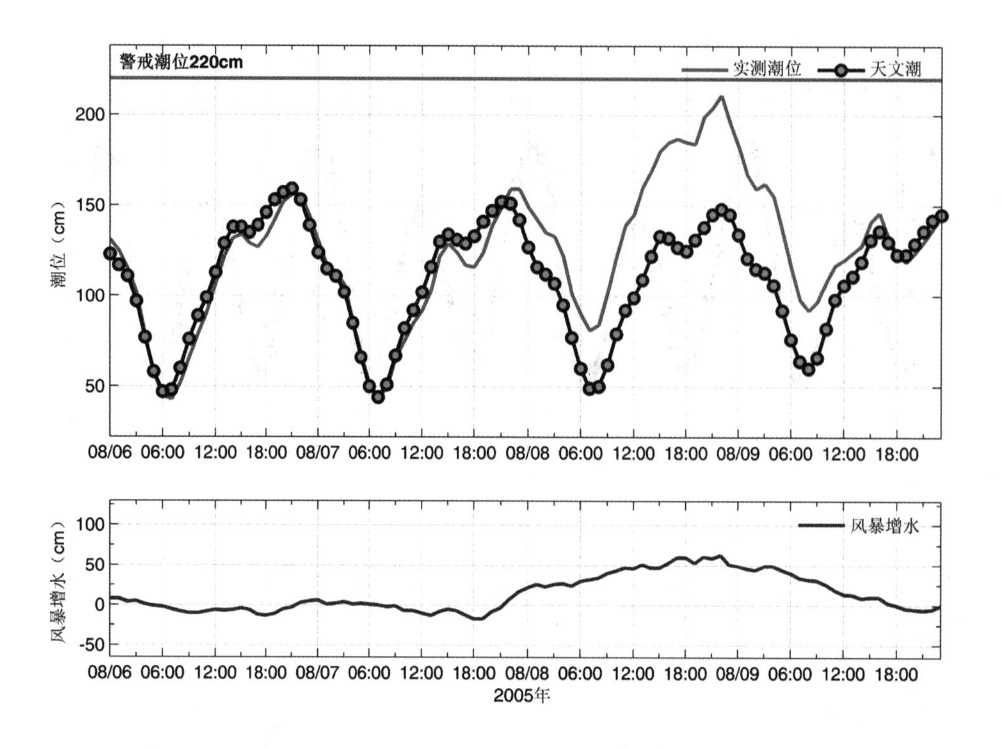

图3.419　秦皇岛站实测潮位、天文潮位和风暴增水随时间变化

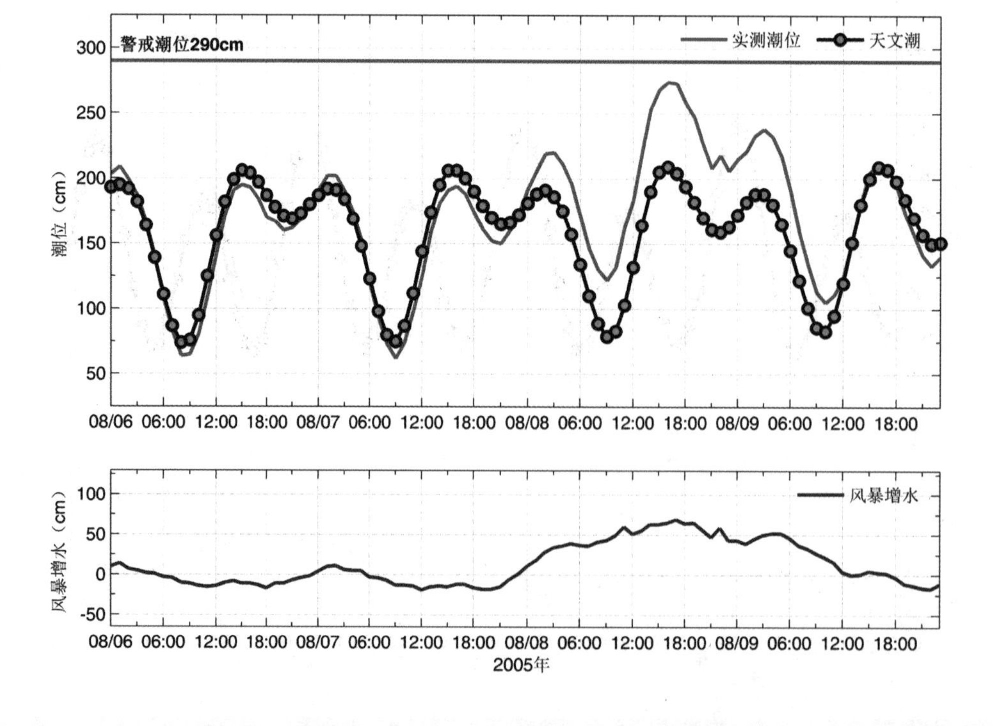

图3.420　京唐港站实测潮位、天文潮位和风暴增水随时间变化

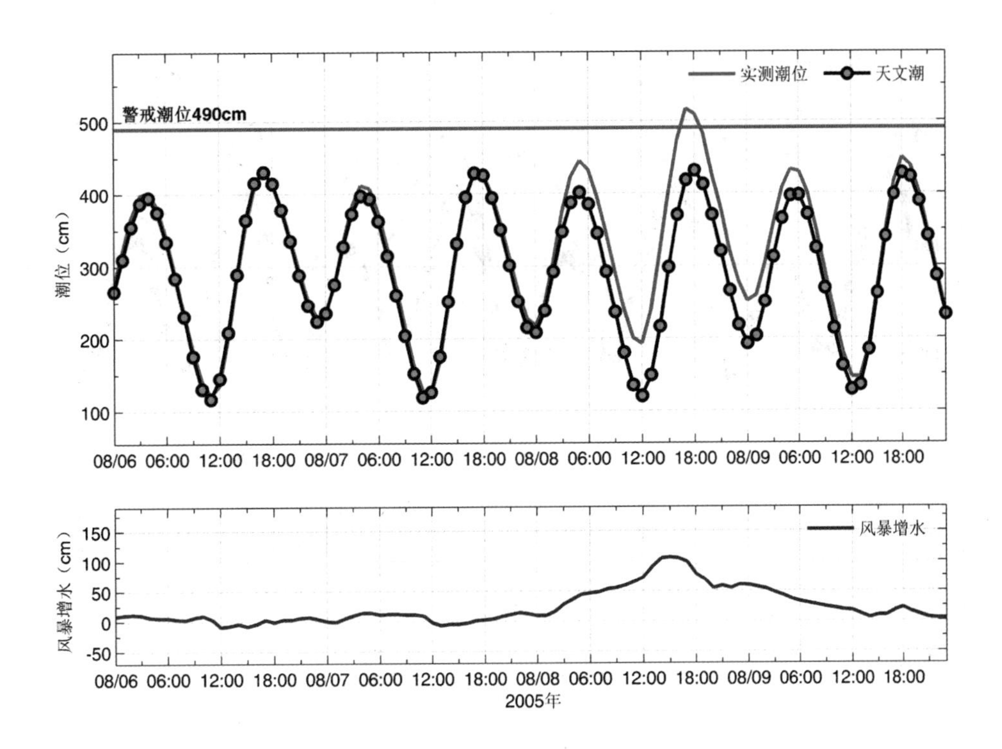

图3.421　塘沽站实测潮位、天文潮位和风暴增水随时间变化

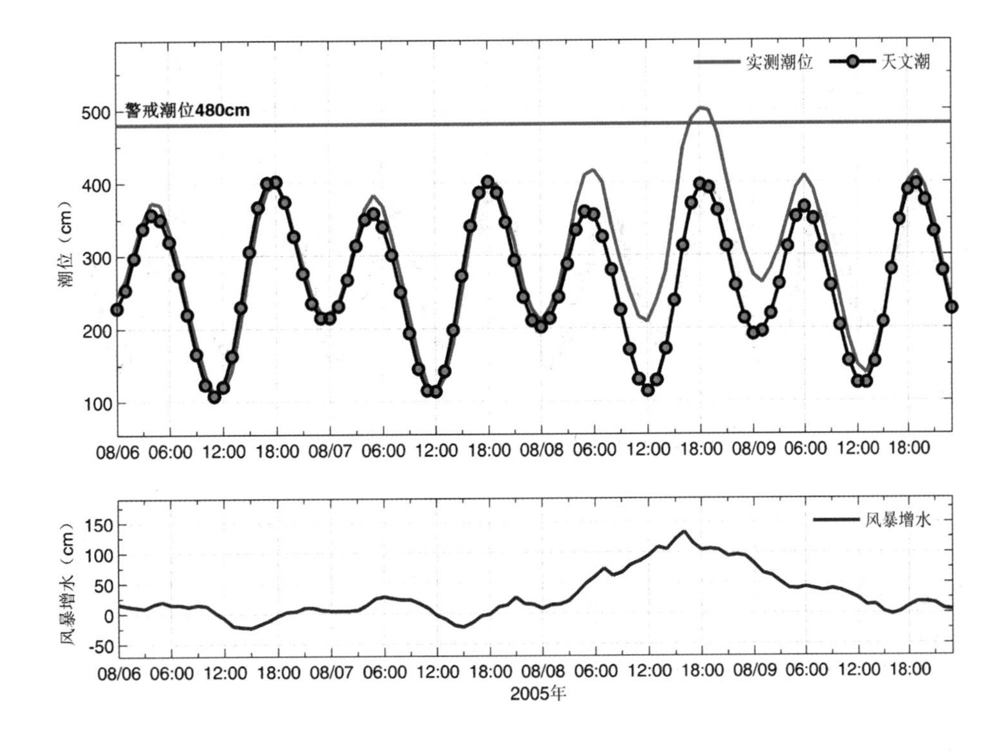

图3.422　黄骅站实测潮位、天文潮位和风暴增水随时间变化

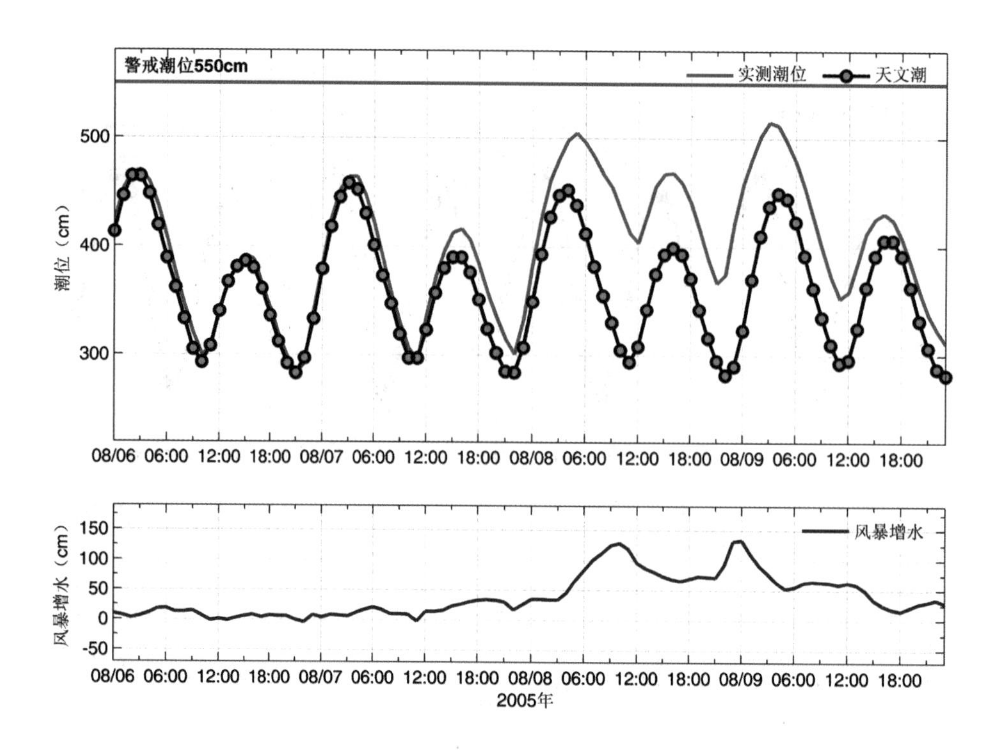

图3.423　羊角沟站实测潮位、天文潮位和风暴增水随时间变化

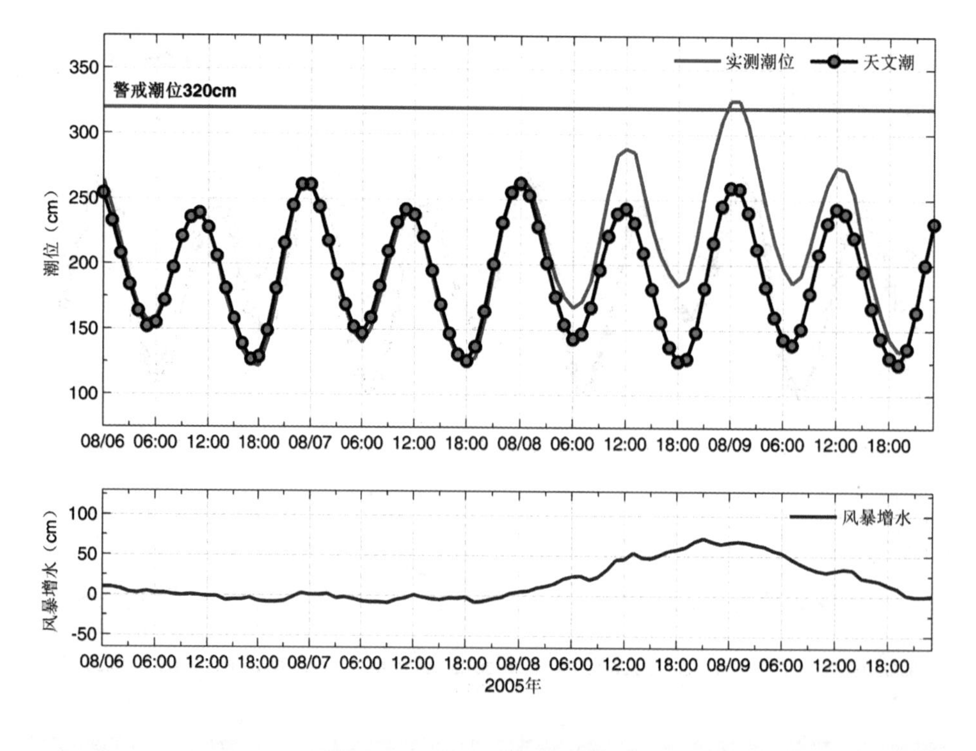

图3.424　蓬莱站实测潮位、天文潮位和风暴增水随时间变化

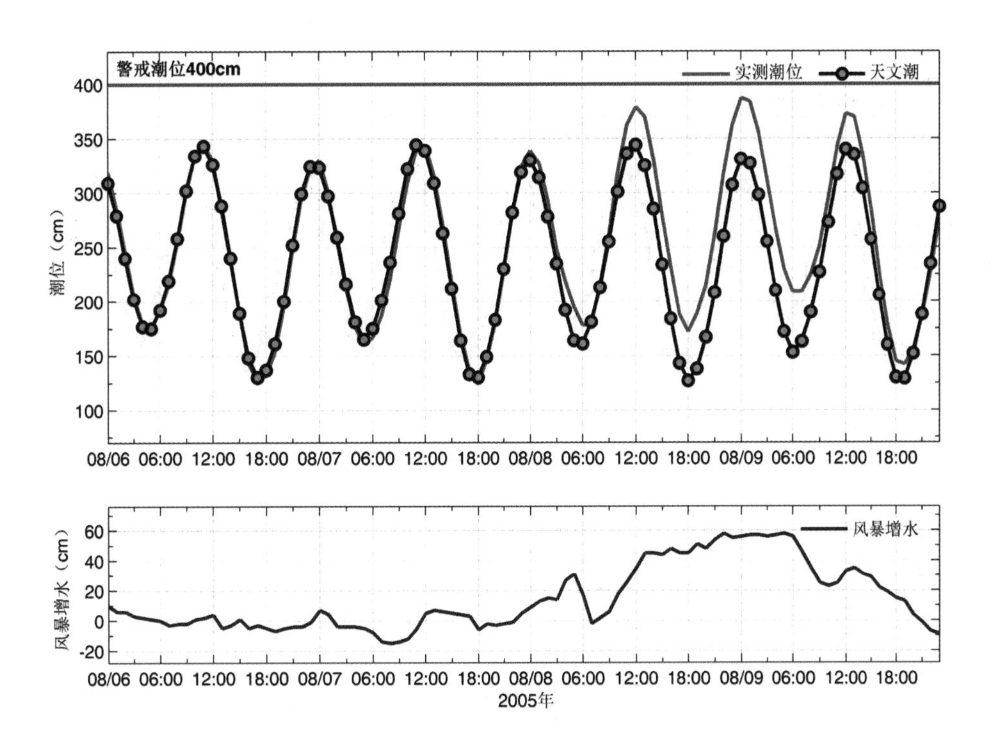

图3.425 烟台站实测潮位、天文潮位和风暴增水随时间变化

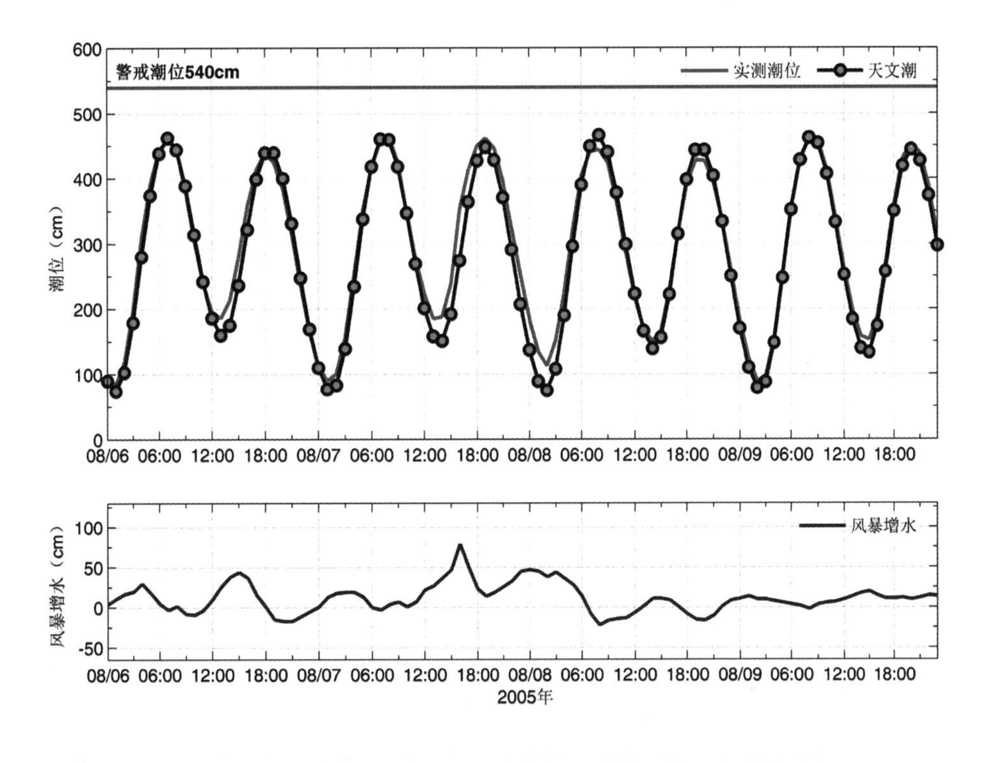

图3.426 石臼所站实测潮位、天文潮位和风暴增水随时间变化

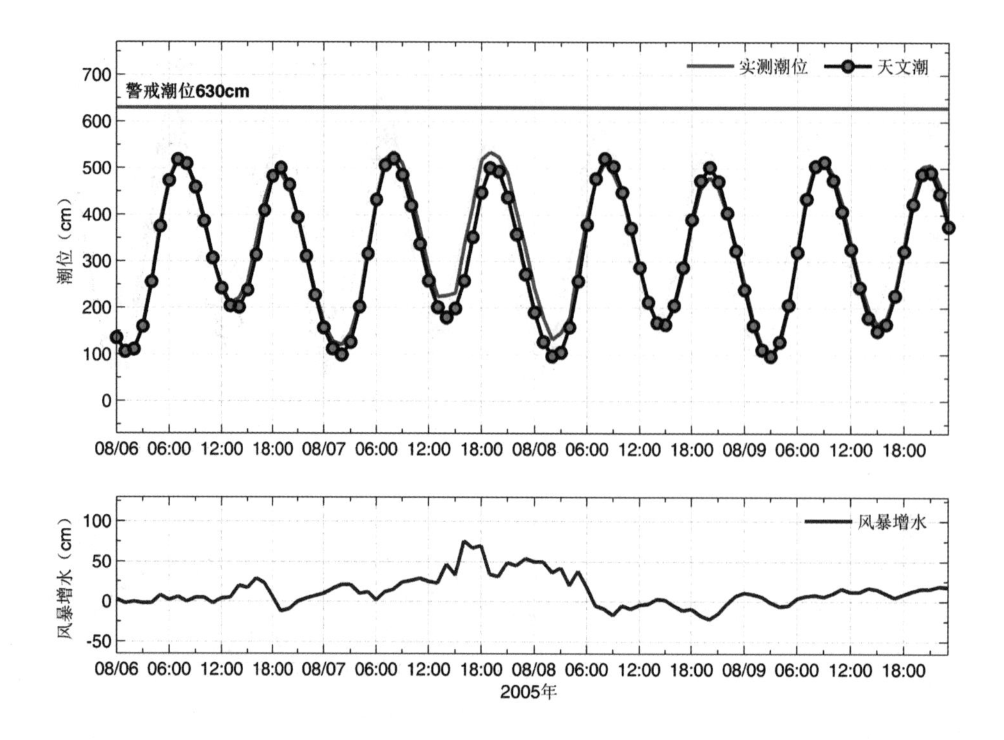

图3.427　连云港站实测潮位、天文潮位和风暴增水随时间变化

3.49 2005“10·21”风暴潮灾害（横向高压型）

2005年10月21日，受冷空气影响，莱州湾出现较强风暴潮，山东羊角沟站21日11时最大增水1.63 m，15时最高潮位5.50 m，平当地警戒潮位。渤海湾也出现中等强度风暴潮，天津塘沽站21日05时最大增水0.80 m，05时19分最高潮位4.92 m，超过当地警戒潮位0.02 m；河北黄骅站21日05时最大增水1.12 m，06时10分最高潮位4.70 m，接近当地警戒潮位。

本次过程主要特点：一是风暴潮过程历时短，羊角沟站从增水到减水历时24小时；二是渤海湾最大增水发生在当日天文高潮附近。

山东省潍坊市寿光、海化、寒亭、昌邑沿海地区受温带风暴潮影响，3.4万人受灾，24人受伤。2.4万吨海洋水产养殖受损，受损面积为190 hm^2；190间房屋损毁；8 km海塘堤防损毁；23艘船只损毁。因灾直接经济损失1.3亿元。

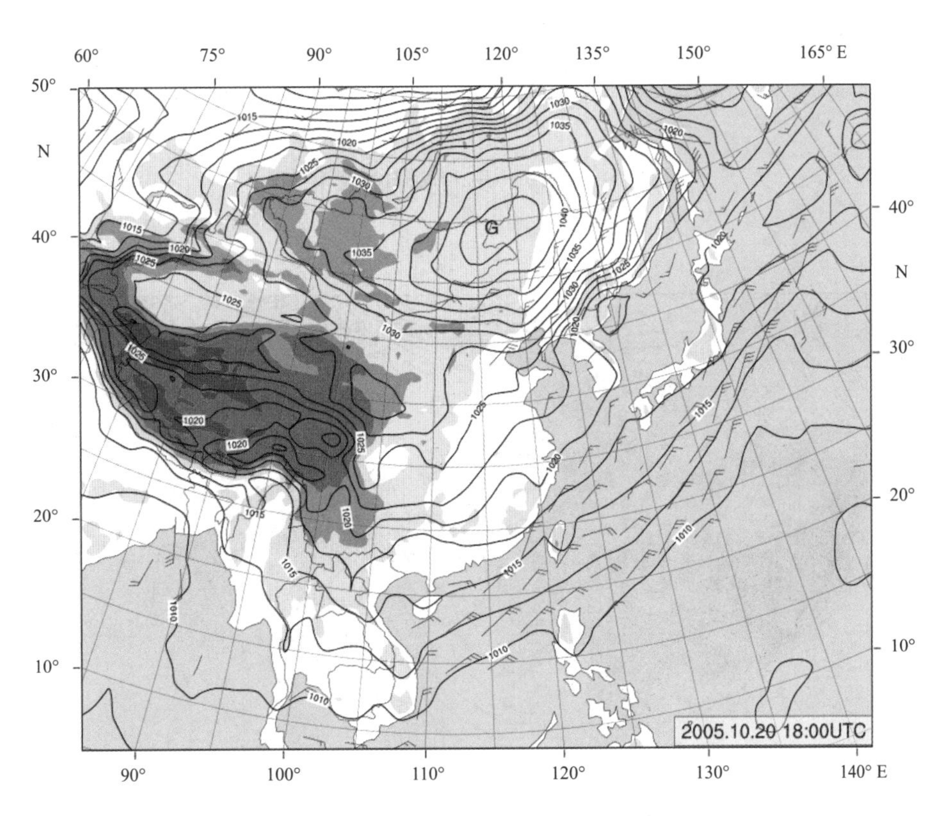

图3.428 2005年10月21日02时地面天气图

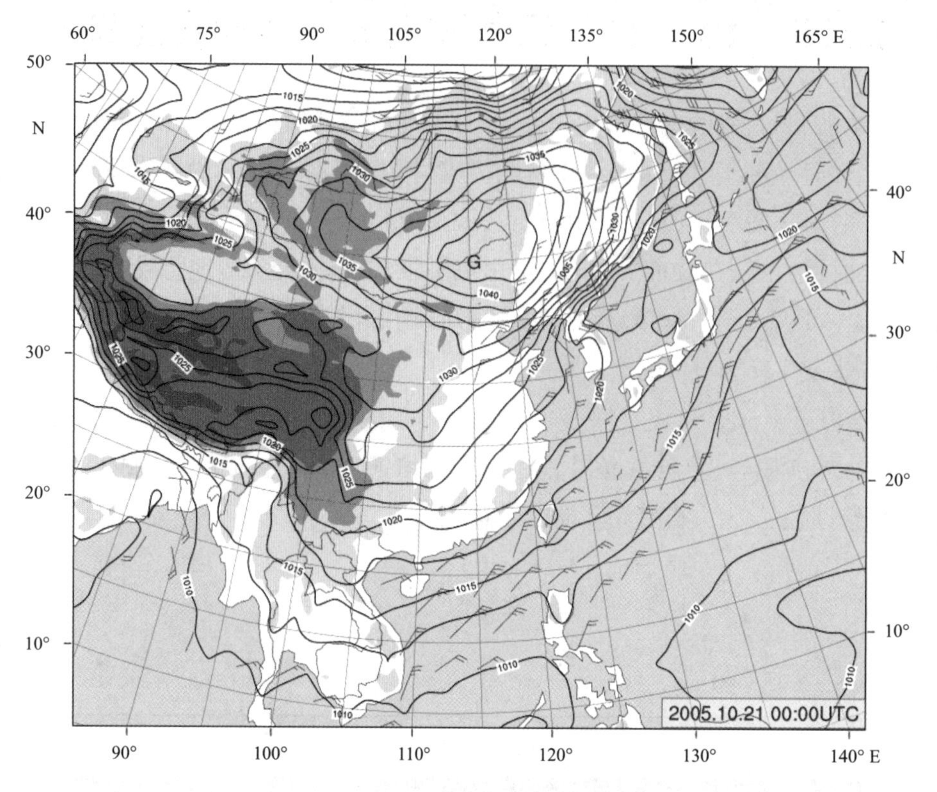

图3.429　2005年10月21日08时地面天气图

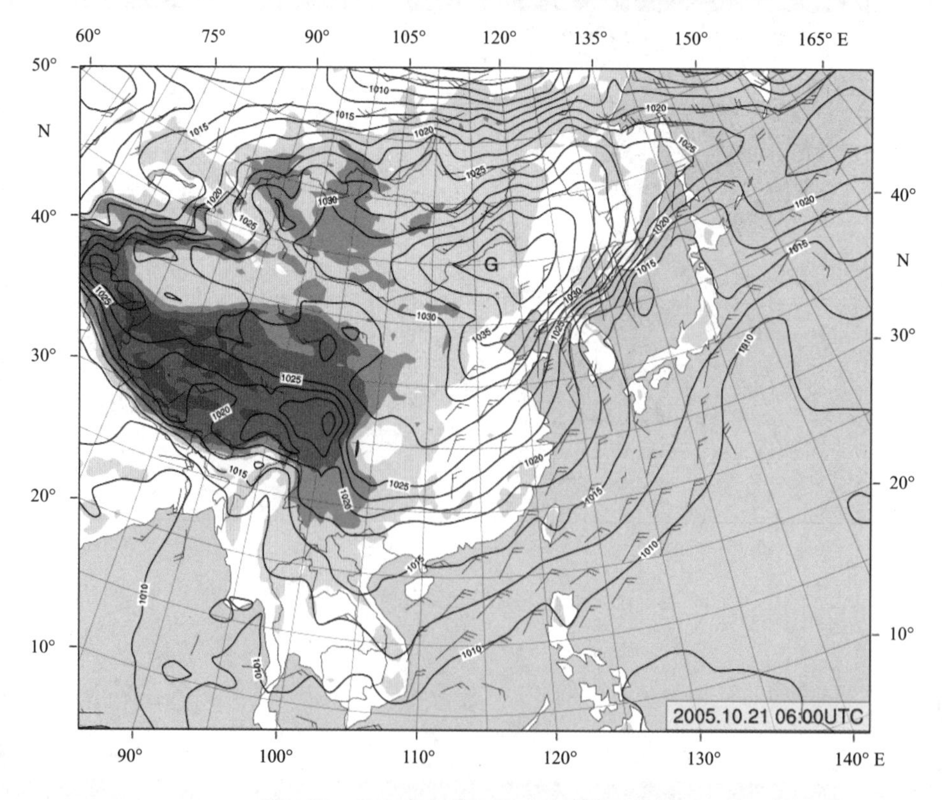

图3.430　2005年10月21日14时地面天气图

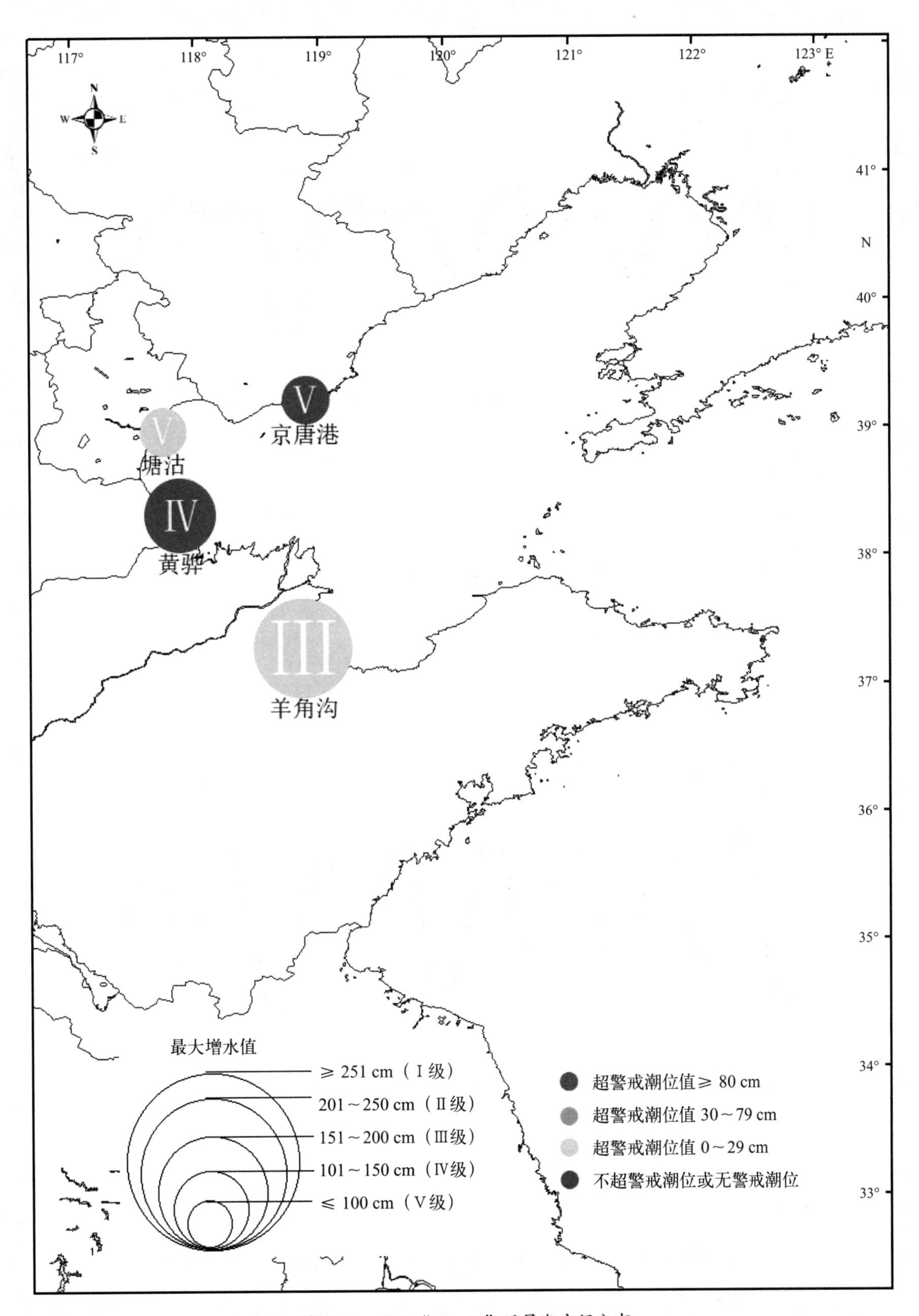

图3.341　2005“10·21”风暴潮空间分布

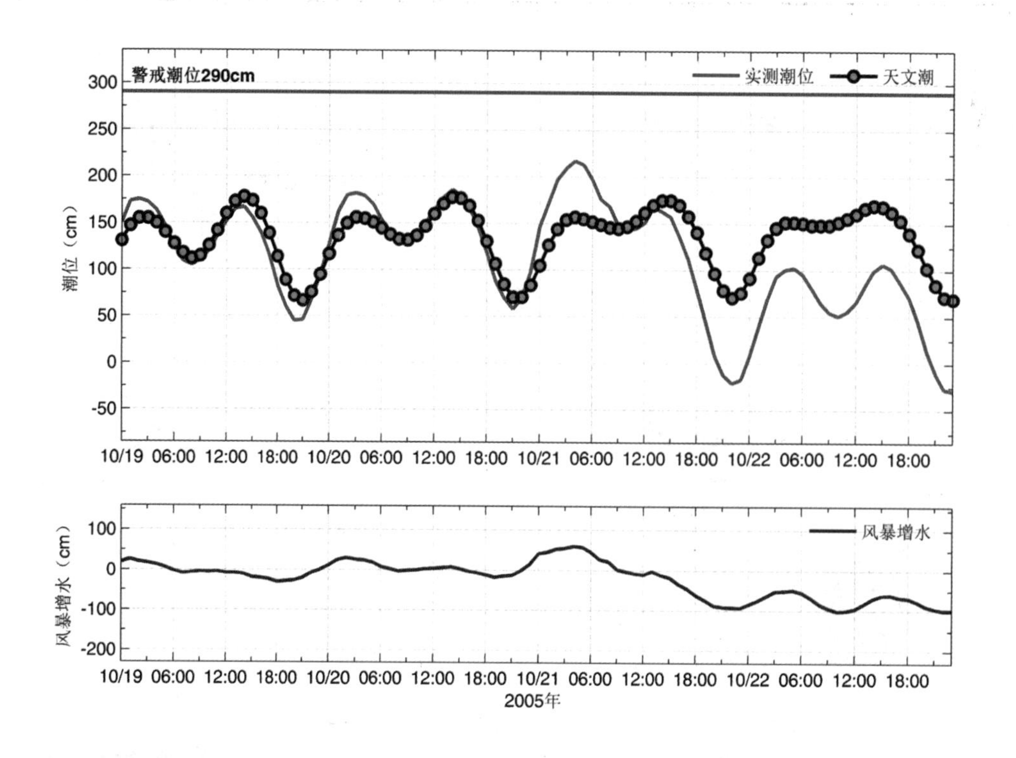

图3.342　京唐港站实测潮位、天文潮位和风暴增水随时间变化

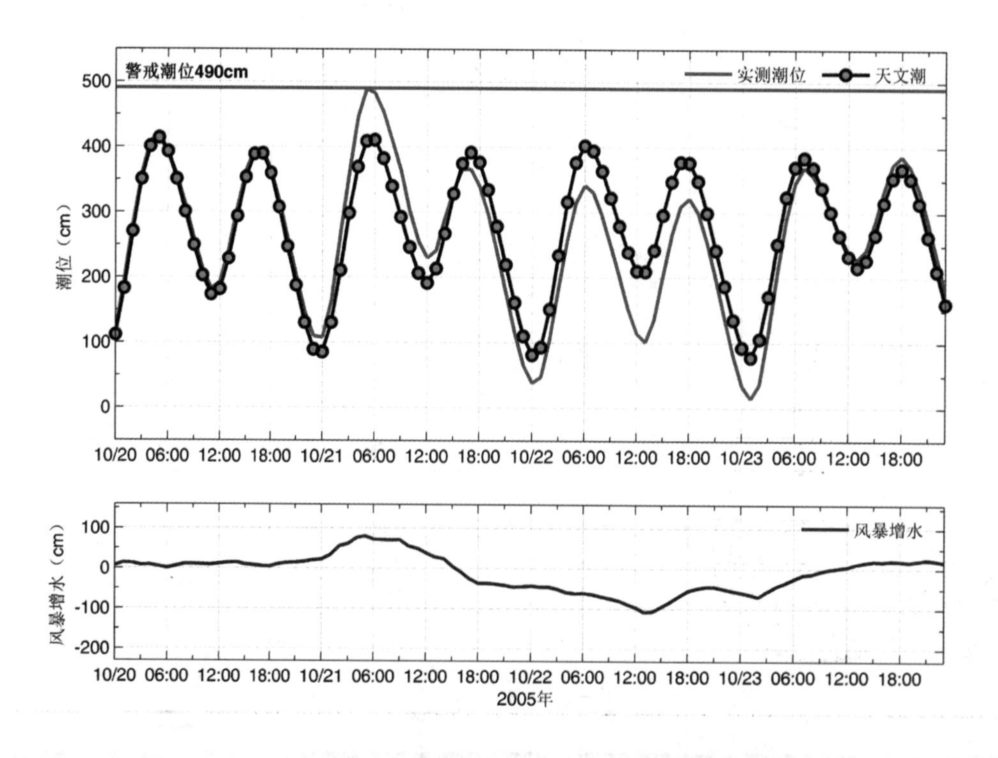

图3.343　塘沽站实测潮位、天文潮位和风暴增水随时间变化

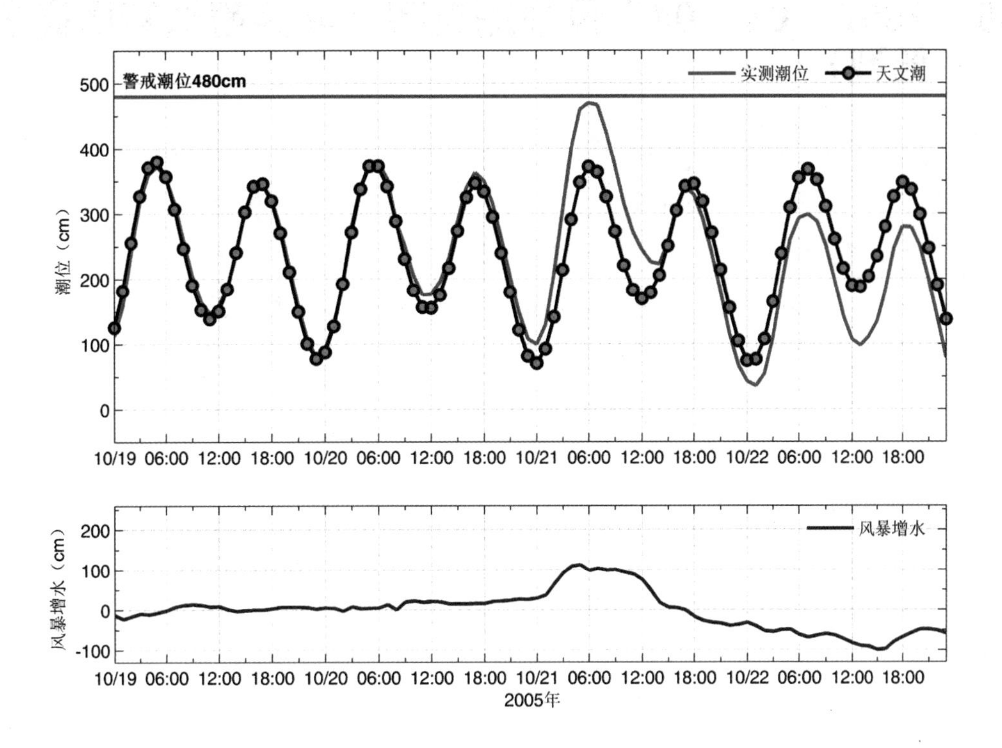

图3.344　黄骅站实测潮位、天文潮位和风暴增水随时间变化

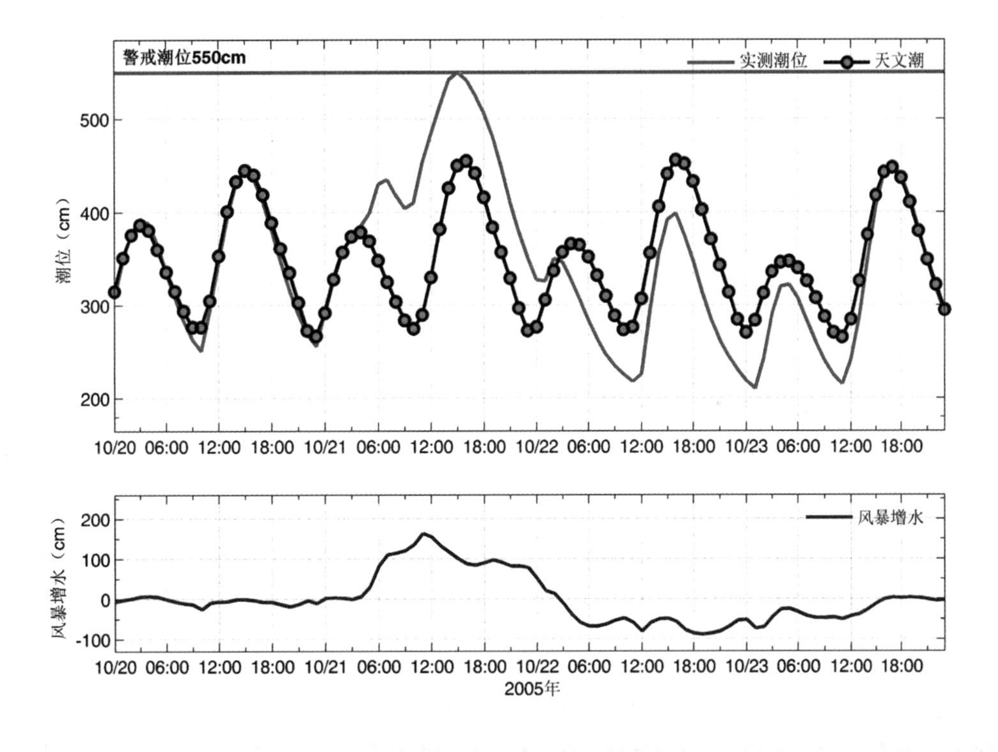

图3.345　羊角沟站实测潮位、天文潮位和风暴增水随时间变化

3.50 2007“03·04”风暴潮灾害（北高南低转西高东低型）

2007年3月3—4日，受冷空气与入海气旋共同影响，辽宁、河北、天津、江苏沿海先后遭受风暴潮袭击，发生重大风暴潮灾害，辽宁、河北、山东直接经济损失40.65亿元，其中山东21亿元，辽宁18.6亿元，河北0.10亿元。7人死亡。

4日上午，在营口港锚地避风的“滨海109”测到35 m/s的最大风速，17时，“明珠”海洋自动观测站在渤海中南部海面观测最大风速33 m/s，最大波高10 m、有效波高6 m的海浪。

辽宁小长山站4日19时最大增水1.03 m，之后增水迅速减小并出现较大减水，5日09时最大减水–1.55 m；老虎滩站4日15时最大增水0.86 m，5日18时最大减水–1.40 m，鲅鱼圈站15日最大减水–2.16 m，葫芦岛站5日17时最大减水–2.37 m。

河北省曹妃甸4日05时最大增水0.92 m，黄骅站4日04时最大增水1.34 m，4日00时起1.0 m以上增水持续13个小时，最高潮位4.69 m，接近当地警戒潮位。

天津塘沽站4日04时最大增水1.15 m，最高潮位4.69 m，接近当地警戒潮位。

山东沿海潮位站最高潮位普遍超过当地警戒潮位，其中山东羊角沟站4日08时起1.0 m以上增水持续19个小时，其中10时最大增水1.82 m；最高潮位5.70 m，超过当地警戒潮位0.20 m。龙口站4日08时起1.0m以上增水持续18个小时，04时最大增水1.59 m；最高潮位2.81 m，超过当地警戒潮位0.11 m。蓬莱站4日13时起1.0 m以上增水持续11个小时,19时最大增水1.53 m，为本站温带风暴增水历史第二位；最高潮位3.20 m，平当地警戒潮位。烟台站4日15时15时起1.0 m以上增水持续11个小时，20时最大增水1.39 m，为本站温带风暴增水历史第二位，最高潮位4.39 m，为1960年建站以来第二高潮位，超过当地警戒潮位0.39 m；成山头4日18时最大增水1.06 m；江苏连云港站5日05时最大增水0.94 m，吕四站5日13时最大增水1.47 m。随着冷空气南下，上海沿海也出现了风暴潮，吴淞站最大增水0.54 m。

上述各站均经历了由增水到减水的剧烈变化。

此次温带风暴潮成灾严重，特别是山东省损失尤为严重。全省7人死亡，6 700 hm^2 以上筏式养殖受损，2 000 hm^2 以上虾池、鱼塘被冲毁，10 km防浪堤坍塌，1 900艘船只损毁，多处渔港码头及大量养殖设施不同程度的受到损坏，直接经济损失21亿元。其中滨州、东营和潍坊沿海地区经济损失均达数千万元；龙口至成山头一线灾情严重，沿海普遍发生堤垮岸塌、船损人亡、淹地毁屋等灾情，经济损失二十余亿元。

潍坊市部分防潮坝和盐场受损；潍坊港大浪猛烈冲击码头护堤和防浪墙，激起一阵阵数米高的水幕墙，浪花直扑50 m远的办公用房、仓库和油罐，码头上一片汪洋，港务人员紧急堵水。在大浪冲击下，潍坊港码头护堤石料被卷走，栅石护堤构件被冲击得凌乱不堪，码头护堤被冲出一个深1 m以上，面积约10 m^2的空洞，码头面被海浪掏空下陷6～7处，最大下陷深约0.8 m，面积20～30 m^2：引堤7 500 m处护坡被大浪淘空多处，最大掏坑深1.5～2.0 m，面积约20 m^2。

龙口市北海岸南山天然气公司一度遇险，4日12时左右最高潮位与公司墙外防潮堤持平，海浪越过防潮堤扑及南山天然气公司护墙；墙外水泥面防潮堤被吞噬50 m以上。公司东侧沙土质防潮坝被夷平（潮灾前沙土坝比水泥面防潮坝高出0.5 m以上）。

烟台市沿海4日高潮位仅次于9216台风风暴潮期间创造的历史最高潮位，为1969年来最严重的一次温带风暴潮灾害。市区多处堤坝被冲毁，尤其是滨海广场和国际会展中心附近设施损毁严重，滨海路及对面部分房屋被淹，滨海公园二级平台上长1.5 m、宽0.7 m、厚0.35 m的石条被悉数掀翻，大部分被抛至30 m外的广场内；薄石板被抛入70 m外的广场内，广场内石条石板碎石满地，现场一片狼藉；滨海路人行道石板路面被严重摧毁，石板被抛到马路对面居民区护墙。国际会展中心护堤多处被冲垮，最大决口长30 m以上，深约1.5 m，广场铺砖被抛出60 m以外，现场惨不忍睹。

威海市7人死亡，1 333艘渔船、拖头或舢板沉没或受损；3 170 hm^2养殖区受损；55.3×10^4 m^2养殖大棚坍塌；约1.6 km防浪堤、大量养殖设施及多处渔港码头被不同程度的损坏。威海的受灾淹没范围包括双岛大桥附近的海湾、国际海水浴场、金沙滩海水浴场、葡萄滩海水浴场等区域。双岛湾处护堤多处被冲垮，临海建筑物被毁，大浪扑及环海高速路路面，两艘渔船被冲上海滩（图16）。国际海水浴场海水越过环海路临海护路沙坝扑及马路对面防风林带，护路沙坝蚀退5～6 m，小公园地面被沙掩埋80 cm。金沙滩海水浴场，小岛湾过湾路被严重冲毁，海上水产养殖网箱全部被砸烂，仅以杂乱木棍形式冲积于南岸，海湾西侧旅游景点大棚铁架呈现乱麻状堆积于岸边。在小石岛渔港避风的5条渔船被冲到南岸，碰撞毁坏严重。小石岛北侧数间民房被冲垮。第一海水浴场西侧环海路路堤被冲垮约60 m，环海路护栏塌陷。浴场东侧公园护堤多处被毁坏，临海楼房底部临海房间均被冲垮，40～50间临海房屋被冲得无影无踪。环海路和马路对面居民房水淹严重。靖海湾湾底岸堤被冲垮多处，十余条在孙家砼渔港避风的渔船被冲到南岸，数条渔船被撞碎成片，海水扑到马路对面。

辽宁省大连市3 128艘渔船受灾，3 703 m渔港、87 276台养殖浮筏受损，253家育苗单位、190家加工企业受灾，直接经济损失18.6亿元。

河北省沧州市沿海20 km海塘堤防及海洋工程被损毁；神华集团黄骅港机械受损停产；黄骅港务公司二期码头防浪墙50 m被摧毁，北防浪堤500 m受损；黄骅港务局在建的5号、6号码头吹填造地有海水倒灌痕迹，排水板损失约50万元，面积200 hm^2；一艘黄骅港籍船舶在曹妃甸海域12 km处搁浅。直接经济损失0.10亿元。

江苏省南通市直接经济损失近4 000万元，其中海洋捕捞损失200万元，紫菜贝类养殖损失3 100万元，渔港设施等损失近400万元。

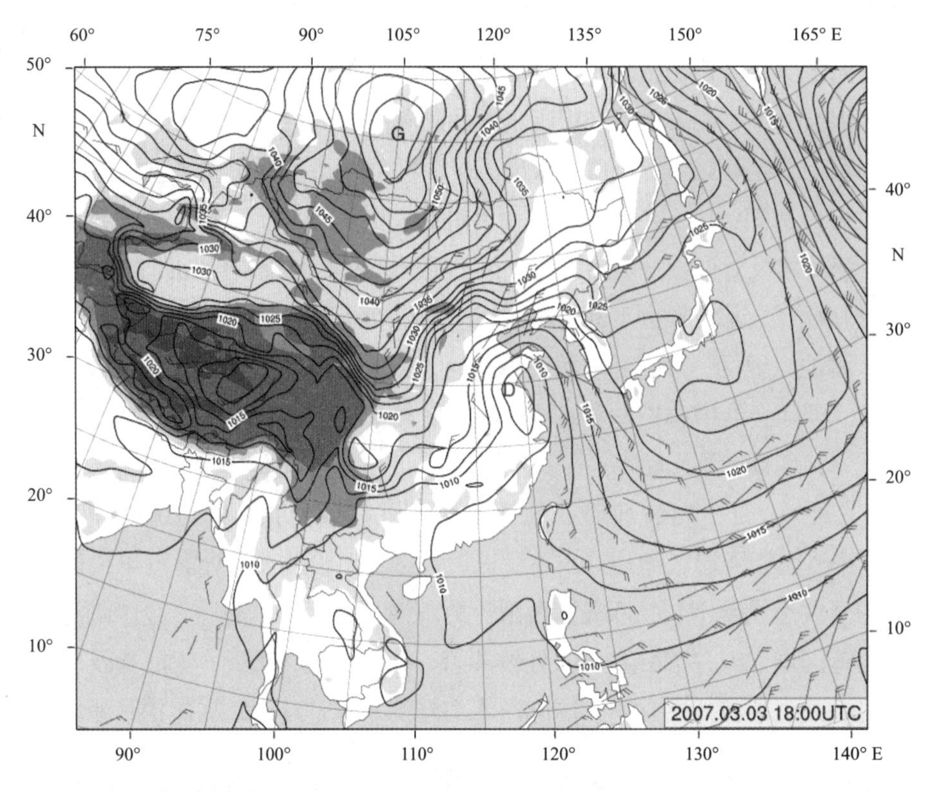

图3.346　2007年3月4日02时地面天气图

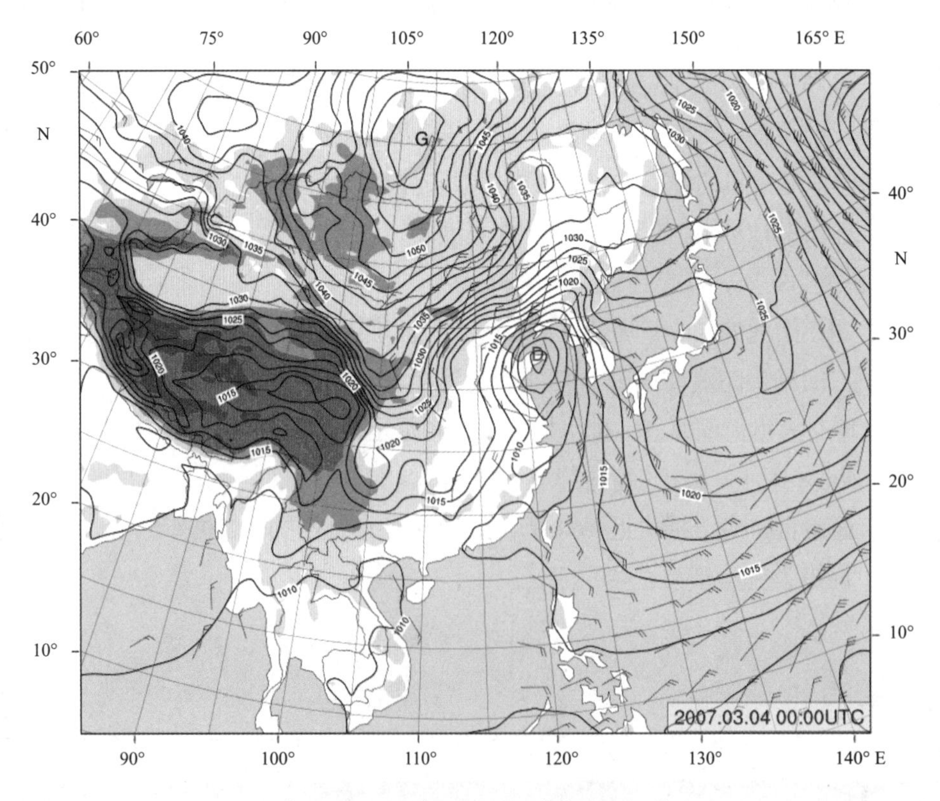

图3.347　2007年3月4日08时地面天气图

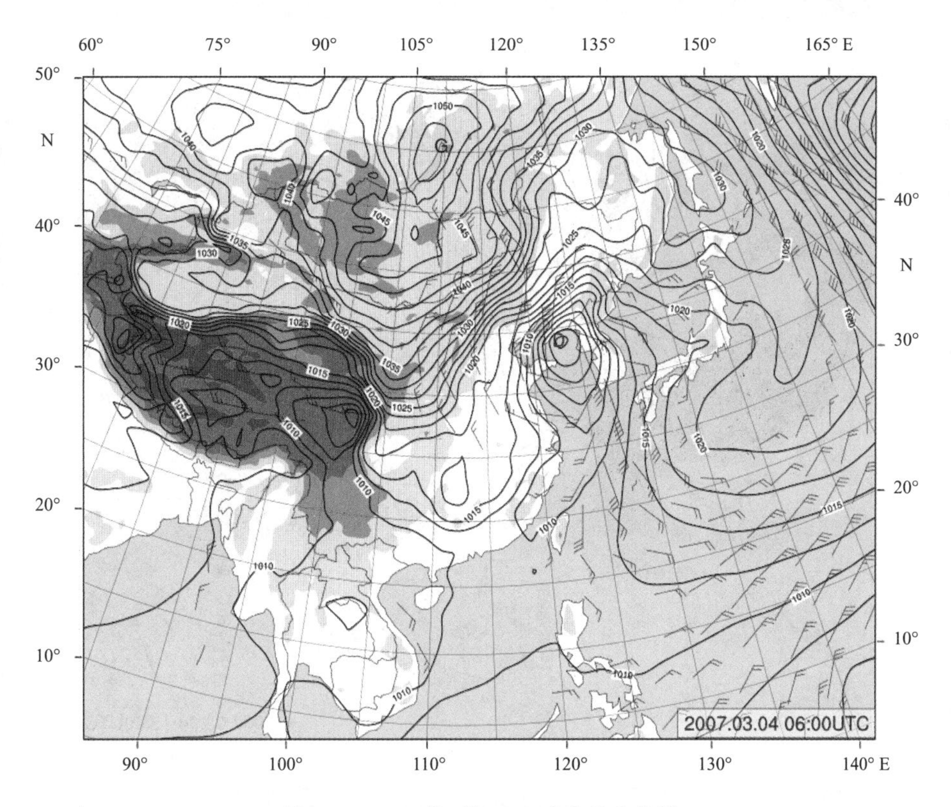

图3.348　2007年3月4日14时地面天气图

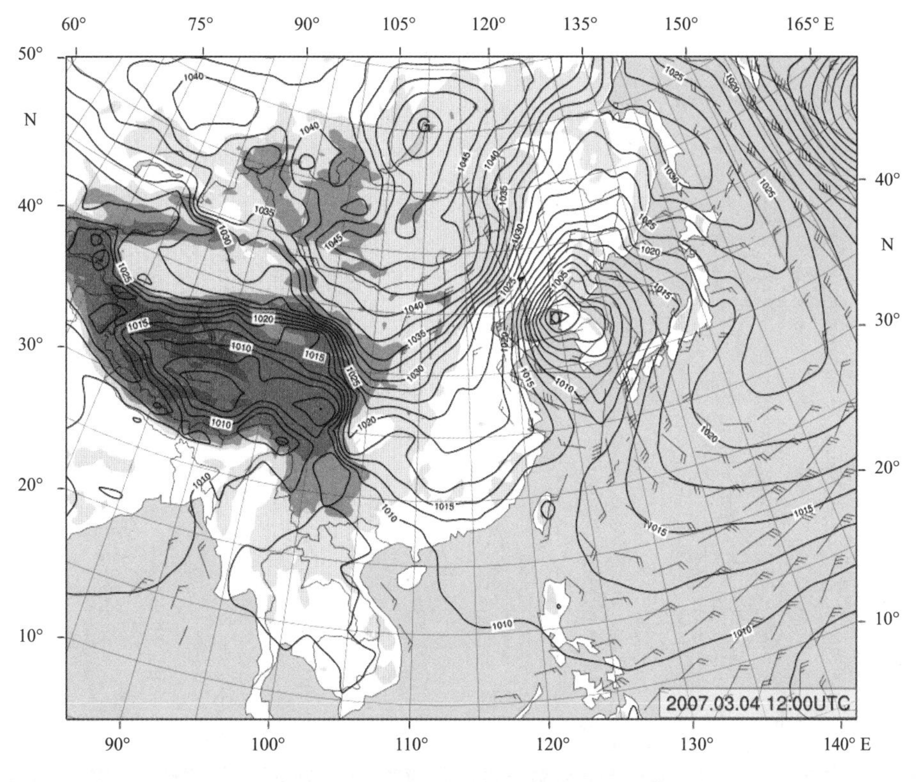

图3.349　2007年3月4日20时地面天气图

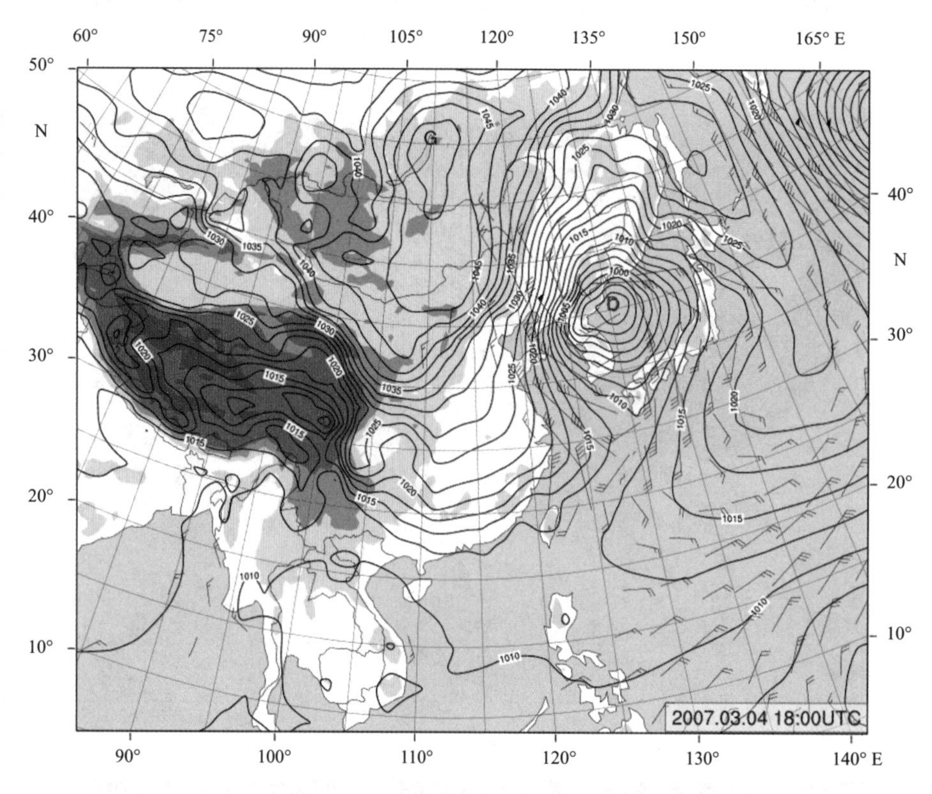

图3.350　2007年3月5日02时地面天气图

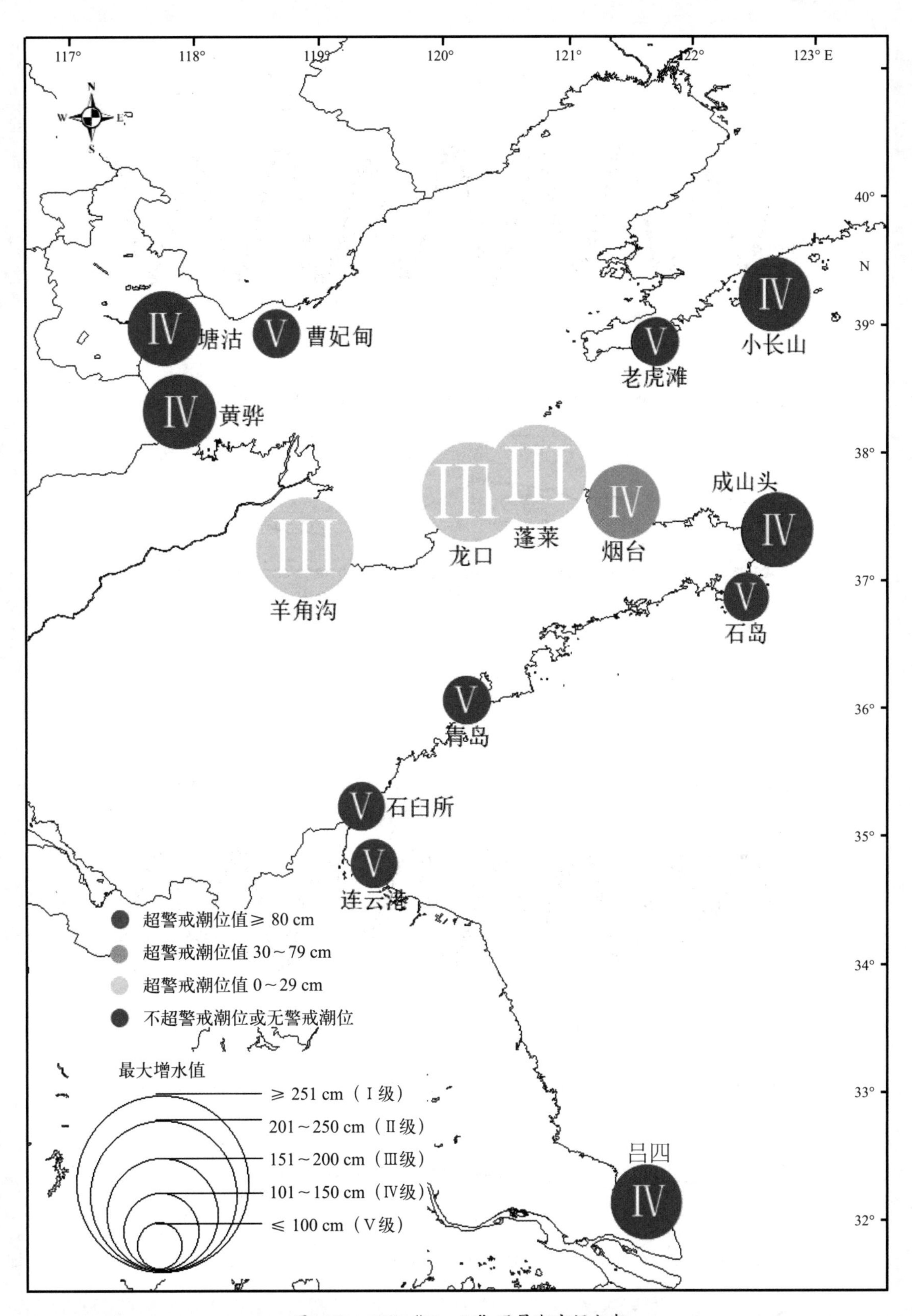

图3.351　2007“03・04”风暴潮空间分布

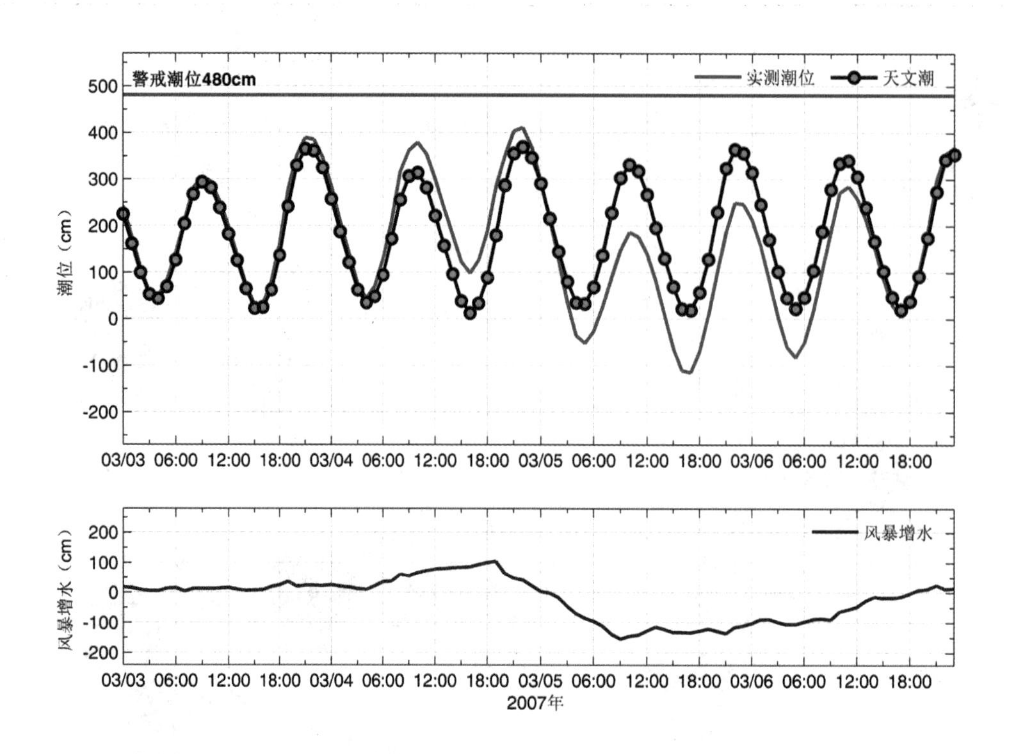

图3.352　小长山站实测潮位、天文潮位和风暴增水随时间变化

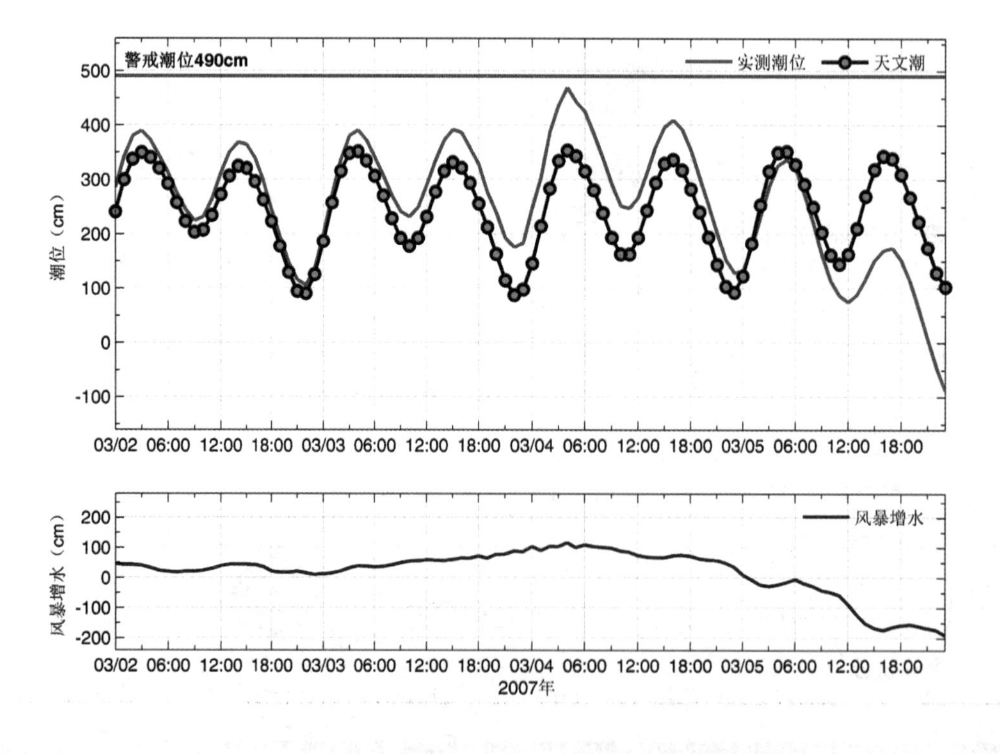

图3.353　塘沽站实测潮位、天文潮位和风暴增水随时间变化

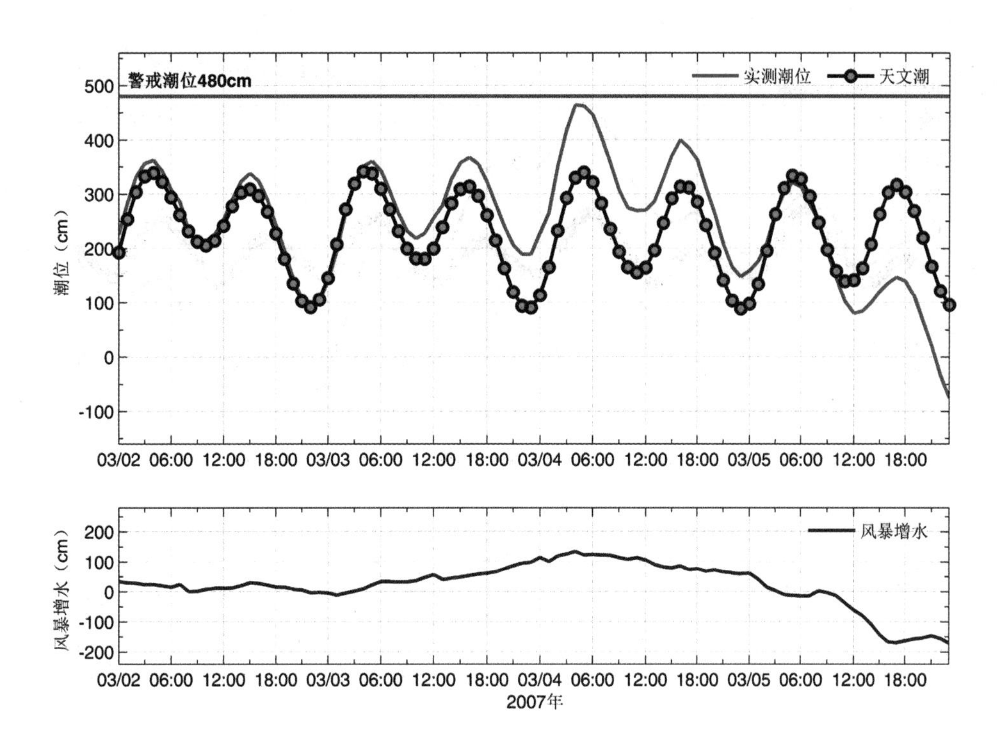

图3.354　黄骅站实测潮位、天文潮位和风暴增水随时间变化

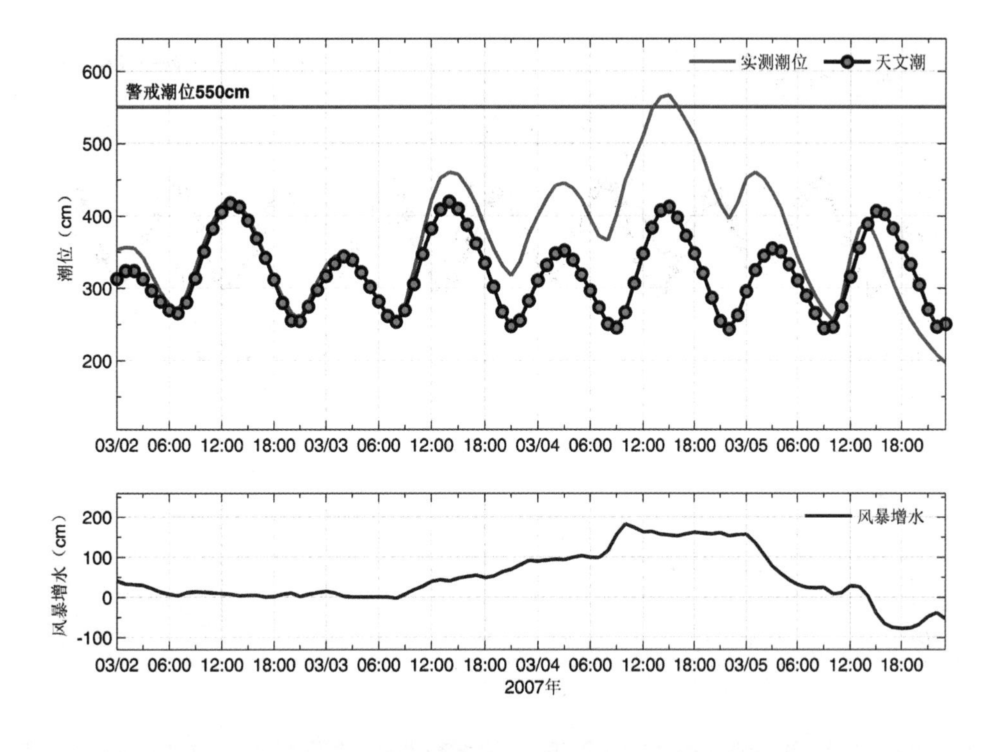

图3.355　羊角沟站实测潮位、天文潮位和风暴增水随时间变化

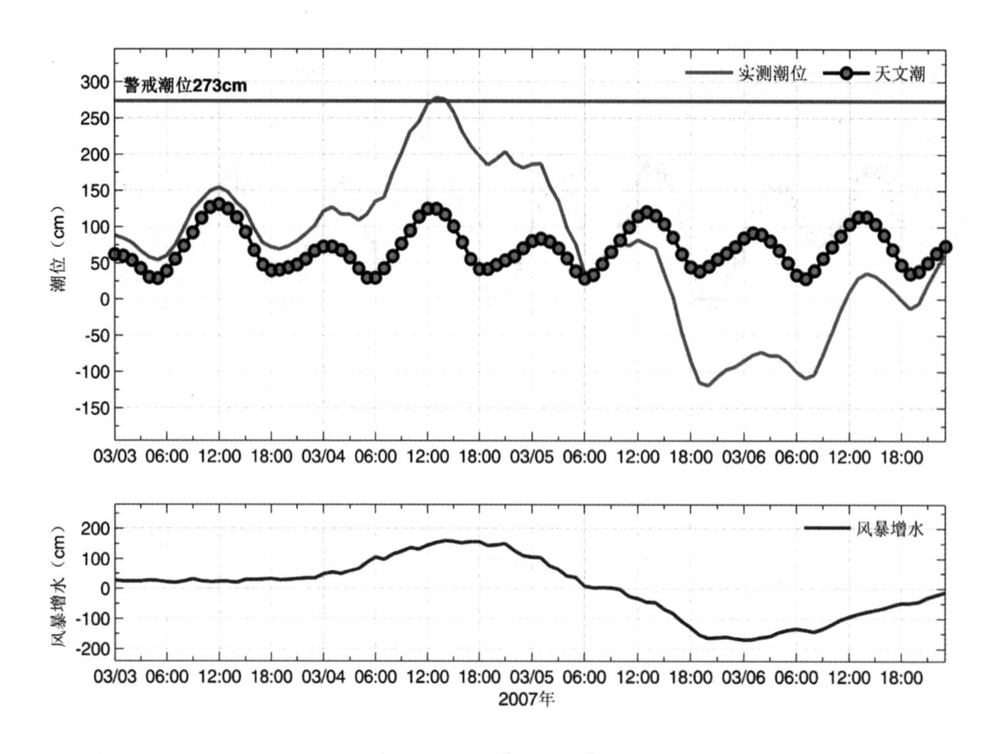

图3.356　龙口站实测潮位、天文潮位和风暴增水随时间变化

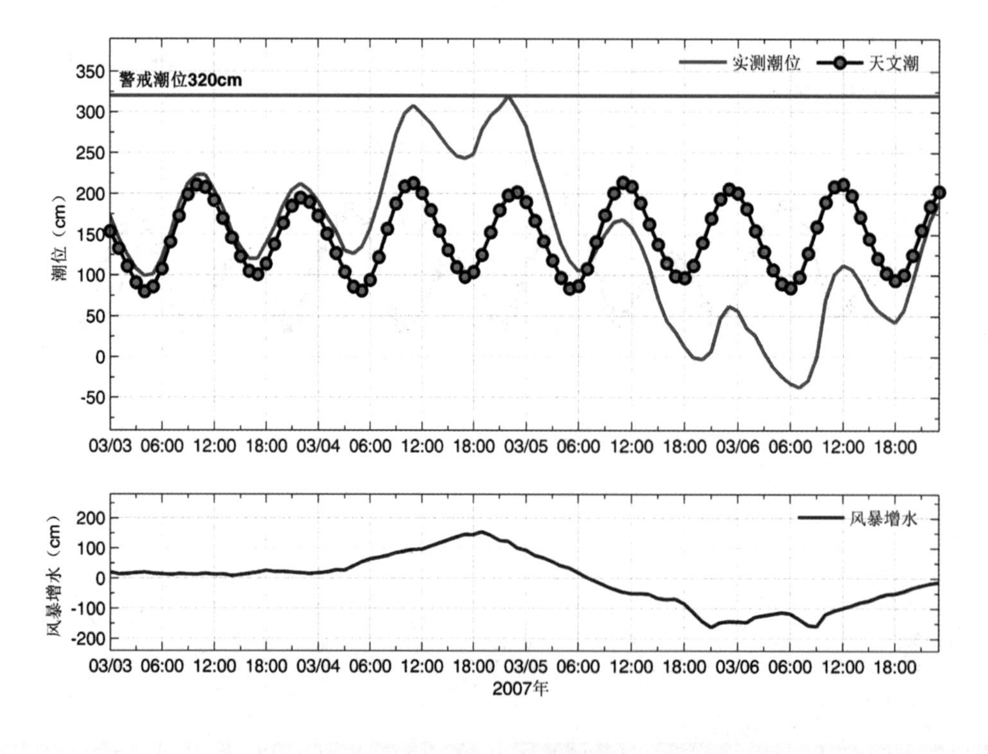

图3.357　蓬莱站实测潮位、天文潮位和风暴增水随时间变化

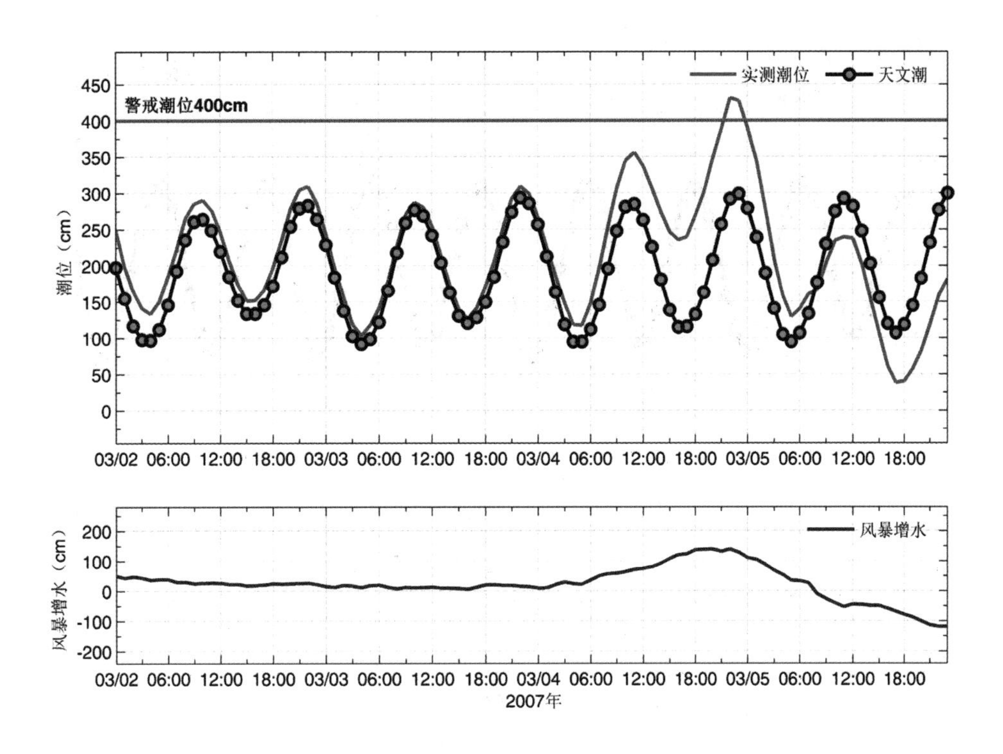

图3.358 烟台站实测潮位、天文潮位和风暴增水随时间变化

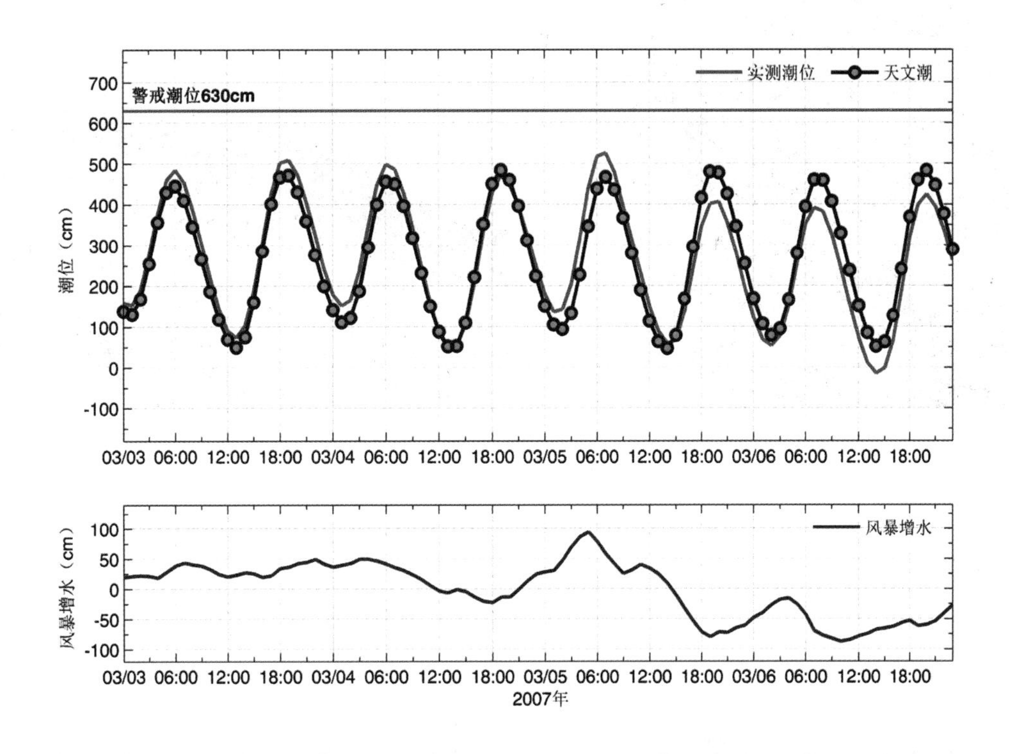

图3.359 连云港站实测潮位、天文潮位和风暴增水随时间变化

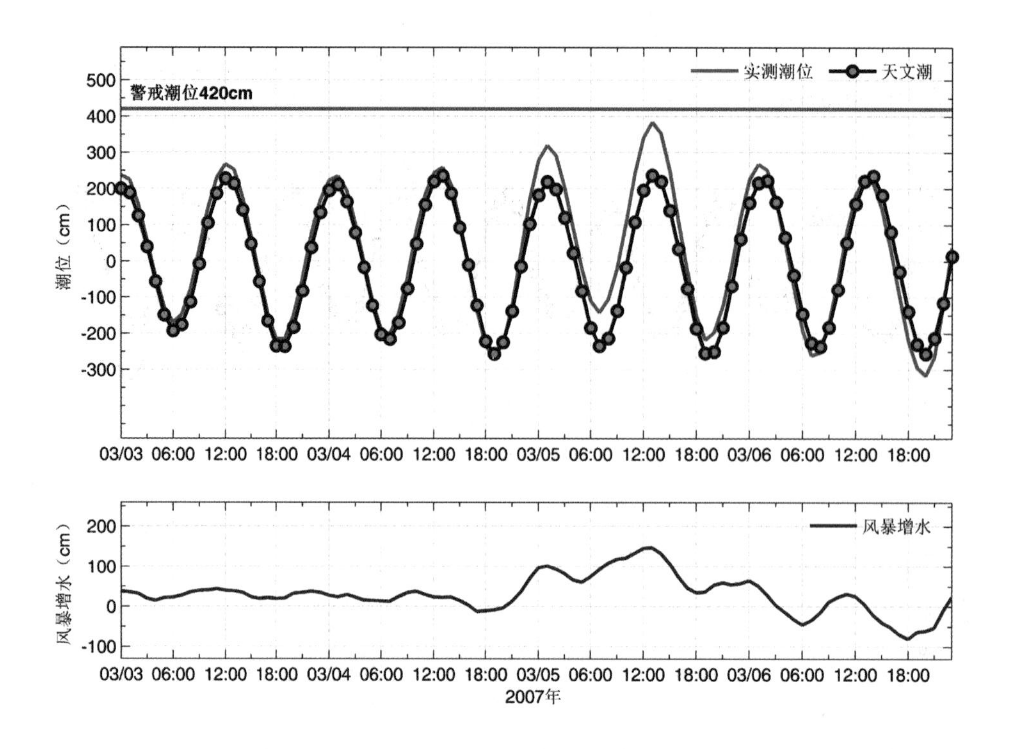

图3.360　吕四站实测潮位、天文潮位和风暴增水随时间变化

图3.361　潍坊市港区现场灾害图

图3.362　烟台市淹没范围图

图3.363　烟台市区滨海公园和国际会展中心现场灾害图

图3.364　威海市淹没范围图

图3.365　威海市双岛湾海水浴场现场灾害图

图3.366　威海市国际海水浴场现场灾害图

图3.367　威海市国际海水浴场现场灾害图

图3.368　威海市高新技术区现场灾害图

图3.369　威海市环海路和孙家砼渔港现场灾害图

3.51　2007“10·28”风暴潮灾害（西高东低型）

受冷空气与低压共同影响，2007年10月27—28日，天津市、河北省、山东省沿海发生中等强度温带风暴潮。天津塘沽站27日22时最大增水1.23 m；最高潮位4.78 m，接近当地警戒潮位。河北黄骅站28日06时最大增水1.14 m；最高潮位4.94 m，超过当地警戒潮位0.14 m。山东羊角沟站28日11时最大增水1.26 m，最高潮位5.52 m，超过当地警戒潮位0.02 m；烟台站28日12时最大增水0.60 m。

河北省因灾直接经济损失0.65亿元。沧州市受风暴潮影响，2人伤亡，10 km海塘堤防及海洋工程损毁，海洋水产养殖面积损失500 hm^2，直接经济损失0.5亿元。神华集团黄骅港机械受损停产，直接经济损失0.15亿元。

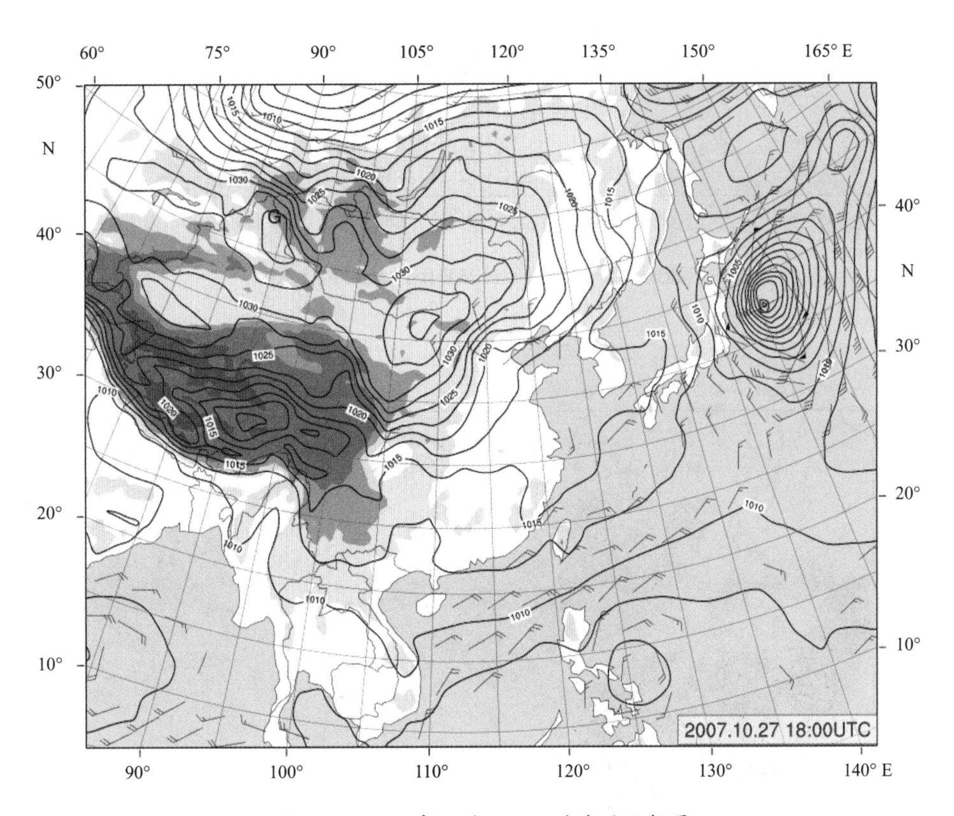

图3.370　2007年10月28日02时地面天气图

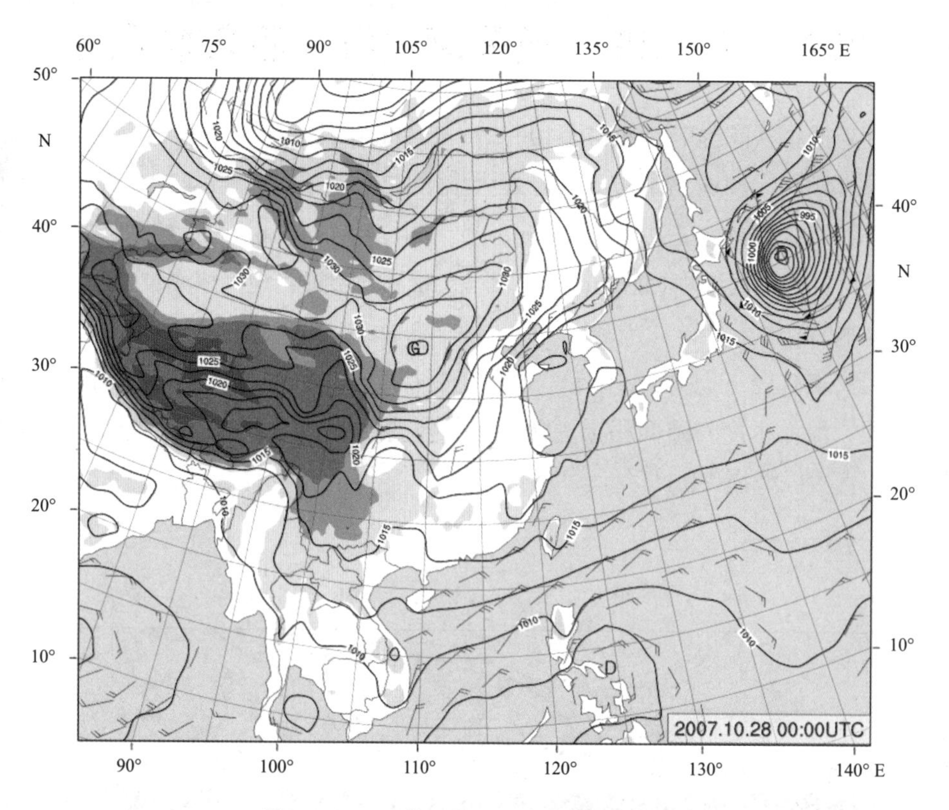

图3.371　2007年10月28日08时地面天气图

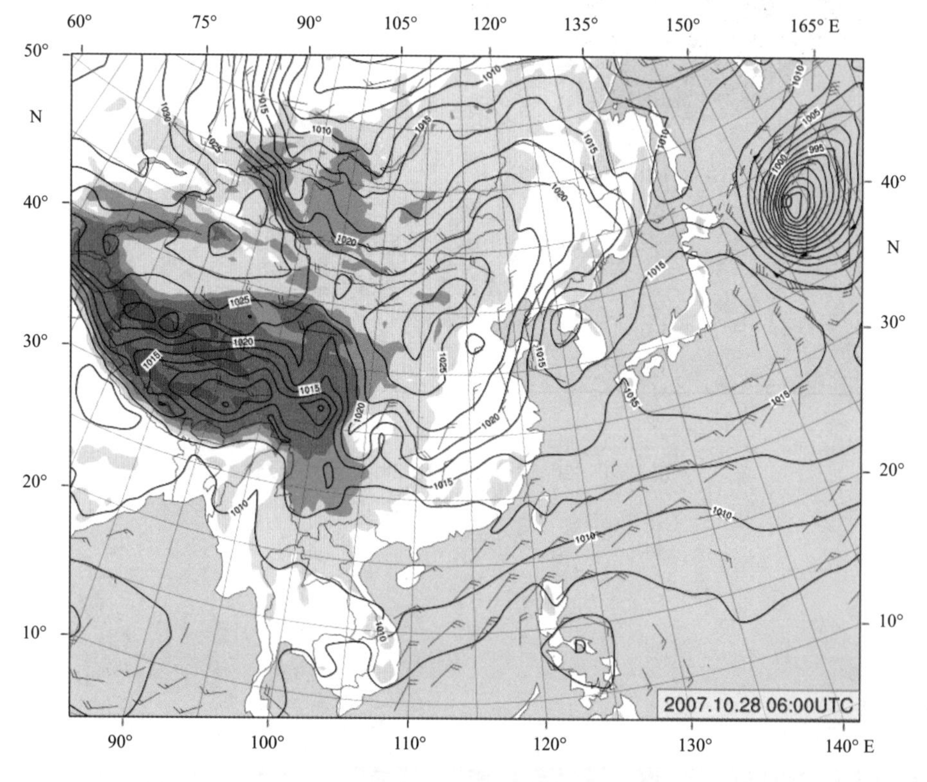

图3.372　2007年10月28日14时地面天气图

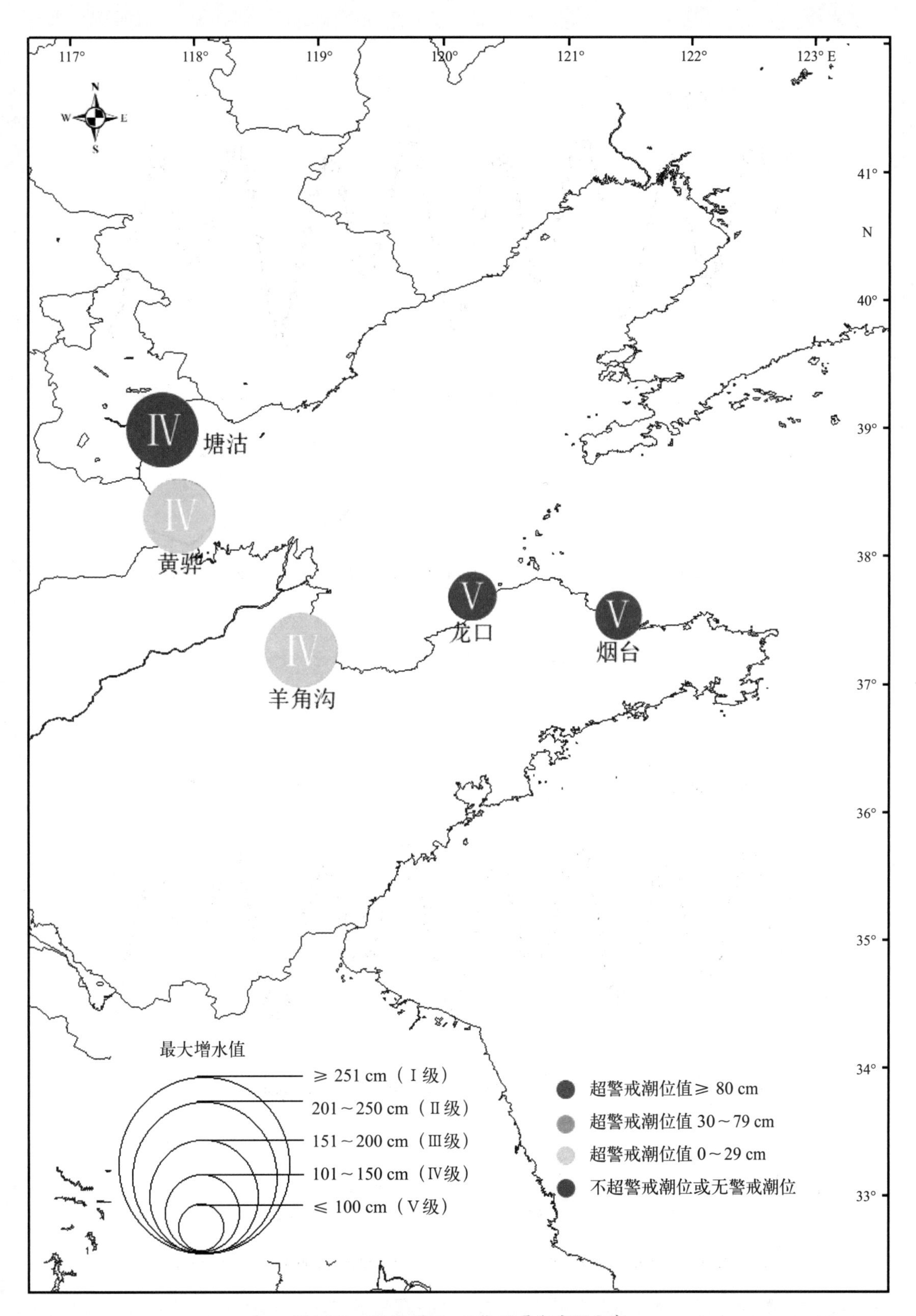

图3.373　2007“10·27”风暴潮空间分布

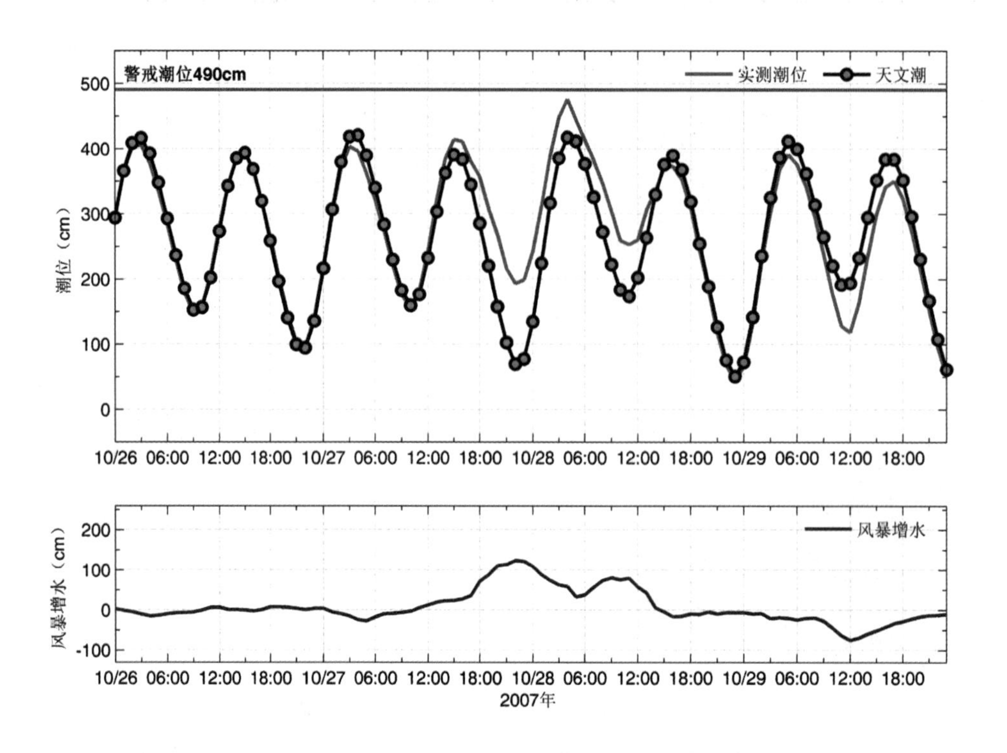

图3.374　塘沽站实测潮位、天文潮位和风暴增水随时间变化

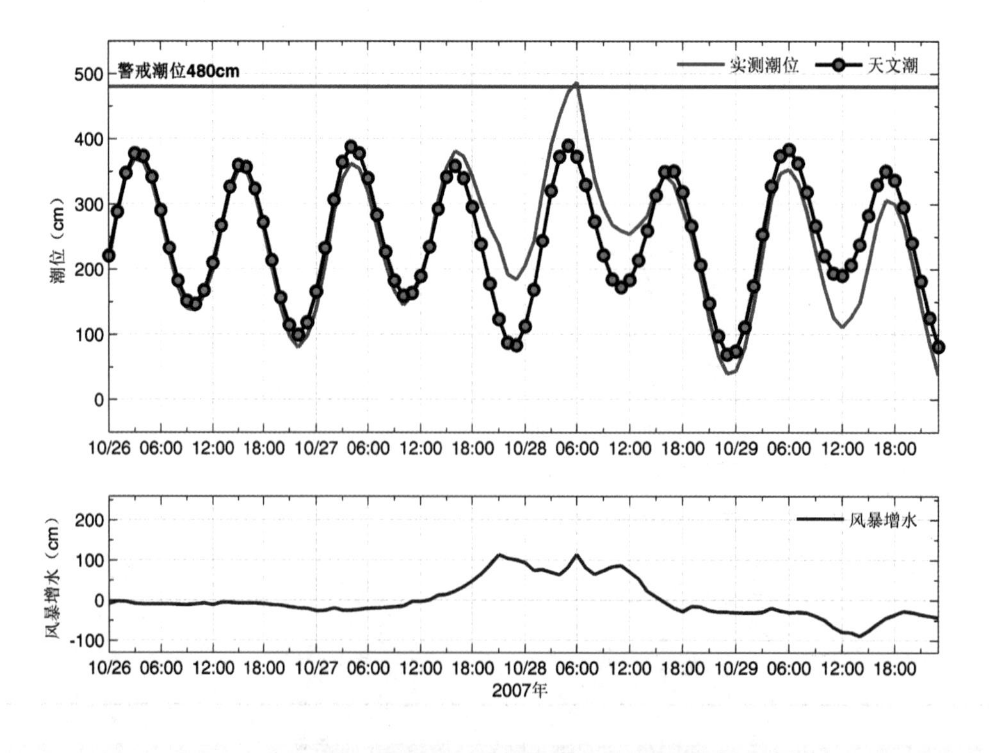

图3.375　黄骅站实测潮位、天文潮位和风暴增水随时间变化

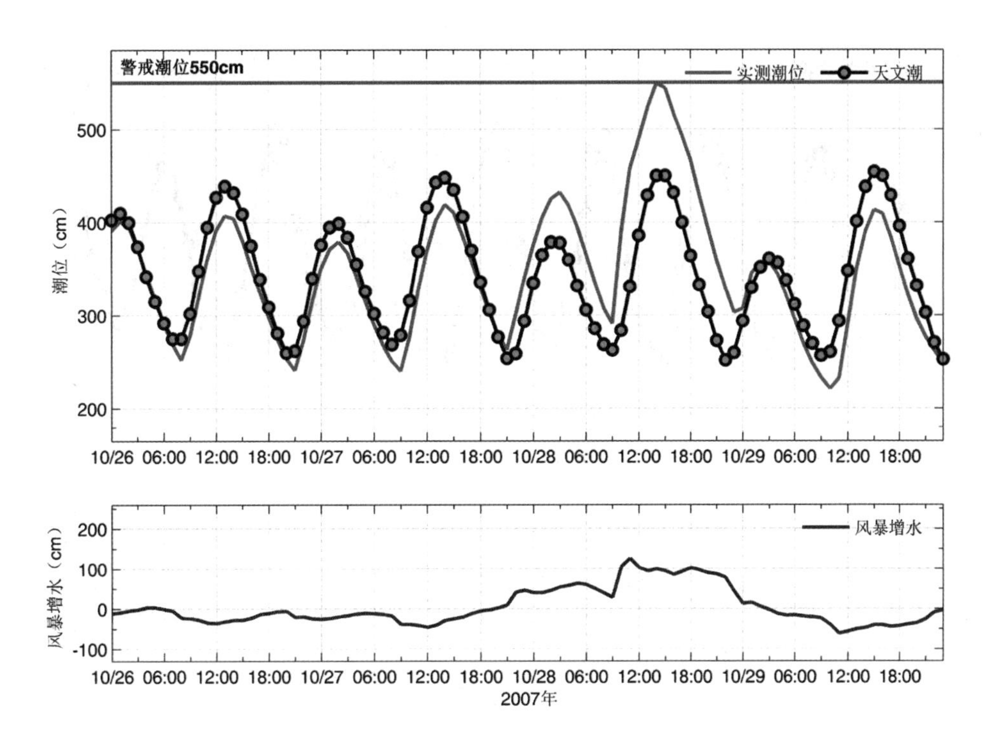

图3.376 羊角沟站实测潮位、天文潮位和风暴增水随时间变化

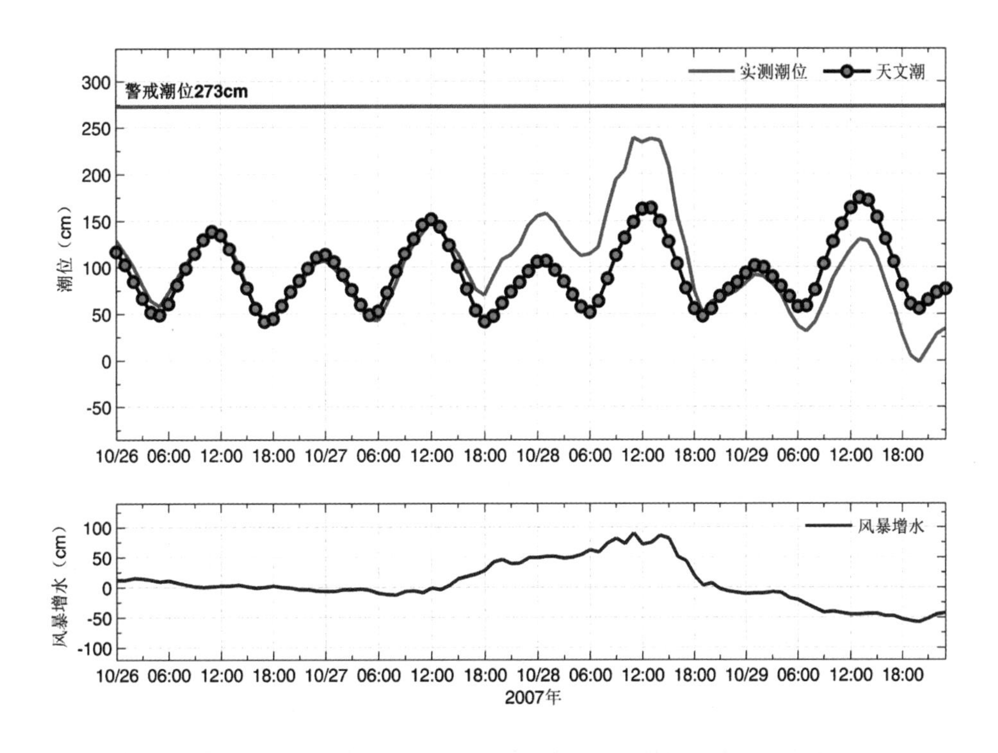

图3.377 龙口站实测潮位、天文潮位和风暴增水随时间变化

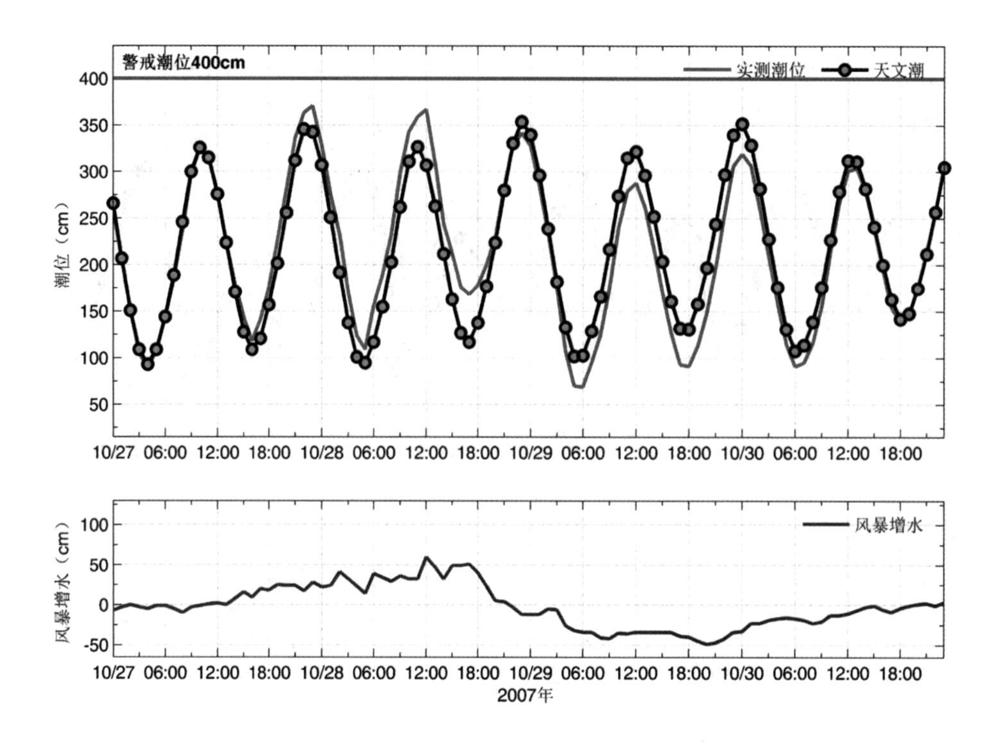

图3.378　烟台站实测潮位、天文潮位和风暴增水随时间变化

3.52　2008“08 · 22”风暴潮灾害（孤立气旋型）

2008年8月22—23日，受入海气旋影响，渤海沿岸出现一次中等强度温带风暴潮过程，8月份为渤海一年中天文潮较高的时期，沿岸各站普遍出现超过当地警戒潮位的高潮位。风暴潮影响期间，除山东羊角沟站外，各站最大增水均出现在22日。辽宁鲅鱼圈站最大增水1.09 m，辽宁葫芦岛站最大增水0.99 m。河北曹妃甸站最大增水0.68 m。天津塘沽站最大增水1.01 m，最高潮位5.06 m，超过当地警戒潮位0.16 m。山东羊角沟站23日01时最大增水0.93 m；蓬莱站最大增水1.35 m，连续数天日最大增水均发生在当日天文高潮位附近，22日13时10分最高潮位3.89 m，超过当地警戒潮位0.79 m；烟台站最大增水0.73 m，最高潮位3.89 m，距离当地警戒潮位0.11 m。

受其影响，位于塘沽的中海油码头被淹，临近船闸桥的渤海石油路上约百米的范围内有20～30 cm深的积水；河北省曹妃甸海域海水养殖受损面积达269.33 hm^2，直接经济损失0.20亿元。

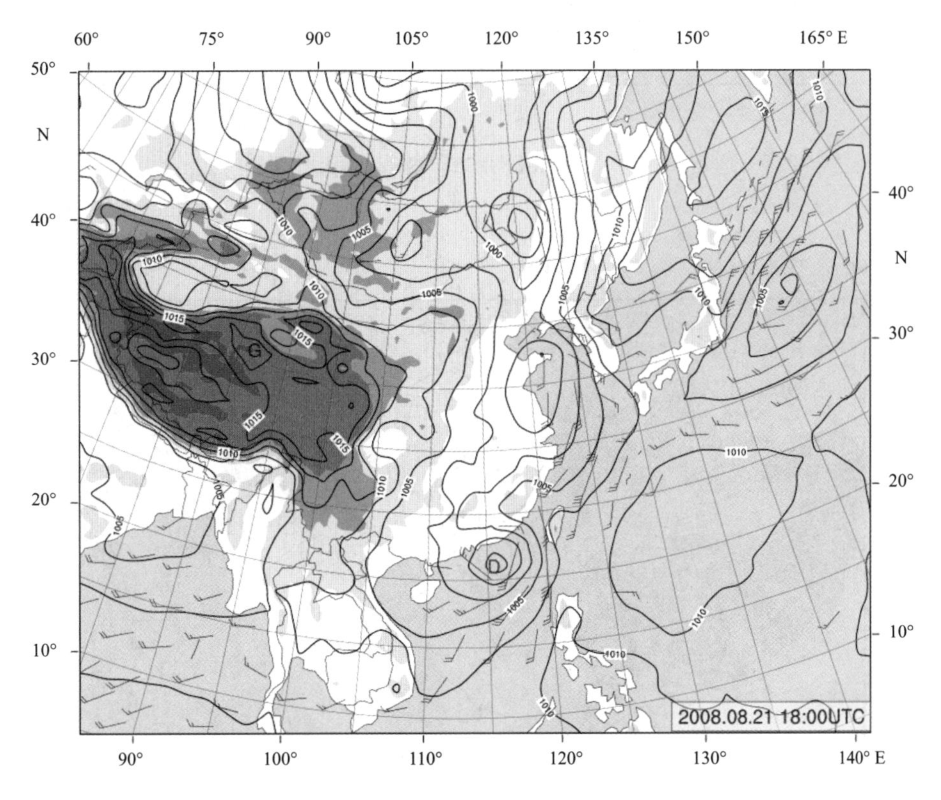

图3.379　2008年8月22日02时地面天气图

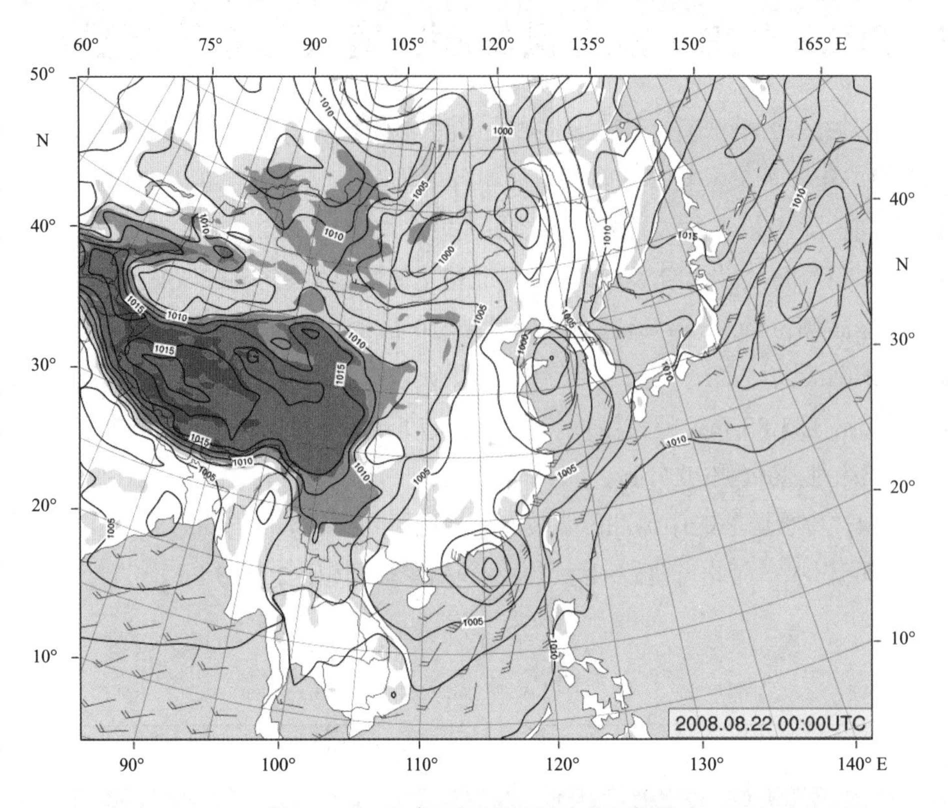

图3.380　2008年8月22日08时地面天气图

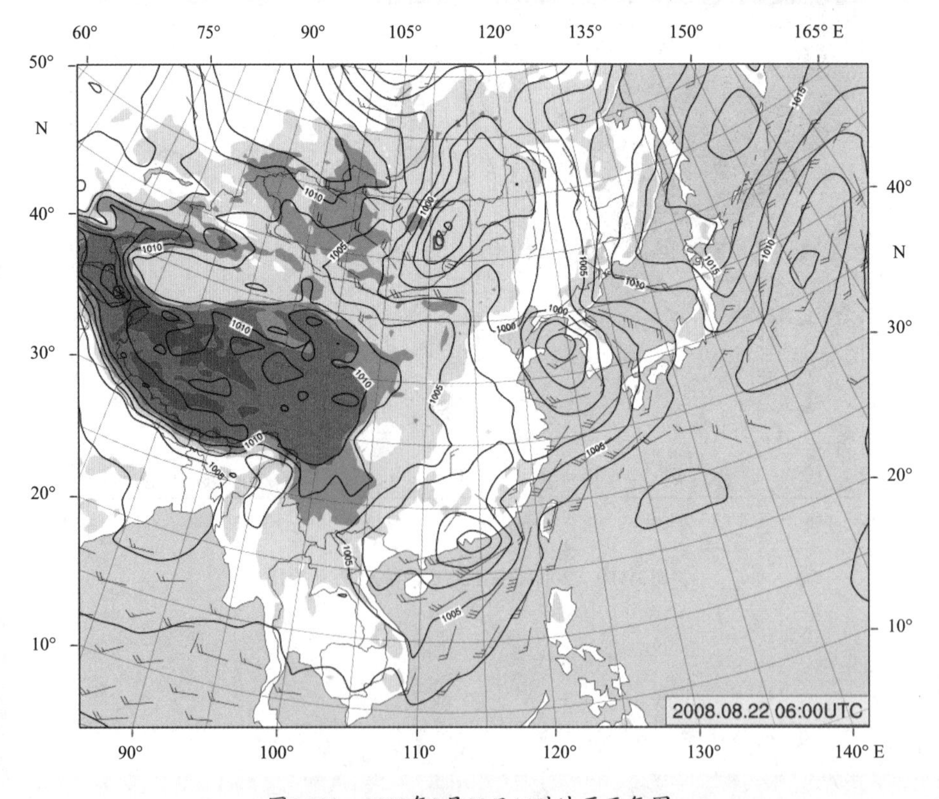

图3.381　2008年8月22日14时地面天气图

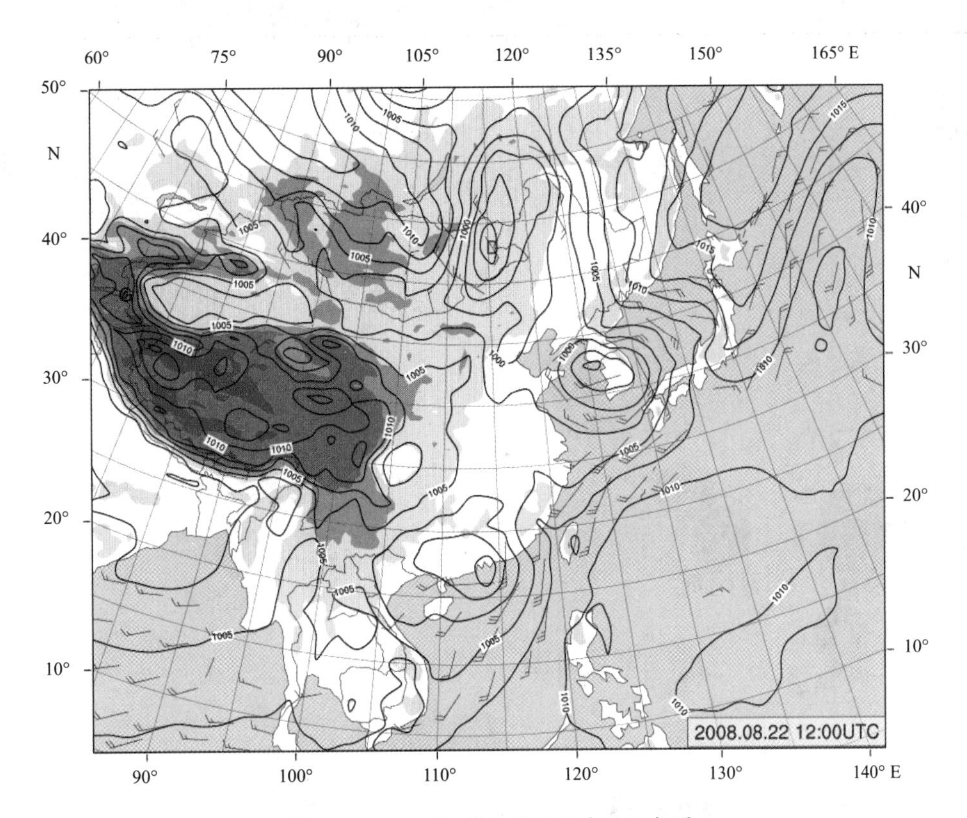

图3.382 2008年8月22日20时地面天气图

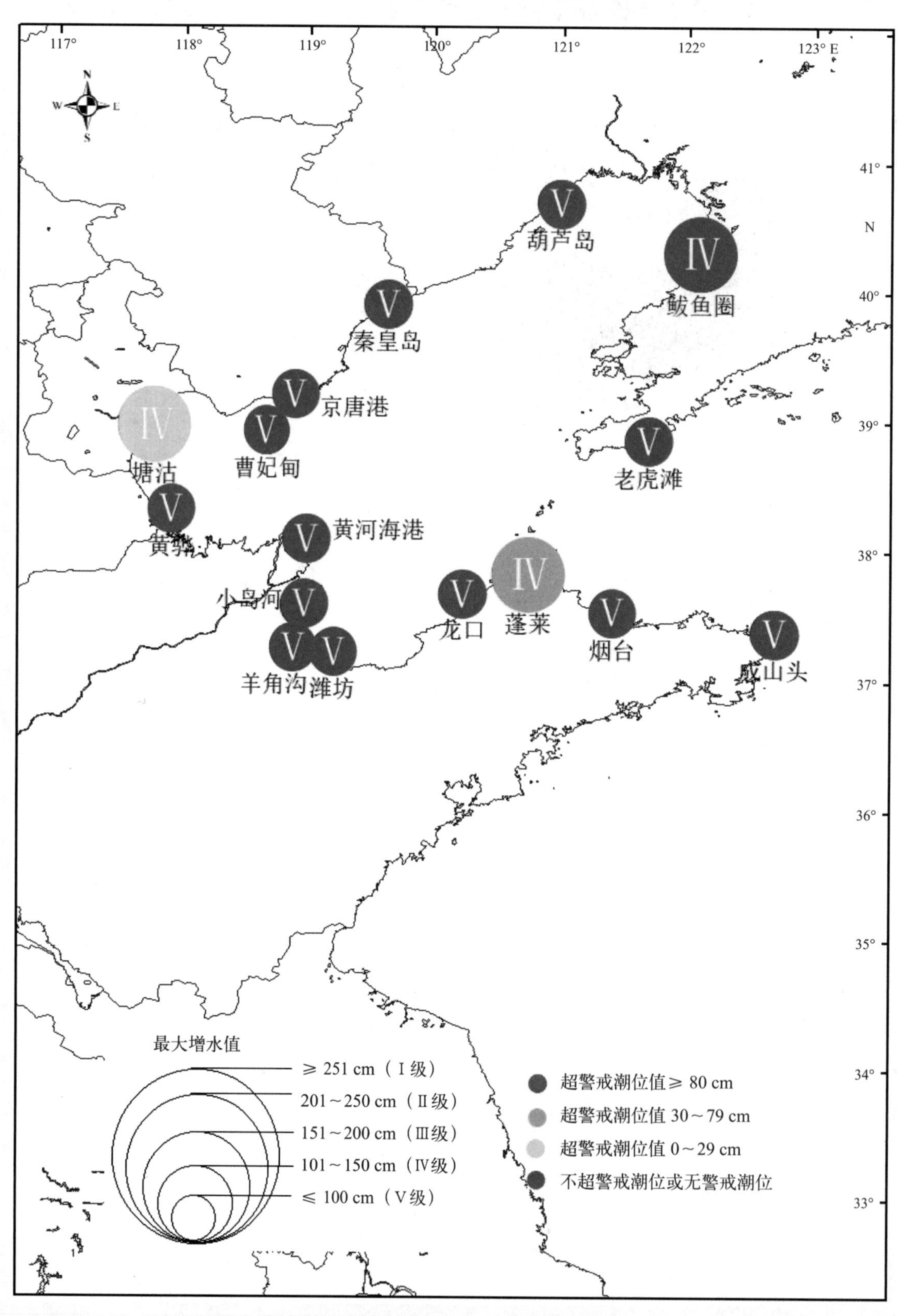

图3.383　2008“08・22”风暴潮空间分布

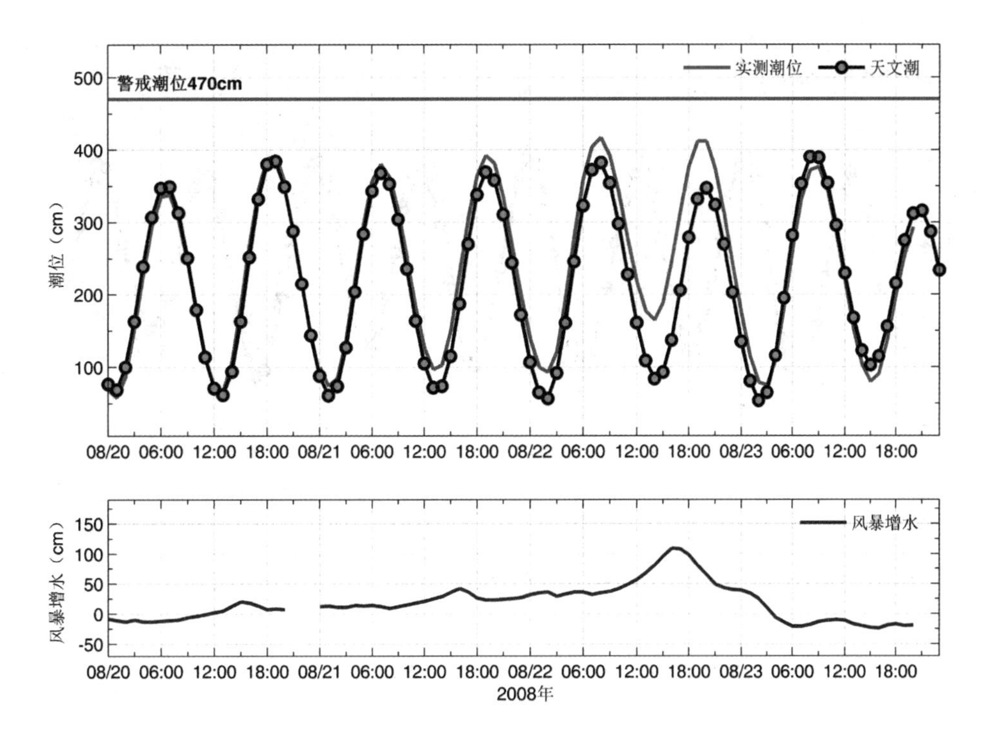

图3.384 鲅鱼圈站实测潮位、天文潮位和风暴增水随时间变化

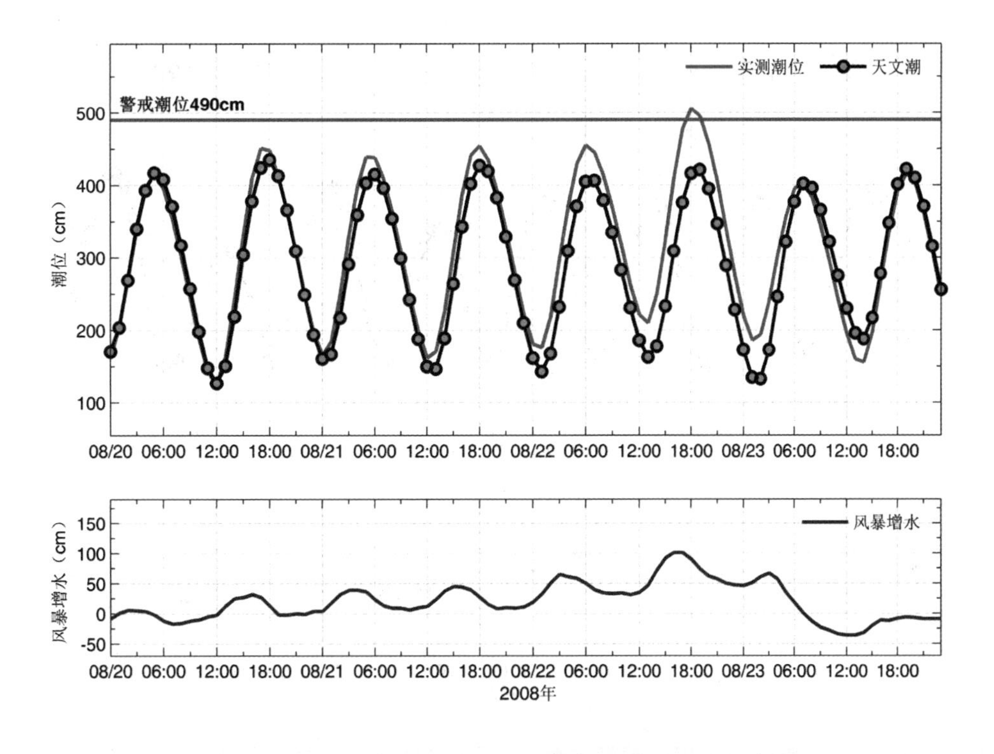

图3.385 塘沽站实测潮位、天文潮位和风暴增水随时间变化

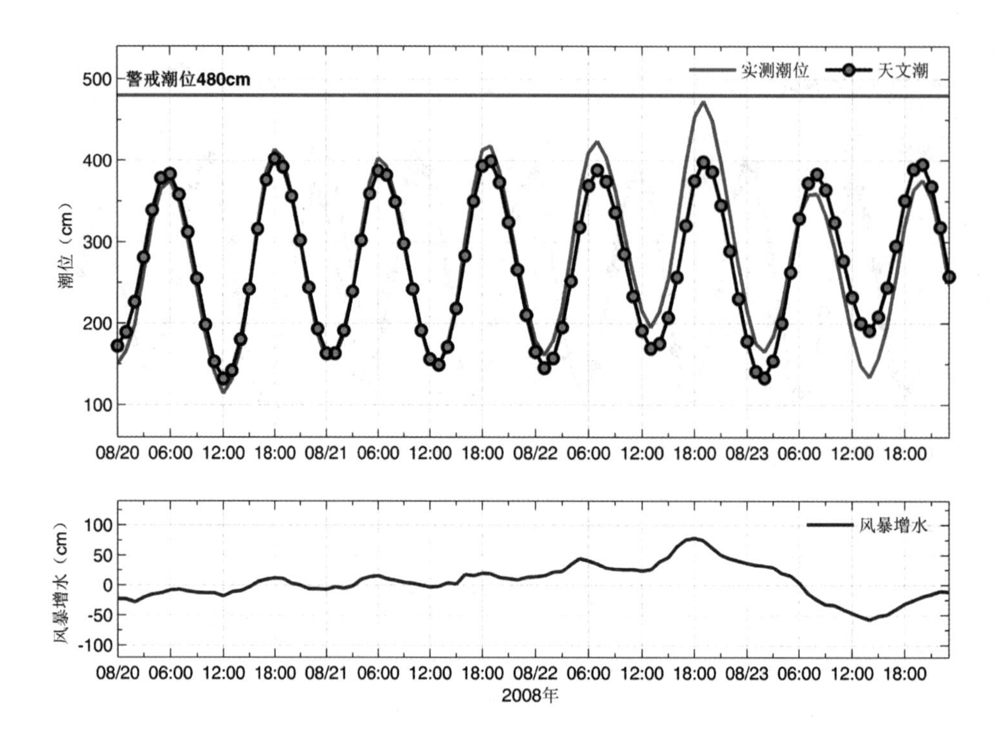

图3.386　黄骅站实测潮位、天文潮位和风暴增水随时间变化

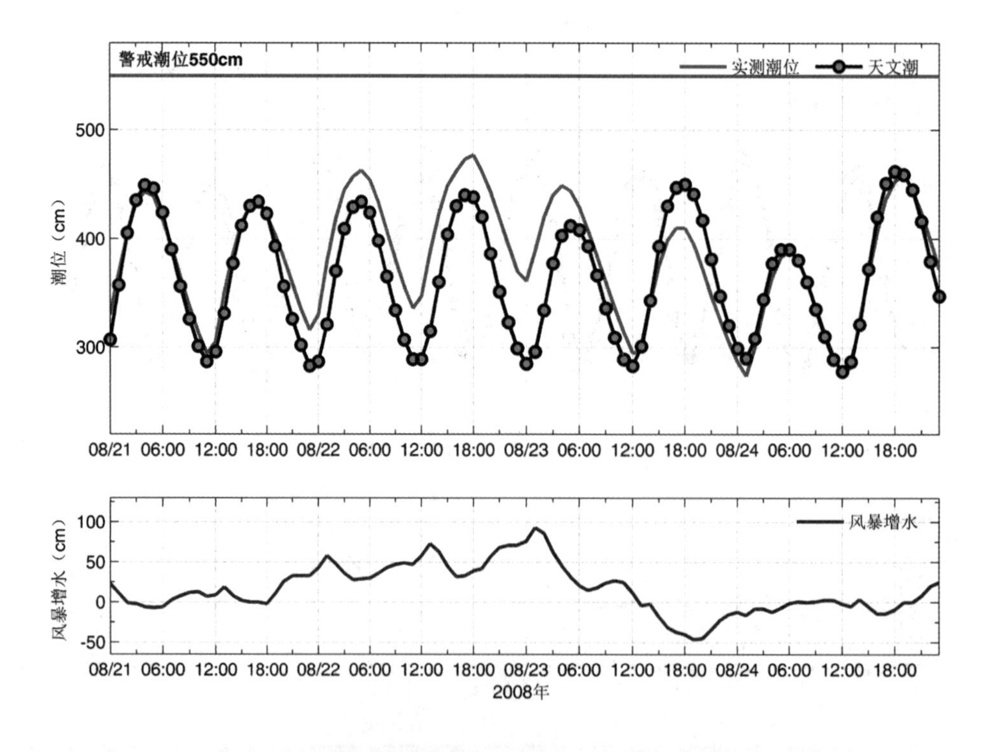

图3.387　羊角沟站实测潮位、天文潮位和风暴增水随时间变化

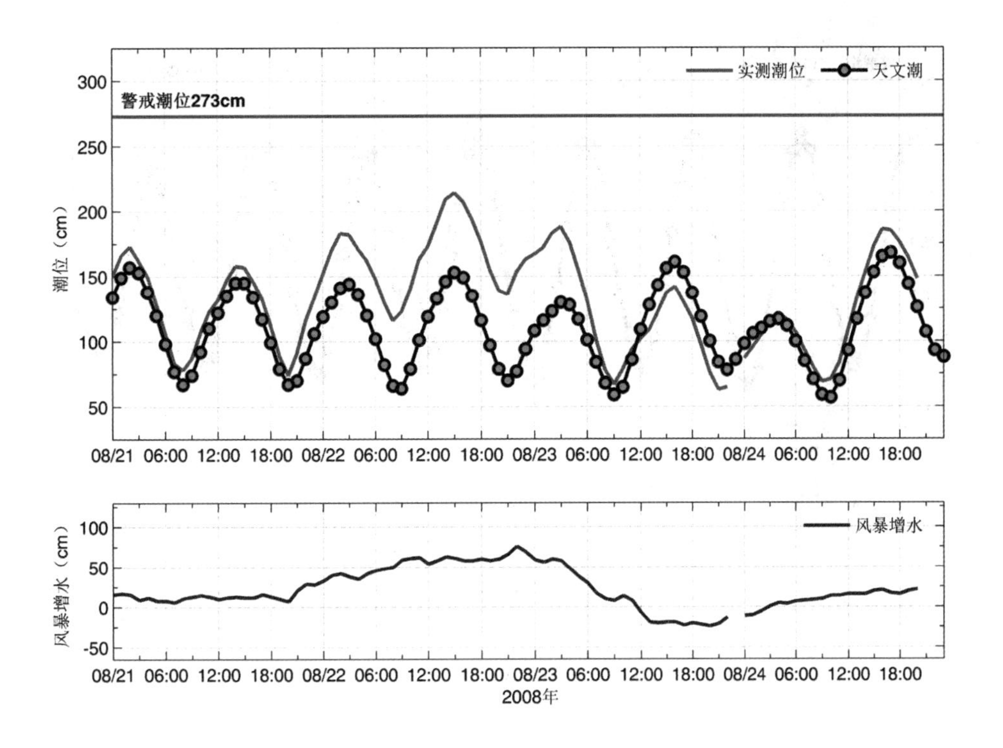

图3.388 龙口站实测潮位、天文潮位和风暴增水随时间变化

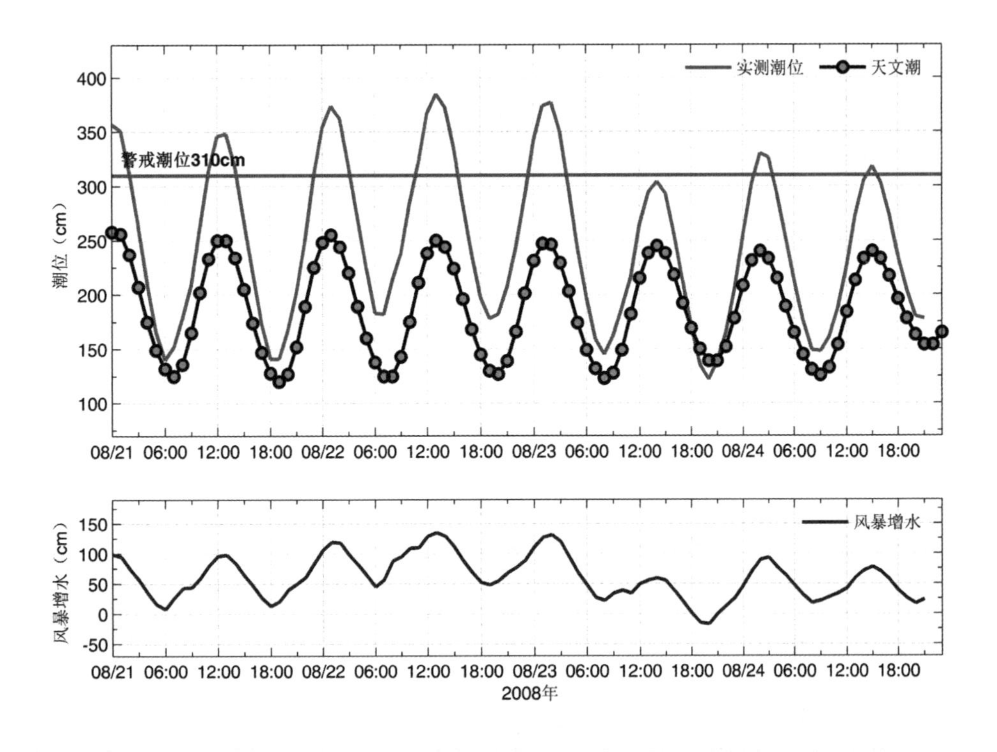

图3.389 蓬莱站实测潮位、天文潮位和风暴增水随时间变化图

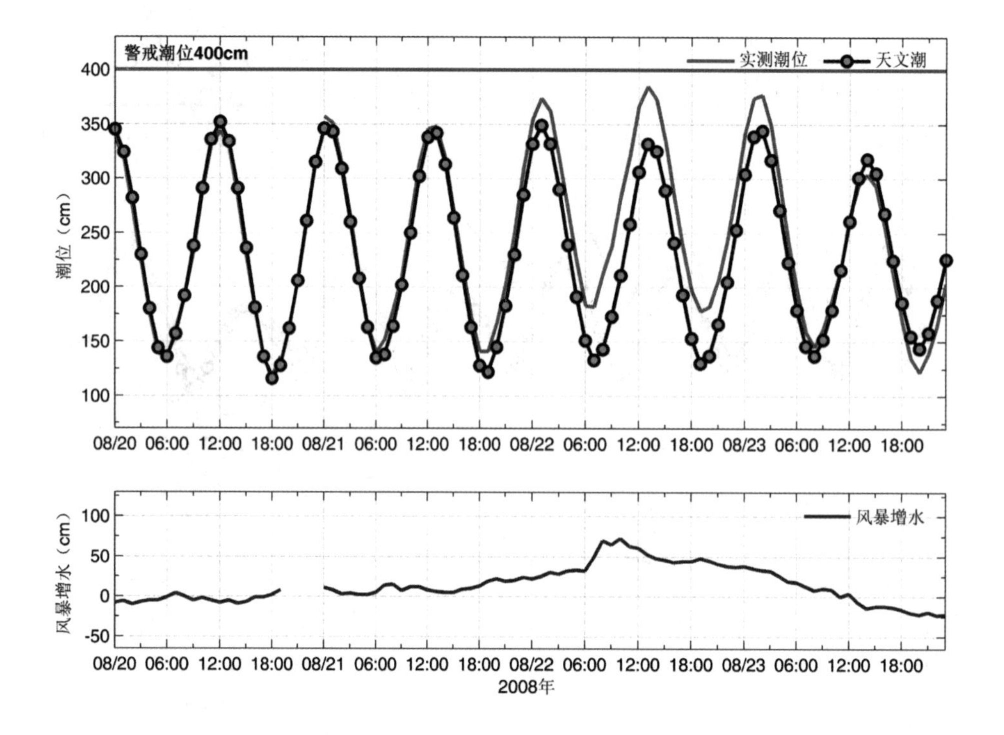

图3.390　烟台站实测潮位、天文潮位和风暴增水随时间变化图

3.53　2009“02·13”风暴潮灾害（北高南低型）

2009年2月12—13日，受冷空气与江淮气旋共同影响，渤海沿岸出现强温带风暴潮过程。沿岸最大增水发生在莱州湾，小岛河站13日12时最大增水2.42 m，羊角沟站13日12时最大增水2.10 m。

辽宁葫芦岛站12日17时最大增水0.77m，小长山站13日08时最大增水1.03 m；东港站13日09时最大增水1.04 m；老虎滩站13日08时最大增水0.84 m。

天津塘沽站13日01时起1.0m以上增水持续10小时，04时最大增水1.54 m，05时27分最高潮位5.13 m，超过当地警戒潮位0.23 m。

河北黄骅站13日00时起1.0 m以上增水持续11小时，05时最大增水1.64 m，05时47分最高潮位4.88 m，超过当地警戒潮位0.08 m。曹妃甸站13日01时起1.0m以上增水持续9小时，05时最大增水1.38 m，居历史最大增水第二位。京唐港05时最大增水1.34 m，居历史最大增水第二位。

山东羊角沟站13日05时起1.0 m以上增水持续11小时。龙口站02时起1.0 m以上增水持续13小时,10时最大增水1.79 m。蓬莱06时起1.0 m以上增水持续8小时，09时最大增水1.55 m，为历史温带风暴增水最大值；最高潮位3.28 m，超过当地警戒潮位0.08 m。烟台10时最大增水1.42 m，为历史温带风暴增水最大值；最高潮位4.02 m，超过当地警戒潮位0.02 m。成山头11时最大增水1.02 m。石臼所18时站最大增水0.99 m。江苏连云港站19时最大增水1.18 m。

受风暴潮影响，13日05时30分左右在天津永定河河口蛏头沽附近，海滨大道北段二期工程施工项目部施工现场滩涂处被快速上涨的海水淹没，现场60名工人被围困。在多家单位的联合救助下，08时60名被困人员均被转移到安全地带并得到妥善安置。天津港一公司部分货物被海水淹泡。天津客运码头被淹，造成码头外街道上大量积水。

天津市汉沽区蔡家堡200余名在海挡外进行填海大坝施工的人员被困，由于当地政府和村民行动及时，派出船舶进行救援，使被困施工人员安全获救，未造成人员伤亡。大神堂渔港渔码头上水近30 cm，有小渔船被潮水冲到码头之上，部分小船的船帮有磕碰现象。此外，海挡外约有380亩养虾池被海水冲坏；2台电机被淹。

烟台市区高潮位时段海浪对滨海大道路堤冲击破坏较大，许多路段的路堤挡浪墙压顶石条被掀翻或移位，拍岸激浪越过挡浪墙，低洼路段积水严重。

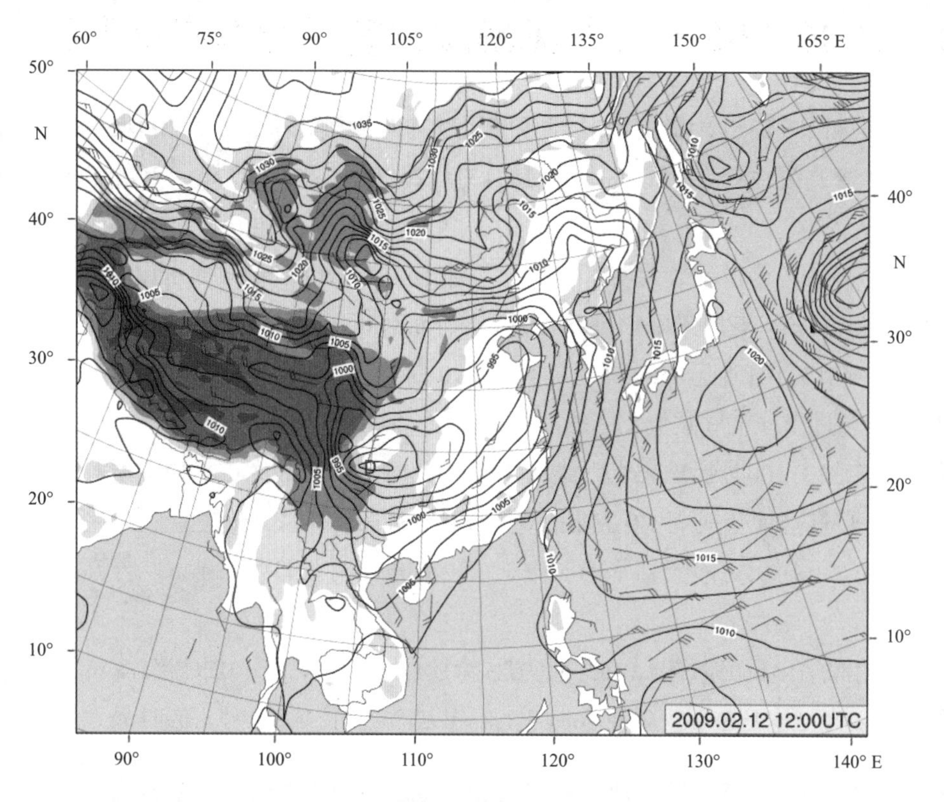

图3.391　2009年2月12日20时地面天气图

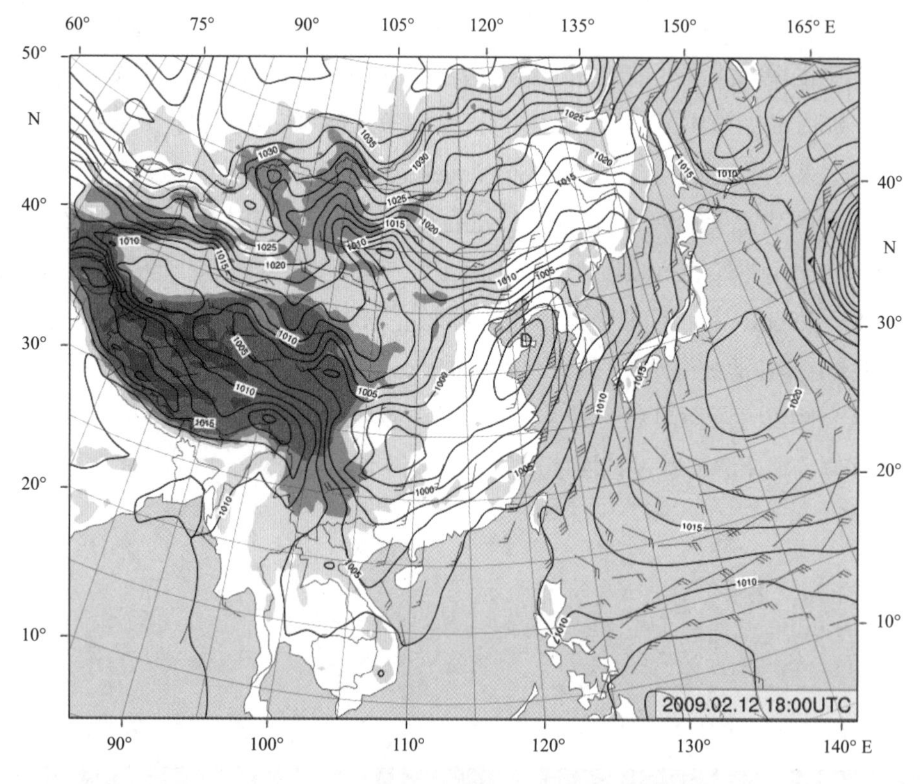

图3.392　2009年2月13日02时地面天气图

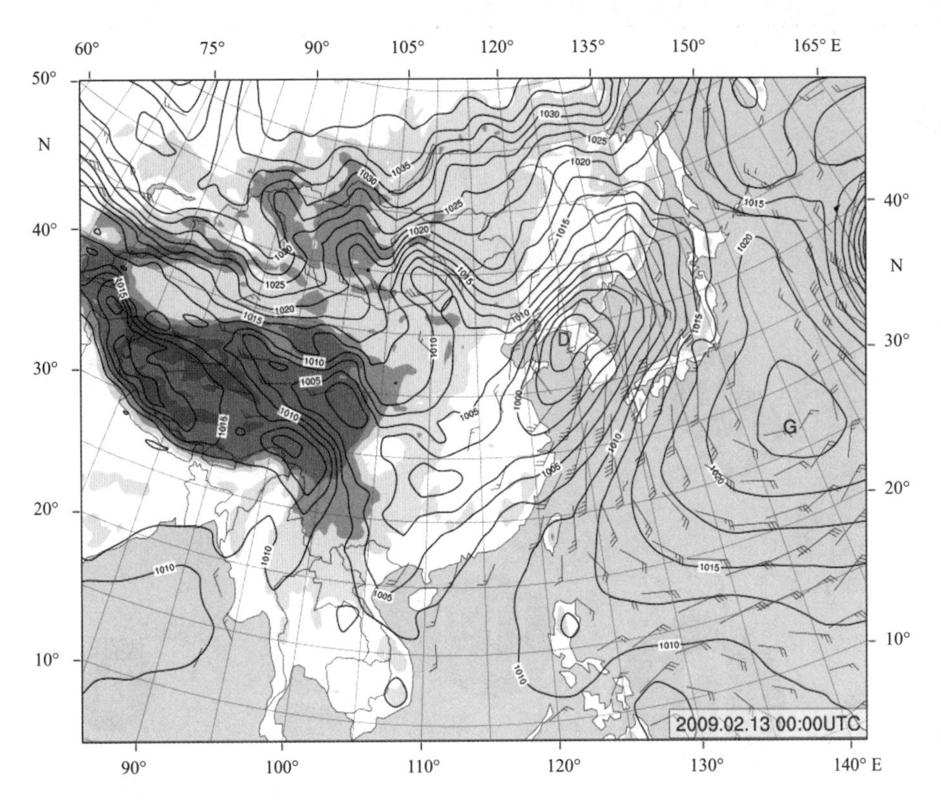

图3.393　2009年2月13日08时地面天气图

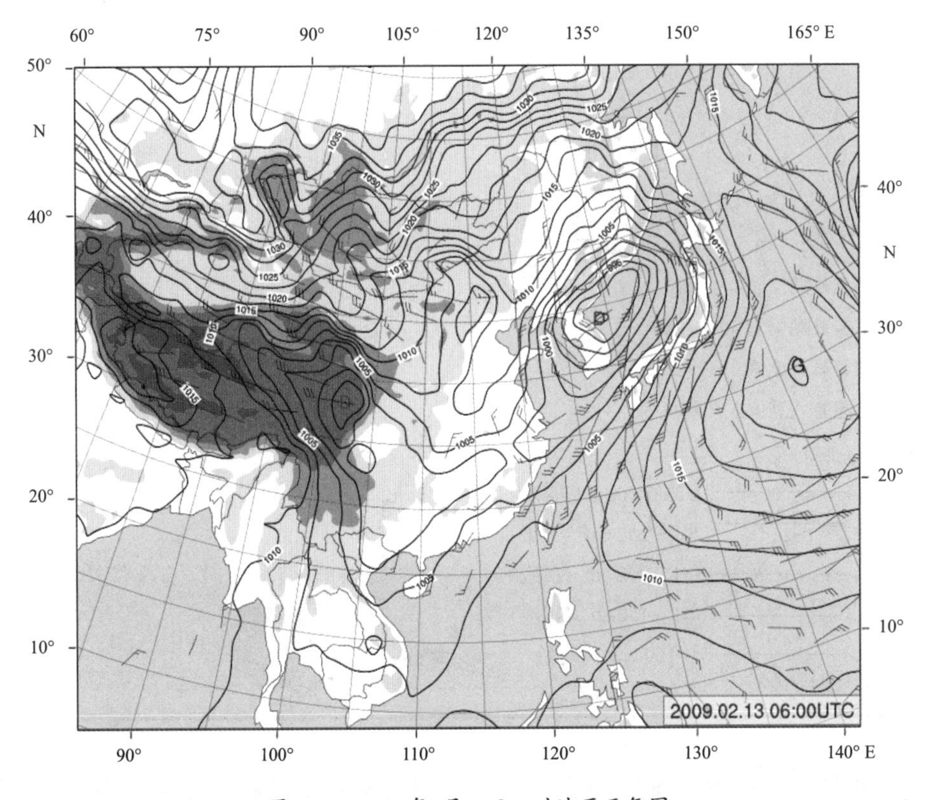

图3.394　2009年2月13日14时地面天气图

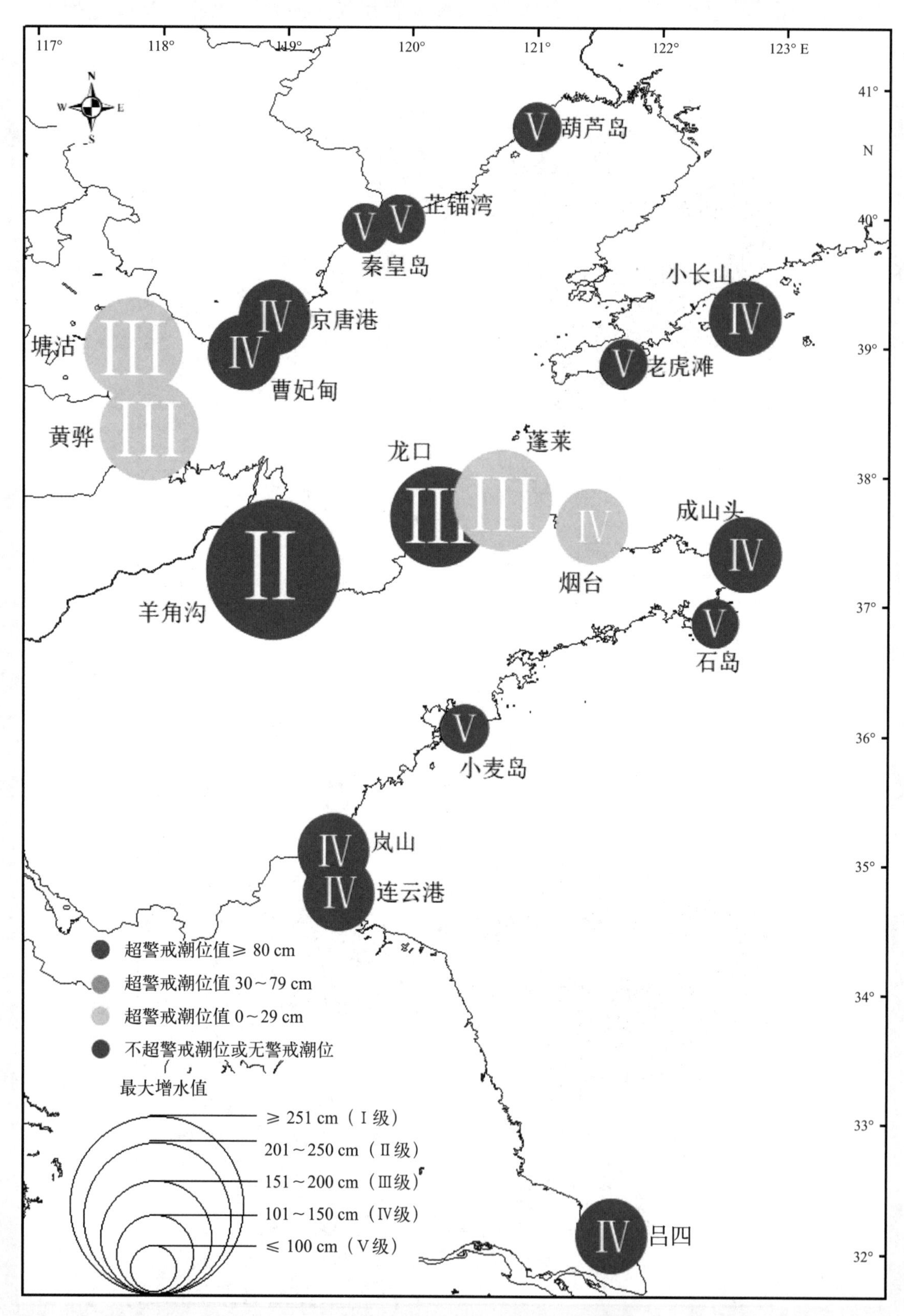

图3.395　2009“02·13”风暴潮空间分布

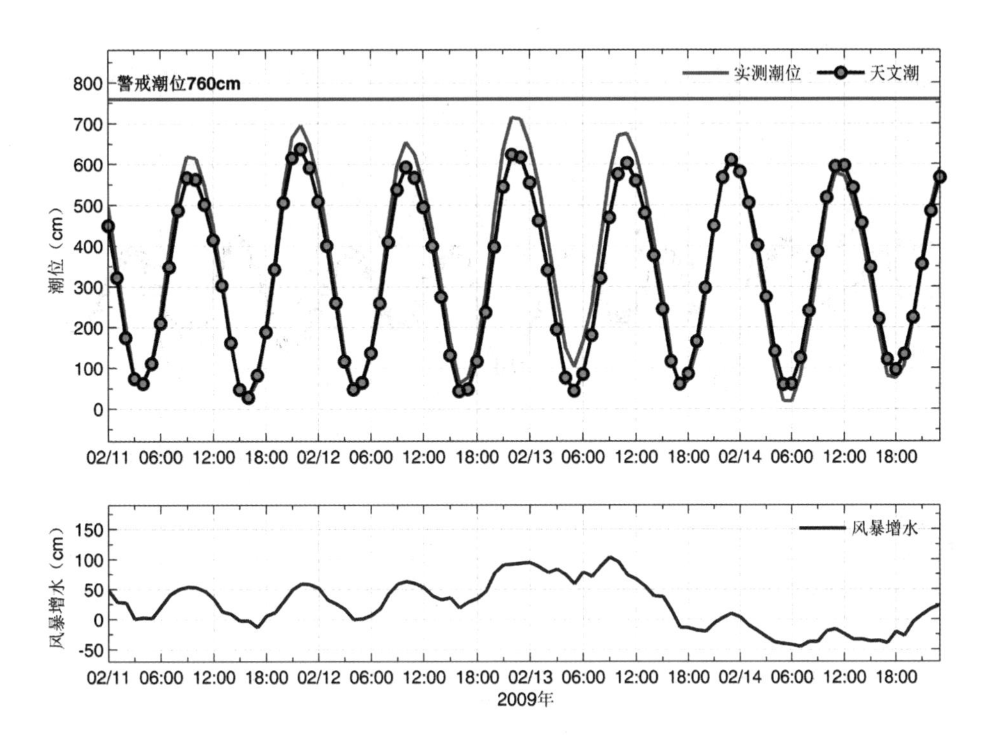

图3.396 东港站实测潮位、天文潮位和风暴增水随时间变化

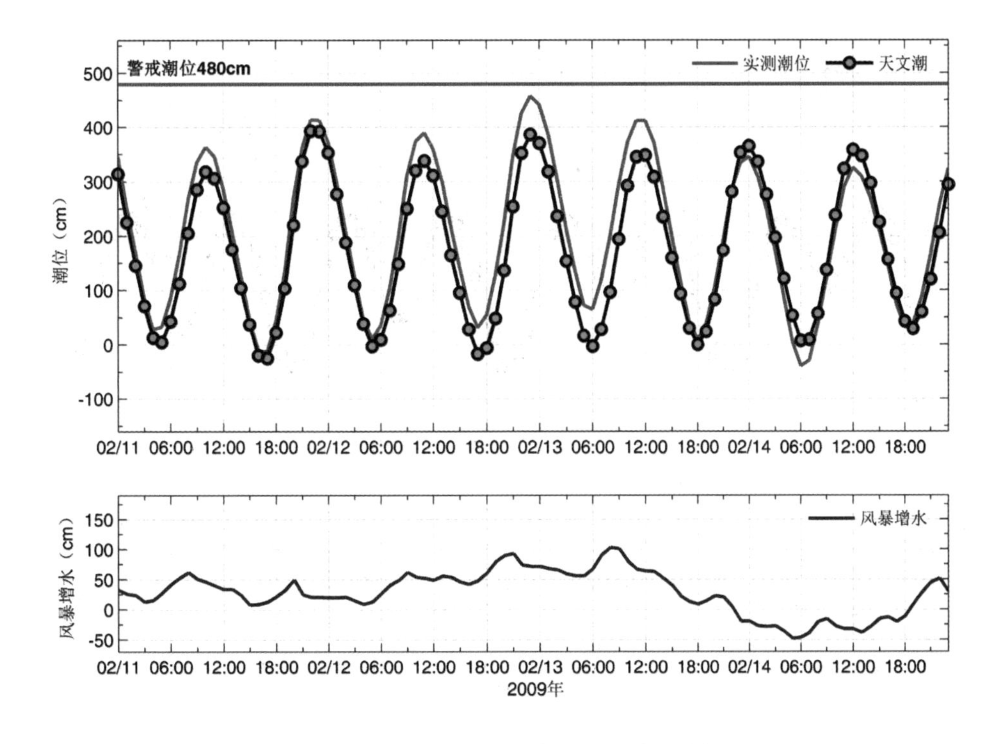

图3.397 小长山站实测潮位、天文潮位和风暴增水随时间变化

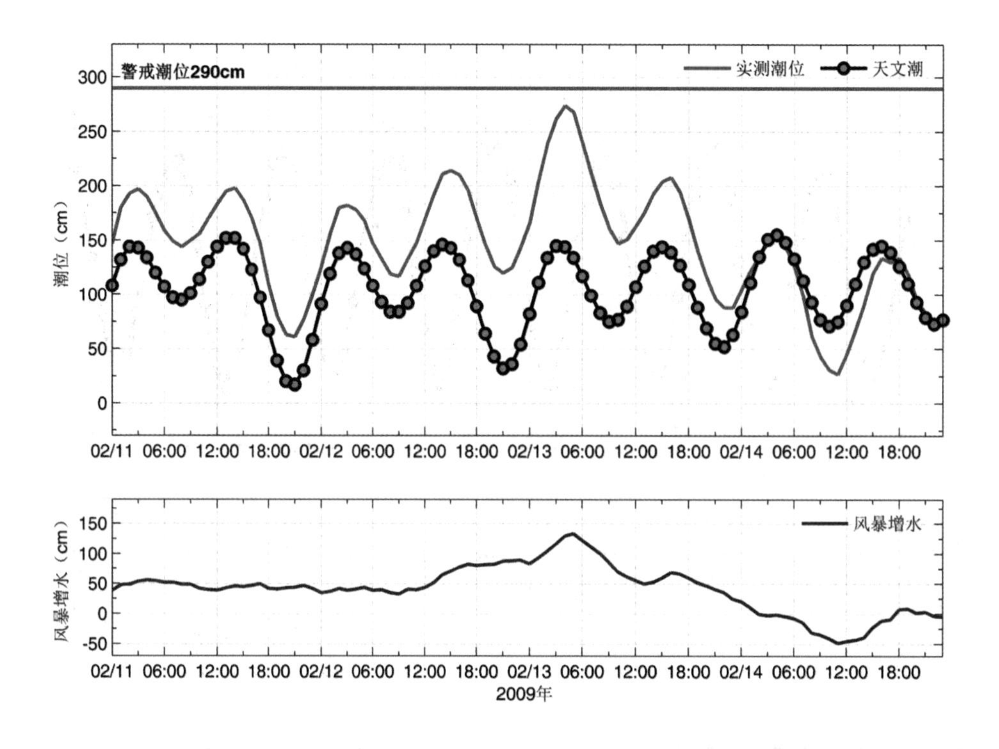

图3.398　京唐港站实测潮位、天文潮位和风暴增水随时间变化

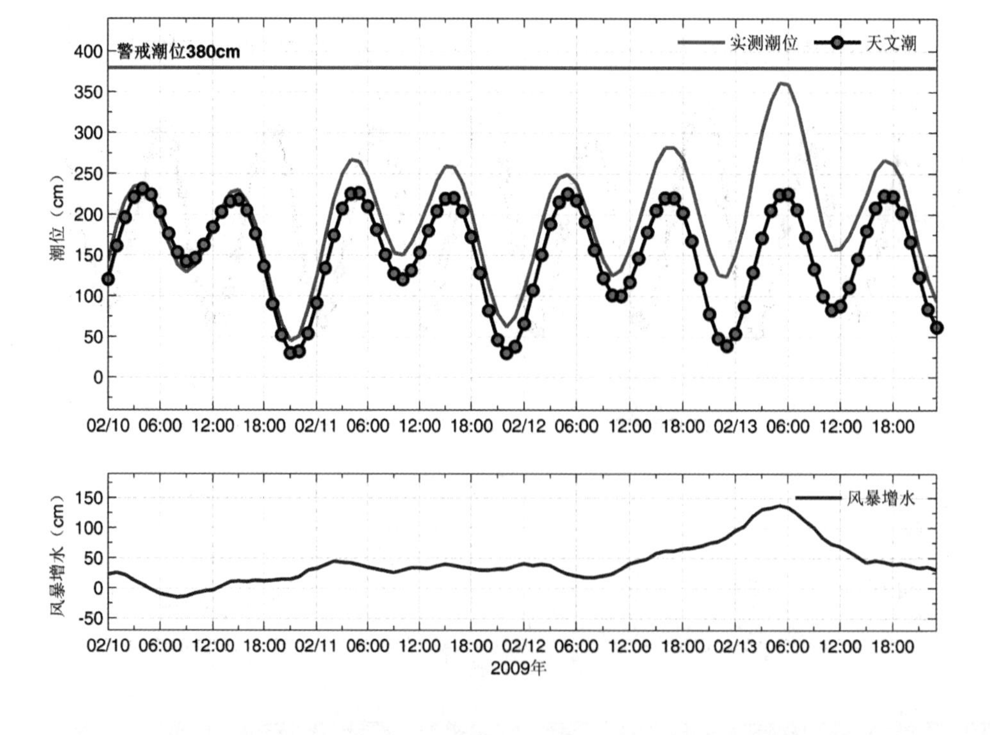

图3.399　曹妃甸站实测潮位、天文潮位和风暴增水随时间变化

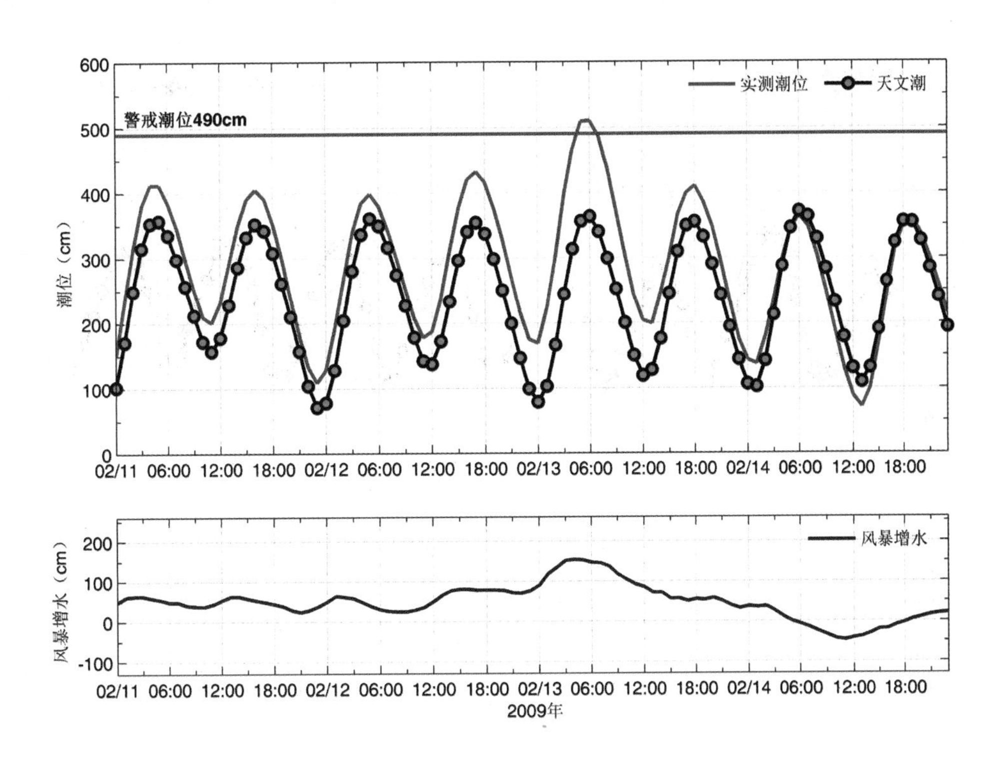

图3.400 塘沽站实测潮位、天文潮位和风暴增水随时间变化

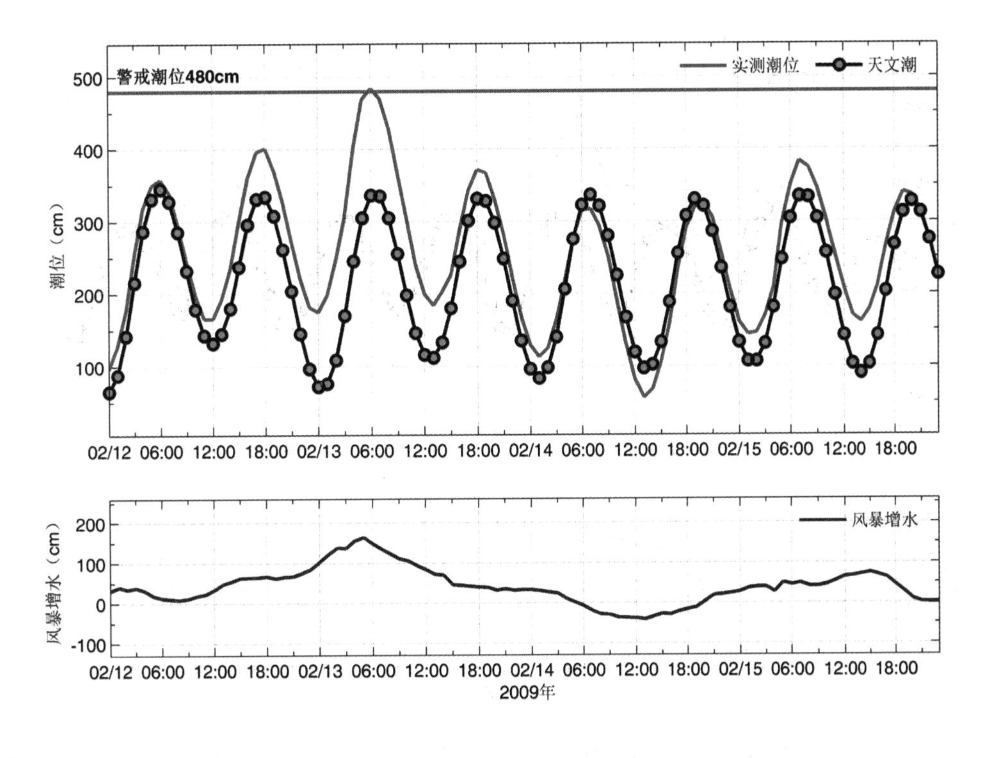

图3.401 黄骅站实测潮位、天文潮位和风暴增水随时间变化

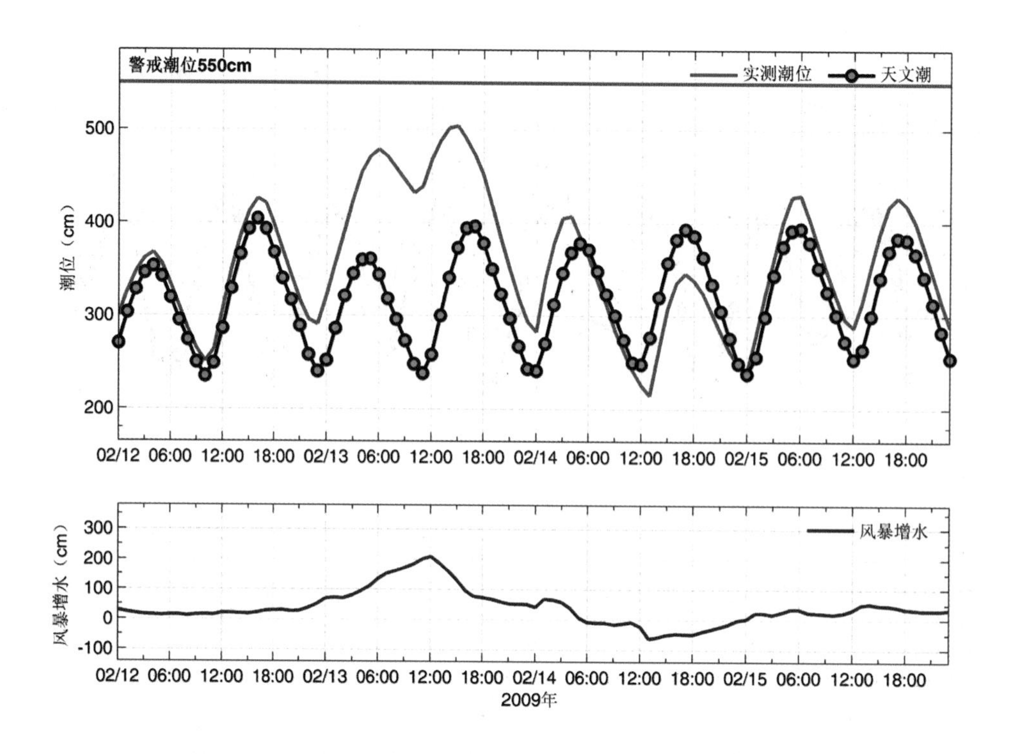

图3.402 羊角沟站实测潮位、天文潮位和风暴增水随时间变化

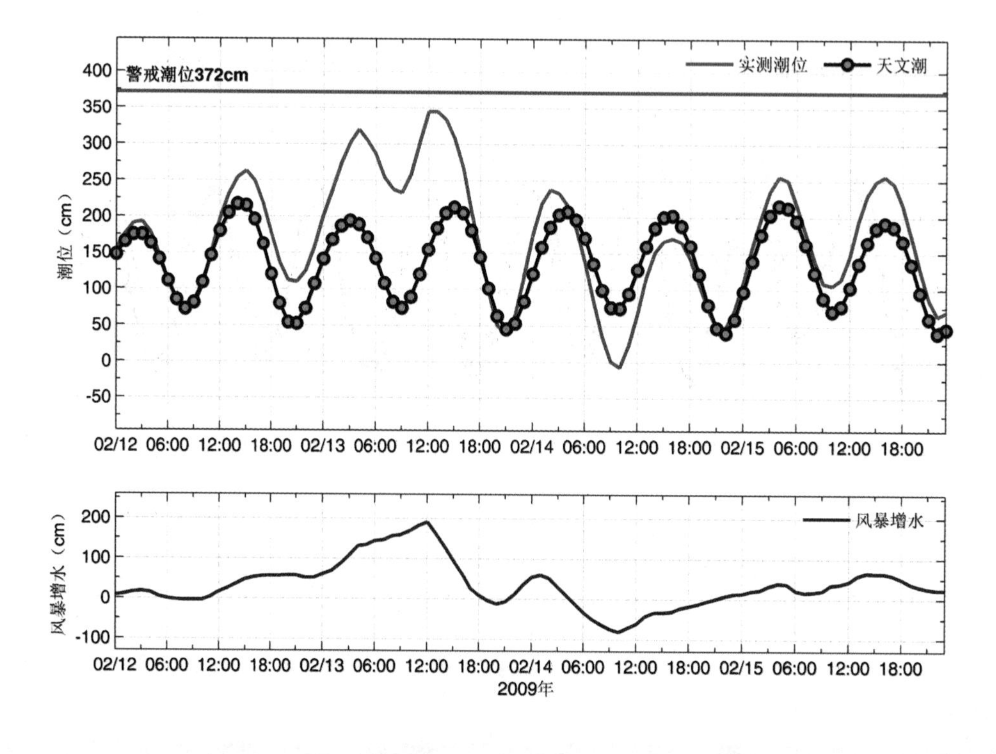

图3.403 潍坊站实测潮位、天文潮位和风暴增水随时间变化

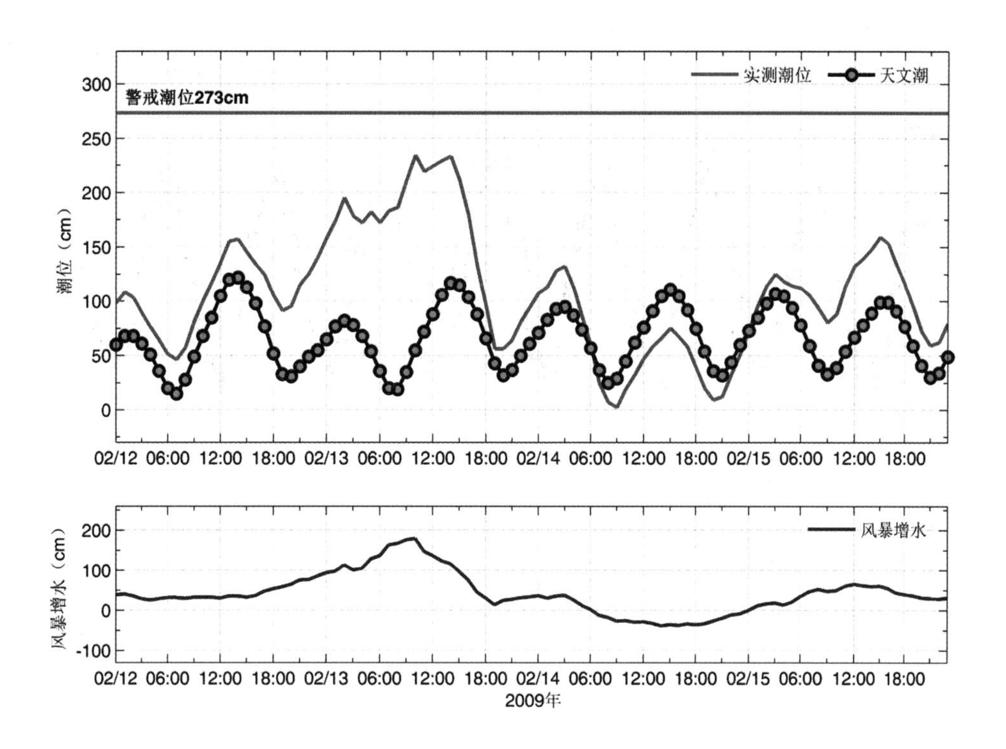

图3.404 龙口站实测潮位、天文潮位和风暴增水随时间变化

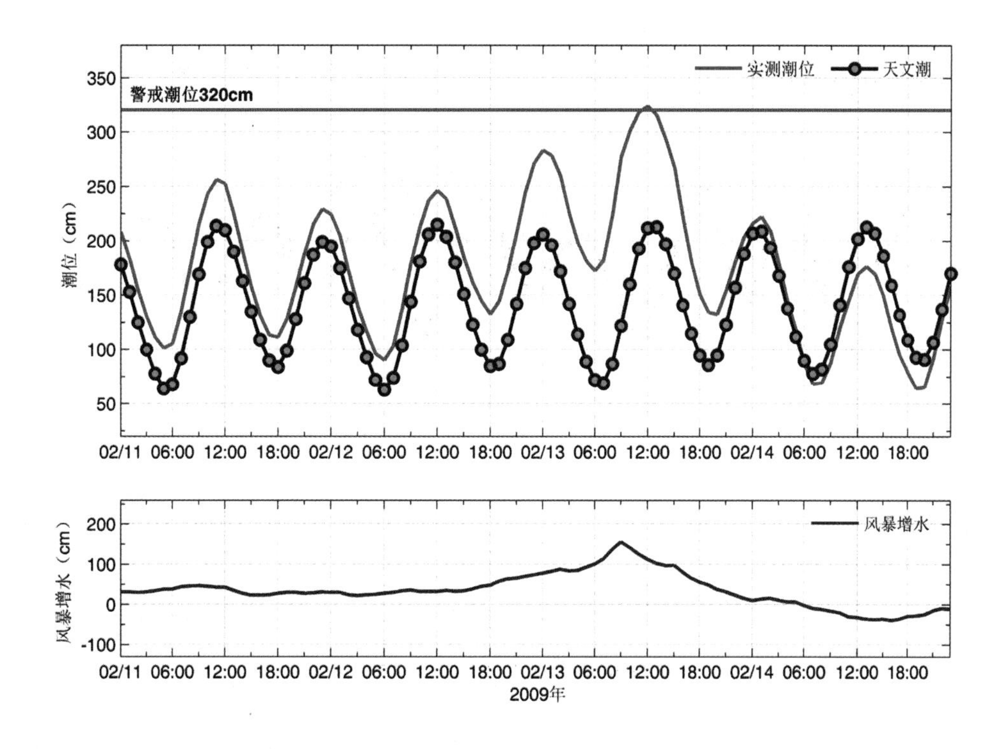

图3.405 蓬莱站实测潮位、天文潮位和风暴增水随时间变化

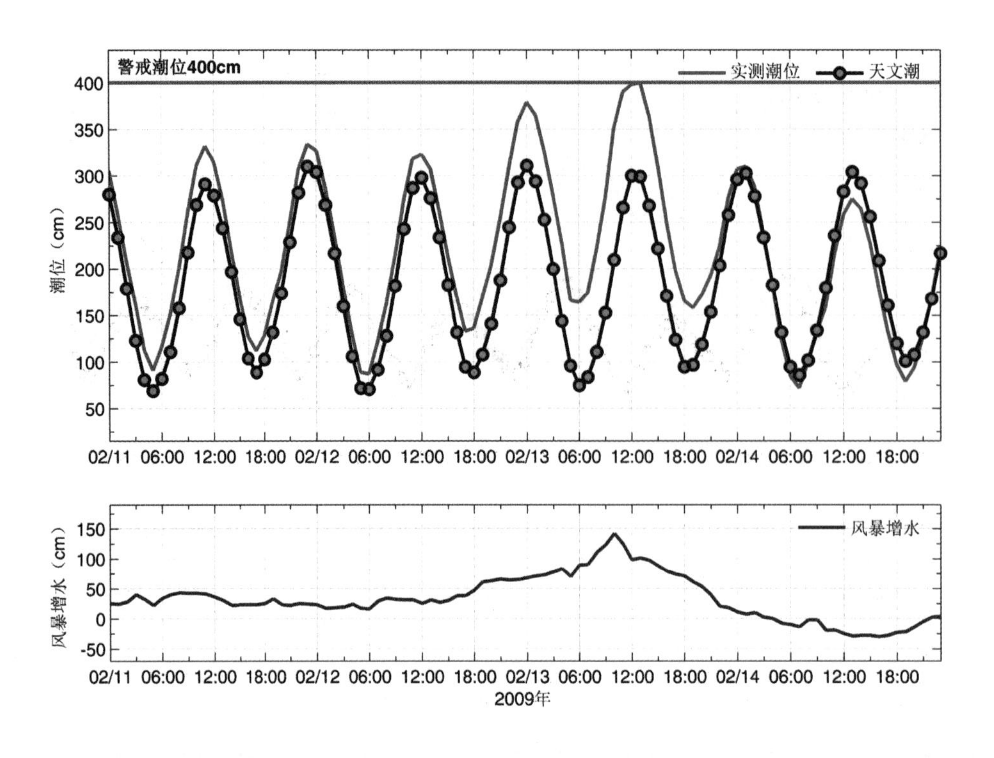

图3.406　烟台站实测潮位、天文潮位和风暴增水随时间变化

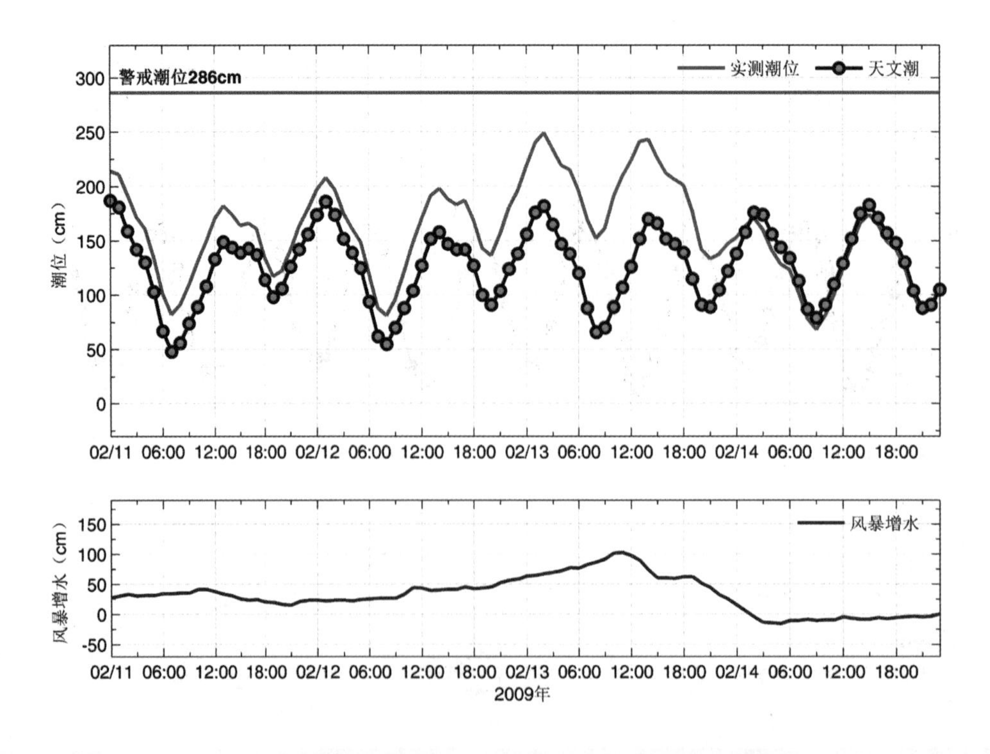

图3.407　成山头站实测潮位、天文潮位和风暴增水随时间变化

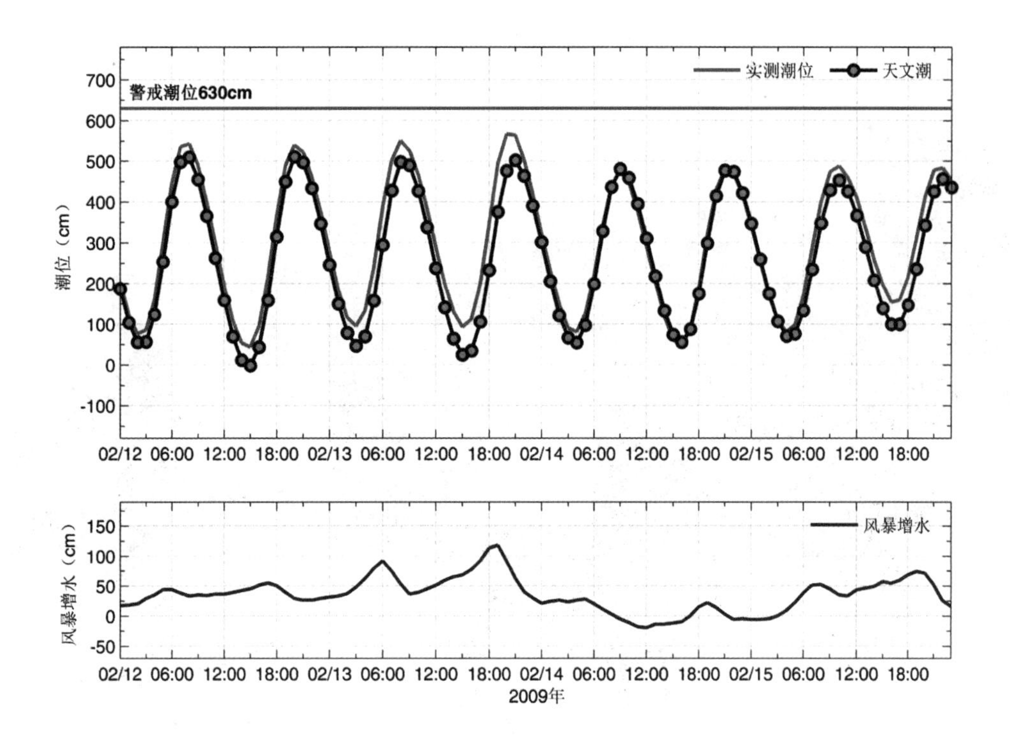

图3.408　连云港站实测潮位、天文潮位和风暴增水随时间变化

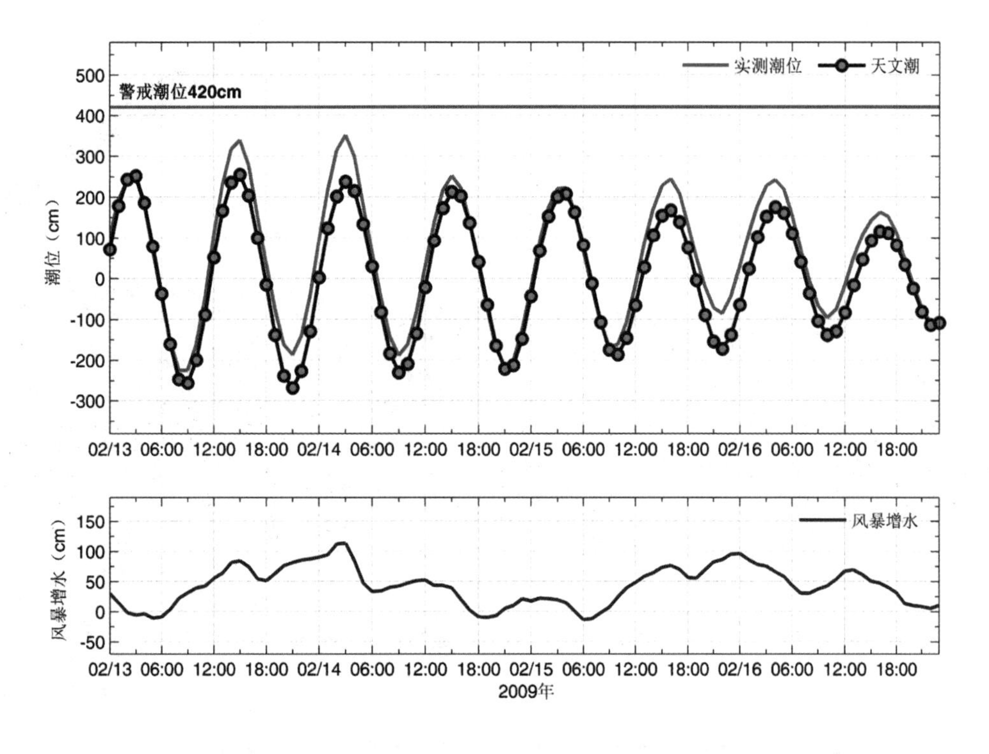

图3.409　吕四站实测潮位、天文潮位和风暴增水随时间变化

图3.410　多方携手救助天津永定河河口蛏头沽被困工人
（摘自新浪新闻中心）

图3.411　天津客运码头被淹

图3.412 天津港受淹

图3.413 烟台市公路被浸湿

图3.414 烟台市公路被淹

3.54　2009“04·15”风暴潮灾害（北高南低型）

2009年4月14—15日，受冷空气与江淮气旋共同影响，渤海沿岸发生较强温带风暴潮。各站最大增水均出现在15日，大部分站的最大增水发生在当日天文高潮时附近。天津塘沽站07时最大增水1.73 m，06时49分最高潮位5.04 m，超过当地警戒潮位0.14 m。河北黄骅站07时最大增水1.76 m，最高潮位5.14 m，06时23分超过当地警戒潮位0.34 m；曹妃甸站最大增水1.27 m，京唐港站最大增水1.01 m。山东羊角沟站12时最大增水2.76 m，10时最高潮位5.39 m，接近当地警戒潮位；龙口站最大增水1.41 m；蓬莱站最大增水0.93 m；烟台站最大增水0.73 m。

河北省、天津市、山东省因灾造成直接经济损失合计6.20亿元。

河北省沧州市5万人受灾；水产养殖7 000 hm^2（1 000 t）受损；防波堤3.5 km损坏，护岸3处受损。全省直接经济损失0.70亿元，其中堤坝损毁造成的经济损失约3 000万元，养殖区损失约3 000万元，船只损失约1 000万。

黄骅港南疏港路东段原神华港北堤约15 m被破坏，石钢围堤处发生三起沉船事故，3 500 m横堤约500 m被冲毁，另有15艘施工船被搁浅堤坝上。1000吨码头南侧养殖围堤被破坏成多段，每段约30 m；3000吨码头三艘游艇沉没；在建3000吨码头工程房及电机被淹。沧州市海域30万亩养殖区部分养殖堤坝被冲毁，10万亩养殖池塘由于被海水淹没不同程度受灾。

曹妃甸工业区东南海域二期围堤造地工程60%以上的临时路被冲毁，经济损失达200万元。

天津市3人死亡，6人失踪；防波堤3.7 km、护坡350 m^2受损；大港油田公司630多口油井停产；北塘海滨大道施工工地十余人被困集装箱顶。全市因灾直接经济损失2.49亿元。

山东省6.5万人受灾；水产养殖2 270 hm^2（7 000 t）受损；防波堤5.4 km、护岸2处受损；24艘船只损毁。全省直接经济损失3.01亿元。

滨州、东营和潍坊三市沿海地区经济损失达数千万元。其中，滨州西港码头漫水30 cm左右，15万吨码头被冲毁。15日晨，寿光市羊口镇47名渔民在滩涂采割芦苇时被潮水围困，经当地渔政部门全力抢救，安全转移到渔政船上。潍坊滨海开发区央子镇一期防潮大堤300 m处，一艘渔船撞在防护堤上，3名渔民被困，经渔政、消防、海事、港航、边防等部门全力救助，2人救出，1人失踪。昌邑市柳疃镇胜利油田东胜公司黄河第四钻井队57名工人在潮水中被困，经当地政府、边防部门和群众全力营救，成功脱险。此外，沿海防护大堤、新建渔港、渔港码头、靠港渔船及其他海洋设施均受到不同程度的损坏。

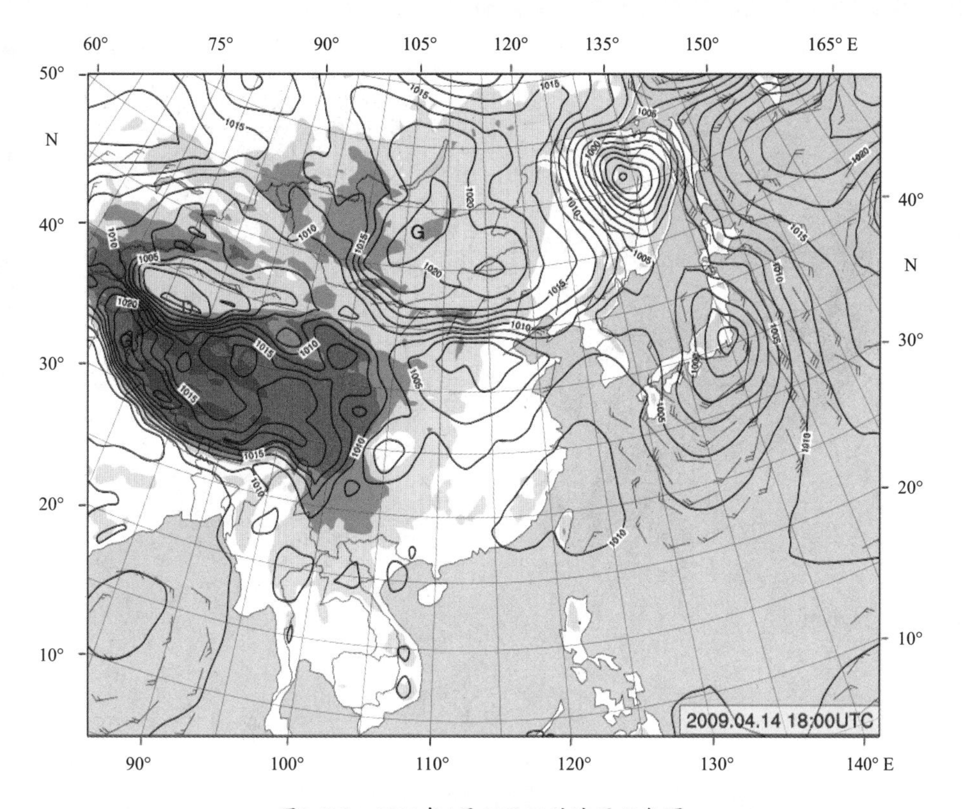

图3.415　2009年4月15日02时地面天气图

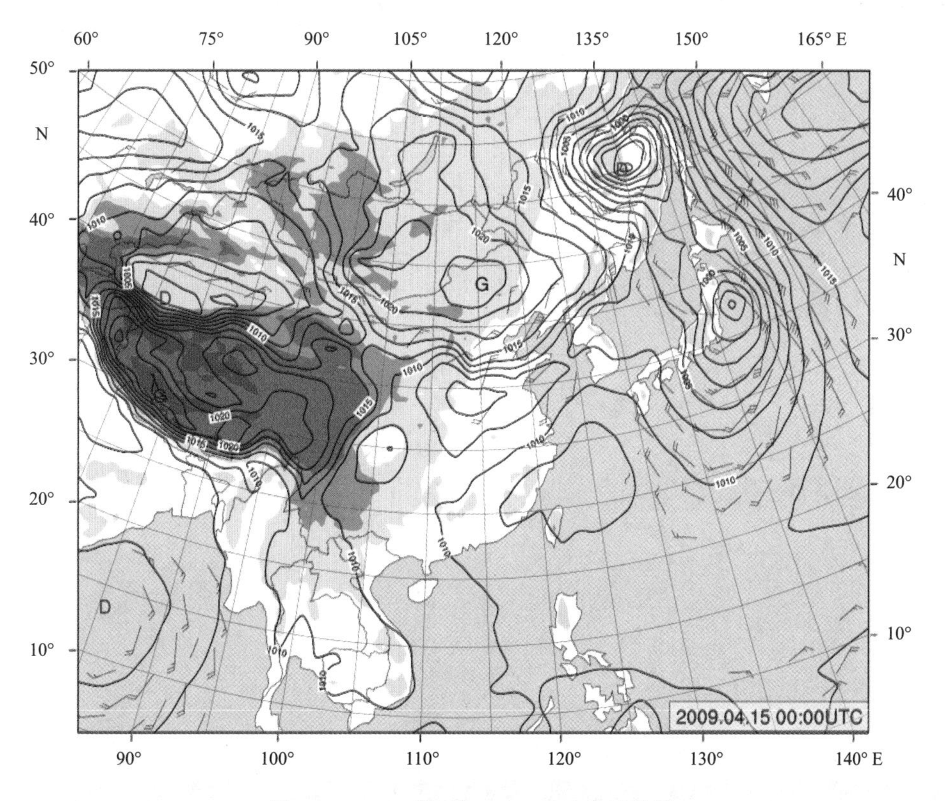

图3.416　2009年4月15日08时地面天气图

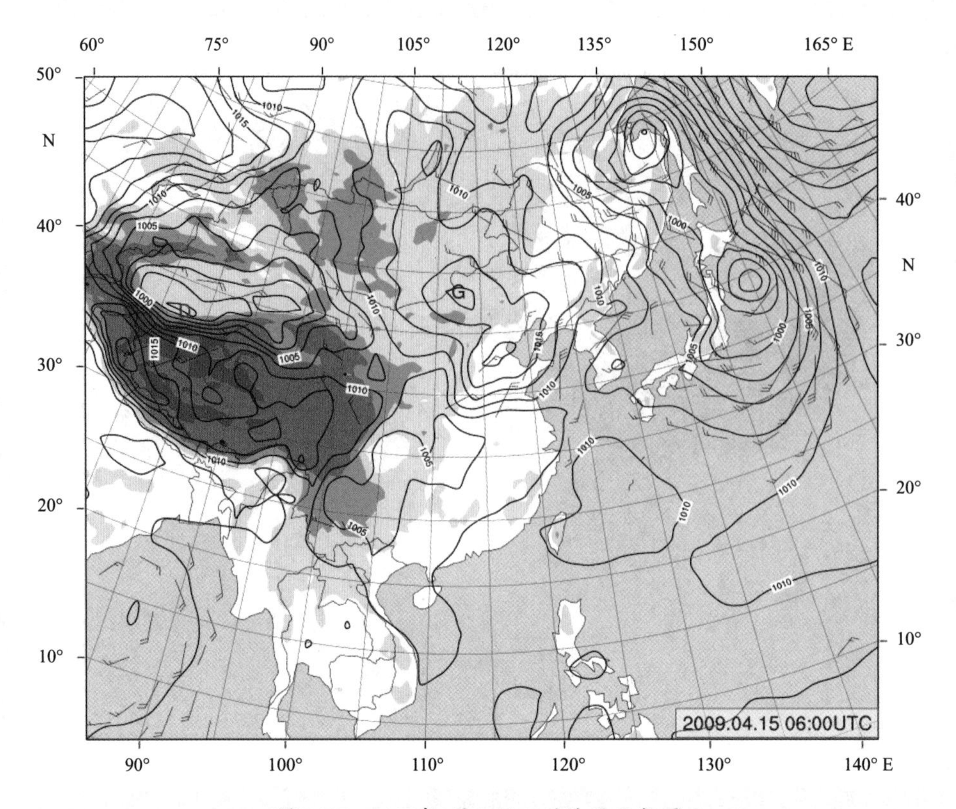

图3.417　2009年4月15日14时地面天气图

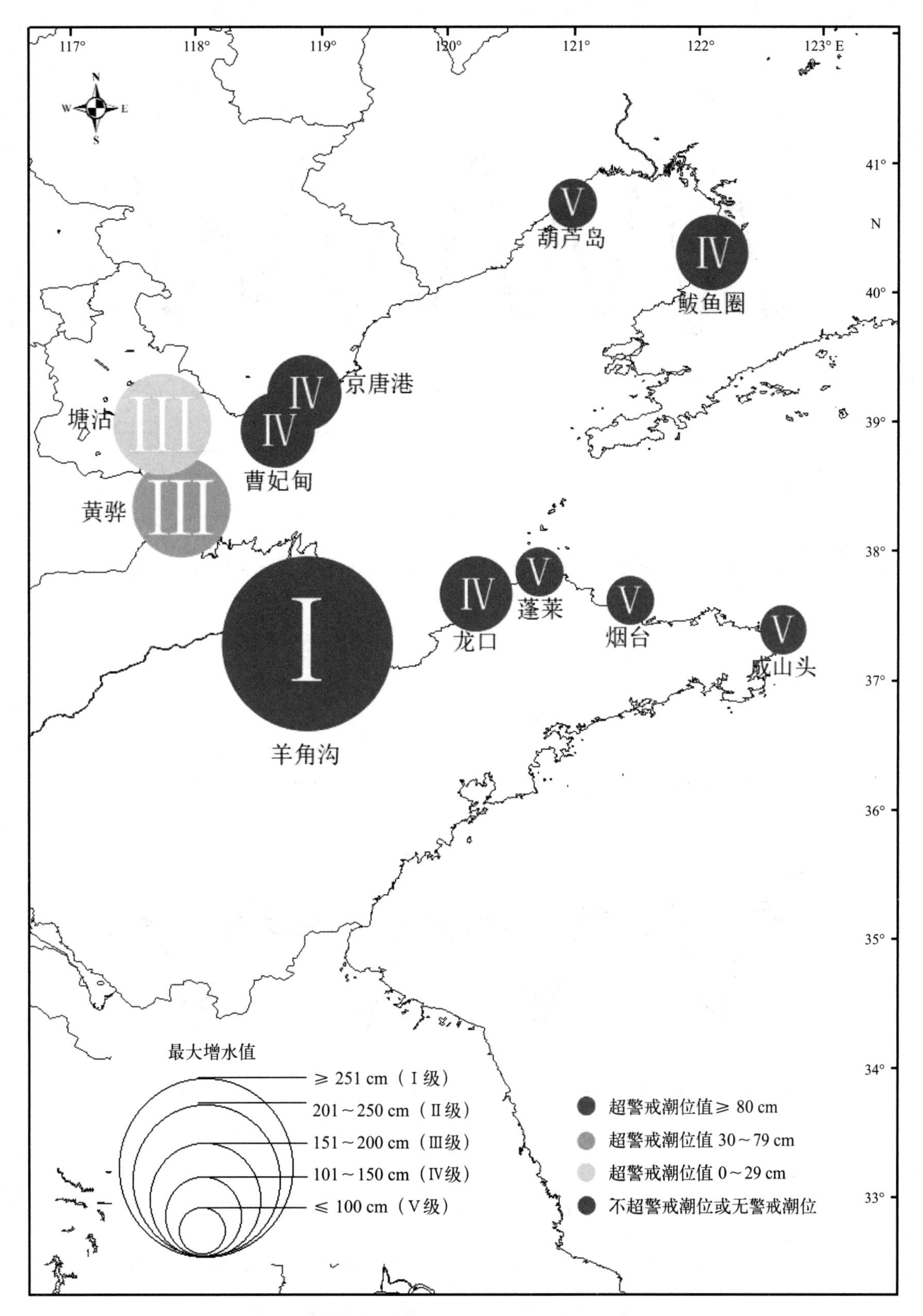

图3.418　2009“04·15”风暴潮空间分布

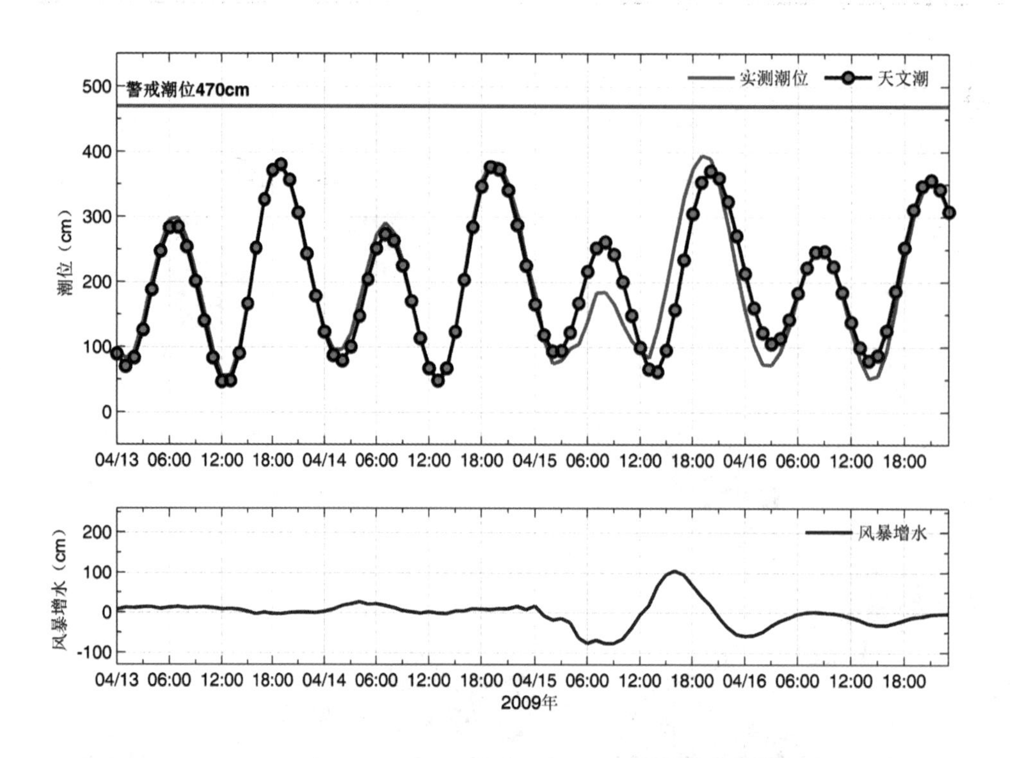

图3.419　鲅鱼圈站实测潮位、天文潮位和风暴增水随时间变化

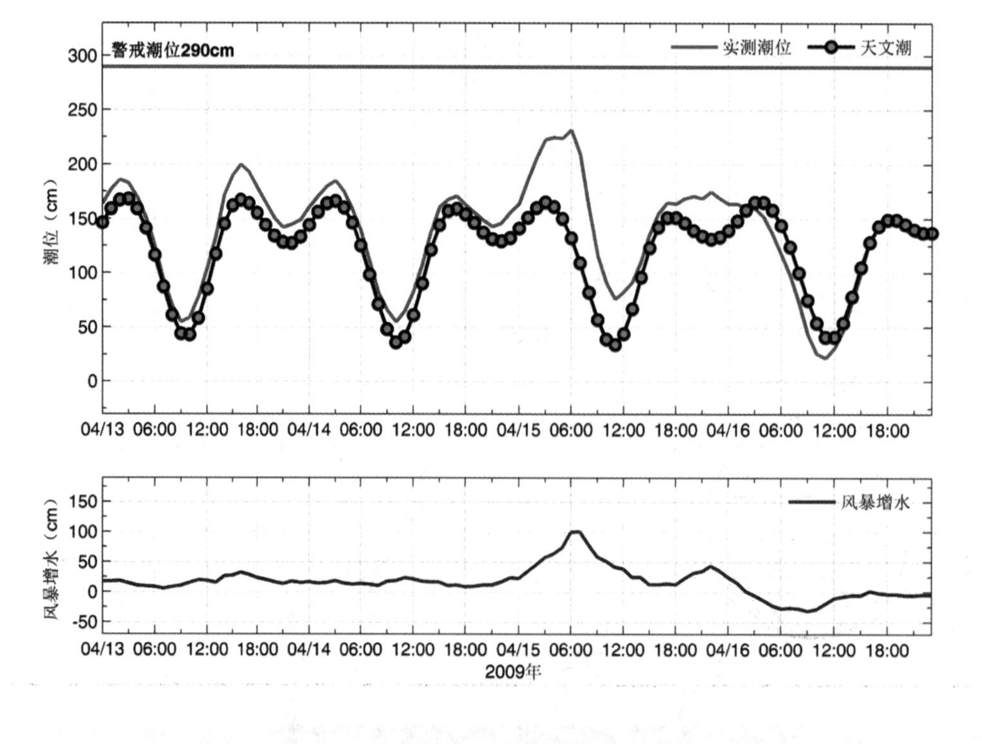

图3.420　京唐港站实测潮位、天文潮位和风暴增水随时间变化

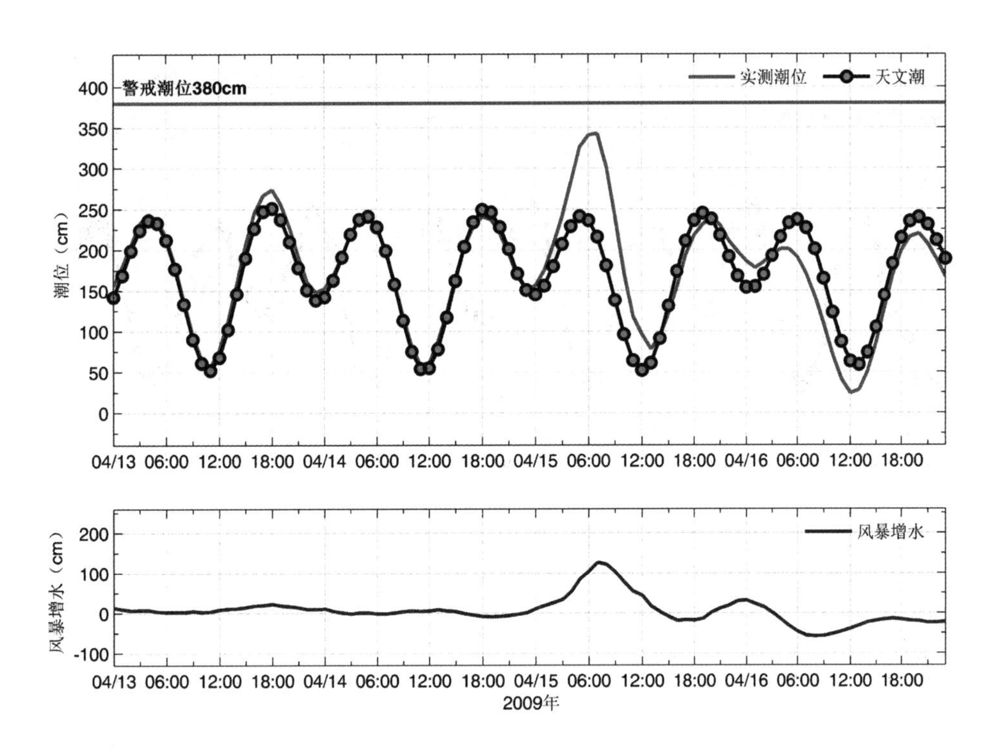

图3.421 曹妃甸站实测潮位、天文潮位和风暴增水随时间变化

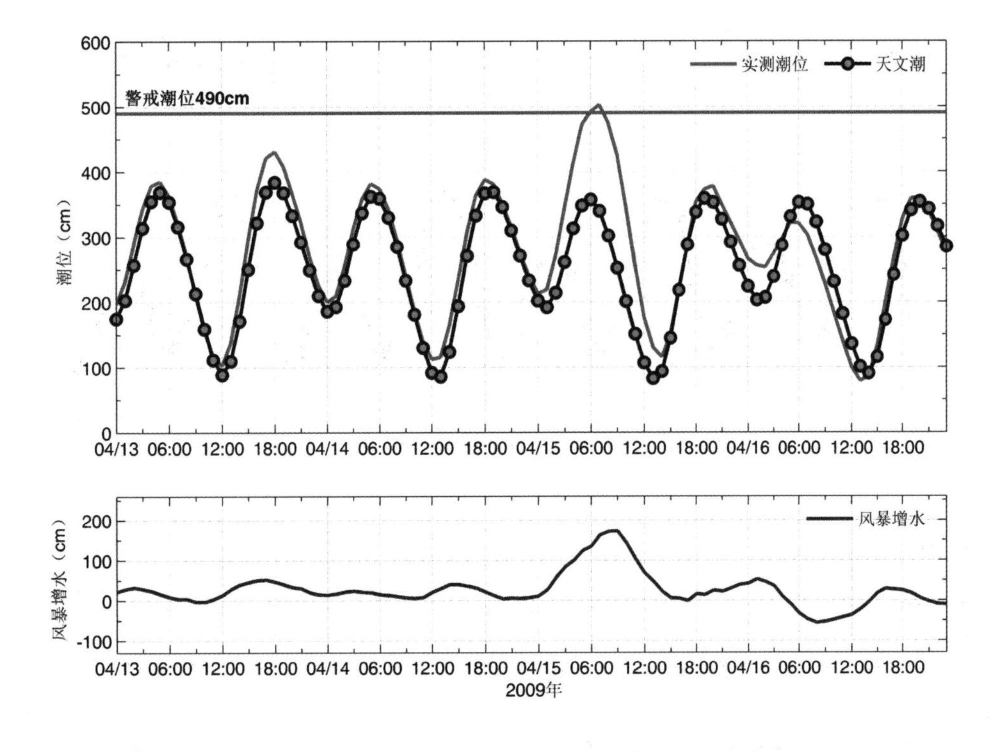

图3.422 塘沽站实测潮位、天文潮位和风暴增水随时间变化

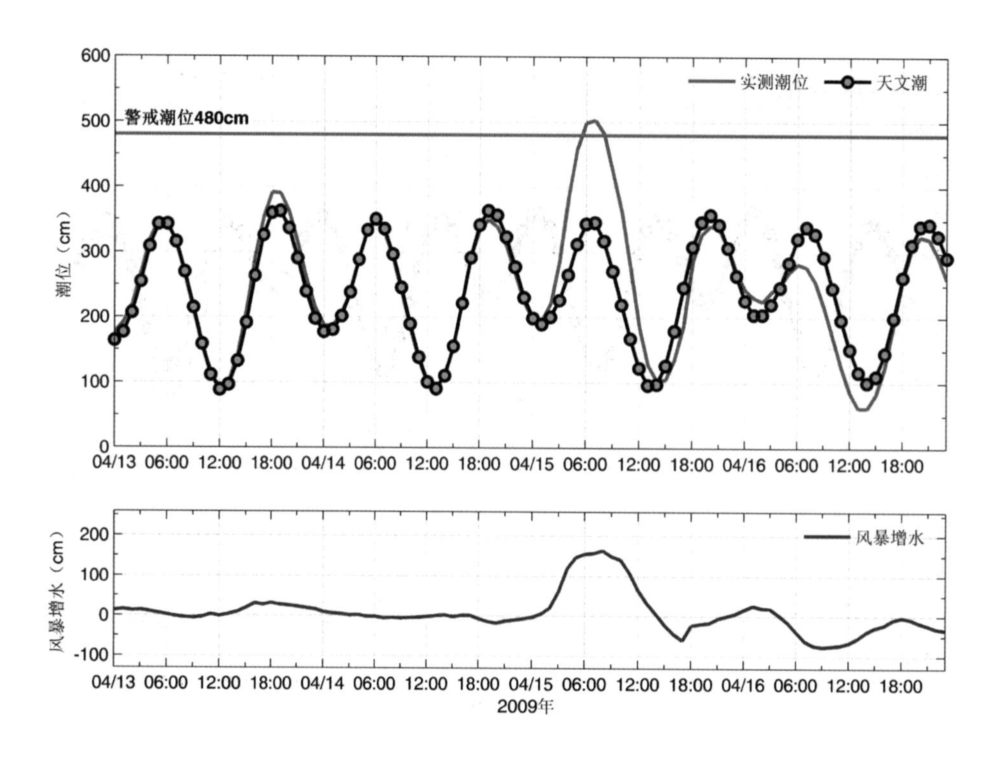

图3.423　黄骅站实测潮位、天文潮位和风暴增水随时间变化

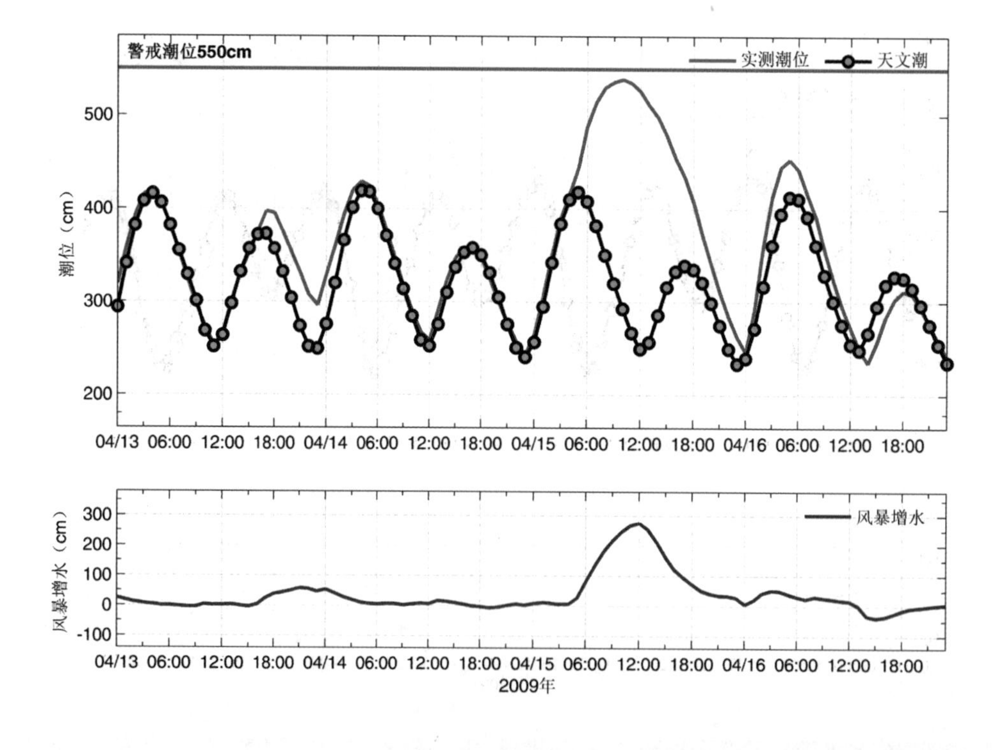

图3.424　羊角沟站实测潮位、天文潮位和风暴增水随时间变化

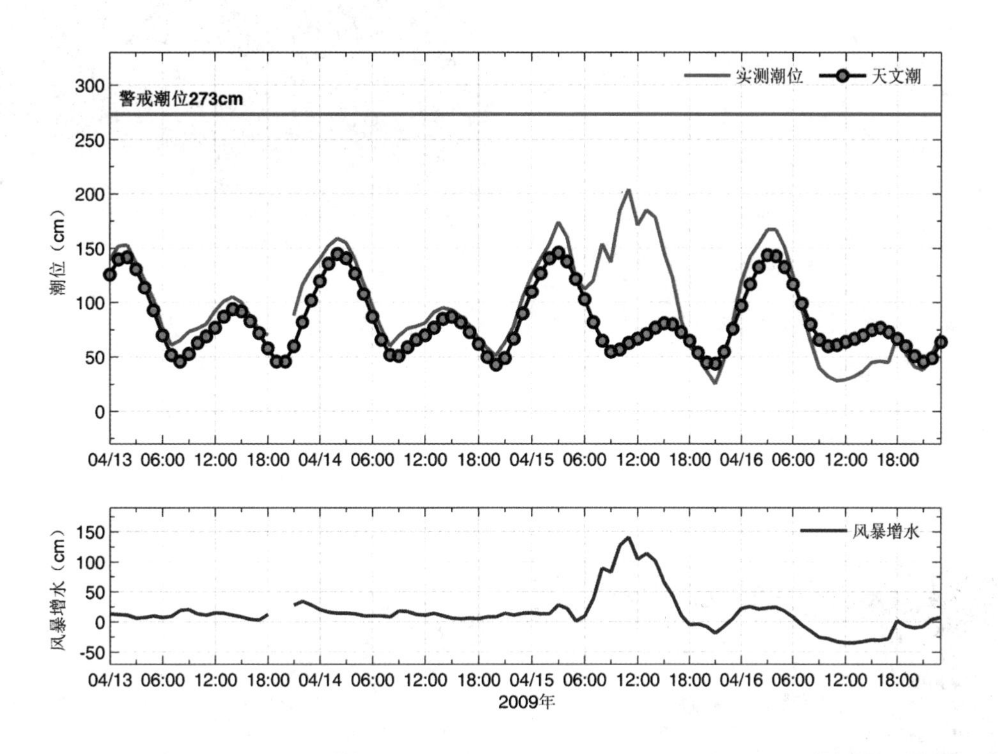

图3.425 龙口站实测潮位、天文潮位和风暴增水随时间变化

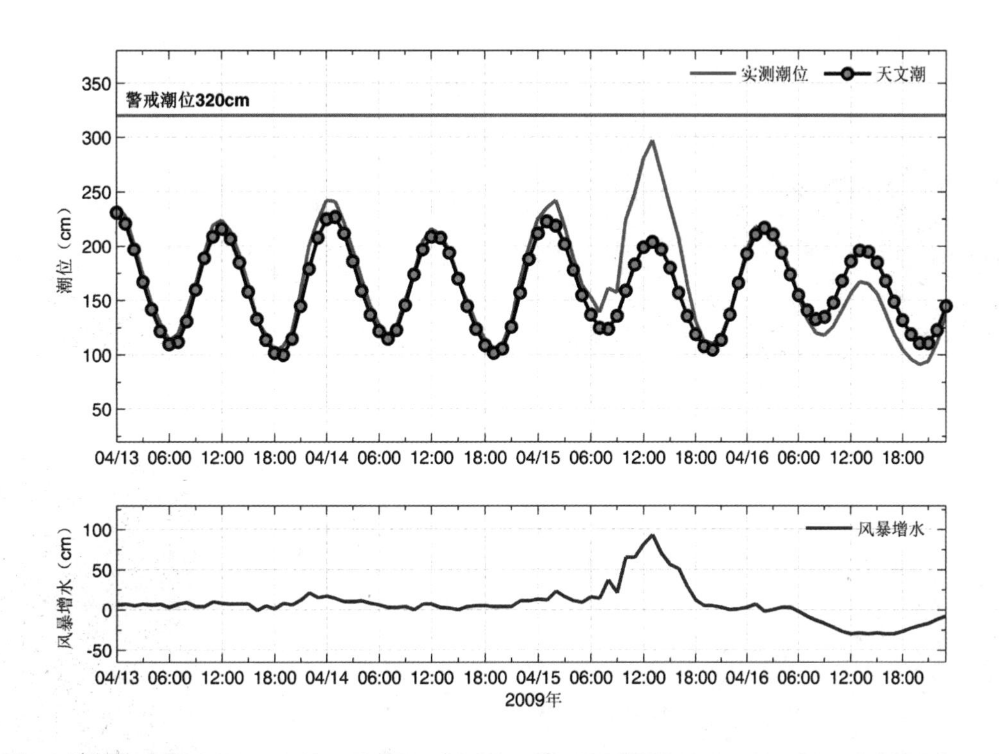

图3.426 蓬莱站实测潮位、天文潮位和风暴增水随时间变化

图3.427　河北省黄骅岐口国华沧电风力发电厂道路被淹

图3.428　山东省滨州港西港厂房被淹

图3.429　南疏港路原神华港北堤

图3.430　石钢围堤附近沉船

图3.431　在建300吨码头施工现场

图3.432　岐口国华沧电风力发电进场道路被淹

图3.433　岐口养殖围堤被冲毁

图3.434　南排河码头附近风暴潮位

3.55 2010“01·20”风暴潮灾害（冷高压型）

2010年1月20—21日，受冷空气影响，莱州湾出现强温带风暴潮，渤海湾、山东半岛北岸分别出现较强和一般强度风暴潮。山东羊角沟站20日11时起持续19个小时增水大于1.0 m，其中23时最大增水2.24 m，17时30分最高潮位5.32 m，接近当地警戒潮位；龙口站20日15时最大增水1.34 m。河北曹妃甸站20日11时最大增水1.30 m，居历史最大增水第三位；黄骅站12时最大增水1.72 m。天津塘沽站20日11时最大增水1.69 m。山东蓬莱站20日17时最大增水0.86 m，烟台18时最大增水0.80 m。

未收集到灾情资料。

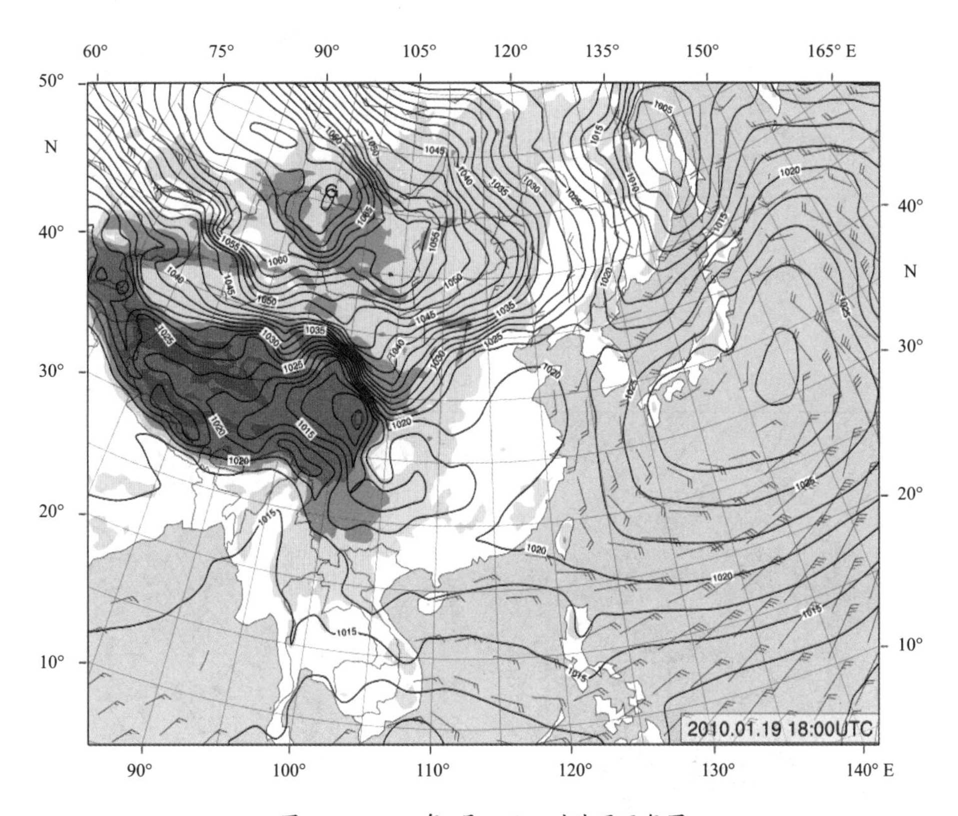

图3.435 2010年1月20日02时地面天气图

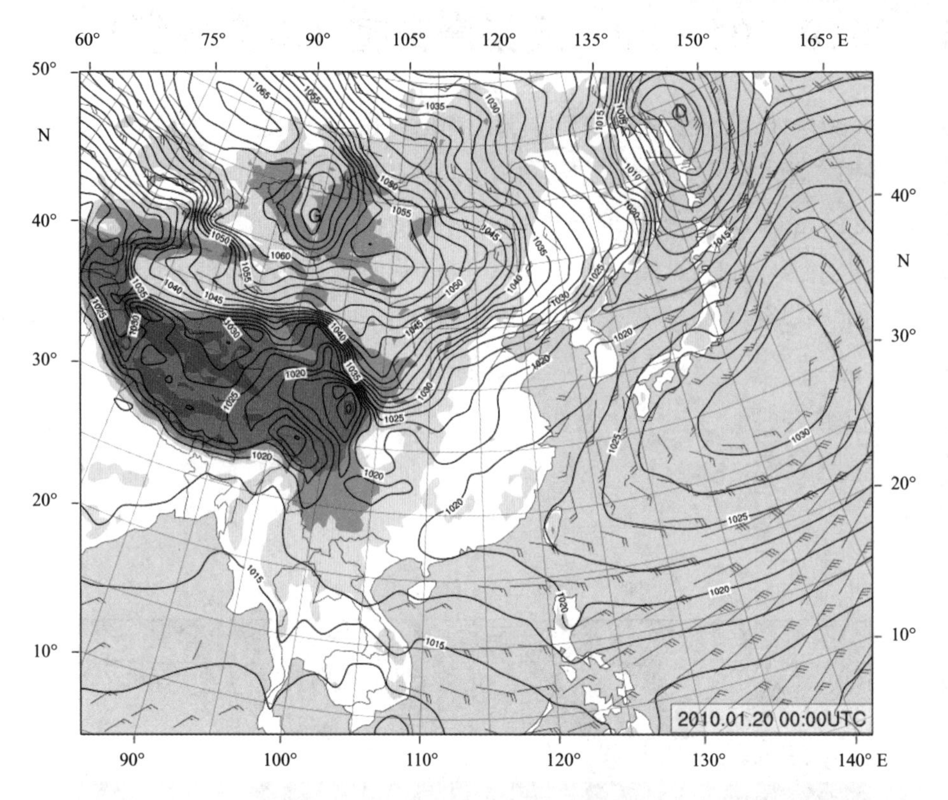

图3.436　2010年1月20日08时地面天气图

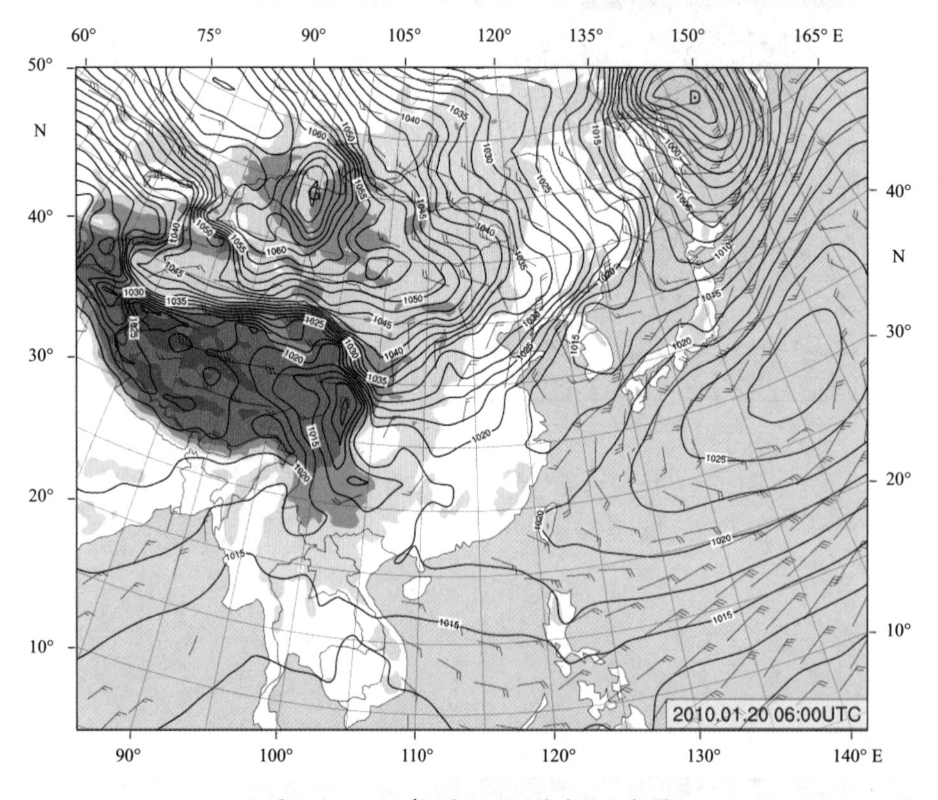

图3.437　2010年1月20日14时地面天气图

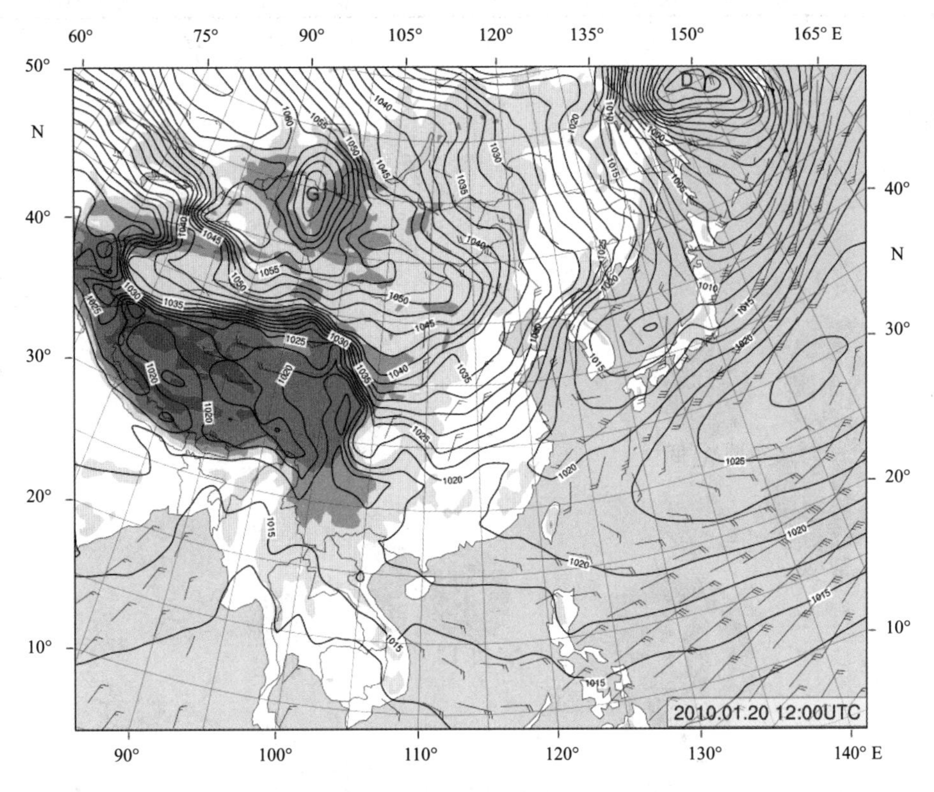

图3.438　2010年1月20日20时地面天气图

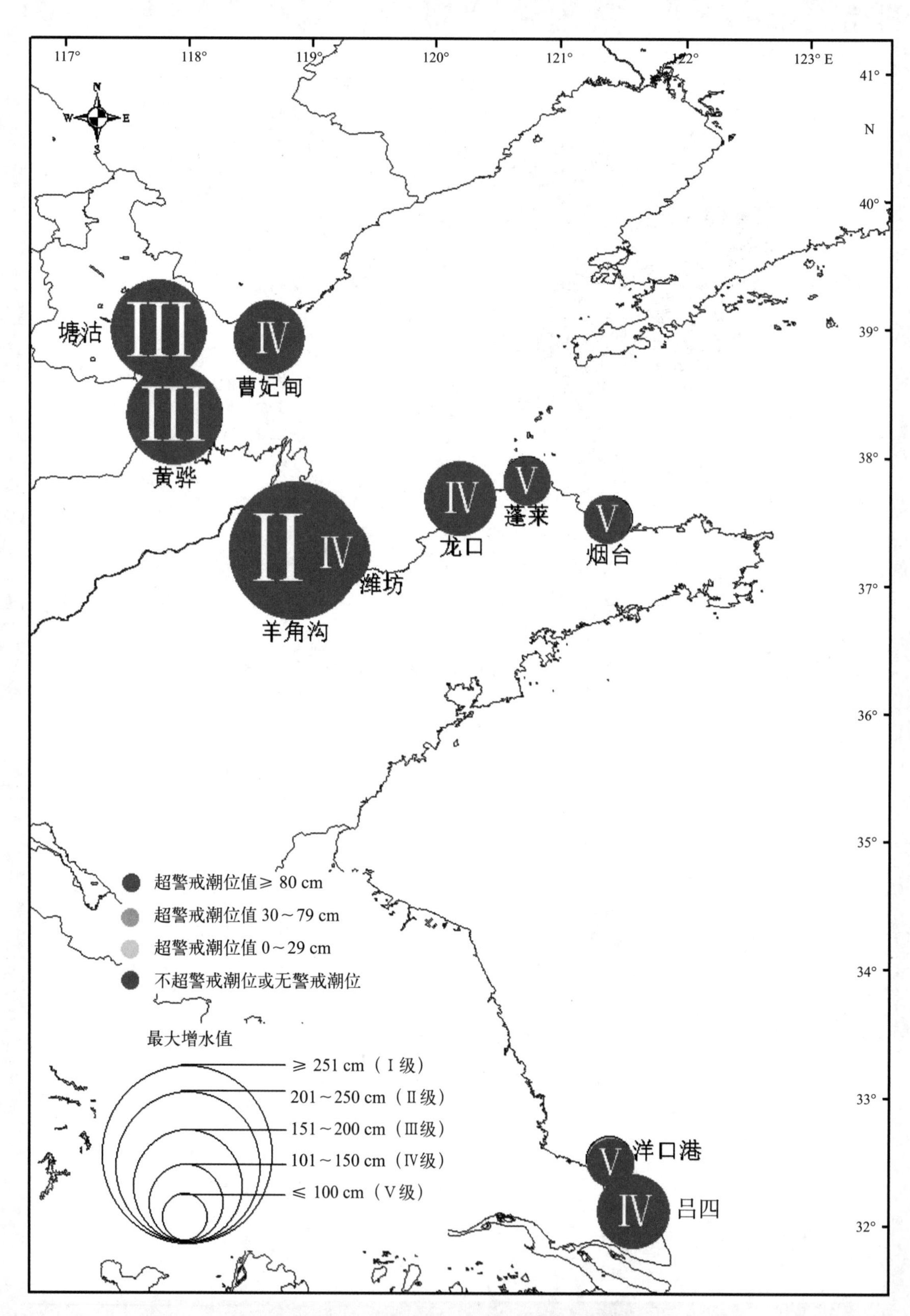

图3.439 2010“01·20”风暴潮空间分布

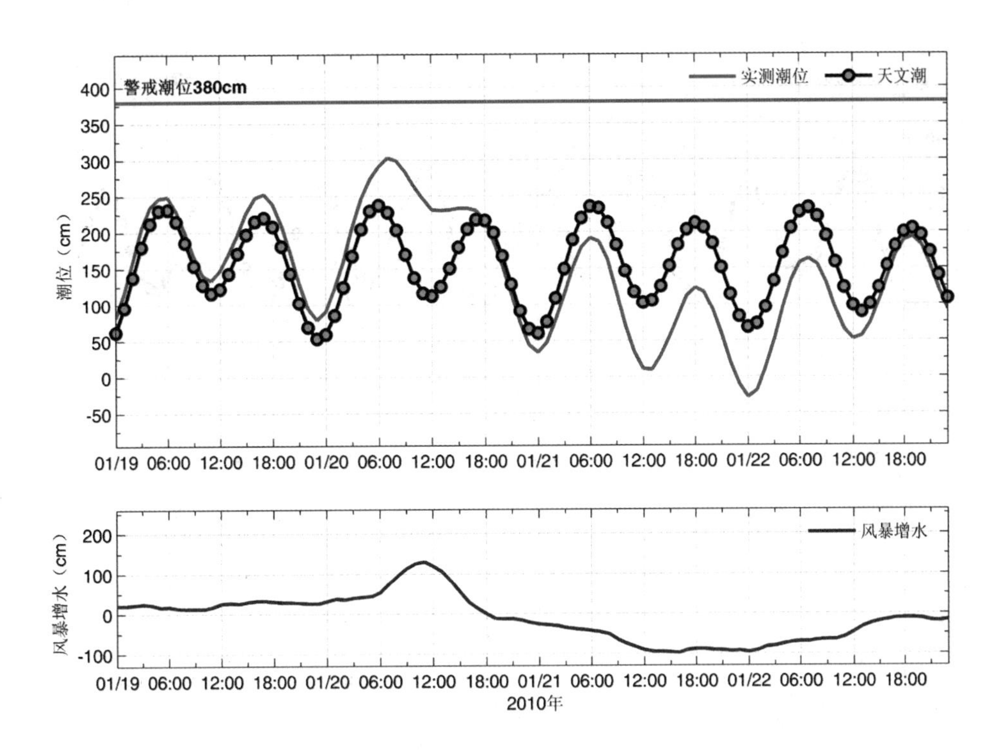

图3.440　曹妃甸站实测潮位、天文潮位和风暴增水随时间变化

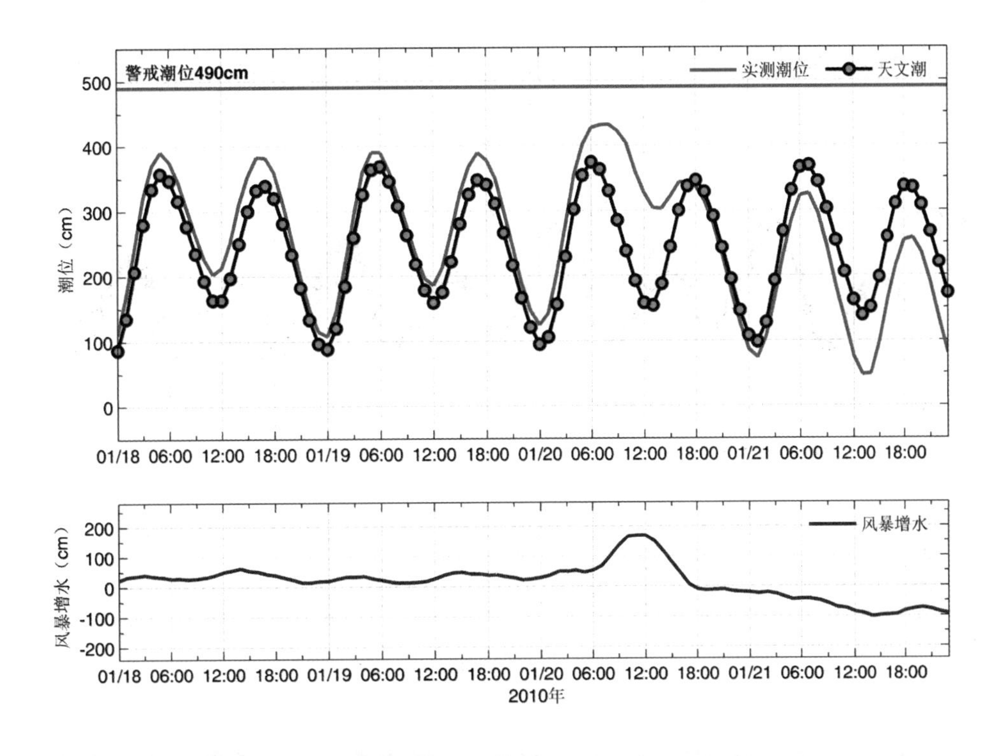

图3.441　塘沽站实测潮位、天文潮位和风暴增水随时间变化

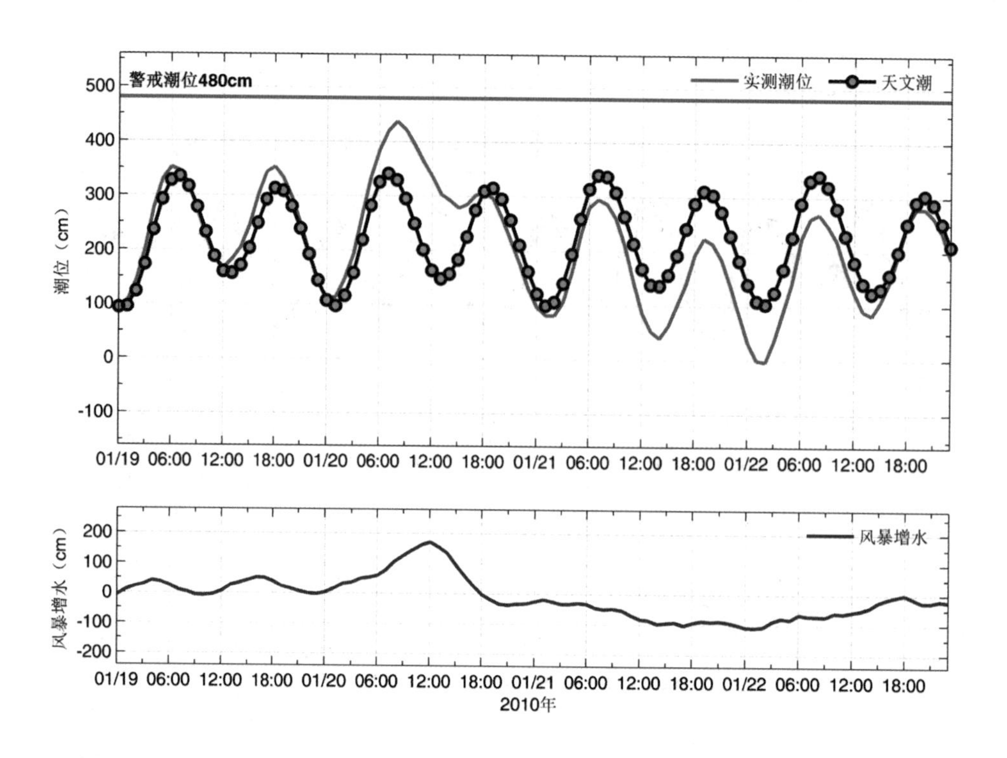

图3.442　黄骅站实测潮位、天文潮位和风暴增水随时间变化

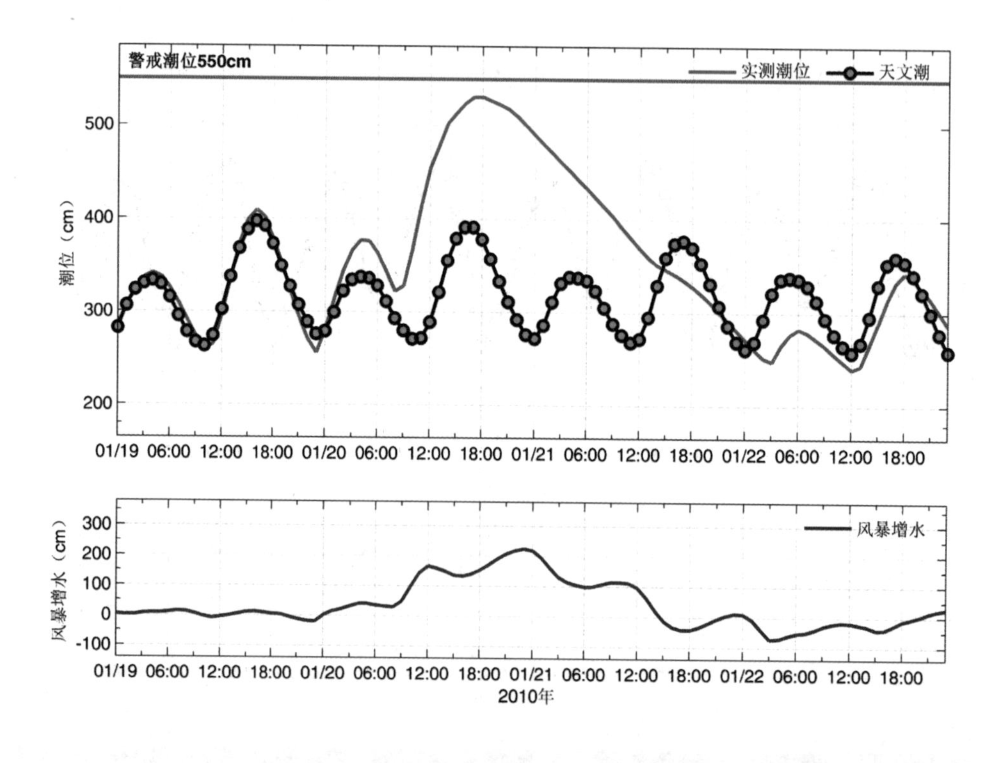

图3.443　羊角沟站实测潮位、天文潮位和风暴增水随时间变化

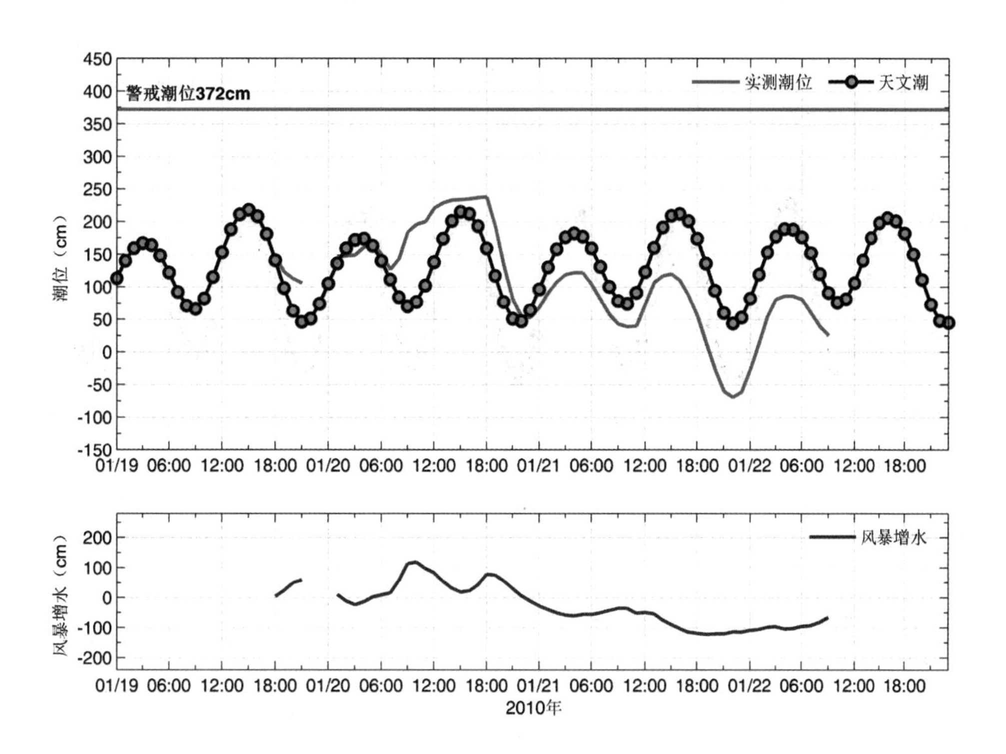

图3.444　潍坊站实测潮位、天文潮位和风暴增水随时间变化

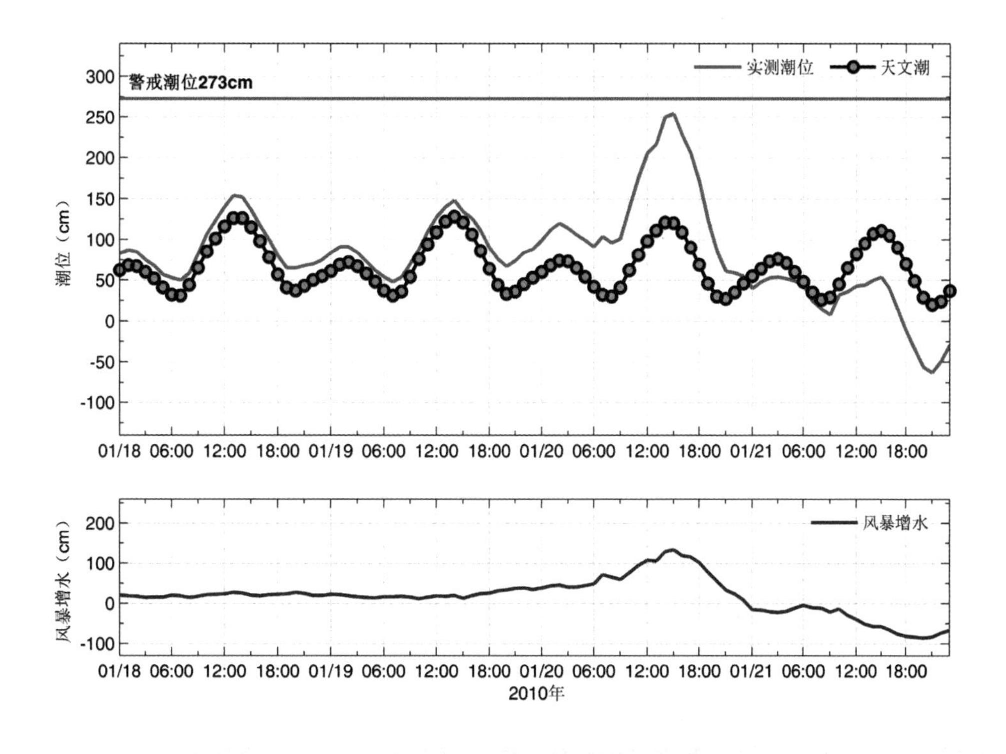

图3.445　龙口站实测潮位、天文潮位和风暴增水随时间变化

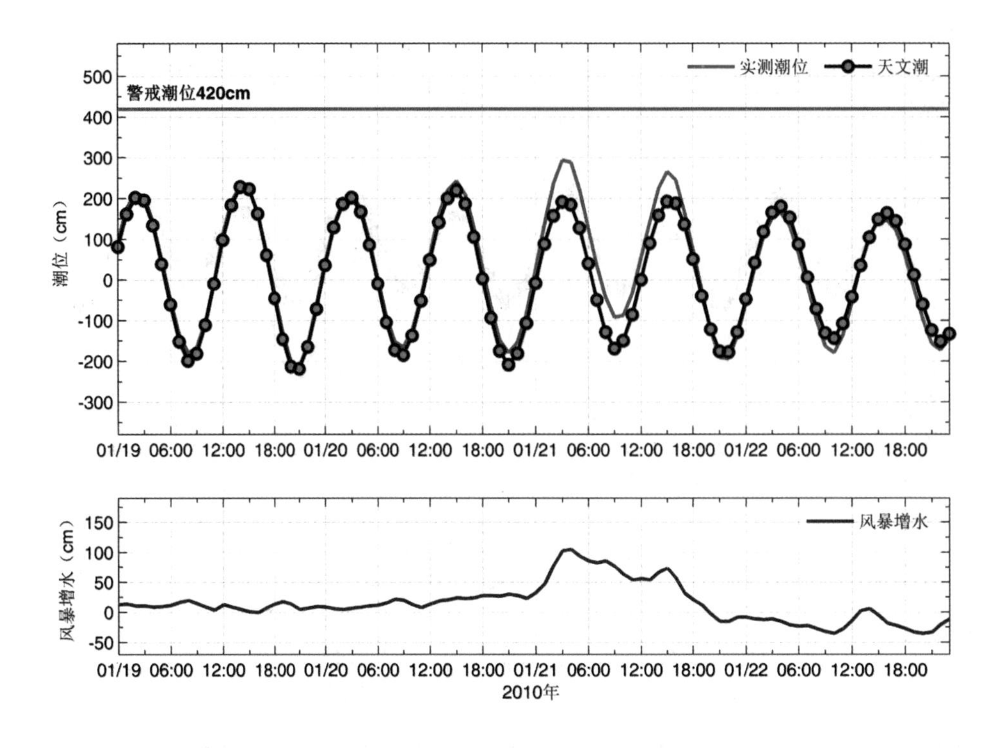

图3.446　吕四站实测潮位、天文潮位和风暴增水随时间变化

3.56　2010“10·25”风暴潮灾害（冷高压型）

2010年10月23—27日，受强冷空气影响，渤海、黄海及东海沿岸出现一次较强温带风暴潮过程。10月25日下午浙江沿岸地区和外海海域出现了8～9级、阵风10～11级的东北风，平均风7级以上大风持续时间超过36小时。浙江大陈、南麂站观测到了28 m/s（10级）的最大风速，嵊山站观测到了27 m/s（10级）的最大风速。

沿岸最大增水1.43 m，发生在杭州湾澉浦站，邻近的乍浦站最大增水1.41 m；25日中午前后镇海、乍浦、定海站最高潮位分别超过当地警戒潮位0.16 m、0.12 m和0.04 m。天津塘沽24日最大增水0.75 m。河北黄骅24日最大增水0.96 m。山东羊角沟站24日最大增水1.38 m。江苏连云港站25日最大增水0.71 m；吕四站25日最大增水1.15 m。浙江镇海站25日最大增水1.05m，坎门站26日最大增水0.66 m。福建三沙站26日最大增水0.61 m，最高潮位8.06 m，超过当地警戒潮位0.06 m；平潭站26日最大增水0.83 m；厦门站26日最大增水0.84 m；东山站26日最大增水0.72 m，最高潮位超过当地警戒潮位0.06 m。

温带风暴潮造成浙江镇海、舟山定海和沈家门部分地区受淹，给当地居民生产生活带来较大影响。舟山海滨公园原本供市民休憩和远眺的观海平台一片汪洋；镇海渔船码头来不及转移的水产品被潮水淹没；镇海沿江路上的居民小区由于海水从地下管道倒灌，造成严重内涝。

（a）

（b）

图3.447　浙江舟山海滨公园（a）和镇海渔船码头（b）被淹

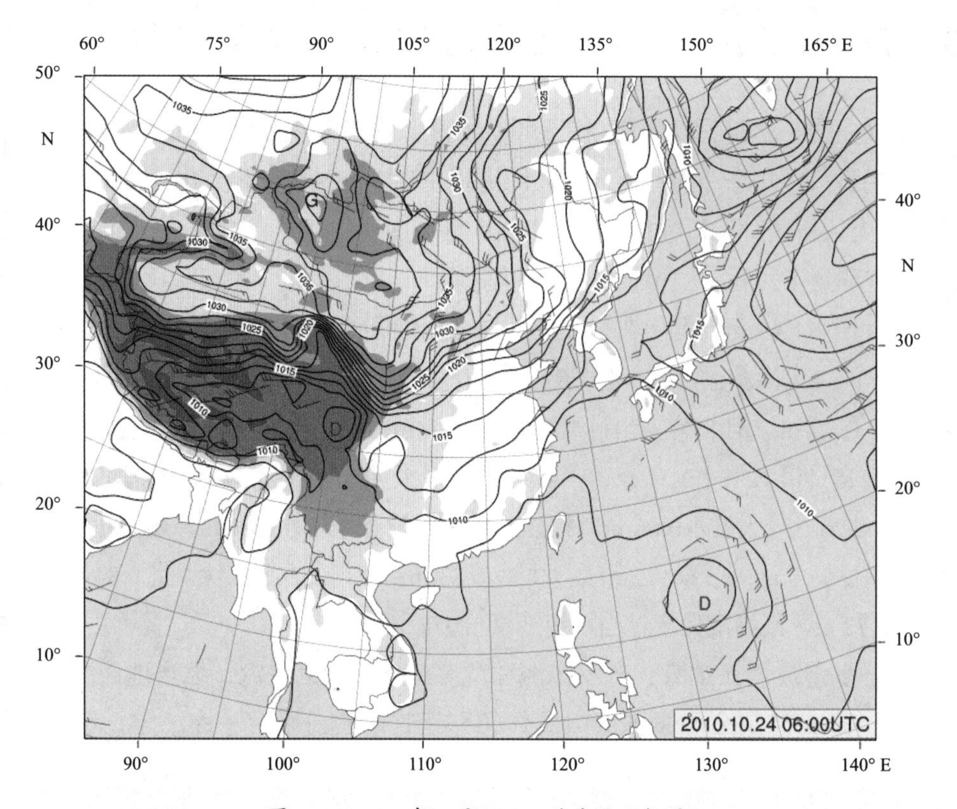

图3.448　2010年10月24日14时地面天气图

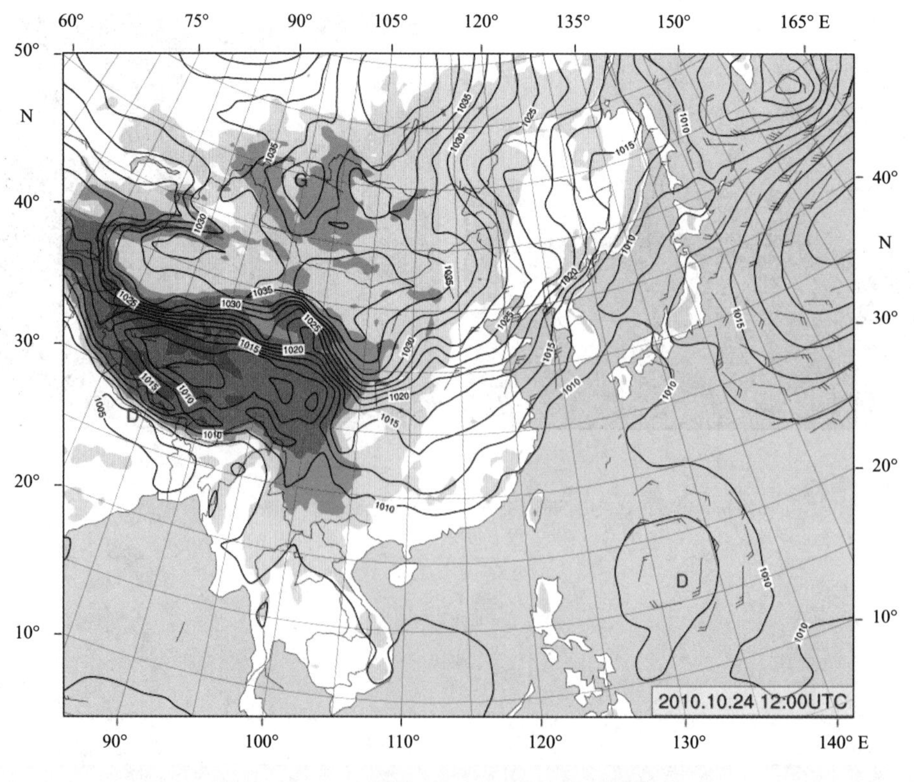

图3.449　2010年10月24日20时地面天气图

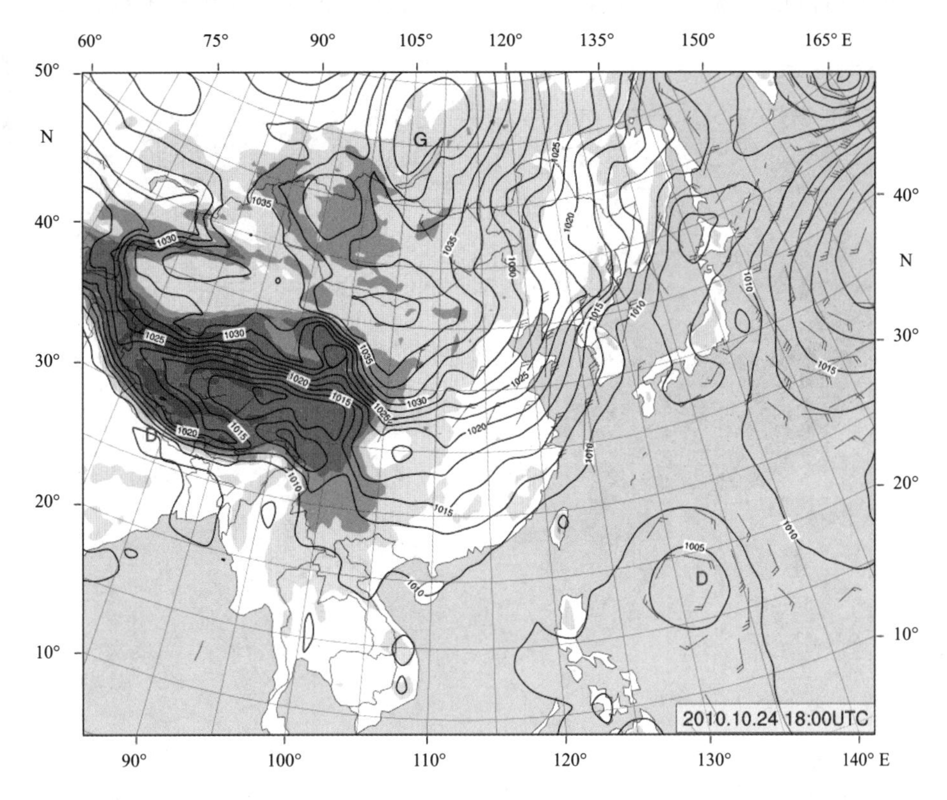

图3.450　2010年10月25日02时地面天气图

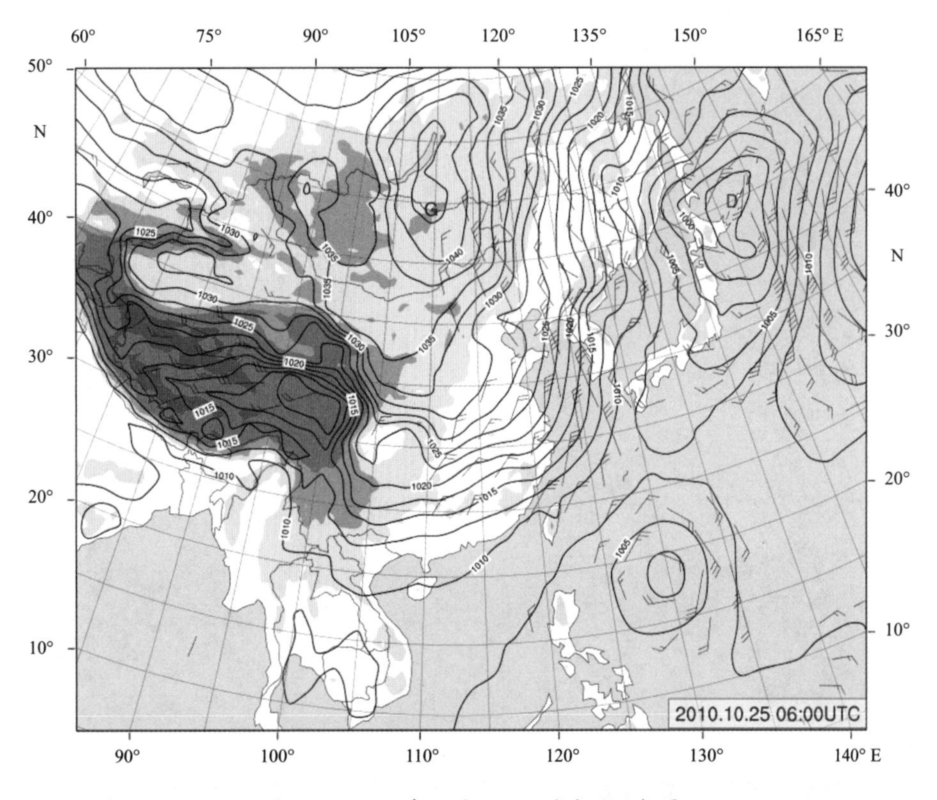

图3.451　2010年10月25日14时地面天气图

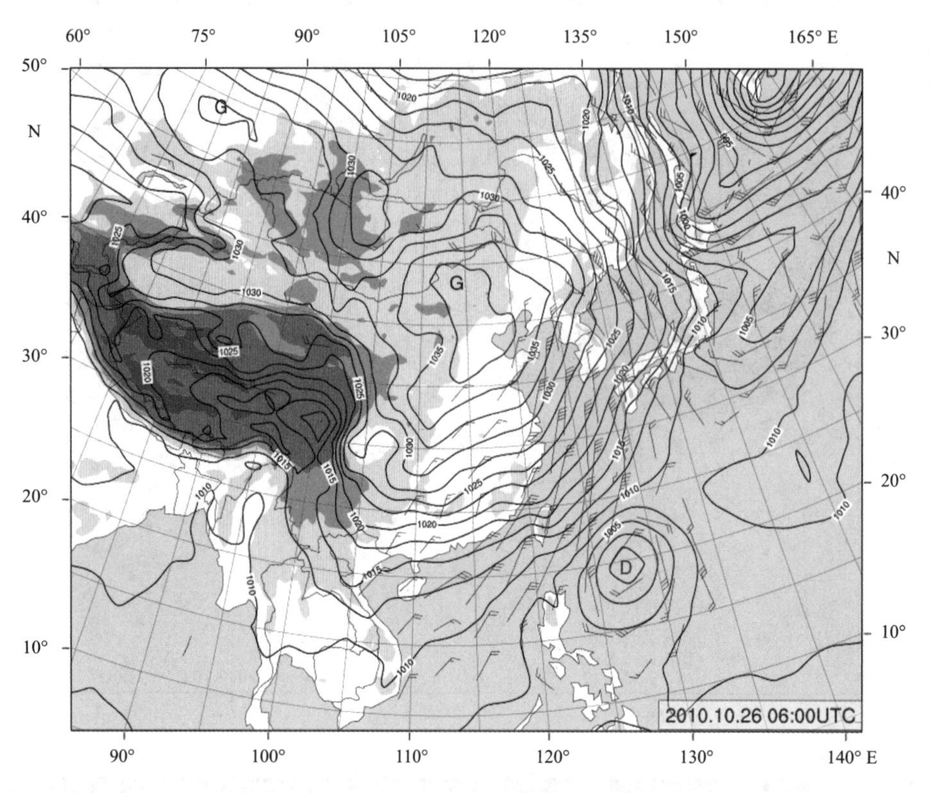

图3.452　2010年10月26日14时地面天气图

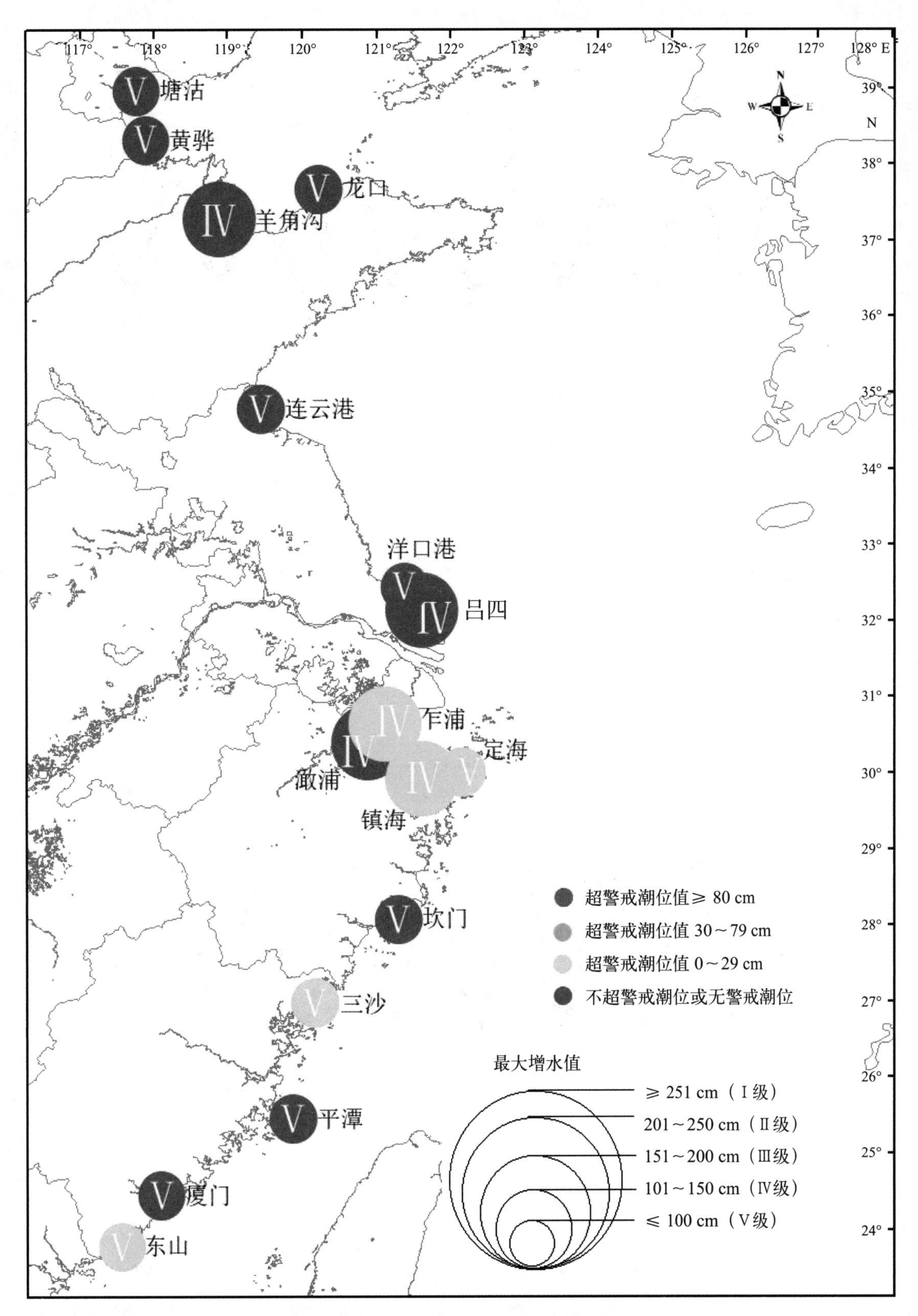

图3.453 2010“10・25”风暴潮空间分布

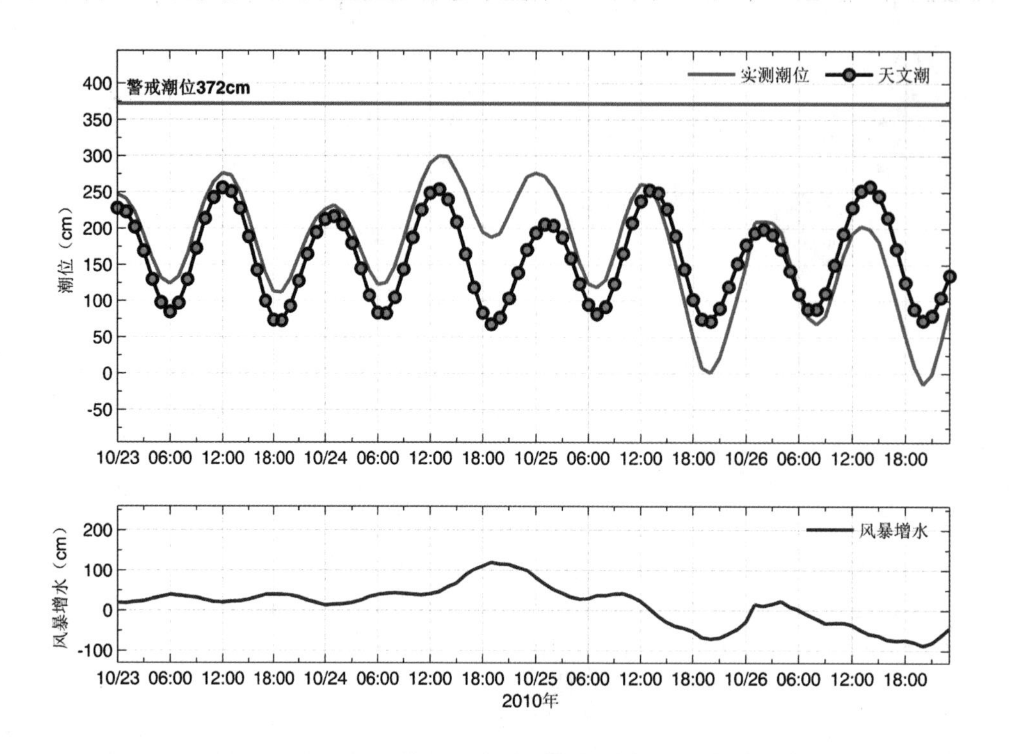

图3.454　潍坊站实测潮位、天文潮位和风暴增水随时间变化

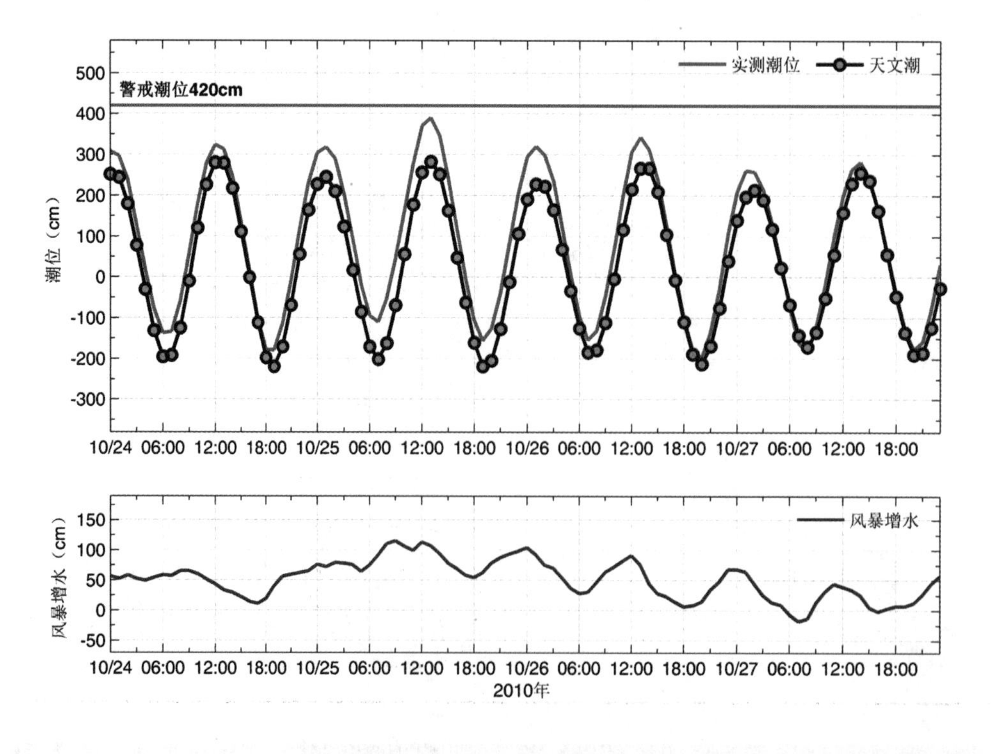

图3.455　吕四站实测潮位、天文潮位和风暴增水随时间变化

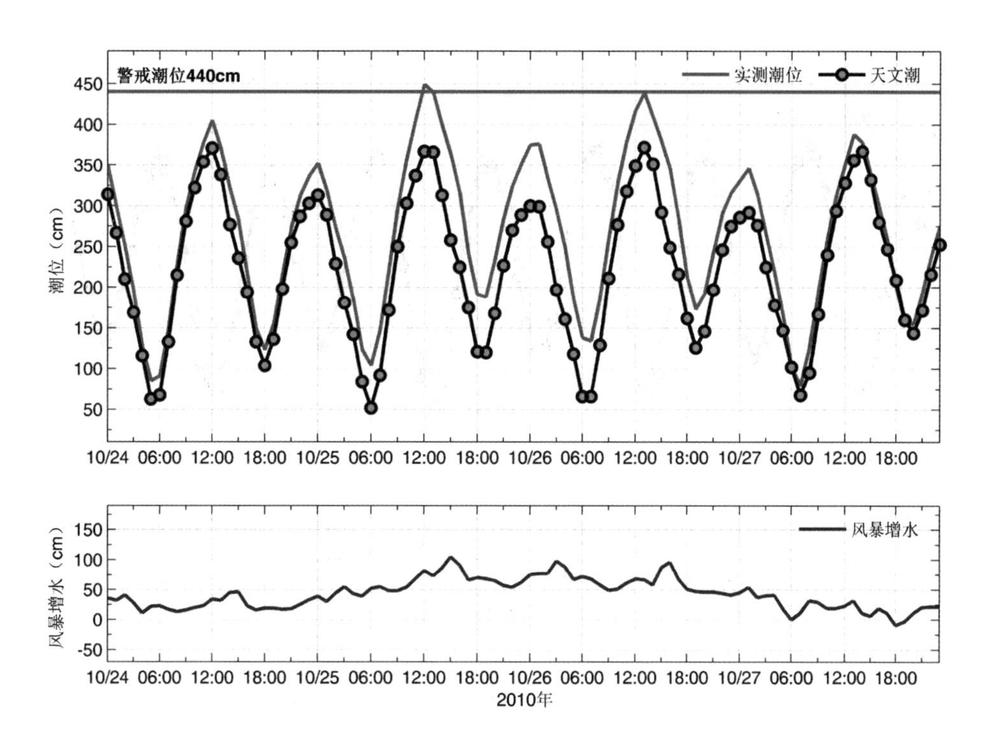

图3.456 镇海站实测潮位、天文潮位和风暴增水随时间变化

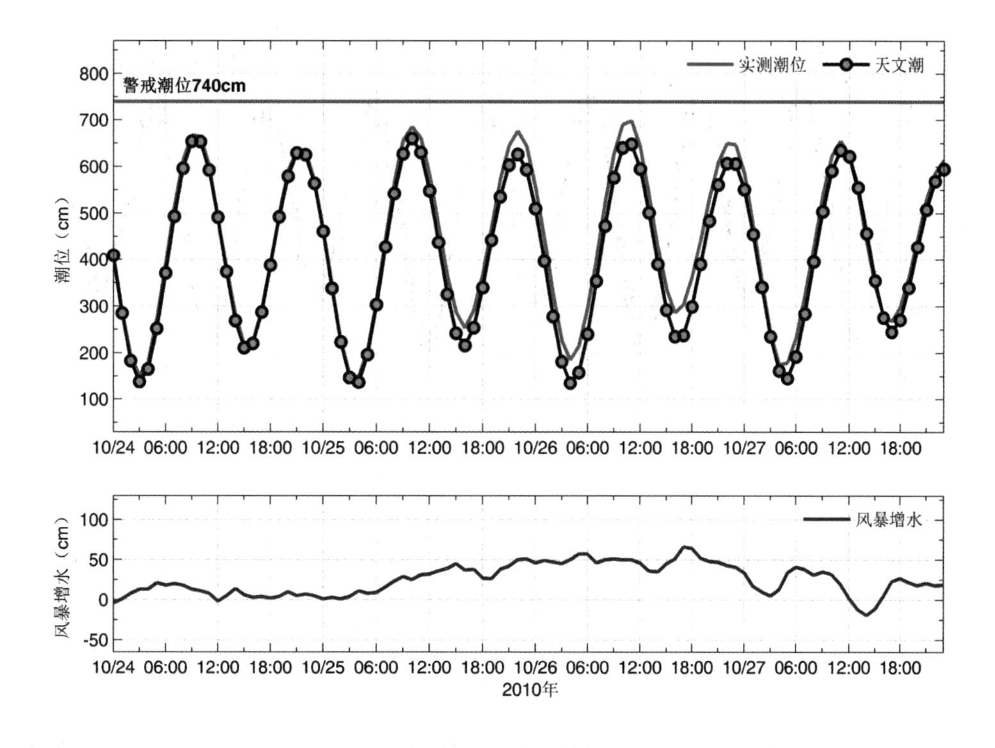

图3.457 坎门站实测潮位、天文潮位和风暴增水随时间变化

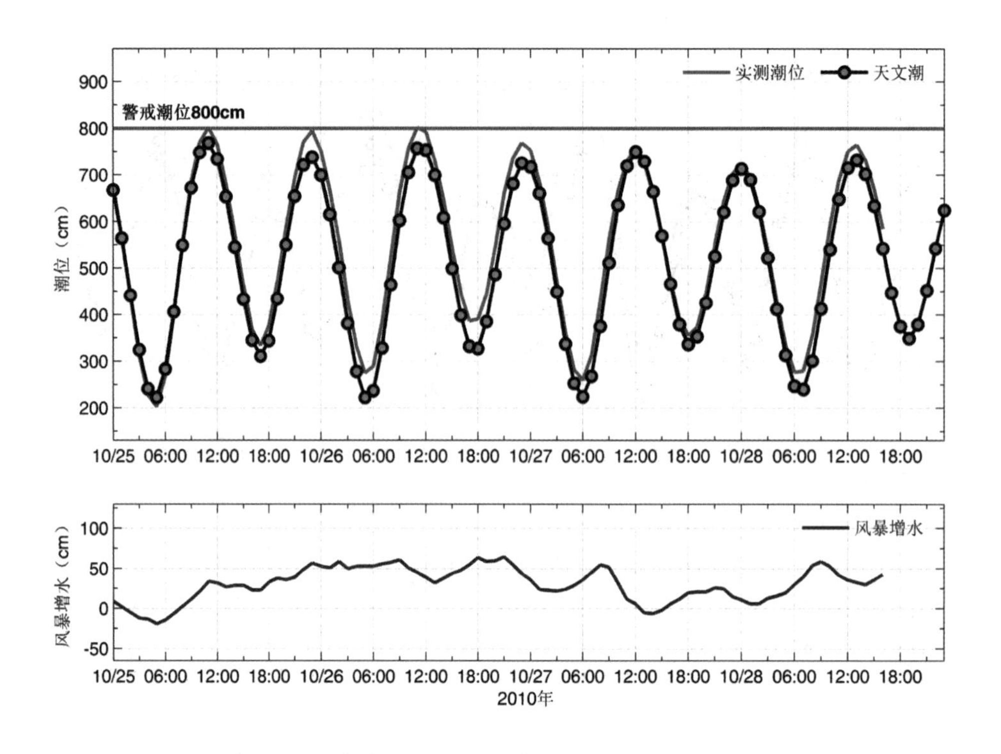

图3.458　三沙站实测潮位、天文潮位和风暴增水随时间变化

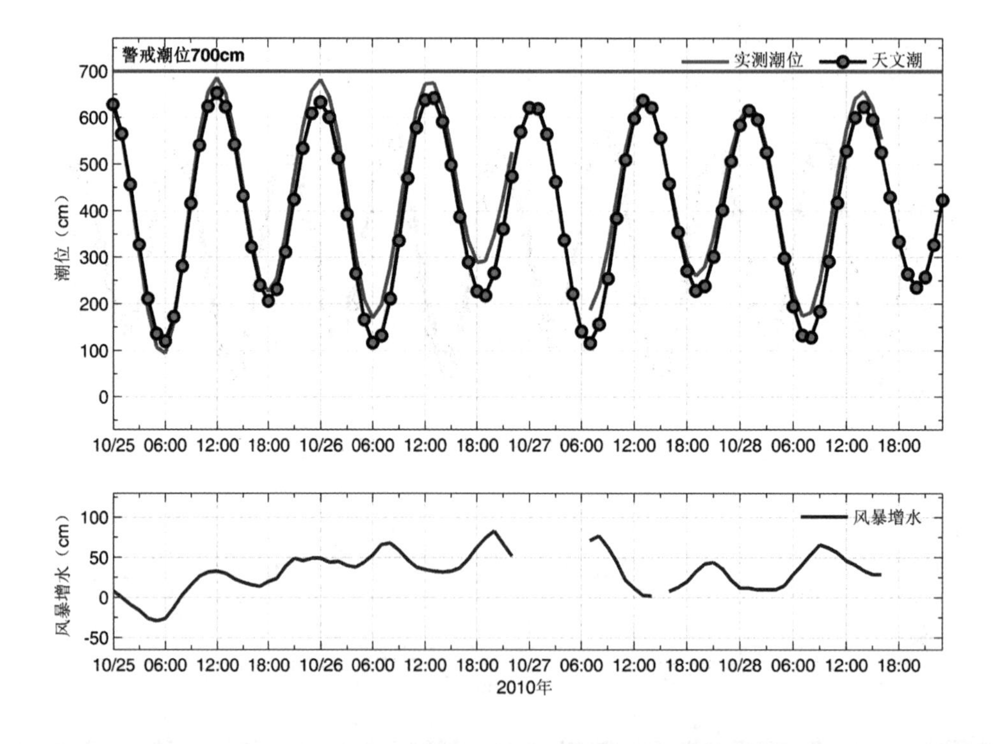

图3.459　平潭站实测潮位、天文潮位和风暴增水随时间变化

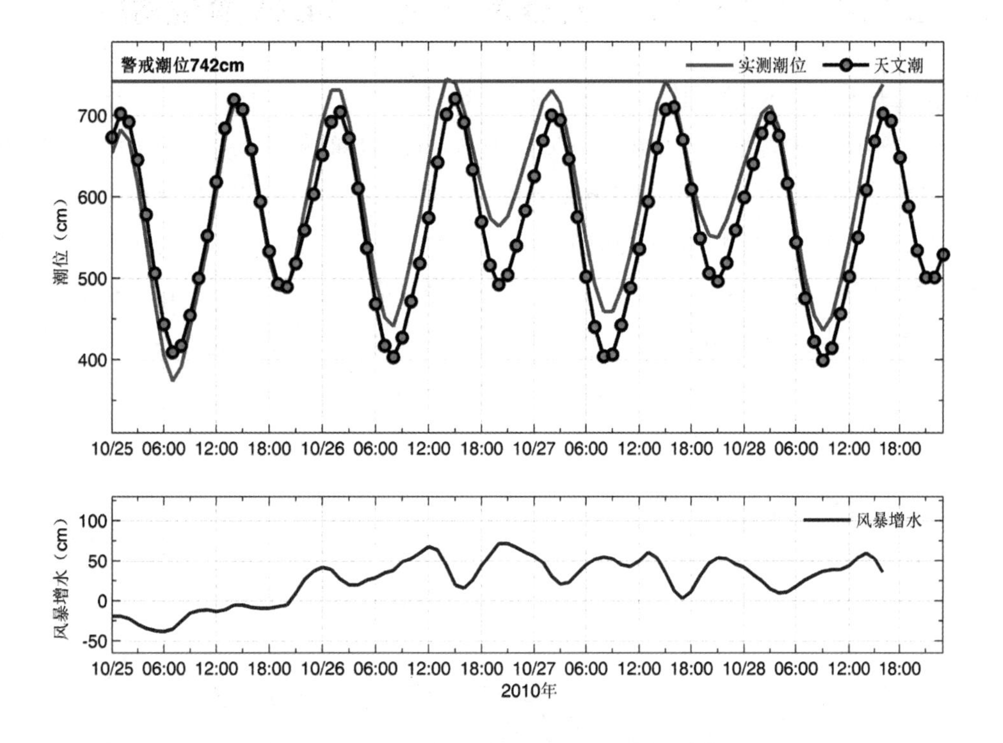

图3.460　东山站实测潮位、天文潮位和风暴增水随时间变化

3.57　2010“12 · 13”风暴潮灾害（北高南低型）

2010年12—14日，受冷高压与东海气旋共同影响，渤海、黄海沿岸先后出现风暴潮过程。辽宁东港站12日12时最大增水0.80 m，老虎滩站12日18时最大增水0.57 m。河北黄骅站12日18时起持续17个小时增水大于1.0 m，其中13日00时最大增水2.0 m。天津塘沽站12日18时起持续18个小时增水大于1.0 m，23时最大增水1.97 m。山东羊角沟站13日01时起增水大于1.0 m持续22个小时，08时最大增水2.21 m；潍坊站03时最大增水1.98 m，03时59分最高潮位3.76 m，超过当地警戒潮位0.04 m；龙口站13日05时最大增水1.44 m；蓬莱站13日05时最大增水0.93 m；烟台站13日06时最大增水0.84 m。江苏连云港站13日19时最大增水0.76 m。

未收集到灾情资料。

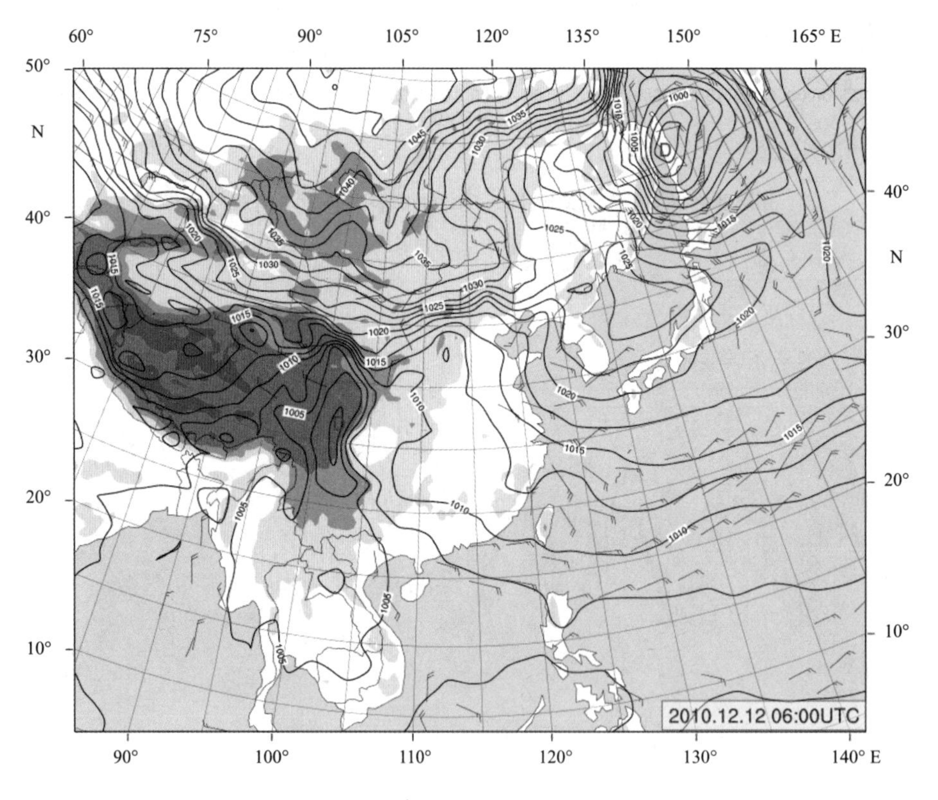

图3.461　2010年12月12日14时地面天气图

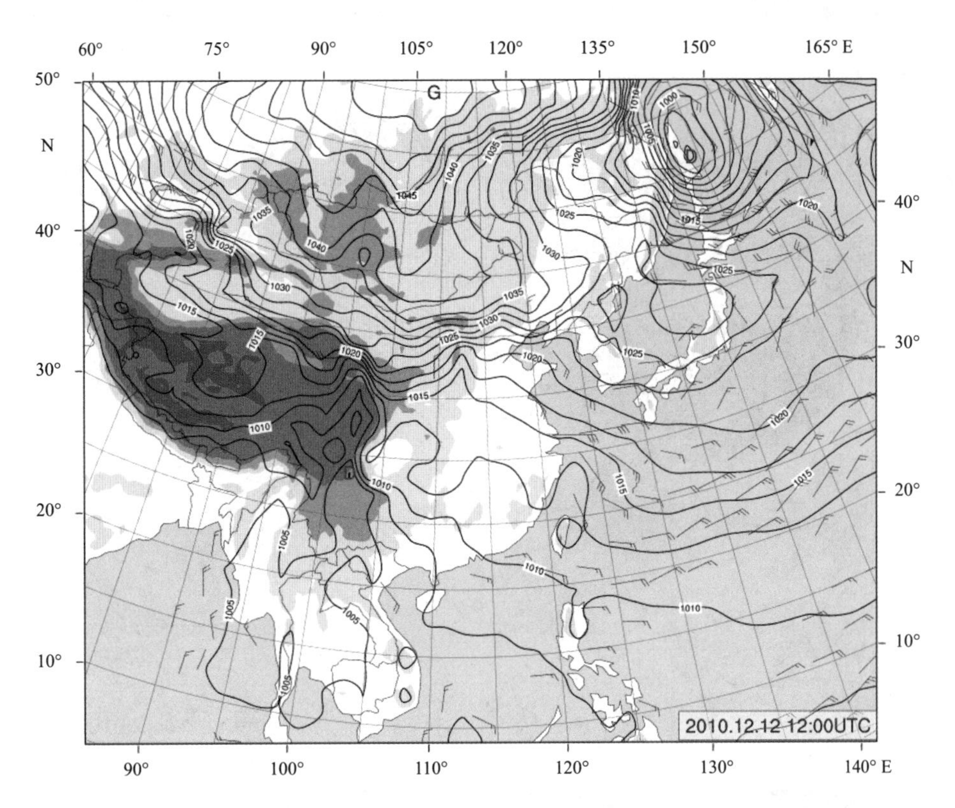

图3.462　2010年12月12日20时地面天气图

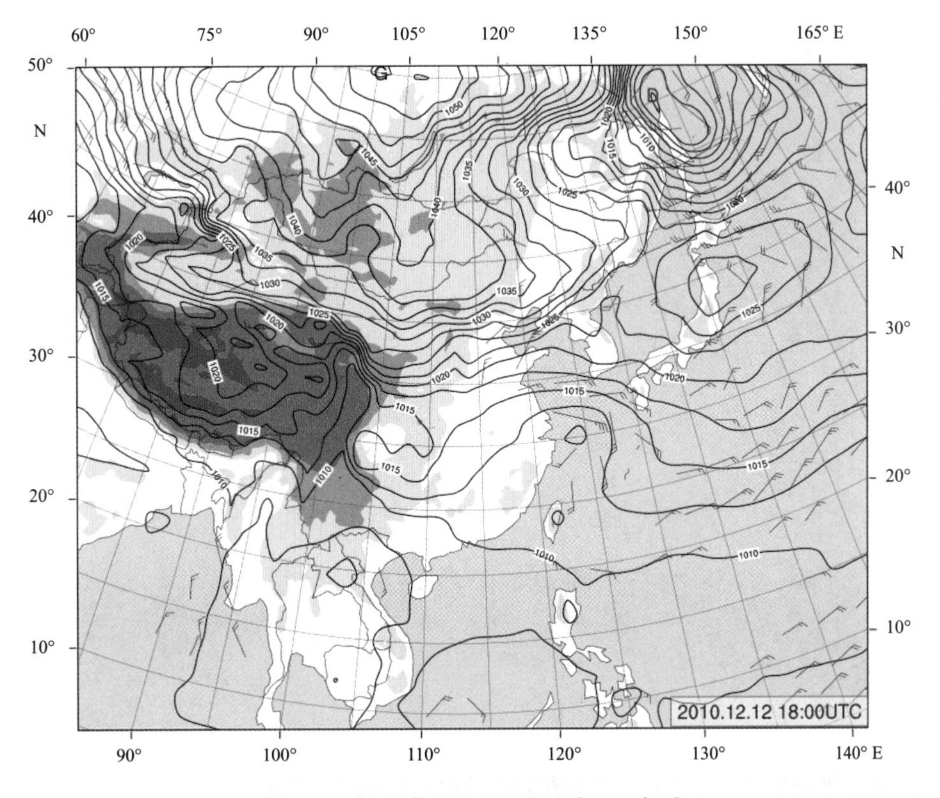

图3.463　2010年12月13日02时地面天气图

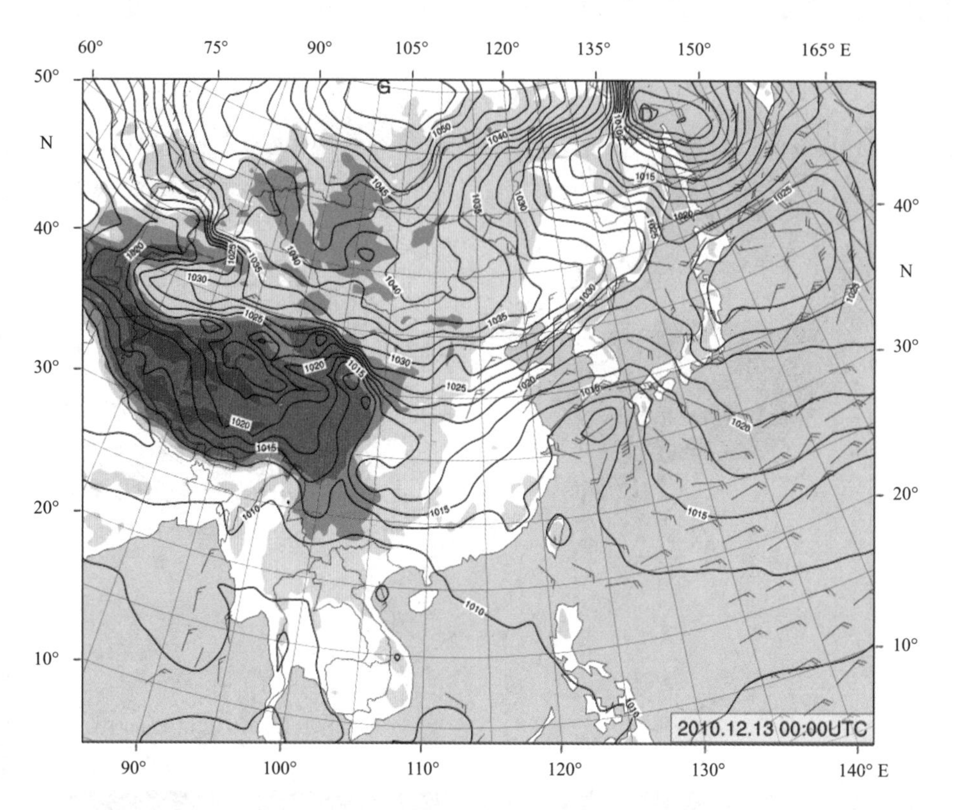

图3.464　2010年12月13日08时地面天气图

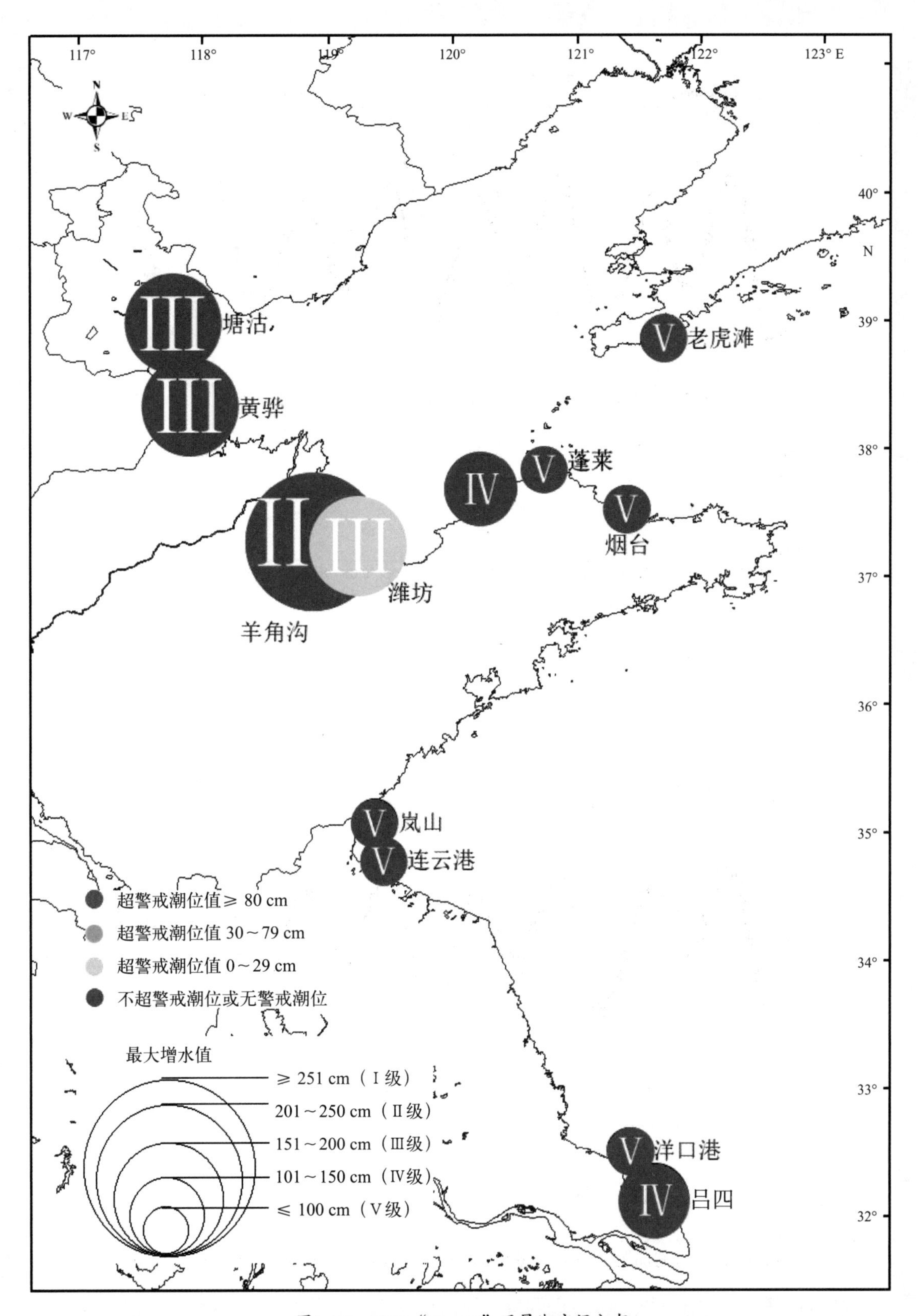

图3.465　2010“12·12”风暴潮空间分布

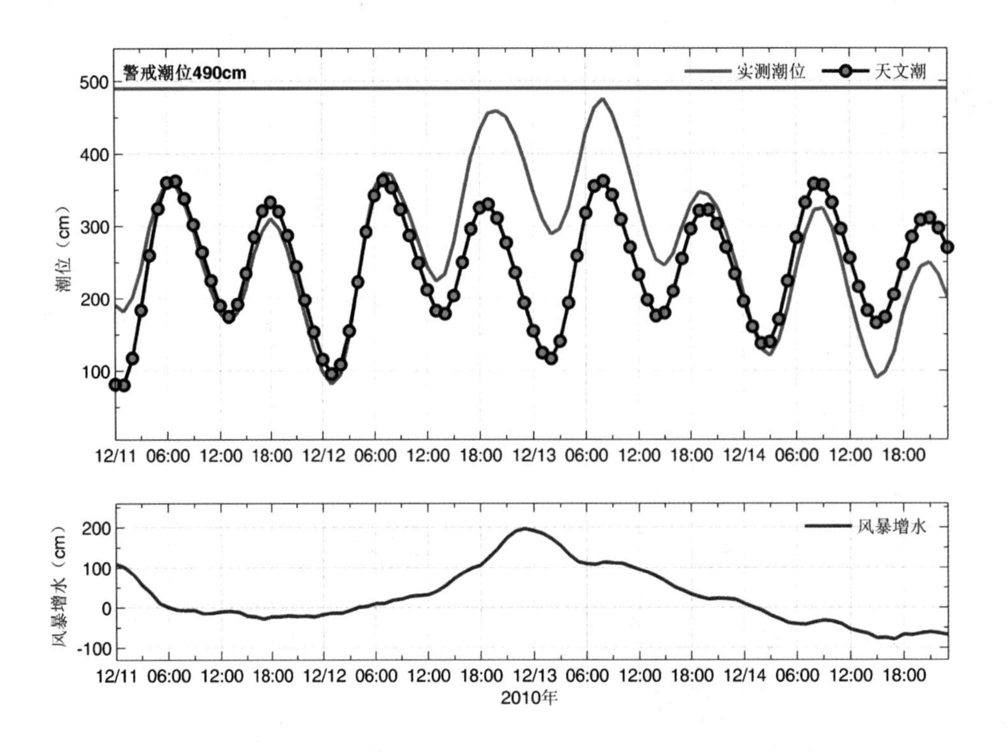

图3.466 塘沽站实测潮位、天文潮位和风暴增水随时间变化

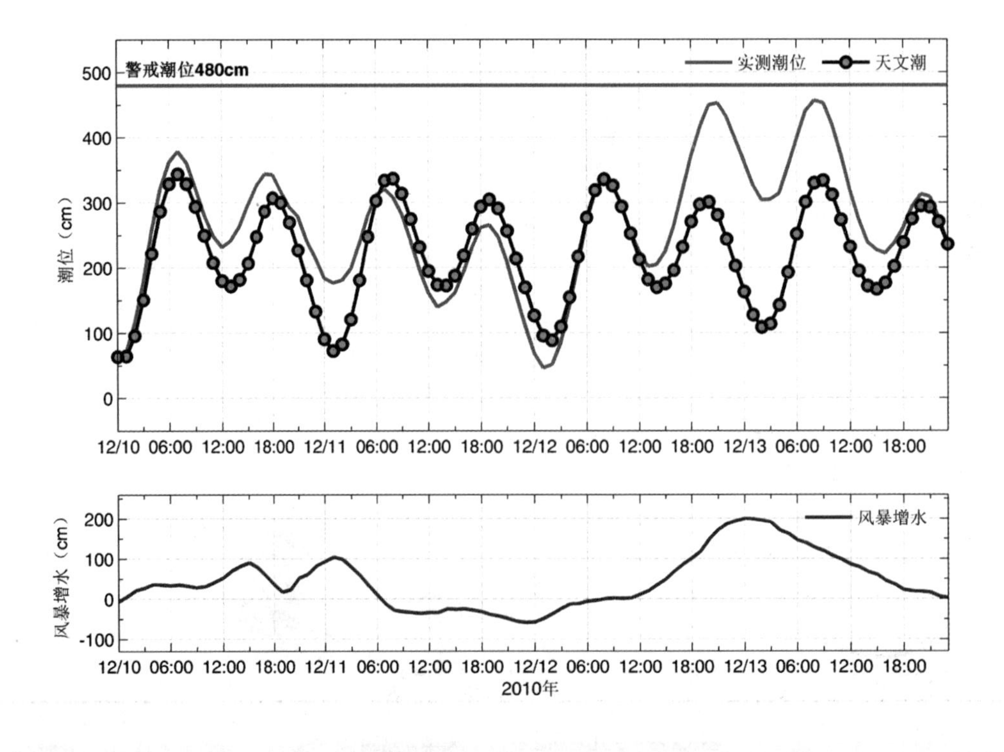

图3.467 黄骅站实测潮位、天文潮位和风暴增水随时间变化

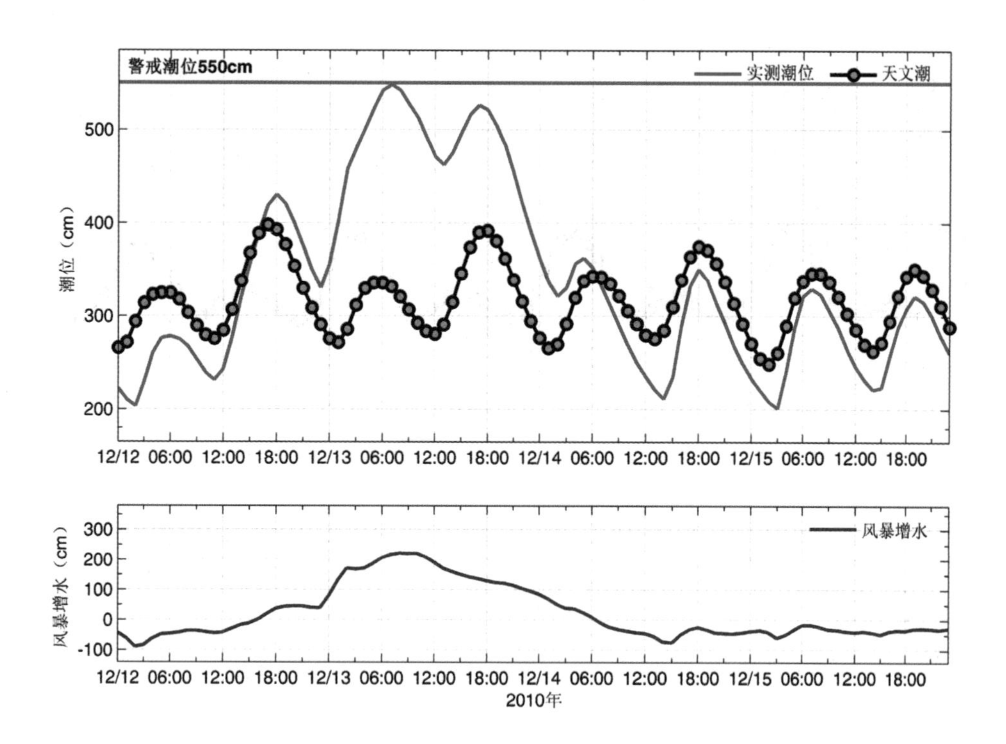

图3.468　羊角沟站实测潮位、天文潮位和风暴增水随时间变化

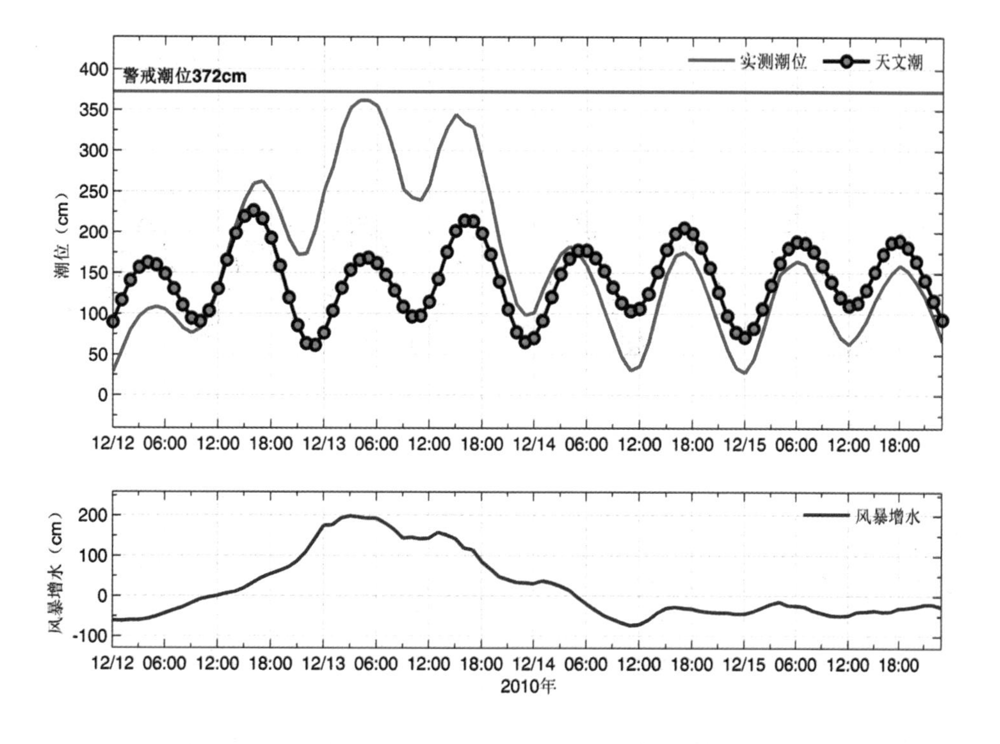

图3.469　潍坊站实测潮位、天文潮位和风暴增水随时间变化

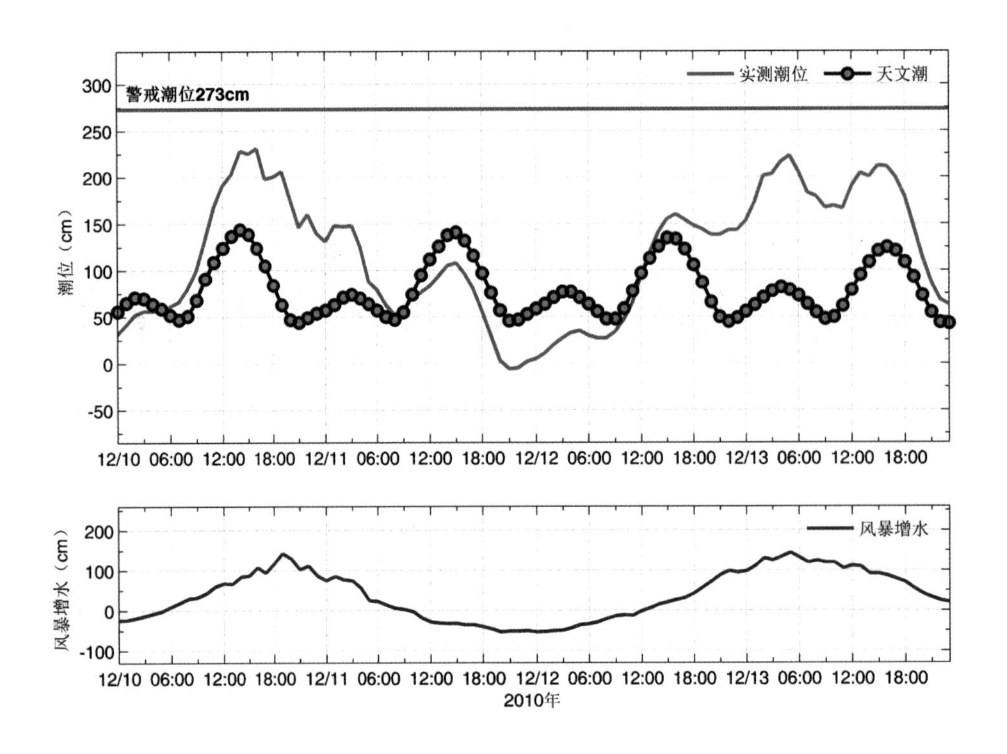

图3.470　龙口站实测潮位、天文潮位和风暴增水随时间变化

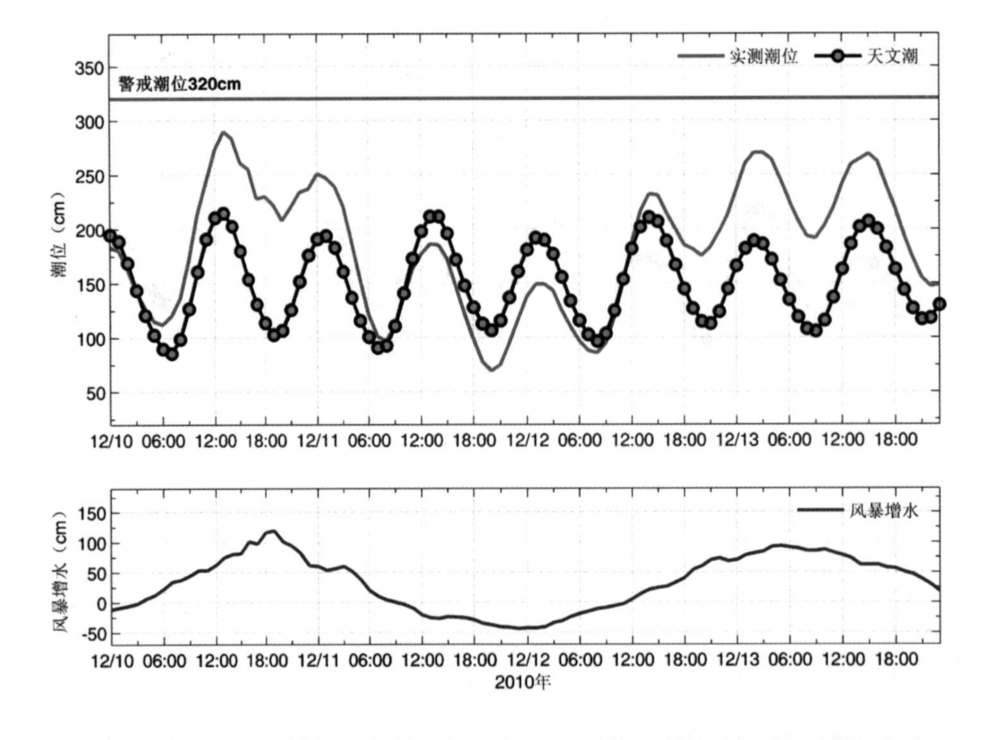

图3.471　蓬莱站实测潮位、天文潮位和风暴增水随时间变化

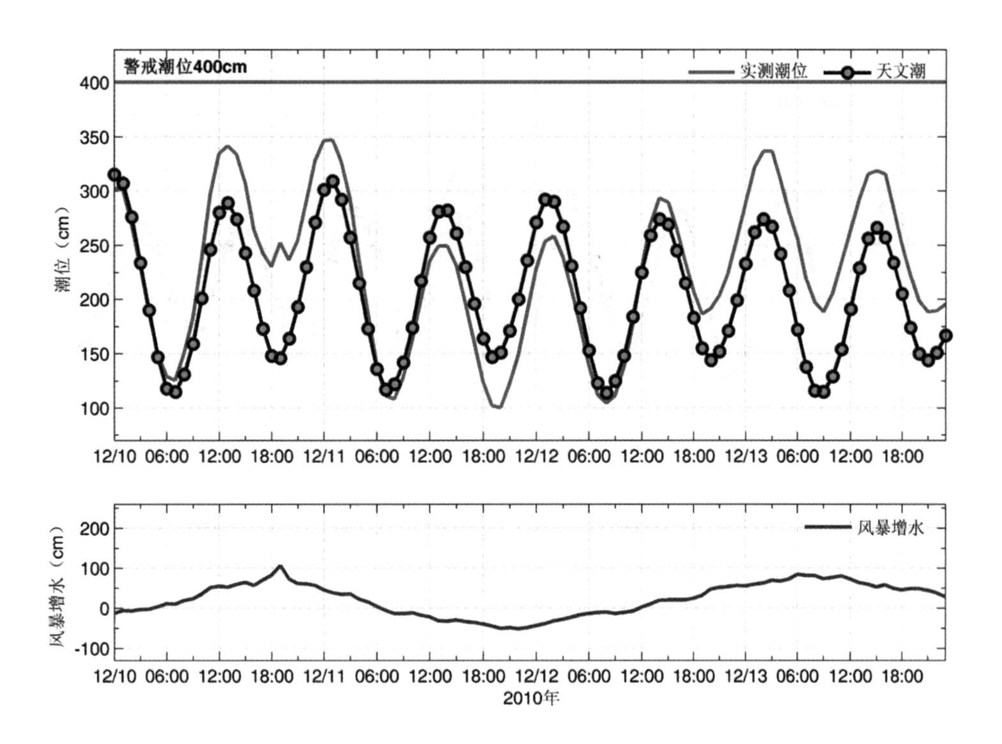

图3.472　烟台站实测潮位、天文潮位和风暴增水随时间变化

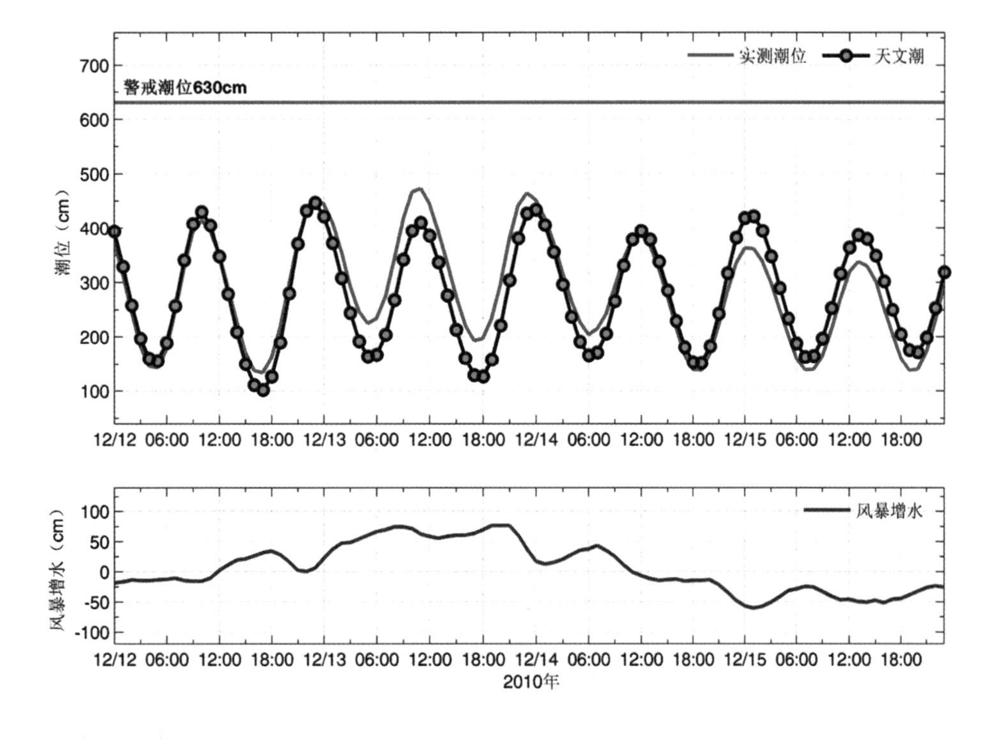

图3.473　连云港站实测潮位、天文潮位和风暴增水随时间变化

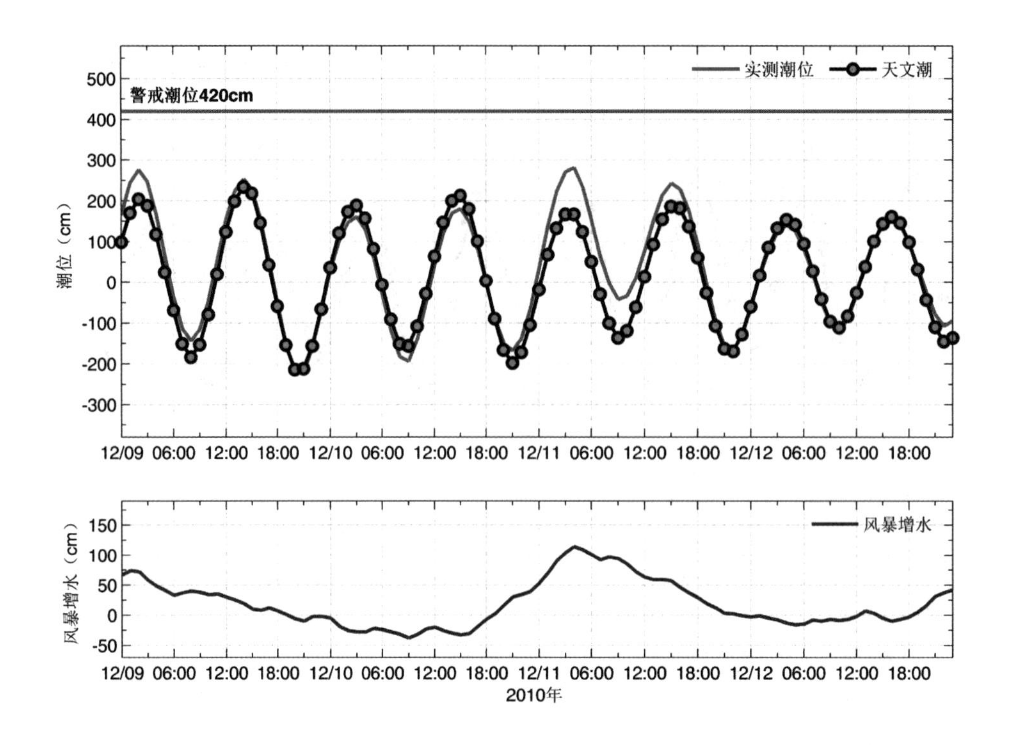

图3.474　吕四站实测潮位、天文潮位和风暴增水随时间变化

3.58　2011“09·01”风暴潮灾害（冷高压型）

2011年8月31日至9月1日，受横向冷高压影响，渤海沿岸出现一次中等强度温带风暴潮过程，渤海湾、莱州湾均出现1.0 m以上风暴增水，其中河北黄骅站、天津塘沽站1日最大增水分别为1.32 m和1.10 m，均发生在当日天文高潮时前后，高潮位分别超过当地警戒潮位0.70 m和0.27 m；山东省潍坊站最大增水1.24 m，羊角沟站最大增水1.36 m。

受其影响，河北省黄骅市水产养殖2.13×10^3 hm^2受损，防波堤0.2 km损毁，因灾直接经济损失1.58亿元。黄骅市南排河镇张巨河村大部分养殖基地围堤损毁，中心渔港附近民房受淹，最大淹没高度约70 cm；黄骅东围堤海堤近200 m防浪墙被摧毁，海堤后部宽12 m的路堤部分岸段被掏空约10 m。

天津市防波堤损毁3 km，因灾直接经济损失0.1亿元。

山东省水产养殖0.28×10^3 hm^2受损，防波堤0.12 km、道路1.2 km损毁，因灾直接经济损失700万元。

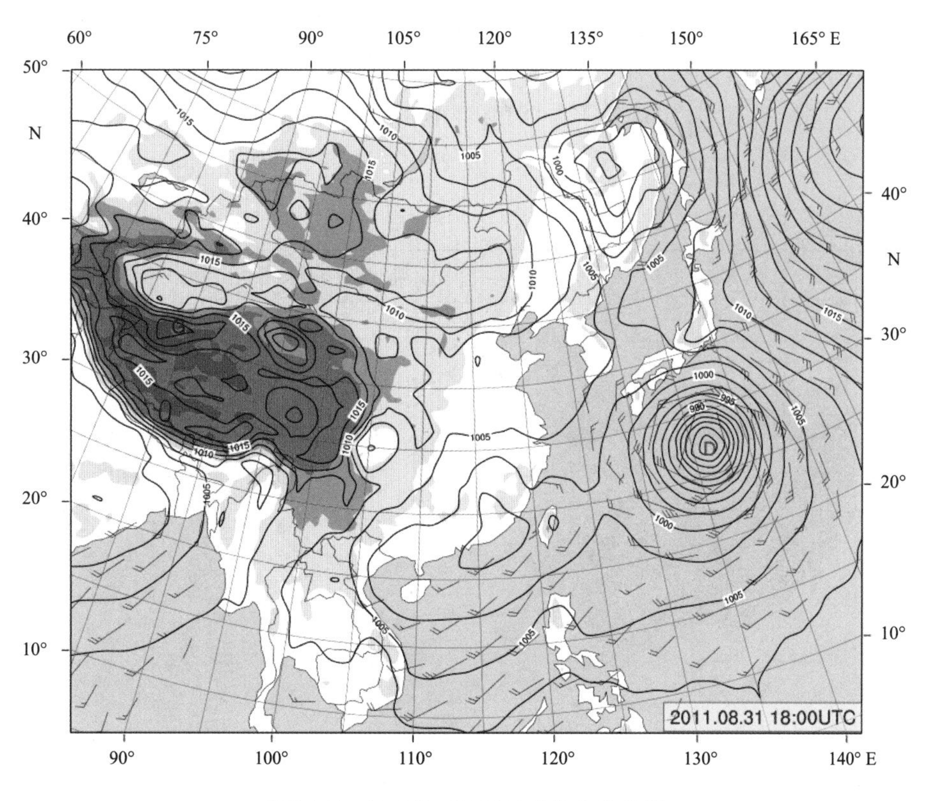

图3.475　2011年9月1日02时地面天气图

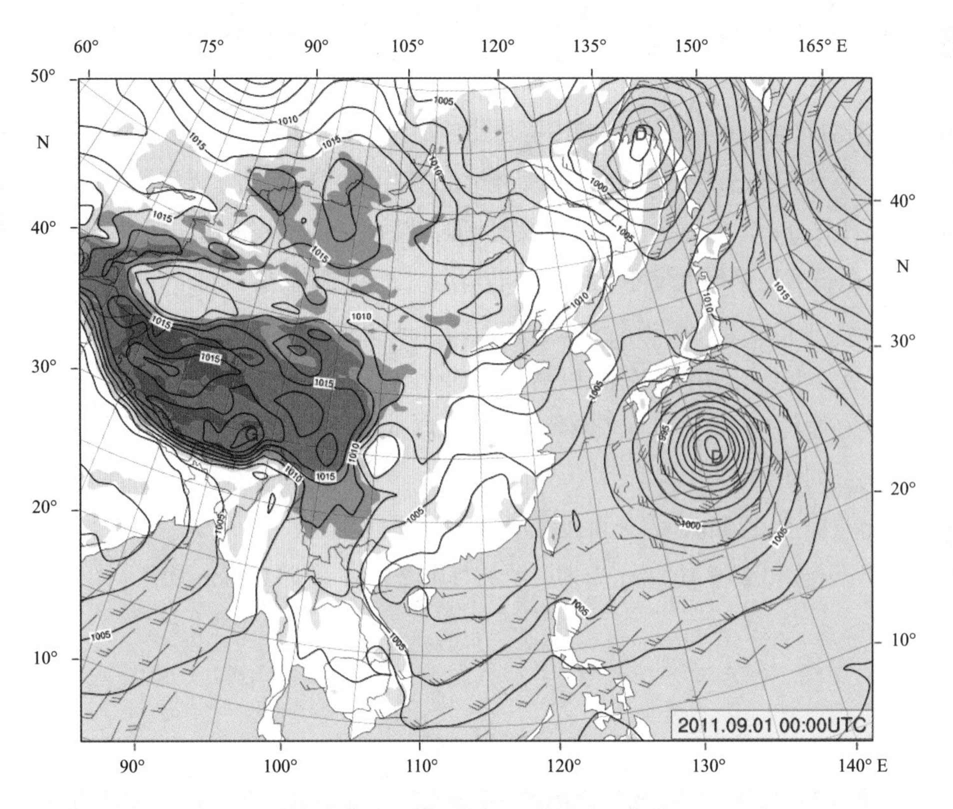

图3.476　2011年9月1日08时地面天气图

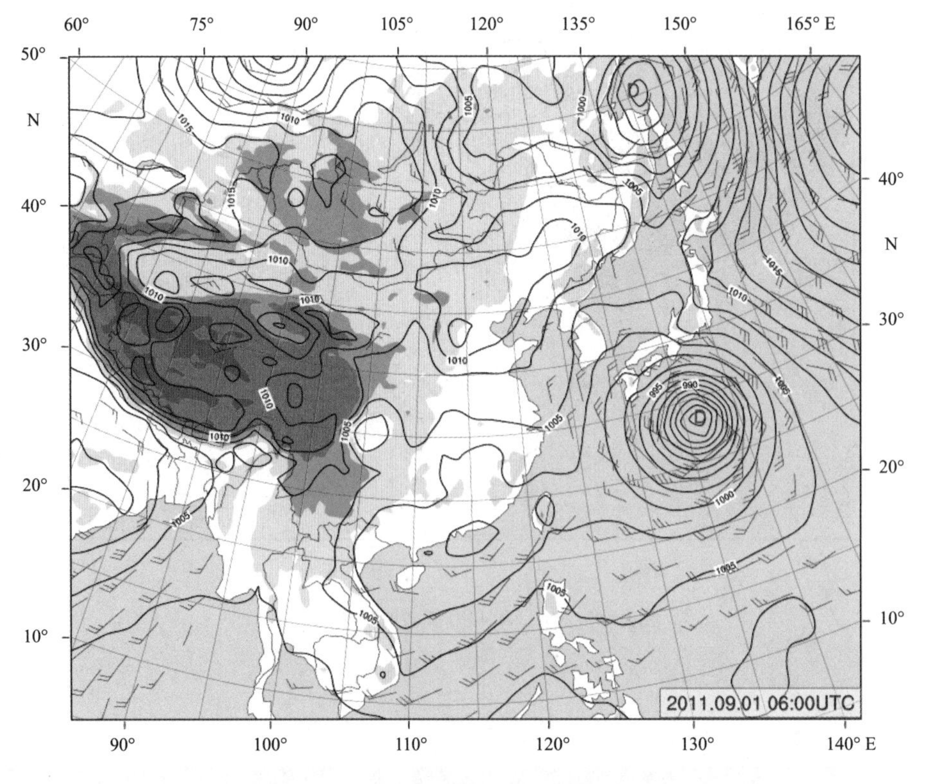

图3.477　2011年9月1日14时地面天气图

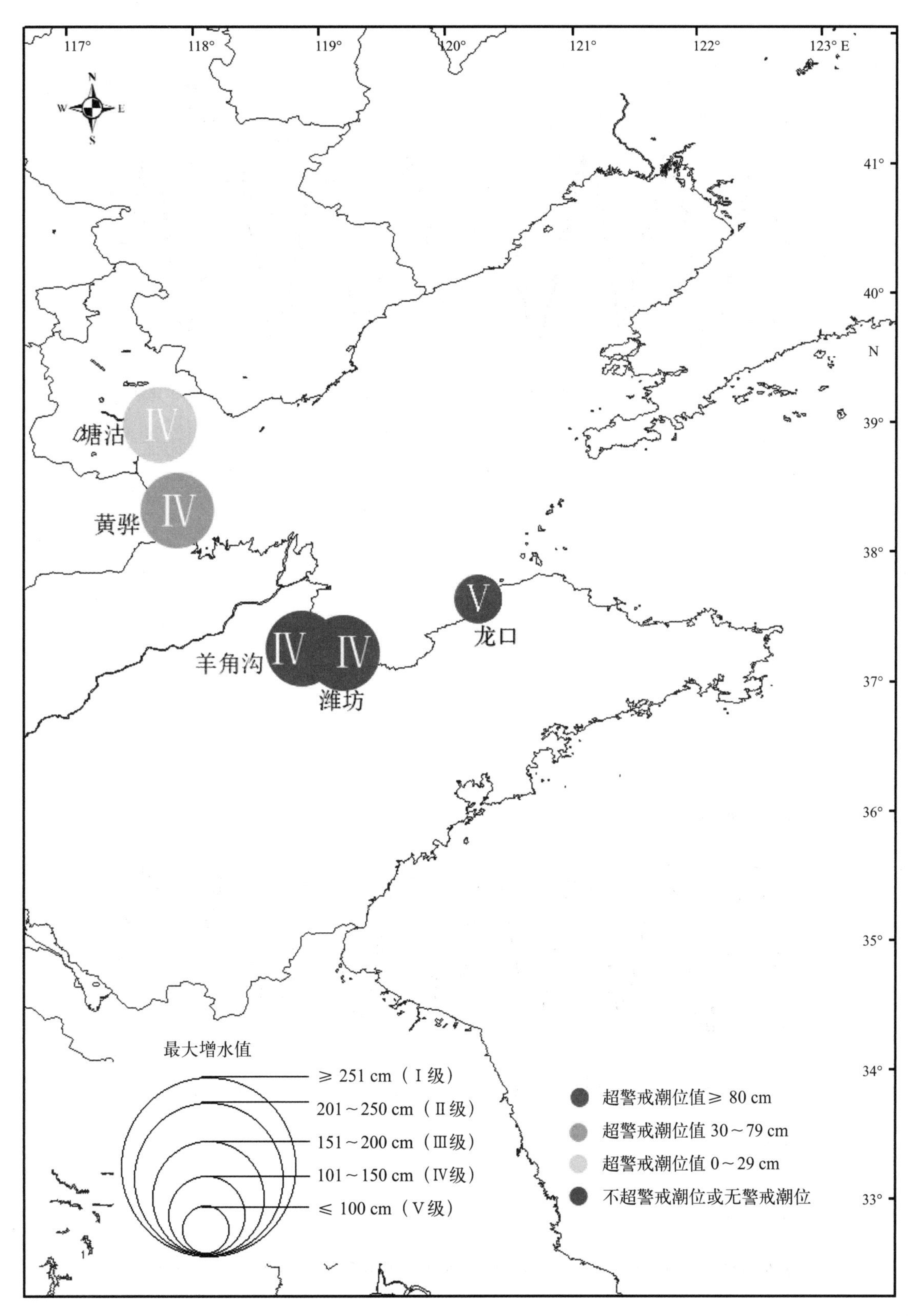

图3.478 2011“09·01”风暴潮空间分布

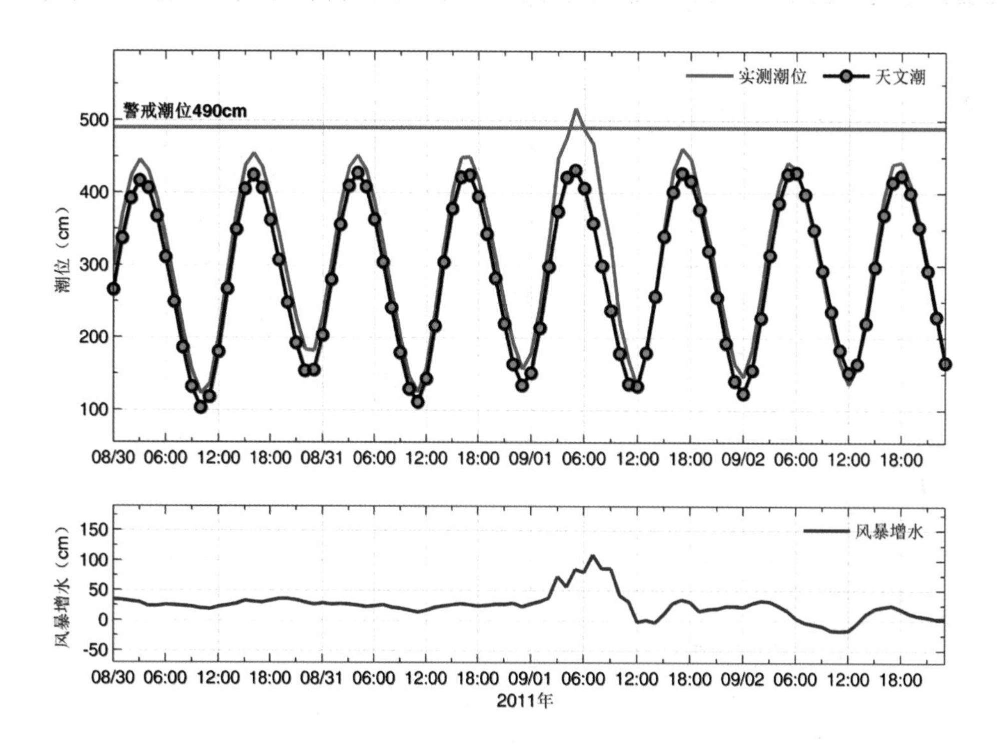

图3.479　塘沽站实测潮位、天文潮位和风暴增水随时间变化

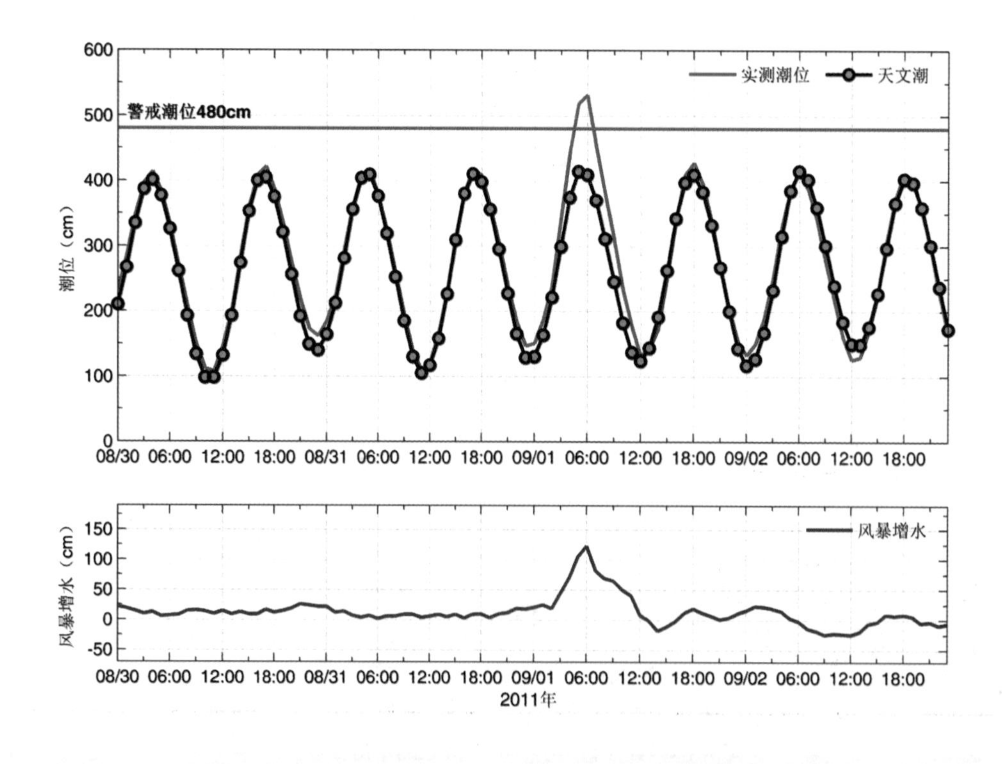

图3.480　黄骅站实测潮位、天文潮位和风暴增水随时间变化

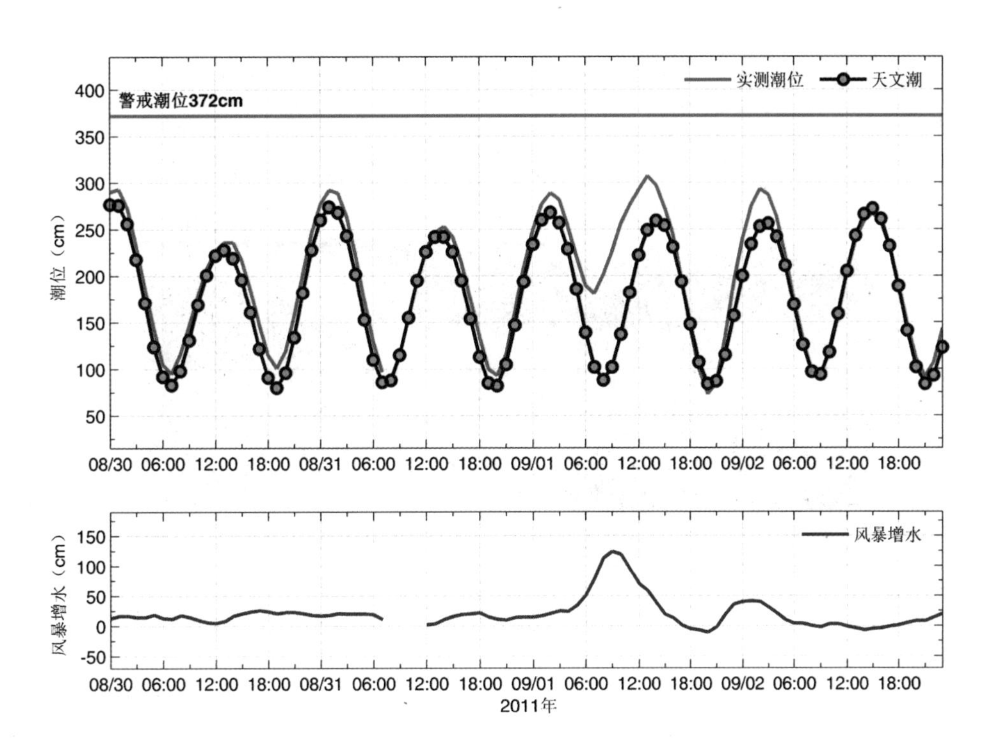

图3.481　潍坊站实测潮位、天文潮位和风暴增水随时间变化

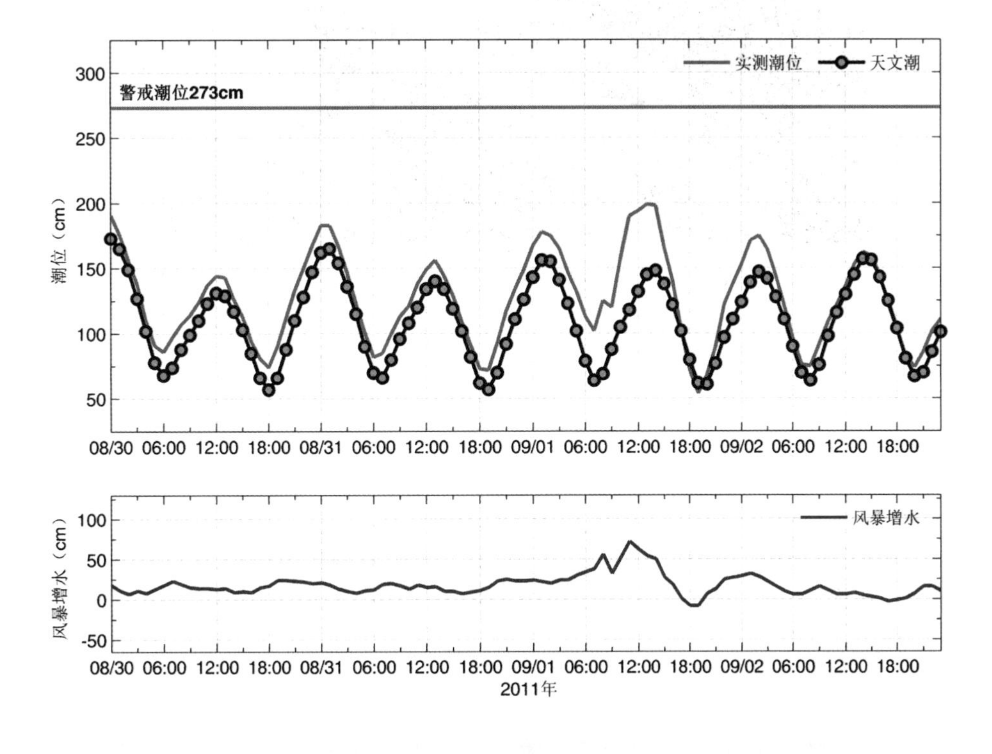

图3.482　龙口站实测潮位、天文潮位和风暴增水随时间变化

图3.483　9月1日黄骅张巨河村养虾池受风暴潮袭击导致溃堤

图3.484　9月1日黄骅东围堤受风暴潮袭击损毁严重

3.59　2012“11·28”风暴潮灾害（西高东低型）

2012年11月27—28日，受西高东低型天气系统影响，辽东湾发生较强温带风暴潮。辽宁葫芦岛站27日23时起持续5个小时增水超过1.0 m，28日02时最大增水1.23 m，居历史最大增水第二位；鲅鱼圈站28日00时最大增水1.29 m，居历史最大增水第二位；老虎滩站08日05时最大增水0.73 m；东港站28日02时最大增水1.23 m。河北黄骅站28日13时最大增水0.77 m，之后增水减小，30日冷空气影响渤海，增水再次增大，30日12时最大增水1.20m。天津塘沽站28日13时最大增水0.72 m，30日11时最大增水1.26 m。山东羊角沟站28日08时最大增水1.13 m；龙口站28日08时最大增水0.99 m，30日15时最大增水0.69 m。

未收集到灾情资料。

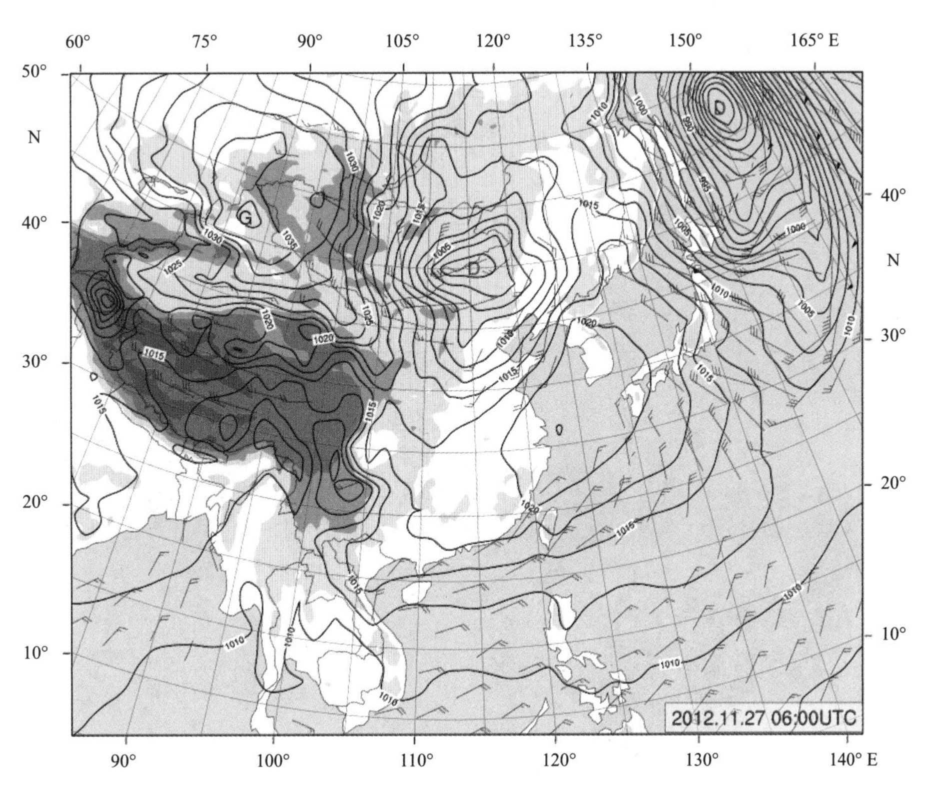

图3.485　2012年11月27日14时地面天气图

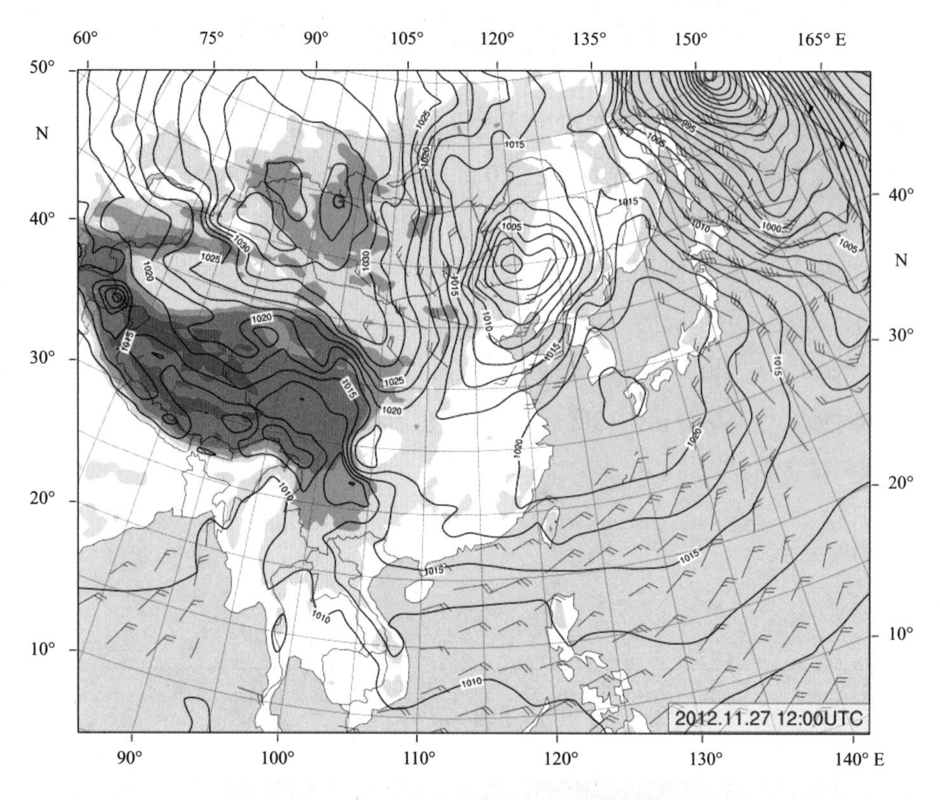

图3.486　2012年11月27日20时地面天气图

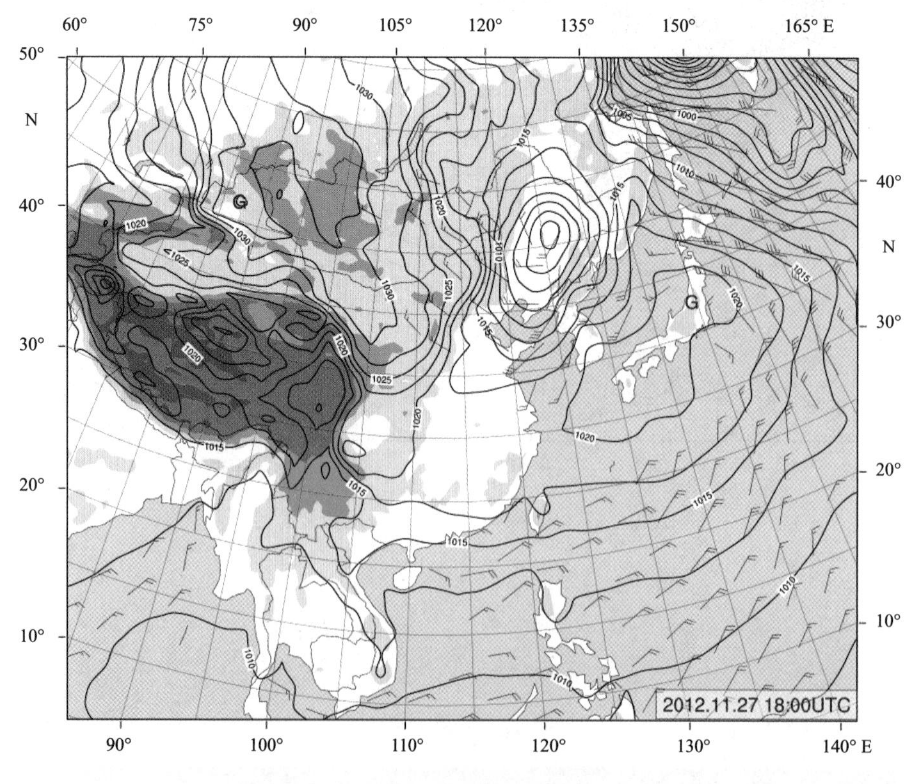

图3.487　2012年11月28日02时地面天气图

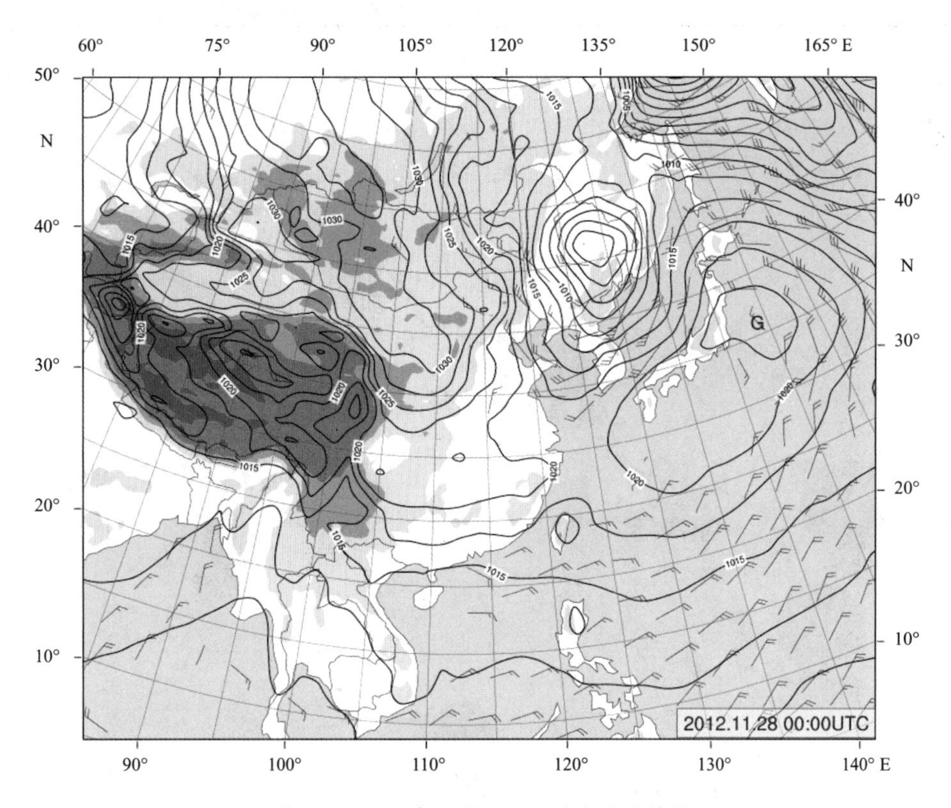

图3.488　2012年11月28日08时地面天气图

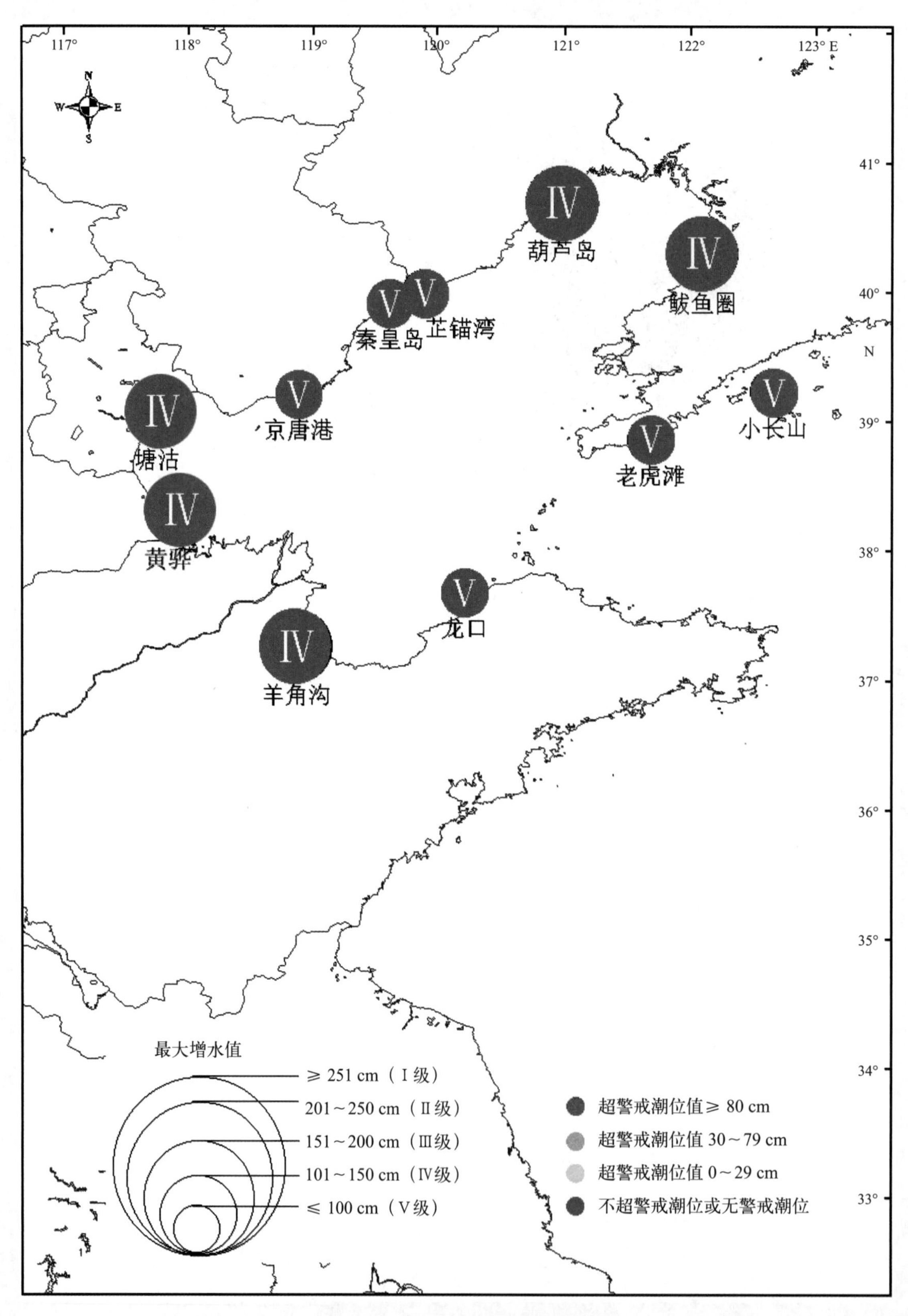

图3.489　2012“12・28”风暴潮空间分布

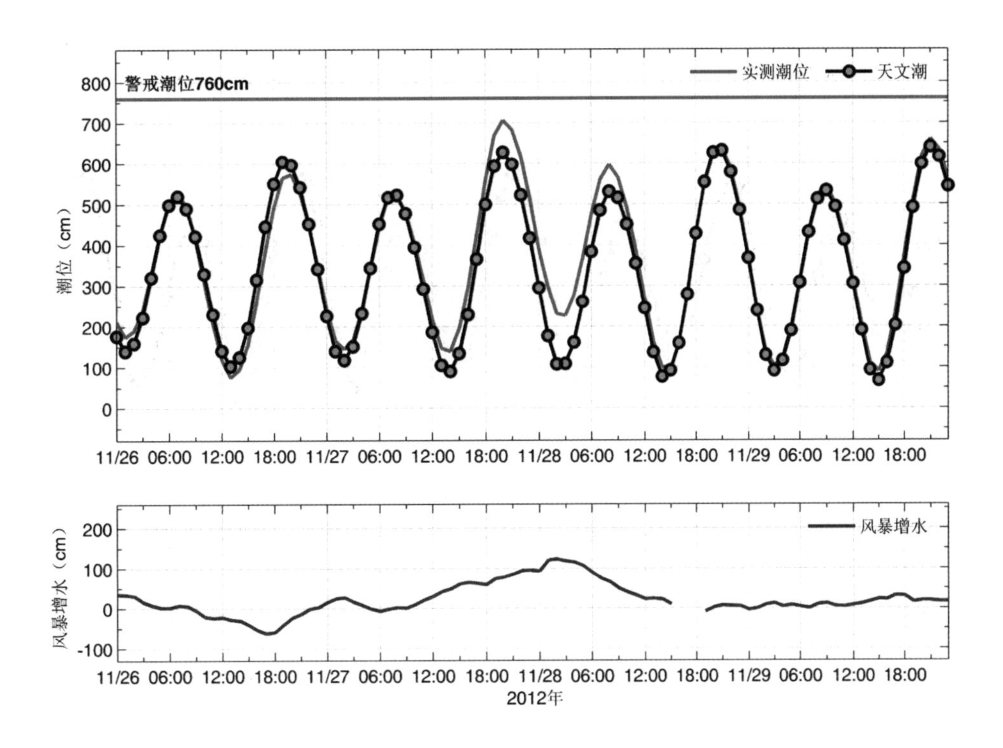

图3.490　东港站实测潮位、天文潮位和风暴增水随时间变化

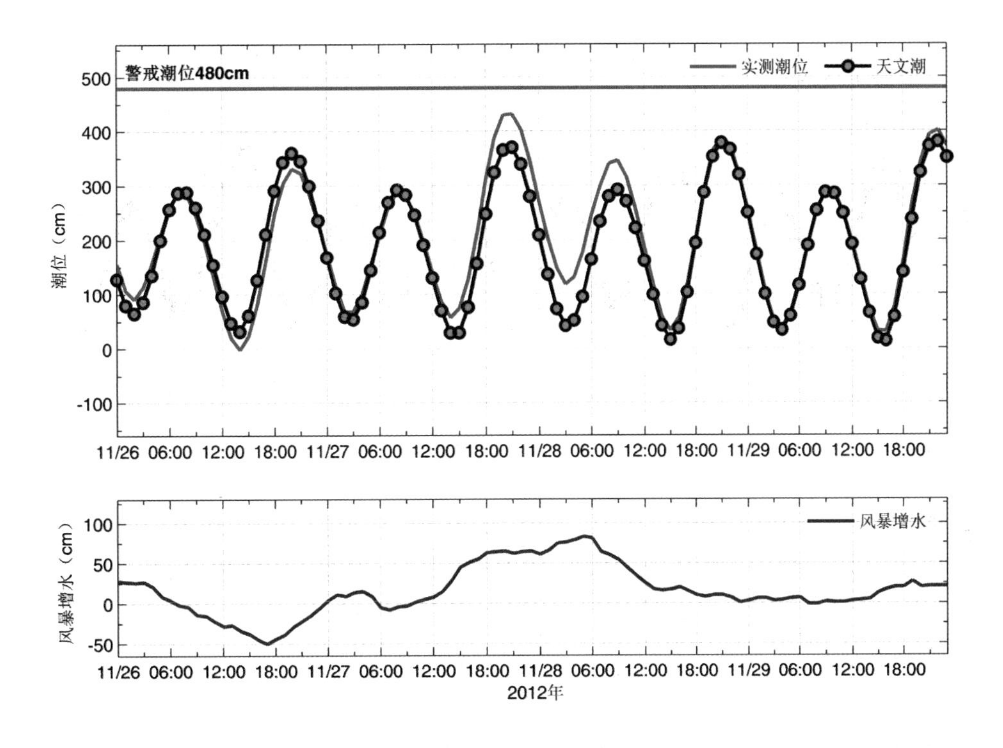

图3.491　小长山站实测潮位、天文潮位和风暴增水随时间变化

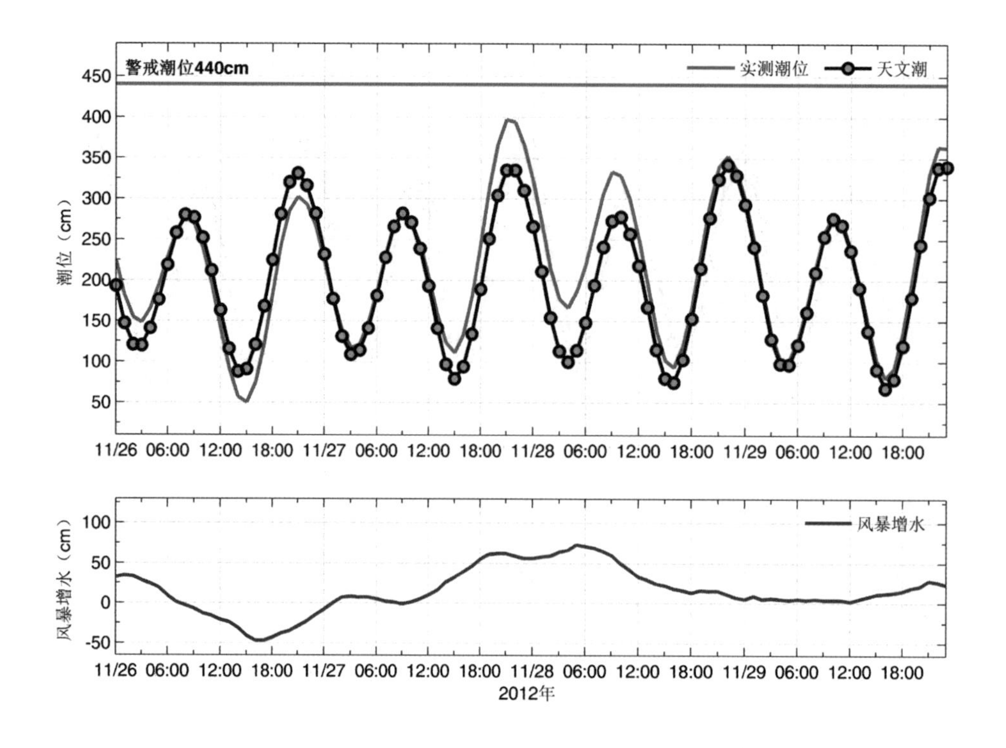

图3.492　老虎滩站实测潮位、天文潮位和风暴增水随时间变化

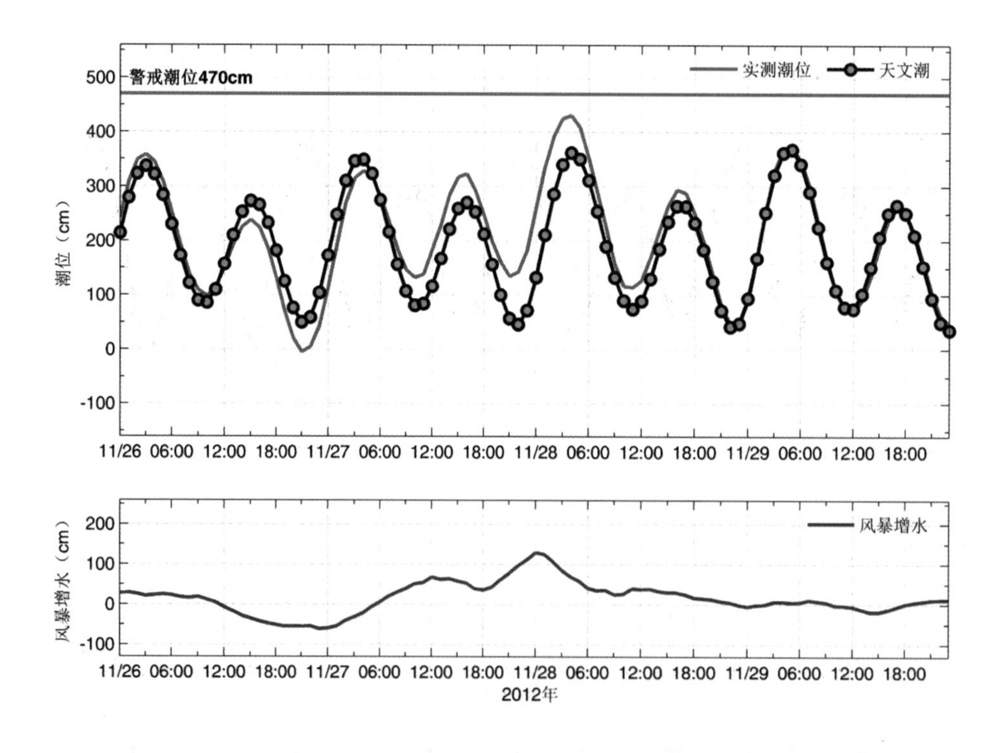

图3.493　鲅鱼圈站实测潮位、天文潮位和风暴增水随时间变化

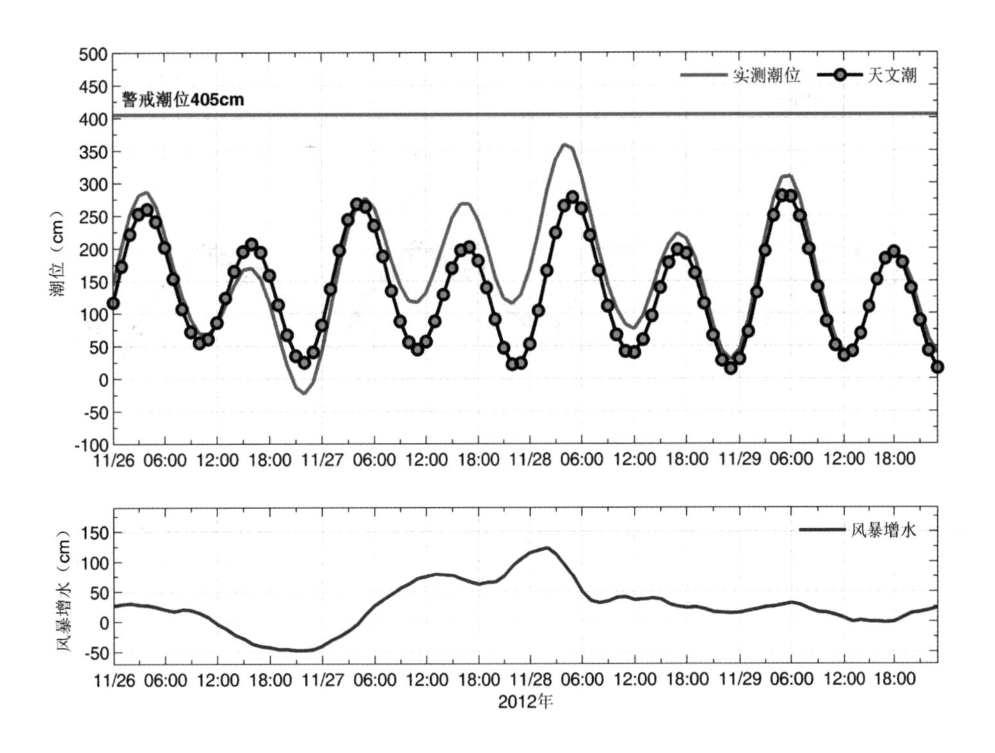

图3.494　葫芦岛站实测潮位、天文潮位和风暴增水随时间变化

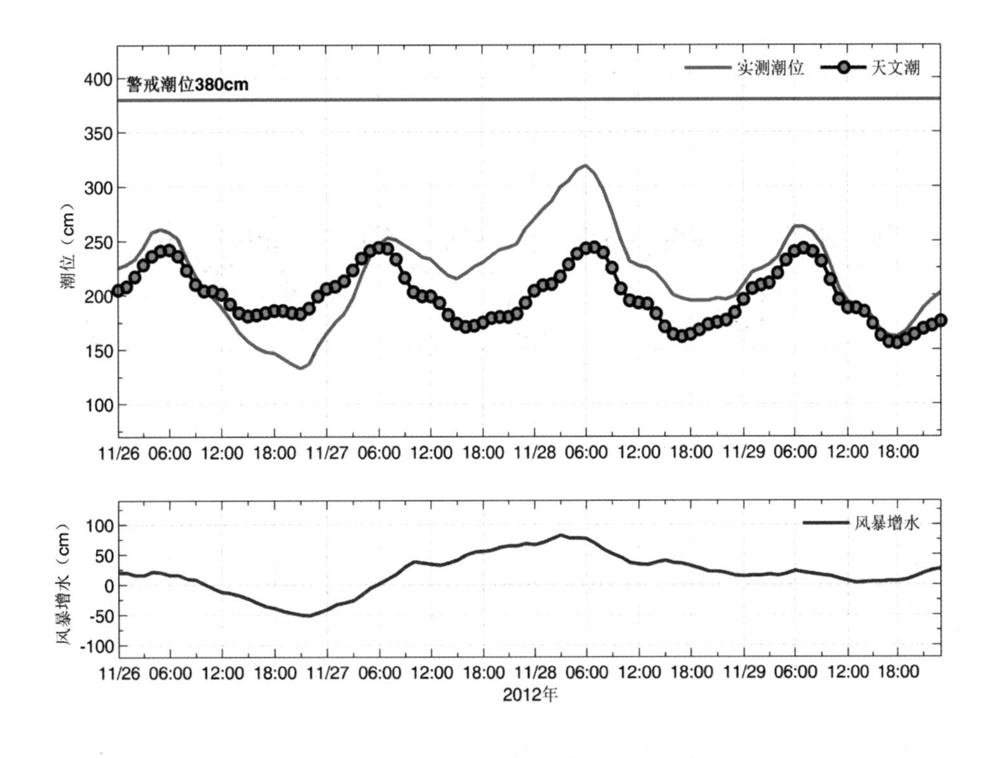

图3.495　芷锚湾站实测潮位、天文潮位和风暴增水随时间变化

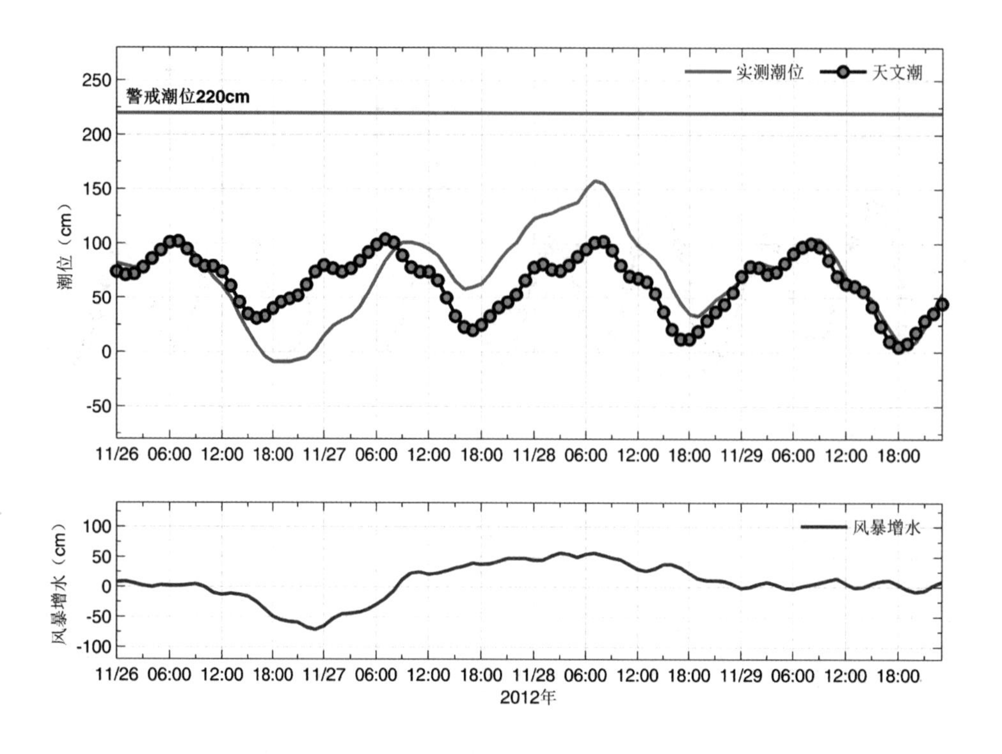

图3.496 秦皇岛站实测潮位、天文潮位和风暴增水随时间变化

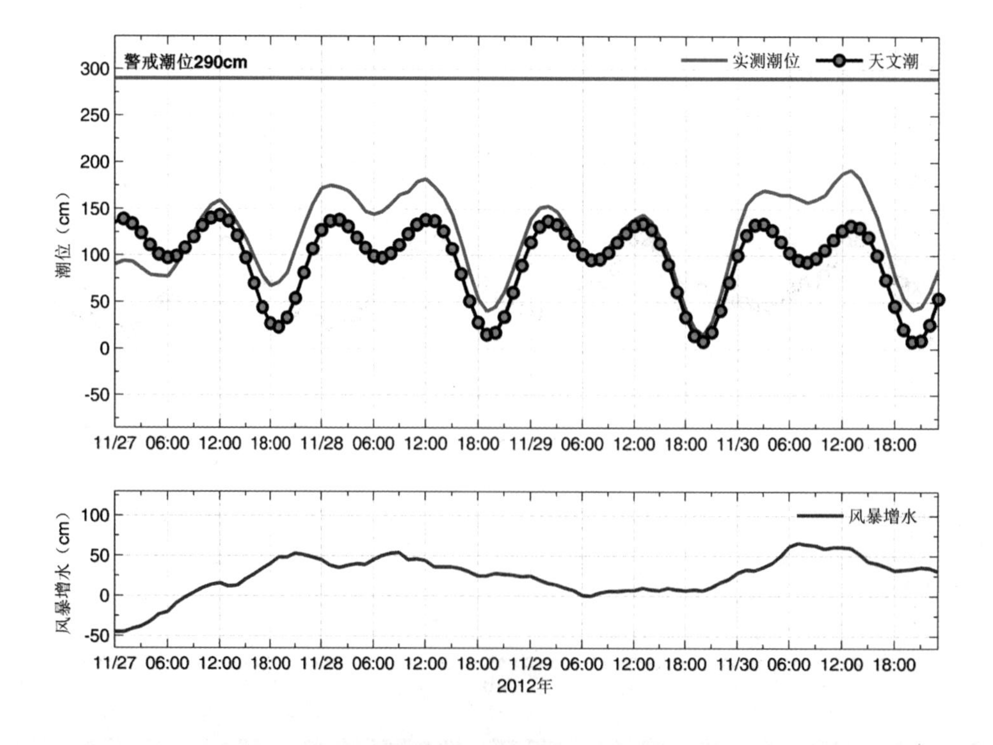

图3.497 京唐港站实测潮位、天文潮位和风暴增水随时间变化

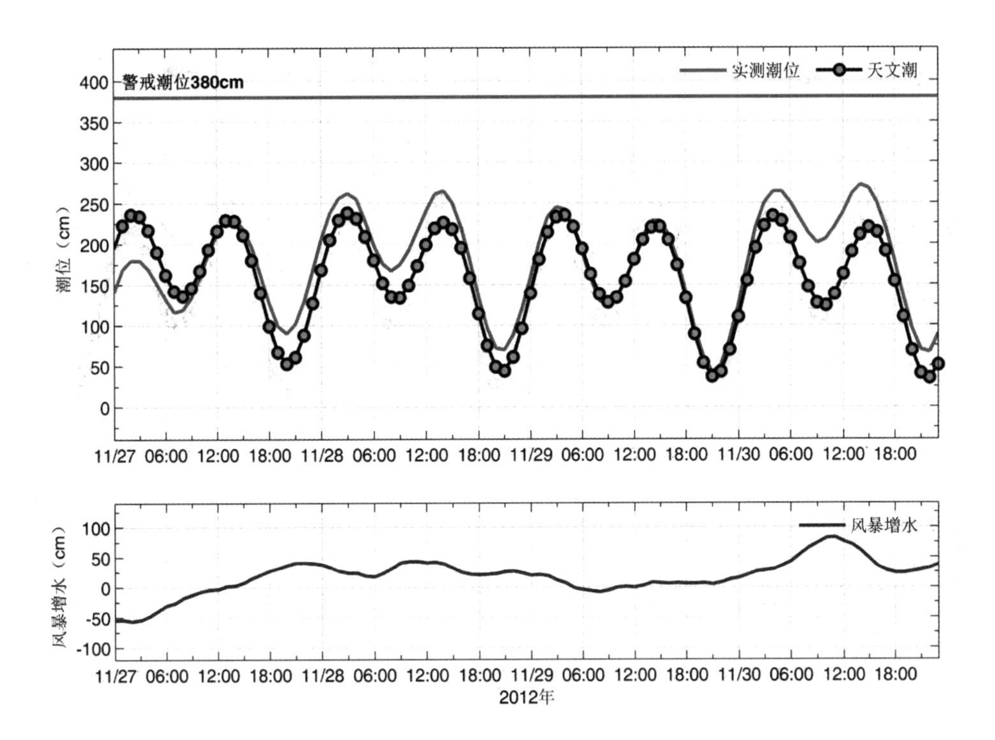

图3.498 曹妃甸站实测潮位、天文潮位和风暴增水随时间变化

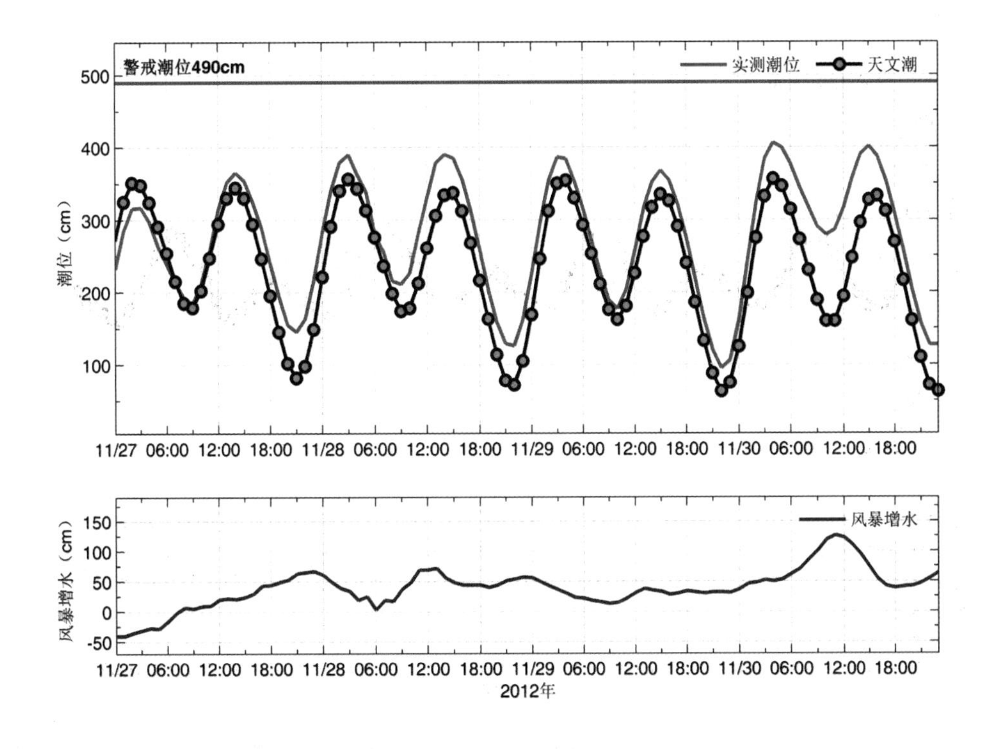

图3.499 塘沽站实测潮位、天文潮位和风暴增水随时间变化

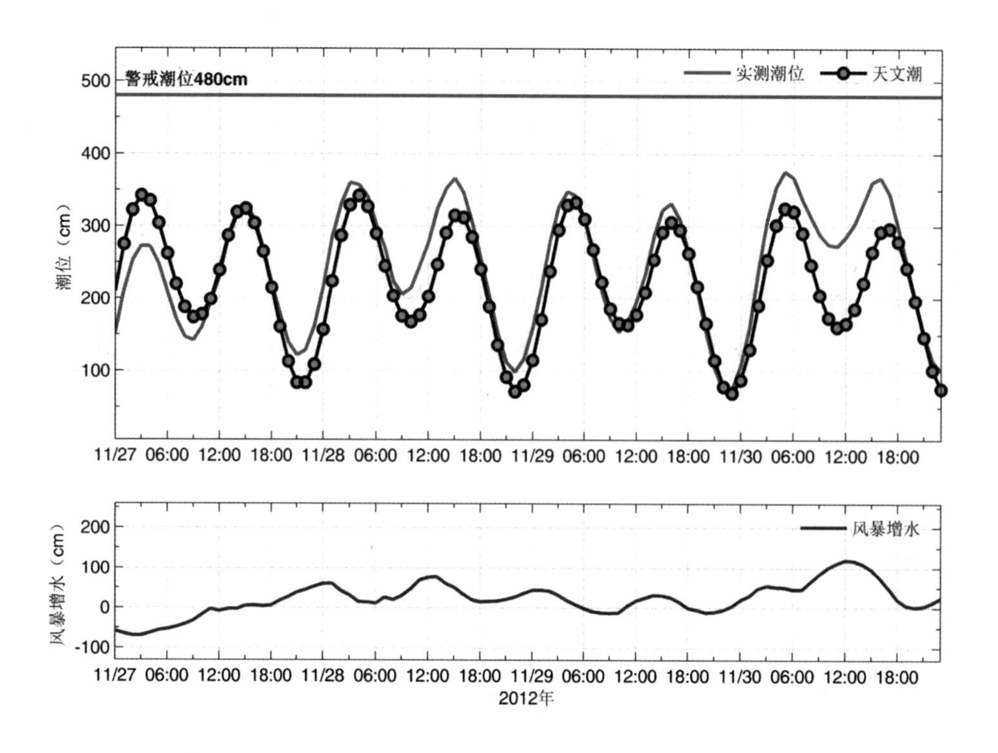

图3.500　黄骅站实测潮位、天文潮位和风暴增水随时间变化

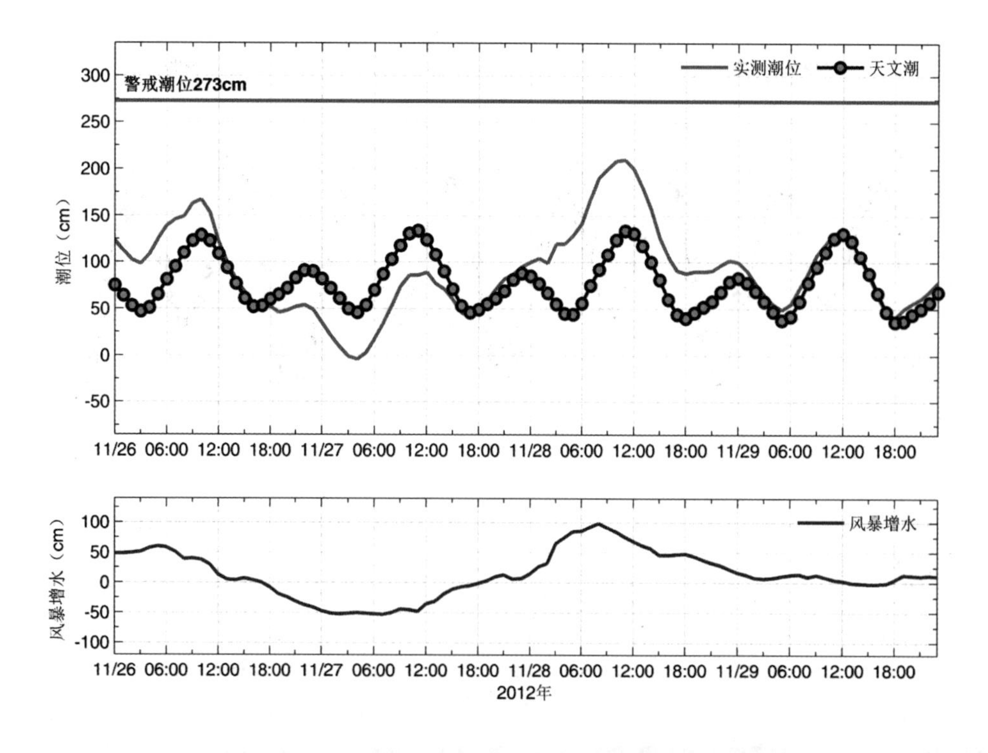

图3.501　龙口站实测潮位、天文潮位和风暴增水随时间变化

3.60　2013“03·20”风暴潮灾害（北高南低型）

2013年3月18—22日，渤海湾、莱州湾持续出现较强温带风暴潮。3月18日08时，渤海气旋中心位于莱州湾附近，之后冷空气南下，受此影响，渤海湾沿岸多站出现中等强度以上增水，河北曹妃甸站12时最大增水1.25 m，黄骅站13时最大增水1.60 m；山东羊角沟站14时最大增水1.78 m，龙口站16时最大增水1.02 m。随着冷空气南下减弱，各站增水快速回落。19日14时起，冷空气再次南下，同时低压倒槽向海上延伸，各站出现第二次较大增水，曹妃甸站20时最大增水1.20 m，黄骅站20时最大增水1.69 m；塘沽站20时最大增水1.26 m；羊角沟20日02时最大增水1.95 m。冷空气继续南下后，各站增水再次减小并出现减水。22日凌晨，随着第三次冷空气影响，各站又一次出现较大增水，曹妃甸06时最大增水1.43 m，为历史增水极值，黄骅站07时最大增水1.85 m；塘沽站06时最大增水1.82 m；羊角沟站09时最大增水1.56 m，最高潮位5.52 m，超过当地警戒潮位0.02 m。

本次过程的主要特点：一是历时长，二是反复出现较强增水。由于冷空气不断补充南下，同时冷空气南部有气旋或低压倒槽配合，致使本次过程历时5天，各站均经历了增水、减水、增水、减水、增水的过程。

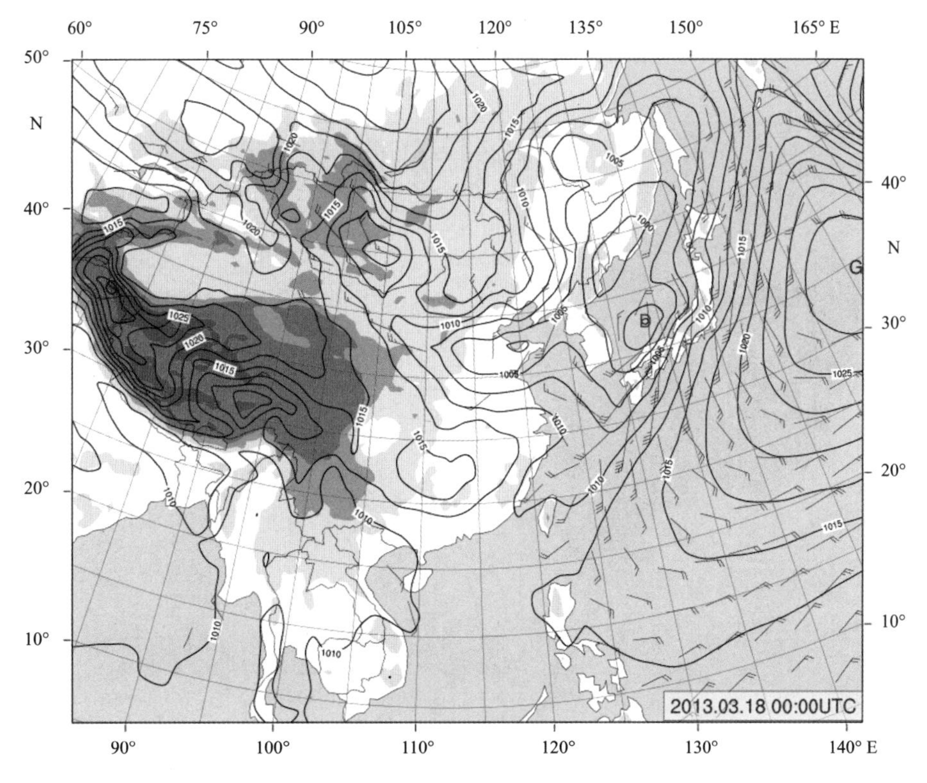

图3.502　2013年3月18日08时地面天气图

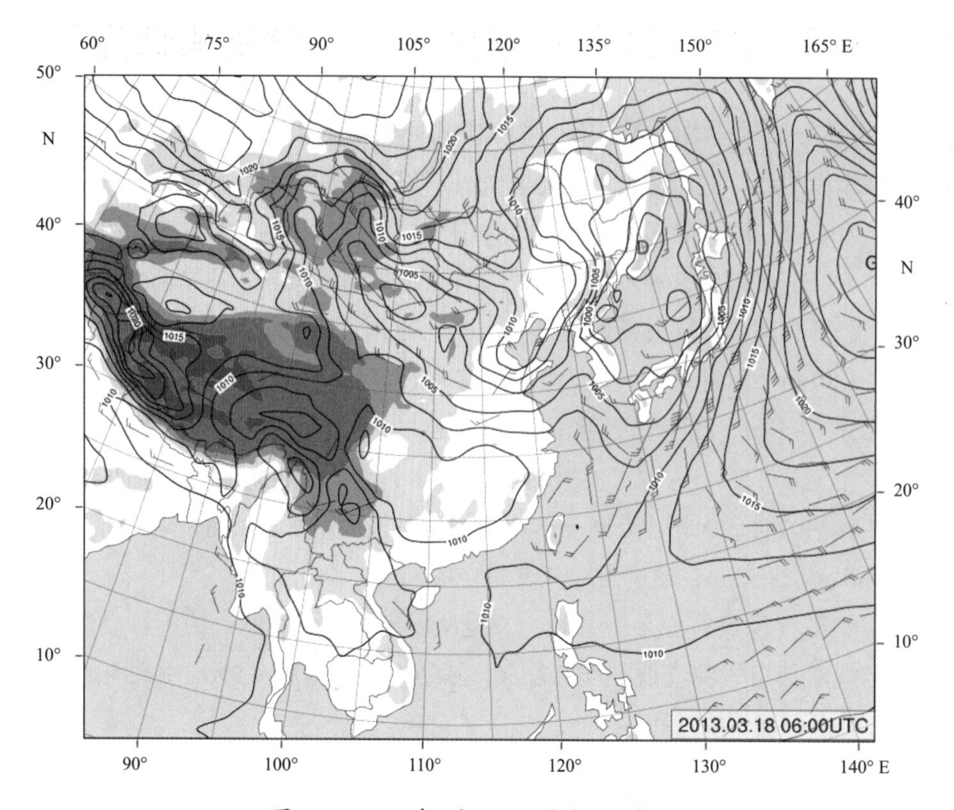

图3.503　2013年3月18日14时地面天气图

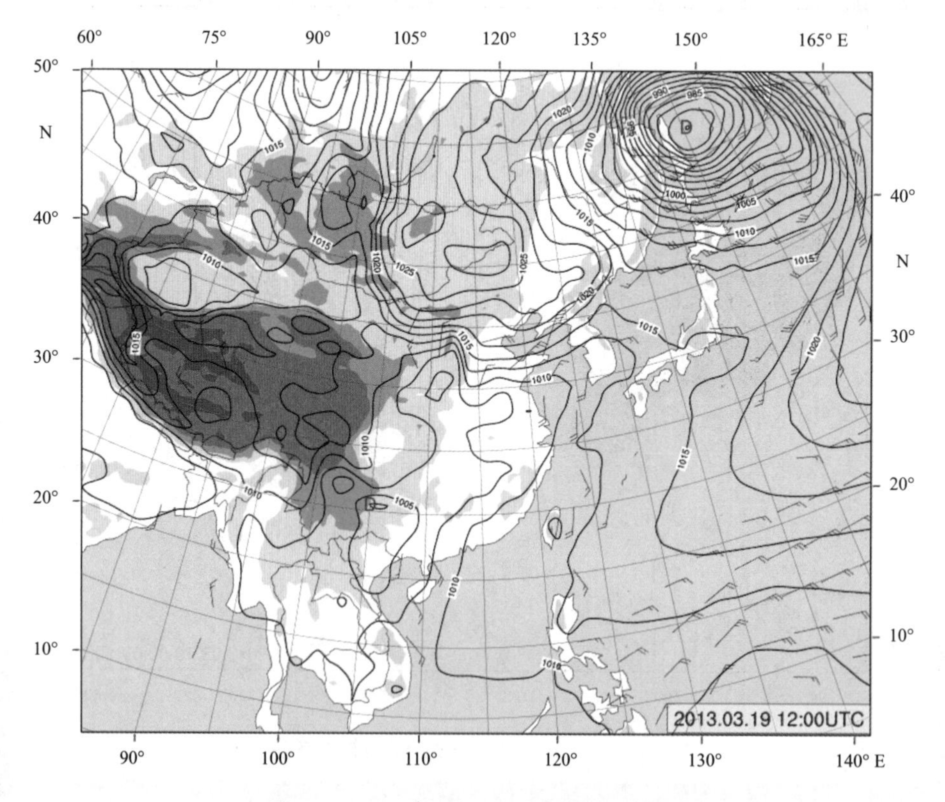

图3.504　2013年3月19日20时地面天气图

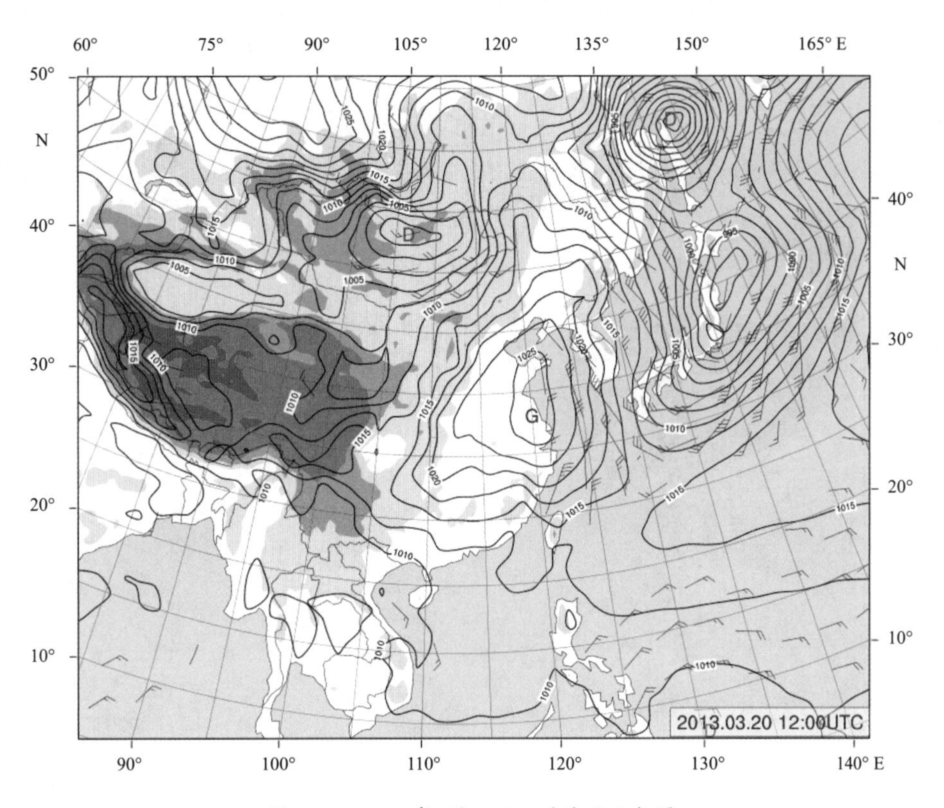

图3.505 2013年3月20日20时地面天气图

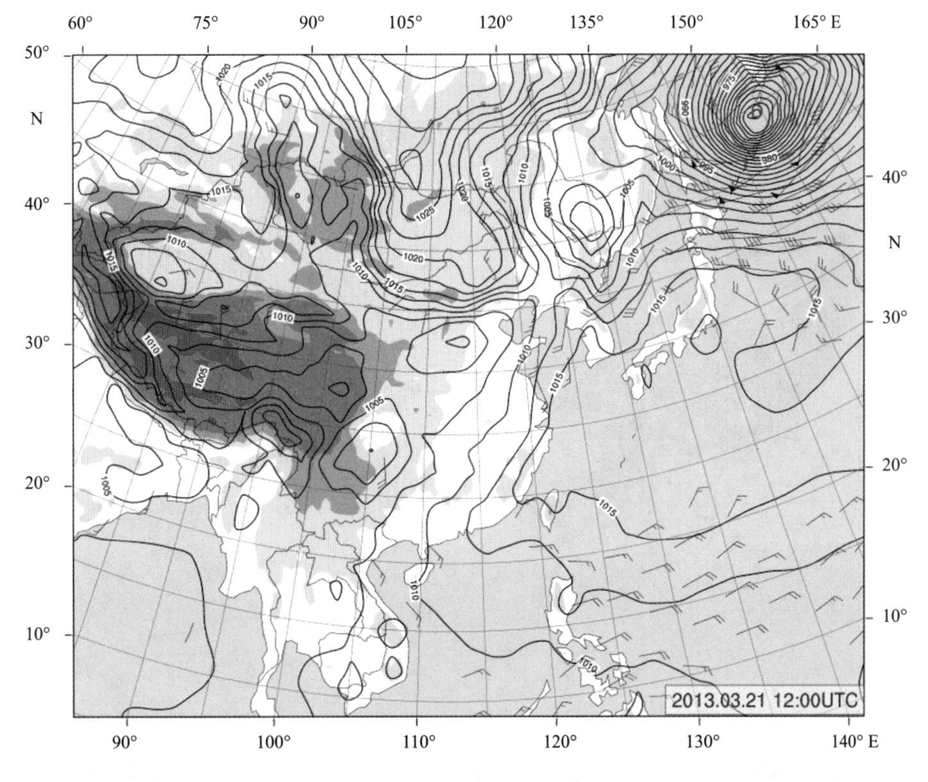

图3.506 2013年3月21日20时地面天气图

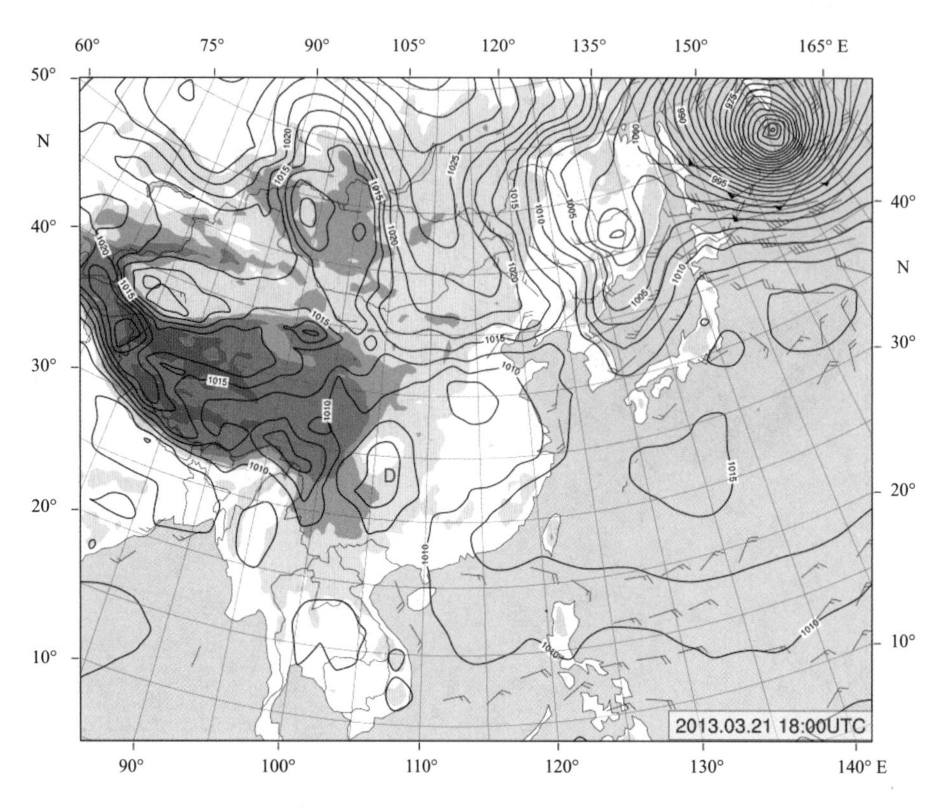

图3.507　2013年3月22日02时地面天气图

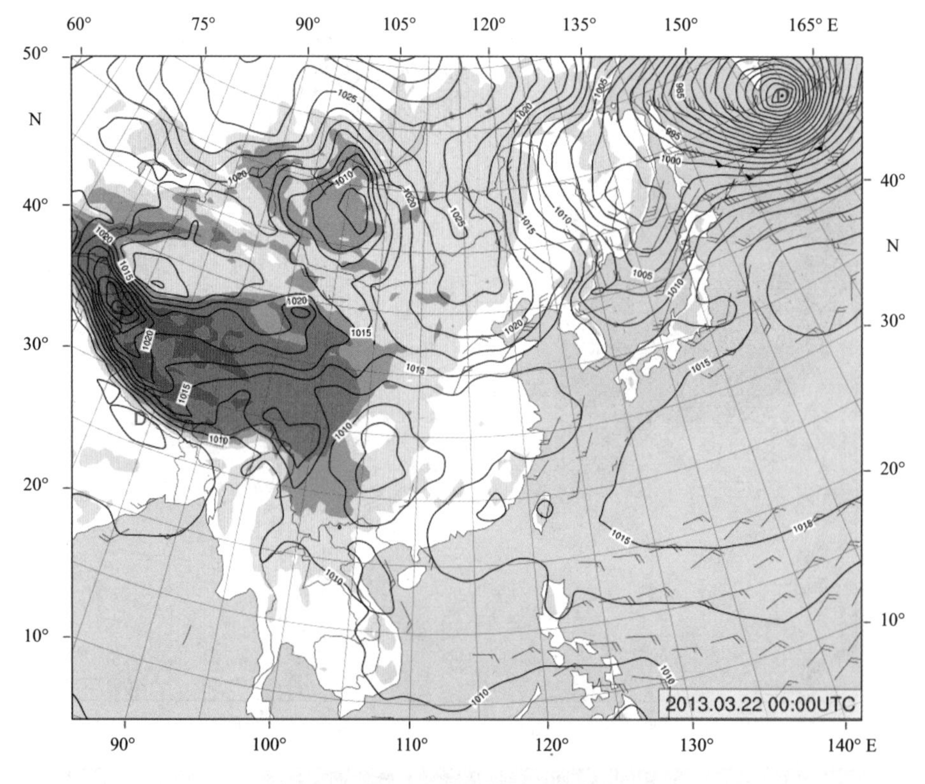

图3.508　2013年3月22日08时地面天气图

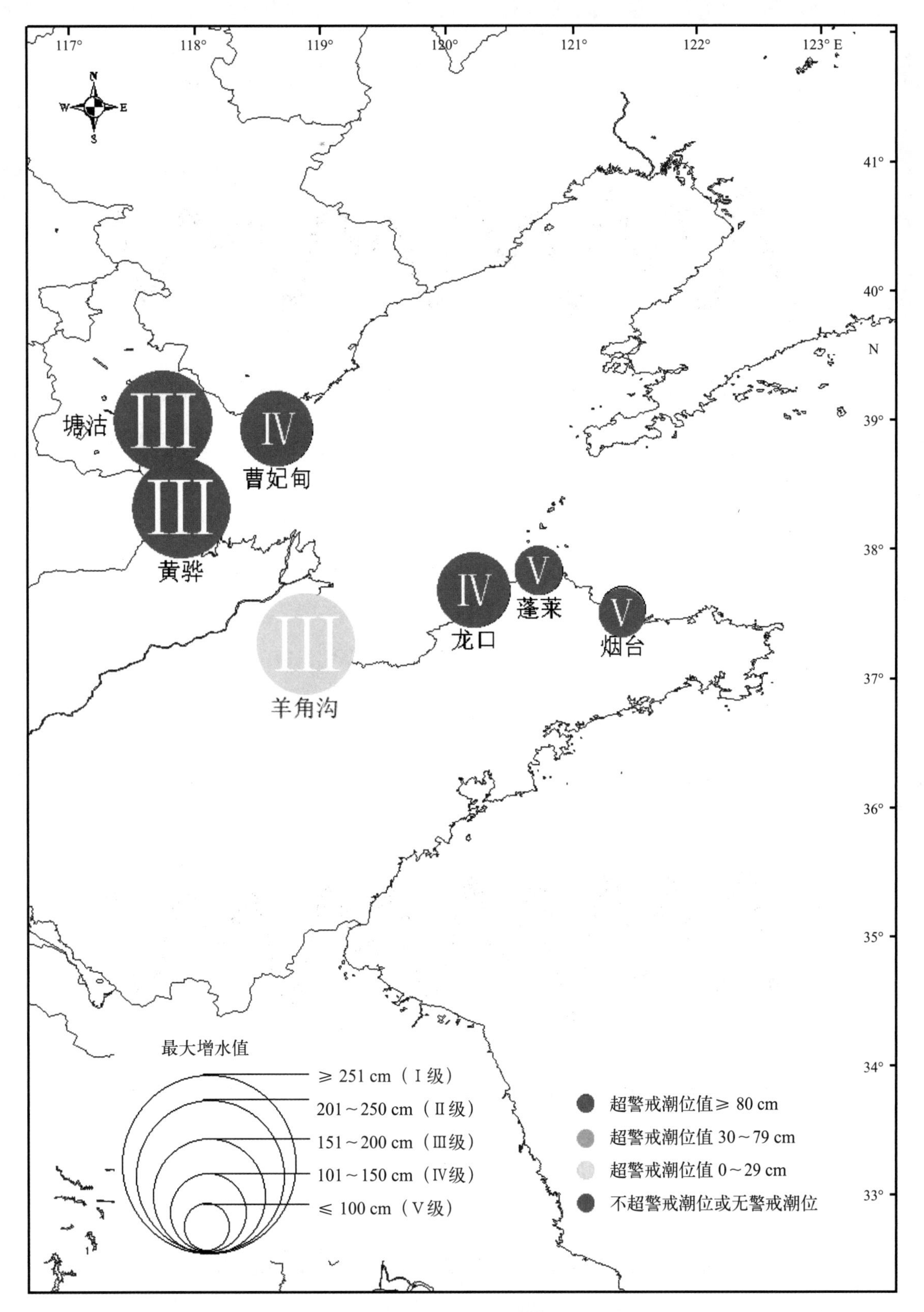

图3.509 2013“03·20”风暴潮空间分布

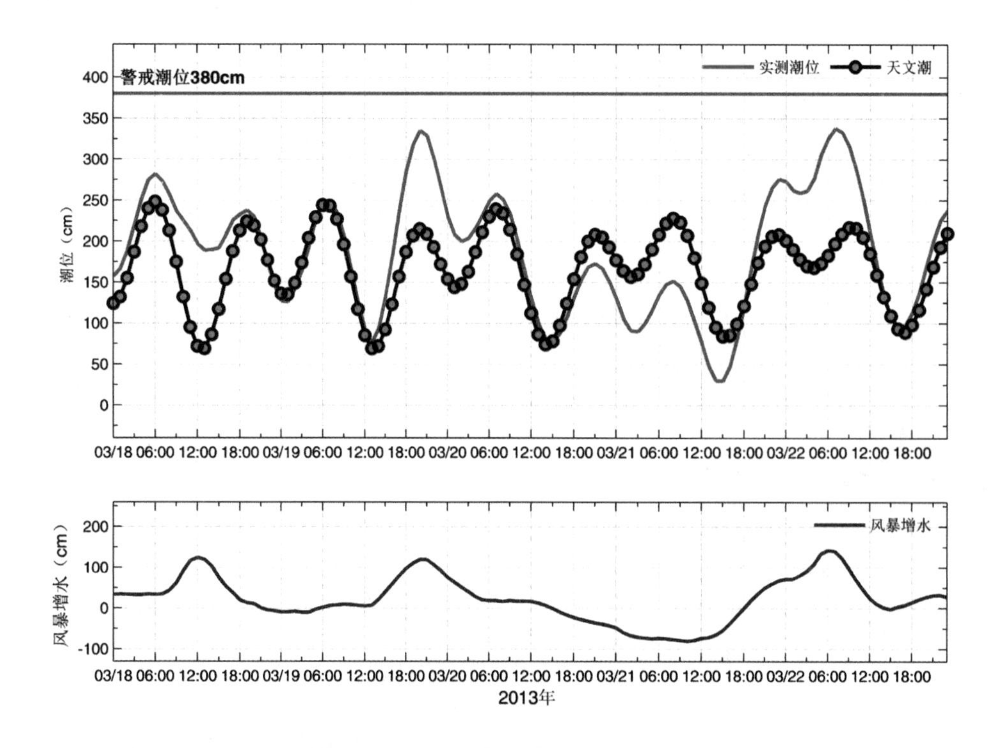

图3.510　曹妃甸站实测潮位、天文潮位和风暴增水随时间变化

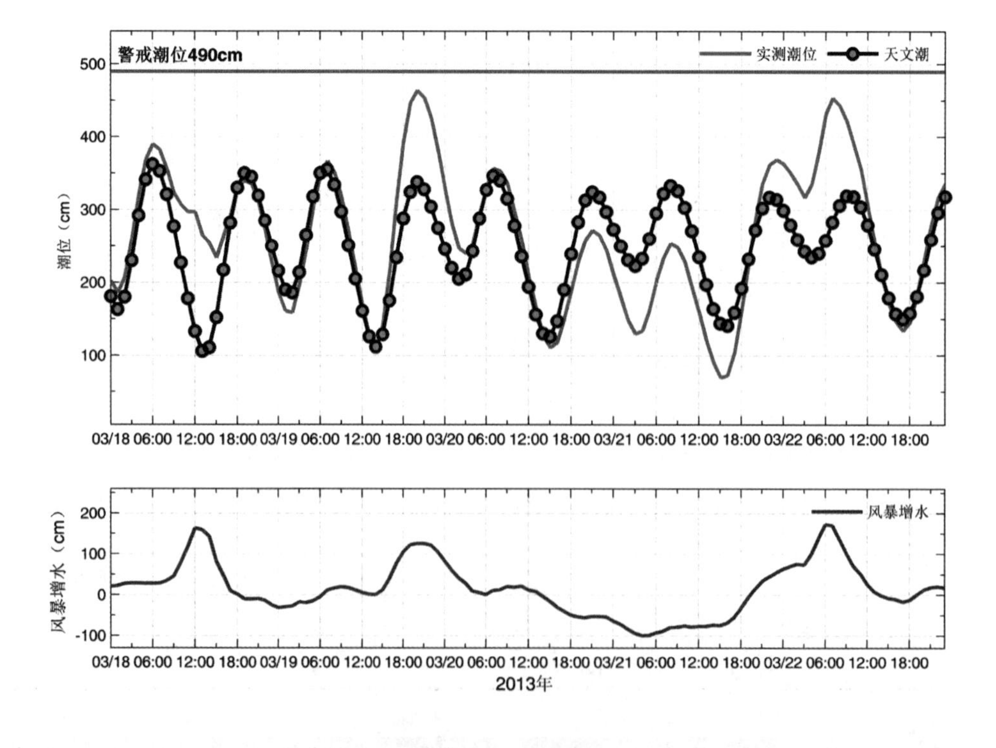

图3.511　塘沽站实测潮位、天文潮位和风暴增水随时间变化

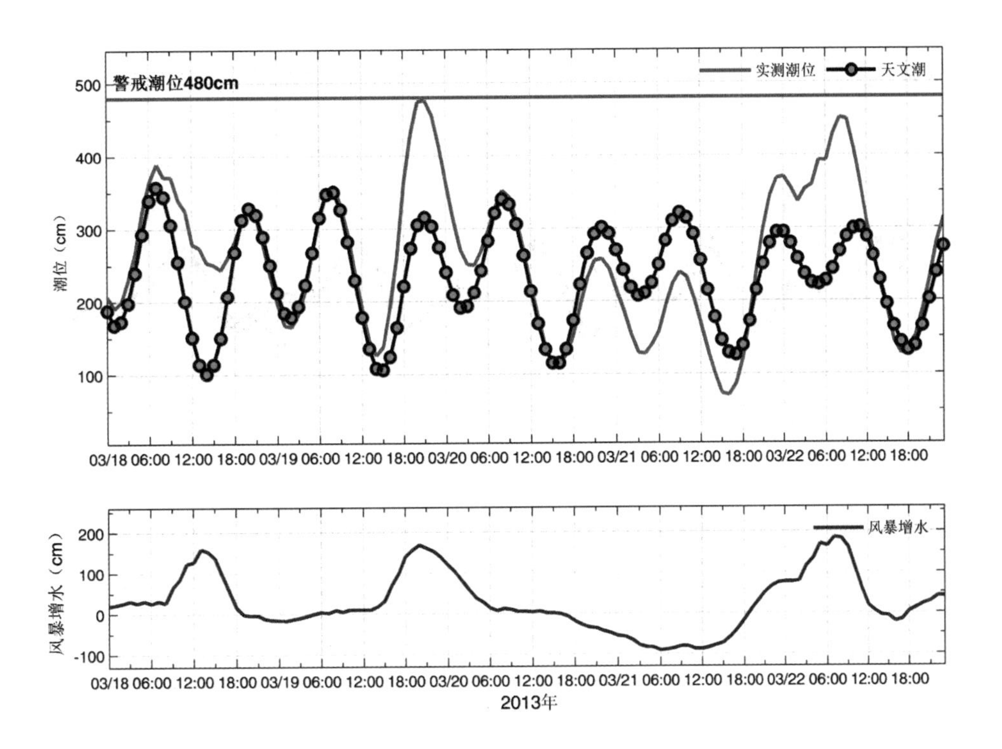

图3.512　黄骅站实测潮位、天文潮位和风暴增水随时间变化

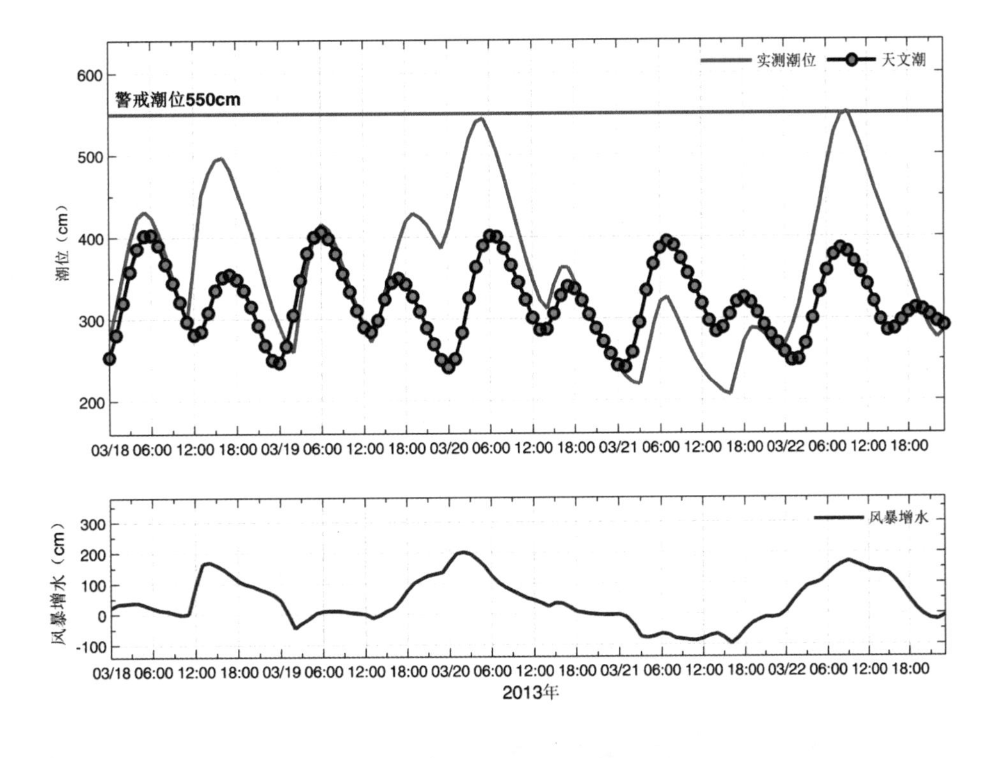

图3.513　羊角沟站实测潮位、天文潮位和风暴增水随时间变化

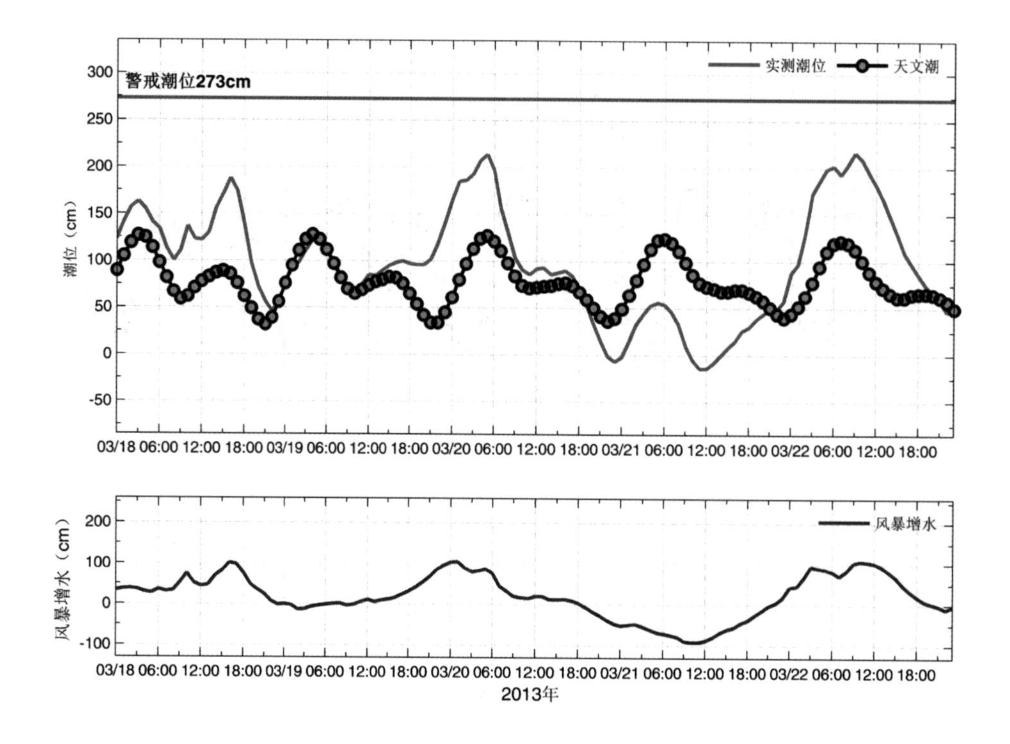

图3.514　龙口站实测潮位、天文潮位和风暴增水随时间变化

3.61 2013“05·27”风暴潮灾害（孤立气旋型）

2013年5月26—28日，受入海气旋的影响，渤海和黄海沿岸出现了一次中等强度的温带风暴潮过程，此次过程一是影响范围广，渤海、黄海沿岸均出现0.50 m以上的风暴增水，最大增水发生在莱州湾，山东羊角沟站27日最大增水1.43 m；二是高潮位超过当地警戒潮位的站数多，辽宁东港站、小长山站、老虎滩站、鲅鱼圈站、葫芦岛站和芷锚湾站，河北秦皇岛站，山东潍坊站、蓬莱站、石岛站和日照站等11个潮位站的最高潮位超过当地警戒潮位，其中，鲅鱼圈站最高潮位超过当地警戒潮位0.29 m。

天津塘沽站28日最大增水0.84 m。河北曹妃甸站28日最大增水0.88 m；秦皇岛站28日最大增水0.60 m。山东潍坊站27日最大增水1.38 m，28日凌晨最高潮位3.88 m，超过当地警戒潮位0.16 m；龙口站27日最大增水0.96 m，烟台站27日最大增水0.76 m，石臼所站27日最大增水0.84 m；江苏连云港站27日最大增水0.68 m。

山东省5间房屋倒塌，406间房屋损坏；水产养殖7.24×10^3 hm^2受灾；64艘渔船毁坏，45艘渔船损坏；码头4.00 km、防波提1.58 km、5.23 km海堤、护岸损毁，直接经济损失1.44亿元。

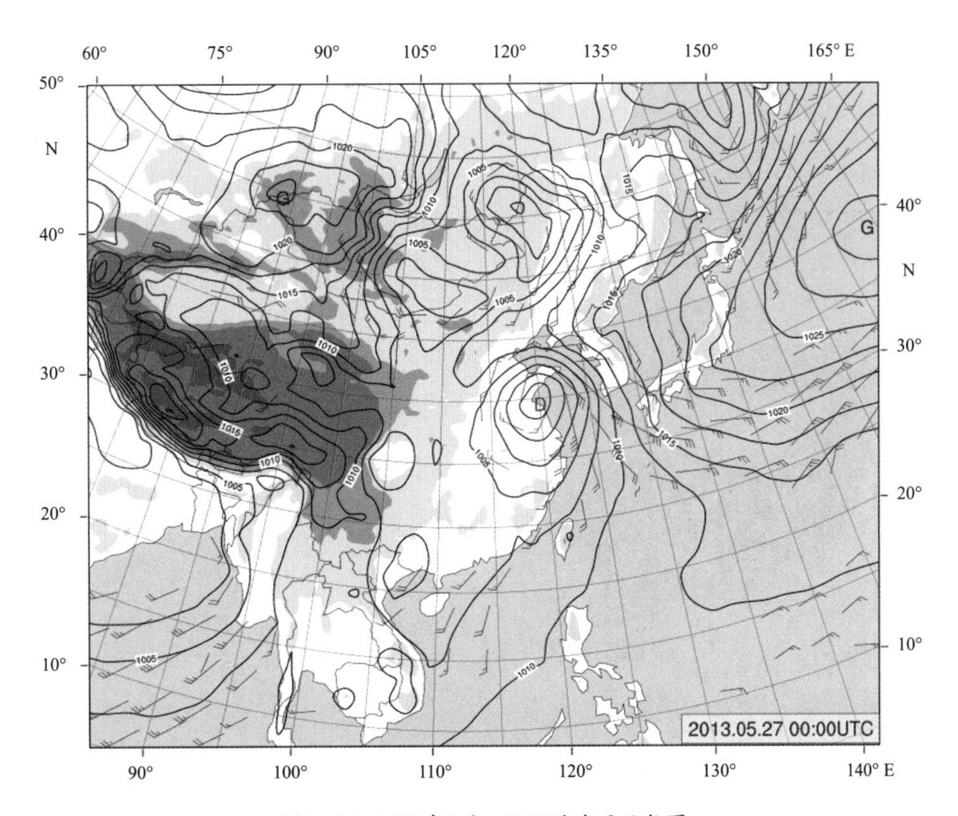

图3.515 2013年5月27日08时地面天气图

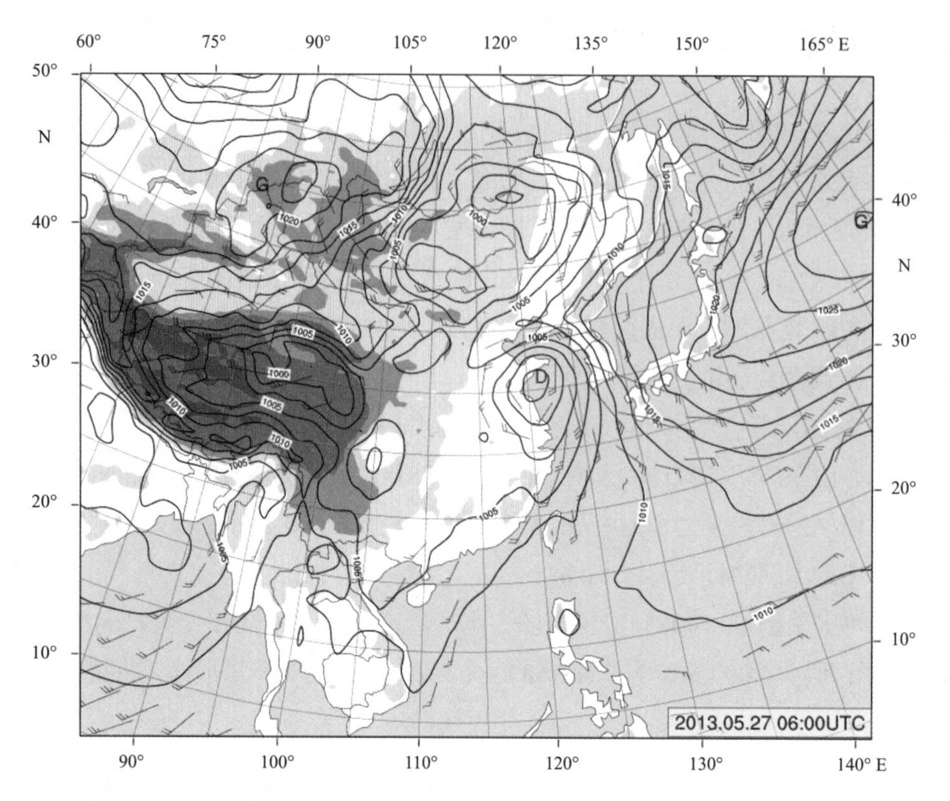

图3.516　2013年5月27日14时地面天气图

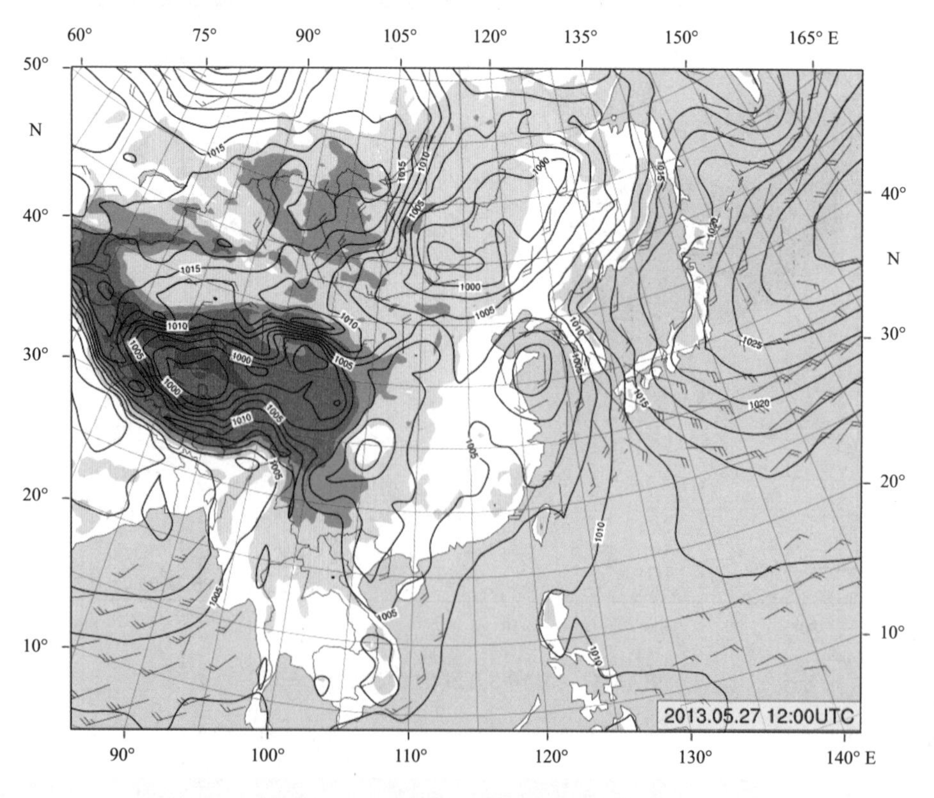

图3.517　2013年5月27日20时地面天气图

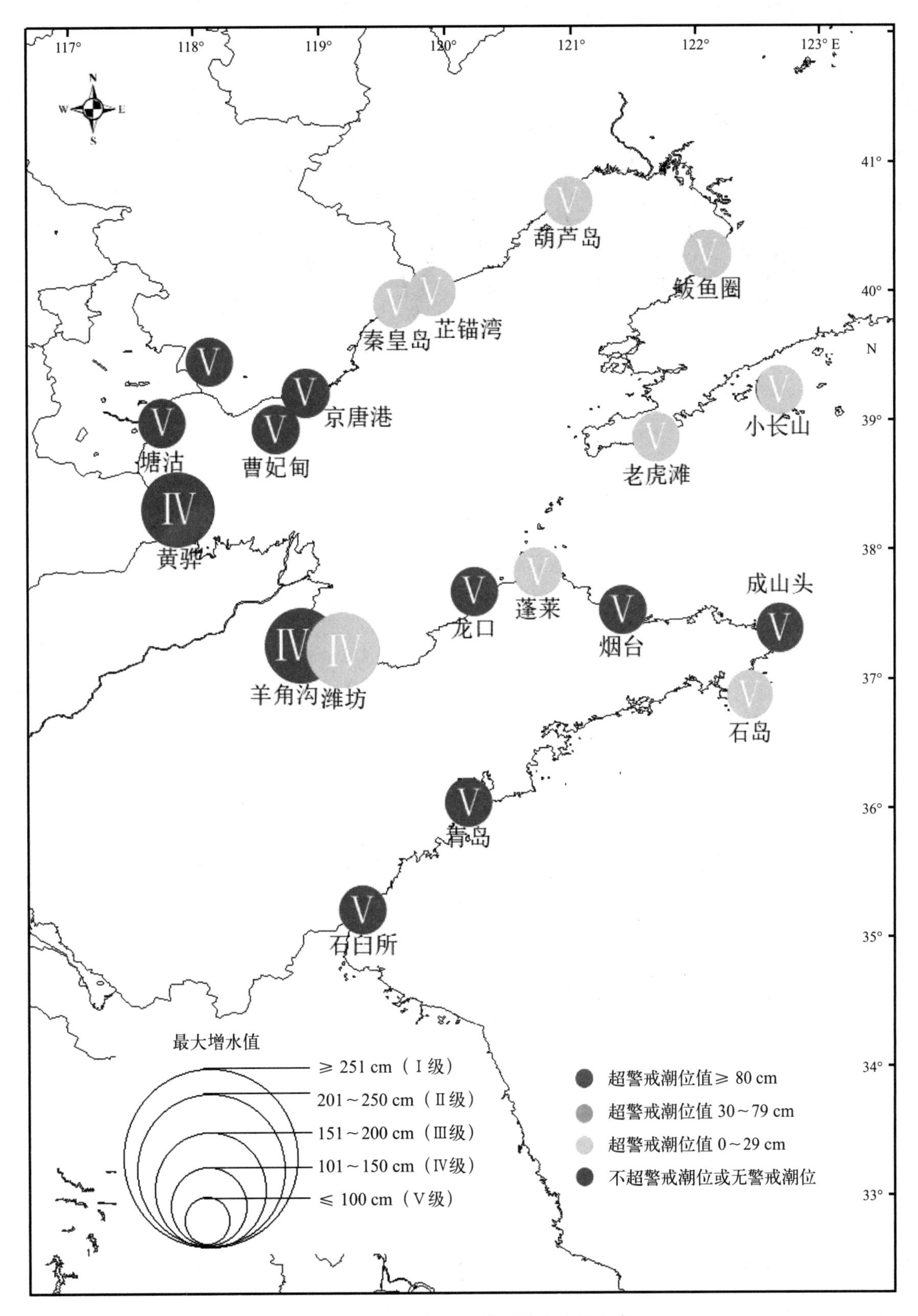

图3.518　2013“05・27”风暴潮空间分布

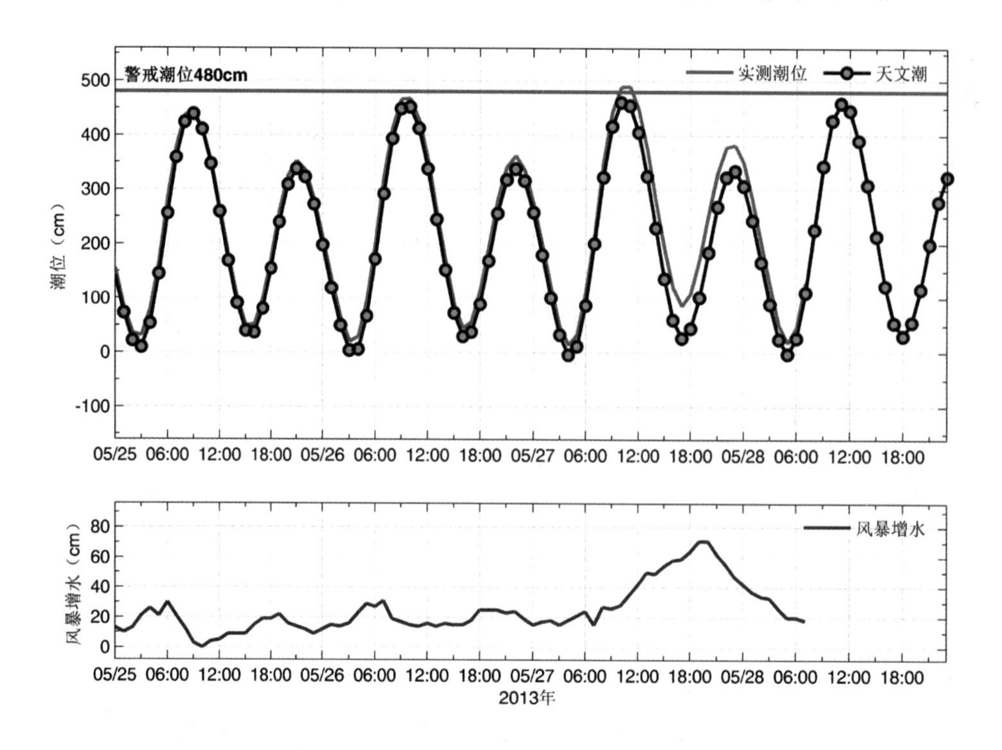

图3.519 小长山站实测潮位、天文潮位和风暴增水随时间变化

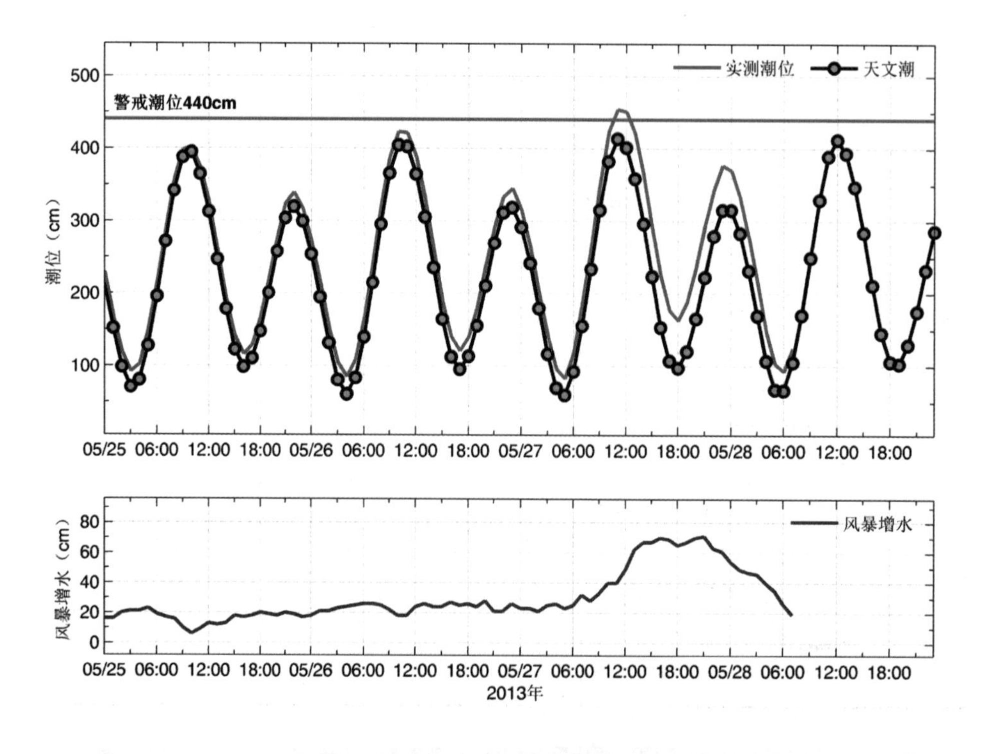

图3.520 老虎滩站实测潮位、天文潮位和风暴增水随时间变化

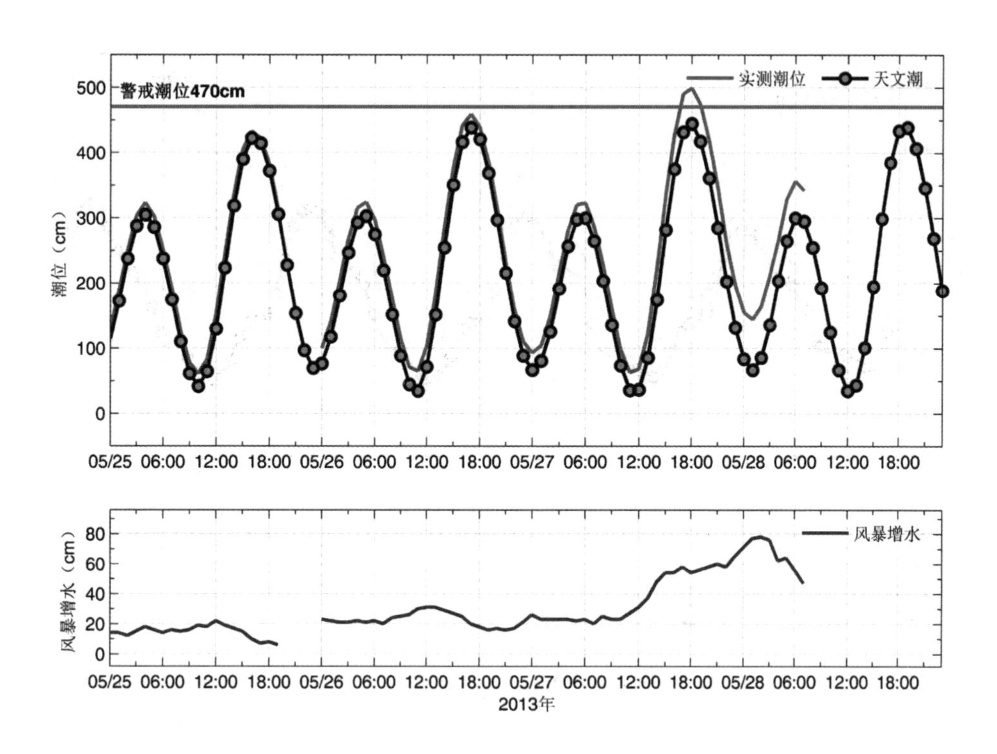

图3.521　鲅鱼圈站实测潮位、天文潮位和风暴增水随时间变化

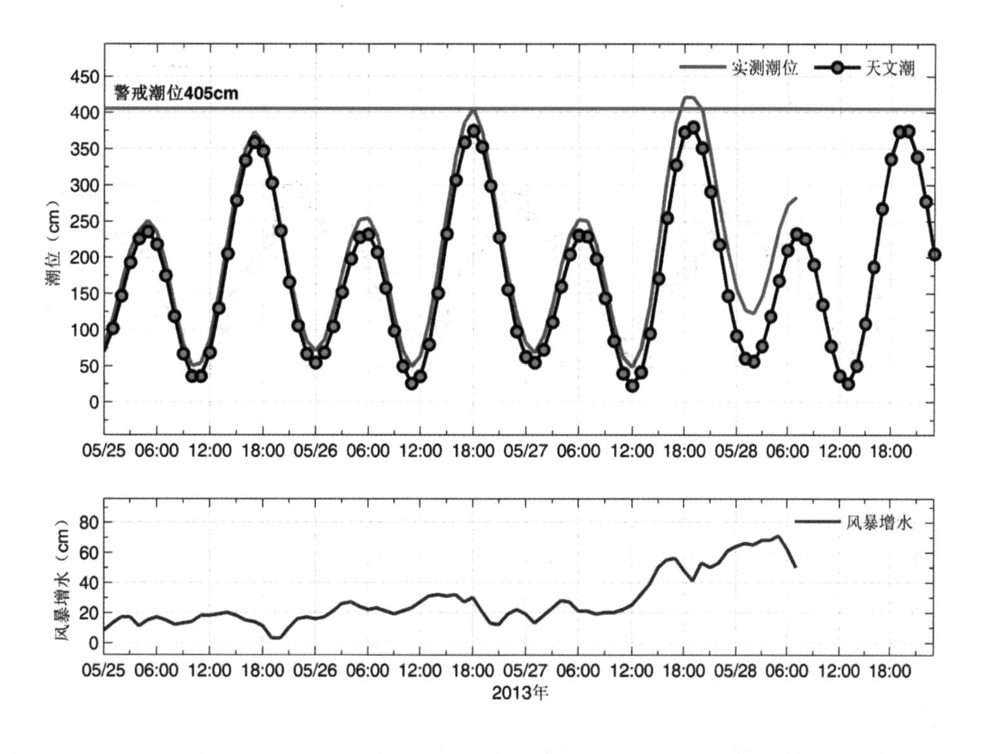

图3.522　葫芦岛站实测潮位、天文潮位和风暴增水随时间变化

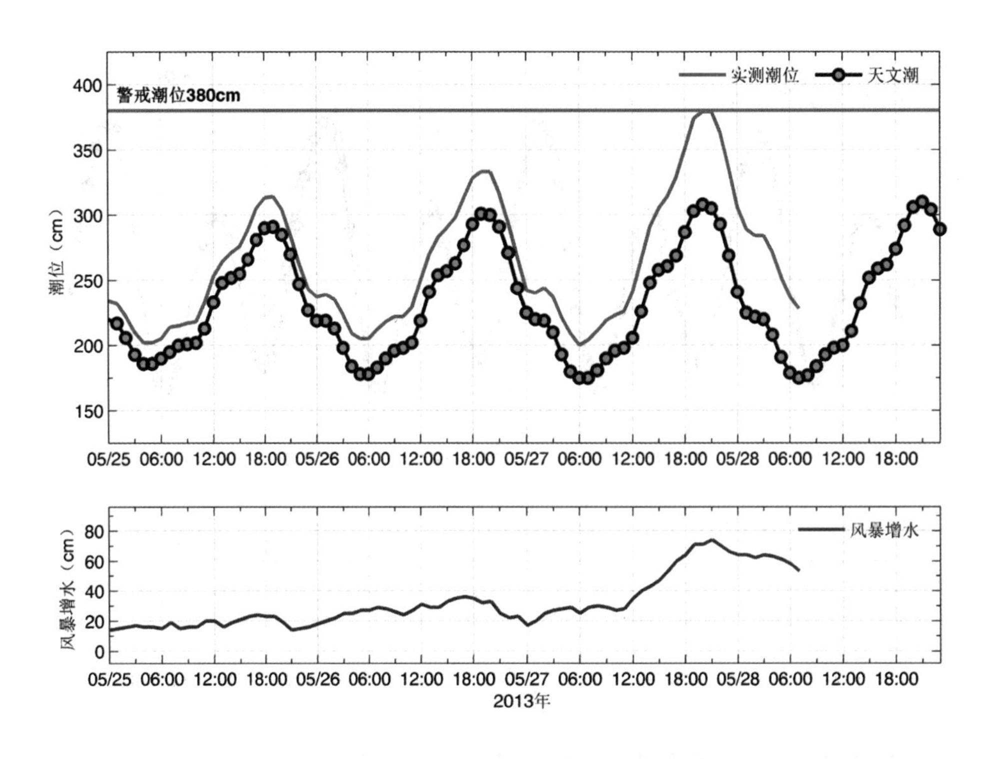

图3.523 芷锚湾站实测潮位、天文潮位和风暴增水随时间变化

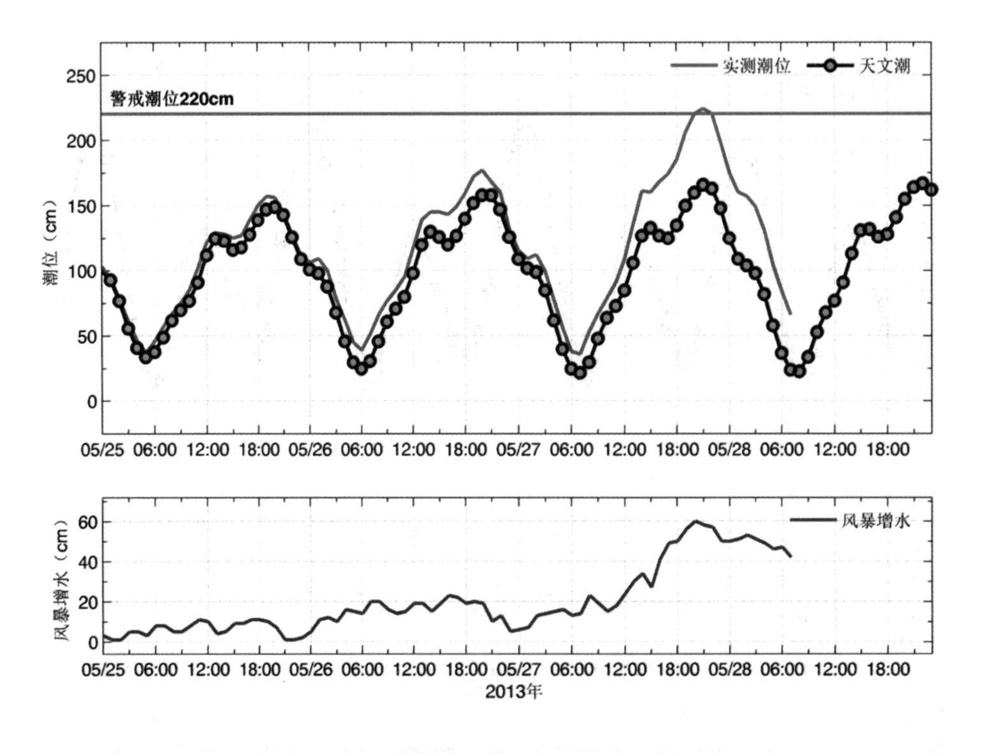

图3.524 秦皇岛站实测潮位、天文潮位和风暴增水随时间变化

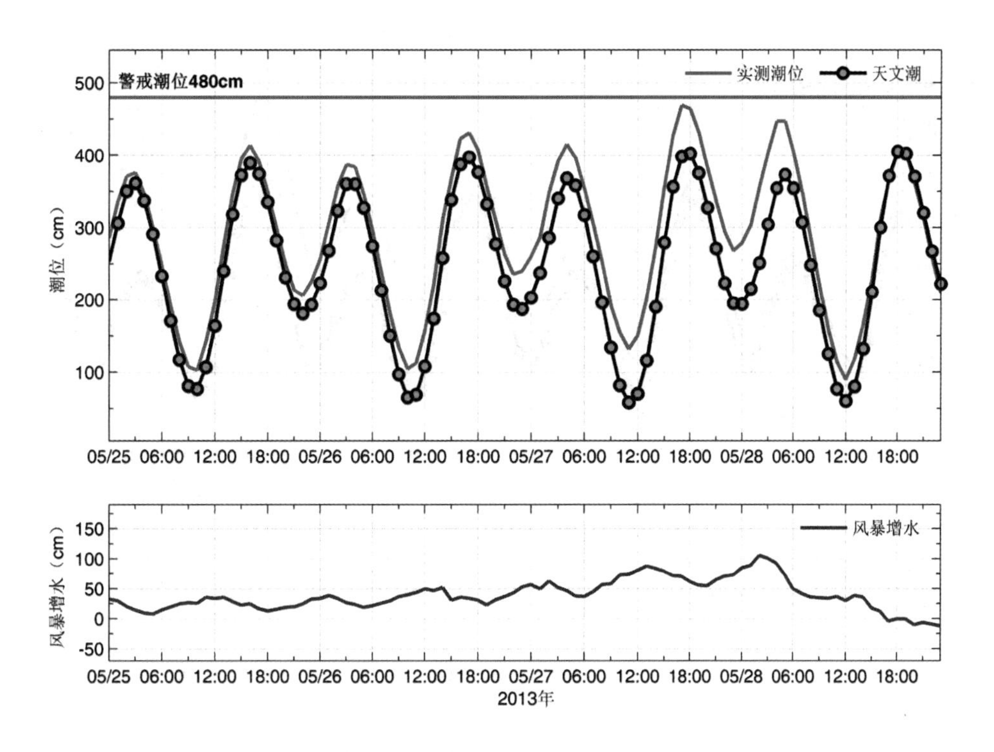

图3.525　黄骅站实测潮位、天文潮位和风暴增水随时间变化

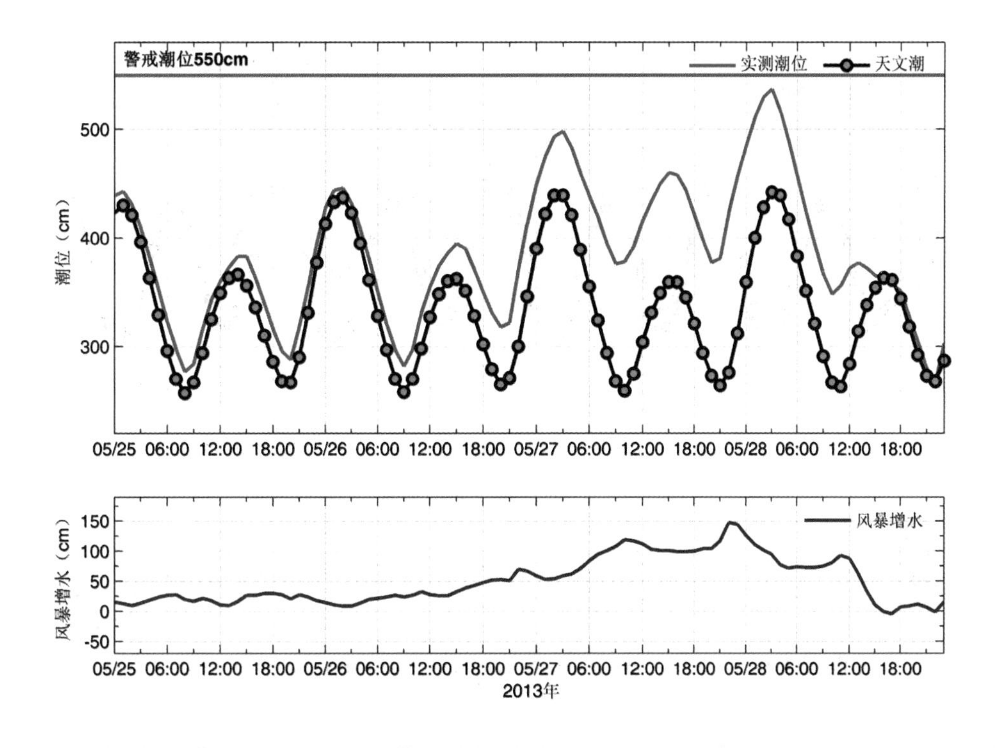

图3.526　羊角沟站实测潮位、天文潮位和风暴增水随时间变化

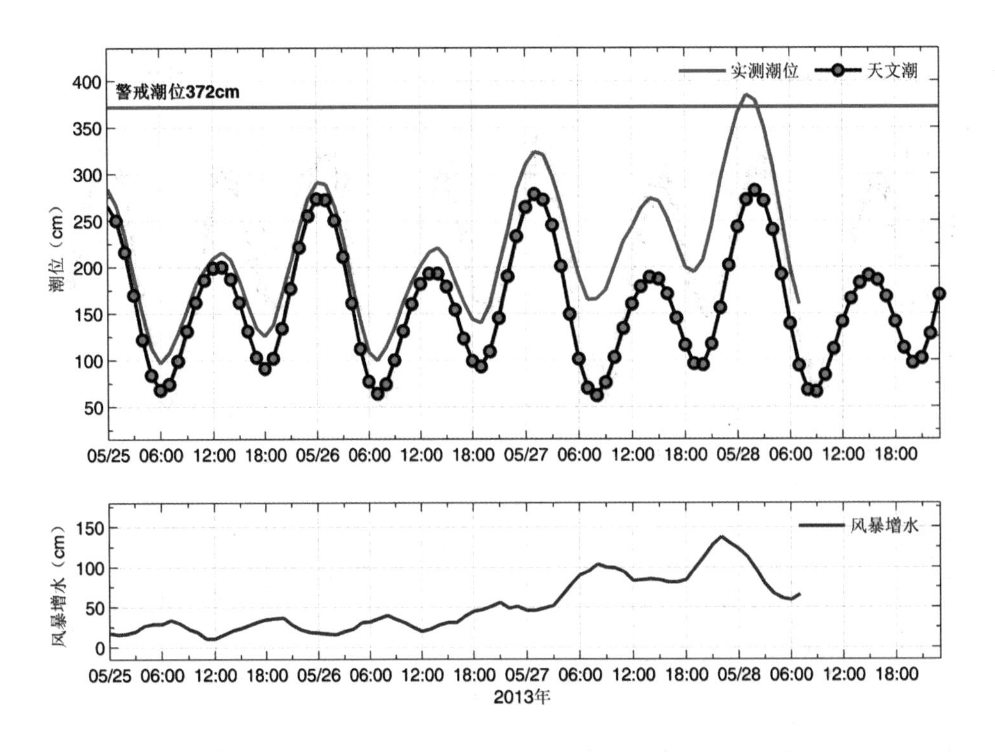

图3.527　潍坊站实测潮位、天文潮位和风暴增水随时间变化

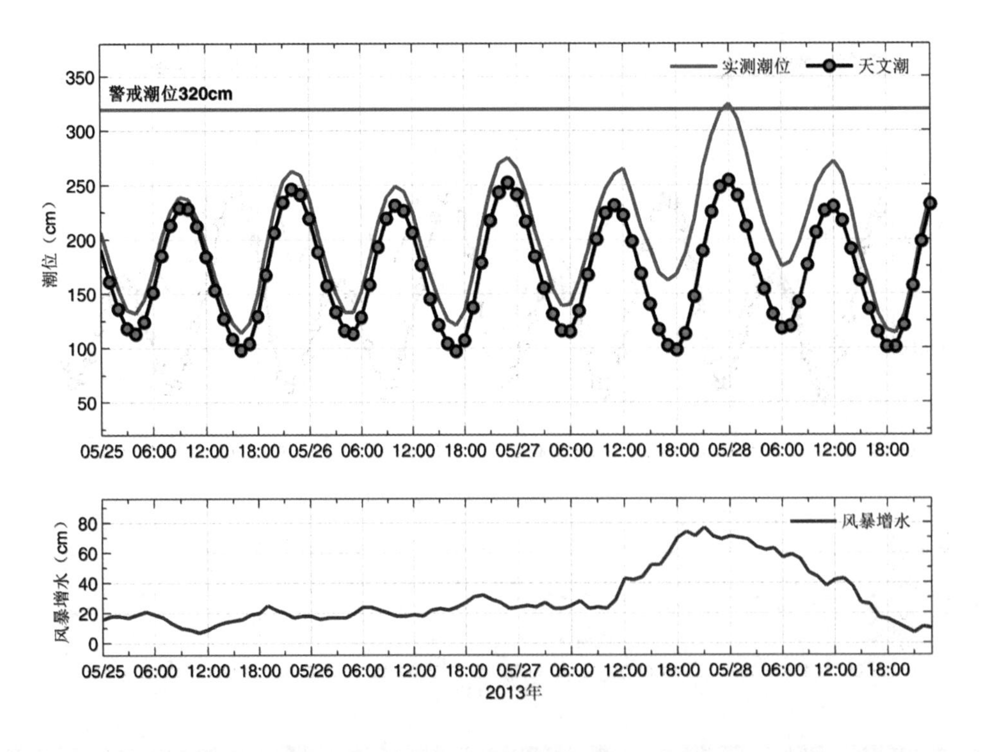

图3.528　蓬莱站实测潮位、天文潮位和风暴增水随时间变化

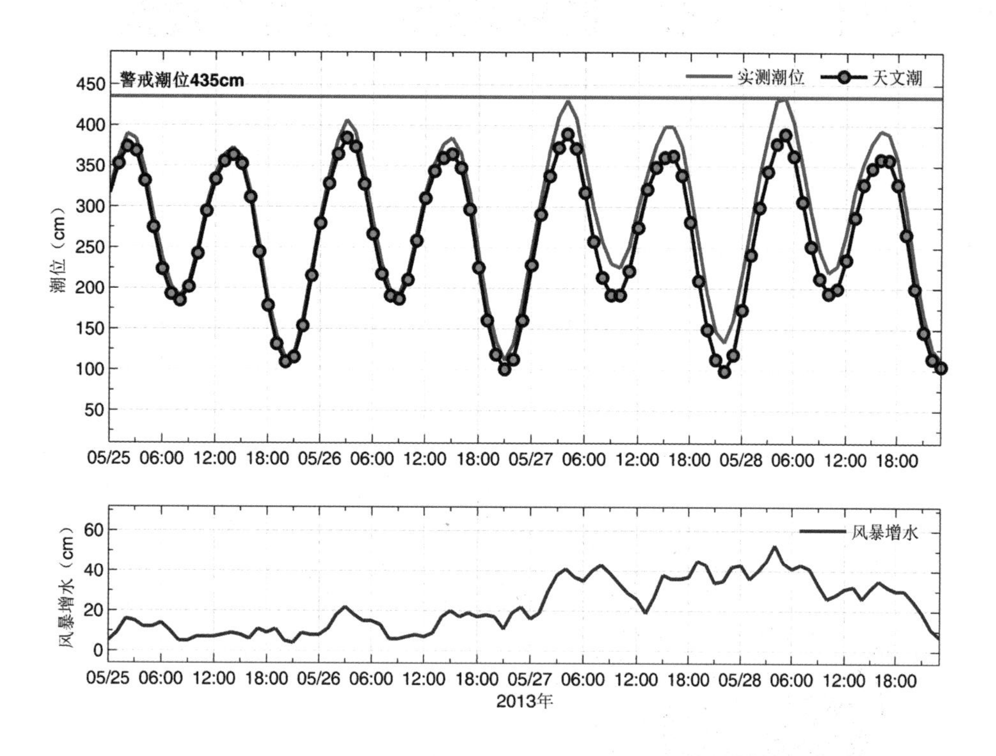

图3.529　石岛站实测潮位、天文潮位和风暴增水随时间变化

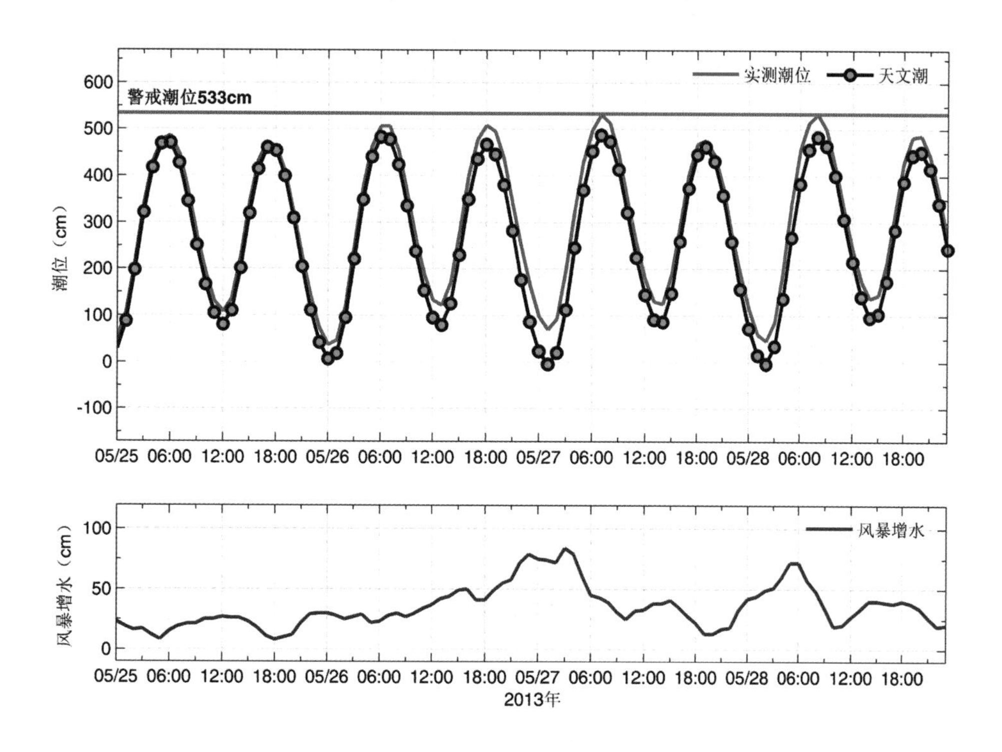

图3.530　石臼所站实测潮位、天文潮位和风暴增水随时间变化

3.62　2014“06·02”风暴潮灾害（孤立气旋型）

2014年6月2日，受江淮气旋入海影响，山东省、江苏省沿海发生一次一般强度的温带风暴潮过程。山东羊角沟站2日最大增水0.77 m；石臼所2日最大增水0.81m。江苏连云港站2日06时最大增水0.87 m。

江苏省直接经济损失0.08亿元。

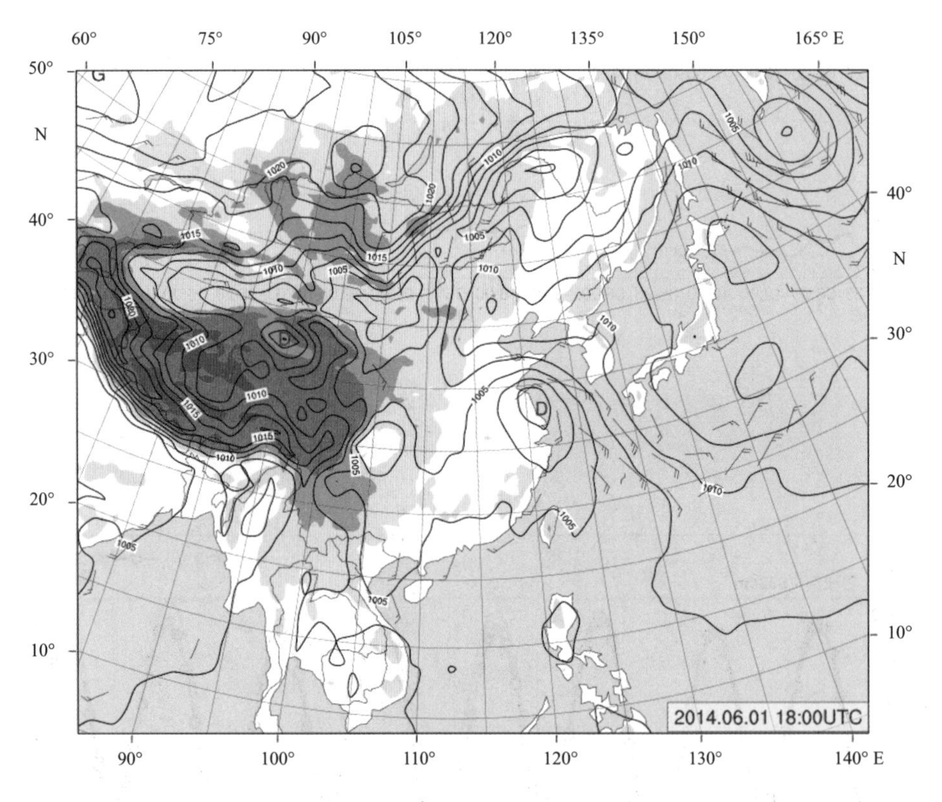

图3.531　2014年6月2日02时地面天气图

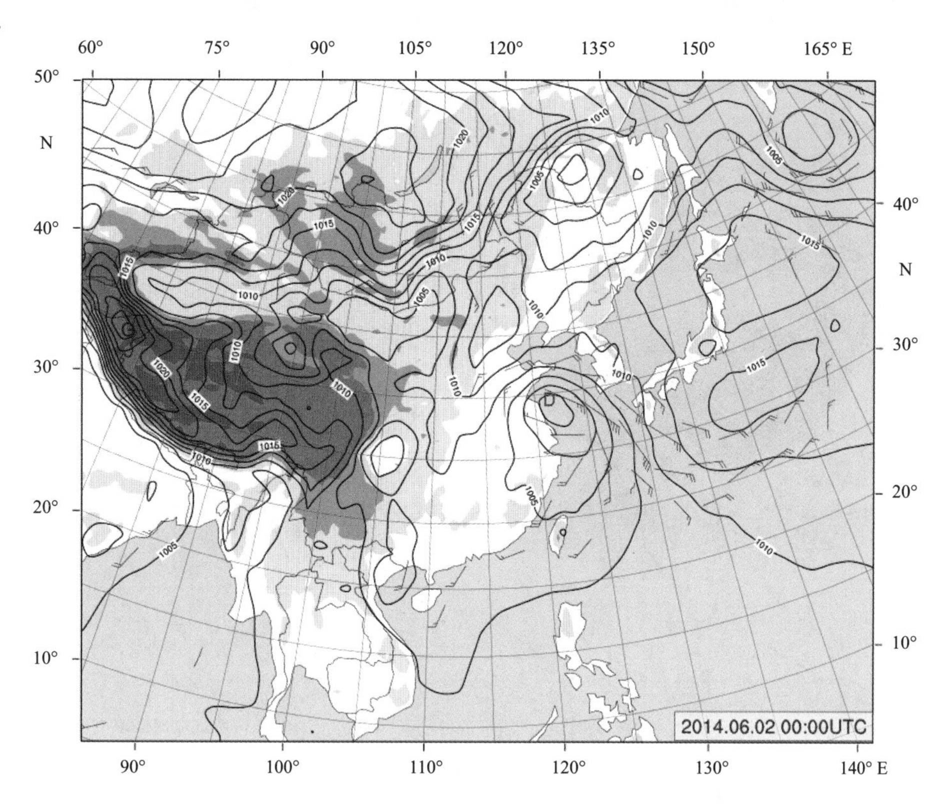

图3.532　2014年6月2日08时地面天气图

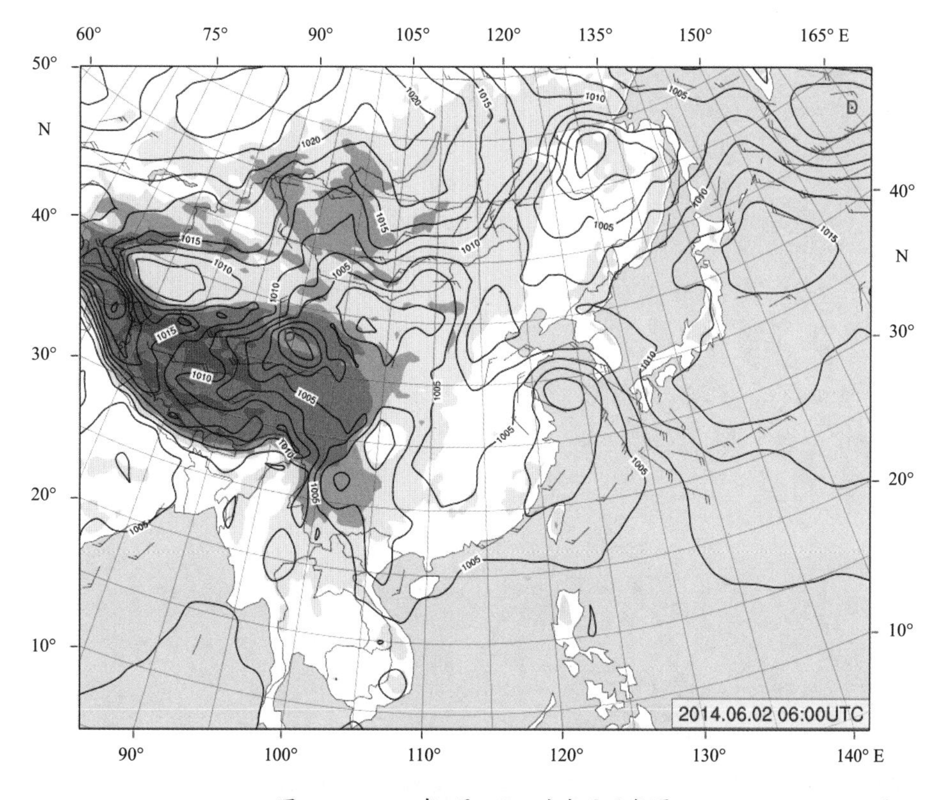

图3.533　2014年6月2日14时地面天气图

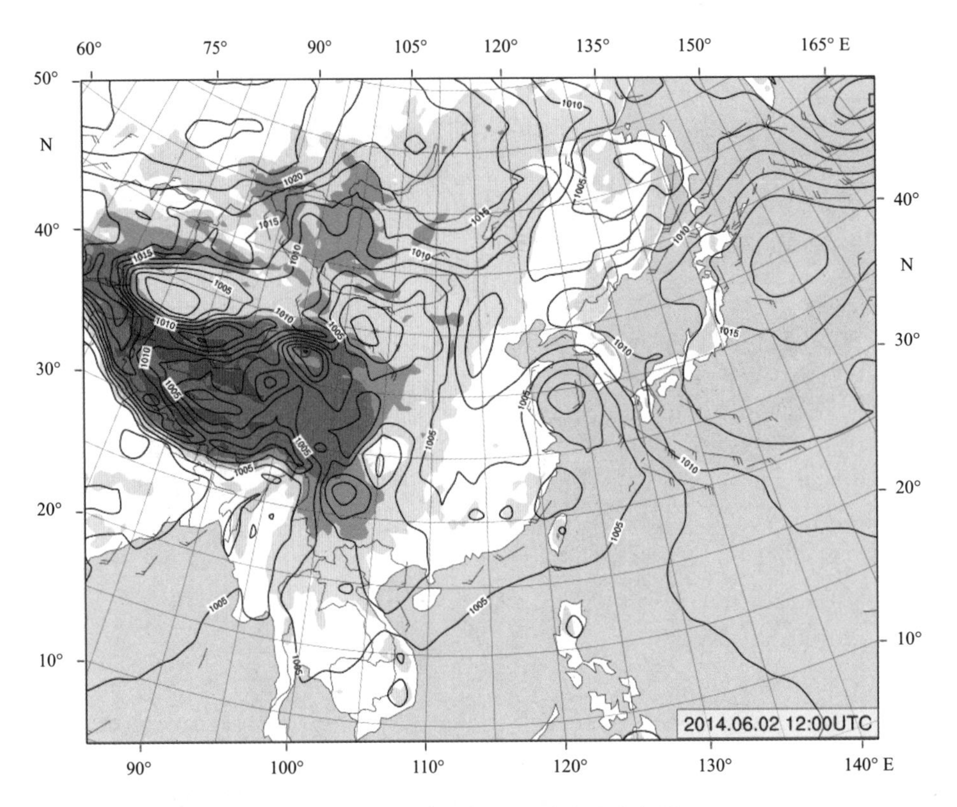

图3.534 2014年6月2日20时地面天气图

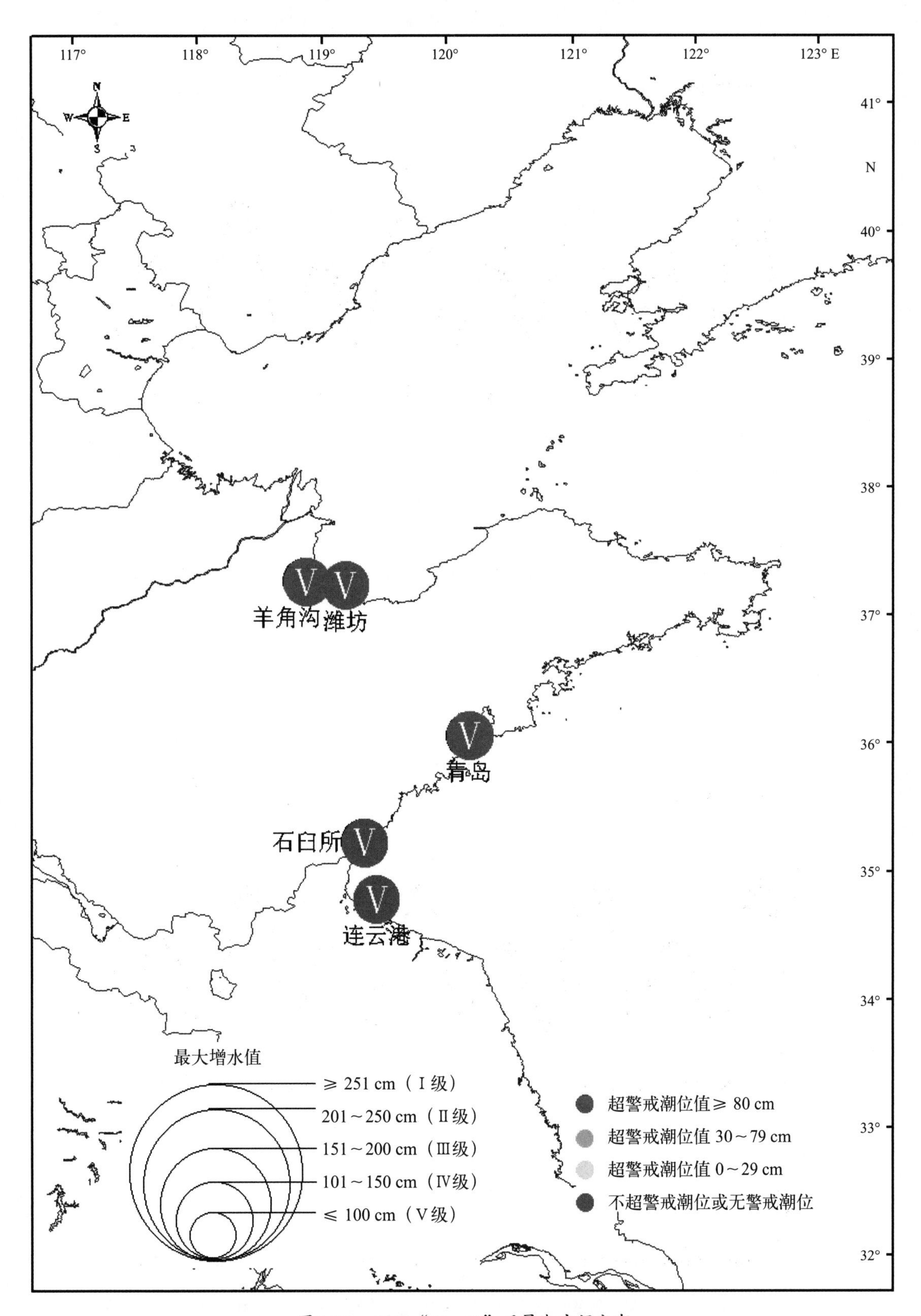

图3.535　2014“06・02”风暴潮空间分布

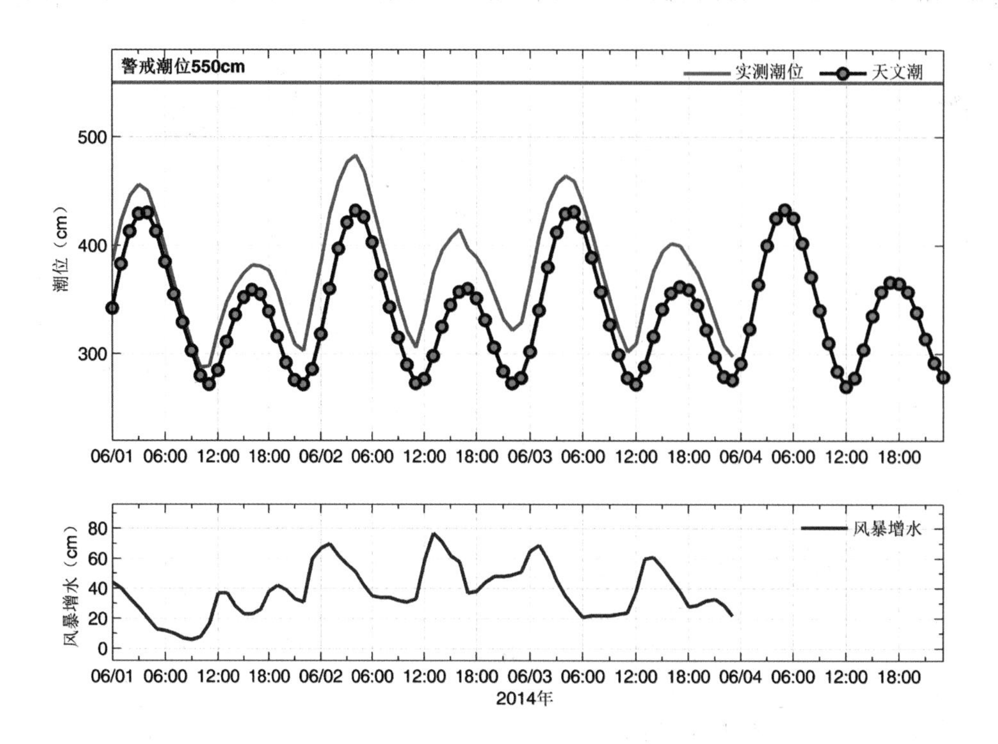

图3.536　羊角沟站实测潮位、天文潮位和风暴增水随时间变化

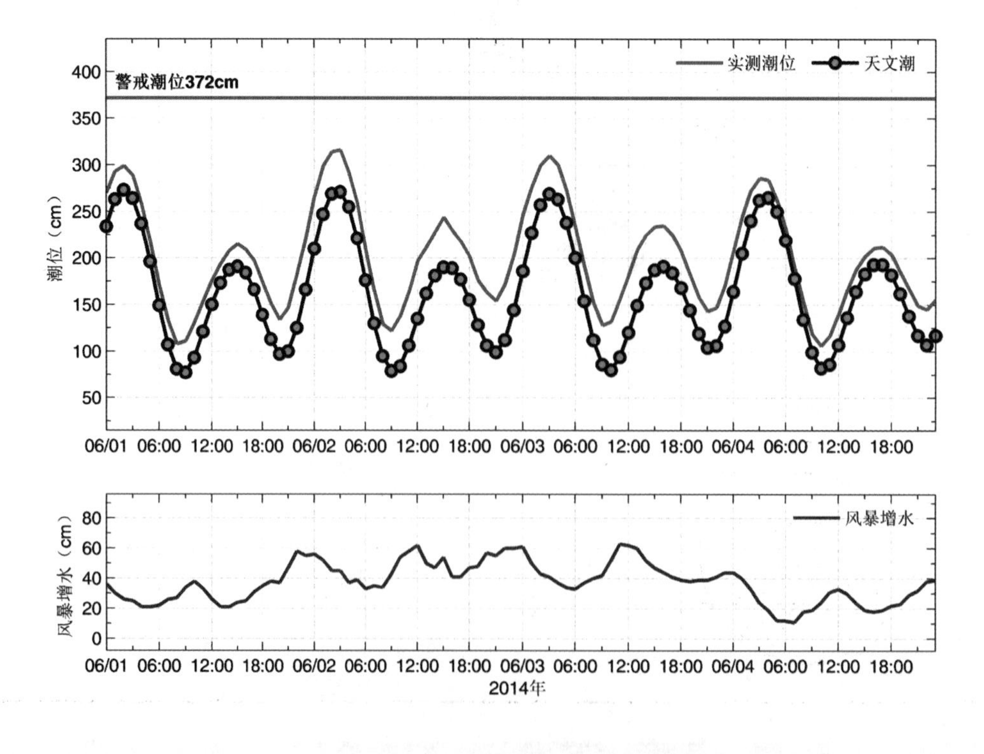

图3.537　潍坊站实测潮位、天文潮位和风暴增水随时间变化

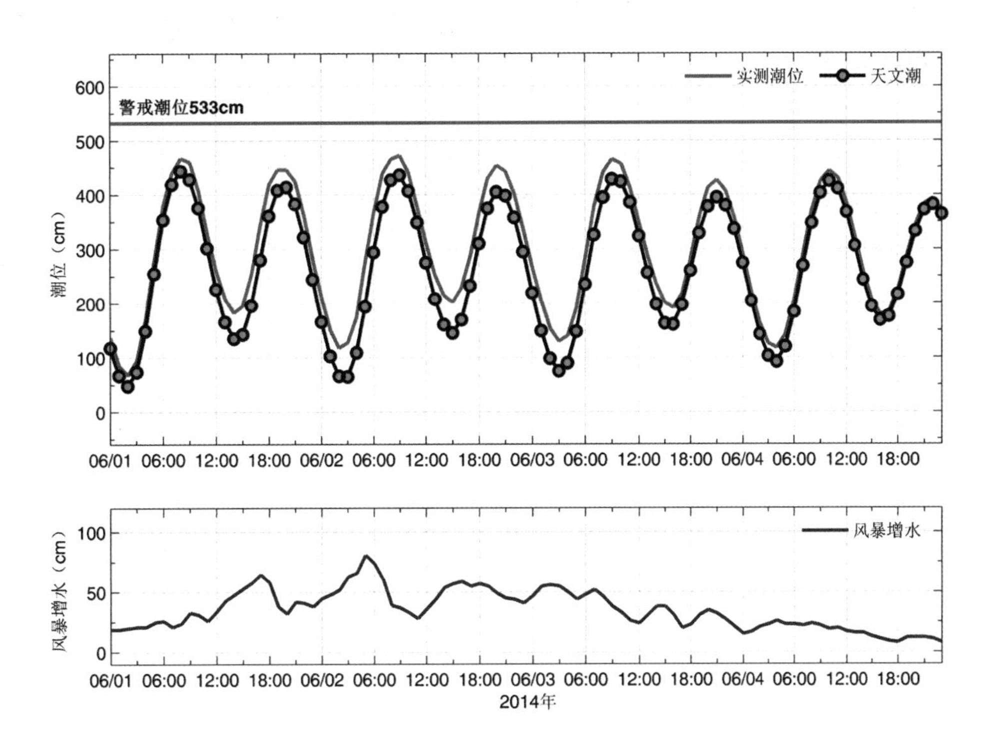

图3.538　石臼所站实测潮位、天文潮位和风暴增水随时间变化

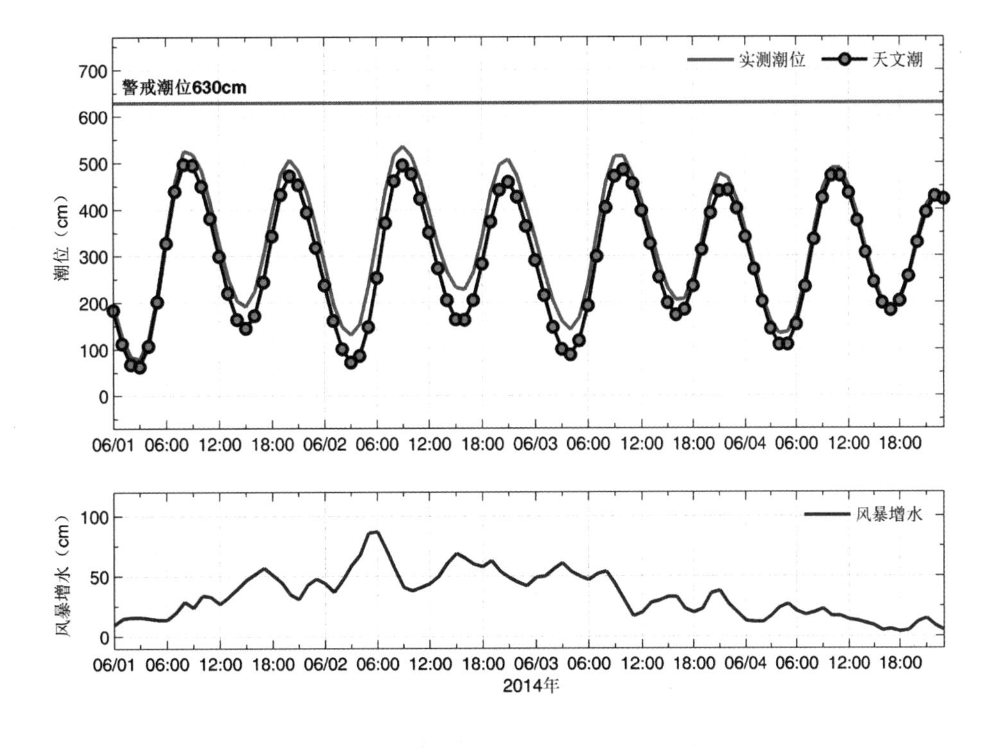

图3.539　连云港站实测潮位、天文潮位和风暴增水随时间变化

3.63 2014“10·12”风暴潮灾害（冷高压与台风外围配合型）

2014年10月8—14日，受强冷空气与台风外围共同影响，渤海、黄海和东海沿岸先后遭受强温带风暴潮袭击，冷空气影响期间，恰逢19号台风“黄蜂”近海转向，对风暴潮起到了推波助澜在作用。这次温带风暴潮一是影响范围非常广，辽宁省、天津市、河北省、山东省、江苏省、上海市、浙江省、福建省等8个省（直辖市）均受不同程度风暴潮影响；二是影响时间非常长，从8日至14日，长达7天持续影响我国大部沿海地区；三是高潮位多次超过当地警戒潮位，温带风暴潮影响期间，正逢农历十五至农历二十天文大潮期，浙江、福建等地部分潮位站连续6天的高潮位超过当地警戒潮位。

辽宁最大增水0.77 m，发生在11日，葫芦岛站；老虎滩站11日最大增水0.62 m，最高潮位4.49 m（逐时），超过当地警戒潮位0.09 m。

河北最大增水1.12 m，发生在12日，黄骅站。天津塘沽站12日最大增水0.90 m。

山东最大增水2.01 m，发生在12日，羊角沟站，该站12日10时起1.0 m以上增水持续20个小时，最高潮位6.02 m，超过当地警戒潮位0.52 m，5.50 m以上高潮位持续5个小时；潍坊站12日最大增水1.80 m，最高潮位4.34 m，超过当地警戒潮位0.62 m；山东半岛北岸蓬莱站12日最大增水0.73 m；烟台站12日最大增水0.65 m，最高潮位4.04 m（逐时）超过当地警戒潮位0.04 m；山东半岛南岸青岛站12日最大增水0.72 m，石臼所12日最大增水0.92 m。

江苏最大增水2.11 m，发生在12日，吕四站，最高潮位4.27 m，超过当地警戒潮位0.07 m；连云港站12日最大增水1.03 m；

上海最大增水1.39 m，发生在13日，崇明站；岱山站13日最大增水1.32m；吴淞站13日观测到最大增水1.12 m，12日逐时最高潮位超过当地警戒潮位0.11 m；黄埔公园13日最大增水1.25 m，12日最高潮位4.67 m（逐时），超当地警戒潮位0.12 m；芦潮港13日最大增水1.14 m，11—13日高潮位均超过当地警戒潮位，其中12日最高潮位5.01 m，超过当地警戒潮位0.11 m。

浙江最大增水1.95 m，发生在12日，澉浦站，10—12日该站高潮位均超过当地警戒潮位，其中12日高潮位7.47 m，超过当地警戒潮位0.57 m；浙江乍浦站12日最大增水1.70 m，9—13日高潮位均超过当地警戒潮位，其中12日高潮位6.75 m，超过当地警戒潮位0.65 m；定海站13日最大增水1.75 m，10—13日高潮位均超过当地警戒潮位，其中12日最高潮位10.49 m，超过当地警戒潮位0.49 m；镇海站13日最大增水1.40 m，11—13日高潮位均超过当警戒潮位，其中12日最高潮位4.79 m，超过当地警戒潮位0.39 m；健跳站13日最大增水1.40 m，9—12日高潮位均超过当警戒潮位，其中10日最高潮位5.97 m，超过当地警戒潮位0.17 m；海门站13日最大增水1.50 m，12日最高潮位5.74 m，超过当地警戒潮位0.14 m；坎门12日最大增水1.55 m，9—13日高潮位均超过当地警戒潮位，其中12日高潮位8.10 m，超过当地警戒潮位0.70 m；温州13日最大增水1.65 m，8—13日高潮位均超过当地警戒潮位，其中12日最高6.19 m，超过当地警戒潮位0.39 m；鳌江13日最大增水1.90 m，8—13日高潮位均超过当地警戒潮位，其中12日高潮位6.18 m，超过当地警戒潮位0.58 m。

福建琯头站最大增水1.46 m，发生在13日，8—13日该站高潮位均超过当地警戒潮位，其中10日最高潮位6.21 m，达到当地黄色警戒潮位；沙埕站12日最大增水1.22 m，9—13日高潮位均超过当地警戒潮位，其中11日最高潮位10.89 m，达到当地黄色警戒潮位；三沙站13日最大增水1.33 m，8—13日高潮位均超过当地警戒潮位，其中12日最高潮位8.70 m，达到当地橙色警戒潮位；长门站13日最大增水1.55 m，12日最高潮位7.34 m，达到当地橙色警戒潮位；白岩潭站13日最大增水1.51 m，8—13日高潮位均超过当地警戒潮位，其中12日高潮位6.02 m，达到当地黄色警戒潮位；平潭站13日最大增水1.13 m，8—13日高潮位均超过当地警戒潮位，其中9日最高潮位7.35 m，达到当地黄色警戒潮位；崇武站13日最大增水1.23 m，8—13日高潮位均超过当地警戒潮位，其中10日最高潮位8.52 m，达到当地橙色警戒潮位；厦门站13日最大增水1.41 m，8—13日高潮位均超过当地警戒潮位，其中10日高潮位7.39 m，达到当地黄色警戒潮位；东山站13日最大增水0.99 m，8—13日高潮位均超过当地警戒潮位，其中11日高潮位7.87 m，达到当地橙色警戒潮位。

山东、江苏、福建三省因灾直接经济损失合计1.01亿元。

山东省水产养殖0.32×10^3 hm^2受灾，121个养殖设施、设备损失，10.26 km海堤、护岸损毁。直接经济损失0.29亿元。

江苏省3.00 km海堤、护岸损毁。直接经济损失0.20亿元。

福建省水产养殖损失0.5×10^3 t，1 151个养殖设备、设施损坏，2艘船只毁坏，码头0.06 km、海堤护岸0.02 km损毁。直接经济损失0.52亿元。

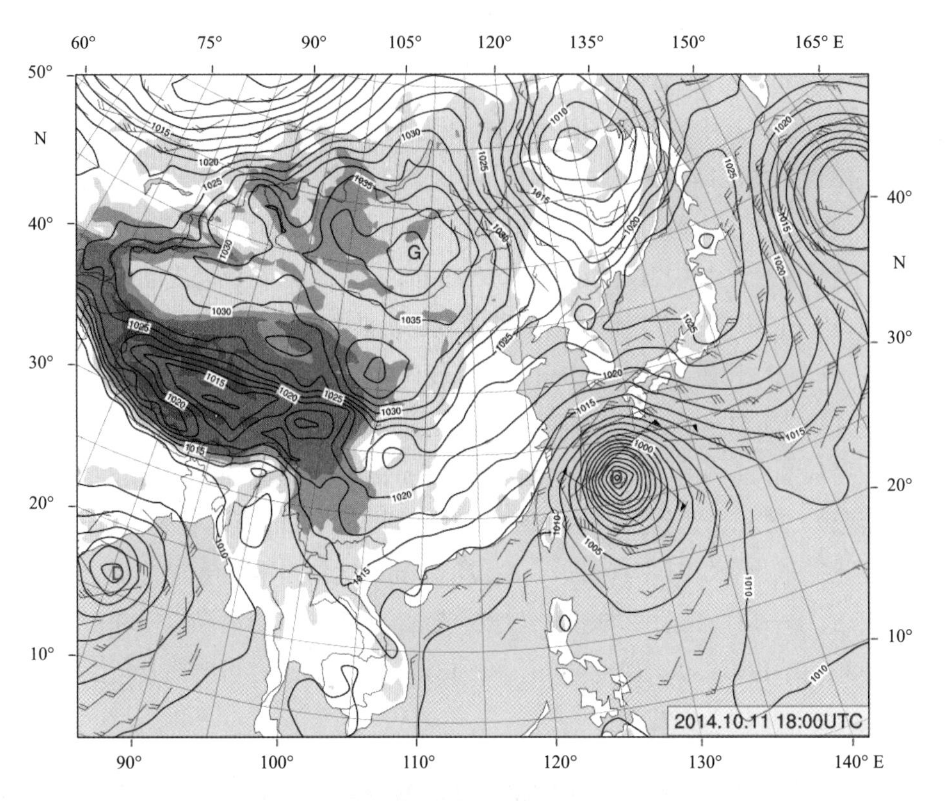

图3.540　2014年10月12日02时地面天气图

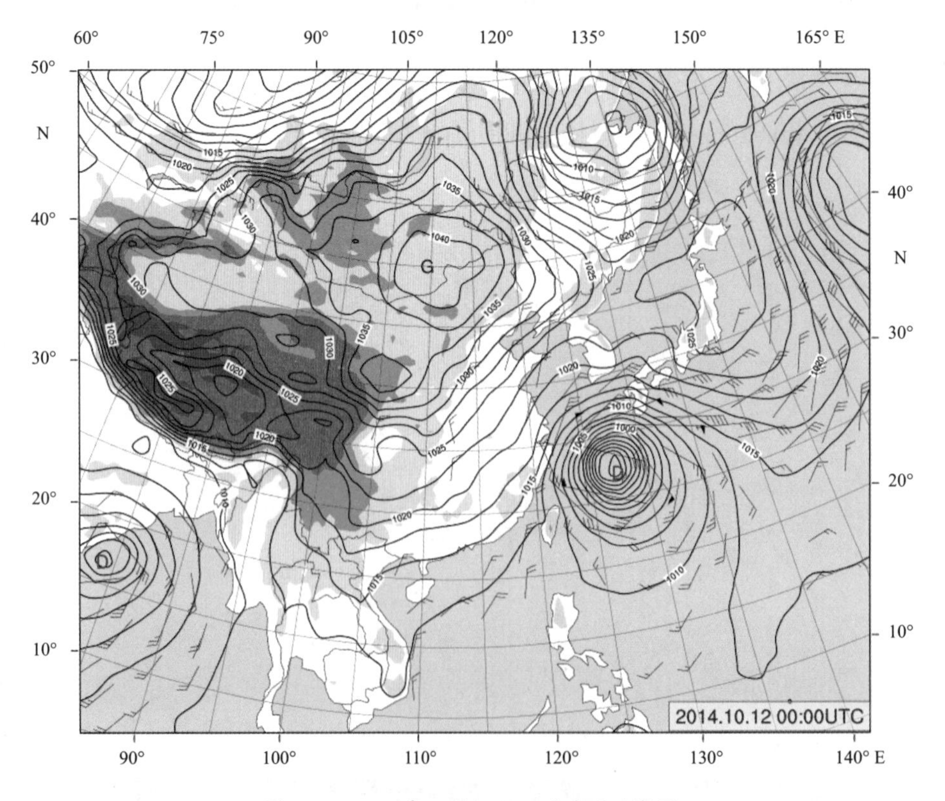

图3.541　2014年10月12日08时地面天气图

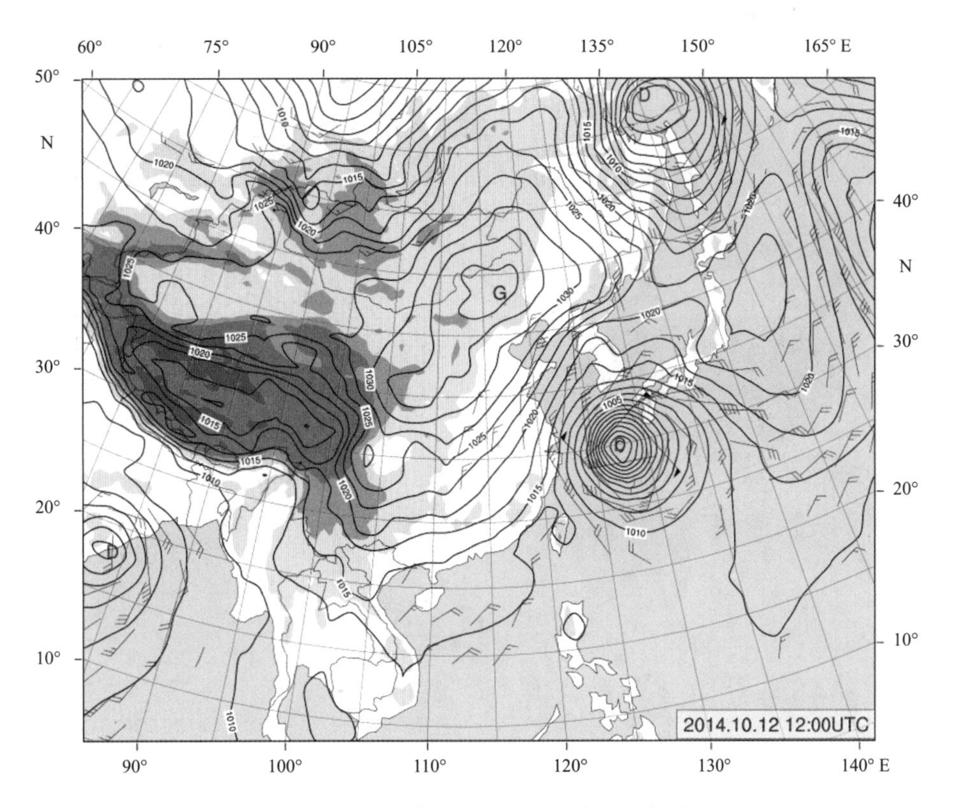

图3.542　2014年10月12日20时地面天气图

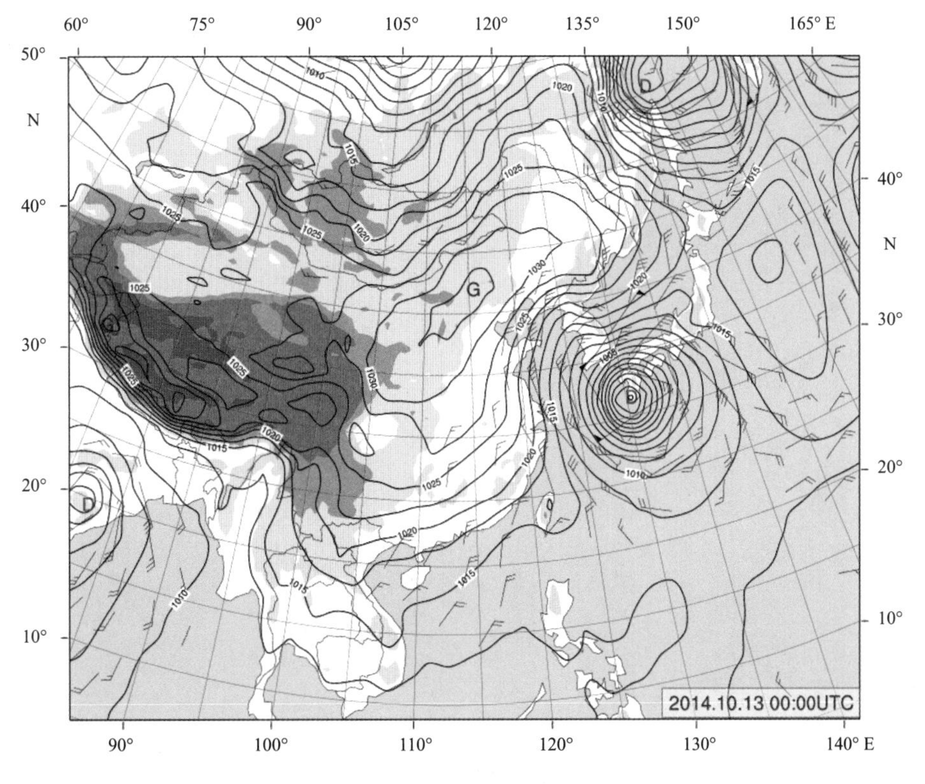

图3.543　2014年10月13日08时地面天气图

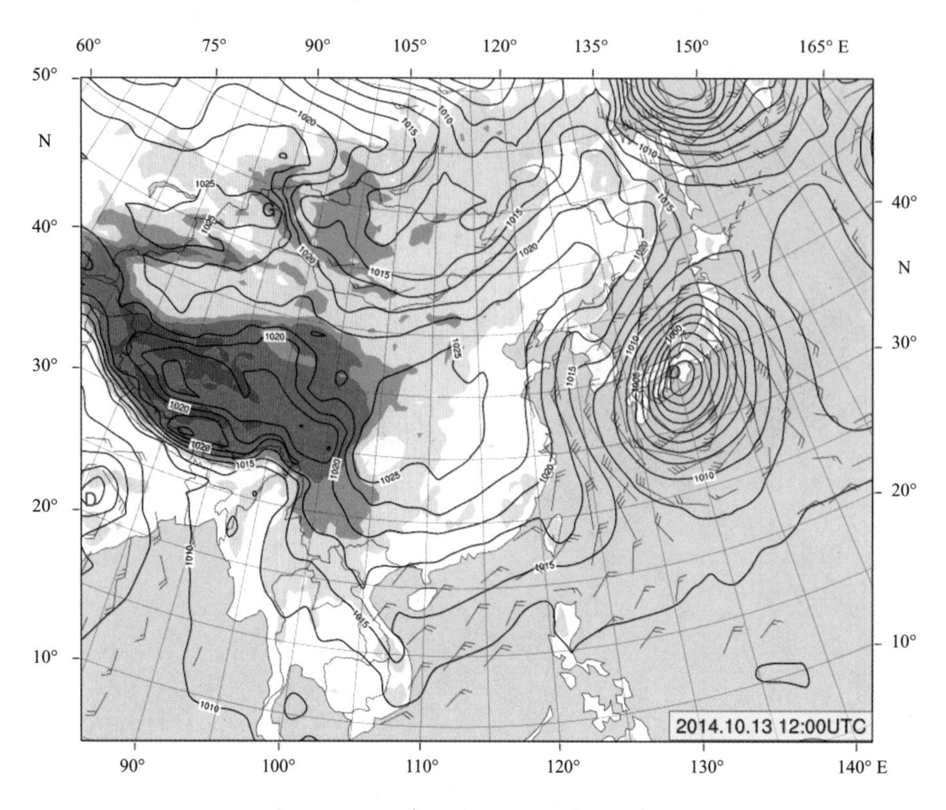

图3.544　2014年10月13日20时地面天气图

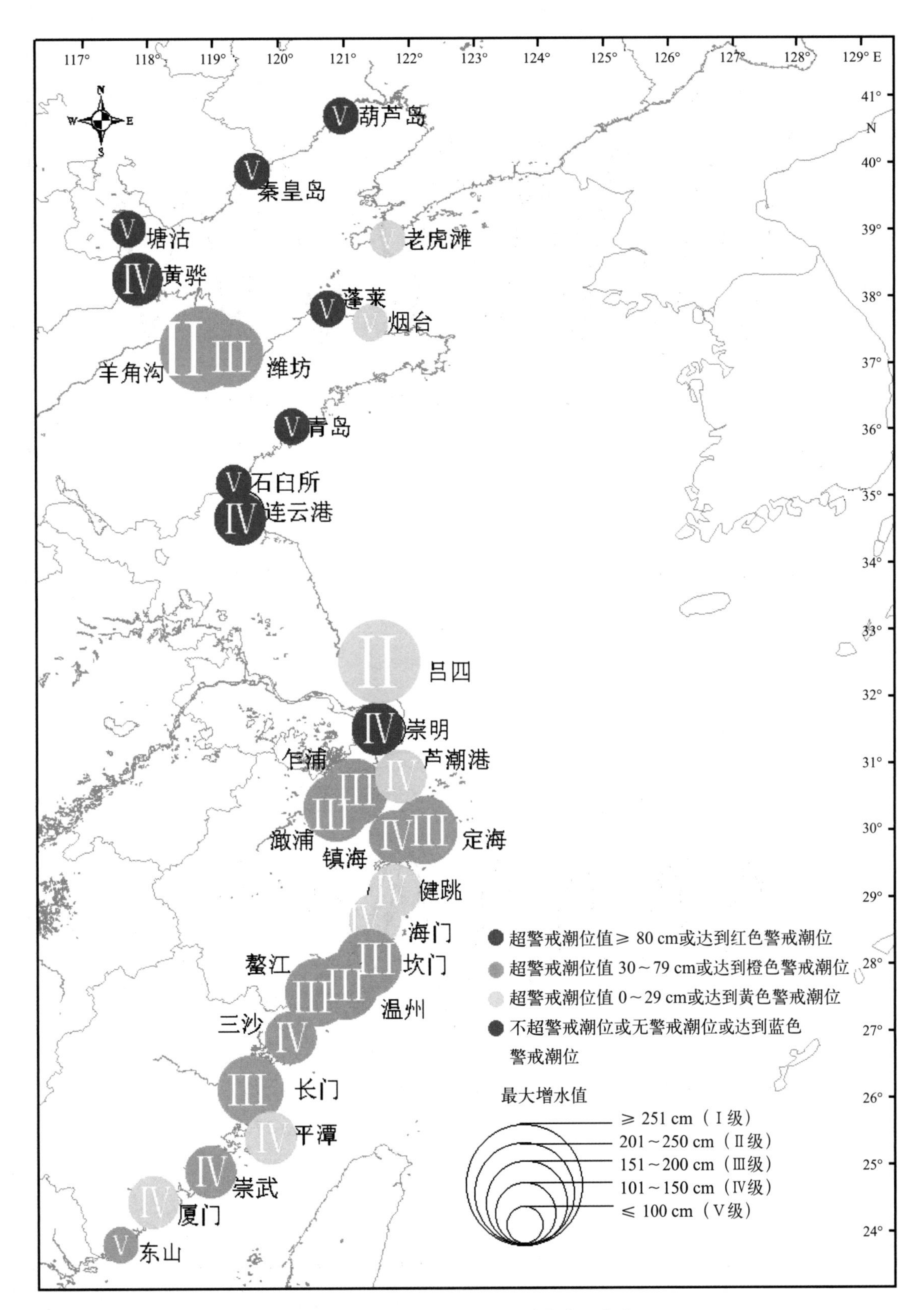

图3.545 2014“10·08”风暴潮空间分布

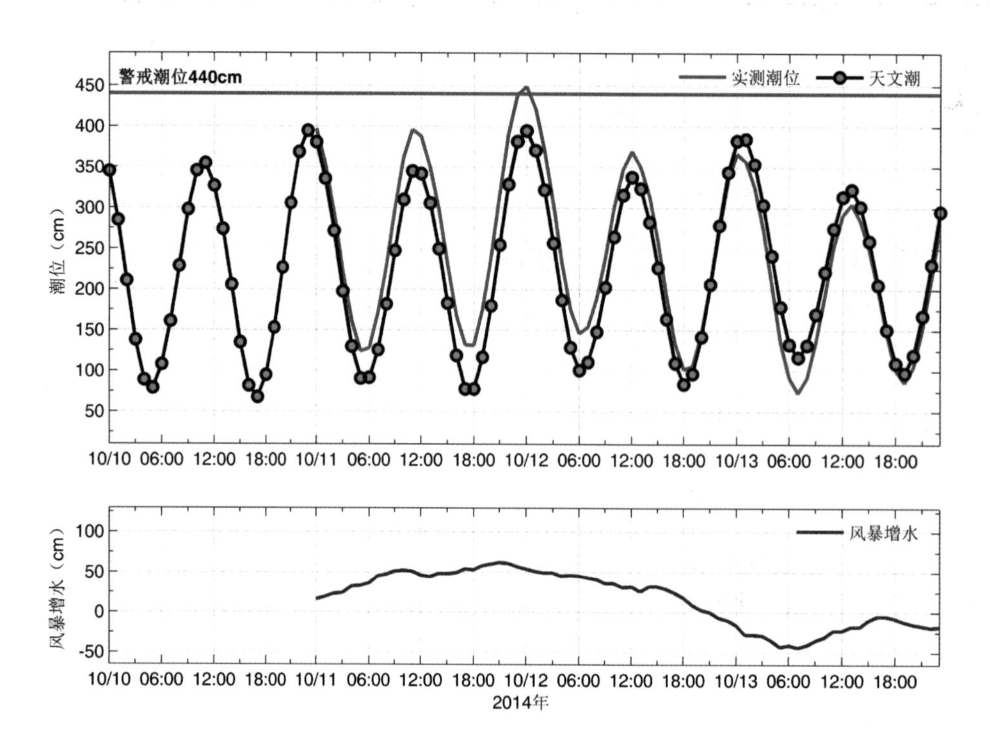

图3.546 老虎滩站实测潮位、天文潮位和风暴增水随时间变化

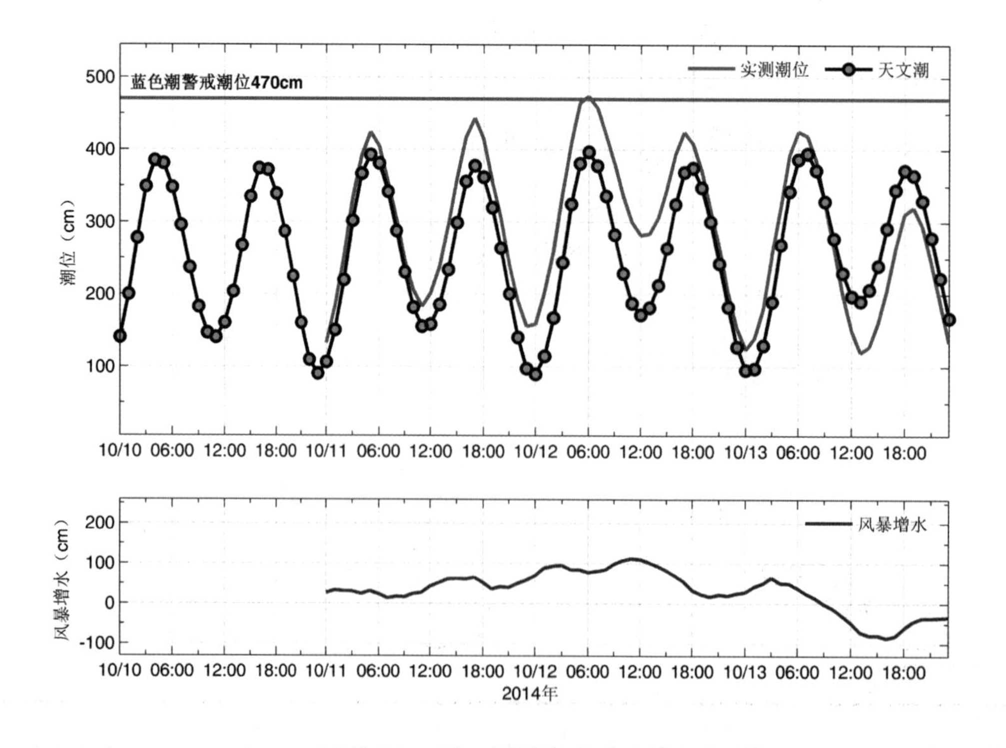

图3.547 黄骅站实测潮位、天文潮位和风暴增水随时间变化

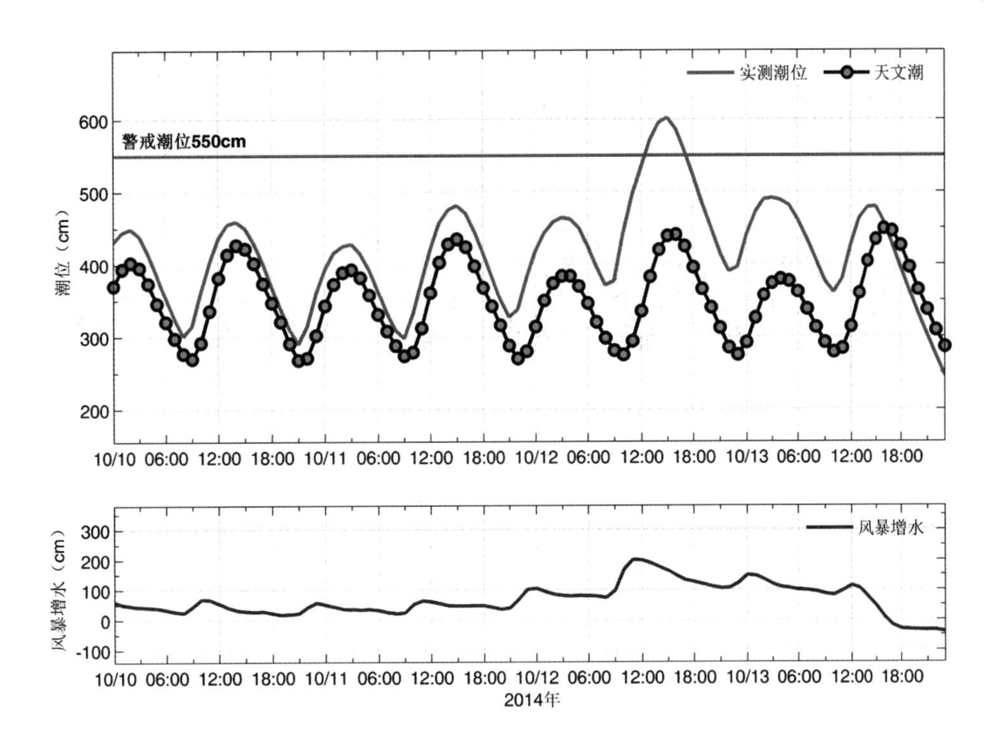

图3.548　羊角沟站实测潮位、天文潮位和风暴增水随时间变化

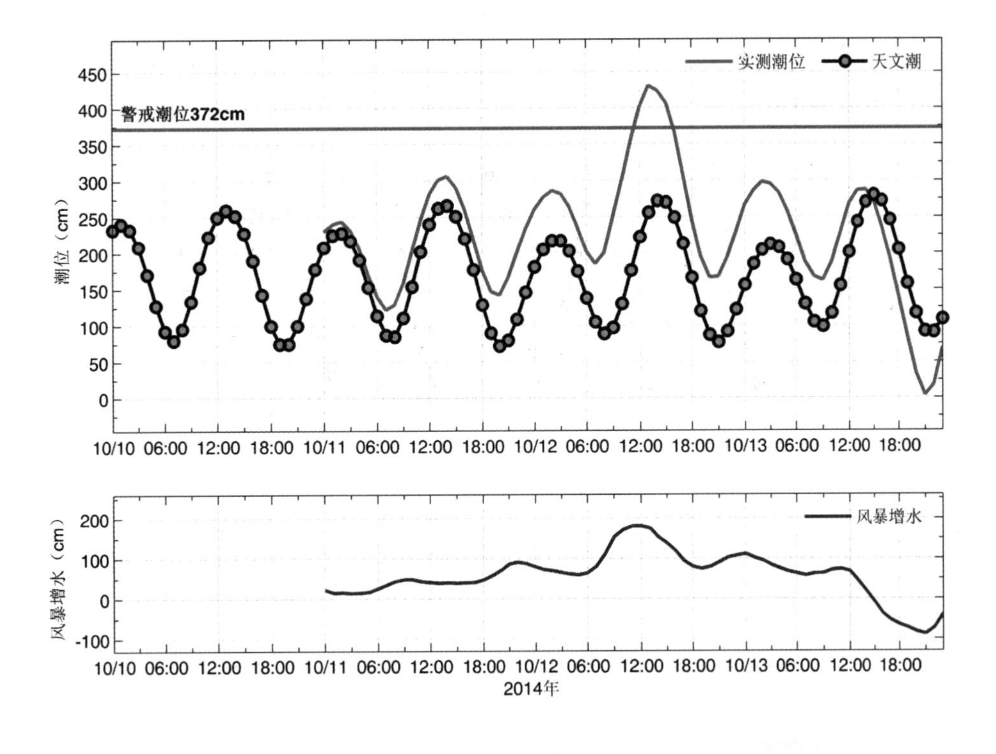

图3.549　潍坊站实测潮位、天文潮位和风暴增水随时间变化

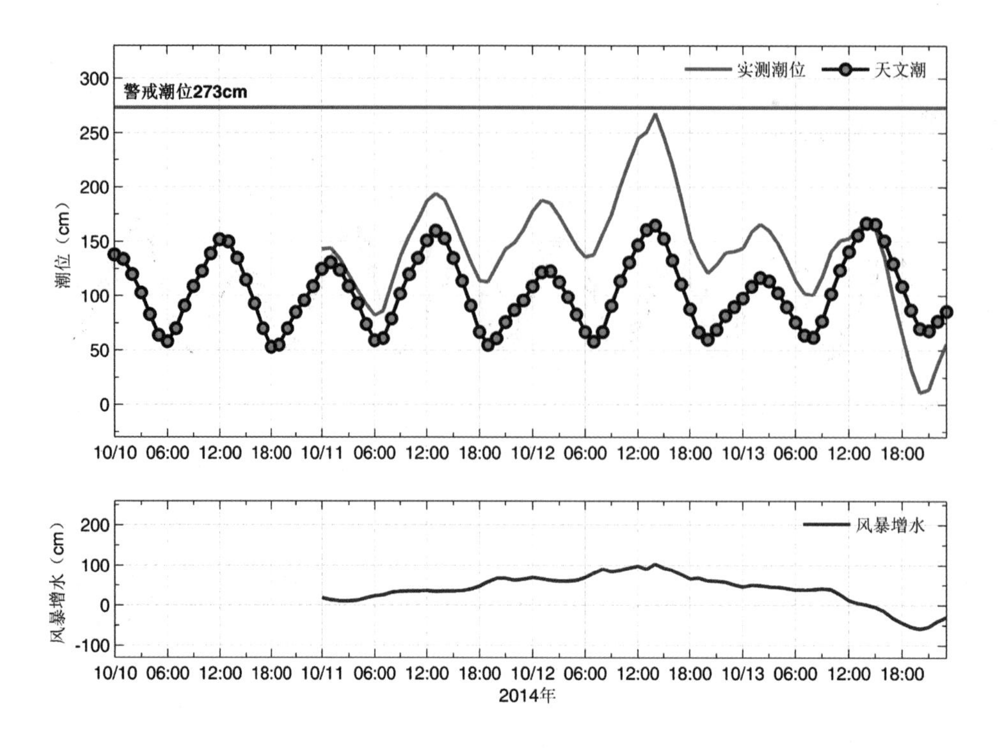

图3.550　龙口站实测潮位、天文潮位和风暴增水随时间变化

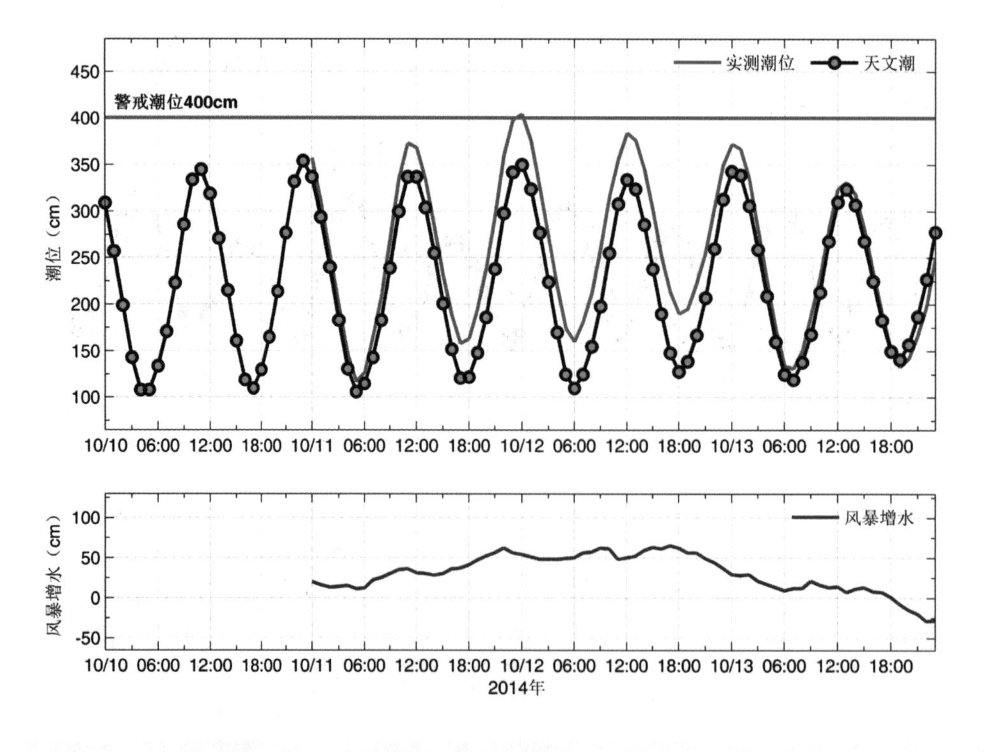

图3.551　烟台站实测潮位、天文潮位和风暴增水随时间变化

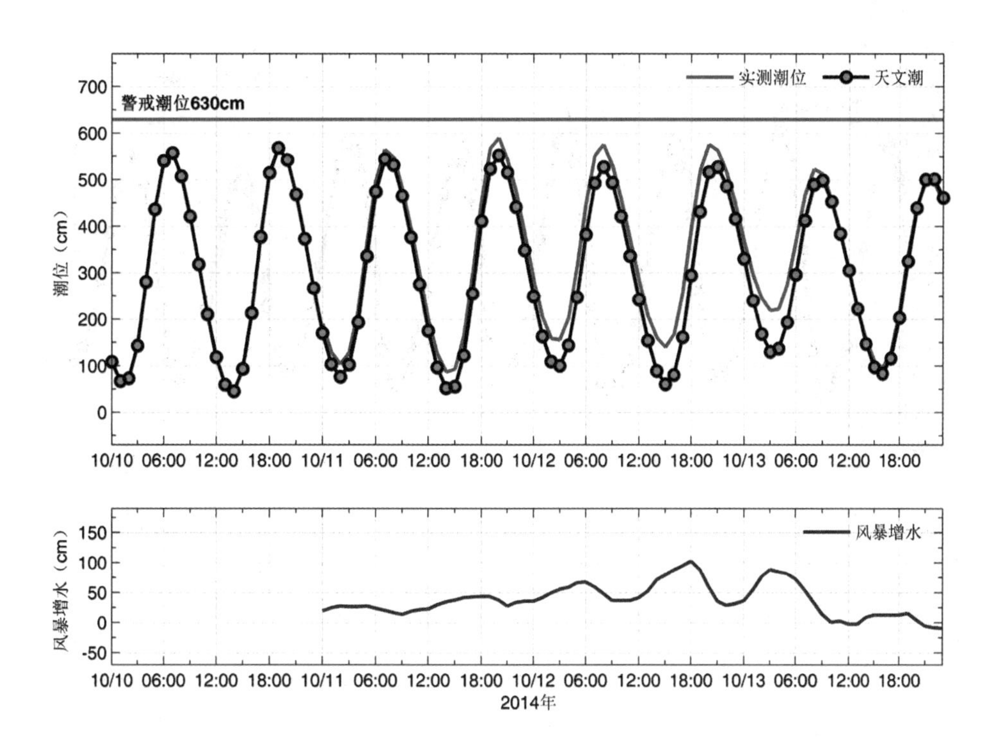

图3.552　连云港站实测潮位、天文潮位和风暴增水随时间变化

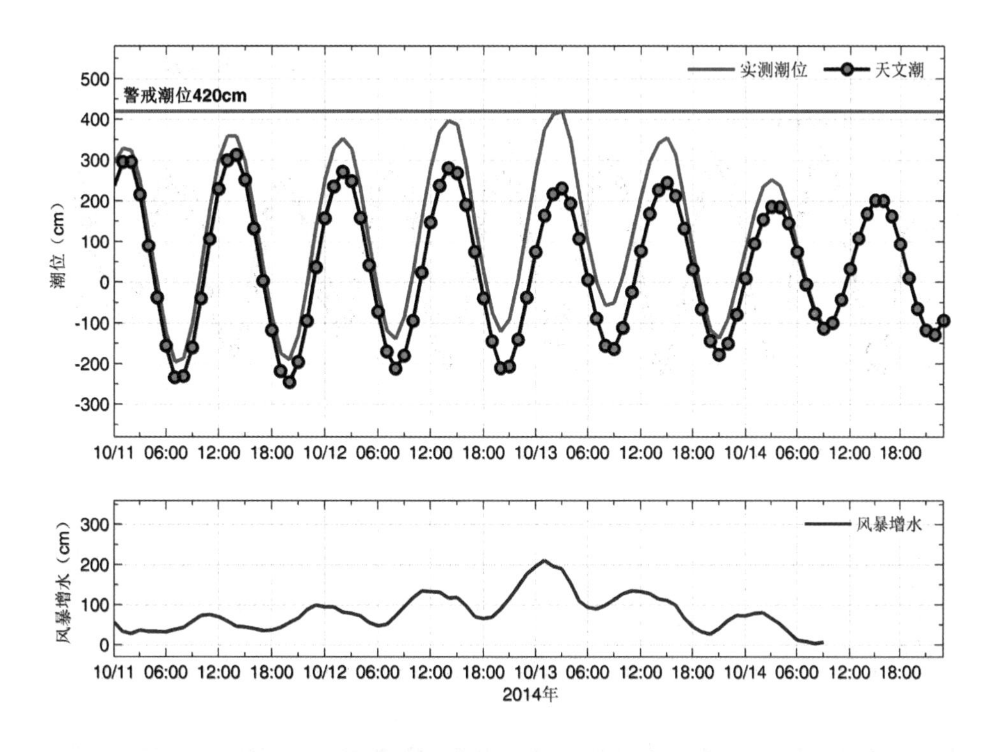

图3.553　吕四站实测潮位、天文潮位和风暴增水随时间变化

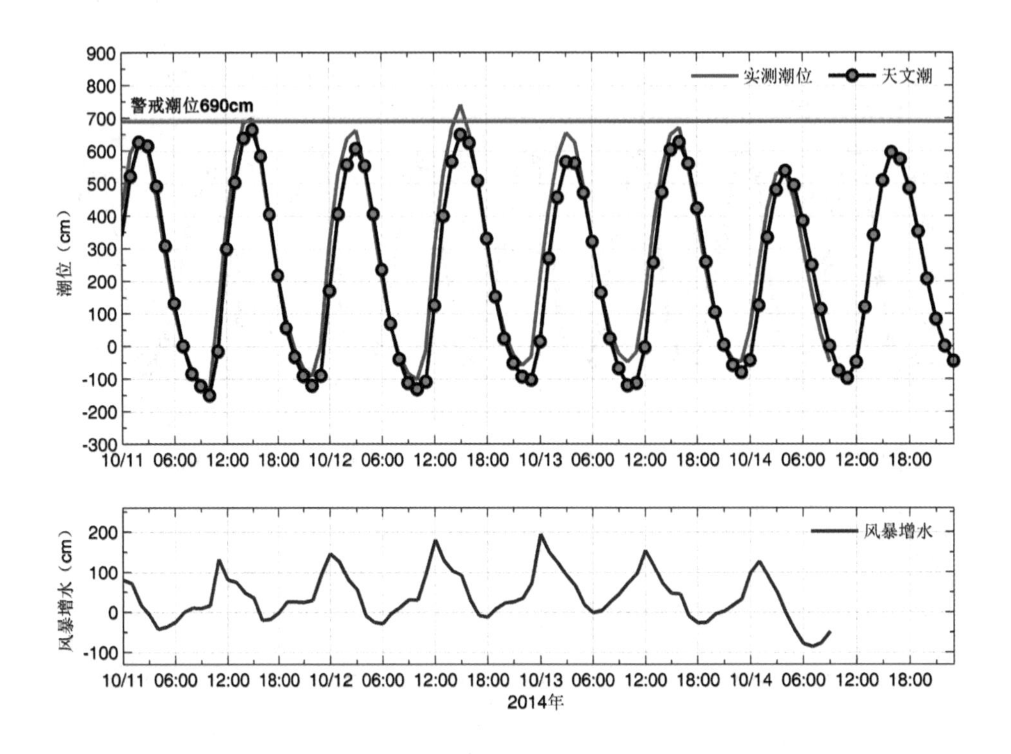

图3.554　澉浦站实测潮位、天文潮位和风暴增水随时间变化

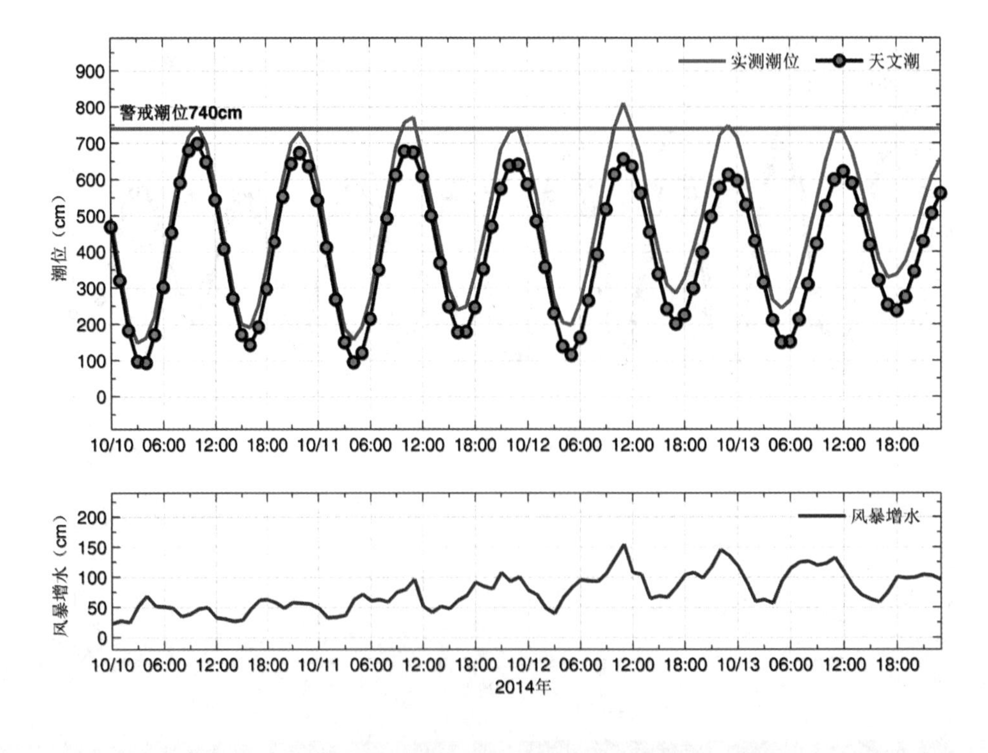

图3.555　坎门站实测潮位、天文潮位和风暴增水随时间变化

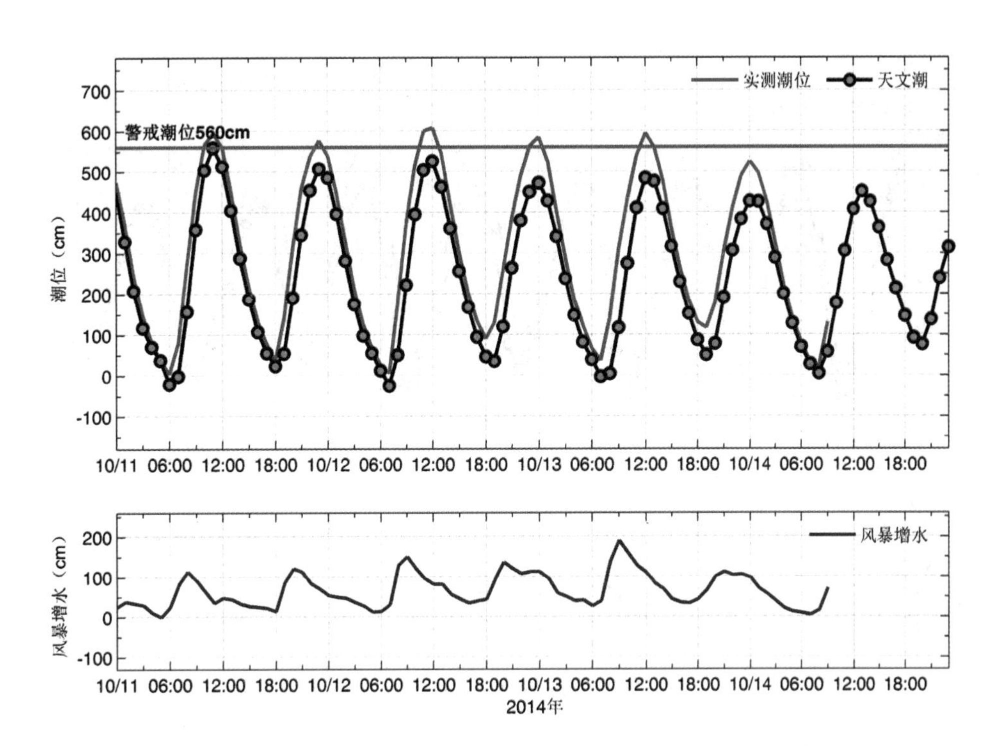

图3.556　鳌江站实测潮位、天文潮位和风暴增水随时间变化

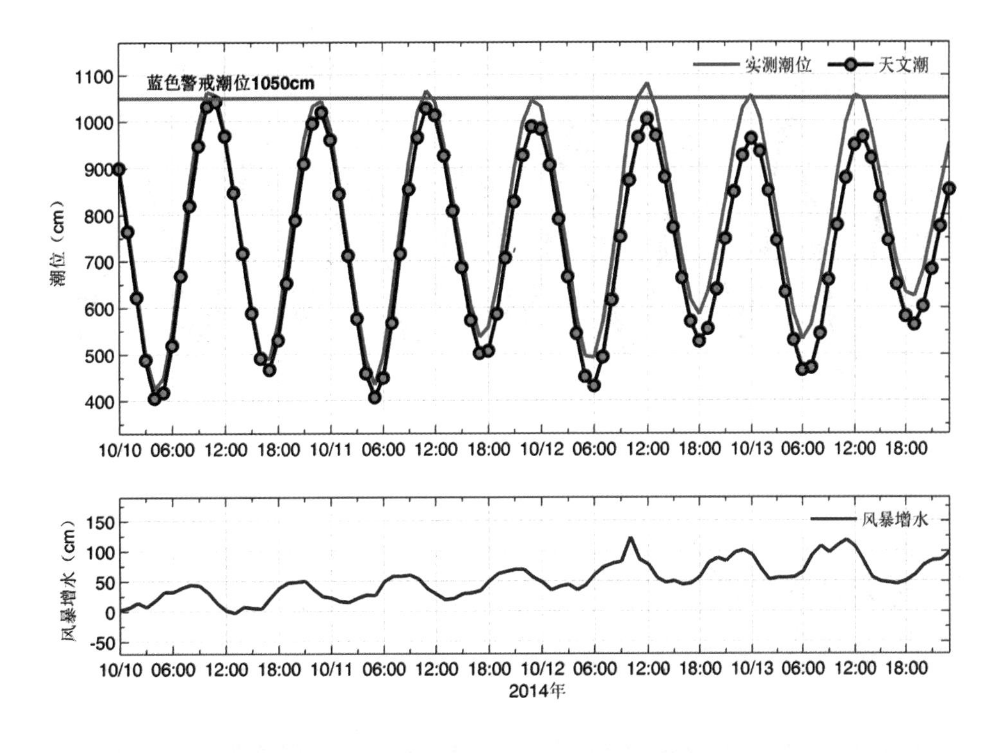

图3.557　沙埕站实测潮位、天文潮位和风暴增水随时间变化

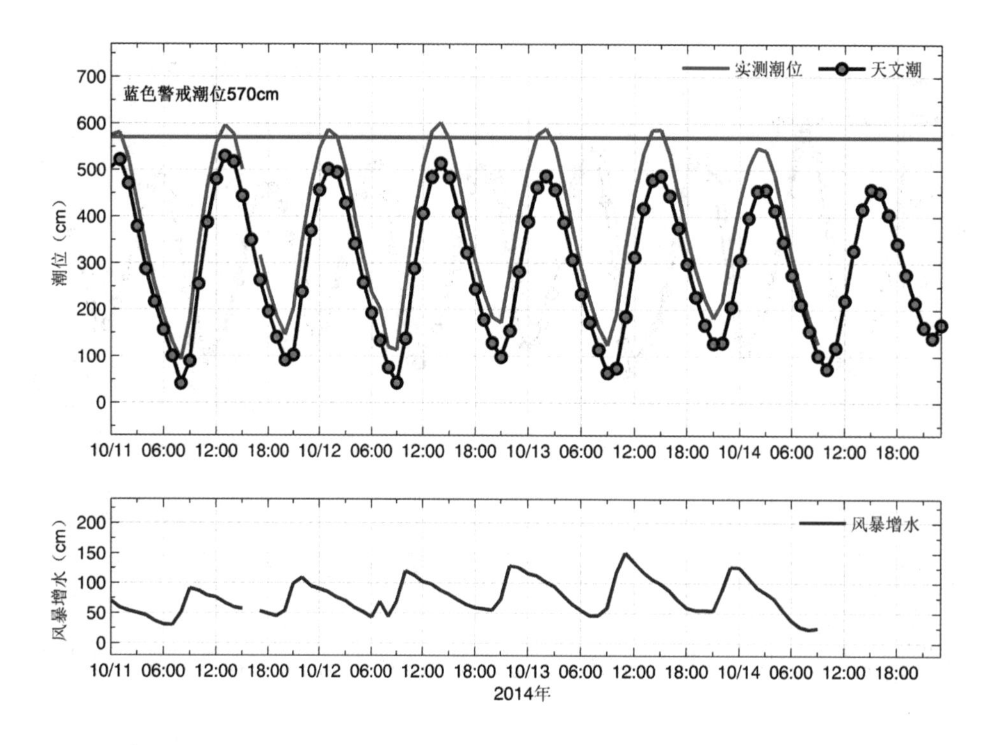

图3.558　白岩潭站实测潮位、天文潮位和风暴增水随时间变化

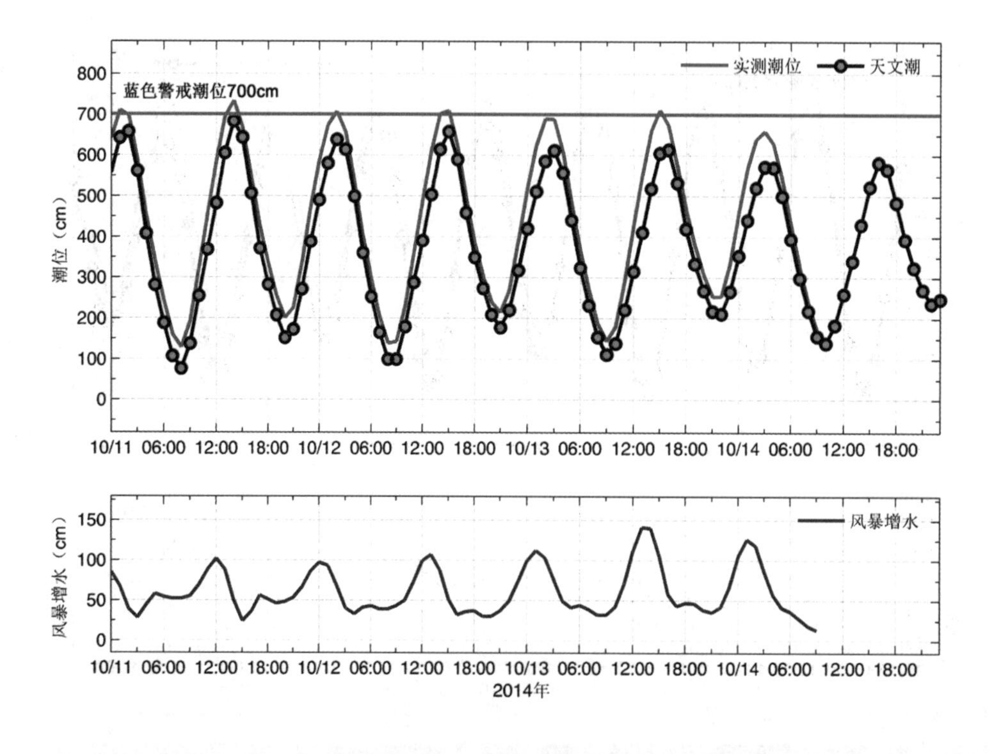

图3.559　厦门站实测潮位、天文潮位和风暴增水随时间变化

3.64　2015“11·07”风暴潮灾害（横向高压转北高南低型）

2015年11月5日，受强冷空气影响，渤海沿岸发生温带风暴潮，6日08时起西南倒槽向东北方向移动，致使冷空气南下移动缓慢，沿岸风暴增水逐渐增大，7日08时，天气系统发展为北高南低型，影响最为严重，大部分潮位站的最大增水出现在这一日。此次过程持续时间长，5日至8日，长达4天；影响省（市）均出现1.0 m以上的风暴增水，并且累计时间较长，其中山东羊角沟站5日13时起1.0 m以上增水累计55个小时，最长持续43个小时。

河北京唐港站7日最大增水1.09 m，最高潮位2.64 m，超过当蓝色地警戒潮位0.04 m；曹妃甸站7日最大增水1.25 m，1.0 m以上增水累计22个小时，最高潮位3.77 m，超过当地黄色警戒潮位0.01 m；黄骅站5日14时最大增水1.68 m，5日11时起1.0 m以上增水累计38个小时，5日至7日期间，每日最大增水均超过1.50m，5日11时07分最高潮位4.78m，超过当地蓝色警戒潮位0.08m。天津塘沽站5日13时最大增水1.33 m，5日至7日期间，每日最大增水均超过1. 0m。

山东羊角沟站7日06时最大增水1.92 m，1.0 m以上增水累计55个小时，最高潮位5.57 m，超过当地警戒潮位0.07 m；潍坊站最大增水2.07 m，5日12时起1.0 m以上增水累计52个小时，期间最长持续时间为24小时，最高潮位3.92 m，超过当地警戒潮位0.20 m；龙口站7日最大增水1.51 m，7日03时起1.0 m以上增水持续21个小时；蓬莱7日最大增水1.22 m，7日08时起1.0 m以上增水持续13个小时，最高潮位3.33 m，超过当地警戒潮位0.13 m，烟台7日最大增水1.16 m，7日11时起1.0 m以上增水累计9个小时，最高潮位4.05 m，超过当地警戒潮0.05 m。

山东省海堤、护岸受损，船只损毁，直接经济损失0.42亿元。

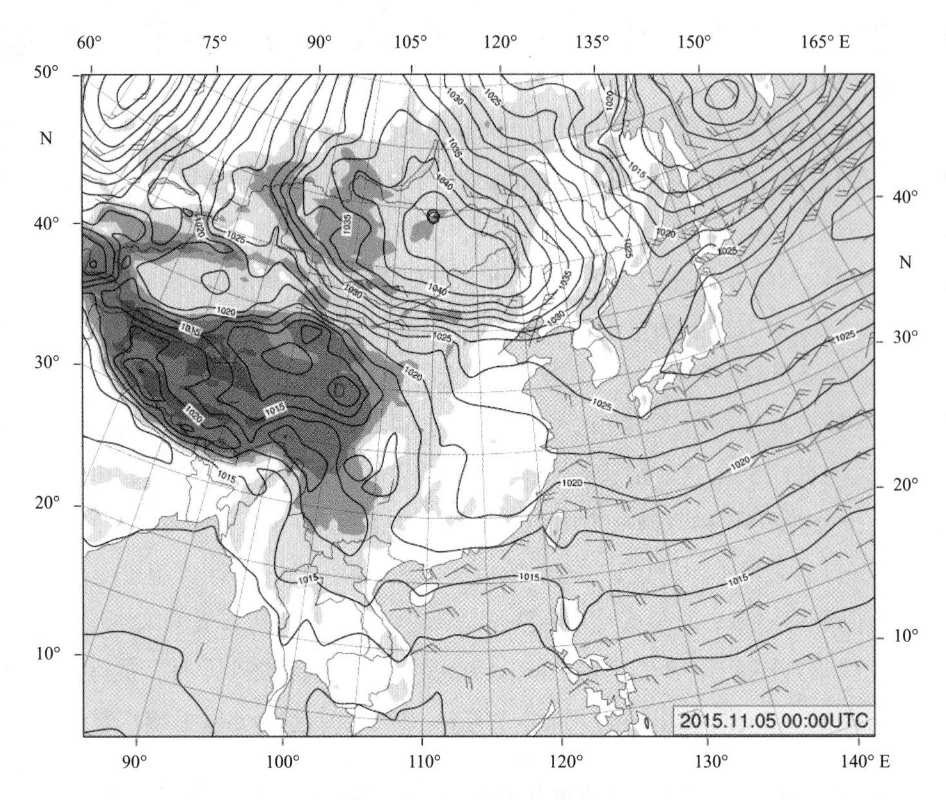

图3.560　2015年11月5日08时地面天气图

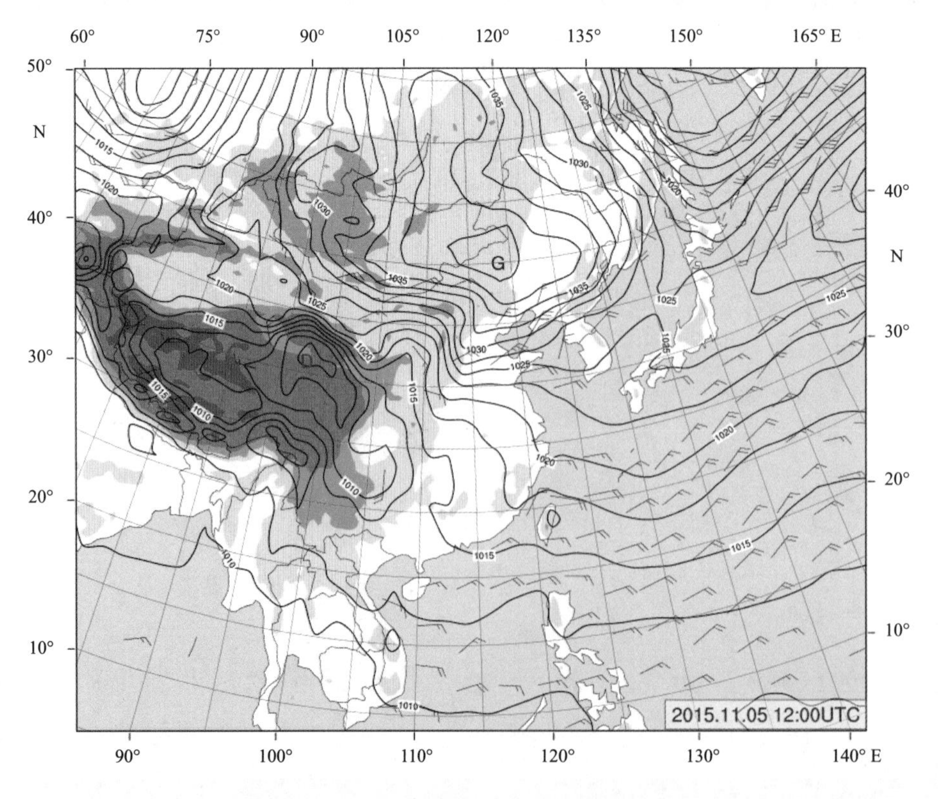

图3.561　2015年11月5日20时地面天气图

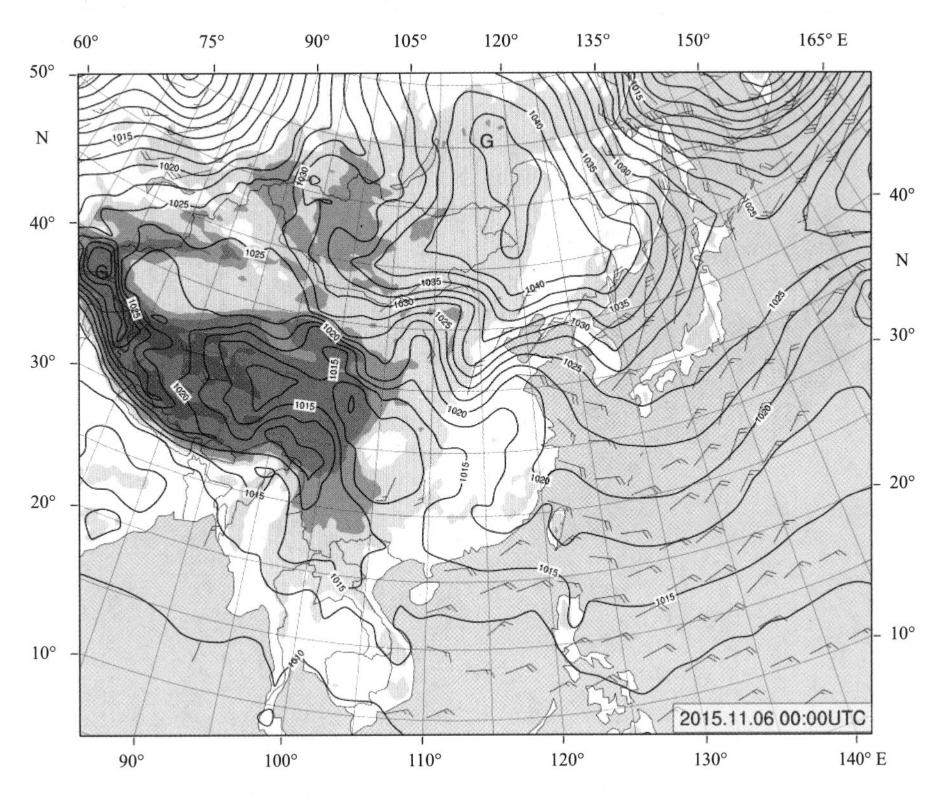

图3.562　2015年11月6日08时地面天气图

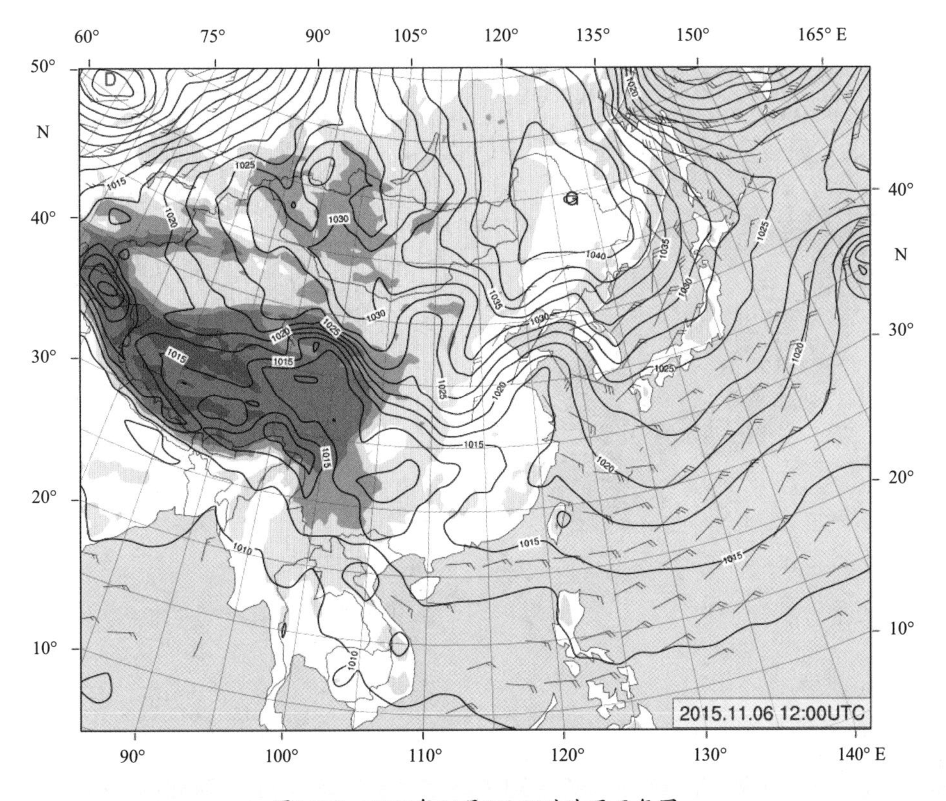

图3.563　2015年11月6日20时地面天气图

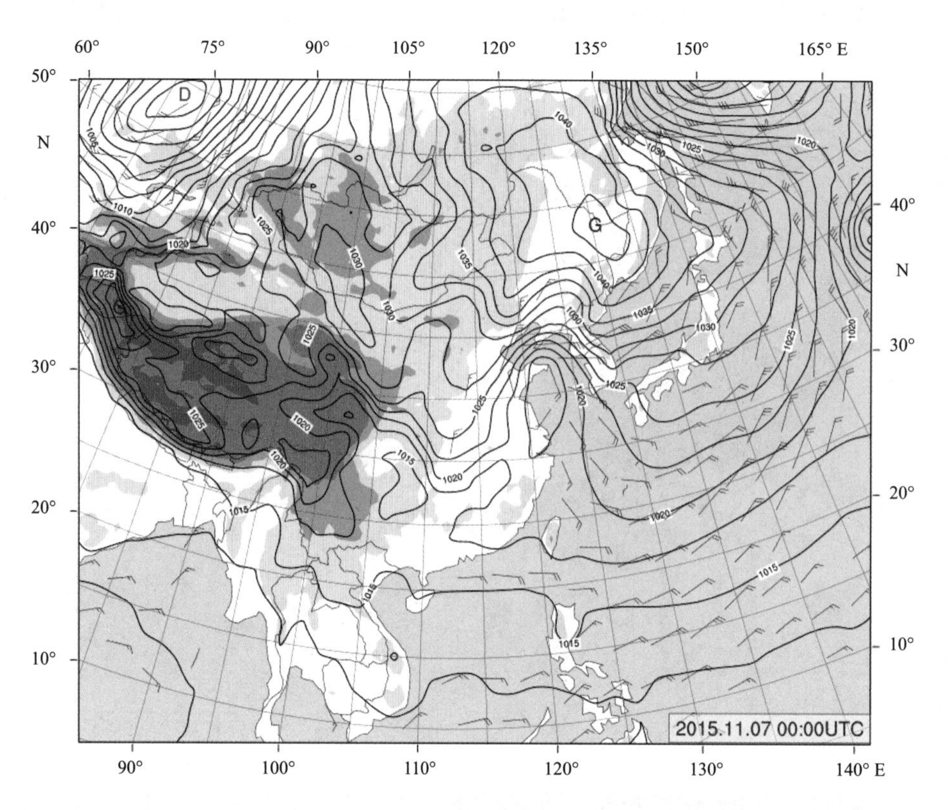

图3.564　2015年11月7日08时地面天气图

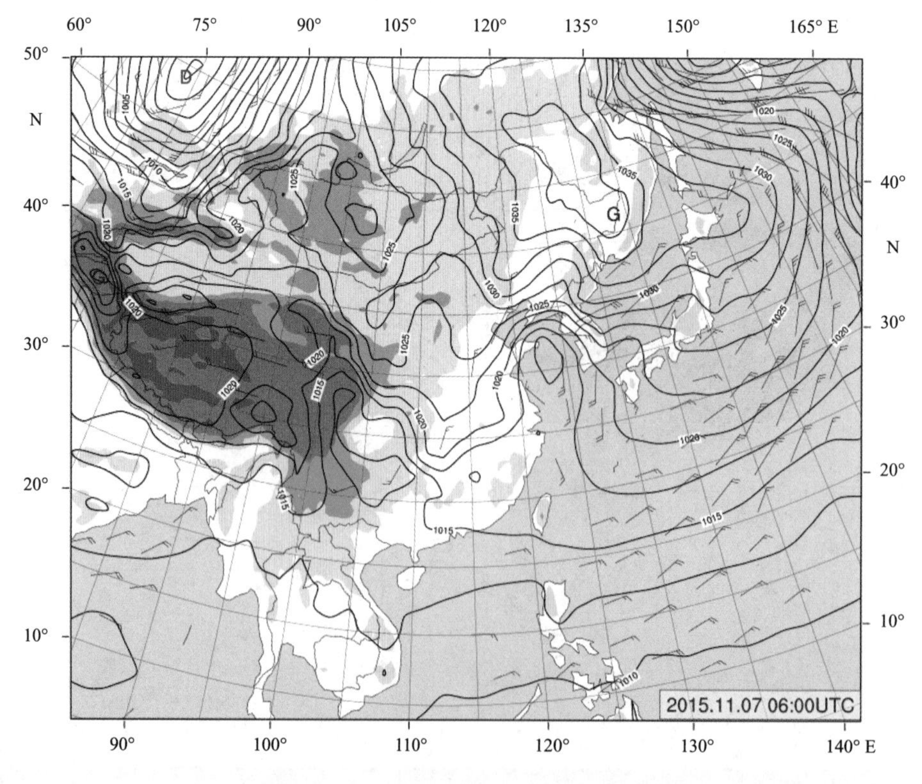

图3.565　2015年11月7日14时地面天气图

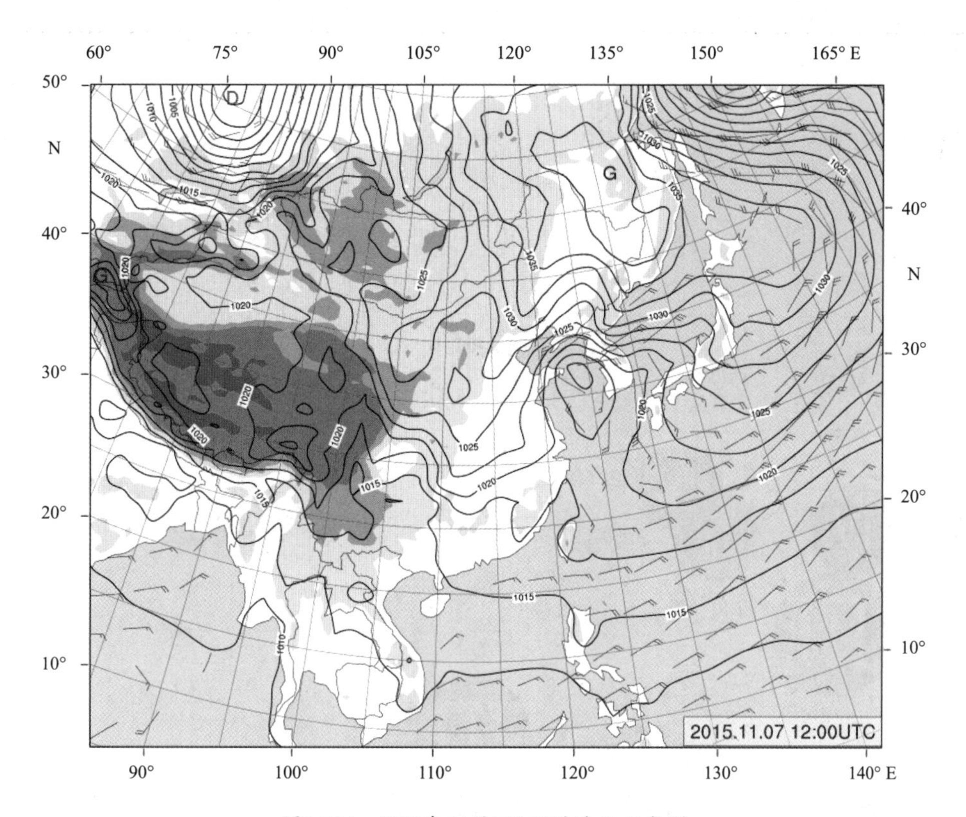

图3.566 2015年11月7日20时地面天气图

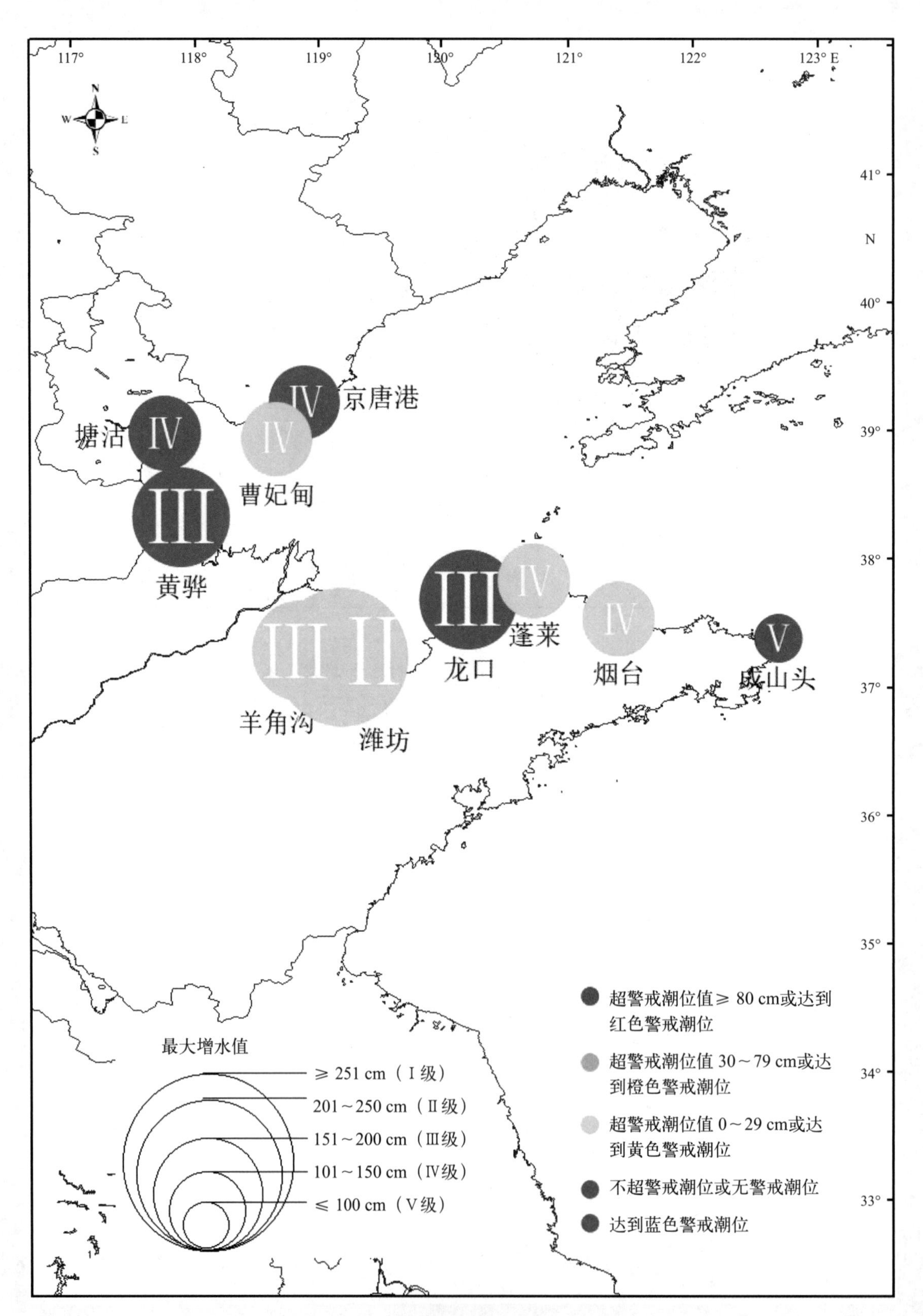

图3.567　2015“11・07”风暴潮空间分布

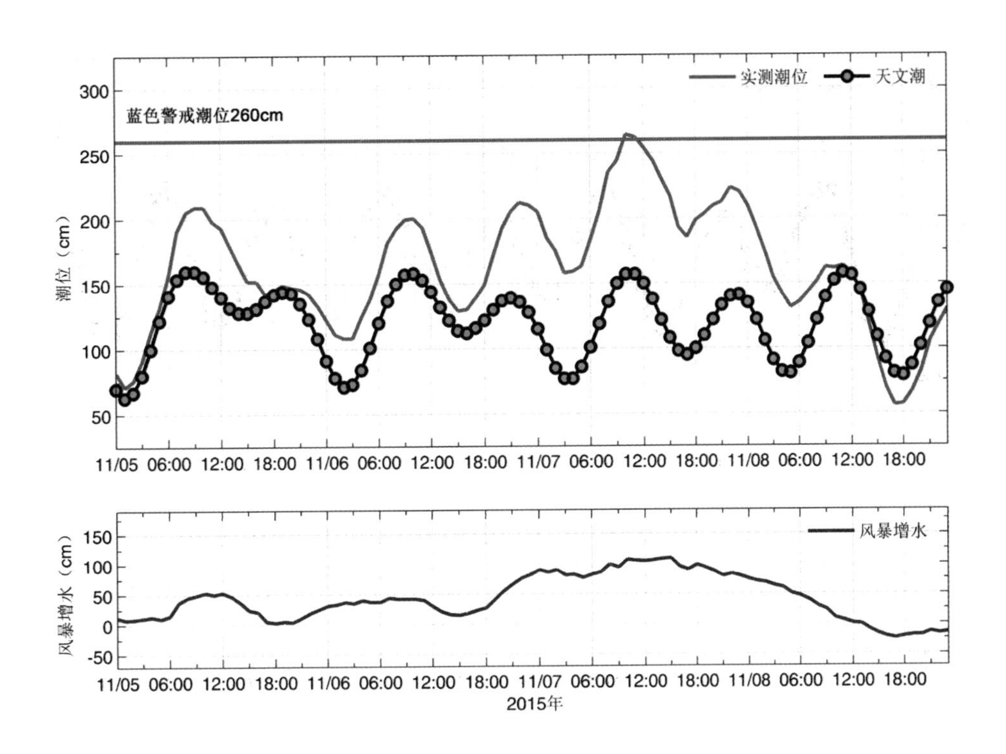

图3.568 京唐港站实测潮位、天文潮位和风暴增水随时间变化

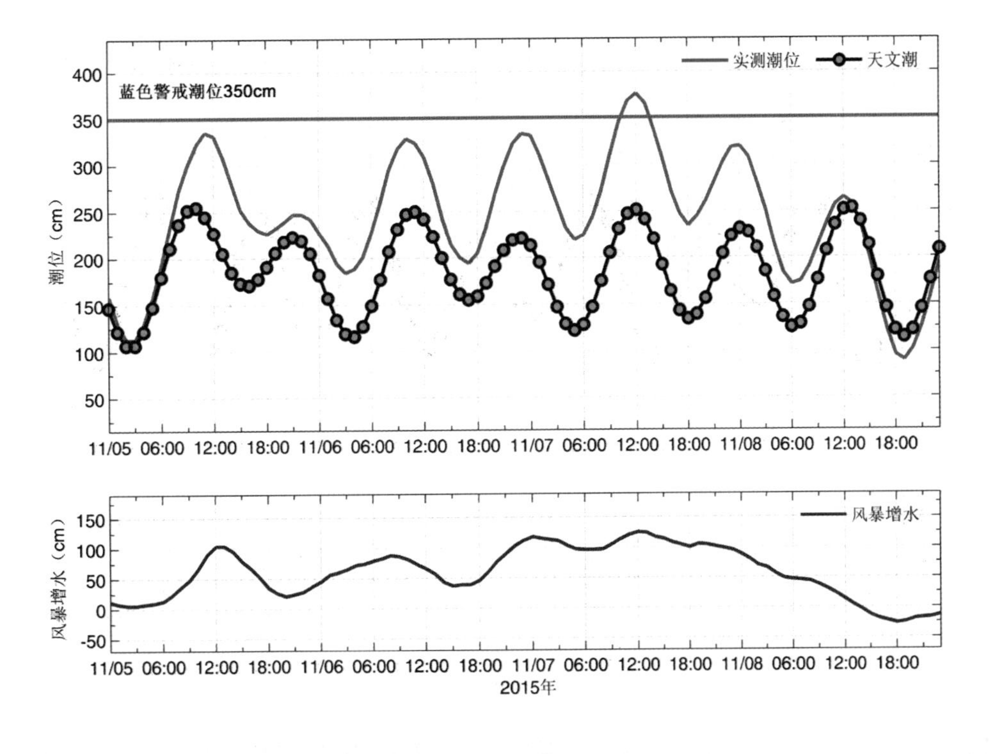

图3.569 曹妃甸站实测潮位、天文潮位和风暴增水随时间变化

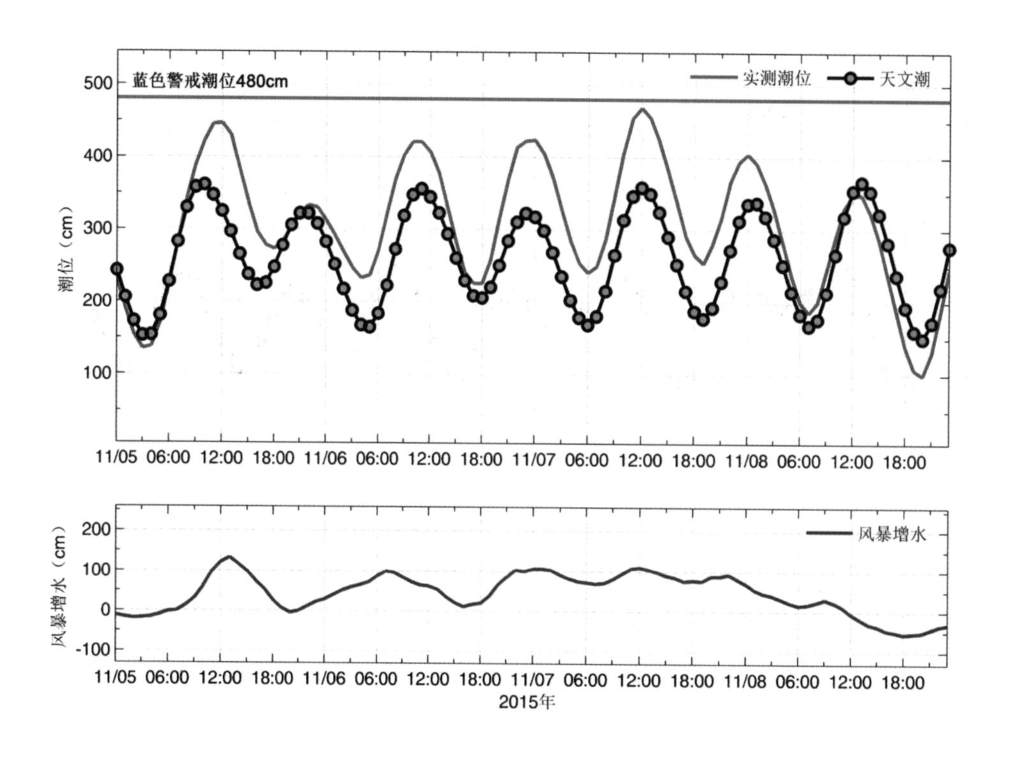

图3.570　塘沽站实测潮位、天文潮位和风暴增水随时间变化

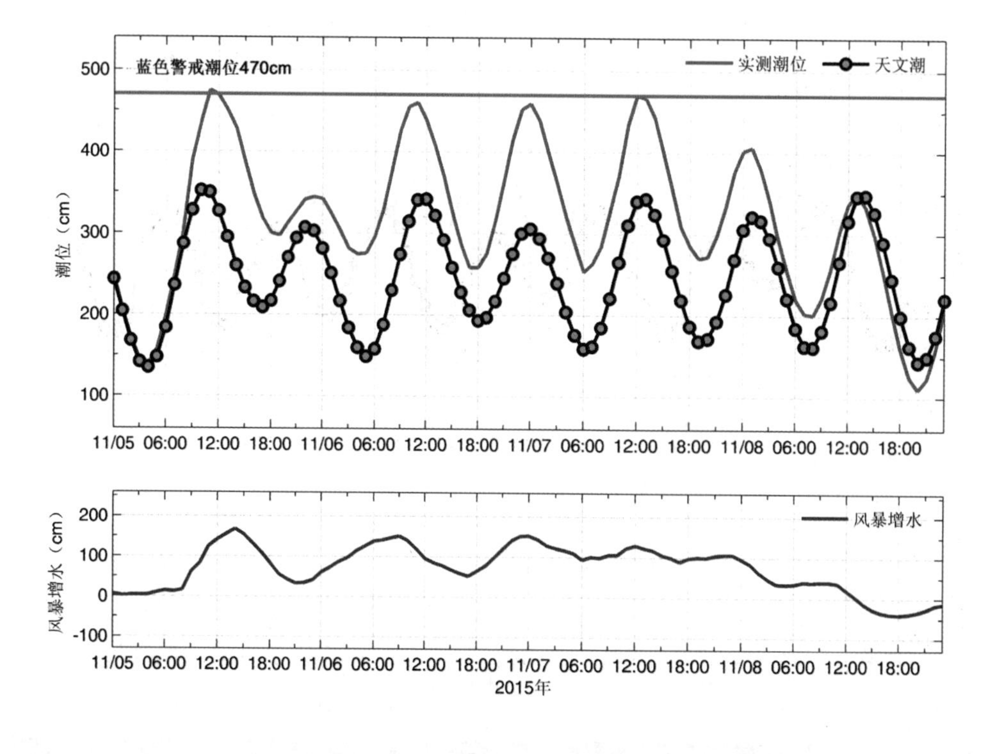

图3.571　黄骅站实测潮位、天文潮位和风暴增水随时间变化

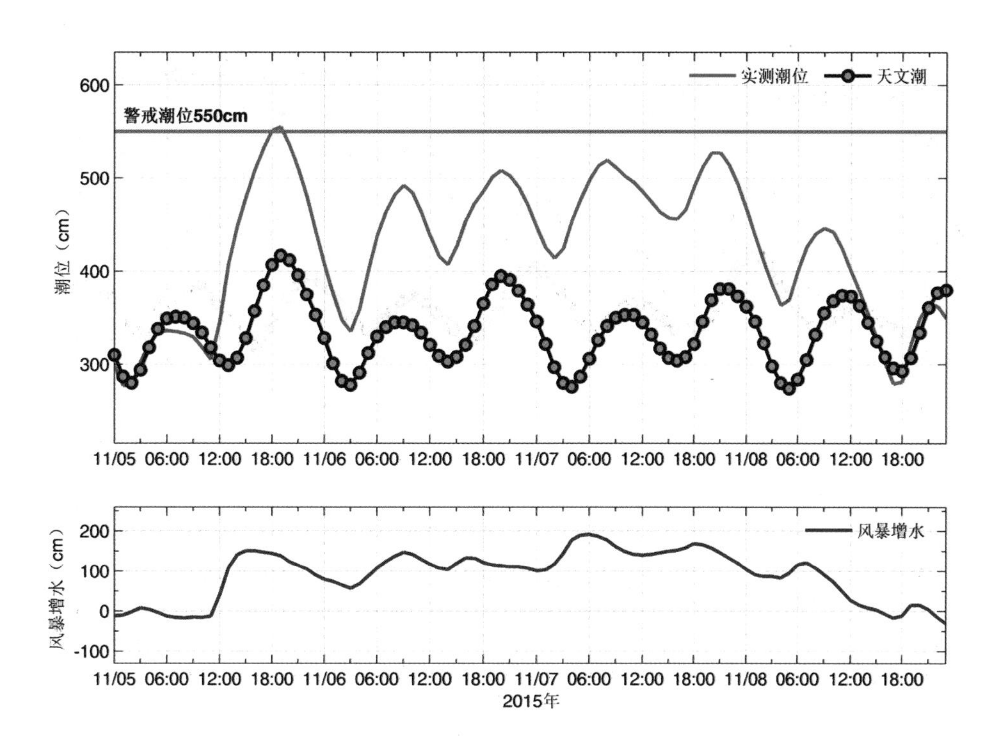

图3.572　羊角沟站实测潮位、天文潮位和风暴增水随时间变化

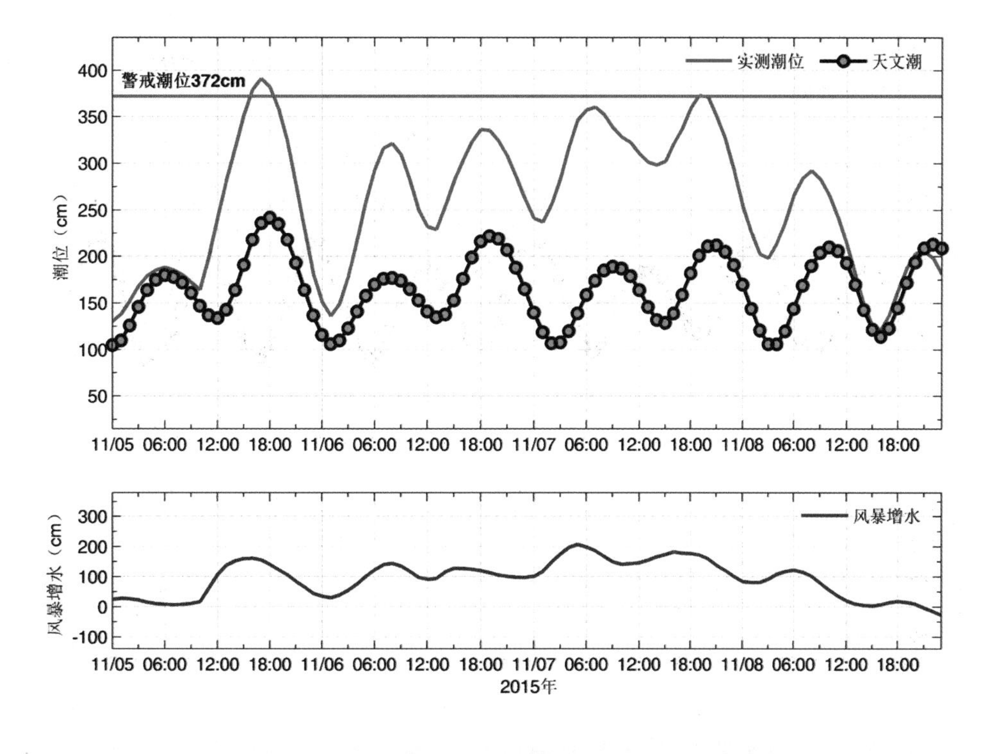

图3.573　潍坊站实测潮位、天文潮位和风暴增水随时间变化

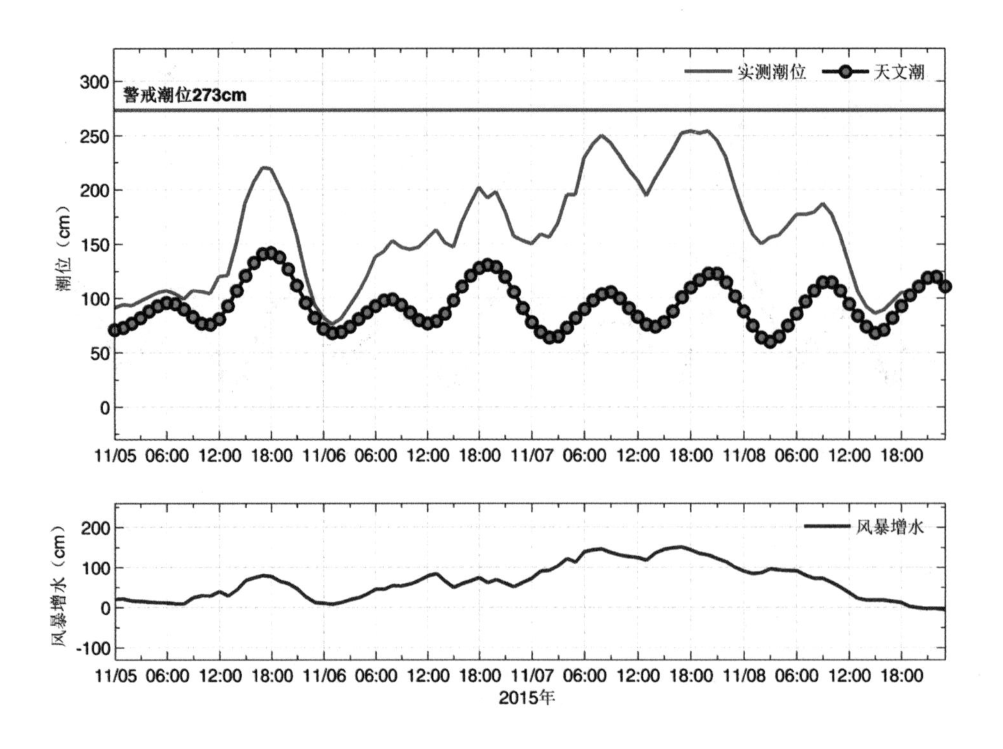

图3.574　龙口站实测潮位、天文潮位和风暴增水随时间变化

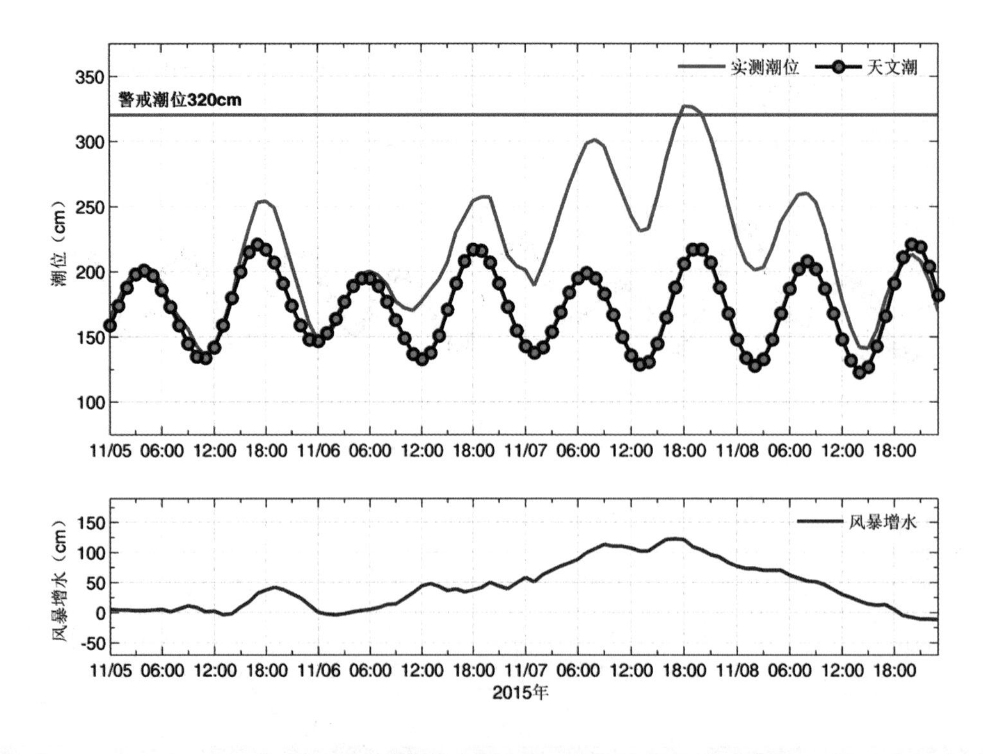

图3.575　蓬莱站实测潮位、天文潮位和风暴增水随时间变化

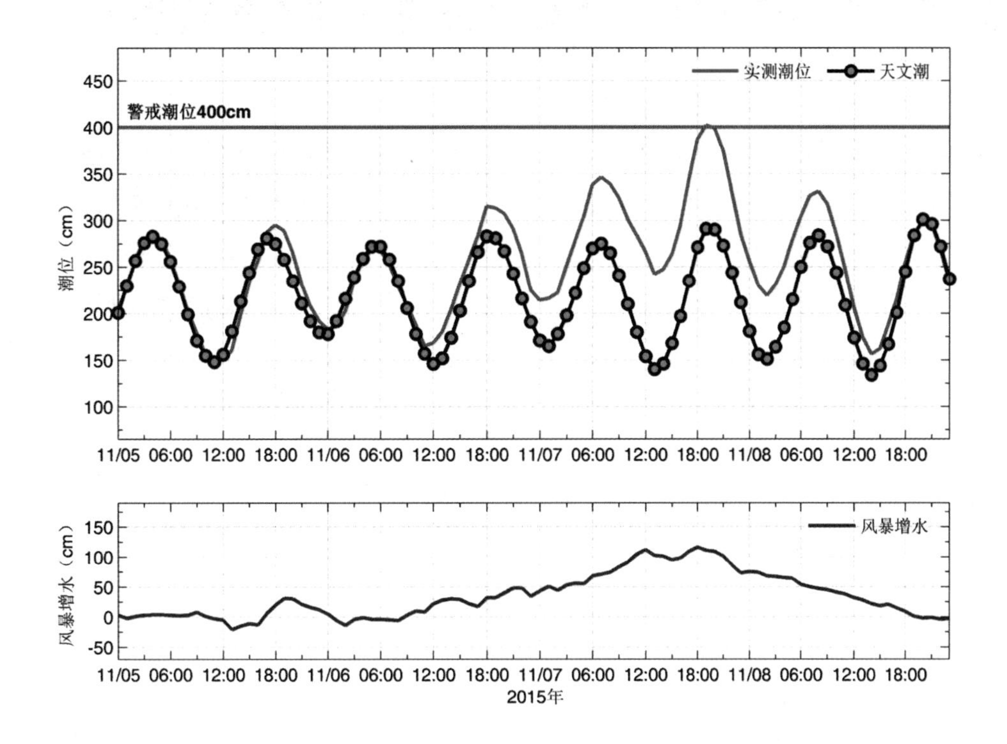

图3.576　烟台站实测潮位、天文潮位和风暴增水随时间变化

3.65 2016“07·20”风暴潮灾害（孤立气旋型）

2016年7月19—21日，受黄海气旋影响，渤海沿岸出现了一次中等强度的温带风暴潮过程。沿岸各站最大增水大部分出现在20日或21日凌晨，最大增水为1.15 m，出现在河北黄骅站，最高潮位4.75 m，达到当地蓝色警戒潮位。辽宁葫芦岛站21日02时最大增水0.59 m；老虎滩站21日09时最大增水0.38 m，最高潮位接近当地警戒潮位。河北秦皇岛站20日21时最大增水0.59 m，20时47分最高潮位2.27 m，达到当地黄色警戒潮位；曹妃甸站20日14时最大增水0.87 m，15时28分最高潮位3.62 m，达到当地蓝色警戒潮位。天津塘沽站14时最大增水0.99 m，几乎与当天的天文高潮相叠加，15时19分最高潮位4.87 m，达到当地蓝色警戒潮位。山东潍坊站20日21时最大增水0.86m。

辽宁、河北和天津三地因灾直接经济损失合计8.56亿元。

辽宁省1艘渔船毁坏；码头损毁1.00 km，海堤、护岸损毁5.00 km。直接经济损失0.09亿元。

河北省2间房屋倒塌，3间损坏；7艘渔船毁坏，28艘损坏；防波堤14.50 km损毁；海水浴场护网2.00 km损毁。直接经济损失7.67亿元。

天津市水产养殖0.40×10^3 hm^2受灾；2艘渔船毁坏；防波堤2.03 km损毁，海堤、护岸11.48 km损毁，道路4.02 km损毁。直接经济损失0.80亿元。

图3.577 河北省秦皇岛市北戴河鸽子窝公园木栈道损毁
拍摄时间：2016.7.21 坐标：39°50′N，119°32′E

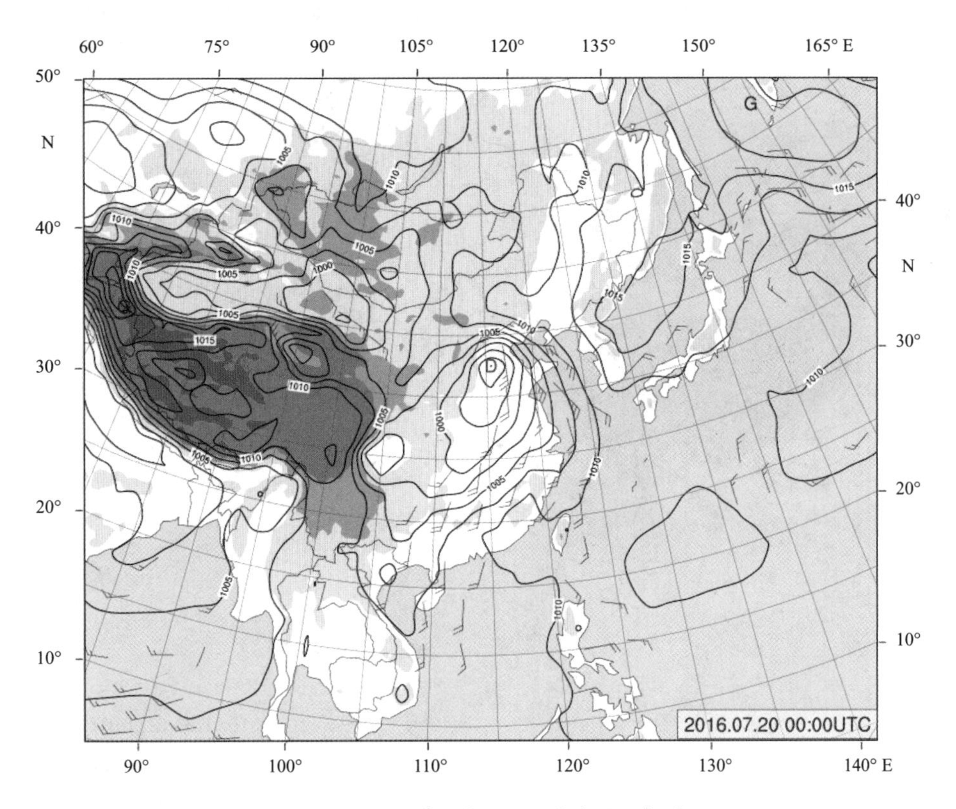

图3.578　2016年7月20日08时地面天气图

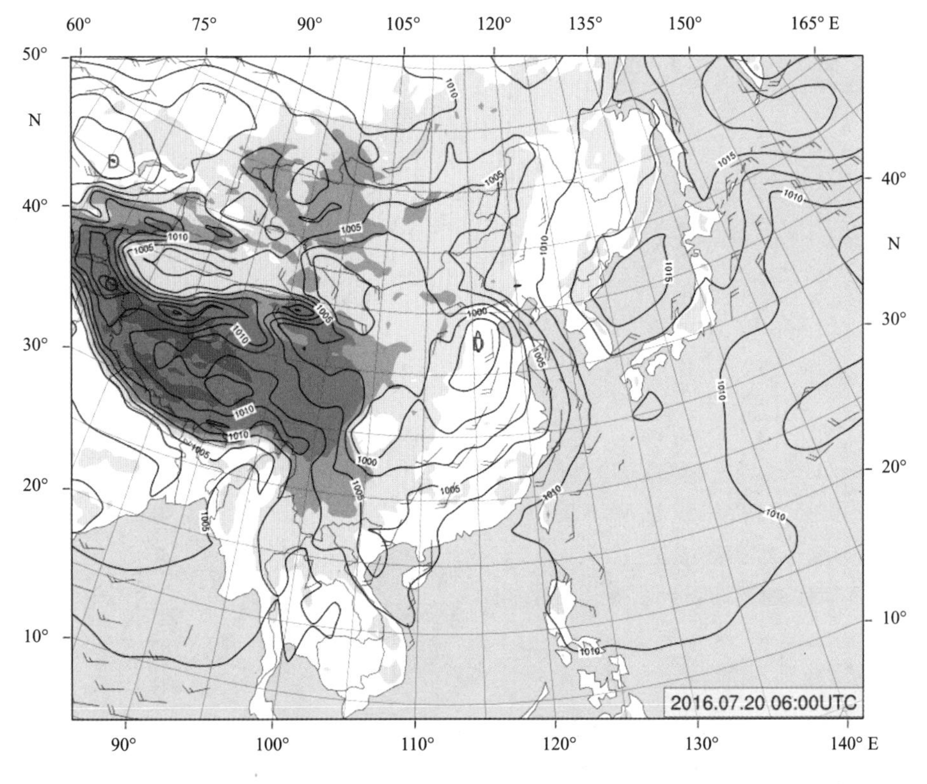

图3.579　2016年7月20日14时地面天气图

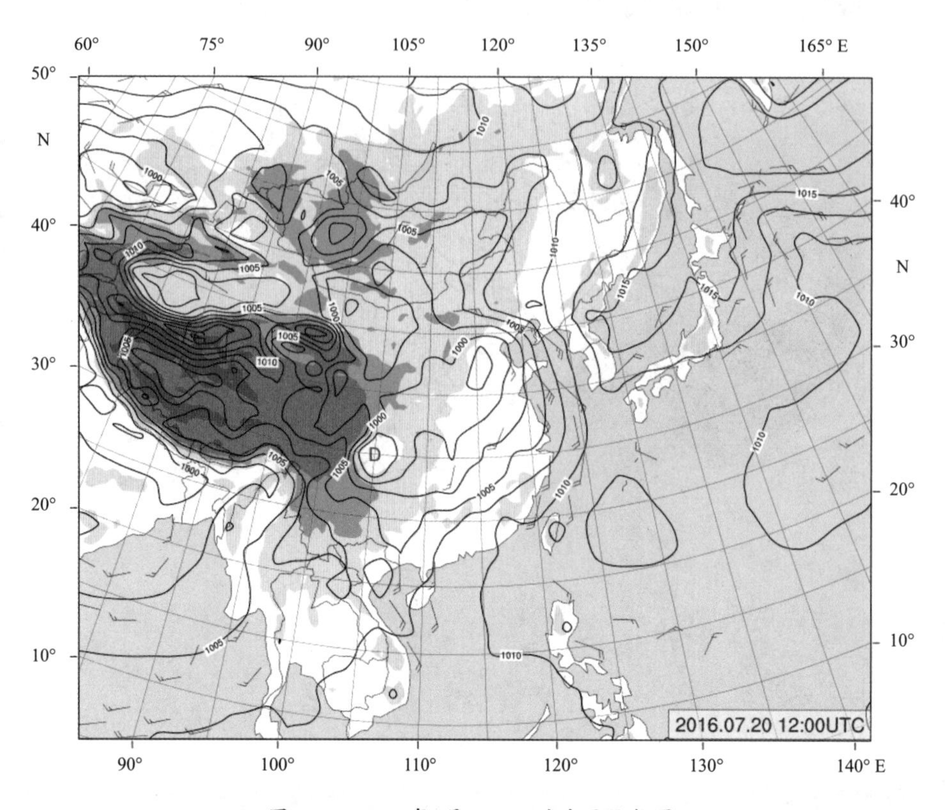

图3.580　2016年7月20日20时地面天气图

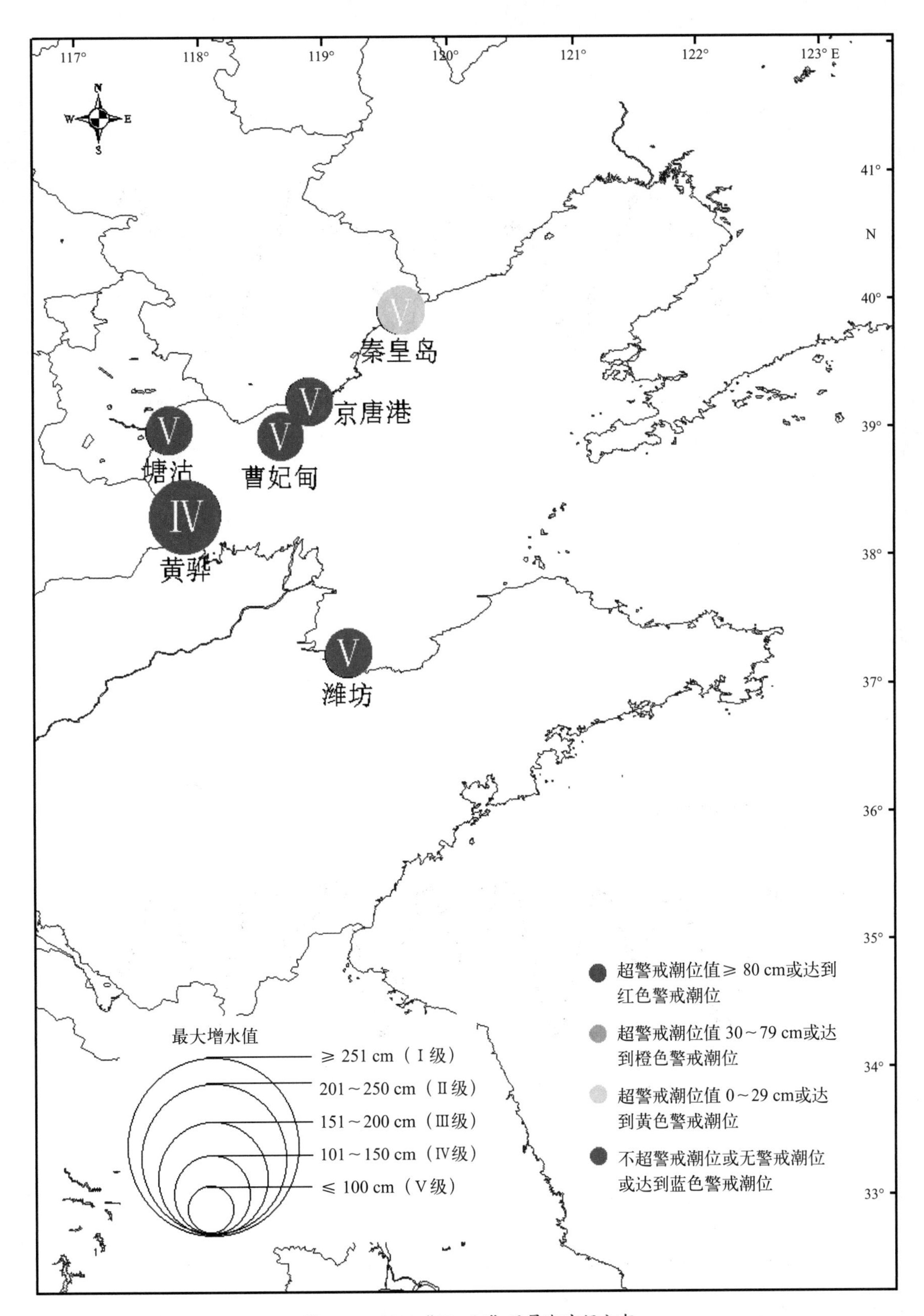

图3.581 2016“07・20”风暴潮空间分布

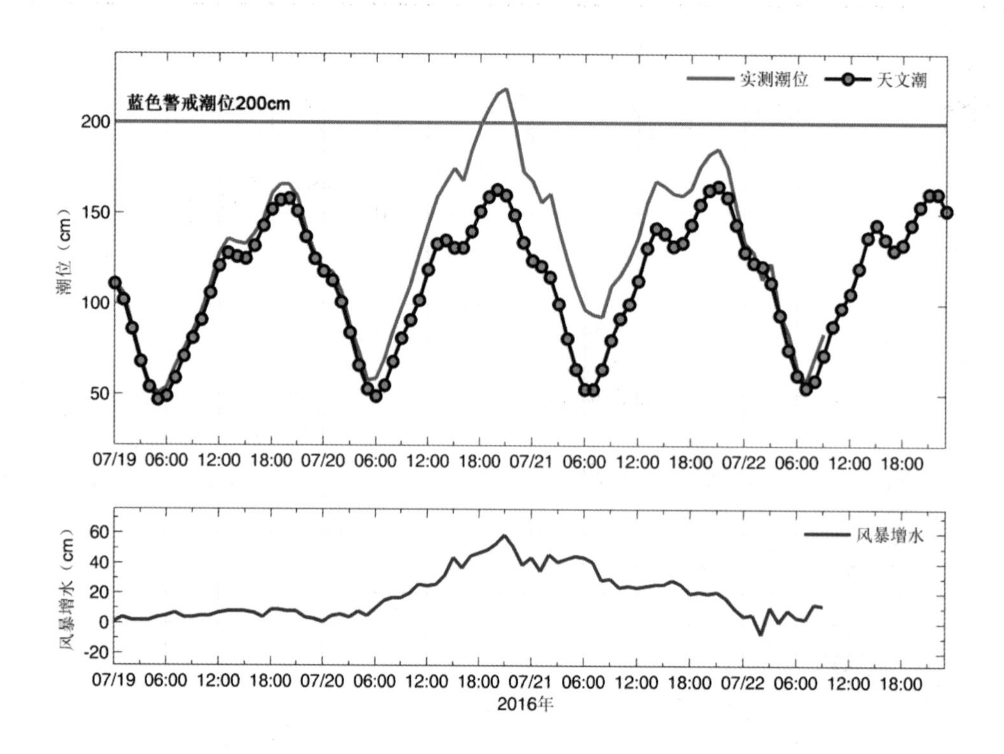

图3.582　秦皇岛站实测潮位、天文潮位和风暴增水随时间变化

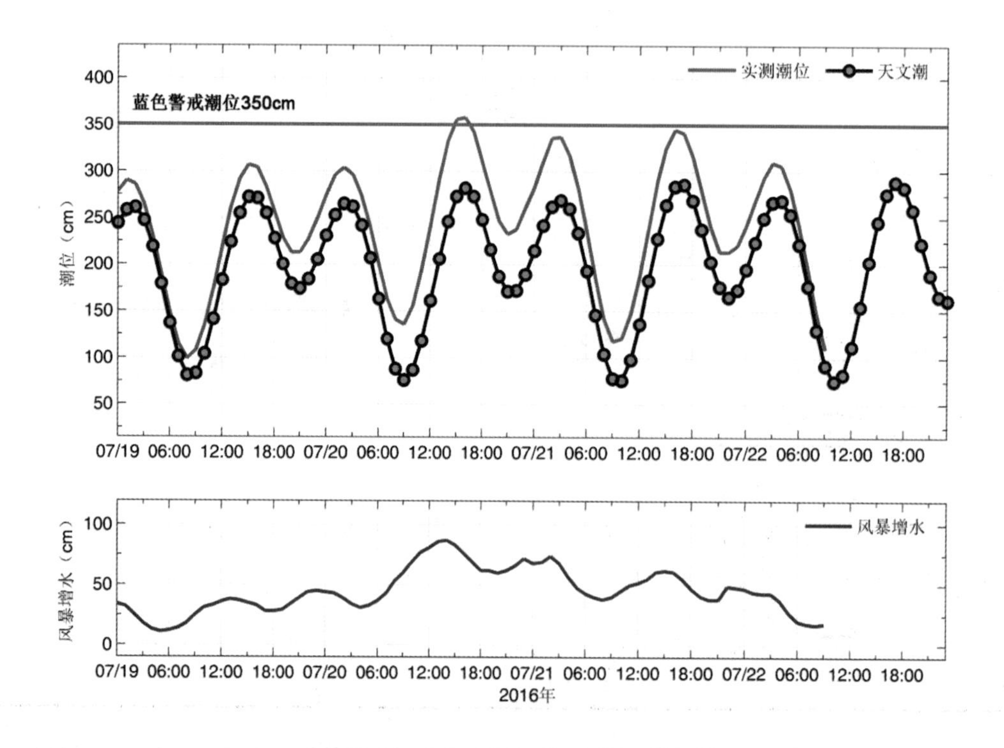

图3.583　曹妃甸站实测潮位、天文潮位和风暴增水随时间变化

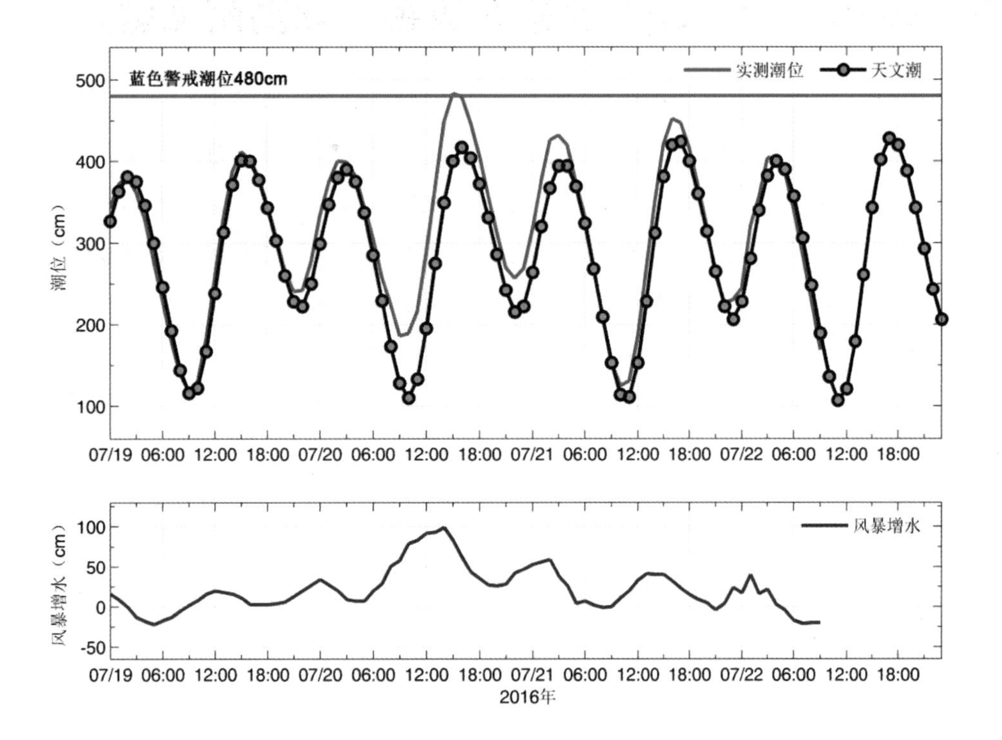

图3.584　塘沽站实测潮位、天文潮位和风暴增水随时间变化

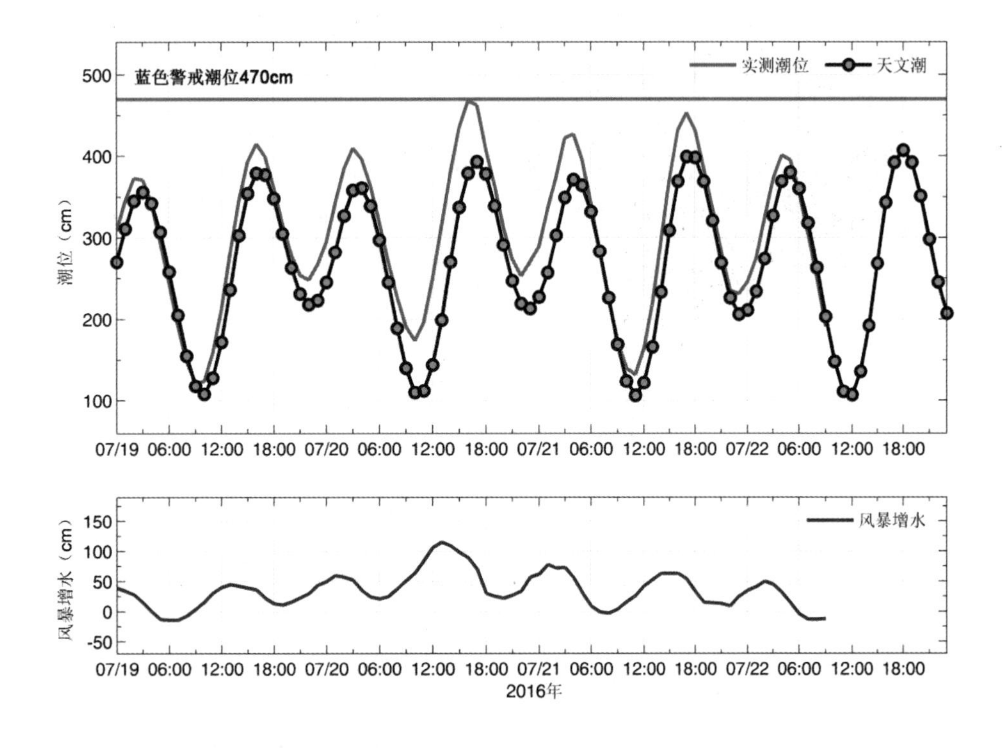

图3.585　黄骅站实测潮位、天文潮位和风暴增水随时间变化

3.66 2016“10·22”风暴潮灾害（北高南低型）

2016年10月20—22日，受冷空气影响，渤海沿岸出现强温带风暴潮。20日，渤海受河套锢囚锋控制，22日转为北高南低形势，各站增水也随之发生变化。20日渤海湾、莱州湾各站出现1.0 m左右的风暴增水，之后增水减小，22日各站增水再次增大，并出现本次过程的增水最大值。值得注意的是，过程最大增水均出现在当日天文高潮位附近，各站高潮位均达到或接近当地警戒潮位。其中，河北曹妃甸站08时最大增水1.19 m，最高潮位4.03 m，达到当地橙色警戒潮位；黄骅站07时最大增水1.74 m，最高潮位5.47 m，达到当地橙色警戒潮位；天津塘沽站05时、06时及09时最大增水均为1.09 m，最高潮位5.08 m，达到当地黄色警戒潮位。山东羊角沟站13时最大增水2.07 m，15时36分最高潮位5.87 m，超过当地警戒潮位0.37m；潍坊站12时最大增水2.03 m，13时57分最高潮位4.36 m，超过当地警戒潮位0.64m；龙口站12时最大增水1.34 m，最高潮位2.84 m，超过当地警戒潮位0.11m；蓬莱站12时最大增水0.87 m，最高潮位3.17 m，距离当地警戒潮位0.03m。

河北省因灾直接经济损失1.68亿元；山东省因灾直接经济损失0.89亿元。

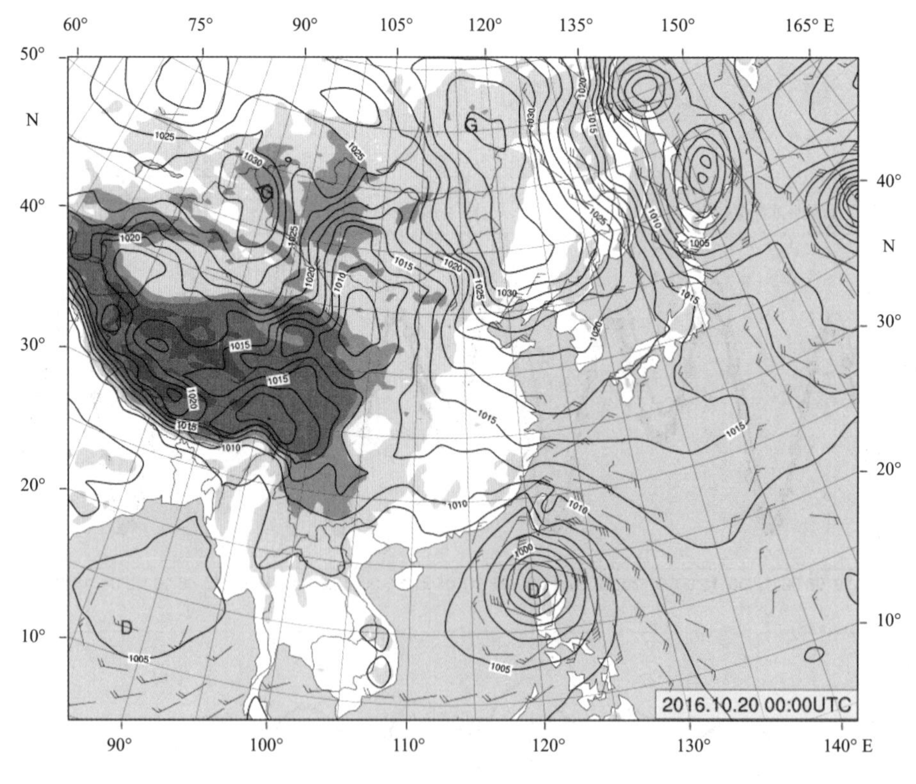

图3.586 2016年10月20日08时地面天气图

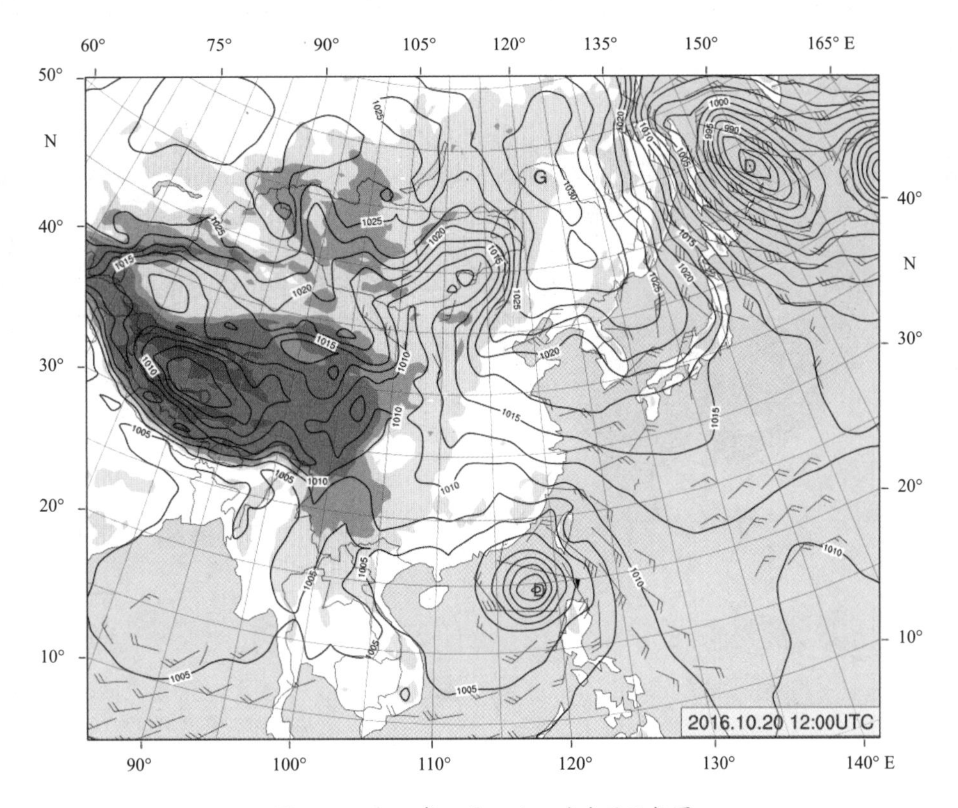

图3.587　2016年10月20日20时地面天气图

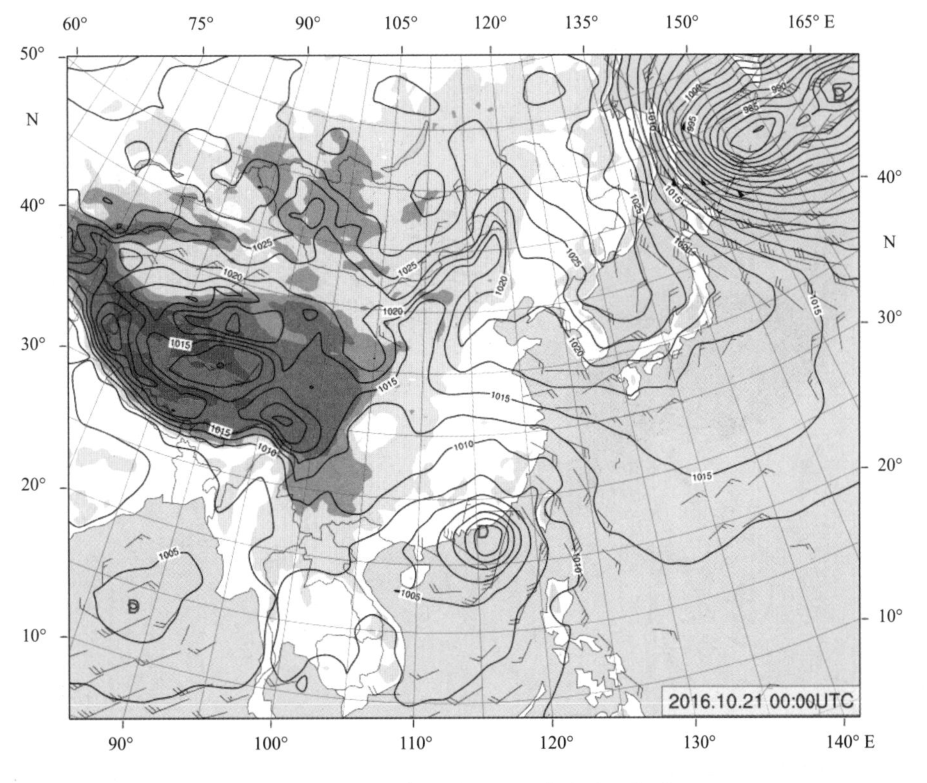

图3.588　2016年10月21日08时地面天气图

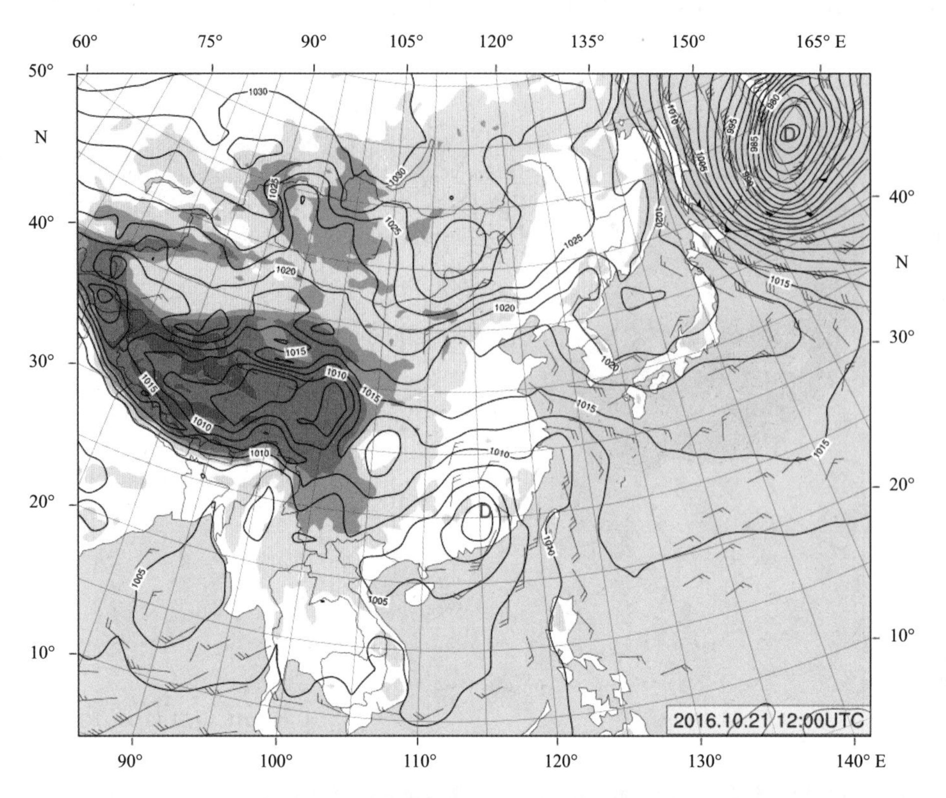

图3.589　2016年10月21日20时地面天气图

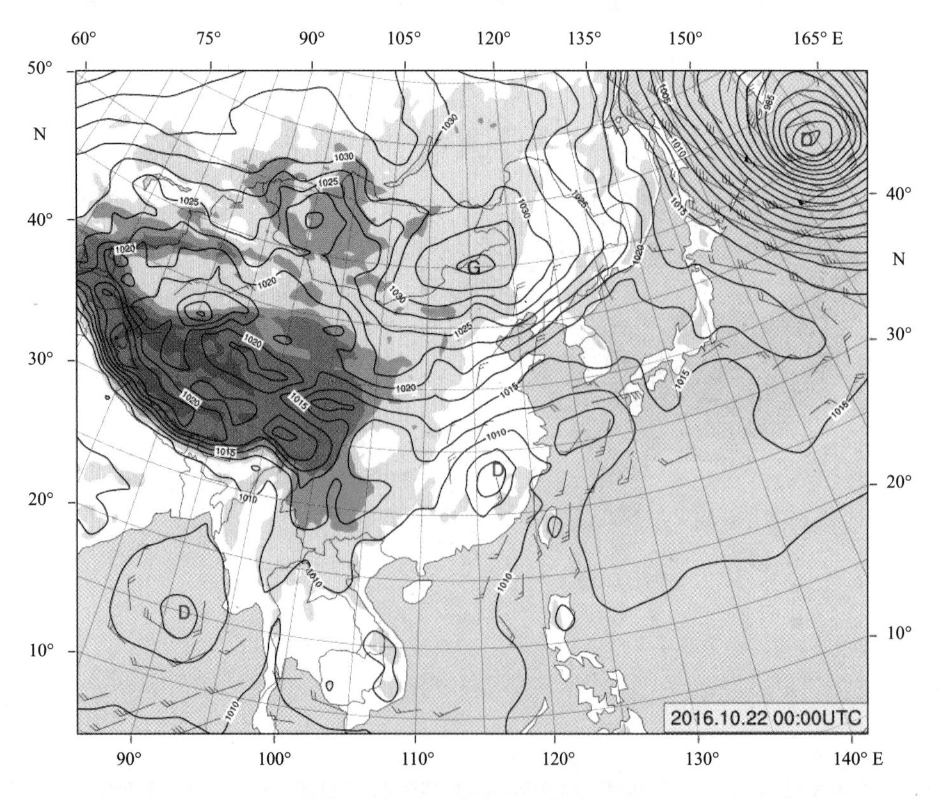

图3.590　2016年10月22日08时地面天气图

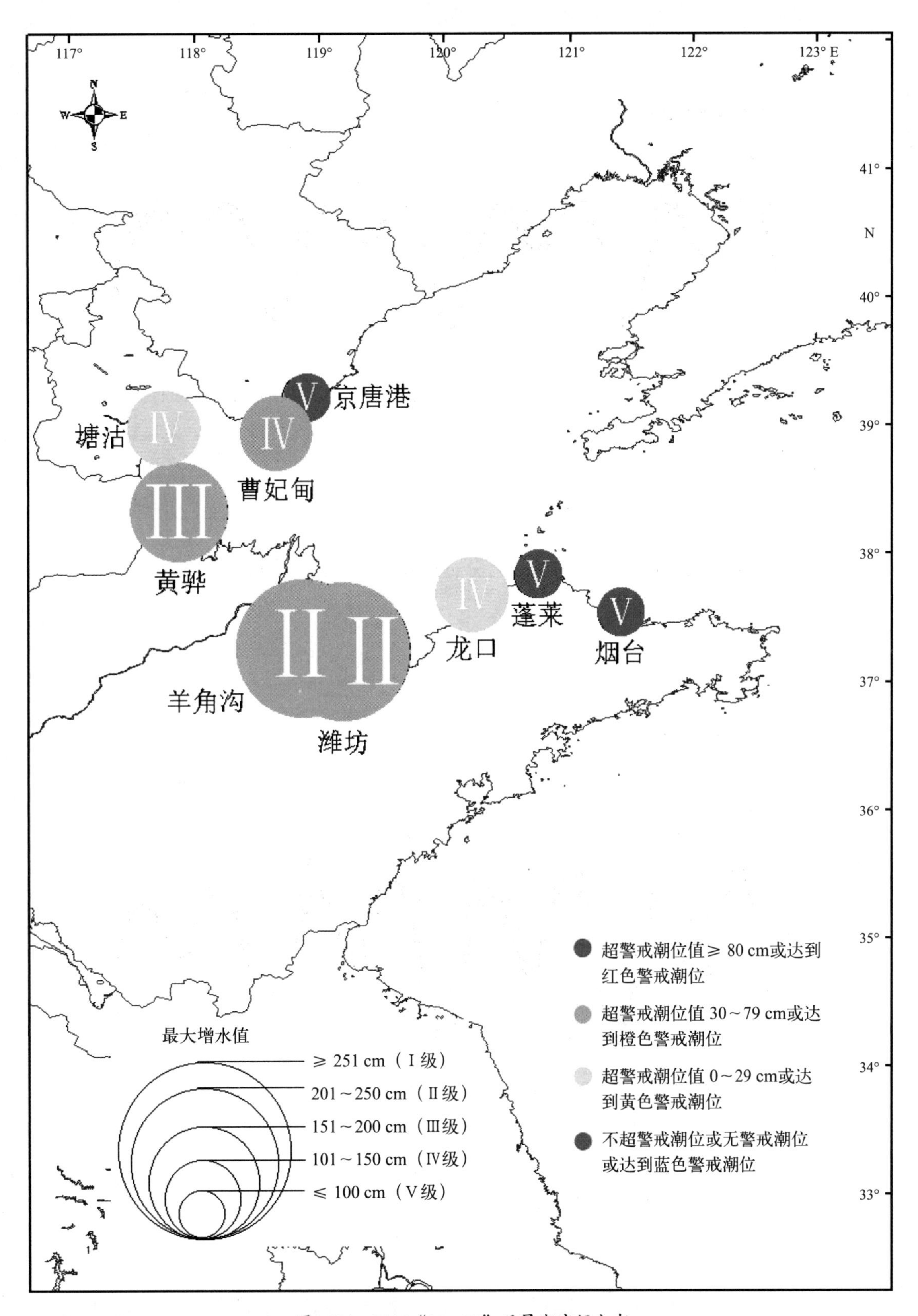

图3.591 2016“10・22”风暴潮空间分布

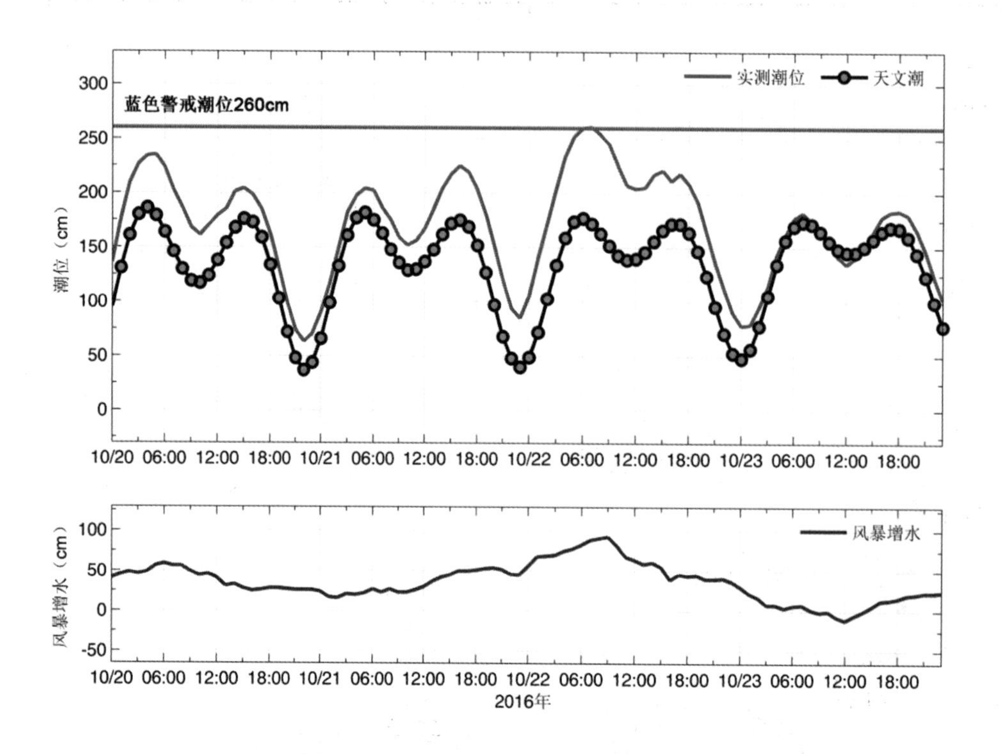

图3.592 京唐港站实测潮位、天文潮位和风暴增水随时间变化

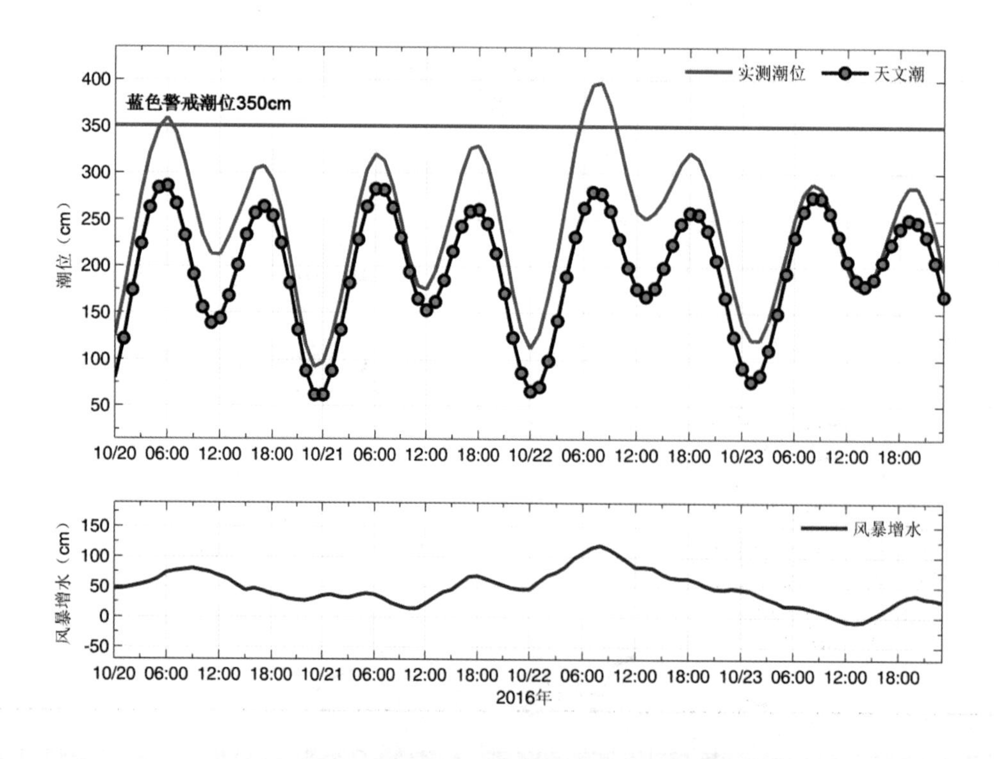

图3.593 曹妃甸站实测潮位、天文潮位和风暴增水随时间变化

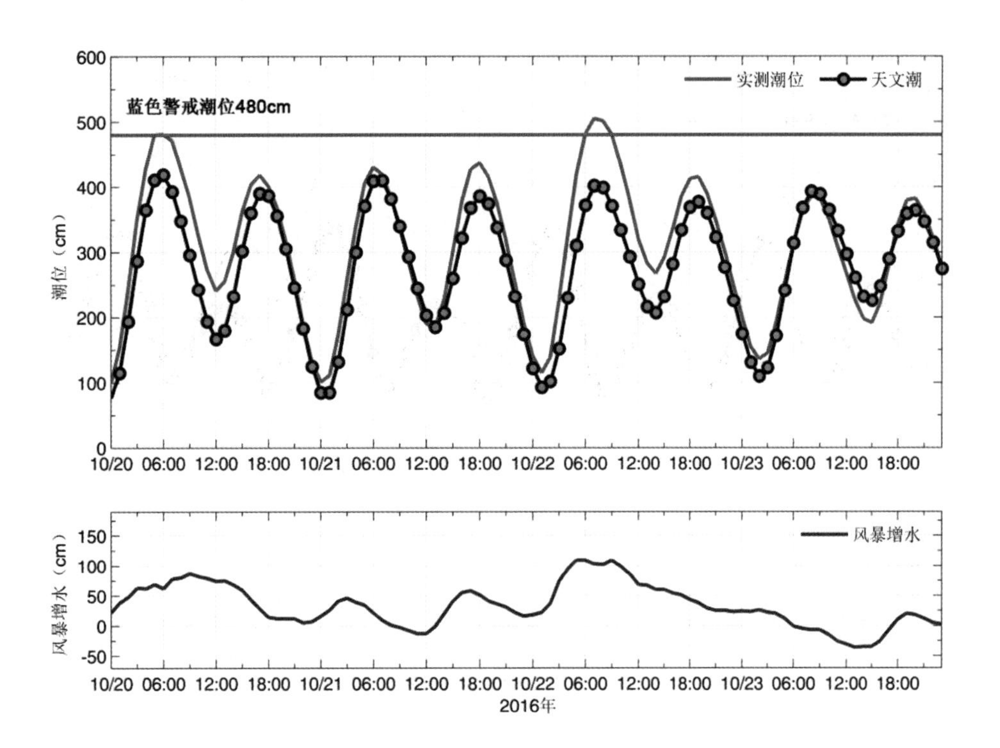

图3.594　塘沽站实测潮位、天文潮位和风暴增水随时间变化

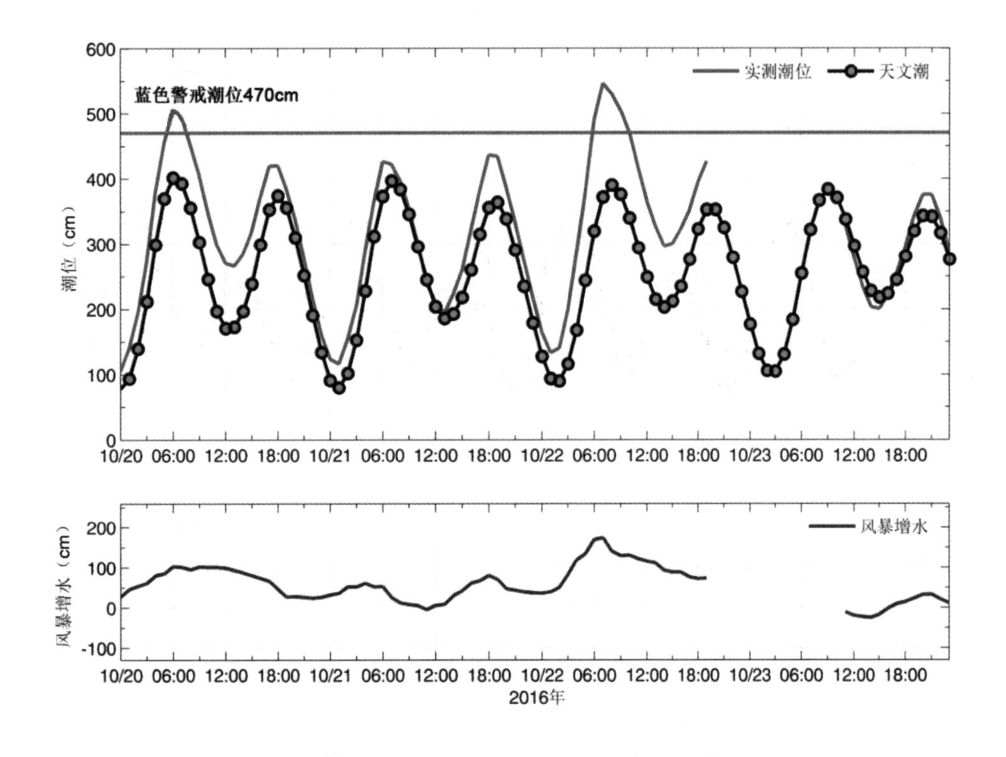

图3.595　黄骅站实测潮位、天文潮位和风暴增水随时间变化

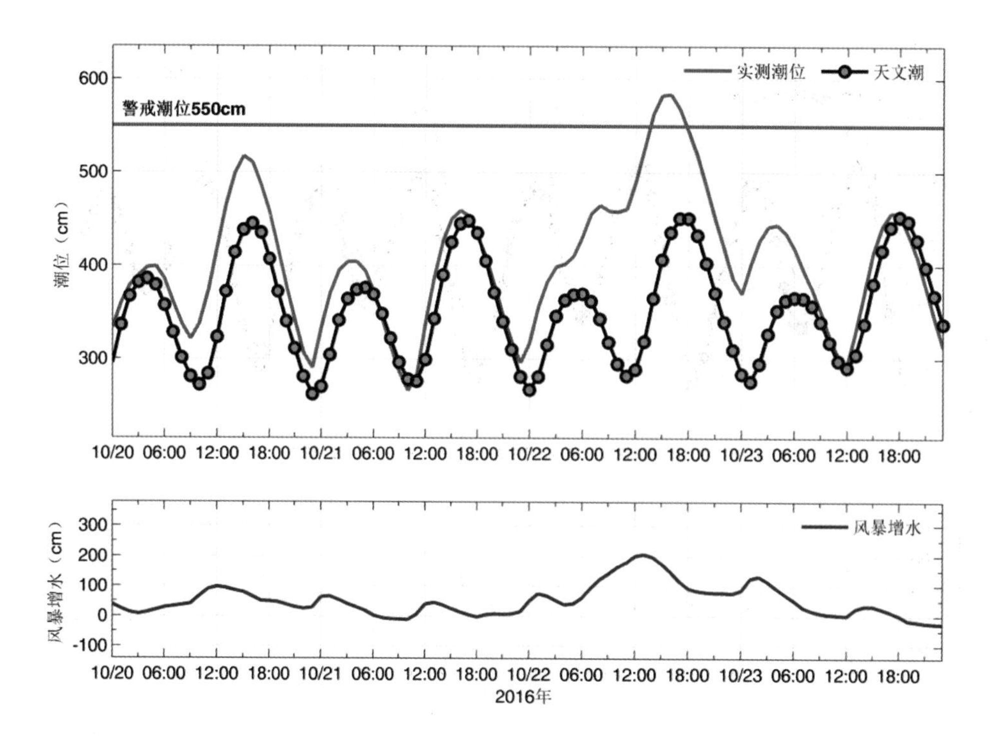

图3.596 羊角沟站实测潮位、天文潮位和风暴增水随时间变化

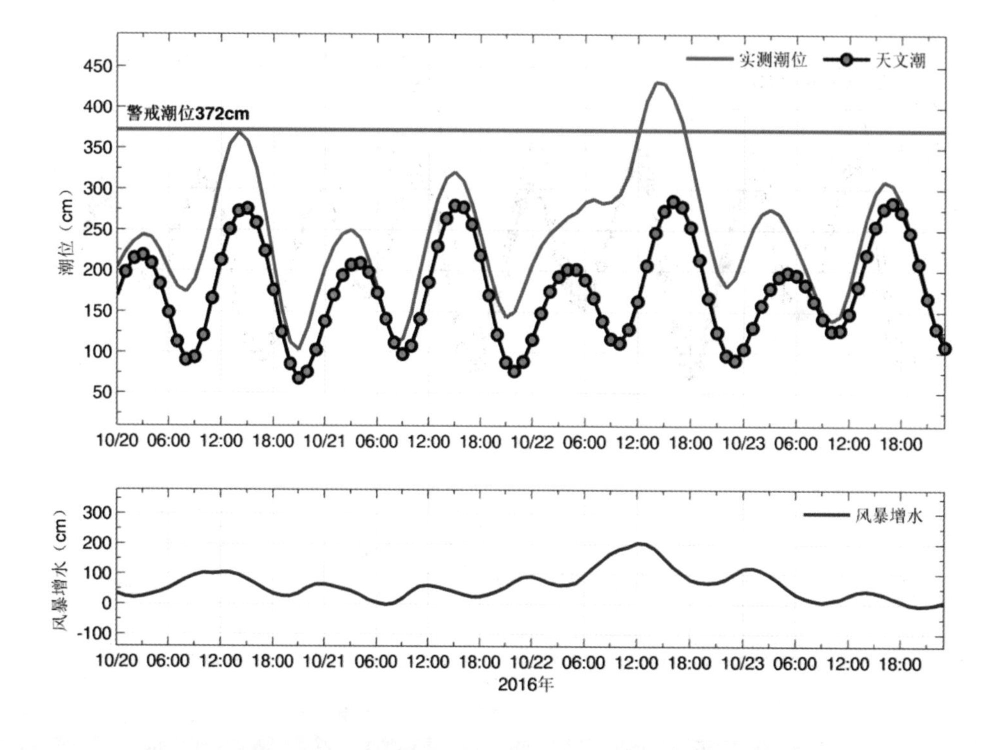

图3.597 潍坊站实测潮位、天文潮位和风暴增水随时间变化

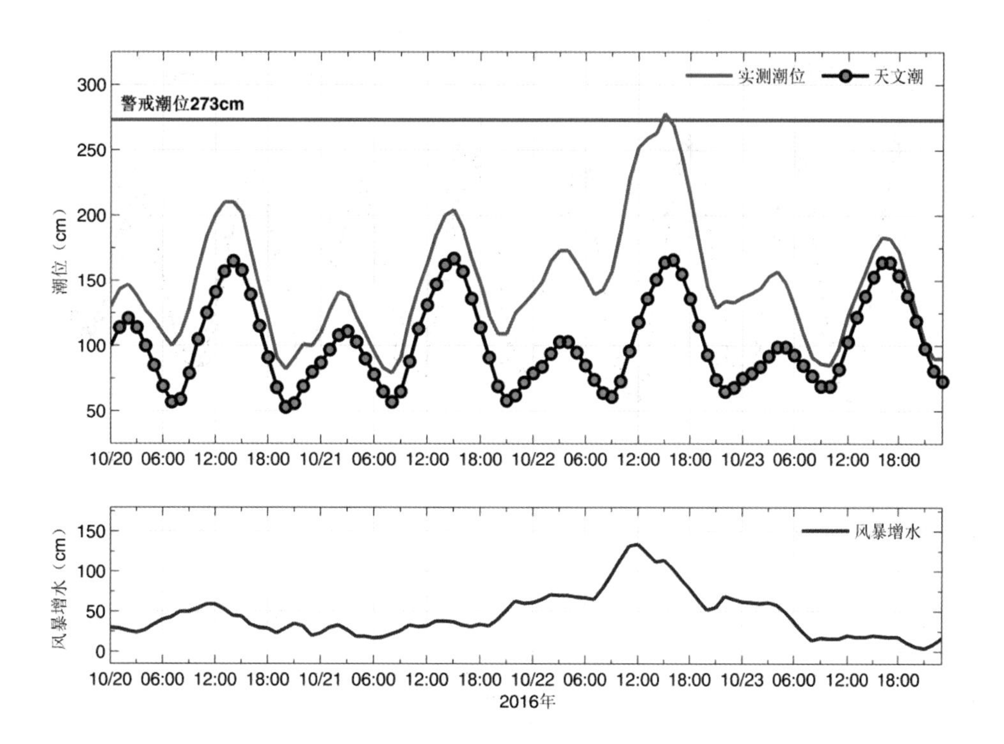

图3.598　龙口站实测潮位、天文潮位和风暴增水随时间变化

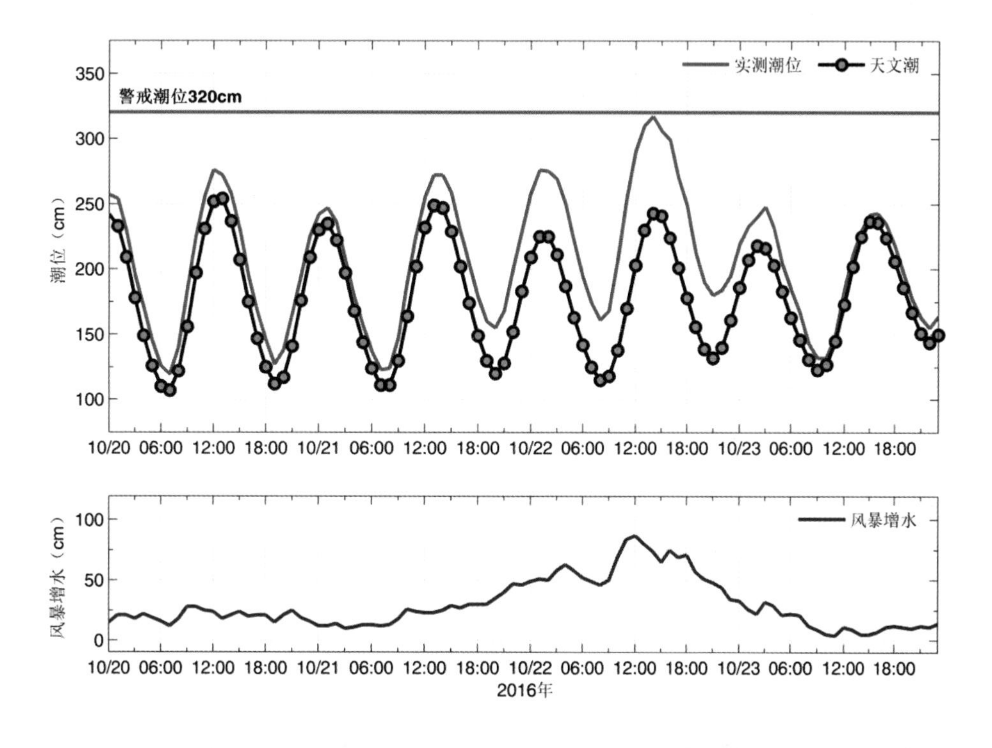

图3.599　蓬莱站实测潮位、天文潮位和风暴增水随时间变化

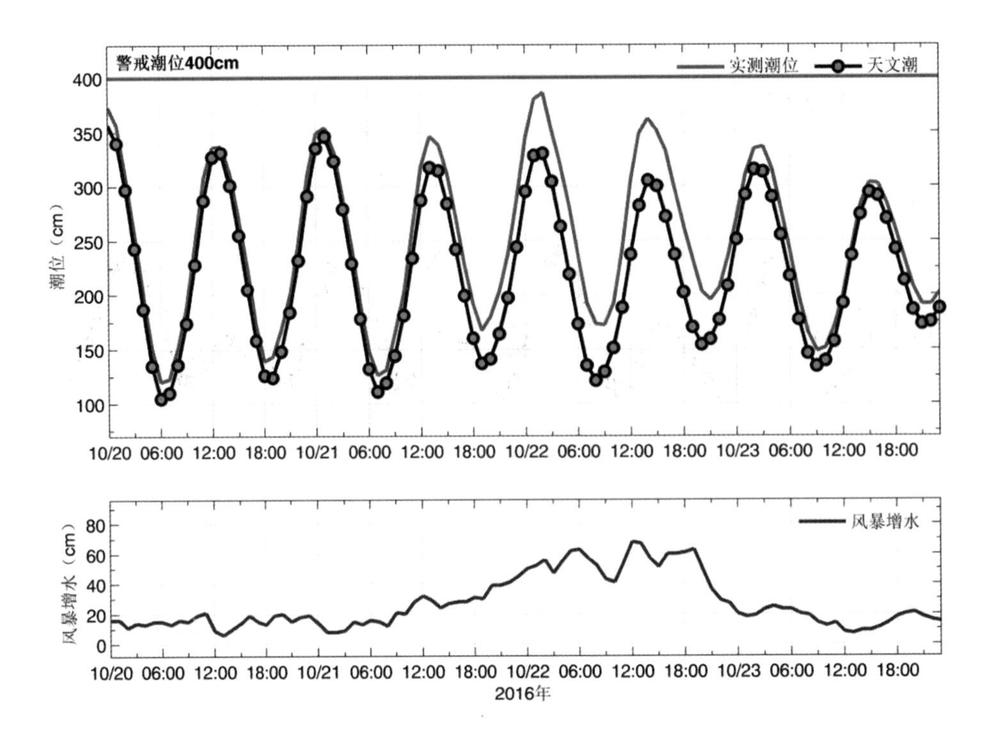

图3.600　烟台站实测潮位、天文潮位和风暴增水随时间变化

3.67　2016“11·21”风暴潮灾害（冷高压型）

11月21日，受冷空气影响，渤海湾、莱州湾出现较强温带风暴潮，过程最大增水均出现在21日，莱州湾最大增大发生在当日天文高潮位附近，部分潮位站高潮位达到当地警戒潮位。天津塘沽站15时最大增水0.84 m；河北黄骅站14时最大增水1.13 m。山东羊角沟站15时最大增水1.54 m，17时12分最高潮位5.79 m，超过当地警戒潮位0.29 m；潍坊站15时最大增水1.77 m，15时27分最高潮位4.38 m，超过当地警戒潮位0.66m；龙口站17时最大增水0.97 m；蓬莱19时最大增水0.66 m。

山东省因灾直接经济损失0.86亿元。

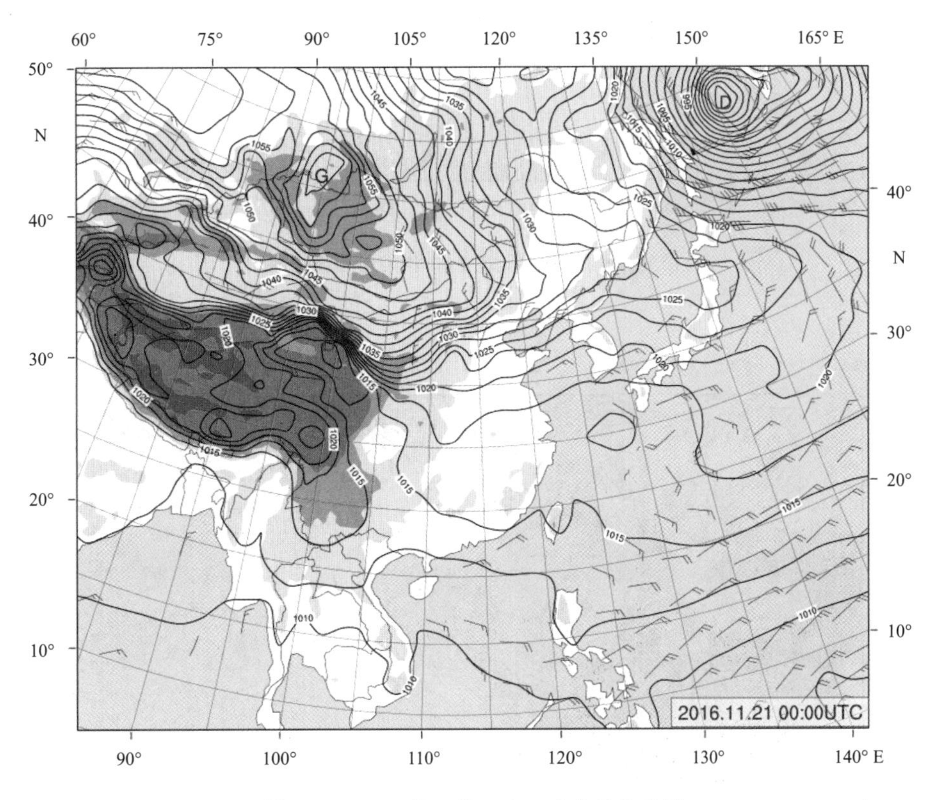

图3.601　2016年11月21日08时地面天气图

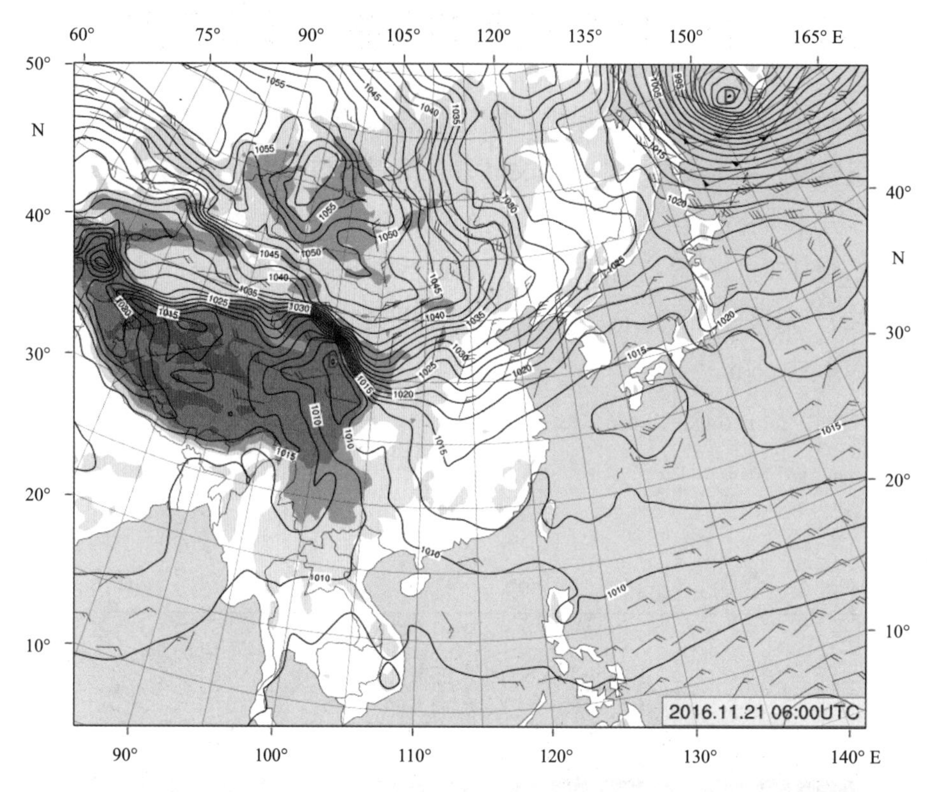

图3.602　2016年11月21日14时地面天气图

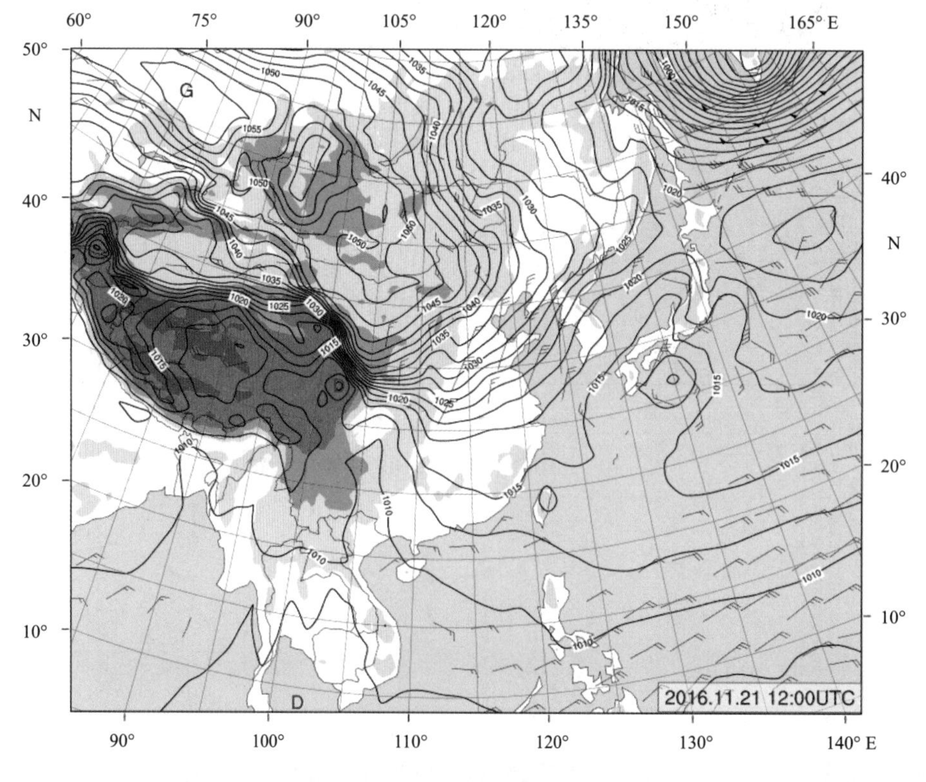

图3.603　2016年11月21日20时地面天气图

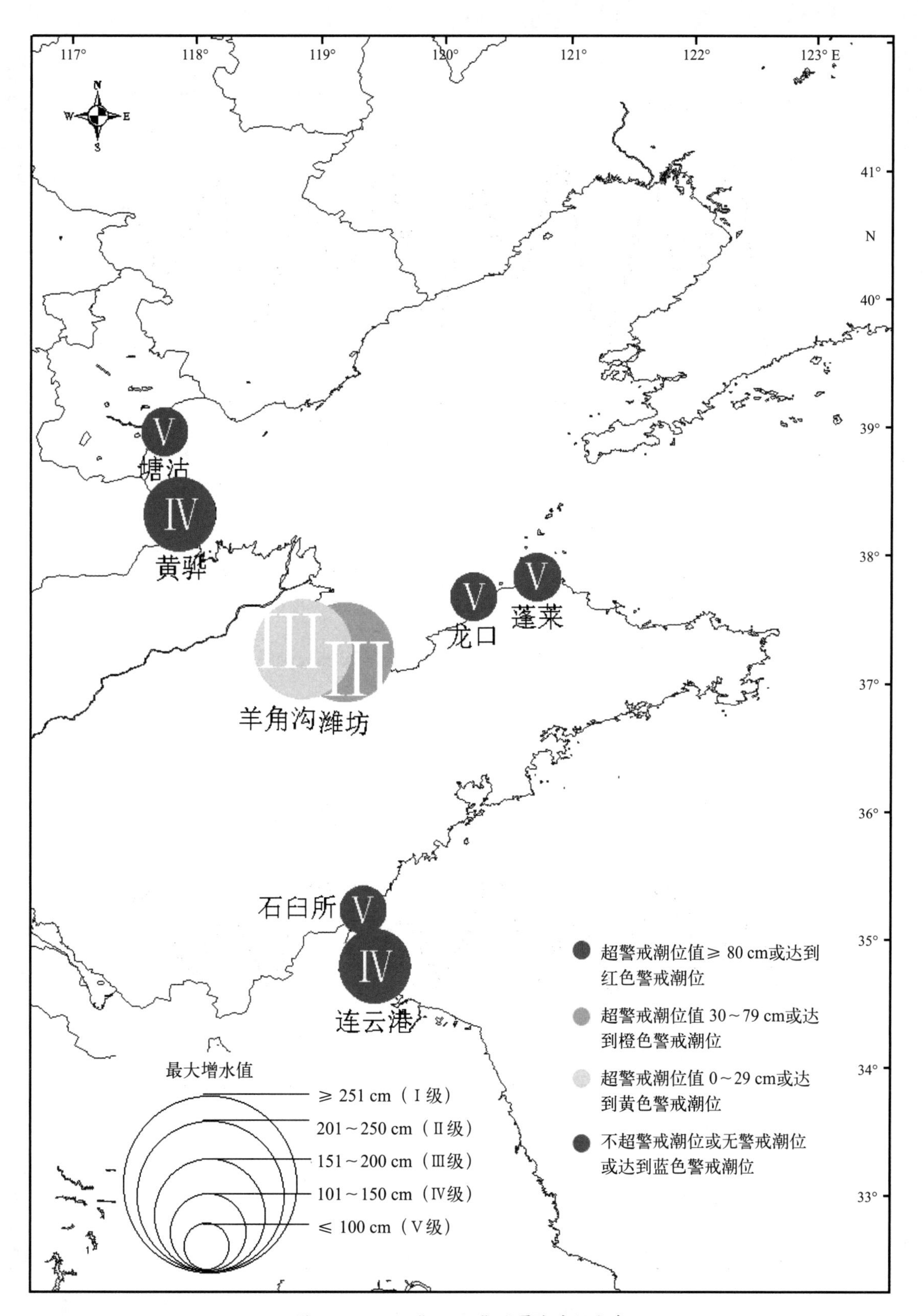

图3.604　2016“11・21”风暴潮空间分布

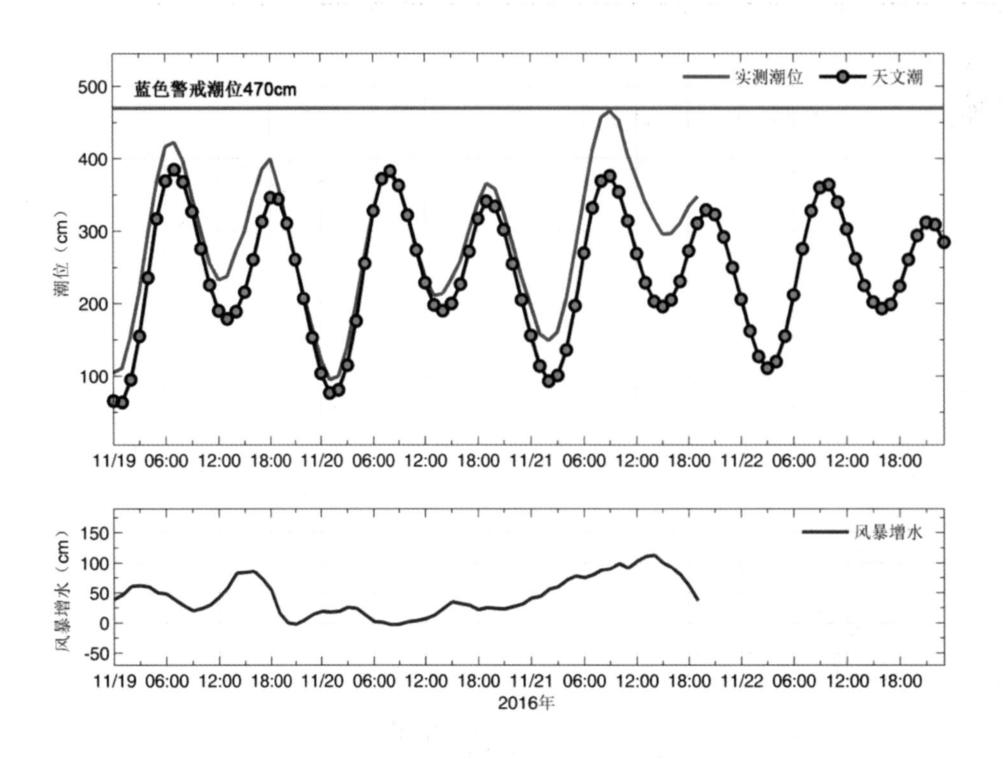

图3.605　黄骅站实测潮位、天文潮位和风暴增水随时间变化

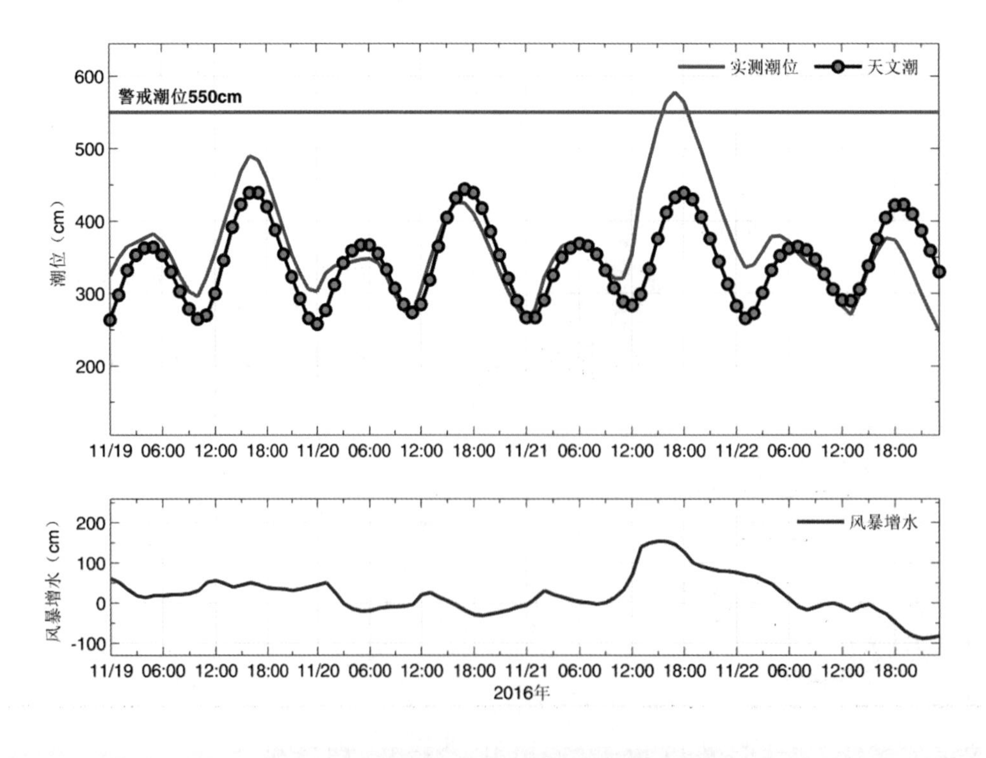

图3.606　羊角沟站实测潮位、天文潮位和风暴增水随时间变化

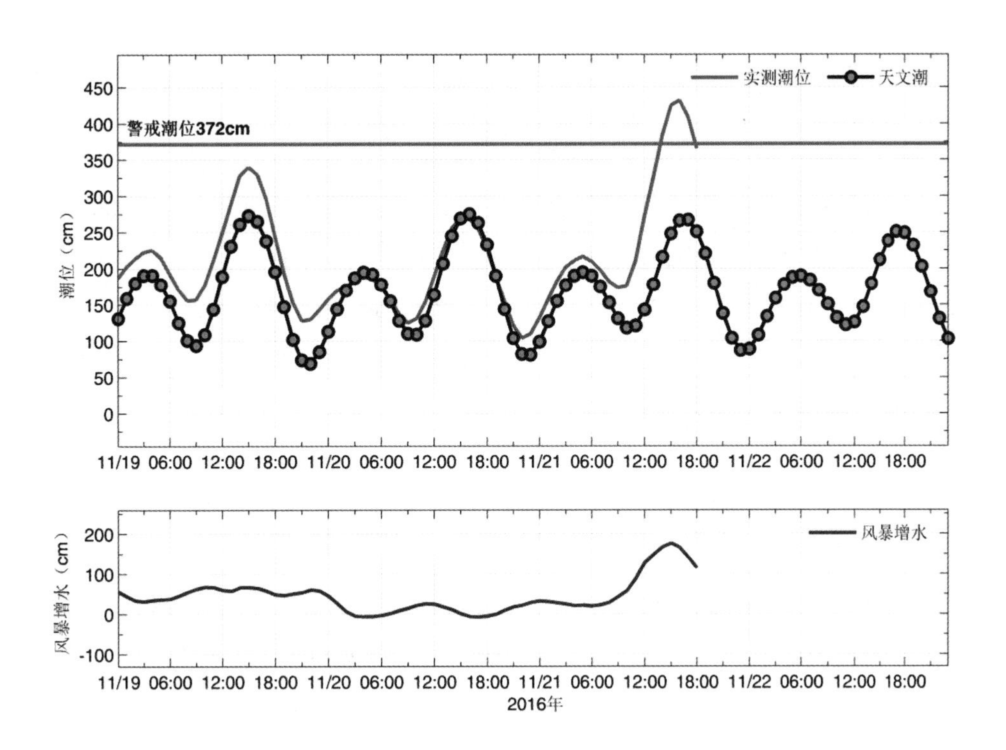

图3.607 潍坊站实测潮位、天文潮位和风暴增水随时间变化

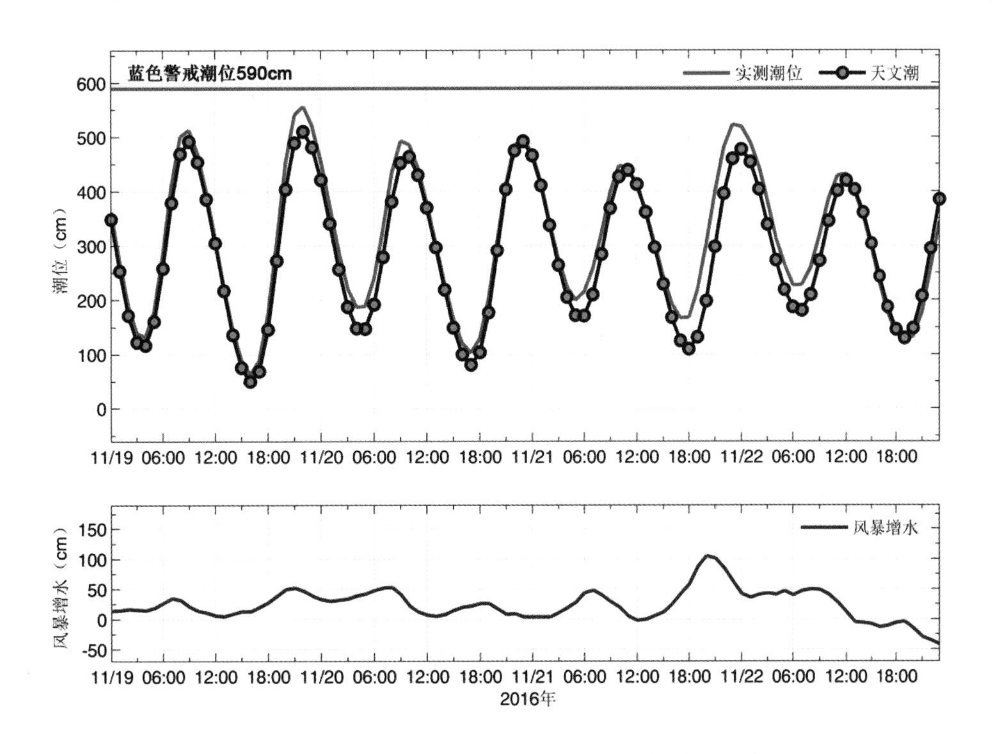

图3.608 连云港站实测潮位、天文潮位和风暴增水随时间变化

主要参考文献

国家海洋局. 1989—2017年中国海洋灾害公报. http://www.soa.gov.cn/zwgk/hygb/zghyhjzlgb/.

王喜年. 1993. 全球海洋的风暴潮灾害概况. 海洋预报，10(1): 30−36.

王喜年. 2005. 关于温带风暴潮. 海洋预报增刊（增准字第159号），15−23.

吴少华，王喜年，于福江，戴明瑞，叶琳等. 2002. 连云港温带风暴潮及可能最大温带风暴潮的计算. 海洋学报，24(5)：8−18.

吴芝萍，曾和益，王建华. 1983年7月14日辽东半岛风暴潮的调查报告.

于福江，王喜年，戴明瑞. 2002. 影响连云港的几次显著温带风暴潮过程分析及其数值模拟. 海洋预报，19(1)：113−122.

John Townsend. 1986. Forecasting tidal surges in great Britain, International symposium on physics of shallow bays, estuaries and continental shelves, Qingdao, China, Nov,3−5.